作業研究

第十版

Introduction to Operations Research, 10e

Frederick S. Hillier
Gerald J. Lieberman

著

喻奉天

譯

國家圖書館出版品預行編目(CIP)資料

作業研究 / Frederick S. Hillier, Gerald J. Lieberman 著;
喻奉天譯. -- 初版. -- 臺北市:麥格羅希爾, 臺灣東華,
2019.12
　　面；　公分
譯自:Introduction to Operations Research, 10th ed.
ISBN 978-986-341-428-5 (平裝)

1. CST: 作業研究

494.19　　　　　　　　　　　　　　　108020011

作業研究 第十版

繁體中文版© 2019 年，美商麥格羅希爾國際股份有限公司台灣分公司版權所有。本書所有內容，未經本公司事前書面授權，不得以任何方式(包括儲存於資料庫或任何存取系統內)作全部或局部之翻印、仿製或轉載。

Traditional Chinese abridged edition copyright © 2019 by McGraw-Hill International Enterprises LLC Taiwan Branch
Original title: Introduction to Operations Research, 10e (ISBN: 978-0-07-352345-3)
Original title copyright © 2015 by McGraw Hill LLC
All rights reserved.
Previous editions © 2010, 2005, and 2001.

作　　　者	Frederick S. Hillier, Gerald J. Lieberman
譯　　　者	喻奉天
合 作 出 版	美商麥格羅希爾國際股份有限公司台灣分公司
暨 發 行 所	台北市 104105 中山區南京東路三段 168 號 15 樓之 2
	客服專線：00801-136996
	臺灣東華書局股份有限公司
	100004 台北市中正區重慶南路一段 147 號 4 樓
	TEL: (02) 2311-4027　　FAX: (02) 2311-6615
	郵撥帳號：00064813
	網址：www.tunghua.com.tw
	讀者服務：service@tunghua.com.tw
總　經　銷	臺灣東華書局股份有限公司
出 版 日 期	西元 2025 年 9 月 初版二刷

ISBN：978-986-341-428-5

譯者序

作業研究（Operations Research, OR）在二次世界大戰初期被運用於優化軍事活動中的資源分配，協助了同盟國一方在歐洲戰場上取得勝利。戰後作業研究開始被運用於各種組織，解決產業及政府部門所面臨之日益複雜的資源分配問題。電腦計算能力的發展使得更多組織能夠運用作業研究來處理其優化問題。近年來分析（Analytics）受到許多組織的重視，藉由應用分析和 OR，組織能夠分析處理巨量資料，優化其運作及策略，例如歐巴馬團隊在 2008 年美國總統大選時即建立了一個完整的分析部門，大量運用分析與 OR 成功地篩選出潛在投票者及捐助者，以傳送客製化選舉文宣，最終贏得了大選。目前分析與 OR 已成為許多企業組織在制訂決策時的關鍵技術，也愈來愈受到學界的重視。

本書譯自美國史丹福大學的 Frederick S. Hillier 與 Gerald J. Lieberman 兩位教授合著之 Introduction to Operations Research 第十版。該書初版為 1967 年，其後歷經多次編修，以符合作業研究的發展趨勢，使其成為作業研究的經典著作，也是公認最理想的作業研究基礎教材。對學生而言，原著之優異處在於提供了明確的學習動機、清楚而直覺的解釋、專業的實務範例、優異的教材組織、非常有用的支援軟體以及適當但不會過於艱深的數學。因此，歷年來有近百萬學生藉由此書學習作業研究。此外，原著持續增添最新教材，並以淺顯易懂的文字解說這些新內容，也是教師在教學研究時不可或缺的參考書籍。

譯者感謝麥格羅‧希爾出版公司及東華書局的邀約，參與這本經典著作的翻譯工作，能讓更多讀者受惠。本書能夠完成，需要感謝麥格羅‧希爾公司與東華書局團隊的協助。此外，譯者也要特別感謝國立臺灣科技大學全球運籌與供應鏈管理實驗室的研究生及大學部專題學生熱心幫忙比對與校稿，讓本書更為完善。譯者雖力求完美重現原著，但限於才力及時間，恐仍有疏忽與不足之處，尚祈各方先進能不吝指正。

喻奉天

國立臺灣科技大學工業管理系

2019 年 11 月 11 日

前言

本書原著第十版新增了一些內容,並重新安排部分章節,以符合作業研究近年來的發展趨勢,以下說明新增修改部分、本版特色及教學安排上的建議。

本版新增修改部分

- **Analytic Solver Platform for Education** Excel 及其規劃求解軟體(Solver)是 Frontline Systems 公司的產品,第十版繼續提供使用此軟體,以讓讀者能建立及求解一些作業研究(operations research, OR)模型。Frontline Systems 公司也開發了一些以 Excel 為基礎的先進套裝軟體。最近發行的 Analytic Solver Platform 提供強大的功能能用來處理本書各章中大部份的 OR 模型,包括線性規劃、整數規劃、非線性規劃、決策分析、模擬及預測。Analytic Solver Platform 將所有功能整合在一套軟體中,能在試算表中建立及求解許多 OR 模型,不像前一版需安裝許多 Excel 增益集來處理。我們很高興能夠在本版中整合 Analytic Solver Platform 的學生版 Analytic Solver Platform for Education (ASPE),並透過與 Frontline Systems 公司的協議,提供學生 140 天的 ASPE 免費授權。

    我們也同時用另一方式整合 ASPE 以讓不想用試算表的讀者能夠跳過 ASPE,而不影響連貫性,本版也繼續提供一些其他優異的軟體(稍後將說明)。此外,只使用標準的 Excel 規劃求解軟體也可以進行相對較為精簡的試算表建模介紹。然而,我們相信 ASPE 的強大功能與多樣性將受到這多教師和學生的歡迎。

- **新增「不確定情況下的線性規劃」一章** 線性規劃的主要假設之一(與許多其他 OR 模型一樣)是確定性假設,其假設線性規劃模型中的每個參數之值皆為已知常數。在基本的 OR 課程中,重要的觀念是(1)建立問題模型時雖經常須簡化假設,(2)在求解完模型後,探討簡化假設的影響是非常重要的。由於為處理不確定性情況下的線性規劃,因而出現了許多方法。其中以線性規劃來闡釋是最容易的。敏感度分析是這類方法中的一種關鍵技術,但一些相對基本的技術,現在也發展的相當完善。這包括新增三節中分別介紹的穩健最佳化、機會限制式與隨機規劃。本書中譯版因篇幅所限及國內目前教學現況考量,並未納入這些單元,但仍在相關章節進行了調整。因此,前版第 6 章(對偶理論與敏感度分析)在本版被分為第 6 章(對偶理論)與第 7 章(不確定情況下的線性規劃)。新的第 7 章中包括前版第 6 章中提及「敏感度分析」的 3 小節。

- **新增「分析興起與作業研究」一節** 過去幾年來,作業研究領域中特別重大發展是商業界對分析(或商業分析)的重視,及強調商業決策制訂過程中整合分析的重要性。事

實上，雖然分析與作業研究的重點有些許差異，但彼此間的關係非常密切。OR 主要專注在較先進的分析，而分析專家可能觸及到的是研究中較基本的部分。雖趨勢多為暫時現象，但分析似乎已成為 OR 未來的長期發展方向。事實上，分析極可能最終會取代 OR，成為兩者整合後的新專業名稱。因此在 OR 入門課程中介紹（見 1.3 節），分析與 OR 這兩專業間緊密且成長的連結，是相當重要的。

- **新增或修改問題** 本版新增大量問題，以符合新主題與應用實例。此外，本版也修改前版許多問題。所以，若授課老師不想給學生重複的舊習題的話，本版有非常多的新題目可選擇。

- **重新組織內容以減少篇幅** 本書早期每次改版時都會增加許多篇幅，以致到第 7 版時本書的篇幅已經遠超過一本入門教科書的內容。因此，原著作者從第 8 版開始努力刪減篇幅，並特別刪除某些相對不重要的內容，包括與敏感度分析一起介紹的參數線性規劃及較複雜的動態規劃例題（三個狀態變數的 Wyndor 問題）。因為使用其他方法能更容易求解此問題。最後，將與較少用到的「馬可夫鏈」相關兩章移至本書專屬網站的補充教材。馬可夫鏈是機率理論與隨機過程的核心主題，亦成為作業研究的工具，故較適合放在補充教材中。惟譯者在著手翻譯本書時，幾經考量，最後決定仍在中文譯本中裡留下這兩章。由於國內大部分大專院校教師仍覺得有必要在作業研究導論課程中教授馬可夫鏈，其主因為國內大專院校幾乎沒有專門教授馬可夫鏈的課程。

- **更新內容以反映最新發展** 原著作者讓本書能完全反應目前在入門課程值得考慮的最新發展（包括加上一些較新發展，如以上新增的 4 小節），並且確認第 9 版內容已更新至目前最新狀態，這也包括仔細更新各章應用實例和參考文獻。

本書其他特色

- 強調實際應用
- 提供重要 OR 應用的文章連結
- 本書專屬網站提供大量補充教材
- 提供大量的補充範例
- 教材選擇上的高度彈性

本書提供之大量軟體方案

本書專屬網站 www.mhhe.com/hillier 提供許多軟體方案，如以下所述：

- Excel 試算表
- Analytic Solver Platform for Education (ASPE) 可在 Excel 上建立及求解許多不同的 OR 模型。

- 豐富的 Excel 樣板可用以求解基本模型。
- 學生版的 LINDO（傳統的優化軟體）與 LINGO（代數建模語言）及全書所有相關問題的模型及其解。
- 學生版的 MPL（代數建模語言之一）、MPL 教材及本書所有相關問題的 MPL 模型及其解。
- 模擬等候系統之等候系統模擬器。
- 示範多種演算法執行過程的 OR Tutor。
- 有效學習及互動式執行演算法的 IOR Tutorial，其編程語言為 Java 2，以便於在各種作業系統上運作。

許多學生已發現，OR Tutor 與 IOR Tutorial 對學習作業研究的演算法非常有幫助。當要移至自動求解 OR 模型的下一階段時，經過教師對學生使用軟體偏好的調查結果顯示，以下幾種情況所占比例幾乎相同：（1）Excel 試算表，包括 Excel 的規劃求解軟體（現改為 ASPE）；（2）方便的傳統軟體（LINDO 和 LINDO）；及（3）目前最先進的 OR 軟體（MPL 及強大的求解軟體）。因此，作者在本版中繼續前幾版的作法，提供充足的介紹，讓讀者能選擇前述任一種方案，但又不致影響到使用其他方案的讀者，且本書網站亦提供大量輔助教材。

本書不再附贈其他以 Excel 基礎開發的套裝軟體，因為 ASPE 已具備這些軟體相同或更多元強大的功能。

本書使用建議

讀者在使用本書前，無須具備太多高深背景知識。跟前幾版一樣，本版盡量維持應用較為基本數學，前 11 章大部分內容（概論、線性規劃及數學規劃）只使用到高中的代數。微積分只在第 10 章（動態規劃）一例題會用到，矩陣符號只在第 5 章（單形法的理論）、第 6 章（對偶理論）及第 7 章（不確定情況下的線性規劃）用到。至於 12 至 14 章（機率模型），本書假設讀者已具備基本機率理論知識，只有少數地方會用到一點微積分。一般而言，學生在修過前述各章中一些較進階內容，與基本微積分課程就已足夠。

本書內容主要針對大學部高年級及碩士班一年及學生所撰寫。因為本書具有高度的彈性，在課程中使用本書內容的方式很多。第 1、2 章是作業研究概論，第 3 到 11 章（線性規劃及數學規劃）能與第 12 到 14 章（機率模型）分別獨立教授。此外，第 3 到 11 章中的各章除會用到第 3 章（及或許第 4 章）的基本教材，也幾乎都是獨立章節。第 6、7 章是第 5 章的延伸，而 9.6 節為假設讀者已熟悉 8.1 及 8.3 節的問題模型，另外學過 8.2 節對理解 9.7 節有幫助，但這並非必要條件。第 12-14 章中的內容雖然已有些整合，但在選擇上仍有相當的彈性。

本書中譯本主要選取原著中最基本、最重要部分，亦即線性規劃、數學規劃及機率模型，因此本書各章應能涵蓋到一學期的作業研究入門課程。若為兩學期的作業研究課程，則可考慮適當加入中譯本未收錄的原著章節內容。事實上，各位也能將線性規劃部分獨立成為一門課程，其後的數學規劃等章節則成為一門有關「確定性模型」的課程，最後的部分則為機率模型課程。上述這些課程都曾在史丹福大學大學部或研究所開設過，並以如此規畫來使用本書。

　　本書網站並提供本書各項更新及相關勘誤表。

致謝

　　本書能夠完成，除了要感謝東華書局及麥格羅希爾公司的編輯團隊提供專業上的許多支援，也要感謝多位教授提供內容取捨及安排上的建議。此外，譯者要特別感謝以下多位國立臺灣科技大學工業管理系的研究生和大學部學生利用課餘時間幫忙進行大量的比對與校稿：何孟鐸、何怡萱、何采維、李彥瑾、林士傑、林依婷、高傲凡、陳宥維、陳韋豪、黃琮淇、楊宗燁、葉雨璇、鄭宇智、戴靜柔、謝秉軒、藍鈺雰、蘇靖婷、Artya、Christine、Eki、Hadi、Linh、Mayke、Parida、Renan、Van、Wira。

喻奉天

國立臺灣科技大學工業管理系

2019 年 11 月 11 日

目次

第一章
導論 1

1.1 作業研究的起源　1
1.2 作業研究的本質　2
1.3 分析的興起及作業研究　3
1.4 作業研究的影響　5
1.5 演算法和 OR 教學輔助軟體　6
參考文獻　9
習　題　10

第二章
作業研究模型建立方法概論 11

2.1 定義問題和蒐集資料　11
2.2 建立數學模型　14
2.3 模型求解　16
2.4 測試模型　19
2.5 準備使用模型　21
2.6 導入　22
2.7 結論　23
參考文獻　23
習　題　25

第三章
線性規劃概論 29

3.1 典型範例　30
3.2 線性規劃模型　36
3.3 線性規劃的假設　42
3.4 其他例題　48
3.5 以試算表建立和求解線性規劃模型　66
3.6 建立大型線性規劃模型　74

3.7 結論　81
參考文獻　81
本書網站的學習輔助教材　82
習題　83
個案　92
　個案 3.1　汽車裝配　92
本書網站其他個案預告　93
　個案 3.2　減少自助餐廳成本　93
　個案 3.3　電話客服中心人力配置　93
　個案 3.4　早餐玉米片促銷　93

第四章
線性規劃問題求解法：單形法 95

4.1 單形法的本質　95
4.2 設定單形法　100
4.3 單形法的代數運算　103
4.4 表格式單形法　109
4.5 單形法的均勢解除　114
4.6 使用於其他模型形式　117
4.7 後最佳化分析　135
4.8 電腦實作　142
4.9 使用內點法求解線性規劃問題　145
4.10 結論　148
附錄 4.1　LINDO 與 LINGO 的使用說明　149
參考文獻　153
本書網站的學習輔助教材　153
習題　154
個案研究　162
　個案 4.1　紡織品和秋裝　162
本書網站其他個案預告　164
　個案 4.2　銀行推展新服務　164
　個案 4.3　學區分發學生　164

ix

第五章
單形法的理論　165

5.1　單形法的基礎　165
5.2　矩陣式單形法　177
5.3　基本意涵　185
5.4　修正單形法　189
5.5　結論　192
參考文獻　192
本書網站的學習輔助教材　193
習題　193

第六章
對偶理論　201

6.1　對偶理論基本特性　201
6.2　對偶性的經濟詮釋　209
6.3　原始－對偶關係　212
6.4　調整成其他原始問題形式　216
6.5　對偶理論在敏感度分析中扮演的角色　221
6.6　結論　223
參考文獻　223
本書網站的學習輔助教材　223
習題　224

第七章
不確定情況下的線性規劃　229

7.1　敏感度分析的本質　229
7.2　敏感度分析應用　236
7.3　應用試算表進行敏感度分析　252
7.4　結論　262
參考文獻　263
本書網站的學習輔助教材　263
習題　264
個案　271
　　個案 7.1　空氣污染管制　271

本書網站其他個案預告　271
　　個案 7.2　農場管理　271
　　個案 7.3　學區分發學生（續）　272
　　個案 7.4　撰寫非技術摘要　272

第八章（原文章節 Chapter 9）
運輸問題與指派問題　273

8.1　運輸問題　274
8.2　運輸問題的精簡單形法　287
8.3　指派問題　302
8.4　指派問題的特殊演算法　311
8.5　結論　315
參考文獻　315
本書網站的學習輔助教材　315
習題　316
個案　324
　　個案 8.1　運送木材到市場　324
本書網站其他個案　325
　　個案 8.2　Texago 個案續篇　325
　　個案 8.3　專案評選　325

第九章（原文章節 Chapter 10）
網路最佳化模型　327

9.1　典型範例　328
9.2　網路專有名詞　329
9.3　最短路徑問題　332
9.4　最小延展樹問題　337
9.5　最大流量問題　341
9.6　最小成本流量問題　350
9.7　網路單形法　357
9.8　專案時間成本抵換最佳化的網路模型　367
9.9　結論　379
參考文獻　380
本書網站的學習輔助教材　381
習題　381

個案研究　389
  9.1　資金流動　389
網站補充個案　390
  9.2　馳援他國　390
  9.3　股票上市成功　390

第十章（原文章節 Chapter 11）
動態規劃　391

10.1　動態規劃典型範例　391
10.2　動態規劃問題的特性　396
10.3　確定性動態規劃問題　399
10.4　機率性動態規劃　415
10.5　結論　421
參考文獻　421
本書網站的學習輔助教材　421
習題　422

第十一章（原文章節 Chapter 12）
整數規劃　427

11.1　典型範例　428
11.2　BIP 之應用　431
11.3　利用二元變數建立模型　436
11.4　模型建立範例　442
11.5　求解整數規劃問題的觀念　450
11.6　分支界限法及其在二元整數規劃的應用　454
11.7　混合整數規劃的分支界限演算法　467
11.8　求解 BIP 問題的分支切割法　474
11.9　結合限制規劃　481
11.10　結論　486
參考文獻　487
本書網站的學習輔助教材　487
習題　489
個案研究　498
  11.1.　容量問題　498

本書網站個案　500
  11.2.　藝術品展覽事宜　500
  11.3.　存貨問題　500
  11.4.　學區學生分發（再續）　500

第十二章（原文章節 Chapter 17）
等候理論　501

12.1　典型範例　502
12.2　等候模型的基本架構　502
12.3　實際等候系統的例子　507
12.4　指數分配的角色　509
12.5　生死過程　515
12.6　以生死過程為基礎的等候模型　520
12.7　包含非指數分配的等候模型　533
12.8　具有優先權的等候模型　541
12.9　等候網路　547
12.10　等候理論的應用　551
12.11　結論　554
參考文獻　556
本書網站的學習輔助教材　557
習題　558
個案研究　571
  12.1　降低在製品存貨　571
個案研究 網站其他個案研究預告　572
  12.2　等候的困境　572

第十三章（原文章節 Chapter 19）
馬可夫決策過程　573

13.1　典型範例　574
13.2　馬可夫決策過程的模型　576
13.3　線性規劃與最佳策略　579
13.4　結論　584
參考文獻　584
本書網站的學習輔助教材　585
習題　585

第十四章（原文章節 Chapter 29）
馬可夫鏈　589

14.1　隨機過程　589
14.2　馬可夫鏈　591
14.3　CHAPMAN-KOLMOGOROV 方程式　598
14.4　馬可夫鏈的狀態分類　601
14.5　馬可夫鏈的長期性質　604
14.6　首次通過時間　609
14.7　吸收狀態　611
14.8　連續時間馬可夫鏈　614

參考文獻　619
本書網站的學習輔助教材　620
習題　620

附錄 1　OR Courseware 說明文件　625
附錄 2　矩陣及矩陣運算　628
附錄 3　常態分配表　636
部分習題解答　638
名詞索引　646

隨書光碟補充章節內容（以下為原文第10版之章節）

Chapter 8　Other Algorithms for Linear Programming
Chapter 13　Nonlinear Programming
Chapter 15　Game Theory
Chapter 18　Inventory Theory
Chapter 20　Simulation

Chapter 1 導論

1.1 作業研究的起源

工業革命以降，企業組織之規模和複雜度皆大幅提升。一些昔日的小型商家如今已然發展成市值達數十億美元的大型企業。這種巨大的變化，造成這些組織內大量增加的分工及管理責任分割。雖然結果非常好，日益增加的專業分工也產生了許多新問題。其中之一是企業組織內的部門或關係企業通常會成長為一個相對獨立的王國，具有自己的目標和價值系統，而忽略了將其活動、目標和系統與企業組織整體的活動和目標緊密配合。對一個部門有利卻可能對另一個部門有害，因此最終可能造成企業不同部門的目標衝突。另一個相關的問題是隨著組織內專業性和複雜度的增加，愈來愈難將可用資源以對整體組織而言最有效的方式分配給各種活動。**作業研究 (operations research, OR)** 即起源於此，希望能尋求這些問題的解決方案。

OR 源起於數十年前[1]，彼時科學方法開始被嘗試運用於組織的管理。不過，被稱為作業研究的活動，通常被認為是始於第二次世界大戰初期的軍隊。考量戰爭行動亟需以有效的方式將稀有的資源分配給各項軍事活動，英國及美國軍方高層召集大量的科學家，運用科學方法解決此問題以及其他戰略和戰術問題。基本上，這些科學家的工作是研究（軍事）作業。他們也是第一批 OR 團隊。透過發展出運用新式雷達的有效方法，這批團隊對於贏得英倫空戰有很大的幫助。藉由如何更良好管理艦隊和反潛艇作業的研究，在北大西洋戰爭的勝利中，他們所扮演了關鍵性的角色至關重要。太平洋島嶼戰爭亦受惠於這些團隊的研究。

---

[1] 參考文獻 7 透過介紹 1564 年至 2004 年期間，許多影響 OR 後續發展的科學貢獻，提供了作業研究自 1564 年以來的有趣歷史。更多有關此歷史的細節可見參考文獻 1 和 6。

二次大戰後，OR 於戰爭中的成功應用，引起人們在軍事以外之領域中運用 OR 的興趣。隨著戰後工業的蓬勃發展，企業組織日益複雜專業化所造成的問題又浮上檯面。愈來愈多的人，包括曾經參與 OR 團隊及與他們合作的顧問，都了解到除了背景不同以外，這些企業組織基本上面臨和軍隊相同的問題。是故，自 1950 年代初期，這些人已經開始將 OR 應用到企業、產業和政府機關，之後 OR 即開始快速發展（參考文獻 6 透過描述 43 位作業研究先驅的一生，回顧這個領域的發展）。

OR 在這個時期的快速發展，至少有兩個關鍵要素。首先是早期在改善 OR 技術上的大幅進展。戰爭結束後，許多曾參與 OR 團隊或聽聞這類工作的科學家，激發了從事該領域相關研究的興趣，而在最先進技術上得到重大突破。一個最好的例子是 George Dantzig 在 1947 年所發展的單形法 (simplex method)，可用以求解線性規劃 (linear programming) 的問題。許多 OR 的標準工具，例如線性規劃、動態規劃、等候理論，以及存貨理論等，在 1950 年代就已經發展得相當完善。

第二個造成 OR 快速發展的巨大動力是電腦革命 (computer revolution)。典型的 OR 問題非常複雜，通常需要大量的計算才能進行最有效率的求解，幾乎不可能利用手算方式。所以，電腦的發展對於 OR 的發展有很大的幫助，因為其數學計算能力比人類快了數百萬倍。到了 1980 年代，功能愈來愈強大的個人電腦搭配良好的 OR 軟體，又進一步推動 OR 的大幅成長。這便於更多人使用 OR，此發展在 1990 年代至 21 世紀更加快速。例如，常用的試算表軟體 Microsoft Excel，提供了可以求解許多種 OR 問題的規劃求解 (Solver) 增益集。基本上，今日數以百萬計的個人電腦都可輕易地運用 OR 軟體。因此，上從大型電腦 (mainframe)，下至筆記型電腦 (laptop)，都經常被利用來求解 OR 問題，包括一些超大型的問題。

1.2 作業研究的本質

作業研究一詞即意謂著其涉及「研究作業」。因此，作業研究被應用到與如何進行及協調組織內部作業有關的問題。基本上，組織的本質無關緊要。就實際發展而言，OR 已被廣泛應用在多元的領域，諸如製造生產、運輸、營造、通訊、財務規劃、醫療照護、軍事和大眾服務等，而這些只是 OR 運用的一小部分。

作業研究一詞中的研究 (research)，代表作業研究使用的方法與一些既定科學領域進行研究的方法是一樣的。大致上，OR 是以科學方法探討所關心的問題〔實際上，管理科學 (management science) 和作業研究有相同的意義〕。特別是，作業研究過程是經由仔細觀察與定義問題開始，即包含蒐集完整的相關資料。再來是建構萃取真實問題要素的科學（通常是數學）模型。假設此模型能足夠精確地代表問題的基本特性，使模型所得的結論（解）也是正確的。接著要進行適當的實驗以測試假設，需

要時做必要的修正,最後驗證假設的正確性〔通常會稱此步驟為模型合理化 (model validation)〕。因此,從某些角度來看,作業研究是對作業的基本性質進行創造性的科學研究。再者,作業研究也關心組織的實際管理。因此,OR 也必須適時提供決策者正面、可理解的結論才能成功。

OR 亦具備宏觀視野的另一特性。如前一節所述,OR 採用組織的觀點,因此試圖以對整體組織最有利的方式,解決組織內各部門之間的利害衝突。然而,這不代表任何問題都必須考慮組織內的各個層面,而是所尋求的目標應該與組織的整體目標一致。

OR 的另一個特性是經常試圖尋求代表目前問題的模型之最好的解〔亦稱為最佳解 (optimal solution)〕,不僅是改善現況,而是要找到最好的一連串可行方案。即使在管理上的實際需求方面需要小心地詮釋,「尋優」(search for optimality) 仍然是作業研究的一個重要主題。

根據前述,可以很自然地看出 OR 的另一個特性:沒有任何個人能夠精通所有的 OR 領域或 OR 問題。所以,當要進行完整的 OR 研究以求解新問題時,通常必須使用團隊方式。這種 OR 團隊一般需要包含數學、統計和機率理論、經濟學、企業管理、資訊科學、工程和物理科學、行為科學以及特定 OR 技術方面的專家。此團隊亦有必要具備所需的經驗以及各種技能,方可充分考慮問題對整個組織的各種影響。

1.3 分析的興起及作業研究

近年來,整個商業世界都在熱烈地討論**分析 (analytics)** 或商業分析 (business analytics),以及在管理決策中運用分析的重要性。其主要的推動力是 Thomas H. Davenport 著作的一系列論文及書籍。他是一位著名的思想領袖,已經幫助全球數百家公司振興商務運作。Davenport 最初是在《哈佛商業評論》(*Harvard Business Review*) 2006 年 1 月刊登的文章「Competing on Analytics」中介紹分析的觀念,目前已被認為是該雜誌 90 年歷史中的 10 篇必讀文章之一。在這篇文章刊登之後,很快就有兩本暢銷書接著出版,其中一本是 *Competing on Analytics: The New Science of Winning*,另一本是 *Analytics at Work: Smarter Decisions, Better Results*。(引文請參見本章最末的參考文獻 2 和 3。)

何謂分析?簡單(但過度簡化)的答案就是其為作業研究的另一個名稱。然而,兩者相對的重點有些不同。此外,隨著時間的推移,愈來愈多分析方法的優點應該會被納入 OR 方法中,所以介紹更多分析是有益的。

我們已經進入大數據時代。許多公司和組織都可以取得巨量的資料,以協助、引導管理決策。目前如潮水般湧至的巨量資料來自先進的電腦追蹤發貨、銷售、供應商

和顧客，以及電子郵件、網站流量和社群網路。如以下定義所示，分析的主要焦點在於如何最有效地應用所有的這些資料。

分析是一個將資料轉換為做出更好決策洞察力的科學過程。

分析的應用可以被分為三個互相重疊的類別。一是描述性分析 (descriptive analytics)，涉及使用創新的技術來找出相關資料和有趣的模式，以更適切地描述及了解現況，其中一個重要的技術是資料探勘 (data mining)（詳見參考文獻 8）。專精於描述性分析的分析專家則被稱為資料科學家 (data scientist)。

第二個（並更高級的）類別是預測性分析 (predictive analytics)，涉及使用資料預測未來可能會發生的情況。

最後一個（且最高級的）類別是時效性分析 (prescriptive analytics)，應用資料建議未來應該做什麼，通常會應用到本書許多章節中所介紹之強大的最佳化技術。

作業研究分析師經常會處理所有三類的應用，但是第一類應用比較少，第二類稍微多一點，而大部分的應用屬於最後一類。因此，OR 可以被視為是主要專注於較高級的預測性分析和時效性分析。而在整個商業流程中，分析專家可能比 OR 分析師參與更多，包括在第一類分析之前的流程（確認需求），以及在最後一類分析之後的流程（導入）。未來這兩種方法應該會漸漸合而為一。對大部分的人而言，分析（或商業分析）這個名詞比作業研究更有意義，分析可能最終會取代作業研究，成為這個領域在整合後的共同名稱。

雖然最初提出的分析，主要是作為商業組織的重要工具，但在其他方面也相當有用。舉例而言，在 2012 年的美國總統選舉中，分析（與 OR 一起）扮演了重要的角色。歐巴馬競選總部聘請了一個多元化的團隊，成員有統計學家、預測建模人員、資料探勘專家、數學家、軟體工程師及 OR 分析師，最後組成一個完整的分析部門，其規模是 2008 年總統選舉時的五倍。根據所有的分析建議，歐巴馬團隊建立了一個全面性的第一線競選活動，利用由各種來源蒐集的巨量資料，直接對準極小範圍的潛在投票者及捐助者傳送量身訂作的訊息。這場原本預期是勢均力敵的選舉，最後卻是歐巴馬大勝，主要歸功於描述性與預測性分析所推動的歐巴馬「地面戰爭」。根據這個經驗，美國的兩個主要政黨必定會於未來的主要政治選舉活動大量運用分析。

《魔球》(*Moneyball*，見參考文獻 10) 這本書以及後續根據此書內容拍攝，於 2011 年上映的同名電影，描述了另一個著名的分析應用。這是美國奧克蘭運動家棒球隊的真實故事，雖然該隊的預算在大聯盟各隊中敬陪末座，但藉由運用各種非傳統資料〔稱為賽伯計量學 (sabermetrics)〕以更準確地評估交易或選秀球員的潛力，獲得很大的成功。這些評估經常違反傳統的棒球智慧，以描述性和預測性分析來找出被忽視

卻對球隊可能有很大幫助的球員。在目睹分析的影響後，目前許多大聯盟的棒球隊都已經聘用專業分析人士。一些其他類型的運動隊伍也開始運用分析。（參考文獻 4 和 5 有 17 篇論文，描述分析在各種運動領域的應用。）

這些和許多其他關於分析和 OR 的成功故事，應會使它們的應用在未來持續地成長。此時，如下節所述，OR 已經有了重大的影響。

1.4 作業研究的影響

作業研究在改善世界各地許多組織的效率上，已有重大的影響。在此過程中，OR 也在增加許多國家經濟的生產力上有顯著的貢獻。如今已有幾十個國家加入國際作業研究學會聯盟 (International Federation of Operational Research Societies, IFORS)，而每一個成員國都設有全國性 OR 學會。歐洲和亞洲都有 OR 學會的聯盟，以協調組織在這些洲舉辦國際會議及發行國際期刊。此外，作業研究與管理科學學會 (Institute for Operations Research and the Management Sciences, INFORMS) 是一個知名的國際性 OR 學會，其總部設於美國。和其他許多已開發國家一樣，OR 在美國是一個重要的專業。根據美國勞工統計局的預測，在 2013 年，美國大約有 65,000 人的職業是作業研究分析師，其平均年薪大約是 79,000 美元。

由於上一節所描述的分析迅速崛起，INFORMS 已經接受分析是一種決策方法，不但與 OR 有很大程度的重疊，並且進一步豐富了 OR 方法。因此，這個 OR 的領導學會在每年舉辦的重要年會中，加入一個商業分析與作業研究研討會。它還頒發專業分析師證照給滿足某些特定標準並且通過測驗的人。此外，INFORMS 出版了許多該領域的頂尖期刊，如 *Analytics* 及 *Interfaces*，定期刊登描述重要的 OR 研究以及這些研究對其組織影響的論文。

表 1.1 列出刊登在 *Interfaces* 期刊中的一些實際應用，讓讀者更加了解 OR 的廣泛應用。注意在第一、二欄中組織和應用的多樣性。第三欄列出「應用實例」所在的小節，每個「應用實例」以數段文章描述該應用，並提供含有全部細節的論文資料。（讀者可以在本節看到第一個「應用實例」。）最後一欄顯示這些應用通常每年可以節省數百萬美元。此外，附加的效益並沒有記錄在表中（例如，顧客服務的改善及更好的管理控制），有時這些效益被認為比財務效益更重要。（讀者將有機會在習題 1.3-1、1.3-2 和 1.3-3 進一步調查這些較無形的效益。）由本書的網站 (www.mhhe.com/hillier) 可以連結到詳細描述這些應用的論文。

雖然大多數例行性 OR 研究所帶來的效益，遠遠不及表 1.1 所整理的應用，表 1.1 最右一欄中的數字，確實準確地反映出設計良好的大規模 OR 研究，有時候可以得到的龐大效益。

表 1.1　作業研究之應用實例

組織	應用領域	章節	每年節省金額（百萬美元）
Federal Express（聯邦快遞）	貨運物流規劃	1.4	未估計
Continental Airlines（大陸航空）	當航班中斷時，重新指派空勤組員	2.2	$40
Swift & Company	改善銷售與製造績效	3.1	$12
Memorial Sloan-Kettering Cancer Center	放射性治療設計	3.4	$459
Welch's	最佳化原物料的使用與搬運	3.5	$0.15
Samsung Electronics（三星電子）	降低商品的製造時間與庫存	4.3	營收增加 $200
Pacific Lumber Company	長期性森林生態系統管理	7.2	NPV（淨現值）達到 $398
Procter & Gamble（寶鹼）	重新設計生產與配送系統	8.1	$200
Canadian Pacific Railway	鐵路貨運之路線規劃	9.3	$100
Hewlett-Packard（惠普）	產品組合管理	9.5	$180
Norwegian companies	最大化通過海底管道網路的天然氣流量	9.5	$140
United Airlines（聯合航空）	當航班中斷時，重新指派飛機給航班	9.6	未估計
U.S. Military（美國陸軍）	沙漠風暴行動的後勤規劃	10.3	未估計
MISO	管理 13 州的電力輸送	11.2	$700
Netherlands Railways	最佳化鐵路網路的營運	11.2	$105
Taco Bell（塔克鐘）	餐廳員工的排班	11.5	$13
Waste Management	開發垃圾收集與處理之路線管理系統	11.7	$100
KeyCorp	改善銀行櫃台人員的服務績效	12.6	$20
General Motors（通用汽車）	改善生產線效率	12.9	$90
Bank One Corporation	管理信用卡之信用額度與利率	13.2	利潤增加 $75

1.5 演算法和 OR 教學輔助軟體

本書的重點之一是介紹求解某些類型問題的主要 OR **演算法**（**algorithm**，系統性的求解過程）。有些演算法的效率驚人，經常被用來求解含有數百或數千個變數的問題。本書將介紹這些演算法如何運作以及為何如此有效率。讀者將在電腦上運用這些演算法求解各種問題。本書網站 (www.mhhe.com/hillier) 上的 **OR Courseware** 是完成所有這些工作的關鍵工具。

OR Tutor（作業研究家教）程式是 OR Courseware 中的一個特殊功能，此程式的目的在於擔任讀者的個人家教，以幫助讀者修習這些演算法。OR Tutor 包含許多範例，所展示及解釋演算法的步驟，可以作為本書例題的補充例題。

再者，OR Courseware 包含一個特殊的套裝軟體，稱為 **Interactive Operations Research Tutorial**（**互動式作業研究教材**），簡稱 **IOR Tutorial**。此一創新的套裝軟體以 Java 語言撰寫，是特別設計來加強使用本書之學生的學習經驗。IOR Tutorial 內含許多互動式程序 (interactive procedure)，便於互動式執行演算法。電腦負責所有的重

應用實例

聯邦快遞 (FedEx) 是全球最大的快遞公司，每天在全美國以及全世界數百個國家地區遞送上百萬件文件、包裹和其他品項等物件，其中有些貨品可以保證在隔日上午 10 點半以前送達。

提供這種服務所涉及的物流挑戰相當驚人。每天有數百萬件貨品必須逐件分類並分送至正確的配送點（通常是空運），然後在極短的時間內送達目的地（通常以汽、機車運送）。這一切是如何辦到的呢？

作業研究 (OR) 是驅動 FedEx 的技術核心。自 1973 年成立以來，OR 已輔助該公司制定許多重大商業決策，包括設備投資、路線結構、排程、財務，以及設施選址等。當該公司認同成立初期能夠存活須歸功於 OR 後，選派 OR 人員參加每週的高階主管會議即成為慣例。事實上，該公司的許多資深副總經理即出身自優異的 FedEx OR 部門。

目前 FedEx 被公認是世界級的企業，經常名列《財富雜誌》(*Fortune Magazine*) 每年所評選的「世界最受尊崇的企業」(World's Most Admired Companies)。2013 年，該雜誌將 FedEx 評選為百大最佳雇主之一。FedEx 也是著名的 INFORMS Prize 首位得獎者（1991 年），這個獎項每年頒發給有效且重複地以具開拓性、多樣性、創新性和永續性的方式，將 OR 技術整合於組織決策的組織。FedEx 對 OR 的龐大依賴一直延續到今天。

資料來源：R. O. Mason, J. L. McKenney, W. Carlson, and D. Copeland, "Absolutely, Positively Operations Research: The Federal Express Story," *Interfaces*, **27**(2): 17-36, March-April 1997.（這篇論文的連結請參見本書網站 www.mhhe.com/hillier。)

複性計算，讓讀者能專注於學習以及執行演算法的邏輯。這些互動式程序是非常具有效率及啟發性的求解習題作業方式。IOR Tutorial 中還有其他有用的程式，例如能自動執行演算法的自動化程序，以及數個可以產生演算法所得解答如何隨問題資料變化之圖示的程序。

就實務而言，凡此演算法一般是以商業軟體來執行。本書認為讓學生熟悉這些在畢業以後會使用到的商業軟體之本質是非常重要的，所以，OR Courseware 教材介紹四個特別普遍的軟體。 這些軟體的組合可以有效求解本書中幾乎所有的 OR 模型。在少數無法應用這些軟體的時候，本書已經在 IOR Tutorial 中加入自行開發的自動化程序。

目前很常見的方式是應用著名的試算表軟體 Microsoft Excel，以試算表格式建構小型 OR 模型。標準的 Excel 內建了**規劃求解 (Solver)** 增益集（Frontline Systems 公司的產品），可以用來求解許多此類模型。在 OR Courseware 中，本書幾乎每一章都有一個獨立的 Excel 檔案。每當章節中有可以利用 Excel 求解的例題時，完整的試算表模型和解答都會附在該章的 Excel 檔案。本書中許多模型求解所需公式都已建入 Excel 範本 (Excel template)。

本書第十版新增了 Frontline Systems 功能強大的套裝軟體 **Analytic Solver Platform for Education (ASPE)**，與 Excel 及其規劃求解增益集完全相容。最新版

的 Analytic Solver Platform 結合了 Frontline Systems 其他三個常見產品的所有功能：(1) Premium Solver Platform（強大的試算表最佳化軟體，包含五個線性、混整數、非線性、非平滑與全域最佳化的求解軟體）；(2) Risk Solver Pro（模擬與風險分析）；以及 (3) XLMiner（基於試算表的資料探勘與預測工具）。它也能求解涉及不確定性 (uncertainty) 和追索決策 (recourse decision) 的最佳化模型，進行敏感度分析及建構決策樹。它甚至有一個超高效率的線性混整數最佳化軟體。當求解小型問題時，學生版 Analytic Solver Platform 可以使用這些所有功能。

長久以來，**LINDO**（以及其伴隨的建模語言 **LINGO**）一向是 OR 領域中常用之套裝軟體。學生版的 LINDO 和 LINGO 可在 www.lindo.com 網站免費下載。和 Excel 一樣，書中每一個能以此軟體求解的例題，其求解過程皆會在 OR Courseware 中、該章的 LINGO/LINDO 檔案裡加以說明。

在處理大型及高難度的作業研究問題時，CPLEX 軟體乃是最常使用且最具效率的求解工具。在求解此類問題時，通常會使用建模系統 (modeling system) 來有效率地建立數學模型並輸入電腦。**MPL** 是相當容易使用的建模系統，並且包含了許多最好的求解軟體，可以很有效地求解這些問題。這些求解軟體包括線性規劃 (linear programming) 和整數規劃 (integer programming) 的 CPLEX、GUROBI、CoinMP 及 SULUM（第 3 至 11 章）。學生版的 MPL 及各種求解軟體可以從網站免費下載。各章節可以利用 MPL 和 CPLEX 求解的例題資料，皆詳列於該章的 OR Courseware 之 MPL/CPLEX 檔案中。為了方便說明，本書的 OR Courseware 也包含了這個學生版軟體（包括上述的六種求解軟體）。同樣地，可以用這個軟體求解的所有例題，將會在 OR Courseware 中對應各章的 MPL/Solvers 檔案中詳細說明。此外，學術使用者可以至 MPL、CPLEX 和 GUROBI 的網站申請，取得這些軟體的完整版[2]。亦即任何學術使用者（教授或學生）現在都可以取得專業版的 MPL、CPLEX 和 GUROBI，以利於課程中使用。

本書稍後會進一步說明這四種套裝軟體及其使用方法（第 3 章末和第 4 章末）。附錄 1 也提供 OR Courseware 的說明文件，其中包括 OR Tutor 和 IOR Tutorial。

自第 3 章起，各章末皆有「本書網站的本章學習輔助教材」清單，提醒讀者本書網站上的 OR Courseware 有相關教材。如進入每章習題之前的說明，當這些教材（包括範例說明和互動程序）有助於學習時，會在題目編號或小題的左邊標記符號。

亦自第 3 章開始，本書網站提供每章的 **Solved Examples**（**已解例題**）。這些完

---

[2] MPL: http://www.maximalsoftware.com/academic;
CPLEX: http://www-03.ibm.com/ibm/university/academic/pub/page/ban_ilog_programming;
GUROBI: http://www.gurobi.com/products/licensing-and-pricing/academic-licensing.

整的例題可作為書中例題的補充，讀者可視需要研讀。很多時候讀者不看這些補充例題，也不會影響內容的順暢性。然而，這些補充例題可能有助於讀者準備考試。當本書網站上有與目前內容相關的已解例題時，書中亦會提醒讀者。為確保讀者不會忽略這種提醒，本書均以粗體顯示**補充例題**（或類似的字詞）。

本書網站亦提供每章的辭彙 (glossary)。

參考文獻

1. Assad, A. A., and S. I. Gass (eds.): *Profiles in Operations Research: Pioneers and Innovators*, Springer, New York, 2011.
2. Davenport, T. H., and J. G. Harris: Competing on Analytics: *The New Science of Winning*, Harvard Business School Press, Cam-bridge, MA, 2007.
3. Davenport, T. H., J. G. Harris, and R. Morison: *Analytics at Work: Smarter Decisions, Better Results*, Harvard Business School Press, Cambridge, MA, 2010.
4. Fry, M. J., and J. W. Ohlmann (eds.): Special Issue on Analytics in Sports, Part I: General Sports Applications, *Interfaces*, **42** (2), March–April 2012.
5. Fry, M. J., and J. W. Ohlmann (eds.): Special Issue on Analytics in Sports: Part II: Sports Scheduling Applications, *Interfaces*, **42** (3), May–June 2012.
6. Gass, S. I., "Model World: On the Evolution of Operations Research", *Interfaces*, **41** (4): 389–393, July–August 2011.
7. Gass, S. I., and A. A. Assad: *An Annotated Timeline of Operations Research: An Informal History*, Kluwer Academic Publishers (now Springer), Boston, 2005.
8. Gass, S. I., and M. Fu (eds.): *Encyclopedia of Operations Research and Management Science*, 3rd ed., Springer, New York, 2014.
9. Han, J., M. Kamber, and J. Pei: *Data Mining: Concepts and Techniques*, 3rd ed., Elsevier/Morgan Kaufmann, Waltham, MA, 2011.
10. Lewis, M.: *Moneyball: The Art of Winning an Unfair Game*, W. W. Norton & Company, New York, 2003.
11. Liberatore, M. J., and W. Luo: "The Analytics Movement: Implications for Operations Research," *Interfaces*, **40**(4): 313–324, July–August 2010.
12. Saxena, R., and A. Srinivasan: Business Analytics: *A Practitioner's Guide*, Springer, New York, 2013.
13. Wein, L. M. (ed.): "50th Anniversary Issue," *Operations Research* (a special issue featuring personalized accounts of some of the key early theoretical and practical developments in the field), **50**(1), January–February 2002.

習 題

1.3-1. 從表 1.1 選出一個作業研究的應用,研讀表中第三欄「章節」之應用實例所參考的相關論文(所有論文的連結請參見本書網站),然後將該應用案例及其效益(包括非財務效益)寫成一份兩頁的摘要報告。

1.3-2. 從表 1.1 選出三個作業研究的應用,研讀在表中第三欄「章節」之應用實例所參考的相關論文(所有論文的連結請參見本書網站),然後將每一個應用案例及其效益(包括非財務效益)寫成一份一頁的摘要報告。

1.3-3. 研讀第 1.4 節「應用實例」的論文,該論文完整地說明「應用實例」中的 OR 研究內容,列出此研究所產生的各種財務與非財務效益。

Chapter 2
作業研究模型建立方法概論

本書著重於作業研究 (OR) 的數學方法,因為這些計量方法構成了 OR 的核心。不過,這並不表示實務上的 OR 研究以數學練習為主。就實務來看,數學分析通常只占一小部分。本章旨在藉由說明大型 OR 研究的所有主要階段,以建立正確的觀念。

通常 OR 研究的各階段相互重疊,以下是這些階段的一種定義方式:

1. 定義所要研究的問題,並蒐集相關資料。
2. 建立數學模型以表示問題。
3. 發展電腦程序以從模型得到問題的解答。
4. 測試模型,並在必要時予以修正。
5. 依照管理的需求,準備模型的實際應用。
6. 導入。

各個步驟將在以下各節依序討論。

本章末的參考文獻包括一些獲獎的 OR 研究,提供如何執行這些階段的絕佳範例。若讀者希望進一步掌握這些獲獎的作業研究應用,可以由本書的網站 (www.mhhe.com/hillier) 連結到詳細說明這些 OR 研究的論文。

2.1 定義問題和蒐集資料

不同於教科書的範例,OR 團隊遭遇的實務問題,大部分在一開始時並沒有明確的定義。是故,OR 團隊首要的任務是研究相關系統,以明確地定義所要解決的問

題。這包括決定適當的目標、受到的限制、研究範圍和組織其他部門的交互關係、可能的替代方案，和決策的時間限制等等。定義問題對研究結果的相關性有相當大的影響，所以其過程是非常關鍵的。欲透過「錯誤」的問題找出「正確」的答案是很困難的。

首先要了解 OR 團隊經常是以顧問的性質進行工作。OR 團隊的成員不是只接受問題，接著用任何自己認為適當的方法來解決，而是要指導管理階層（通常是一個關鍵的決策者）。OR 團隊經過細部的技術分析後，會向管理階層提出建議，並提供一個或數個在不同假設條件下特別有利的替代方案。同時也會考慮不同範圍的策略參數，而這些參數值只有管理階層能夠評估（例如成本與效益的抵換）。管理階層評估研究及其建議並考量其他無形因素後，會根據最好的判斷做出最後決策。所以，OR 團隊和管理者的觀點一致是非常重要的，包括從管理階層的立場找出「正確的」問題和在研究進行過程中建立起管理階層的支持。

確認適當的目標是定義問題中非常重要的環結。想確認適當的目標，就必須先找出管理階層中哪些成員會實際參與和所研究之系統有關的決策，並試圖了解這些成員對相關目標之想法（要獲得決策者對導入研究結果的支持，一開始就有必要讓決策者參與研究）。

OR 的本質是考量整個組織之利益，而非單一部門的利益。因此，OR 研究旨在找出對整體組織而言的最佳解決方案，而非只對某一部門有利的次佳方案。所以理想的目標理應為整個組織而訂定。惟此非易事，很多問題只關乎組織的一小部分，若訂定的目標流於一般，還要考量對組織其他所有部門的影響，分析將會非常困難。所以在涵蓋決策者的主要目標，並且和組織的更高層次目標保持合理的一致性原則下，應該儘可能使目標明確。

營利組織或可將長期利潤極大化（考量貨幣的時間價值）當成唯一目標，以避免出現次佳方案。長期意指這個目標具有彈性，可以考量一些無法立即帶來利潤，但最終仍然需要進行以創造組織價值的活動（例如研發專案）。這種方法的好處是，此目標明確、容易應用，且似乎夠廣泛，足以涵蓋營利組織的基本目標。實際上，有些人認為很多的目標皆可以轉換成這個目標。

不過，很多營利組織實際上並未採用這個目標。一些針對美國公司所做的研究顯示，管理階層傾向將合理的利潤與一些其他目標結合為最終目標，而非專注於長期利潤極大化。一般而言，一些其他目標可能是維持利潤的穩定、擴大（或維持）市場占有率、產品多樣化、維持穩定的售價、激勵員工士氣、保持家族對企業的控制權，以及提升公司商譽等。達成上述目標也許可以最大化長期利潤，但是這些目標之間可能會彼此衝突，以致於不容易整合至單一目標。

另外，其他與追求利潤的動機不同而和社會責任有關的目標，也須予以考量。單一國家內的企業通常會影響以下五種群體：(1) 所有權人（如股東等）：期望獲得利潤（股利、股價上漲等）； (2) 員工：希望穩定的工作和合理薪資； (3) 顧客：期望可靠的產品及合理的價格； (4) 供應商：希望企業的誠實正直及產品的合理售價；以及 (5) 政府和國家：希望企業支付合理的稅金並考量國家的利益。這五種群體對公司都有重要的貢獻，所以公司不能只服務其中一個群體，而損及其他群體之權益。同理，跨國公司有肩負更多社會責任之義務。雖然企業管理者的第一目標為獲取利潤（最終五種群體都會受益），但也得顧及更廣泛的社會責任。

OR 團隊通常耗費大量時間在蒐集問題的相關資料。對問題要有更精確的了解，通常需要很多資料，而為了研究下一階段所建立的數學模型也需要資料的輸入。這些需要的資料在研究一開始時通常是不存在的，原因可能是從來沒有保存這些資料，或是資料已經過時、儲存格式不正確等。因此，經常需要建置新的電腦管理資訊系統，持續蒐集資料並以所需的格式儲存資料。OR 團隊通常也需要獲得組織內各種關鍵員工的協助，包括資訊技術 (information technology, IT) 專家，以搜尋重要的資料。即便如此，許多資料可能還是非常「不夠完備」，亦即僅是根據經驗所做的粗略估計。因此 OR 團隊得耗費非常多的時間來提升資料的精確性，再根據所能得到的最佳資料進行研究。

近年來隨著資料庫的廣泛應用及其規模的擴增，OR 團隊經常發現最大的資料問題並非資料不足，而是資料過多。資料可能有數千個來源，而資料的總量可能必須以 gigabyte (GB)，甚至 terabyte (TB) 來衡量。在此情況下，要在這些資料裡搜尋到特別相關的資料，並找出其中有用的形式非常困難。OR 團隊利用**資料探勘 (data mining)** 技術來處理這個問題。這是一種較新的工具，能自大型資料庫找到相關的模式，依此做有用的決策（資料探勘的背景資料參閱參考文獻 6）。

範 例

1990 年代末期，提供全面性服務的財務服務公司面臨網路證券經紀公司的削價競爭。美林公司 (Merrill Lynch) 的反應是進行一項改變收費標準的大型 OR 研究，包括以資產為基準的完全服務計費方式（依照資產的價值，而非個別交易金額，收取固定比率的費用），以及散戶的低成本計費方式。資料蒐集與處理在此研究中扮演了關鍵性的角色。為了分析不同計費方式對於每個顧客的影響，OR 團隊必須建置一個 200 GB 的完整客戶資料庫，包含 500 萬名客戶、1,000 萬個帳戶、1 億條交易紀錄及 2 億 5,000 萬條分類帳目。來自許多資料庫的資料需要合併、調整、過濾和清理。在採用此 OR 研究的建議後，客戶持有資產在一年

內增加了 500 億美元，而營業收入也成長 8,000 萬美元。（詳細內容請見參考文獻 A2。其他案例可見參考文獻 A1、A10 及 A14，資料蒐集與處理在其中的獲獎 OR 研究中扮演了特別關鍵的角色。）

2.2 建立數學模型

定義決策者的問題後，下一個階段是以有利於分析的方式重新表示問題。傳統的 OR 方法是建立一個能代表問題本質的數學模型。在探討建立這種模型的方法之前，我們先來討論一般模型的本質，再介紹數學模型之特性。

模型可視為理想化的表示方式，常見之例子包括模型飛機、畫像、地球儀等。同樣在科學和企業中，模型也扮演著重要的角色，諸如原子模型、基因結構模型、表示物理運動定律或化學反應的數學方程式、圖形、組織圖和產業會計系統等。這些模型在萃取研究對象的本質、顯示交互關係和協助分析上，具有無法衡量的重大價值。

數學模型也是理想化的表示方式，不過是用數學符號與公式來呈現，例如大家熟知的物理定律 $F = ma$ 和 $E = mc^2$。同理，企業問題的數學模型一樣是描述問題本質的聯立方程式系統及相關的數學式。所以，如果需要做 n 個相關的可量化決策，可以將其表示為**決策變數 (decision variables)**，例如 $x_1 \cdot x_2 \cdot \cdots \cdot x_n$，其值仍有待決定。接下來可以將適當的績效評估（如利潤），表示成這些決策變數的數學函數（例如 $P = 3x_1 + 2x_2 + \ldots + 5x_n$），稱為**目標函數 (objective function)**。所有決策變數數值的限制也是以數學方式表示，通常是不等式或等式〔例如 $x_1 + 3x_1x_2 + 2x_2 \leq 10$，這種表示限制的數學式稱為**限制式 (constraints)**〕。限制式與目標函數中的常數（亦即係數及右邊的值），稱為模型的**參數 (parameters)**。所以，數學模型將問題表示為選擇適當決策變數的值，在滿足限制式的條件下，將目標函數極大化。這種數學模型，或經過小幅修改的此種模型，即是典型的 OR 模型。

決定模型中適當的參數值（每個參數只有一個值），是模型建立過程中非常關鍵卻也相當困難的部分。雖然教科書的問題都是已知數值，但是在實務上，參數的值需要蒐集相關資料後才能決定。正如前節所述，精確的資料往往很難蒐集，所以，參數值通常是粗略的估計值而已。由於實際參數值的不確定性，分析現行參數值變化成其他可能的值時，模型所得到的解答會如何變化非常重要。這種過程稱為**敏感度分析 (sensitivity analysis)**，將在下一節（及第 7 章的大部分內容）進一步地討論。

雖然通常會說一個企業問題代表著「一個」數學模型，然而，實際問題往往不會只有一個「正確的」模型。第 2.4 節將說明如何藉由測試模型的過程，得到後續的一

連串模型,讓問題的表示方式愈來愈好,甚至有可能會發展出兩種以上完全不同類型的模型,以用於協助分析同一個問題。

本書後續將提供許多數學模型的範例。接下來幾章會討論一種特別重要的**線性規劃模型 (linear programming model)**,其目標函數與限制式中之數學函數都是線性函數。第 3 章介紹一些特別的線性規劃模型,可用於求解各種領域的問題,像是:(1) 最大化利潤的產品組合; (2) 不但能有效治療腫瘤,而且對鄰近健康器官傷害最小的放射治療設計; (3) 使總淨收益最大的農作物耕作面積分配方式;以及 (4) 成本最低且符合空氣品質標準的污染防治方法組合。

數學模型與問題的口頭描述相比,具有不少優點。其中一項是數學模型精簡許多,更容易理解問題的整體架構,有助於發現重要的因果關係,因此,可以更清楚地看出與分析相關的其他資料。這也有助於在處理整體問題的同時,考量到問題中的交互關係。最後,數學模型可連結功能強大的數學技巧和電腦以分析問題。事實上,個人電腦和大型電腦上的套裝軟體,已大量運用於求解許多數學模型。

不過,在使用數學模型時要避免犯下一些錯誤。這種模型必然是問題的抽象觀念。要使問題能夠求解,通常必須做許多數值的估計和簡化問題的假設。因此,必須謹慎以確保模型能正確地表示問題。判斷模型正確性的適當標準,在於模型是否足夠準確地預測其他替代方案的相對影響,以做出良好的決策。因此,對所有考量中的方案而言,一些效果都差不多且不重要細節和因素完全不需考慮。甚至連各種方案之績效評估單位的絕對尺度都不需要很精準,但其相對數值(即其值間之差異)必須足夠精確。所以,唯一要求是模型的預測和現實世界所發生的結果之間有高度相關性。欲確認是否滿足這個要求,大量的測試和後續的模型修正非常重要。這些將在第 2.4 節討論。雖然測試步驟在本章稍後才會介紹,實際上,模型驗證的工作在建立模型時即已進行,以協助引導建立數學模型。

在發展模型時,最好先從很簡單的版本開始,然後逐漸發展成為更完整的模型,以更準確地反映出真實問題之複雜性。在模型能夠求解的前提下,可以持續地進行模型豐富化。通常基本抵換是模型的精確度和求解難度(詳見參考文獻 9)。

建構目標函數是模型建立過程中的關鍵步驟,需要依據在定義問題時找出之決策者的終極目標,發展量化的績效評估標準。如果有多重的目標,通常會將這些評估標準經過轉換,結合成一個整合的評估標準,稱為**整體績效評估標準 (overall measure of performance)**。該標準或許是配合組織較高目標之有形目標(如利潤),或是抽象的目標(如效能)。後者之評估標準通常比較複雜,需要謹慎比較這些目標及其相對的重要性。整體績效評估標準建立之後,即可將此評估標準表示成決策變數之數學函數,以得到目標函數。此外,也有一些方法可以同時考量多重目標,例如目標規劃 (goal programming)。

> **範 例**
>
> Rijkswaterstaat 是負責水資源管理及公共工程的荷蘭政府部門,曾委外執行一項大型的 OR 研究,以引導新的全國性水資源管理政策發展方向。新的政策不但節省了數億美元的投資支出及每年減少 1,500 萬美元的農業損害,更減少熱能和藻類的污染。此 OR 研究不只是建立一個數學模型,而是發展一套包含了 50 個數學模型的整合系統!此外,某些模型甚至同時有簡單和複雜的兩個版本,簡單版用來取得基本的了解,包括抵換分析;複雜版則用來進行最終的分析,或者在需要非常精確或更詳細的結果時使用。整個 OR 研究投入了 125 人／年的人力(超過三分之一是用來蒐集資料),撰寫數十個電腦程式,而且產出大量的資料(詳見參考文獻 A8。其他案例可見參考文獻 A3 和 A9,其中獲獎的 OR 研究有效地整合了大量的數學模型)。

2.3 模型求解

問題的數學模型建構完成之後,OR 研究的下一個階段是發展一個程序(一般是以電腦為基礎的程序),以找出模型的解答。你可能會認為這一定是 OR 研究的主要部分,但是在大多數情況下並非如此。事實上,模型求解有時候是相對簡單的步驟,可以應用套裝軟體中的一種標準 OR **演算法**(**algorithm**,即有系統的解題程序)在電腦上求解。對具有豐富經驗的 OR 實務專家來說,求解是有趣的部分,而在其之前與之後的步驟才是真正重點,這包括本節稍後會討論的後最佳化分析。

因為本書的內容大多是討論如何求解各種重要類型的數學模型,所以不在此多做討論,不過仍需討論解之本質。

OR 通常是在尋找**最佳解** (optimal solution)。本書將會討論目前所建立出許多尋找 OR 問題最佳解的方法。但這些解只有對該模型而言是最佳解。由於模型僅是問題簡化後之形式,而非完全與原來的問題一致,故無法保證模型的最佳解也是可以導入以解決真實問題的最可能解。真實問題中有太多無法預知和不確定的因素。不過,只要模型正確且通過測試,其解應該會很接近真實問題的理想行動方案。因此,與其窮找不可能的情況,各位該以是否能比其他方法能指引出一個更好的行動方案,來測試 OR 研究能否在實務上成功。

已故的 Herbert Simon(著名的管理科學家及諾貝爾經濟獎得主)指出,**滿意化** (**satisficing**) 在實務上比最佳化更普遍。Simon 認為管理者通常只要找出問題的一個「足夠好的」解即可,因此將滿意 (satisfactory) 和最佳化 (optimizing) 結合成為滿意

應用實例

在 2012 年與聯合航空 (United Airlines) 的合併完成之前，大陸航空 (Continental Airlines) 是美國的主要航空公司之一，業務範圍包括客運、貨運與郵遞。該公司每天有超過 2,000 次航班，飛往 100 個以上的國內城市及約 100 個國外城市。在以聯合航空公司為存續公司的合併完成後，機隊有超過 700 架飛機，服務多達 370 個航點。

像大陸航空這樣的航空公司（現在已重整，成為聯合航空的一部分），每天必須面對各種突發事件所造成的航班中斷，包括天候惡劣、飛機機械出現故障或空勤人員不足等。這些航班中斷會造成航班延誤或取消，因而導致空勤組員無法完成後續排定的航班服務。此時，航空公司必須在符合政府法律規章、勞動契約及生活品質需求的條件下，以最具成本效益的方式，快速地重新指派空勤組員到沒有空勤組員的航班，並且讓受影響的空勤組員能繼續原先排定的行程。

為了解決這類問題，大陸航空的 OR 團隊開發了一套細膩的數學模型，可以在發生緊急狀況時，立即重新指派空勤組員到航班。由於航空公司擁有數千個空勤組員與每日航班，需要非常大的模型才能考量所有可能的空勤組員與航班配對。因此，此模型有數百萬個決策變數與數千條限制式。模型在上線的第一年（2001 年）共使用了四次，藉由重大的航班中斷復原（兩次暴風雪、一次水災及 911 恐怖攻擊），讓大陸航空公司節省大約 4,000 萬美元。後續也應用在許多日常的小規模航班中斷。

雖然後來其他航空公司都迫切地開始應用類似的作業研究方法，但大陸航空已具有領先的優勢，能夠更快速地從航班中斷復原，而班機的延誤或取消也較少。因此 21 世紀初當航空業艱困時，該公司仍可維持其相對強勢地位。大陸航空也因為這個專案，在 2002 年贏得國際著名的 Franz Edelman 獎，此為作業研究與管理科學的成就獎。

資料來源：G. Yu, M, Argüello, C. Song, S. M. McGowan, and A. White, "A New Era for Crew Recovery at Continental Airlines," *Interfaces*, **33**(1): 5-22, Jan.-Feb. 2003.（這篇文章的連結請參見本書網站 www.mhhe.com/hillier。）

化。與其嘗試建立一個整體績效的評估標準，以最好地整合各種想要達成之不同目標間的衝突（包括已經訂定的評估組織不同部門的準則），不如改採更為務實的方法。目標可以設定為各種領域績效的最低滿足標準，這或許可以參考過去的績效或是競爭對手的績效來訂定。若某一個解可以滿足所有的這些目標，即接受該解。此即滿意化之本質。

最佳化與滿意化之間的不同，反映出試圖在實務中導入理論時經常面臨理論與實務的差異。著名的英國 OR 先驅學者 Samuel Eilon 認為，「最佳化是終極的科學，滿意化則是可行的藝術。」[1]

OR 團隊試圖將「終極的科學」加到決策過程。但成功的團隊必須完全滿足決策

---

[1] S. Eilon, "Goals and Constraints in Decision-making," *Operational Research Quarterly*, **23**: 3-15, 1972.（1971 年加拿大作業研究學會年會演說詞。）

者的要求，在合理的時間內，找到一個可以接受的行動方案。因此，OR 研究的目標理應採最佳的方式來進行研究，不論這是否包括求得模型的最佳解。所以，在追求終極的科學之外，團隊應該也應該考量研究成本和延誤競爭力的缺點，以試圖最大化 OR 研究所得到的淨效益。在了解這個觀念後，OR 團隊有時會僅僅使用**啟發式演算法**（**heuristic procedure**，即依照直覺所設計之程序，並不保證可以得到最佳解）以尋找好的**次佳解 (suboptimal solution)**。當找尋一個問題的正確模型之最佳解需要很長的時間或很高的成本時，通常會採用這種作法。**通用啟發式演算法 (metaheuristics)** 近年來發展進步快速，除提供一般架構與策略原則，可用來設計特殊的啟發式演算法以求解特定的問題，其應用不斷地成長。

上述討論彷彿意指 OR 研究只是想找出一個解，而該解並不需要是最佳解。事實上，通常並非如此。原始模型之最佳解可能距離真實問題之理想解決方案相當遠，所以需要做額外的分析。因此，**後最佳化分析 (postoptimality analysis)**，亦即得到最佳解以後所做的分析，是大多數 OR 研究中非常重要的部分。有時候這種分析也被稱為**若則分析 (what-if analysis)**，因其探討如果 (if) 有關未來狀況的假設改變，對最佳解會產生什麼 (what) 影響之相關問題。這些問題一般是由進行最終決策之管理者（而非 OR 團隊）所提出的。

效能強大的試算軟體在進行「後最佳化分析」上扮演著一個重要的角色。試算表的優點之一是易用性，任何人（包括管理者）都能以互動的方式使用，以理解模型改變對最佳解所產生之影響（基於現有模型）。改變模型的實驗過程，在了解模型行為及增加對模型正確性的信心上有很大助益。

後最佳化分析的一部分包括進行**敏感度分析 (sensitivity analysis)**，以找出決定模型解的最關鍵參數（即「敏感參數」）。敏感參數通常定義如下（本書沿用此定義）：

> 對具有參數值的數學模型而言，其**敏感參數 (sensitive parameter)** 是指數值改變後，最佳解也會因而改變的參數。

找出敏感參數很重要，因必須特別小心指定這些參數值，以免模型輸出失真。

指定給參數的值通常只是某些量（如單位利潤）的估計值，其精確值只有在導入解後才可得知。故在找出敏感參數後，要特別注意估算各參數更精確的值，或至少估算其可能值的範圍。接下來，就是找出對敏感參數可能值的所有組合而言都特別好的解。

如果解是在求解過程中持續導入，則之後任何敏感參數值的改變，會立即顯示需要改變解。

在一些情況下，模型的某些參數代表政策制定的決策（例如資源分配），則這些

參數的值經常會有彈性，也許可減少一些其他參數的值，以增加某些參數的值。後最佳化分析包含了這種抵換分析之研究。

結合第 2.4 節的研究步驟（測試模型），後最佳化分析也包含了取得一連串趨近理想行動方案。利用初始解的明顯缺點可以改善模型、輸入資料，甚至求解程序，然後得到新的解，再重複這個循環。這個過程持續進行，直到新解的改善幅度太小而不值得繼續為止。即使如此，這些不同的解（也許是某個可能的模型及其輸入的最佳解），也可以提供給管理者做最終的抉擇。如第 2.1 節所建議的，應該依據管理階層所能進行最佳判斷的考量，提供幾個不同的解以做出最終選擇。

範例

再看看第 2.2 節末所述，Rijkswaterstaat 所進行的荷蘭全國水資源管理政策之 OR 研究。此研究最終並不只是建議一個解決方案，而是找出幾個不錯的可行方案並加以分析比較。最終的抉擇則是交給荷蘭的行政程序，得到國會的核准。敏感度分析在此研究中扮演了重要的角色。例如，模型中的某些參數代表環保標準。敏感度分析包括評估若這些參數值從現在的環保標準改變為某些合理的值，對水資源管理問題的影響。敏感度分析也用來評估改變模型假設的影響，例如，針對未來國際協議限制進入荷蘭之污染量的效果所做的假設。研究也分析了各種不同的情境（例如一個極端乾旱的年度和一個極端潮溼的年度），並給予適當的機率（參閱參考文獻 A11 和 A13，快速求得適當類型解是獲獎 OR 應用的關鍵）。

2.4 測試模型

建立一個大型數學模型在某些方面與發展一個大型電腦程式類似，第一個版本的電腦程式完成後，難免會包含許多錯誤。程式須經完整測試以儘可能找出並修正所有的錯誤。最後，在經過一連串的改善程式後，程式設計師（或團隊）能確認目前的程式通常可以得到相對正確的結果。即使程式裡難免還會有一些小錯誤（而且可能永遠不會被發現），但是重大的錯誤都已經被修正，因此可以安心地使用。

同理，大型數學模型的第一個版本難免會有許多缺陷。某些相關因素或交互關係顯然未被納入模型，以及某些參數值的估計顯然有誤。由於溝通與了解複雜的作業問題之所有層面以及蒐集可靠資料的困難，是難以避免的。因此在使用模型前，一定要經過完整的測試，以儘可能找出並修正所有的缺點。最後，經過一連串的改善模型後，OR 團隊能夠確認目前的模型可以產生合理正確的結果。雖然模型中難免還有一

些小缺點（而且可能永遠不會被發現），但重大的缺點都已經被修正，可以安心地使用。

這種測試及改善模型以提高其正確性的過程，通常稱為**驗證模型 (model validation)**。

驗證模型之過程與問題的本質和使用的模型有關，所以很難描述。不過本書仍將做一些通用的建議並提供一個範例（詳見參考文獻 3）。

由於 OR 團隊也許會以數月的時間來建立模型的全部細節，容易產生「見樹不見林」的情況。所以，在完成模型第一個版本的細節（「樹」）後，驗證模型時首先得重新檢視整體模型（「林」），以找到顯而易見的錯誤或疏漏。進行這項工作的團隊，最好至少有一位未曾參與建立模型的成員。重新檢視問題定義並將其與模型比較，或許有助於找出錯誤。確認所有數學式所用單位的尺度一致也有幫助。有時候修改參數或決策變數的值，並檢查模型的輸出是否合理，可以進一步了解模型的正確性。當參數或變數的值很接近其極大值或極小值時，效果特別顯著。

一種更系統化的模型測試方法是利用**回溯測試 (retrospective test)**。在適用的情況下，此種測試利用歷史數據來重建過去，然後判斷如果過去使用模型及所產生的解答，其績效會有多好。比較這種假設性表現和實際結果的效果，可以知道應用此模型是否明顯優於現行作法。它也能發現模型有缺陷並需要修改的地方。此外，利用模型的替代解及估計假設性的歷史表現，可以蒐集到大量有關模型預測各種可行方案相對效果之準確性的資料。

另一方面，回溯測試法的缺點在於使用的資料與建立模型的資料相同。此處的關鍵是過去能否真實地反映未來。若否，則模型未來的表現可能和過去有很大的不同。

欲彌補此一回溯測試法的缺點，有時可借助於暫時維持現狀來進一步測試模型。這可以提供在建立模型時所沒有的新資料，隨後以用同樣的方式使用這些資料來評估模型。

記錄驗證模型的過程很重要，有助於增加後續使用者對模型的信心。此外，如果未來對模型有所疑慮，這些文件則有助於診斷問題的可能所在。

範 例

思考一下一項為 IBM 公司所做的 OR 研究，其目的是整合該公司備用零件存貨的全國網路以改善顧客服務支援。此研究成果是一個新的存貨系統，不但改善了顧客服務，更減少了 2 億 5,000 萬美元的存貨，並且藉由提升作業效率，每年又額外節省了 2,000 萬美元。特別有趣的是，此研究的驗證模型階段將存貨系統

未來的使用者納入測試的方式。因為這些未來的使用者（IBM 公司負責導入存貨系統的管理者）對此開發中的系統存疑，故指派代表到使用者團隊，作為 OR 團隊之顧問。在新系統的先期版本（根據一個多階層的存貨模型）開發完成後，即展開系統的導入前測試 (preimplementation test)。而使用者團隊所提供的大量回饋，則使得該系統能大幅改善（詳見參考文獻 A5）。

2.5 準備使用模型

完成測試階段並且建立出一個可接受的模型後，接下來應該如何進行？如果模型會重複使用，下一個步驟就要根據管理階層的要求，建立一個文件完整的系統。此系統包括模型、求解流程（包括後最佳化分析），以及導入的作業程序。往後即使有人事變動，此系統仍然可以經常性地使用，以提供所需的數值解答。

此系統通常是電腦系統。事實上，這類系統經常需要使用及整合大量的電腦程式。資料庫 (database) 和管理資訊系統 (management information system) 可以在每次使用時，提供最新的模型輸入資料，不過這需要有介面程式。在模型上應用求解程序（另一個電腦程式），其他電腦程式會自動觸發結果的執行。有些情況下會安裝互動式 (interactive) 的電腦系統，稱為**決策支援系統 (decision support system)**，以協助管理者在需要時使用資料和模型來支援決策。另一種程式可以產生管理報表 (managerial report)，以管理階層的用語來解釋模型輸出及其應用的意義。

大型 OR 研究可能耗時數月（甚至更久）開發、測試及安裝這種電腦系統。這些工作的一部分包括發展和導入一個維護程序，可以持續維護系統未來的使用。當情況隨著時間而變化時，此程序應能依變化來修改電腦系統（包括模型）。

範例

第 2.2 節的「應用實例」描述了為大陸航空公司所做的 OR 研究，其建立一個大型的數學模型，以在發生航班中斷時，重新安排空勤組員。由於當航班中斷時需要立刻應用模型，所以發展了一個稱為 *CrewSolver* 的決策支援系統，以納入模型及儲存現有作業資料的大型記憶體存放區。安排空勤組員勤務的人員可以使用 CrewSolver 輸入有關航班中斷的資料，再利用圖形他的使用者介面，以取得立即重新安排空勤組員的解決方案（亦可見參考文獻 A4 和 A6，其中決策支援系統在獲獎的 OR 應用中，扮演了重要的角色）。

2.6　導入

在建立應用模型的系統後，OR 研究的最末階段是根據管理者的要求導入系統。此階段相當關鍵，因為只有在此時能夠獲得 OR 研究的效益。因此，OR 團隊參與推動此階段是很重要的，不但可以確保模型的解答被正確地轉換為作業程序，也可以修正所發現的解答缺陷。

導入階段的成功與否大多取決於最高管理階層和作業管理人員的支持。如果 OR 團隊在研究進行中適時地知會管理階層，讓他們能充分地了解研究進展，並且鼓勵管理階層積極參與指導，應該較能獲得支持。良好的溝通有助於確保研究達到管理階層的要求，並且給予管理階層更多研究的參與感，這些會促進他們對導入的支持。

導入階段包含幾個步驟。首先，OR 團隊詳細對作業管理階層解說新系統及其與實際作業之間的關係。接著，雙方共同負責發展將系統導入作業所需的程序。作業管理階層確保參與人員都接受完整的教育訓練後，即展開新的行動方案。如果成功，新系統也許會運作很長一段時間。有鑑於此，OR 團隊應觀察行動方案一開始的使用經驗，以找出未來應改進之處。

在使用新系統的整個期間內，持續取得系統運作情形以及模型是否仍滿足假設條件的回饋很重要。如果原始的假設有很大的改變，就應該重新檢視模型，以判斷系統是否需要任何修改。前面所述的後最佳化分析有助於引導這個重新檢視的過程（見第 2.3 節）。

在完成一個研究時，OR 團隊應明確記錄其方法，以使研究可重複 (reproducible)。可重複性 (replicability) 應該是作業研究人員職業道德規範的一部分。當研究有爭議性的公共政策時，這個條件特別重要。

範 例

此範例說明成功的導入階段可能需要在正式展開新程序前，即讓數千位員工參與。韓國三星電子公司在 1996 年 3 月開始進行一個大型的 OR 研究，發展新的方法與排程應用，以簡化整個半導體生產過程和降低半成品存貨。此研究持續進行了 5 年，直到 2001 年 6 月才完成，主要是因為導入階段所需的大量努力。OR 團隊需要藉由訓練新製造程序的原理與邏輯，取得管理者、製造人員和工程人員的支持。最終有超過 3,000 位員工參與訓練。接著公司逐漸地導入新的程序以建立信心。這種耐心的導入方式成效卓著，將這間半導體製造廠的效率由最差轉變至最佳。在此 OR 研究的導入完成時，已為該公司增加超過 10 億美元的營收（詳見參考文獻 A12。其他案例可見參考文獻 A4、A5 及 A7，縝密的導入策略在其中的獲獎 OR 研究裡扮演了關鍵的角色）。

2.7 結論

本書後續的內容雖然專注於建構 (constructing) 和求解 (solving) 數學模型,不過本章已經強調這只是典型 OR 研究整體過程的一部分。本章所討論的其他階段對於研究的成功也非常重要。在研讀之後各章時,試著記住在整個過程中,模型與求解程序所扮演的角色。然後,建議讀者在對數學模型有更深入的了解後,再規劃複習本章,以加深這個觀念。

OR 與電腦的運用密切相關,早期通常以大型電腦求解 OR 模型,現在則是大量使用個人電腦和工作站。

在結束本章有關 OR 研究之各個階段的討論前,必須強調本章所介紹的「規則」有很多的例外。在本質上,OR 需要相當的智慧和創新,因此不可能寫下任何 OR 團隊必須永遠遵守的標準程序。相對地,前述內容可以視為一個簡略說明如何成功進行 OR 研究的範例。

參考文獻

1. Board, J., C. Sutcliffe, and W. T. Ziemba: "Applying Operations Research Techniques to Financial Markets," *Interfaces*, **33**(2): 12–24, March–April 2003.
2. Brown, G. G., and R. E. Rosenthal: "Optimization Tradecraft: Hard-Won Insights from Real-World Decision Support," *Interfaces*, **38**(5): 356–366, September–October 2008.
3. Gass, S. I.: "Decision-Aiding Models: Validation, Assessment, and Related Issues for Policy Analysis," *Operations Research*, **31**: 603–631, 1983.
4. Gass, S. I.: "Model World: Danger, Beware the User as Modeler," *Interfaces*, **20**(3): 60–64, May–June 1990.
5. Hall, R. W.: "What's So Scientific about MS/OR?" *Interfaces*, **15**(2): 40–45, March–April 1985.
6. Han, J., M. Kamber, and J. Pei: *Data Mining: Concepts and Techniques*, 3rd ed. Elsevier/Morgan Kaufmann, Waltham, MA, 2011.
7. Howard, R. A.: "The Ethical OR/MS Professional," *Interfaces*, **31**(6): 69–82, November–December 2001.
8. Miser, H. J.: "The Easy Chair: Observation and Experimentation," *Interfaces*, **19**(5): 23–30, September–October 1989.
9. Morris, W. T.: "On the Art of Modeling," *Management Science*, **13**: B707–717, 1967.
10. Murphy, F. H.: "The Occasional Observer: Some Simple Precepts for Project Success," *Interfaces*, **28**(5): 25–28, September–October 1998.
11. Murphy, F. H.: "ASP, The Art and Science of Practice: Elements of the Practice of Operations Research: A Framework," *Interfaces*, **35**(2): 154–163, March–April 2005.

12. Murty, K. G.: *Case Studies in Operations Research: Realistic Applications of Optimal Decision Making*, Springer, New York, scheduled for publication in 2014.
13. Pidd, M.: "Just Modeling Through: A Rough Guide to Modeling," *Interfaces*, **29**(2):118–132, March–April 1999.
14. Williams, H. P.: *Model Building in Mathematical Programming*, 5th ed.,Wiley, Hoboken, NJ, 2013.
15. Wright, P. D., M. J. Liberatore, and R. L. Nydick: "A Survey of Operations Research Models and Applications in Homeland Security," *Interfaces*, **36**(6): 514–529, November–December 2006.

應用 OR 建模方法之獲獎論文（連結請參見本書網站 www.mhhe.com/hillier）

A1. Alden, J. M., L. D. Burns, T. Costy, R. D. Hutton, C. A. Jackson, D. S. Kim, K. A. Kohls, J. H. Owen, M. A. Turnquist, and D. J. V. Veen: "General Motors Increases Its Production Throughput," *Interfaces*, **36**(1): 6-25, January-February 2006.

A2. Altschuler, S., D. Batavia, J. Bennett, R. Labe, B. Liao, R. Nigam, and J. Oh: "Pricing Analysis for Merrill Lynch Integrated Choice," *Interfaces*, **32**(1): 5-19, January-February 2002.

A3. Bixby, A., B. Downs, and M. Self: "A Scheduling and Capable-to-Promise Application for Swift & Company," *Interfaces*, **36**(1): 69-86, January-February 2006.

A4. Braklow, J. W., W. W. Graham, S. M. Hassler, K. E. Peck, and W. B. Powell: "Interactive Optimization Improves Service and Performance for Yellow Freight System," *Interfaces*, **22**(1): 147-172, January-February 1992.

A5. Cohen, M., P. V. Kamesam, P. Kleindorfer, H. Lee, and A. Tekerian: "Optimizer: IBM's Multi-Echelon Inventory System for Managing Service Logistics," *Interfaces*, **20**(1): 65-82, January-February 1990.

A6. DeWitt, C. W., L. S. Ladson, A. D. Waren, D. A. Brenner, and S. A. Melhem: "OMEGA: An Improved Gasoline Blending System for Texaco," *Interfaces*, **19**(1): 85-101, January-February 1990.

A7. Fleuren, H., et al.: "Supply Chain-Wide Optimization at TNT Express," *Interfaces*, **43**(1): 5–20, January–February 2013.

A8. Goeller, B. F., and the PAWN team: "Planning the Netherlands' Water Resources," *Interfaces*, **15**(1): 3-33, January-February 1985.

A9. Hicks, R., R. Madrid, C. Milligan, R. Pruneau, M. Kanaley, Y. Dumas, B. Lacroix, J. Desrosiers, and F. Soumis: "Bombardier Flexjet Significantly Improves Its Fractional Aircraft Ownership Operations," *Interfaces*, **35**(1): 49-60, January-February 2005.

A10. Kaplan, E. H., and E. O'Keefe: "Let the Needles Do the Talking! Evaluating the New Haven Needle Exchange," *Interfaces*, **23**(1): 7-26, January-February 1993.

A11. Kok, T. de, F. Janssen, J. van Doremalen, E. van Wachem, M. Clerkx, and W. Peeters: "Philips Electronics Synchronizes Its Supply Chain to End the Bullwhip Effect," *Interfaces*, **35**(1): 37-48, January-February 2005.

A12. Leachman, R. C., J. Kang, and V. Lin: "SLIM: Short Cycle Time and Low Inventory in Manu- facturing at Samsung Electronics," *Interfaces*, **32**(1): 61-77, January-February 2002.

A13. Rash, E., and K. Kempf: "Product Line Design and Scheduling at Intel," *Interfaces*, **42**(5): 425–436, September–October 2012.

A14. Taylor, P. E., and S. J. Huxley: "A Break from Tradition for the San Francisco Police: Patrol Officer Scheduling Using an Optimization-Based Decision Support System," *Interfaces*, **19**(1): 4-24, January-February 1989.

習 題

2.1-1. 第 2.1 節的範例描述了為美林公司所做的獲獎 OR 研究，研讀參考文獻 A2 中的詳細內容。
  (a) 簡述展開此研究之背景。
  (b) 指出該論文中，陳述進行該研究之 OR 團隊（稱為管理科學團隊）之一般任務的敘述。
  (c) 指出管理科學團隊所獲得的每個客戶之資料類型。
  (d) 指出研究結果所提供該公司客戶的新訂價方案。
  (e) 此研究對美林公司的競爭地位有何影響？

2.1-2. 參考文獻 A1 描述為通用汽車所做的獲獎 OR 研究，研讀此參考文獻。
  (a) 簡述展開此研究之背景。
  (b) 此研究的目標為何？
  (c) 說明軟體如何被應用於自動蒐集所需資料。
  (d) 因此研究而提高的生產量，為該公司節省了多少成本？增加了多少營收？

2.1-3. 參考文獻 A14 描述為舊金山市警察局所做的 OR 研究，研讀此參考文獻。
  (a) 簡述展開此研究之背景。
  (b) 找出所要開發之排程系統的六個要求，以定義部分問題。
  (c) 說明如何蒐集所需資料。
  (d) 列舉此研究所產生之各種有形及無形的效益。

2.1-4. 參考文獻 A10 描述為美國康乃狄克州 New Haven 市衛生局所做的 OR 研究，研讀此參考文獻。
  (a) 簡述展開此研究之背景。
  (b) 簡述為蒐集資料而發展的追蹤和測試針頭及針筒的系統。
  (c) 說明此追蹤與測試系統所得到的初步結果。
  (d) 說明此研究對公共政策的影響及潛在影響。

2.2-1. 研讀第 2.2 節「應用實例」的參考文獻，該論文完整說明此 OR 研究的內容，列舉此研究所產生之財務與非財務的效益。

2.2-2. 參考文獻 A3 描述為 Swift & Company 所做的 OR 研究，研讀此參考文獻。
  (a) 簡述展開此研究之背景。
  (b) 說明此研究中三個一般形式模型的目的。
  (c) 根據此研究的結果，該公司目前運用多少個特殊模型？
  (d) 列舉此研究所產生之各種財務與非財務的效益。

2.2-3. 參考文獻 A8 描述為荷蘭 Rijkswaterstaat 所做的 OR 研究，研讀此參考文獻（請特別專注於第 3 至 20 頁和第 30 至 32 頁）。
  (a) 簡述展開此研究之背景。
  (b) 簡述此論文第 10 至 18 頁所描述之五個數學模式的目的。
  (c) 說明此論文第 6 至 7 頁所述，用來比較政策之「影響量度」（衡量績效）。
  (d) 列舉此研究所產生之各種有形與無形的效益。

2.2-4. 研讀參考文獻 5。
  (a) 找出作者所列舉的自然科學模型和 OR 模型範例。
  (b) 作者認為使用模型以進行自然科學研究的法則，可以用來引導作業的研究 (OR)，闡述作者的這個觀點。

2.2-5. 參考文獻 A9 描述為 Bombardier Flexjet 所做的獲獎 OR 研究，研讀此參考文獻。
  (a) 此研究之目標為何？
  (b) 如此論文第 53 頁和第 58 至 59 頁所述，此 OR 研究結合了許多不同的數學模型，是相當特殊的。參考本書目錄中各章的章名，列舉這些類型的模型。
  (c) 此研究所產生的財務效益為何？

2.3-1. 參考文獻 A 11 描述為飛利浦電子公司 (Philips Electronics) 所做的 OR 研究，研讀此參考文獻。

(a) 簡述進行此研究的背景。
(b) 此研究之目標為何？
(c) 開發軟體以協助迅速求解問題有哪些好處？
(d) 列舉此研究結果中的聯合規劃程序之四個步驟。
(e) 列舉此研究所產生之各種財務與非財務的效益。

2.3-2. 研讀參考文獻 5。

(a) 作者認為應用模型的唯一目的應該是找出最佳解，闡述作者的這個觀點。
(b) 作者認為在決定行動方案時，建構模型、評估由模型所得資訊，以及運用決策者的判斷，三者角色為互補關係，簡述作者的這個觀點。

2.3-3. 參考文獻 A13 描述為英特爾公司所做的 OR 研究，該研究在 2011 年獲得頒發給優異作業研究實務應用的 Daniel H. Wagner 獎，研讀此參考文獻。

(a) 此研究所要解決的問題為何？目標是什麼？
(b) 因為此問題太過複雜，不可能找到最佳解，哪一種演算法被用來尋找好的次佳解？

2.4-1. 參考文獻 A8 描述為荷蘭 Rijkswatertaat 所做的 OR 研究，研讀此參考文獻的第 18 至 20 頁，說明此研究在驗證模型步驟中所獲取的重要心得。

2.4-2. 研讀參考文獻 8，簡述作者對於觀察和實驗在驗證模型過程中所扮演角色的看法。

2.4-3. 研讀參考文獻 3 中第 603 至 617 頁的內容。

(a) 作者是否認為模型可以被完全驗證？
(b) 說明驗證模型、驗證資料、驗證邏輯／數學、驗證預測、驗證作業和動態驗證之不同。
(c) 說明敏感度分析在驗證模型作業中所扮演的角色。

(d) 作者對於是否存在一種適用於所有模型之驗證方法的觀點為何？
(e) 指出該論文所列舉基本驗證步驟的頁數。

2.5-1. 研讀參考文獻 A6 描述為德州石油公司 (Texaco) 所做的 OR 研究。

(a) 簡述展開此研究之背景。
(b) 簡要說明此 OR 研究所發展之決策支援系統 OMEGA 的使用者介面。
(c) OMEGA 系統持續地更新與擴充，以反映作業環境的改變。簡要說明各種改變。
(d) 簡述 OMEGA 的使用方式。
(e) 列舉由此研究所獲得之各種有形與無形的效益。

2.5-2. 參考文獻 A4 描述為 Yellow Freight System 所做的 OR 研究。

(a) 參考此論文第 147 至 149 頁的內容，簡述進行此研究的背景。
(b) 參考第 150 頁的內容，簡要說明此研究所發展的電腦系統 SYSNET，並簡述 SYSNET 的應用。
(c) 參考第 162 至 163 頁，說明為何 SYSNET 的互動式功能是重要的。
(d) 參考第 163 頁，簡述 SYSNET 的輸出。
(e) 參考第 168 至 172 頁，說明使用 SYSNET 的效益。

2.6-1. 參考文獻 A4 描述為 Yellow Freight System 公司所做的 OR 研究及其所發展的電腦系統 SYSNET，參考此論文的第 163 至 167 頁。

(a) 簡要說明 OR 團隊如何贏得高層管理人員支持，以導入 SYSNET。
(b) 簡要說明其所發展的導入策略。
(c) 簡要說明現場的導入。
(d) 簡要說明導入 SYSNET 所採取的獎勵與強制執行制度。

2.6-2. 參考文獻 A5 描述為 IBM 公司所做的 OR 研究及其發展的電腦系統 Optimizer。

(a) 簡述展開此研究之背景。
(b) 列舉 OR 團隊人員在開始發展模型和求解演算法時，所面臨的困難因素。
(c) 簡要說明 Optimizer 的導入前測試。
(d) 簡要說明現場導入測試。
(e) 簡要說明全國性導入。

(f) 列舉本研究所產生之各種有形及無形的效益。

2.6-3. 研讀參考文獻 A7，其描述為 TNT Express 所做的 OR 研究，此研究獲得 2012 年的 Franz Edelman 獎，以表彰其在作業研究與管理科學上的成就。此研究為該公司發展出一個世界性的全域最佳化 (Global Optimization; GO) 程式。其後並建立「GO 學院」，以訓練參與導入該程式的關鍵員工。

(a) GO 學院的主要目標為何？
(b) 受訓員工投入多少時間於此程式？
(c) 畢業員工被指派什麼工作？

2.7-1. 從本章參考文獻的後半部分中，選出一篇獲獎的 OR 建模方法應用（其他習題的參考文獻除外），研讀此論文，並撰寫兩頁有關此應用及其效益（包括非財務效益）的摘要報告。

2.7-2. 從本章參考文獻的後半部分中，選出三篇獲獎的 OR 建模方法應用（其他習題的參考文獻除外），研讀這些論文，並為每篇論文撰寫一頁有關應用及其效益（包括非財務效益）的摘要報告。

2.7-3. 研讀參考文獻 4。作者描述了任何發展及應用電腦 OR 模型的 13 個小階段，然而本章描述了六個較大的階段。對於每個較大的階段，列出其所包含或部分包含的小階段。

Chapter 3 線性規劃概論

　　線性規劃的發展已成為 20 世紀中期最重要的科學進展,而我們也不可否認,線性規劃自 1950 年以來所已產生顯著的影響。當今,線性規劃已成為全世界工業國企業節省大筆成本的標準方法,並快速拓展至其他產業之應用。大部分電腦科學計算與線性規劃有關,而目前也已經有專門介紹線性規劃的教科書,相關出版文獻也相當多。

　　各位可以透過後續的範例,更深入了解此方法的特性。也就是,線性規劃最常見的應用是以最佳方式,將有限資源 (limited resource) 分配至相互競爭活動。此問題更涉及在競爭稀有資源的活動中進行選擇,而各活動所消耗的資源則取決於所選擇的活動水準。從產品生產設施分配至國內需求的國家資源分配、從投資組合選擇至運送方式選擇。自農業規劃至放射治療設計等層面選擇皆適用。儘管情況有所不同,但都藉由選擇活動水準來分配所需資源。

　　線性規劃以數學模型來說明所關注的問題。線性 (linear) 一詞意謂模型中的數學函數需為線性函數 (linear function)。規劃 (programming) 一詞在此並非指電腦程式設計,而是計劃 (planning)。所以,線性規劃包含取得最佳結果的計劃活動 (planning of activities),亦即在所有可行方案中,最接近設定目標(依據數學模型)之結果。

　　雖然活動的資源分配是最為常見的應用,線性規劃仍有許多其他不同的重要應用。任何符合一般線性規劃形式的數學模型問題其實都屬於線性規劃問題(故我們經常將線性規劃問題及其模型簡稱為**線性規劃** (linear program) 或 LP)。另外,非常有效率的**單形法 (simplex method)** 也能用來求解極大規模的線性規劃問題。上述這些都是線性規劃在近幾十年內形成重大影響的部分原因。

　　由於線性規劃的顯著重要性,本章及後續六章都將專注於相關的討論。在本章的

線性規劃一般性質介紹後，第 4 章和第 5 章專注於單形法，第 6 章和第 7 章討論使用單形法求解線性規劃問題後的進一步分析工作，第 8 章和第 9 章則討論一些重要的特殊形式線性規劃問題。

後面幾章中可以看到作業研究 (OR) 其他領域的線性規劃應用。

本章首先介紹一個簡單的典型線性規劃問題範例。這個範例小到可以直接利用圖解法求解。3.2 節和 3.3 節介紹一般的線性規劃模型 (linear programming model) 及其基本假設。3.4 節介紹更多線性規劃應用的範例。3.5 節說明如何以試算表建構及求解中小型線性規劃模型。然而，有些實務線性規劃問題需要非常龐大的模型。3.6 節說明龐大的模型是如何產生的，以及借助於特殊的模型語言，例如 MPL 與 LINGO（本書網站的本章補充教材 2 將介紹其建模），如何成功建立其模型。

3.1 典型範例

Wyndor 玻璃公司生產包括窗戶及玻璃門等高品質玻璃產品。該公司有三廠，工廠 1 生產鋁框及五金，工廠 2 製造木框，工廠 3 則負責玻璃和組裝產品。

由於收益減少，管理者決定要調整產品線，停止生產無利潤產品，讓既有產能來製造有極大銷售潛力的兩項新品：

產品 1：8 呎鋁框玻璃門

產品 2：4 × 6 呎雙鉤木框窗

產品 1 需要工廠 1 與工廠 3 產能，但不需工廠 2 產能。產品 2 則只需工廠 2 和工廠 3 產能。行銷部認為公司能出售工廠生產的全部產品。但由於這兩項產品皆需工廠 3 產能，故不知要如何採用這兩項產品生產組合，才能獲取最大利潤。因此，公司籌組一 OR 團隊來研究此問題。

OR 團隊先跟管理團隊商討，確認目標。依討論結果推導出下列問題定義：

> 我們基於這三廠可用產能限制，來決定兩項新產品生產率，以極大化總利潤（各項產品之生產批量為 20 件，故將生產率定義為每週生產批數）。只要滿足這些限制，任何生產率組合皆可，其中包括不生產其中一項產品、盡可能生產另一項產品的情況。

OR 團隊也確認所需蒐集資料：

1. 各廠每週能用來生產這兩項新品的生產時間（這些廠大部分生產時間已分配給現有產品，故生產新品的生產時間相當有限）。

應用實例

年營業額超過 80 億美元、總部位於美國科羅拉多州 Greeley 市的 Swift & Company，是間專門銷售牛肉及相關產品的多角經營肉品製造商。

公司管理團隊認為要改善銷售與生產績效，須達成三大主要目標。第一，讓公司客服人員能依交貨時間與產品保存期限情況，提供正確的目前和未來庫存量資訊給該公司超過 8,000 名客戶。第二，提供各廠 28 天（為一周期）的高效率輪班生產計畫。第三，在考慮現有牛隻數量與工廠產能條件後，正確判斷各廠是否能在客戶要求的交貨期限內配送產品。為因應這三大挑戰，OR 團隊利用三種基礎模型，開發一套整合 45 種線性規劃模型系統，配合 5 家牛肉工廠接單狀況，進行牛肉加工排程。這套系統運作第一年的總效益為 1,274 萬美元，其中 1,200 萬美元是由於產品組合最佳化所致。其他還包括減少訂單損失、減少折扣幅度，及提高準時交貨率。

資料來源：A. Bixby, B. Downs, and M. Self, "A Scheduling and Capable-to-Promise Application for Swift & Company," *Interfaces,* **36**(1): 39–50, Jan.–Feb. 2006.（這篇論文的連結請參見本書網站 www.mhhe.com/hillier。）

2. 各廠生產各項新品每一批次所需生產時間。
3. 各項新品一批次的利潤（OR 團隊認為，無論總生產批數，每多生產一批次所得利潤大致固定。因此，每批次產品利潤是適當的衡量標準。因為生產及行銷新品的起始成本都不多，各產品總利潤大約等於此每批次產品利潤乘以生產批次數）。

要合理估計這些數量，有賴該公司各單位關鍵人員協助。製造部同仁提供第 1 類資料。第 2 類資料的預估需要參與新品製程設計的製造工程師來分析。會計部門會經由分析工程師與行銷部提供的成本資料及行銷部的訂價策略，進行第 3 類數字預估。

所蒐集的資料彙整於表 3.1。

OR 團隊立刻確認出此為經典**產品組合 (product mix)** 類型的線性規劃問題，接著開始建立其相對應的數學模型。

建立線性規劃問題模型

依據上述問題定義，我們需要決定各產品的每週生產批數，才得以極大化該產品之總利潤。因此，為建立此問題之數學（線性規劃）模型，令

x_1 ＝產品 1 每週生產的批數
x_2 ＝產品 2 每週生產的批數
Z ＝由生產兩項產品所得的每週總利潤（千元）

因此，x_1 和 x_2 為此模型的決策變數 (decision variable)。由表 3.1 最底列資訊，我們得知

$$Z = 3x_1 + 5x_2$$

■ 表 3.1　Wyndor 玻璃公司問題的資料

工廠	每批生產時間（小時） 產品		每週可用生產時間（小時）
	1	2	
1	1	0	4
2	0	2	12
3	3	2	18
每批利潤	$3,000	$5,000	

目標是要選擇 x_1 和 x_2 的值，以極大化 $Z = 3x_1 + 5x_2$，但此兩決策變數值受限於這三廠有限的可用產能。根據表 3.1，每週生產一批產品 1 需要使用工廠 1 每週 1 小時的生產時間，而該廠每週可用時間僅有 4 小時。此限制式能以數學不等式 $x_1 \leq 4$ 表示。而工廠 2 的限制式是 $2x_2 \leq 12$。選擇 x_1 和 x_2 作為新產品的生產率，則工廠 3 每週可用生產時間是 $3x_1 + 2x_2$，所以工廠 3 的限制式是 $3x_1 + 2x_2 \leq 18$。由於生產率不能為負值，所以必須限制決策變數不得為負：$x_1 \geq 0$ 及 $x_2 \geq 0$。

總之，這個問題以線性規劃來說，要選擇 x_1 和 x_2 的值，以

極大化　　$Z = 3x_1 + 5x_2$，

受限於

$$x_1 \leq 4$$
$$2x_2 \leq 12$$
$$3x_1 + 2x_2 \leq 18$$

及

$$x_1 \geq 0, x_2 \geq 0$$

（注意此線性規劃模型 x_1 和 x_2 係數的排列方式，基本上和表 3.1 的資訊完全相同。）

此為**資源配置問題 (resource-allocation problem)** 的經典範例，也是最常見的線性規劃問題。資源配置問題主要在於大部分或所有函數限制式是資源限制式 (resource constraints)。資源限制式的右端代表某些資源的可用量，其左端則代表該資源的使用量，所以左端必須 ≤ 右端。產品組合問題是資源配置問題的一種。我們會在 3.4 小節中介紹一些其他類型的資源配置問題以及其他種類的線性規劃問題。

圖解法

這個非常小的問題只有兩個決策變數，因此只有兩個維度，所以能用圖形方法來解題。此圖解法以 x_1 和 x_2 為座標軸，建立起一兩度空間圖形。第一步是確認限制式

容許值 (x_1, x_2)，也就是畫出每一限制式允許值範圍的邊界線。首先，非負限制式 $x_1 \geq 0$ 和 $x_2 \geq 0$ 要求 (x_1, x_2) 落在軸的正值部分（包括在軸上），也就是第一象限中。接下來，限制式 $x_1 \leq 4$ 也就表示 (x_1, x_2) 不能落在直線 $x_1 = 4$ 的右方。圖 3.1 顯示了陰影區域只包含容許的 (x_1, x_2) 值。

在同樣的情況下，限制式 $2x_2 \leq 12$（即 $x_2 \leq 6$）代表要加入直線 $2x_2 = 12$ 作為容許區域的邊界。最後的限制式 $3x_1 + 2x_2 \leq 18$ 需要以 $3x_1 + 2x_2 = 18$ 來呈現，以完成邊界（滿足 $3x_1 + 2x_2 \leq 18$ 的點是在直線 $3x_1 + 2x_2 = 18$ 上或下方，故其上方的點違反該不等式）。我們稱最終取得 (x_1, x_2) 容許值區域為**可行解區域 (feasible region)**，如圖 3.2 所示（OR Tutor 中的 *Graphical Method* 更詳細說明建立可行解區域的實例）。

最後在此可行解區域中，挑出能讓 $Z = 3x_1 + 5x_2$ 值最大的點。我們若想知道該如何有效執行此步驟，可以先用試誤法 (trial and error)。比如先試試看 $Z = 10 = 3x_1 + 5x_2$ 的容許區域中是否有 (x_1, x_2) 值能讓 $Z = 10$。透過畫出 $3x_1 + 5x_2 = 10$ 的直線（圖 3.3），各位能看到此直線上有許多點落在此區域內。在其中隨意選取 $Z = 10$ 後，接著嘗試較大 Z 值，如 $Z = 20 = 3x_1 + 5x_2$。而圖 3.3 顯示直線 $3x_1 + 5x_2 = 20$ 中一段落在此區域，故 Z 最大容許值必定至少為 20。

現在我們來看圖 3.3，其中兩條直線為平行。這並非巧合，因任一以此方式描繪之直線，以其 Z 值形式為 $Z = 3x_1 + 5x_2$，亦即 $5x_2 = -3x_1 + Z$，或是

$$x_2 = -\frac{3}{5}x_1 + \frac{1}{5}Z$$

我們稱此方程式為目標函數的**斜截式 (slope-intercept form)**，亦即顯示目標函數的斜率 (slope) 是 $-\frac{3}{5}$（由於 x_1 每增加 1 單位，x_2 會改變 $-\frac{3}{5}$），而其 x_2 軸的截距 (intercept) 是 $\frac{1}{5}Z$（由於 $x_1 = 0$ 時，$x_2 = \frac{1}{5}Z$）。斜率固定是 $-\frac{3}{5}$ 也就代表以此方式描繪的直線會互相平行。

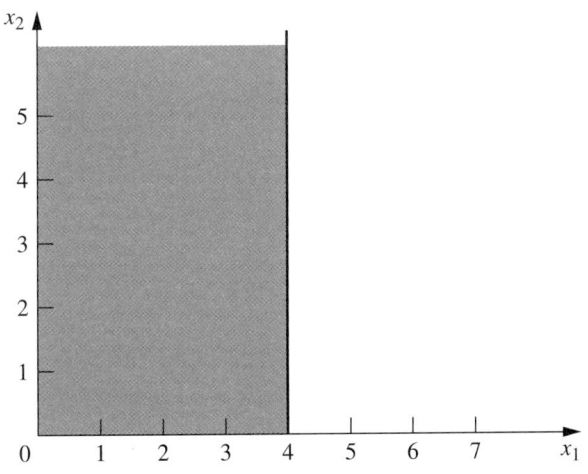

■ 圖 **3.1** 陰影區域顯示 $x_1 \geq 0$、$x_2 \geq 0$ 和 $x_1 \leq 4$ 所容許的 (x_1, x_2) 值。

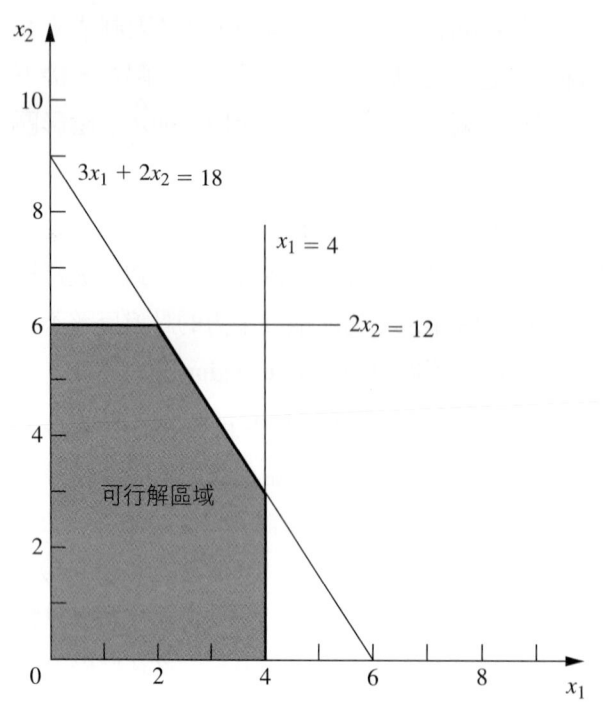

■ 圖 **3.2** 陰影區域顯示 (x_1, x_2) 的容許值，稱為可行解區域。

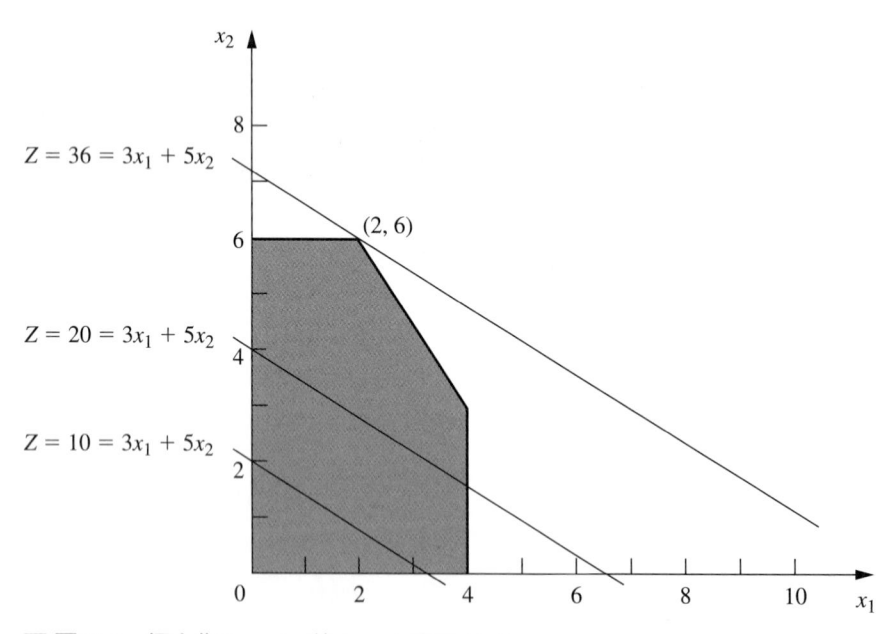

■ 圖 **3.3** 極大化 $3x_1 + 5x_2$ 的 (x_1, x_2) 值是 $(2, 6)$。

再來比較圖 3.3 中的 $10 = 3x_1 + 5x_2$ 和 $20 = 3x_1 + 5x_2$，我們能注意到有較大 Z 值的直線 ($Z = 20$) 距離原點較另一直線 ($Z = 10$) 遠。這也能從目標函數的斜截式看到，若選取的 Z 值增加時，x_1 軸的截距 ($\frac{1}{5}Z$) 也會跟著增加。

我們從上述觀察可知，圖 3.3 中建立直線的試誤法僅描繪出一組於可行解區域內所含至少一點的平行直線，再選出與最大 Z 值對應之直線。圖 3.3 呈現此直線通過 (2, 6)，即代表**最佳解 (optimal solution)** 是 $x_1 = 2$ 和 $x_2 = 6$。此直線方程式為 $3x_1 + 5x_2 = 3(2) + 5(6) = 36 = Z$，表示 Z 的最佳值是 $Z = 36$。如圖 3.2 所示，點 (2, 6) 是兩條直線 $2x_2 = 12$ 和 $3x_1 + 2x_2 = 18$ 的交點，而此點可透過代數方式計算得到，也就是求出這兩個方程式的聯立解。

我們在見過用試誤法求最佳點 (2, 6) 之後，各位能簡化此方法求解其他問題。不用繪出許多平行線，僅以一直尺形成一直線的方式就足以建立斜率。接著以增加 Z 值方向、固定斜率移動直尺，通過可行解區域（目標為極小化 Z 值時，則沿 Z 值遞減方向移動直尺）。在通過此區域一點的最後一瞬間，停止移動直尺，此點即為欲求之最佳解。

我們通常稱此方法為線性規劃的**圖解法 (graphical method)**，能用來求解任兩決策變數的線性規劃問題。以此方法來求解三個決策變數問題會相當困難，而問題超過三個以上決策變數則無法使用（下一章會介紹求解大型問題的單形法）。

結論

OR 團隊以此方法求得最佳解為 $x_1 = 2$、$x_2 = 6$，其 $Z = 36$。這代表 Wyndor 玻璃公司每週應生產 2 批產品 1 和 6 批產品 2，每週總利潤為 $36,000。以此模型來看，其他產品組合的獲利都沒這麼高。

然但我們曾在第 2 章強調過，優秀的 OR 研究不僅是找到初始模型中一解就停止。第 2 章中 6 個階段都很重要，包括徹底測試模型（2.4 節）和後最佳化分析（2.3 節）。

OR 團隊在完全了解實際情況後，現在準備好以更嚴謹方式來評估模型的正確性（見 3.3 節）及進行敏感度分析，以了解因錯誤估計、環境改變等因素對表 3.1 估計值的影響（7.2 節會再探討）。

利用 OR Courseware 繼續學習

各位會發覺到本書專屬網站上 OR Courseware 有助各位學習。OR Tutor 程式是此教學軟體的重點，其中包括了本節圖解法的完整範例，同時提供另一個用圖解法逐步求解的線性規劃模型範例。本書其他許多範例能透過軟體來理解文字不容易傳達的觀念。此軟體說明文件請參考附錄 1。

若想看更多例題，可以參閱本書專屬網站的 Solved Examples 所提供完整解答之例題，以進行補充。本章一開始例題很簡單，以建立一小型線性規劃模型，再應用圖解法求解，而後續例題則愈來愈有挑戰性。

OR Courseware 的另一重點是提供互動程序、執行本書各種求解方法的 IOR Tutorial 程式，讓各位能專注在有效學習和執行求解方法的邏輯，並讓電腦進行所有計算。其中有個應用圖解法求解線性規劃的互動程式，各位熟悉此程式後，這第二個程式能讓各位快速應用圖解法，針對問題資料改變之影響進行敏感度分析。這些求解過程和結果都能列印出來當作作業。和 OR Tutorial 中的其他程式一樣，這些程式都經過特別設計，以提供各位求解過程中快速、有趣和具啟發性的學習經驗。

當線性規劃模型有超過兩個決策變數時（故不能用圖解法），各位可用第 4 章的單形法立刻得到最佳解。這也有助於驗證模型，因為求到一不合理的最佳解，即代表各位的模型有誤。

本書 1.5 節曾提到 OR Courseware 會介紹四種常用的商業套裝軟體：Excel 及其 Solver、功能強大的 Excel 增益集 Analytical Solver Platform、LINGO/LINDO 和 MPL/Solvers，可以用來求解各式各樣的 OR 模型。這四種套裝軟體都有求解線性規劃模型的單形法。3.5 節將說明如何以 Excel 搭配 Solver，建立及求解試算表形式的線性規劃模型。其他套裝軟體分別在 3.6 節（MPL 和 LINGO）、本章補充教材 1 和 2 (LINGO)、4.8 節（LINDO 和幾種 MPL 的 Solver）及附錄 4.1（LINGO 和 LINDO）加以說明。網站也提供了 MPL、LINGO 與 LINDO 的教學。此外，OR Courseware 裡有一個 Excel 檔案、一個 LINGO/LINDO 檔案及一個 MPL/Solvers 檔案，示範如何以這些軟體求解本章中的所有例題。

3.2 線性規劃模型

Wyndor 玻璃公司問題旨在說明典型（小型）線性規劃問題。不過，線性規劃過於多樣，以至於無法完全以單例呈現其特色。我們在本節要討論線性規劃問題的一般特性，這包括了各式數學模型。

就讓我們先說明一些基本專有名詞與符號。表 3.2 第一欄彙整 Wyndor 玻璃公司問題要素，第二欄則介紹更多對應的一般線性規劃問題通用名詞。關鍵字為資源 (resource) 與活動 (activity)，其中 m 為不同類可用資源數量，n 是各式活動的數量。有些典型資源是資金、機器、設備、車輛和人員。活動的例子包含投注特定計畫、特定媒體廣告、將貨物從某特定點運至某點等。在線性規劃應用中，所有活動可能屬於同一種通用類型（如這三個例子之一），且個別活動則為此通用類型之特例。

■ 表 3.2　線性規劃的專有名詞

典型範例	一般問題
工廠的產能	資源
3 座工廠	m 種資源
產品的生產	活動
2 種產品	n 種活動
產品 j 的生產率 x_j	活動 j 的水準 x_j
利潤 Z	整體績效評估 Z

一如本章開始所述，最普遍線性規劃的應用類型是各種活動資源的分配。由於各類資源可用量有限，故須謹慎分配。資源分配決策包含選定各項能達成最佳整體績效評估 (overall measure of performance) 之活動水準。

我們經常會用某些符號來表示線性規劃模型要素，如下所示：

$Z =$ 整體績效評估的值。

$x_j =$ 活動 j 的水準 $(j = 1, 2, \ldots, n)$。

$c_j =$ 活動 j 的水準每增加 1 單位，所造成 Z 的增加量。

$b_i =$ 資源 i 可用來分配的數量 $(i = 1, 2, \ldots, m)$。

$a_{ij} =$ 每單位的活動 j 所使用的資源 i 數量。

模型利用活動水準的決策呈現問題，因此 x_1、x_2、$\ldots$、x_n 稱為**決策變數 (decision variable)**。如表 3.3，c_{ij}、b_i 和 a_{ij} ($i = 1, 2, \ldots, m$ 及 $j = 1, 2, \ldots, n$) 的值是模型的輸入常數 (input constant)，又稱模型的**參數 (parameter)**。

注意表 3.3 和表 3.1 間的對應。

■ 表 3.3　資源分配問題的線性規劃模型所需資料

	每單位活動的資源使用量				
	活動				
資源	1	2	$\ldots$	n	資源可用量
1	a_{11}	a_{12}	$\ldots$	a_{1n}	b_1
2	a_{21}	a_{22}	$\ldots$	a_{2n}	b_2
.	$\ldots$	$\ldots$	$\ldots$	$\ldots$	.
.					.
m	a_{m1}	a_{m2}	$\ldots$	a_{mn}	b_m
每單位活動對 Z 的貢獻	c_1	c_2	$\ldots$	c_n	

模型的標準形式

接續 Wyndor 玻璃公司問題,我們現在能建立活動資源分配問題的通用數學模型。此模型是要選定 $x_1 \cdot x_2 \cdot \cdots \cdot x_n$ 的值,以

$$\text{極大化} \quad Z = c_1x_1 + c_2x_2 + \cdots + c_nx_n,$$

受限於

$$a_{11}x_1 + a_{12}x_2 + \cdots + a_{1n}x_n \leq b_1$$
$$a_{21}x_1 + a_{22}x_2 + \cdots + a_{2n}x_n \leq b_2$$
$$\vdots$$
$$a_{m1}x_1 + a_{m2}x_2 + \cdots + a_{mn}x_n \leq b_m,$$

及

$$x_1 \geq 0, \quad x_2 \geq 0, \quad \ldots, x_n \geq 0。$$

我們在本書稱此模型為線性規劃問題的標準形式[1],符合此模型的任何數學公式都是線性規劃問題。

Wyndor 玻璃公司範例符合前一節所建立的標準形式,其中 $m = 3 \cdot n = 2$。

我們將線性規劃模型常用專有名詞彙整如下。需要極大化的函數 $c_1x_1 + c_2x_2 + \cdots + c_nx_n$ 稱為**目標函數 (objective function)**,限制條件通常稱為**限制式 (constraint)**,前面 m 條限制式稱為**函數限制式 (functional constraint)** 或結構限制式 (structural constraint),限制條件 $x_j \geq 0$ 則稱為**非負限制式 (nonnegativity constraint)** 或非負條件 (nonnegativity condition)。

其他形式

然而前述的並不見得適合所有的問題,以下是其他形式:

1. 極小化而不是極大化目標函數:

$$\text{極小化} \quad Z = c_1x_1 + c_2x_2 + \cdots + c_nx_n。$$

2. 有些函數限制式有大於或等於的不等式:

$$a_{i1}x_1 + a_{i2}x_2 + \cdots + a_{in}x_n \geq b_i,對某些 i 值。$$

3. 有些函數限制式為等式:

$$a_{i1}x_1 + a_{i2}x_2 + \cdots + a_{in}x_n = b_i,對某些 i 值。$$

4. 有些決策變數沒有非負限制式:

$$x_j 不限正負號,對某些 j 值。$$

---

[1] 加上「本書」是因為某些教科書採用其他形式。

任何包含這些全部或部分形式、其他部分與前面模型一樣的問題，仍為線性規劃問題。「在互相競爭的各種活動間進行有限資源分配」此解釋也許不再適用。但無論如何，只要數學定義符合這些容許形式，就屬於線性規劃問題。因此，線性規劃問題的精簡定義為，模型各部分符合標準形式或上列其他形式。

模型解的專有名詞

各位過去也許會將「解」此字來表示問題最後答案，但線性規劃（及延伸）的情況並非如此。在此，任何決策變數 ($x_1, x_2, \ldots, x_n$) 的特定值，不論是否為所求或僅是一個容許選項，都稱為**解 (solution)**。因此，不同型態的解需要以適當的形容詞來區別。

可行解 (feasible solution) 為滿足所有限制式的解。

不可行解 (infeasible solution) 為違反至少一條限制式的解。

以圖 3.2 為例，點 (2, 3) 和 (4, 1) 是可行解，而點 (−1, 3) 和 (4, 4) 則是不可行解。

可行解區域 (feasible region) 為所有可行解的集合。

而此例的可行解區域是圖 3.2 的陰影部分。

對一個問題來說，有可能**沒有可行解 (no feasible solutions)**。而在此例題中，若為彌補部分產線停產損失，新產品每週淨利潤則必須至少達到 $50,000。其對應之限制式 $3x_1 + 5x_2 \geq 50$ 會刪除整個可行解區域，故沒有任何新產品組合能改善現況（見圖 3.4）。

若已知有可行解，線性規劃目的則為依據模型之目標函數值，找出最佳可行解。

最佳解 (optimal solution) 的可行解就是具有最有利目標函數值。

對於需極大化之目標函數來說，**最有利值 (most favorable value)** 為其最大值，而需極小化之目標函數則為其最小值。

大多數問題僅有單一最佳解。但某些問題的最佳解也許有一個以上。若例題中的產品 2 的每批利潤改成 $2,000，目標函數會變為 $Z = 3x_1 + 2x_2$，則連結點 (2, 6) 和 (4, 3) 的線段上所有點皆為最佳解（見圖 3.5）。如本例中任何有**多重最佳解 (multiple optimal solutions)** 的問題將有無限個最佳解，且每個皆有相同目標函數值。

另一種可能則是一問題**沒有最佳解 (no optimal solution)**。這只發生在 (1) 無可行解，或是 (2) 限制式無法防止目標函數值 (Z) 無限往有利方向改善。我們稱後者為有**無界 Z 值 (unbounded z)** 或無界目標值 (unbounded objective)。以圖 3.6 為例，若我們誤刪最後兩函數限制式，就會出現此情形。

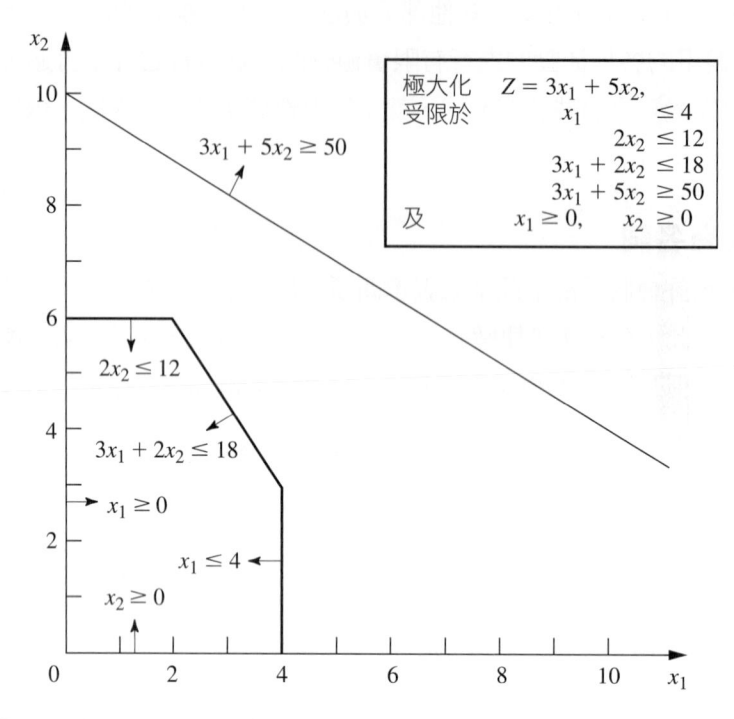

■ 圖 3.4　如果 Wyndor 玻璃公司問題增加限制式 $3x_1 + 5x_2 \geq 50$，則無可行解。

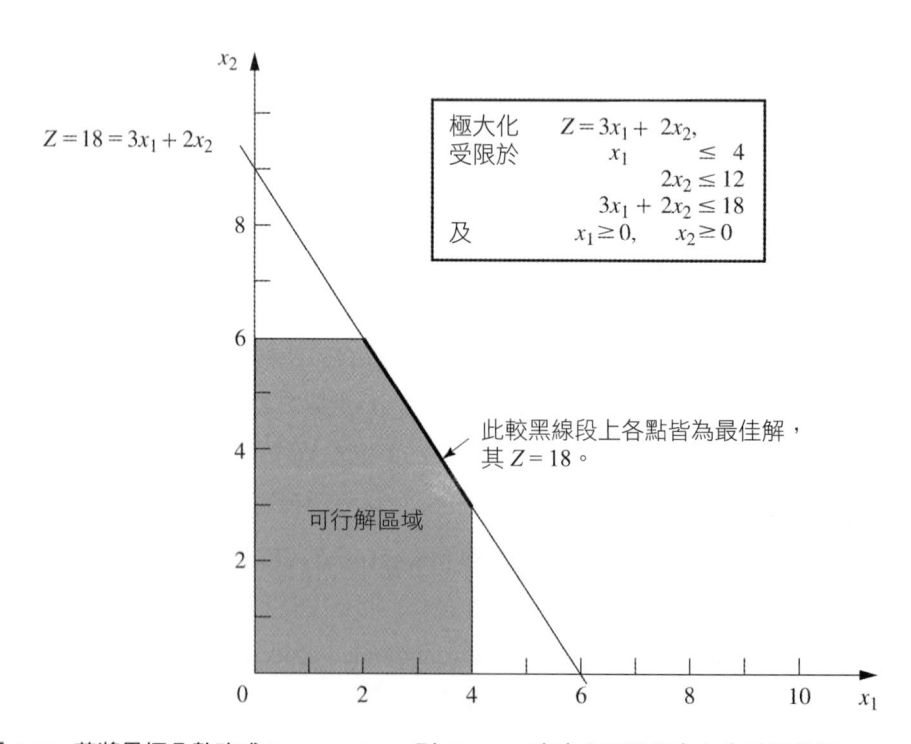

■ 圖 3.5　若將目標函數改成 $Z = 3x_1 + 2x_2$，則 Wyndor 玻璃公司問題會有多重最佳解。

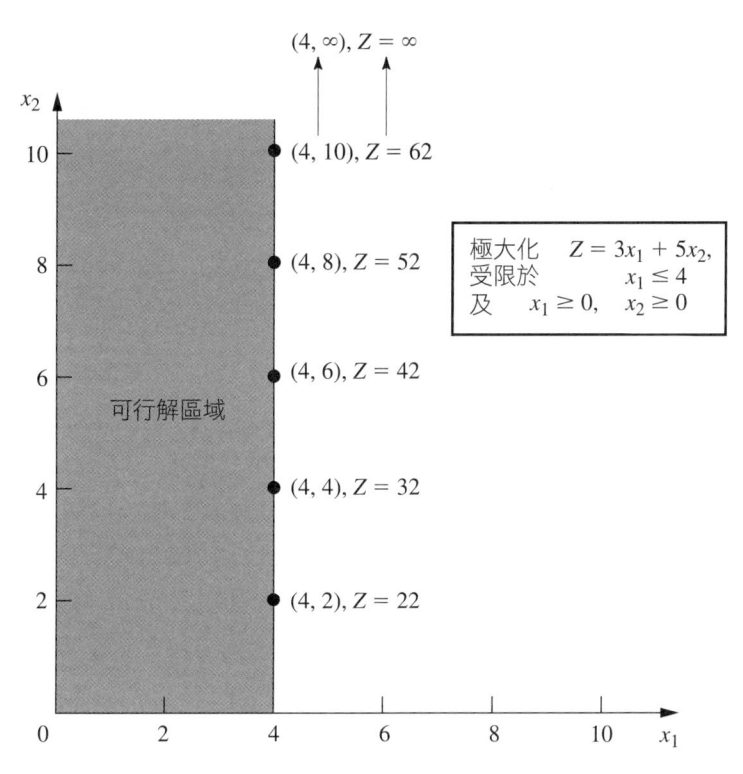

■ 圖 3.6　若 $x_1 \leq 4$ 是唯一的限制式，則 Wyndor 玻璃公司問題無最佳解。因為 x_2 在可行解區域內可以無限地增大，使得 $Z = 3x_1 + 5x_2$ 永遠無法達到極大值。

我們接著介紹一種特殊類型的可行解，這在單形法尋找最佳解時發揮關鍵作用。

可行角解 [corner-point feasible (CPF) solution] 為可行解區域角落之可行解。

〔OR 專業人士通常會將 CPF 解稱為**極端點 (extreme point)** 或頂點 (vertex)，但我們在導論課程中則會「可行角解」這樣專有名詞。〕圖 3.7 標示出例題的五個 CPF 解。

4.1 節和 5.1 節會分別提到 CPF 解各種有用特性，包括接下來會提到 CPF 解與最佳解關係。

最佳解與 CPF 解之關係：各位思考一下，任何有可行解與有界可行解區域之線性規劃問題。這類問題必有 CPF 解，以及至少一最佳解。除此之外，最佳 CPF 解必為最佳解。所以，若一問題正好僅有一最佳解，此最佳解必為 CPF 解。若該問題有多重最佳解，則其中至少有兩個必為 CPF 解。

Wyndor 玻璃公司的例題正好為單一最佳解 $(x_1, x_2) = (2, 6)$，亦為單一 CPF 解（各位思考一下，以圖解法求出為 CPF 解之最佳解過程）。當我們改變例題而產生多重最佳解時（見圖 3.5），其中兩最佳解 (2, 6) 和 (4, 3) 皆為 CPF 解。

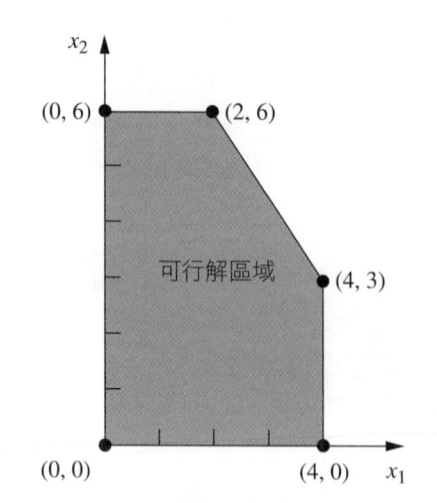

圖 3.7 五個黑點是 Wyndor 玻璃公司問題的五個 CPF 解。

3.3 線性規劃的假設

線性規劃的所有假設的確都隱含於 3.2 節建立模型的過程中。特別以數學觀點來看，這些僅假設模型須具有一線性、且受限於線性限制式的目標函數。但從模型的觀點來看，一線性規劃模型的數學特性意指，問題的活動與資料須滿足特定假設，其中包含活動水準變動效應之假設。強調這些假設有助各位評估特定問題是否適用線性規劃。此外，我們仍需知道為何 Wyndor 玻璃公司的 OR 團隊認為此線性規劃模型能充分代表該問題。

正比性

正比性 (proportionality) 為對目標函數與函數限制式之假設，下列彙整了相關概念。

> **正比性假設 (proportionality assumption)**：每一個活動對目標函數值 Z 之貢獻與該活動的水準 x_j 成正比，一如目標函數中的 $c_j x_j$ 項所示。同樣情況，每一個活動對每個函數限制式左端之貢獻與該活動的水準 x_j 成正比，這一如限制式中的 $a_{ij} x_j$ 項所示。因此，此假設排除線性規劃模型任何函數的各項中變數 1 以外次方（無論目標函數函數限制式左端的函數）。[2]

---

[2] 若函數中有交叉乘項 (cross-product terms)，則應將正比性解釋為在其他變數值固定不變時，函數值的變化與各變數 (x_j) 個別變化成正比。所以，只要各變數次方為 1，交叉乘項就會滿足正比性（但交叉乘項違反可加性假設，我們接著會討論到）。

■ 表 3.4 滿足或違反正比性的例子

	產品 1 利潤（每週千元）			
		違反正比性		
x_1	滿足正比性	狀況 1	狀況 2	狀況 3
0	0	0	0	0
1	3	2	3	3
2	6	5	7	5
3	9	8	12	6
4	12	11	18	6

我們以 Wyndor 玻璃公司問題來說明此假設，各位思考一下此題目標函數 ($Z = 3x_1 + 5x_2$) 的第一項中 ($3x_1$)。此項代表著產品 1 每週生產率為 x_1 批次時的利潤（以千元計）。表 3.4 中滿足正比性一行呈現出利潤確實和 x_1 成正比，所以目標函數的 $3x_1$ 為適當項。反之，下三行呈現違反正比性假設的狀況。

我們先討論表 3.4 中的狀況 1。若開始生產產品 1 時有相關起動成本 (start-up cost)，就會出現這種狀況。如設置生產設備與安排新產品配送的成本。因次這些都是一次性成本，而會需要攤提至每週 Z 上（利潤以每週千元計）。假設此成本攤提完後，Z 值會降低 1，而未考慮起動成本時利潤則為 $3x_1$。因此當 $x_1 > 0$ 時，產品 1 對 Z 值的貢獻即為 $3x_1 - 1$，而 $x_1 = 0$ 時（無起動成本），則為 $3x_1 = 0$。圖 3.8 的實曲線所代表的利潤函數 [3] 顯然與 x_1 不成正比。

表 3.4 的狀況 2 與狀況 1 或許乍看非常相似。然而，狀況 2 實際起因非常不一樣，不再需要起動成本，且第一批每週利潤實際上為 3，一如原假設。但現在有遞增的邊際報酬，即產品 1 的利潤函數斜率隨著 x_1 的增加而變大（見圖 3.9 的實曲線）。之所以會產生這樣違反正比性的狀況也許是因為大量生產的經濟規模效益所致，如用較有效率的高產能機器、生產批次時間較長、原料大量購入折扣，及生產線人員學習曲線效果等因素。我們假設邊際收入不變，邊際成本減少的同時，邊際利潤將會增加。

我們再次回來看一下表 3.4，狀況 2 與狀況 3 完全相反。狀況 3 的邊際報酬遞減，而產品 1 的利潤函數斜率在此情況下會隨 x_1 增加而持續減小（見圖 3.10 的實曲線）。每週 1 件 ($x_1 = 1$)，而要達到能支撐生產率 $x_1 = 2$ 的銷售率，則需要少量廣告。但 $x_1 = 3$ 可能需要大量的廣告，而 $x_1 = 4$ 也許需要降價。

上述三狀況為可能違反正比性假設的例子。實際情形為何？生產產品 1（或其他產品）的實際利潤即由銷售收入減去各種直接與間接成本。其中有些成本因素不可避

---

[3] 如果在 $x_1 \geq 0$ 且包括 $x_1 = 0$ 時，產品 1 對 Z 的貢獻為 $3x_1 - 1$，則可從目標函數刪除常數值 −1，無須改變最佳解並恢復正比性。但此常數值 −1 不適用於 $x_1 = 0$，而這裡不能這樣修正。

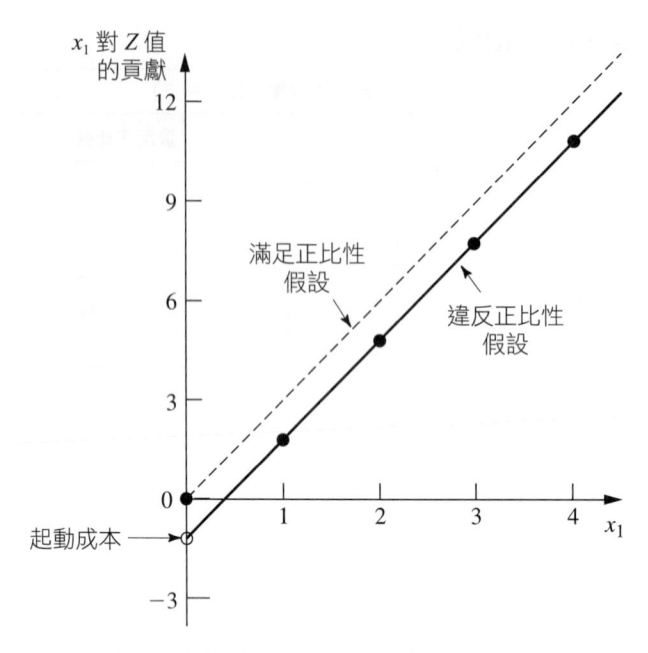

■ 圖 3.8　因為 x_1 從 0 增大時會產生起動成本，故實曲線違反正比性假設。如表 3.4 狀況 1 行所示為黑點之處的值。

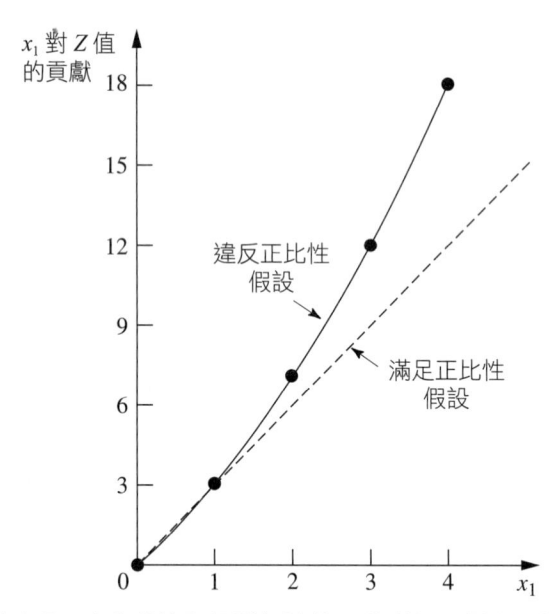

■ 圖 3.9　因為斜率（產品 1 產生的邊際報酬）隨著 x_1 的增加而變大，故實曲線違反正比性假設。如表 3.4 狀況 2 行所示為黑點之處的值。

免，不完全與生產率成正比。但現實問題在於，經過累計利潤所有因素後，正比性是否合理近似實際模型需求。以 Wyndor 玻璃公司問題為例，OR 團隊會同時檢視目標函數與函數限制式，得到「正比性為合理假設，且不會嚴重失真」之結論。

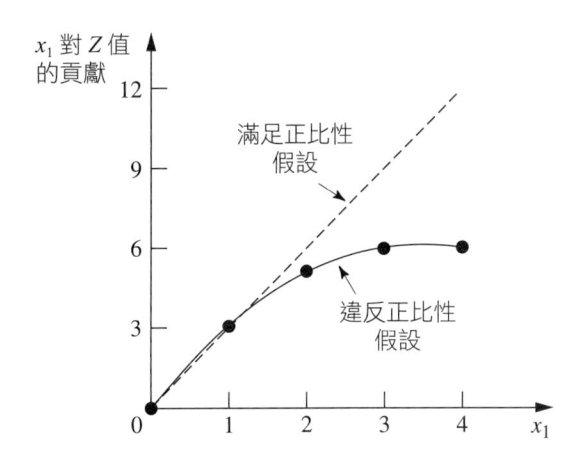

■ 圖 3.10　因為實曲線的斜率隨著 x_1（產品 1 的邊際報酬）的增大而減少，故實曲線違反正比性假設。如表 3.4 狀況 3 行所示為黑點之處的值。

對其他問題來說，正比性不成立、甚至不為合理近似時，會發生什麼狀況？這表示在大多數情況下，各位須用非線性規劃 (nonlinear programming)。但是，某些非線性關係可以經由適當的轉換而成為線性規劃問題。此外，如果違反這個假設只是因為有起動成本，則可以利用線性規劃的延伸〔混合整數規劃 (mixed integer programming)〕求解，11.3 節將詳加討論。

可加性

雖然正比性假設排除 1 以外的次方，但不能阻止交叉乘項（包含兩個或以上變數相乘項）。可加性假設即排除此狀況，我們接著簡述此概念。

> **可加性假設 (additivity assumption)**：線性規劃模型的函數（無論是目標函數或函數限制式左邊的函數）皆為其對應活動個別貢獻 (individual contribution) 之總和。

接著我們以 Wyndor 玻璃公司問題為例，來清楚定義此假設，及說明為何要考慮此假設。表 3.5 呈現出一些該問題目標函數的狀況。在每個情況中，產品的個別貢獻如 3.1 節假設所述，即產品 1 的 $3x_1$ 和產品 2 的 $5x_2$。其差異在於最後一列，也就是兩產品同時生產時 Z 的函數值 (function value)。在滿足可加性行中，函數值是前兩列的和 (3 + 5 = 8)，故為先前 $Z = 3x_1 + 5x_2$ 的假設。反過來說，下兩行呈現違反可加性假設（但滿足正比性假設）之虛擬狀況。

參照表 3.5 的狀況 1，目標函數為 $Z = 3x_1 + 5x_2 + x_1x_2$，故以 $(x_1, x_2) = (1, 1)$ 來說，則 $Z = 3 + 5 + 1 = 9$，因而違反可加性假設 $Z = 3 + 5$（若其一變數值不變，另一變數的 Z 值增量與該變數值成正比，故滿足正比性假設）。若兩種產品某程度上互補而增加利

■ 表 3.5 目標函數滿足或違反可加性的例子

(x_1, x_2)	Z 值		
	滿足可加性	違反可加性	
		狀況 1	狀況 2
(1, 0)	3	3	3
(0, 1)	5	5	5
(1, 1)	8	9	7

潤時,就會發生此狀況。如假設,兩種新品中任一種需要進行大型廣告行銷,但若決定同時生產兩種產品時,此單一廣告行銷能有效同時推展這兩種產品。由於能節省第二種產品的大部分成本,故兩種產品利潤大於只生產一種產品時的個別利潤總和。

表 3.5 的狀況 2 因為目標函數 $Z = 3x_1 + 5x_2 - x_1x_2$ 中額外的項,也違反可加性假設。這對 $(x_1, x_2) = (1, 1)$ 來說,$Z = 3 + 5 - 1 = 7$。狀況 2 正好與狀況 1 相反,出現因兩種產品相互競爭而讓總利潤減少。如假設兩種產品需要用相同的生產機器設備。這些機器設備若只生產其中一種,僅生產該單一產品。但若同時生產兩種產品,就需要不斷換線、暫停其中某一項而為生產另一項產品,耗費大量時間與成本。由於龐大的額外成本,其利潤總和會較個別生產利潤總和少。

這類型活動間的交互作用會影響到限制式函數的可加性。我們以 Wyndor 玻璃公司問題為例,第三條函數限制式:$3x_1 + 2x_2 \leq 18$(唯一與兩種產品有關的限制式)。此限制式與工廠 3 的產能有關,而工廠 3 每週有 18 小時能用於兩種新產品的生產作業,而左邊的函數 $(3x_1 + 2x_2)$ 表示每週用於製造這些產品的生產時數。表 3.6 的滿足可加性行呈現此狀況,接下兩行則呈現因違反可加性假設而產生有額外交叉乘項。對這三行資料來說,使用工廠 3 產能製造產品所如上所述,即產品 1 是 $3x_1$,產品 2 是 $2x_2$,或是 $x_1 = 2$ 時為 $3(2) = 6$,$x_2 = 3$ 時為 $2(3) = 6$。如表 3.5 最後一列呈現其差別,即同時生產兩種產品時所需總生產時間。

以狀況 3(表 3.6)來看,我們可以將兩種產品的生產時間用函數 $3x_1 + 2x_2 + 0.5x_1x_2$ 表示,當 $(x_1, x_2) = (2, 3)$ 時,總函數值 (total function value) 是 $6 + 6 + 3 = 15$,但是此值應為 $6 + 6 = 12$,故違反可加性假設。這與表 3.5 狀況 2 一樣,即不斷在兩種產品間換線而耗費額外時間。額外的交叉乘項 $(0.5x_1x_2)$ 即所浪費的生產時間(注意,產品換線浪費的生產時間在此為正項,而狀況 2 因計算總利潤,故為負項)。

表 3.6 狀況 4 使用生產時間的函數是 $3x_1 + 2x_2 - 0.1x_1^2x_2$,因此當 $(x_1, x_2) = (2, 3)$ 時,函數值是 $6 + 6 - 1.2 = 10.8$。狀況 4 與狀況 3 類似,即假設兩種產品使用相同機器設備,但現在假設從一產品轉至另一種的時間相對較短。每種產品須經過一序列生

■ 表 3.6　函數限制式滿足或違反可加性的例子

	資源使用量		
	滿足可加性	違反可加性	
(x_1, x_2)		狀況 3	狀況 4
(2, 0)	6	6	6
(0, 3)	6	6	6
(2, 3)	12	15	10.8

產作業，各別產品的專用生產設備難免有所閒置，設備在此期間內可用於生產另一種產品。結果，當兩種產品同時生產時，所使用之總生產時間（含閒置期間）較個別生產時的生產時間總和較少。

OR 團隊分析過上述四種這類介於兩種產品間的交互作用後，總結認為交互作用在 Wyndor 玻璃公司問題中並不顯著。所以，會採用可加性假設為合理近似。

對其他問題來說，若可加性並非合理假設，模型中一些或全部數學函數須為非線性（因有交叉乘項），各位就進入了非線性規劃的領域了。

可除性

我們接下來的假設與決策變數的容許值有關。

可除性假設 (divisibility assumption)：線性規劃模型之決策變數可為滿足函數與非負限制式之任何值（包括非整數值）。因此，這些變數不限於整數值。由於各決策變數呈現一些活動的水準，故能假設各活動以分數水準 (fractional level) 運作。

決策變數對 Wyndor 玻璃公司問題來說，代表著生產率（產品每週生產批數）。由於生產率可為可行解區域內任何分數值，故可除性假設確實成立。

在某些情況，由於一些或全部決策變數須限制為整數值，故可除性不成立。我們稱有此限制之數學模型為整數規劃 (integer programming) 模型（另見第 11 章）。

確定性

我們最後一項假設與模型參數有關，也就是目標函數的係數 c_j、函數限制式的係數 a_{ij} 和函數限制式右端的係數 b_i。

確定性假設 (certainty assumption)：線性規劃模型每個參數的值假設是已知常數 (known constant)。

實際上少數問題能完全滿足確定性假設。線性規劃模型通常用來選擇未來行動方向。所以，所用的參數值會根據未來狀況預測而定，故難免產生某些程度的不確定性。

就因為如此，通常在求得假設參數值的最佳解後，進行**敏感度分析 (sensitivity analysis)** 很重要。如 2.3 節其中一點重點為找出敏感參數（最佳解會隨參數值改變），由於敏感參數值改變，所使用之解也需改變。

敏感度分析對討論 Wyndor 玻璃公司問題發揮了重大的作用（另見 7.2 節），但有必要取得更多的背景資料才能結束此問題的討論。

有時參數中的不確定性程度太大而難以僅靠敏感度分析來彌補，所以我們會在 7.4 到 7.6 節另外提到不確定情況下的線性規劃。

基本假設的正確觀念

數學模型如 2.2 節強調，僅用於理想化呈現實際問題。通常需要近似與簡化假設，該模型才易於處理。增加過多細節和精密度，可能會讓模型太複雜而無法進行有用的問題分析。我們真正需要的僅是模型的預測與實際問題狀況產生高度相關性。

上述這概念確實適用線性規劃，但上述四假設在實際線性規劃中，也許除可除性假設外，經常無法完全成立、多少有些出入，尤其是確定性假設通常須用敏感度分系來彌補違反假設的差異。

然而，對 OR 團隊而言，檢視研究問題的四種假設及分析其差異程度是很重要的事。若嚴重違反任一假設，本書還是有許多有用的模型可以運用。這些模型其中一個缺點是，求解演算法與單形法的效果相去甚遠，但在某些狀況下此差距正在縮小。在某些應用中會用強大的線性規劃進行初步分析，再用更複雜模型修正改善。

當各位在進行 3.4 節例題時，會發現到分析線性規劃中四種假設的適用狀況會是很好的練習。

3.4 其他例題

Wyndor 玻璃公司問題從許多層面來看，屬於典型線性規劃範例，也就是資源分配問題（線性規劃最常見問題），因這與在彼此競爭活動中進行有限資源分配有關。此外，此類模型符合我們所說的標準形式，且符合傳統企業規劃改善之狀況。然而，線性規劃之應用層面不僅於此。我們會從本小節開始介紹其他更多應用。當各位在讀接下來例題，要注意到這些問題是因為數學模型（而非其狀況）成為線性規劃問題。接著要思考如何僅透過活動名稱等方式，把相同數學模型應用至許多不同情況上。

這些例題皆為實際應用的簡化。如同 Wyndor 公司問題和 OR Tutor 中的圖解法範例，接下來第一個例題只有兩個決策變數，所以能用圖解法求解。此外，此例題屬於極小化問題，且具備各式函數限制式（此例題大幅簡化實際在規劃放射線療程的狀況，本節第一篇「應用實例」會說明 OR 實際在此領域的驚人成果）。而後續例題都有兩個以上的決策變數，所以在建立模型上會有相當挑戰性。雖然我們會以單形法求解問題最佳解，但在此著重在建立較大問題線性規劃模型的方法。後續各小節與下一章會說明求解這類問題的軟體工具與演算法（通常為單形法）。

各位在處理較困難的線性規劃建模問題前，若需要研讀更多小型簡單線性規劃建模例題，我們建議各位能先回頭看 OR Tutor 中的圖解法範例，及本書專屬網站的 Solved Examples。

放射線治療設計

瑪麗不久前被醫院診斷出罹患了第二期癌症，膀胱發現了惡性腫瘤。她準備接受最先進治療以求存活機會，包括接受密集的放射線治療 (radiation therapy)。

放射線治療是運用波束治療機器，將離子放射線自體外照射病患來破壞癌細胞，但也破壞到體內健康細胞。放射線一般會精準地在二維平面上的不同角度進行照射。因為放射線衰減特性，故會產生進入點輻射較強，出口點較弱的情況，且會因擴散影響到直接路線兩旁的細胞。由於腫瘤細胞散布於健康細胞間，放射線劑量須足以殺死腫瘤範圍，但不能破壞健康細胞。且病患體內放射線累積劑量不得超過容許上限，否則會產生嚴重併發症。所以，針對整體健康部位的放射線需控在制在最低劑量。

由於放射線治療需要謹慎衡量所有因素，故其規劃設計是一個非常精準的程序。放射線治療設計旨在選擇使用的放射線組合及每一束放射線強度，以產生最佳劑量分布。在完成治療設計後，會在幾週內進行多次療程。

而瑪麗的腫瘤大小與位置讓此治療設計較一般狀況更為棘手。圖 3.11 為一俯視圖，呈現該患者腫瘤剖面、腫瘤旁需避開的重要組織（包括直腸等重要器官），以及造成放射線衰減的骨架結構（如大腿骨和骨盆）。該圖也顯示基於安全考量，僅能使用的兩束射線進入點與方向（此為簡化情況，通常要幾十束放射線）。

針對身體各部分接受不同強度放射線的吸收結果進行分戲是一個複雜的過程。簡而言之，根據謹慎分析，放射線在組織剖面之能量分布能繪製於等劑量線圖上，其中輪廓線為劑量強度，並以於進入點的劑量強度之百分比呈現。最後將細格線圖疊在等劑量線圖上，加總涵蓋各組織方格所吸收的放射線劑量，就可計算出腫瘤、健康細胞與重要組織所吸收到平均劑量。若（依序）使用一束以上的放射線，則能累計吸收放射線量。

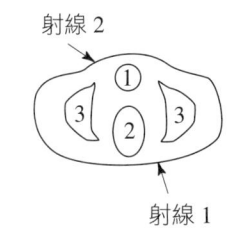

射線 2

1. 膀胱和腫瘤
2. 直腸和尾骨等
3. 大腿骨和部分骨盆等

射線 1

圖 3.11 瑪麗的腫瘤剖面（俯視圖）、腫瘤旁重要組織以及使用的放射線。

應用實例

攝護腺癌是男性最常見癌症。據 2013 年統計，光是美國就有 24 萬件新病例及近 3 萬位患者死亡。如同其他癌症，放射線治療是攝護腺癌最普遍的治療方法，旨在用充足輻射劑量殺死腫瘤細胞，同時儘量避免破壞周圍的健康組織。此療法可分為體外放射線治療（external beam radiation therapy，如本節例題所述）與體內近接治療 (brachytherapy)。體內近接治療是在腫瘤部位植入 100 劑放射源，而此方法的挑戰在於決定放射源最有效的三維幾何配置。

紐約市 Sloan-Kettering 癌症紀念中心 (Memorial Sloan-Kettering Cancer Center, MSKCC) 是世界歷史最悠久的私人癌症治療中心。喬治亞理工學院 (Georgia Institute of Technology) 醫藥照護作業研究中心的 OR 團隊與 MSKCC 的醫生合作開發一種高度精密的新型演算法，以最佳化攝護腺體內近接治療之應用。此模型除一特例外，符合一般線性規劃的連續變數之結構，也有一些二元變數 (binary variables)（變數可能值為 0 和 1）（我們稱此線性規劃延伸為混合整數規劃，另見第 11 章討論）。醫護人員在將放射源植入患者體內攝護腺前，透過自動化電腦規劃系統，就能在幾分鐘內完成最佳化。

這項在攝護腺癌體內近接治療最佳化應用的突破，由於大幅提升治療效果與降低副作用，對攝護腺癌患者術後健康照護成本與生活品質產生深遠的影響。由於這項治療方式能省去術前規劃會議與術後電腦斷層掃描，並提升手術流程效率及降低術後副作用治療的需求，若美國所有診所都採此治療方式，估計每年約可省下近 5 億美元的醫療支出。此治療方式預期可望擴及至如乳房、子宮頸、食道、膽、胰腺、頭頸部及眼睛的體內近接治療。

而此 OR 團隊也因為這項線性規劃及應用，獲得了 2007 年 Franz Edelman 國際作業研究／管理科學成就獎。

資料來源：E. K. Lee and M. Zaider, "Operations Research Advances Cancer Therapeutics" *Interfaces*, **38**(1): 5-25. Jan.-Feb. 2008.

醫療小組在徹底分析後，謹慎評估了瑪麗療程的數據（見表 3.7）。第一行為須考量的身體部位，下兩行為各部位平均吸收的放射線劑量（以進入點劑量強度比例表示）。比如，若射線 1 在進入點的劑量為 1 單位，則健康細胞整體平均吸收量為 0.4 單位，附近重要組織平均吸收為 0.3 單位，腫瘤部位為 0.5 單位，腫瘤中心平均吸收為 0.6 單位。最後一行呈現身體各部位的總吸收劑量限制。健康細胞的平均吸收劑量愈

表 3.7　瑪麗的放射治療設計資料

部位	各部位吸收進入點劑量與進入劑量的比例		總平均吸收劑量限制（單位）
	射線 1	射線 2	
健康細胞	0.4	0.5	極小化
重要組織	0.3	0.1	≤ 2.7
腫瘤區域	0.5	0.5	= 6
腫瘤中心	0.6	0.4	≥ 6

少愈好,重要組織平均吸收劑量不得超過 2.7 單位,腫瘤整體的平均劑量必要等於 6 單位,而腫瘤中心至少要 6 單位。

建立線性規劃模型 我們需要決定腫瘤部位的兩個進入點之輻射劑量。故令決策變數 x_1 和 x_2 分別代表射線 1 和射線 2 的劑量。因為要極小化到達健康細胞的總劑量,以 Z 表示此數量。我們接著依據表 3.7 中的資料,建立下列所示之線性規劃模型[4]。

$$\text{極小化} \quad Z = 0.4x_1 + 0.5x_2,$$

受限於

$$0.3x_1 + 0.1x_2 \leq 2.7$$
$$0.5x_1 + 0.5x_2 = 6$$
$$0.6x_1 + 0.4x_2 \geq 6$$

及

$$x_1 \geq 0, x_2 \geq 0 \text{。}$$

各位注意此模型與 3.1 節 Wyndor 玻璃公司問題模型間的差異。Wyndor 玻璃公司問題模型為極大化 Z,而且其所有函數限制式皆是 ≤ 的形式。雖然此新模型不符合標準形式,但滿足 3.2 節其他三種形式,亦即極小化 Z 及函數限制式的形式是 = 和 ≥。

然而,這兩個模型都只有兩個變數,所以此新問題也能用 3.1 節的圖解法來求解(圖 3.12 呈現圖解法結果),其中可行解區域只包含點 (6, 6) 和 (7.5, 4.5) 之間的粗黑線段,因僅該線段上的點能夠同時滿足所有的限制式(注意等式限制式把可行解區域限制在包含這條線段的直線上,而其他兩條函數限制式決定了線段的兩個端點)。虛線是通過最佳解 $(x_1, x_2) = (7.5, 4.5)$ 的目標函數,其 $Z = 5.25$。此為最佳解,並非 (6, 6),因減少(正值)Z 會讓目標函數移往原點($Z = 0$)處,且 (7.5, 4.5) 的 $Z = 5.25$ 小於 (6, 6) 的 $Z = 5.4$。

所以,最佳設計位於進入點使用 7.5 單位劑量的射線 1 與 4.5 單位劑量的射線 2。

這與 Wyndor 公司資源分配問題不同,而屬於線性規劃問題中**成本效益權衡 (cost-benefit trade-off)** 問題。此類問題主要在於成本與效益間尋求最佳權衡。成本在此例為損壞健康細胞,而效益則為達到腫瘤中心之放射線。此模型的第三條函數限制

---

[4] 此模型較一般實際應用模型小很多。為取得最佳結果,我們的實際模型可能甚至要數萬個決策變數與限制式,請參閱 H. E. Romeijn, R. K. Ahuja, J. F. Dempsey, and A. Kumar, "A New Linear Programming Approach to Radiation Therapy Treatment Planning Problems," *Operations Research*, **54**(2): 201–216, March–April 2006。其他結合線性規劃與 OR 技術的方法(如本頁「應用實例」),也可見於 G. J. Lim, M. C. Ferris, S. J. Wright, D. M. Shepard, and M. A. Earl, "An Optimization Framework for Conformal Radiation Treatment Planning," *INFORMS Journal on Computing*, **19**(3): 366–380, Summer 2007。

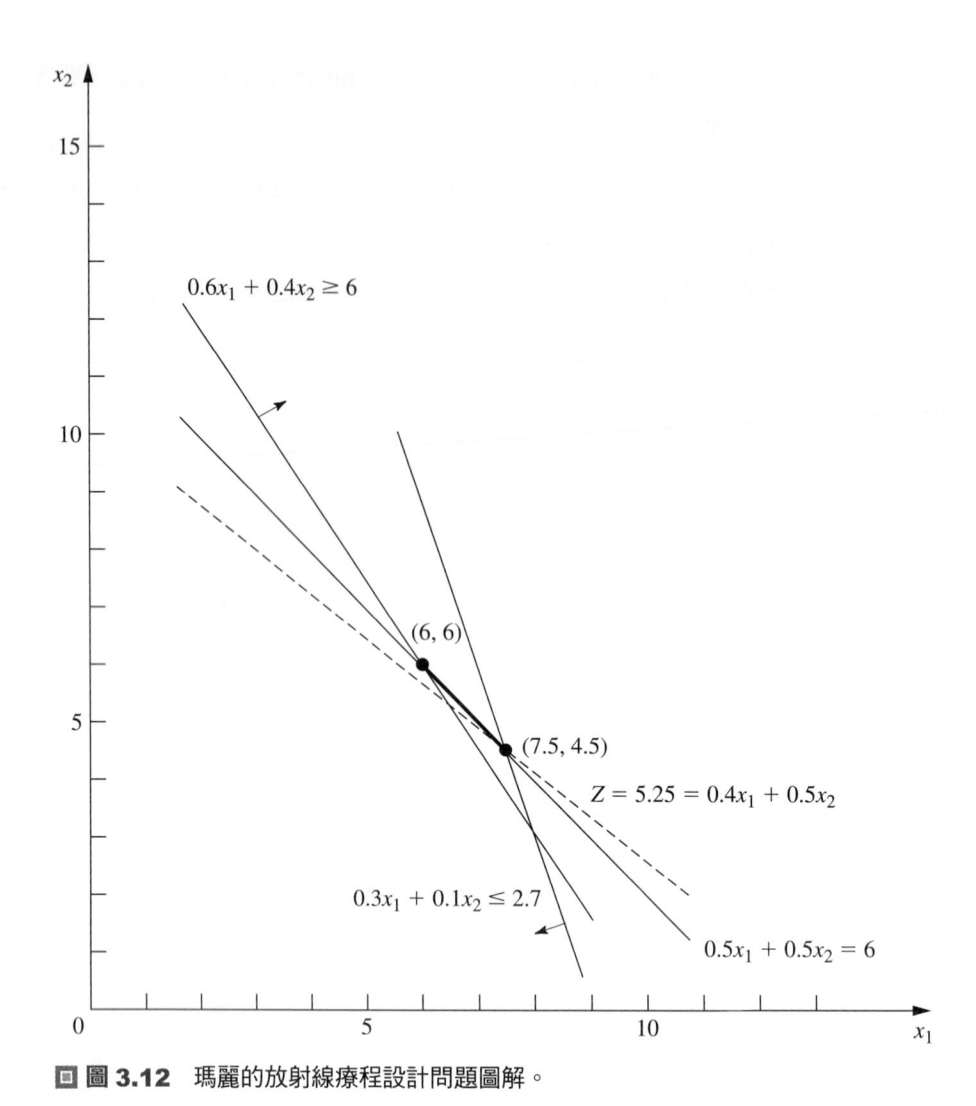

■ 圖 3.12 瑪麗的放射線療程設計問題圖解。

式為效益限制式,其右端為可接受的最低效益水準,而左端則為達到的效益水準。雖然此為最重要限制式,但其他兩條限制式也會加上額外限制(各位稍後還會看到兩個與成本效益權衡相關的例題)。

區域規劃

南方集體社區農場聯盟是由三座以色列集體社區制 (kibbutzim) 農場所組成的團體。該聯盟的整體規劃是由技術協調辦公室 (Coordinating Technical Office) 負責,而目前正在規劃下一年的農產。

每座集體社區農場之農產量同事受限於可灌溉土地與獲得的水利灌溉分配量(由中央水利局分配,見表 3.8 數據資料)。

此區域適合種植甜菜、棉花和高粱,而目前正考慮來年種植此三種作物。這些各

■ 表 3.8　南方集體社區農場聯盟資源統計

社區農場	可用土地（英畝）	水分配量（英畝呎）
1	400	600
2	600	800
3	300	375

■ 表 3.9　南方集體社區農場聯盟農作物統計

農作物	最大配額（英畝）	耗水量（英畝呎／英畝）	淨利（$／英畝）
甜菜	600	3	1,000
棉花	500	2	750
高粱	325	1	250

別作物之主要差異在於每英畝淨利與耗水量。除此之外，農業部已為南方農場聯盟訂下作物種植土地面積配額上限（見表3.9）。

由於灌溉用水源有限，南方農場聯盟在下一季無法用所有可耕地進行種植生產。為確保各集體社區農場間的公平性，該聯盟同意各農場種植同比例可耕地面積作物例如，若農場 1 耕種 400 英畝可用面積中的 200 英畝，農場 2 須種植 600 英畝可用面積中的 300 英畝，而農場 3 則須種植 300 英畝可用面積中的 150 英畝。然而，各農場也許會種植任何作物組合。技術協調辦公室目前所面臨到要滿足已知限制條件，同時要規劃各農場的各作物種植面積，以極大化該聯盟總淨利。

建立線性規劃模型　上述問題要決定各農場三種種植作物面積。如表3.10，決策變數 $x_j (j = 1, 2, ... , 9)$ 代表這 9 個數量。

因為總淨利 Z 是績效衡量的標準，故此線性規劃模型是

極大化　　$Z = 1,000(x_1 + x_2 + x_3) + 750(x_4 + x_5 + x_6) + 250(x_7 + x_8 + x_9)$

受限於以下限制式：

1. 各集體社區農場可耕作土地面積：

■ 表 3.10　南方集體社區農場聯盟問題的決策變數

農作物	分配（英畝） 集體社區農場		
	1	2	3
甜菜	x_1	x_2	x_3
棉花	x_4	x_5	x_6
高粱	x_7	x_8	x_9

$$x_1 + x_4 + x_7 \leq 400$$
$$x_2 + x_5 + x_8 \leq 600$$
$$x_3 + x_6 + x_9 \leq 300$$

2. 各集體社區農場可灌溉用水量：

$$3x_1 + 2x_4 + x_7 \leq 600$$
$$3x_2 + 2x_5 + x_8 \leq 800$$
$$3x_3 + 2x_6 + x_9 \leq 375$$

3. 各種作物種植面積：

$$x_1 + x_2 + x_3 \leq 600$$
$$x_4 + x_5 + x_6 \leq 500$$
$$x_7 + x_8 + x_9 \leq 325$$

4. 種植面積比例相等：

$$\frac{x_1 + x_4 + x_7}{400} = \frac{x_2 + x_5 + x_8}{600}$$
$$\frac{x_2 + x_5 + x_8}{600} = \frac{x_3 + x_6 + x_9}{300}$$
$$\frac{x_3 + x_6 + x_9}{300} = \frac{x_1 + x_4 + x_7}{400}$$

5. 非負限制：

$$x_j \geq 0, \text{對 } j = 1, 2, \ldots, 9 \text{。}$$

除等式限制式尚未轉為適當線性規劃模型形式外，這已是完整模型。故其最終形式為[5]

$$3(x_1 + x_4 + x_7) - 2(x_2 + x_5 + x_8) = 0$$
$$(x_2 + x_5 + x_8) - 2(x_3 + x_6 + x_9) = 0$$
$$4(x_3 + x_6 + x_9) - 3(x_1 + x_4 + x_7) = 0$$

該技術協調辦公室建立此模型，並應用單形法求解（另見第 4 章），求得最佳解為

$$(x_1, x_2, x_3, x_4, x_5, x_6, x_7, x_8, x_9) = \left(133\frac{1}{3}, 100, 25, 100, 250, 150, 0, 0, 0\right),$$

如表 3.11 所示。最佳解的目標函數值是 $Z = 633{,}333\frac{1}{3}$，淨利為 \$633,333.33。

這個問題是資源分配問題的另一個例子（如 Wyndor 問題）。前述三類的限制式都是資源限制式，第四類則是額外的限制。

---

[5] 這些等式事實上有條是多餘，也由於這些等式與其他可耕作土地面積式滿足時，可耕作土地面積限制式也會自動滿足，所以我們能刪除其中任兩條。不過納入非必要限制式並不會有任何問題（除需多出一點計算時間），所以各位不需要特別找出並刪除模型中的限制式。

■ 表 3.11　南方集體社區農場聯盟問題的最佳解

| | 最佳分配（英畝） | | |
| | 集體社區農場 | | |
農作物	1	2	3
甜菜	$133\frac{1}{3}$	100	25
棉花	100	250	150
高粱	0	0	0

空氣污染管制

位於鋼鐵城的 Nori & Leets 是該區鋼鐵大廠，也是唯一的大企業。鋼鐵城隨該公司一起成長繁榮。目前約有 50,000 名當地居民在該公司上班。因此，居民一向抱持著「對公司有利的，就是對地方有利」，但態度正在轉變中。由於該公司對於空汙管制鬆散而影響該城門面，並危害到居民健康。

由於最近該公司股東不滿而改選形象清新的董事會。新任董事決心擔負社會責任，並與當地官員及市民團體商討空汙問題、共同訂定嚴格的空氣品質標準。

這些空汙主要有三種汙染物質：懸浮微物、二氧化硫與碳氫化合物。新標準規定該公司汙染年減排量（見表 3.12），董事會已指示管理團隊要工程師找出最符合經濟效益的減排方法。

該煉鋼廠有兩種主要汙染源，分別為製造生鐵用的鼓風爐與煉鐵成鋼用的開口熔爐。工程師認為最有效的減排方法為 (1) 增加煙囪高度[6]；(2) 使用過濾器；及 (3) 使用較乾淨高級燃料。每種方法因技術限制而有其使用上限量（如煙囪高度增加上限），但能彈性運用每種方法的技術上限。

如表 3.13 所示，在技術上限內充分應用各種汙染減排方法，每種熔爐汙染減排量

■ 表 3.12　Nori & Leets 公司的乾淨空氣標準

汙染物	規定年汙染減排量（百萬磅）
懸浮微物	60
二氧化硫	150
碳氫化合物	125

■ 表 3.13　Nori & Leets 公司各式減汙法最大汙染減排量（以每年百萬磅計）

| | 高煙囪 | | 過濾器 | | 高級燃料 | |
汙染物	鼓風爐	開口熔爐	鼓風爐	開口熔爐	鼓風爐	開口熔爐
懸浮微物	12	9	25	20	17	13
二氧化硫	35	42	18	31	56	49
碳氫化合物	37	53	28	24	29	20

（以每年百萬磅計）。我們為便於分析，假設每種方法也能只使用其上限的一部分，並依其比例達到表中所示的減排量。此外，運用鼓風爐和開口熔爐的比例也可不同。對於任一種熔爐來說，任一種減排方法的效果不會因是否使用其他方法而所到影響。

從這些資料可看出，沒有任何單一方法能達到所有規定的污染減排量。另一方面，在兩種熔爐同時使用三種減排法至技術上限（會過於昂貴而讓該公司產品價格失去競爭力）則會遠超出所需。因此，工程師總結認為，必須根據相對成本來使用這些方法組合，或只用技術上限中的一部分。此外，由於鼓風爐和開口熔爐的差異，或許兩者不該使用相同組合。

在分析後，我們得到各種減排法衍生的年度總成本估計，各別包含了營運和維修費用增加，及使用減排法後降低製程效率而減少銷售收入。另一項主要支出為安裝汙染減排設備的起動成本（最初資本支出）。為能同時衡量這項一次性成本與經常性年度成本，我們以資金的時間價值計算與起動成本相等的年度費用（依該方法使用壽命換算）。

此分析結果（如表 3.14）呈現出運用技術上限內各種減排法年度總成本估計值（以百萬元計），而其成本大約與使用上限比例成正比（參照表 3.13）。因此，這部分的年度總成本能表 3.14 中依上限比例來算出。

接著下一步為建立該公司減排計畫的一般架構。此計畫訂定鼓風爐和開口熔爐等減污排法上限比例。因為該問題是要找到符合規定且成本最小之組合，所以公司組了一個 OR 小組來求解。該小組用線性規劃方法，建立出下列模型。

建立線性規劃模型　這個問題有 6 個決策變數 x_j，$j = 1, 2, \ldots , 6$，表 3.15 的各變數為這兩種熔爐各別使用三種減排法的數量與技術上限的比例（因此 x_j 的值不超過 1）。由於其目標在於極小化總成本，且同時滿足減排量規定，我們依據表 3.12、表 3.13 與表 3.14，可產生出下列模型：

$$\text{極小化} \quad Z = 8x_1 + 10x_2 + 7x_3 + 6x_4 + 11x_5 + 9x_6，$$

■ 表 3.14　各種減排法衍生的年度總成本估計（以百萬元計）

減排法	鼓風爐	開口熔爐
高煙囪	8	10
過濾器	7	6
高級燃料	11	9

---

[6] 此類減排方式有所爭議。因為該方法藉由將汙染物往高處排來減少地面汙染，但環保團體認為二氧化硫在空氣中停留愈久，會產生愈多酸雨。因此，美國環保署 1985 年採行的新法規中已取消對設置高煙囪的獎勵。

■ 表 3.15　Nori & Leets 公司的決策變數（減排法使用量與其上限的比例）

減排法	鼓風爐	開口熔爐
高煙囪	x_1	x_2
過濾器	x_3	x_4
高級燃料	x_5	x_6

受限於下列限制式：

1. 減排量：

$$12x_1 + 9x_2 + 25x_3 + 20x_4 + 17x_5 + 13x_6 \geq 60$$
$$35x_1 + 42x_2 + 18x_3 + 31x_4 + 56x_5 + 49x_6 \geq 150$$
$$37x_1 + 53x_2 + 28x_3 + 24x_4 + 29x_5 + 20x_6 \geq 125$$

2. 技術限制：

$$x_j \leq 1, \quad 對 j = 1, 2, \ldots, 6$$

3. 非負限制：

$$x_j \geq 0, \quad 對 j = 1, 2, \ldots, 6。$$

OR 小組利用這個模型 [7] 求得最低成本計畫為

$$(x_1, x_2, x_3, x_4, x_5, x_6) = (1, 0.623, 0.343, 1, 0.048, 1)$$

目標函數值 $Z = 32.16$（總年度成本 3,216 萬元）。接著進行敏感度分析，探討調整表 3.12 空氣標準後的影響，及檢查表 3.14 的成本資料不精確時的影響（此例題會在第 7 章末個案 7.1 繼續討論）。接下來為細部規劃與管理評估。該公司不久之後全力實施這項空汙防治計畫，鋼鐵城的空氣品質也有所改善，市民也能吸到乾淨的空氣。

如同放射線治療問題，這是另一種成本效益權衡的例子，其成本為資金成本，而效益為減少各種汙染。每汙染的效益限制式左端是達成減排量，而右端是可接受的最小減排量。

固體廢棄物回收再生

Save-It 公司專營回收四大類固體廢棄物，並在處理後製成可銷售產品（處理和再製為分開流程）。該產品依其所使用原料混合比例，可分成三種不同等級（見表 3.16 第一行）。雖各等級原料混合比例有些彈性，但有品質標準明訂各產品之原料混合比例之最低或最高量（此比例依原料占產品總重量的百分率表示）。兩種較高等級原料有固定使用比例。如表 3.16 呈現各等級規格、再製成本及售價等資訊。

---

[7] 另一種方式以減排法的自然單位為決策變數，如 x_1 與 x_2 可以代表煙囪增高的英尺數。

■ 表 3.16　Save-It 公司的生產資料

等級	規格	每磅再製成本 ($)	每磅售價 ($)
A	原料 1：不超過總重量的 30% 原料 2：不少於總重量的 40% 原料 3：不超過總重量的 50% 原料 4：正好是總重量的 20%	3.00	8.50
B	原料 1：不超過總重量的 50% 原料 2：不少於總重量的 10% 原料 4：正好是總重量的 10%	2.50	7.00
C	原料 1：不超過總重量的 70%	2.00	5.50

■ 表 3.17　Save-It 公司的固體廢棄物資料

原料	每週可處理磅數	每磅處理成本 ($)	其他限制
1	3,000	3.00	1. 每週必須回收及處理各種原料可用量的一半以上。
2	2,000	6.00	2. 每週應該使用 $30,000 於處理這些原料。
3	4,000	4.00	
4	1,000	5.00	

　　回收中心從固定來源蒐集固體廢棄物，通常能維持穩定處理速度。表 3.17 顯示各原料每週可回收與處理的數量和處理成本。

　　Green Earth 為 Save-It 的母公司，也是致力環保的組織，故 Save-It 公司利潤會用於 Green Earth 活動。Green Earth 每週募集 $30,000 的資金，會用於處理固體廢棄物的支出。Green Earth 董事會指示 Save-It 公司管理團隊把這筆資金一半以上用於確實能回收與處理的原料。表 3.17 呈現這些額外限制式。

　　管理者依據表 3.16 和表 3.17 的限制，決定各產品等級的生產數量與確實原料混合比例。扣除每週由募款資助的固定處理費成本 $30,000，目標要極大化每週淨利潤（總銷售收入扣掉再製成本）。

建立線性規劃模型　在嘗試建立線性規劃模型前，我們必須謹慎考慮決策變數的適切定義。雖然此定義通常顯而易見，但有時卻成為整個問題的關鍵。在清楚確認解真正所需資訊，及透過決策變數呈現資訊最為便利的形式後，我們就能按照決策變數，建立目標函數和限制式。

　　就此問題來說，該進行的決策已明確定義，但我們也許需要思考如何以合適的方式來傳達這項資訊。

　　由於各等級產品產量是由一組決策來決定，同理自然可以定義一組決策變數。我們就先暫且以此定義：

$$y_i = \text{每週生產等級 } i \text{ 產品的磅數 } (i = A, B, C)。$$

另一組則為各等級產品之原料混合，依各原料在該產品等級比例來確認，故建議另一組決策變數以此定義：

z_{ij} = 等級 i 產品中原料 j 的比例（$i = A, B, C$；$j = 1, 2, 3, 4$）。

然而，表 3.17 呈現了處理成本及可用原料數量單位磅而非比例，故此數量資訊須紀錄在限制式中。以

原料 j 每週使用磅數 $= z_{Aj}y_A + z_{Bj}y_B + z_{Cj}y_C$。

由於表 3.17 呈現原料 1 每週可用量為 3,000 磅，模型中的某條限制式則為

$z_{A1}y_A + z_{B1}y_B + z_{C1}y_C \leq 3{,}000$。

可惜這並不是線性規劃的限制式。由於其包括了變數乘積，左端的數學式並不是線性函數。因此，不能用這些決策變數來建立線性規劃模型。

所幸，我們還有另一種能符合線性規劃形式的決策變數定義方式（各位知道該如何做了嗎？）僅要以單一變數來取代原變數之乘積。也就是說，我們定義

$x_{ij} = z_{ij}y_i$（對 $i = A, B, C$；$j = 1, 2, 3, 4$）
 = 原料 j 每週分配到產品等級 i 的磅數，

接著令 x_{ij} 為決策變數。我們用不同方式混合 x_{ij}，就能產生下列模型所需數量（對 $i = A, B, C$；$j = 1, 2, 3, 4$）。

$$x_{i1} + x_{i2} + x_{i3} + x_{i4} = 等級 i 產品每週生產磅數。$$
$$x_{Aj} + x_{Bj} + x_{Cj} = 原料 j 每週使用磅數。$$
$$\frac{x_{ij}}{x_{i1} + x_{i2} + x_{i3} + x_{i4}} = 等級 i 產品中原料 j 的比例。$$

雖然此最後一項數學式為非線性函數，但不會造成困擾。以表 3.16 為例，我們看一下等級 A 產品的第一個規格（原料 1 的比例不應超過 30%）。此限制為非線性限制式

$$\frac{x_{A1}}{x_{A1} + x_{A2} + x_{A3} + x_{A4}} \leq 0.3。$$

然而，將不等式兩邊同乘以分母，能得到一個相等的限制式

$$x_{A1} \leq 0.3(x_{A1} + x_{A2} + x_{A3} + x_{A4})，$$

故，

$$0.7x_{A1} - 0.3x_{A2} - 0.3x_{A3} - 0.3x_{A4} \leq 0，$$

此為正確的線性規劃限制式。

以上三個數量藉由這樣的調整，能直接產生模型的函數限制式。目標函數即根據管理團隊目標，也就是極大化每週由銷售三種等級產品之淨利（總銷售收入扣除再製成本）。故以各等級產品來說，可由表 3.16 第四行售價減去第三行製造成本得到每磅利潤，而差額也就是目標函數的係數。

故，此完整線性規劃模型為

極大化　　$Z = 5.5(x_{A1} + x_{A2} + x_{A3} + x_{A4}) + 4.5(x_{B1} + x_{B2} + x_{B3} + x_{B4})$
$+ 3.5(x_{C1} + x_{C2} + x_{C3} + x_{C4})$，

受限於下列限制式：

1. 混合規格（表 3.16 第二行）：

$$x_{A1} \leq 0.3(x_{A1} + x_{A2} + x_{A3} + x_{A4}) \quad （等級 A、原料 1）$$
$$x_{A2} \geq 0.4(x_{A1} + x_{A2} + x_{A3} + x_{A4}) \quad （等級 A、原料 2）$$
$$x_{A3} \leq 0.5(x_{A1} + x_{A2} + x_{A3} + x_{A4}) \quad （等級 A、原料 3）$$
$$x_{A4} = 0.2(x_{A1} + x_{A2} + x_{A3} + x_{A4}) \quad （等級 A、原料 4）$$
$$x_{B1} \leq 0.5(x_{B1} + x_{B2} + x_{B3} + x_{B4}) \quad （等級 B、原料 1）$$
$$x_{B2} \geq 0.1(x_{B1} + x_{B2} + x_{B3} + x_{B4}) \quad （等級 B、原料 2）$$
$$x_{B4} = 0.1(x_{B1} + x_{B2} + x_{B3} + x_{B4}) \quad （等級 B、原料 4）$$
$$x_{C1} \leq 0.7(x_{C1} + x_{C2} + x_{C3} + x_{C4}) \quad （等級 C、原料 1）。$$

2. 原料可用量（表 3.17 第二行）：

$$x_{A1} + x_{B1} + x_{C1} \leq 3,000 \quad （原料 1）$$
$$x_{A2} + x_{B2} + x_{C2} \leq 2,000 \quad （原料 2）$$
$$x_{A3} + x_{B3} + x_{C3} \leq 4,000 \quad （原料 3）$$
$$x_{A4} + x_{B4} + x_{C4} \leq 1,000 \quad （原料 4）。$$

3. 處理量限制（表 3.17 右端）：

$$x_{A1} + x_{B1} + x_{C1} \geq 1,500 \quad （原料 1）$$
$$x_{A2} + x_{B2} + x_{C2} \geq 1,000 \quad （原料 2）$$
$$x_{A3} + x_{B3} + x_{C3} \geq 2,000 \quad （原料 3）$$
$$x_{A4} + x_{B4} + x_{C4} \geq 500 \quad （原料 4）。$$

4. 處理成本限制（表 3.17 右端）：

$$3(x_{A1} + x_{B1} + x_{C1}) + 6(x_{A2} + x_{B2} + x_{C2}) + 4(x_{A3} + x_{B3} + x_{C3})$$
$$+ 5(x_{A4} + x_{B4} + x_{C4}) = 30,000。$$

5. 非負限制：

$$x_{A1} \geq 0，\quad x_{A2} \geq 0，\quad \ldots，\quad x_{C4} \geq 0。$$

除了要將所有變數移至左側並合併，還要以適當形式把混合規格的限制式改寫成線性規劃模型，此數學式形成以下完整模型：

混合規格：

$$0.7x_{A1} - 0.3x_{A2} - 0.3x_{A3} - 0.3x_{A4} \leq 0 \quad \text{（等級 } A \text{、原料 1）}$$
$$-0.4x_{A1} + 0.6x_{A2} - 0.4x_{A3} - 0.4x_{A4} \geq 0 \quad \text{（等級 } A \text{、原料 2）}$$
$$-0.5x_{A1} - 0.5x_{A2} + 0.5x_{A3} - 0.5x_{A4} \leq 0 \quad \text{（等級 } A \text{、原料 3）}$$
$$-0.2x_{A1} - 0.2x_{A2} - 0.2x_{A3} + 0.8x_{A4} = 0 \quad \text{（等級 } A \text{、原料 4）}$$
$$0.5x_{B1} - 0.5x_{B2} - 0.5x_{B3} - 0.5x_{B4} \leq 0 \quad \text{（等級 } B \text{、原料 1）}$$
$$-0.1x_{B1} + 0.9x_{B2} - 0.1x_{B3} - 0.1x_{B4} \geq 0 \quad \text{（等級 } B \text{、原料 2）}$$
$$-0.1x_{B1} - 0.1x_{B2} - 0.1x_{B3} + 0.9x_{B4} = 0 \quad \text{（等級 } B \text{、原料 4）}$$
$$0.3x_{C1} - 0.7x_{C2} - 0.7x_{C3} - 0.7x_{C4} \leq 0 \quad \text{（等級 } C \text{、原料 1）。}$$

此模型最佳解如表 3.18 所示，然後我們利用 x_{ij} 的值計算表中其他所需數值，得到目標函數的最佳值為 $Z = 35,109.65$（每週總利潤為 \$35,109.65）。

上述 Save-It 公司問題屬於**混合問題 (blending problem)**。混合問題旨在滿足規格情況下，找出最終產品之最佳成分混合方式。部分線性規劃早期應用於汽油成分混合 (gasoline blending)，以取得各不同等級汽油，其他類似應用還包括鋼鐵、肥料和動物飼料的規劃問題。這種問題有各式各樣的限制式（有些是資源限制式，有些是效益限制式，還有一些是其他限制式），所以混合問題並不屬於本節稍早所描述的兩大類問題（資源分配問題和成本效益權衡問題）。

人員排班

聯邦航空公司 (Union Airways) 想增加往返其主營運機場的航班，所以需要增聘客服人員。但該公司不清楚該增聘多少人。管理團隊認為在持續提供令人滿意的客服之際，也需要管控成本。因此，一 OR 團隊正研擬人員排班方式，期以最少人事成本提

■ 表 3.18　Save-It 公司問題的最佳解

等級	每週使用磅數 原料 1	2	3	4	每週生產磅數
A	412.3 (19.2%)	859.6 (40%)	447.4 (20.8%)	429.8 (20%)	2149
B	2587.7 (50%)	517.5 (10%)	1552.6 (30%)	517.5 (10%)	5175
C	0	0	0	0	0
合計	3000	1377	2000	947	

供令人滿意的客服。

OR 團隊已依據新飛航班，完成了在提供令人滿意的客服水準下，每天各時段所需最少值班人數之分析。表 3.19 最右行呈現出特定「時段」所需最少客服人數。表中其他資料則反映出公司與客服人員工會間合約一項規定：每位客服人員每週排班 5 天、每此排班工時為 8 小時，而工會認可的航班為

班次 1：上午 6:00 到下午 2:00。
班次 2：上午 8:00 到下午 4:00。
班次 3：中午至晚上 8:00。
班次 4：下午 4:00 至午夜 12:00。
班次 5：晚上 10:00 到上午 6:00。

表 3.19 中的「✓」就是各班次的時段。有些班次時段較差，故該合約中給予各班次的薪資也不同，最底列呈現出客服人員各別班次的日薪（包括福利）。問題在於符合（或超出）此表最右行所示的服務需求，來決定每天各班次該派多少人數，並極小化客服人事的總成本。

表 3.19 聯合航空公司人員排班問題資料

時段	涵蓋時段 班次					各時段班次需要的最少人員數量
	1	2	3	4	5	
上午 6:00 到 8:00	✓					48
上午 8:00 到 10:00	✓	✓				79
上午 10:00 到中午 12:00	✓	✓				65
中午 12:00 到下午 2:00	✓	✓	✓			87
下午 2:00 到下午 4:00		✓	✓			64
下午 4:00 到下午 6:00			✓	✓		73
晚上 6:00 到晚上 8:00			✓	✓		82
晚上 8:00 到晚上 10:00				✓		43
晚上 10:00 到午夜 12:00				✓	✓	52
午夜 12:00 到上午 6:00					✓	15
每人每天成本	$170	$160	$175	$180	$195	

建立線性規劃模型　線性規劃問題總是用於尋求活動水準的最佳組合。而建立這類問題模型之關鍵在於了解活動的性質。

活動對應至班次，而其中各活動水準是輪值該班的客服人員數量。故此問題為找出各班次人數之最佳組合。因為決策變數總是活動的水準，所以在此這五個決策變數為

$$x_j = 班次 j 的人數，對 j = 1, 2, 3, 4, 5。$$

而決策變數值的主要限制為各時段值班人數須符合表 3.19 最右行的最低需求。以下午 2:00 至 4:00 此時段為例，此時段輪班至少必須要有 64 人，故

$$x_2 + x_3 \geq 64。$$

為其函數限制式。

由於目標為極小化五個時段客服人員的總成本，3.19 最底列為目標函數的係數。

故完整的線性規劃模型為

極小化　　$Z = 170x_1 + 160x_2 + 175x_3 + 180x_4 + 195x_5$，

受限於

x_1	≥ 48	（上午 6:00 到 8:00）
$x_1 + x_2$	≥ 79	（上午 8:00 到 10:00）
$x_1 + x_2$	≥ 65	（上午 10:00 到中午 12:00）
$x_1 + x_2 + x_3$	≥ 87	（中午 12:00 到下午 2:00）
$x_2 + x_3$	≥ 64	（下午 2:00 到 4:00）
$x_3 + x_4$	≥ 73	（下午 4:00 到 6:00）
$x_3 + x_4$	≥ 82	（晚上 6:00 到 8:00）
x_4	≥ 43	（晚上 8:00 到 10:00）
$x_4 + x_5$	≥ 52	（晚上 10 點到午夜）
x_5	≥ 15	（午夜到上午 6 點）

及

$$x_j \geq 0，對 j = 1, 2, 3, 4, 5。$$

各位也許會注意到，第三條限制式 $x_1 + x_2 \geq 65$ 是不必要的，因為第二條限制式 $x_1 + x_2 \geq 79$ 保證 $x_1 + x_2$ 會大於 65。因此，$x_1 + x_2 \geq 65$ 是多餘、可刪除的限制式。同理，由於第七條限制式為 $x_3 + x_4 \geq 82$，所以第六條限制式 $x_3 + x_4 \geq 73$ 也是多餘的（事實上，非負限制式中的 $x_1 \geq 0$、$x_4 \geq 0$ 和 $x_5 \geq 0$ 也是多餘的，因為第一、第八和第十條函數限制式分別為 $x_1 \geq 48$、$x_4 \geq 43$ 和 $x_5 \geq 15$。但刪除這三條非負限制式並不讓計算變快）。

此模型最佳解為 $(x_1, x_2, x_3, x_4, x_5) = (48, 31, 39, 43, 15)$，其 $Z = 30,610$，而每天總人事成本為 \$30,610。

此這個問題是違反線性規劃可除性假設的例子。由於每班次排定人數須為整數。嚴格而言，模型中每一個決策變數應額外加上變數須為整數值的限制。增加這些限制式可將線性規劃模型轉換成整數規劃模型（另見第 11 章）。

即使沒有這些限制式，所得最佳解也會有整數值，故未加上限制式並不產生任何

影響（此類函數限制式通常會產生這樣的結果）。若有些變數最後並非整數，最簡單的處理方式是無條件進位至整數（因為所有函數限制式皆為非負係數且 ≥，故此例以無條件進位是可行的）。無條件進位並無法保證一定能求得整數規劃模型之最佳解，但這麼大的數值在實務上的誤差小到能忽略不計。此外，第 11 章會介紹到的整數規劃技術也可用來求得整數最佳解。

各位注意，此問題的所有函數限制式皆為效益函數 (benefit constraint)，即限制式左端代表著該時段值班客服人數產生之效益，而右端代表著該效益可接受之最低水準。由於其目標為極小化效益限制下，客服人員的總成本，故這是另一個成本效益權衡問題的例子（如同放射線治療與空汙防治的問題）。

貨物配送網

問題 某配送公司於兩工廠生產相同的新產品，然後將產品運至兩座倉庫。任一工廠產品都能對任一倉庫供貨。圖 3.13 呈現此產品配送網，其中 F1 和 F2 為工廠，W1 與 W2 為倉庫，DC 為配送中心。F1 和 F2 的運出量標示在左邊，而 W1 和 W2 的接收量標示在右邊。各箭頭為可行路線。故 F1 能直接運送產品至 W1，並有三條可能路線（F1 → DC → W2、F1 → F2 → DC → W2 及 F1 → W1 → W2）運送到 W2。相較之下，工廠 F2 僅有一條到 W2 (F2 → DC → W2) 與一條到 W1 (F2 → DC → W2 → W1)。每條路線之單位運送成本皆標示於箭頭旁。F1 → F2 和 DC → W2 的運送量上限也標示於箭頭旁。其他路線的運送量則不受限制。

我們接著要決定每條路線運輸量，而目標在於極小化總運送成本。

建立線性規劃模型 由於上述配送公司共有 7 條運送路線，所以我們需要 7 個決策變數（x_{F1-F2}、x_{F1-DC}、x_{F1-W1}、x_{F2-DC}、x_{DC-W2}、x_{W1-W2}、x_{W2-W1}）來代表各路線之運送量。

上述這些變數值有一些限制；除了一般非負限制式外，還有兩條上界限制式 (upper bound constraint) $x_{F1-F2} \leq 10$ 和 $x_{DC-W2} \leq 80$，表示 F1 → F2 和 DC → W2 這兩條路線運送量上限。其他限制式皆出自淨流量限制式 (net flow constraint)，五個地點各有一條。

而上述這些限制式如下所示。

各地點的淨流量限制：

$$\text{運出量} - \text{運入量} = \text{需求量}。$$

圖 3.13 中 F1 的需求量為 50，F2 為 40，W1 為 −30，而 W2 為 −60。

而 DC 之需求為何？所有工廠生產之品項最終都要運至倉庫，所以從工廠運至配送中心的產品都應轉運至倉庫。因此，由配送中心至倉庫之總運量應等於由工廠至配

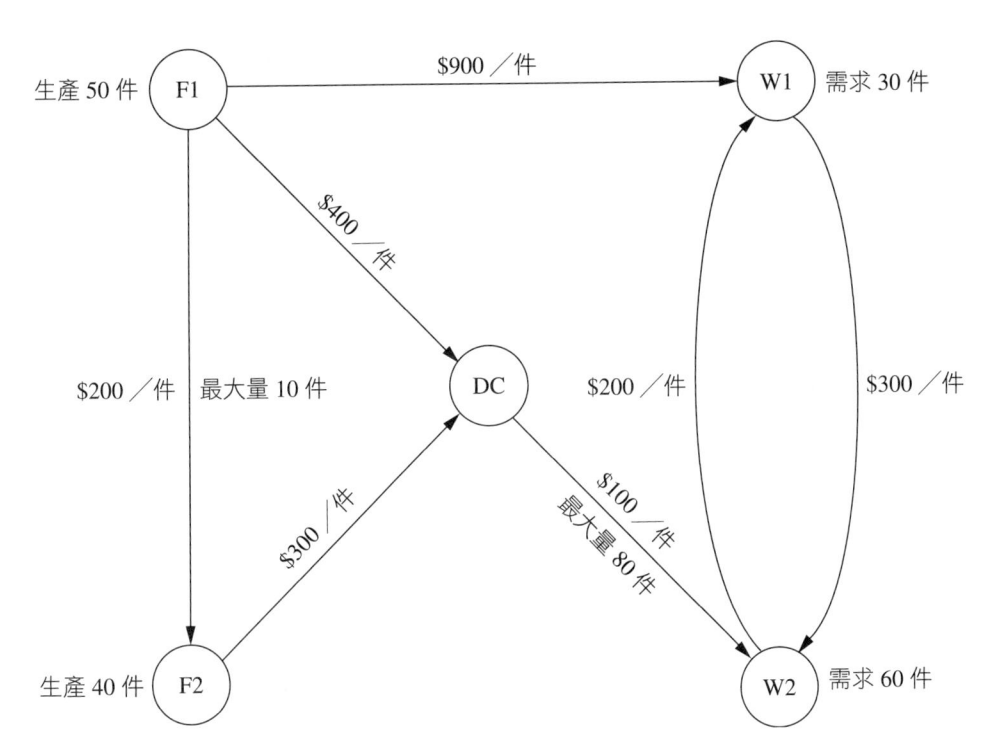

■ 圖 3.13　配送公司貨物配送網。

送中心之總運量。也就是說，這兩運送量之差（淨流量限制式之需求量）應為零。

由於目標為極小化總運送成本，目標函數係數即為圖 3.13 上各路線的單位運送成本。因此，若以 \$100 為單位，則此完整線性規劃模型為

極小化　$Z = 2x_{\text{F1-F2}} + 4x_{\text{F1-DC}} + 9x_{\text{F1-W1}} + 3x_{\text{F2-DC}} + x_{\text{DC-W2}}$
$+ 3x_{\text{W1-W2}} + 2x_{\text{W2-W1}}$,

受限於下列限制式：

1. 淨流量限制式：

$$\begin{aligned}
x_{\text{F1-F2}} + x_{\text{F1-DC}} + x_{\text{F1-W1}} &= 50 \quad (\text{工廠 1}) \\
-x_{\text{F1-F2}} \qquad\qquad + x_{\text{F2-DC}} &= 40 \quad (\text{工廠 2}) \\
-x_{\text{F1-DC}} \qquad - x_{\text{F2-DC}} + x_{\text{DC-W2}} &= 0 \quad (\text{配送中心}) \\
-x_{\text{F1-W1}} \qquad\qquad + x_{\text{W1-W2}} - x_{\text{W2-W1}} &= -30 \quad (\text{倉庫 1}) \\
-x_{\text{DC-W2}} - x_{\text{W1-W2}} + x_{\text{W2-W1}} &= -60 \quad (\text{倉庫 2})
\end{aligned}$$

2. 上界限制式：

$$x_{\text{F1-F2}} \leq 10, \quad x_{\text{DC-W2}} \leq 80$$

3. 非負限制式：

$$x_{\text{F1-F2}} \geq 0, \quad x_{\text{F1-DC}} \geq 0, \quad x_{\text{F1-W1}} \geq 0, \quad x_{\text{F2-DC}} \geq 0, \quad x_{\text{DC-W2}} \geq 0,$$
$$x_{\text{W1-W2}} \geq 0, \quad x_{\text{W2-W1}} \geq 0$$

9.6 節會再看到最小成本流量問題 (minimum cost flow problem),而 9.7 節則會求解這個問題而得到其最佳解:

$$x_{F1\text{-}F2} = 0, \quad x_{F1\text{-}DC} = 40, \quad x_{F1\text{-}W1} = 10, \quad x_{F2\text{-}DC} = 40, \quad x_{DC\text{-}W2} = 80,$$
$$x_{W1\text{-}W2} = 0, \quad x_{W2\text{-}W1} = 20 \text{。}$$

其總運輸成本是 $49,000。

這個問題並不屬於先前任一類線性規劃問題,而是種**固定需求問題 (fixed-requirements problem)**,因為其主要限制式(淨流量限制式)都是固定需求限制式 (fixed-requirement constraint)。由於這些限制式都是等式,每一條都強制該地點的淨流出量必須等於某固定量的固定需求。第 8 章和第 9 章會提到固定需求問題的線性規劃。

3.5 以試算表建立和求解線性規劃模型

如 Excel 及其 Solver(規劃求解)增益集等試算表套裝軟體,常用來分析求解小型線性規劃問題。包括參數的線性規劃模型之主要特性為,能簡易輸入至試算表。試算表不僅是顯示資料,若我們輸入更多資訊,就能用試算表快速分析可能解。如檢驗一個可能解是否可行,及計算目標函數值。試算表主要效用在於能立即呈現任何改變對解的影響。

此外,Solver 能用單形法快速求取模型之最佳解。我們接著會以此來說明。

為說明建立及求解線性規劃問題的過程,我們現在用 3.1 節的 Wyndor 公司問題為例。

在試算表上建立模型

圖 3.14 為由表 3.1 資料轉換至試算表上的 Wyndor 問題(其中 E 行與 F 行留作輸入後續資料用)。其中,我們稱顯示資料的儲存格為**資料格 (data cell)**,並以灰階來區別[8]。

各位會發現,使用範圍名稱會較易於說明試算表。**範圍名稱 (range name)** 就是針對特定儲存格區塊給予一辨識名稱。因此,Wyndor 問題資料格的範圍名稱有 UnitProfit (C4:D4)、HoursUsedPerBatchProduced (C7:D9) 及 HoursAvailable (G7:G9)。各位要注意,範圍名稱不可為空格,每英文字首字母需為大寫。各位若要輸入範圍名稱,首先選取儲存格範圍,接著在試算表上方公式列左邊點選 name 選項,直接輸入名稱即可。

---

[8] 使用格式工具列的「框線」與「填滿色彩」按鍵,可以把邊界和儲存格加上框線與陰影。

應用實例

Welch's 公司是全球最大的 Concord 和 Niagara 品種葡萄加工業者,2012 年淨銷售額為 6.5 億美元。Welch's 葡萄果凍與葡萄汁多年來已成為美國人普遍喜愛的產品。

果農每年 9 月會將收成的葡萄運至加工廠壓榨成汁。葡萄原汁需儲藏一段時間,才能製成果醬、果凍、果汁與濃縮果汁等製品。

如何在需求不斷變動、收成量與品質不確定狀況下,運用收成的葡萄是件複雜的工作。一般決策包含了主要產品的原料該使用何種配方、各廠間的葡萄原汁的運送及其運送方式。

由於 Welch's 公司缺少一套正式的葡萄原汁運送與產品配方之最佳化系統,OR 團隊發展了一個初步線性規劃模型。這是一個包含 8,000 個產品決策變數的模型規模,在經過小規模測試後,證實該模型可行。

團隊為提升該模型效果,而再以產品類別的總需求取代原個別產品需求,並將問題縮減成只有 324 個決策變數與 361 條函數限制式,然後再將此模型資料輸入試算表。

該公司自 1994 年以來,每月就執行此持續改善之試算表模型,並將 Solver 求出之最佳物流方案提供給高階管理團隊參考。該公司藉由使用並優化此模型,第一年即省下大約 15 萬美元。而在試算表上建立線性規劃模型一大優點就是,易於對數學理解程度不同的主管解釋模型,這也讓此應用廣為運用在別的問題上。

資料來源:E. W. Schuster and S. J. Allen, "Raw Material Management at Welch's, Inc.," *Interfaces*, **28**(5): 13–24, Sept.–Oct. 1998。

	A	B	C	D	E	F	G
1		Wyndor Glass Co. Product-Mix Problem					
2							
3			Doors	Windows			
4		Profit Per Batch ($000)	3	5			
5							Hours
6			Hours Used Per Batch Produced				Available
7		Plant 1	1	0			4
8		Plant 2	0	2			12
9		Plant 3	3	2			18

■ 圖 **3.14** 將表 3.1 資料輸入資料格後的 Wyndor 問題初始試算表。

各位在開始使用試算表來建立一問題的線性規劃模型前,有必要先回答下列三大問題:

1. 需制定之決策為何?對此問題來說,必要的決策為兩種新產品的生產率(每週生產之批數)。
2. 這些決策之限制式為何?這些限制式為兩種產品每週所用生產時數不得超出各廠可用之生產時數。
3. 這些決策之整體績效衡量為何?Wyndor 公司的整體績效衡量為兩種產品每週總利潤,故其目標為極大化每週總利潤。

	A	B	C	D	E	F	G
1		**Wyndor Glass Co. Product-Mix Problem**					
2							
3			Doors	Windows			
4		Profit Per Batch ($000)	3	5			
5					Hours		Hours
6			Hours Used Per Batch Produced		Used		Available
7		Plant 1	1	0	0	<=	4
8		Plant 2	0	2	0	<=	12
9		Plant 3	3	2	0	<=	18
10							
11			Doors	Windows			Total Profit ($000)
12		Batches Produced	0	0			0

■ 圖 **3.15** Wyndor 問題在改變格（C12 及 D12）輸入初始試算解（生產率皆為 0）後的完整試算表。

圖 3.15 為考慮上述三個問題的試算表。根據第一個答案，兩種新產品生產率分別放在儲存格 C12 及 D12。由於我們目前仍不知生產率，所以先輸入零（事實上，可輸入任何試算解，不過負生產率並不合理，故不應輸入負值）。後續各位在尋找最佳生產率組合時，這些數字會改變。因此，我們稱這些包含決策的儲存格為**改變格 (changing cell)**，並以灰階與粗黑外框來表示（OR Courseware 中的改變格以黃色色塊顯示）。而我們給予這些改變格的範圍名稱是 BatchesProduced (C12:D12)。

接著以問題 2 的答案，我們在資料格右邊的 E7、E8 與 E9 輸入這兩種產品每週在各廠所用之總生產時數。上述這三格的 Excel 公式為

$$E7 = C7*C12 + D7*D12$$
$$E8 = C8*C12 + D8*D12$$
$$E9 = C9*C12 + D9*D12$$

其中 * 代表乘號。這些儲存格提供依改變格（C12 與 D12）的輸出值，所以我們稱其為**輸出格 (output cell)**。

各位注意，以上輸出格公式皆為兩個乘積的和，也是 Excel 中 SUMPRODUCT 函數的功能。當兩個範圍有相同的列數與行數時，就可用 SUMPRODUCT 加總這兩範圍各項乘積，也就是第一個範圍的項與第二個範圍對應項位置之乘積。我們以兩個範圍為例，C7:D7 與 C12:D12 各別有 1 列與 2 行。在此狀況下，SUMPRODUCT (C7:D7, C12:D12) 選出範圍 C7:D7 的各項，乘以 C12:D12 相對位置之各項，接著予以加總，即會呈現出上述第一條公式。我們在使用範圍名稱 BatchesProduced (C12:D12) 時，公式會變成 SUMPRODUCT (C7:D7, BatchesProduced)。雖然可改用短公式，但這個功能特別在公式較長時較為方便。

然後，在儲存格 F7、F8 及 F9 輸入 ≤ 符號，這也代表著左邊的總值不得超過右

邊 G 行對應的數值。雖然各位能在試算表輸入違反 ≤ 符號的試算解，若 G 行的數值未改變，該符號能作為需拒絕試算解的提醒。

最後，因為問題 3 的答案為，整體績效衡量是兩種產品的總利潤，故在儲存格 Gl2 輸入（每週）利潤。與 E 行數值相當類似，這也是乘積和，

$$G12 = \text{SUMPRODUCT (C4:D4, Cl2:D12)}$$

使用範圍名稱 TotalProfit (G12)、ProfitPerBatch (C4:D4) 與 BatchesProduced (Cl2:Dl2)，而此公式則變成

$$\text{TotalProfit} = \text{SUMPRODUCT (ProfitPerBatch, BatchesProduced)}$$

這是一個運用範圍名稱提高公式可讀性的好例子。範圍名稱直接呈現公式的內容，而不需看試算表儲存格 G12、C4:D4 與 Cl2:Dl2 的內容。

TotalProfit (G12) 是一種特殊的輸出格。制定生產率決策時，目標是讓這個儲存格的數值愈大愈好。而我們會稱 TotalProfit (G12) 為**目標格 (objective cell)**。試算表中的目標格顏色較深，且加上粗框線（OR Courseware 試算表的目標格以橘色表示）。

圖 3.16 底部呈現計算 HoursUsed 行與 TotalProfit 儲存格的所有公式，以及所有的範圍名稱及其儲存格位置。

	A	B	C	D	E	F	G
1		**Wyndor Glass Co. Product-Mix Problem**					
2							
3			Doors	Windows			
4		Profit Per Batch ($000)	3	5			
5					Hours		Hours
6			Hours Used Per Batch Produced		Used		Available
7		Plant 1	1	0	0	<=	4
8		Plant 2	0	2	0	<=	12
9		Plant 3	3	2	0	<=	18
10							
11			Doors	Windows			Total Profit ($000)
12		Batches Produced	0	0			0

Range Name	Cells
BatchesProduced	C12:D12
HoursAvailable	G7:G9
HoursUsed	E7:E9
HoursUsedPerBatchProduced	C7:D9
ProfitPerBatch	C4:D4
TotalProfit	G12

	E
5	Hours
6	Used
7	=SUMPRODUCT(C7:D7,BatchesProduced)
8	=SUMPRODUCT(C8:D8,BatchesProduced)
9	=SUMPRODUCT(C9:D9,BatchesProduced)

	G
11	Total Profit
12	=SUMPRODUCT(ProfitPerBatch,BatchesProduced)

■ **圖 3.16** Wyndor 問題的試算表模型，包括目標格 TotalProfit (Gl2) 與其他 E 行輸出格的計算公式，為了極大化目標格。

現在我們完成了 Wyndor 問題的試算表模型。

此模型讓我們易於分析生產率的試算解。每次輸入 C12 及 D12 的生產率後，Excel 立刻會去計算使用生產時數和總利潤的輸出格。然而，沒有必要用這種試誤法。接著我們介紹應用 Solver 快速求最佳解的方法。

使用 Solver 求解模型

Excel 包含使用單形法求最佳解的 **Solver** 軟體，ASPE（OR Courseware 所附的 Excel 增益集）具備功能較佳 Solver，也可以用來求解相同的問題。

標準版 Solver 在首次使用時須先安裝。先點擊 Office 鍵，選擇 Excel 選項，再點擊視窗左邊的增益集，選擇視窗下方的管理 Excel 增益集，按下執行鍵。確認已在增益集對話視窗中選取 Solver，接著應該會出現在資料選項。Mac 電腦的 Excel 2011 版則需要從工具選單選取增益集，並確認已選取 Solver。

開始解題時，能輸入任何試算解（如圖 3.16 改變格已輸入 0）。Solver 會在求解問題後將其改成最佳值。

各位在資料選單點擊 Solver 鍵，就能開始用 Solver（見圖 3.17 所示）。

用 Solver 解題前，須知道模型各要素在試算表的位址。各位可從 Solver 對話視窗輸入範圍名稱、儲存格位址，或用滑鼠點選儲存格[9]。圖 3.17 顯示輸入範圍名稱的結果，即在目標格輸入 TotalProfit（而不是 G12），且在改變格輸入 BatchesProduced（而不是 C12:D12）。由於目的在於極大化目標格，所以也會選取 Max。

然後，需要輸入函數限制式。個未能在 Solver 對話視窗上點選「新增」(Add)，會出現如圖 3.18 所示的「新增限制式」(Add Constraint) 對話視窗。圖 3.16 的 F7、F8 和 F9 中的 ≤ 符號也就是提醒各位，HoursUsed (E7, E9) 儲存格必須小於或等於在 HoursAvailable (G7:G9) 中的對應儲存格。限制式在 Solver 中的表示方式：在新增限制式對話視窗左邊輸入 HoursUsed（或 E7:E9），右邊輸入 HoursAvailable（或 G7:G9）。在中間的選單上選取 <=（小於或等於）、= 或 >=（大於或等於）指定兩邊的大小關係，故在此已選取 <=。雖然 F 行已輸入 ≤ 符號，但仍需選取這些符號，因為 Solver 只用新增限制式對話視窗中所指定的函數限制式。

如果還要加入其他函數限制式，就要點「新增」(Add)，出現新增限制式對話視窗。因此例題不會再有限制式，故點選「確定」(OK) 回 Solver 對話視窗。

各位使用 Solver 求解模型前，有兩個步驟還需進行。首先讓 Solver 知道需要非

---

[9] 若點選儲存格，儲存格位址與美元符號 ($) 會出現在對話視窗（如 $C$9:$D$9），可以忽略符號。若已定義儲存格位址之範圍名稱，輸入限制式或關閉重開對話視窗後，對應的範圍名稱會取代儲存格位址和美元符號。

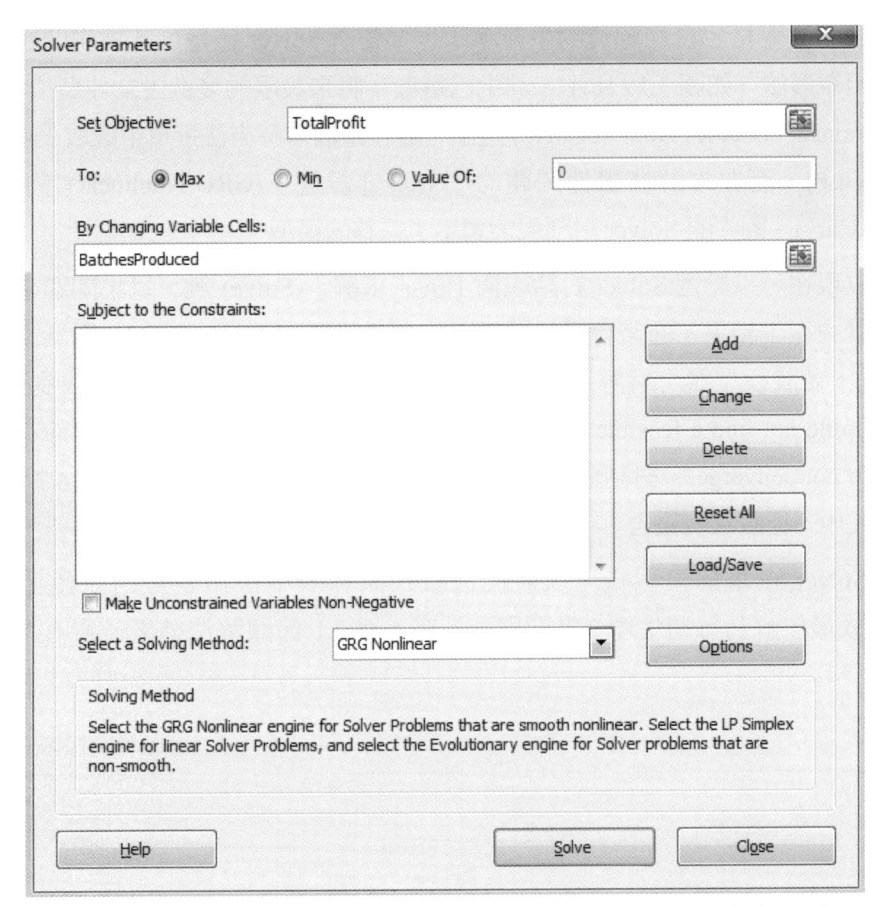

■ 圖 3.17 在 Solver 對話視窗指定圖 3.16 中目標格與改變格的位址，並指定要極大化目標格。

■ 圖 3.18 輸入限制式 HoursUsed (E7:E9) ≤ HoursAvailable (G7:G9) 後的新增限制式對話視窗，指定圖 3.16 中的儲存格 E7、E8 和 E9 必須分別小於或等於儲存格 G7、G8 和 G9。

負限制式，改變格才會拒絕負的生產率。也要告訴 Solver 這是線性規劃問題，因此可以使用單形法，如圖 3.19 所示，其中已選取「將未設限的變數設為非負值」(Make Unconstrained Variables Non-Negative) 選項，並在選取求解方法選單中選取「單純 LP」(Simplex LP)，而非求解非線性問題的「GRG 非線性」(GRG Nonlinear) 或「演化」(Evolutionary)。圖中的 Solver 對話視窗顯示了完整的模型。

各位現在可以點選 Solver 對話視窗上的「求解」(Solve) 鍵，以小問題來說，幾秒鐘後就會產生結果。通常會顯示顯示已找到最佳解的 Solver Results 對話視窗（如圖 3.20）。若該模型無可行解或最佳解，對話視窗會顯示 Solver「無法找到可行解」(Solver could not find a feasible solution) 或「目標格的值無法收斂」(The Objective Cell values do not converge)。對話視窗會產生各種不同報表選項，而我們會在 4.7 節和 7.3 節討論其中一種敏感度報告。

在 Solver 在求解模型後，以最佳值取代試算表中決策變數的原始值（如圖 3.21）。故最佳解為每週生產 2 批門與 6 批窗，與 3.1 節圖解法結果一致。而試算表

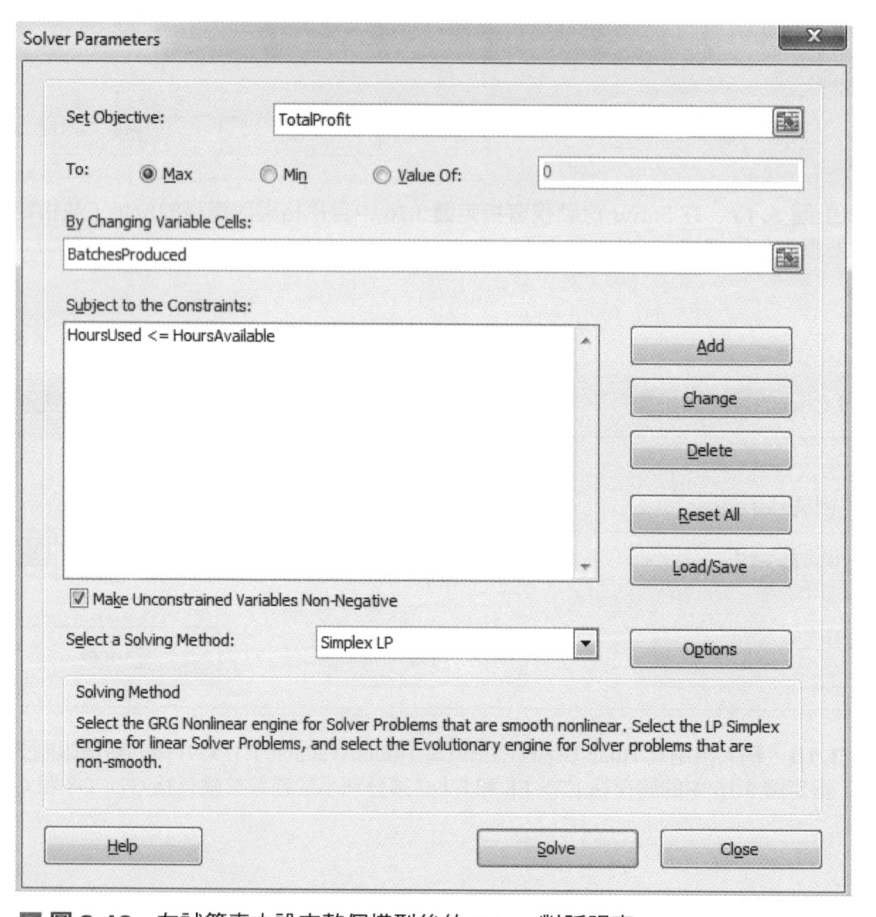

■ 圖 3.19　在試算表中設定整個模型後的 Solver 對話視窗。

圖 3.20　顯示已找到最佳解的 Solver Results 對話視窗。

	A	B	C	D	E	F	G
1		**Wyndor Glass Co. Product-Mix Problem**					
2							
3			Doors	Windows			
4		Profit Per Batch ($000)	3	5			
5					Hours		Hours
6			Hours Used Per Batch Produced		Used		Available
7		Plant 1	1	0	2	<=	4
8		Plant 2	0	2	12	<=	12
9		Plant 3	3	2	18	<=	18
10							
11			Doors	Windows			Total Profit ($000)
12		Batches Produced	2	6			36

Solver Parameters
Set Objective Cell: TotalProfit
To: Max
By Changing Variable Cells:
　BatchesProduced
Subject to the Constraints:
　HoursUsed <= HoursAvailable
Solver Options:
　Make Variables Nonnegative
　Solving Method: Simplex LP

	E
5	Hours
6	Used
7	=SUMPRODUCT(C7:D7,BatchesProduced)
8	=SUMPRODUCT(C8:D8,BatchesProduced)
9	=SUMPRODUCT(C9:D9,BatchesProduced)

	G
11	Total Profit
12	=SUMPRODUCT(ProfitPerBatch,BatchesProduced)

Range Name	Cells
BatchesProduced	C12:D12
HoursAvailable	G7:G9
HoursUsed	E7:E9
HoursUsedPerBatchProduced	C7:D9
ProfitPerBatch	C4:D4
TotalProfit	G12

圖 3.21　求解 Wyndor 問題後所得到的試算表。

中的目標格也顯示對應的目標函數值（每週總利潤 $36,000），及輸出格 HoursUsed (E7:E9) 中的數值。

如果求解後選擇儲存檔案，Solver 會保留目標格、改變格與限制式等資料的位址，此時可檢視資料格數據改變後所產生的最佳解。各位僅需更改資料格內容，點選 Solver 對話視窗的「Solve」鍵即可（另見 4.7 節與 7.3 節說明）。

OR Courseware 包含了本章及其他各章例題（Wyndor 問題與 3.4 節例題）的完整模型與解答之 Excel 試算表檔案。建議各位嘗試輸入不同資料，觀察解答。而這些試算表也能當作求解習題的範本。

此外，我們建議各位使用本章 Excel 檔案，仔細研讀 3.4 節試算表模型，從中學習建立比 Wyndor 問題大且複雜的線性規劃模型的方法。

接下來的章節會陸續說明建立與求解試算表中各種不同 OR 模型例題。本書專屬網站上的補充教材第 21 章，即探討在試算表中建立模型的一般性方法和基本原則，及除錯技巧。

3.6 建立大型線性規劃模型

線線性規劃問題具有各式規模。以 3.1 節和 3.4 節例題來說明，規模從 3 條函數限制式與 2 個決策變數（Wyndor 和放射線治療問題）至 17 條函數限制式和 12 個決策變數（Save-It 公司問題）。17 條函數限制式和 12 個決策變數的模型看起來規模相當大，畢竟要寫出來確實需要花點時間。

此類模型規模並非特例。實務上的線性規劃模型通常有數百或數千條函數限制式。事實上，有時甚至有多達數百萬條限制式。決策變數數量通常比函數限制式更多，有時多達上百萬個。

各位要建立如此龐大的模型不是份簡單的工作，即使是 1,000 條函數限制式與 1,000 個決策變數的「中型」模型，參數也超過 100 萬個（包括 100 萬個限制式係數）。將此模型寫成代數公式不但不可能，在試算表內輸入參數都不可行。

所以，如何建立具實務大規模的模型呢？這就要用建模語言 (modeling language)。

建模語言

軟體中的數學建模語言專門提供有效率建立包括線性規劃模型的大型數學規劃模型。即使有上百萬條函數限制式的模型，通常僅有相對少數幾種類型。同理，決策變數也只有少數幾種類型。因此，建模語言會運用資料庫中一大區塊資料，以各種類型變數，將同類型限制式表示成一個公式。我們接著會說明此過程。

建模語言除了有效建立大型模型,也提供一些包括資料存取、將資料轉變為模型參數、修改模型,及分析模型所得的解等模型管理功能。同時也能產生易於決策者了解的摘要報表,還有詳細說明模型內容。

這幾十年來已發展出許多建模語言,這包括了 AMPL、MPL、OPL、GAMS 與 LINGO。

本 Maximal 軟體公司的 **MPL**(Mathematical Programming Language 的縮寫)支援包括從 MPL 輸入和輸出至 Excel,透過 OptiMax Component Library,完整支援 Excel VBA 巨集語言及各程式語言。這讓使用者能將 MPL 模型完全整合進 Excel,並用強大 Solver 求解。本書專屬網站提供學生版 MPL 及詳細的學習資料,也可從 maximalsoftware.com 進行更新。

LINDO Systems 公司除了 LINGO 外,還銷售一套能求解大型實務問題的試算表最佳化軟體「What's*Best!*」,及包含各種求解程式軟體的資料庫 LINDO API。LINGO 內含線性規劃入門的 LINDO 介面。本書轉屬網站上有學生版的 LINGO 和 LINDO 軟體,也都可從 www.lindo.com 下載。LINGO 和 MPL 一樣也是功能強大的通用建模語言。LINGO 除線性規劃外,也具有求解其他各種 OR 問題的能力。如 LINGO 的 global optimize 可求解高度非線性模型的全域最佳解。最新版 LINGO 內建程式語言,能一次同時求解多個最佳化問題,對參數分析時很有用(另見 4.7 節)。LINGO 另一個特別功能,利用機率分配的各種函數與繪製大量圖形,求解隨機規劃問題。

本書專屬網站包含 MPL、LINGO 和 LINDO 等建模語言與最佳化軟體建立模型及求解的例題模型。

現在我們用一個簡化的例子來說明非常大型線性規劃模型產生的方式。

大型模型問題的例子

Worldwide 公司管理者須處理產品組合的問題,比 3.1 節 Wyndor 的問題更複雜。公司在世界各地有 10 廠,每個廠生產相同的 10 種產品在當地銷售。我們知道未來 10 個月每個廠每種產品的需求量。雖各廠每月銷售量不能超出該月需求量,但產量能超出需求量,超出部分成為以後月份銷售的存貨(每月有些單位成本)。每件存貨所占空間相同,且各廠有稱為存貨容量 (inventory capacity) 的存貨儲存總數上限。

各廠有相同的 10 種生產程序,我們稱之為能生產 10 種產品中的任何一種的機器 (machine)。工廠與機器組合是取決產品的單位生產成本與生產率(該產品每天生產數量)的因素,這與月份無關。每個月可生產天數 (production days available) 則不一。

某些工廠與機器生產的產品單位成本低,或生產率比他廠與機器高,因此將產品從某廠送至另一廠,這對在後者銷售有利。由任一起點工廠 (fromplant) 運至任一終點

工廠 (toplant) 都要付單位運送成本,而各種產品的單位運輸成本都相同。

管理團隊現在須決定各廠每部機器每月該生產各產品的數量、各廠該銷售各產品的數量,及各廠每月該運送多少產品至他廠銷售。考慮各產品的全球售價,目標要找出極大化總利潤(總銷售收入扣除總生產成本、存貨成本和運輸成本)的可行計畫。

注意,此為簡化例題,已假設工廠、機器、產品與月份皆相同(10)。產品的數量在實務上可能超過 10 個,規劃期間超過 10 個月,而機器數(生產程序類型)或許不到 10 類。此問題也假設所有廠都用同類機器(生產程序),且各類機器都能生產各產品。實際上,各廠的機器類型與能生產的產品或許不同。因此,有些公司的模型可能比此例題小,但有些則可能大很多。

模型結構

記錄每月各廠各種產品存貨量之所以必要,這是存貨成本和有限的存貨容量所致。故線性規劃模型有生產量、存貨量、銷售量和運送量等四類決策變數,計有 10 廠、10 種機器、10 類產品和 10 個月,共 21,000 個決策變數(另見下列說明)。

決策變數

10,000 個生產變數:各廠、機器、產品與月份組合各別有一個

1,000 個存貨變數:各廠、機器、產品與月份組合各別有一個

1,000 個銷售變數:各廠、機器、產品與月份組合各別有一個

9,000 個運輸變數:各產品廠、月份、與廠(起點工廠)組合與另一廠各別有一個

決策變數乘上對應單位成本或單位收入,再依類別加總,可得到下列目標函數:

目標函數

$$\text{極大化} \quad \text{利潤} = \text{總銷售收入} - \text{總成本},$$

其中

$$\text{總成本} = \text{總生產成本} + \text{總存貨成本} + \text{總運輸成本}。$$

21,000 個決策變數在極大化目標函數時,須滿足非負限制式,及產能、工廠平衡(存貨變數適當值的等式限制式)、最大存貨量和最大銷售量四類型函數限制式。下列共有 3,100 條函數限制式,但每類型限制式的形式相同。

函數限制式

1,000 條產能限制式(各廠、機器、產品與月份組合各別有一個):

$$\text{實際生產天數} \leq \text{可用生產天數},$$

而左邊為 10 個分數和，各產品有一分數，即該產品的生產量（決策變數）除以其生產率（常數）所得。

1,000 條工廠平衡限制式（各廠、機器、產品與月份組合各別有一個）：

$$\text{生產量} + \text{上月存貨量} + \text{運入量} = \text{銷售量} + \text{現有存貨量} + \text{運出量}，$$

生產量代表各機器生產數量之決策變數總和，運入量為他廠運來數量之決策變數總和，運出量則是各廠運至他廠數量之決策變數總和。

100 條最大存貨量限制式（各廠與月份組合各別有一個）：

$$\text{總存貨量} \leq \text{存貨容量}，$$

而左邊代表各產品存貨量之決策變數總和。

1,000 條最大銷售量限制式（各廠、機器、產品與月份組合各別有一個）：

$$\text{銷售量} \leq \text{需求量}。$$

現在我們來說明用 MPL 建模語言，精簡表示此龐大模型的方法。

使用 MPL 建立模型

各位先決定模型名稱，接著為各問題實體指定一指標 (index)，見下列說明。

```
TITLE
  Production_Planning;
INDEX
product    := A1..A10;
month      := (Jan, Feb, Mar, Apr, May, Jun, Jul, Aug, Sep, Oct);
plant      := p1..p10;
fromplant  := plant;
toplant    := plant;
machine    := m1..m10;
```

除月份外，右邊各產品、廠、機器皆為任意設定、在資料檔中使用的標示。各輸入名稱後要加上一冒號，各敘述後要加一分號（敘述能超過一行）。

蒐集與組織各類資料成資料檔案，是使用大型模型的一大重頭戲，而資料檔案格式可能為密集式或稀疏式。密集式 (dense format) 檔案包含了各種指標的所有可能值組合。例如，假設資料檔包含了各廠所有機器（生產程序）製造各產品之生產率。密集式資料檔的各廠、機器和產品組合都各有一項資料。但大部分組合資料項可能為 0，因為某廠可能無某種特定機器，或該機器不能在廠生產某種產品。我們會稱密集式資料檔中非零項比率為該檔案的密度 (density)。實務上常見的大型檔案密度約在 5% 以下，且經常在 1% 以下。我們稱此低密度檔案為稀疏式 (sparse format)，在此情況使用稀疏式的效率較佳。稀疏式檔案只儲存非零數值（及指標），通常從文字檔或公司資

料庫輸入。具備有效率處理稀疏式資料的能力,即成為建立和求解大型最佳化模型的重要關鍵,MPL 能處理密集式或稀疏式資料。

我們以 Worldwide 公司為例,需要 8 個資料檔來儲存產品售價、需求、生產成本、生產率、可生產天數、存貨成本、存貨容量和運輸成本。我們假設這些為稀疏式資料,接下來要為各資料檔設定一個簡單直覺的名稱及辨識(方括弧內的)資料指標。

```
DATA
  Price[product]        := SPARSEFILE("Price.dat");
  Demand[plant, product, month] := SPARSEFILE("Demand.dat");
  ProdCost[plant, machine, product] := SPARSEFILE("Produce.dat", 4);
  ProdRate[plant, machine, product] := SPARSEFILE("Produce.dat", 5);
  ProdDaysAvail[month]  := SPARSEFILE("ProdDays.dat");
  InvtCost[plant, product] := SPARSEFILE("InvtCost.dat");
  InvtCapacity[plant]   := SPARSEFILE("InvtCap.dat");
  ShipCost[fromplant, toplant]  := SPARSEFILE ("ShipCost.dat");
```

為說明資料檔的內容,我們來看一下儲存生產成本與生產率。下列為 SPARSEFILE produce.dat 的一些資料項。

```
!
! Produce.dat - Production Cost and Rate
!
! ProdCost[plant, machine, product]:
! ProdRate[plant, machine, product]:
!
  p1, m11, A1, 73.30, 500,
  p1, m11, A2, 52.90, 450,
  p1, m12, A3, 65.40, 550,
  p1, m13, A3, 47.60, 350,
```

接著替每個類型的決策變數取個簡短名稱,其後方括弧內為指標或下標範圍。

```
VARIABLES
  Produce[plant, machine, product, month]   -> Prod;
  Inventory[plant, product, month]          -> Invt;
  Sales[plant, product, month]              -> Sale;
  Ship[product, month, fromplant, toplant]
      WHERE (fromplant <> toplant);
```

若決策變數名稱長度超過四個字母,右邊箭頭指向四字母縮寫,以滿足 Solver 的長度限制。最後一行呈現 fromplant 與 toplant 的下標不能一樣。

在寫下此模型前,還有一個步驟。為易於了解此模型,能先用巨集 (macro) 來表示目標函數之總和。

```
MACROS
  Total Revenue     := SUM(plant, product, month: Price*Sales);
  TotalProdCost     := SUM(plant, machine, product, month:
                         ProdCost*Produce);
  TotalInvtCost     := SUM(plant, product, month:
                         InvtCost*Inventory);
  TotalShipCost     := SUM(product, month, fromplant, toplant:
                         ShipCost*Ship);
  TotalCost         := TotalProdCost + TotalInvtCost + TotalShipCost;
```

前四個巨集用 MPL 關鍵字 SUM 執行加總。各關鍵字 SUM 後（括弧內），首先為加總項目之指標，而冒號後則為資料向量（資料檔之一）乘以變數向量（四種決策變數其中之一）。

接著我們就可簡化這個包含 3,100 條函數限制式與 21,000 個決策變數的模型。

```
MODEL
  MAX Profit = TotalRevenue - TotalCost;
SUBJECT TO
  ProdCapacity[plant, machine, month] -> PCap:
    SUM(product: Produce/ProdRate) <= ProdDaysAvail;
  PlantBal[plant, product, month] -> PBal:
       SUM(machine: Produce) + Inventory [month - 1]
     + SUM(fromplant: Ship[fromplant, toplant:= plant])
    =
       Sales + Inventory
     + SUM(toplant: Ship[fromplant:= plant, toplant]);
  MaxInventory [plant, month] -> MaxI:
    SUM(product: Inventory) <= InvtCapacity;
BOUNDS
    Sales <= Demand;
END
```

以這四類限制式各別來說，第一行即宣告類型名稱。而名稱後方括弧內的每個指標，其每種組合各有一條限制式。方括弧右邊的箭頭，指向軟體可用的四個字母縮寫名。第一行下以 SUM 運算元顯示此類限制式的一般形式。

對每條產能限制式來說，加總的各項包括一決策變數（某產品在某廠的某機器於某月之生產量）除以對應生產率，即為實際生產天數。加總產品能得到某廠某機器該月的實際生產天數，故此實際生產天數不能超過可用生產天數。

各廠、各產品與各月的工廠平衡限制式的目的，在於已知包括如前一個月存貨水準等決策變數值，設定各廠各種產品每月存貨量。此類限制式的每一個運算元 SUM 只是決策變數和，而非向量和。最大存貨限制式中的運算元 SUM 也是一樣。而最大銷售量限制式左邊僅為 1,000 個廠、產品和月份組合的單一決策變數（此變數上界限制能與一般函數限制式分開，而有效解題）。該模型未顯示任何下界限制式，除有特別指定非零下界，MPL 自動設定 21,000 個決策變數全有非負限制式。這 3,100 條函數限制式中每一條的左邊為決策變數的線性函數，右邊則為適當的資料檔內的常數。因

為目標函數也是決策變數的線性函數，故此模型為正確線性規劃模型。

為求解模型，MPL 支援其內建各式 Solver（求解線性規劃模型及 OR 模型套裝軟體）。一如 1.5 節提過的，包括 CPLEX、GUROBI、CoinMP 及 SULUM 皆可有效率求解非常大型的線性規劃模型。OR Courseware 的學生版 MPL 已安裝這四種 Solver。如學生版 CPLEX 使用單形法求解線性規劃模型。因此，要求解用 MPL 建立的線性規劃模型，在 Run 選單選取 Solve CPLEX 或在工具列 (Toolbar) 按下 Run Solve 鍵即可。然後按下狀態視窗底部的 View 鍵，即開啟一新視窗顯示解答。對特別大型的線性規劃問題來說，1.5 節已說明學界運用 CPLEX 及 GUROBI 的取得完整版 MPL 的方式。

此 MPL 簡要說明，各位能輕易使用建模語言建立大型線性規劃模型。本書專屬網站上有 MPL 的使用說明 (MPL Tutorial)，其中詳盡說明建立一小型生產規劃例題模型之過程，同時另有說明用 MPL 建立線性規劃模型並以 CPLEX 求解的其他範例。

LINGO 建模語言

本書另一種使用的建模語言是 LINDO Systems 公司的 LINGO，而 LINDO 是 LINGO 軟體的一部分。該公司亦推出試算表求解軟體 What's*Best!*，及 Solver 程式庫 LINDO API。本書專屬網站提供學生版的 LINGO（最新試用版皆可從 www.lindo.com 下載）。LINDO API 的 Solver 引擎由 LINDO 與 What's*Best!* 所用。LINDO API 有以單形法與內點／障礙法為基礎的 Solver（另見 4.9 節）、機會限制模型 (chance-constrained models) 與隨機規劃問題 (stochastic programming problems) 的特殊 Solver，及非線性規劃的 Solver，甚至包括非凸規劃之全域 Solver。

LINGO 和 MPL 一樣能有效率建立清楚精簡的大型模型，而模型採取資料與程式分離。這是因為有些模型須每天（或甚至每分鐘）求解，且各位在資料有變動時，不用動到模型僅需改變資料即可。所以各位能先以一組小型資料發展模型，將輸入大型資料到模型時，模型即會自動調整並處理新資料。

LINGO 使用集合 (set) 為基本概念。以 Worldwide 公司的生產規劃問題為例，簡單或「原始」相關集合為產品、工廠、機器和月份。而集合中各類也許具備一個或一個以上的屬性 (attribute)，如產品售價、工廠存貨量、機器生產率和一個月內可生產天數。有些屬性是輸入資料，有些如生產量和運輸量則為決策變數。各位也能從其他集合組合，來定義衍生集合。和 MPL 一樣可用 SUM 運算元寫出精簡的目標函數和限制式。

各位能透過 Help 指令直接從 LINGO 下載使用手冊，並以不同方式搜尋內容。

本書專屬網站上本章補充教材會進一步說明 LINGO，並用兩個小型範例來說明使用方法。同時也會說明利用 LINGO 建立 Worldwide 公司生產規劃問題模型的方

式。第 4 章末附錄 4.1 也簡介了 LINGO 和 LINDO 的使用方法。此外，專屬網站上的 LINGO 學習手冊提供使用建模語言進行基本建模的詳細過程，還有本章各種範例的 LINGO 模型及解。

3.7 結論

線性規劃可用於處理資源分配問題、成本效益權衡問題、固定需求問題，及其他有類似數學模型問題，是相當有用的方法、也成為許多企業和產業重要的標準工具。此外，幾乎所有社會組織都要處理類似問題，也出現非常廣泛的線性規劃應用。

然而，並非所有類型問題（即使為合理近似）都能成為線性規劃模型。當問題嚴重違反其中一或一個以上線性規劃假設時，可能必須改用其他數學規劃模型（如第 11 章的整數規劃規型或非線性規劃模型）。

參考文獻

1. Baker, K. R.: *Optimization Modeling with Spreadsheets,* 2nd ed., Wiley, New York, 2012.
2. Denardo, E. V.: *Linear Programming and Generalizations: A Problem-based Introduction with Spreadsheets*, Springer, New York, 2011, chap. 7.
3. Hillier, F. S., and M. S. Hillier: *Introduction to Management Science: A Modeling and Case Studies Approach with Spreadsheets,* 5th ed., McGraw-Hill/Irwin, Burr Ridge, IL, 2014, chaps. 2, 3.
4. *LINGO User's Guide,* LINDO Systems, Inc., Chicago, IL, 2011.
5. *MPL Modeling System* (*Release* 4.2) manual, Maximal Software, Inc., Arlington, VA, e-mail: info@maximalsoftware.com, 2012.
6. Murty, K. G.: *Optimization for Decision Making: Linear and Quadratic Models*, Springer, New York, 2010, chap. 3.
7. Schrage, L.: *Optimization Modeling with LINGO,* LINDO Systems Press, Chicago, IL, 2008.
8. Williams, H. P.: *Model Building in Mathematical Programming,* 4th ed., Wiley, New York, 1999.

應用線性規劃之獲獎論文：

（本書網站 www.mhhe.com/hillier 提供了所有這些論文的連結。）

A1. Ambs, K., S. Cwilich, M. Deng, D. J. Houck, D. F. Lynch, and D. Yan: "Optimizing Restoration Capacity in the AT&T Network," *Interfaces,* **30**(1): 26–44, January–February 2000.
A2. Caixeta-Filho, J. V., J. M. van Swaay-Neto, and A. de P. Wagemaker: "Optimization of the Production Planning and Trade of Lily Flowers at Jan de Wit Company," *Interfaces,* **32**(1): 35–46, January–February 2002.

A3. Chalermkraivuth, K. C., S. Bollapragada, M. C. Clark, J. Deaton, L. Kiaer, J. P. Murdzek, W. Neeves, B. J. Scholz, and D. Toledano: "GE Asset Management, Genworth Financial, and GE Insurance Use a Sequential-Linear-Programming Algorithm to Optimize Portfolios, *Interfaces,* **35**(5): 370–380, September–October 2005.

A4. Elimam, A. A., M. Girgis, and S. Kotob: "A Solution to Post Crash Debt Entanglements in Kuwait's al-Manakh Stock Market," *Interfaces,* **27**(1): 89–106, January–February 1997.

A5. Epstein, R., R. Morales, J. Serón, and A. Weintraub: "Use of OR Systems in the Chilean Forest Industries," *Interfaces,* **29**(1): 7–29, January–February 1999.

A6. Feunekes, U., S. Palmer, A. Feunekes, J. MacNaughton, J. Cunningham, and K. Mathisen: "Taking the Politics Out of Paving: Achieving Transportation Asset Management Excellence Through OR," *Interfaces,* **41**(1): 51-65, January–February 2011.

A7. Geraghty, M. K., and E. Johnson: "Revenue Management Saves National Car Rental," *Interfaces,* **27**(1): 107–127, January–February 1997.

A8. Leachman, R. C., R. F. Benson, C. Liu, and D. J. Raar: "IMPReSS: An Automated Production-Planning and Delivery-Quotation System at Harris Corporation—Semiconductor Sector," *Interfaces,* **26**(1): 6–37, January–February 1996.

A9. Mukuch, W. M., J. L. Dodge, J. G. Ecker, D. C. Granfors, and G. J. Hahn: "Managing Consumer Credit Delinquency in the U.S. Economy: A Multi-Billion Dollar Management Science Application," *Interfaces,* **22**(1): 90–109, January–February 1992.

A10. Murty, K. G., Y.-w. Wan, J. Liu, M. M. Tseng, E. Leung, K.-K. Lai, and H. W. C. Chiu: "Hongkong International Terminals Gains Elastic Capacity Using a Data-Intensive Decision-Support System," *Interfaces,* **35**(1): 61–75, January–February 2005.

A11. Yoshino, T., T. Sasaki, and T. Hasegawa: "The Traffic-Control System on the Hanshin Expressway," *Interfaces,* **25**(1): 94–108, January–February 1995.

本書網站的學習輔助教材

Solved Examples：

Examples for Chapter 3

OR Tutor 範例：

Graphical Method

IOR Tutorial 中的互動程式：

Interactive Graphical Method

Graphical Method and Sensitivity Analysis

Excel 增益集：

Analytic Solver Platform for Education (ASPE)

求解例題的檔案（Ch. 3-Intro to LP）：

Excel 檔案

LINGO/LINDO 檔案

MPL/Solvers 檔案

Chapter 3 之辭彙

本章補充教材：

The LINGO Modeling Language

More About LINGO

軟體文件請參閱附錄 1。

習題

題號前所標示符號代表：

D：參閱上述的示範例題有助於解題。

I：運用 IOR Tutorial 相關程式有助於解題（印出的報表可記錄過程）。

C：用適當單形法電腦軟體解題。可用 Excel Solver（3.5 節）、MPL/Solvers（3.6 節）、LINGO（附錄 4.1 及本書專屬網站本章補充教材1和2）與 LINDO（附錄 4.1），並依照授課老師所指定來運用。當要用 Solver 求解模型時，個未能用 Excel 或 ASPE 的 Solver。

題號後的星號(*)表示該問題全部或部分的答案列於書末。

3.1-1. 研讀 3.1 節應用實例中完整說明 OR 研究內容的參考文章，請各位簡述如何在此研究中應用線性規劃，接著列出其產生之財務與非財務效益。

^D **3.1-2.*** 分別畫出以下各限制式的圖形，並找出滿足限制式的非負解。

(a) $x_1 + 3x_2 \leq 6$
(b) $4x_1 + 3x_2 \leq 12$
(c) $4x_1 + x_2 \leq 8$
(d) 將以上三條限制式合併成一圖，呈現函數限制式與非負限制式之可行解區域。

^D **3.1-3.** 思考下列線性規劃模型的目標函數：

極大化 $\quad Z = 2x_1 + 3x_2$

(a) 描繪對應於 $Z = 6$、$Z = 12$ 和 $Z = 18$ 的目標函數直線。
(b) 求出這三條目標函數直線之斜截式方程式。比較這三條直線斜率，同時比較 x_2 軸的截距。

3.1-4. 思考下列直線方程式：

$20x_1 + 40x_2 = 400$

(a) 求出斜截式。
(b) 求出這條直線的斜率以及 x_2 軸的截距。
(c) 使用 (b) 小題的資訊，畫出此直線。

^{D,I} **3.1-5.*** 以圖解法求解：

極大化 $\quad Z = 2x_1 + x_2$，

受限於

$x_2 \leq 10$
$2x_1 + 5x_2 \leq 60$
$x_1 + x_2 \leq 18$
$3x_1 + x_2 \leq 44$

及

$x_1 \geq 0, x_2 \geq 0$。

^{D,I} **3.1-6.** 以圖解法求解：

極大化 $\quad Z = 10x_1 + 20x_2$

受限於

$-x_1 + 2x_2 \leq 15$
$x_1 + x_2 \leq 12$
$5x_1 + 3x_2 \leq 45$

及

$x_1 \geq 0, x_2 \geq 0$。

3.1-7. Whitt 窗戶公司僅有三名原工，生產兩款不同類型的手工窗戶：一為木框窗，另一為鋁框窗。每扇木框窗利潤為 $300，鋁框窗則為 $150。Doug 每天能製作 6 扇木框窗；Linda 每天能製作 4 扇鋁框窗；Bob 負責玻璃成型與切割，每天能製作 48 平方呎的玻璃。每扇木框窗用 6 平方呎玻璃，而每扇鋁框窗則用了 8 平方呎。

該公司希望能決定這兩款窗的每天個別生產量,以極大化其總利潤。

(a) 說明此問題和 3.1 節 Wyndor 玻璃公司問題的相似性。找出此問題的活動和資源,並製成如同表 3.1 的表格。

(b) 建立此問題的線性規劃模型。

^{D,I}(c) 以圖解法求解此模型。

^{I}(d) 當地有另一家與其競爭的木框窗廠商,這或許會迫使 Whitt 公司調降木框窗售價,而讓每扇木框窗利潤下滑。若每扇木框窗利潤自 \$300 減至 \$200,最佳解會有和變化?若自 \$300 減至 \$100?(各位也許能用 IOR Tutorial 中的 Graphical Analysis and Sensitivity Analysis 來解題。)

^{I}(e) Doug 考慮減少工時,這會減少每天所製作的木框數量。若他每天只製造 5 扇木框窗戶,則最佳解會有和改變?(各位或許可用 IOR Tutorial 中的 Graphical Analysis and Sensitivity Analysis 來解題。)

3.1-8. WorldLight 公司生產兩款燈具(產品 1 與產品 2),這兩款都需要金屬框與電子零件。管理團隊想決定各產品產量,以極大化利潤。每件產品 1 需 1 個框與 2 個電子零件,而每件產品 2 需 3 個框與 2 個電子零件。該公司目前有 200 個框與 300 個電子零件。每件產品 1 之利潤為 \$1;而 60 件以下產品 2 的每件利潤為 \$2,超過 60 件則無利潤,因此決定產品 2 產量不超過 60 件。

(a) 建立此問題的線性規劃模型。

^{D,I}(b) 使用圖解法求解這個模型,總利潤是多少?

3.1-9. Primo 保險公司新推出特殊風險保險與房屋貸款保險。特殊風險保險單平均利潤為 \$5,房屋貸款保險單則為 \$2。

管理團隊想建立新產品的銷售配額,以極大化總期望利潤。各工作需求如下表所示:

部門	每件所需工時		可用工時
	特殊風險	房屋貸款	
承保	3	2	2400
行政	0	1	800
理賠	2	0	1200

(a) 建立線性規劃模型。

^{D,I}(b) 以圖解法求解此模型。

(c) 求解聯立方程式,以驗證 (b) 小題的最佳解。

3.1-10. 生產熱狗和熱狗麵包的 Weenies and Buns 每週最多能研磨麵粉 200 磅,做成熱狗麵包。每份熱狗麵包要 0.1 磅麵粉。該公司與 Pigland 公司簽約,每週一運送 800 磅豬肉。每條熱狗需要 $\frac{1}{4}$ 磅的豬肉。同時足額供應其他配料。Weenies and Buns 現有五名員工,每人每週工作 40 小時。製作每條熱狗工時為 3 分鐘的,每份麵包則為 2 分鐘。每條熱狗利潤為 \$0.88,而每個麵包利潤為 \$0.33。

現在 Weenies and Buns 想知道每週熱狗和熱狗麵包的生產量,以極大化利潤。

(a) 建立線性規劃模型。

^{D,I}(b) 以圖解法求解此模型。

3.1-11.* Omega 公司剛停產一款無獲利產品,而出現剩餘產能。管理團隊打算用剩餘產製造產品 1、產品 2 和產品 3。我們將或許會限制生產量的可用機器產能,整理如下:

機器	可用時間(每週機器時數)
銑床	500
車床	350
磨床	150

此三類產品每件所需機器時數分別為

生產係數(每件所需機器時數)

機器	產品 1	產品 2	產品 3
銑床	9	3	5
車床	5	4	0
磨床	3	0	2

業務部門認為產品 1 和 2 的銷售潛力超過最大生產率,而產品 3 的銷售潛力是每週 20 件。產品 1、2 和 3 的單位利潤分別是 \$50、\$20 和 \$25。目標是要決定各產品的產量,以極大化 Omega 的利潤。

(a) 建立線性規劃模型。

^{C}(b) 在電腦上使用單形法求解此模型。

^{D} **3.1-12.** 思考下列問題,其中 c_1 值未知。

極大化 $Z = c_1 x_1 + x_2$,

受限於

$x_1 + x_2 \leq 6$
$x_1 + 2x_2 \leq 10$

及

$x_1 \geq 0, x_2 \geq 0$。

以圖解法求得 (x_1, x_2) 於各不同 c_1 值 ($-\infty < c_1 < \infty$) 時的最佳解。

^D **3.1-13.** 思考下列問題，其中 k 值未知。

極大化　$Z = x_1 + 2x_2$，

受限於

$-x_1 + x_2 \leq 2$
$x_2 \leq 3$
$kx_1 + x_2 \leq 2k + 3$，其中 $k \geq 0$

及

$x_1 \geq 0, x_2 \geq 0$。

目前的解是 $x_1 = 2$、$x_2 = 3$。利用圖解法求 k 值，讓此解為最佳解。

^D **3.1-14.** 思考下列問題，其中 c_1 和 c_2 值未知。

極大化　$Z = c_1 x_1 + c_2 x_2$，

受限於

$2x_1 + x_2 \leq 11$
$-x_1 + 2x_2 \leq 2$

及

$x_1 \geq 0, x_2 \geq 0$。

使用圖解法求 (x_1, x_2) 在各種不同 c_1 和 c_2 值時的最佳解（提示：分別探討 $c_2 = 0$、$c_2 > 0$ 和 $c_2 < 0$ 的情況。後兩者只需討論 c_1 和 c_2 的比例）。

3.2-1. 製造產品 A、B 所需資源 Q、R 和 S 的重要資訊彙整如下所示：

資源	每件所需資源		資源可用量
	產品 A	產品 B	
Q	2	1	2
R	1	2	2
S	3	3	4
單位利潤	3	2	

所有線性規劃的假設都成立。

(a) 建立線性規劃模型。

^{D,I}(b) 以圖解法求解此模型。

(c) 求解聯立方程式，以驗證 (b) 小題的最佳解。

3.2-2. 本圖灰階部分為某線性規劃問題之可行解區，且要極大化其目標函數。

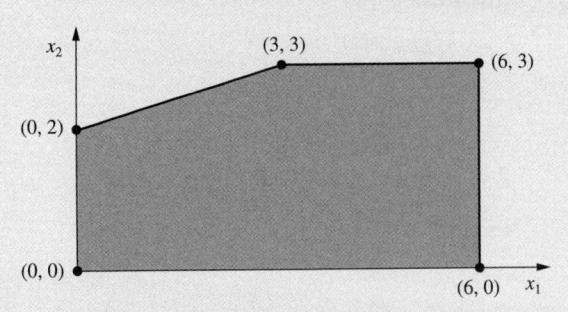

以「是」、「否」標示下列各敘述，並以圖解法說明理由。針對各情況，舉一目標函數的例子來說明。

(a) 若 (3, 3) 目標函數值較 (0, 2) 與 (6, 3) 大，則 (3, 3) 必為最佳解。

(b) 若 (3, 3) 為最佳解，且有多重最佳解，則 (0, 2) 或 (6, 3) 也必為最佳解。

(c) 點 (0, 0) 非最佳解。

3.2-3.* 今天你很幸運贏得了 \$20,000 獎金，並打算用 \$8,000 來繳稅跟慶祝，另外用 \$12,000 來投資。之後你有兩位朋友各別提了合夥投資計畫，都要投入現金與明年夏季的時間。若全部投資第一位朋友的話，需要投入 \$10,000 與 400 小時，利潤約（不計時間價值）\$9,000。而若全投資第二位朋友，則要 \$8,000 和 500 小時，利潤約 \$9,000。兩計畫皆有彈性，允許透入某比率部分資金。若選擇部分投資，上述相關數據（投入資金、時間與利潤）都依該比率來計。

反正你剛好在找一份有趣的夏季工作（最多不超過 600 小時），而打算入股其中一位或兩個朋友的投資計畫，以極大化總預期利潤。因此，現在要求解此最佳投資組合問題。

(a) 說明此問題與 3.1 節 Wyndor 玻璃公司問題之相似性。以表 3.1 為樣本製作此問題的活動和資源的表格。

(b) 建立線性規劃模型。

^{D,I}(c) 以圖解法求解此模型。總預期利潤為何？

3.2-4. 使用圖解法求出此模型所有最佳解：

極大化　$Z = 500x_1 + 300x_2$，

受限於

$$15x_1 + 5x_2 \leq 300$$
$$10x_1 + 6x_2 \leq 240$$
$$8x_1 + 12x_2 \leq 450$$

及

$$x_1 \geq 0, x_2 \geq 0 \text{。}$$

3.2-5. 使用圖解法說明此模型無可行解。

極大化　$Z = 5x_1 + 7x_2$，

受限於

$$2x_1 - x_2 \leq -1$$
$$-x_1 + 2x_2 \leq -1$$

及

$$x_1 \geq 0, x_2 \geq 0 \text{。}$$

3.2-6. 假設某線性規劃模型的限制式如下。

$$-x_1 + 3x_2 \leq 30$$
$$-3x_1 + x_2 \leq 30$$

及

$$x_1 \geq 0, x_2 \geq 0 \text{。}$$

(a) 說明可行解區域是無界的。
(b) 若目標為極大化 $Z = -x_1 + x_2$，則此模型是否有最佳解？若有，求最佳解；若無，則說明原因。
(c) 以極大化 $Z = x_1 - x_2$ 為目標，重做 (b) 小題。
(d) 以無最佳解的目標函數來說，這是否意謂此模型沒有好的解？建立模型時是否有錯？

3.3-1. 重新思考習題 3.2-3。說明此問題大致滿足線性規劃的四大假設（見 3.3 節）。其中是否有假設不滿足？若有，該如何處理？

3.3-2. 某線性規劃問題有兩變數 x_1 和 x_2，分別為活動 1 和活動 2 的水準，容許值為 0、1 和 2，其可行組合受限於不同限制式。目標為極大化 Z 值。各種 (x_1, x_2) 可行解的 Z 值如下表：

	x_2		
x_1	0	1	2
0	0	4	8
1	3	8	13
2	6	12	18

根據上述資訊，指出並說明該問題是否完全滿足線性規劃四假設。

3.4-1. 閱讀 3.4 節完整說明 OR 研究的「應用實例」。簡述該研究應用線性規劃的方式，並列出其產生的財務與非財務效益。

3.4-2.* 分析 3.3 節的線性規劃四假設，以 3.4 節例子說明適用情形。

(a) 放射線治療的設計（瑪麗）。
(b) 區域規劃（南方集體社區農場聯盟）。
(c) 空汙防制（Nori & Leets 公司）。

3.4-3. 分析 3.3 節的線性規劃四假設，以 3.4 節例子說明適用情形。

(a) 固體廢棄物回收（Save-It 公司）。
(b) 人員排班（聯合航空公司）。
(c) 利用配送網路運送貨物（無限配送公司）。

3.4-4. 使用圖解法求解下列問題：

極小化　$Z = 15x_1 + 20x_2$，

受限於

$$x_1 + 2x_2 \geq 10$$
$$2x_1 - 3x_2 \leq 6$$
$$x_1 + x_2 \geq 6$$

及

$$x_1 \geq 0, x_2 \geq 0 \text{。}$$

3.4-5. 使用圖解法求解此問題：

極小化　$Z = 3x_1 + 2x_2$，

受限於

$$x_1 + 2x_2 \leq 12$$
$$2x_1 + 3x_2 = 12$$
$$2x_1 + x_2 \geq 8$$

及

$$x_1 \geq 0, x_2 \geq 0 \text{。}$$

D 3.4-6. 思考下列問題，其中 c_1 值未知。

極大化　$Z = c_1 x_1 + 2x_2$，

受限於

$$4x_1 + x_2 \leq 12$$
$$x_1 - x_2 \geq 2$$

及

$x_1 \geq 0, x_2 \geq 0$。

以圖解法求得 (x_1, x_2) 在不同 c_1 值時的最佳解。

D,I 3.4-7. 思考下列模型：

極小化　$Z = 40x_1 + 50x_2$，

受限於

$$2x_1 + 3x_2 \geq 30$$
$$x_1 + x_2 \geq 12$$
$$2x_1 + x_2 \geq 20$$

及

$x_1 \geq 0, x_2 \geq 0$。

(a) 使用圖解法求解此模型。
(b) 若目標函數變成 $Z = 40x_1 + 70x_2$，則最佳解會有何變化？（可用 IOR Tutorial 的 Graphical Analysis and Sensitivity Analysis 解題。）
(c) 若第三條函數限制式變成 $2x_1 + x_2 \geq 15$，則最佳解會有何變化？（可用 IOR Tutorial 的 Graphical Analysis and Sensitivity Analysis 解題。）

3.4-8. Ralph 喜歡吃牛排與馬鈴薯，而決定每餐只吃這兩種食物（加上一些流質和維他命）。Ralph 知道這並非健康飲食，故想確定兩種食物的適當攝取量，並攝取到重要的營養。他已列出營養與費用資料如下：

成分	每份中的成分克數		每日需求（克）
	牛排	馬鈴薯	
碳水化合物	5	15	≥ 50
蛋白質	20	5	≥ 40
脂肪	15	2	≤ 60
每份費用	$8	$4	

Ralph 希望決定每天牛排和馬鈴薯的攝取量，符合營養需求的最少花費。

(a) 建立線性規劃模型。

D,I (b) 使用圖解法求解此模型。
C (c) 在電腦上以單形法求解此模型。

3.4-9. Web Mercantile 透過線上目錄來銷售家用產品，而該公司要很大倉儲空間，因此決定租用未來五個月所需的倉庫，目前只知道未來五個月內每個月的空間需求。但每個月的空間需求不同，最省錢的方式是只租用每月所需空間。此外，第一個月後的租金比第一個月租金低，所以在第一個月租用整期所需最大空間，承租五個月可能較便宜。另一種折衷是在該期間內改變一次租用空間（訂新租約和／或讓舊約到期），但不用每月改。

以下為各租用期的空間需求和租金：

月	空間需求（平方呎）	租金期間（月）	每平方呎租金
1	30,000	1	$ 65
2	20,000	2	$100
3	40,000	3	$135
4	10,000	4	$160
5	50,000	5	$190

目標是要符合空間需求且讓總租金極小化。

(a) 建立線性規劃模型。
C (b) 以單形法求解此模型。

3.4-10.* Buckly 學院電腦中心主任 Larry 現在要排定職員輪值表。該中心開放時間從上午 8 點至午夜。Larry 在檢視各時段使用情形後，列出以下人員需求：

時段	值班諮詢人員人數下限
早上 8:00 到中午 12:00	4
中午 12:00 到下午 4:00	8
下午 4:00 到晚上 8:00	10
晚上 8:00 到午夜	6

中心可僱用全職與兼職諮詢人員。各時段全職人員需連續工作 8 小時，其班次能為 (1) 早上 8:00 至下午 4:00；(2) 中午 12:00 至晚上 8:00；(3) 下午 4:00 到午夜，且時薪為 $40。兼職人員能選上述任一時段，時薪為 $30。

另外有個限制，各值班時段中，每位兼職人員須搭配至少兩位全職人員。

Larry 想決定各時段全職與兼職人數,以符合上述需求,並讓成本極小化。

(a) 建立線性規劃模型。

^{C}(b) 以單形法求解此模型。

3.4-11.* Medequip 公司在其兩廠製造精密醫學診斷儀器,並接到三個醫學中心的訂單。下列表中呈現這兩廠的生產量、三個醫學中心的訂貨量,及各廠運送儀器至各客戶的單位成本。

從\到	單位運送成本			產量
	顧客1	顧客2	顧客3	
工廠1	$600	$800	$700	400 單位
工廠2	$400	$900	$600	500 單位
訂單數量	300 單位	200 單位	400 單位	

現在需決定各廠運送至各醫學中心的儀器數量。

(a) 建立線性規劃模型。

^{C}(b) 以單形法求解此模型。

3.4-12.* Al 手邊有 $60,000 打算投資,在五年後用累積獲利當退休年金。財務顧問提出四種分別以 A、B、C 和 D 的固定收益投資方案。

方案 A 和 B 在接下來五年(稱第 1 年至第 5 年)每年年初皆可投資。若年初投資 A 方案 $1,兩年後收益為 $1.40(利潤 $0.40),並能立即再投資。若年初投資 B 方案 $1,則三年後能授意為 $1.70。

方案 C 與 D 皆各有一次投資機會。若第 2 年年初投資方案 C$1,第 5 年年底收益為 $1.90。若第五年年初投資方案 D$1,則該年年底收益可達 $1.30。

Al 想知道要在第 5 年年底累積最多資金的投資方法。

(a) 我們能將此問題所有函數限制式以等式來表示。令 A_t、B_t、C_t 和 D_t 分別為第 t 年年初投資方案 A、B、C 和 D 的金額,且令 R_t 為第 t 年年初未投資的金額(用於之後的投資)。因此,第 t 年年初的投資金額加上 R_t 是當時可投資金額。利用上述相關變數寫出等式,並求出這五條函數限制式。

(b) 建立線性規劃模型。

^{C}(c) 以單形法求解此模型。

3.4-13. Metalco 公司想從下表已知資料中,混合出一種含有 40% 錫、35% 鋅及 25% 鉛的新合金。

特性	合金				
	1	2	3	4	5
錫的百分比	60	25	45	20	50
鋅的百分比	10	15	45	50	40
鉛的百分比	30	60	10	30	10
成本($/磅)	22	20	25	24	27

目標是決定新合金的混合比例,以讓新合金製造成本極小化。

(a) 建立線性規劃模型。

^{C}(b) 以單形法求解此模型。

3.4-14.* 一架貨機有前面、中間和後面等三個隔間貨艙,如下表所示其各別有重量與空間之限制:

隔間	重量容量(噸)	空間容量(立方呎)
前面	12	7,000
中間	18	9,000
後面	10	5,000

此外,各隔間貨物重量占其載重量比例須相同,以維持貨飛平衡。

下列為能由下一班貨機運送的四件貨:

貨物	重量(噸)	體積(立方呎/噸)	利潤($/噸)
1	20	500	320
2	16	700	400
3	25	600	360
4	13	400	290

能夠只運送其中一部分。目標為決定每艘貨機運送量,及貨艙隔間分配,讓該班機利潤極大化。

(a) 建立線性規劃模型。

^{C}(b) 利用單形法求解此模型,找出多重最佳解之一。

3.4-15. Oxbridge 大學提供教職研究人員所需的大型電腦。上班時間內需要有人員操作、維護並撰寫程式。Beryl 是負責該電腦室運作的主任。

Beryl 必須安排新學期的人員工作時間。所有工作人員皆為該校學生，如下表所示，每天工作時數有限。

操作員	薪資	最多可工作小時				
		週一	週二	週三	週四	週五
K. C.	$25／小時	6	0	6	0	6
D. H.	$26／小時	0	6	0	6	0
H. B.	$24／小時	4	8	4	0	4
S. C.	$23／小時	5	5	5	0	5
K. S.	$28／小時	3	0	3	8	0
N. K.	$30／小時	0	0	0	6	2

六位人員（四位大學生和兩位研究生）因各別電腦經驗和撰寫程式能力不同，工資有所不同。該表亦顯示各別工資和每天可工作最高時數。

各人員每週有最低工時，以確保操作熟悉度。大學生（K. C.、D. H.、H. B. 和 S. C.）每週最低時數為 8 小時，研究生（K. S. 和 N. K.）則為 7 小時。

電腦室開放時間為週一到週五上午 8:00 至下午 10:00。開放時間內須有位操作員當班。週六和週日則由其他職員負責。

由於預算有限，Beryl 須極小化費用，並決定分配給各人員每天的時數。

(a) 建立線性規劃模型。

^{C}(b) 以單形法求解此模型。

3.4-16. 經營一家幼兒園的 Joyce 和 Marvin 正在設計學童午餐，除想符合學童的營養需求，也想降低午餐成本。所以決定用花生醬和果醬三明治，搭配一些全麥餅乾、牛奶與柳橙汁。下表為各食品營養成分與費用。

食物	脂肪卡數	總卡數	維他命 C（毫克）	蛋白質（克）	成本（分）
麵包（1 片）	10	70	0	3	5
花生醬（1 匙）	75	100	0	4	4
草莓果醬（1 匙）	0	50	3	0	7
全麥餅乾（1 片）	20	60	0	1	8
牛奶（1 杯）	70	150	2	8	15
果汁（1 杯）	0	100	120	1	35

每位學童的午餐熱量應維持在 400 卡到 600 卡間，脂肪熱量不得超過總卡數的 30%，至少需攝取 60 毫克維他命 C 與 12 克蛋白質。此外，每位學童剛好需要兩片麵包（三明治），果醬至少為花生醬的兩倍，以及至少 1 杯牛奶和／或果汁。

Joyce 和 Marvin 想要選擇符合上述營養需且極小化成本的食物。

(a) 建立線性規劃模型。

^{C}(b) 以單形法求解此模型。

3.5-1. 閱讀 3.5 節完整說明 OR 研究的「應用實例」。簡述該研究應用線性規劃的方式，並列出其產生的財務與非財務效益。

3.5-2.* 已知以下某線性規劃問題資料，目標為將三種資源分配給兩項非負活動且極大化利潤。

資源	單位活動的資源使用量		可用資源量
	活動 1	活動 2	
1	2	1	10
2	3	3	20
3	2	4	20
單位利潤	$20	$30	

單位利潤＝每單位活動的利潤

(a) 建立線性規劃模型。

^{D,I}(b) 以圖解法求解此模型。

(c) 在 Excel 試算表上建立此模型。

(d) 使用試算表檢驗 $(x_1, x_2) = (2, 2)$、$(3, 3)$、$(2, 4)$、$(4, 2)$、$(3, 4)$、$(4, 3)$ 何者為可行解？且可行解中何者目標函數值最佳？

^{C}(e) 使用 Solver，以單形法求解此模型。

3.5-3. Bilco 公司生產三種汽車零件。每種零件要在兩部機器加工，下列為加工時間（小時）：

機器	備件		
	A	B	C
1	0.02	0.03	0.05
2	0.05	0.02	0.04

各機器每月能運作 40 小時，而以下為生產零件的單位利潤：

	備件		
	A	B	C
利潤	$50	$40	$30

生產管理部經理要決定零件的生產組合,且極大化總利潤。

(a) 建立線性規劃模型。
(b) 在 Excel 試算表上建立此模型。
(c) 任意猜測三個最佳解,以試算表檢驗是否為可行解。若可行,計算目標函數值。哪個目標函數值最佳?
(d) 使用 Solver,並以單形法求解模型。

3.5-4. 已知以下某線性規劃問題資料,目標為收益須符合三項最低水準需求,且極小化兩項非負活動成本。

收益	單位活動的收益貢獻		最低收益水準
	活動 1	活動 2	
1	5	3	60
2	2	2	30
3	7	9	126
單位成本	$60	$50	

(a) 建立線性規劃模型。
D,I(b) 以圖解法求解此模型。
(c) 在 Excel 試算表上建立此模型。
(d) 使用試算表檢驗 $(x_1, x_2) = (7, 7)$、(7, 8)、(8, 7)、(8, 8)、(8, 9)、(9, 8) 何者為可行解?且可行解中何者目標函數值最佳?
C(e) 使用 Solver,並以單形法求解模型。

3.5-5.* Fred 的家族農場除種作物外,也養豬隻來賣。現在他要決定豬飼料種類(玉米、肥料粉與苜蓿芽)及數量。因豬隻會吃任何混合飼料,因此目標為以最低成本符合豬隻營養需求。下表呈現每公斤飼料的基本營養成分、每日營養需求及飼料成本:

營養成分	玉米(公斤)	肥料粉(公斤)	苜蓿芽(公斤)	每日最低需求
碳水化合物	90	20	40	200
蛋白質	30	80	60	180
維他命	10	20	60	150
成本	$2.10	$1.80	$1.50	

(a) 建立線性規劃模型。
(b) 在 Excel 試算表上建立此模型。
(c) 使用試算表檢驗 $(x_1, x_2, x_3) = (1, 2, 2)$ 是否為可行解。若可行,該配方每日成本為何?其營養成分各為多少?
(d) 以試算表進行試誤法找出最佳解的最好猜測解,這個解的每日成本是多少?
C(e) 使用 Solver,並以單形法求解此模型。

3.5-6 Maureen 是美國 Alva 電力公司財務長,該公司已規劃未來 5、10 和 20 年的興建水力發電廠計畫,以滿足該地區的電力需求。為了因應建設費用,Maureen 現需要投資以滿足未來流動現金的需求。Maureen 只能買三種財務資產,每單位成本為 $100 萬,也能只購買部分單位。這些資產未來 5、10 和 20 年收益至少要滿足當時流動現金需求(超出該期需求金額會來發給股東股息,而不保留作為下期的流動現金)。下列表格呈現出這三種財務資產每單位未來各期收益,及興建新水力發電廠各期最低資金需求。

年	每單位資產的收益			最低流動現金需求(百萬)
	資產 1	資產 2	資產 3	
5	$200 萬	$100 萬	$50 萬	$400
10	$50 萬	$50 萬	$100 萬	$100
20	0	$150 萬	$200 萬	$300

Maureen 需要決定這些資產的投資組合,以滿足流動現金需求,並極小化總投資金額。

(a) 建立線性規劃模型。
(b) 在 Excel 試算表上建立此模型。
(c) 使用試算表檢驗購買 100 單位資產 1、100 單位資產 2 和,以及 200 單位資產 3 之可行性。此投資組合未來 5、10 與 20 年的流動現金為多少?總投資金額為多少?
(d) 以試算表進行試誤法找出最佳解的最好猜測解,這個解的總投資金額是多少?
C(e) 使用 Solver,並以單形法求解模型。

3.6-1. Philbrick 公司在美國兩岸各有一工廠。這兩廠生產兩款相同產品,各銷售給其負責區域批發商。該公司已接獲批發商兩個月(2月與 3 月)後的訂單,數量見下表(在不影響利潤下,該公司不一定要完全供應訂單)。

產品	工廠 1		工廠 2	
	2 月	3 月	2 月	3 月
1	3,600	6,300	4,900	4,200
2	4,500	5,400	5,100	6,000

2 月各廠各有 20 個工作天,3 月則 23 天,可用於生產和運送產品。產品在 1 月末已銷售一

空。但若 2 月生產量過多（超出銷售訂單），餘額量能在 3 月銷售。各廠兩款產品存貨共為 1,000 件，而產品 1 每件存貨的持有成本為 $3，產品 2 則為 $4。各廠製造兩款產品製程相同，其單位生產成本如下。

產品	工廠 1		工廠 2	
	製程 1	製程 2	製程 1	製程 2
1	$62	$59	$61	$65
2	$78	$85	$89	$86

每廠各製程的生產率（各產品每日產量）列於下表。

產品	工廠 1		工廠 2	
	製程 1	製程 2	製程 1	製程 2
1	100	140	130	110
2	120	150	160	130

當工廠將產品銷售給自己的顧客（其所在半個國家區域內的批發商）時，每件產品 1 的淨銷售收入（售價減去運費）是 $83，產品 2 則是 $112。然而，產品也可能（偶爾）會運送到另一半的國家地區，以支援另一個工廠的銷售。此時，每件產品 1 會產生額外的運送成本 $9，產品 2 則是 $7。

管理人員現在需要決定每個月每種產品在各工廠各製程序的產量，以及各工廠銷售給該區域和另一區域顧客的產品種類及數量。目標是要找出極大化利潤（總淨銷售收入減去總生產成本、存貨成本和外加運費）的可行計畫。

(a) 建立線性規劃模型。
C(b) 在 Excel 試算表上建立此模型，再用 Excel 的 Solver 求解模型。
C(c) 以 MPL 建立此問題的精簡模型，再用一種 MPL Solver 求解模型。
C(d) 以 LINGO 建立此問題的精簡模型，再用一種 LINGO Solver 求解模型。

C **3.6-2.** 重新思考習題 3.1-11。
(a) 使用 MPL/Solvers 建立並求解此問題的模型。
(b) 使用 LINGO 建立並求解此問題的模型。

C **3.6-3.** 重新思考習題 3.4-11。
(a) 使用 MPL/Solvers 建立並求解此問題的模型。
(b) 使用 LINGO 建立並求解此問題的模型。

C **3.6-4.** 重新思考習題 3.4-15。
(a) 使用 MPL/Solvers 建立並求解此問題的模型。
(b) 使用 LINGO 建立並求解此問題的模型。

C **3.6-5.** 重新思考習題 3.5-5。
(a) 使用 MPL/Solvers 建立並求解此問題的模型。
(b) 使用 LINGO 建立並求解此問題的模型。

C **3.6-6.** 重新思考習題 3.5-6。
(a) 使用 MPL/Solvers 建立並求解此問題的模型。
(b) 使用 LINGO 建立並求解此問題的模型。

3.6-7. Quality 製紙旗下有 10 家廠，供應 1,000 位客戶需求。該公司用三種不同機器及四種原料來製造五款不同紙品。該公司需要擬定每月細部生產與配送計畫，以極小化該月造紙與配送的總成本。也就是決定每款紙品在各廠各機器之產量，及各款紙品自各廠運送至各客戶之數量。下列為其相關資料與符號：

D_{jk} = 顧客 j 對 k 類紙品的需求量，
r_{klm} = 在機器 l 上生產每單位 k 類紙品，所需 m 類原料的數量，
R_{im} = 造紙廠 i 的可用 m 類原料的數量，
c_{kl} = 機器 l 製造 k 類紙品的產能，
C_{il} = 造紙廠 i 的機器 l 的產能，
P_{ikl} = 在造紙廠 i 的機器 l 上，生產每單位 k 類紙品的單位成本，
T_{ijk} = 從造紙廠 i 運送 k 類紙品給顧客 j 的單位運輸成本。

(a) 以上述符號建立此問題的線性規劃模型。
(b) 此模型有多少函數限制式和決策變數？
C(c) 以 MPL 建立這個問題的模型。
C(d) 以 LINGO 建立這個問題的模型。

3.6-8. 研讀 3.6 節完整說明 OR 研究的論文。簡述如何將線性規劃應用在此研究，接著列出該研究的各種財務與非財務效益。

3.7-1. 由本章末參考文獻後半部選出一個獲獎的線性規劃應用。研讀此篇論文後，寫下一篇關於該應用及效益（含非財務效益）的兩頁摘要。

3.7-2. 由章末參考文獻後半部選出三個獲獎的線性規劃應用。研讀每篇應用之論文後，寫下一篇關於應用與效益（含非財務效益）的一頁摘要。

個案

個案 3.1　汽車裝配

汽車製造廠 Automobile Alliance 生產卡車、小汽車及中型豪華轎車等三類產品。其中一廠位於密西根州底特律郊外，裝配兩款中型豪華轎車。第一款為四門、人造皮座椅、塑膠面板、標準配備，且省油的 Family Thrillseeker，鎖定精打細算的中等收入家庭族群。每輛 Family Thrillseeker 銷售利潤為 $3,600。第二款為雙門豪華轎車，搭配牛皮座椅、木製面板內裝與導航配備的 Classy Cruiser，市場定位在富裕的中高收入家庭。每輛 Classy Cruiser 的銷售利潤為 $5,400。

工廠經理 Rachel 須決定下個月生產計畫，決定 Family Thrillseeker 和 Classy Cruiser 的產量，讓公司的利潤極大化。已知本月有 48,000 個工作小時，且裝配一輛 Family Thrillseeker 需要 6 個工作小時，一輛 Classy Cruiser 則要 10.5 個工作小時。

因為此廠僅是組裝廠，兩款車型的輪胎、方向盤、窗戶、座椅和車門等零件並不在該廠生產，而由密西根區其他廠供應。Rachel 已知道下個月能從車門供應商獲得 20,000 個車門（左、右各 10,000 個）。但最近罷工讓該供應廠停工數日，而無法如期達成下個月產量。但 Family Thrillseeker 和 Classy Cruiser 都使用這款車門。

此外，最近一份公司的需求預測表示，Classy Cruiser 需求限額為 3,500 輛，但 Family Thrillseeker 在組裝廠有限產能內則無限額。

(a) 建立並求解線性規劃問題模型，決定 Family Thrillseeker 與 Classy Cruiser 的組裝量。

Rachel 打算在進行最後決策前，先個別討論以下問題：

(b) 行銷部門知道，有 $500,000 的廣告促銷活動預算，能增加下個月 20%Classy Cruiser 的需求量。是否該進行該活動？

(c) Rachel 知道透過加班人力能增加該廠下個月產能，增加 25% 的工時。該廠在增加產能後，應分別組裝多少輛 Family Thrillseeker 和 Classy Cruiser？

(d) Rachel 知道，加班要額外支出加班費。除正常工資外，加班費上限為多少？以總額表示。

(e) Rachel 探討同時運用廣告與加班選項的效應。廣告能增加 20% 的 Classy Cruiser 需求，加班則增加 25% 的產能。若每輛 Classy Cruiser 的利潤仍比每輛 Family Thrillseeker 的利潤多 50%，則該廠應裝配多少輛 Family Thrillseeker 與 Classy Cruiser？

(f) 已知廣告預算為 $500,000，且加班費上限為 $1,600,000，則 (e) 小題的解是否比 (a) 小題好？

(g) 汽車經銷商正打折促銷 Family Thrillseeker，由於 Automobile Alliance 與經銷商的協定，故每輛 Family Thrillseeker 的銷售利潤為 $2,800，而非 $3,600。在此情況該生產多少輛 Family Thrillseeker 與 Classy Cruiser？

(h) 公司隨機抽驗完成品時，檢查人員發現 Family Thrillseeker 的品質問題超過 60% 的情況為，四門中有兩門焊接不良。因為抽樣不良率太高，而決定全面檢查 Family Thrillseeker 產線的成品。也由於額外的品管檢驗，讓組裝工時由 6 小時增至 7.5 小時。此時該生產多少輛 Family Thrillseeker 和 Classy Cruiser？

(i) Automobile Alliance 公司董事會認為該擴大豪華車的市占率，因此想滿足 Classy Cruiser 全數需求，若與 (a) 小題相比，在此情況該廠減少多少利潤？若減少利潤不超過 $2,000,000，董事會要求滿足 Classy Cruiser 全數需求。

(j) 綜合 (f)、(g) 和 (h) 小題，Rachel 現在進行最後決策，是否會用廣告促銷活動？是否用加班人力？會組裝多少輛 Thrillseeker 和 Classy Cruiser？

本書網站其他個案預告

個案 3.2 減少自助餐廳成本

該個案主要探討大學自助餐廳經理選取砂鍋菜食材的方法，以符合學生口味，且儘量降低成本。而此案例線性規劃模型只需兩個決策變數，就能回答該經理的 7 個問題。

個案 3.3 電話客服中心人力配置

加州兒童醫院運用分散式預約及掛號程序，造成病患眾多不便與行政作業混淆。因此，該醫院打算成立電話客服中心，集中處理預約和掛號相關事宜。醫院管理人員須擬定電話客服中心輪班計表，決定各班全職人員或兼職人員、英語、拉丁語或雙語人員人數。此問題要用線性規劃模型，確認電話客服中心提供每週 5 天、每天 14 小時滿意服務水準，並極小化總成本。此模型的決策變數超過 2 個，需應用 3.5 節或 3.6 節的套裝軟體求解兩種模型。

個案 3.4 早餐玉米片促銷

Super 穀物公司行銷部副總須研擬早餐玉米片促銷活動，並已選定三種廣告媒體，目前需決定各媒體預算，而限制式包括有限的廣告預算、規劃預算、電視廣告時段、有效傳遞給小孩與父母，及充分運用折扣回購方案。此線性規劃模型的決策變數超過 2 個，需要用 3.5 節和 3.6 節的套裝軟體求解模型。此外，也要分析此問題滿足線性規劃四個假設之程度。線性規劃在此情況下，是否能提供一個合理的管理決策基礎？

Chapter 4
線性規劃問題求解法：單形法

本章將介紹 1947 年 George Dantzig [1] 發展的單形法 (simplex method)，用來求解線性規劃問題。單形法是常透過電腦求解規模龐大問題之高效率方法。除了極小問題外，單行法都是在電腦上執行，且有很多功能強大的套裝軟體可用。我們也會用單形法之衍生與變形來進行模型的後最佳化分析（包括敏感度分析）。

本章將會呈現並解說單形法之主要特性。4.1 節介紹包括幾何意義等一般性質。4.2-4.4 節會逐步建立方法來求解標準形（極大化、所有的函數限制式都是 ≤ 的形式、所有的變數都有非負限制式），且函數限制式右端值都是非負 b_i 值的線性規劃模型。4.5 節詳細說明均勢的解決方式，4.6 節則會提到單形法調整成其他形式模型的應用。接著，我們會討論後最佳化分析（4.7 節），及單形法的電腦實作（4.8 節）。4.9 節介紹替代單形法的內點法，用以求解大型線性規劃問題。

4.1 單形法的本質

單形法是一種代數方法，也是幾何觀念。各位了解到這些觀念後，就能更直接感受到單形法運作方式與效率。因此，在我們進入代數前，先從整體的幾何觀念開始。

我們以 3.1 節 Wyndor 玻璃公司問題（4.2 節和 4.3 節用單形法的代數式求解）來說明線性規劃的一般幾何觀念。5.1 節會再進一步說明大型問題的幾何觀念。

---

[1] George Dantzig 或許是作業研究最重要先驅，因其對單形法發展及後續許多關鍵貢獻，而被譽為線性規劃之父。筆者有幸與其在史丹福大學作業研究系共事近 30 年。直到 2005 年以 90 歲高齡逝世前，Dantzig 在專業領域仍相當活躍。

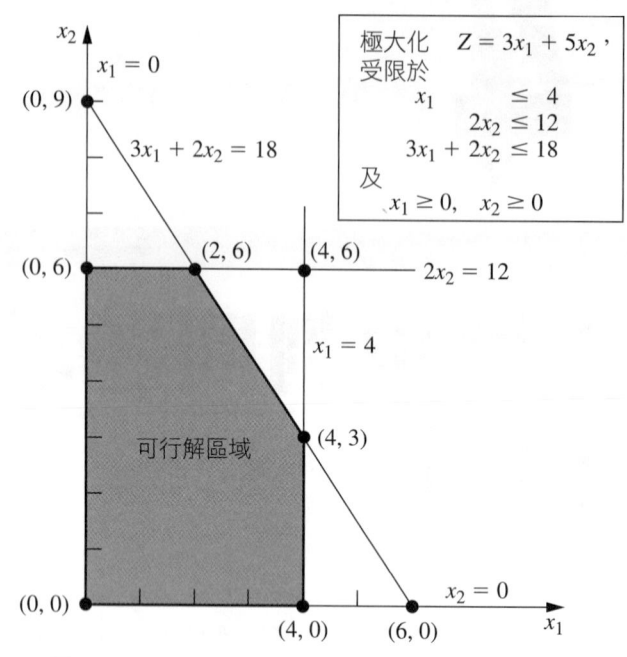

■ 圖 4.1　Wyndor 玻璃公司問題的限制邊界和角解。

我們在圖 4.1 再次呈現該模型和圖形，並以粗體標示分析研究的關鍵，也就是其中的五條**限制邊界 (constraint boundary)** 及其交點。圖中每條限制邊界是構成其對應限制式容許範圍邊界之直線，而其交點則是問題的**角解 (corner-point solution)**。五個可行解區域角落的點，即 (0, 0)、(0, 6)、(2, 6)、(4, 3) 及 (4, 0)，都是**可行角解** (corner-point feasible solutions, **CPF solution**)。另外的三個點，(0, 9)、(4, 6) 及 (6, 0) 稱為不可行角解 (corner-point infeasible solution)。

此例題中每個角解都落在兩條限制邊界的交點。這以有 n 個決策變數的線性規劃問題而言，每個角解都落在 n 條限制邊界的交點[2]。圖 4.1 有些成對的 CPF 解共用一條限制邊界，而有些則沒有。所以明確定義下列這兩種不同狀況就相當重要了。

以有 n 個決策變數的線性規劃問題而言，若兩個 CPF 解共用 $n-1$ 條限制邊界，則此兩 CPF 解相鄰 **(adjacent)**。兩相鄰 CPF 解由共用限制邊界的線段相連，並稱此為可行解區域的邊 **(edge)**。

由於 $n=2$，因此如果兩個 CPF 解共用一條限制邊界即相鄰。其中 (0, 0) 與 (0, 6) 共用限制邊界 $x_1 = 0$，所以相鄰。圖 4.1 的可行解區域有五條邊，也就是五條形成該區域邊界的線段。各位注意，如表 4.1 所示，每個 CPF 解源自兩條邊，因此各有兩相鄰

---

[2] 雖然角解是由 n 條限制邊界所定義，亦即限制邊界的交點，但是可能有其他的限制邊界也通過這個點。

■ 表 4.1　Wyndor 玻璃公司問題中各個 CPF 解的相鄰 CPF 解

CPF 解	相鄰 CPF 解
(0, 0)	(0, 6) 和 (4, 0)
(0, 6)	(2, 6) 和 (0, 0)
(2, 6)	(4, 3) 和 (0, 6)
(4, 3)	(4, 0) 和 (2, 6)
(4, 0)	(0, 0) 和 (4, 3)

CPF 解（各在兩條邊的另一端）（本表每列第一行與第二行兩 CPF 解相鄰，但是第二行兩 CPF 解並不相鄰）。

因為相鄰 CPF 解具備一種能檢驗「CPF 解是否為最佳解」之特性。

最佳性測試 (optimality test)：在思考至少有一最佳解的線性規劃問題時，若一 CPF 解之其他相鄰 CPF 解不優於該解（以 Z 值為計），則此解必為最佳解。

(2, 6) 在本例中必為最佳解，因為 $Z = 36$，比 (0, 6) 的 $Z = 30$ 和 (4, 3) 的 $Z = 27$ 大（5.1 節中會進一步探討原由）。此最佳性測試以單形法判斷是否已找到最佳解。

我們現在可以準備在下列範例中應用單形法。

求解範例

下列為運用單形法求解 Wyndor 玻璃公司問題之過程摘要（從幾何觀點）。會先寫出每個步驟讀結論，接著在括弧內說明原因（參照圖 4.1）。

初始化：選擇 (0, 0) 為初始 CPF 解（為一方便方式，因不需任何計算就能求得此 CPF 解）。

最佳性測試：測試結果發現 (0, 0) 非最佳解（相鄰 CPF 解較佳）。

疊代 1：進行下列三步驟，以移至較佳相鄰 CPF 解 (0, 6)。

1. 考慮源自 (0, 0) 之兩條可行解區域的邊，選擇沿著 x_2 軸往上移動（目標函數是 $Z = 3x_1 + 5x_2$，所以沿著 x_2 軸向上移動時，Z 值的增加速度會較沿著 x_1 軸移動時更快）。
2. 到達第一條新限制邊界 $2x_2 = 12$ 時停止〔沿步驟 1 的方向繼續移動，就會離開可行解區域。而移動到第二條新限制邊界就會到達不可行角解 (0, 9)〕。
3. 求解這組新限制邊界的交點：(0, 6)（從限制邊界的方程式 $x_1 = 0$ 和 $2x_2 = 12$，能立即得此解）。

最佳性測試：測試結果顯示 (0, 6) 不是最佳解（有較佳相鄰 CPF 解）。

疊代 2：進行以下三個步驟，移至較佳的相鄰 CPF 解 (2, 6)。

1. 考慮從 (0, 6) 延伸兩條可行解區域的邊，選擇沿著向右的邊移動（沿此邊移動會增加 Z 值，而沿著 x_2 軸向下移動則會減少 Z 值）。
2. 至第一條新限制邊界 $3x_1 + 2x_2 = 12$ 時停止（如果沿著步驟 1 選定的方向繼續移動，就會離開可行解區域。）。
3. 求解這組新限制邊界的交點：(2, 6)（從限制邊界的方程式 $3x_1 + 2x_2 = 18$ 和 $2x_2 = 12$，可以立即得到這個解）。

最佳性測試：測試結果發現 (2, 6) 為最佳解，故停止（沒有較佳相鄰 CPF 解）。

所產生一序列的 CPF 解如圖 4.2 所示，圓圈內的數字表示得到該解的疊代（本書網站的 Solved Examples 提供另一個例題，以說明單形法經過一序列的 CPF 解，而到達最佳解的過程）。

隨後探討上述步驟單形法之六大觀念（能用於求解兩個以上決策變數問題，且無法以圖 4.2 快速得到最佳解）。

重要求解觀念

求解觀念 1 是直接依據 3.2 節末最佳解與 CPF 解間的關係而來。

求解觀念 1：由於單形法僅考慮 CPF 解，對任何至少有一最佳解的問題而言，僅需找到一個，就能找到最佳解 [3]。

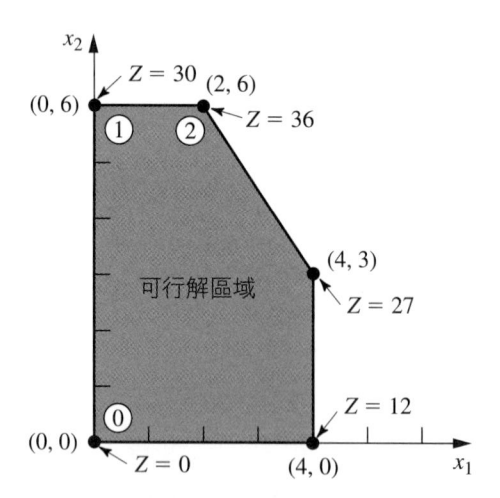

■ **圖 4.2** 以單形法求解 Wyndor 玻璃公司問題所產生一連串 CPF 解的順序（⓪、①、②）。只需檢驗三個 CPF 解，即可得最佳解 (2, 6)。

---

[3] 唯一限制在於，問題須有 CPF 解。若可行解區域為有界，即符合此限。

因為可行解通常有無限多個,所以能把需檢驗數量減至有限個(圖 4.2 僅有 3 個),就是相當大個簡化工作。

求解觀念 2 則定義了單形法求解流程。

求解觀念 2:單形法是種疊代演算法 (iterative algorithm)〔即有系統重複一連串的固定的求解步驟,即一次疊代 (iteration),直至得到結果〕,此流程結構如下所示:

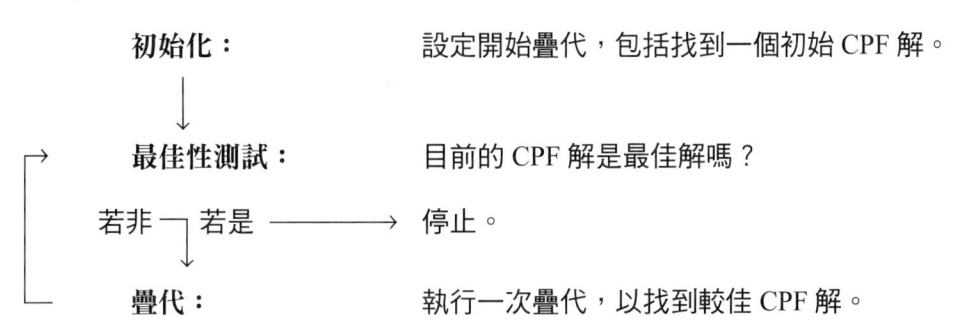

初始化:	設定開始疊代,包括找到一個初始 CPF 解。
最佳性測試:	目前的 CPF 解是最佳解嗎?
若非　若是 ──→	停止。
疊代:	執行一次疊代,以找到較佳 CPF 解。

各位在求解例題時注意,解題過程是依循此流程圖經歷二次疊代、直至求出最佳解。

接下來討論開始進行單形法的方式。

求解觀念 3:進行單形法的初始化時,若可能應選擇原點(所有決策變數皆為零)為初始 CPF 解。若有太多決策變數,難以用圖解法找到初始解時,此選擇能免除我們要用代數求 CPF 解。

所有決策變數皆有非負限制式時,通常就可能選擇原點,因為其限制邊界交集之原點為其角解。除違反函數限制式,否則此解即為 CPF 解。若此為不可行解,就須用 4.6 節的特別程序找出初始 CPF 解。

求解觀念 4 說明每次疊代選擇較佳 CPF 解的方式。

求解觀念 4:對於已知 CPF 解,相較於所有其他 CPF 解而言,其相鄰 CPF 解的資訊較容易取得。因此,每當單形法執行一次疊代,以從目前的 CPF 解移動到較好的解時,它總是選擇相鄰的 CPF 解,而不考慮其他的 CPF 解。所以,求解全程路徑沿可行解區域的邊移動,最終求得最佳解。

求解觀念 5 將探討每次疊代應該選擇哪一個相鄰 CPF 解。

求解觀念 5:以目前 CPF 解來說,單形法檢驗此 CPF 解延伸的每一可行解區域的邊,其另一端為一相鄰 CPF 解,但單形法並不會將時間放在求出相鄰 CPF 解,而僅找出若沿各邊移動時,Z 所獲得的改善率。在所有 Z 的改善率為正值邊中,選取最大改善率者,並沿此邊移動。找出此邊另一端相鄰 CPF 解後,將

該解標示為目前 CPF 解,接著進行最佳性測試,有其需要時再進行下一次疊代。

自例題第一次疊代中,從 (0, 0) 沿著 x_1 軸上的邊移動,Z 的改善率為 3(每增加 1 單位 x_1,Z 值會增加 3);若沿著 x_2 軸上的邊移動,則 Z 的改善率為 5(每增加 1 單位的 x_2,Z 值會增加 5),因此會沿後者移動。第二次疊代時,從 (0, 6) 伸出的只有通向 (2, 6) 的邊之 Z 改善率有正值,故沿此邊移動。

最後,求解觀念 6 清楚說明有效率執行最佳性測試的方式。

求解觀念 6:求解觀念 5 說明,單形法檢查目前 CPF 解延伸的所有可行解區域之邊。藉由檢查能快速求出,沿著往另一端相鄰 CPF 解之邊移動的 Z 改善率。Z 改善率為正值,表示該相鄰 CPF 解較目前 CPF 解佳,而負值則表示該 CPF 解較差。故最佳性測試僅檢查是否有任何邊產生的 Z 改善率為正值。若無,則目前 CPF 解為最佳解。

在例題中,從 (2, 6) 沿著兩邊中任何一邊移動,都會減少 Z。為極大化 Z,故馬上可知 (2, 6) 為最佳解。

4.2 設定單形法

4.1 節強調單形法的幾何觀念,但此演算法一般都在電腦上執行,且只能依循代數指令來進行。故我們須把前述幾何程序觀念轉成實際代數程序。本節會介紹單形法代數語言,並詳述與前述觀念的關係。

此代數程序是根據求解方程式系統而來。故設定單形法首先要將函數不等式限制式 (inequality constraints) 轉成等式限制式(由於非負限制式會分開處理,故然保留為不等式)。此轉換方式是為加入**差額變數 (slack variable)**。為便於說明,接著我們以 3.1 節 Wyndor 玻璃公司問題的第一條函數限制式為例,

$$x_1 \leq 4。$$

上述限制式的差額變數定義為:

$$x_3 = 4 - x_1,$$

此為不等式左邊的差額值。因此,

$$x_1 + x_3 = 4。$$

依此式,$x_1 \leq 4$ 若且唯若 $4 - x_1 = x_3 \geq 0$。故原始限制式 $x_1 \leq 4$ 完全相等於限制式

$$x_1 + x_3 = 4 \quad \text{及} \quad x_3 \geq 0 \text{。}$$

其他函數限制式加入差額變數後，該例題的原始線性規劃模型（如左下方所示）可由其相等的模型（稱為**擴充形式**）取代，如右下方所示：

原始形式模型

極大化　　$Z = 3x_1 + 5x_2$，
受限於
$$x_1 \leq 4$$
$$2x_2 \leq 12$$
$$3x_1 + 2x_2 \leq 18$$
及
$$x_1 \geq 0, \quad x_2 \geq 0 \text{。}$$

擴充形式模型 [4]

極大化　　$Z = 3x_1 + 5x_2$，
受限於
(1) $\quad x_1 \quad\quad + x_3 \quad\quad\quad\quad = 4$
(2) $\quad\quad 2x_2 \quad\quad + x_4 \quad\quad = 12$
(3) $\quad 3x_1 + 2x_2 \quad\quad\quad + x_5 = 18$
及
$$x_j \geq 0，對 j = 1, 2, 3, 4, 5 \text{。}$$

雖然兩者完全相同，但新形式較便於進行代數運算，及找出 CPF 解。此新形式增加一些補充變數來運用單形法，故我們將此稱為問題的**擴充形式 (augmented form)**。

若一個差額變數之值為零，此解位於相關限制邊界上。若其值大於零，此解位於限制邊界可行的一邊。若其值小於零，則此解位於限制邊界不可行的一邊。OR Tutor 輔助教材中的 *Interpretation of the Slack Variables* 部分，會透過示範例題來說明。

4.1 節的專有名詞（如角解等）適用於問題的原始形式。我們接著來介紹擴充形式中所對應的專有名詞。

擴充解 (augmented solution) 為原始變數（決策變數）解，加上所對應差額變數值而得之解。

如擴充例題的原始解 (3, 2) 會得到擴充解 (3, 2, 1, 8, 5)，因為其對應差額變數值為 $x_3 = 1$、$x_4 = 8$ 和 $x_5 = 5$。

基解 (basic solution) 是擴充角解。

如圖 4.1 的角點 (4, 6) 為不可行角解，其差額變數為 $x_3 = 0$、$x_4 = 0$ 和 $x_5 = -6$，故對應基解為 (4, 6, 0, 0, -6)。

角解（即基解）可為可行解或不可行解，即代表著：

可行基解 [basic feasible (BF) solution] 是擴充 CPF 解。

所以，例題的 CPF 解 (0, 6) 相當於擴充 BF 解 (0, 6, 4, 0, 6)。

---

[4] 因為係數為 0，故差額變數並未顯示於目標函數中。

基解和角解（或是 BF 解和 CPF 解）間的唯一差異在於，是否包含差額變數值。只要刪除差額變數，對任何基解即為對應的角解。故這兩種解間的幾何和代數關係非常密切（另見 5.1 節）。

基解和可行基解皆為線性規劃中重要的標準名詞，故需特別說明其代數性質。在該擴充形式模型中，函數限制式系統共有 5 個變數與 3 則方程式，故

變數數量 − 方程式數量 = 5 − 3 = 2。

由此可知，求解此系統有二維自由度 (degree of freedom)，由於能設定其中任兩變數為任意值，以利用 3 則方程式求解其他 3 個變數的值。[5] 單形法設定任意值為零。因此，令其中兩個變數（稱為非基變數）的值為零，接著求出 3 個方程式的聯立解，得到另外 3 個變數值（即基變數），即為基解。接著我們以一邊定義來說明其性質。

基解 (basic solution) 具備下列性質：

1. 變數可分為非基變數和基變數。
2. 基變數的數量等於函數限制式（現為方程式）的數目。因此，非基變數的數目等於所有變數的數目減去函數限制式的數目。
3. **非基變數 (nonbasic variable)** 設為零。
4. **基變數 (basic variable)** 的值由求解聯立方程式（擴充形式的函數限制式）得到。〔我們稱基變數集合為**基底 (basis)**〕。
5. 若基變數符合非負限制式，則此基解為 **BF 解 (BF solution)**。

為說明上述定義，我們再次思考一下 BF 解 (0, 6, 4, 0, 6)；該解由 CPF 解 (0, 6) 擴充而來。且另一種求取該解的方法是選擇 x_1 和 x_4 為非基變數，亦即設定此二變數的值為零，接著求 3 個聯立方程式，分別得到 3 個基變數值 $x_3 = 4$、$x_2 = 6$ 和 $x_5 = 6$，如下所示（基變數以粗體表示）：

$$x_1 = 0 \text{ 及 } x_4 = 0，\text{所以}$$

$$\begin{align}
(1) \quad & x_1 \phantom{{}+2x_2} + \boldsymbol{x_3} \phantom{{}+x_4} \phantom{{}+x_5} = 4 & \boldsymbol{x_3} &= 4 \\
(2) \quad & \phantom{x_1+{}} 2\boldsymbol{x_2} \phantom{{}+x_3} + x_4 \phantom{{}+x_5} = 12 & \boldsymbol{x_2} &= 6 \\
(3) \quad & 3x_1 + 2\boldsymbol{x_2} \phantom{{}+x_3} \phantom{{}+x_4} + \boldsymbol{x_5} = 18 & \boldsymbol{x_5} &= 6
\end{align}$$

上述 3 個基變數皆為非負，故 (0, 6, 4, 0, 6) 此基解確為 BF 解。本書專屬網站上的 Solved Examples，另提供有 CPF 解和 BF 解間關係的其他例題。

若兩 CPF 解相鄰，則其對應的一對 BF 解也相鄰。各位可利用下列方式，簡單判斷兩個 BF 解是否相鄰。

---

[5] 只要聯立方程式中無多餘方程式，即可依此方法計算自由度。就擴充形式線性規劃模型中，函數限制式的方程式系統來說，該條件一定成立。

若兩個 BF 解的非基變數中僅有一個不同，其他完全相同，則此二 BF 解相鄰。也就是，除一基變數不同，兩相鄰 BF 解的其他所有基變數相同，雖然這些基變數值也許不同。

由目前 BF 解移至相鄰 BF 解，緊要將一非基變數改為基變數，接著將一基變數改為非基變數，然後調整基變數值，以符合聯立方程式。

接著以圖 4.1 中一對 CPF 解 (0, 0) 與 (0, 6)，來說明相鄰 BF 解。此二 CPF 解的擴充解 (0, 0, 4, 12, 18) 與 (0, 6, 4, 0, 6) 為相鄰 BF 解。但不需圖 4.1，即可知，因為其非基變數 (x_1, x_2) 和 (x_1, x_4) 僅在於 x_2 換成 x_4。因此，從 (0, 0, 4, 12, 18) 移至 (0, 6, 4, 0, 6) 時，x_2 由非基變數改變為基變數，而 x_4 則從基變數改變為非基變數。

各位以擴充形式模型求解時，同時納入目標函數與新限制方程式來考量，並進行調整較為方便。故在用單形法前，需改寫一遍問題：

極大化　　Z，

受限於

(0)　　　$Z - 3x_1 - 5x_2 = 0$
(1)　　　$x_1 + x_3 = 4$
(2)　　　$ 2x_2 + x_4 = 12$
(3)　　　$ 3x_1 + 2x_2 + x_5 = 18$

及

$x_j \geq 0$，對 $j = 1, 2, \ldots, 5$，

方程式 (0) 看起來似乎是原始限制式，因為已是等式，故不需加上差額變數。在增加一條方程式時，也在聯立方程式中增加了一個未知數 (Z)。因此，在用方程式 (1) 至 (3) 求基解時，同時使用方程式 (0) 以求得 Z 值。

所幸，Wyndor 玻璃公司問題的模型符合標準形式，且其所有函數限制式右端值 b_i 皆為非負。如果不式此情況時，在用單形法解題前，需進一步調整模型。4.6 節會再進一步討論，目前我們就先討論單形法。

4.3　單形法的代數運算

本節為便於說明，沿用 4.2 節末描述 3.1 節範例的模型。同時，為連結單形法的幾何和代數觀念，我們將表 4.2 以左右對照方式，呈現單形法求解範例過程的幾何與代數詮釋。表 4.2 的幾何觀點是依據 4.1 節的模型原始形式（未加入差額變數）而來，故在檢視表 4.2 第二行時，也應參照圖 4.1。檢視表 4.2 第三行時，則要參照第 4.2 節末的擴充形式模型。

■ 表 4.2　單形法如何求解 Wyndor 玻璃公司問題的幾何和代數詮釋

方法序列	幾何詮釋	代數詮釋
初始化	選 (0, 0) 為初始 CPF 解。	選 x_1 和 x_2 為初始 BF 解 (0, 0, 4, 12, 18) 的非基變數 (= 0)。
最佳性測試	非最佳解,由 (0, 0) 沿著任一邊移動都可以增加 Z。	非最佳解,增大任一非基變數(x_1 或 x_2)都可以增加 Z。
疊代 1		
步驟 1	沿著 x_2 軸往上移動。	增大 x_2,同時調整其他變數值,以滿足聯立方程式。
步驟 2	到達第一條新限制邊界 ($2x_2 = 12$) 時停止。	第一個基變數(x_3、x_4 或 x_5)降為零時 (x_4) 停止。
步驟 3	找出兩條新限制邊界的交點:(0, 6) 是新的 CPF 解。	以 x_2 為基變數,x_4 為非基變數,求解聯立方程式:(0, 6, 4, 0, 6) 為新 BF 解。
最佳性測試	非最佳解,由 (0, 6) 沿著往右的邊移動可以增加 Z。	非最佳解,增大非基變數 (x_1) 可以增加 Z。
疊代 2		
步驟 1	沿著這條邊往右移動。	增大 x_1,同時調整其他變數值,以滿足聯立方程式。
步驟 2	到達第一條新限制邊界 ($3x_1 + 2x_2 = 18$) 時停止。	第一個基變數(x_2、x_3 或 x_5)降為零時 (x_5) 停止。
步驟 3	找出兩條新限制邊界的交點:(2, 6) 為新 CPF 解。	以 x_1 為基變數,x_5 為非基變數,求解聯立方程式:(2, 6, 2, 0, 0) 為新 BF 解。
最佳性測試	(2, 6) 為最佳解,從 (2, 6) 沿著任何一邊移動都會減少 Z。	(2, 6, 2, 0, 0) 為新最佳解,增大任何一個非基變數(x_4 或 x_5)都會減少 Z。

接著開始詳述表 4.2 第三行各步驟。

初始化

我們根據 4.1 節求解觀念 3,而選取 x_1 及 x_2 作為初始 BF 解的非基變數(設定為零的變數)。如此,可省去由下列聯立方程式求解基變數(x_3、x_4、x_5)的工作(基變數以粗體表示):

$$
\begin{aligned}
&(1) &&x_1 &&+ \boldsymbol{x_3} &&&&= 4 &&&&x_1 = 0 \text{ 和 } x_2 = 0 \text{,所以} \\
&&&&&&&&&&&&&&\boldsymbol{x_3} = 4 \\
&(2) &&&&2x_2 &&+ \boldsymbol{x_4} &&= 12 &&&&\boldsymbol{x_4} = 12 \\
&(3) &&3x_1 &&+ 2x_2 &&&&+ \boldsymbol{x_5} = 18 &&&&\boldsymbol{x_5} = 18
\end{aligned}
$$

因此,**初始 BF 解**是 (0, 0, 4, 12, 18)。

由於各方程式僅有一個係數為 1 的基變數,且該基變數未在其他方程式出現,故可馬上得到此解。往後當基變數集合改變,單形法會用「高斯消去法」,將方程式轉換為可直接看出 BF 解的形式。我們稱此為**高斯消去法的適當形式 (proper form from Gaussian elimination)**。

應用實例

南韓科技龍頭三星電子公司(Samsung Electronics Corp.,Ltd., SEC) 自 2009 年,已成為全世界營收最高的資訊科技公司(每年遠超過 1,000 億美元),聘僱員工超過 20 萬人、遍及 60 國。該公司器興(Kiheung)廠每月生產 300,000 片以上的矽晶圓。

週期時間對半導體製造商而言,是指從空白晶圓片投產製製成矽晶圓所耗時間。由於降低週期時間會影響成本和交貨時間,而影響其在業界維持或增加市占率的關鍵因素。因此,降低週期時間為各廠持續改善之目標。

半導體製造商在降低矽晶圓製造週期時,面臨三大挑戰。一是不斷變化的產品組合;其次為公司在修正客戶需求預測時,會於目標週期時間內大幅調整下線期程(fab-out,即不再生產或改變製程);再者,一般工廠所用機器設備功能不一,故僅有少數機型能執行不同製程。

為因應這些挑戰,三星公司 OR 團隊建立了一個大型線性規劃模型,其中包含上萬個決策變數和函數限制式,以解決上述問題。目標函數為極小化補貨量和製成品庫存量。雖該模型規模非常龐大,但由於運用高效率的單形法程式(與其他相關技術),求解只需要幾分鐘。

三星公司運用該模型,將隨機存取記憶體生產週期由 80 天縮短至 30 天,顯著降低製造成本、改善售價,讓年營收增加了 2 億美元。

資料來源:R. C. Leachman, J. Kang, and Y. Lin: "SLIM: Short Cycle Time and Low Inventory in Manufacturing at Samsung Electronics," *Interfaces*, **32**(1): 61–77, Jan.–Feb. 2002。

最佳性測試

目標函數是

$$Z = 3x_1 + 5x_2,$$

所以初始 BF 解為 $Z = 0$。所有基變數(x_3、x_4、x_5)的目標函數係數皆為零,因此非基變數(x_1、x_2)的目標函數係數即各變數從零增大時,對 Z 值的改善率(同時調整基變數的值,以符合聯立方程式)[6]。兩者的改善率(3 和 5)都是正值。故依據 4.1 節求解觀念 6,$(0, 0, 4, 12, 18)$ 並非最佳解。

在後續疊代檢驗的 BF 解中,至少有一基變數的目標函數係數不為零;因此,最佳性測試會利用新方程式 (0),以非基變數重新表示目標函數。

選取移動方向(疊代步驟 1)

非基變數值由零開始增大(同時調整基變數值,以符合聯立方程式),就是沿由目前 CPF 解所延伸出的其中一邊移動。根據 4.1 節求解觀念 4 和 5,增大非基變數值之選擇,應取決於以下方式:

---

[6] 此為當變數 x_j 的係數在 $Z = 3x_1 + 5x_2$ 右邊時的狀況。若變數在方程式 (0):$Z - 3x_1 - 5x_2 = 0$ 的左邊,則其正負號會改變。

$$Z = 3x_1 + 5x_2$$

增大 x_1 ？　　Z 的改善率 = 3
增大 x_2 ？　　Z 的改善率 = 5
因為 $5 > 3$，所以選擇增大 x_2。

而我們會稱 x_2 為疊代 1 的進入基變數，如下所示：

> 步驟 1 在單形法疊代中，目的要選擇一非基變數，將其值由零開始增大，以成為下一 BF 解的基變數。由於此變數進入基底，故我們會稱其為目前疊代的**進入基變數 (entering basic variable)**。

決定停止處（疊代步驟 2）

步驟 2 是要判斷進入基變數 x_2 的值由零開始增大後，應該在何處停止。增大 x_2 時，Z 值也跟著增加。故在不離開可行解區域，應盡可能移得愈遠愈好。要符合擴充形式模型的函數限制式（如下所示），也就是要隨著 x_2 值的遞增（同時保持非基變數 $x_1 = 0$），基變數值會呈現出如下列右邊的改變。

$$
\begin{aligned}
&(1) \quad x_1 + x_3 \phantom{{}+x_4 + x_5} = 4 \\
&(2) \phantom{x_1 +{}} 2x_2 \phantom{{}+x_3} + x_4 \phantom{{}+x_5} = 12 \\
&(3) \quad 3x_1 + 2x_2 \phantom{{}+x_3 + x_4} + x_5 = 18
\end{aligned}
\qquad
\begin{aligned}
& x_1 = 0 \text{，所以} \\
& x_3 = 4 \\
& x_4 = 12 - 2x_2 \\
& x_5 = 18 - 2x_2
\end{aligned}
$$

可行性的另一個要求為，所有變數皆為非負。非基變數（含進入基變數）皆為非負，但仍要檢查在不違反基變數的非負限制式時，x_2 能夠增大的程度。

$x_3 = 4 \geq 0 \quad \Rightarrow x_2$ 沒有上界
$x_4 = 12 - 2x_2 \geq 0 \Rightarrow x_2 \leq \dfrac{12}{2} = 6 \quad \leftarrow$ 最小值
$x_5 = 18 - 2x_2 \geq 0 \Rightarrow x_2 \leq \dfrac{18}{2} = 9$。

因此，x_2 值只能增大到 6，這時 x_4 值降至 0。一旦 x_2 值超過 6，則 x_4 值成負數，而違反可行性。

我們將此計算方式為**最小比值測試 (minimum ratio test)**，其目的是要找出當進入基變數的值開始增大時，首先降為零的基變數。進入變數係數為零或負值之方程式不需考慮其基變數，由於其值並不會隨進入變數值增大，因而減少〔如範例方程式 (1) 中的 x_3〕。但對進入變數係數為嚴格正值 (> 0) 的方程式而言，這個測試計算出右端值和進入基變數係數的比值。方程式中比值最小的基變數，即當進入變數值增大時，首先降為零的基變數。

> 步驟 2 在單形法疊代中，使用最小比值測試，以找出當進入基變數值開始增大，首先降為零的基變數。此基變數值降為時，就成為下一 BF 解的非基變

數。因為該基變數會退出基底，故我們會稱其為**退出基變數 (leaving basic variable)**。

x_4 為本例題中疊代 1 的退出基變數。

求出新的 BF 解（疊代步驟 3）

當 $x_2 = 0$ 增至 $x_2 = 6$ 時，以下左邊的初始 BF 解會移至右邊的新 BF 解。

	初始 BF 解	新 BF 解
非基變數：	$x_1 = 0, \quad x_2 = 0$	$x_1 = 0, \quad x_4 = 0$
基變數：	$x_3 = 4, \quad x_4 = 12, \quad x_5 = 18$	$x_3 = ?, \quad x_2 = 6, \quad x_5 = ?$

步驟 3 旨在將聯立方程式轉成為較便利的形式（高斯消去法之適當形式），以便用最佳性測試。若有需要，再以此新 BF 解進行下一次疊代。在過程中，此形式亦會找出新解中 x_3 和 x_5 的值。

原始聯立方程式系統如下所示，其中新的基變數以粗體表示（Z 可視為目標函數方程式中的基變數）：

(0) $Z - 3x_1 - 5\boldsymbol{x_2} \qquad\qquad\qquad = 0$
(1) $\qquad x_1 \qquad + \boldsymbol{x_3} \qquad\qquad = 4$
(2) $\qquad\qquad 2\boldsymbol{x_2} \qquad + x_4 \qquad = 12$
(3) $\qquad 3x_1 + 2\boldsymbol{x_2} \qquad\qquad + \boldsymbol{x_5} = 18$。

故方程式 (2) 中，x_2 已取代 x_4 成為新基變數。要從聯立方程式解出 Z、x_2、x_3 和 x_5，我們得要進行**基本代數運算 (elementary algebraic operations)**，讓 x_4 目前的係數 (0, 0, 1, 0) 成為 x_2 的新係數。故可任選下列其中一種基本代數運算：

1. 把方程式乘以（或除以）一個非零的常數。
2. 把方程式加上（或減去）另一方程式的倍數。

其中，x_2 的係數分別為 –5、0、2 和 2，且須分別變成 0、0、1 和 0。為了把方程式 (2) 的係數 2 變成 1，可用第一種基本代數運算，亦即把方程式 (2) 除以 2，得到

(2) $\boldsymbol{x_2} + \dfrac{1}{2}x_4 = 6$。

為了把係數 –5 和 2 變成零，須用第二種基本代數運算：將方程式 (0) 加上 5 倍的新方程式 (2)，接著把方程式 (3) 減去 2 倍的新方程式 (2)，所得完整新方程式系統是

(0) $Z - 3x_1 \qquad\qquad + \dfrac{5}{2}x_4 \qquad = 30$
(1) $\qquad x_1 \quad + \boldsymbol{x_3} \qquad\qquad = 4$
(2) $\qquad\qquad \boldsymbol{x_2} \quad + \dfrac{1}{2}x_4 \qquad = 6$
(3) $\qquad 3x_1 \qquad\quad - x_4 + \boldsymbol{x_5} = 6$。

因為 $x_1 = 0$ 和 $x_4 = 0$，所以可知新 BF 解為 $(x_1, x_2, x_3, x_4, x_5) = (0, 6, 4, 0, 6)$，其 $Z = 30$。

我們把求得聯立方程式系統聯立解的方法稱為高斯－喬登消去法 (Gauss-Jordan method of elimination)，或為**高斯消去法 (Gaussian elimination)** [7]。此方法主要運用基本代數運算，將原方程式簡化為高斯消去法的適當形式，其中每個基變數僅在一條方程式中出現，而且其係數是 +1。

新 BF 解的最佳性測試

在目前方程式 (0) 中，以目前非基變數表示目標函數值：

$$Z = 30 + 3x_1 - \frac{5}{2}x_4。$$

由零開始增大任一個非基變數值，即朝向兩相鄰 BF 解之一移動。因為 x_1 的係數為正值，增大 x_1 值時，會移至比目前 BF 解更好的相鄰 BF 解。所以目前的解非最佳解。

疊代 2 及所得的最佳解

因為 $Z = 30 + 3x_1 - \frac{5}{2}x_4$ 能增大 x_1，以增加 Z 值，但 x_4 則否。故步驟 1 選擇 x_1 作為進入基變數。

在步驟 2 中，由目前的聯立方程式計算出 x_1 的最大增加量 ($x_4 = 0$)：

$$x_3 = 4 - x_1 \geq 0 \Rightarrow x_1 \leq \frac{4}{1} = 4。$$
$$x_2 = 6 \geq 0 \qquad \Rightarrow x_1 \text{ 沒有上界。}$$
$$x_5 = 6 - 3x_1 \geq 0 \Rightarrow x_1 \leq \frac{6}{3} = 2 \quad \leftarrow \text{最小值。}$$

根據最小比值測試，x_5 是退出基變數。

在步驟 3 中，以 x_1 取代 x_5 為基變數，接著在目前的聯立方程式進行基本代數運算，讓 x_5 目前的係數 $(0, 0, 0, 1)$ 成為 x_1 的新係數，並產生下列新聯立方程式系統：

(0) $\quad Z \quad\quad + \frac{3}{2}x_4 + x_5 = 36$

(1) $\quad\quad\quad x_3 + \frac{1}{3}x_4 - \frac{1}{3}x_5 = 2$

(2) $\quad\quad x_2 \quad + \frac{1}{2}x_4 \quad\quad = 6$

(3) $\quad x_1 \quad\quad - \frac{1}{3}x_4 + \frac{1}{3}x_5 = 2。$

因此，下一個 BF 解為 $(x_1, x_2, x_3, x_4, x_5) = (2, 6, 2, 0, 0)$，其 $Z = 36$。為在此應用最佳性

---

[7] 高斯－喬登消去法和高斯消去法在實際方法上有些不同，但我們在此不多做說明。

測試,利用目前的方程式 (0),以目前的非基變數表達 Z 值:

$$Z = 36 - \frac{3}{2}x_4 - x_5 \text{。}$$

無論增加 x_4 或 x_5,都會減少 Z 值,故無任何相鄰 BF 解跟目前的 BF 解一樣好。因此,依據 4.1 節求解觀念 6,目前 BF 解必為最佳解。

以問題的原始形式(無差額變數)表達最佳解,則為 $x_1 = 2$、$x_2 = 6$,其 $Z = 3x_1 + 5x_2 = 36$。

本書 OR Tutor 中的 *Simplex Method—Algebraic Form* 範例,有另一個以動態方式逐步展現單形法的代數和幾何的例題。和本書其他範例一樣,這凸顯平面印刷無法傳達的觀念。此外,本書專屬網站的 Solved Examples 還有其他應用例題。

為進一步幫助各位有效率學習,IOR Tutorial 中的 OR Courseware 附有 Solve Interactively by the Simplex Method 的電腦程式為各位的決策執行所有的計算,因而能夠專注於求解過程的觀念。因此,各位或許可用該程式來求解本節習題,而能點出第一次疊代的錯誤。

各位在學會單形法的內容後,也能用 IORTutorial 的 Solve Automatically by the Simplex Method 自動程式,立即求解線性規劃問題。該程式僅能處理本書中包括檢查互動程式的解答。4.8 節會另外介紹本書專屬網站上功能更強大的線性規劃軟體。

我們在下一節會介紹,較易使用的表格式單形法。

4.4 表格式單形法

4.3 節提到的代數式單形法,或許是學習單形法邏輯的最佳方式。但並非最便利的運算形式。若需以手算方式求解(或以互動方式運用 IOR Tutorial),建議各位用本節的表格式[8]。

表格式單形法內只記錄 (1) 變數的係數;(2) 方程式右端的常數;及 (3) 各方程式的基變數。除可省下在每個方程式中寫變數符號,更可凸顯數字運算,以精簡方式記錄計算結果。

表 4.3 根據 Wyndor 玻璃公司問題的原始聯立方程式,比較左邊的代數式與右邊表格式 [單形表] 的差異。在左邊中每個方程式的基變數以粗體字顯示,而右邊的單形表則顯示於第一行〔雖然僅有 x_j 可分為基變數或非基變數,Z 在方程式 (0) 則為基

---

[8] 5.2 節將說明較適合在電腦上執行的形式。

■ 表 4.3　Wyndor 玻璃公司問題的原始聯立方程式

(a) 代數式	(b) 表格式							
	基變數	方程式	係數:					右端值
			Z	x_1	x_2	x_3	x_4	x_5	
(0) $Z - 3x_1 - 5x_2 \qquad\qquad = 0$	Z	(0)	1	−3	−5	0	0	0	0
(1) $\qquad x_1 \qquad + x_3 \qquad\quad = 4$	x_3	(1)	0	1	0	1	0	0	4
(2) $\qquad\quad 2x_2 \qquad + x_4 \quad = 12$	x_4	(2)	0	0	2	0	1	0	12
(3) $\quad 3x_1 + 2x_2 \qquad\qquad + x_5 = 18$	x_5	(3)	0	3	2	0	0	1	18

變數〕。所有未出現在基變數行的變數（$x_1 \cdot x_2$），自動成為非基變數。令 $x_1 = 0 \cdot x_2 = 0$ 後，右端值為基變數的解，所以初始 BF 解為 $(x_1, x_2, x_3, x_4, x_5) = (0, 0, 4, 12, 18)$，其 $Z = 0$。

表格式單形法運用單形表 (simplex tableau)，以精簡呈現產生目前 BF 解的方程式系統。對此解來說，最左邊一行的變數與最右邊一行對應的數值相等，而未列出的變數值則為零。在進行最佳性測試或執行一次疊代時，唯一相關的是 Z 行右邊的數值[9]。名詞列 (row) 是指 Z 行右邊的一列數字（包括右端值），其中列 i 對應到方程式 (i)。

我們接下來說明表格式單形法，並以 Wyndor 玻璃公司問題來呈現其應用。表格式單形法邏輯與先前的代數式完全相同，僅有表達目前聯立方程式及後續疊代形式不一樣（且在執行最佳性測試與疊代步驟 1 和步驟 2 時，勿需將變數移至方程式右邊）。

單形法摘要（以及範例的疊代 1）

初始化　加入差額變數。選擇問題之決策變數作為初始非基變數（令其等於零），並設定差額變數為初始基變數（若模型非標準式，即極大化、只有 ≤ 的函數限制式及非負限制式，或有任何 b_i 值為負，則須調整。參見第 4.6 節）。

範例：此選擇產生表 4.3 行 (b) 的單形表，所以初始 BF 解是 (0, 0, 4, 12, 18)。

最佳性測試　若列 0 中每個係數皆為非負 (≥ 0)，目前的 BF 解即是最佳解。若為最佳解，則停止；否則，進行下一次疊代，其中包括：將一個非基變數改為基變數（步驟 1）、接著把一個基變數改為非基變數（步驟 2），再求出新解（步驟 3），以產生下一 BF 解。

---

[9] 根據此理由，我們可以考慮刪除單形表的方程式行與 Z 行，以縮小其規模。本書仍保留這兩行，提醒讀者單形表呈現目前的聯立方程式，而 Z 是方程式 (0) 的變數之一。

範例：如 $Z = 3x_1 + 5x_2$ 所示，不論增大 x_1 或 x_2 都增加 Z 值，因為目前的 BF 解並非最佳，由 $Z - 3x_1 - 5x_2 = 0$ 也可以得到相同結論。係數 -3 和 -5 顯示在表 4.3 行 (b) 中的列 0。

疊代　步驟 1：由方程式 (0) 找出係數為負的非基變數中，其絕對值最大者（負係數最小者），作為進入基變數。畫一方框圍住該行變數的係數，即為**樞軸行 (pivot column)**。

範例：最小的負係數是 x_2 的 -5 ($5 > 3$)，所以 x_2 變成基變數（如表 4.4 中，-5 下面方框之行所示）。

步驟 2：應用最小比值測試，以決定退出基變數。

最小比值測試

1. 挑選樞軸行中嚴格正值 (> 0) 的係數。
2. 把同列的右端值除以這些係數。
3. 找出比值最小之列。
4. 此列的基變數是退出基變數。在下一個單形表的基變數行中，以進入基變數取代此退出基變數。

畫一個方框圍住**樞軸列 (pivot row)**。樞軸行和樞軸列交集的數字稱為**樞軸數 (pivot number)**。

範例：最小比值測試之計算呈現於表 4.4 的右邊。因此，列 2 為樞軸列（見表 4.5 第一個單形表中由方框圍起的列），而 x_4 為退出基變數。接著我們看到，在下一個單形表（見表 4.5 的底部）中，x_2 取代 x_4 成為列 2 的基變數。

步驟 3：使用**基本列運算 (elementary row operations)**，也就是某列乘以或除以一非零常數，或某列加上或減去另一列之倍數，得到新列，來找出新 BF 解。在建構高斯消去法適當形式的新單形表後，並放在目前單形表下方，再回到最佳性測試。各位所需執行的基本列運算如下列步驟：

■ 表 4.4　應用最小比值測試，以決定 Wyndor 玻璃公司問題的第一個退出基變數

基變數	方程式	係數: Z	x_1	x_2	x_3	x_4	x_5	右端值	比值
Z	(0)	1	-3	-5	0	0	0	0	
x_3	(1)	0	1	0	1	0	0	4	
x_4	(2)	0	0	2	0	1	0	$12 \rightarrow \dfrac{12}{2} = 6 \leftarrow$ 最小值
x_5	(3)	0	3	2	0	0	1	$18 \rightarrow \dfrac{18}{2} = 9$

▣ 表 4.5　把第一個樞軸列除以第一個樞軸數之後的 Wyndor 玻璃公司問題單形表

疊代	基變數	方程式	Z	x_1	x_2	x_3	x_4	x_5	右端值
0	Z	(0)	1	−3	−5	0	0	0	0
	x_3	(1)	0	1	0	1	0	0	4
	x_4	(2)	0	0	2	0	1	0	12
	x_5	(3)	0	3	2	0	0	1	18
1	Z	(0)	1						
	x_3	(1)	0						
	x_2	(2)	0	0	1	0	$\frac{1}{2}$	0	6
	x_5	(3)	0						

1. 將樞軸列除以樞軸數。我們將此新樞軸列用在步驟 2 和步驟 3 中。
2. 將樞軸行中有負係數、包括列 0 在內的每一列加上該係數絕對值和新樞軸列的乘積。
3. 將樞軸行有正係數、包括列 0 在內的每一列減去該係數和新樞軸列的乘積。

範例：由於 x_2 取代 x_4 成為基變數，所以要在第二個單形表的 x_2 行產生目前 x_4 行的係數 (0, 0, 1, 0)。首先將樞軸列（列 2）除以樞軸數 (2)，可得表 4.5 的新列 2。接著，把列 0 加上 5 乘以新列 2 的乘積。然後把第三列減去 2 乘以新列 2 的乘積（或從列 3 減去舊的列 2），而產生表 4.6 中疊代 1 的新數值。因此，新的 BF 解是 (0, 6, 4, 0, 6)，其 Z = 30。接下來回到最佳性測試，以檢查新 BF 解是否為最佳解。因為新的列 0 仍然有負係數（x_1 的 −3），所以這個解不是最佳，至少要再進行一次疊代。

範例的疊代 2 與所得的最佳解

疊代 2 自表 4.6 第二個表格開始，以找出下一個 BF 解。根據步驟 1 和步驟 2 的程序，x_1 為進入基變數，x_5 為退出基變數（如表 4.7 所示）。

▣ 表 4.6　Wyndor 玻璃公司問題的前兩個單形表

疊代	基變數	方程式	Z	x_1	x_2	x_3	x_4	x_5	右端值
0	Z	(0)	1	−3	−5	0	0	0	0
	x_3	(1)	0	1	0	1	0	0	4
	x_4	(2)	0	0	2	0	1	0	12
	x_5	(3)	0	3	2	0	0	1	18
1	Z	(0)	1	−3	0	0	$\frac{5}{2}$	0	30
	x_3	(1)	0	1	0	1	0	0	4
	x_2	(2)	0	0	1	0	$\frac{1}{2}$	0	6
	x_5	(3)	0	3	0	0	−1	1	6

表 4.7　Wyndor 玻璃公司問題疊代 2 的步驟 1 和步驟 2

疊代	基變數	方程式	Z	x_1	x_2	x_3	x_4	x_5	右端值	比值
1	Z	(0)	1	−3	0	0	$\frac{5}{2}$	0	30	
	x_3	(1)	0	1	0	1	0	0	4	$\frac{4}{1}=4$
	x_2	(2)	0	0	1	0	$\frac{1}{2}$	0	6	
	x_5	(3)	0	3	0	0	−1	1	6	$\frac{6}{3}=2\leftarrow$ 最小值

步驟 3 把表 4.7 的樞軸列（列 3）除以樞軸數 (3)，接著把列 0 加上 3 乘以新列 3 的乘積，然後從列 1 減去新列 3。

新表格內容如表 4.8 所示，新 BF 解為 (2, 6, 2, 0, 0)，$Z = 36$。最佳性測試發現，列 0 無負係數，故此解為最佳，而完成演算法。結果，Wyndor 玻璃公司問題（在加入差額變數前）的最佳解為 $x_1 = 2$、$x_2 = 6$。

接著，我們比較表 4.8 與第 4.3 節的計算過程，能看出此兩種形式的單形法實際上完全相同。代數式較適合單形法邏輯的學習，表格式則較易於計算。本書主要用表格式。

表 4.8　Wyndor 玻璃公司問題的所有單形表

疊代	基變數	方程式	Z	x_1	x_2	x_3	x_4	x_5	右端值
0	Z	(0)	1	−3	−5	0	0	0	0
	x_3	(1)	0	1	0	1	0	0	4
	x_4	(2)	0	0	2	0	1	0	12
	x_5	(3)	0	3	2	0	0	1	18
1	Z	(0)	1	−3	0	0	$\frac{5}{2}$	0	30
	x_3	(1)	0	1	0	1	0	0	4
	x_2	(2)	0	0	1	0	$\frac{1}{2}$	0	6
	x_5	(3)	0	3	0	0	−1	1	6
2	Z	(0)	1	0	0	0	$\frac{3}{2}$	1	36
	x_3	(1)	0	0	0	1	$\frac{1}{3}$	$-\frac{1}{3}$	2
	x_2	(2)	0	0	1	0	$\frac{1}{2}$	0	6
	x_1	(3)	0	1	0	0	$-\frac{1}{3}$	$\frac{1}{3}$	2

OR Tutor 中還有應用表格式單形法例子，各位可參閱 *Simplex Method—Tabular Form* 範例。本書專屬網站的 Solved Examples 還有其他例題。

4.5 單形法的均勢解除

各位也許會注意到，前兩節提過，單形法各種選擇規則因均勢或其他類似模稜兩可狀況，而無法產生一明確決策，並沒有說明應該如何進行。接下來討論這些細節。

選擇進入基變數的均勢

疊代的步驟 1 選擇「該方程式 (0) 中，具有最大絕對值的負係數的非基變數」為進入基變數。現在假設有兩個以上的非基變數有相同的最大負係數（以絕對值而言）。若我們將 Wyndor 玻璃公司問題的目標函數改為 $Z = 3x_1 + 3x_2$，則初始方程式 (0) 成為 $Z - 3x_1 - 3x_2 = 0$。各位該如何解除此均勢狀況呢？

「任選其一皆可」則是解除的方法。無論選哪一個，最後皆可求得最佳解，且無簡易方法能事先預測何者能較快求得最佳解。此例的單形法若選擇 x_1 為初始進入基變數，經三次疊代後可得到最佳解 (2, 6)；而選擇 x_2 僅需兩次疊代。

選擇退出基變數的均勢——退化

假設疊代的步驟 2 中，有兩個以上基變數的最小比值相等，任選其一有差別嗎？理論上會有很大的差別，因為可能會因為：進入基變數增大時，均勢的基變數值會同時降為零。因此，沒有成為退出基變數的基變數在新 BF 解中的值皆為零〔零值的基變數是**退化的 (degenerate)**，其對應 BF 解亦同〕。其次，若某退化基變數在後續疊代中為退出基變數，其值仍為零，則該進入基變數亦必為零（如果增大，則退出基變數為負值），因此 Z 值維持不變。第三，若 Z 在每次疊代後仍維持相同值未增加，單形法也許會產生迴圈，重複相同解題過程，而無法增加 Z 值，找到最佳解。事實上，已有某些例題示範單形法陷入永久迴圈的情況[10]。

雖然理論會出現永久迴圈，幸好實際很少發生。萬一若出現迴圈，緊要改變退出基變數選擇，即能脫離迴圈。此外，有一些解除均勢的規則[11]能夠避免，但實際應用上經常會予以省略，故不在本書說明範圍。故可任選退出基變數來解除均勢狀況，各位別擔心會出現退化基變數。

---

[10] 有關永久迴圈，請參閱 J. A. J. Hall and K. I. M. McKinnon: "The Simplest Examples Where the Simplex Method Cycles and Conditions Where EXPAND Fails to Prevent Cycling," *Mathematical Programming,* Series B, **100**(1): 135–150, May 2004。

[11] 參閱 R. Bland, "New Finite Pivoting Rules for the Simplex Method," *Mathematics of Operations Research*, **2**: 103-107, 1977。

沒有退出基變數──無界的 Z

在疊代的步驟 2 中,還有可能發生「沒有變數可以成為退出基變數」[12]。會出現這種情況,在於若進入基變數能無限增大,而不會讓任何目前基變數為負值。表格式中代表樞軸行(不包括列 0)中的係數都是負值或零。

表 4.9 呈現出發生在圖 3.6 例題的情況,其中不將 Wyndor 玻璃公司問題最後兩條函數限制式納入考慮,並由模型中移除。圖 3.6 的 x_2 可以無限地增大(以致 Z 也無限地增加),卻永遠不會離開可行解區域。而表 4.9 中的 x_2 是進入基變數,但樞軸行中的唯一係數卻是零。因為最小比值測試只使用正值的係數,故無比值可用來找出退出基變數。

表 4.9 代表著,限制式並不能阻止目標函數 Z 無限增加,故單形法會顯示 Z 為無界 (unbounded) 而停止。由於即使線性規劃也無法找到能獲得無限利潤的方式,故實際問題的真正訊息有誤!該模型或許忽略相關限制式或表達方式不正確,而產生錯誤模型,或者也可能是計算錯誤所致。

多重最佳解

3.2 節在定義**最佳解 (optimal solution)** 時,曾提到一個問題可能有一個以上的最佳解。若我們將 Wyndor 玻璃公司問題的目標函數改為 $Z = 3x_1 + 2x_2$,則在 (2, 6) 和 (4, 3) 之間的線段上的每一點皆為最佳解,如圖 3.5 所示。故所有最佳解皆為此兩個最佳 CPF 解的加權平均 (weighted average)

$$(x_1, x_2) = w_1(2, 6) + w_2(4, 3),$$

其中權重 w_1 和 w_2 為符合以下關係式的數值

$$w_1 + w_2 = 1 \quad \text{且} \quad w_1 \geq 0, \quad w_2 \geq 0 \text{。}$$

例如,令 $w_1 = \frac{1}{3}$ 及 $w_2 = \frac{2}{3}$,能得到一最佳解

■ 表 4.9 刪除最後兩條函數限制式後,Wyndor 玻璃公司問題的初始單形表

基變數	方程式	\multicolumn{4}{c}{係數:}	右端值	比值
		Z	x_1	x_2	x_3		
Z	(0)	1	−3	−5	0	0	
x_3	(1)	0	1	0	1	4	無

$x_1 = 0$ 及 x_2 增大時,
$x_3 = 4 − 1x_1 − 0x_2 = 4 > 0$。

---

[12] 類似「沒有進入基變數」的情況不可能發生在疊代的步驟 1,因為最佳性測試會顯示已經找到最佳解,而停止演算法。

$$(x_1, x_2) = \frac{1}{3}(2, 6) + \frac{2}{3}(4, 3) = \left(\frac{2}{3} + \frac{8}{3}, \frac{6}{3} + \frac{6}{3}\right) = \left(\frac{10}{3}, 4\right)$$

一般來說，若任何兩個以上的解（向量）之權重皆為非負且權重和為 1，我們通常則稱其為**凸組合 (convex combination)**。因此，此例題的每一個最佳解皆為 (2, 6) 和 (4, 3) 的凸組合。

這也是典型具有多重最佳解問題的範例。

如第 3.2 節末，具有多重最佳解（和有界可行解區域）的線性規劃問題，至少有兩個 CPF 解為最佳解。每一個最佳解皆為這兩個最佳 CPF 解的凸組合。故對擴充形式而言，每一個最佳解皆為最佳 BF 解的凸組合。

我們會在習題 4.5-5 和 4.5-6 中，引導各位了解此概念。

單形法在找到一最佳 BF 解後，就會自動停止。但在許多線性規劃的應用中，有些模型中沒有的無形因素，可用在有多重最佳解時進行有意義的選擇。此時需要找出其他最佳解，而如前述，即找出所有最佳 BF 解，接著以這些最佳 BF 解的凸組合為所有的最佳解。

單形法在找到一最佳 BF 解後，能偵測是否有其他最佳解；若有，則以下列方式找出：

若某問題有一個以上的最佳 BF 解，其最後列 0 係數中，至少有一非基變數係數為零，而任何此類變數增大皆不會讓 Z 值改變。故每次可選擇一係數為零的非基變數為進入基變數，接著執行額外單形法疊代，來找出其他最佳 BF 解。[13]

為便於說明，再次思考一下前述例題，將 Wyndor 玻璃公司問題的目標函數改為 $Z = 3x_1 + 2x_2$。單形法得到表 4.10 中的前三個表格，而在求得一個最佳 BF 解後停止。然而，因為非基變數 x_3 的列 0 係數是零，故於表 4.10 中再多執行一次疊代，以得到另一最佳 BF 解。因此，兩個最佳 BF 解為 (4, 3, 0, 6, 0) 和 (2, 6, 2, 0, 0)，其 $Z = 18$。注意，最後一表中亦有一非基變數 (x_4) 的列 0 係數是零。因為剛完成的疊代並未改變列 0 的數值，故退出基變數必然仍保留零的係數。若以 x_4 作為進入基變數，則會回到第三個表。因此，僅有此兩個最佳 BF 解，而其他所有最佳解皆為凸組合。

$$(x_1, x_2, x_3, x_4, x_5) = w_1(2, 6, 2, 0, 0) + w_2(4, 3, 0, 6, 0),$$
$$w_1 + w_2 = 1, \quad w_1 \geq 0, \quad w_2 \geq 0。$$

---

[13] 若此疊代未退出基變數，表示可行解區域是無界的，可以無限增大基變數，而不改變 Z 值。

■ 表 4.10　$c_2 = 2$ 時，Wyndor 玻璃公司問題的所有單形表，以找到所有最佳 BF 解

疊代	基變數	方程式	係數: Z	x_1	x_2	x_3	x_4	x_5	右端值	最佳解？
0	Z	(0)	1	−3	−2	0	0	0	0	否
	x_3	(1)	0	1	0	1	0	0	4	
	x_4	(2)	0	0	2	0	1	0	12	
	x_5	(3)	0	3	2	0	0	1	18	
1	Z	(0)	1	0	−2	3	0	0	12	否
	x_1	(1)	0	1	0	1	0	0	4	
	x_4	(2)	0	0	2	0	1	0	12	
	x_5	(3)	0	0	2	−3	0	1	6	
2	Z	(0)	1	0	0	**0**	0	1	18	是
	x_1	(1)	0	1	0	1	0	0	4	
	x_4	(2)	0	0	0	3	1	−1	6	
	x_2	(3)	0	0	1	$-\frac{3}{2}$	0	$\frac{1}{2}$	3	
額外	Z	(0)	1	0	0	0	**0**	1	18	是
	x_1	(1)	0	1	0	0	$-\frac{1}{3}$	$\frac{1}{3}$	2	
	x_3	(2)	0	0	0	1	$\frac{1}{3}$	$-\frac{1}{3}$	2	
	x_2	(3)	0	0	1	0	$\frac{1}{2}$	0	6	

4.6　使用於其他模型形式

截至目前為止，我們已詳細解說標準形式問題（極大化 Z、受限於 ≤ 的函數限制式和所有變數有非負限制式），及 $b_i \geq 0$（對所有的 $i = 1, 2, 3, \ldots, m$）情形下的單形法。接著在本節會討論進行必要調整的方法，以適用在其他形式的線性規劃模型。這些調整方法皆能在初始化階段進行，故其餘步驟與先前所提過的都相同。

其他形式的函數限制式（= 或 ≥ 形式，或右端值為負）的一個嚴重問題在於，找到初始 BF 解。在之前，可以令差額變數為初始基變數，且各基變數值等於其方程式的右端值，而輕易找到初始解。現在則需要應用**人工變數技巧 (artificial-variable technique)** 在各個需要的限制式加入虛擬變數〔稱為人工變數 (artificial variable)〕，把原問題轉換成較方便的人工問題 (artificial problem)。加入新變數的目的在於作為該方程式的初始基變數。人工變數亦有一般非負限制式，且修改目標函數，因而讓人工變數值大於零時衍生出龐大的懲罰成本。單形法的疊代會自動逐次迫使人工變數消失（變成零），直到其全部消失後，再求解原問題。

為說明人工變數方法，我們先思考一下等式限制式是唯一非標準形式的情況。

等式限制式

任何等式限制式

$$a_{i1}x_1 + a_{i2}x_2 + \cdots + a_{in}x_n = b_i$$

實際等同於一對不等式限制式:

$$a_{i1}x_1 + a_{i2}x_2 + \cdots + a_{in}x_n \leq b_i$$
$$a_{i1}x_1 + a_{i2}x_2 + \cdots + a_{in}x_n \geq b_i \circ$$

但與其用會增加限制式數量的代換方式,不如用較為便利的人工變數方法。接著,我們就用例題來進行說明。

例題

假設我們把3.1節的Wyndor玻璃公司問題修改成:工廠3須使用全部產能,則線性規劃模型僅將第三條限制式 $3x_1 + 2x_2 \leq 18$ 變成等式

$$3x_1 + 2x_2 = 18$$

所以完整模型如圖4.3右上角所示。圖4.3以粗體顯示可行解區域,目前只包括連接(2, 6)和(4, 3)的線段。

加入差額變數後,擴充形式問題的方程式系統變成

極大化 $Z = 3x_1 + 5x_2$,
受限於 $x_1 \leq 4$
$2x_2 \leq 12$
$3x_1 + 2x_2 = 18$
及 $x_1 \geq 0$, $x_2 \geq 0$

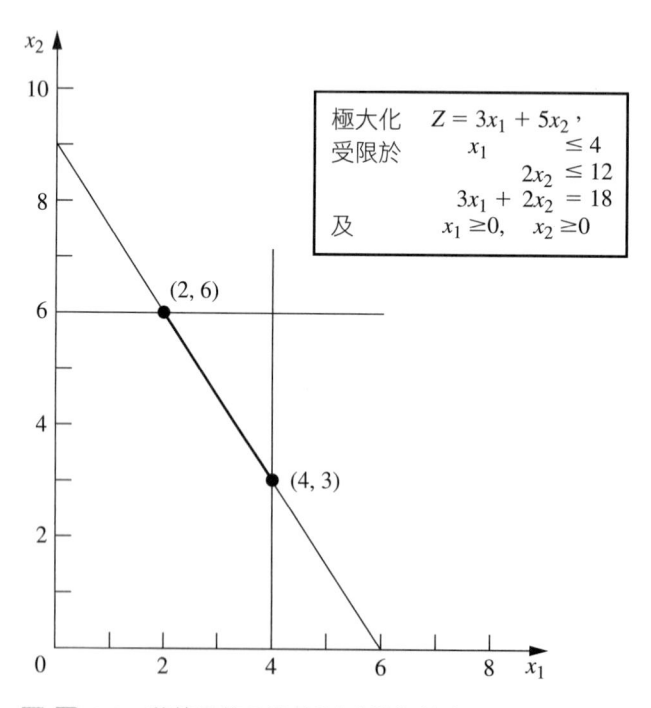

■ **圖 4.3** 若第三條函數限制式變為等式,Wyndor 玻璃公司問題的可行解區域則介於 (2, 6) 和 (4, 3) 之間的線段。

$$
\begin{align}
(0) \quad & Z - 3x_1 - 5x_2 && = 0 \\
(1) \quad & x_1 + x_3 && = 4 \\
(2) \quad & 2x_2 + x_4 && = 12 \\
(3) \quad & 3x_1 + 2x_2 && = 18
\end{align}
$$

但方程式 (3) 不再有差額變數可作為初始基變數，故並無明顯的初始 BF 解。但我們必須找到初始 BF 解，才得以執行單形法。

關於此困難，我們可以利用以下方法來解決。

找出初始 BF 解 在實際問題上進行兩種修改，以建立出有相同最佳解的**人工問題 (artificial problem)**。

1. 使用**人工變數技巧**，在方程式 (3) 加入非負**人工變數** ($\bar{x}_5$)[14]，一如差額變數

   (3) $\quad 3x_1 + 2x_2 + \bar{x}_5 = 18$。

2. 當 $\bar{x}_5 > 0$ 時給予極大懲罰成本，即透過修改目標函數

$$Z = 3x_1 + 5x_2 \text{ 成為}$$
$$Z = 3x_1 + 5x_2 - M\bar{x}_5,$$

其中 M 表示極大的正數〔我們稱「迫使 $\bar{x}_5$ 在最佳解中為零」的方法為**大 M 法 (Big M method)**〕。

現在可以應用單形法求解人工問題，以找出實際問題的最佳解。從下列初始 BF 解開始：

初始 BF 解

非基變數： $\quad x_1 = 0, \quad x_2 = 0$

基變數： $\quad x_3 = 4, \quad x_4 = 12, \quad \bar{x}_5 = 18$。

因為 $\bar{x}_5$ 在人工問題的第三條限制式中扮演差額變數的角色，這條限制式等同於 $3x_1 + 2x_2 \leq 18$（正如原始 Wyndor 玻璃公司問題）。而人工問題（擴充前）和實際問題如以下所示。

實際問題

極大化 $\quad Z = 3x_1 + 5x_2$，
受限於

$$x_1 \leq 4$$
$$2x_2 \leq 12$$
$$3x_1 + 2x_2 = 18$$

及

$$x_1 \geq 0, \quad x_2 \geq 0$$。

人工問題

定義 $\quad \bar{x}_5 = 18 - 3x_1 - 2x_2$。
極大化 $\quad Z = 3x_1 + 5x_2 - M\bar{x}_5$，
受限於

$$x_1 \leq 4$$
$$2x_2 \leq 12$$
$$3x_1 + 2x_2 \leq 18$$

（所以 $3x_1 + 2x_2 + \bar{x}_5 = 18$）

及

$$x_1 \geq 0, \quad x_2 \geq 0, \quad \bar{x}_5 \geq 0$$。

---

[14] 變數上方加橫線以表示為人工變數。

因此，圖 4.4（如 3.1 節）呈現出人工問題的 (x_1, x_2) 的可行解區域。此可行解區域和實際問題的可行解區域唯一重疊處為 $\bar{x}_5 = 0$（所以 $3x_1 + 2x_2 = 18$）。

圖 4.4 呈現出單形法檢驗 CPF 解的順序（或擴充後的 BF 解），圓圈內的數字為得到該解的疊代數。單形法依逆時針方向移動，而原始 Wyndor 玻璃公司問題則是以順時針方向（見圖 4.2）移動。兩者方向不同的原因在於人工問題目標函數中額外的 $-M\bar{x}_5$ 項。

在應用單形法及展示圖 4.4 顯示的路徑之前，還需要預備步驟。

轉換方程式 (0) 為適當形式 人工問題擴充後的聯立方程式為

$$
\begin{aligned}
(0) \quad & Z - 3x_1 - 5x_2 + M\bar{x}_5 = 0 \\
(1) \quad & x_1 + x_3 \phantom{+M\bar{x}_5} = 4 \\
(2) \quad & 2x_2 + x_4 \phantom{+M\bar{x}_5} = 12 \\
(3) \quad & 3x_1 + 2x_2 + \bar{x}_5 = 18
\end{aligned}
$$

其中初始基變數（x_3、x_4、$\bar{x}_5$）以粗體顯示。但此系統並非高斯消去法的適當形式，其中基變數 $\bar{x}_5$ 在方程式 (0) 的係數不是零。如前所述，單形法在應用最佳性測試或選擇進入基變數之前，須要以代數方式消除所有基變數在方程式 (0) 的係數。如此才能求得各非基變數值從零增大時 Z 的改善率。

為消除方程式 (0) 的 $\bar{x}_5$，由方程式 (0) 減去方程式 (3) 的 M 倍。

$$
\begin{aligned}
& Z - 3x_1 - 5x_2 + M\bar{x}_5 = 0 \\
& \underline{-M(3x_1 + 2x_2 + M\bar{x}_5 = 18)} \\
\text{新 (0)} \quad & Z - (3M+3)x_1 - (2M+5)x_2 = -18M
\end{aligned}
$$

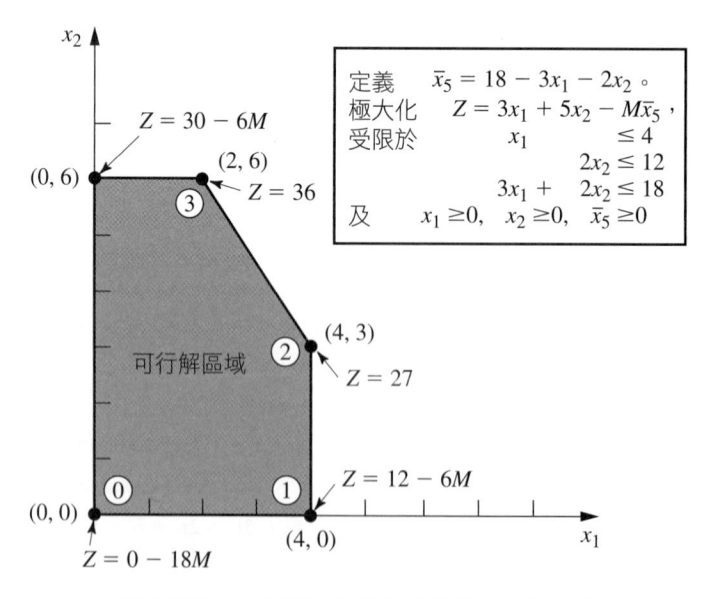

。

圖 4.4 對應於圖 4.3 實際問題的人工問題的可行解區域，以及單形法檢驗 CPF 解的順序（⓪、①、②、③）。

應用單形法 新方程式 (0) 把 Z 表示為非基變數（x_1、x_2）的函數，

$$Z = -18M + (3M + 3)x_1 + (2M + 5)x_2。$$

由於 $3M + 3 > 2M + 5$（M 是極大正數），增大 x_1 對 Z 的增加，較增大 x_2 還快，因而選擇 x_1 為進入基變數。故疊代 1 會從 (0, 0) 移至 (4, 0)，如圖 4.4 所示，Z 值增加 $4(3M + 3)$。

包含 M 的項只有在方程式 (0) 出現，故僅需在最佳性測試和選擇進入基變數時納入考慮。而處理 M 值的方法，則是將其指定為特定的巨大正數，並用得到的係數進行原來的運算。但這可能會造成很大的捨入誤差 (rounding error)，而使得最佳性測試失效。因此把方程式 (0) 的每個係數表示為 M 的線性函數 $aM + b$，此作法會比較好，並記錄及更新倍數 a 的值與加項 b 的值。因為根據假設，M 值非常大，故當 $a \neq 0$ 時，b 值都可以忽略不計。所以，各位做最佳性測試和選擇進入基變數的決策時，只需要比較倍數 (a)，若相等再比較加項 (b)。

表 4.11 呈現出使用此方式所產生的單形表。人工變數 $\bar{x}_5$ 在前兩個表為基變數 ($\bar{x}_5 > 0$)，在最後兩個表則為非基變數 ($\bar{x}_5 = 0$)。故人工問題的前兩個 BF 解為實際問題的不可行解，但後兩個 BF 解亦為實際問題的 BF 解。

表 4.11 圖 4.4 所示問題的所有單形表

疊代	基變數	方程式	Z	x_1	x_2	x_3	x_4	$\bar{x}_5$	右端值
0	Z	(0)	1	$-3M - 3$	$-2M - 5$	0	0	0	$-18M$
	x_3	(1)	0	1	0	1	0	0	4
	x_4	(2)	0	0	2	0	1	0	12
	$\bar{x}_5$	(3)	0	3	2	0	0	1	18
1	Z	(0)	1	0	$-2M - 5$	$3M + 3$	0	0	$-6M + 12$
	x_1	(1)	0	1	0	1	0	0	4
	x_4	(2)	0	0	2	0	1	0	12
	$\bar{x}_5$	(3)	0	0	2	-3	0	1	6
2	Z	(0)	1	0	0	$-\dfrac{9}{2}$	0	$M + \dfrac{5}{2}$	27
	x_1	(1)	0	1	0	1	0	0	4
	x_4	(2)	0	0	0	3	1	-1	6
	x_2	(3)	0	0	1	$-\dfrac{3}{2}$	0	$\dfrac{1}{2}$	3
3	Z	(0)	1	0	0	0	$\dfrac{3}{2}$	$M + 1$	36
	x_1	(1)	0	1	0	0	$-\dfrac{1}{3}$	$\dfrac{1}{3}$	2
	x_3	(2)	0	0	0	1	$\dfrac{1}{3}$	$-\dfrac{1}{3}$	2
	x_2	(3)	0	0	1	0	$\dfrac{1}{2}$	0	6

此例題僅有一條等式限制式。若線性規劃模型的等式限制式多於一條，則每條等式皆以同方法處理（若右端值為負，須先將兩邊乘以 -1）。

負的右端值

「若右端值為負，須先將兩邊乘以 -1」的方法也適用於有負右端值的不等式限制式。如此會改變不等號的方向，即 $\leq$ 改變為 $\geq$，反之亦然。例如，下列限制式兩邊同乘以 -1

$$x_1 - x_2 \leq -1 \quad (即\ x_1 \leq x_2 - 1)$$

可得到相等的限制式

$$-x_1 + x_2 \geq 1 \quad (即\ x_2 - 1 \geq x_1)$$

但是右端值已為正。當所有函數限制式右端值皆為非負，就可以開始單形法由於（擴充後）右端值各別為*初始基變數*的值，必須滿足非負限制式。

接下來，我們來討論如何應用人工變數技巧擴充 $\geq$ 限制式，例如 $-x_1 + x_2 \geq 1$。

$\geq$ 形式的函數限制式

以 3.4 節放射治療問題為例，說明人工變數技巧如何處理 $\geq$ 形式的函數限制式。我們再列出該模型，以便於後續說明，並以方格框起需要注意的限制式。

放射治療範例

極大化 $\quad Z = 0.4x_1 + 0.5x_2$，
受限於

$$0.3x_1 + 0.1x_2 \leq 2.7$$
$$0.5x_1 + 0.5x_2 = 6$$
$$\boxed{0.6x_1 + 0.4x_2 \geq 6}$$

及

$$x_1 \geq 0, \quad x_2 \geq 0。$$

圖 4.5 以不同方式呈現此例題的圖解（原圖 3.12）。其中由三條線及兩條軸形成問題的五條限制邊界。任何一對限制邊界的交點是*角解*，僅有兩個*可行角解*為 (6, 6) 和 (7.5, 4.5)，而可行解區域為連接兩點的線段。最佳解則為 $(x_1, x_2) = (7.5, 4.5)$，而 $Z = 5.25$。

我們會說明單形法如何求解此問題，但得先說明處理第三條限制式的方法。

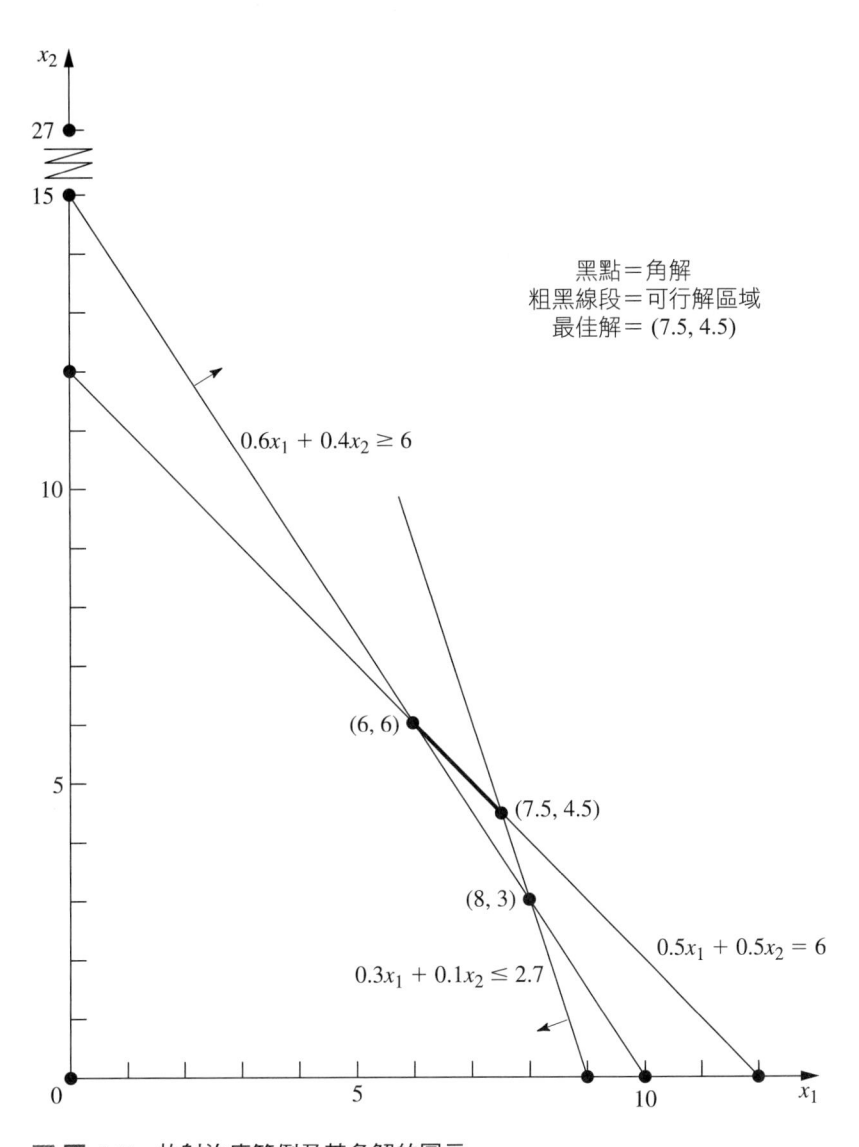

圖 4.5 放射治療範例及其角解的圖示。

我們加入餘額變數 x_5（定義為 $x_5 = 0.6x_1 + 0.4x_2 - 6$）和人工變數 $\bar{x}_6$：

$$0.6x_1 + 0.4x_2 \geq 6$$
$$\rightarrow \quad 0.6x_1 + 0.4x_2 - x_5 = 6 \quad (x_5 \geq 0)$$
$$\rightarrow \quad 0.6x_1 + 0.4x_2 - x_5 + \bar{x}_6 = 6 \quad (x_5 \geq 0, \bar{x}_6 \geq 0)。$$

其中 x_5 稱為**餘額變數 (surplus variable)**，因為是右邊減去左邊後的餘額，用來將不等式限制式轉換成相當的等式限制式。如同前述等式限制式，待完成轉換後即加入人工變數。

在第一條限制式加入差額變數 x_3 與第二條限制式加入人工變數 $\bar{x}_4$ 後，使用大 M 法，而完整人工問題（擴充形式）則為

極小化　　　　$Z = 0.4x_1 + 0.5x_2 + M\bar{x}_4 + M\bar{x}_6$，
受限於　　　　$0.3x_1 + 0.1x_2 + x_3 = 2.7$
　　　　　　　$0.5x_1 + 0.5x_2 + \bar{x}_4 = 6$
　　　　　　　$0.6x_1 + 0.4x_2 - x_5 + \bar{x}_6 = 6$
及　　$x_1 \geq 0,\quad x_2 \geq 0,\quad x_3 \geq 0,\quad \bar{x}_4 \geq 0,\quad x_5 \geq 0,\quad \bar{x}_6 \geq 0$。

由於目前為極小化 Z，所以目標函數中的人工變數係數為 $+M$，而非 $-M$。雖然 $\bar{x}_4 > 0$ 和／或 $\bar{x}_6 > 0$ 可能為人工問題的可行解，但是極大的懲罰成本 $+M$ 會阻礙此形式成為最佳解。

和之前作法一樣，我們加入人工變數來擴大可行解區域。接著，來比較下列實際問題的原始限制式和人工問題中 (x_1, x_2) 的對應限制式。

實際問題中 (x_1, x_2) 的限制式　　人工問題中 (x_1, x_2) 的限制式
　$0.3x_1 + 0.1x_2 \leq 2.7$　　　　$0.3x_1 + 0.1x_2 \leq 2.7$
　$0.5x_1 + 0.5x_2 = 6$　　　　　$0.5x_1 + 0.5x_2 \leq 6$　　（當 $\bar{x}_4 = 0$ 成立時，$=$ 成立）
　$0.6x_1 + 0.4x_2 \geq 6$　　　　無此限制式（除非 $\bar{x}_6 = 0$）
　$x_1 \geq 0,\quad x_2 \geq 0$　　　　$x_1 \geq 0,\quad x_2 \geq 0$

加入人工變數 $\bar{x}_4$，使其於第二條限制式中發揮差額變數的作用，因此容許 (x_1, x_2) 的值在圖 4.5 中 $0.5x_1 + 0.5x_2 = 6$ 直線之下。在實際問題的第三條限制式中加入 x_5 和 $\bar{x}_6$（並把變數移動到右邊）後得：

$$0.6x_1 + 0.4x_2 = 6 + x_5 - \bar{x}_6。$$

由於 x_5 和 $\bar{x}_6$ 只受限於非負限制式，其差 $x_5 - \bar{x}_6$ 可能是正數或負數。因此，$0.6x_1 + 0.4x_2$ 可為任何值，其效果等同由人工問題刪除第三條限制式，而圖 4.5 中讓點在直線 $0.6x_1 + 0.4x_2 = 6$ 的任一邊（大 M 法迫使 $\bar{x}_6$ 為零後，該限制式會讓目前在聯立方程式中仍保留第三條限制式）。因而人工問題的可行解區域為圖 4.5 中的整個多邊形，其角點是 $(0, 0)$、$(9, 0)$、$(7.5, 4.5)$ 和 $(0, 12)$。

由於原點是人工問題的可行解，單形法以 $(0, 0)$ 為初始 CPF 解開始，亦即以 $(x_1, x_2, x_3, \bar{x}_4, x_5, \bar{x}_6) = (0, 0, 2.7, 6, 0, 6)$ 為初始 BF 解（讓原點為可行解，作為單形法便利的起始點，即建立人工問題之主要目的）。接下來，我們會說明單形法由人工問題與實際問題的原點開始，直至最佳解之過程。但各位首先得要了解單形法處理極小化問題的方法。

極小化

有種用單形法求解極小化問題的最直接方法，就是改變最佳性測試和疊代的步驟 1 中，列 0 係數正負值的角色。然而，為了不改變單形法的解題規則，在此以一種簡單的方式把極小化問題轉換成極大化問題：

極小化　　　$Z = \sum_{j=1}^{n} c_j x_j$

相當於

極大化　　　$-Z = \sum_{j=1}^{n} (-c_j) x_j$；

兩個模型有相同的最佳解。

這兩個模型之所以相同，是因為 Z 值愈小，$-Z$ 值愈大，所以可行解區域中最小 Z 值，必定是該區域中最大 $-Z$ 值。

因此，放射治療範例的模型能改成：

　　　　極小化　　　　$Z = 0.4x_1 + 0.5x_2$
→　　　極大化　　　　$-Z = -0.4x_1 - 0.5x_2$。

加入人工變數 $\bar{x}_4$ 和 $\bar{x}_6$ 以後，使用大 M 法，則對應的轉換為

　　　　極小化　　　　$Z = 0.4x_1 + 0.5x_2 + M\bar{x}_4 + M\bar{x}_6$
→　　　極大化　　　　$-Z = -0.4x_1 - 0.5x_2 - M\bar{x}_4 - M\bar{x}_6$。

求解放射治療範例

接下來，我們應用單形法求解放射治療範例。用剛剛得到的極大化形式，整體聯立方程式為

(0)　　　$-Z + 0.4x_1 + 0.5x_2 + M\bar{x}_4 + M\bar{x}_6 = 0$
(1)　　　$ 0.3x_1 + 0.1x_2 + x_3 \phantom{+ M\bar{x}_4 - x_5 + M\bar{x}_6} = 2.7$
(2)　　　$ 0.5x_1 + 0.5x_2 + \bar{x}_4 \phantom{- x_5 + M\bar{x}_6} = 6$
(3)　　　$ 0.6x_1 + 0.4x_2 \phantom{+ x_3 + M\bar{x}_4} - x_5 + \bar{x}_6 = 6$。

我們將此問題（人工問題）初始 BF 解的基變數（x_3、$\bar{x}_4$、$\bar{x}_6$）以粗體表示。

各位注意，由於此聯立方程式並不符合單形法所要求之高斯消去法的適當形式，因此必須消除方程式 (0) 中的基變數 $\bar{x}_4$ 和 $\bar{x}_6$。$\bar{x}_4$ 和 $\bar{x}_6$ 在方程式 (0) 的係數都是 M，故由方程式 (0) 減去方程式 (2) 的 M 倍和方程式 (3) 的 M 倍。所有計算如下：

列 0：

$$\begin{array}{r}
[0.4,\quad\quad 0.5,\quad 0,\quad M,\quad 0,\quad M,\quad 0] \\
-M[0.5,\quad\quad 0.5,\quad 0,\quad 1,\quad 0,\quad 0,\quad 6] \\
-M[0.6,\quad\quad 0.4,\quad 0,\quad 0,\quad -1,\quad 1,\quad 6] \\
\hline
\text{新列 } 0 = [-1.1M + 0.4,\ -0.9M + 0.5,\ 0,\ 0,\ M,\ 0,\ -12M]
\end{array}$$

表 4.12 上端呈現出轉換後的初始單形表，現在各位能開始進行單形法。在最佳性測試和選擇進入基變數時，有關包含 M 項的比較事宜，依照表 4.11 的方式先比較 M 的倍數。如果相同，再比較加項的大小。表 4.12 的疊代在選擇最後一個進入變數時出現均勢（見倒數第二個表），x_3 和 x_5 在列 0 中有相同的倍數 $-\frac{5}{3}$，接著比較加項，由於 $\frac{11}{6} < \frac{7}{3}$，故選擇 x_5 作為進入基變數。

表 4.12　以大 M 法求解放射治療範例

疊代	基變數	方程式	Z	x_1	x_2	x_3	$\bar{x}_4$	x_5	$\bar{x}_6$	右端值
0	Z	(0)	-1	$-1.1M + 0.4$	$-0.9M + 0.5$	0	0	M	0	$-12M$
	x_3	(1)	0	0.3	0.1	1	0	0	0	2.7
	$\bar{x}_4$	(2)	0	0.5	0.5	0	1	0	0	6
	$\bar{x}_6$	(3)	0	0.6	0.4	0	0	-1	1	6
1	Z	(0)	-1	0	$-\frac{16}{30}M + \frac{11}{30}$	$\frac{11}{3}M - \frac{4}{3}$	0	M	0	$-2.1M - 3.6$
	x_1	(1)	0	1	$\frac{1}{3}$	$\frac{10}{3}$	0	0	0	9
	$\bar{x}_4$	(2)	0	0	$\frac{1}{3}$	$-\frac{5}{3}$	1	0	0	1.5
	$\bar{x}_6$	(3)	0	0	0.2	-2	0	-1	1	0.6
2	Z	(0)	-1	0	0	$-\frac{5}{3}M + \frac{7}{3}$	0	$-\frac{5}{3}M + \frac{11}{6}$	$\frac{8}{3}M - \frac{11}{6}$	$-0.5M - 4.7$
	x_1	(1)	0	1	0	$\frac{20}{3}$	0	$\frac{5}{3}$	$-\frac{5}{3}$	8
	$\bar{x}_4$	(2)	0	0	0	$\frac{5}{3}$	1	$\frac{5}{3}$	$-\frac{5}{3}$	0.5
	x_2	(3)	0	0	1	-10	0	-5	5	3
3	Z	(0)	-1	0	0	0.5	$M - 1.1$	0	M	-5.25
	x_1	(1)	0	1	0	5	-1	0	0	7.5
	x_5	(2)	0	0	0	1	0.6	1	-1	0.3
	x_2	(3)	0	0	1	-5	3	0	0	4.5

各位注意一下表 4.12 中人工變數 $\bar{x}_4$、$\bar{x}_6$ 與 Z 值的變化情形。開始時的值較大，$\bar{x}_4 = 6$ 和 $\bar{x}_6 = 6$，而 $Z = 12M$（$-Z = -12M$）。疊代 1 大幅降低這些值。大 M 法順利於疊代 2 把 $\bar{x}_6$ 降為零（成為新非基變數），下一次疊代的 $\bar{x}_4$ 也一樣。當 $\bar{x}_4 = 0$ 和 $\bar{x}_6 = 0$，最後一個表格中的基解必為實際問題的可行解。由於已通過最佳性測試，故亦為最佳解。

接下來，我們來看大 M 法在圖 4.6 中的解題過程。開始時，人工問題的可行解區域有四個 CPF 解：(0, 0)、(9, 0)、(0, 12) 和 (7.5, 4.5)。在 $\bar{x}_6$ 降為零後，前三個即為新的 CPF 解 (8, 3) 和 (6, 6) 取代，因而讓 $\bar{x}_6 = 0$ 變成額外的限制式〔注意，三個被取代的 CPF 解 (0, 0), (9, 0) 和 (0, 12) 為實際問題的不可行角解，如圖 4.5 所示〕。人工問題以原點作為方便的初始 CPF 解，然後沿邊界移至其他三個 CPF 解 (9, 0)、(8, 3) 和 (7.5, 4.5)。其中最後的 (7.5, 4.5) 為第一個實際問題的可行解，且亦為最佳解，因此不需要再進行疊代。

對於其他有人工變數的問題來說，我們在求得實際問題的第一個可行解後，可能必須進行更多疊代，才能找到最佳解（如表 4.11 所解出的範例）。因此，我們可將大 M 法視為二階段：在第一階段中，把所有人工變數降為零（因為大於零的單位懲罰成本 M），以找出實際問題的初始 BF 解。在第二階段中，所有人工變數保持為零（由

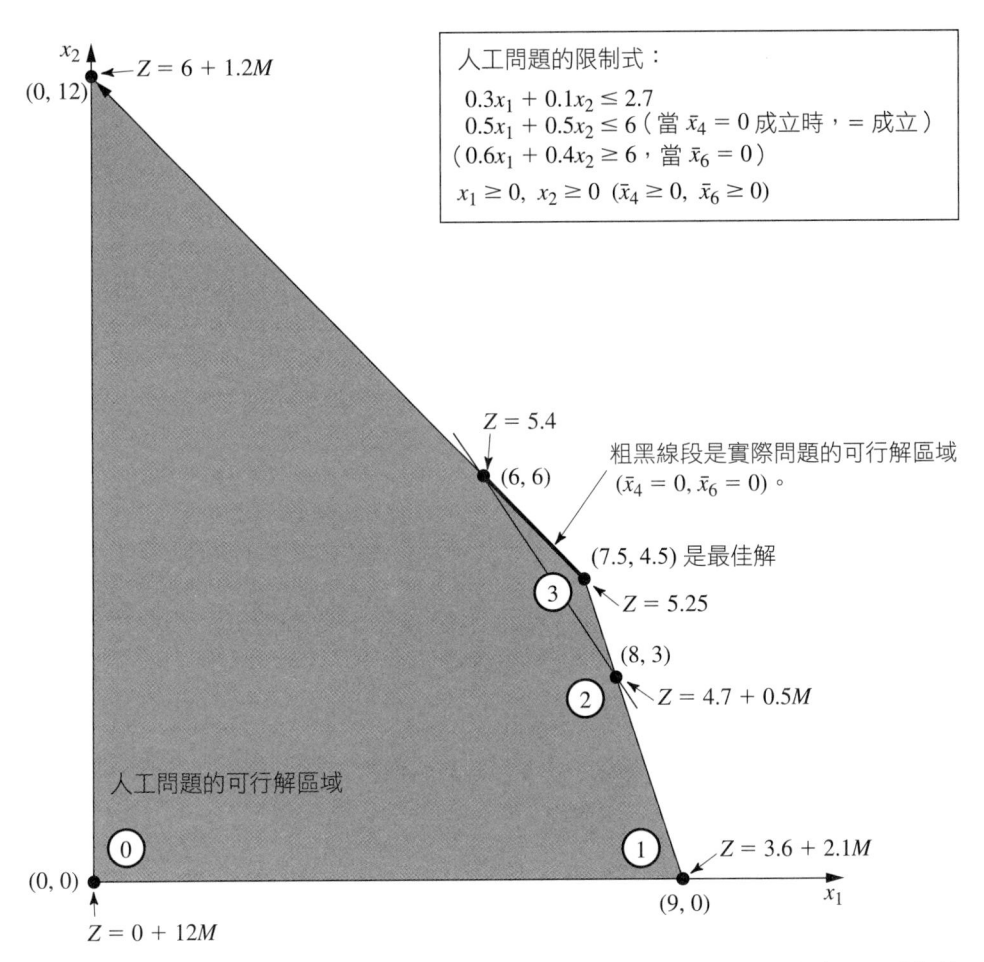

圖 4.6 對應於圖 4.5 實際問題的人工問題的可行解區域，以及單形法（大 M 法）檢驗 CPF 解的順序（⓪、①、②、③）。

於衍生出同樣的懲罰成本），而單形法產生一序列的 BF 解，以到達最佳解。而兩階法 (two-phase method) 是一種可以直接執行這兩個階段，而不需要加入 M 的精簡程序。

兩階法

表 4.12 實際的目標函數為

實際問題：極小化　　$Z = 0.4x_1 + 0.5x_2$。

但大 M 法在整個過程中使用的目標函數（或其相當的極大化形式）：

大 M 法：極小化　　$Z = 0.4x_1 + 0.5x_2 + M\bar{x}_4 + M\bar{x}_6$。

與 M 相比，前兩個係數可忽略不計，且兩階法能輪流運用下列兩個定義完全不同的目標函數 Z，以消除 M。

兩階法：

第一階段：極小化　　$Z = \bar{x}_4 + \bar{x}_6$　　　　（直到 $\bar{x}_4 = 0$，$\bar{x}_6 = 0$）。

第二階段：極小化　　$Z = 0.4x_1 + 0.5x_2$　　（其中 $\bar{x}_4 = 0$，$\bar{x}_6 = 0$）。

第一階段的目標函數將大 M 法的目標函數除以 M 值，接著刪除可忽略不計的項。因為第一階段在找到實際問題的 BF 解（其 $\bar{x}_4 = 0$ 及 $\bar{x}_6 = 0$）時結束，接下來以此解為第二階段的初始 BF 解，以便應用單形法求解實際問題（使用實際的目標函數）。

各位要應用此方法求解前，我們先概述其步驟。

兩階法摘要　初始化：修改原始問題的限制式，加入人工變數，以找到人工問題的初始 BF 解。

第一階段：此階段是要找出實際問題的一個 BF 解。因此，

極小化　　$Z = \Sigma$ 人工變數，受限於修改後的限制式。

此問題的最佳解（$Z = 0$）為實際問題的 BF 解。

第二階段：此階段則是要找出實際問題的最佳解。由於人工變數不屬於實際問題，故可刪除這些變數（已經全部為零）[15]。我們由第一階段找到的 BF 解開始，以單形法求解實際問題。

我們以範例來說明，並彙整出各階段用單形法求解問題的情況：

第一階段問題（放射治療範例）：

極小化　　$Z = \bar{x}_4 + \bar{x}_6$，

受限於

$$\begin{aligned}
0.3x_1 + 0.1x_2 + x_3 &= 2.7 \\
0.5x_1 + 0.5x_2 \qquad\quad + \bar{x}_4 &= 6 \\
0.6x_1 + 0.4x_2 \qquad\qquad\quad - x_5 + \bar{x}_6 &= 6
\end{aligned}$$

及

$x_1 \geq 0,\quad x_2 \geq 0,\quad x_3 \geq 0,\quad \bar{x}_4 \geq 0,\quad x_5 \geq 0,\quad \bar{x}_6 \geq 0$。

第二階段問題（放射治療範例）：

極小化　　$Z = 0.4x_1 + 0.5x_2$，

受限於

$$\begin{aligned}
0.3x_1 + 0.1x_2 + x_3 &= 2.7 \\
0.5x_1 + 0.5x_2 &= 6 \\
0.6x_1 + 0.4x_2 \qquad\quad - x_5 &= 6
\end{aligned}$$

---

[15] 我們在此略過三種可能的情況：(1) 人工變數 > 0（下節討論）；(2) 人工變數是退化基變數；(3) 在第二階段維持人工變數為非基變數（不容許成為基變數），以助後續的後最佳化分析。IOR Tutorial 會探討這些可能情況。

及

$x_1 \geq 0, \quad x_2 \geq 0, \quad x_3 \geq 0, \quad x_5 \geq 0$。

這兩個問題間的差異在於目標函數，及包含（第一階段）或不包含（第二階段）人工變數 $\bar{x}_4$ 和 $\bar{x}_6$。若無人工變數，第二階段的問題就無明顯的初始 BF 解。求解第一階段問題僅是要找到 $\bar{x}_4 = 0$ 和 $\bar{x}_6 = 0$ 的 BF 解，讓此解（沒有人工變數）作為第二階段的初始 BF 解。

表 4.13 呈現用單形法求解第一階段問題的結果〔初始表中的列 0，是把極小化 $Z = \bar{x}_4 + \bar{x}_6$ 轉成極大化 $(-Z) = -\bar{x}_4 - \bar{x}_6$，再用基本列運算從 $-Z + \bar{x}_4 + \bar{x}_6 = 0$ 消除基變數 $\bar{x}_4$ 和 $\bar{x}_6$ 所得〕。倒數第二個表中，x_3 和 x_5 間形成進入基變數的均勢，而任意選擇 x_3。第一階段結束時解為 $(x_1, x_2, x_3, \bar{x}_4, x_5, \bar{x}_6) = (6, 6, 0.3, 0, 0, 0)$，而去掉 $\bar{x}_4$ 和 $\bar{x}_6$ 後為 $(x_1, x_2, x_3, x_5) = (6, 6, 0.3, 0)$。

第一階段的解如上敘述，確實為實際問題（第二階段問題）的 BF 解，由於其包括第二階段問題中三條函數限制式的聯立方程式之解（在設定 $x_5 = 0$ 以後）。事實上，表 4.13 在刪除每次疊代的列 0 以及 $\bar{x}_4$ 行和 $\bar{x}_6$ 行以後，呈現「用高斯消去法求解該聯立方程式」的方式，把系統簡化為最後的表格。

表 4.13 放射治療範例兩階法的第一階段

疊代	基變數	方程式	Z	x_1	x_2	x_3	$\bar{x}_4$	x_5	$\bar{x}_6$	右端值
0	Z	(0)	−1	−1.1	−0.9	0	0	1	0	−12
	x_3	(1)	0	0.3	0.1	1	0	0	0	2.7
	$\bar{x}_4$	(2)	0	0.5	0.5	0	1	0	0	6
	$\bar{x}_6$	(3)	0	0.6	0.4	0	0	−1	1	6
1	Z	(0)	−1	0	$-\frac{16}{30}$	$\frac{11}{3}$	0	1	0	−2.1
	x_1	(1)	0	1	$\frac{1}{3}$	$\frac{10}{3}$	0	0	0	9
	$\bar{x}_4$	(2)	0	0	$\frac{1}{3}$	$-\frac{5}{3}$	1	0	0	1.5
	$\bar{x}_6$	(3)	0	0	0.2	−2	0	−1	1	0.6
2	Z	(0)	−1	0	0	$-\frac{5}{3}$	0	$\frac{5}{3}$	$\frac{8}{3}$	−0.5
	x_1	(1)	0	1	0	$\frac{20}{3}$	0	$\frac{5}{3}$	$-\frac{5}{3}$	8
	$\bar{x}_4$	(2)	0	0	0	$\frac{5}{3}$	1	$\frac{5}{3}$	$-\frac{5}{3}$	0.5
	x_2	(3)	0	0	1	−10	0	−5	5	3
3	Z	(0)	−1	0	0	0	1	0	1	0
	x_1	(1)	0	1	0	0	−4	−5	5	6
	x_3	(2)	0	0	0	1	$\frac{3}{5}$	1	−1	0.3
	x_2	(3)	0	0	1	0	6	5	−5	6

表 4.14 是在完成第一階段後,開始準備第二階段。我們由表 4.13 最後的表格中刪除人工變數（$\bar{x}_4$ 和 $\bar{x}_6$）,把列 0 改為第二階段的目標函數（極大化 $-Z = -0.4x_1 - 0.5x_2$）,然後重建高斯消去法的適當形式（從列 0 消除基變數 x_1 和 x_2）。因此,最後一個表格的列 0 是在倒數第二個表格進行基本列運算所得：由列 0 減去 0.4 倍的列 1 及 0.5 倍的列 3。除了刪去兩行,列 1 到 3 都未變。唯一改變在於,用第二階段的目標函數取代第一階段的目標函數,因而調整了列 0。

表 4.14 的最後一個表格應用單形法於第二階段問題的初始表格,如表 4.15 最上端所示。只要一次疊代即可得到第二個表格的最佳解：$(x_1, x_2, x_3, x_5) = (7.5, 4.5, 0, 0.3)$。此解為實際問題的最佳解,而非第一階段人工問題的最佳解。

表 4.14 準備開始放射治療範例的第二階段

	基變數	方程式	Z	x_1	x_2	x_3	$\bar{x}_4$	x_5	$\bar{x}_6$	右端值
第一階段最終表	Z	(0)	−1	0	0	0	1	0	1	0
	x_1	(1)	0	1	0	0	−4	−5	5	6
	x_3	(2)	0	0	0	1	$\frac{3}{5}$	1	−1	0.3
	x_2	(3)	0	0	1	0	6	5	−5	6
刪除 $\bar{x}_4$ 和 $\bar{x}_6$	Z	(0)	−1	0	0	0		0		0
	x_1	(1)	0	1	0	0		−5		6
	x_3	(2)	0	0	0	1		1		0.3
	x_2	(3)	0	0	1	0		5		6
代入第二階段的目標函數	Z	(0)	−1	0.4	0.5	0		0		0
	x_1	(1)	0	1	0	0		−5		6
	x_3	(2)	0	0	0	1		1		0.3
	x_2	(3)	0	0	1	0		5		6
重建高斯消去法的適當形式	Z	(0)	−1	0	0	0		−0.5		−5.4
	x_1	(1)	0	1	0	0		−5		6
	x_3	(2)	0	0	0	1		1		0.3
	x_2	(3)	0	0	1	0		5		6

表 4.15 放射治療範例兩階法的第二階段

疊代	基變數	方程式	Z	x_1	x_2	x_3	x_5	右端值
0	Z	(0)	−1	0	0	0	−0.5	−5.4
	x_1	(1)	0	1	0	0	−5	6
	x_3	(2)	0	0	0	1	1	0.3
	x_2	(3)	0	0	1	0	5	6
1	Z	(0)	−1	0	0	0.5	0	−5.25
	x_1	(1)	0	1	0	5	0	7.5
	x_5	(2)	0	0	0	1	1	0.3
	x_2	(3)	0	0	1	−5	0	4.5

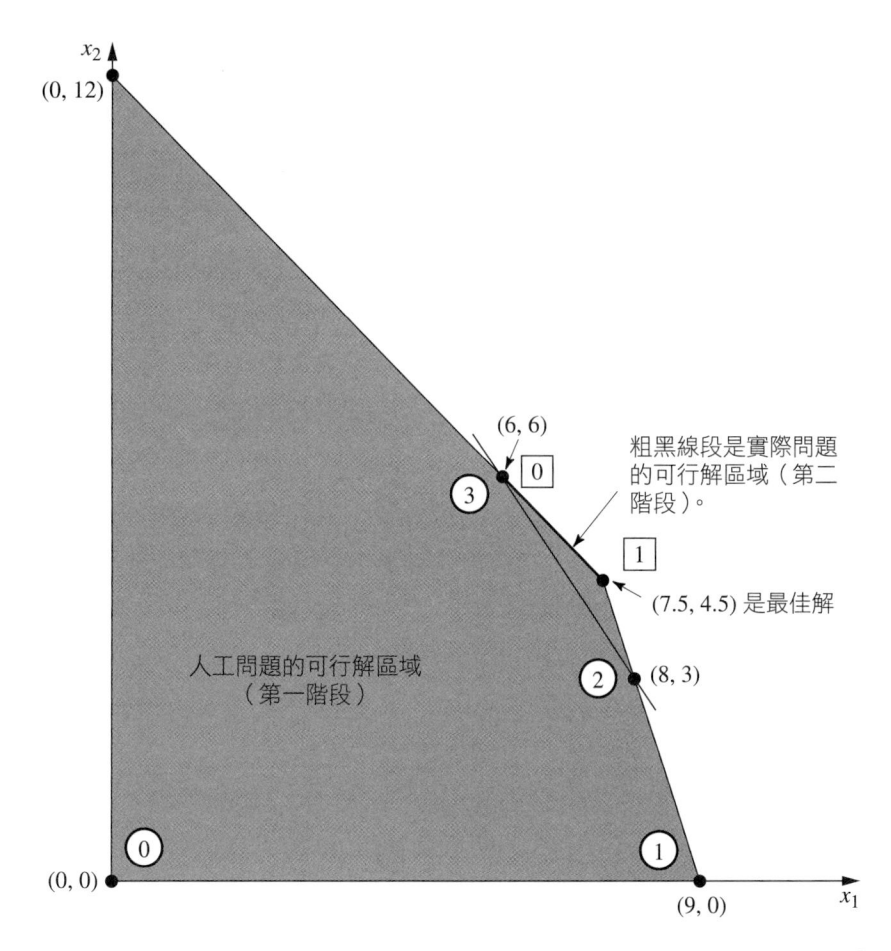

■ 圖 4.7　應用兩階法求解放射治療範例時，第一階段的 CPF 解序列（⓪、①、②、③）和第二階段的 CPF 解（⓪、①）序列。

接著，我們來看看圖 4.7 中兩階法的解題過程。從原點開始，第一階段為檢視人工問題的四個 CPF 解。如圖 4.5 所示，前三個為實際問題的不可行角解。第四個 CPF 解 (6, 6) 是實際問題的第一個可行角解，因而為第二階段的初始 CPF 解。第二階段在執行過一次疊代後，即找到最佳 CPF 解 (7.5, 4.5)。

若表 4.13 倒數第二個表格的進入基變數為均勢，則選另一個為進入基變數，因此第一階段就會直接從 (8, 3) 到達 (7.5, 4.5)。若第二階段以 (7.5, 4.5) 設定初始單形表，則最佳性測試會發現此為最佳解，因此不再需要疊代。

我們接著來比較大 M 法和兩階法的不同。首先看目標函數。

大 M 法：

極小化　　$Z = 0.4x_1 + 0.5x_2 + M\bar{x}_4 + M\bar{x}_6$。

兩階法：

第一階段：極小化　　$Z = \bar{x}_4 + \bar{x}_6$。

第二階段：極小化 $Z = 0.4x_1 + 0.5x_2$。

因為大 M 法的 $M\bar{x}_4$ 和 $M\bar{x}_6$ 大幅超過 $0.4x_1$ 和 $0.5x_2$ 的值，所以僅要 $\bar{x}_4$ 和／或 $\bar{x}_6$ 大於零，目標函數基本上與第一階段的目標函數相等。當 $\bar{x}_4 = 0$ 和 $\bar{x}_6 = 0$ 時，大 M 法的目標函數與第二階段的目標函數完全相同。

因為目標函數實質上相同，大 M 法和兩階法通常有相同的 BF 解序列。如表 4.13 的第三個表格所示，這唯一可能例外為「第一階段進入基變數均勢的解除」。表 4.12 的最初三個表格和表 4.13 幾乎一樣，唯一差別在於表 4.12 的倍數變成表 4.13 中對應位置的係數。所以表 4.12 第三個表格解除進入基變數均勢的加項，在表 4.13 中不存在。結果，兩階法在求解此例題時，多執行了一次疊代，而有加項的優勢通常不大。

兩階法簡化大 M 法，在第一階段只使用倍數，第二階段則去除人工變數（大 M 法可指定一實際很大的正數為 M，結合倍數和加項，但這也許會造成數值不穩定）。故電腦程式一般會用兩階法。

本書專屬網站的 Solved Examples 同時提供應用大 M 法與兩階法求解的例題。

無可行解

目前我們主要討論到，當沒有明顯的初始 BF 解時，找出初始解的基本問題。利用人工變數技巧可以設定人工問題，且找到其初始 BF 解。無論用大 M 法或兩階法，單形法都能找到 BF 解，並求出實際問題的最佳解。

但此方法會遇到沒有明顯的初始 BF 解，原因可能是沒有任何可行解！但僅要建立人工可行解，就能以單形法進行，最終得到一認定的最佳解。

幸好當發生無可行解峙，人工變數方法會提供各位下列資訊：

如果原始問題無可行解，則在大 M 法或兩階法的第一階段所產生之最終解中，至少有一個人工變數的值大於零。否則，人工變數全部等於零。

為便於說明，把放射治療範例（見圖 4.5）的第一條限制式改變如下：

$$0.3x_1 + 0.1x_2 \leq 2.7 \quad \rightarrow \quad 0.3x_1 + 0.1x_2 \leq 1.8，$$

故此問題無可行解。如同以往應用大 M 法（見表 4.12），得到表 4.16 的結果。（除有 M 的地方只剩下 M 的倍數外，兩階法的第一階段會得到相同的表格。）因此，大 M 法會指出最佳解為 $(3, 9, 0, 0, 0, 0.6)$。但由於人工變數 $\bar{x}_6 = 0.6 > 0$，正確的訊息應為此問題無可行解[16]。

---

[16] 目前已開發出（並已加入一般的線性規劃軟體中）分析造成大型線性規劃問題沒有可行解的原因，以便修正模型錯誤的技巧。參閱 J. W. Chinneck: *Feasibility and Infeasibility in Optimization: Algorithms and Computational Methods*, Springer Science + Business Media, New York, 2008。

■ 表 4.16 以大 M 法求解修改後沒有可行解的放射治療範例

疊代	基變數	方程式	Z	x_1	x_2	x_3	$\bar{x}_4$	x_5	$\bar{x}_6$	右端值
0	Z	(0)	-1	$-1.1M + 0.4$	$-0.9M + 0.5$	0	0	M	0	$-12M$
	x_3	(1)	0	0.3	0.1	1	0	0	0	1.8
	$\bar{x}_4$	(2)	0	0.5	0.5	0	1	0	0	6
	$\bar{x}_6$	(3)	0	0.6	0.4	0	0	-1	1	6
1	Z	(0)	-1	0	$-\frac{16}{30}M + \frac{11}{30}$	$\frac{11}{3}M - \frac{4}{3}$	0	M	0	$-5.4M - 2.4$
	x_1	(1)	0	1	$\frac{1}{3}$	$\frac{10}{3}$	0	0	0	6
	$\bar{x}_4$	(2)	0	0	$\frac{1}{3}$	$-\frac{5}{3}$	1	0	0	3
	$\bar{x}_6$	(3)	0	0	0.2	-2	0	-1	1	2.4
2	Z	(0)	-1	0	0	$M + 0.5$	$1.6M - 1.1$	M	0	$-0.6M - 5.7$
	x_1	(1)	0	1	0	5	-1	0	0	3
	x_2	(2)	0	0	1	-5	3	0	0	9
	$\bar{x}_6$	(3)	0	0	0	-1	-0.6	-1	1	0.6

容許為負的變數

負值的決策變數在大部分實務問題中,並無實質意義,因此線性規劃模型須包括非負限制式。但並非一定如此。我們再以 Wyndor 玻璃公司問題為例來說明,該問題其中產品 1 已投產,決策變數 x_1 代表其生產率的增額。因此,負值的 x_1 即代表產品 1 減產的數量。這可能是為了要增加利潤較高的新產品 2 的生產率,則模型應該容許負值 x_1 的存在。

因為選擇退出基變數,即需所有變數皆有非負限制式,因此任何容許變數為負的問題須先把所有變數轉換成只有非負變數的相等問題,才可以應用單形法求解。還好有可能進行這種轉換。所需做的修改視變數的容許值是否有(負的)下界而定。現在分別討論這兩種情況。

容許負值有界的變數　考慮容許有負值,且滿足以下限制式的決策變數 x_j:

$$x_j \geq L_j,$$

其中 L_j 為負的常數。此限制能用下列變數來變換,轉換成非負限制式

$$x'_j = x_j - L_j, \text{ 所以 } \quad x'_j \geq 0 \text{。}$$

故以 $x'_j + L_j$ 取代模型中的 x_j,則變數 x'_j 不能為負數(若 L_j 為正數,此方法亦可將函數限制式 $x_j \geq L_j$ 轉換成非負限制式 $x'_j \geq 0$)。

假設 Wyndor 玻璃公司問題的產品 1 當前生產率為 10,則除了非負限制式 $x_1 \geq 0$ 由

$$x_1 \geq -10 \text{。}$$

取代外,此完整模型與 3.1 節的完全一樣。為得到相同模型,以用單形法求解,我們將此決策變數定義為產品 1 的總生產率

$$x_1' = x_1 + 10,$$

則目標函數和限制式的改變如下:

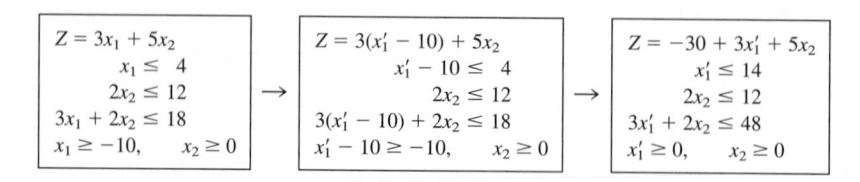

$Z = 3x_1 + 5x_2$	$Z = 3(x_1' - 10) + 5x_2$	$Z = -30 + 3x_1' + 5x_2$
$x_1 \leq 4$	$x_1' - 10 \leq 4$	$x_1' \leq 14$
$2x_2 \leq 12$	$2x_2 \leq 12$	$2x_2 \leq 12$
$3x_1 + 2x_2 \leq 18$	$3(x_1' - 10) + 2x_2 \leq 18$	$3x_1' + 2x_2 \leq 48$
$x_1 \geq -10, \quad x_2 \geq 0$	$x_1' - 10 \geq -10, \quad x_2 \geq 0$	$x_1' \geq 0, \quad x_2 \geq 0$

容許負值無界的變數　如果模型的 x_j 沒有下界限制式,我們能用兩非負變數差,並把 x_j 表示為

$$x_j = x_j^+ - x_j^-,\text{ 其中 } x_j^+ \geq 0, x_j^- \geq 0。$$

x_j^+ 和 x_j^- 可以為任何非負值,所以其差 $x_j^+ - x_j^-$ 可能是任何值(正或負),因此能夠正確取代模型中的 x_j。而經過代換後,就能執行只有非負變數的單形法了。

新變數 x_j^+ 和 x_j^- 在新形式的模型中,每個 BF 解一定是 $x_j^+= 0$ 或 $x_j^- = 0$(或兩者都是)。因此,單形法找到最佳解(BF 解)時,

$$x_j^+ = \begin{cases} x_j & \text{如果 } x_j \geq 0, \\ 0 & \text{其他}; \end{cases}$$

$$x_j^- = \begin{cases} |x_j| & \text{如果 } x_j \leq 0, \\ 0 & \text{其他}; \end{cases}$$

故 x_j^+ 代表正值部分之決策變數 x_j,x_j^- 則表示負值部分(如上標所示)。

例如,如果 $x_j = 10$,若依上述方式,則 $x_j^+ = 10$ 和 $x_j^- = 0$。其他滿足 $x_j = x_j^+ - x_j^- = 10$ 之 x_j^+ 和 x_j^- 的值,也可得相同值 $x_j^+ = x_j^- + 10$。在二維空間上描繪這些 x_j^+ 和 x_j^- 的值,會得到一條直線端點為 $x_j^+ = 10$、$x_j^- = 0$,以符合非負限制式。此端點為線上唯一的角解。故僅有此端點可能為包含所有變數的 CPF 解或 BF 解的一部分。此亦說明了,為何每個 BF 解必為 $x_j^+ = 0$ 或 $x_j^- = 0$(或兩者都是)。

Wyndor 玻璃公司問題重新定義 x_1 為產品 1 目前生產率 (10) 的增量,以說明 x_j^+ 和 x_j^- 的用法。

由於不會改變最佳解,現在我們假設限制式 $x_1 \geq -10$ 不在原始模型中(某些問題之變數下界限制無需清楚寫出,由於函數限制式已提供了其下界限制)。因此,在應用單形法之前,x_1 須以下列差額來取代:

$$x_1 = x_1^+ - x_1^-,\text{ 其中 } \quad x_1^+ \geq 0, x_1^- \geq 0,$$

如下列所示：

$$
\begin{array}{l}
\text{極大化} \quad Z = 3x_1 + 5x_2, \\
\text{受限於} \quad\quad\quad x_1 \leq 4 \\
\quad\quad\quad\quad\quad\quad 2x_2 \leq 12 \\
\quad\quad\quad\quad 3x_1 + 2x_2 \leq 18 \\
\quad\quad\quad\quad\quad\quad x_2 \geq 0 \text{（唯一）}
\end{array}
\rightarrow
\begin{array}{l}
\text{極大化} \quad Z = 3x_1^+ - 3x_1^- + 5x_2, \\
\text{受限於} \quad\quad\quad x_1^+ - x_1^- \leq 4 \\
\quad\quad\quad\quad\quad\quad 2x_2 \leq 12 \\
\quad\quad 3x_1^+ - 3x_1^- + 2x_2 \leq 18 \\
\quad x_1^+ \geq 0, \quad x_1^- \geq 0, \quad x_2 \geq 0
\end{array}
$$

以計算角度來看，此方法缺點為，新模型變數較原始模型多。若所有原始變數接無下界限制式，新模型變數數量就會加倍。所幸，我們僅需稍微調整，無論有多少原始變數需代換，新模型僅會增加一變數。而我們能將此調整的變數 x_j 改寫成

$$x_j = x_j' - x'', \text{其中} \quad x_j' \geq 0, x'' \geq 0,$$

對所有相關的 j 而言，x'' 是相同的變數。x'' 在此代表著，絕對值最大的負值原始變數目前的值。所以，x_j' 是 x_j 超過此值的部分。故即使 $x'' > 0$，單形法也能讓某些 x_j' 變數大於零。

4.7 後最佳化分析

2.3 節、2.4 節和 2.5 節曾提到後最佳化分析，即找到初始模型之最佳解後的分析，這是 OR 研究中非常重要且關鍵的部分，特別是典型的線性規劃應用。本小節著重在探討單形法對後最佳化分析發揮的影響作用。

表 4.17 列出線性規劃研究，在後最佳化分析的一般步驟，最右行為相關單形法演算技巧。接著我們先簡要介紹技巧，細節則會在後續章節詳述。

由於各位可能不會讀這些特定章節，所以本節首先介紹重要技巧。其次各位往後有機會想深入了解，能具備一些基本背景知識。

■ 表 4.17　線性規劃的後最佳化分析

工作	目的	技巧
模型除錯	找出模型的錯誤和缺點	再最佳化
模型驗證	展示最終模型的正確性	見第 2.4 節
資源分配的最終管理決策（b_i 值）	適當分配組織資源，以進行各項重要活動	陰影價格
評估模型參數的估計值	找出可能影響最佳解的關鍵估計值以供後續研究	敏感度分析
評估模型參數間的權衡	決定最優的權衡	參數線性規劃

再最佳化

如 3.6 節所述，實務上所用的線性規劃模型通常很龐大，也許有數百、數千，或甚至數百萬個函數限制式和決策變數。所以，我們可能要使用基本模型的許多變形以

考量不同的情境。所以，在求得線性規劃模型最佳解後，經常須重新（通常多次）求解稍微不同模型。在模型除錯階段（見 2.3 節和 2.4 節），幾乎必定要求解多次。在研究後段的後最佳化分析，通常也要進行此過程相當多次。

我們可以只要每次從頭重新用單形法，即使是大型問題，每次需要進行上百次或甚至上千次疊代。但另一種更有效率方式則是再最佳化 (reoptimize)。這包括推導模型變化會如何改變最後的單形表（如 5.3 節和 7.1 節），再以此修改後的單形表與原始模型的最佳解，為求解新模型的初始表和初始基解。

若此解為新模型之可行解，則由此初始 BF 解開始，和以往一樣用單形法。若該解並非可行解，能從此初始基解開始，應用對偶單形法 (dual simplex method) 的相關演算法，以找到新的最佳解。[17]

相較於重新解題，**再最佳化技巧 (reoptimization technique)** 的優點是，修改後模型的最佳解與原問題最佳解間的距離，較其與一般方式建構的初始解之距離小。故假設模型僅小幅修改，再最佳化可能僅需幾次疊代。但若重新解題，或許仍需經過數百，甚至數千次疊代。事實上，修正後的模型與原模型的最佳解經常相同。因此，再最佳化技巧僅需一次最佳性測試，而不需任何疊代。

陰影價格

各位回想一下，我們通常會將線性規劃問題視為活動資源分配。特別是當函數限制式為 ≤ 形式時，右端值 b_i 詮釋為各資源的可用量。該可用量在大部分情況下，可能有些彈性。此時可將 b_i 值視為管理高層最初打算為各項活動提供的資源量。因此修改的模型可能需要適度增加某些 b_i 值，但是這必須有充分的理由，來說服管理高層。

以目前研究來看，各種資源對績效衡量 (Z) 的經濟貢獻是相當有用的資訊。單形法以陰影價格，分別提供各相關資源的資訊。

> 資源 i 的**陰影價格 (shadow price)** 以 y_i^* 表示，衡量該資源的邊際價值，即增加這種資源可用量 (b_i) [18, 19] 造成 Z 的（小幅）增加率。單形法利用 y_i^* = 第 i 個差額變數在最終單形表列 0 的係數，來找出資源 i 的陰影價格。

以 Wyndor 玻璃公司問題為例，

---

[17] 使用對偶單形法的條件是修改後的最終表列 0 通過最佳性測試，否則可以使用原始－對偶法 (primal-dual method) 求解。

[18] b_i 的增量必須小到不會改變目前最佳解的基變數，因為這個增加率會隨著基變數的改變而有所變化。

[19] 如果函數限制式是 ≥ 或 = 的形式，其陰影價格仍然定義為 b_i 增加時所造成 Z 的（小幅）增加率，但是通常需要以可用資源量之外的方式詮釋。

資源 i ＝工廠 i (i = 1, 2, 3) 製造兩種新產品的可用產能

b_i ＝工廠 i 每週可用於新產品的生產時數

要給大量生產時間製造新品，就得調整現有產品生產時間，故選擇 b_i 值的管理決策相當困難。而一如 3.1 節基本模型，初步決策暫定為

$b_1 = 4$,　　$b_2 = 12$,　　$b_3 = 18$,

然而，管理者現在希望評估任何一個 b_i 值改變的影響。

此三種資源之陰影價格恰好提供管理者所需資訊。我們能從表 4.8 最終表得到：

$y_1^* = 0$ ＝資源 1 的陰影價格，

$y_2^* = \frac{3}{2}$ ＝資源 2 的陰影價格，

$y_3^* = 1$ ＝資源 3 的陰影價格，

由於僅有兩個決策變數，故可以從圖形檢查個別 b_i 增加 1，造成 Z 的最佳值的增量確實為 y_i^*。例如，我們再用 3.1 節的圖解法，圖 4.8 顯示增加資源 2 的結果。當 b_2 增加 1 時（從 12 增為 13），最佳解 (2, 6) 而 Z = 36，改變為 $(\frac{5}{3}, \frac{13}{2})$ 及 $Z = 37\frac{1}{2}$，故

$$y_2^* = \Delta Z = 37\frac{1}{2} - 36 = \frac{3}{2}。$$

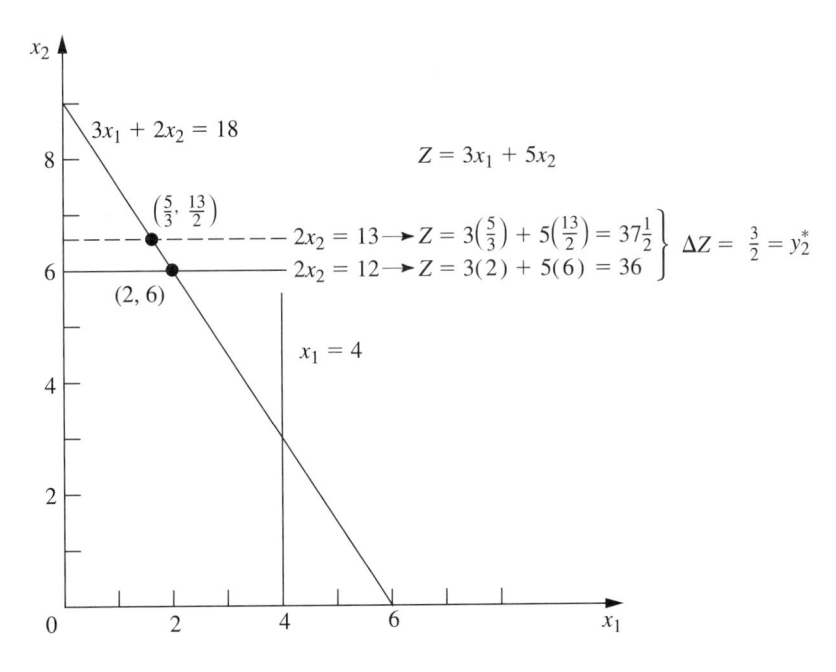

圖 4.8 呈現 Wyndor 玻璃公司問題中，資源 2 的陰影價格為 $y_2^* = \frac{3}{2}$。兩個黑點分別代表 $b_2 = 12$ 或 $b_2 = 13$ 時的最佳解。b_2 增加 1 時的 Z 值增量為 $y_2^* = \frac{3}{2}$。

因為 Z 代表每週利潤（以千元計），$y_2^* = \frac{3}{2}$ 呈現，若工廠 2 每週增加 1 小時的生產時間來製造這兩種新產品，每週總利潤會增加 $1,500。但我們實際上是否應該如此做？這就取決於其他同樣用此生產時間的產品之邊際利潤率。若工廠 2 現有某產品 1 小時生產時間的每週獲利貢獻低於 $1,500，則該挪出些時間來生產新品。

我們會在 7.2 節會繼續以 Wyndor 公司問題為例，使用陰影價格概念來進行該模型的敏感度分析。

圖 4.8 顯示 $y_2^* = \frac{3}{2}$ 是稍微增加 b_2 所造成的 Z 值增加率。但此現象只適用於 b_2 小幅增加時，一旦增加後的 b_2 值超過 18，最佳解會停留在 (0, 9)，而不會再增加 Z（最佳解在此點的基變數已改變，故會產生新最終單形表及新陰影價格，其中包括 $y_2^* = 0$。）

接著我們來看圖 4.8 中 $y_1^* = 0$ 的原因。因為資源 1 的限制式，$x_1 \leq 4$，並沒有束縛最佳解 (2, 6)，故還有餘額 (surplus)。因此，b_1 值增加而超過 4 時，無法產生有更大 Z 值的新最佳解。

反之，資源 2 和 3 的限制式，$2x_2 \leq 12$ 和 $3x_1 + 2x_2 \leq 18$，為最佳解的**束縛限制式 (binding constraints)**（在最佳解為等式的限制式）。因為這些資源的供應有限（$b_2 = 12$ 和 $b_3 = 18$）而束縛 Z，使其無法增加，故陰影價格為正。經濟學家稱此類資源為稀有財 (scarce goods)；另稱餘額資源（例如資源 1）為自由財 (free goods)（陰影價格為零的資源）。

管理者在考慮重新分配組織內部資源時，陰影價格提供的資訊顯然很有用。當必須向外購買額外的 b_i 時，也非常有用。例如，假設 Z 代表利潤，而各活動的單位利潤（c_j 值）包括耗用所有相關資源的成本（以正常價格計）。資源 i 的陰影價格 y_i^* 若為正值，表示以正常價格多購買該資源 1 單位，總利潤 Z 能增加 y_i^*。若額外資源須支付溢價 (premium price)（超過正常價格的金額）時，則 y_i^* 表示值得支付的溢價上限。[20]

關於陰影價格的理論，我們會在第 6 章介紹對偶理論時再來說明。

敏感度分析

3.3 節曾在提到線性規劃的確定性假設時，指出輸入模型的參數（a_{ij}、b_i 和 c_j）通常只是真正數值的估計值。僅有在未來某時間點導入線性規劃研究時，才會知道真正數值。敏感度分析就是要找出**敏感參數 (sensitive parameter)**（改變時最佳解也會隨之改變的參數）。所以在預估敏感參數時須特別小心，以避免因為誤差而回得到錯誤的最佳解。在實際導入模型時，也要特別檢視這些參數，一旦發現實際值與模型估計值不同時，須立即修正。

---

[20] 如果單位利潤不包括資源成本，則當增加 b_i 時，y_i^* 代表可支付之最高單位價格。

要如何找出敏感參數呢？對 b_i 而言，單形法會提供陰影價格的資訊。進一步而言，若 $y_i^* > 0$，則 b_i 改變時最佳解也會跟著改變，因此 b_i 是敏感參數。由 $y_i^* = 0$ 可知，最佳解對 b_i 值的小幅改變是不敏感的。因此，當 b_i 是資源可用量的估計值（而非管理者的決策）時，如果其陰影價格是正的，必須特別密切注意其值，尤其是陰影價格較大者。

對於只有兩個變數的問題，參數的敏感度可以利用圖解方式分析。例如，在圖 4.9 中，$c_1 = 3$ 的值可以改變為 0 與 7.5 之間的任何值，而不會改變最佳解 (2, 6)（原因是在此範圍內，c_1 的任何值會使 $Z = c_1x_1 + 5x_2$ 的斜率保持在 $2x_2 = 12$ 和 $3x_1 + 2x_2 = 18$ 之間）。同理，若 $c_2 = 5$ 是唯一改變的參數，則其可為任何大於 2 的數，而不影響最佳解。因此，c_1 和 c_2 皆不是敏感參數（IOR Tutorial 中 Graphical Method and Sensitivity Analysis 能快速進行圖解分析）。

以圖解方式分析每個 a_{ij} 參數的敏感度，最簡單的方法為檢查其限制式是否束縛最佳解。因為 $x_1 \leq 4$ 不是束縛限制式，其係數（$a_{11} = 1$、$a_{12} = 0$）的小幅變動不會改變最佳解，所以不是敏感參數。反之，$2x_2 \leq 12$ 和 $3x_1 + 2x_2 \leq 18$ 都是束縛限制式，變動其中任何係數（$a_{21} = 0$、$a_{22} = 2$、$a_{31} = 3$、$a_{32} = 2$）都會改變最佳解，所以是敏感參數。

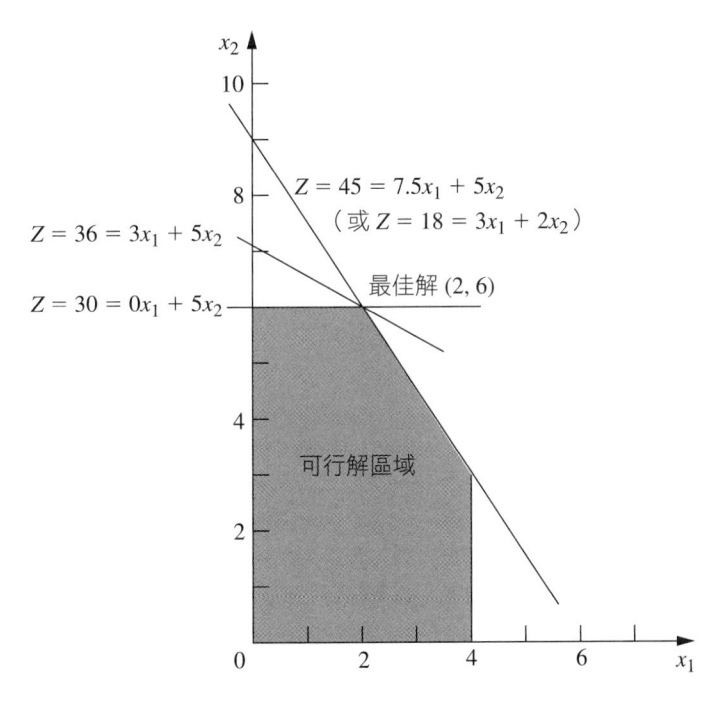

■ 圖 4.9　Wyndor 玻璃公司問題中，c_1 和 c_2 的敏感度分析圖示。從原始的目標函數直線〔其中 $c_1 = 3$、$c_2 = 5$，最佳解是 (2, 6)〕開始，在維持原始最佳解 (2, 6) 不變的情況下，其他兩條直線顯示目標函數係數可以變化的極端值。因此，當 $c_2 = 5$，c_1 的容許範圍是 $0 \leq c_1 \leq 7.5$。當 $c_1 = 3$，c_2 的容許範圍是 $c_2 \geq 2$。

一般敏感度分析偏重 b_i 和 c_j 參數，而較少分析 a_{ij}。而若各位在實際問題的幾百或幾千個限制式和變數之中，變更一個 a_{ij} 值的影響通常可以忽略不計，但是改變一個 b_i 或 c_j 值，則會有實際影響。也就是說，大部分的 a_{ij} 值是由生產技術決定〔a_{ij} 值又稱為技術係數 (technological coefficient)〕，因此不確定性相對較小（或甚至無）。幸好如此，因為 a_{ij} 參數在數量上遠比 b_i 和 c_j 參數為多。

而有兩個以上決策變數的問題，就不能用圖解來分析參數的敏感度。但可從單形法找到相同資訊，並需要借助 5.3 節描述的基本意涵 (fundamental insight)，以推論原始模型的參數值改變對最終單形表的影響（另見 7.1 節和 7.2 節說明）。

使用 Excel 產生敏感度分析資訊

敏感度分析通常會納入以單形法基礎的套裝軟體之中。舉例來說，在用 Excel 試算表建立並求解線性規劃模型時，solver 會依據要求而產生敏感度分析資訊（ASPE 的 solver 也能產生同樣資訊）。如圖 3.21 所示，當 solver 找到最佳解時，會在右邊列出三種報表名稱。在求解 Wyndor 公司問題後，選擇第二種報表（標示為 Sensitivity），即得圖 4.10 的敏感度報表。該報表呈現決策變數於目標函數的係數資訊，下方則為函數限制式及其右端值之敏感度分析資訊。

表格上方中，Final Value（最終值）行為最佳解。下一行為削減成本 (reduced cost)（現在不討論削減成本，因其提供資訊也能從表格上方其他部分得到）。接下來的三行提供最佳解保持不變時，各目標函數係數 c_j 之可容許變動的範圍。

就任何 c_j 而言，其**容許範圍 (allowable range)** 為其他係數不變的情況下，其值不會改變目前最佳解的範圍。

Variable Cells

Cell	Name	Final Value	Reduced Cost	Objective Coefficient	Allowable Increase	Allowable Decrease
$C$12	Batches Produced Doors	2	0	3	4.5	3
$D$12	Batches Produced Windows	6	0	5	1E+30	3

Constraints

Cell	Name	Final Value	Shadow Price	Constraint R.H. Side	Allowable Increase	Allowable Decrease
$E$7	Plant 1 Used	2	0	4	1E+30	2
$E$8	Plant 2 Used	12	1.5	12	6	6
$E$9	Plant 3 Used	18	1	18	6	6

圖 4.10 Solver 產生的 Wyndor 玻璃公司問題敏感度報表。

Objective Coefficient（目標係數）行表示目標係數各係數現值（單位為千元），下兩行則是在容許範圍內，該係數值的容許增量 (allowable increase) 和容許減量 (allowable decrease)。因此，

$$3 - 3 \le c_1 \le 3 + 4.5, \quad \text{所以} \quad 0 \le c_1 \le 7.5$$

為目前最佳解保持不變時，c_1 的容許範圍（假設 $c_2 = 5$），正如圖 4.9 所示。同理，因為 Excel 以 1E + 30 (10^{30}) 表示無限大，

$$5 - 3 \le c_2 \le 5 + \infty, \quad \text{所以} \quad 2 \le c_2$$

是 c_2 的容許範圍。

表格中，兩個決策變數係數的容許增量和允許減量都大於零，這也提供另一個有用的資訊：

> 若 Excel Solver 產生的敏感度報表上方，每一個目標係數的容許增量和容許減量皆大於零，則 Final Value 行的解為唯一最佳解。反之，若任何容許增量或冗許減量等於零，則會有多重最佳解。此時僅要在對應的零容許值加上一極小正數，再重新解題，即可找到原始模型的另一最佳 CPF 解。

圖 4.10 下方的表格著重三條函數限制式的敏感度分析。Final Value 行為最佳解代入各限制式左邊所得之值，其後兩行是各限制式的陰影價格和右端的現值 (b_i)。當僅有一 b_i 值變動時，最後兩行是使其維持在容許範圍內的容許增量或容許減量。

> 對任何 b_i 值而言，其**容許範圍 (allowable range)** 是在其他右端值不變時，其值讓目前最佳 BF 解（基變數值經調整[21]）仍然可行的範圍。這個範圍的重要性質在於，只要 b_i 維持在此範圍內，則其陰影價格就能有效評估改變 b_i 值對 Z 的影響。

因此，圖 4.10 下方的表格結合最後兩行和右端的現值，可得下列容許範圍：

$$2 \le b_1$$
$$6 \le b_2 \le 18$$
$$12 \le b_3 \le 24。$$

Solver 產生的敏感度報表，是線性規劃套裝軟體提供的典型敏感度分析資訊。附錄 4.1 的 LINDO 與 LINGO 提供的報表基本上是相同。MPL/Solvers 也能透過 Solution File 對話視窗，要求提供相同報表。對這兩個變數的問題來說，可由圖解方式分析得

---

[21] 因為基變數值是聯立方程式（擴充形式的函數限制式）的解，右端值之一改變時，至少有一部分基變數的值會跟著改變。但是調整後的基變數值仍會滿足非負限制式，所以只要右端值保持在允許範圍內，這個解仍然是可行解。如果調整後的解還是可行，則其仍然為最佳解。7.2 節將進一步討論。

到這些相同資訊（見習題 4.7-1）。如圖 4.8 中，當 b_2 從 12 增大時，在限制邊界 $2x_2 = b_2$ 和 $3x_1 + 2x_2 = 18$ 交點的原始最佳 CPF 解，僅在 $b_2 \leq 18$ 時才能維持可行（包括 $x_1 \geq 0$）。

本書專屬網站的 Solved Examples 提供應用敏感度分析的例題（使用圖形分析和敏感度報表）。7.1 節至 7.3 節會更深入探討此類分析。

參數線性規劃

敏感度分析一次改變原始模型中一個參數，以檢視對最佳解的影響。但**參數線性規劃 (parametric linear programming)**〔又簡稱**參數規劃 (parametric programming)**〕則有系統地研究，最佳解在多個參數同時於某範圍內改變時的變化。參數規劃是敏感度分析之延伸，能了解「外在因素（如經濟狀況）造成多個「相關」參數同時改變時的影響」這類資訊。但更重要的參數規劃應用則是參數值之權衡研究。例如，如果 c_j 值代表各活動的單位利潤，或許能適當改變該活動的人力和設備配置，減少某些 c_j 值以增加其他 c_j 值。同理，如果 b_i 值代表各資源的可用量，同樣能減少某些資源的可用量，以增加其他 b_i 值。

某些應用之主要研究目的在於，決定如成本與利潤等兩基本因素間的適當權衡。通常會在目標函數中表示其中一因素（如極小化總成本），而把另一個因素列入限制式（例如利潤 ≥ 最低可接受水準），如 3.4 節的 Nori & Leets 公司空氣污染問題的作法。參數線性規劃能夠進行系統化的研究，探討當降低一個因素以提高另一個因素，而改變初始的權衡暫時決策（例如，利潤的最低可接受水準）時的影響。

參數線性規劃的演算技巧是敏感度分析的自然延伸，所以我們也是以單形法為基礎。

4.8 電腦實作

沒有電腦的發明，各位可能不會聽到線性規劃和單形法。雖然可以利用手算（或計算機）應用單形法求解很小的線性規劃問題，但是若要經常使用，計算過程仍然太過繁瑣。然而，單形法很適合在電腦上執行。電腦革命造成了線性規劃在近幾十年來的廣泛應用。

單形法的實作

所有現代電腦系統皆可用單形法的電腦程式，通常也屬於進階數學規劃套裝軟體的一部分。

一般電腦程式並非完全以 4.3 節、4.4 節提出的代數式或表格式單形法解題。這些

形式在電腦上實作時能大幅精簡，所以特別適合電腦的矩陣式 (matrix form)（通常稱為修正單形法）。這與代數式或表格式的功能完全一樣，但只計算與儲存目前疊代所需數據，同時以較精簡方式進行計算及儲存。我們會在 5.2 節與 5.4 節介紹到修正單形法。

單形法常用來求解大型線性規劃問題。而功能強大的桌上型電腦（尤其是工作站）通常有辦法求解有數十萬或甚至數百萬條函數限制式和大量決策變數的問題，甚至有時能順利求解數千萬限制式和決策變數的問題[22]。即使是更大的問題，對某些特殊線性規劃問題（如本書稍後會探討的運輸、指派及最低成本流量問題），現在也能用特殊版本的單形法來求解。

對於一般單形法求解線性規劃問題的時間，有幾個影響因素。其中最重要為正常函數限制式的數量。事實上，計算時間大概與此數量的立方成正比，故此數量如果加倍，計算時間約為原來的 8 倍。反之，變數數量是影響較小的因素。[23] 所以，就算變數數目加倍，計算時間也許不會增加兩倍。第三個因素為有些重要限制式係數密度（即非零係數比例），因為此密度會影響每次疊代的計算時間（實務上大型問題的密度通常小於百分之五，甚至在百分之一以下。而這種非常稀疏的情況經常能大幅加速單形法）。疊代次數一般約為函數限制式數的兩倍。

求解大型線性規劃問題過程中，建立模型與輸入資料錯誤在所難免。所以如 2.4 節提到，有必要徹底進行模型測試和修改過程（模型驗證）。一般來說，最終產品並非單一靜態模型，只用單形法求解一次就結束了。OR 團隊和管理階層事實上，會探討基本模型的各種變化（有時甚至數千種變化），應用後最佳化分析來思考不同方案。整個過程普遍能用桌上型電腦，以互動方式快並借助數學規劃建模語言與先進科技來快速完成。

線性規劃問題直到 1980 年代中期，幾乎都用大型電腦求解。其後，桌上型電腦的線性規規劃求解能力突飛猛進。現在包括一些具有平行處理能力的工作站型電腦，已普遍取代大型電腦，用以求解龐大的線性規劃模型。而現在個人電腦（甚至筆記型電腦）通常只需要增加更多記憶體，也可以求解大型線性規劃問題。

本書運用的相關線性規劃軟體

3.6 節曾提過 OR Courseware，其中學生版 MPL 是適合讓學生使用的建模語言，能快速建立大型規劃（及相關）模型的精簡模型。MPL 也提供進階求解軟體

---

[22] 各位勿自行嘗試求解這大規模問題，而須擁有特別先進的線性規劃系統，用最新技術處理稀疏係數矩陣及其他特殊技巧（如能快速求出優良初始 BF 解的加速技巧）。若定期重新求解微調資料的問題，則用（或修改）最終最佳解為新問題的初始解，而省下大量時間。

[23] 假設使用 5.2 節與 5.4 節的修正單形法。

(Solver)，能非常快速求解這些模型。OR Courseware 的學生版 MPL 包括了 CPLEX、GUROBI、CoinMP 和 SULUM 等四套學生版 Solver。專業版 MPL 經常用於求解有幾千（甚至幾百萬）個決策變數與函數限制式的線性規劃模型。本書專屬網站提供了 MPL 的學習教材及範例。

在線性規劃的應用及延伸問題領域，**LINDO**（Linear, Interactive, and Discrete Optimizer, LINDO）有非常悠久的歷史。易使用的 LINDO 介面是 LINDO Systems 公司 (www.lindo.com) 旗下最佳化模型套裝軟體 **LINGO** 的一部分。LINDO 之所以長期受歡迎，原因之一是易於使用。該模型在一般規模與教科書例題差不多的問題，能以直覺、直接方式輸入及求解。因此，LINDO 介面對學生是非常便利的工具。

專業版 LINDO/LINGO 不但易於求解小型問題，亦能求解上千（甚至幾百萬）個決策變數與函數限制式的極大型問題。

本書專屬網站上，OR Courseware 中有學生版 LINDO/LINGO，與詳盡的輔助教材，且附錄 4.1 另有簡單介紹。軟體中亦內建詳細的線上說明。此外，OR Courseware 亦包含本書大部分例題的 LINDO/LINGO 模型。

使用以試算表為基礎的求解軟體，在線性規劃與其延伸問題上也日漸流行。最常用產品則是由 Frontline Systems 公司為微軟 Excel 開發的基本 Solver。除 Solver 外，Frontline Systems 公司也開發了功能強大的 *Premium Solver* 產品，這包含在 OR Courseware 裡有許多功能的 Analytic Solver Platform for Education (ASPE)。ASPE 除了線性規劃以外，還可以求解許多其他類型的 OR 問題，功能相當強大。由於試算表軟體（如微軟 Excel）受到廣泛運用，讓許多人有機會了解線性規劃問題的潛力。而試算表對於教科書規模的線性規劃問題（甚至更大型）而言，提供便於建立與求解模型的方法，如 3.5 節。有些功能更強大的試算表軟體能求解上千個決策變數的大型模型。但試算表模型非常大時，用良好的建模語言和求解軟體，能讓建立及求解模型更有效率。

試算表尤其對習慣此形式，但不熟悉 OR 代數模型的管理人員來說，是種好的溝通工具。故現在，最佳化套裝軟體與建模語言都能用試算表格式輸入資料及輸出結果。如 MPL 建模語言包括了稱為 *OptiMax Component Library* 功能，能有效率運用 MPL 建立模型，但對使用者來說，仍是試算表模型。

本書專屬網站上所有軟體、學習教材和例題，提供了多種線性規劃（及其他 OR 領域）的好軟體。

可用的線性規劃軟體

1. OR Tutor 中的示範例題及 IOR Tutorial 中的互動和自動程式，能有效學習單形法。

2. Excel 及其 Solver 可用試算表格式建立和求解線性規劃模型。
3. Analytic Solver Platform for Education (ASPE) 可以大幅提升 Excel 的 Solver 功能。
4. 學生版 MPL 及求解軟體：CPLEX、GUROBI、CoinMP 和 SULUM，能有效建立及求解大型線性規劃模型。
5. 學生版 LINGO 及其求解軟體（與 LINDO 共用），提供另一種有效建立及求解大型線性規劃模型的方法。

不論選擇哪一種，都能讓各位開始體驗 OR 專業人士所使用的頂尖軟體。

4.9 使用內點法求解線性規劃問題

作業研究於 1980 年代最大的進展莫過於求解線性規劃問題的內點法。1984 年，AT&T Bell 實驗室的年輕數學家 Narendra Karmarkar 成功以此新演算法，來求解線性規劃問題。雖此方法與單形法間各有優劣之處，但從接下來要介紹的重要解題觀念中會發現到，內點法用於求解非常大型線性規劃問題的潛力，則遠超過單形法。許多頂尖學者與研究人員就投入 Karmarkar 演算法的修正，試圖完全發揮其潛力，而持續發展出很多內點法的相關應用。先階段一些能求解大型線性規劃問題的套裝軟體，除運用單形法與其衍生方法外，至少包括一種使用內點法的演算法。相關研究仍持續進行，同時電腦實作也一直改良，這也激發出更多單形法相關研究、提升電腦實作。在極大規模問題求解上，這兩種方法仍各有其支持者。

接下來，我們來介紹 Karmarkar 演算法觀念，及應用內點法的相關衍生方法。

重要解題觀念

雖 Karmarkar 演算法與單形法完全不同，兩者仍有些相同特性。Karmarkar 演算法屬於疊代演算法，即從一可行試算解開始解題。也就是在每次疊代中，從目前試算解移至可行解區域內另一較好的試算解。Karmarkar 演算法能持續進行此過程，直到試算解（基本上）為最佳解。

上述兩種方法之主要差異在於試算解的本質。對單形法來說，這些試算解是 CPF 解（或擴充後的 BF 解），故皆沿可行解區域的邊界移動。以 Karmarkar 演算法而言，試算解皆為**內部點 (interior point)**，即位於可行解區域邊界內側。故 Kamarkar 演算法及其變形皆可稱為**內點演算法 (interior-point algorithm)**。

由於早期一種內點演算法有專利，故我們通常稱此方法為障礙演算法 (barrier algorithm)〔或障礙法 (barrier method)〕。因為以試算解都是內點的，每條限制邊界在搜尋過程中都可視為一障礙。但本書仍會繼續用較直觀的內點演算法。

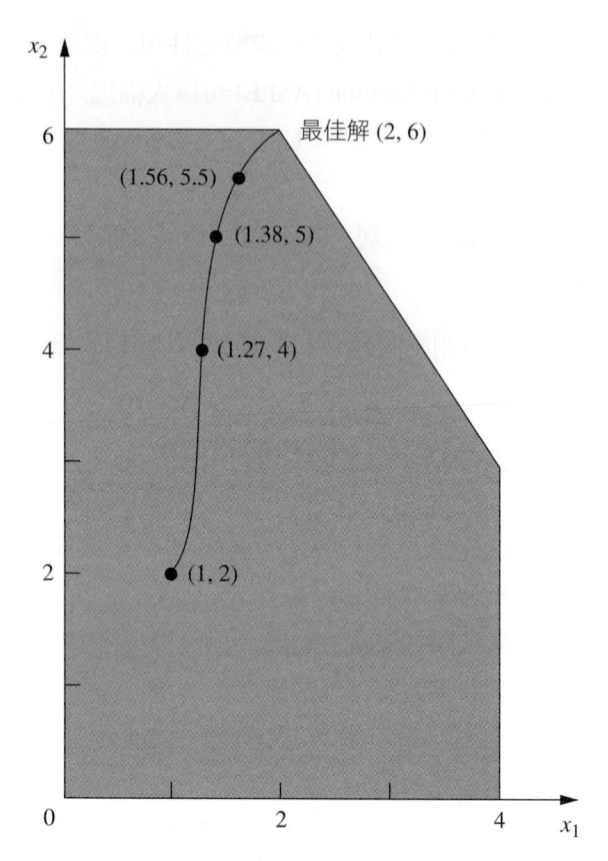

■ **圖 4.11** 從 (1, 2) 到 (2, 6) 的曲線顯示典型的內點法求解路徑，直接穿過 Wyndor 玻璃公司問題的可行解區域內部。

　　我們接著以圖 4.11 來說明內點法，該圖列出 OR Courseware 的內點法，從試算解 (1, 2) 開始 Wyndor 玻璃公司問題的求解路徑。其中在趨近最佳解 (2, 6) 的路徑上，所有試算解（如黑點所示）皆於可行解區域邊界內側（所有未標示的後續試算解，皆落在可行解區域邊界內側）。對照單形法在可行解區域邊界，自 (0, 0) 經 (0, 6) 到 (2, 6) 的路徑。

　　表 4.18 呈現出以 OR Courseware 中的內點演算法求解此問題的結果 [24]。注意，後續的試算解會愈來愈靠近最佳解，但從未真正到達。但由於誤差非常小，實際上可用最終試算解為最佳解（另見本書專屬網站上 Solved Examples 中另一例題之 IOR Tutorial 輸出結果）。

---

[24] 此為 *Solve Automatically by the Interior-Point Algorithm*。Option 選單提供演算法參數 α 的兩種選擇。在此選擇為預設值 $\alpha = 0.5$。

■ 表 4.18　以 OR Courseware 中的內點法求解 Wyndor 玻璃公司問題的輸出報表

疊代	x_1	x_2	Z
0	1	2	13
1	1.27298	4	23.8189
2	1.37744	5	29.1323
3	1.56291	5.5	32.1887
4	1.80268	5.71816	33.9989
5	1.92134	5.82908	34.9094
6	1.96639	5.90595	35.429
7	1.98385	5.95199	35.7115
8	1.99197	5.97594	35.8556
9	1.99599	5.98796	35.9278
10	1.99799	5.99398	35.9639
11	1.999	5.99699	35.9819
12	1.9995	5.9985	35.991
13	1.99975	5.99925	35.9955
14	1.99987	5.99962	35.9977
15	1.99994	5.99981	35.9989

與單形法的比較

有一種針對計算複雜度的理論性質，內點法與單形法進行有意義的比較。Karmarkar 證明自己的演算法是一種**多項式時間演算法 (polynomial time algorithm)**，亦即求解任何線性規劃問題，其所需時間的上界是該問題規模的多項式。某些人為建構的問題可以證明單形法並不具有這個性質，所以是**指數時間演算法 (exponential time algorithm)**（亦即所需求解時間的上界，只能用問題規模的指數函數表示）。此最差情況績效 (worst case performance) 之差異雖重要，卻無法得知這兩種方法在實際問題求解時的平均績效比較，而這是更為重要的問題。

決定演算法求解實際問題績效的基本因素，分別為一次疊代的平均電腦時間和疊代的次數，接下來比較這兩種因素。

內點法比單形法複雜許多，每次疊代需非常多計算，才能找到下一試算解。故內點法每次疊代在電腦實作時較單形法較長。

內點法和單形法在一般小型問題上，求解的疊代次數不相上下。如某 10 條函數限制式的問題，這兩種方法通常約需 20 次疊代。故在電腦實作小型問題上，內點法解題比單形法更耗時。

但內點法的主要優勢在於，求解大型問題所需疊代次數較小型問題增加不多。如，求解一有 10,000 條函數限制式的問題也許需不到 100 次疊代。對此規模問題，即使每次疊代需大量電腦時間，疊代次數少會讓問題更容求解。而單形法可能需 20,000 次疊代，故計算時間較長。因此，內點法在求解幾十萬（甚至幾百萬）條限制式的極大型問題時，通常比單形法更快速，亦為最佳選擇。

之所以在求解極大型問題時，這兩種方法的疊代次數有明顯差異，原因在於求解的路徑不同。單形法在每次疊代中，由目前的 CPF 解沿可行解區域邊界移至相鄰 CPF 解。極大型問題的 CPF 解數為天文數字。從初始 CPF 解沿可行解區域邊界上的邊到達最佳解路徑，可能迂迴冗長。若至下一個相鄰 CPF，每次只移一小步，就需要大量步數才能到達最佳解。內點法則跳過這些 CPF 解，直接穿越可行解區域內部，往最佳解移動。而函數限制式愈多，可行解區域之限制邊界也愈多，但這對穿越可行解區域內部之試算解路徑影響很小。故內點法經常可用來求解函數限制式非常多的問題。

最後進行 4.7 節所提過各種後最佳化分析研究能力的比較。單形法與其延伸不僅適用，且已有廣泛應用。但內點法在此卻非常有限。[25] 因為後最佳化分析研究之重要性，也成為內點法嚴重的缺點。所以，我們接下來要討論，結合內點法與單形法以克服該缺點之方法。

結合單形法和內點法進行後最佳化分析

內點法在執行後最佳化分析研究的能力非常有限，這也成為其主要缺陷。而研究人員也因此開發出一種在內點法完成後轉換至單形法的方法，來解決上述缺陷。我們回頭想一下解題過程中，內點法的試算解會愈來愈接近最佳解（最好的 CPF 解），但從未真正達到最佳解。故此轉換程序需找到與最終試算解相當接近的 CPF 解（或擴充後的 BF 解）。

以圖 4.11 為例，各位能輕易看出表 14.8 的最終試算解相當接近 CPF 解 (2,6)。但對於具有數千個決策變數的問題來說（無圖形可用），要找到附近的 CPF（或 BF）是十分困難與耗時的。但在交叉演算法 (crossover algorithm) 把內點法的解轉換成 BF 解這種方式，已有相當不錯的發展

在找到此附近 BF 解後，我們應用單形法的最佳性測試檢查是否為最佳 BF 解。若否，則進行單形法疊代，以從此 BF 解至最佳解。因為內點法的最終試算解已非常接近最佳解，故通常只需執行幾次疊代（也許一次）。所以即使是非常大而無法從頭開始求解的問題，應該也能很快完成疊代。真正到達最佳解後，就能應用單形法協助進行後最佳化分析。

4.10 結論

單形法是種有效率且可靠的線性規劃問題求解法，亦為有效進行後最佳化分析各

---

[25] 然而，投入於提升這個能力的研究已獲得一些進展，例如可參閱 E. A. Yildirim and M. J. Todd: "Sensitivity Analysis in Linear Programming and Semidefinite Programming Using Interior-Point Methods," *Mathematical Programming*, Series A, **90**(2): 229–261, April 2001。

步驟之基礎。

單形法的幾何詮釋雖然有用，但基本上是種代數程序。單形法在每次疊代中，選擇一個進入與退出基變數，用高斯消去法求解聯立方程式，從目前 BF 解移動到較好的相鄰 BF 解。當找不到較好的相鄰 BF 解時，目前的解即是最佳，而停止演算法。

本章說明完整的代數式單形法以了解其邏輯，然後介紹較為方便且精簡的表格式。為了設定初始單形法，有時需要使用人工變數產生人工問題，以得到初始 BF 解。這時可以使用大 M 法或兩階法，以確保單形法找到實際問題的最佳解。

單形法及其延伸的電腦軟體功能已非常強大，因此經常用來求解極大型的線性規劃問題。內點演算法也是求解這種問題的強大工具。

附錄 4.1　LINDO 與 LINGO 的使用說明

LINGO 接受 LINDO 或 LINGO 語法的最佳化模型。我們先來說明 LINDO 語法：LINDO 的優點在於求解線性與整數規劃方式非常簡單容易。故 LINDO 自 1981 年以來，一直受到廣泛應用。

LINDO 語法提供各位與本書形式相同的直覺式模型輸入方式。我們以 3.1 節 Wyndor 玻璃公司模型的輸入方式為例來說明，假設已安裝 LINGO，點選 LINGO 圖示以啟動程式，接著輸入以下內容：

```
! Wyndor Glass Co. Problem. LINDO model
! X1 = batches of product 1 per week
! X2 = batches of product 2 per week
! Profit, in 1000 of dollars,
MAX   Profit) 3 X1 + 5 X2
Subject to
! Production time
Plant1) X1 <= 4
Plant2) 2 X2 <= 12
Plant3) 3 X1 + 2 X2 <= 18
END
```

前四行的驚嘆號表示該行是「註解」，其中第四行進一步說明目標函數的單位是千元。因為 LINDO/LINGO 程式不接受逗號，所以數字 1000 沒有平常最後三個數字之前的逗號（LINDO 程式也不接受代數式中的括弧）。第五行開始是模型。決策變數可以用小寫或大寫字母，但通常使用大寫字母，以免變數看起來低於其後的下標。除了 X1 或 X2 以外，也可使用有意義的變數名稱，例如以 DOORS 與 WINDOWS 表示模型的決策變數。

LINDO 模型的第五行指出目的為找出目標函數 $3x_1 + 5x_2$ 的極大值。括弧之前的

Profit 並非必要，而是要說明解題報表中極大化數量為 Profit。

第七行註解呈現接下來的限制式為生產時間限制。此三行函數限制式各有一名稱（選用，其後接括弧）。除了不等式符號以外，這些限制式的表示方式完全與以往相同。因為大部分的鍵盤沒有 ≤ 和 ≥ 符號，所以 LINDO 把 < 或 <= 視為 ≤，且把 > 或 >= 視為 ≥。

限制式的結尾以 END 表示，因為 LINDO 自動假設所有變數皆為 ≥ 0，所以這個模型沒有非負限制式。假設 x_1 沒有非負限制，則須在 END 下一行輸入 FREE X1。

於 LINGO/LINDO 求解此模型時，只需點擊 LINGO 視窗上紅色牛眼的 solve 按鈕，圖 A4.1 呈現該「解答報表」。前幾行為經兩次疊代後，已經找到「全域」最佳解，其目標函數值是 36。接著為最佳解的 x_1 與 x_2 值。

Value 行右邊為**削減成本 (reduced cost)** 行。本章雖尚未提到削減成本，由於此類資訊亦可由目標函數係數的容許範圍中取得，並列在報表中（見圖 4.2）。變數為最佳解的基變數時（Wyndor 問題的兩個變數皆是），其削減成本自動為 0。變數為非基變數，則會呈現這些變數在極大化時目標函數「太小」，或極小化時目標函數「過大」，而無法選擇這些變數的活動。削減成本呈現出，要改變最佳解，讓這些變數成為基變數所需增量（極大化時）或減量（極小化時）。但相同資訊已在該變數為目標函數係數的容許範圍。削減成本（以非基變數來看）為該變數要維持在容許範圍內，其現值容許增量（極大化時）或容許減量（極小化時）。

圖 A4.1 下方呈現三條函數限制式的相關資訊。Slack or Suplus 為各限制式兩邊之差。Dual Price 為 4.7 節的限制式陰影價格（即 6.1 節提到的陰影價格，對偶變數的最佳值）。注意，LINDO 正負號的習慣與本書不同（陰影價格定義見 4.7 節註 19）。以極小化問題來說，LINGO/LINDO 的陰影價格（對偶價格）正負號與本書相反。

```
Global optimal solution found.
Objective value:                           36.00000
Total solver iterations:                          2
  Variable        Value      Reduced Cost
       X1      2.000000          0.000000
       X2      6.000000          0.000000
      Row    Slack or Surplus    Dual Price
   PROFIT         36.00000         1.000000
   PLANT1          2.000000         0.000000
   PLANT2          0.000000         1.500000
   PLANT3          0.000000         1.000000
```

圖 A4.1 LINDO 提供的 Wyndor 玻璃公司解答報表。

```
Ranges in which the basis is unchanged:
         Objective Coefficient Ranges
          Current      Allowable    Allowable
Variable  Coefficient  Increase     Decrease
   X1      3.000000    4.500000     3.000000
   X2      5.000000    INFINITY     3.000000
         Righthand Side Ranges
 Row      Current      Allowable    Allowable
          RHS          Increase     Decrease
PLANT1    4.000000     INFINITY     2.000000
PLANT2   12.000000     6.000000     6.000000
PLANT3   18.000000     6.000000     6.000000
```

圖 A4.2 LINDO 提供的 Wyndor 玻璃公司問題範圍報表。

除解答報表外，各位能進行範圍（敏感度）分析。點選 LINGO | Range，即產生圖 A4.2 的範圍報表。

除目標函數係數以千元為單位外，此報表與 Solver 產生的敏感度報表最後三行相同（見圖 4.10）。因此，如 4.7 節所述，範圍報表最前兩列數字為目標函數各係數之容許範圍（假設模型無其他改變）為

$$0 \leq c_1 \leq 7.5$$
$$2 \leq c_2$$

同理，最後三列為各右端值的容許範圍（假設模型無其他改變）為

$$2 \leq b_1$$
$$6 \leq b_2 \leq 18$$
$$12 \leq b_3 \leq 24$$

點選 Files | Print，就可列印結果。

上述為 LINGO/LINDO 使用的基礎。各位能任意開啟或關閉產生報表之功能。若已關閉自動產生標準解答報表功能（Terse 狀態），要再開啟能點選：LINGO | Options | Interface | Output level | Verbose | Apply。如果要開啟或關閉產生範圍報表，則可點選：LINGO | Options | General solver | Dual computations | Prices & Ranges | Apply。

LINGO 也接受 LINGO 語法，使用此語法之優點在於：(a) 能輸入任意形式數學公式，除號、乘號、log、sin 等含括弧與常見數學運算符號；(b) 除線性規劃問題外，也能求解非線性規劃問題；(c) 運用有下標的變數 (subscripted variable) 與集合 (set)，能擴充求解大型問題；(d) 能直接讀取試算表或資料庫資料，求解後也能將資訊存回試算表與資料庫；(e) 能自然呈現稀疏關係；(f) 進行參數分析時，能撰寫程式以自動求解一連串模型。下列為用下標與集合的 Wyndor 問題 LINGO 模型：

```
! Wyndor Glass Co. Problem;
SETS:
 PRODUCT: PPB, X;              ! Each product has a profit/batch
and amount;
 RESOURCE: HOURSAVAILABLE;     ! Each resource has a capacity;
! Each resource product combination has an hours/batch;
 RXP(RESOURCE,PRODUCT): HPB;
ENDSETS
DATA:
 PRODUCT    = DOORS   WINDOWS;      ! The products;
       PPB  =   3       5;          ! Profit per batch;

         RESOURCE    = PLANT1 PLANT2 PLANT3;
  HOURSAVAILABLE =      4     12     18;

   HPB   =    1   0     ! Hours per batch;
              0   2
              3   2;
ENDDATA
 ! Sum over all products j the profit per batch times batches
produced;
 MAX = @SUM( PRODUCT(j): PPB(j)*X(j));

 @FOR( RESOURCE(i)):  ! For each resource i...;
    ! Sum over all products j of hours per batch time batches
produced...;
    @SUM(RXP(i,j): HPB(i,j)*X(j)) <= HOURSAVAILABLE(i);
      );
```

　　原 Wyndor 問題有 2 種產品與 3 種資源，若增加為 4 種產品和 5 種資源，能很容易在 DATA 部分插入適當新資料，模型會自動調整。LINGO 也能用下標與集合功能，自然表示三維以上的模型。3.6 節的大型問題有工廠、機器、產品數量、地區／顧客與週期等層面。該模型很難納入二維試算表，但用有下標與集合的建模語言，則能容易建立模型。如第 3.6 節的問題，10(10)(10)(10)(10) =100,000 種的可能關係組合中，有許多並不存在。並非所有工廠都能製造全部產品，且並非所有顧客都要全部產品。而有下標與集合的建模語言能很容易表示這種稀疏關係。

　　LINGO 能自動偵測大部分輸入的模型所用的是 LINDO 語法或 LINGO 語法。使用者可以點選 LINGO | Options | Interface | File format | lng（即 LINGO）或 ltx（即 LINDO），選擇預設語法。

　　LINGO 線上輔助選單 (Help menu) 詳細提供更多資訊與例題。第 3 章補充教材 1 與 2（見本書專屬網站）提供完整 LINGO 介紹，且 LINGO tutorial 提供更多資訊。此外，更包含本書各章大部分例題的 LINGO/LINDO 模型。

參考文獻

1. Dantzig, G. B., and M. N. Thapa: *Linear Programming 1: Introduction,* Springer, New York, 1997.
2. Denardo, E. V.: *Linear Programming and Generalizations: A Problem-based Introduction with Spreadsheets*, Springer, New York, 2011.
3. Fourer, R.: "Software Survey: Linear Programming," *OR/MS Today,* June 2011, pp. 60–69.
4. Luenberger, D., and Y. Ye: *Linear and Nonlinear Programming*, 3rd ed., Springer, New York, 2008.
5. Maros, I.: *Computational Techniques of the Simplex Method,* Kluwer Academic Publishers (now Springer), Boston, MA, 2003.
6. Schrage, L.: *Optimization Modeling with LINGO,* LINDO Systems, Chicago, 2008.
7. Tretkoff, C., and I. Lustig: "New Age of Optimization Applications," *OR/MS Today*, December 2006, pp. 46–49.
8. Vanderbei, R. J.: *Linear Programming: Foundations and Extensions,* 4th ed., Springer, New York, 2014.

本書網站的學習輔助教材

Solved Examples:

Examples for Chapter 4

OR Tutor 範例：

Interpretation of the Slack Variables

Simplex Method—Algebraic Form

Simplex Method—Tabular Form

IOR Tutorial 中的互動程式：

Enter or Revise a General Linear Programming Model

Set Up for the Simplex Method—Interactive Only

Solve Interactively by the Simplex Method

Interactive Graphical Method

IOR Tutorial 中的自動程式：

Solve Automatically by the Simplex Method

Solve Automatically by the Interior-Point Algorithm

Graphical Method and Sensitivity Analysis

Excel 增益集：

Analytic Solver Platform for Education (ASPE)

求解 Wyndor 公司和放射治療例題的檔案（第 3 章）：

Excel Files

LINGO/LINDO File

MPL/Solvers Files

Chapter 4 的辭彙

軟體文件請參閱附錄1。

習題

題號前所標示符號代表：

D：參閱上述示範例題有助於解題。

I：建議使用上列的互動程式（列印報表記錄過程）。

C：選用適當的電腦軟體求解問題（參考4.8節與網站的選擇清單）。

題號後的星號(*)表示該問題全部或部分的答案列於書末。

4.1-1. 思考下列問題。

極大化 $Z = x_1 + 2x_2$，

受限於

$$x_1 \leq 2$$
$$x_2 \leq 2$$
$$x_1 + x_2 \leq 3$$

及

$$x_1 \geq 0, \quad x_2 \geq 0 \text{。}$$

(a) 繪製可行解區域，接著圈選所有 CPF 解。
(b) 找出滿足這對限制邊界方程式的每個 CPF 解。
(c) 針對每個 CPF 解，用這對限制邊界方程式，以代數方式求解在此角點的 x_1 和 x_2 值。
(d) 找出每個 CPF 解相鄰的 CPF 解。
(e) 找出每對相鄰 CPF 解之共同限制邊界方程式。

4.1-2. 思考下列問題。

極大化 $Z = 3x_1 + 2x_2$，

受限於

$$2x_1 + x_2 \leq 6$$
$$x_1 + 2x_2 \leq 6$$

及

$$x_1 \geq 0, \quad x_2 \geq 0 \text{。}$$

^{D,I}(a) 以圖解法求解，圈出該圖上所有角點。
(b) 找出滿足這對限制邊界方程式的每個 CPF 解。
(c) 找出每個 CPF 解相鄰的 CPF 解。
(d) 計算各 CPF 解的 Z 值。利用此資訊找出最佳解。
(e) 以圖形說明單形法逐步求解的過程。

4.1-3. 下列為某線性規劃模型中兩種活動的可行解區域。

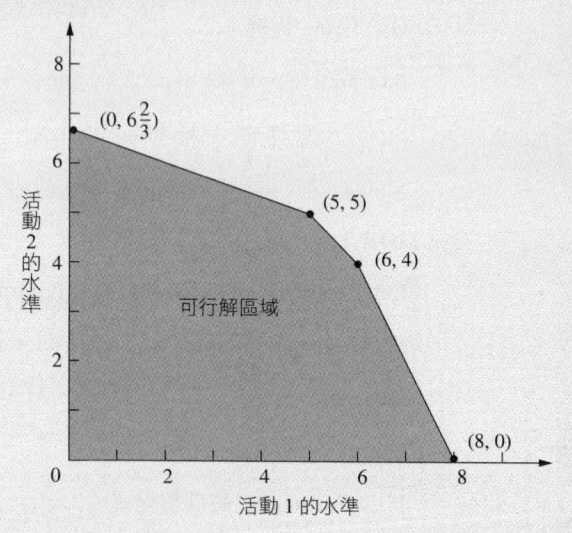

此目標為極大化此二活動之總利潤。活動 1 之單位利潤為 $1,000，而活動 2 之單位利潤為 $2,000。

(a) 計算每個 CPF 解的總利潤，並以此資訊找出最佳解。
(b) 為達最佳解，使用 4.1 節的單形法求解概念，以單形法檢驗求出 CPF 解序列。

4.1-4.* 思考習題 3.2-3 所建立的線性規劃模型（列於書末）。

(a) 使用圖解分析，找出此模型所有角解，並各別標示為可行或不可行。

(b) 計算各 CPF 解的目標函數值，並以此資訊找出最佳解。

(c) 為達最佳解，使用 4.1 節的單形法求解概念，以單形法檢驗求出 CPF 解序列。（提示：此模型可以找到兩個序列。）

4.1-5. 依下列問題，重做習題 4.1-4。

極大化　　$Z = x_1 + 2x_2$，

受限於

$x_1 + 3x_2 \leq 8$
$x_1 + x_2 \leq 4$

及

$x_1 \geq 0, \quad x_2 \geq 0$。

4.1-6. 以圖解逐步說明單形法求解下列問題的過程。

極大化　　$Z = 2x_1 + 3x_2$，

受限於

$-3x_1 + x_2 \leq 1$
$-4x_1 + 2x_2 \leq 20$
$-4x_1 - x_2 \leq 10$
$-x_1 + 2x_2 \leq 5$

及

$x_1 \geq 0, \quad x_2 \geq 0$。

4.1-7. 以圖解逐步說明單形法求解下列問題的過程。

極小化　　$Z = 5x_1 + 7x_2$，

受限於

$2x_1 + 3x_2 \geq 42$
$3x_1 + 4x_2 \geq 60$
$x_1 + x_2 \geq 18$

及

$x_1 \geq 0, \quad x_2 \geq 0$。

4.1-8. 判斷以下各項線性規劃問題敘述正確與否，並接著說明原由。

(a) 對極小化問題而言，若某 CPF 解的目標函數值不大於所有相鄰 CPF 解的目標函數值，則此為最佳解。

(b) 只有 CPF 解可為最佳解，故最佳解的數量不能超過 CPF 解數量。

(c) 如果有多重最佳解，則最佳 CPF 解之相鄰 CPF 解有可能為最佳解（Z 值相同）。

4.1-9. 指出以下關於 4.1 節六個求解觀念不正確之處。

(a) 最佳 CPF 解必為最佳解。

(b) 單形法之疊代檢查目前 CPF 解是否為最佳解，若否，則移至一新 CPF 解。

(c) 雖然任何 CPF 解都可為初始 CPF 解，單形法永遠選擇原點為初始解。

(d) 當單形法準備選新 CPF 解，以目前解移至此解時，只考慮相鄰 CPF 解，因為其中之一可能為最佳解。

(e) 單形法在選新 CPF 解，以從目前解移至此解時，會找出所有相鄰 CPF 解，以判定何者目標函數值改善率最大。

4.2-1. 重新思考習題 4.1-4 的模型。

(a) 導入必要差額變數，以利寫出擴充形之函數限制式。

(b) 計算每個 CPF 解之差額變數值，找出對應 BF 解。利用每個 BF 解的變數值，來判斷非基變數和基變數。

(c) 說明代入每個 BF 解，將非基變數設為零後，此 BF 解亦為 (a) 小題聯立方程式之解。

4.2-2. 以習題 4.1-5 的模型，重做習題 4.2-1 (a)、(b) 和 (c) 小題。

(d) 針對不可行角解及其對應之不可行基解，重做 (b) 小題。

(e) 針對不可行基解，重做 (c) 小題。

4.3-1. 研讀 4.3 節完整說明其 OR 研究的「應用實例」參考文獻。簡述單形法此研究之應用，並列出各種財務與非財務效益。

D,I 4.3-2. 以（代數式）單形法逐步求解習題 4.1-4 的模型。

4.3-3. 重新思考習題 4.1-5 的模型。

(a) 使用（代數式）單形法，手動計算求解此模型。

^{D,I}(b) 使用 IOR Tutorial 中的互動程式重做 (a) 小題。

^{C}(c) 使用單形法的套裝軟體，驗算最佳解。

^{D,I} **4.3-4.*** 以（代數式）單形法逐步求解：

極大化 $Z = 4x_1 + 3x_2 + 6x_3$，

受限於

$$3x_1 + x_2 + 3x_3 \leq 30$$
$$2x_1 + 2x_2 + 3x_3 \leq 40$$

及

$x_1 \geq 0, \quad x_2 \geq 0, \quad x_3 \geq 0$。

^{D,I} **4.3-5.** 以（代數式）單形法逐步求解：

極大化 $Z = x_1 + 2x_2 + 4x_3$，

受限於

$$3x_1 + x_2 + 5x_3 \leq 10$$
$$x_1 + 4x_2 + x_3 \leq 8$$
$$2x_1 + 2x_3 \leq 7$$

及

$x_1 \geq 0, \quad x_2 \geq 0, \quad x_3 \geq 0$。

4.3-6. 思考以下問題。

極大化 $Z = 5x_1 + 3x_2 + 4x_3$，

受限於

$$2x_1 + x_2 + x_3 \leq 20$$
$$3x_1 + x_2 + 2x_3 \leq 30$$

及

$x_1 \geq 0, \quad x_2 \geq 0, \quad x_3 \geq 0$。

已知最佳解中之非零變數為 x_2 和 x_3。

(a) 說明用此資訊調整單形法的方法，以最少疊代次數求解（從一般初始 BF 解開始），不必實際進行疊代。

(b) 使用 (a) 小題的方法，手動計算求解（不要用 OR Courseware）。

4.3-7. 思考以下問題。

極大化 $Z = 2x_1 + 4x_2 + 3x_3$，

受限於

$$x_1 + 3x_2 + 2x_3 \leq 30$$
$$x_1 + x_2 + x_3 \leq 24$$
$$3x_1 + 5x_2 + 3x_3 \leq 60$$

及

$x_1 \geq 0, \quad x_2 \geq 0, \quad x_3 \geq 0$。

已知最佳解中 $x_1 > 0$、$x_2 = 0$ 和 $x_3 > 0$。

(a) 說明用此資訊調整單形法的方法，以最少疊代次數求解（從一般初始 BF 解開始），不必實際進行疊代。

(b) 使用 (a) 小題的方法，手動計算求解（不要用 OR Courseware）。

4.3-8. 判斷以下各敘述真假，並用本章特定敘述來說明原因。

(a) 運用單形法的規則選擇基變數，由於必定能找到最佳相鄰 BF 解（最大 Z 值）。

(b) 運用單形法之最小比值法選擇退出基變數，由於若用較大比值之選擇會產生不可行基解。

(c) 在單形法求解下個 BF 解時，會運用基本代數運算，將所有方程式中的每個非基變數移除（除其原本之方程式），並設定其該方程式的係數為 +1。

^{D,I} **4.4-1.** 用表格式單形法，求解習題 4.3-2。

^{D,I,C} **4.4-2.** 用表格式單形法，求解習題 4.3-3。

4.4-3. 思考以下問題。

極大化 $Z = 2x_1 + x_2$，

受限於

$$x_1 + x_2 \leq 40$$
$$4x_1 + x_2 \leq 100$$

及

$x_1 \geq 0, \quad x_2 \geq 0$。

(a) 以手繪圖解法求解此問題，同時也找出所有的 CPF 解。

^{D,I}(b) 現在使用 IOR Tutorial，以圖解法求解。

^{D}(c) 使用代數式單形法、手動求解此問題。

^{D,I}(d) 現在使用 IOR Tutorial，以互動方式的代數式單形法求解。

^{D}(e) 使用表格式單形法、手動求解此問題。

^{D,I}(f) 現在使用 IOR Tutorial，以互動方式的表格式單形法求解。

^{C}(g) 使用單形法的套裝軟體求解。

4.4-4. 以下列問題重做習題 4.4-3。

極大化 $Z = 2x_1 + 3x_2$，

受限於

$$x_1 + 2x_2 \le 30$$
$$x_1 + x_2 \le 20$$

及

$$x_1 \ge 0, \quad x_2 \ge 0 \text{。}$$

4.4-5. 思考以下問題。

極大化 $Z = 2x_1 + 4x_2 + 3x_3$，

受限於

$$3x_1 + 4x_2 + 2x_3 \le 60$$
$$2x_1 + x_2 + 2x_3 \le 40$$
$$x_1 + 3x_2 + 2x_3 \le 80$$

及

$$x_1 \ge 0, \quad x_2 \ge 0, \quad x_3 \ge 0 \text{。}$$

^{D,I}(a) 以代數式單形法逐步求解此問題。
^{D,I}(b) 以表格式單形法逐步求解。
^C(c) 使用單形法的套裝軟體求解。

4.4-6. 思考以下問題。

極大化 $Z = 3x_1 + 5x_2 + 6x_3$，

受限於

$$2x_1 + x_2 + x_3 \le 4$$
$$x_1 + 2x_2 + x_3 \le 4$$
$$x_1 + x_2 + 2x_3 \le 4$$
$$x_1 + x_2 + x_3 \le 3$$

及

$$x_1 \ge 0, \quad x_2 \ge 0, \quad x_3 \ge 0 \text{。}$$

^{D,I}(a) 以代數式單形法逐步求解此問題。
^{D,I}(b) 以表格式單形法逐步求解。
^C(c) 使用單形法的套裝軟體求解。

^{D,I}**4.4-7.** 使用（表格式）單形法逐步求解：

極大化 $Z = 2x_1 - x_2 + x_3$，

受限於

$$3x_1 + x_2 + x_3 \le 6$$
$$x_1 - x_2 + 2x_3 \le 1$$
$$x_1 + x_2 - x_3 \le 2$$

及

$$x_1 \ge 0, \quad x_2 \ge 0, \quad x_3 \ge 0 \text{。}$$

^{D,I}**4.4-8.** 使用單形法逐步求解：

極大化 $Z = -x_1 + x_2 + 2x_3$，

受限於

$$x_1 + 2x_2 - x_3 \le 20$$
$$-2x_1 + 4x_2 + 2x_3 \le 60$$
$$2x_1 + 3x_2 + x_3 \le 50$$

及

$$x_1 \ge 0, \quad x_2 \ge 0, \quad x_3 \ge 0 \text{。}$$

4.5-1. 判斷以下線性規劃和單形法敘述的真假，接著說明原由。

(a) 若單形法某次疊代中，有退出基變數的均勢，則下個 BF 解必定至少有一個基變數為零。
(b) 若疊代中沒有退出基變數，則此問題無可行解。
(c) 若最終表列 0 中，至少有一基變數係數為零，則此問題有多重最佳解。
(d) 若此問題有多重最佳解，則可行解區域必定有界。

4.5-2. 假設某線性規劃模型的決策變數 x_1 和 x_2 之限制式如下。

$$-x_1 + 3x_2 \le 30$$
$$-3x_1 + x_2 \le 30$$

及

$$x_1 \ge 0, \quad x_2 \ge 0 \text{。}$$

(a) 以圖解證明可行解區域是無界的。
(b) 若目標是極大化 $Z = -x_1 + x_2$，此模型有最佳解？若有，求最佳解。若無，說明其原因。
(c) 以極大化 $Z = x_1 - x_2$ 為目標，重做 (b) 小題。
(d) 這對造成此模型無最佳解的目標函數來說，是否意謂該模型無好解？說明在建立此模型時或許發生何者錯誤？
^{D,I}(e) 選擇讓此模型無最佳解的目標函數。接著用單形法逐步證明 Z 為無界。
^C(f) 利用單形法的套裝軟體，判定 (e) 小題的目標函數 Z 為無界。

4.5-3. 用以下限制式重做習題 4.5-2：

$$2x_1 - x_2 \le 20$$
$$x_1 - 2x_2 \le 20$$

及

$$x_1 \geq 0, \quad x_2 \geq 0。$$

^{D,I} **4.5-4.** 思考以下問題。

極大化　　$Z = 5x_1 + x_2 + 3x_3 + 4x_4$，

受限於

$$x_1 - 2x_2 + 4x_3 + 3x_4 \leq 20$$
$$-4x_1 + 6x_2 + 5x_3 - 4x_4 \leq 40$$
$$2x_1 - 3x_2 + 3x_3 + 8x_4 \leq 50$$

及

$$x_1 \geq 0, \quad x_2 \geq 0, \quad x_3 \geq 0, \quad x_4 \geq 0。$$

用單形法逐步證明 Z 為無界。

4.5-5. 任何有界可行解區域之線性規劃問題的基本性質為，每個可行解能以 CPF 解凸組合（或許超過一種方式）表示。同理，在擴充形式的問題中，能以 BF 解的凸組合表示每個可行解。

(a) 證明可行解集合的凸組合必為可行解（故任何 CPF 解之凸組合必為可行）。

(b) 用 (a) 小題結果，證明任何 BF 解的凸組合必為可行解。

4.5-6. 利用習題 4.5-5 的事實，證明以下針對有界可行解區域與多重最佳解的線性規劃問題之敘述，必為真：

(a) 最佳 BF 解凸組合必為最佳解。

(b) 無其他可行解可為最佳解。

4.5-7. 思考一具備兩變數的線性規劃問題，其 CPF 解是 $(0, 0)$、$(6, 0)$、$(6, 3)$、$(3, 3)$ 以及 $(0, 2)$。（可行解區域圖形見習題 3.2-2。）

(a) 用可行解區域圖形，找出模型所有限制式。

(b) 找出每一對相鄰 CPF 解之目標函數，使這兩角點間所有點皆為多重最佳解。

(c) 假設目標函數是 $Z = -x_1 + 2x_2$。使用圖解法找出所有最佳解。

^{D,I}(d) 依 (c) 小題的目標函數，用單形法逐步找出所有最佳 BF 解，接著寫出表示所有最佳解公式。

^{D,I} **4.5-8.** 思考以下問題。

極大化　　$Z = x_1 + x_2 + x_3 + x_4$，

受限於

$$x_1 + x_2 \leq 3$$
$$x_3 + x_4 \leq 2$$

及

$$x_j \geq 0，對 j = 1, 2, 3, 4。$$

用單形法逐步求出所有最佳 BF 解。

4.6-1.* 思考以下問題。

極大化　　$Z = 2x_1 + 3x_2$，

受限於

$$x_1 + 2x_2 \leq 4$$
$$x_1 + x_2 = 3$$

及

$$x_1 \geq 0, \quad x_2 \geq 0。$$

^{D,I}(a) 以圖解法求解。

(b) 使用大 M 法，建立單形法完整的第一個單形表，並找出對應的初始（人工）BF 解，以及初始進入基變數和退出基變數。

^I(c) 延續 (b) 小題，以單形法逐步求解。

4.6-2. 思考以下問題。

極大化　　$Z = 4x_1 + 2x_2 + 3x_3 + 5x_4$，

受限於

$$2x_1 + 3x_2 + 4x_3 + 2x_4 = 300$$
$$8x_1 + x_2 + x_3 + 5x_4 = 300$$

及

$$x_j \geq 0，對 j = 1, 2, 3, 4。$$

(a) 使用大 M 法，建立單形法完整的第一個單形表，找出對應的初始（人工）BF 解，及初始進入基變數和退出基變數。

^I(b) 以單形法逐步求解。

(c) 使用兩階法，建立單形法完整的第一個單形表，找出對應的初始（人工）BF 解，及初始進入基變數和退出基變數。

^I(d) 逐步求解階段 1 問題。

(e) 建立階段 2 完整的第一個單形表。

^I(f) 逐步求解階段 2 問題。

(g) 比較 (b)、(d) 和 (f) 小題的一序列 BF 解，哪些只在加入人工變數後的人工問題可行？哪些確實是實際問題的可行解？

^C(h) 使用單形法套裝軟體求解。

4.6-3.* 思考以下問題。

極小化　$Z = 2x_1 + 3x_2 + x_3$,

受限於

$$x_1 + 4x_2 + 2x_3 \geq 8$$
$$3x_1 + 2x_2 \geq 6$$

及

$$x_1 \geq 0, \quad x_2 \geq 0, \quad x_3 \geq 0 \text{。}$$

(a) 重新建立符合 3.2 節線性規劃模型標準形式的模型。
^{I}(b) 使用大 M 法，以單形法逐步求解。
^{I}(c) 使用兩階法，以單形法逐步求解。
(d) 比較 (b) 和 (c) 小題的一序列 BF 解，哪些只在加入人工變數後的人工問題可行？哪些確實是實際問題的可行解？
^{C}(e) 使用單形法套裝軟體求解。

4.6-4. 說明對大 M 法來說，為什麼一旦所有的人工變數都變成非基變數後，單形法就不會選擇人工變數作為進入基變數。

4.6-5. 思考以下問題。

極大化　$Z = 90x_1 + 70x_2$,

受限於

$$2x_1 + x_2 \leq 2$$
$$x_1 - x_2 \geq 2$$

及

$$x_1 \geq 0, \quad x_2 \geq 0 \text{。}$$

(a) 以圖形方式說明此問題無可行解。
^{C}(b) 使用單形法的套裝軟體，判斷此問題無可行解。
^{I}(c) 使用大 M 法，逐步使用單形法以說明此問題無可行解。
^{I}(d) 以兩階法中的階段 1 重做 (c) 小題。

4.6-6. 依據以下問題，重做習題 4.6-5。

極小化　$Z = 5{,}000x_1 + 7{,}000x_2$,

受限於

$$-2x_1 + x_2 \geq 1$$
$$x_1 - 2x_2 \geq 1$$

及

$$x_1 \geq 0, \quad x_2 \geq 0 \text{。}$$

4.6-7. 思考以下問題。

極大化　$Z = 2x_1 + 5x_2 + 3x_3$,

受限於

$$x_1 - 2x_2 + x_3 \geq 20$$
$$2x_1 + 4x_2 + x_3 = 50$$

及

$$x_1 \geq 0, \quad x_2 \geq 0, \quad x_3 \geq 0 \text{。}$$

(a) 使用大 M 法，建立單形法完整的第一個單形表，找出對應的初始（人工）BF 解，及初始進入基變數和退出基變數。
^{I}(b) 以單形法逐步求解。
^{I}(c) 使用兩階法，建立單形法完整的第一個單形表，找出對應的初始（人工）BF 解，及初始進入基變數和退出基變數。
^{I}(d) 逐步求解階段 1 問題。
(e) 建立階段 2 完整的第一個單形表。
^{I}(f) 逐步求解階段 2 問題。
(g) 比較 (b)、(d) 和 (f) 小題的一序列 BF 解，哪些只在加入人工變數後的人工問題可行？哪些確實是實際問題的可行解？
^{C}(h) 使用單形法的套裝軟體求解。

4.6-8. 思考以下問題。

極小化　$Z = 2x_1 + x_2 + 3x_3$,

受限於

$$5x_1 + 2x_2 + 7x_3 = 420$$
$$3x_1 + 2x_2 + 5x_3 \geq 280$$

及

$$x_1 \geq 0, \quad x_2 \geq 0, \quad x_3 \geq 0 \text{。}$$

^{I}(a) 使用兩階法逐步求解。
^{C}(b) 使用單形法的套裝軟體，建立及求解階段 1 問題。
^{I}(c) 逐步執行階段 2，求解原始問題。
^{C}(d) 使用單形法的套裝軟體求解原始問題。

4.6-9.* 思考以下問題。

極小化　$Z = 3x_1 + 2x_2 + 4x_3$,

受限於

$$2x_1 + x_2 + 3x_3 = 60$$
$$3x_1 + 3x_2 + 5x_3 \geq 120$$

及

$$x_1 \geq 0, \quad x_2 \geq 0, \quad x_3 \geq 0 \text{。}$$

[I](a) 使用大 M 法，以單形法逐步求解。

[I](b) 使用兩階法，以單形法逐步求解。

(c) 比較 (a) 和 (b) 小題的一序列 BF 解，哪些只在加入人工變數後的人工問題可行？哪些確實是實際問題的可行解？

[C](d) 使用單形法套裝軟體求解。

4.6-10. 依據以下問題，重做習題 4.6-9。

極小化　　$Z = 3x_1 + 2x_2 + 7x_3$，

受限於

$$-x_1 + x_2 = 10$$
$$2x_1 - x_2 + x_3 \geq 10$$

及

$$x_1 \geq 0, \quad x_2 \geq 0, \quad x_3 \geq 0 \text{。}$$

4.6-11. 判斷下列各項敘述真假並說明原因。

(a) 線性規劃模型有條等式限制式時，加入人工變數到是要得到原模型的初始可行基解，開始進行單形法。

(b) 加入人工變數產生人工問題，使用大 M 法求解時，若人工問題最佳解之所有人工變數皆為零，則實際問題無可行解。

(c) 因為兩階法找到最佳解的疊代次數通常較大 M 法少，故經常使用在實務上。

4.6-12. 思考以下問題。

極大化　　$Z = x_1 + 4x_2 + 2x_3$，

受限於

$$4x_1 + x_2 + 2x_3 \leq 5$$
$$-x_1 + x_2 + 2x_3 \leq 10$$

及

$$x_2 \geq 0, \quad x_3 \geq 0$$

（x_1 無非負限制式）。

(a) 重建此問題的模型，讓所有變數皆有非負限制式。

[D,I](b) 使用單形法逐步求解。

[C](e) 使用單形法的套裝軟體求解。

4.6-13.* 思考以下問題。

極大化　　$Z = -x_1 + 4x_2$，

受限於

$$-3x_1 + x_2 \leq -6$$
$$x_1 + 2x_2 \leq 4$$
$$2x_2 \geq -3$$

（x_1 無下界限制式）。

[D,I](a) 使用圖解法求解。

(b) 重建僅有兩條函數限制式的問題模型，且讓所有變數皆有非負限制式。

[D,I](c) 使用單形法逐步求解。

4.6-14. 思考以下問題。

極大化　　$Z = -x_1 + 2x_2 + x_3$，

受限於

$$3x_2 + x_3 \leq 120$$
$$x_1 - x_2 - 4x_3 \leq 80$$
$$-3x_1 + x_2 + 2x_3 \leq 100$$

（無非負限制式）。

(a) 重建此問題的模型，讓所有變數皆有非負限制式。

[D,I](b) 使用單形法逐步求解。

[C](c) 使用單形法的套裝軟體求解。

4.6-15. 本章說明了單形法在極大化目標函數的線性規劃問題中的應用，4.6 節描述將極小化問題轉換成相等極大化問題的方法，以應用單形法。另一種極小化問題的處理方式，是小幅修改單形法規則，直接應用該演算法。

(a) 說明需要進行的修改。

(b) 將大 M 法應用在 (a) 小題修改後的演算法，直接求解以下問題（不要使用 OR Courseware）。

極小化　　$Z = 3x_1 + 8x_2 + 5x_3$，

受限於

$$3x_2 + 4x_3 \geq 70$$
$$3x_1 + 5x_2 + 2x_3 \geq 70$$

及

$$x_1 \geq 0, \quad x_2 \geq 0, \quad x_3 \geq 0 \text{。}$$

4.6-16. 思考以下問題。

極大化　　$Z = -2x_1 + x_2 - 4x_3 + 3x_4$，

受限於

$$x_1 + x_2 + 3x_3 + 2x_4 \leq 4$$
$$x_1 + x_3 + x_4 \geq -1$$
$$2x_1 + x_2 \leq 2$$
$$x_1 + 2x_2 + x_3 + 2x_4 = 2$$

及

$$x_2 \geq 0, \quad x_3 \geq 0, \quad x_4 \geq 0$$

(x_1 無非負限制式)。

(a) 重新建立符合 3.2 節線性規劃模型標準形式的模型。
(b) 使用大 M 法，建立單形法完整的第一個單形表，找出對應的初始（人工）BF 解，及初始進入基變數和退出基變數。
(c) 使用兩階法，建立階段 1 第一個單形表的列 0。
(d) 使用單形法的套裝軟體求解。

I 4.6-17. 思考以下問題。

極大化　　$Z = 4x_1 + 5x_2 + 3x_3$，

受限於

$$\begin{aligned} x_1 + x_2 + 2x_3 &\geq 20 \\ 15x_1 + 6x_2 - 5x_3 &\leq 50 \\ x_1 + 3x_2 + 5x_3 &\leq 30 \end{aligned}$$

及

$$x_1 \geq 0, \quad x_2 \geq 0, \quad x_3 \geq 0。$$

逐步使用單形法，以證明此問題無可行解。

4.7-1. 參照圖 4.10 與第 3.1 節 Wyndor 玻璃公司問題各右端值的容許範圍。使用圖解分析，證明容許範圍皆正確。

4.7-2. 重新思考習題 4.1-5 的模型。把各函數限制式的右端值解釋為資源的可用量。

I (a) 使用圖 4.8 的圖解分析，找出各資源的陰影價格。
I (b) 用圖解分析來進行敏感度分析，以其最佳解判斷模型的每個參數是否為敏感參數（一旦改變該值，最佳解也會跟著改變的參數）。
I (c) 使用圖解分析，找出圖 4.9 中各 c_j 值（x_j 在目標函數的係數）的容許範圍。
I (d) 只要變更一個 b_i 值（函數限制式 i 的右端值），其對應之限制邊界就會移動。若現行最佳 CPF 解位於此限制邊界上，該 CPF 解亦會移動。用圖解分析，找出維持該 CFP 解可行情況下，各 b_i 值的容許範圍。
C (e) 使用單形法的套裝軟體求解，並產生敏感度分析資料，以驗證 (a)、(c) 和 (d) 小題的答案。

4.7-3. 思考以下線性規劃問題。

極大化　　$Z = 4x_1 + 2x_2$，

受限於

$$\begin{aligned} 2x_1 &\leq 16 \quad &\text{（資源 1）} \\ x_1 + 3x_2 &\leq 17 \quad &\text{（資源 2）} \\ x_2 &\leq 5 \quad &\text{（資源 3）} \end{aligned}$$

及

$$x_1 \geq 0, \quad x_2 \geq 0。$$

D,I (a) 使用圖解法求解。
(b) 使用圖解分析，找出資源的陰影價格。
(c) 資源 1 的可用量需要增加多少單位，才能使最佳 Z 值增加 15？

4.7-4. 思考以下問題。

極大化　　$Z = x_1 - 7x_2 + 3x_3$，

受限於

$$\begin{aligned} 2x_1 + x_2 - x_3 &\leq 4 \quad &\text{（資源 1）} \\ 4x_1 - 3x_2 &\leq 2 \quad &\text{（資源 2）} \\ -3x_1 + 2x_2 + x_3 &\leq 3 \quad &\text{（資源 3）} \end{aligned}$$

及

$$x_1 \geq 0, \quad x_2 \geq 0, \quad x_3 \geq 0。$$

D,I (a) 使用單形法逐步求解。
(b) 找出此三種資源的陰影價格，並說明其重要性。
C (c) 用單形法的套裝軟體求解，接著產生敏感度分析資訊。以此找出各資源的陰影價格、各目標函數係數的容許範圍，及各右端值的容許範圍。

4.7-5.* 思考以下問題。

極大化　　$Z = 2x_1 - 2x_2 + 3x_3$，

受限於

$$\begin{aligned} -x_1 + x_2 + x_3 &\leq 4 \quad &\text{（資源 1）} \\ 2x_1 - x_2 + x_3 &\leq 2 \quad &\text{（資源 2）} \\ x_1 + x_2 + 3x_3 &\leq 12 \quad &\text{（資源 3）} \end{aligned}$$

及

$$x_1 \geq 0, \quad x_2 \geq 0, \quad x_3 \geq 0。$$

D,I (a) 使用單形法逐步求解。

(b) 找出此三種資源的陰影價格，並說明其重要性。

^{C}(c) 用單形法的套裝軟體求解，接著產生敏感度分析資訊。以此找出各資源的陰影價格、各目標函數係數的容許範圍，及各右端值的容許範圍。

4.7-6. 思考以下問題。

極大化　$Z = 5x_1 + 4x_2 - x_3 + 3x_4$，

受限於

$$3x_1 + 2x_2 - 3x_3 + x_4 \le 24 \quad \text{（資源 1）}$$
$$3x_1 + 3x_2 + x_3 + 3x_4 \le 36 \quad \text{（資源 2）}$$

及

$$x_1 \ge 0, \quad x_2 \ge 0, \quad x_3 \ge 0, \quad x_4 \ge 0。$$

^{D,I}(a) 使用單形法逐步求解此問題。

(b) 找出此兩種資源的陰影價格，並說明其重要性。

^{C}(c) 用單形法的套裝軟體求解，接著產生敏感度分析資訊。以此找出各資源的陰影價格、各目標函數係數的容許範圍，及各右端值的容許範圍。

4.9-1. 使用 IOR Tutorial 的內點演算法，求解習題 4.1-4 的模型。在 Option 選單選擇 $\alpha = 0.5$，以 $(x_1, x_2) = (0.1, 0.4)$ 為初始試算解，並執行 15 次疊代。描繪可行解區域的圖形，再畫出這些試算解通過這個可行解區域的路徑。

4.9-2. 依照習題 4.1-5 的模型，重做習題 4.9-1。

個案研究

個案 4.1　紡織品和秋裝

Katherine Rally 從辦公室 10 樓，俯看紐約街上擠滿了人群、黃色計程車，而人行道上散布著熱狗攤。在悶熱的七月天，她注意到各種不同女性的穿著，想像她們秋天會選穿什麼款式的衣服。她不是在胡思亂想，這些想法對她工作非常重要，因為她是女裝精品公司 TrendLines 的老闆，同時也負責經營管理。

今天是個特別重要的日子，因為她要和生產經理 Ted Lawson 討論下個月秋裝生產計畫。事實上，Kaherine 須根據產能、其他有限資源和需求預測，決定各款式產量。下個月的生產規劃對秋季銷售至關重要，因此時的產品在九月推出上市，而大部分女性通常都在此時候買秋裝。

Katherine 回頭看書上擺滿的許多文件。她的眼睛掃過將近六個月前設計的款式、各款式材料需求，及根據在服飾展的客戶調查所得到的需求預測。她想起過去設計秋裝及參加米蘭、紐約與巴黎時裝展的忙碌和慌亂，因此後來支付 $860,000，僱用了六位負責秋裝的設計師。此外，這三次服裝展要僱用模特兒的成本、髮型設計師、化妝師、縫製和衣服配件、舞台布置費用、表演設計和排練預演以及場地租金等，每場需要花費 $2,700,000。

她研究秋裝款式與材料需求，秋季產品包括職場與休閒服裝。她考慮到材料的品質與成本、人工與機器成本、需求量及 TrendLines 商譽等方面，來進行訂價。

今秋季職場款式包括：

服裝款式	材料需求	售價	人工與機器成本
羊毛長褲	羊毛 3 碼 醋酸合成纖維襯裡 2 碼	$300	$160
喀什米爾羊毛上衣	喀什米爾羊毛 1.5 碼	$450	$150
絲質寬鬆上衣	絲 1.5 碼	$180	$100
絲質襯衣	絲 0.5 碼	$120	$ 60
訂製裙	人造絲 2 碼 醋酸合成纖維襯裡 1.5 碼	$270	$120
羊毛運動上衣	羊毛 2.5 碼 醋酸合成纖維襯裡 1.5 碼	$320	$140

休閒款式則包括：

服裝款式	材料需求	售價	人工與機器成本
絲絨長褲	絲絨 3 碼 醋酸合成纖維襯裡 2 碼	$350	$175
棉質運動衣	棉質布料 1.5 碼	$130	$ 60
棉質迷你短裙	棉質布料 0.5 碼	$ 75	$ 40
絲絨襯衫	絲絨 1.5 碼	$200	$160
有扣寬鬆襯衫	人造絲 1.5 碼	$120	$ 90

下個月分別訂購羊毛 45,000 碼、醋酸合成纖維 28,000 碼、喀什米爾羊毛 9,000 碼、絲 18,000 碼、人造絲 30,000 碼、絲絨 20,000 碼和棉質布料 30,000 碼。價格如下：

材料	每碼單價
羊毛	$ 9.00
醋酸合成纖維	$ 1.50
喀什米爾羊毛	$60.00
絲	$13.00
人造絲	$ 2.25
絲絨	$12.00
棉質布料	$ 2.50

未用於生產的完整材料可退回批發商要求全額退款，碎片廢料則不能退。

　　Katherine 知道絲質寬鬆上衣和棉質運動衣都會有剩餘碎料。生產一件絲質寬鬆上衣或棉質運動衣，需要絲與棉布各 2 碼，其中 1.5 碼用在絲質寬鬆上衣或棉質運動衣，會剩下 0.5 碼廢料。由於她不想浪費材料，而想用絲或棉的方形碎片分別製作一件絲質襯衣或棉質迷你短裙。因此，生產一件絲質寬鬆上衣，會產出一件絲質襯衣。同理，生產一件棉質運動衣，會產出一件棉質迷你短裙。但也有可能生產一件絲質襯衣而不產出絲質寬鬆上衣，或生產一件棉質迷你短裙而未產出棉質運動衣。

　　需求預測呈現出一些款式需求有限。TrendLines 認為絲絨長褲與絲絨襯衫是時尚衣著，故只能銷售 5,500 條絲絨長褲和 6,000 件絲絨襯衫，因為長褲和襯衫一旦褪流行就滯銷，而不願生產超出此預測輛。TrendLines 不需滿足所有需求，能生產少於需求預測量。TrendLines 認為高價品喀什米爾羊毛銷量有限，最多能銷售 4,000 件。TrendLines 預估許多女性認為絲織品不容易保養，故絲質寬鬆上衣與絲質襯衣需求量有限，預測銷售量為 12,000 件絲質寬鬆上衣及 15,000 件絲質襯衣。

需求預測出，羊毛長褲、裙子和羊毛運動上衣是上班族基本款，所以需求很大。羊毛長褲需求為 7,000 件，羊毛運動上衣則為 5,000 件。Katherine 希望能至少滿足這兩款 60% 的需求，以穩住既有生意。由於裙子的需求無法估計，但她認為至少該生產 2,800 件。

(a) Ted 嘗試說服 Katherine 不要投產絲絨襯衫，由於其流行時尚需求相當低。他認為該款式固定設計與其他成本為 $500,000。雖然每件絲絨襯衫銷售淨利為 $22（衣服單價－材料成本－人工成本），應足以支付固定成本，但即使售完全部庫存，也無法獲利。Ted 所言是否正確？

(b) 考慮生產、資源和需求限制，建立並求解線性規劃模型，以極大化利潤。

在做最後決定之前，Katherine 打算探討以下這些各自獨立問題〔除特別註明〕。

(c) 批發商告知 Katherine，由於絲絨需求預估量減少，且絲絨無法退貨，故 Katherine 無法收回絲絨退款。這會如何影響其生產計畫？

(d) 各位直覺對 (b) 和 (c) 小題所得解間的差異，有何經濟詮釋？

(e) 因為羊毛運動上衣樣式特殊，造成不易縫製手臂和襯裡部分，且羊毛原料厚重，讓剪裁與縫紉更難。也因此增加工時，而讓每件羊毛運動上衣的人工與機器成本增加 $80。TrendLines 對此新增成本，該如何規劃各款式產量，以極大化利潤？

(f) 批發商告知 Katherine，因另一位客戶退單，她能多買 10,000 碼的醋酸合成纖維。TrendLines 現在該如何規劃各款式產量，以極大化利潤？

(g) 假設 TrendLines 能將 9 月與 10 月未售出的秋裝，在 11 月以原價 60% 促銷價售出，亦即可在該促銷期間銷售無限量提供各秋裝款式（前述需求上限只適用於 9 月和 10 月的銷售）。TrendLines 為了極大化利潤，該如何規劃其新生產計畫？

本書網站其他個案預告

個案 4.2　銀行推展新服務

AmeriBank 準備提供顧客網路銀行服務，並打算針對三地區的四種不同年齡層顧客進行市調，來規劃網際網路服務內容。據銀行業務特性，AmeriBank 提出調查對象的地區與年齡層限制。此問題能應用線性規劃發展極小化總成本，並符合所有限制的市調計畫。

個案 4.3　學區分發學生

Springfield 學區委員會決定關閉一間中學後，需要將明年所有中學生重新分發至其他三校。由於搭校車的學生很多，故目標為極小化校車總成本。另一目標則為極小化其他步行或騎自行車學生之不便與安全。據各校容量，並考慮各校各年級學生人數約相等之限制，該如何用線性規劃模型，找出當地六個社區每校各應分發多少學生給？若各社區學生須就讀同校，該如何分發（個案 7.3 與個案 11.4 會繼續探討此問題）？

05
Chapter
單形法的理論

第 4 章已介紹單形法之基本運算機制,本章將更深入檢視該理論。5.1 節會進一步解說單形法的一般幾何與代數特性,然後說明此方法的矩陣形式,其可以大幅地簡化在電腦上實作的過程。接下來,以矩陣形式介紹單形法的基本意涵,藉此了解對原始模型所做的改變,如何隨著單形法執行過程變化,直到最終的單形表。這種意涵是了解第 6 章(對偶理論)和 7.1 至 7.3 節(敏感度分析)中重要主題的關鍵。本章最後會介紹的修正單形法進一步簡化矩陣形式的單形法,商用電腦程式內的單形法一般多以修正單形法為基礎。

5.1 單形法的基礎

第 4.1 節說明可行角 (CPF) 解及其在單形法中所發揮的重要作用。這些幾何觀念與 4.2 及 4.3 所提過的單形法之代數特性有關。不過都以 Wyndor 玻璃公司為例進行說明,這個問題只有兩個決策變數,因此僅具簡單的幾何意義。而本節將討論在處理較大問題時,如何將這些觀念延伸至更多維度的空間。

本節一開始要介紹有 n 個決策變數之線性規劃問題的基本專有名詞。各位能參照圖 5.1(與圖 4.1 相同),或許有助於了解在二維空間 ($n = 2$) 的定義。

專有名詞

線性規劃問題之最佳解一定會在可行解區域邊界上。直覺上這似乎很容易理解,實際上這也是線性規劃的一般特性。因為邊界算是幾何觀念,故我們一開始先釐清,該如何以代數方法找出可行解區域的邊界。

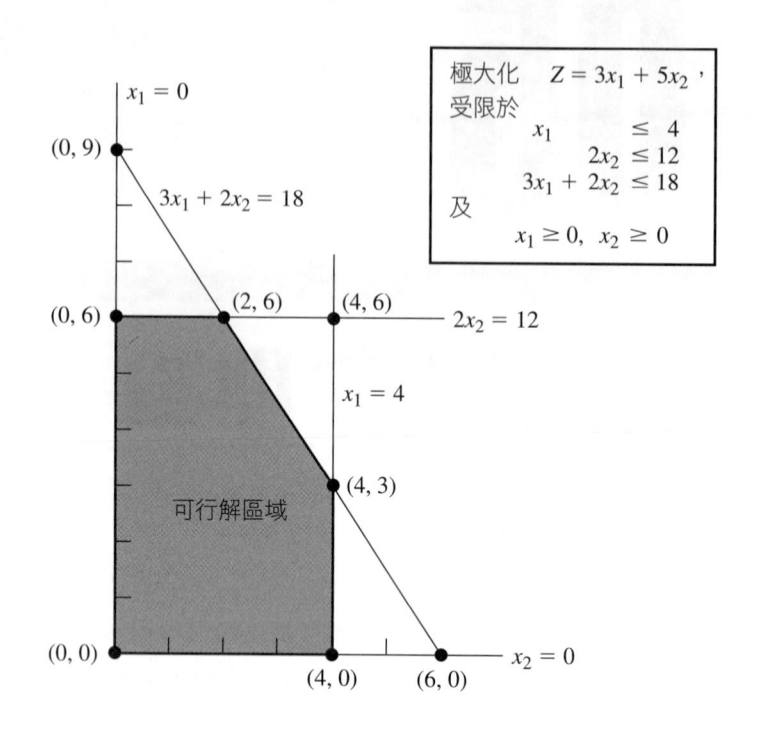

圖 5.1 Wyndor 玻璃公司例題之限制邊界、限制邊界方程式和角解。

任何限制式之限制邊界方程式 (constraint boundary equation) 可藉由以 = 號取代其 ≤、= 或 ≥ 符號而得。

所以，限制式之限制邊界方程式的形式是 $a_{i1}x_1 + a_{i2}x_2 + ... + a_{in}x_n = b_i$，而非負限制式的形式則是 $x_j = 0$。每一個此類方程式即定義了 n 維空間中一個「平的」幾何圖形，稱為**超平面 (hyperplane)**，類似二維空間中的直線和三維空間中的平面。這個超平面形成對應限制式的**限制邊界 (constraint boundary)**。若限制式符號是 ≤ 或 ≥ 時，限制邊界會滿足該限制式的點（所有在此限制邊界一邊及其上的點）與違反該限制條件的點（限制邊界另一邊所有的點）分開。若限制式符號為 = 時，只有限制邊界上的點符合該限制式。

以 Wyndor 玻璃公司為例，該問題中有五條限制式（三條函數限制式和兩條非負限制式），故有五條限制邊界方程式，如圖 5.1 所示。因為 $n = 2$，限制邊界方程式所定義的超平面是直線。所以這五條限制式的限制邊界是圖 5.1 的五條直線。

可行解區域的邊界 (boundary) 包含符合一條或多條限制邊界方程式的可行解。

在幾何的情況中，任何位於可行解區域邊界上的點，會落在一個或多個限制邊界方程式所定義的超平面上。所以圖 5.1 中的五條粗黑線段組成了邊界。

接下來定義 n 維空間中的 CPF 解。

可行角 (CPF) 解 (corner-point feasible solution) 是不在任何連接兩個其他可行解之線段上的可行解。

此意指，若一可行解在連接其他兩個可行解線段上，就不是 CPF 解。參見圖 5.1 中，當 $n = 2$ 時，點 (2, 3) 不是 CPF 解，因為在幾條這種線段上，例如連接 (0, 3) 和 (4, 3) 線段的中點。同理，(0, 3) 也不是 CPF 解，因為連接 (0, 0) 和 (0, 6) 線段的中點。但是 (0, 0) 是 CPF 解，因為不可能找到兩個其他可行解分別位於 (0, 0) 的兩邊（試著找看看）。

當決策變數之數目 n 大於 2 或 3 時，就不易根據這個定義找出 CPF 解。因此，以代數方式詮釋 CPF 解是最有幫助的。以 Wyndor 玻璃公司問題為例，圖 5.1 中每個 CPF 解都位於兩條 ($n = 2$) 限制邊界的交點，也就是兩條限制邊界方程式系統的聯立解 (simultaneous solution)。我們將此情況整理在表 5.1，而**定義方程式 (defining equation)** 是指產生該 CPF 解的限制邊界方程式。

對於任何具 n 個決策變數的線性規劃問題而言，各個 CPF 解都位於 n 條限制邊界的交點，亦即 n 條限制邊界方程式系統之聯立解。

但這並不代表由 $n + m$ 條限制式（n 條非負和 m 條函數限制式）選出的每一組 n 條限制邊界方程式都能產生 CPF 解。尤其這樣的方程式系統之聯立解或許會違反其他未被選取之 m 條限制式中的一條或多條限制式，而成為不可行角解。此例題有三個這種解，如表 5.2 所示。

表 5.1 Wyndor 玻璃公司問題中每個 CPF 解的定義方程式

CPF 解	定義方程式
(0, 0)	$x_1 = 0$ $x_2 = 0$
(0, 6)	$x_1 = 0$ $2x_2 = 12$
(2, 6)	$2x_2 = 12$ $3x_1 + 2x_2 = 18$
(4, 3)	$3x_1 + 2x_2 = 18$ $x_1 = 4$
(4, 0)	$x_1 = 4$ $x_2 = 0$

■ 表 5.2　Wyndor 玻璃公司問題中每個不可行角解的定義方程式

不可行角解	定義方程式
(0, 9)	$x_1 = 0$ $3x_1 + 2x_2 = 18$
(4, 6)	$2x_2 = 12$ $x_1 = 4$
(6, 0)	$3x_1 + 2x_2 = 18$ $x_2 = 0$

此外，n 條限制邊界方程式系統也許無解，且此例題中有兩對方程式即是此情況：(1) $x_1 = 0$ 和 $x_1 = 4$；以及 (2) $x_2 = 0$ 和 $2x_2 = 12$。這種方程式系統對我們來說並非重點。

最後有可能（在本例題中沒有發生）是該 n 條限制邊界方程式的系統有多餘的方程式，因此有多重解。由於單形法能避開此狀況，故勿須擔心。

值得注意的是，可能有一組以上的 n 條限制邊界方程式系統得到相同的 CP 解。當一個 CPF 解位於 n 條限制邊界的交點，而其他一條或多條限制邊界正好通過這個交點時，就會發生這種情況。若我們將 Wyndor 玻璃公司問題（其中 $n = 2$）的原限制式 $x_1 \leq 4$ 更換成 $x_1 \leq 2$，則我們在圖 5.1 能看到 CPF 解 (2, 6) 位於三條限制邊界的交點，而不是只有兩條。因此，這個解可以由三對限制邊界方程式中任何一對得到〔此例即為第 4.5 節所討論的退化 (degeneracy)〕。

整體來說，這個例題有五條限制式與兩個變數，因此共 10 對限制邊界方程式。這其中有五對是 CPF 解的定義方程式（表 5.1），三對是不可行角解的定義方程式（表 5.2），而最後兩對都是無解。

相鄰 CPF 解

我們曾在第 4.1 節介紹過相鄰 CPF 解，及相鄰 CPF 解在求解線性規劃問題時所扮演的角色，現在我們再進一步說明。

第 4 章（在不考慮差額、餘額與人工變數時），單形法每次疊代會由目前的 CPF 解移至一個相鄰 CPF 解。這個過程的行經路徑為何？而相鄰 CPF 解的真正意義為何？我們先由幾何觀點探討此問題，接著再進行代數的詮釋。

這些問題在 $n = 2$ 時很容易回答，而在此狀況下，可行解區域的邊界是形成多邊形 (polygon) 的一些互相連接的線段，而圖 5.1 中的五條粗黑線段是可行解區域的邊 (edge)。自每個 CPF 解延伸出兩條邊，通往每條另一端的是一個相鄰 CPF 解（注意圖 5.1 中的 CPF 解都有兩個相鄰 CPF 解）。每次疊代的行經路徑是沿著這些邊，從一端移動到另一端。圖 5.1 中第一次疊代從 (0, 0) 沿著邊移至 (0, 6)；接著下一次疊代從 (0,

6) 沿邊移至 (2, 6)。如表 5.1 所示,每次移至相鄰 CPF 解時,只改變一條定義方程式（即 CPF 解所位處之限制邊界）。

答案在 $n=3$ 時就稍微複雜些。為有助了解過程,我們以圖 5.2 表示一種 $n=3$ 時、可行解區域的三維圖形,而黑點是 CPF 解。這個可行解區域為一多面體 (polyhedron),而不是 $n=2$ 時的多邊形（見圖 5.1）,因其限制邊界是平面,並非直線。此多面體的面形成可行解區域的邊界,每個面是該限制邊界同時滿足其他限制式的部分。圖 5.2 中,每個 CPF 解位於三條限制邊界的交點（有時包括非負限制式的限制邊界 $x_1 = 0$、$x_2 = 0$ 和 $x_3 = 0$）,同時滿足其他限制式。若不違反其他限制式,此交點是不可行角解。

圖 5.2 中的粗黑線段為單形法一次典型疊代的路徑。點 (2, 4, 3) 是疊代開始時的目前 CPF 解,而點 (4, 2, 4) 則是此疊代結束時的新 CPF 解。點 (2, 4, 3) 位於限制邊界 $x_2 = 4$、$x_1 + x_2 = 6$ 和 $-x_1 + 2x_2 = 4$ 的交點,所以這三條方程式為此 CPF 解的定義方程式。若刪除定義方程式 $x_2 = 4$,另兩條限制邊界（平面）之交集會成一直線。如圖 5.2 顯示,由 (2, 4, 3) 至 (4, 2, 4) 的粗黑線段為此直線的一部分,位於可行解區域邊界上,而直線其他部分為不可行。這條線段是可行解區域的邊,而端點 (2, 4, 3) 與 (4, 2, 4) 則為相鄰 CPF 解。

當 $n = 3$ 時,所有可行解區域的邊都以此型態呈現,由位於兩條限制邊界交集的可行線段形成,而每條邊的兩個端點是相鄰 CPF 解。圖 5.2 中有 15 條可行解區域的邊,所以共有 15 對相鄰 CPF 解。對目前 CPF 解 (2, 4, 3) 而言,能以三種方式刪除三

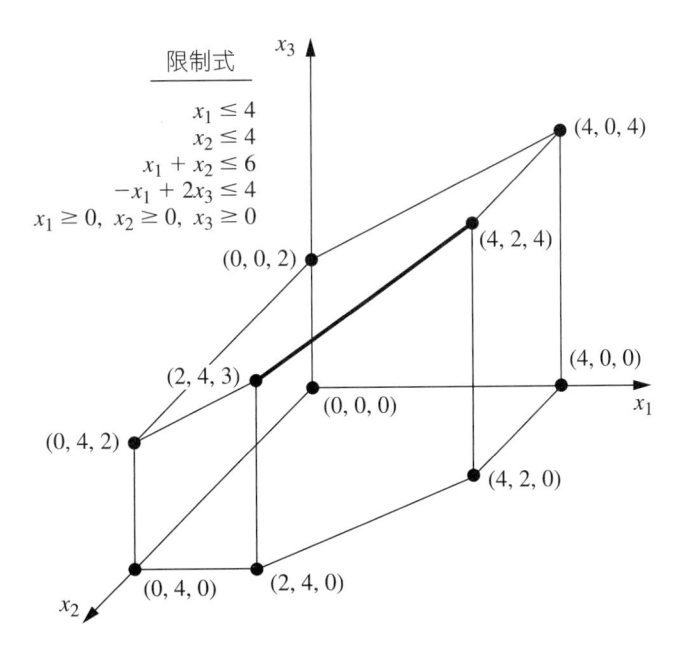

限制式
$x_1 \leq 4$
$x_2 \leq 4$
$x_1 + x_2 \leq 6$
$-x_1 + 2x_3 \leq 4$
$x_1 \geq 0,\ x_2 \geq 0,\ x_3 \geq 0$

■ **圖 5.2** 三個變數之線性規劃問題的可行解區域和 CPF 解。

條定義方程式中的一條，獲得另兩條限制邊界之交集，所以會有三條邊從 (2, 4, 3) 延伸出來。這幾個邊分別延伸到 (4, 2, 4)、(0, 4, 2) 和 (2, 4, 0)，所以這三個 CPF 解和 (2, 4, 3) 是相鄰的。

對於下一次疊代，單形法選擇了這三條邊其中的一條，即圖 5.2 所呈現的粗黑線段，接下來就沿著這條邊離開 (2, 4, 3)，直到在另一個端點碰到第一條新的限制邊界 $x_1 = 4$。﹝我們沒有辦法繼續沿此線段移至下一條限制邊界 $x_2 = 0$，因為這樣會產生不可行角解 (6, 0, 5)。﹞而這第一條新限制邊界與另兩條限制邊界匯集而成的交點是新的 CPF 解 (4, 2, 4)。

當 $n > 3$ 時，除了限制邊界現在為超平面而非平面外，這些相同概念亦適用在較高維度空間上。總結如下。

以具備 n 個決策變數和有界可行解區域之線性規劃問題來說，其 CPF 解位於 n 條限制邊界的交點（並同時滿足其他所有限制式）。可行解區域的**邊**是位於 $n - 1$ 條限制邊界交集的可行線段，其端點位於另一條限制邊界上（因此這些端點是 CPF 解）。若連接兩個 CPF 解的線段是可行解區域的邊，則為兩相鄰的 CPF 解。從 CPF 解延伸出 n 條這種邊，各自會到達其相鄰的 n 個 CPF 解中的一個。單形法的每次疊代會由目前的 CPF 解，沿此 n 條邊中的一條，移至相鄰的 CPF 解。

當各位將觀點由幾何轉換至代數時，限制邊界的交集會變成限制邊界方程式的聯立解。產生（定義）CPF 解的 n 條限制邊界方程式也就是此 CPF 解的定義方程式，在刪除其中一條方程式時，會產生一條直線，其可行線段為可行解區域的邊。

接著進行 CPF 解重要特性的分析，並說明這些概念之意涵以詮釋單形法。在各位對先前概念還記憶猶新之際，我們先概述觀念。在單形法選擇進入基變數時，在幾何上的意義是選擇一條由目前 CPF 解延伸出來的邊，以沿著此邊移動。當此變數由零開始增加（其他基變數值亦同時改變），則對應於沿著此邊移動。而其中一基變數（退出基變數）的值降為零時，即代表已達此邊於可行解區域另一端之第一條新限制邊界。

CPF 解的特性

我們接下來討論 CPF 解的三大特性，這些重要特性能用在任何具有可行解和有界可行解區域的線性規劃問題。

特性 1：(*a*) 若有唯一最佳解，則此解一定為 CPF 解；(*b*) 若有多重最佳解（及有界可行解區域），那麼至少會有兩個最佳解為相鄰 CPF 解。

特性 1 由幾何觀點來看是屬於直覺的特性。首先各位思考一下情況 (a)。Wyndor 玻璃公司問題中（見圖 5.1）唯一最佳解 (2, 6) 確實為 CPF 解。注意此情況並非特例，對任何僅有一最佳解的問題來說，直到剛好碰到可行解區域某一角落（最佳解）為止前，一定可以不斷向上移動目標函數直線（超平面）。

我們接著以代數證明此特性。

特性 1 情況 (a) 之證明：利用反證法，假設只有唯一最佳解，但其並非 CPF 解，我們接著在下面會證明此假設會產生矛盾，故為不正確（這個假設的最佳解以 $\mathbf{x}^*$ 表示，而其目標函數值以 Z^* 表示）。

由前述 CPF 解定義（不在連接另兩可行解線段上之可行解）可知，由於假設最佳解 $\mathbf{x}^*$ 非 CPF 解，故可求得另兩可行解，讓此最佳解位於連接此兩解之線段上。令向量 $\mathbf{x}'$ 和 $\mathbf{x}''$ 表示為此另兩可行解，並令 Z_1 和 Z_2 分別為其目標函數值。與位於連接 $\mathbf{x}'$ 和 $\mathbf{x}''$ 之線段上的其他點一樣，

$$\mathbf{x}^* = \alpha \mathbf{x}'' + (1 - \alpha)\mathbf{x}'$$

其中 $0 < \alpha < 1$（舉例而言，如果 $\mathbf{x}^*$ 是 $\mathbf{x}'$ 和 $\mathbf{x}''$ 的中間點，則 $\alpha = 0.5$）。由於 Z^*、Z_1 和 Z_2 之變數係數都一樣，所以

$$Z^* = \alpha Z_2 + (1 - \alpha)Z_1。$$

因為權重 α 和 $1 - \alpha$ 的和是 1，所以 Z^*、Z_1 和 Z_2 間的大小關係只有三種可能：(1) $Z^* = Z_1 = Z_2$；(2) $Z_1 < Z^* < Z_2$；(3) $Z_1 > Z^* > Z_2$。第一種為 $\mathbf{x}'$ 和 $\mathbf{x}''$ 也是最佳解，這和唯一最佳解假設矛盾。後者兩種可能與 $\mathbf{x}^*$（非 CPF 解）為最佳解之假設矛盾，故不可能出現非 CPF 解之唯一最佳解。

我們接下來思考情況 (b)，這部分在第 3.2 節定義過最佳解時，曾經將目標函數修改為 $Z = 3x_1 + 2x_2$ 加以說明（見第 3.2 節中的圖 3.5）。接下來，在以圖解法求解時，直到包含連接 (2, 6) 和 (4, 3) 此二 CPF 解為止，目標函數直線會持續向上移動。目標函數超平面在高維度空間中亦會持續向上移動，至包含連接兩（或更多）相鄰 CPF 解線段為止。所以，我們能將每一個最佳解表示成最佳 CPF 解的加權平均（習題 4.5-5 與 4.5-6 會進一步說明此狀況）。

特性 1 的真正重要意義在於，大幅簡化最佳解搜尋，因為現在只需要考慮 CPF 解即可。性質 2 則進一步加強這個簡化的重要性。

特性 2：CPF 解數目有限。

此特性在圖 5.1 和圖 5.2 中的確成立，其中各別出現 5 與 10 個 CPF 解。要了解為

什麼 CPF 解的數目一般而言是有限的，根據前述，每個 CPF 解是 $m + n$ 條限制邊界方程式中 n 條的聯立解。從 $m + n$ 條方程式中每一次選取 n 條的不同組合數目是

$$\binom{m+n}{n} = \frac{(m+n)!}{m!n!},$$

此為一有限的數字，亦代表 CPF 解數目的上限。在圖 5.1 中，$m = 3$、$n = 2$，所以共有 10 組相異之兩條方程式系統，但其中僅有一半能出現 CPF 解。在圖 5.2 中，$m = 4$、$n = 3$，因此會有 35 組相異三條方程式系統，但其中僅有 10 組會產生出 CPF 解。

根據性質 2，原則上是可以利用窮舉法求得最佳解，亦即找出並比較所有的 CPF 解。但是，某些有限的數目（實際上）與無限大也差不多。例如，一個只是 $m = 50$、$n = 50$ 的小型線性規劃問題，就需要求解 $100!/(50!)^2 \approx 10^{29}$ 組聯立方程式系統！相反地，對於這種規模的問題，單形法只需要檢查大約 100 個 CPF 解。這麼巨大的節省要歸功於第 4.1 節的最佳性測試，在此稱為性質 3。

特性 3：若一 CPF 解未比其相鄰的 CPF 解（就 Z 值而言）更好，則不存在更好的 CPF 解。因此，只要問題有最佳解（具有可行解和有界可行解區域可以保證有最佳解），這個 CPF 解一定是最佳解（根據性質 1）。

以圖 5.1 的 Wyndor 玻璃公司問題說明特性 3。以 CPF 解 (2, 6) 而言，其相鄰 CPF 解是 (0, 6) 和 (4, 3)，這兩個 CPF 解的 Z 值都沒有比 (2, 6) 的 Z 值好。這代表其他 CPF 解，也就是 (0, 0) 及 (4, 0) 都不會比 (2, 6) 好，所以 (2, 6) 一定是最佳解。

相反地，圖 5.3 顯示一個線性規劃問題不可能會有的可行解區域〔因為延伸通過 $(\frac{8}{3}, 5)$ 的限制邊界直線會切掉此區域的一部分〕，但其確實違反特性 3。除可行解區域向右邊擴大到 $(\frac{8}{3}, 5)$ 外，這與 Wyndor 玻璃公司問題完全一樣（包含有同樣目標函數）。所以 (2, 6) 的相鄰 CPF 解現在變成 (0, 6) 和 $(\frac{8}{3}, 5)$，仍然不會比 (2, 6) 好。不過，另一個 CPF 解 (4, 5) 現在會比 (2, 6) 好，因此違反了特性 3。因為，可行解區域的邊界從 (2, 6) 往下到 $(\frac{8}{3}, 5)$，接著「往外彎曲」至 (4, 5)，而超出通過 (2, 6) 的目標函數直線。

重點是線性規劃不可能出現如圖 5.3 所示的情況。由圖 5.3 之可行解區域可見，限制式 $2x_2 \leq 12$ 和 $3x_1 + 2x_2 \leq 18$ 適用於 $0 \leq x_1 \leq \frac{8}{3}$。然而在 $\frac{8}{3} \leq x_1 \leq 4$ 時，限制式 $3x_1 + 2x_2 \leq 18$ 會被 $x_2 \leq 5$ 取代而不再適用。線性規劃問題中不容許出現這樣「條件性的限制式」。

特性 3 對任何線性規劃問題皆成立的基本理由為可行解區域永遠是凸集合 (convex set)[1]，如這裡的幾個圖所示。對具由兩變數之線性規劃問題來說，此凸集合特性意謂著在可行解區域內，每個 CPF 解的角度會小於 180°。如圖 5.1，CPF 解 (0,

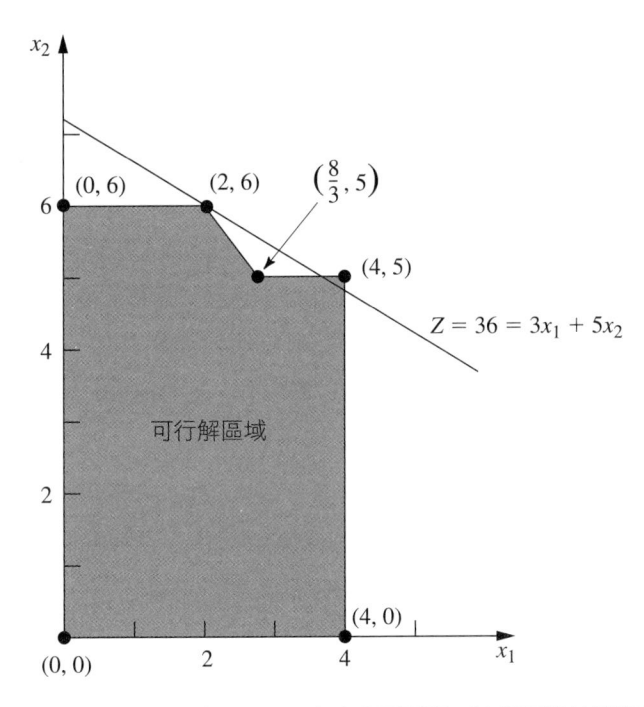

■ 圖 5.3　修改後的 Wyndor 玻璃公司問題，違反了線性規劃以及線性規劃中的 CPF 解特性。

0)、(0, 6) 和 (4, 0) 處的角度是 90°，而 (2, 6) 和 (4, 3) 處的角度介於 90° 和 180° 之間。相反地，在圖 5.3 中的可行解區域並非凸集合，由於 ($\frac{8}{3}$, 5) 處的角度大於 180°，在線性規劃中不可能有 CPF 解之處大於 180°「往外彎曲」的情形出現。此類「永不往外彎曲」之直觀特性（凸集合之基本性特）亦適用在更高維度上。

為清楚理解凸可行解區域之要義，我們可以思考一個通過沒有較好的相鄰 CPF 解之 CPF 解的目標函數超平面〔原 Wyndor 玻璃公司問題中，此超平面為通過 (2, 6) 之目標函數直線〕。這些相鄰解〔本範例的 (0, 6) 及 (4, 3)〕都會在此超平面上或在其 Z 值較差的一邊。可行解區域為凸集合，此即代表其邊界不能往外彎曲、超出相鄰 CPF 解，而得到另一在超平面較佳一邊的 CPF 解，故特性 3 成立。

延伸至問題的擴充形式

對任何標準形式之線性規劃問題（包括 ≤ 形式的函數限制式）來說，加入了差額變數後，函數限制式的形式如下：

---

[1] 若各位已熟悉凸集合，注意到滿足任何線性規劃限制式（無論為等式或不等式）之解集合為一凸集合。對任何線性規劃問題來說，可行解區域滿足個別限制式解集合的交集。因為凸集合的交集為凸集合，故可行解區域必為凸集合。

$$
\begin{align}
(1) \quad & a_{11}x_1 + a_{12}x_2 + \cdots + a_{1n}x_n + x_{n+1} = b_1 \\
(2) \quad & a_{21}x_1 + a_{22}x_2 + \cdots + a_{2n}x_n + x_{n+2} = b_2 \\
& \cdots\cdots\cdots\cdots\cdots\cdots\cdots\cdots\cdots\cdots\cdots\cdots\cdots \\
(m) \quad & a_{m1}x_1 + a_{m2}x_2 + \cdots + a_{mn}x_n + x_{n+m} = b_m,
\end{align}
$$

其中 x_{n+1}、x_{n+2}、...、x_{n+m} 為差額變數。而對其他線性規劃問題，4.6 節曾說明，我們能藉由加入人工變數的方法，得到同樣形式（以高斯消去法得到適當形式）。所以，原來的解 $(x_1, x_2, ..., x_n)$ 現在被擴大，增加了差額變數或人工變數 $(x_{n+1}, x_{n+2}, ..., x_{n+m})$ 的對應值，甚至有可能加入一些餘額變數。4.2 節曾運用此擴充形式，將**基解 (basic solution)** 定義為擴充角解，**可行基解（BF 解）[basic feasible solution (BF solution)]** 為擴充 CPF 解。因此，前述 CPF 解特性都適用於 BF 解。

我們接著說明基解與角解間的代數關係。各位回想一下，每一個角解是 n 條限制邊界方程式 (定義方程式) 系統之聯立解。其關鍵在於，該如何在擴充形式的問題中判定限制邊界方程式是否為定義方程式？所幸這是個簡單問題。每條限制式都有一**指標變數 (indicating variable)**，（依據其值是否為零）完全能呈現現行解是否滿足限制邊界方程式，如表 5.3 所整理。請注意，對於表中每列的限制式形式而言，若且為若該限制式的指標變數（第五欄）為零，則會滿足對應的限制邊界方程式（第四欄）。在最後一列（$\geq$ 形式的函數限制式）中，指標變數 $\bar{x}_{n+i} - x_{s_i}$ 事實上是人工變數 $\bar{x}_{n+i}$ 和餘額變數 x_{s_i} 之差。

所以，限制邊界方程式為某角解之定義方程式時，其指標變數在問題的擴充形式之值為零。此指標變數在對應的基解中稱為非基變數。其結論與專有名詞（4.2 節已介紹過）整理如下。

每個基解 (basic solution) 都有 m 個**基變數 (basic variable)**，而其餘則是「設定為零」之**非基變數 (nonbasic variable)**（非基變數數量等於 n 加上餘額變數之數量）。基變數之值（將非基變數為零後）為擴充形式問題的 m 條方程式系統

◨ **表 5.3** 限制邊界方程式的指標變數 *

限制式種類	限制式形式	擴充形式中的限制式	限制邊界方程式	指標變數
非負	$x_j \geq 0$	$x_j \geq 0$	$x_j = 0$	x_j
函數的 ($\leq$)	$\sum_{j=1}^{n} a_{ij}x_j \leq b_i$	$\sum_{j=1}^{n} a_{ij}x_j + x_{n+i} = b_i$	$\sum_{j=1}^{n} a_{ij}x_j = b_i$	x_{n+i}
函數的 ($=$)	$\sum_{j=1}^{n} a_{ij}x_j = b_i$	$\sum_{j=1}^{n} a_{ij}x_j + \bar{x}_{n+i} = b_i$	$\sum_{j=1}^{n} a_{ij}x_j = b_i$	$\bar{x}_{n+i}$
函數的 ($\geq$)	$\sum_{j=1}^{n} a_{ij}x_j \geq b_i$	$\sum_{j=1}^{n} a_{ij}x_j + \bar{x}_{n+i} - x_{s_i} = b_i$	$\sum_{j=1}^{n} a_{ij}x_j = b_i$	$\bar{x}_{n+i} - x_{s_i}$

* 指標變數 $= 0 \Rightarrow$ 滿足限制邊界方程式；
　指標變數 $\neq 0 \Rightarrow$ 違反限制邊界方程式。

之聯立解。此基解為擴充角解，我們能非基變數看出其 n 條定義方程式。特別是表 5.3 第五欄的指標變數為非基變數時，第四欄的限制邊界方程式就是角解的定義方程式（對 ≥ 形式的函數限制式而言，兩個輔助變數 $\bar{x}_{n+i}$ 和 x_{s_i} 中，至少會有一非基變數，但只有在此兩變數都是非基變數時，此限制邊界方程式才會是定義方程式）。

我們來看一下可行基解。在問題的擴充形式中，一個解可行的唯一條件是滿足聯立方程式，且所有的變數皆為非負。

BF 解 (BF solution) 為一基解，其中所有 m 個基變數都是非負 (≥ 0)。若此 m 個基變數中任一為零，則我們稱此 BF 解**退化 (degenerate)**。

所以，一變數值在 BF 解中可能為零，但仍不是非基變數（這也對應到 CPF 解在滿足其 n 條定義方程式外，還需滿足另一限制邊界方程式）。因此，我們需要了解目前非基變數集合（或目前基變數集合），而不能僅靠「變數值為零」來判斷。

我們先前也提過，並不是每個 n 條限制邊界聯立方程式系統都會產生一角解，因為系統可能出現無解或多個解。同理，並非任何一 n 個非基變數集合均能產生基解。不過，運用單形法能避免這種情形出現。

我們為闡述上述定義，再以 Wyndor 玻璃公司問題為例，而限制邊界方程式和指標變數以表 5.4 來呈現。

擴充每個 CPF 解（見表 5.1）能得出表 5.5 的 BF 解。除由第一及最後一解外組成一對解，表 5.5 中的每對解都是相鄰 BF 解。注意，非基變數在每個 BF 解中，必為定義方程式之指標變數。所以，相鄰 BF 解之差異僅有一個非基變數不同。另外，同時也注意，當設定非基變數為零時，每個 BF 解都是擴充形式問題（見表 5.4）之方程式系統的聯立解。

同理，三個不可行角解（見表 5.2）產生如表 5.6 所示的三個不可行基解。

另兩組非基變數 (1) x_1 和 x_3；和 (2) x_2 和 x_4 不會產生基解，因為設定任一組變數

■ 表 5.4　Wyndor 玻璃公司問題中，限制邊界方程式的指標變數 *

限制式	擴充形式中的限制式	限制邊界方程式	指標變數
$x_1 \geq 0$	$x_1 \geq 0$	$x_1 = 0$	x_1
$x_2 \geq 0$	$x_2 \geq 0$	$x_2 = 0$	x_2
$x_1 \leq 4$	(1)　$x_1 + x_3 = 4$	$x_1 = 4$	x_3
$2x_2 \leq 12$	(2)　$ 2x_2 + x_4 = 12$	$2x_2 = 12$	x_4
$3x_1 + 2x_2 \leq 18$	(3)　$3x_1 + 2x_2 + x_5 = 18$	$3x_1 + 2x_2 = 18$	x_5

* 指標變數 = 0 ⇒ 滿足限制邊界方程式；
　指標變數 ≠ 0 ⇒ 違反限制邊界方程式。

■ **表 5.5** Wyndor 玻璃公司問題的 BF 解

CPF 解	定義方程式	BF 解	非基變數
(0, 0)	$x_1 = 0$ $x_2 = 0$	(0, 0, 4, 12, 18)	x_1 x_2
(0, 6)	$x_1 = 0$ $2x_2 = 12$	(0, 6, 4, 0, 6)	x_1 x_4
(2, 6)	$2x_2 = 12$ $3x_1 + 2x_2 = 18$	(2, 6, 2, 0, 0)	x_4 x_5
(4, 3)	$3x_1 + 2x_2 = 18$ $x_1 = 4$	(4, 3, 0, 6, 0)	x_5 x_3
(4, 0)	$x_1 = 4$ $x_2 = 0$	(4, 0, 0, 12, 6)	x_3 x_2

為零，這會讓表 5.4 的方程式 (1) 到 (3) 之方程式系統無解。這個結論也就是本節之前所述，對應的限制邊界方程式集合無解。

單形法由一 BF 解開始重複移至一個較好的相鄰 BF 解，直到產生最佳解。而這如何在每一次疊代中，移至相鄰 BF 解呢？

如前所述，對問題原始形式來說，移至相鄰 CPF 解之方法為：(1) 從定義現行解的 n 條限制邊界集中刪除某一限制邊界（定義方程式）；(2) 沿剩於 $n-1$ 條限制邊界交集之可行方向（可行解區域之邊）離開現行解；(3) 達到第一條新限制邊界（定義方程式）時停止。

以新的專有名詞來說，單形法由現行解移至相鄰 BF 解的步驟為：(1) 刪除定義現行解的 n 個非基變數其中之一（進入基變數）；(2) 維持其餘 $n-1$ 個非基變數值為零，將此變數從零增加（且調整其他基變數以滿足聯立方程式）來離開現行解；(3) 任一基變數值（退出基變數）降至零時（其限制邊界）即停止。無論是哪一種詮釋，步驟 1 在 n 個方案中的選擇，都是選擇讓 Z 值在步驟 2 中改善率（進入基變數之單位增量）最大的方案。

針對單形法中幾何與代數間的密切關係，我們可以透過表 5.7 來說明。依據 4.3 與 4.4 節，第四欄彙整 Wyndor 玻璃公司問題所得之 BF 解序列，第二欄是其對應 CPF

■ **表 5.6** Wyndor 玻璃公司問題的不可行基解

不可行角解	定義方程式	不可行基解	非基變數
(0, 9)	$x_1 = 0$ $3x_1 + 2x_2 = 18$	(0, 9, 4, −6, 0)	x_1 x_5
(4, 6)	$2x_2 = 12$ $x_1 = 4$	(4, 6, 0, 0, −6)	x_4 x_3
(6, 0)	$3x_1 + 2x_2 = 18$ $x_2 = 0$	(6, 0, −2, 12, 0)	x_5 x_2

■ 表 5.7　Wyndor 玻璃公司問題中，單形法所得解的序列

疊代	CPF 解	定義方程式	BF 解	非基變數	擴充形式中的函數限制式
0	(0, 0)	$x_1 = 0$ $x_2 = 0$	(0, 0, 4, 12, 18)	$x_1 = 0$ $x_2 = 0$	$x_1\ \ \ \ \ \ \ \ + \mathbf{x_3} = 4$ $2x_2 + \mathbf{x_4} = 12$ $3x_1 + 2x_2 + \mathbf{x_5} = 18$
1	(0, 6)	$x_1 = 0$ $2x_2 = 12$	(0, 6, 4, 0, 6)	$x_1 = 0$ $x_4 = 0$	$x_1\ \ \ \ \ \ \ \ + \mathbf{x_3} = 4$ $2\mathbf{x_2} + x_4 = 12$ $3x_1 + 2\mathbf{x_2} + \mathbf{x_5} = 18$
2	(2, 6)	$2x_2 = 12$ $3x_1 + 2x_2 = 18$	(2, 6, 2, 0, 0)	$x_4 = 0$ $x_5 = 0$	$\mathbf{x_1}\ \ \ \ \ \ \ \ + \mathbf{x_3} = 4$ $2\mathbf{x_2} + x_4 = 12$ $3\mathbf{x_1} + 2\mathbf{x_2} + x_5 = 18$

解，注意第三欄中，每次疊代如何刪除一條限制邊界（定義方程式），並替換上一條新的，以得到新的 CPF 解。同樣地，注意在第五欄中，每次疊代如何刪除一個非基變數，然後替換一個新的，以得到新 BF 解。此外，所刪除和增加的非基變數，分別是第三欄中所刪除和增加之定義方程式的指標變數。最後一欄顯示擴充形式問題的初始方程式系統〔不包括方程式 (0)〕，其中目前的基變數以粗體表示。在每次疊代中，注意到將非基變數設定為零，然後求解方程式系統以得到基變數，必定會與求解第三欄對應之定義方程式，產生出一樣的 (x_1, x_2) 解。

本書專屬網站中的 Solved Examples 提供，針對表 5.7 的極小化例題。

5.2　矩陣式單形法

第 4 章已介紹過代數式和表格式單形法，本小節則深入說明單形法的矩陣形式。我們一開始先說明線性規劃問題的矩陣符號（相關「矩陣」另見附錄 2）。

我們為了讓各位易於辨識矩陣、向量和純量，本書以粗體大寫字母表矩陣，以粗體小寫字母表向量，並以斜體小寫字母表純量。粗體的零 **(0)** 表行或列形式的零向量（元素全部為零），一般形式的零 (0) 仍然代表數字零。

3.2 節中的一般線性規劃模型，其標準形式的矩陣形式是

> 極大化　　　$Z = \mathbf{cx}$，
> 受限於
> $\mathbf{Ax} \leq \mathbf{b}$　　和　　$\mathbf{x} \geq \mathbf{0}$，

其中 **c** 是列向量

$$\mathbf{c} = [c_1, c_2, \ldots, c_n],$$

$\mathbf{x}$、$\mathbf{b}$ 和 $\mathbf{0}$ 是行向量，使得

$$\mathbf{x} = \begin{bmatrix} x_1 \\ x_2 \\ \vdots \\ x_n \end{bmatrix}, \qquad \mathbf{b} = \begin{bmatrix} b_1 \\ b_2 \\ \vdots \\ b_m \end{bmatrix}, \qquad \mathbf{0} = \begin{bmatrix} 0 \\ 0 \\ \vdots \\ 0 \end{bmatrix},$$

且 $\mathbf{A}$ 為矩陣

$$\mathbf{A} = \begin{bmatrix} a_{11} & a_{12} & \cdots & a_{1n} \\ a_{21} & a_{22} & \cdots & a_{2n} \\ \cdots\cdots\cdots\cdots\cdots\cdots\cdots \\ a_{m1} & a_{m2} & \cdots & a_{mn} \end{bmatrix}。$$

加入差額變數的行向量：

$$\mathbf{x}_s = \begin{bmatrix} x_{n+1} \\ x_{n+2} \\ \vdots \\ x_{n+m} \end{bmatrix}$$

以得到問題的擴充形式如下，則限制式變成

$$[\mathbf{A}, \mathbf{I}] \begin{bmatrix} \mathbf{x} \\ \mathbf{x}_s \end{bmatrix} = \mathbf{b} \qquad 及 \qquad \begin{bmatrix} \mathbf{x} \\ \mathbf{x}_s \end{bmatrix} \geq \mathbf{0},$$

其中 $\mathbf{I}$ 是 $m \times m$ 的單位矩陣，而 $\mathbf{0}$ 向量有 $n + m$ 個元素（本節末將討論如何處理非標準形式的問題）。

找出可行基解

回顧一下，單形法通常在找到最佳解前會求取持續改善的 BF 解序列。矩陣式單形法其中一個主要特色為找出基變數及非基變數後，求解新 BF 解之方法。在已知變數前提下，產生之基解是以下 m 個方程式的解

$$[\mathbf{A}, \mathbf{I}] \begin{bmatrix} \mathbf{x} \\ \mathbf{x}_s \end{bmatrix} = \mathbf{b},$$

其中

$$\begin{bmatrix} \mathbf{x} \\ \mathbf{x}_s \end{bmatrix}$$

的 $n + m$ 個元素中的 n 個非基變數被設定為零。設定這 n 個變數為零後，可以刪除這些變數，剩下一組有 m 個變數（基變數）的 m 條聯立方程式。這組聯立方程式可以表示為

$$\mathbf{B}\mathbf{x}_B = \mathbf{b},$$

其中**基變數向量 (vector of basic variables)**

$$\mathbf{x}_B = \begin{bmatrix} x_{B1} \\ x_{B2} \\ \vdots \\ x_{Bm} \end{bmatrix}$$

是刪除

$$\begin{bmatrix} \mathbf{x} \\ \mathbf{x}_s \end{bmatrix}$$

中的非基變數所得,且**基底矩陣 (basis matrix)**

$$\mathbf{B} = \begin{bmatrix} B_{11} & B_{12} & \ldots & B_{1m} \\ B_{21} & B_{22} & \ldots & B_{2m} \\ \multicolumn{4}{c}{\ldots\ldots\ldots\ldots\ldots\ldots\ldots} \\ B_{m1} & B_{m2} & \ldots & B_{mm} \end{bmatrix}$$

是刪除 [**A, I**] 中對應於非基變數之係數的行所得(此外在執行單形法時,$\mathbf{x}_B$ 的元素和 **B** 行之順序可能會改變)。

單形法只會加入令 **B** 是非奇異 (nonsingular) 基變數,故 $\mathbf{B}^{-1}$ 一定存在。因此,要求解 $\mathbf{B}\mathbf{x}_b = \mathbf{b}$,我們能在等式兩邊同時乘上 $\mathbf{B}^{-1}$:

$$\mathbf{B}^{-1}\mathbf{B}\mathbf{x}_B = \mathbf{B}^{-1}\mathbf{b} \circ$$

因為 $\mathbf{B}^{-1}\mathbf{B} = \mathbf{I}$,則所求的基變數解是

$$\boxed{\mathbf{x}_B = \mathbf{B}^{-1}\mathbf{b} \circ}$$

令 $\mathbf{c}_B$ 為 $\mathbf{x}_B$ 在目標函數中的係數(包括為零的差額變數係數)的向量。因此,此基解目標函數值為

$$\boxed{Z = \mathbf{c}_B\mathbf{x}_B = \mathbf{c}_B\mathbf{B}^{-1}\mathbf{b} \circ}$$

例 題

我們再以 3.1 節 Wyndor 玻璃公司問題為例,來說明此求解 BF 解之方法。表 4.8 曾用原始單形法求解該問題。在本問題中,

$$\mathbf{c} = [3, 5], \quad [\mathbf{A}, \mathbf{I}] = \begin{bmatrix} 1 & 0 & 1 & 0 & 0 \\ 0 & 2 & 0 & 1 & 0 \\ 3 & 2 & 0 & 0 & 1 \end{bmatrix}, \quad \mathbf{b} = \begin{bmatrix} 4 \\ 12 \\ 18 \end{bmatrix}, \quad \mathbf{x} = \begin{bmatrix} x_1 \\ x_2 \end{bmatrix}, \quad \mathbf{x}_s = \begin{bmatrix} x_3 \\ x_4 \\ x_5 \end{bmatrix} \circ$$

由表 4.8 可知,單形法所得之 BF 解序列如下:

疊代 0

$$\mathbf{x}_B = \begin{bmatrix} x_3 \\ x_4 \\ x_5 \end{bmatrix}, \quad \mathbf{B} = \begin{bmatrix} 1 & 0 & 0 \\ 0 & 1 & 0 \\ 0 & 0 & 1 \end{bmatrix} = \mathbf{B}^{-1}, \quad \text{所以} \quad \begin{bmatrix} x_3 \\ x_4 \\ x_5 \end{bmatrix} = \begin{bmatrix} 1 & 0 & 0 \\ 0 & 1 & 0 \\ 0 & 0 & 1 \end{bmatrix} \begin{bmatrix} 4 \\ 12 \\ 18 \end{bmatrix} = \begin{bmatrix} 4 \\ 12 \\ 18 \end{bmatrix},$$

$$\mathbf{c}_B = [0, 0, 0], \quad \text{因此} \quad Z = [0, 0, 0] \begin{bmatrix} 4 \\ 12 \\ 18 \end{bmatrix} = 0 \text{。}$$

疊代 1

$$\mathbf{x}_B = \begin{bmatrix} x_3 \\ x_2 \\ x_5 \end{bmatrix}, \quad \mathbf{B} = \begin{bmatrix} 1 & 0 & 0 \\ 0 & 2 & 0 \\ 0 & 2 & 1 \end{bmatrix}, \quad \mathbf{B}^{-1} = \begin{bmatrix} 1 & 0 & 0 \\ 0 & \frac{1}{2} & 0 \\ 0 & -1 & 1 \end{bmatrix},$$

所以

$$\begin{bmatrix} x_3 \\ x_2 \\ x_5 \end{bmatrix} = \begin{bmatrix} 1 & 0 & 0 \\ 0 & \frac{1}{2} & 0 \\ 0 & -1 & 1 \end{bmatrix} \begin{bmatrix} 4 \\ 12 \\ 18 \end{bmatrix} = \begin{bmatrix} 4 \\ 6 \\ 6 \end{bmatrix},$$

$$\mathbf{c}_B = [0, 5, 0], \quad \text{因此} \quad Z = [0, 5, 0] \begin{bmatrix} 4 \\ 6 \\ 6 \end{bmatrix} = 30 \text{。}$$

疊代 2

$$\mathbf{x}_B = \begin{bmatrix} x_3 \\ x_2 \\ x_1 \end{bmatrix}, \quad \mathbf{B} = \begin{bmatrix} 1 & 0 & 1 \\ 0 & 2 & 0 \\ 0 & 2 & 3 \end{bmatrix}, \quad \mathbf{B}^{-1} = \begin{bmatrix} 1 & \frac{1}{3} & -\frac{1}{3} \\ 0 & \frac{1}{2} & 0 \\ 0 & -\frac{1}{3} & \frac{1}{3} \end{bmatrix},$$

所以

$$\begin{bmatrix} x_3 \\ x_2 \\ x_1 \end{bmatrix} = \begin{bmatrix} 1 & \frac{1}{3} & -\frac{1}{3} \\ 0 & \frac{1}{2} & 0 \\ 0 & -\frac{1}{3} & \frac{1}{3} \end{bmatrix} \begin{bmatrix} 4 \\ 12 \\ 18 \end{bmatrix} = \begin{bmatrix} 2 \\ 6 \\ 2 \end{bmatrix} \text{。}$$

$$\mathbf{c}_B = [0, 5, 3], \quad \text{因此} \quad Z = [0, 5, 3] \begin{bmatrix} 2 \\ 6 \\ 2 \end{bmatrix} = 36 \text{。}$$

目前方程式集合的矩陣形式

在總結單形法的矩陣形式前,先說明原始單形法的每一次疊代中,單形表裡方程式集合的矩陣形式。

原始方程式集合的矩陣形式是

$$\begin{bmatrix} 1 & -\mathbf{c} & \mathbf{0} \\ \mathbf{0} & \mathbf{A} & \mathbf{I} \end{bmatrix} \begin{bmatrix} Z \\ \mathbf{x} \\ \mathbf{x}_s \end{bmatrix} = \begin{bmatrix} 0 \\ \mathbf{b} \end{bmatrix}。$$

這個方程式集合也可見於表 5.8 的第一個單形表。

單形法中的代數運算（將方程式乘上某常數，及將一方程式之倍數加至另一方程式上）的矩陣形式，這是在原始方程式集合兩邊同時乘上一適當的矩陣。這個矩陣除了每個代數運算的倍數會在讓矩陣乘法能進行此運算之位置之外，和單位矩陣有相同的元素。即使在經歷幾次疊代之代數運算後，我們仍能透過已知新方程式集合之右端值，（象徵性）推導出整個系列所使用的矩陣。進一步而言，在任何一次疊代後，$\mathbf{x}_B = \mathbf{B}^{-1}\mathbf{b}$ 且 $Z = \mathbf{c}_B \mathbf{B}^{-1} \mathbf{b}$，所以新方程式集合的右邊已經變成

$$\begin{bmatrix} Z \\ \mathbf{x}_B \end{bmatrix} = \begin{bmatrix} 1 & \mathbf{c}_B \mathbf{B}^{-1} \\ \mathbf{0} & \mathbf{B}^{-1} \end{bmatrix} \begin{bmatrix} 0 \\ \mathbf{b} \end{bmatrix} = \begin{bmatrix} \mathbf{c}_B \mathbf{B}^{-1} \mathbf{b} \\ \mathbf{B}^{-1} \mathbf{b} \end{bmatrix}。$$

因為原始的方程式集合兩邊都做了同樣的代數運算，所以在方程式的左邊乘上方程式右邊所乘的相同矩陣。因為

$$\begin{bmatrix} 1 & \mathbf{c}_B \mathbf{B}^{-1} \\ \mathbf{0} & \mathbf{B}^{-1} \end{bmatrix} \begin{bmatrix} 1 & -\mathbf{c} & \mathbf{0} \\ \mathbf{0} & \mathbf{A} & \mathbf{I} \end{bmatrix} = \begin{bmatrix} 1 & \mathbf{c}_B \mathbf{B}^{-1} \mathbf{A} - \mathbf{c} & \mathbf{c}_B \mathbf{B}^{-1} \\ \mathbf{0} & \mathbf{B}^{-1} \mathbf{A} & \mathbf{B}^{-1} \end{bmatrix},$$

所以在任何疊代後，所要的方程式集合的矩陣形式是

$$\begin{bmatrix} 1 & \mathbf{c}_B \mathbf{B}^{-1} \mathbf{A} - \mathbf{c} & \mathbf{c}_B \mathbf{B}^{-1} \\ \mathbf{0} & \mathbf{B}^{-1} \mathbf{A} & \mathbf{B}^{-1} \end{bmatrix} \begin{bmatrix} Z \\ \mathbf{x} \\ \mathbf{x}_s \end{bmatrix} = \begin{bmatrix} \mathbf{c}_B \mathbf{B}^{-1} \mathbf{b} \\ \mathbf{B}^{-1} \mathbf{b} \end{bmatrix}。$$

表 5.8 中第二個單形表也可見到這組方程式。

■ 表 5.8 初始和後續單形表的矩陣形式

疊代	基變數	方程式	係數: Z	原始變數	差額變數	右端值
0	Z	(0)	1	$-\mathbf{c}$	$\mathbf{0}$	0
	$\mathbf{x}_B$	(1, 2, ..., m)	0	$\mathbf{A}$	$\mathbf{I}$	$\mathbf{b}$
任何	Z	(0)	1	$\mathbf{c}_B \mathbf{B}^{-1} \mathbf{A} - \mathbf{c}$	$\mathbf{c}_B \mathbf{B}^{-1}$	$\mathbf{c}_B \mathbf{B}^{-1} \mathbf{b}$
	$\mathbf{x}_B$	(1, 2, ..., m)	0	$\mathbf{B}^{-1} \mathbf{A}$	$\mathbf{B}^{-1}$	$\mathbf{B}^{-1} \mathbf{b}$

> **例 題**
>
> 以 Wyndor 玻璃公司問題為例，藉由示範疊代 2 如何產生最終方程式集合，說明目前方程式集合的矩陣形式。使用前一小節最末之疊代 2 所得的 $\mathbf{B}^{-1}$ 和 $\mathbf{c}_B$，可得到
>
> $$\mathbf{B}^{-1}\mathbf{A} = \begin{bmatrix} 1 & \frac{1}{3} & -\frac{1}{3} \\ 0 & \frac{1}{2} & 0 \\ 0 & -\frac{1}{3} & \frac{1}{3} \end{bmatrix} \begin{bmatrix} 1 & 0 \\ 0 & 2 \\ 3 & 2 \end{bmatrix} = \begin{bmatrix} 0 & 0 \\ 0 & 1 \\ 1 & 0 \end{bmatrix},$$
>
> $$\mathbf{c}_B \mathbf{B}^{-1} = [0, 5, 3] \begin{bmatrix} 1 & \frac{1}{3} & -\frac{1}{3} \\ 0 & \frac{1}{2} & 0 \\ 0 & -\frac{1}{3} & \frac{1}{3} \end{bmatrix} = [0, \tfrac{3}{2}, 1],$$
>
> $$\mathbf{c}_B \mathbf{B}^{-1}\mathbf{A} - \mathbf{c} = [0, 5, 3] \begin{bmatrix} 0 & 0 \\ 0 & 1 \\ 1 & 0 \end{bmatrix} - [3, 5] = [0, 0]。$$
>
> 此外，利用前一小節最後所計算出 $\mathbf{x}_B = \mathbf{B}^{-1}\mathbf{b}$ 和 $Z = \mathbf{c}_B \mathbf{B}^{-1}\mathbf{b}$ 的值，可得到以下的方程式集合：
>
> $$\begin{bmatrix} 1 & 0 & 0 & 0 & \frac{3}{2} & 1 \\ 0 & 0 & 0 & 1 & \frac{1}{3} & -\frac{1}{3} \\ 0 & 0 & 1 & 0 & \frac{1}{2} & 0 \\ 0 & 1 & 0 & 0 & -\frac{1}{3} & \frac{1}{3} \end{bmatrix} \begin{bmatrix} Z \\ x_1 \\ x_2 \\ x_3 \\ x_4 \\ x_5 \end{bmatrix} = \begin{bmatrix} 36 \\ 2 \\ 6 \\ 2 \end{bmatrix},$$
>
> 如表 4.8 中的最終單形表所示。

方程式集合的矩陣形式（如例題之前方框所示）在經過任一次疊代後，呈現出執行矩陣式單形法之關鍵。這類方程式所呈現之矩陣形式（如表 5.8 底部）提供一種直接計算在目前（代數式單形法）方程式集合或（表格式單形法）單形表中所有數字之方法。此三類型單形法的每一步驟與疊代都做出相同決策（如進入基變數、退出基變數等），其唯一不同之處則為計算決策所需數字之方法。如以下整理所示，矩陣形式提供一種便利、精簡且不需方程式系統或單形表的計算方法。

矩陣式單形法的整理

1. *初始化*：一如我們在第 4 章提過，將差額變數加入等以得到初始基變數，產生初始的 $\mathbf{x}_B$、$\mathbf{c}_B$、$\mathbf{B}$ 和 $\mathbf{B}^{-1}$（依符合標準形式求解之，$\mathbf{B} = \mathbf{I} = \mathbf{B}^{-1}$）。接著進行最佳性測試。

2. 疊代：

步驟 1. 決定進入基變數：在上一次進行下述的最佳性測試後，所得到的非基變數在方程式 (0) 的係數中，（如 4.4 節）選擇係數為負且絕對值最大的變數，作為進入基變數。

步驟 2. 決定退出基變數：以矩陣 $\mathbf{B}^{-1}\mathbf{A}$（原始變數之係數）和 $\mathbf{B}^{-1}$（差額變數之係數）來計算進入基變數在方程式 (0) 以外的每個方程式中的係數。且以之前 $\mathbf{x}_B = \mathbf{B}^{-1}\mathbf{b}$ 的計算（見步驟 3）來求出方程式的右端值。然後（如 4.4 節）以最小比值測試選擇退出基變數。

步驟 3. 決定新的 BF 解：以進入基變數在 [A, I] 中所對應的行取代退出基變數的行，以更新 $\mathbf{B}$，並且在 $\mathbf{x}_B$ 與 $\mathbf{c}_B$ 中做同樣的代換。接著計算 $\mathbf{x}_B = \mathbf{B}^{-1}\mathbf{b}$（如附錄 4 所示）及 $\mathbf{x}_B = \mathbf{B}^{-1}\mathbf{b}$。

3. 最佳性測試：以矩陣 $\mathbf{c}_B\mathbf{B}^{-1}\mathbf{A} - \mathbf{c}$（原始變數之係數）和 $\mathbf{c}_B\mathbf{B}^{-1}$（差額變數之係數）來計算方程式 (0) 中非基變數的係數。目前的 BF 解是最佳解，若且唯若所有的這些係數都是非負。若為最佳解，即停止運算。若否，就再執行一次疊代，以得到下一個 BF 解。

例 題

本小節已運用上述矩陣運算，來求解 Wyndor 玻璃公司問題。現在我們來整合這些例子，用完整的矩陣式單形法來求解此問題。首先記得本問題中

$$\mathbf{c} = [3, 5], \quad [\mathbf{A}, \mathbf{I}] = \begin{bmatrix} 1 & 0 & 1 & 0 & 0 \\ 0 & 2 & 0 & 1 & 0 \\ 3 & 2 & 0 & 0 & 1 \end{bmatrix}, \quad \mathbf{b} = \begin{bmatrix} 4 \\ 12 \\ 18 \end{bmatrix}。$$

初始化

初始基變數是差額變數，故（如本節例題一疊代 0）

$$\mathbf{x}_B = \begin{bmatrix} x_3 \\ x_4 \\ x_5 \end{bmatrix} = \begin{bmatrix} 4 \\ 12 \\ 18 \end{bmatrix}, \quad \mathbf{c}_B = [0, 0, 0], \quad \mathbf{B} = \begin{bmatrix} 1 & 0 & 0 \\ 0 & 1 & 0 \\ 1 & 0 & 1 \end{bmatrix} = \mathbf{B}^{-1}。$$

最佳性測試

非基變數（x_1 和 x_2）的係數是

$$\mathbf{c}_B\mathbf{B}^{-1}\mathbf{A} - \mathbf{c} = [0, 0] - [3, 5] = [-3, -5]$$

故負係數顯示這個初始 BF 解（$\mathbf{x}_B = \mathbf{b}$）並非最佳解。

疊代 1

因為 -5 的絕對值比 -3 大，所以 x_2 是進入基變數。僅進行相關部分的矩陣相乘，就可得到 x_2 在方程式 (0) 以外的每個方程式中的係數是

$$\mathbf{B}^{-1}\mathbf{A} = \begin{bmatrix} — & 0 \\ — & 2 \\ — & 2 \end{bmatrix}$$

而方程式之右端值則為初始化步驟所示的 $\mathbf{x}_B$ 值。因為 12/2 < 18/2，所以最小比值測試得到的退出基變數是 x_4。本節例題一疊代 1 已計算出更新後的 $\mathbf{B}$、$\mathbf{x}_B$、$\mathbf{c}_B$ 與 $\mathbf{B}^{-1}$ 如下：

$$\mathbf{B} = \begin{bmatrix} 1 & 0 & 0 \\ 0 & 2 & 0 \\ 0 & 2 & 1 \end{bmatrix}, \quad \mathbf{B}^{-1} = \begin{bmatrix} 1 & 0 & 0 \\ 0 & \frac{1}{2} & 0 \\ 0 & -1 & 1 \end{bmatrix}, \quad \mathbf{x}_B = \begin{bmatrix} x_3 \\ x_2 \\ x_5 \end{bmatrix} = \mathbf{B}^{-1}\mathbf{b} = \begin{bmatrix} 4 \\ 6 \\ 6 \end{bmatrix}, \quad \mathbf{c}_B = [0, 5, 0],$$

所以，無論是在 [3, 5, 0, 0, 0] 中提供 $\mathbf{c}_B$ 的元素，或是在 **[A, I]** 中提供 **B** 的行，都在 $\mathbf{x}_B$ 中以 x_2 取代 x_4。

最佳性測試

目前非基變數是 x_1 和 x_4，其在方程式 (0) 之係數為

$$x_1: \quad \mathbf{c}_B\mathbf{B}^{-1}\mathbf{A} - \mathbf{c} = [0, 5, 0]\begin{bmatrix} 1 & 0 & 0 \\ 0 & \frac{1}{2} & 0 \\ 0 & -1 & 1 \end{bmatrix}\begin{bmatrix} 1 & 0 \\ 0 & 2 \\ 3 & 2 \end{bmatrix} - [3, 5] = [-3, —]$$

$$x_4: \quad \mathbf{c}_B\mathbf{B}^{-1} = [0, 5, 0]\begin{bmatrix} 1 & 0 & 0 \\ 0 & \frac{1}{2} & 0 \\ 0 & -1 & 1 \end{bmatrix} = [—, 5/2, —]$$

因為 x_1 之係數為負，故目前 BF 解並非最佳解。因此繼續進行下一次疊代。

疊代 2

因為 x_1 是方程式 (0) 唯一係數為負的非基變數，故成為進入基變數，而在其他方程式的係數是

$$\mathbf{B}^{-1}\mathbf{A} = \begin{bmatrix} 1 & 0 & 0 \\ 0 & \frac{1}{2} & 0 \\ 0 & -1 & 1 \end{bmatrix}\begin{bmatrix} 1 & 0 \\ 0 & 2 \\ 3 & 2 \end{bmatrix} = \begin{bmatrix} 1 & — \\ 0 & — \\ 3 & — \end{bmatrix}$$

再應用前次疊代最後所得之 $\mathbf{x}_B$，因為 6/3 < 4/1，最小比值測試選擇 x_5 作為退出基變數。本節例題一疊代 2 已計算出更新後的 $\mathbf{B}$、$\mathbf{x}_B$、$\mathbf{c}_B$ 與 $\mathbf{B}^{-1}$ 為：

$$\mathbf{B} = \begin{bmatrix} 1 & 0 & 1 \\ 0 & 2 & 0 \\ 0 & 2 & 3 \end{bmatrix}, \quad \mathbf{B}^{-1} = \begin{bmatrix} 1 & \frac{1}{3} & -\frac{1}{3} \\ 0 & \frac{1}{2} & 0 \\ 0 & -\frac{1}{3} & \frac{1}{3} \end{bmatrix}, \quad \mathbf{x}_B = \begin{bmatrix} x_3 \\ x_2 \\ x_1 \end{bmatrix} = \mathbf{B}^{-1}\mathbf{b} = \begin{bmatrix} 2 \\ 6 \\ 2 \end{bmatrix}, \quad \mathbf{c}_B = [0, 5, 3],$$

所以，無論是在 [3, 5, 0, 0, 0] 中提供 $\mathbf{c}_B$ 的元素，或是在 **[A, I]** 中提供 B 的行，都在 $\mathbf{x}_B$ 中以 x_1 取代 x_5。

最佳性測試

非基變數現為 x_4 和 x_5。本節例題二已算出其在方程式 (0) 的係數分別為 3/2 和 1。因為此兩係數皆不為負，可知目前的 BF 解 ($x_1 = 2, x_2 = 6, x_3 = 2, x_4 = 0, x_5 = 0$) 是最佳解，並停止程序。

最後的觀察

由上述例題可知，單形法之矩陣形式只需用幾個矩陣表示式，即可進行所需計算，表 5.8 整理了這些矩陣表示式。這個表的一個基本意涵是，只需要知道目前的 $\mathbf{B}^{-1}$ 和 $\mathbf{c}_B\mathbf{B}^{-1}$（出現在現行單形表之差額變數部分），就可以計算出這個單形表內所有其他的數字，並以所求解模型的原始參數（$\mathbf{A}$、$\mathbf{b}$ 和 $\mathbf{c}$）表示。在處理最終單形表時，此意涵特別有價值，我們會在下一小節再一步說明。

而矩陣式單形法之缺點是每次疊代結束時，須再計算更新後的基底矩陣的反矩陣 $\mathbf{B}^{-1}$。雖已有相關計算小型（非奇異）方陣所需的反矩陣（甚至可以快速手算出 2×2 或 3×3 矩陣的反矩陣），但求反矩陣所需時間會隨矩陣規模擴大而大幅增加。幸好出現一種能在下次疊代快速更新 $\mathbf{B}^{-1}$，而不需要從頭計算新基底矩陣的反矩陣。當我們將矩陣式單形法納入此程序後，通常稱此改良矩陣形式為**修正單形法 (revised simplex method)**。這類單形法（有時會更進一步改良）即是線性規劃的商業套裝軟體。5.4 節將會說明這個更新 $\mathbf{B}^{-1}$ 的程序。

本書專屬網站中的 Solved Examples 提供另一種矩陣式單形法的應用例題。此例題也在每次疊代使用這種能快速更新 $\mathbf{B}^{-1}$ 的程序，並非從頭計算更新後的基底矩陣的反矩陣，故此例以完整修正單形法來求解。

最後，須提醒各位，本節針對矩陣式單形法之說明，都假設所解問題符合 3.2 節提過的一般線性規劃模型之標準形式。不過，要針對其他形式問題進行調整也相對容易。不管是要用代數或式表格形式，初始化步驟都與 4.6 節所述相同。當需要在此步驟中加入人工變數來求得初始 BF 解（並且因此得到單位矩陣以作為初始基底矩陣）時，$\mathbf{x}_s$ 的 m 個元素中會包含這些變數。

5.3 基本意涵

本小節將著重於 5.2 節中矩陣式單形法之一的特性，並呈現出線性規劃中非常重要的對偶理論（第 6 章）與敏感度分析（7.1 至 7.3 節）的重要概念。

我們首先來說明符合（3.2 節）標準形式線性規劃模型之意涵，接著討論後續調整用於其他形式的方式。此意涵源自 5.2 節表 5.8。

表 5.8 的意涵：在運用矩陣符號後，表 5.8 初始單形表中，列 0 是 $[-\mathbf{c}, \mathbf{0}, 0]$，其他列則為 $[\mathbf{A}, \mathbf{I}, \mathbf{b}]$。經任何疊代後，目前單形表的差額變數在列 0 的係數是 $\mathbf{c}_B \mathbf{B}^{-1}$，而在其他列為 $\mathbf{B}^{-1}$，其中 $\mathbf{B}$ 是目前的基底矩陣。我們檢視目前單形表中其他部分，即可知差額變數之係數呈現出目前單形表中各列是由初始單形表中的列得到。更具體地說，在每次疊代後，

$$列 0 = [-\mathbf{c}, \mathbf{0}, 0] + \mathbf{c}_B \mathbf{B}^{-1}[\mathbf{A}, \mathbf{I}, \mathbf{b}]$$
$$列 1 到 m = \mathbf{B}^{-1}[\mathbf{A}, \mathbf{I}, \mathbf{b}]$$

本節最後會說明此意涵之應用。這些應用僅在我們處理求最佳解後的最終單形表時才顯重要。所以，之後將只著重在從最佳解的角度討論「基本意涵」。

以下導入一些專用於最終疊代的矩陣符號，以與在任何疊代後使用的矩陣符號（如 $\mathbf{B}^{-1}$ 等）區別：

當 $\mathbf{B}$ 由單形法求得之最佳解的基底矩陣，令

$\mathbf{S}^* = \mathbf{B}^{-1} = $ 差額變數在列 1 至 m 的係數

$\mathbf{A}^* = \mathbf{B}^{-1}\mathbf{A} = $ 原始變數在列 1 至 m 的係數

$\mathbf{y}^* = \mathbf{c}_B \mathbf{B}^{-1} = $ 差額變數在列 0 的係數

$\mathbf{z}^* = \mathbf{c}_B \mathbf{B}^{-1}\mathbf{A}$，所以 $\mathbf{z}^* - \mathbf{c} = $ 原始變數在列 0 的係數

$Z^* = \mathbf{c}_B \mathbf{B}^{-1}\mathbf{b} = $ 目標函數的最佳值

$\mathbf{b}^* = \mathbf{B}^{-1}\mathbf{b} = $ 列 1 至 m 的最佳右端值

表 5.9 下半部呈顯這些符號在最終單形表中的位置。為說明全部符號，我們在表 5.9 上半部納入了 Wyndor 玻璃公司問題的初始表，下半部則為此問題的最終表。

再次參照此表，若已知初始表、$\mathbf{t}$、$\mathbf{T}$，及最終表之 $\mathbf{y}^*$ 和 $\mathbf{S}^*$，我們如何只用上述資訊計算最終表中的其他部分？答案就在基本意涵，整理如下。

基本意涵

(1) $\mathbf{t}^* = \mathbf{t} + \mathbf{y}^*\mathbf{T} = [\mathbf{y}^*\mathbf{A} - \mathbf{c} \mid \mathbf{y}^* \mid \mathbf{y}^*\mathbf{b}]$。
(2) $\mathbf{T}^* = \mathbf{S}^*\mathbf{T} = [\mathbf{S}^*\mathbf{A} \mid \mathbf{S}^* \mid \mathbf{S}^*\mathbf{b}]$。

故若已知初始表中的模型參數（$\mathbf{c}$、$\mathbf{A}$ 和 $\mathbf{b}$），只需要知道最終表中差額變數的係數（$\mathbf{y}^*$ 和 $\mathbf{S}^*$），即可用這些方程式來算出最終表中的所有其他數字。

現在總結上述方程式之數學邏輯。要推導出方程式 (2)，記得單形法所做的一整個系列的代數運算（不含列 0），等於是在 $\mathbf{T}$ 的左邊乘某個矩陣，稱之為 $\mathbf{M}$，所以

$$\mathbf{T}^* = \mathbf{M}\mathbf{T},$$

不過現在還需要求出 $\mathbf{M}$。藉由展開 $\mathbf{T}$ 和 $\mathbf{T}^*$，此方程式成為

■ **表 5.9** 以 Wyndor 玻璃公司問題為例，說明矩陣形式單形法之初始與最終表的一般符號

初始表

列 0： $\mathbf{t} = [-3, -5 \mid 0, 0, 0 \mid 0] = [-\mathbf{c} \mid \mathbf{0} \mid 0]$。

其他列：
$$\mathbf{T} = \begin{bmatrix} 1 & 0 & 1 & 0 & 0 & 4 \\ 0 & 2 & 0 & 1 & 0 & 12 \\ 3 & 2 & 0 & 0 & 1 & 18 \end{bmatrix} = [\mathbf{A} \mid \mathbf{I} \mid \mathbf{b}]$$

合併後：
$$\begin{bmatrix} \mathbf{t} \\ \mathbf{T} \end{bmatrix} = \begin{bmatrix} -\mathbf{c} & \mathbf{0} & 0 \\ \mathbf{A} & \mathbf{I} & \mathbf{b} \end{bmatrix}$$。

最終表

列 0： $\mathbf{t}^* = [0, 0 \mid 0, \frac{3}{2}, 1 \mid 36] = [\mathbf{z}^* - \mathbf{c} \mid \mathbf{y}^* \mid Z^*]$。

其他列：
$$\mathbf{T}^* = \begin{bmatrix} 0 & 0 & 1 & \frac{1}{3} & -\frac{1}{3} & 2 \\ 0 & 1 & 0 & \frac{1}{2} & 0 & 6 \\ 1 & 0 & 0 & -\frac{1}{3} & \frac{1}{3} & 2 \end{bmatrix} = [\mathbf{A}^* \mid \mathbf{S}^* \mid \mathbf{b}^*]$$

合併後：
$$\begin{bmatrix} \mathbf{t}^* \\ \mathbf{T}^* \end{bmatrix} = \begin{bmatrix} \mathbf{z}^* - \mathbf{c} & \mathbf{y}^* & Z^* \\ \mathbf{A}^* & \mathbf{S}^* & \mathbf{b}^* \end{bmatrix}$$。

$$[\mathbf{A}^* \mid \mathbf{S}^* \mid \mathbf{b}^*] = \mathbf{M} [\mathbf{A} \mid \mathbf{I} \mid \mathbf{b}]$$
$$= [\mathbf{MA} \mid \mathbf{M} \mid \mathbf{Mb}]。$$

由於這些相等矩陣中間（或任何其他）部分必須相等，所以 $\mathbf{M} = \mathbf{S}^*$，因此方程式 (2) 成立。

同理可推導出方程式 (1) 作用於列 0 的一系列代數運算，事實上是將 $\mathbf{T}$ 中的列的線性組合加到 $\mathbf{t}$，這相當於把某個向量乘以 $\mathbf{T}$ 再加到 $\mathbf{t}$。以 $\mathbf{v}$ 表示此向量，則

$$\mathbf{t}^* = \mathbf{t} + \mathbf{vT}，$$

不過還需要求出 $\mathbf{v}$。展開 $\mathbf{t}$ 和 $\mathbf{t}^*$，則此方程式成為

$$[\mathbf{z}^* - \mathbf{c} \mid \mathbf{y}^* \mid Z^*] = [-\mathbf{c} \mid \mathbf{0} \mid 0] + \mathbf{v} [\mathbf{A} \mid \mathbf{I} \mid \mathbf{b}]$$
$$= [-\mathbf{c} + \mathbf{vA} \mid \mathbf{v} \mid \mathbf{vb}]。$$

相等矩陣的中間部分須相同，可得到 $\mathbf{v} = \mathbf{y}^*$，此驗證了方程式 (1)。

調適到其他模型形式

我們目前為止所提到的基本意涵都假設，原始模型為 3.2 節的標準形式。但由上述數學邏輯可知，我們能進行調整以適用於其他形式的原始模型。關鍵在於初始表中的單位矩陣 $\mathbf{I}$，在最終表中變成 $\mathbf{S}^*$。如果必須加入人工變數到初始表以作為初始基變

數,而所有基變數(包含差額及人工變數)之行所形成的集合(適當排列後)(與增額變數無關)。最終表裡的這些行形成了方程式 **T* = S*T** 中的 **S*** 和 **t*= t + y*T** 中的 **y***。若原列 0 中人工變數係數有使用到 **M**,則初始表的列 0 在以代數方式刪除非零的基變數係數後,是方程式 **t* = t + y*T** 中的 **t**(亦可將原列 0 設為 **t**,但最終的列 0 須減去所有 **M** 才可得到 **y***;見習題 5.3-9)。

應用

基本意涵在線性規劃中有許多重要應用,其一類主要依 5.2 節矩陣式單形法所衍生的修正單形法。如上節(見表 5.8)利用 $\mathbf{B}^{-1}$ 和初始表,可以計算出每次疊代的目前表的所有相關數據,它甚至可以超越基本意涵,使用 $\mathbf{B}^{-1}$ 於 $\mathbf{y}^* = \mathbf{c}_B \mathbf{B}^{-1}$ 以計算 $\mathbf{y}^*$ 值。

另一個應用是說明 4.7 節的陰影價格 $(y_1^*, y_2^*, \cdots, y_m^*)$。由基本意涵可知 Z^*(最佳解的 Z 值)是

$$Z^* = \mathbf{y}^* \mathbf{b} = \sum_{i=1}^{m} y_i^* b_i,$$

例如 Wyndor 玻璃公司問題中,

$$Z^* = 0 b_1 + \frac{3}{2} b_2 + b_3$$

由此方程式可以立刻得到第 4.7 節有關 y_i^* 值的詮釋。

另一非常重要的應用是「各種後最佳化工作」(即 4.7 節的再最佳化、敏感度分析和參數線性規劃),其探究原始模型中一個或多個改變之影響。特別是,假設已找到最佳解(及 **y*** 和 **S***)後進行。若對改變後的初始表使用相同的代數運算,則最終表會有什麼變化?因為 **y*** 和 **S*** 沒有改變,故可從基本意涵立刻得到答案。

一種特別常用的後最佳化分析類型是探究 **b** 可能出現的各式變化。**b** 在線性規劃模型中,經常代表管理活動所需資源量之決策。故管理者以單形法求得最佳解後,通常想了解,若以各種方式改變資源分配之決策會有何影響。運用以下公式:

$$\mathbf{x}_B = \mathbf{S}^* \mathbf{b}$$
$$Z^* = \mathbf{y}^* \mathbf{b},$$

可以得知最佳 BF 解的變化(或者因為有負值變數而不可行)及目標函數的最佳值如何成為 **b** 的函數而隨之變化。我們從差額變數之係數就能完全看出,不需要對每個新的 **b** 值重複以單形法求解。

以圖 4.8 Wyndor 玻璃公司問題中,由 $b_2 = 12$ 到 $b_2 = 13$ 的改變為例,此時勿須求解新的最佳解 $(x_1, x_2) = (\frac{5}{3}, \frac{13}{2})$,因為由基本意涵能立刻得到最終表中的基變數值 (**b***):

$$\begin{bmatrix} x_3 \\ x_2 \\ x_1 \end{bmatrix} = \mathbf{b}^* = \mathbf{S}^*\mathbf{b} = \begin{bmatrix} 1 & \frac{1}{3} & -\frac{1}{3} \\ 0 & \frac{1}{2} & 0 \\ 0 & -\frac{1}{3} & \frac{1}{3} \end{bmatrix} \begin{bmatrix} 4 \\ 13 \\ 18 \end{bmatrix} = \begin{bmatrix} \frac{7}{3} \\ \frac{13}{2} \\ \frac{5}{3} \end{bmatrix} \text{。}$$

甚至能用一更簡單方式來計算。因僅改變 $\mathbf{b}$ 的第二個元素（$\Delta b_2 = 1$），而這個元素只有被 $\mathbf{S}^*$ 的第二行乘，所以 $\mathbf{b}^*$ 的改變可以簡單地計算如下：

$$\Delta \mathbf{b}^* = \begin{bmatrix} \frac{1}{3} \\ \frac{1}{2} \\ -\frac{1}{3} \end{bmatrix} \Delta b_2 = \begin{bmatrix} \frac{1}{3} \\ \frac{1}{2} \\ -\frac{1}{3} \end{bmatrix},$$

因此，最終表中原來的基變數值（$x_3 = 2$、$x_2 = 6$、$x_1 = 2$）現為

$$\begin{bmatrix} x_3 \\ x_2 \\ x_1 \end{bmatrix} = \begin{bmatrix} 2 \\ 6 \\ 2 \end{bmatrix} + \begin{bmatrix} \frac{1}{3} \\ \frac{1}{2} \\ -\frac{1}{3} \end{bmatrix} = \begin{bmatrix} \frac{7}{3} \\ \frac{13}{2} \\ \frac{5}{3} \end{bmatrix} \text{。}$$

（若任一新值為負，因而不可行，則需從此修正最終表開始，用 4.7 節所述之再最佳化方法）。針對先前的 Z^* 方程式進行增量分析 (incremental analysis) 也可立即得到

$$\Delta Z^* = \frac{3}{2} \Delta b_2 = \frac{3}{2} \text{。}$$

以非常類似的方式，我們能應用此基本意涵來探討原始模型中其他類型的改變，這也是 7.1 至 7.3 節所討論之敏感度分析的重點。

在下一章也可以看到，基本意涵在對線性規劃非常有用的對偶理論中，扮演著關鍵的角色。

5.4 修正單形法

修正單形法是由 5.2 節的矩陣式單形法衍生而出，然而如 5.2 節最末所述，兩者間的差異在於，修正單形法對矩陣式進行關鍵性改善。每次疊代後需要重新找出新的基底矩陣的反矩陣，這對於大型矩陣計算量非常大，因此修正單形法採用一種非常有效率的程序，只需要在每次疊代簡單更新 $\mathbf{B}^{-1}$ 即可。本節的重點在於描述並示範這個程序。

此程序根據單形法的兩大特性：一為 5.3 節表 5.8 的意涵。特別是在每次疊代後，除目前單形表列 0 外，所有列的差額變數係數形成 $\mathbf{B}^{-1}$，其中 $\mathbf{B}$ 是目前的基底矩陣。只要所解問題符合 3.2 節所描述之線性規劃模型的標準形式，此特性永遠成立（對需導入人工變數之非標準形式而言，唯一不同之處在於初始單形表列 0 方，有組經適當排序後形成的單位矩陣 $\mathbf{I}$ 行，這在後續單形表中為 $\mathbf{B}^{-1}$）。

另一個單形法特性為每次疊代的步驟 3 改變了單形表中的一些數字,包括 $\mathbf{B}^{-1}$ 中的數字,而這只是藉由高斯消去法來恢復適當形式之基本代數運算(如以某方程式除以常數或從某方程式減去另一方程式之倍數)。因此,經過每次疊代後更新 $\mathbf{B}^{-1}$,即從舊的 $\mathbf{B}^{-1}$(表示為 $\mathbf{B}_{\text{old}}^{-1}$)求出新的 $\mathbf{B}^{-1}$(表示為 $\mathbf{B}_{\text{new}}^{-1}$),只需要對 $\mathbf{B}_{\text{old}}^{-1}$ 執行代數式單形法用於整個方程式系統〔除了方程式 (0) 以外〕的一般代數運算。故在疊代步驟 1 與 2 選定進入基變數與退出基變數之後,接著對目前單形表或方程式系統中 $\mathbf{B}^{-1}$ 部分進行疊代步驟 3(如 4.3 與 4.4 節所述)。

要正式描述這個程序,令

x_k = 進入基變數,

$a'_{ik} = x_k$ 在目前方程式 (i) 中的係數,對 $i = 1, 2, \ldots, m$(由疊代的步驟 2 所得),

r = 包含退出基變數的方程式編號。

回顧一下,新方程式集合〔不包含方程式 (0)〕,能藉由將前一次疊代的方程式 (i) 減去 a'_{ik}/a'_{rk} 與方程式 (r) 的乘積而得到,對 $i = 1, 2, \ldots, m$,但是 $i = r$ 除外,再將方程式 (r) 除以 a'_{rk}。因此,$\mathbf{B}_{\text{new}}^{-1}$ 在第 i 列後第 j 行的元素是

$$(\mathbf{B}_{\text{new}}^{-1})_{ij} = \begin{cases} (\mathbf{B}_{\text{old}}^{-1})_{ij} - \dfrac{a'_{ik}}{a'_{rk}}(\mathbf{B}_{\text{old}}^{-1})_{rj} & \text{若 } i \neq r, \\ \dfrac{1}{a'_{rk}}(\mathbf{B}_{\text{old}}^{-1})_{rj} & \text{若 } i = r。 \end{cases}$$

若以矩陣符號表示

$$\mathbf{B}_{\text{new}}^{-1} = \mathbf{E}\mathbf{B}_{\text{old}}^{-1},$$

其中,除矩陣 $\mathbf{E}$ 第 r 行是以下的向量外,其他的元素和單位矩陣相同:

$$\boldsymbol{\eta} = \begin{bmatrix} \eta_1 \\ \eta_2 \\ \vdots \\ \eta_m \end{bmatrix}, \quad \text{其中} \quad \eta_i = \begin{cases} -\dfrac{a'_{ik}}{a'_{rk}} & \text{若 } i \neq r, \\ \dfrac{1}{a'_{rk}} & \text{若 } i = r。 \end{cases}$$

因此,$\boldsymbol{E} = [\mathbf{U}_1, \mathbf{U}_2, \ldots, \mathbf{U}_{r-1}, \boldsymbol{\eta}, \mathbf{U}_{r+1}, \ldots, \mathbf{U}_m]$,其中每個 $\mathbf{U}_i$ 行中之 m 個元素皆為 0,唯一例外為第 i 個位置。[2]

---

[2] 這種以 E 和舊基底之反矩陣的乘積作為新基底的反矩陣形式,稱為反矩陣的乘積形式。在重複多次疊代後,新基底的反矩陣則是一系列 E 矩陣與原基底之反矩陣的乘積。另一個求解目前基底之反矩陣的有效率程序是高斯消去法的修正形式,稱為 LU 分解,在此不做說明。

例 題

我們將此程序用於 Wyndor 玻璃公司問題來說明。5.2 節已用矩陣式單形法求解此問題，因此將以當時所得的每次疊代結果（進入基變數、退出基變數等）為進行此程序所需資訊。

疊代 1

依據 5.2 節，初始的 $\mathbf{B}^{-1} = \mathbf{I}$，進入基變數是 x_2（所以 $k = 2$），x_2 在方程式 1、2 和 3 之係數分別是 $a_{12} = 0$、$a_{22} = 2$ 和 $a_{32} = 2$，退出基變數是 x_4，且 x_4 的方程式編號是 $r = 2$。得到新的 $\mathbf{B}^{-1}$，

$$\boldsymbol{\eta} = \begin{bmatrix} -\dfrac{a_{12}}{a_{22}} \\ \dfrac{1}{a_{22}} \\ -\dfrac{a_{32}}{a_{22}} \end{bmatrix} = \begin{bmatrix} 0 \\ \dfrac{1}{2} \\ -1 \end{bmatrix},$$

所以

$$\mathbf{B}^{-1} = \begin{bmatrix} 1 & 0 & 0 \\ 0 & \frac{1}{2} & 0 \\ 0 & -1 & 1 \end{bmatrix} \begin{bmatrix} 1 & 0 & 0 \\ 0 & 1 & 0 \\ 0 & 0 & 1 \end{bmatrix} = \begin{bmatrix} 1 & 0 & 0 \\ 0 & \frac{1}{2} & 0 \\ 0 & -1 & 1 \end{bmatrix}。$$

疊代 2

依 5.2 節的本次疊代可知，進入基變數是 x_1（所以 $k = 1$），x_1 在方程式 1、2 和 3 中之係數分別是 $a'_{11} = 1$、$a'_{21} = 0$ 和 $a'_{31} = 3$，退出基變數是 x_5，且 x_5 的方程式編號是 $r = 3$。由這些結果可得

$$\boldsymbol{\eta} = \begin{bmatrix} -\dfrac{a'_{11}}{a'_{31}} \\ -\dfrac{a'_{21}}{a'_{31}} \\ \dfrac{1}{a'_{31}} \end{bmatrix} = \begin{bmatrix} -\dfrac{1}{3} \\ 0 \\ \dfrac{1}{3} \end{bmatrix}$$

所以新的 $\mathbf{B}^{-1}$ 是

$$\mathbf{B}^{-1} = \begin{bmatrix} 1 & 0 & -\frac{1}{3} \\ 0 & 1 & 0 \\ 0 & 0 & \frac{1}{3} \end{bmatrix} \begin{bmatrix} 1 & 0 & 0 \\ 0 & \frac{1}{2} & 0 \\ 0 & -1 & 1 \end{bmatrix} = \begin{bmatrix} 1 & \frac{1}{3} & -\frac{1}{3} \\ 0 & \frac{1}{2} & 0 \\ 0 & -\frac{1}{3} & \frac{1}{3} \end{bmatrix}。$$

這時後已不需再進行疊代，所以本例題到此結束。

由於修正單形法納入了每次疊代後更新 $\mathbf{B}^{-1}$ 之程序與 5.2 節說明之矩陣式單形法，所以整合此範例與 5.2 節中矩陣形式求解同問題之範例，就成為修正單形法範

例。本書專屬網站中的 Solved Examples 另提供另一種修正單形法之應用例題。

我們以修正單形法相對於代數式或表格式單形法之優勢來進行總結。修正單形法其一優勢是減少計算次數，特別是有大量零元素的矩陣 **A**（實務中的大型問題通常亦如此）。經歷每次疊代後須儲存之資料量也相對減少。除此之外，修正單形法也可以藉由週期性地直接從 **B** 求得目前的 $\mathbf{B}^{-1}$，控制電腦計算上不可避免的捨入誤差。此外，使用修正單形法更容易進行 4.7 節與 5.3 節最末所討論的一些後最佳化分析問題。基於這些原因，在電腦上執行單形法時通常優先使用修正單形法。

5.5 結論

儘管單形法是種代數程序，其基礎為簡單的幾何觀念。這些觀念讓單形法只需檢視相對少量 BF 解，即能找到最佳解。

表格式單形法與代數式單形法一樣，都運用了基本代數運算。研讀這兩種單形法是開始學習單形法基本觀念的好方式。不過在電腦上執行單形法最有效率的並非這些形式。矩陣運算在合併與進行基本代數運算或列運算上會較快速。所以，矩陣式單形法提供在電腦上進行單形法的有效率方式。而修正單形法納入矩陣式單形法及在每次疊代快速更新目前基底矩陣之反矩陣的程序，在電腦上進行單形法上進一步提升效率。

最終單形表包含以代數方式，直接從初始單形表重建完整資訊。此基本意涵有非常重要的應用，特別在後最佳化分析上。

參考文獻

1. Bazaraa, M. S., J. J. Jarvis, and H. D. Sherali: *Linear Programming and Network Flows*, 4th ed., Wiley, Hoboken, NJ, 2010.

2. Dantzig, G. B., and M. N. Thapa: *Linear Programming 1: Introduction*, Springer, New York, 1997.

3. Dantzig, G. B., and M. N. Thapa: *Linear Programming 2: Theory and Extensions*, Springer, New York, 2003.

4. Denardo, E. V.: *Linear Programming and Generalizations: A Problem-based Introduction with Spreadsheets*, Springer, New York, 2011.

5. Elhallaoui, I., A. Metrane, G. Desaulniers, and F. Soumis: "An Improved Primal Simplex Algorithm for Degenerate Linear Programs," *INFORMS Journal on Computing*, **23**(4): 569–577, Fall 2011.

6. Luenberger, D., and Y. Ye: *Linear and Nonlinear Programming*, 3rd ed., Springer, New York, 2008.

7. Murty, K. G.: *Optimization for Decision Making: Linear and Quadratic Models*, Springer, New York, 2010.

8. Vanderbei, R. J.: *Linear Programming: Foundations and Extensions*, 4th ed., Springer, New York, 2014.

本書網站的學習輔助教材

Solved Examples：

Examples for Chapter 5

OR Tutor 中的範例：

Fundamental Insight

IOR Tutorial 中的互動程式：

Interactive Graphical Method

Enter or Revise a General Linear Programming Model

Set Up for the Simplex Method—Interactive Only

Solve Interactively by the Simplex Method

IOR Tutorial 中的自動程式：

Solve Automatically by the Simplex Method

Graphical Method and Sensitivity Analysis

求解 Wyndor 範例的檔案（第 3 章）：

Excel 檔案

LINGO/LINDO 檔案

MPL/Solvers 檔案

Chapter 5 的辭彙

軟體文件請參閱附錄 1。

習 題

部分問題（或其小題）前標示符號代表：

D：前述範例有助於解題。

I：可用前述程序檢查答案。

習題號後的星號(*)表示該問題全部或部分答案列於書末。

5.1-1.* 考慮下列問題。

$$極大化 \quad Z = 3x_1 + 2x_2,$$

受限於

$$2x_1 + x_2 \le 6$$
$$x_1 + 2x_2 \le 6$$

及

$$x_1 \ge 0, \quad x_2 \ge 0。$$

^{I}(a) 以圖解法解此題，並圈出圖上的 CPF 解。

(b) 找出此題所有兩條定義方程式所形成的集合。求解各集合對應的角點（若有解），並歸類為 CPF 解或不可行角解。

(c) 加入差額變數，寫出函數限制式的擴充形式。運用差額變數求出 (b) 小題中每個對應角點的基解。

(d) 自 (b) 小題的每個定義方程式集合，指出每條定義方程式的指標變數。刪除這兩個指標（非基）變數後，呈現自 (c) 小題所得之方程式集合，並利用此集合求解其餘兩個變數（基變數）。比較此基解和 (c) 小題所得之基解。

(e) 不執行單形法，只利用其幾何詮釋（及目標函數），找出單形法到達最佳解的路徑（即 CPF 解序列）。對於每一個這些 CPF 解，分別說明以下的下次疊代決策：(i) 刪

除及加入哪一條定義方程式；(ii) 刪除哪個指標變數（進入基變數），增加哪個指標變數（退出基變數）。

5.1-2. 以習題 3.1-6 的模型，重做習題 5.1-1。

5.1-3. 思考下列問題。

極大化 $Z = 2x_1 + 3x_2$，

受限於

$$\begin{align} -3x_1 + x_2 &\leq 1 \\ 4x_1 + 2x_2 &\leq 20 \\ 4x_1 - x_2 &\leq 10 \\ -x_1 + 2x_2 &\leq 5 \end{align}$$

及

$$x_1 \geq 0, \quad x_2 \geq 0。$$

(a) 用圖解法解此題，並在圖上圈出 CPF 解。
(b) 建立一表格，列出 CPF 所有解及其對應之定義方程式、BF 解與非基變數。算出各解之 Z 值，並用這些資訊求最佳解。
(c) 建立不可行角解之相同表格，並找出無解之定義方程式集合與非基變數。

5.1-4. 思考下列問題。

極大化 $Z = 2x_1 - x_2 + x_3$，

受限於

$$\begin{align} 3x_1 + x_2 + x_3 &\leq 60 \\ x_1 - x_2 + 2x_3 &\leq 10 \\ x_1 + x_2 - x_3 &\leq 20 \end{align}$$

及

$$x_1 \geq 0, \quad x_2 \geq 0。$$

加入差額變數後，執行一次完整的單形法疊代，得到以下的單形表。

疊代	基變數	方程式	係數: Z	x_1	x_2	x_3	x_4	x_5	x_6	右端值
1	Z	(0)	1	0	-1	3	0	2	0	20
	x_4	(1)	0	0	4	-5	1	-3	0	30
	x_1	(2)	0	1	-1	2	0	1	0	10
	x_6	(3)	0	0	2	-3	0	-1	1	10

(a) 找出疊代 1 所得的 CPF 解。
(b) 找出定義此 CPF 解之限制邊界方程式。

5.1-5. 思考圖 5.2 中三變數的線性規劃問題。

(a) 建立與表 5.1 類似的表格，並列出每個 CPF 解。
(b) 不可行角解 $(6, 0, 5)$ 的定義方程式為何？
(c) 找出三條不產生 CPF 解或不可行角解的限制邊界方程式系統，並說明其原因。

5.1-6. 思考下列問題。

極小化 $Z = 3x_1 + 2x_2$，

受限於

$$\begin{align} 2x_1 + x_2 &\geq 10 \\ -3x_1 + 2x_2 &\leq 6 \\ x_1 + x_2 &\geq 6 \end{align}$$

及

$$x_1 \geq 0, \quad x_2 \geq 0。$$

(a) 找出此問題的 10 組定義方程式。列出每一組定義方程式對應的角解（若有解），並將其歸類為 CPF 解或不可行角解。
(b) 找出每個角解對應之基解及非基變數集合。

5.1-7. 再次思考習題 3.1-5 中的模型。

(a) 找出此問題的 15 組定義方程式。列出每一組定義方程式對應的角解（若有解），並將其歸類為 CPF 解或不可行角解。
(b) 找出每個角解對應之基解及非基變數集合。

5.1-8. 在大部分情況下，下列各敘述是正確的，但有時為錯誤。指出各敘述何時為錯誤並說明其原因。

(a) 最好的 CPF 解是最佳解。
(b) 最佳解是 CPF 解。
(c) 若某個 CPF 解沒有較優的相鄰 CPF 解（就目標函數值而言），則此 CPF 解是唯一最佳解。

5.1-9. 思考一原始形式（擴充前）具有 n 個決策變數（每個皆有非負限制式）和 m 條函數限制式的線性規劃問題。辨別下列各敘述之真偽，並以本章參考資料來說明其原因。

(a) 若某可行解是最佳解，則其一必為 CPF 解。
(b) CPF 解之數量至少為

$$\frac{(m+n)!}{m!n!}。$$

(c) 若一 CPF 解有較優的相鄰 CPF 解（就 Z 值而言），則這些相鄰 CPF 解中必定有一個是最佳解。

5.1-10. 指出下列各敘述是否為真，並說明其理由。

(a) 若某可行解為最佳解，但非 CPF 解，則有無限多個最佳解。

(b) 若兩不同可行點 $\mathbf{x}^*$ 和 $\mathbf{x}^{**}$ 的目標函數值相等，則連接 $\mathbf{x}^*$ 和 $\mathbf{x}^{**}$ 線段上的點皆為可行，且有相同的 Z 值。

(c) 若某題（擴充前）有 n 個變數，則任一 n 條限制邊界方程式之聯立解為 CPF 解。

5.1-11. 思考一個有可行解及有界可行解區域之線性規劃問題的擴充形式，指出下列各敘述之真偽，並用本章參考資料來說明其原因。

(a) 至少有一個最佳解。

(b) 最佳解一定是 BF 解。

(c) BF 解數量有限。

5.1-12.* 再次思考習題 4.6-9 中的模型，已知最佳解之基變數為 x_2 和 x_3。運用此資訊，找出一個最佳解為三條限制邊界的方程式系統，並解此方程式求得最佳解。

5.1-13. 再次思考習題 4.3-6 的模型，不用單形法，而用單形法理論和資訊，找出其解必定是最佳解的三條限制邊界聯立方程式（以 x_1、x_2、x_3 為變數）。求解此聯立方程式，以找出最佳解。

5.1-14. 思考下列問題。

極大化　$Z = 2x_1 + 2x_2 + 3x_3$，

受限於

$$2x_1 + x_2 + 2x_3 \leq 4$$
$$x_1 + x_2 + x_3 \leq 3$$

及

$$x_1 \geq 0, \quad x_2 \geq 0, \quad x_3 \geq 0。$$

令 x_4 和 x_5 為函數限制式的差額變數。以這兩個變數作為初始 BF 解的基變數，已知單形法在兩次疊代後求得最佳解之過程如下：(1) 在疊代 1 中，進入基變數是 x_3，退出基變數是 x_4；(2) 在疊代 2 中，進入基變數是 x_2，退出基變數是 x_5。

(a) 繪製此問題可行解區域的三維空間圖形，並呈現單形法行經之路徑。

(b) 由幾何角度說明單形法為何行經此路徑。

(c) 找出單形法行經之兩條可行解區域的邊所在的兩條限制邊界方程式，再分別找出其每個端點處之另一條限制邊界方程式。

(d) 分別找出單形法得到三個 CPF 解（包含初始解）之定義方程式，並用求出此三解。

(e) 找出 (d) 小題所得到各 CPF 解所對應之 BF 解與其非基變數集合。說明如何用非基變數找出 (d) 小題的定義方程式。

5.1-15. 思考下列問題。

極大化　$Z = 3x_1 + 4x_2 + 2x_3$，

受限於

$$x_1 + x_2 + x_3 \leq 20$$
$$x_1 + 2x_2 + x_3 \leq 30$$

及

$$x_1 \geq 0, \quad x_2 \geq 0, \quad x_3 \geq 0。$$

令 x_4 和 x_5 為函數限制式的差額變數。以這兩個變數作為初始 BF 解的基變數，已知單形法在兩次疊代後得到最佳解的過程如下：(1) 在疊代 1 中，進入基變數是 x_2，退出基變數是 x_5；(2) 在疊代 2 中，進入基變數是 x_1，退出基變數是 x_4。

根據上述狀況重做習題 5.1-14 中的問題。

5.1-16. 檢視圖 5.2，說明為何如果目標函數如下，則 CPF 解的性質 1b 成立。

(a) 極大化　$Z = x_3$。

(b) 極大化　$Z = -x_1 + 2x_3$。

5.1-17. 思考圖 5.2 的三變數線性規劃問題。

(a) 由幾何角度，解釋為何滿足任一限制式的解集合是凸集合。

(b) 以 (a) 小題的結論來說明，為何整個可行解區域（同時滿足每條限制式的解集合）為凸集合。

5.1-18. 假設圖 5.2 的三變數線性規劃問題的目標函數如下：

極大化　$Z = 3x_1 + 4x_2 + 3x_3$。

不用單形法之代數，而僅以其幾何意義（包括選取讓 Z 值增加率最大之邊），找出並解釋圖 5.2 中由原點至最佳解行經之路徑。

5.1-19. 思考圖 5.2 的三變數線性規劃問題。

(a) 建立類似表 5.4 之表格，列出各限制邊界方程式之指標變數與原始限制式。

(b) 對 CPF 解 (2, 4, 3) 及其三相鄰 CPF 解 (4, 2, 4)、(0, 4, 2) 和 (2, 4, 0)，建立如表 5.5 之表格，列出對應定義方程式、BF 解和非基變數。

(c) 用 (b) 小題的定義方程式集合，說明 (4, 2, 4)、(0, 4, 2) 和 (2, 4, 0) 確實與 (2, 4, 3) 相鄰，但此三解彼此都不相鄰。再用 (b) 小題的非基變數說明此狀況。

5.1-20. 在圖 5.2 中，通過 (2, 4, 3) 及 (4, 2, 4) 的直線公式是

$$(2, 4, 3) + \alpha[(4, 2, 4) - (2, 4, 3)]$$
$$= (2, 4, 3) + \alpha(2, -2, 1),$$

其中 $0 \leq \alpha \leq 1$ 表示兩點間之線段。在以差額變數 x_4、x_5、x_6、x_7 擴充函數限制式後，此公式變成

$$(2, 4, 3, 2, 0, 0, 0) + \alpha(2, -2, 1, -2, 2, 0, 0)。$$

直接用此公式回答下列問題，藉以了解由 (2, 4, 3) 移至 (4, 2, 4) 的單形法疊代中的代數與幾何關係（已知其正沿著此線段移動）。

(a) 進入基變數為何？
(b) 退出基變數為何？
(c) 新 BF 解為何？

5.1-21. 思考一兩變數之數學規劃問題，可行解區域如本題附圖所示，而其中六個黑點是 CPF 解。此題的目標函數為線性，圖中兩條虛線為通過最佳解 (4, 5) 與次佳解 (2, 5) 之目標函數直線。注意，非最佳解 (2, 5) 優於其兩相鄰 CPF 解，已違反 5.1 節線性規劃 CPF 解中的特性 3。以邊界上的六條線段作為線性規劃限制式的限制邊界，建立可行解區域，說明這個問題不能是線性規劃問題。

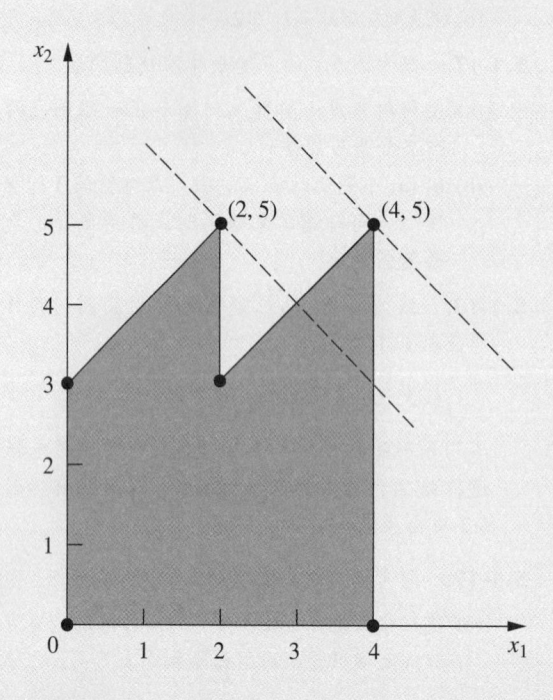

5.2-1. 思考下列問題。

極大化　　$Z = 8x_1 + 4x_2 + 6x_3 + 3x_4 + 9x_5$，

受限於

$$x_1 + 2x_2 + 3x_3 + 3x_4 \leq 180 \quad \text{（資源 1）}$$
$$4x_1 + 3x_2 + 2x_3 + x_4 + x_5 \leq 270 \quad \text{（資源 2）}$$
$$x_1 + 3x_2 + x_4 + 3x_5 \leq 180 \quad \text{（資源 3）}$$

及

$$x_j \geq 0, \quad j = 1, \ldots, 5。$$

已知最佳解基變數為 x_3、x_1 和 x_5，以及

$$\begin{bmatrix} 3 & 1 & 0 \\ 2 & 4 & 1 \\ 0 & 1 & 3 \end{bmatrix}^{-1} = \frac{1}{27} \begin{bmatrix} 11 & -3 & 1 \\ -6 & 9 & -3 \\ 2 & -3 & 10 \end{bmatrix}。$$

(a) 利用已知資訊求出最佳解。
(b) 利用已知資訊找出三種資源之陰影價格。

^I **5.2-2.*** 用矩陣式單形法逐步求解下列問題。

極大化　　$Z = 5x_1 + 8x_2 + 7x_3 + 4x_4 + 6x_5$，

受限於

$$2x_1 + 3x_2 + 3x_3 + 2x_4 + 2x_5 \leq 20$$
$$3x_1 + 5x_2 + 4x_3 + 2x_4 + 4x_5 \leq 30$$

及

$$x_j \geq 0, \quad j = 1, 2, 3, 4, 5。$$

5.2-3. 再次思考習題 5.1-1。對其中 (e) 小題所找到的 CPF 解序列，建立找出各對應 BF 解的基底矩陣 **B**。計算各基底矩陣 **B** 的反矩陣 $\mathbf{B}^{-1}$，並以其計算出現行解，再進行下一次疊代（或證明現行解是最佳解）。

^I **5.2-4.** 用矩陣式單形法逐步求解習題 4.1-5。

^I **5.2-5.** 用矩陣式單形法逐步求解習題 4.7-6。

^D **5.3-1.*** 思考下列問題。

極大化　　$Z = x_1 - x_2 + 2x_3$，

受限於

$$2x_1 - 2x_2 + 3x_3 \le 5$$
$$x_1 + x_2 - x_3 \le 3$$
$$x_1 - x_2 + x_3 \le 2$$

及

$$x_1 \ge 0, \quad x_2 \ge 0, \quad x_3 \ge 0。$$

令 x_4、x_5 和 x_6 各為限制式的差額變數。在運用單形法之後,最終單形表的一部分呈現如下:

基變數	方程式	係數:						右端值
		Z	x_1	x_2	x_3	x_4	x_5	x_6	
Z	(0)	1				1	1	0	
x_2	(1)	0				1	3	0	
x_6	(2)	0				0	1	1	
x_3	(3)	0				1	2	0	

(a) 利用 5.3 節之基本意涵,找出最終單形表中遺漏的數字,並列出所有計算過程。

(b) 找出最終單形表中,對應於最佳 BF 解之 CPF 解的定義方程式。

^D **5.3-2.** 思考下列問題。

極大化 $\quad Z = 4x_1 + 3x_2 + x_3 + 2x_4,$

受限於

$$4x_1 + 2x_2 + x_3 + x_4 \le 5$$
$$3x_1 + x_2 + 2x_3 + x_4 \le 4$$

及

$$x_1 \ge 0, \quad x_2 \ge 0, \quad x_3 \ge 0, \quad x_4 \ge 0。$$

令 x_5 和 x_6 各為限制式的差額變數。在運用單形法之後,最終單形表的一部分呈現如下:

基變數	方程式	係數:						右端值
		Z	x_1	x_2	x_3	x_4	x_5	x_6	
Z	(0)	1					1	1	
x_2	(1)	0					1	-1	
x_4	(2)	0					-1	2	

(a) 利用第 5.3 節之基本意涵,找出最終單形表中遺漏的數字,並列出所有計算過程。

(b) 找出最終單形表中,對應於最佳 BF 解之 CPF 解的定義方程式。

^D **5.3-3.** 思考下列問題。

極大化 $\quad Z = 6x_1 + x_2 + 2x_3,$

受限於

$$2x_1 + 2x_2 + \tfrac{1}{2}x_3 \le 2$$
$$-4x_1 - 2x_2 - \tfrac{3}{2}x_3 \le 3$$
$$2x_1 + 2x_2 + \tfrac{1}{2}x_3 \le 1$$

及

$$x_1 \ge 0, \quad x_2 \ge 0, \quad x_3 \ge 0。$$

令 x_4、x_5 和 x_6 各為限制式的差額變數。在運用單形法之後,最終單形表的一部分呈現如下:

基變數	方程式	係數:						右端值
		Z	x_1	x_2	x_3	x_4	x_5	x_6	
Z	(0)	1				2	0	2	
x_5	(1)	0				1	1	2	
x_3	(2)	0				-2	0	4	
x_1	(3)	0				1	0	-1	

利用 5.3 節之基本意涵,找出最終單形表中遺漏的數字,並列出所有計算過程。

^D **5.3-4.** 思考下列問題。

極大化 $\quad Z = 20x_1 + 6x_2 + 8x_3,$

受限於

$$8x_1 + 2x_2 + 3x_3 \le 200$$
$$4x_1 + 3x_2 \qquad \le 100$$
$$2x_1 \qquad + x_3 \le 50$$
$$\qquad\qquad\quad x_3 \le 20$$

及

$$x_1 \ge 0, \quad x_2 \ge 0, \quad x_3 \ge 0。$$

令 x_4、x_5、x_6 和 x_7 各別為限制式 1 到 4 的差額變數。假設經數次單形法疊代後,目前單形表的部分呈現如下:

基變數	方程式	係數:								右端值
		Z	x_1	x_2	x_3	x_4	x_5	x_6	x_7	
Z	(0)	1				$\tfrac{9}{4}$	$\tfrac{1}{2}$	1	0	
x_1	(1)	0				$\tfrac{3}{16}$	$-\tfrac{1}{8}$	0	0	
x_2	(2)	0				$-\tfrac{1}{4}$	$\tfrac{1}{2}$	0	0	
x_6	(3)	0				$-\tfrac{3}{8}$	$\tfrac{1}{4}$	1	0	
x_7	(4)	0				0	0	0	1	

(a) 利用 5.3 節之基本意涵,找出目前單形表中遺漏的數字,並列出所有計算過程。
(b) 指出哪些遺漏的數字須用單形法的矩陣形式求,以進行下一次疊代。
(c) 找出最終單形表中,對應於最佳 BF 解之 CPF 解的定義方程式。

D **5.3-5.** 思考下列問題。

極大化 $Z = c_1x_1 + c_2x_2 + c_3x_3$,

受限於

$x_1 + 2x_2 + x_3 \leq b$
$2x_1 + x_2 + 3x_3 \leq 2b$

及

$x_1 \geq 0, \quad x_2 \geq 0, \quad x_3 \geq 0$。

尚未知目標函數係數 (c_1, c_2, c_3),且僅知第二條限制式的右端值 ($2b$) 是第一條限制式的右端值 (b) 的兩倍。

假設你的上司自行填入其對 c_1、c_2、c_3 和 b 值的最佳估計值,且執行了單形法。他得到的最終單形表呈現如下(其中 x_4 和 x_5 分別是限制式的差額變數),但是 Z^* 值未知。

基變數	方程式	Z	x_1	x_2	x_3	x_4	x_5	右端值
Z	(0)	1	$\frac{7}{10}$	0	0	$\frac{3}{5}$	$\frac{4}{5}$	Z^*
x_2	(1)	0	$\frac{1}{5}$	1	0	$\frac{3}{5}$	$-\frac{1}{5}$	1
x_3	(2)	0	$\frac{3}{5}$	0	1	$-\frac{1}{5}$	$\frac{2}{5}$	3

(a) 利用 5.3 節之基本意涵,找出所使用的 (c_1, c_2, c_3) 值。
(b) 利用 5.3 節之基本意涵,找出所使用的 b 值。
(c) 以兩種方法計算 Z^* 值,一用 (a) 小題的結果,而另一用 (b) 小題的結果,並列出兩種方法的計算過程。

5.3-6. 5.3 節例題的疊代 2 顯示下列關係:

最終列 $0 = [-3, -5 | 0, 0, 0 | 0]$

$+ [0, \frac{3}{2}, 1] \begin{bmatrix} 1 & 0 & | & 1 & 0 & 0 & | & 4 \\ 0 & 2 & | & 0 & 1 & 0 & | & 12 \\ 3 & 2 & | & 0 & 0 & 1 & | & 18 \end{bmatrix}$。

利用疊代 1 和疊代 2 於列 0 之代數運算,並推導出此數學式。

5.3-7. 5.3 節大多假設問題是標準形式。思考下列各形式,必要時用 4.6 節的方法,在初始化過程中進行額外調整,包括用人工變數和大 M 法。說明基本概念之調整結果。

(a) 等式限制式
(b) $\geq$ 形式的函數限制式
(c) 右端值為負值
(d) 變數可為負值(無下界)

5.3-8. 重新思考習題 4.6-5 中的模型,用人工變數和大 M 法,建立完整的單形法第一個單形表,再找出包含最終表中應用基本意涵的 S^* 的行。解釋為何是這些行。

5.3-9. 思考下列問題。

極小化 $Z = 2x_1 + 3x_2 + 2x_3$,

受限於

$x_1 + 4x_2 + 2x_3 \geq 8$
$3x_1 + 2x_2 \geq 6$

及

$x_1 \geq 0, \quad x_2 \geq 0, \quad x_3 \geq 0$。

令 x_4 和 x_6 各為第一條與第二條限制式的餘額變數。以 $\bar{x}_5$ 和 $\bar{x}_7$ 表示其對應的人工變數。在做完第 4.6 節所描述,使用大 M 法於這種模型形式所需要的調整後,可以開始用以下單形法的初始單形表:

基變數	方程式	Z	x_1	x_2	x_3	x_4	$\bar{x}_5$	x_6	$\bar{x}_7$	右端值
Z	(0)	-1	$-4M+2$	$-6M+3$	$-2M+2$	M	0	M	0	$-14M$
$\bar{x}_5$	(1)	0	1	4	2	-1	1	0	0	8
$\bar{x}_7$	(2)	0	3	2	0	0	0	-1	1	6

以單形法求解後,最終單形表部分呈現如下:

基變數	方程式	Z	x_1	x_2	x_3	x_4	$\bar{x}_5$	x_6	$\bar{x}_7$	右端值
Z	(0)	-1					$M-0.5$		$M-0.5$	
x_2	(1)	0					0.3		-0.1	
x_1	(2)	0					-0.2		0.4	

(a) 根據以上的單形表,運用 5.3 節的基本概念,找出表中空缺的數字。列出所有計算。
(b) 運用 5.3 節所學,驗證其基本概念(參見方程式 $\mathbf{T}^* = \mathbf{MT}$ 和 $\mathbf{t}^* = \mathbf{t} + \mathbf{vT}$,以及後續 M

和 **v** 的推導)。此邏輯假設原始模型是標準形式,但此題並不符合標準形式。說明如何進行小幅調整,使得當 **t** 是上列初始表的列 0,**T** 是列 1 和列 2 時,此邏輯仍適用此題。找出此題的 **M** 和 **v**。

(c) 當應用方程式 **t* = t + vT** 時,另一種方式是使用 **t** = [2, 3, 2, 0, M, 0, M, 0],此為以代數方式刪除初始基變數 x_5 與 x_7 的非 0 係數之前的初始列 0。以此新 **t** 重做 (b) 小題。求得新的 **v** 之後,證明以此方程式所得的最終列 0 與 (b) 小題所得相同。

(d) 找出對應於最終單形表中最佳 BF 解的 CPF 解之定義方程式。

5.3-10. 思考下列問題。

極大化 $Z = 3x_1 + 7x_2 + 2x_3$,

受限於

$$-2x_1 + 2x_2 + x_3 \le 10$$
$$3x_1 + x_2 - x_3 \le 20$$

及

$$x_1 \ge 0, \quad x_2 \ge 0, \quad x_3 \ge 0 \text{。}$$

已知最佳解之基變數為 x_1 和 x_3。

(a) 導入差額變數,再利用已知資訊,直接以高斯消去法求出最佳解。

(b) 進一步運用 (a) 小題的結果,求出陰影價格。

(c) 運用已知資訊,找出最佳 CPF 解的定義方程式,再求解這些方程式以得到最佳解。

(d) 建構最佳 BF 解的基底矩陣 **B**,計算其反矩陣 $\mathbf{B}^{-1}$,再用 $\mathbf{B}^{-1}$ 求最佳解和陰影價格 **y***。然後以矩陣式單形法的最佳性測試,驗證所得為最佳解。

(e) 已知 (d) 小題得出 $\mathbf{B}^{-1}$ 和 **y***,運用第 5.3 節的基本概念,建立完整的最終單形表。

5.4-1. 思考一下習題 5.2-2 中的模型。令 x_6 和 x_7 各為第一條與第二條限制式的差額變數。已知在單形法的第一次疊代中,x_2 是進入基變數,x_7 是退出基變數;而在第二次(最終)疊代中,x_4 是進入基變數,x_6 是退出基變數。運用第 5.4 節中在每次疊代更新 $\mathbf{B}^{-1}$ 的程序,找出第一次疊代後的 $\mathbf{B}^{-1}$,接著找出第二次疊代後的 $\mathbf{B}^{-1}$。

I**5.4-2.*** 用修正單形法,逐步求解習題 4.3-4 的模型。

I**5.4-3.** 用修正單形法,逐步求解習題 4.7-5 的模型。

I**5.4-4.** 用修正單形法,逐步求解習題 3.1-6 的模型。

Chapter 06 對偶理論

線性規劃的早期發展中重要發現就是對偶觀念與其衍生應用。我們可由這些發現知道,每一個線性規劃問題都與另一線性規劃問題相關,這稱為**對偶 (dual)**。在許多方面上,對偶問題與其**原始 (primal)** 問題間的關係都非常有用。如 4.7 節介紹過的陰影價格,實際為對偶問題之最佳解。我們也會在本章討論到對偶理論的許多其他重要應用。

為易於各位理解,前三節在原始規劃問題為標準形式 (standard form)(但不限 b_i 項為正值)的假設,討論對偶理論。其他形式會在 6.4 節提到。本章一開始先介紹對偶理論基本特性與應用,接著說明對偶問題的經濟詮釋(6.2 節),並深入探討原始與對偶問題間的關係(6.3 節)。6.5 節則著重於對偶理論在敏感度分析中所扮演的角色(敏感度分析包括分析模型中某些參數變化時,對最佳解之影響,下一章會再詳細討論)。

6.1 對偶理論基本特性

已知左邊標準形式的原始問題(可能是其他形式轉換所得),其對偶問題的形式如右邊所示。

原始問題

極大化 $Z = \sum_{j=1}^{n} c_j x_j$,

受限於

$\sum_{j=1}^{n} a_{ij} x_j \leq b_i$, 對 $i = 1, 2, \ldots, m$

及

$x_j \geq 0$, 對 $j = 1, 2, \ldots, n$。

對偶問題

極小化 $W = \sum_{i=1}^{m} b_i y_i$,

受限於

$\sum_{i=1}^{m} a_{ij} y_i \geq c_j$, 對 $j = 1, 2, \ldots, n$

及

$y_i \geq 0$, 對 $i = 1, 2, \ldots, m$。

故當原始問題為「極大化」，對偶問題則為「極小化」形式。另外，對偶問題與原始問題的參數僅位置不同、但完全一樣，我們整理如下。

1. 原始問題目標函數的係數是對偶問題函數限制式之右端值。
2. 原始問題函數限制式之右端值是對偶問題目標函數的係數。
3. 原始問題函數限制式中，某變數之係數為對偶問題某函數限制式中之係數。

各位能觀察到此兩相同問題之矩陣形式（參閱 5.2 節），其中 **c** 和 **y** = $[y_1, y_2, \ldots, y_m]$ 是列向量，而 **b** 與 **x** 是行向量，可以更清楚比較這兩種形式。

原始問題	對偶問題
極大化　　　$Z = \mathbf{cx}$， 受限於 　　　$\mathbf{Ax} \leq \mathbf{b}$ 及 　　　$\mathbf{x} \geq \mathbf{0}$。	極小化　　　$W = \mathbf{yb}$， 受限於 　　　$\mathbf{yA} \geq \mathbf{c}$ 及 　　　$\mathbf{y} \geq \mathbf{0}$。

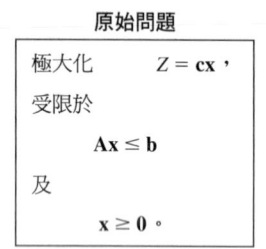

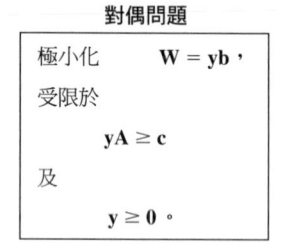

表 6.1 分別以代數形式和矩陣形式，列出第 3.1 節 Wyndor 玻璃公司例題的原始及對偶問題，以便說明。

線性規劃的**原始對偶表 (primal-dual table)**（表 6.2）亦助於各位了解這兩問題間的對應關係。表中呈現所有線性規劃的參數（a_{ij}、b_i 和 c_j）及應用參數建立問題的方

表 6.1　Wyndor 玻璃公司例題之原始與對偶問題

代數形式之原始問題	代數形式之對偶問題
極大化　　　$Z = 3x_1 + 5x_2$， 受限於 　　　$x_1 \leq 4$ 　　　$2x_2 \leq 12$ 　　　$3x_1 + 2x_2 \leq 18$ 及　$x_1 \geq 0,\quad x_2 \geq 0$。	極小化　　　$W = 4y_1 + 12y_2 + 18y_3$， 受限於 　　　$y_1 + 3y_3 \geq 3$ 　　　$2y_2 + 2y_3 \geq 5$ 及 　　　$y_1 \geq 0,\quad y_2 \geq 0,\quad y_3 \geq 0$。

矩陣形式之原始問題	矩陣形式之對偶問題
極大化　　$Z = [3, 5] \begin{bmatrix} x_1 \\ x_2 \end{bmatrix}$， 受限於 $\begin{bmatrix} 1 & 0 \\ 0 & 2 \\ 3 & 2 \end{bmatrix} \begin{bmatrix} x_1 \\ x_2 \end{bmatrix} \leq \begin{bmatrix} 4 \\ 12 \\ 18 \end{bmatrix}$ 及 $\begin{bmatrix} x_1 \\ x_2 \end{bmatrix} \geq \begin{bmatrix} 0 \\ 0 \end{bmatrix}$。	極小化　　$W = [y_1, y_2, y_3] \begin{bmatrix} 4 \\ 12 \\ 18 \end{bmatrix}$， 受限於 $[y_1, y_2, y_3] \begin{bmatrix} 1 & 0 \\ 0 & 2 \\ 3 & 2 \end{bmatrix} \geq [3, 5]$ 及 $[y_1, y_2, y_3] \geq [0, 0, 0]$。

■ 表 6.2　以 Wyndor 玻璃公司為例，說明線性規劃的原始對偶表

(a) 一般情況

		原始問題					
		係數：				右端值	
		x_1	x_2	$\cdots$	x_n		
對偶問題	係數：　y_1 y_2 $\vdots$ y_m	a_{11} a_{21} a_{m1}	a_{12} a_{22} a_{m2}	$\cdots$ $\cdots$ $\cdots$	a_{1n} a_{2n} a_{mn}	$\leq b_1$ $\leq b_2$ $\vdots$ $\leq b_m$	目標函數係數（極小化）
	右端值	VI c_1	VI c_2	$\cdots$ $\cdots$	VI c_n		
		目標函數係數（極大化）					

(b) Wyndor 玻璃公司例題

	x_1	x_2	
y_1	1	0	$\leq$ 4
y_2	0	2	$\leq$ 12
y_3	3	2	$\leq$ 18
	VI 3	VI 5	

法。橫向為原始問題標題，而縱向則為對偶問題標題。以原始問題來看，每行（除右端值行）為一變數在各限制式與目標函數之係數，而每列（除最下列）為一限制式之參數。以對偶問題來看，每列（除右端值列）為一變數在各限制式與目標函數之係數，而每行（除最右行）是一限制式之參數。另外，最右行為原始問題之右端值，亦為對偶問題目標函數之係數；最下列則為原始問題目標函數之係數，亦為對偶問題之右端值。

因此，原始問題與對偶問題間的關係如下：

1. 一問題（函數）限制式之參數是另一問題變數之係數。
2. 一問題目標函數之係數，是另一問題之右端值。

因此，這兩問題參數間有直接的對應關係（如表 6.3 所示）。這些對應關係也是對偶理論應用（如敏感度分析）之關鍵。

本書專屬網站中的 Solved Examples 另提供另一種運用原始對偶表來建立線性規劃模型的應用範例。

表 6.3 原始問題和對偶問題的對應關係

一問題		另一問題
限制式 i	⟷	變數 i
目標函數	⟷	右端值

對偶問題的起源

對偶理論依據 5.3 節的基本意涵（尤其是列 0）而得。為了解其原因，本節沿用表 5.9 中，最終表列 0 的符號，但以 W^* 取代 Z^*，並刪除所有表格中 z^* 及 y^* 的星號。所以，用單形法求原始問題任一疊代，目前列 0 的數字如表 6.4 的（部分）表格所示。x_1、x_2、...、x_n 係數中的 $\mathbf{z} = (z_1, z_2, \ldots, z_n)$，代表在得到目前表格的過程中，單形法加到初始係數 $-\mathbf{c}$ 的向量（$\mathbf{z}$ 與目標函數 Z 不同，勿混淆）。同裡，因 x_{n+1}、x_{n+2}、...、x_{n+m} 在列 0 中的初始係數皆為 0，故 $\mathbf{y} = (y_1, y_2, \ldots, y_m)$ 為單形法加至這些係數中的向量。以基本意涵來看〔見 5.3 節方程式 (1)〕，我們能得到原始模型中數量和參數間的關係：

$$W = \mathbf{y}\mathbf{b} = \sum_{i=1}^{m} b_i y_i ,$$

$$\mathbf{z} = \mathbf{y}\mathbf{A} , \text{因此} \quad z_j = \sum_{i=1}^{m} a_{ij} y_i , \text{對 } j = 1, 2, \ldots, n \text{。}$$

我們以 Wyndor 玻璃公司為例，第一組方程式 $W = 4y_1 + 12y_2 + 18y_3$ 恰為表 6.1 右上對偶問題之目標函數。第二組方程式 $z_1 = y_1 + 3y_3$ 和 $z_2 = 2y_2 + 2y_3$ 各別為對偶問題函數限制式的左端。所以，以對偶問題來說，我們減去 ≥ 限制式之右端值（$c_1 = 3$ 和 $c_2 = 5$）之後，可以將 $(z_1 - c_1)$ 和 $(z_2 - c_2)$ 視為函數限制式之餘額變數 (surplus variable)。

剩下的關鍵在於，以符號呈現單形法（依最佳化測試）欲達成的目標。事實上，單形法要找到一組基變數與其對應 BF 解，讓列 0 係數皆為非負，接著在求得最佳解後停。我們能用表 6.4 的符號來表示：

最佳解條件：

$$z_j - c_j \geq 0 \quad \text{對 } j = 1, 2, \cdots, n \text{，}$$
$$y_i \geq 0 \quad \text{對 } i = 1, 2, \cdots, m \text{。}$$

表 6.4 單形表列 0 中的符號

疊代	基變數	方程式	Z	係數:							右端值
				x_1	x_2	$\cdots$	x_n	x_{n+1}	x_{n+2}	$\cdots$	x_{n+m}	
任何	Z	(0)	1	$z_1 - c_1$	$z_2 - c_2$	$\cdots$	$z_n - c_n$	y_1	y_2	$\cdots$	y_m	W

代入 z_j 的表示式後，最佳解條件表示單形法可視為求解 y_1、y_2、...、y_m 之值，讓

$$W = \sum_{i=1}^{m} b_i y_i,$$

受限於

$$\sum_{i=1}^{m} a_{ij} y_i \geq c_j, \quad 對 j = 1, 2, \ldots, n$$

及

$$y_i \geq 0, \quad 對 i = 1, 2, \ldots, m。$$

但除少了 W 的目標之外，這與對偶問題完全一樣！我們為完成此模型，接著來討論這個目標。

由於 W 為目前的 Z 值，且原始問題的目標為極大化 Z，自然會認為也要極大化 W。不過這不正確，因為：此新問題的可行解都會滿足原始問題的最佳解條件，故新問題的可行解都會對應到原始問題的最佳解。原始問題中的最佳解值 Z 是新問題中 W 的最小可行值，故應極小化 W（6.3 節衍生之關係能證明此結論）。加上極小化 W 的目標後，即可得到完整的對偶問題。

因此，我們能將對偶問題視為另一種以線性規劃呈現的單形法目標，亦即要找出滿足最佳性測試的原始問題解。我們在達成此目標之前，目前表中列 0 的 $\mathbf{y}$（差額變數的係數）在對偶問題中必為不可行。然而，達成此目標之後，$\mathbf{y}$ 必為對偶問題的最佳解（以 $\mathbf{y}^*$ 表示），因其值為 W 的最小可行值的可行解。這個最佳解（y_1^*、y_2^*、...、y_m^*）也就是 4.7 節原始問題之陰影價格。此外，W 的最佳值即為 Z 的最佳值，因此兩個問題的最佳目標函數值相等。這也表示任何原始問題的可行解 $\mathbf{x}$ 及對偶問題的可行解 $\mathbf{y}$，$\mathbf{cx} \leq \mathbf{yb}$ 都會成立。

接下來為便於說明，我們在用表 6.5 左邊以單形法求 Wyndor 玻璃公司問題時，每次疊代中列 0 的係數。每次疊代列 0 都會分成決策變數（x_1, x_2）係數、差額變數（x_3, x_4, x_5）係數和右端值（Z 值）。因差額變數係數亦為對偶變數（y_1, y_2, y_3）的值，所以每一個列 0 皆為對偶問題的一個對應解，如表 6.5 的 y_1、y_2 及 y_3 行所示。接著，兩行中的 $(z_1 - c_1)$ 和 $(z_2 - c_2)$ 是對偶問題函數限制式的餘額變數，故加入餘額變數擴充後之完整對偶問題為：

極小化　　$W = 4y_1 + 12y_2 + 18y_3$，

受限於

$$y_1 \quad\quad + 3y_3 - (z_1 - c_1) = 3$$
$$\quad\quad 2y_2 + 2y_3 - (z_2 - c_2) = 5$$

及

$$y_1 \geq 0, \quad y_2 \geq 0, \quad y_3 \geq 0。$$

表 6.5 Wyndor 玻璃公司範例中，每次疊代的列 0 及其對應的對偶解

疊代	原始問題 列 0					對偶問題 y_1	y_2	y_3	$z_1 - c_1$	$z_2 - c_2$	W
0	[−3,	−5 ¦ 0,	0,	0 ¦	0]	0	0	0	−3	−5	0
1	[−3,	0 ¦ 0,	$\frac{5}{2}$,	0 ¦	30]	0	$\frac{5}{2}$	0	−3	0	30
2	[0,	0 ¦ 0,	$\frac{3}{2}$,	1 ¦	36]	0	$\frac{3}{2}$	1	0	0	36

故利用 y_1、y_2 及 y_3 行的數值，可以計算出這些餘額變數的值如下：

$$z_1 - c_1 = y_1 + 3y_3 - 3，$$
$$z_2 - c_2 = 2y_2 + 2y_3 - 5。$$

所以，當某餘額變數為負值，即違反對應之限制式。此表最右行為對偶目標函數 $W = 4y_1 + 12y_2 + 18y_3$ 之值。

如表 6.4，表 6.5 中的列 0 右方數值都可由列 0 得到，不需重新計算。注意，表 6.5 中的每個對偶問題數值都已在表 6.4 的位置。

由於初始列 0 的兩個餘額變數皆為負值，表 6.5 呈現對應的對偶解 $(y_1, y_2, y_3) = (0, 0, 0)$ 為不可行。第一次疊代順利消除其中一負值，但另一仍存在。經兩次疊代，所有對偶變數及餘額變數都不是負值，符合原始問題的最佳化測試，故此對偶解 $(y_1^*, y_2^*, y_3^*) = (0, \frac{3}{2}, 1)$ 為最佳解（能直接以單形法求對偶問題驗證），故 Z 及 W 的最佳值為 $Z^* = 36 = W^*$。

原始－對偶關係之彙整

以下彙整前述原始問題與對偶問題間的重要關係。

弱對偶特性 (weak duality property)：若 **x** 是原始問題的可行解，且 **y** 是對偶問題的可行解，則

$$\mathbf{cx} \leq \mathbf{yb}。$$

Wyndor 玻璃公司問題中，$x_1 = 3$、$x_2 = 3$ 是一個可行解，其目標函數值為 $Z = \mathbf{cx} = 24$；而 $y_1 = 1$、$y_2 = 1$、$y_3 = 2$ 為對偶問題一可行解，其目標函數值較大，是 $W = \mathbf{yb} = 52$。這僅是這兩問題可行解樣本。從任一對可行解來看，此不等式一定會成立，因為 $Z = \mathbf{cx}$ 的最大可行值 (36) 等於對偶目標函數 $W = \mathbf{yb}$ 的最小可行值。這就是下一個特性。

強對偶特性 (strong duality property)：若 **x*** 是原始問題的最佳解，且 **y*** 是對偶問題的最佳解，則

$$cx^* = y^*b \text{ 。}$$

故從上述兩特性能得知,若 $\mathbf{x}$ 和 $\mathbf{y}$ 分別是其對應問題的可行解,但其中之一或兩者都不是最佳解時,則 $\mathbf{cx} < \mathbf{yb}$。若這兩者皆為最佳解,等號即成立。

弱對偶特性說明了任一對原始問題可行解與對偶問題可行解間的關係。單形法在每次疊代中,找出此兩問題之一對解,其原始解為可行,但對偶解不可行(除最終疊代)。下一特性會說明此情況與此對解間的關係。

互補解特性 (complementary solutions property):單形法同時在每次疊代中找出原始問題的 CPF 解 $\mathbf{x}$ 及對偶問題的**互補解 (complementary solution)** $\mathbf{y}$(即列 0 中差額變數的係數),且

$$\mathbf{cx} = \mathbf{yb} \text{ 。}$$

若 $\mathbf{x}$ 不是原始問題的最佳解,則 $\mathbf{y}$ 是對偶問題的不可行解。

Wyndor 玻璃公司問題在經過一次疊代後,$x_1 = 0$、$x_2 = 6$ 和 $y_1 = 0$、$y_2 = \frac{5}{2}$、$y_3 = 0$,且 $\mathbf{cx} = 30 = \mathbf{yb}$。這個 $\mathbf{x}$ 是原始問題的可行解,但 $\mathbf{y}$ 是對偶問題的不可行解(因違反限制式 $y_1 + 3y_3 \geq 3$)。

互補解特性在單形法最終表也成立,並能找出原始問題最佳解。然而,此時互補解 $\mathbf{y}$ 還有更多特性。

互補最佳解特性 (complementary optimal solutions property):單形法同時在最終疊代中找到原始問題的最佳解 $\mathbf{x}^*$ 及對偶問題的**互補最佳解 (complementary optimal solution)** $\mathbf{y}^*$(即列 0 中差額變數的係數),且

$$\mathbf{cx}^* = \mathbf{y}^*\mathbf{b} \text{ 。}$$

其中 y_i^* 是原始問題的陰影價格。

本例最終疊代產生 $x_1^* = 2$、$x_2^* = 6$ 和 $y_1^* = 0$、$y_2^* = \frac{3}{2}$、$y_3^* = 1$,且 $\mathbf{cx}^* = 36 = \mathbf{y}^*\mathbf{b}$。

6.3 節會延伸互補解特性,並進一步討論這些特性。特別是在加入差額和餘額變數以分別擴大原始及對偶問題後,每個原始問題的基解在對偶問題中都有一個互補基解。注意,單形法在表 6.4 中找到對偶問題的餘額變數值 $z_j - c_j$。由此可得出另一個**互補差額特性 (complementary slackness property)**,說明一問題基變數與另一問題非基變數間的關係(另見表 6.7 及表 6.8)。

6.4 節說明過如何建立非標準形式之原始問題的對偶問題,接著要討論另一個非常有用的特性:

對稱特性 (symmetry property)：以任何原始問題及對偶問題來說，兩者間的所有關係都必然對稱，因為對偶問題的對偶問題就是原始問題。

因此，不管我們稱哪個問題為原始問題，上述所有特性皆成立（因弱對偶特性的不等號方向，原始問題須為極大化，且對偶問題須為極小化）。所以，單形法可用在任一問題，且同時找出另一問題的互補解（最後成為互補最佳解）。

我們到目前為止都把原始問題聚焦在可行解或最佳解與對應對偶問題解間的關係。但原始（或對偶）問題可能無可行解，或有可行解但無最佳解（因目標函數為無界）。最後一特性即彙整這些可能狀況的原始－對偶關係。

對偶定理 (duality theorem)：原始與對偶問題間所有可能關係如下。

1. 若一問題有可行解，且其目標函數為有界（因此有最佳解），則另一問題亦相同。故適用弱對偶及強對偶特性。
2. 若一問題有可行解，但目標函數為無界（因此沒有最佳解），則另一問題無可行解。
3. 若一問題無可行解，則另一問題為無可行解，或目標函數為無界。

應用

一如前述，對偶理論能直接以單形法求解對偶問題，得到出原始問題之最佳解。4.8 節曾提過，函數限制式數量對單形法計算時間的影響比變數數量更大。如果 $m > n$，對偶問題函數限制式的量 (n) 比原始問題 (m) 少，與其求解原始問題，不如直接使用單形法求解對偶問題，能節省大量計算時間。

弱對偶及強對偶特性說明了原始與對偶問題的重要關係。其中一個有用的應用是評估原始問題的可能解。假設 **x** 為一可行解，而我們以檢視法找到對偶問題可行解 **y**，且 **cx** = **yb**。此時，不必用單形法就能知道 **x** 一定是最佳解。即使 **cx** < **yb**，**yb** 仍然是 Z 的最佳值的一個上界。因此，若 **yb** − **cx** 很小，在有無形因素偏好 **x** 時，可能會直接選用 **x**，而不再繼續求解。

對偶單形法是互補解特性之中一重要應用。這個演算法因此特性，在原始問題運算與以單形法求解對偶問題完全相同。由於單形表列 0 與右端值之角色已互換，故對偶單形法要求列 0 從頭到尾都須維持非負，右端在一開始則有一些負值（接續疊代會將右端值變成非負）。因此形式初始表較單形法之形式更方便，因此有時會用此演算法。另外，由於原始模型改變後，修正最終表符合此形式，故再最佳化也常使用對偶單形法（見 4.7 節）。這常出現在某類型敏感度分析中，下一章會在進一步討論。

一般而言，對偶理論在敏感度分析中扮演著關鍵的角色（另見 6.5 節）。

對偶理論的另一重要應用是對偶問題的經濟詮釋,以及其對深入分析原始問題的幫助。在 4.7 節已有討論陰影價格的範例,6.2 節將說明如何擴大到整個對偶問題及單形法。

6.2 對偶性的經濟詮釋

我們直接根據 3.2 節的原始問題(標準形式之線性規劃問題)的一般詮釋,進行對偶性經濟詮釋。接下來,為便於說明,會將原始問題詮釋彙整於表 6.6。

對偶問題的詮釋

要了解原始問題詮釋如何導出對偶問題的經濟詮釋[1],注意表 6.4 的 W 即目前疊代的 Z 值(總利潤)。因為

$$W = b_1 y_1 + b_2 y_2 + \cdots + b_m y_m,$$

每一個 $b_i y_i$ 可視為目前可利用之 b_i 單位資源 i,在原始問題中對利潤的貢獻。因此,

> 當使用目前的基變數集合求得原始問題解時,對偶變數 y_i 可視為每單位的資源 i ($i = 1, 2, \cdots, m$) 對利潤的貢獻。

也就是說,y_i 的值(或最佳解 y_i^* 值)即 4.7 節所討論的**陰影價格 (shadow price)**。

而以單形法求 Wyndor 問題的疊代 2 也找到了對偶問題的最佳解(如表 6.5 最底列所示)為 $y_1^* = 0$、$y_2^* = \frac{3}{2}$ 和 $y_3^* = 1$。這些數值正好是 4.7 節由圖解法所找到的陰影價格。由於 Wyndor 問題之資源能用來製造兩種新品的三間工廠產能,因此 b_i 是工廠 i 每週可生產時數,$i = 1, 2, 3$。如 4.7 節的陰影價格呈現當任何一個 b_i 增加一單位時,最佳解的目標函數值(以千元單位計的每週總利潤)將會增加 y_i^*。因此,y_i^* 可視為在使用最佳解時,每單位資源 i 對利潤的貢獻。

▣ 表 6.6 原始問題之經濟詮釋

數量	詮釋
x_j	活動 j 的水準 ($j = 1, 2, \cdots, n$)
c_j	活動 j 的單位利潤
Z	所有活動的總利潤
b_i	資源 i 的可用量 ($i = 1, 2, \cdots, m$)
a_{ij}	每單位活動 j 所需資源 i 的數量

---

[1] 事實上有幾種不同的詮釋,由於此說法直接說明單形法對原始問題的作用,似乎最有效,故本書採此說法。

這對偶變數之詮釋能引伸到我們對整體對偶問題之詮釋。特別在原始問題中，每單位活動 j 使用了 a_{ij} 單位資源 i，所以

$\sum_{i=1}^{m} a_{ij}y_i$ 可視為一單位活動 j ($j = 1, 2, \cdots, n$) 用各種資源組合所產生的利潤。

對 Wyndor 問題來說，一單位活動 j 代表每週生產一批產品 j ($j = 1, 2$)。生產一批產品 1 耗費的資源組合為：工廠 1 生產時間 1 小時與工廠 3 生產時間 3 小時。而產品 2 耗費的資源組合則為：工廠 2 與工廠 3 生產時間各 2 小時。因此，$y_1 + 3y_3$ 和 $2y_2 + 2y_3$ 可將此解釋為：每週生產一批各產品所耗費之資源組合目前利潤（單位以每週千元計）。

雖然對每一活動 j 來說，使用資源組合也能用於別處，但產生之利潤不能少於活動 j 的利潤。因為 c_j 是活動 j 的單位利潤，我們可以下列方式來詮釋對偶問題的每條函數限制式：

$\sum_{i=1}^{m} a_{ij}y_i \geq c_j$ 為上述資源組合對利潤之實際貢獻，至少必須等於一單位的活動 j 的貢獻，否則就是未善加利用這些資源。

Wyndor 問題中的單位利潤（以每週千元計）為 $c_1 = 3$ 和 $c_2 = 5$，故以此詮釋來看，對偶函數限制式為 $y_1 + 3y_3 \geq 3$ 和 $2y_2 + 2y_3 \geq 5$。同理，非負限制式的詮釋如下：

$y_i \geq 0$ 代表資源 i ($i = 1, 2, \cdots, m$) 對利潤的貢獻須為非負，否則，最好不要運用此資源。

目標

$$\text{極小化} \quad W = \sum_{i=1}^{m} b_i y_i$$

我們可以將此看成極小化所有活動消耗資源的總隱性價值。Wyndor 問題中的兩種產品消耗資源的總價值（單位以每週千元計）為 $W = 4y_1 + 12y_2 + 18y_3$。

區分原始問題任何一已知 BF 解中的基變數與非基變數 (x_1、x_2、$\cdots$、x_{n+m})，能更精確詮釋對偶問題。因為基變數在列 0 的係數必為零。所以再參照表 6.4 及 z_j 公式，我們能得知

$$\sum_{i=1}^{m} a_{ij}y_i = c_j, \quad 若 x_j > 0 \quad (j = 1, 2, \ldots, n)，$$

$$y_i = 0, \quad 若 x_{n+i} > 0 \quad (i = 1, 2, \ldots, m)。$$

此為 6.3 節互補差額特性的另一種形式。第一式的經濟詮釋是當活動 j 的水準為正值時 ($x_j > 0$)，其消耗資源之邊際價值一定等於（而不超過）此活動之單位利潤。第二式代表，若資源 i 供應量並未被各種活動 ($x_{n+i} > 0$) 耗盡，此資源之邊際價值為零 ($y_i =$

0)。以經濟學的說法,此資源為一「自由財」,依供需法則,當某商品供應超量,價格一定會降至零。此亦可說明為何對偶問題之目標應為極小化消耗資源之隱性價值,而不是分配到的資源價值。

我們用 Wyndor 問題的最佳 BF 解 (2, 6, 2, 0, 0) 來說明上述這兩種觀念。基變數是 x_1、x_2 和 x_3,故在列 0 係數為零(見表 6.5 最底列)。由此列也可得到對偶解為:$y_1^* = 0$、$y_2^* = \frac{3}{2}$、$y_3^* = 1$,其餘額變數為 $(z_1^* - c_1) = 0$ 和 $(z_2^* - c_2) = 0$。因為 $x_1 > 0$ 和 $x_2 > 0$,由餘額變數與直接計算都能得到 $y_1^* + 3y_3^* = c_1 = 3$ 和 $2y_2^* + 2y_3^* = c_2 = 5$。所以,每批產品所生產時消耗的資源價值確實與各產品單位利潤相等。工廠 1 之產能使用量限制式的差額變數為 $x_3 > 0$,因此增加工廠 1 產能之邊際價值將為零 ($y_1^* = 0$)。

單形法的詮釋

對偶問題的詮釋,亦提供單形法在原始問題上的經濟詮釋。單形法旨在找出對資源運用最有利且可行之方式。為達到此目的,須求得一個滿足對資源運用有利之所有要求(對偶問題之限制式)的 BF 解。而這些要求即為演算法最佳解之條件。對任一已知 BF 解來說,基變數對應之要求(對偶限制式)會自動滿足(等式),而非基變數不一定會滿足其對應之要求。

如果原始變數 x_j 為非基變數,這代表沒有進行活動 j,則一單位活動 j 所需使用資源組合目前對利潤的貢獻

$$\sum_{i=1}^{m} a_{ij} y_i$$

也許會小於、大於或等於活動 j 的單位利潤 c_j。若為小於,單形表列 0 係數 $z_j - c_j < 0$,也就是將這些資源用於此活動能獲得更大的利潤。若為大於 ($z_j - c_j > 0$),則這些資源已用於其他獲利更大的活動,故不該用於活動 j。若 $z_j - c_j = 0$,則進行活動 j 對獲利無任何影響。

同理,若差額變數 x_{n+i} 為非基變數,這就代表資源 i 的可用量 b_i 都已耗盡,則 y_i 是資源 i 目前對利潤的邊際貢獻。若 $y_i < 0$,代表減少此資源使用量能增加獲利(即增加 x_{n+i})。若 $y_i > 0$,代表可以繼續使用這種資源,而 $y_i = 0$ 表示決策不影響獲利。

因此,單形法就是檢驗目前 BF 解全部的非基變數,找出增加何者能讓資源使用的獲利更高。如果沒有,即代表無法改變或減少目前資源使用方式來增加利潤,而目前解一定為最佳解。如果有,單形法選擇增加一單位讓資源使用獲利改善最大的變數,再盡可能增大此變數(進入基變數),直到此資源之邊際價值有所變化。增大變數會產生另一新 BF 解,及新列 0(對偶解),接著重複這整個過程。

對偶問題之經濟詮釋大幅增加我們對於原始問題的分析能力。不過如 6.1 節所述,這只是兩問題關係的一種說法。6.3 節會更深入探討這些關係。

6.3 原始－對偶關係

對偶問題因為是線性規劃問題，所以也有角解。此外，我們能利用問題的擴充形式，把角解以基解來呈現。由於函數限制式為 ≥ 的形式，而其擴充形式是在各限制式 j ($j = 1, 2, \ldots, n$) 左端減去餘額變數（而非加入差額變數）[2]

$$z_j - c_j = \sum_{i=1}^{m} a_{ij} y_i - c_j, \quad 對\ j = 1, 2, \ldots, n。$$

所以，$z_j - c_j$ 為限制式 j 中的餘額變數（將限制式乘以 -1，或為差額變數）。因此運用 $z_j - c_j$ 擴充角解 (y_1、y_2、$\ldots$、y_m) 成為基解 (y_1、y_2、$\ldots$、y_m, $z_1 - c_1$、$z_2 - c_2$、$\cdots$、$z_n - c_n$)。由於對偶問題之擴充形式有 n 條函數限制式及 $n + m$ 變數，每個基解有 n 個基變數及 m 個非基變數（如表 6.3，對偶限制式對應原始變數，對偶變數則對應原始限制式，所以 m 和 n 對調）。

互補基解

原始與對偶問題間其中一個重要關係是，其基解間直接對應。此對應關係的關鍵在於，原始基解單形表中列 0（如表 6.4 或表 6.5）。無論是否可行，對任一原始基解來說，都能用表 5.8 底的公式求得這個列 0。

再次注意到表 6.4 及表 6.5，我們如何能從列 0 直接看出對偶問題完整解（包含餘額變數）。由原始問題列 0 係數可看出，其中每個變數在對偶問題皆有相關變數（如表 6.7）。首先為一般問題，接著是 Wyndor 問題。

此處有一重要意涵：由列 0 直接看出來的對偶解，必定為基解。因原始問題的 m 個基變數在列 0 之係數都是零，故 m 個相關的對偶變數亦為零，即為對偶問題的非基變數。剩下的 n 個（基）變數值為本節一開始已知的聯立方程式之解。這個聯立方程式的矩陣形式是 $\mathbf{z} - \mathbf{c} = \mathbf{yA} - \mathbf{c}$，且依據 5.3 節基本意涵，能在列 0 的對應位置找到 $\mathbf{z} - \mathbf{c}$ 及 $\mathbf{y}$ 的解。

因為 6.1 節對稱特性（及表 6.7 的變數間直接關係），原始與對偶問題間的基解關係為對稱。此外，一對互補基解之目標函數值相等（如表 6.4 的 W）。

我們現在彙整原始與對偶基解之間的關係，其中第一個性質將第 6.1 節的互補解性質延伸到兩問題的擴充形式，然後再延伸到原始問題的任何基解（可行或不可行）。

互補基解特性 (complementary basic solutions property)：每一個原始問題基解

---

[2] 各位可能會想，為何不像 4.6 節一樣加上人工變數。因為這些變數僅是暫時改變可行解區域，方便開始單形法。而現在我們並不想用單形法求解對偶問題，也不要改變可行解區域。

■ **表 6.7** 原始與對偶問題變數之間的關係

	原始變數	相關的對偶變數
一般問題	（決策變數）x_j （差額變數）x_{n+i}	$z_j - c_j$（餘額變數）$j = 1, 2, \cdots, n$ y_i（決策變數）$i = 1, 2, \cdots, m$
Wyndor 問題	決策變數：x_1 　　　　　x_2 差額變數：x_3 　　　　　x_4 　　　　　x_5	$z_1 - c_1$（餘額變數） $z_2 - c_2$ y_1　　（決策變數） y_2 y_3

■ **表 6.8** 互補基解之互補差額關係

原始變數	相關的對偶變數	
基變數	非基變數	（m 個變數）
非基變數	基變數	（n 個變數）

在對偶問題中都有一個**互補基解** (complementary basic solution)，而其中兩者之目標函數值（Z 及 W）相等。若已知原始基解的單行表列 0，則可找到其互補對偶基解 ($\mathbf{y}, \mathbf{z} - \mathbf{c}$)，如表 6.4 所示。

下一個特性質將說明，我們如何由互補基解中，找出基變數與非基變數。

互補差額特性 (complementary slackness property)：由表 6.7 的變數間關係可知，原始基解與互補對偶基解的變數滿足表 6.8 的**互補差額** (complementary slackness) 關係，且為對稱關係，故這兩基解會彼此互補。

最後一個特性為互補差額特性，因為每對相關變數在某種程度來說，若其中一個在其非負限制式（基變數 > 0）有差額，則另一個必定沒有差額（非基變數 = 0）。6.2 節曾提過，此特性提供了線性規劃問題一種有用的經濟詮釋。

例 題

再次以 3.1 節 Wyndor 玻璃公司問題為例來說明這兩個特性。表 6.9 呈現此問題所有 8 個基解（5 個可行與 3 個不可行）。因此，其對偶問題（見表 6.1）亦必定有 8 個基解，且其中每個都各與一原始解互補（見表 6.9）。

單形法所得到原始問題之三 BF 解，分別為表 6.9 編號 1、5 及 6 之解。我們由表 6.5 已知，由列 0 直接看出對偶問題之互補基解，亦即從差額變數係數開始，接著是原始變數之係數。藉由建立其他原始基解之列 0，及用表 5.8 底部公式，其他對偶基解也能用此方式找出。

表 6.9 Wyndor 玻璃公司範例的互補基解

編號	原始問題 基解	是否可行？	$Z = W$	對偶問題 是否可行？	基解
1	(0, 0, 4, 12, 18)	是	0	否	(0, 0, 0, −3, −5)
2	(4, 0, 0, 12, 6)	是	12	否	(3, 0, 0, 0, −5)
3	(6, 0, −2, 12, 0)	否	18	否	(0, 0, 1, 0, −3)
4	(4, 3, 0, 6, 0)	是	27	否	$\left(-\frac{9}{2}, 0, \frac{5}{2}, 0, 0\right)$
5	(0, 6, 4, 0, 6)	是	30	否	$\left(0, \frac{5}{2}, 0, -3, 0\right)$
6	(2, 6, 2, 0, 0)	是	36	是	$\left(0, \frac{3}{2}, 1, 0, 0\right)$
7	(4, 6, 0, 0, −6)	否	42	是	$\left(3, \frac{5}{2}, 0, 0, 0\right)$
8	(0, 9, 4, −6, 0)	否	45	是	$\left(0, 0, \frac{5}{2}, \frac{9}{2}, 0\right)$

另一個方式為應用互補差額特性，找出互補對偶基解的基變數與非基變數，所以能直接求解本節一開始的聯立方程式，求得互補解。如表 6.9 倒數第二個原始基解 (4, 6, 0, 0, −6) 的基變數是 x_1、x_2 和 x_5，因變數不為 0。由表 6.7 可看出其對應對偶變數是 $(z_1 − c_1)$、$(z_2 − c_2)$ 及 y_3。表 6.8 呈現出對應對偶變數為互補基解之非基變數。因此，

$$z_1 − c_1 = 0, z_2 − c_2 = 0, y_3 = 0。$$

所以，對偶問題函數限制式的擴充形式

$$\begin{aligned} y_1 \quad\quad + 3y_3 − (z_1 − c_1) &= 3 \\ 2y_2 + 2y_3 − (z_2 − c_2) &= 5 \end{aligned}$$

可簡化成

$$\begin{aligned} y_1 \quad + 0 − 0 &= 3 \\ 2y_2 + 0 − 0 &= 5 \end{aligned}$$

因此，$y_1 = 3$、$y_2 = \frac{5}{2}$。我們在加上非基變數的 0 值後，可得到基解 $(3, \frac{5}{2}, 0, 0, 0)$，如表 6.9 倒數第二列最右行。注意，此 5 變數全部滿足非負限制式，故此對偶解為對偶問題之可行解。

最後，我們注意到由表 6.9 可以看到 $(0, \frac{3}{2}, 1, 0, 0)$ 是 W 值 (36) 最小的可行基解，故為對偶問題之最佳解。

互補基解之間的關係

我們接著由互補基解之可行性關係開始，探討互補基解間的關係。表 6.9 中間一行提供我們一些有用線索。對每對互補解而言，是否為可行解大多也滿足互補關係。

事實上，除一例外，只要一個解是可行，另一必為不可行（也可能兩者都不可行，如第 3 對）。第 6 對是唯一例外，其中原始解已知為最佳解，因可從 $Z = W$ 行得知其因。第 6 對偶解亦為最佳解（互補最佳解特性），且 $W = 36$，故前 5 個對偶解接不可行，因為 $W < 36$（對偶問題目標為極小化 W）。同理，因為 $Z > 36$，最後兩原始解亦不可行。

強對偶特性能進一步支持此解釋，也就是最佳原始解及對偶解滿足 $Z = W$。

接著將 6.1 節互補最佳解特性，延伸至此兩問題擴充形式。

互補最佳基解特性 (complementary optimal basic solutions property)：原始問題的最佳基解在對偶問題中有**互補最佳基解 (complementary optimal basic solution)**，且兩者之目標函數值（Z 及 W）相等。能由已知原始最佳解的單形表列 0，找到其互補最佳對偶解 ($\mathbf{y}^*, \mathbf{z}^* - \mathbf{c}$)，如表 6.4 所示。

為了解此特性的推論，注意原始問題的最佳性條件，要求所有對偶變數（包含餘額變數）皆為非負，所以對偶解 ($\mathbf{y}^*, \mathbf{z}^* - \mathbf{c}$) 一定是對偶問題的可行解。因為此解可行，由弱對偶性質可知其必然是對偶問題的最佳解（因為 $W = Z$，所以 $\mathbf{y}^*\mathbf{b} = \mathbf{c}\mathbf{x}^*$，其中 $\mathbf{x}^*$ 是原始問題之最佳解）。

基解能以是否滿足以下兩個條件而分類。第一條件為**可行性條件 (condition for feasibility)**，亦即擴充解的所有變數（包括差額變數）是否都為非負。另一條件則是**最佳性條件 (condition for optimality)**，即列 0 所有係數（所有互補基解之變數）是否都為非負。表 6.10 整理了不同類型的基解名稱。如表 6.9 的原始基解 1、2、4 及 5 是次佳，6 是最佳，7 與 8 為超佳，而 3 為不可行亦不為超佳。

表 6.11 彙整互補基解的一般關係。圖 6.1 呈顯其中前三對（最後一對可為任何值）可能目標函數值 ($Z = W$)。因此，單形法在原始問題中直接處理次佳基解，求最佳解時，也同時在對偶問題中間接處理其互補超佳解，以求得可行性。不過，有時我們直接處理超佳基解，來得到原始問題之可行性較為方便。

表 6.11 第 3 行及第 4 行列出其他兩個描述一對互補基解的常用術語。若原始基解為可行，則稱此兩解為**原始可行 (primal feasible)**；而互補對偶基解為對偶問題之可行解時，即稱此兩解為**對偶可行 (dual feasible)**。以此術語來說，單形法處理原始可行

■ 表 6.10　基解的分類

		滿足最佳性條件？	
		是	否
可行？	是	最佳	次佳
	否	超佳	不可行，也不是超佳

■ 表 6.11 互補基解之間的關係

原始基解	互補對偶基解	兩基解	
		原始可行？	對偶可行？
次佳	超佳	是	否
最佳	最佳	是	是
超佳	次佳	否	是
不可行，也不是超佳	不可行，也不是超佳	否	否

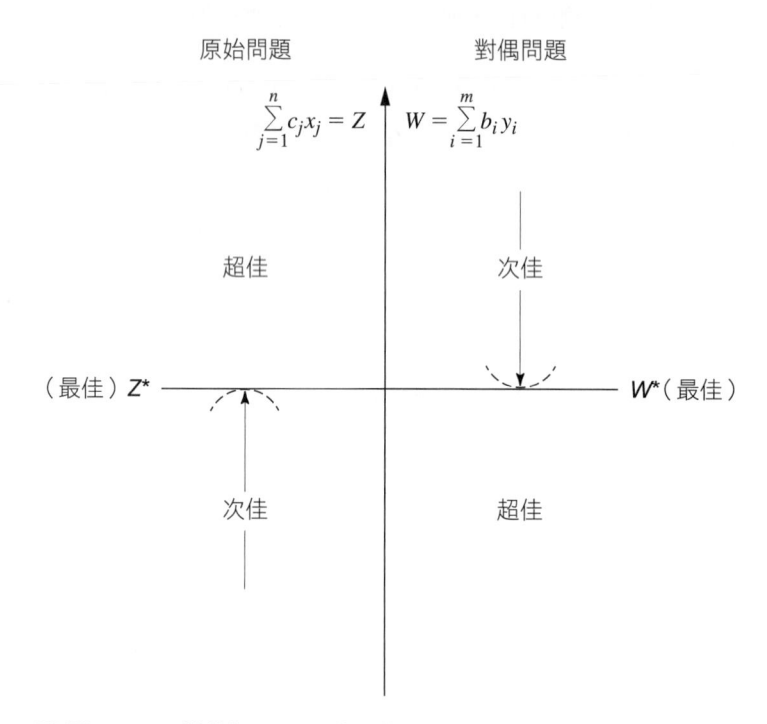

■ 圖 6.1 互補基解 $Z = W$ 的可能值範圍。

解，努力取得對偶可行性，當達此目標時，兩互補基解各別個為問題之最佳解。

我們已證明這些關係非常有用，特別對下一章的敏感度分析相當有用。

6.4 調整成其他原始問題形式

我們到目前為止，一直假設原始問題為標準形式。不過，本章一開始曾提過，不論其是否為標準形式，任一線性規劃問題都有對偶問題。因此，本節重點會放在其他原始形式之對偶問題的變化情況。

4.6 節曾提到非標準形式問題，並說明在需要時將每種非標準形式轉換成相等的標準形式（轉換方法見表 6.12）。因此，任一模型都能先轉換為標準形式，再用一般

◨ 表 6.12　將各種線性規劃模型轉換成標準形式

非標準形式	相等的標準形式
極小化　　Z	極大化　　$(-Z)$
$\sum_{j=1}^{n} a_{ij}x_j \geq b_i$	$-\sum_{j=1}^{n} a_{ij}x_j \leq -b_i$
$\sum_{j=1}^{n} a_{ij}x_j = b_i$	$\sum_{j=1}^{n} a_{ij}x_j \leq b_i$　及　$-\sum_{j=1}^{n} a_{ij}x_j \leq -b_i$
x_j 正負號不限	$x_j^+ - x_j^-,\quad x_j^+ \geq 0,\quad x_j^- \geq 0$

方法建立對偶問題。我們以表 6.13 的標準對偶問題轉換（其必有對偶問題）為例，注意最後結果正好是標準原始問題！由於任一對原始與對偶問題都能轉換為這些形式，故對偶問題之對偶問題永遠是原始問題。所以，對任一原始問題及其對偶問題，這兩者所有關係都為對稱。這也是 6.1 節的對稱特性，表 6.13 說明其成立之理由。

根據對稱性質，本章之前介紹的對偶問題對原始問題的關係，反之亦會成立。

此外，不需要區分哪個是原始問題、哪個是對偶問題。實務上，有時會標準形式的線性規劃問題稱為對偶問題。我們習慣上會把符合實際問題的模型稱為原始問題，與形式無關。

在如何建立非標準原始問題之對偶問題示範中，並未討論到等式限制式或無符號限制之變數。其實還是有捷徑能處理。在建立對偶問題時，原始問題中的等式限制式，應該視同 ≤ 限制式來處理（見習題 6.4-7 及 6.4-2a），但要刪除其對應對偶變數的

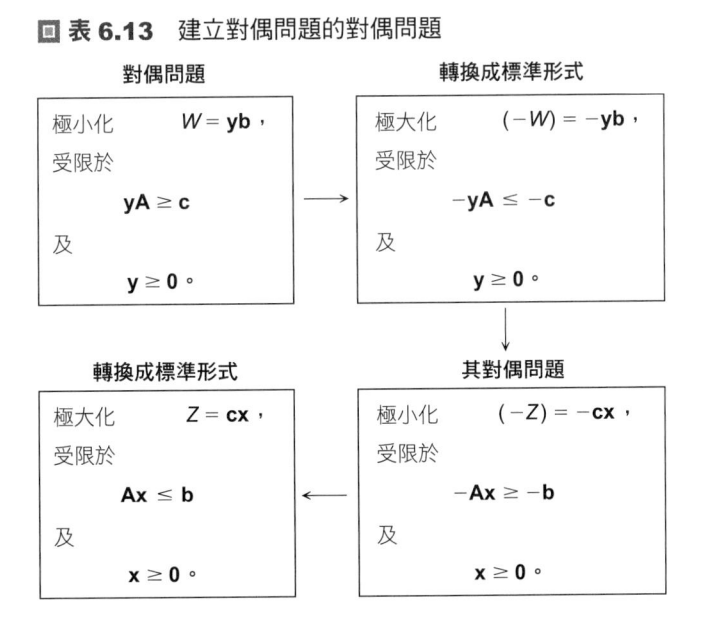

◨ 表 6.13　建立對偶問題的對偶問題

對偶問題	轉換成標準形式
極小化　　$W = \mathbf{yb}$， 受限於 　　$\mathbf{yA} \geq \mathbf{c}$ 及 　　$\mathbf{y} \geq \mathbf{0}$。	極大化　　$(-W) = -\mathbf{yb}$， 受限於 　　$-\mathbf{yA} \leq -\mathbf{c}$ 及 　　$\mathbf{y} \geq \mathbf{0}$。
轉換成標準形式	其對偶問題
極大化　　$Z = \mathbf{cx}$， 受限於 　　$\mathbf{Ax} \leq \mathbf{b}$ 及 　　$\mathbf{x} \geq \mathbf{0}$。	極小化　　$(-Z) = -\mathbf{cx}$， 受限於 　　$-\mathbf{Ax} \geq -\mathbf{b}$ 及 　　$\mathbf{x} \geq \mathbf{0}$。

非負限制式（亦即此變數沒有符號限制）。根據對稱性質，刪除原始問題之非負限制式，對於對偶問題的影響，只有把對應的不等限制式改成等式限制式。

另一個捷徑則與極大化問題的 $\geq$ 形式之函數限制式有關，我們直接（但需時較長）把每一條這種限制式改成 $\leq$ 的形式

$$\sum_{j=1}^{n} a_{ij}x_j \geq b_i \longrightarrow -\sum_{j=1}^{n} a_{ij}x_j \leq -b_i \text{。}$$

接著用一般作法建立對偶問題，可得到 y_i 在函數限制式 j（$\geq$ 形式）的係數 $-a_{ij}$ 及目標函數（極小化）的係數 $-b_i$，其中 y_i 有非負限制式 $y_i \geq 0$。現在假設定義新的變數 $y_i' = -y_i$，將以 y_i 表示的對偶問題改成以 y_i' 表示，其變化為 (1) 該變數在函數限制式 j 和目標函數的係數分別變成 a_{ij} 和 b_i，以及 (2) 該變數的限制式變成 $y_i' \leq 0$（非正限制式）。因為，這個捷徑是用 y_i' 而不用 y_i 作為對偶變數，使得原限制式中的參數（a_{ij} 和 b_i）立即變成此變數在對偶問題的係數。

接著我們介紹一種有助於記憶對偶限制式形式的方法。這對極大化問題來說，$\leq$ 形式的函數限制式似乎是正常的 (sensible)；$=$ 形式有點奇怪 (odd)；而 $\geq$ 形式則是異常的 (bizarre)。同樣情況，這對極小化來說，$\geq$ 形式的函數限制式看起來是正常的；$=$ 形式有點奇怪；而 $\leq$ 形式則是異常的。至於變數的限制式，不論是極大化或極小化的問題，可能非負限制式看起來是正常的；沒有限制（亦即變數沒有正負號限制）是有點奇怪；而小於或等於 0 則是異常的。我們回頭來看一下表 6.3，該表所呈現原始與對偶問題的對照關係，亦即一問題之函數限制式 i 對應到另一問題的變數 i，反之亦然。此**正常－奇怪－異常方法 (sensible-odd-bizarre method)** 簡稱為 **SOB 法 (SOB method)**，呈現出對偶問題中的函數限制式的形式及變數限制式的形式是正常、奇怪或異常，應該取決於原始問題中對應的部分是正常、奇怪或異常。接著我們來看 SOB 法。

以 SOB 法決定對偶問題中的限制式形式 [3]

1. 建立極大化或極小化形式的原始問題，則其對偶問題必為另一形式。
2. 我們依照表 6.14，將原始問題中各種不同形式的函數限制式及各變數限制式分別標示為正常、奇怪或異常。函數限制式應根據問題是極大化（利用第 2 行）或極小化（利用第 3 行）來標示。

---

[3] 這種記憶對偶限制式的方法是由美國 Harvey Mudd College 的數學教授 Arthur T. Benjamin 所提出。Benjamin 教授擁有一種有趣的特殊能力，可以利用心算快速地將六位數字相乘，因此被認為是偉大的人體計算機之一。要進一步了解 SOB 法的討論與推導，請參閱 A. T. Benjamin: "Sensible Rules for Remembering Duals—The S-O-B Method," *SIAM Review*, **37**(1): 85-87, 1995。

3. 對偶問題中的**變數限制式**標示，應與其對應之原始問題函數限制式的標示相同（如表 6.3 所示）。
4. 對偶問題中的**函數限制式**標示，應與其對應之原始問題變數限制式的標示相同（如表 6.3 所示）。

表 6.14 中第 2 行與第 3 行間的箭頭，指出原始問題與對偶問題限制式形式的對應關係，注意到這都是一問題之函數限制式和另一問題變數間的對應關係。因為原始問題並非極大化就是極小化的問題，而對偶問題則是相反的形式；所以此表第 2 行是極大化問題的形式，而第 3 行則是另一個問題（極小化問題）的形式。

我們以 3.4 節介紹過的放射治療來說明。而為呈現表 6.14 中的兩種轉換方向，先用此極大化的模型為原始問題，接著再使用（原來的）極小化形式。

極大化形式的原始問題如表 6.15 的左邊所示。利用表 6.14 的第 2 行來呈現這個問題，表中的箭頭指出第 3 行的對偶問題形式。表 6.15 用相同箭頭呈現所得之對偶問題（因配合箭頭位置，故函數限制式在對偶問題最末，而非慣用上方位置）。在兩問題限制式旁，插入 S、O、B（在括弧內），並標示正常、奇怪或異常形式。根據 SOB

□ 表 6.14 對應的原始－對偶形式

標示	原始問題 （或對偶問題）	對偶問題 （或原始問題）
	極大化 Z（或 W）	極小化 W（或 Z）
	限制式 i：	變數 y_i（或 x_i）：
正常	$\leq$ 形式 ⟵⟶	$y_i \geq 0$
奇怪	$=$ 形式 ⟵⟶	無限制
異常	$\geq$ 形式 ⟵⟶	$y_i' \leq 0$
	變數 x_j（或 y_j）：	限制式 j：
正常	$x_j \geq 0$ ⟵⟶	$\geq$ 形式
奇怪	無限制 ⟵⟶	$=$ 形式
異常	$x_j' \leq 0$ ⟵⟶	$\leq$ 形式

□ 表 6.15 放射治療例題的一種原始－對偶形式

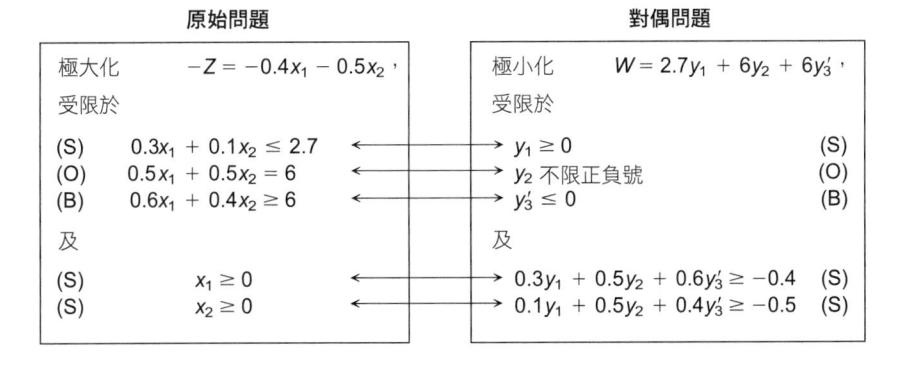

原始問題

極大化　　$-Z = -0.4x_1 - 0.5x_2$，
受限於
(S)　　$0.3x_1 + 0.1x_2 \leq 2.7$　⟵
(O)　　$0.5x_1 + 0.5x_2 = 6$　⟵
(B)　　$0.6x_1 + 0.4x_2 \geq 6$　⟵
及
(S)　　$x_1 \geq 0$　⟵
(S)　　$x_2 \geq 0$　⟵

對偶問題

極小化　　$W = 2.7y_1 + 6y_2 + 6y_3'$，
受限於
⟶　$y_1 \geq 0$　(S)
⟶　y_2 不限正負號　(O)
⟶　$y_3' \leq 0$　(B)
及
⟶　$0.3y_1 + 0.5y_2 + 0.6y_3' \geq -0.4$　(S)
⟶　$0.1y_1 + 0.5y_2 + 0.4y_3' \geq -0.5$　(S)

■ 表 6.16　放射線治療例題的另一種原始－對偶形式

原始問題	對偶問題
極小化　　$Z = 0.4x_1 + 0.5x_2$， 受限於 (B)　　$0.3x_1 + 0.1x_2 \leq 2.7$ (O)　　$0.5x_1 + 0.5x_2 = 6$ (S)　　$0.6x_1 + 0.4x_2 \geq 6$ 及 (S)　　　$x_1 \geq 0$ (S)　　　$x_2 \geq 0$	極大化　　$W = 2.7y_1' + 6y_2' + 6y_3$， 受限於 (B)　　$y_1' \leq 0$ (O)　　y_2' 不限正負號 (S)　　$y_3 \geq 0$ 及 (S)　　$0.3y_1' + 0.5y_2' + 0.6y_3 \leq 0.4$ (S)　　$0.1y_1' + 0.5y_2' + 0.4y_3 \leq 0.6$

法，對偶限制式與其對應之原始限制式標示相同。

然而，將原始問題轉換成極大化形式並非必要，與原來的極小化形式相等的原始問題如表 6.16 左邊所示。現在利用表 6.14 的第 3 行來表示這個原始問題，表中的箭頭指出第 2 行的對偶問題形式，同樣的箭頭在表 6.16 指出右邊之所得的對偶問題。限制式的標示顯示這仍是 SOB 法的應用。

一如表 6.15 與表 6.16 原始問題相同，個別對偶問題亦完全相同。了解這兩個問題相同的關鍵，在於每一種形式的對偶問題中的變數是另一種形式中變數的負值（$y_1' = -y_1$、$y_2' = -y_2$、$y_3 = -y_3'$）。所以，對任一形式來說，如果改用另一種形式中的變數，並且把目標函數和限制式都乘以 -1，即可得另一形式（問題 6.4-5 將會驗證）。

本書專屬網站中的 Solved Examples 提供，針對 SOB 法建立對偶問題的應用題。

如果要應用單形法求解變數被限制為非正之原始或對偶問題（如表 6.15 對偶問題中的 $y_3' \leq 0$），可以用這個變數的非負形式來取代（如 $y_3 = -y_3'$）。

當應用人工變數來進行單形法求原始問題時，我們可以下方式來詮釋單形表列 0 對偶性：因可將人工變數視為差額變數，其列 0 係數提供對偶問題互補基解之對應對偶變數值。由於人工變數是用來將實際問題轉換成較容易處理的人工問題，因此對偶問題事實上是人工問題之對偶問題。然而，當全部人工變數成為非基變數後，又會回到實際的原始與對偶問題。使用兩階法時，需要保留人工變數第 2 階，以便由列 0 讀取完整對偶解。對大 M 法來說，由於列 0 的每個人工變數係數一開始就已加上 M，所以將人工變數目前係數減去 M，就能得到其對應對偶變數的現值。

以表 4.12 的放射治療例題為例，此表底部的最終單形表列 0，在將人工變數 $\bar{x}_4$ 及 $\bar{x}_6$ 的係數減去 M 後，表 6.15 中對應的對偶問題最佳解，能由 x_3、$\bar{x}_4$ 及 $\bar{x}_6$ 的係數看出是 $(y_1, y_2, y_3') = (0.5, -1.1, 0)$。而這兩函數限制式之餘額變數能由 x_1 及 x_2 的係數看出是 $z_1 - c_1 = 0$ 及 $z_2 - c_2 = 0$。

6.5 對偶理論在敏感度分析中扮演的角色

敏感度分析基本上是研究模型參數 a_{ij}、b_i 及 c_j 值改變時對最佳解的影響。不過，原始問題參數值改變時，對偶問題對應的參數值亦會變。因此，可以任選一種問題來探討各種改變。因為 6.1 節和 6.3 節原始–對偶關係（特別是互補基解特性），要在兩種問題間轉換很容易。某些情況直接分析對偶問題較易找出對於原始問題的互補影響。我們先考慮一下兩種情況。

改變非基變數的係數

假設改變原始模型最佳解中非基變數之係數，這對這個最佳解會有何影響？此最佳解是否還可行？是否最佳解？

因涉及非基變數（其值為零），改變係數並不影響解之可行性，因此，此情況下的問題只是，此解是否依然是最佳解。如表 6.10 與表 6.11，這問題等於是問：在改變後，對偶問題之互補基解是否還可行。由於這些改變對對偶問題的影響僅在於改變一條限制式，故只要檢查此互補基解是否還會滿足改變後的限制式，就能回答此問題。

此情況會在 7.2 節中說明，且本書專屬網站中的 Solved Examples 也提類似的應用題。

加入新變數

如表 6.6，模型中的決策變數通常為考量中的各種活動程度。這些活動在某些情況下，是由一大群可能活動中挑選出來的，相對之下其他活動似乎不重要，所以沒有放在原來的模型中。也可能在建立了原來的模型並求解以後，才了解到這些其他活動之重要性。不管是哪一種情況，關鍵在於，這些之前沒有被列入考量的活動，是否值得納入模型。亦即，加入任何一個活動到模型中，是否會改變原來的最佳解？

增加一活動等於在模型中增加一新變數，及其函數限制式與目標函數之適當係數。而對偶問題中唯一改變則是新增一限制式（見表 6.3）。

在進行這些改變後，原最佳解加上等於零之新變數（非基變數）是否依然是原始問題之最佳解？如前一範例，這是在問：對偶問題之互補基解是否依然可行，同樣只要檢查此互補基解有沒有滿足對偶問題之新限制式，即可回答此問題。

我們以 3.1 節 Wyndor 玻璃公司問題來說明，若正考慮在目前的產品組合中加入第三種可能的新產品。令 x_{new} 表示此產品的生產率，則修改後的模型如下：

極大化 $\quad Z = 3x_1 + 5x_2 + 4x_{\text{new}}$，

受限於
$$\begin{aligned} x_1 + 2x_{\text{new}} &\le 4 \\ 2x_2 + 3x_{\text{new}} &\le 12 \\ 3x_1 + 2x_2 + x_{\text{new}} &\le 18 \end{aligned}$$

及
$$x_1 \ge 0, \quad x_2 \ge 0, \quad x_{\text{new}} \ge 0 \text{。}$$

我們加入差額變數後，不含 x_{new} 的原來最佳解是 $(x_1, x_2, x_3, x_4, x_5) = (2, 6, 2, 0, 0)$。此解中加入 x_{new} 是否仍為最佳解？

如果我們要回答這問題，需要檢查對偶問題之互補基解。以 6.3 節互補最佳基解特性來看，應用表 6.4 和表 6.5，能從原始問題最終單形表的列 0 找到此解。故表 6.5 最底列與表 6.9 第 6 列，能得到此解

$$(y_1, y_2, y_3, z_1 - c_1, z_2 - c_2) = \left(0, \frac{3}{2}, 1, 0, 0\right)\text{。}$$

（也能用 6.3 節的表 6.9 倒數第二列之作法，得到此互補基解）。

由於此解為原對偶問題之最佳解，故必定滿足表 6.1 的原對偶限制式，但會滿足新對偶限制式嗎？

$$2y_1 + 3y_2 + y_3 \ge 4$$

代入此解後，可看出仍然滿足

$$2(0) + 3\left(\frac{3}{2}\right) + (1) \ge 4$$

因此此對偶解仍可行（仍為最佳解）。因此，在原本原始問題解 $(2, 6, 2, 0, 0)$ 加上 $x_{\text{new}} = 0$ 後，仍然是最佳，所以不應該將這個新產品納入產品組合。

用此作法能很容易針對新加入變數的原始問題進行敏感度分析。僅需簡單檢查新對偶限制式，即可看出在什麼範圍內，參數值的變化不會影響對偶解的可行性（亦即原始解之最佳性）。

其他應用

我們已討論過對偶理論在敏感度分析的另外兩個重要應用：陰影價格和對偶單形法。一如 4.7 與 6.2 節所述，最佳對偶解（y_1^*、y_2^*、$\cdots$、y_m^*）提供了各種資源的陰影價格，指出（小幅）改變 b_i（資源量）對 Z 值之影響（7.2 節會更詳細探討依此所做之分析）。

簡單來說，6.2 節描述之對偶問題與單形法經濟詮釋，提供了敏感度分析之有用意涵。

在探討改變 b_i 或 a_{ij} 值（基變數）的效應時，原最佳解可能變成超佳基解（如表 6.10 的定義），若要以再最佳化找出新最佳解，應從此基解開始，並用對偶單形法（見 6.1 及 6.3 節最末）來求解。

6.1 節曾提及，有時用單形法直接求解對偶問題，來找出原始問題最佳解，反而比較有效率。以此求解後，能直接在對偶問題應用 7.1 節與 7.2 節的方法，再推導原始問題的互補效應（如表 6.11），進行原始問題的敏感度分析。以 6.1 和 6.3 節提過的密切原始－對偶關係，來進行敏感度分析較為直接。

6.6 結論

每個線性規劃問題都有個相關的對偶線性規劃問題，原（原始）問題與其對偶問題間有許多有用的關係，能用來增強分析原始問題的能力。例如，由對偶問題的經濟詮釋得到陰影價格，可用於衡量原始問題中各種資源的邊際價值，並提供單形法的詮釋。由於單形法能直接用再此兩問題中任一個，同時求解兩問題，故有時會直接求解對偶問題，省下大量計算時間。包括處理超佳基解之對偶單形法的對偶理論，也在敏感度分析中扮演重要的角色。

參考文獻

1. Dantzig, G. B., and M. N. Thapa: *Linear Programming 1: Introduction*, Springer, New York, 1997.
2. Denardo, E. V.: *Linear Programming and Generalizations: A Problem-based Introduction with Spreadsheets*, Springer, New York, 2011, chap. 12.
3. Luenberger, D. G., and Y. Ye: *Linear and Nonlinear Programming*, 3rd ed., Springer, New York, 2008, chap. 4.
4. Murty, K. G.: *Optimization for Decision Making: Linear and Quadratic Models*, Springer, New York, 2010, chap. 5.
5. Nazareth, J. L.: *An Optimization Primer: On Models, Algorithms, and Duality*, Springer-Verlag, New York, 2004.
6. Vanderbei, R. J.: *Linear Programming: Foundations and Extensions*, 4th ed., Springer, New York, 2014, chap 5.

本書網站的學習輔助教材

Solved Examples：

Examples for Chapter 6

IOR Tutorial 中的互動程式：

Ineractive graphical Method

IOR Tutorial 中的自動程式：

Solve Automatically by the Simplex Method

Graphical Method and Sensitivity Analysis

Chapter 6 的辭彙

軟體參考文件請參閱附錄 1。

習題

部分習題（或其小題）前標示符號代表：

I：建議使用前述相關互動程式（列印解題紀錄）。

C：選用（或依教師指定）適當的可用電腦軟體，自動求解問題。

習號後的星號(*)表示該問題全部或部分答案列於書末。

6.1-1.* 建立以下標準形式線性規劃模型的對偶問題。

(a) 習題 3.1-6 的模型。
(b) 習題 4.7-5 的模型。

6.1-2. 思考習題 4.5-4 的模型。

(a) 建立該模型之原始—對偶表及對偶問題。
(b) 各位能從「模型的 Z 為無界」中得到何種與對偶問題相關之推論？

6.1-3. 以下各個線性規劃模型，哪種方法（可能）較能效找出最佳解：單形法直接求解原始問題，或單形法直接求解對偶問題，並另以說明。

(a) 極大化 $Z = 10x_1 - 4x_2 + 7x_3$，

受限於

$$3x_1 - x_2 + 2x_3 \leq 25$$
$$x_1 - 2x_2 + 3x_3 \leq 25$$
$$5x_1 + x_2 + 2x_3 \leq 40$$
$$x_1 + x_2 + x_3 \leq 90$$
$$2x_1 - x_2 + x_3 \leq 20$$

及

$$x_1 \geq 0, \quad x_2 \geq 0, \quad x_3 \geq 0。$$

(b) 極大化 $Z = 2x_1 + 5x_2 + 3x_3 + 4x_4 + x_5$，

受限於

$$x_1 + 3x_2 + 2x_3 + 3x_4 + x_5 \leq 6$$
$$4x_1 + 6x_2 + 5x_3 + 7x_4 + x_5 \leq 15$$

及

$$x_j \geq 0，對 j = 1, 2, 3, 4, 5。$$

6.1-4. 思考以下問題。

極大化 $Z = -x_1 - 2x_2 - x_3$，

受限於

$$x_1 + x_2 + 2x_3 \leq 12$$
$$x_1 + x_2 - x_3 \leq 1$$

及

$$x_1 \geq 0, \quad x_2 \geq 0, \quad x_3 \geq 0。$$

(a) 建立對偶問題。
(b) 以對偶理論證明原始問題最佳解的 $Z \leq 0$。

6.1-5. 思考以下問題。

極大化 $Z = 2x_1 + 6x_2 + 9x_3$，

受限於

$$x_1 + x_3 \leq 3 \quad （資源 1）$$
$$x_2 + 2x_3 \leq 5 \quad （資源 2）$$

及

$$x_1 \geq 0, \quad x_2 \geq 0, \quad x_3 \geq 0。$$

(a) 建立此原始問題之對偶問題。
I(b) 用圖解法解對偶問題，並以此解找出原始問題的各種資源之陰影價格。
C(c) 使用單形法自動求解原始問題並找出陰影價格，以驗證 (b) 小題的答案。

6.1-6. 依照習題 6.1-5 的指示，求解以下問題。

極大化　$Z = x_1 - 3x_2 + 2x_3$，

受限於

$2x_1 + 2x_2 - 2x_3 \leq 6$　（資源 1）
$\quad\quad -x_2 + 2x_3 \leq 4$　（資源 2）

及

$x_1 \geq 0, \quad x_2 \geq 0, \quad x_3 \geq 0$。

6.1-7. 思考以下問題。

極大化　$Z = x_1 + 2x_2$，

受限於

$-x_1 + x_2 \leq -2$
$4x_1 + x_2 \leq 4$

及

$x_1 \geq 0, \quad x_2 \geq 0$。

[1](a) 以圖示說明此題無可行解。
(b) 建立對偶問題。
[1](c) 以圖示說明對偶問題有無界的目標函數。

[1] **6.1-8** 建立並繪製一原始問題，其中有兩決策變數及兩條函數限制式，並有可行解及無界的目標函數。再建立對偶問題，並以圖示說明對偶問題無可行解。

[1] **6.1-9.** 建立一對原始及對偶問題，這兩題分別各有兩個決策變數及兩條函數限制式，且皆無可行解。以圖示說明此特性。

6.1-10. 建立一對原始及對偶問題，這兩題各別有兩個決策變數及兩條函數限制式，且原始問題無可行解，而對偶問題有無界的目標函數。

6.1-11. 利用弱對偶性質證明，若原始與對偶問題皆可行解，則這兩題都有最佳解。

6.1-12. 思考 6.1 節以矩陣表示的標準形式之原始與對偶問題，運用其定義來證明以下結果。
(a) 6.1 節的弱對偶性質。
(b) 若原始問題有無界之可行解區域，容許 Z 無限增加，則對偶問題無有可行解。

6.1-13. 思考 6.1 節以矩陣表示的標準形式之原始與對偶問題，令 $\mathbf{y}^*$ 為對偶問題之最佳解，假設 $\mathbf{b}$ 被 $\bar{\mathbf{b}}$ 取代，令 $\bar{\mathbf{x}}$ 表示新原始問題之最佳解，證明

$$\mathbf{c}\bar{\mathbf{x}} \leq \mathbf{y}^*\bar{\mathbf{b}}。$$

6.1-14. 針對標準形式之線性規劃問題及對偶問題，指出下列敘述為對或錯，並說明理由。
(a) 原始與對偶問題兩者之函數限制式數量與變數數量之總和（擴充前）相等。
(b) 單形法在每次疊代中，同時找出原始問題及對偶問題的 CPF 解，且兩者目標函數值相等。
(c) 若原始問題有無界的目標函數，對偶問題的目標函數最佳值必為零。

6.2-1. 思考表 4.8 的 Wyndor 玻璃公司問題單形表。並說明下列各項之經濟詮釋：
(a) 差額變數 (x_3, x_4, x_5) 在列 0 之係數。
(b) 決策變數 (x_1, x_2) 在列 0 之係數。
(c) 所選取的進入基變數（或最終表後的停止決策）。

6.3-1.* 思考以下問題。

極大化　$Z = 6x_1 + 8x_2$，

受限於

$5x_1 + 2x_2 \leq 20$
$x_1 + 2x_2 \leq 10$

及

$x_1 \geq 0, \quad x_2 \geq 0$。

(a) 建立此原始問題的對偶問題。
(b) 以圖解法求原始及對偶問題，求出這兩題之 CPF 解及不可行角解，並計算其目標函數值。
(c) 以 (b) 小題所得資訊建立一表格，列出這些問題的互補基解（運用與表 6.9 相同的行標）。
[1](d) 用單形法逐步求解原始問題。在進行每次疊代後（包括疊代 0），找出此題 BF 解及對偶問題之互補基解，並找出其對應之角解。

6.3-2. 思考習題 4.1-5 中，具有兩條函數限制式及兩個變數的模型，重做習題 6.3-1。

6.3-3. 思考表 6.1 Wyndor 玻璃公司問題的原始與對偶問題，用表 5.5、表 5.6、表 6.8 及表 6.9 資料來建立新表，其中第 1 行代表原始問題的 8 個非基變數集合，第 2 行呈現對偶問題中各對應相關變數集合，第 3 行則為對偶問題

互補基解之非基變數集合。說明此表為何能展現本題之互補差額特性。

6.3-4. 假設有最佳解之原始問題為退化 BF 解（其一或多個基變數為零）。此退化現象對於對偶問題有何意義？理由為何？反之是否亦為真？

6.3-5. 思考以下問題。

極大化　$Z = 2x_1 - 4x_2$，

受限於

$x_1 - x_2 \leq 1$

及

$x_1 \geq 0, \quad x_2 \geq 0$。

(a) 建立對偶問題，接著以檢視方式找出最佳解。

(b) 用互補差額特性及對偶問題之最佳解，找出原始問題之最佳解。

(c) 假設模型中的 x_1 在原始目標函數的係數 c_1 可為任何值，會讓對偶問題無可行解的 c_1 值為何？這些值在對偶理論中，對原始問題有何意義？

6.3-6. 思考以下問題。

極大化　$Z = 2x_1 + 7x_2 + 4x_3$，

受限於

$x_1 + 2x_2 + x_3 \leq 10$
$3x_1 + 3x_2 + 2x_3 \leq 10$

及

$x_1 \geq 0, \quad x_2 \geq 0, \quad x_3 \geq 0$。

(a) 建立此原始問題的對偶問題。

(b) 利用對偶問題說明原始問題之最佳 Z 值不能超過 25。

(c) x_2 與 x_3 被猜測是原始問題最佳解之基變數，直接用高斯消去法求此基解（及 Z）。用原始問題方程式 (0)，同時找出對偶問題的互補基解，接著說明為何此兩基解為其問題之最佳解。

I(d) 用圖解法求對偶問題，並以此解找出原始問題最佳解的基變數及非基變數。直接應用高斯消去法求解。

6.3-7.* 再思考習題 6.1-3 (b) 小題的模型。

(a) 建立其對偶問題。

I(b) 以圖解法求解此對偶問題。

(c) 依 (b) 小題結果，找出原始問題最佳 BF 解之基變數及非基變數。

(d) 依 (c) 小題結果，由單形法初始聯立方程式〔不含方程式 (0)〕開始，令非基變數為零，用高斯消去法直接求基變數，並找出原始問題之最佳解。

(e) 依 (c) 小題結果，找出原始問題最佳 CPF 解的定義方程式（見 5.1 節），再以此求解。

6.3-8. 思考習題 5.3-10 的模型。

(a) 建立對偶問題。

(b) 依已知原始最佳解基變數資訊，找出最佳對偶解之非基變數及基變數。

(c) 依 (b) 小題結果，找出對偶問題最佳 CPF 解的定義方程式（見 5.1 節），再以此求解。

I(d) 用圖解法求解對偶問題來驗證 (c) 小題的結果。

6.3-9. 思考習題 3.1-5 中的模型。

(a) 建立此模型的對偶問題。

(b) 利用 $(x_1, x_2) = (13, 5)$ 是原始問題最佳解來找出對偶問題最佳 BF 解的非基變數及基變數。

(c) 直接推導出對應於 (b) 小題所得最佳原始解方程式 (0)，找出此對偶問題最佳解，並用高斯消去法推導此方程式。

(d) 以 (b) 小題結果，找出對偶問題最佳 CPF 解的定義方程式（見第 5.1 節），並檢查 (c) 小題中滿足此聯立方程式的最佳對偶解，並加以驗證。

6.3-10. 假設在用矩陣形式單形法（見 5.2 節）求解標準形式原始問題時，也想得到對偶問題的相關資訊。

(a) 該如何找出對偶問題之最佳解？

(b) 在每次疊代求出 BF 解後，該如何找出對偶問題之互補基解？

6.4-1. 思考以下問題。

極大化　$Z = x_1 + x_2$，

受限於

$$x_1 + 2x_2 = 10$$
$$2x_1 + x_2 \geq 2$$

及

$x_2 \geq 0$　（x_1 不限正負號）

(a) 利用 SOB 法建立對偶問題。
(b) 用表 6.12 將原始問題轉換成 6.1 節的標準形式，並建立對應的對偶問題。再證明此對偶問題與 (a) 小題結果相同。

6.4-2. 思考 6.1 節以矩陣表示之標準形式原始與對偶問題，並以其定義來證明下列各項結果。

(a) 若將原始問題的函數限制式 $\mathbf{Ax} \leq \mathbf{b}$ 改成 $\mathbf{Ax} = \mathbf{b}$，則僅刪除對偶問題的非負限制式 $\mathbf{y} \geq \mathbf{0}$（提示：限制式 $\mathbf{Ax} = \mathbf{b}$ 等於限制式 $\mathbf{Ax} \leq \mathbf{b}$ 及 $\mathbf{Ax} \geq \mathbf{b}$ 的集合）。

(b) 若將原始問題的函數限制式 $\mathbf{Ax} \leq \mathbf{b}$ 改成 $\mathbf{Ax} \geq \mathbf{b}$，僅改變對偶問題的非負限制式 $\mathbf{y} \geq \mathbf{0}$ 變成非正限制式 $\mathbf{y} \leq \mathbf{0}$，其中目前對偶變數可視為原對偶變數之負值（提示：限制式 $\mathbf{Ax} \geq \mathbf{b}$ 相當於 $-\mathbf{Ax} \leq -\mathbf{b}$）。

(c) 若刪除原始問題之非負限制式 $\mathbf{x} \geq \mathbf{0}$，則僅改變對偶問題的函數限制式 $\mathbf{yA} \geq \mathbf{c}$ 變成 $\mathbf{yA} = \mathbf{c}$（提示：兩非負變數之差能取代不限正負號之變數）。

6.4-3.* 建立習題 4.6-3 線性規劃問題的對偶問題。

6.4-4. 思考以下問題。

極小化　$Z = x_1 + 2x_2$，

受限於

$$-2x_1 + x_2 \geq 1$$
$$x_1 - 2x_2 \geq 1$$

及

$x_1 \geq 0, \quad x_2 \geq 0$。

(a) 建立對偶問題。
^{I}(b) 利用對偶問題的圖解分析，判斷原始問題是否有可行解。若有，判斷其目標函數是否有界。

6.4-5. 思考表 6.15 與表 6.16 中放射治療問題兩種形式之對偶問題。複習 6.4 節對此兩種形式完全相同的討論，再將表 6.15 的形式逐步轉換，直到成為表 6.16 形式為止，並驗證這兩種形式完全相同。

6.4-6. 用 SOB 法建立下列各線性規劃模型的對偶問題。

(a) 習題 4.6-7 的模型。
(b) 習題 4.6-16 的模型。

6.4-7. 思考習題 4.6-2 中有等式限制式的模型。

(a) 建立其對偶問題。
(b) 先把原始問題轉換成標準形式（見表 6.12），再建立對偶問題。接著把此對偶問題轉換成 (a) 小題之形式，說明 (a) 小題答案正確（即等式限制式對應至無非負限制的對偶變數）。

6.4-8.* 思考習題 4.6-14 中無非負限制式的模型。

(a) 建立其對偶問題。
(b) 先把原始問題轉換成標準形式（見表 6.12），再建立對偶問題。接著把此對偶問題轉換成 (a) 小題之形式，並說明 (a) 小題答案正確（即無非負限制變數對應至對偶問題之等式限制式）。

6.4-9. 思考表 6.1 中 Wyndor 玻璃公司例題之對偶問題，並執行表 6.13 的轉換步驟，以證明對偶問題是表 6.1 的原始問題。

6.4-10. 思考以下問題。

極小化　$Z = -x_1 - 3x_2$，

受限於

$$x_1 - 2x_2 \leq 2$$
$$-x_1 + x_2 \leq 4$$

及

$x_1 \geq 0, \quad x_2 \geq 0$。

^{I}(a) 以圖解方式說明此題有無界的目標函數。
(b) 建立對偶問題。
^{I}(c) 以圖解方式說明對偶問題無可行解。

6.5-1. 思考習題 7.2-2 的模型，直接用對偶理論來判斷經過下列改變後，目前的基解是否仍為最佳解。

(a) 習題 7.2-2 的 (e) 小題的改變。
(b) 習題 7.2-2 的 (g) 小題的改變。

6.5-2. 思考習題 7.2-4 的模型，直接用對偶理論來判斷經過下列改變後，目前的基解是否仍為最佳解。

(a) 習題 7.2-4 的 (b) 小題的改變。
(b) 習題 7.2-4 的 (d) 小題的改變。

6.5-3. 再次思考習題 7.2-6 的 (d) 小題，直接使用對偶理論來判斷原始最佳解是否仍為最佳。

Chapter 7

不確定情況下的線性規劃

　　3.3 節所介紹過的線性規劃其中一個重要假設是確定性假設，也就是假設線性規劃模型中，每個參數值皆為已知常數。這是一種便利的假設，卻很少完全滿足。通常建立模型時會選擇未來某種行徑方式，所以參數值需根據某種未來情況之預估。這有時會造成，在實際導入模型之最佳解時，未來實際參數值會出現很大程度的不確定性。我們在本章會介紹到一些處理不確定性的方法。

　　而其中最重要的方法之一是敏感度分析。如 2.3、3.3 及 4.7 節所述，敏感度分析是多數線性規劃研究的重點。其目的在於計算當某些參數估計值有誤時，模型對最佳解的影響。此分析經常會找出一些在應用模型前，需特別小心估計的參數。同時也會找出對大部分可能參數值，績效較好之新解。此外，某些參數（如資源量）可能代表管理決策，其中的參數值選擇可能是研究的主要議題，就可藉由敏感度分析來完成。

　　我們會將敏感度分析的基本程序（依據 5.3 節）彙整於 7.1 節，並於 7.2 節說明。7.3 節著重在使用試算表直接進行敏感度分析的方式（若各位無時間研讀本章，則可選擇 7.3 節，來大致掌握敏感度分析概念）。

7.1　敏感度分析的本質

　　作業研究團隊不只是使用單形法找出模型的最佳解。3.3 節提到一個線性規劃的基本假設是模型中的參數（a_{ij}、b_i 和 c_j）為已知常數。事實上，模型的參數值通常只是依據對未來狀況預測的估計值。然而，這些估計資料往往很粗糙，甚至是不存在的。所以原始的模型參數，可能僅比第一線人員依其經驗快速估計好些，甚至為保護估計人員利益而高估或低估之數據。

所以，勝任的管理者與作業研究人員，應對電腦輸出保持懷疑態度，以作為進一步分析之依據。「最佳解」僅針對模型的實際問題，驗證呈現合理，才能成為可靠的行動依據。此外，模型參數（特別是 b_i）有時是根據管理政策設定（如資源的可用量）。因此，這些是在了解可能後果後，須評估的決策。

依據上述原因，探討參數值改變對最佳解影響的**敏感度分析 (sensitivity analysis)** 相當重要。一般而言，有些參數可以指定為一些合理的值，而不會影響最佳解。然而，有些改變則會影響原來的最佳解。這種影響有可能造成較差的目標函數值，或甚至沒有可行解。

因此，敏感度分析主要在找出**敏感參數 (sensitive parameter)**（即就讓最佳解隨之改變的參數）。某些目標函數的非敏感係數，也需找出在最佳解維持不變的情況下，可變化的範圍（即該係數的容許範圍）。我們在某些情況改變限制式的右端值，會影響最佳 BF 解的可行性。這對此參數來說，有助於找出其使最佳 BF 解（已調整基變數值）仍維持可行範圍（即右端值的容許範圍）。而此範圍亦為各限制式目前陰影價格維持有效之範圍。我們將在下節說明獲取此資訊的方法。

上述資訊非常有價值。第一，我們可藉此找出更重要的參數，以便估計時能更注意，選用對大多數可能值表現都很好的解。第二，提供導入模型時需要特別追蹤的參數。若參數真正數值在容許範圍外，就會立刻提醒使用者改變最佳解。

參數值改變對小型問題來說，能直接用單形法重新計算，以檢查最佳解改變與否。以試算表建立模型時，這種作法更為便利。一旦各位以 Solver 求解，就僅要在試算表上改變模型，接著按 Solve 鍵即可。

然而，若每次都要用單形法從頭開始求解、探討參數值改變的影響，這對實務大型問題的敏感度分析來說，就需冗長的計算時間。所幸，5.3 節提到的基本概念能省去各位許多的計算工作，也就是能立即顯示當原始模型改變時，最終單形表的改變。故僅計算，就能測試原來的最佳 BF 解是否仍為最佳（或可行）。如果不是最佳（或不可行），這個解就是重新執行單形法（或對偶單形法）的初始基解。如果模型的改變不大，則只需數次疊代，就能找到新的最佳解。

為更清楚說明此方法，我們思考以下情況：某線性規劃模型的參數值是 b_i、c_j 及 a_{ij}，且用單形法找到最佳解。若參數改變，則要進行敏感度分析。參數值改變後，以 $\bar{b}_i$、$\bar{c}_j$ 及 $\bar{a}_{ij}$ 表示改變後的參數值。若以矩陣符號表示，修正後模型為

$$\mathbf{b} \to \bar{\mathbf{b}}, \quad \mathbf{c} \to \bar{\mathbf{c}}, \quad \mathbf{A} \to \bar{\mathbf{A}}。$$

第一步即修改最終單形表，來反映改變的情況。也就是找出「從初始表至最終表完全相同的代數運算」在新初始表後，所得之修正最終表（由於初始表改變，單形法可能會改變部分代數運算，但這並不表示會重複完全相同的單形法步驟）。繼續運用

表 5.9 的符號，搭配基本意涵公式〔(1) $\mathbf{t}^* = \mathbf{t} + \mathbf{y}^*\mathbf{T}$ 及 (2) $\mathbf{T}^* = \mathbf{S}^*\mathbf{T}$〕，可以根據 $\mathbf{y}^*$ 及 $\mathbf{S}^*$（沒有改變）及新的初始表，計算出如表 7.1 的修正最終表。注意，$\mathbf{y}^*$ 與 $\mathbf{S}^*$ 同時為最終表的差額變數係數，其中向量 $\mathbf{y}^*$（對偶變數）等於差額變數在列 0 的係數，而矩陣 $\mathbf{S}^*$ 則為差額變數在其他列的係數。因此，藉由用 $\mathbf{y}^*$、$\mathbf{S}^*$ 以及初始表的修正數值，表 7.1 呈現了即刻計算最終表的其他修正數值，而不需重複任何代數運算。

表 7.1 根據原始模型改變而得到的修正最終單形表

			係數：		
	方程式	Z	原始變數	差額變數	右端值
新初始表	(0)	1	$-\bar{\mathbf{c}}$	$\mathbf{0}$	0
	(1, 2, ..., m)	0	$\bar{\mathbf{A}}$	$\mathbf{I}$	$\bar{\mathbf{b}}$
修正最終表	(0)	1	$\mathbf{z}^* - \bar{\mathbf{c}} = \mathbf{y}^*\bar{\mathbf{A}} - \bar{\mathbf{c}}$	$\mathbf{y}^*$	$Z^* = \mathbf{y}^*\bar{\mathbf{b}}$
	(1, 2, ..., m)	0	$\mathbf{A}^* = \mathbf{S}^*\bar{\mathbf{A}}$	$\mathbf{S}^*$	$\mathbf{b}^* = \mathbf{S}^*\bar{\mathbf{b}}$

例題（Wyndor 模型的變化 1）

假設 3.1 節 Wyndor 玻璃公司問題模型修正如表 7.2 所示。

原始模型改變了：$c_1 = 3 \rightarrow 4$、$a_{31} = 3 \rightarrow 2$ 及 $b_2 = 12 \rightarrow 24$。圖 7.1 為顯示上述改變之圖形。單形法已找出原始模型的最佳 CPF 解 $(2, 6)$，位於圖中 $2x_2 = 12$ 及 $3x_1 + 2x_2 = 18$ 兩條虛線的交點。這個修正模型移動限制邊界到粗黑線 $2x_2 = 24$ 及 $2x_1 + 2x_2 = 18$。則原 CPF 解 $(2, 6)$ 移至新交點 $(-3, 12)$ 為修正模型的不可行角解。前述方法以代數方式（在擴充形式）找出相關移動。這方法對無法用圖解分析的大型問題也很有效率。

首先利用矩陣表示修正模型的參數，來執行：

$$\bar{\mathbf{c}} = [4, 5], \qquad \bar{\mathbf{A}} = \begin{bmatrix} 1 & 0 \\ 0 & 2 \\ 2 & 2 \end{bmatrix}, \qquad \bar{\mathbf{b}} = \begin{bmatrix} 4 \\ 24 \\ 18 \end{bmatrix}。$$

新的初始單形表於表 7.3 的上方，其下方為原始的最終表（即表 4.8）。即使模型改變，在最終表也不會改變的部分則以黑框標示，也就是差額變數在列 0 $(\mathbf{y}^*)$ 及其他列 $(\mathbf{S}^*)$ 的係數，故

$$\mathbf{y}^* = [0, \tfrac{3}{2}, 1], \qquad \mathbf{S}^* = \begin{bmatrix} 1 & \tfrac{1}{3} & -\tfrac{1}{3} \\ 0 & \tfrac{1}{2} & 0 \\ 0 & -\tfrac{1}{3} & \tfrac{1}{3} \end{bmatrix}。$$

表 7.2 用於進行敏感度分析的 Wyndor 玻璃公司問題原始模型和第一種修正模型（變化 1）

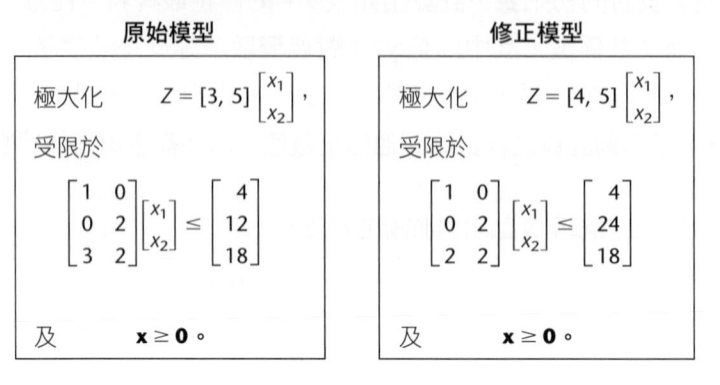

原始模型

極大化 $Z = [3, 5]\begin{bmatrix} x_1 \\ x_2 \end{bmatrix}$，

受限於

$\begin{bmatrix} 1 & 0 \\ 0 & 2 \\ 3 & 2 \end{bmatrix}\begin{bmatrix} x_1 \\ x_2 \end{bmatrix} \leq \begin{bmatrix} 4 \\ 12 \\ 18 \end{bmatrix}$

及 $\mathbf{x} \geq \mathbf{0}$。

修正模型

極大化 $Z = [4, 5]\begin{bmatrix} x_1 \\ x_2 \end{bmatrix}$，

受限於

$\begin{bmatrix} 1 & 0 \\ 0 & 2 \\ 2 & 2 \end{bmatrix}\begin{bmatrix} x_1 \\ x_2 \end{bmatrix} \leq \begin{bmatrix} 4 \\ 24 \\ 18 \end{bmatrix}$

及 $\mathbf{x} \geq \mathbf{0}$。

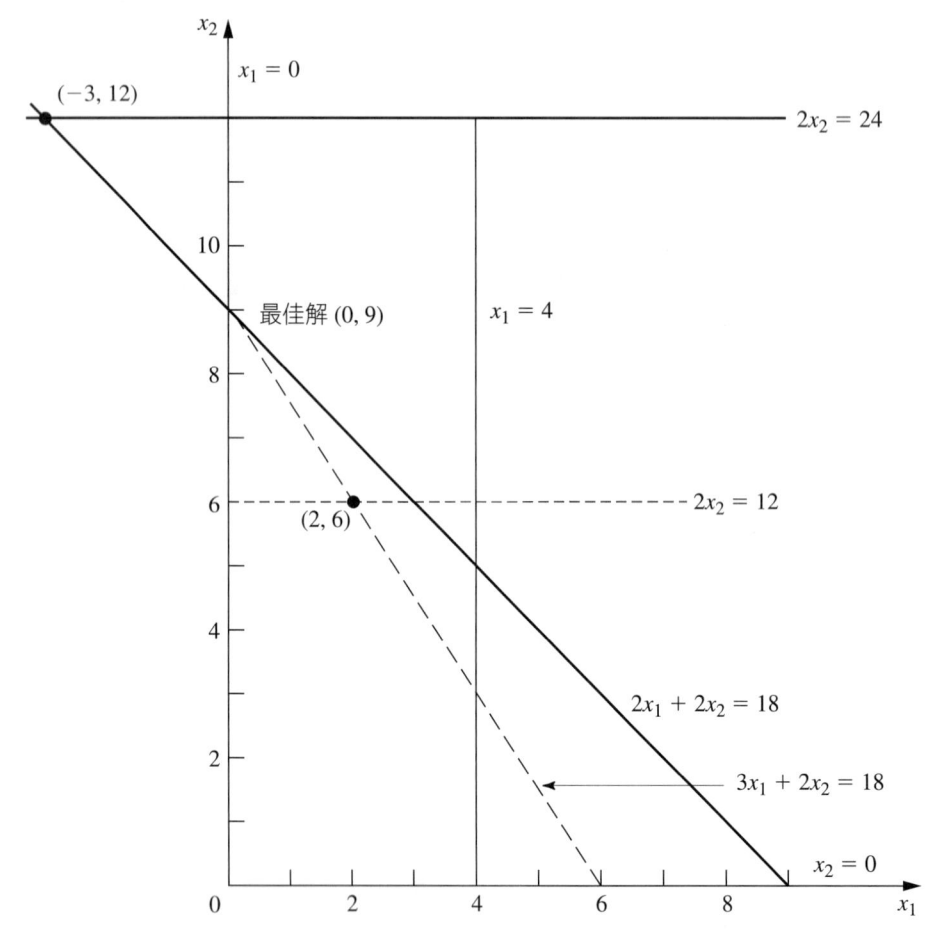

圖 7.1 Wyndor 玻璃公司模型的變化 1 使最終角解從 (2, 6) 移動到 (−3, 12)，其中 $c_1 = 3 \to 4$、$a_{31} = 3 \to 2$ 及 $b_2 = 12 \to 24$。

由於差額變數在初始表的係數並未變，經單形法相同的代數運算後，其係數亦不變。

但初始表其他部分有改變，故最終表其他部分也會跟著變。我們用表 7.1 的公式，最終表其他部分的改變如下列計算：

$$\mathbf{z}^* - \bar{\mathbf{c}} = [0, \tfrac{3}{2}, 1]\begin{bmatrix} 1 & 0 \\ 0 & 2 \\ 2 & 2 \end{bmatrix} - [4, 5] = [-2, 0], \quad Z^* = [0, \tfrac{3}{2}, 1]\begin{bmatrix} 4 \\ 24 \\ 18 \end{bmatrix} = 54,$$

$$\mathbf{A}^* = \begin{bmatrix} 1 & \tfrac{1}{3} & -\tfrac{1}{3} \\ 0 & \tfrac{1}{2} & 0 \\ 0 & -\tfrac{1}{3} & \tfrac{1}{3} \end{bmatrix}\begin{bmatrix} 1 & 0 \\ 0 & 2 \\ 2 & 2 \end{bmatrix} = \begin{bmatrix} \tfrac{1}{3} & 0 \\ 0 & 1 \\ \tfrac{2}{3} & 0 \end{bmatrix},$$

$$\mathbf{b}^* = \begin{bmatrix} 1 & \tfrac{1}{3} & -\tfrac{1}{3} \\ 0 & \tfrac{1}{2} & 0 \\ 0 & -\tfrac{1}{3} & \tfrac{1}{3} \end{bmatrix}\begin{bmatrix} 4 \\ 24 \\ 18 \end{bmatrix} = \begin{bmatrix} 6 \\ 12 \\ -2 \end{bmatrix}。$$

所得修正最終表如表 7.3 下方所示。

事實上，修正最終表的過程可以大幅簡化。x_2 的係數在原始模型並未變，在最終表也不會變，所以不用計算。其他原來的參數（a_{11}、a_{21}、b_1、b_3）也未變，故另一捷徑是僅依據初始表增量的改變，計算最終表的增量改變，而略過在初始表沒有改變項的向量或矩陣乘積。此例題中初始表的增量改變僅有 $\Delta c_1 = 1$、$\Delta a_{31} = -1$ 及 $\Delta b_2 = $

■ 表 7.3　Wyndor 玻璃公司模型變化 1 的修正最終單形表

	基變數	方程式	Z	x_1	x_2	x_3	x_4	x_5	右端值
新初始表	Z	(0)	1	−4	−5	0	0	0	0
	x_3	(1)	0	1	0	1	0	0	4
	x_4	(2)	0	0	2	0	1	0	24
	x_5	(3)	0	2	2	0	0	1	18
原始模型最終表	Z	(0)	1	0	0	0	$\tfrac{3}{2}$	1	36
	x_3	(1)	0	0	0	1	$\tfrac{1}{3}$	$-\tfrac{1}{3}$	2
	x_2	(2)	0	0	1	0	$\tfrac{1}{2}$	0	6
	x_1	(3)	0	1	0	0	$-\tfrac{1}{3}$	$\tfrac{1}{3}$	2
修正最終表	Z	(0)	1	−2	0	0	$\tfrac{3}{2}$	1	54
	x_3	(1)	0	$\tfrac{1}{3}$	0	1	$\tfrac{1}{3}$	$-\tfrac{1}{3}$	6
	x_2	(2)	0	0	1	0	$\tfrac{1}{2}$	0	12
	x_1	(3)	0	$\tfrac{2}{3}$	0	0	$-\tfrac{1}{3}$	$\tfrac{1}{3}$	−2

12，所以僅要考慮這些。如下列所示的簡化方法中 0 與破折號不用計算。

$$\Delta(\mathbf{z}^* - \mathbf{c}) = \mathbf{y}^* \Delta \mathbf{A} - \Delta \mathbf{c} = [0, \tfrac{3}{2}, 1] \begin{bmatrix} 0 & — \\ 0 & — \\ -1 & — \end{bmatrix} - [1, —] = [-2, —]。$$

$$\Delta Z^* = \mathbf{y}^* \Delta \mathbf{b} = [0, \tfrac{3}{2}, 1] \begin{bmatrix} 0 \\ 12 \\ 0 \end{bmatrix} = 18。$$

$$\Delta \mathbf{A}^* = \mathbf{S}^* \Delta \mathbf{A} = \begin{bmatrix} 1 & \tfrac{1}{3} & -\tfrac{1}{3} \\ 0 & \tfrac{1}{2} & 0 \\ 0 & -\tfrac{1}{3} & \tfrac{1}{3} \end{bmatrix} \begin{bmatrix} 0 & — \\ 0 & — \\ -1 & — \end{bmatrix} = \begin{bmatrix} \tfrac{1}{3} & — \\ 0 & — \\ -\tfrac{1}{3} & — \end{bmatrix}。$$

$$\Delta \mathbf{b}^* = \mathbf{S}^* \Delta \mathbf{b} = \begin{bmatrix} 1 & \tfrac{1}{3} & -\tfrac{1}{3} \\ 0 & \tfrac{1}{2} & 0 \\ 0 & -\tfrac{1}{3} & \tfrac{1}{3} \end{bmatrix} \begin{bmatrix} 0 \\ 12 \\ 0 \end{bmatrix} = \begin{bmatrix} 4 \\ 6 \\ -4 \end{bmatrix}。$$

將上述增量加至最終表的原始數值上（表 7.3 中），可得修正最終表（表 7.3 底部）。

此增量分析呈現出，最終表的改變必定與初始表的改變成正比。我們在下節將舉例說明根據此特性，應用線性內插法或外插法，找出讓最終基解能維持在可行及最佳參數值範圍之內。

我們在得到修正最終單形表後，接著用高斯消去法轉成適當形式。此適當形式第 i 列的基變數在該列的係數為 1，在其他列（包括列 0）的係數皆為 0，以找到目前基解。故若改變違反這個要求（只有在原始限制式的基變數係數改變時才會發生），就必須做進一步的改變以還原成這種形式。還原所用的方法即是高斯消去法，也就是使用單形法疊代的步驟 3（見第 4 章），把違反的基變數視為進入基變數處理。這種代數運算可能會造成右端值行的改變，所以必須在利用高斯消去法完全還原成適當形式之後，才能從右端值行看出目前基解的值。

就此例題而言，我們由表 7.4 上半部所修正最終單形表的基變數 x_1 行可知，並非高斯消去法的適當形式。x_1 在其列（列 3）的係數是 $\tfrac{2}{3}$ 而不是 1，且其在列 0 及列 1 有非零係數（-2 及 $\tfrac{1}{3}$）。若我們要還原成適當形式，就須把列 3 乘以 $\tfrac{3}{2}$，接著把新的列 3 乘以 2 加到列 0，及由列 1 減去新的列 3 乘以 $\tfrac{1}{3}$。而如表 7.4 底部，產生高斯消去法的適當形式，可以用來找出目前基解（原來的最佳解）的新值：

$$(x_1, x_2, x_3, x_4, x_5) = (-3, 12, 7, 0, 0)。$$

因為 x_1 為負值，而此基解已不可行，但卻超佳（見表 6.10 定義），且列 0 的係數皆為非負，故對偶可行。因此，由此基解開始，能用對偶單形法再次尋找最佳解（IOR Tutorial 的敏感度分析程式包含此選項）。參照圖 7.1（忽略差額變

■ **表 7.4** 使用高斯消去法，把 Wyndor 玻璃公司模型變化 1 的修正最終表轉換為適當形式

	基變數	方程式	Z	x_1	x_2	x_3	x_4	x_5	右端值
修正最終表	Z	(0)	1	-2	0	0	$\frac{3}{2}$	1	54
	x_3	(1)	0	$\frac{1}{3}$	0	1	$\frac{1}{3}$	$-\frac{1}{3}$	6
	x_2	(2)	0	0	1	0	$\frac{1}{2}$	0	12
	x_1	(3)	0	$\frac{2}{3}$	0	0	$-\frac{1}{3}$	$\frac{1}{3}$	-2
轉換為適當形式	Z	(0)	1	0	0	0	$\frac{1}{2}$	2	48
	x_3	(1)	0	0	0	1	$\frac{1}{2}$	$-\frac{1}{2}$	7
	x_2	(2)	0	0	1	0	$\frac{1}{2}$	0	12
	x_1	(3)	0	1	0	0	$-\frac{1}{2}$	$\frac{1}{2}$	-3

數），可知僅對偶單形法進行一次疊代，就能由角解 $(-3, 12)$ 移至最佳 CPF 解 $(0, 9)$（敏感度分析時經常先找出一些對模型參數值的可能最佳解，再從中挑選出在不同參數值下，績效持續表現優異之解）。

如果基解 $(-3, 12, 7, 0, 0)$ 非原始可行，亦非對偶可行（即單形表的右端值行及列 0 皆為負數項），則能加入人工變數，來將初始單形表轉換成適當形式[1]。

一般方法　若要測試原始最佳解對模型各參數之敏感度，常會用檢查各個參數（或至少 c_j 及 b_i）之影響的方式進行。除接下來會說明找出容許範圍外，此檢查或許會將參數之最初估計、改變成可能值範圍內之其他值（含該範圍之端點），及探討參數同時改變之組合（含改變整條函數限制式）納入其中。當參數改變時，就可用下列 6 種分析方法來處理。

1. 修正模型：對欲探討的模型進行必要的改變。
2. 修正最終表：利用表 7.1 底部的公式之基本概念，求出最終單形表之改變（另見表 7.3）。
3. 使用高斯消去法轉換為適當形式：用高斯消去法，必要時將此表轉換成適當形式，以找出目前基解（另見表 7.4）。

---

[1] 也可以直接使用另一種原始－對偶演算法，而不需要經過任何轉換。

4. **可行性測試**：檢查表格右端值行的所有基變數值是否仍為非負，以測試該解的可行性。
5. **最佳性測試**：檢查列 0 所有非基變數係數是否仍為非負，以測試該解最佳性（若仍為可行）。
6. **再最佳化**：若解無法通過上述任一測試，則以目前的表為初始單形表（並進行必要轉換），接著用單形法或對偶單形法找出新最佳解。

IOR Tutorial 的互動程式 sensitivity analysis，能協助各位有效率使用此方法。此外也有以此標題的範例。

對僅有兩個變數的問題來說，也可用圖形分析取代上述敏感度分析代數方法。IOR Tutorial 中的 Graphical Method and SensitivityAnalysis，能快速進行此圖形分析。

我們在下節將探討並說明應用上述代數方法，以處理原始模型的各種修正，亦同時用圖形分析說明代數方法的結果。並延續本節所探討 Wyndor 玻璃公司模型改變之例題，先個別檢視每種改變，同時整合 6.5 節的對偶理論之應用，進行敏感度分析。

7.2 敏感度分析應用

敏感度分析通常由探究資源 i ($i = 1, 2, \ldots, m$) 可用量 b_i 值之改變開始，原因在於設定或調整這些值要比改變模型其他變數更有彈性。根據 4.7 節及 6.2 節所述，我們在決定需考慮哪些改變時，以對偶變數 (y_i) 作為陰影價格的經濟詮釋是相當有用的方法。

情況 1 — b_i 之改變

假設模型僅有一個或多個參數 b_i ($i = 1, 2, \ldots, m$) 改變。此時只會造成最終單形表右端值行的改變。故單形表仍是高斯消去法的適當形式，所有非基變數在列 0 的係數仍為非負時，能省略高斯消去法的適當形式轉換及最佳性測試的步驟。在修正單形表右端值行後，僅需測試右端值行的所有基變數值是否非負（可行性測試）。

表 7.1 中 b_i 值的向量從 $\mathbf{b}$ 改變成 $\overline{\mathbf{b}}$ 時，計算最終表右端值行之公式為

最終列 0 的右端值： $Z^* = \mathbf{y}^* \overline{\mathbf{b}}$，

最終列 1、2、$\cdots$、m 的右端值： $\mathbf{b}^* = \mathbf{S}^* \overline{\mathbf{b}}$。

（最終表不變的向量 $\mathbf{y}^*$ 及矩陣 $\mathbf{S}^*$ 見表 7.1 底部。）第一則方程式之經濟詮釋與 6.2 節一開始的對偶變數經濟詮釋有關。我們可以將向量 $\mathbf{y}^*$ 代表對偶變數之最佳解詮釋為各資源的陰影價格。尤其，當 Z^* 表示使用最佳原始解 $\mathbf{x}^*$ 的利潤，且各 b_i 代表資源 i 的可用量時，y_i^* 為每單位 b_i 增量（微幅增量）而增加的利潤。

例題（Wyndor 模型的變化 2）

進行 3.1 節原始 Wyndor 玻璃公司問題的敏感度分析時，我們首先要檢查對偶變數 y_i 的最佳值（$y_1^* = 0$、$y_2^* = \frac{3}{2}$、$y_3^* = 1$）。陰影價格是資源 i 對各種活動（兩種新產品）的邊際價值（工廠 i 的可用產能），以 Z 的單位（每週千元利潤）表示。如 4.7 節圖 4.8 所示，每增加一單位的資源 2（工廠 2 每週可用的生產工時），每週可增加總利潤 \$1,500（y_2^* 乘以每週 \$1,000）。由於利潤僅會在改變幅度很小、且不影響目前基解可行性時，才會增加（故不影響 y_i^* 值）。

所以，OR 人員在探討該資源目前其他使用方式時，檢視每週邊際利潤是否低於 \$1,500。結果，某現有產品獲利較 \$1,500 還低許多。該產品生產率已降至恰好支付行銷費用之最低產量。但若完全停產，則可釋出 12 單位的資源 2 以製造新產品。所以，我們下一步要找出以此移轉產能來製造新品之利潤，會讓 b2 由原先 12 變成 24。圖 7.2 即此改變情況，這包括最終角解從 (2, 6) 移動到 (−2, 12)（注意，這與圖 7.1 不同，其中限制式 $3x_1 + 2x_2 \leq 18$ 在此並未變）。

因此，Wyndor 模型的變化 2 只需要修正原始模型的 b_i 值向量：

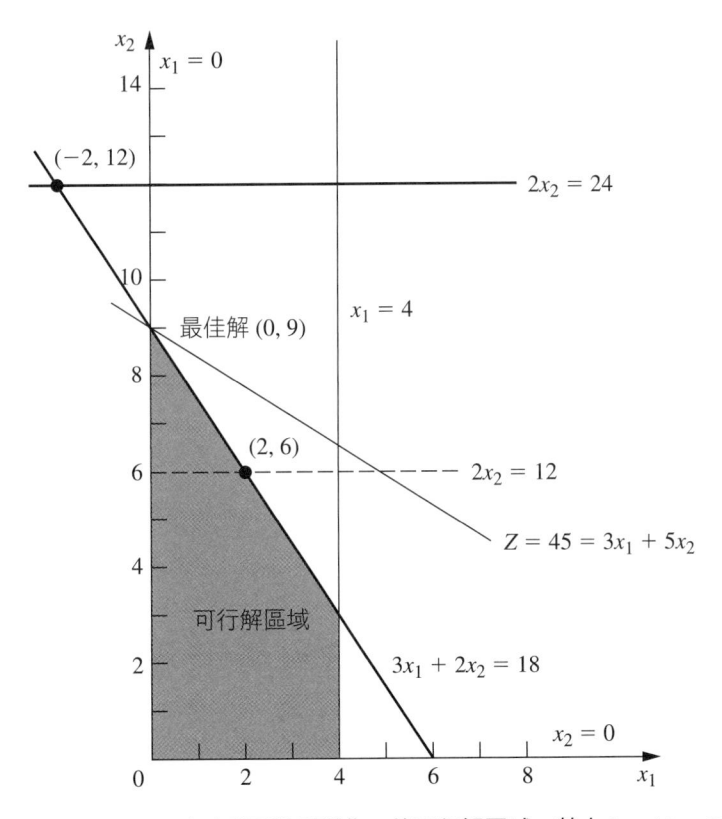

■ 圖 7.2　Wyndor 玻璃公司模型變化 2 的可行解區域，其中 $b_2 = 12 \rightarrow 24$。

$$\mathbf{b} = \begin{bmatrix} 4 \\ 12 \\ 18 \end{bmatrix} \longrightarrow \overline{\mathbf{b}} = \begin{bmatrix} 4 \\ 24 \\ 18 \end{bmatrix}。$$

故僅有 b_2 有新值。

變化 2 之分析 應用表 7.1 所示的基本意涵 b_2 的改變對位於表 7.3 中間的原始最終單形表，影響其右端值行會改變成：

$$Z^* = \mathbf{y}^*\overline{\mathbf{b}} = [0, \tfrac{3}{2}, 1]\begin{bmatrix} 4 \\ 24 \\ 18 \end{bmatrix} = 54,$$

$$\mathbf{b}^* = \mathbf{S}^*\overline{\mathbf{b}} = \begin{bmatrix} 1 & \tfrac{1}{3} & -\tfrac{1}{3} \\ 0 & \tfrac{1}{2} & 0 \\ 0 & -\tfrac{1}{3} & \tfrac{1}{3} \end{bmatrix}\begin{bmatrix} 4 \\ 24 \\ 18 \end{bmatrix} = \begin{bmatrix} 6 \\ 12 \\ -2 \end{bmatrix},\text{ 所以 } \begin{bmatrix} x_3 \\ x_2 \\ x_1 \end{bmatrix} = \begin{bmatrix} 6 \\ 12 \\ -2 \end{bmatrix}。$$

由於原始模型僅會改變 $\Delta b_2 = 24 - 12 = 12$，所以也可以利用增量分析更快速計算出這些變化。增量分析僅計算因原始模型的改變所造成的最終表值增量，然後將增量加至原來的值。因此，Z^* 及 $\mathbf{b}^*$ 的增量為

$$\Delta Z^* = \mathbf{y}^*\Delta \mathbf{b} = \mathbf{y}^*\begin{bmatrix} \Delta b_1 \\ \Delta b_2 \\ \Delta b_3 \end{bmatrix} = \mathbf{y}^*\begin{bmatrix} 0 \\ 12 \\ 0 \end{bmatrix},$$

$$\Delta\mathbf{b}^* = \mathbf{S}^*\Delta \mathbf{b} = \mathbf{S}^*\begin{bmatrix} \Delta b_1 \\ \Delta b_2 \\ \Delta b_3 \end{bmatrix} = \mathbf{S}^*\begin{bmatrix} 0 \\ 12 \\ 0 \end{bmatrix}。$$

因此，使用 $\mathbf{y}^*$ 的第二個分量及 $\mathbf{S}^*$ 的第二行，僅需計算：

$$\Delta Z^* = \frac{3}{2}(12) = 18, \quad \text{所以 } Z^* = 36 + 18 = 54,$$
$$\Delta b_1^* = \frac{1}{3}(12) = 4, \quad \text{所以 } b_1^* = 2 + 4 = 6,$$
$$\Delta b_2^* = \frac{1}{2}(12) = 6, \quad \text{所以 } b_2^* = 6 + 6 = 12,$$
$$\Delta b_3^* = -\frac{1}{3}(12) = -4, \quad \text{所以 } b_3^* = 2 - 4 = -2,$$

而原值在原始最終表（表 7.3 中間）的右端值行。除了右端值行改成新值以外，修正最終表的其他數值和原始最終表相同。

因此，目前（先前的最佳）基解即為

$$(x_1, x_2, x_3, x_4, x_5) = (-2, 12, 6, 0, 0),$$

而呈現負值，故無法通過可行性測試。接著由修正單形表開始，用對偶單形法找到新

最佳解。僅進行一次對偶單形法疊代，即可得表 7.5 之最終單形表。依該表，新最佳解為

$$(x_1, x_2, x_3, x_4, x_5) = (0, 9, 4, 6, 0)，$$

而 $Z = 45$，亦即生產 9 件新產品所得之利潤較原先 $Z = 36$ 增加 9 單位（每週 \$9,000）。而 $x_4 = 6$ 表示，額外增加 12 單位資源 2 中，有 6 單位並未使用。

根據 $b_2 = 24$ 的結果，我們應停產無利潤的現有產品，而未使用之 6 單位的資源 2，則可留待之後使用。由於 y_3^* 仍為正值，故可用相同方法來探討「改變資源 3 分配」之效果，但結論為維持現行分配。而表 7.5 為目前線性規劃模型（變化 2）之參數值與最佳解。我們接著會探討的其他模型改變，皆由此模型開始。但在介紹其他情況前，我們先進一步探討目前的情況。

右端值的允許範圍　　上述（見表 7.3 中間）已證明 $\Delta b_2 = 12$ 超過 b_2 容許增量，以致無法維持 x_1、x_2 及 x_3 為基變數的基解之可行性（及最佳性），但由增量分析立即可知維持可行增量範圍：

$$b_1^* = 2 + \frac{1}{3}\Delta b_2，$$
$$b_2^* = 6 + \frac{1}{2}\Delta b_2，$$
$$b_3^* = 2 - \frac{1}{3}\Delta b_2，$$

上述三數量分別代表基變數 x_3、x_2 及 x_1 的值。若此三者都保持非負，則此解仍可行，且為最佳。

$$2 + \frac{1}{3}\Delta b_2 \geq 0 \quad \Rightarrow \quad \frac{1}{3}\Delta b_2 \geq -2 \quad \Rightarrow \quad \Delta b_2 \geq -6，$$
$$6 + \frac{1}{2}\Delta b_2 \geq 0 \quad \Rightarrow \quad \frac{1}{2}\Delta b_2 \geq -6 \quad \Rightarrow \quad \Delta b_2 \geq -12，$$
$$2 - \frac{1}{3}\Delta b_2 \geq 0 \quad \Rightarrow \quad 2 \geq \frac{1}{3}\Delta b_2 \quad \Rightarrow \quad \Delta b_2 \leq 6。$$

表 7.5 Wyndor 玻璃公司模型變化 2 的資料

模型參數			再最佳化後的最終單形表							
			基變數	方程式	Z	x_1	x_2	x_3	x_4	x_5	右端值

模型參數	基變數	方程式	Z	x_1	x_2	x_3	x_4	x_5	右端值
$c_1 = 3,\ c_2 = 5\ (n = 2)$	Z	(0)	1	$\frac{9}{2}$	0	0	0	$\frac{5}{2}$	45
$a_{11} = 1,\ a_{12} = 0,\ b_1 = 4$	x_3	(1)	0	1	0	1	0	0	4
$a_{21} = 0,\ a_{22} = 2,\ b_2 = 24$	x_2	(2)	0	$\frac{3}{2}$	1	0	0	$\frac{1}{2}$	9
$a_{31} = 3,\ a_{32} = 2,\ b_3 = 18$	x_4	(3)	0	-3	0	0	1	-1	6

所以，由於 $b_2 = 12 + \Delta b_2$，只有

$$-6 \leq \Delta b_2 \leq 6, \quad \text{也就是,} \quad 6 \leq b_2 \leq 18。$$

時，此解才能維持可行（以圖 7.2 驗證此結果）。如 4.7 節所述，此 b_2 值的範圍稱為容許範圍。

> 對任何 b_i 值而言，4.7 節的**容許範圍 (allowable range)** 是讓目前最佳 BF 解[2]（基變數值已調整）仍然可行的值的範圍。所以，只要 b_i 值的變動在此範圍內，則陰影價格仍然有效（假設該模型僅有 b_i 值改變）。基變數值的調整是根據公式 $\mathbf{b}^* = \mathbf{S}^*\overline{\mathbf{b}}$，而容許範圍則是根據使得 $\mathbf{b}^* \geq \mathbf{0}$ 的 b_i 值範圍來計算。

許多線性規劃的軟體皆用此方式，自動產生各 b_i 值的容許範圍（情況 2a 及 3 所討論的類似技巧，也可以用來產生 c_j 的容許範圍）。第 4 章的圖 4.10 和圖 A4.2 分別顯示 Solver 及 LINDO 的輸出結果。表 7.6 彙整了 Wyndor 玻璃公司原始模型 b_i 值的輸出資料，如 b_2 的容許增量及容許減量皆為 6，亦即 $-6 \leq \Delta b_2 \leq 6$。上述分析已呈現這個計算過程。

右端值同時改變之分析　若數個 b_i 值同時改變，仍能以公式 $\mathbf{b}^* = \mathbf{S}^*\overline{\mathbf{b}}$ 找出最終表右端值的變化。若所有右端值仍然維持非負，則根據可行性測試，此表之修正解仍為可行。由於列 0 的係數並未改變，即表示此解仍為最佳解。

雖然此法能檢查單一 b_i 值改變的影響，但無法得知「形成修正解不可行」前，b_i 值可同時改變多少。管理者通常想要探討各種決定右端值的決策方案改變所造成的影響（例如資源可用量）。此外，管理者或許更想知道右端值同時增加或減少時的可能改變方向。陰影價格在此或許有其價值，但卻只能在特定範圍內評估這種改變對於 Z 的效應。以各 b_i 值而言，若其他 b_i 值未同時改變，則容許範圍表示此範圍。但若數個 b_i 值同時改變時，其容許範圍該為何？

而**百分百法則 (100 percent rule)** 能以合併個別 b_i 值的允許變動（增加或減少）的方式來回答此問題（見表 7.6 的最後兩行）。

■ 表 7.6　Wyndor 玻璃公司原始模型右端值敏感度分析的典型軟體輸出

限制式	陰影價格	目前的右端值	容許增量	容許減量
工廠 1	0	4	∞	2
工廠 2	1.5	12	6	6
工廠 3	1	18	6	6

---

[2] 當目前的模型（在 b_i 改變前）具有多重最佳 BF 解時，則在此是指單形法所得到的解。

應用實例

總部位於美國加州、於 2008 年遭 Humboldt Redwood 公司購併的太平洋木業公司 (Pacific Lumber Company, PALCO)，擁有超過 20 萬英畝的肥沃林地，供應北加州 Humboldt 郡的 5 間木材工廠。該公司所持有的林地包括，捐出或低價售出而成為世界上最壯觀的紅杉木森林保護區。PALCO 嚴格遵循森林法規，進行永續林木管理。但因為 PALCO 林地為許多野生物種棲息地，包括已面臨瀕危的斑點梟 (spotted owl) 及石紋海雀 (marbled murrelet)，因此該公司必須確實遵守聯邦瀕危物種法規。

為維持整體林地永續收益，PALCO 管理高層委託 OR 顧問團隊進行一項為期 120 年、共 12 期的長期森林生態系統管理計畫。該 OR 團隊建立了並應用線性規劃模型，在符合各種限制條件下，最佳化公司整體林地的營運與獲利。此模型規模非常龐大，共有 8,500 條函數限制式，決策變數多達 353,000 個。

而此線性規劃模型的最大挑戰在於，由於不斷變動的市場供需、砍伐成本以及環保法規等因素，所以我們無法準確估算許多模型參數值。故 OR 團隊運用大量細部敏感度分析。該森林永續計畫的成果，不僅讓該公司淨現值增加 3.98 億美元，亦大幅改善野生動物棲地。

資料來源：L. R. Fletcher, H. Alden, S. P. Holmen, D. P. Angelis, and M. J. Etzenhouser: "Long-Term Forest Ecosystem Planning at Pacific Lumber," *Interfaces*, **29**(1): 90–112, Jan–Feb. 1999。

右端值同時改變的百分百法則：若函數限制式的右端值同時改變的幅度不大，陰影價格仍可有效預測此改變之影響。為檢視此改變之幅度，我們該 *計算各右端值的改變（增加或減少）占其容許範圍之百分比*。若改變之百分比總和不超過 100%，則陰影價格仍有效（若超過 100%，則無法確定）。

例題（Wyndor 模型的變化 3）

我們以 Wyndor 玻璃公司模型的變化 3 來說明這個百分百法則，原始模型右端值向量變化如下列所示：

$$\mathbf{b} = \begin{bmatrix} 4 \\ 12 \\ 18 \end{bmatrix} \to \overline{\mathbf{b}} = \begin{bmatrix} 4 \\ 15 \\ 15 \end{bmatrix}。$$

其計算過程為

$b_2: 12 \to 15$。容許增量的百分比 $= 100 \left(\dfrac{15 - 12}{6} \right) = 50\%$

$b_3: 18 \to 15$。容許減量的百分比 $= 100 \left(\dfrac{18 - 15}{6} \right) = 50\%$

$$總和 = 100\%$$

此總和剛好不超過 100%，所以陰影價格仍能預測這些改變對 Z 的影響。而由於

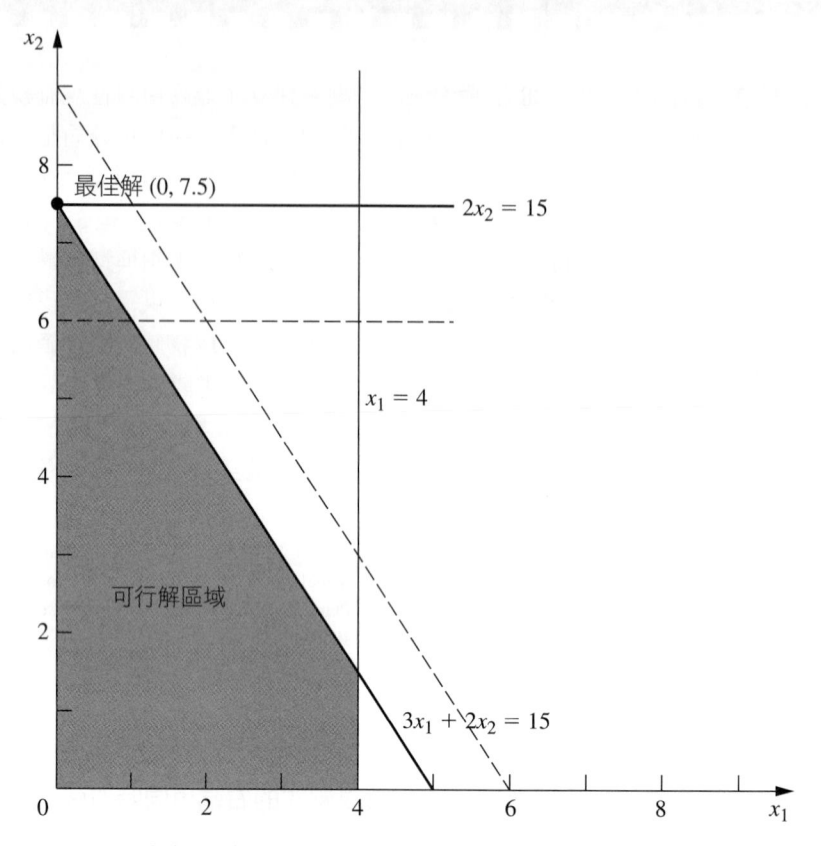

圖 7.3 Wyndor 玻璃公司模型變化 3 的可行解區域，其中 $b_2 = 12 \to 15$ 及 $b_3 = 18 \to 15$。

b_2 和 b_3 的陰影價格分別為 1.5 和 1，對於 Z 的改變是

$$\Delta Z = 1.5(3) + 1(-3) = 1.5，$$

也就是 Z^* 會從 36 增加到 37.5。

圖 7.3 呈現此修正模型的可行解域（虛線為原始模型之限制邊界線），其最佳解為 CPF 解 (0, 7.5)，目標值為

$$Z = 3x_1 + 5x_2 = 0 + 5(7.5) = 37.5，$$

這恰好為我們依據陰影價格的預測值。但若 b_2 的增量超過 15，或 b_3 的減量超過 15，則容許改變百分比的總和會超過 100%，而讓先前最佳角解往 x_2 軸左邊 ($x_1 < 0$) 滑動，故該不可行解不再是最佳解。所以，舊的陰影價格無法預測新的 Z^* 值。

情況 2a—非基變數係數的改變

接著我們來看一下最終單形表最佳解中的非基變數 x_j（固定的 j）的情況 2。由於目前模型僅改變此變數之係數 c_j、a_{1j}、a_{2j}、$\cdots$、a_{mj}。所以，令 $\bar{c}_j$ 及 $\bar{a}_{ij}$ 表示這些參數的新值，以 $\overline{\mathbf{A}}_j$（矩陣 $\overline{\mathbf{A}}$ 的第 j 行）代表包含 $\bar{a}_{ij}$ 的向量，則修正模型改變如下：

$$c_j \longrightarrow \bar{c}_j, \quad \mathbf{A}_j \longrightarrow \overline{\mathbf{A}}_j \text{。}$$

一如 6.5 節所述，對偶理論便於檢查這些改變。若對偶問題的互補基解 $\mathbf{y}^*$ 仍然滿足改變的單一對偶限制式，則原始問題的原最佳解仍是最佳解。但若 $\mathbf{y}^*$ 違反對偶限制式，原始解就不再是最佳解。

若最佳解改變，要找出新最佳解僅需修正最終單形表的 x_j 行（唯一改變的行）即可。而表 7.1 公式能簡化成：

最終列 0 的 x_j 係數： $\quad z_j^* - \bar{c}_j = \mathbf{y}^* \overline{\mathbf{A}}_j - \bar{c}_j$ ，

最終列 1 至 m 的 x_j 係數： $\quad \mathbf{A}_j^* = \mathbf{S}^* \overline{\mathbf{A}}_j$ 。

因為列 0 的新 $z_j^* - \bar{c}_j$ 值為負，目前基解不再為最佳。故以 x_j 作為初始進入基變數，重新執行單形法。

此法為 7.1 節彙整的一般方法之簡化，且最終表僅改變非基變數 x_j 行，與步驟 3 和步驟 4（轉換成高斯消去法的適當形式及可行性測試）無關，故可以刪除。步驟 5（最佳性測試）則被步驟 1（修正模型）後的最佳性測試取代。若此測試發現最佳解已變，我們又想找新最佳解時，才需要進行步驟 2 和步驟 6（修正最終表和再最佳化）。

例題（Wyndor 模型的變化 4）

由於 x_1 是 Wyndor 玻璃公司模型變化 2 之目前最佳解的非基變數（見表 7.5），接著我們根據任何 x_1 係數估計值的合理改變，來判定是否仍該生產產品 1。為了讓生產產品 1 的改變更有利，我們可設定 $c_1 = 4$ 及 $a_{31} = 2$，在此探討其同時改變的影響。此改變為：

$$c_1 = 3 \longrightarrow \bar{c}_1 = 4, \quad \mathbf{A}_1 = \begin{bmatrix} 1 \\ 0 \\ 3 \end{bmatrix} \longrightarrow \overline{\mathbf{A}}_1 = \begin{bmatrix} 1 \\ 0 \\ 2 \end{bmatrix} \text{。}$$

Wyndor 模型的變化 2 加入這兩個改變，而成為變化 4。由於 7.1 節的變化 1 結合這兩種改變，還有原始 Wyndor 模型成為變化 2（$b_2 = 12 \to 24$）的改變，因此變化 4 和圖 7.1 的變化 1 相同。但不同之處，在於變化 4 的分析將變化 2 視為原始模型，故起始點為表 7.5 的最終單形表，而 x_1 是非基變數。

當 a_{31} 改變時，可行解區域由圖 7.2 改成圖 7.4 的對應區域。c_1 的改變會因此讓修改目標函數 $Z = 3x_1 + 5x_2$ 成為 $Z = 4x_1 + 5x_2$。圖 7.4 呈現出最佳目標函數線 $Z = 45 = 4x_1 + 5x_2$ 仍然通過目前最佳解 (0, 9)，因此 a_{31} 及 c_1 改變後，最佳解不變。

使用對偶理論能得到相同結論。c_1 及 a_{31} 的改變僅修正對偶問題其中一條限制式，也就是 $a_{11}y_1 + a_{21}y_2 + a_{31}y_3 \geq c_1$。該修正限制式即目前的 $\mathbf{y}^*$（表 7.5 列 0 的差額變數係數）：

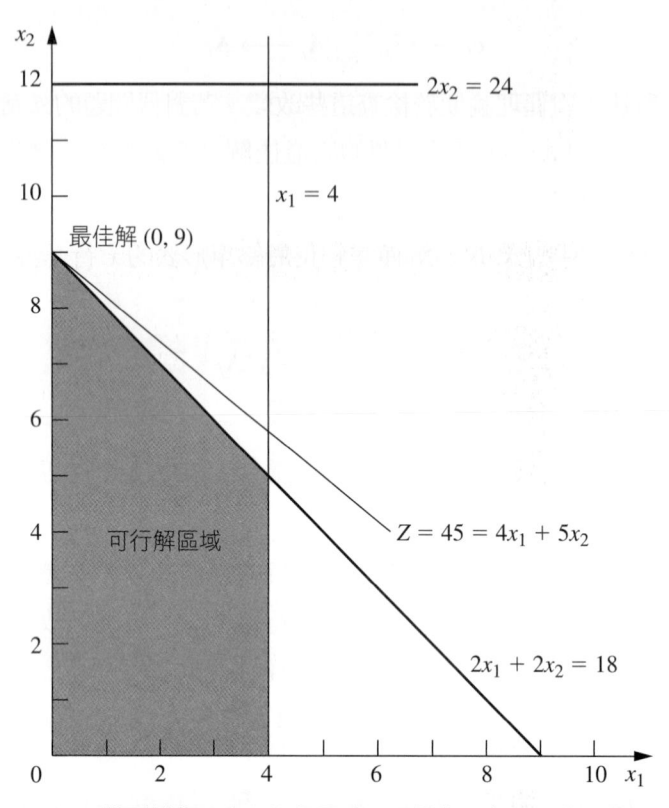

圖 7.4 Wyndor 模型變化 4 之可行解區域，且變化 2（圖 6.3）已修正，故 $a_{31} = 3 \to 2$ 及 $c_1 = 3 \to 4$。

$$y_1^* = 0, \quad y_2^* = 0, \quad y_3^* = \frac{5}{2},$$
$$y_1 + 3y_3 \geq 3 \longrightarrow y_1 + 2y_3 \geq 4,$$
$$0 + 2\left(\frac{5}{2}\right) \geq 4。$$

因為 $\mathbf{y}^*$ 依然滿足修正後的限制式，故表 7.5 所示目前的原始解仍為最佳。

由於此解仍為最佳，因此我們不用修正最終表的 x_j 行（步驟 2）。但我們依舊以下列方式來說明：

$$z_1^* - \bar{c}_1 = \mathbf{y}^* \bar{\mathbf{A}}_1 - c_1 = [0, 0, \tfrac{5}{2}] \begin{bmatrix} 1 \\ 0 \\ 2 \end{bmatrix} - 4 = 1。$$

$$\mathbf{A}_1^* = \mathbf{S}^* \bar{\mathbf{A}}_1 = \begin{bmatrix} 1 & 0 & 0 \\ 0 & 0 & \tfrac{1}{2} \\ 0 & 1 & -1 \end{bmatrix} \begin{bmatrix} 1 \\ 0 \\ 2 \end{bmatrix} = \begin{bmatrix} 1 \\ 1 \\ -2 \end{bmatrix}。$$

$z_1^* - \bar{c}_1 \geq 0$ 即再次驗證目前的解是最佳解。由於 $z_1^* - c_1$ 是對偶問題限制式修正後的餘額變數，這與上述所用的方式相同。

現在已完成「目前模型（變化 2）改為變化 4」之影響分析。由於原始 x_1 係數改變較大是不切實際的說法，故 OR 人員認為，目前模型中的係數屬於不敏感參數。所以在進行其餘敏感度分析時，會維持表 7.5 的最好估計值，也就是 $c_1 = 3$ 及 $a_{31} = 3$。

非基變數目標函數係數的容許範圍　我們已用實例來說明分析非基變數 x_j 係數同時改變的方法。敏感度分析也經常著重在僅改變一個參數 c_j 的影響。一如 4.7 節所述，這包括找出 c_j 的容許範圍。

依照 4.7 節，任何 c_j 的**容許範圍 (allowable range)** 也就是其值在目前最佳解（在 c_j 改變前的最佳解）仍為最佳時，其值的範圍。（假設目前模型只改變這個 c_j）。若 x_j 為非基變數，則 $z_j^* - c_j \geq 0$，此解仍為最佳，且 $z_j^* = \mathbf{y}^* \mathbf{A}_j$ 是不受 c_j 值改變影響的常數。所以 c_j 的容許範圍是 $c_j \leq \mathbf{y}^* \mathbf{A}_j$。

我們以表 7.5 左邊來說明 Wyndor 玻璃公司問題的目前模型（變化 2），其目前最佳解（當 $c_1 = 3$）如表右邊所示。若如圖 7.2 所示，我們僅思考決策變數 x_1 及 x_2 時，最佳解為 $(x_1, x_2) = (0, 9)$。若僅有 c_1 改變時，只要

$$c_1 \leq \mathbf{y}^* \mathbf{A}_1 = [0, 0, \tfrac{5}{2}] \begin{bmatrix} 1 \\ 0 \\ 3 \end{bmatrix} = 7\tfrac{1}{2},$$

此解仍為最佳，因此 $c_1 \leq 7\tfrac{1}{2}$ 為容許範圍。

另一種則是當表 7.5 中 $c_1 = 3$ 時，$z_1^* - c_1 = \tfrac{9}{2}$（$x_1$ 在列 0 的係數），因此 $z_1^* = 3 + \tfrac{9}{2} = 7\tfrac{1}{2}$。由於 $z_1^* = \mathbf{y}^* \mathbf{A}_1$，而能立刻得到相同容許範圍。

圖 7.2 提供圖形分析說明 $c_1 \leq 7\tfrac{1}{2}$ 為容許範圍。當 $c_1 = 7\tfrac{1}{2}$ 時，目標函數為 $Z = 7.5x_1 + 5x_2 = 2.5(3x_1 + 2x_2)$，所以最佳目標線位於圖中限制邊界線 $3x_1 + 2x_2 = 18$ 的頂端。因此，在此容許範圍的端點，$(0, 9)$ 與 $(4, 3)$ 之間的線段是多重最佳解。若 c_1 進一步增大 ($c_1 > 7\tfrac{1}{2}$)，僅有 $(4, 3)$ 是最佳解，所以維持 $(0, 9)$ 為最佳解的條件是 $c_1 \leq 7\tfrac{1}{2}$。

IOR Tutorial 中的 Graphical Method and Sensitivity Analysis 能快速進行此圖形分析。

對於任何非基決策變數 x_j 來說，$z_j^* - c_j$ 的值是有利於進行活動 j（x_j 從零增大），該活動的單位成本為須削減之最小量，又稱為活動 j 的**削減成本 (reduced cost)**。若將 c_j 詮釋為活動 j 的單位利潤（所以若是削減單位成本，則 c_j 會以同樣的量增加），則 $z_j^* - c_j$ 的值維持在目前 BF 解仍為最佳的情況下，c_j 的最大容許增量。

■ 表 7.7 Wyndor 玻璃公司模型變化 2 目標函數係數敏感度分析的典型軟體輸出

變數	數值	削減成本	目前的係數	容許增量	容許減量
x_1	0	4.5	3	4.5	∞
x_2	9	0	5	∞	3

　　線性規劃軟體生的敏感度分析資訊一般包括了，目標函數各係數削減成本和容許範圍（及表 7.6 的資訊），如圖 4.10、圖 A4.1 與圖 A4.2 的 Solver、LINGO 和 LINDO 報表。表 7.7 呈現了目前模型（Wyndor 玻璃公司模型變化 2）的相關資訊。最後三行可用以計算各係數的容許範圍，也就是

$$c_1 \leq 3 + 4.5 = 7.5,$$
$$c_2 \geq 5 - 3 = 2。$$

　　一如 4.7 節所述，若容許增量或減量為零時，代表有多重最佳解。此時將對應的係數從容許的零微幅增大，並重新求解，就能找到原始模型的另一 CPF 解。

　　至目前為止，我們已充分討論（如表 7.7 所示）僅改變一非基變數時的相關資訊計算。對如 x_2 的基變數削減成本自動為 0。接著在情況 3 中會探討，當 x_j 是基變數時，求解 c_j 的容許範圍的方法。

目標函數係數同時改變的分析　無論 x_j 為基變數或非基變數，若僅改變目標函數的單一係數，則其 c_j 的容許範圍仍為有效。但若目標函數有多個係數同時改變時，可用百分百法則測試原始解是否仍為最佳。如同右端值同時改變的百分百法則，結合個別 c_j 的容許改變（增加或減少），如表 7.7 最後兩行所示。

　　　　目標函數係數同時改變的百分百法則：若目標函數的係數同時改變，該分別計算這些係數增加或減少之改變，占其容許範圍之百分比。若改變百分比之總和不超過百分之百，則原始最佳解仍為最佳（若超，則無法確定）。

　　根據表 7.7（並參照圖 7.2），即使同時從 3 增大 c_1 和從 5 減少 c_2，只要改變不是很大，則 (0, 9) 仍為 Wyndor 玻璃公司模型變化 2 的最佳解。若 c_1 增加 1.5（容許改變的 $33\frac{1}{3}\%$），則 c_2 最多減少 2（允許改變的 $66\frac{2}{3}\%$）。同理，如果 c_1 增加 3（容許改變的 $66\frac{2}{3}\%$），則 c_2 最多減少 1（允許改變的 $33\frac{1}{3}\%$）。這些最大改變會將目標函數修正為 $Z = 4.5x_1 + 3x_2$ 或 $Z = 6x_1 + 4x_2$，而讓圖 7.2 的最佳目標函數線順時針旋轉，直至和限制邊界方程式 $3x_1 + 2x_2 = 18$ 重疊。

　　一般當目標函數係數依同方向改變時，容許改變百分比之總和可能會超過 100%，不會改變最佳解。我們在情況 3 的討論最後會舉例來說明。

情況 2b—增加一個新變數

我們在求出最佳解後，可能會發現：線性規劃模型並未考慮到所有有利活動。情況 2b 就是，將一新活動加入一新變數及在目標函數及限制式之適當係數之狀況納入考量。

為處理此情況，最檢的方法就是將其視為情況 2a！作法是：假裝新變數 x_j 本來就在原始模型中，且其係數都是零（所以在最終單形表為是零），而且 x_j 是目前 BF 解的非基變數。所以，若這些零係數改為新值，則此方法（包括再最佳化）就和情況 2a 相同。

欲檢查目前解是否仍為最佳，能檢查其互補基解 $\mathbf{y}^*$ 是否滿足原始問題新變數的對偶限制式。這已在 6.5 節以 Wyndor 玻璃公司問題來說明。

情況 3—基變數係數的改變

假設考慮的 x_j 是最終單形表中最佳解的基變數。情況 3 假設，目前模型中唯一的改變 = 發生於這個變數的係數。

與情況 2a 不同之處在於，情況 3 要求單形表須為高斯消去法的適當形式。這容許非基變數行為任何值，因而不影響情況 2a。但在情況 3 中，基變數 x_j 在單形表中其所在列的係數須為 1，而在其他列（括列 0）的係數皆為 0。因此計算最終單形表 x_j 行的改變後[3]，也許需要使用高斯消去法重建成如表 7.4 所示的形式，此步驟可能會改變目前基解值，而造成不可行或並非最佳現象（故需再最佳化）。所以都需要執行 7.1 節一般方法的步驟。

使用高斯消去法前，修正 x_j 行的公式與情況 2a 相同：

最終列 0 的 x_j 係數：　　　　　　$z_j^* - \overline{c}_j = \mathbf{y}^* \overline{\mathbf{A}}_j - \overline{c}_j$。

最終列 1 至 m 的 x_j 係數：　　　　$\mathbf{A}_j^* = \mathbf{S}^* \overline{\mathbf{A}}_j$。

例題（Wyndor 模型的變化 5）

由於 x_2 是表 7.5 中 Wyndor 玻璃公司模型變化 2 的基變數，故其敏感度分析符合情況 3。根據目前最佳解（$x_1 = 0$、$x_2 = 9$），產品 2 是唯一生產且產量大的新品。而現在關鍵在於，當初模型中 x_2 係數的估計是否高估了產品 2 的有利性，而讓此結論無效。我們可以用最悲觀的估計係數測試，來回答此問題，也就是 $c_2 = 3$、$a_{22} = 3$ 及 $a_{32} = 4$。所以，我們要探討 Wyndor 模型的變化 5：

---

[3] 情況 3 可能會產生「原單形表的改變可能會破壞基變數係數行的線性獨立性」之現象。這只會發生在最終表中，若基變數 x_j 的單位係數改變為零時，則我們須用單形法進行更複雜的計算。

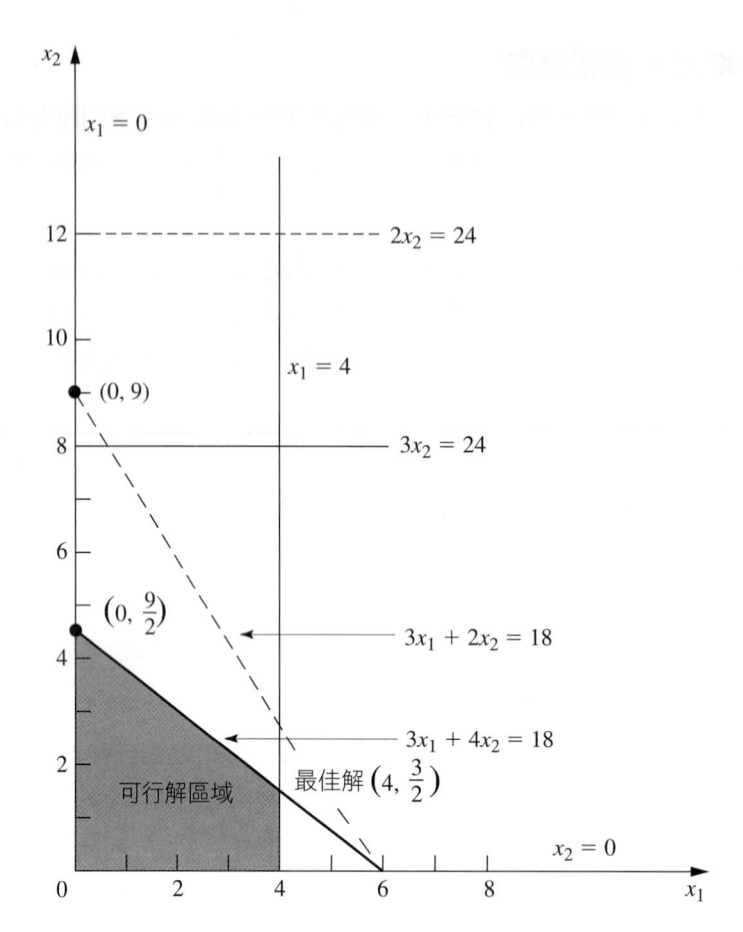

圖 7.5 Wyndor 模型變化 5 之可行解區域，其中變化 2（圖 7.2）修正為 $c_2 = 5 \to 3$、$a_{22} = 2 \to 3$、$a_{32} = 2 \to 4$。

$$c_2 = 5 \longrightarrow \bar{c}_2 = 3, \quad \mathbf{A}_2 = \begin{bmatrix} 0 \\ 2 \\ 2 \end{bmatrix} \longrightarrow \overline{\mathbf{A}}_2 = \begin{bmatrix} 0 \\ 3 \\ 4 \end{bmatrix}。$$

　　此改變之影響，讓圖 7.2 的可行解區域改為圖 7.5 的可行解區域。而其中圖 7.2 的最佳解 $(x_1, x_2) = (0, 9)$ 是位於限制邊界 $x_1 = 0$ 及 $3x_1 + 2x_2 = 18$ 交點處的角解。由於修正了限制式，而讓圖 7.5 對應的角解為 $(0, \frac{9}{2})$ 而不再是最佳解，修正目標函數 $Z = 3x_1 + 3x_2$ 產生新的最佳解 $(x_1, x_2) = (4, \frac{3}{2})$。

變化 5 的分析　接著，我們以代數方式，找出相同結果。該模型中只改變 x_2 的係數，所以僅改變最終單形表（表 7.5）x_2 行。因此能僅用情況 3 的公式來重新計算此行。

$$z_2 - \overline{c}_2 = \mathbf{y}^*\overline{\mathbf{A}}_2 - \overline{c}_2 = [0, 0, \tfrac{5}{2}]\begin{bmatrix} 0 \\ 3 \\ 4 \end{bmatrix} - 3 = 7 \text{。}$$

$$\mathbf{A}_2^* = \mathbf{S}^*\overline{\mathbf{A}}_2 = \begin{bmatrix} 1 & 0 & 0 \\ 0 & 0 & \tfrac{1}{2} \\ 0 & 1 & -1 \end{bmatrix}\begin{bmatrix} 0 \\ 3 \\ 4 \end{bmatrix} = \begin{bmatrix} 0 \\ 2 \\ -1 \end{bmatrix} \text{。}$$

（或用 $\Delta c_2 = -2$、$\Delta a_{22} = 1$ 及 $\Delta a_{32} = 2$ 進行相同的增量分析。）

表 7.8 上方呈現修正後之最終單形表。由於基變數 x_2 的新係數不符合要求的值，因此，我們用高斯消去法，將其轉換成適當形式。此步驟將第 2 列除以 2、從列 0 減去新列 2 的 7 倍，與新列 2 加到列 3。

而表 7.8 的第二個表呈現出目前基解的新值為 $x_3 = 4$、$x_2 = \tfrac{9}{2}$、$x_4 = \tfrac{21}{2}$（$x_1 = 0$、$x_5 = 0$）。由於這些變數皆為非負，此解仍為可行解。但列 0 的 x_1 係數為負，因此不再為最佳解，並以此解為初始 BF 解，用單形法找出新最佳解。而初始進入基變數為 x_1，退出基變數是 x_3。此例題僅要執行一次疊代，即可得到之最佳解（見表 7.8 最後），$x_1 = 4$、$x_2 = \tfrac{3}{2}$、$x_4 = \tfrac{39}{2}$（$x_3 = 0$、$x_5 = 0$）。

根據上述分析，c_2、a_{22} 及 a_{32} 是相當敏感的參數。但惟有經過試用階段，我們才能取得更多資料，來進行更精確估計。所以，OR 人員建議，產品 2 先採取小批量生

■ 表 7.8　Wyndor 玻璃公司模型變化 5 的敏感度分析程序

	基變數	方程式	係數: Z	x_1	x_2	x_3	x_4	x_5	右端值
修正最終表	Z	(0)	1	$\tfrac{9}{2}$	7	0	0	$\tfrac{5}{2}$	45
	x_3	(1)	0	1	0	1	0	0	4
	x_2	(2)	0	$\tfrac{3}{2}$	2	0	0	$\tfrac{1}{2}$	9
	x_4	(3)	0	-3	-1	0	1	-1	6
轉換為適當形式	Z	(0)	1	$-\tfrac{3}{4}$	0	0	0	$\tfrac{3}{4}$	$\tfrac{27}{2}$
	x_3	(1)	0	1	0	1	0	0	4
	x_2	(2)	0	$\tfrac{3}{4}$	1	0	0	$\tfrac{1}{4}$	$\tfrac{9}{2}$
	x_4	(3)	0	$-\tfrac{9}{4}$	0	0	1	$-\tfrac{3}{4}$	$\tfrac{21}{2}$
再最佳化後的新最終表（這個例題只需要執行一次疊代）	Z	(0)	1	0	0	$\tfrac{3}{4}$	0	$\tfrac{3}{4}$	$\tfrac{33}{2}$
	x_1	(1)	0	1	0	1	0	0	4
	x_2	(2)	0	0	1	$-\tfrac{3}{4}$	0	$\tfrac{1}{4}$	$\tfrac{3}{2}$
	x_4	(3)	0	0	0	$\tfrac{9}{4}$	1	$-\tfrac{3}{4}$	$\tfrac{39}{2}$

產 ($x_2 = \frac{3}{2}$)，然後依經驗決定，應將其餘產能分配給產品 2 或產品 1。

基變數目標函數係數的容許範圍　情況 2a 已呈現，x_j 是目前最佳解（c_j 改變之前）的非基變數時找出容許範圍的方法。但若 x_j 為基變數，則在進行最佳性測試前，須先用高斯消去法轉換成適當形式，因此較複雜。

我們以 Wyndor 玻璃公司模型的變化 5（其中 $c_2 = 3$、$a_{22} = 3$、$a_{23} = 4$），來說明，其解見表 7.8 下方。由於 x_2 是最佳解（其 $c_2 = 3$）的基變數，則找出 c_2 的容許範圍的步驟：

1. 由於 x_2 為基變數，在 c_2 自現值 3 改變前，新最終列 0 的係數（表 7.8 底部）自動為 $z_2^* - c_2 = 0$。
2. $c_2 = 3$ 增加 Δc_2（所以 $c_2 = 3 + \Delta c_2$）。步驟 1 的係數因而改為 $z_2^* - c_2 = -\Delta c_2$，也就是列 0 變成

$$\text{列 } 0 = \left[0, -\Delta c_2, \frac{3}{4}, 0, \frac{3}{4} \mid \frac{33}{2}\right]。$$

3. 由於此係數並非零，故須進行基本列運算，來建立高斯消去法的適當形式。過程則為，將 Δc_2 乘以列 2 再加到列 0，可得到新的列 0：

$$\begin{array}{l} \left[0, -\Delta c_2, \dfrac{3}{4}, 0, \dfrac{3}{4} \mid \dfrac{33}{2}\right] \\ + \left[0, \Delta c_2, -\dfrac{3}{4}\Delta c_2, 0, \dfrac{3}{4}+\dfrac{1}{4}\Delta c_2 \mid \dfrac{3}{2}\Delta c_2\right] \\ \hline \text{新列 } 0 = \left[0, 0, \dfrac{3}{4}-\dfrac{3}{4}\Delta c_2, 0, \dfrac{3}{4}+\dfrac{1}{4}\Delta c_2 \mid \dfrac{33}{2}+\dfrac{3}{2}\Delta c_2\right] \end{array}$$

4. 依據新的列 0，求出保持非基變數（x_3 及 x_5）係數為非負的 Δc_2 範圍。

$$\frac{3}{4} - \frac{3}{4}\Delta c_2 \geq 0 \quad \Rightarrow \quad \frac{3}{4} \geq \frac{3}{4}\Delta c_2 \quad \Rightarrow \quad \Delta c_2 \leq 1。$$

$$\frac{3}{4} + \frac{1}{4}\Delta c_2 \geq 0 \quad \Rightarrow \quad \frac{1}{4}\Delta c_2 \geq -\frac{3}{4} \quad \Rightarrow \quad \Delta c_2 \geq -3。$$

因此，範圍為 $-3 \leq \Delta c_2 \leq 1$。

5. 由於 $c_2 = 3 + \Delta c_2$，將此範圍加 3，得到 c_2 的容許範圍是

$$0 \leq c_2 \leq 4。$$

此例題僅有兩個決策變數，依據目標函數 $Z = 3x_1 + c_2 x_2$，可用圖解法驗證此容許範圍（見圖 7.5）。在目前的 $c_2 = 3$ 時，其最佳解是 $(4, \frac{3}{2})$。當 c_2 增大，僅有在 $c_2 \leq 4$ 時的解才能維持最佳。當 $c_2 \geq 4$ 時，由於限制邊界 $3x_1 + 4x_2 = 18$ 的關係，$(0, \frac{9}{2})$ 變成最佳解。當 c_2 減少時，僅有 $c_2 \geq 0$ 才能讓 $(4, \frac{3}{2})$ 維持最佳。若 $c_2 \leq 0$，則因限制邊界 $x_1 = 4$，$(4, 0)$ 而變成最佳解。

同理，c_1 的容許範圍（c_2 固定為 3）可用圖解或代數方法求解，得到 $c_1 \geq \frac{9}{4}$（習題 7.2-10 要求以這兩種方式驗證此結果）。

因此，c_1 僅容許由目前值 3 減少 $\frac{3}{4}$。但若 c_2 下降的程度夠，在不改變最佳解的情形下，c_1 下降的幅度可能較大。若假設 c_1 與 c_2 由目前的值 3 都下降 1，也就是目標函數從 $Z = 3x_1 + 3x_2$ 變成 $Z = 2x_1 + 2x_2$。依據目標函數係數同時改變的百分百法則，容許改變百分比分別為 $133\frac{1}{3}\%$ 及 $33\frac{1}{3}\%$，則其總和超過 100%。但目標函數直線的斜率未改變，所以 $(4, \frac{3}{2})$ 仍為最佳解。

情況 4—增加一條新限制式

情況 4 是模型已完成求解後要加入一條新的限制式。這可能發生在當初忽略了某個限制條件，或是在建立模型後又出現新的考量。另一種可能是當初為了計算速度，而刪除看起來不具很大限制作用的條件，但現在要來檢視其對實際最佳解之影響。

若要檢視目前最佳解是否受新限制式影響，應直接檢查最佳解是否滿足該限制式。若滿足，則代表即使增加新限制式，仍為最好可行解（即最佳解）。新限制式僅會削減以前一些可行解，而無法增加新可行解。

若新限制式刪除目前最佳解，要找出新解時，得在最終單形表加入新限制式（新增一列），並將其視為初始表，加入變數（差額或人工變數）成為此新列之基變數。此新列可能有其他係數不為零的基變數，所以，接下來要用高斯消去法恢復成適當形式，接著以一般方式進行再最佳化步驟。

情況 4 的程序為 7.1 節一般程序的簡化，在此唯一要說明以前的最佳解是否仍為可行，故不必執行步驟 5（最佳性測試）。步驟 4（可行性測試）已藉由步驟 1（修正模型）後取代（之前的最佳解是否滿足新的限制式？）若測試後發現為負值、需要再最佳化時，就要執行步驟 2、步驟 3 及步驟 6（修正最終表、用高斯消去法轉換成適當形式，及再最佳化）。

例題（Wyndor 模型的變化 6）

我們以 Wyndor 玻璃公司模型的變化 6，來說明此情況，其中僅在表 7.5 模型的變化 2 加入新限制式

$$2x_1 + 3x_2 \leq 24$$

其圖解如圖 7.6 所示。之前的最佳解 (0, 9) 違反新的限制式，故最佳解成為 (0, 8)。

要以代數方法分析此例體，各位要注意 (0, 9) 產生 $2x_1 + 3x_2 = 27 > 24$，因此之前的最佳解不再可行。我們得要在目前最終表加入新的限制式，並加入差額變

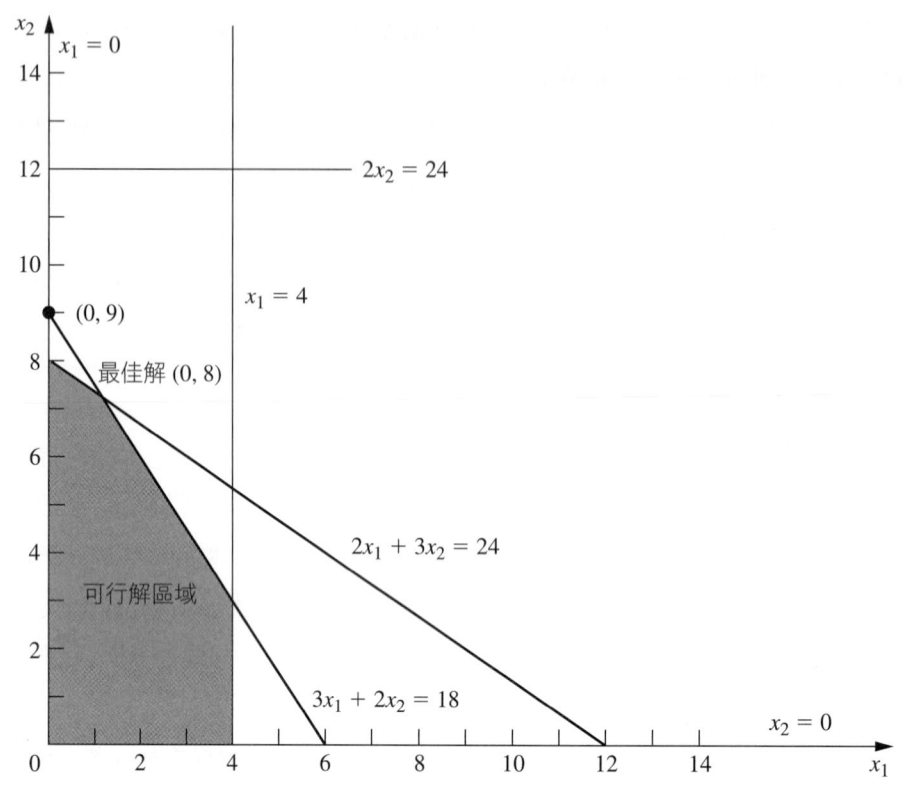

■ 圖 7.6 Wyndor 模型變化 6 的可行解區域，其中變化 2（圖 7.2）加入了新限制式 $2x_1 + 3x_2 \leq 24$。

數 x_6 作為初始基變數，以找到新最佳解。此步驟產生表 7.9 的第一個表，接著用高斯消去法，把新列減去列 2 的 3 倍，以求出目前基解 $x_3 = 4$、$x_2 = 9$、$x_4 = 6$、$x_6 = -3(x_4 = 0$、$x_5 = 0)$，即第二個表所示。應用對偶單形法進行一次疊代，即能找到如表 7.9 最後一表所示之新最佳解。

我們到目前為止，已討論測試模型參數特定改變的方法。我們稱另一種常用敏感度分析方法，為參數線性規劃，就是在一些區間上連續改變一個或多個參數，來了解最佳解改變的時機。

7.3　應用試算表進行敏感度分析 [4]

由於有 Solver 的功能，我們也能直接用試算表執行 7.1 節及 7.2 節的敏感度分析。試算表方法基本上與 7.2 節中各種原始模型改變的類型相同。故本節僅說明因目標函數變數係數改變而造成的影響（7.2 節的情況 2a 與情況 3）。接著我們藉由改變

---

[4] 就算各位未讀前面各節內容，也能知道本節內容。但 4.7 節是本節後半的重要背景。

■ 表 7.9　Wyndor 玻璃公司模型變化 6，應用了敏感度分析程序

	基變數	方程式	係數: Z	x_1	x_2	x_3	x_4	x_5	x_6	右端值
修正最終表	Z	(0)	1	$\frac{9}{2}$	0	0	0	$\frac{5}{2}$	0	45
	x_3	(1)	0	1	0	1	0	0	0	4
	x_2	(2)	0	$\frac{3}{2}$	1	0	0	$\frac{1}{2}$	0	9
	x_4	(3)	0	-3	0	0	1	-1	0	6
	x_6	新	0	2	3	0	0	0	1	24
轉換為適當形式	Z	(0)	1	$\frac{9}{2}$	0	0	0	$\frac{5}{2}$	0	45
	x_3	(1)	0	1	0	1	0	0	0	4
	x_2	(2)	0	$\frac{3}{2}$	1	0	0	$\frac{1}{2}$	0	9
	x_4	(3)	0	-3	0	0	1	-1	0	6
	x_6	新	0	$-\frac{5}{2}$	0	0	0	$-\frac{3}{2}$	1	-3
再最佳化後的新最終表（這個例題只需執行對偶單形法的一次疊代）	Z	(0)	1	$\frac{1}{3}$	0	0	0	0	$\frac{5}{3}$	40
	x_3	(1)	0	1	0	1	0	0	0	4
	x_2	(2)	0	$\frac{2}{3}$	1	0	0	0	$\frac{1}{3}$	8
	x_4	(3)	0	$-\frac{4}{3}$	0	0	1	0	$-\frac{2}{3}$	8
	x_5	新	0	$\frac{5}{3}$	0	0	0	1	$-\frac{2}{3}$	2

3.1 節的原始 Wyndor 模型來說明，其中 x_1（每週生產新玻璃門批數）與 x_2（每週生產新玻璃窗批數）的目標函數係數是

$c_1 = 3 =$ 每批新玻璃門利潤（千元），

$c_2 = 5 =$ 每批新玻璃窗利潤（千元）。

我們再以圖 7.7 呈現此模型的試算表模型（圖 3.22）。各位注意，要改變此表的儲存格為 ProfitPerBatch (C4:D4)。

該試算表實際上提供三種不同敏感度分析方法：第一種直接用在試算表進行個別改變，接著重新求解，以檢視其影響。第二種為系統化產生表格，列出模型中一或兩個參數一連串改變之影響。第三種則用 Excel 產生的敏感度報表。接下來，我們會予以個別討論。

檢視模型中的個別改變

使用試算表的優點在於，讓各位便於互動式執行各種敏感度分析。一旦建立模型後，我們就能用 Solver 立刻找出模型參數值改變之影響。僅需在試算表進行改變，接著按 Solve 鍵即可。

假設 Wyndor 公司管理者無法得知每批玻璃門利潤 (c_1)，圖 7.7 雖然呈現 3 為合理的初步估計值，但管理者認為真實利潤可能較 3 更多或更少。而較為可能的範圍是 c_1 = 2 與 c_1 = 5。

圖 7.8 呈現每批玻璃門利潤由 c_1 = 3 降到 c_1 = 2 的結果。與圖 7.7 比較後，我們可以看出最佳解並未變，僅有儲存格 C4 的 c_1 與儲存格 G12 所示之總利潤減少 2（以千元計）（2 批玻璃門，每批利潤降低 $1,000）。由於最佳解並未變，我們現在知道，就算原始的估計值 c_1 = 3 過高，也不影響模型的最佳解。

但若原始估計值過低，會產生什麼影響呢？圖 7.9 呈現出，c_1 增加到 c_1 = 5 的結果。同理，最佳解並未變。因此，目前最佳解仍然是最佳的 c_1 範圍（7.2 節的容許範圍），包含 2 至 5 的範圍，且可能更大。

由於原始值 c_1 = 3 產生上下大幅變化，最佳解並未改變，因此 c_1 是不敏感的參數。就算該估計值並不是相當準確，各位仍能相信此模型能提供正確最佳解。

上述或許為所有 c_1 的相關資訊。但若真實的 c_1 很可能超過 $2,000 到 $5,000 的範

	A	B	C	D	E	F	G
1		**Wyndor Glass Co. Product-Mix Problem**					
2							
3			Doors	Windows			
4		Profit Per Batch ($000)	3	5			
5					Hours		Hours
6			Hours Used Per Batch Produced		Used		Available
7		Plant 1	1	0	2	<=	4
8		Plant 2	0	2	12	<=	12
9		Plant 3	3	2	18	<=	18
10							
11			Doors	Windows			Total Profit ($000)
12		Batches Produced	2	6			36

Solver Parameters
Set Objective Cell: TotalProfit
To: Max
By Changing Variable Cells:
　BatchesProduced
Subject to the Constraints:
　HoursUsed <= HoursAvailable
Solver Options:
　Make Variables Nonnegative
　Solving Method: Simplex LP

	E
5	Hours
6	Used
7	=SUMPRODUCT(C7:D7,BatchesProduced)
8	=SUMPRODUCT(C8:D8,BatchesProduced)
9	=SUMPRODUCT(C9:D9,BatchesProduced)

	G
11	Total Profit
12	=SUMPRODUCT(ProfitPerBatch,BatchesProduced)

Range Name	Cells
BatchesProduced	C12:D12
HoursAvailable	G7:G9
HoursUsed	E7:E9
HoursUsedPerBatchProduced	C7:D9
ProfitPerBatch	C4:D4
TotalProfit	G12

■ **圖 7.7** 進行敏感度分析之前，原始 Wyndor 問題的試算表模型與最佳解。

	A	B	C	D	E	F	G
1		**Wyndor Glass Co. Product-Mix Problem**					
2							
3			Doors	Windows			
4		Profit Per Batch ($000)	2	5			
5					Hours		Hours
6			Hours Used Per Batch Produced		Used		Available
7		Plant 1	1	0	2	<=	4
8		Plant 2	0	2	12	<=	12
9		Plant 3	3	2	18	<=	18
10							
11			Doors	Windows			Total Profit ($000)
12		Batches Produced	2	6			34

■ 圖 7.8　修正過的 Wyndor 的玻璃門每批利潤估計值，由 $c_1 = 3$ 降到 $c_1 = 2$，但最佳產品組合並沒有改變。

	A	B	C	D	E	F	G
1		**Wyndor Glass Co. Product-Mix Problem**					
2							
3			Doors	Windows			
4		Profit Per Batch ($000)	5	5			
5					Hours		Hours
6			Hours Used Per Batch Produced		Used		Available
7		Plant 1	1	0	2	<=	4
8		Plant 2	0	2	12	<=	12
9		Plant 3	3	2	18	<=	18
10							
11			Doors	Windows			Total Profit ($000)
12		Batches Produced	2	6			4

■ 圖 7.9　修正過的 Wyndor 的玻璃門每批利潤估計值，由 $c_1 = 3$ 增加到 $c_1 = 5$，但最佳產品組合並沒有改變。

	A	B	C	D	E	F	G
1		**Wyndor Glass Co. Product-Mix Problem**					
2							
3			Doors	Windows			
4		Profit Per Batch ($000)	10	5			
5					Hours		Hours
6			Hours Used Per Batch Produced		Used		Available
7		Plant 1	1	0	4	<=	4
8		Plant 2	0	2	6	<=	12
9		Plant 3	3	2	18	<=	18
10							
11			Doors	Windows			Total Profit ($000)
12		Batches Produced	4	3			55

■ 圖 7.10　修正過的 Wyndor 的玻璃門每批利潤估計值，由 $c_1 = 3$ 增加到 $c_1 = 10$，而讓最佳產品組合改變。

圍，我們需要進一步探討最佳解改變前，c_1 可以是多大或多小？

圖 7.10 顯示若 c_1 大幅增至 $c_1 = 10$ 時，最佳解會在 c_1 從 \$5,000 增加到 \$10,000 的過程中。

我們接著說明，用試算表來探討兩資料格同時改變的影響。

檢查模型中的雙向改變

當我們利用 c_1 (3) 及 c_2 (5) 的原始估計值,圖 7.7 的模型最佳解呈現,傾向生產玻璃窗(每週 6 批),而非玻璃門(每週 2 批)。假設 Wyndor 公司的管理者很關心生產不均衡的狀況,並認為有可能是 c_2 的估計過高,而 c_1 的估計過低所致。這產生了下列問題:若這些估計值確實過高或過低,則利潤最大的產品組合是否也為最平衡?(各位注意到,對此例題來說,影響最佳產品組合的因素是 c_1 與 c_2 的比率。所以若兩者估計值同時過高或過低,改變的比例不多,就不太可能會改變最佳解。)

上述疑問僅需在圖 7.7 的原始試算表中輸入每批利潤的新估計值,再按下 Solve 鍵,即可在幾秒內得到答案。圖 7.11 呈現出,玻璃門的新估計值 4.5 與玻璃窗的新估計值 4 並不會讓最佳產品組合之解改變(但因為每批利潤改變,故總利潤不同)。若每批利潤估計值變化更大,是否遲早會改變最佳產品組合?圖 7.12 呈現,此情況確實會出現。當玻璃門的新估計值為 6,而玻璃窗的新估計值為 3 時,就會產生相對均衡的產品組合 $(x_1, x_2) = (4, 3)$。

	A	B	C	D	E	F	G
1		Wyndor Glass Co. Product-Mix Problem					
2							
3			Doors	Windows			
4		Profit Per Batch ($000)	4.5	4			
5					Hours		Hours
6			33 Hours Used Per Batch Produced		Used		Available
7		Plant 1	1	0	2	<=	4
8		Plant 2	0	2	12	<=	12
9		Plant 3	3	2	18	<=	18
10							
11			Doors	Windows			Total Profit ($000)
12		Batches Produced	2	6			33

■ 圖 7.11 修正過的 Wyndor 的玻璃門與玻璃窗每批利潤估計值,分別變成 $c_1 = 4.5$ 和 $c_2 = 4$,但是最佳產品組合並沒有改變。

	A	B	C	D	E	F	G
1		Wyndor Glass Co. Product-Mix Problem					
2							
3			Doors	Windows			
4		Profit Per Batch ($000)	6	3			
5					Hours		Hours
6			Hours Used Per Batch Produced		Used		Available
7		Plant 1	1	0	4	<=	4
8		Plant 2	0	2	6	<=	12
9		Plant 3	3	2	18	<=	18
10							
11			Doors	Windows			Total Profit ($000)
12		Batches Produced	4	3			33

■ 圖 7.12 修正過的 Wyndor 的玻璃門與玻璃窗每批利潤估計值,分別變成 6 和 3,而造成最佳產品組合的改變。

我們可由圖 7.11 與圖 7.12 得知，此二圖 並未呈現當玻璃門利潤估計值由 4.5 增至 6，而玻璃窗利潤估計值由 4 減至 3 的過程中，最佳產品組合產生的變化。

應用敏感度報表進行敏感度分析

有些敏感度分析能利用互動式，來更改試算表儲存格或重新求解。這可以輕易於試算表上進行。但另有捷徑能進行敏感度分析。僅需用 Solver 的敏感度報表，即可以更快速、精確取得上述資訊（基本上，這些報表也是 MPL/Solvers、LINDO 與 LINGO 等線性規劃套裝軟體的標準輸出）。

4.7 節已提過敏感度報表及其用於敏感度分析的方法。而圖 4.10 的敏感度報表已部分出現在圖 7.13。所以，我們在此不再重複 4.7 節，而把重點放在使用敏感度報表的方式，以快速回答 Wyndor 問題出現的情況。我們在前兩小節中，考慮到：c_1 初始估計值 3 的誤差多大時，才會改變目前最佳解 $(x_1, x_2) = (2, 6)$？而圖 7.9 和圖 7.10 顯示，目前的最佳解要等 c_1 增至 5 和 10 之間，才會發生改變。

我們接著來探討，如何以圖 7.13 中部分敏感度報表來回答上述問題。其中的 DoorBatchesProduced 列提供 c_1 相關資訊：

- c_1 目前的值：　　　3。
- c_1 的允許增量：　　4.5。　　所以 $c_1 \leq 3 + 4.5 = 7.5$。
- c_1 的允許減量：　　3。　　所以 $c_1 \geq 3 - 3 = 0$。
- c_1 的允許範圍：　　　　　　$0 \leq c_1 \leq 7.5$。

所以，若 c_1 由目前的值改變（模型沒有其他改變），則只要新 c_1 值在其容許範圍 $0 \leq c_1 \leq 7.5$ 內，目前的解 $(x_1, x_2) = (2, 6)$ 仍為最佳。

圖 7.14 的圖形呈現此容許範圍之意義：以原始值 $c_1 = 3$ 來說，圖中的實線顯示通過 $(2, 6)$ 的目標函數直線斜率。在容許範圍的低點 $c_1 = 0$，通過 $(2, 6)$ 的目標函數直線變成直線 B，因此在 $(0, 6)$ 與 $(2, 6)$ 之間線段上每一點皆為最佳解。對於任何 $c_1 < 0$ 而言，目標函數直線會進一步轉向，而讓 $(0, 6)$ 成為唯一的最佳解。在容許範圍的高點 $c_1 = 7.5$，通過 $(2, 6)$ 的目標函數直線變成直線 C，因此在 $(2, 6)$ 與 $(4, 3)$ 之間線段上每一點皆為最佳解。以任何 $c_1 > 7.5$ 來說，目標函數直線會比直線 C 更為陡峭，因此 $(4, 3)$ 是唯一最佳解。所以，只要 $0 \leq c_1 \leq 7.5$，則原始最佳解 $(x_1, x_2) = (2, 6)$ 仍為最佳。

IOR Tutorial 中的 Graphical Method and Sensitivity Analysis 是特別用來協助各位進行這種圖形分析。我們輸入 Wyndor 問題的原始模型後，該模組會提供如圖 7.14 的資訊圖表（虛線除外）。各位能於圖中任意選定目標函數線的一端上下移動，以檢視 $(x_1, x_2) = (2, 6)$ 不再為最佳解之前，c_1 能增減多少的狀況。

結論：c_1 的容許範圍是 $0 \leq c_1 \leq 7.5$，因為只有在這個範圍內，$(x_1, x_2) = (2, 6)$ 才仍為最佳解〔當 $c_1 = 0$ 或 $c_1 = 7.5$ 時，會有多重最佳解，但 $(x_1, x_2) = (2, 6)$ 仍為其中一個最佳解〕。這對原始玻璃門單位利潤的估計值 3 來說，($c_1 = 3$) 這範圍相當寬，我們應該能找到真實利潤的最佳解。

現在我們回頭看看先前考慮的問題。若 c_1 的估計值 3 過低，同時 c_2 的估計值 5 過高，會出現什麼狀況？也就是說，上述這兩個估計值要在這些方向改變多少，目前的最佳解 $(x_1, x_2) = (2, 6)$ 才會改變？

根據圖 7.11，若 c_1 增加 1.5（從 3 增至 4.5），同時 c_2 減少 1（從 5 減至 4），則最佳解保持不變。圖 7.12 接著呈現，若此改變加倍，最佳解亦會改變。但我們並不清楚此狀況何時會發生。

所以我們能由敏感度報表（圖 7.13）中的 c_1 容許增量與 c_2 容許減量，得到額外的資訊，也就是 7.2 節的百分百法則：

目標函數係數同時改變的百分百法則：若目標函數的係數同時改變，分別計算每個係數增加或減少占其容許範圍的百分比。若改變百分比總和未超過 100%，則其原始最佳解必定仍為最佳（若超過 100%，就無法確定）。

此法則並未說明，若改變百分比總和超過 100% 時會出現什麼情況，其後果取決於係數改變方向。各位記住，決定是否為最佳解之因素是係數的比率，同方向改變時，就算總和大幅超過 100%，原始最佳解仍可能維持不變。所以，總和超過 100% 或許會改變最佳解，也或許不會改變。但只要總和未超過 100%，原始最佳解絕對仍為最佳。

各位記住，單一目標函數係數所改變的整體容許增量或容許減量，僅適用其他係數皆未改變的情況。若係數同時改變，則重點在於各係數容許增量或容許減量之百分比。

我們再以 Wyndor 問題來說明，同時將圖 7.13 敏感度報表的資訊納入考量。假設現在 c_1 的估計值由 3 增至 4.5，而同時 c_2 的估計值由 5 減至 4，百分百法則的計算為：

$c_1: 3 \to 4.5$。

容許增量的百分比 $= 100 \left(\dfrac{4.5 - 3}{4.5} \right)\% = 33\dfrac{1}{3}\%$

$c_2: 5 \to 4$。

容許減量的百分比 $= 100 \left(\dfrac{5 - 4}{3} \right)\% = 33\dfrac{1}{3}\%$

$$\text{總和} = 66\dfrac{2}{3}\%$$

Variable Cells

Cell	Name	Final Value	Reduced Cost	Objective Coefficient	Allowable Increase	Allowable Decrease
$C$12	DoorBatchesProduced	2	0	3	4.5	3
$D$12	WindowBatchesProduced	6	0	5	1E+30	3

■ 圖 **7.13** Solver 產生的原始 Wyndor 問題敏感度報表（圖 6.3）的一部分，其中最後 3 行指出玻璃門與玻璃窗每批利潤的容許範圍。

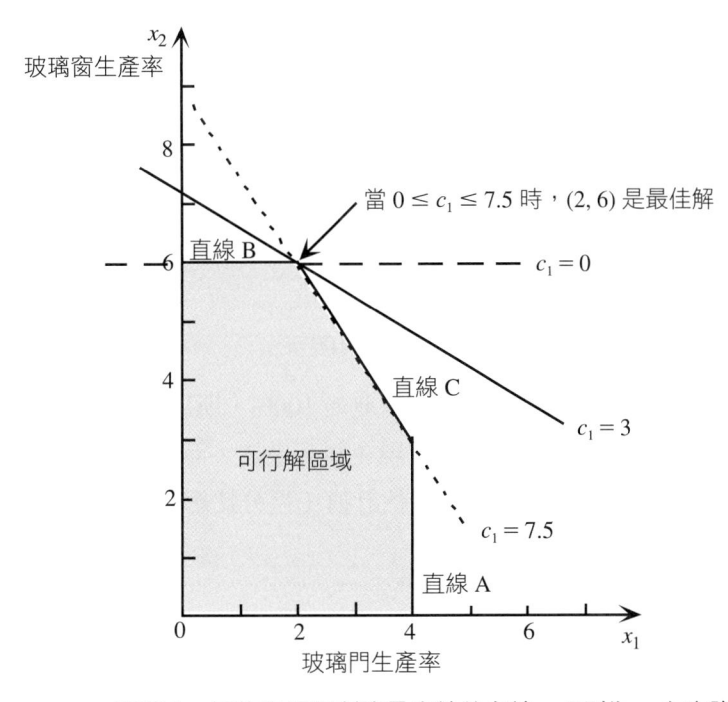

圖 **7.14** Wyndor 問題中，兩條通過限制邊界實線的虛線，分別為 c_1 在容許範圍 $0 \leq c_1 \leq 7.5$ 兩個端點時的目標函數直線，因為其中任何一條虛線或任何位於這兩條虛線之間的目標函數直線，其最佳解皆為 $(x_1, x_2) = (2, 6)$。

由於百分比總和未超過 100%，原始最佳解 $(x_1, x_2) = (2, 6)$ 必定仍為最佳解，正如圖 6.14 所示。

假設 c_1 的估計值由 3 增至 6，而同時 c_2 的估計值由 5 減至 3，百分百法則的計算為：

$c_1: 3 \to 6$。

容許增量的百分比 $= 100 \left(\dfrac{6-3}{4.5} \right) \% = 66\dfrac{2}{3}\%$

$c_2: 5 \to 3$。

容許減量的百分比 $= 100 \left(\dfrac{5-3}{3} \right) \% = 66\dfrac{2}{3}\%$

$$\text{總和} = 133\dfrac{1}{3}\%。$$

由於百分比總和超過 100%，因此百分百法則不能保證 $(x_1, x_2) = (2, 6)$ 仍為最佳。而我們實際由圖 7.12 可知，最佳解已變成 $(x_1, x_2) = (4, 3)$。

當 c_1 與 c_2 各別增大與減少時，依上述結果，各位能找出最佳解產生改變之處。由於 100% 剛好位於 $66\frac{2}{3}\%$ 與 $133\frac{1}{3}\%$ 的中間，因此當 c_1 與 c_2 的值都剛好在中間時，百分比的總和正好是 100%。也就是說，$c_1 = 5.25$ 正好位於 4.5 與 6 中間，而 $c_2 = 3.5$ 正好位於 4 與 3 中間，其對應的百分百法則計算為

$c_1: 3 \to 5.25$。

容許增量的百分比 $= 100 \left(\dfrac{5.25 - 3}{4.5}\right)\% = 50\%$

$c_2: 5 \to 3.5$。

容許減量的百分比 $= 100 \left(\dfrac{5 - 3.5}{3}\right)\% = 50\%$

總和 $= 100\%$。

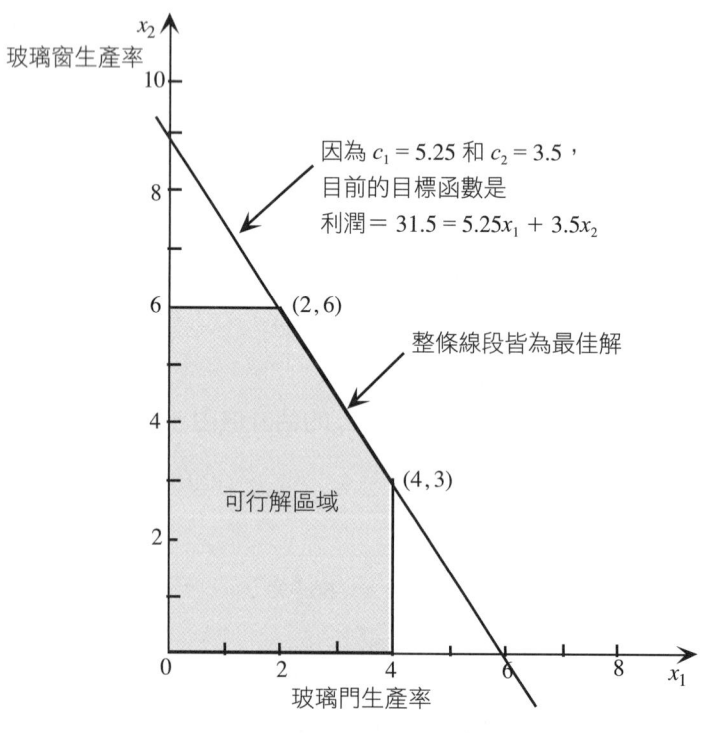

固然此百分比總和等於 100%，但確實未超過 100%，所以 $(x_1, x_2) = (2, 6)$ 仍為最佳。圖 7.15 以圖形方式呈現 (2, 6) 與 (4, 3) 現在都是最佳，而連接這兩點的線段上所有點亦皆為最佳。但若 c_1 與 c_2 更偏離原始估計值（百分比總和超過 100%），則目標函數

■ 圖 7.15　當每批玻璃門和玻璃窗的利潤估計值分別變成 $c_1 = 5.25$ 與 $c_2 = 3.5$ 時，正好位於百分百法則所容許的邊緣。根據圖解法，$(x_1, x_2) = (2, 6)$ 仍為最佳解，但現在此解與 (4, 3) 之間的線段上每個點亦為最佳。

直線會旋轉、更接近垂直，讓 $(x_1, x_2) = (4, 3)$ 成為唯一最佳解。

同時，各位記住，容許改變百分比的總和超過 100% 時，並不表示最佳解必定會改變。假設兩個單位利潤估計值都減半，其百分百法則的計算為

$c_1: 3 \to 1.5$。

容許減量的百分比 $= 100 \left(\dfrac{3 - 1.5}{3} \right)\% = 50\%$

$c_2: 5 \to 2.5$。

容許減量的百分比 $= 100 \left(\dfrac{5 - 2.5}{3} \right)\% = 83\dfrac{1}{3}\%$

總和 $= 133\dfrac{1}{3}\%$。

就算此百分比總和超過 100%，但圖 7.16 呈現原始最佳解仍為最佳。目標函數直線與原始目標函數直線斜率實際上相同（圖 7.14 的實線）。每當所有利潤估計值皆依同比例改變時，最佳解就會相同。

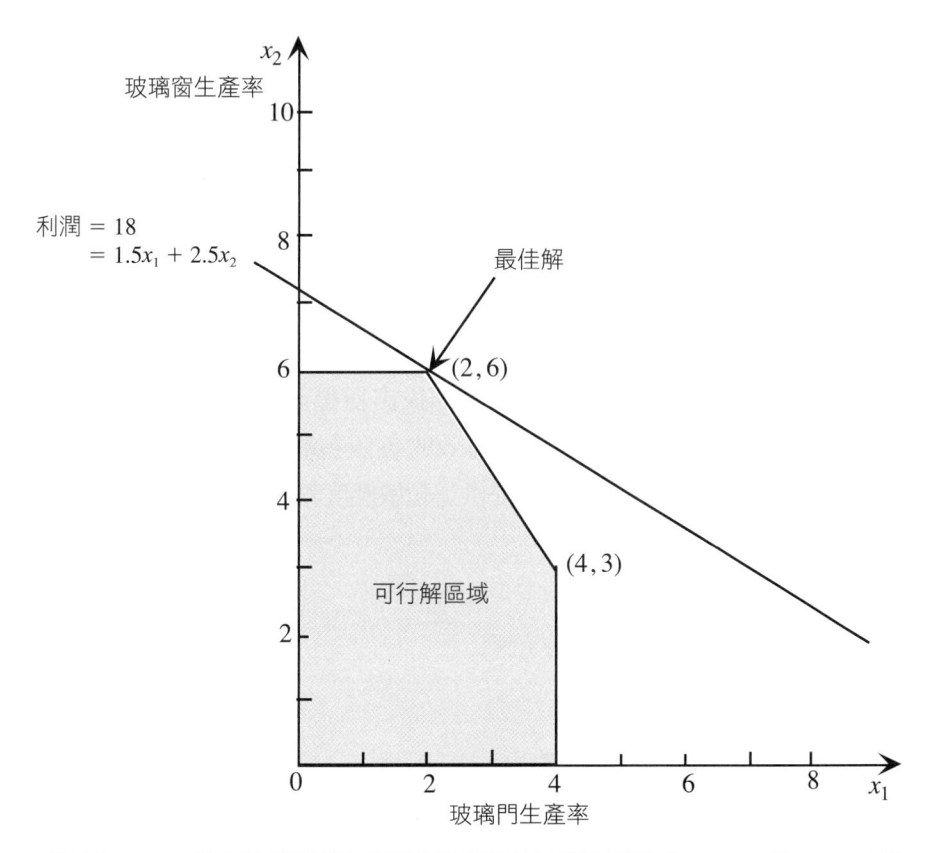

圖 7.16 當每批玻璃門和玻璃窗的利潤估計值分別變成 $c_1 = 1.5$ 與 $c_2 = 2.5$ 時（其原始值的一半），就算依照百分百法則，最佳解可能會改變，但是圖解法顯示最佳解仍為 $(x_1, x_2) = (2, 6)$。

其他類型的敏感度分析

本小節著重在說明應用試算表,來探討只有目標函數變數係數改變時的影響。但我們通常也會想要知道,函數限制式右端值改變的影響,甚至有時會想檢查若函數限制式中某些係數須改變時,最佳解是否會改變。

探討這些改變的試算表方法,基本上與探討目標函數係數改變的方法相同,同樣僅要在試算表把改變數據輸入,再用 Solver 重新求解模型,以測試任何資料儲存格的變化。如 4.7 節,Solver(或其他線性規劃套裝軟體)的敏感度報表,也能提供一些有用資訊,包括與任何單一函數限制式右端值改變的陰影價格。當同時改變幾個右端值時,也適用於這種情況的百分百法則,這與目標函數係數同時改變時的百分百法則類似(參閱第 7.2 節的情況 1,以了解探討包括右端值同時改變的百分百法則之應用)。

本書網站的 Solved Examples 部分提供使用試算表探討改變單一右端值之影響的另一個例題。

7.4 結論

通常線性規劃模型所用的參數值僅為估計值,所以還需進行敏感度分析,以探討錯誤估計值可能造成的影響。5.3 節提供有效進行這類分析的關鍵。我們一般是要找出影響最佳解的敏感參數,更精確估計這些參數,接著選一個在敏感參數可能數值範圍內都很好的解。敏感度分析也能協助管理者制定影響某些參數值的管理決策(如所活動的可用資源量)。這些敏感度分析是大多數線性規劃研究中非常關鍵的部分。

試算表借助 Solver 功能,能提供一些有用的敏感度分析方法。我們能在試算表上重複輸入一個或多個模型參數的改變,接著按下 Solve 鍵,立即檢視最佳解是否改變。或者我們能用 Solver 的敏感度報表,找出目標函數係數之容許範圍、函數限制式的陰影價格,及讓陰影價格維持有效的各個右端值容許範圍(其他包括 OR Courseware 中應用單形法的軟體,也能提供這類敏感度報表。)。

參考文獻

1. Ben-Tal, A., L. El Ghaoui, and A. Nemirovski: *Robust Optimization*, Princeton University Press, Princeton, NJ, 2009.
2. Bertsimas, D., D. B. Brown, and C. Caramanis: "Theory and Applications of Robust Optimization," *SIAM Review*, **53**(3): 464–501, 2011.
3. Bertsimas, D., and M. Sim: "The Price of Robustness," *Operations Research*, **52**(1): 35–53, January—February 2004.
4. Birge, J. R., and F. Louveaux: *Introduction to Stochastic Programming*, 2nd ed., Springer, New York, 2011.
5. Gal, T., and H. Greenberg (eds): *Advances in Sensitivity Analysis and Parametric Analysis*, Kluwer Academic Publishers (now Springer), Boston, MA, 1997.
6. Goh, J., and M. Sim: "Robust Optimization Made Easy with ROME," *Operations Research*, **59**(4): 973–985, July—August 2011.
7. Higle, J. L., and S. W. Wallace: "Sensitivity Analysis and Uncertainty in Linear Programming," *Interfaces*, **33**(4): 53–60, July—August 2003.
8. Hillier, F. S., and M. S. Hillier: *Introduction to Management Science: A Modeling and Case Studies Approach with Spreadsheets*, 5th ed., McGraw-Hill/Irwin, Burr Ridge, IL, 2014, chap. 5.
9. Infanger, G.: *Planning Under Uncertainty: Solving Large-Scale Stochastic Linear Programs*, Boyd and Fraser, New York, 1994.
10. Infanger, G. (ed.): *Stochastic Programming: The State of the Art in Honor of George B. Dantzig*, Springer, New York, 2011.
11. Kall, P., and J. Mayer: *Stochastic Linear Programming: Models, Theory, and Computation*, 2nd ed., Springer, New York, 2011.
12. Sen, S., and J. L. Higle: "An Introductory Tutorial on Stochastic Linear Programming Models," *Interfaces*, **29**(2): 33–61, March—April, 1999.

本書網站的學習輔助教材

Solved Examples：

Examples for Chapter 7

OR Tutor 範例：

Sensitivity Analysis

IOR Tutorial 中的互動程式：

Interactive Graphical Method

Enter or Revise a General Linear Programming Model

Solve Interactively by the Simplex Method

Sensitivity Analysis

IOR Tutorial 中的自動程式：

Solve Automatically by the Simplex Method

Graphical Method and Sensitivity Analysis

Excel 增益集：

Analytic Solver Platform for Education (ASPE)

求解 Wyndor 公司例題的檔案（第 3 章）：

Excel 檔案

LINGO/LINDO 檔案

MPL/Solvers 檔案

Chapter 7 的辭彙

軟體文件請參閱附錄 1。

習題

下列習題前標示符號代表

D：參閱示範例題有助於解答問題。

I：建議使用上述互動程式（列印解題紀錄）。

C：選用適當的電腦軟體求解問題。

E*：應用 Excel，也許包括 ASPE 增益集。

習題編號後的星號(*)表示該問題的全部或部分答案列於書末。

7.1-1. 思考下列問題。

極大化 $Z = 3x_1 + x_2 + 4x_3$，

受限於

$6x_1 + 3x_2 + 5x_3 \leq 25$
$3x_1 + 4x_2 + 5x_3 \leq 20$

及

$x_1 \geq 0, \quad x_2 \geq 0, \quad x_3 \geq 0$。

產生最佳解的最終聯立方程式為

$(0) \quad Z \quad + 2x_2 \quad\quad + \frac{1}{5}x_4 + \frac{3}{5}x_5 = 17$

$(1) \quad\quad x_1 - \frac{1}{3}x_2 \quad\quad + \frac{1}{3}x_4 - \frac{1}{3}x_5 = \frac{5}{3}$

$(2) \quad\quad\quad x_2 + x_3 - \frac{1}{5}x_4 + \frac{2}{5}x_5 = 3$。

(a) 由這組聯立方程式找出最佳解。
(b) 建立對偶問題。
^{I}(c) 從這組最終聯立方程式中，找出對偶問題的最佳解。用圖解法解對偶問題，以驗證此解。
(d) 假設將原問題改為

極大化 $Z = 3x_1 + 3x_2 + 4x_3$，

受限於

$6x_1 + 2x_2 + 5x_3 \leq 25$
$3x_1 + 3x_2 + 5x_3 \leq 20$

及

$x_1 \geq 0, \quad x_2 \geq 0, \quad x_3 \geq 0$。

使用對偶理論，判斷先前的最佳解是否仍為最佳。

(e) 使用 5.3 節的概念，找出依 (d) 小題的改變調整後，最終聯立方程式中 x_2 的新係數。

(f) 假設僅在原問題中加入新變數 x_{new}，所以模型變成：

極大化 $Z = 3x_1 + x_2 + 4x_3 + 2x_{\text{new}}$，

受限於

$6x_1 + 3x_2 + 5x_3 + 3x_{\text{new}} \leq 25$
$3x_1 + 4x_2 + 5x_3 + 2x_{\text{new}} \leq 20$

及

$x_1 \geq 0, \quad x_2 \geq 0, \quad x_3 \geq 0, \quad x_{\text{new}} \geq 0$。

使用對偶理論，判斷先前的最佳解加上 $x_{\text{new}} = 0$ 是否仍為最佳。

(g) 根據 5.3 節的概念,當 (f) 小題加入新變數 x_new 後,找出非基變數 x_new 在最終聯立方程式中的係數。

D,I 7.1-2. 重新思考習題 7.1-1 的模型。根據下列對原始模型的 6 種改變,分別獨立進行敏感度分析。對於每個改變,應用敏感度分析方法修正最終聯立方程式(表格式),然後使用高斯消去法轉換成適當形式,並測試解的可行性及最佳性(不要再最佳化。)

(a) 限制式 1 的右端值改為 $b_1 = 10$。
(b) 限制式 2 的右端值改為 $b_2 = 10$。
(c) x_2 的目標函數係數改為 $c_2 = 3$。
(d) x_3 的目標函數係數改為 $c_3 = 2$。
(e) x_2 的限制式 2 係數改為 $a_{22} = 2$。
(f) x_1 的限制式 1 係數改為 $a_{11} = 8$。

D,I 7.1-3. 思考下列問題。

極小化 $W = 5y_1 + 4y_2$

受限於

$$4y_1 + 3y_2 \geq 4$$
$$2y_1 + y_2 \geq 3$$
$$y_1 + 2y_2 \geq 1$$
$$y_1 + y_2 \geq 2$$

及

$$y_1 \geq 0, \quad y_2 \geq 0。$$

由於此原始問題的函數限制式數目較變數數目多,假設直接用單形法求解對偶問題。若令 x_5 及 x_6 為對偶問題的差額變數,則最終單形表

基變數	方程式	係數:							右端值
		Z	x_1	x_2	x_3	x_4	x_5	x_6	
Z	(0)	1	3	0	2	0	1	1	9
x_2	(1)	0	1	1	−1	0	1	−1	1
x_4	(2)	0	2	0	3	1	−1	2	3

各位針對原始模型各獨立改變,進行敏感度分析,並討論對「對偶問題」之影響,接著說明對原始問題之互補影響。在對偶問題上,應用 7.1 節的敏感度分析方法(不要再最佳化),接著對原始問題的目前基解「是否仍為可行及是否仍為最佳」做出結論。用圖解法求解原始問題,另直接驗證此結論。

(a) 目標函數改變為 $W = 3y_1 + 5y_2$。
(b) 函數限制式的右端值變成 3、5、2 及 3。
(c) 第 1 條限制式變成 $2y_1 + 4y_2 \geq 7$。
(d) 第 2 條限制式變成 $5y_1 + 2y_2 \geq 10$。

7.2-1. 研讀 7.2 節「應用實例」中完整說明該 OR 研究之論文,簡述該研究如何應用敏感度分析,並列舉此研究的各種財務與非財務效益。

D,I 7.2-2.* 思考下列問題。

極大化 $Z = -5x_1 + 5x_2 + 13x_3$,

受限於

$$-x_1 + x_2 + 3x_3 \leq 20$$
$$12x_1 + 4x_2 + 10x_3 \leq 90$$

及

$$x_j \geq 0 \quad (j = 1, 2, 3)。$$

令 x_4 及 x_5 為各限制式的差額變數,則單形法的最終聯立方程式為

(0) $Z \quad\quad\quad\quad\; + 2x_3 + 5x_4 \quad\quad = 100$
(1) $\quad -x_1 + x_2 + 3x_3 + x_4 \quad\quad = 20$
(2) $\quad 16x_1 \quad\quad - 2x_3 - 4x_4 + x_5 = 10$。

根據下列針對原始模型的 9 種改變,個別獨立進行敏感度分析,並對每個改變應用敏感度分析方法修正這組聯立方程式(表格式),接著用高斯消去法將其轉換成適當形式,以找出目前基解,再測試該解的可行性與最佳性(不用再最佳化)。

(a) 限制式 1 的右端值變成 $b_1 = 30$。
(b) 限制式 2 的右端值變成 $b_2 = 70$。
(c) 右端值變成

$$\begin{bmatrix} b_1 \\ b_2 \end{bmatrix} = \begin{bmatrix} 10 \\ 100 \end{bmatrix}。$$

(d) x_3 在目標函數中的係數變成 $c_3 = 8$。
(e) x_1 的係數變成

$$\begin{bmatrix} c_1 \\ a_{11} \\ a_{21} \end{bmatrix} = \begin{bmatrix} -2 \\ 0 \\ 5 \end{bmatrix}。$$

(f) x_2 的係數改變為

$$\begin{bmatrix} c_2 \\ a_{12} \\ a_{22} \end{bmatrix} = \begin{bmatrix} 6 \\ 2 \\ 5 \end{bmatrix}。$$

(g) 加入新變數 x_6，其係數為
$$\begin{bmatrix} c_6 \\ a_{16} \\ a_{26} \end{bmatrix} = \begin{bmatrix} 10 \\ 3 \\ 5 \end{bmatrix}。$$

(h) 加入新限制式 $2x_1 + 3x_2 + 5x_3 \leq 50$（差額變數以 x_6 表示）。

(i) 限制式 2 變成 $10x_1 + 5x_2 + 10x_3 \leq 100$。

7.2-3* 重新思考習題 7.2-2 的模型，假設函數限制式的右端值改變成

$20 + 2\theta$　　（限制式 1）

及

$90 - \theta$　　（限制式 2），

其中 θ 可為任何正值或負值。

我們將原始最佳解的基解（及 Z）以 θ 的函數來呈現，並找出讓此解維持可行的 θ 值下界及上界。

D,I 7.2-4. 思考下列問題。

極大化　　$Z = 2x_1 + 7x_2 - 3x_3$，

受限於

$x_1 + 3x_2 + 4x_3 \leq 30$
$x_1 + 4x_2 - x_3 \leq 10$

及

$x_1 \geq 0, \quad x_2 \geq 0, \quad x_3 \geq 0$。

令 x_4 及 x_5 依序為各限制式的差額變數，則單形法的最終聯立方程式為：

(0) $Z \quad + x_2 + x_3 \quad\quad + 2x_5 = 20$
(1) $\quad\quad - x_2 + 5x_3 + x_4 - x_5 = 20$
(2) $x_1 + 4x_2 - x_3 \quad\quad + x_5 = 10$。

根據下列針對原始模型的 7 種改變，分別獨立進行敏感度分析，並對每個改變應用敏感度分析方法修正這組聯立方程式（表格式），接著用高斯消去法將其轉換成適當形式，以找出目前基解，並測試解的可行性及最佳性。若此解無法通過其中任一測試，則再進行最佳化，以找到新最佳解。

(a) 右端值變成
$$\begin{bmatrix} b_1 \\ b_2 \end{bmatrix} = \begin{bmatrix} 20 \\ 30 \end{bmatrix}。$$

(b) x_3 的係數變成
$$\begin{bmatrix} c_3 \\ a_{13} \\ a_{23} \end{bmatrix} = \begin{bmatrix} -2 \\ 3 \\ -2 \end{bmatrix}。$$

(c) x_1 的係數變成
$$\begin{bmatrix} c_1 \\ a_{11} \\ a_{21} \end{bmatrix} = \begin{bmatrix} 4 \\ 3 \\ 2 \end{bmatrix}。$$

(d) 加入新變數 x_6，其係數為
$$\begin{bmatrix} c_6 \\ a_{16} \\ a_{26} \end{bmatrix} = \begin{bmatrix} -3 \\ 1 \\ 2 \end{bmatrix}。$$

(e) 目標函數變成 $Z = x_1 + 5x_2 - 2x_3$。

(f) 加入新限制式 $3x_1 + 2x_2 + 3x_3 \leq 25$。

(g) 限制式 2 變成 $x_1 + 2x_2 + 2x_3 \leq 35$。

7.2-5. 重新思考習題 7.2-4 的模型，假設函數限制式的右端值變成

$30 + 3\theta$　　（限制式 1）

及

$10 - \theta$　　（限制式 2）

其中 θ 可為任何正值或負值。

我們將原始最佳解的基解（及 Z）以 θ 的函數來呈現，並找出讓此解維持可行的 θ 值下界及上界。

D,I 7.2-6. 思考下列問題。

極大化　　$Z = 2x_1 - x_2 + x_3$，

受限於

$3x_1 - 2x_2 + 2x_3 \leq 15$
$-x_1 + x_2 + x_3 \leq 3$
$x_1 - x_2 + x_3 \leq 4$

及

$x_1 \geq 0, x_2 \geq 0, x_3 \geq 0$。

令 x_4、x_5 及 x_6 為各限制式的差額變數，則單形法的最終聯立方程式為：

(0) $Z \quad\quad + 2x_3 + x_4 + x_5 \quad\quad = 18$
(1) $\quad x_2 + 5x_3 + x_4 + 3x_5 \quad\quad = 24$
(2) $\quad\quad 2x_3 \quad\quad + x_5 + x_6 = 7$
(3) $x_1 \quad + 4x_3 + x_4 + 2x_5 \quad\quad = 21$。

根據下列針對原始模型的 8 種改變，分別獨立進行敏感度分析，並對每個改變應用敏感度分析方法修正這組聯立方程式（表格式），接著用高斯消去法將其轉換成適當形式，以找出目前基解，並測試解的可行性及最佳性。若此解無法通過其中任一測試，則再進行最佳化，以找到新最佳解。

(a) 右端值變成
$$\begin{bmatrix} b_1 \\ b_2 \\ b_3 \end{bmatrix} = \begin{bmatrix} 10 \\ 4 \\ 2 \end{bmatrix}。$$

(b) x_3 在目標函數中的係數變成 $c_3 = 2$。

(c) x_1 在目標函數中的係數變成 $c_1 = 3$。

(d) x_3 的係數變成
$$\begin{bmatrix} c_3 \\ a_{13} \\ a_{23} \\ a_{33} \end{bmatrix} = \begin{bmatrix} 4 \\ 3 \\ 2 \\ 1 \end{bmatrix}。$$

(e) x_1 和 x_2 的係數分別變成
$$\begin{bmatrix} c_1 \\ a_{11} \\ a_{21} \\ a_{31} \end{bmatrix} = \begin{bmatrix} 1 \\ 1 \\ -2 \\ 3 \end{bmatrix} \text{ 及 } \begin{bmatrix} c_2 \\ a_{12} \\ a_{22} \\ a_{32} \end{bmatrix} = \begin{bmatrix} -2 \\ -2 \\ 3 \\ 2 \end{bmatrix}。$$

(f) 目標函數變成 $Z = 5x_1 + x_2 + 3x_3$。

(g) 限制式 1 變成 $2x_1 - x_2 + 4x_3 \leq 12$。

(h) 加入新限制式 $2x_1 + x_2 + 3x_3 \leq 60$。

^C7.2-7 思考 3.4 節所述並彙整於圖 3.13 的配送公司問題。

雖然圖 3.13 提供各路徑預估單位運輸成本。這些成本事實上是不確定的。故在用 3.4 節的最佳解前，管理者想了解單位成本預估失準的影響。

各位用以單形法基礎的套裝軟體，來產生敏感度分析資訊，並回答以下問題。

(a) 在 3.4 節已知最佳解的有效範圍內，圖 3.13 中哪個單位運輸成本的容許誤差範圍最小？在預估單位運輸成本時，何處該投入最多？

(b) 各單位運輸成本的容許範圍為何？

(c) 如何向管理者詮釋這些容許範圍？

(d) 如果超過一個的單位運輸成本預估改變，該如何用敏感度分析資訊，來判斷最佳解是否改變？

7.2-8. 思考下列問題。

極大化 $Z = c_1 x_1 + c_2 x_2$，

受限於

$$2x_1 - x_2 \leq b_1$$
$$x_1 - x_2 \leq b_2$$

及

$$x_1 \geq 0, \quad x_2 \geq 0。$$

令 x_3 及 x_4 為各函數限制式的差額變數。當 $c_1 = 3$、$c_2 = -2$、$b_1 = 30$ 及 $b_2 = 10$ 時，單形法產生下列最終單形表。

基變數	方程式	Z	x_1	x_2	x_3	x_4	右端值
Z	(0)	1	0	0	1	1	40
x_2	(1)	0	0	1	1	-2	10
x_1	(2)	0	1	0	1	-1	20

^I(a) 使用圖解法找出 c_1 及 c_2 的容許範圍。

(b) 使用代數分析找出並驗證 (a) 小題的答案。

^I(c) 使用圖解法找出 b_1 及 b_2 的容許範圍。

(d) 使用代數分析找出並驗證 (c) 小題的答案。

^C(e) 使用以單形法為基礎的套裝軟體找出容許範圍。

^I 7.2-9. 思考 Wyndor 玻璃公司模型的變化 5（見圖 7.5 及表 7.8），其中表 7.5 的參數值變成 $\bar{c}_2 = 3$、$\bar{a}_{22} = 3$ 及 $\bar{a}_{32} = 4$。利用公式 $\mathbf{b}^* = \mathbf{S}^* \bar{\mathbf{b}}$，找出各 b_i 值的容許範圍。然後以圖形方式詮釋每個容許範圍。

^I 7.2-10. 思考 Wyndor 玻璃公司模型的變化 5（見圖 7.5 及表 7.8），其中表 7.5 的參數值變成 $\bar{c}_2 = 3$、$\bar{a}_{22} = 3$ 及 $\bar{a}_{32} = 4$。利用圖解法及代數法，驗證 c_1 的容許範圍是 $c_1 \geq \frac{9}{4}$。

7.2-11. 針對表 7.5 的問題，找出 c_2 的容許範圍。根據表 7.5，進行代數分析，並參考圖 7.2，從幾何觀點驗證答案。

7.2-12.* 針對 Wyndor 玻璃公司的原始問題，使用表 4.8 的最終表格回答以下各小題。

(a) 找出每個 b_i 值的容許範圍。

(b) 找出 c_1 及 c_2 的容許範圍。

^C(c) 應用以單形法為基礎的套裝軟體，找出容許範圍。

7.2-13. 針對 7.2 節 Wyndor 玻璃公司模型的變化 6，使用表 7.9 的最終表格回答各小題。

(a) 找出每個 b_i 值的容許範圍。
(b) 找出 c_1 及 c_2 的容許範圍。
^{C}(c) 應用以單形法為基礎的套裝軟體，找出容許範圍。

7.2-14. 思考以下問題。

極大化 $\quad Z = 2x_1 - x_2 + 3x_3$，

受限於

$$x_1 + x_2 + x_3 = 3$$
$$x_1 - 2x_2 + x_3 \geq 1$$
$$2x_2 + x_3 \leq 2$$

及

$$x_1 \geq 0, \quad x_2 \geq 0, \quad x_3 \geq 0 \text{。}$$

假設使用大 M 法（見 4.6 節）產生初始（人工）BF 解。令 $\bar{x}_4$ 為第一條限制式的人工差額變數，x_5 為第二條限制式的餘額變數，$\bar{x}_6$ 為第二條限制式的人工變數，x_7 為第三條限制式的差額變數。產生最佳解的對應最終聯立方程式為

(0) $Z + 5x_2 \qquad + (M+2)\bar{x}_4 \qquad + M\bar{x}_6 + x_7 = 8$
(1) $\quad x_1 - x_2 \qquad + \bar{x}_4 \qquad - x_7 = 1$
(2) $\qquad 2x_2 + x_3 \qquad\qquad + x_7 = 2$
(3) $\qquad 3x_2 \qquad + \bar{x}_4 + x_5 - \bar{x}_6 \qquad = 2\text{。}$

假設原始目標函數變成 $Z = 2x_1 + 3x_2 + 4x_3$，且原始第三條限制式變成 $2x_1 + x_3 \leq 1$。使用敏感度分析方法修正最終聯立方程式（表格式），接著用高斯消去法將其轉換成適當形式，找出目前基解，再測試此解的可行性及最佳性（不用再最佳化）。

7.3-1. 思考以下問題。

極大化 $\quad Z = 2x_1 + 5x_2$，

受限於

$$x_1 + 2x_2 \leq 10 \quad（資源 1）$$
$$x_1 + 3x_2 \leq 12 \quad（資源 2）$$

及

$$x_1 \geq 0, \quad x_2 \geq 0,$$

其中 Z 衡量兩活動的利潤（以元計）。

進行敏感度分析時，已知單位利潤估計值之正確度僅有 ±50%。也就是說，活動 1 的單位利潤可能是 \$1 至 \$3，而活動 2 的單位利潤可為 \$2.50 至 \$7.50。

^{E*}(a) 依據原始單位利潤估計值，建立本問題的試算表模型。接著應用 Solver 找出最佳解，並產生敏感度報表。
^{E*}(b) 使用試算表與 Solver，檢查如果活動 1 的單位利潤由 \$2 減為 \$1，及由 \$2 增至 \$3 時，最佳解是否仍為最佳。
^{E*}(c) 若活動 1 的單位利潤為 \$2，而活動 2 的單位利潤由 \$5 減為 \$2.50，及由 \$5 增至 \$7.50 時，最佳解是否仍為最佳。
^{I}(d) 使用 IOR Tutorial 中的 Graphical Method and Sensitivity Analysis，預估各活動單位利潤的容許範圍。
^{E*}(e) 使用 Solver 的敏感度報表，找出各活動單位利潤的容許範圍。然後依據此範圍，核對 (b) 小題到 (d) 小題的結果。

^{E*} **7.3-2.** 再度思考習題 7.3-1 的模型。在進行敏感度分析時，已知兩函數限制式右端值估計值之正確度僅有 ±50%。也就是，限制式 1 的右端值可能是 5 到 15，而限制式 2 的右端值可為 6 到 18。

(a) 求解原始試算表模型後，增加限制式 1 的右端值 1 單位，重新求解，找出陰影價格。
(b) 對第二條函數限制式，重複 (a) 小題的作法。
(c) 應用 Solver 的敏感度報表，找出各函數限制式的陰影價格及右端值的容許範圍。

7.3-3. 思考以下問題。

極大化 $\quad Z = x_1 + 2x_2$，

受限於

$$x_1 + 3x_2 \leq 8 \quad（資源 1）$$
$$x_1 + x_2 \leq 4 \quad（資源 2）$$

及

$$x_1 \geq 0, \quad x_2 \geq 0,$$

其中 Z 衡量兩活動的利潤（以元計），而右端值分別為各資源的可用量。

^{I}(a) 以圖解法求解此模型。
^{I}(b) 分別增加各資源可用量 1 單位，再使用圖解法重新求解，找出陰影價格。

^{E*}(c) 應用試算表模型與 Solver，執行 (a) 小題與 (b) 小題。

(d) 使用 Solver 的敏感度報表找出陰影價格，並求出讓各陰影價格維持有效的各種資源可用量範圍。

(e) 說明為何當管理者有改變資源可用量的彈性時，陰影價格很有幫助。

7.3-4.* G.A. Tanner 公司生產一種玩具的預估單位利潤是 $3。由於該產品需求很大，管理者打算提高目前每天 1,000 單位的生產率。但由於其組件（A 與 B）的供應量有限，造成增產有困難。每件玩具需要 2 個組件 A，而供應商的供應量最多只能由目前的每天 2,000 個增至 3,000 個。每件玩具僅需 1 個組件 B，但是廠商無法提高目前每天 1,000 個的供應量。由於該公司無法找到其他供應商，因此管理者考慮自建內部的新製造流程，同時生產等量的這兩種組件，補齊供應商供應量不足。根據預估資料，公司自行生產此兩種組件之單位成本比向外採購各多出 $2.50。為極大化總利潤，管理者想知道玩具與兩種組件個別的生產率。

下表彙整問題的相關資訊。

	每單位活動的資源使用量		
	活動		
資源	生產玩具	生產組件	可用資源量
組件 A	2	−1	3,000
組件 B	1	−1	1,000
單位利潤	$3	−$2.50	

^{E*}(a) 建立並求解此問題的試算表模型。

^{E*}(b) 由於兩活動單位利潤皆為預估值，管理者打算在最佳解改變前，找出各預估值之可變動量。活動 1（生產玩具）的單位利潤由 $2 開始，每次增加 $0.50，一直增至 $4，用試算表與 Solver，以手動方式求出最佳解與總利潤。據此結果，找出最佳解改變前，原始單位利潤 $3 能上下改變多少。

^{E*}(c) 針對活動 2（生產組件），重做 (b) 小題，其單位利潤從 −$3.50 開始。每增加 $0.50，一直增至 −$1.50（而活動 1 的單位利潤固定 $3）。

^{I}(d) 應用 IOR Tutorial 的 Graphical Method and Sensitivity Analysis，找出最佳解改變之前，各活動單位利潤上下可變動範圍（另一活動的單位利潤沒有改變）。依此計算出各活動單位利潤的容許範圍。

^{E*}(e) 應用 Solver 的敏感度報表資訊，找出各活動單位利潤的容許範圍。

(f) 應用 Solver 的敏感度報表資訊，說明在最佳解改變前，這兩項活動的單位利潤可變動範圍。

^{E*} **7.3-5.** 再度思考習題 7.3-4。G. A. Tanner 公司在與各供應商進一步協商後，獲悉僅願意付比正常價格稍貴的價格（溢價），兩家供應商就能增家組件產量（超過原 3,000 個組件 A、1,000 個組件 B），溢價高低還有待協商。G.A. Tanner 公司生產的玩具需求很高，若組件充分供應，每天能銷售出 2,500 件。假設習題 7.3-4 的原單位利潤預估正確。

(a) 據原始零件的最大供應量，及每天玩具產量不超過 2,500 件的額外限制式，建立並求解此問題試算表模型。

(b) 我們在不考慮溢價的情況，增加 1 單位的組件 A 最大供應量，並用試算表與 Solver，找出組件 A 限制式的陰影價格，接著找出公司願 支付組件 A 的最高溢價。

(c) 針對組件 B 的限制式，重做 (b) 小題。

(d) 應用 Solver 的敏感度報表，找出各組件限制式的陰影價格與各右端值容許範圍。

^{E*} **7.3-6.*** 思考 3.4 節包括表 3.19 在內的聯合航空公司問題。第 3 章 Excel 檔案包括此問題模型及最佳解的試算表。使用這個試算表與 Solver 求解 (a) 小題到 (f) 小題。

管理者正準備跟代表客服人員工會代表磋商新合約內容。此次協商結果可能會讓表 3.19 各班次每人每天成本小幅改變。下列幾項可能的改變都個別考慮。管理者很關心每種情況的改變，是否會改變試算表之最佳解。利用試算表與 Solver 直接回答 (a) 小題到 (e) 小題。如果最佳解改變，記錄新解。

(a) 班次 2 每人每天成本從 $160 增為 $165。

(b) 班次 4 每人每天成本從 $180 減少 $170。

(c) (a) 小題與 (b) 小題同時改變。

(d) 班次 2、4、5 每人每天成本增加 $4，而班次 1、3 每人每天的成本降低 $4。

(e) 各班次每人每天成本增加 2%。

(f) 用 Solver 產生此問題的敏感度報表。假設稍後在一般試算表模型時，思考上述改變。說明在各情況下，如何用敏感度報表來檢查原最佳解是否仍為最佳。

E* **7.3-7.** 再度思考習題 7.3-6 之聯合航空公司問題及其試算表模型。

管理者正考慮增加表 3.19 最右行各時段最少值班人數，以提高顧客服務水準。公司想要了解這對總成本的影響，以作為決策參考的依據。

應用 Solver 產生敏感度報表，探討下列問題。

(a) 在表 3.19 最右行的數值中，何者增加不會增加總成本？在不增加總成本的情況下，各可以增加多少（其他數值不變）？
(b) 對其他數值，當其增加 1 時，總成本會增加多少？在最佳解不改變的情況下，各可增加多少（其他數值不變）？
(c) 如果 (b) 小題的最右行值同時增加 1，則 (b) 小題的答案是否仍有效？
(d) 如果所有的 10 個數值同時增加 1，則 (b) 小題的答案是否仍然有效？
(e) 若 (b) 小題答案仍有效，10 個數值可同時等量增加多少？

7.3-8. David、LaDeana 和 Lydia 是時鐘公司的合夥人兼工作人員。David 和 LaDeana 每週最多可工作 40 小時，而 Lydia 則是 20 小時。

公司生產老爺鐘和壁鐘。David（機械工程師）負責組裝時鐘內的機械零件，LaDeama（木工）負責手工雕刻木盒，而 Lydia 則負責處理訂單和運送。上述工作所需時間如下所示：

工作	所需時間	
	老爺鐘	壁鐘
組裝時鐘機械	6 小時	4 小時
雕刻木盒	8 小時	4 小時
運送	3 小時	3 小時

每個老爺鐘的銷售利潤為 $300，而壁鐘的利潤是 $200。

這三位合夥人須決定每週各種時鐘的生產量，以極大化總利潤。

(a) 建立此問題的代數式線性規劃模型。
I (b) 應用 IOR Tutorial 中的 Graphical Method and Sensitivity Analysis 求解此模型，然後使用這個程式檢視當老爺鐘的單位利潤由 $300 增至 $375 時（模型的其他參數不變），最佳解是否會改變。接著查驗除了老爺鐘的單位利潤改變，壁鐘的單位利潤也從 $200 減為 $175 時，最佳解是否發生改變。
E* (c) 建立並求解此問題的試算表模型。
E* (d) 使用 Solver 檢視 (b) 小題各項改變的影響。
E* (e) 對於三位合夥人，依序使用 Solver 系統化，每次只增加其中一位之每週最多可工作時數 5 小時，對最佳解與總利潤的影響。
E* (f) 使用 Solver 的敏感度報表，找出各種時鐘的單位利潤的容許範圍，以及各合夥人每週最多可工作時數的容許範圍。
(g) 為了增加總利潤，三位合夥人同意其中一位應稍微增加每週最多可工作時數。這個選擇是根據哪一位可以增加最多的總利潤。用敏感度報表做此選擇（假設原單位利潤不變）。
(h) 解釋為何其中有一陰影價格是零。
(i) 是否能用敏感度報表的陰影價格，來判斷若 Lydia 每週最多可工作時數由 20 小時增為 25 小時之影響？若可，總利潤會增加多少？
(j) 若除 Lydia 改變外，David 每週最多可工作時數也由 40 小時減為 35 小時，再次計算 (i) 小題。
I (k) 請以圖解法來驗證 (j) 小題的解答。

個案

個案 7.1 空氣污染管制

我們以 3.4 節 Nori & Leets 公司為例，OR 人員在找出最佳解後，會進行敏感度分析。在此，我們先提供一些額外的背景資訊，再來回頭檢視 OR 小組的步驟，以繼續討論此案例。

該原始模型的各種參數如表 3.12、表 3.13 和表 3.14 所示。由於該公司並未有相關污染減量方法的經驗，表 3.14 的估計成本相當粗糙，與實施成本約相差 10% 左右。表 3.13 的數值也有些不確定性，但比表 3.14 好一點。表 3.12 則是標準政策，故為既定常數。

然而，各界對各種污染物排放率減量政策標準設定，仍有許多不同的看法。表 3.12 的數據是在已知這些標準之相關成本前的初步協議。市政府和該公司高層都認為，政策標準的最終決策應權衡成本與效益。據此共識，市政府認為政策標準若比目前各污染物標準（表 3.12 所有數據）提高 10%，對該市就價值 $350 萬。而市政府同意，該公司政策標準每降低 10%（最多 50%），所繳納的稅賦能減至 $350 萬。

最後，對於三種污染物政策標準的相對價值，也有些爭議。如表 3.12 所示，微粒物減量標準低於二氧化硫和碳氫化合物的一半。有人建議該縮小此差距，但也有人認為二氧化硫和碳氫化合物的危害更大，故該擴大此差距。後來共識是，在取得不增加總成本（提高某一成本，同時降低另一種）的可行政策標準權衡之相關資訊後，再行討論。

(a) 使用線性規劃軟體求解 3.4 節為此問題所建立的模型，除最佳解外，會產生進行後最佳化分析報表，以提供下列各步驟之基礎。
(b) 忽略參數值沒有不確定性的限制式（即 $x_j \leq 1$，而 $j = 1, 2, \cdots, 6$），找出模型的敏感參數（提示：參考 4.7 節「敏感度分析」）。據該結果，建議若可能，該對哪些參數更精確估計。
(c) 針對表 3.14 中各成本參數，分析不正確估計值所造成的影響。若實際值較估計值少 10%，是否會改變最佳解？若實際值較估計值多 10%，是否會改變最佳解？依此結果，建議未來該專注哪些成本參數精確的估計。
(d) 考慮使用單形法求解前，先把模型轉換成極大化形式。用表 6.14 建立對應的對偶問題，然後以單形法求解原始問題的結果，找出對偶問題之最佳解。若原始問題然保持極小化形式，會改變對偶問題形式及最佳對偶變數之正負號嗎？
(e) 根據 (d) 小題的結果，說明每種污染物每年排放減量需求的微量改變，而造成最佳解總成本改變率。並說明在不影響總成本改變率之前提下，其減量需求可增加或減少的量。
(f) 珍對表 3.12 中 微粒物政策標準的每單位改變，找出二氧化硫在相反方向應做的改變，讓最佳解不變。對碳氫化合物進行重複計算。再找出對每單位微粒物的改變，二氧化硫和碳氫化合物在相反方向應同時等量改變。

本書網站其他個案預告

個案 7.2 農場管理

普漢曼家族經營 640 英畝農場已數代，現在需決定明年家畜和作物數量。若明年氣候正常，可建立並求解線性規劃模型，以協助制定上述決策。但若氣候惡劣，作物會遭受損害，而大幅減少收成價。故需用大量後最佳化分析，找出對明年各種可能氣候狀況，及該家族決策之影響。

個案 7.3　學區分發學生（續）

此為個案研究 4.3 的後續討論。使用套裝軟體求解問題的線性規劃模型後，需應用所產生的敏感度分析報表可用於：找出因某住宅區的道路修建工程，而增加某些校車成本之影響。另外要探討增建可移動教室，增加未來幾年某所或多所國中學生數之可行性。

個案 7.4　撰寫非技術摘要

設定將推出的促銷活動以增加三種產品銷售額目標後，Profit & Gambit 公司的管理高層想探討廣告成本與銷售額增量間的權衡。首先進行相關的敏感度分析，接著將結果寫成非技術摘要，提供給 Profit & Gambit 公司高層。

Chapter 8
運輸問題與指派問題

第 3 章曾強調線性規劃之廣泛應用,本章則繼續討論兩種相當重要且相關的線性規劃問題。第一種因許多應用都與規劃最佳運送貨物方式有關,所以我們稱之為「運輸問題」(transportation problem)。但其重要應用(如生產排程)實際卻與運輸無關。

第二種與指派人員執行任務的應用有關。我們稱之為「指派問題」(assignment problem)。雖指派問題的應用似乎與運輸問題不大相同,但可視為運輸問題的一種特殊形式。

我們將在下一章介紹與網路 (network) 相關的線性規劃問題,包括最小成本流量問題(見 9.6 節)。屆時各位會知道運輸問題與指派問題實際皆為最小成本流量問題的特例。本章也會介紹運輸問題與指派問題的網路表示法。

運輸問題和指派問題的應用通常有大量的限制式及變數,而直接用以單形法為基礎的電腦程式求解,可能要很長的計算時間。所幸,這些問題限制式中的 a_{ij} 係數大部分是零,且在模型中其他相對較少的非零係數以一種特別的形式出現。因此,各位可利用其特殊結構,精簡演算法以大幅減少計算。因此,充分了解特殊形式問題,對各位能否正確判別且應用適當方法求解,是非常重要的一件事。

表 8.1 呈現限制式的係數表格(矩陣),用以來說明此特殊結構,其中 a_{ij} 是第 i 條函數限制式中第 j 個變數的係數。表格內只包含係數為 0 的部分會留白,而包含非零係數之區塊則會加上陰影。

本章會先為各位介紹一個典型的運輸問題範例,以說明模型的特殊結構,然後介紹其他應用範例。8.2 節的運輸單形法 (transportation simplex method),為單形法的特殊精簡版本,能快速求解運輸問題(9.7 節會說明此演算法與網路單形法有關,網路單形法是另一種精簡單形法,能快速求解任何最小成本流量問題,包括運輸問題和指

□ 表 8.1　線性規劃的限制式係數表格

$$A = \begin{bmatrix} a_{11} & a_{12} & \cdots & a_{1n} \\ a_{21} & a_{22} & \cdots & a_{2n} \\ \cdots & \cdots & \cdots & \cdots \\ a_{m1} & a_{m2} & \cdots & a_{mn} \end{bmatrix}$$

派問題）。8.3 節著重在指派問題。8.4 節接著會介紹能非常有效率求解指派問題的匈牙利演算法 (Hungarian algorithm)。

本書網站的本章補充教材提供了包括分析的完整個案，該案說明新煉油廠位址決策，這可能需要求解一連串運輸問題（本章的個案研究會讓各位繼續分析該個案相關延伸問題）。

8.1　運輸問題

典型例題

P & T 公司的豌豆罐頭產品，在旗下分別位於華盛頓州 Bellingham、奧勒岡州 Eugene 與明尼蘇達州 Albert Lea 等 3 間工廠裝罐，接著用卡車運至加州 Sacramento、猶他州 Salt Lake City、南達科他州 Rapid City 和新墨西哥州 Albuquerque 等 4 間配送倉庫（相關分布見圖 8.1）。因為運送成本為主要支出，管理人員開始進行降低運送成本研究。各廠下一季產量及各倉庫的分配量皆已估算出來，表 8.2 以卡車為單位列出相關資訊，與和各工廠－倉庫組合中每輛卡車的運送成本。目前看來，總運送量為 300 卡車。此問題要決定各不同工廠－倉庫組合的運送量，以極小化總運送成本。

若忽略工廠和倉庫位置，我們能將所有工廠和倉庫分列於左右兩行，如圖 8.2 所示以簡單網路方式表示。其中箭頭為卡車可能路線，而箭頭旁的數字為該路線每部卡車的運送成本。各位址旁的中括弧為可運出該處的數量（各倉庫的分配量則以負數表示）。

圖 8.2 實際呈現了運輸問題形式的線性規劃問題。接著我們來建立該模型，令 Z 表示總運輸費用，令 x_{ij} ($i = 1, 2, 3; j = 1, 2, 3, 4$) 表示由工廠 i 運至倉庫 j 的卡車數量。因此，目標為選擇這 12 個決策變數 (x_{ij}) 的值，以

極小化　　$Z = 464x_{11} + 513x_{12} + 654x_{13} + 867x_{14} + 352x_{21} + 416x_{22}$
　　　　　　$+ 690x_{23} + 791x_{24} + 995x_{31} + 682x_{32} + 388x_{33} + 685x_{34}$，

受限於

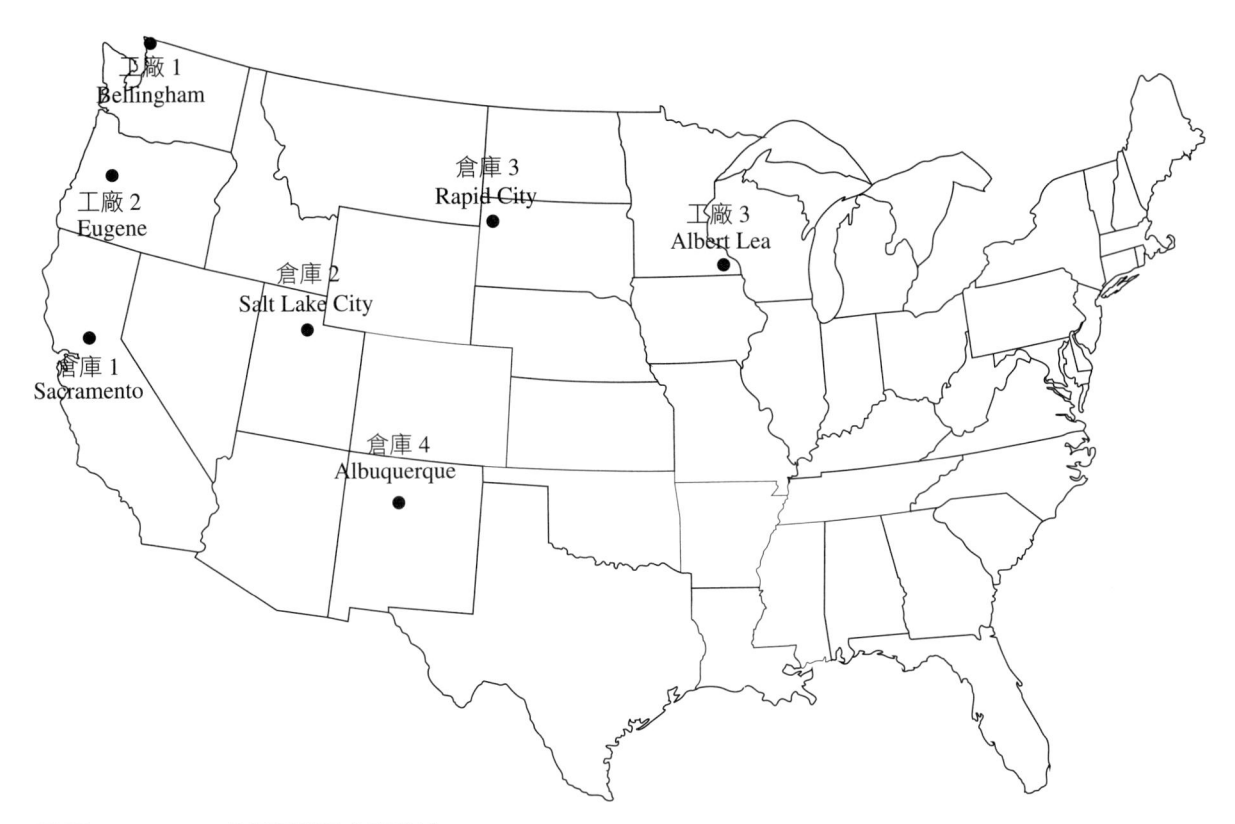

◨ 圖 8.1　P & T 公司工廠及倉庫位址。

◨ 表 8.2　P & T 公司的運送資料

		每卡車運送成本 ($)				
		倉庫				
		1	2	3	4	輸出量
工廠	1	464	513	654	867	75
	2	352	416	690	791	125
	3	995	682	388	685	100
分配量		80	65	70	85	

$$
\begin{aligned}
x_{11} + x_{12} + x_{13} + x_{14} &= 75 \\
x_{21} + x_{22} + x_{23} + x_{24} &= 125 \\
x_{31} + x_{32} + x_{33} + x_{34} &= 100 \\
x_{11} \phantom{+ x_{12}} \phantom{+ x_{13}} \phantom{+ x_{14}} + x_{21} \phantom{+ x_{22}} \phantom{+ x_{23}} \phantom{+ x_{24}} + x_{31} \phantom{+ x_{32}} \phantom{+ x_{33}} \phantom{+ x_{34}} &= 80 \\
x_{12} + x_{22} + x_{32} &= 65 \\
x_{13} + x_{23} + x_{33} &= 70 \\
x_{14} + x_{24} + x_{34} &= 85
\end{aligned}
$$

及

$$x_{ij} \geq 0 \quad (i = 1, 2, 3; j = 1, 2, 3, 4)。$$

應用實例

Procter & Gamble（P&G）是全球最大且獲利最佳的消費性產品公司，於世界各地生產及銷售數百種品牌的消費性用品，2012 年的銷售額超過 830 億美元，並位居 2011 年《財富》（Fortune）雜誌「全球最受讚譽公司」（World's Most Admired Companies）第 5 名。

P&G 自 1830 年代創立至今，仍持續成長。P&G 為保持並提高成長速度，而進行了一項大型 OR 研究，以強化該公司全球營運效率。在進行該研究前，P&G 的供應鏈包含數百家供應商、超過 50 種商品類型、60 餘座工廠、15 間配送中心及超過 1,000 個客戶區。但在公司開始推動全球性品牌後，管理階層體認到須合併工廠，以降低製造費用、改善產品上市速度與降低資本投資。因此，該研究著重於重新設計其北美區域營運作業之生產與配送系統，結果減少了北美區近 20% 的工廠，每年省下超過 2 億美元的稅前成本。

該項研究主要建立並求解各商品類型的運輸問題。對工廠的每個存廢方案，針對各商品類型求解其相關的運輸問題，能得到該商品類型由工廠運至配送中心與客戶區的配送成本。

資料來源：J. D. Camm, T. E. Chorman, F. A. Dill, J. R. Evans, D. J. Sweeney, and G. W. Wegryn: "Blending OR/MS, Judgment, and GIS: Restructuring P & G Supply Chain," *Interfaces*, **27**(1): 128-142, Jan.-Feb. 1997。

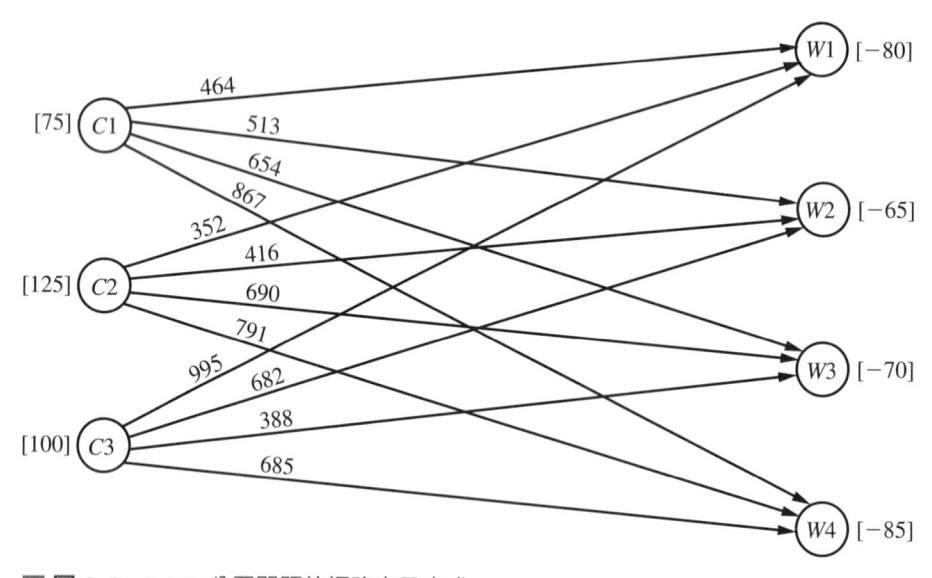

圖 8.2 P & T 公司問題的網路表示方式。

表 8.3 呈現了限制式係數。本節稍後會提到，運輸問題的特性在於其係數排列方式的特殊結構，而非這些係數值，但我們會先說明其他特性。

■ 表 8.3　P & T 公司問題的限制式係數

$$A = \begin{bmatrix} 1 & 1 & 1 & 1 & & & & & & & & \\ & & & & 1 & 1 & 1 & 1 & & & & \\ & & & & & & & & 1 & 1 & 1 & 1 \\ 1 & & & & 1 & & & & 1 & & & \\ & 1 & & & & 1 & & & & 1 & & \\ & & 1 & & & & 1 & & & & 1 & \\ & & & 1 & & & & 1 & & & & 1 \end{bmatrix} \begin{matrix} \left.\begin{matrix} \\ \\ \end{matrix}\right\} 工廠限制式 \\ \left.\begin{matrix} \\ \\ \\ \end{matrix}\right\} 倉庫限制式 \end{matrix}$$

係數：x_{11}　x_{12}　x_{13}　x_{14}　x_{21}　x_{22}　x_{23}　x_{24}　x_{31}　x_{32}　x_{33}　x_{34}

運輸問題模型

我們需要使用更為通用的名詞來說明運輸問題的一般模型。此類問題關注於任意商品以總配送成本最小的方式，由任意一群供應中心配送至任一群接收中心，也就是由**源點 (source)** 配送到**終點 (destination)**。典型範例和一般問題的專用名詞之間的關係如表 8.4 所示。

■ 表 8.4　運輸問題專有名詞

典型範例	一般問題
一卡車豌豆罐頭	商品單位
3 間罐頭工廠	m 個源點
4 間倉庫	n 個終點
工廠 i 的輸出量	源點 i 的供給量 s_i
倉庫 j 的分配量	終點 j 的需求量 d_j
由工廠 i 倉庫 j 每部卡車的運送成本	由源點 i 配送至終點 j 的單位成本 c_{ij}

而我們由表中第 4 列和第 5 列可看到，每個源點有特定的**供給量 (supply)** 可配送至終點，而每個終點則有從各源點收到的特定**需求量 (demand)**。表 8.4 為典型範例和一般問題的專用名詞間的關係。

需求假設：各源點有固定的供給量，而供給量必須全部配送到終點（令 s_i 為源點 i 的供給量，$i = 1, 2, ... , m$）。同樣，各終點有其固定的需求量，而此需求量須全部由源點收到（令 d_j 為終點 j 收到的數量，$j = 1, 2, ... , n$）。

P & T 公司各工廠（源點）有固定輸出量，且各倉庫（終點）有固定分配量，故符合上述假設。

輸出量與接收量在此假設中沒有差額，也藉勢所有源點之總供給量需等於所有終點總需求量。

可行解特性：一運輸問題會有可行解，若且唯若

$$\sum_{i=1}^{m} s_i = \sum_{j=1}^{n} d_j \text{。}$$

所幸,此 P & T 公司問題中的這兩個和相等,因為從表 8.2 可以看出總供給(輸出)量是 300,而總需求(分配)量也是 300。

供給量在實務問題中實際為可分配的最大量(而非固定量)。同樣,需求量實際為可接收的最大量(而非固定量)。這些問題因違反需求假設,故並不完全符合運輸問題模型。但我們能藉由加入虛擬終點 (dummy destination) 或虛擬源點 (dummy source),來補足配送實際量與最大量間的差額,重新建立符合模型的問題。本節最後會以兩個例題另加說明。

表 8.4 最後一列為單位配送成本,而其中「單位成本」意指下列運輸問題基本假設:

成本假設:由任一源點將貨物配送至任一終點的成本與其配送量成正比。故此成本正好是單位配送成本乘以配送量(令 c_{ij} 為源點 i 到終點 j 的單位成本)。

由於自各工廠運送豌豆罐頭至各倉庫之成本與運送卡車數成正比例,故 P & T 公司問題滿足此假設。

運輸問題需要供給量、需求量和單位成本等資料,用於模型參數。我們能將所有參數彙整於如表 8.5 的參數表 (paranerer table)。

模型:任何可以如表 8.5 的參數表完整說明,且符合需求假設及成本假設之問題(無論是否與運輸有關),都符合運輸問題模型。由於目標要極小化配送貨品之總成本。所有模型參數皆包含在此參數表中。

所以,要建立運輸問題模型,只要填入如表 8.5 形式的參數表即可(P & T 公司問題參數表如表 8.2 所示)。也可使用圖 8.3 的網路表示方式提供問題的資訊(如圖 8.2 的 P & T 公司問題)。與運輸無關的問題也能用這兩種方式來建立其運輸問題模

表 8.5 運輸問題的參數表

		單位配送成本				
		終點				
		1	2	...	n	供給量
源點	1	c_{11}	c_{12}	...	c_{1n}	s_1
	2	c_{21}	c_{22}	...	c_{2n}	s_2
	⋮					⋮
	m	c_{m1}	c_{m2}	...	c_{mn}	s_m
需求量		d_1	d_2	...	d_n	

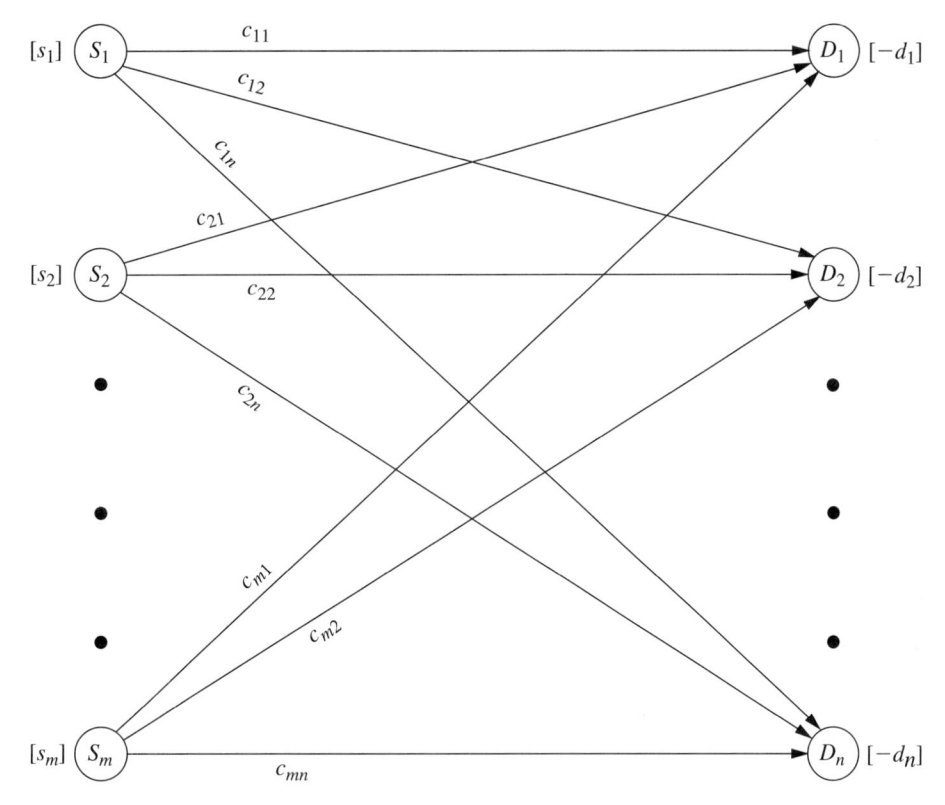

圖 8.3 運輸問題的網路表示方式。

型。本書專屬網站上 Solved Examples 部分提供另一練習例題。

由於能藉由簡單填寫參數表或以網路呈現運輸問題模型，所以不需要寫出該問題正式數學模型。但本章仍將介紹一般運輸問題的模型，來強調這確實是線性規劃問題的特殊形式。

令 Z 為總配送成本，x_{ij} 為由源點 i 配送至終點 j 的數量 ($i = 1, 2, \ldots, m; j = 1, 2, \ldots, n$)，則此問題的線性規劃模型是

極小化 $\quad Z = \sum_{i=1}^{m} \sum_{j=1}^{n} c_{ij} x_{ij}$，

受限於

$$\sum_{j=1}^{n} x_{ij} = s_i \quad 對 i = 1, 2, \ldots, m，$$

$$\sum_{i=1}^{m} x_{ij} = d_j \quad 對 j = 1, 2, \ldots, n，$$

及

$x_{ij} \geq 0$，對所有的 i 和 j。

注意，此問題的限制式係數表有如表 8.6 的特殊結構。無論其實際數值為何，任何線

■ 表 8.6　運輸問題的限制式係數

$$A = \begin{bmatrix} 1 & 1 & \cdots & 1 & & & & & & & & & \\ & & & & 1 & 1 & \cdots & 1 & & & & & \\ & & & & & & & & \ddots & & & & \\ & & & & & & & & & 1 & 1 & \cdots & 1 \\ 1 & & & & 1 & & & & & 1 & & & \\ & 1 & & & & 1 & & & & & 1 & & \\ & & \ddots & & & & \ddots & & & & & \ddots & \\ & & & 1 & & & & 1 & & & & & 1 \end{bmatrix} \begin{matrix} \left.\begin{matrix} \\ \\ \\ \end{matrix}\right\} 供給限制式 \\ \left.\begin{matrix} \\ \\ \\ \end{matrix}\right\} 需求限制式 \end{matrix}$$

係數：$x_{11}, x_{12}, \cdots, x_{1n}, x_{21}, x_{22}, \cdots, x_{2n}, \cdots, x_{m1}, x_{m2}, \cdots, x_{mn}$

性規劃問題僅要符合此特殊結構，就屬於運輸問題。實際上如本節接下來的例題，有許多與運輸無關的應用都符合此特殊結構（8.3 節的指派問題是另一例）。這也是之所以大家認為，運輸問題是重要的線性規劃問題的原因。

模型的供給量、需求量（s_i 和 d_j）與配送量 (x_{ij}) 皆為整數。如表 8.6 所示的特殊結構，這類問題都有下列特性：

整數解特性：對於 s_i 和 d_j 值皆為整數的運輸問題而言，每個可行基 (BF) 解（包括最佳解）的所有基變數（分配量）值都是整數。

8.2 節的求解程序只對 BF 解有用，所以會自動產生整數最佳解（學習此程序後，可知該求解方法實際上證明其整數解特性；另見習題 8.2-20）。因此，模型中不必加入 x_{ij} 值須為整數的限制式。

與其他線性規劃問題一樣，常用的 Excel 搭配標準的 Solver 或 ASPE、LINGO/LINDO、MPL/Solvers，都可用來設定及求解運輸問題（和指派問題），如 OR Courseware 的本章檔案。但因為 Excel 求解法與先前的有些許不同，接著我們來說明這種方法。

使用 Excel 建立運輸問題模型與求解

如 3.5 節所述，各位在用試算表建立問題的線性規劃模型前，須先回答三個問題。要制定的決策為何？這些決策之限制式為何？該決策的整體績效評估為何？由於運輸問題是種特殊形式的線性規劃問題，回答上述問題也適合作為建立運輸問題的試算表模型之起點，試算表的設計會隨邏輯呈現資訊及相關資料來發展。

我們再以 P & T 公司問題來說明，該公司要決定由各工廠運至每個倉庫的卡車數量，這些決策的限制式是從每個工廠出來的總運送量須等於其輸出量（供給量），以及每個倉庫的總接收量須等於其分配量（需求量）。整體績效評估是總運送成本，故目標是將其極小化。

我們根據這些資訊，能建立圖 8.4 的試算表模型。表 8.2 的所有資料置於下列資料格：UnitCost (D5:G7)、Supply (J12:J14) 與 Demand (D17:G17)。其中運送量決策一如改變格 ShipmentQuantity (D12:G14) 所示。輸出格為 TotalShipped (H12:H14) 與 TotalReceived (D15:G15)，其 SUM 函數如圖 8.4 底部所示。試算表已設定限制式 TotalShipped (H12:H14) = Supply (J12:J14) 與 TotalReceived (D15:G15) = Demand (D17:G17)，並輸入 Solver。目標格為 TotalCost (J17)，其 SUMPRODUCT 函數位於表 8.4 右下角。Solver 的參數視窗已設定極小化這個目標。勾選 Make Variables Nonnegative 選項以設定所有運送數量須是非負。由於是線性規劃問題，故會選 Simplex LP 作為求解方法。

各位在開始解題時，能在改變格輸入任何數值（如 0）。在按下 Solve 鍵後，就會用單形法求解此運輸問題，及找出各決策變數之最佳值。此最佳解呈現在表 8.4 中的 ShipmentQuantity (D12:G14)，總成本 $152,535 則在目標格 TotalCost (J17)。

各位注意，Solver 在此僅有用一般單形法求解運輸問題，而非為求解而特地去精

	A	B	C	D	E	F	G	H	I	J
1		P&T Co. Distribution Problem								
2										
3		Unit Cost			Destination (Warehouse)					
4				Sacramento	Salt Lake City	Rapid City	Albuquerque			
5		Source	Bellingham	$464	$513	$654	$867			
6		(Cannery)	Eugene	$352	$416	$690	$791			
7			Albert Lea	$995	$682	$388	$685			
8										
9										
10		Shipment Quantity			Destination (Warehouse)					
11		(Truckloads)		Sacramento	Salt Lake City	Rapid City	Albuquerque	Total Shipped		Supply
12		Source	Bellingham	0	20	0	55	75	=	75
13		(Cannery)	Eugene	80	45	0	0	125	=	125
14			Albert Lea	0	0	70	30	100	=	100
15			Total Received	80	65	70	85			
16				=	=	=	=			Total Cost
17			Demand	80	65	70	85			$ 152,535

Solver Parameters
Set Objective Cell: Total Cost
To: Min
By Changing Variable Cells:
 ShipmentQuantity
Subject to the Constraints:
 TotalReceived = Demand
 TotalShipped = Supply
Solver Options:
 Make Variables Nonnegative
 Solving Method: Simplex LP

Range Name	Cells
Demand	D17:G17
ShipmentQuantity	D12:G14
Supply	J12:J14
TotalCost	J17
TotalReceived	D15:G15
TotalShipped	H12:H14
UnitCost	D5:G7

	H
11	Total Shipped
12	=SUM(D12:G12)
13	=SUM(D13:G13)
14	=SUM(D14:G14)

	C	D	E	F	G
15	Total Received	=SUM(D12:D14)	=SUM(E12:E14)	=SUM(F12:F14)	=SUM(G12:G14)

	J
16	Total Cost
17	=SUMPRODUCT(UnitCost,ShipmentQuantity)

■ 圖 **8.4** P&T 公司運輸問題的試算表模型，包括目標格 TotalCost (J17) 和其他輸出格 TotalShipped (H12:H14) 與 TotalReceived (D15:G15)，及建立模型所需的設定。改變格 ShipmentQuantity (D12:G14) 列出 Solver 產生的最佳運送計畫。

簡版本（如下一節會介紹的運輸單形法）。所以，在求解大型運輸問題時，有此精簡版本的套裝軟體會比 Solver 快速許多。

先前我們曾提及，有些問題由於違反需求假設，而不太符合運輸問題模型，但能加入一虛擬終點或虛擬源點，重建其運輸問題模型。因為單形法能求解具有 ≤ 形式之供應限制式或 ≥ 形式之需求限制式的原始問題，故使用 Solver 求解時不需重建模型（OR Courseware 中提供下列兩例題的 Excel 檔案，以說明試算表模型保留了原供給限制式或需求限制式之不等式形式。）。但問題愈大就愈要重建模型，以其他套裝軟體之運輸單形法（或類似方法）來求解。

接下來，我們以兩個例題來說明重建模型的方式。

例題　虛擬終點範例

「北方航太製造」專門為全球航空公司生產商用飛機，其製程最後一階段是生產噴射引擎，接著以極短作業時間安裝在完成的機體上。該公司目前正按訂單生產，近期有許多飛機需交貨，因此須對今後 4 個月的飛機引擎生產進行排程。

為因應合約交貨日，該公司須依表 8.7 第 2 行中的數量，來供應引擎並予以安裝。1、2、3 及 4 月底的累計生產引擎數，分別至少為 10、25、50 和 70 具。

引擎製造工廠產能受到其他預訂生產、維修及翻修工作影響，如表 8.7 的第 3 行及第 4 行所示，每個月最大產能及成本（以百萬美元計算）都不同。

由於生產成本變動，在安裝前幾個月預先生產部分引擎或許是不錯的作法，但這些引擎須暫存至排定安裝時間（機體組裝不會提早完成），且如表 8.7 的最右行所示，每具引擎每月存放成本（含利息及資本支出）為 \$15,000 [1]。

生產部經理期望能排定未來 4 個月每月的引擎生產數量，以極小化生產成本與存放成本總和。

建立模型　建立此問題之數學模型的其中一種方法為令 x_j 為月份 j 的噴射引擎產量，$j = 1、2、3、4$。只用上述 4 個決策變數就能建立問題的線性規劃模型，但此模型並不符合運輸問題形式（見習題 8.2-18）。

另一種方法是建立運輸問題模型，以大幅減少計算時間，也就是利用源點與終點來說明問題，隨後找出適當的 x_{ij}、c_{ij}、s_i 和 d_j。

由於配送的每一具引擎會在某月份生產，然後在某月份（可能在不同月份）安裝。所以，

　　源點 i = 月份 i 的引擎生產量 (i = 1, 2, 3, 4)

---

[1] 為了方便建模，假設這個儲存成本發生在月底，且只根據會儲存到下個月的引擎數量計算，所以在生產當月安裝的引擎沒有儲存成本。

■ 表 8.7　北方航太製造公司的生產排程資料

月份	排定安裝數	最大生產量	單位生產成本*	單位存放成本*
1	10	25	1.08	0.015
2	15	35	1.11	0.015
3	25	30	1.10	0.015
4	20	10	1.13	

* 成本以百萬美元計。

終點 j = 月份 j 的引擎安裝量 (j = 1, 2, 3, 4)

x_{ij} = 在月份 i 生產，而在月份 j 安裝的引擎數量

c_{ij} = x_{ij} 的單位成本

$$= \begin{cases} \text{單位生產與儲存成本} & \text{若 } i \leq j \\ ? & \text{若 } i > j \end{cases}$$

s_i = ?

d_j = 排定在月份 j 安裝的數量。

表 8.8 呈現相關（不完整的）參數表。揪著，我們需要找出表中缺少的成本與供給量。

因為不可能在引擎的製造月份前安裝，當 $i > j$ 時，x_{ij} 須為零，因此 x_{ij} 沒有實際成本。不管如何，為建立符合定義的運輸問題以應用 8.2 節的求解程序，須賦予一些值給未定義的成本。所幸，4.6 節的大 M 法可用來設定這些值。因此在表 8.8 中指定非常大的數值（以 M 表示）給未定義的成本，讓對應的 x_{ij} 在最終解裡的值為零。

需填入表 8.8 的「供給量」數值並不明顯，因為「供給量」為該月生產量，並非固定。我們事實上是要找到生產量的最佳值。不管如何，為讓此成為運輸問題，我們須賦予表中每一格固定值，其中包含供給量那行。雖然問題中的供給限制式與一般表示方式不同，這些限制式確實設定供給量上限，也就是

■ 表 8.8　北方航太製造公司的不完整參數表

		單位配送成本				
		終點				
		1	2	3	4	供給量
源點	1	1.080	1.095	1.110	1.125	?
	2	?	1.110	1.125	1.140	?
	3	?	?	1.100	1.115	?
	4	?	?	?	1.130	?
需求量		10	15	25	20	

$$x_{11} + x_{12} + x_{13} + x_{14} \leq 25,$$
$$x_{21} + x_{22} + x_{23} + x_{24} \leq 35,$$
$$x_{31} + x_{32} + x_{33} + x_{34} \leq 30,$$
$$x_{41} + x_{42} + x_{43} + x_{44} \leq 10。$$

與標準運輸問題模型唯一不同之處,在於這些限制式為不等式。

我們利用 4.2 節的差額變數,將不等式轉換成等式,以符合運輸問題模型。差額變數在此問題中,為單一**虛擬終點 (dummy desination)** 分配量,即代表對應月份無使用產能。此改變讓已知月份總產能能成為運輸問題模型中該月份供給量。此外,由於虛擬終點的需求為所有未使用產能之總和,故此需求量為

$$(25 + 35 + 30 + 10) - (10 + 15 + 25 + 20) = 30。$$

加入上述需求量後,總供給數就等於總需求數,即可行解特性的可行解存在條件。

由於虛構分配量無成本,所以與虛擬終點相關的成本應為零(這行成本值不該為 M,因為並非要強迫對應的 x_{ij} 值為零。這些值的總和事實上需為 30)。

最終參數表如表 8.9 所示,並以 5(D) 表示虛擬終點。利用此模型,能輕易以 8.2 節的求解程序,找到最佳生產排程(見習題 8.2-10 及書末解答)。

表 8.9 北方航太製造公司的完整參數表

		單位配送成本					
		終點					
		1	2	3	4	5 (D)	供給量
源點	1	1.080	1.095	1.110	1.125	0	25
	2	M	1.110	1.125	1.140	0	35
	3	M	M	1.100	1.115	0	30
	4	M	M	M	1.130	0	10
需求量		10	15	25	20	30	

例題 虛擬源點範例

「大都會水資源管理局」負責某都會區水資源配送。由於該區域非常乾燥,所以該局須由外地購水並引用。這些水源自於 Colombo 河、Sacron 河和 Calorie 河。接著管理局將水轉售給該區主要客戶 Berdoo、Los Devils、San Go 和 Hollyglass 等自來水公司。

除 Calorie 河無法供水給 Hollyglass 外,任一條河都能供水給任一市。但由於該區域內城市與水道所處地理位置,供水成本會隨水源點及供給城市而變。如表

表 8.10 大都會水資源管理局的水資源資料

	每英畝呎的成本（千萬元）				供給量
	Berdoo	Los Devils	San Go	Hollyglass	
Colombo 河	16	13	22	17	50
Sacron 河	14	13	19	15	60
Calorie 河	19	20	23	—	50
最低需求量	30	70	0	10	（百萬英畝呎）
要求量	50	70	30	∞	

8.10 所示，各河流及城市組合之每英畝呎的供水變動成本（以千萬元計）。雖有成本變動，無論水源為何，該局向各市收取的每英畝呎費用都相同。

該管理局目前要面臨到夏季水源分配問題。表 8.10 的最右行呈現，以 100 萬英畝呎為單位，

上述 3 條河流的可供給水量。另如表格中最低需求量列所示，該管理局承諾，將供給各市特定最低需求量，以符合各別基本需要（San Go 有獨立水源，故無最低需求量）。該表格中要求量的列顯示，Los Devils 僅期望達到其最低需求量，但 Berdoo 想多買 20，San Go 想多買 30，而 Hollyglass 則愈多愈好。

該管理局想將這 3 條河流所能供給水量全部供應給上述 4 座城市，在極小化總成本之時，亦至少能符合各城市基本需要。

建立模型 表 8.10 已接近參數表之適當形式，其中河流為源點，城市則為終點。但基本的困難在於，每個終點之需求量並不明確。每個終點（除 Los Devils 外）的接收量實際為決策變數，各自有上界與下界。此上界為要求量，除非此要求量超出「滿足其他市最低需求量後」所剩的總供給量，此時，此剩餘供給量即為上界。因此，用水需求無上限的 Hollyglass 的上界為

$$(50 + 60 + 50) - (30 + 70 + 0) = 60。$$

不巧，一如運輸問題參數表中其他數字一樣，需求量須為常數，而非有上界的決策變數。若我們要解決此難題，暫時假設不需要滿足最低需求量，所以上界是分配給各市水量之唯一限制式。在此情況，是否能將要求量視為該模型中的需求量？在經過調整後，確為可行（各位是否已看出需調整之處）。

此情形類似「北方航太製造」範例，該問題有過多供給產能，現在則有過多需求量。因此，我們該加入**虛擬源點 (dummy source)**，「送出」未使用之需求量，而非加入虛擬終點，來「接收」未使用供給量。此虛擬源點的虛構供給量為總需求量超過總實際供給量之數量：

表 8.11　大都會水資源管理局未包括最低需求量的參數表

		單位配送成本（千萬元）				
		終點				
		Berdoo	Los Devils	San Go	Hollyglass	供給量
源點	Colombo 河	16	13	22	17	50
	Sacron 河	14	13	19	15	60
	Calorie 河	19	20	23	M	50
	虛擬	0	0	0	0	50
需求量		50	70	30	60	

$(50 + 70 + 30 + 60) - (50 + 60 + 50) = 50$。

由此公式可得表 8.11 參數表，單位以百萬英畝呎和千萬元計。虛擬列成本為零，因為由虛擬源點得到的虛構分配量並無成本。此外，Calorie 河—Hollyglass 的單位成本為非常大數值 M。由於 Calorie 河無法供水給 Hollyglass，故令其成本為 M 以避免這種分配。

現在我們來看，如何將各個城市的最低需求量納入此模型中。因為 San Go 無最低需求量，故不需調整。同樣，Hollyglass 也不需任何調整，因為其需求量 (60) 比虛擬源點之供給量 (50) 多 10，故在任何可行解中，由實際源點供給 Hollyglass 的水量至少為 10，所以必會滿足最低需求量（若未發生此情況，則 Hollyglass 與 Berdoo 一樣要調整）。

Los Devils 的最低需求量等於其要求分配量，故全部需求量 70 須由真實源點供給，而不能由虛擬源點供給。此要求需用大 M 法，設定由虛擬源點至 Los Devils 分配的單位成本為極大 M 值，以確保此分配量在最佳解時為零。

最後我們思考一下 Berdoo 的情況。與 Hollyglass 相反，虛擬源點有足夠（虛構）供給量，所以在滿足 Berdoo 額外要求量後，還能滿足一部分最低需求量。因為 Berdoo 最低需求量為 30，所以須調整，以避免虛擬源點之供給量超過其總需求量 50 中的 20。此調整要把 Berdoo 市分割成兩個終點，其中一個的需求量是 30，且任何來自虛擬源點的分配量的單位成本是 M。另一個的需求量是 20，而任何來自虛擬源點的分配量的單位成本則是 0。這個模型的最終參數表如表 8.12 所示。

接著，此問題會在 8.2 節用來說明解題的程序。

■ 表 8.12　大都會水資源管理局的參數表

			單位配送成本（千萬元）					
			終點					
			Berdoo（最小） 1	Berdoo（額外） 2	Los Devils 3	San Go 4	Hollyglass 5	供給量
源點	Colombo 河	1	16	16	13	22	17	50
	Sacron 河	2	14	14	13	19	15	60
	Calorie 河	3	19	19	20	23	M	50
	虛擬	4(D)	M	0	M	0	0	50
需求量			30	20	70	30	60	

運輸問題的一般化

即使有些與由源點配送物品至終點相關的問題，如上述兩例重建模型後，仍無法符合運輸問題模型。其中原因可能為，配送並非直接由源點到終點，而是途經轉運點。3.4 節的配送公司範例（見圖 3.13）即說明此問題，該範例的源點為 2 間工廠，而終點為 2 間倉庫。不過由某工廠運送至某倉庫的貨可能會先透過配送中心，甚至另一工廠或另一倉庫轉運後，才會抵達終點。不同運送路段會產生不同單位運送成本。此外，有些運送路段有運送量上限。雖這並非運輸問題，但仍是線性規劃問題的特殊形式，我們會稱之為「最小成本流量問題」，也會在 9.6 節詳細討論。9.7 節會提到網路單形法能快速求解最小成本流量問題。另外，我們會將「所有路段皆無運送量上限的最小成本流量問題」稱之為轉運問題。本書專屬網站的 23.1 節即會討論轉運問題。

其他情況雖直接由源點配送至終點，但違反運輸問題的其他假設。若運送成本為運輸量的非線性函數，就違反成本假設。若源點的供給量或終點需求量非固定值，則違反了需求假設。通常可能要等產品到後，才會知道終點最終需求量，且若接收量與最終需求量不同，就會產生非線性成本。若某個源點供給量並非固定，運送量生產成本可能為非線性函數。如開設新源點決策成本可能部分為固定成本。在此方面已出現，探討運輸問題的一般化及其求解方法之研究[2]。

8.2　運輸問題的精簡單形法

由於運輸問題僅是一種特殊形式的線性規劃問題，所以能用第 4 章的單形法求解。但本節會介紹如何用表 8.6 的特殊結構，大幅加快單形法計算速度。我們稱此方

---

[2] K. Holmberg and H. Tuy: "A Production-Transportation Problem with Stochastic Demand and Concave Production Costs," *Mathematical Programming Series A*, **85**: 157–179, 1999。

法為**運輸單形法 (transportation simplex method)**。

我們在本節稍後,特別會提到此特殊結構省下大量計算時間的方法。這說明 OR 利用問題的特殊結構來精簡演算法。

設定運輸單形法

在說明運輸單形法快速求解能力前,我們先複習一下一般(非精簡)單形法設定運輸問題的表格形式。建立限制式係數表(見表 8.6),把目標函數變成極大化形式,並用大 M 法,在 $m + n$ 個等式限制式(見 4.6 節)中加入人工變數 z_1、z_2、…、z_{m+n} 之後,如表 8.13 所示,單形表中的行未顯示元素皆為零〔在進行單形法第一次疊代前,還需做調整,以代數方法將初始(人工)基變數在列 0 中的非零係數消去〕。

在任何後續疊代後,列 0 的形式應該如表 8.14 所示。因為表 8.13 中係數 0 與 1 的分布形式,我們以 5.3 節提過的概念,對 u_i 和 v_j 進行詮釋:

u_i = 在產生目前單形表的歷次疊代中,被原始列 0(直接或間接)減去原始列 i 的倍數。

v_j = 在產生目前單形表的歷次疊代中,被原始列 0(直接或間接)減去原始列 $m + j$ 的倍數。

各位由第 6 章的對偶理論,可看出 u_i 和 v_j 就是對偶變數[3]。若 x_{ij} 是非基變數,可將 c_{ij}

表 8.13 以單形法求解運輸問題前的原始單形表

基變數	方程式	Z	…	x_{ij}	…	z_i	…	z_{m+j}	…	右端值
Z	(0)	−1		c_{ij}		M		M		0
	(1)									
	⋮									
z_i	(i)	0		1		1				s_i
	⋮									
z_{m+j}	(m + j)	0		1				1		d_j
	⋮									
	(m + n)									

表 8.14 以單形法求解運輸問題後的單形表列 0

基變數	方程式	Z	…	x_{ij}	…	z_i	…	z_{m+j}	…	右端值
Z	(0)	−1		$c_{ij} - u_i - v_j$		$M - u_i$		$M - v_j$		$-\sum_{i=1}^{m} s_i u_i - \sum_{j=1}^{n} d_j v_j$

---

[3] 若把變數重新標示成 y_i,且將目標函數極小化,改變表 8.14 列 0 係數的正負號,較易看出這些變數為對偶變數。

$-u_i - v_j$ 視為當 x_{ij} 增大時，Z 的改變率。

所需資訊 複習一下單形法，成為簡化此設定步驟之基礎。初始化時須先找到一初始 BF 解，以人為方式加入人工變數作為初始基變數，並令其值等於 s_i 和 d_j。最佳性測試與疊代步驟 1（選擇進入基變數）需知道目前列 0，這可由原來列 0 減去某列的倍數而得。步驟 2（決定退出基變數）須比較目前進入基變數的係數與對應的右端值，以找出進入基變數增大時，最先降為 0 的基變數。步驟 3 則在現行單形表中，將其他各列減去某列的倍數，得到新 BF 解。

快速獲取這些資訊的方式 運輸單形法要怎樣才能更簡單獲得相同資訊？在詳細說明相前，我們先提供一些初步答案。

首先，由於能用簡單便利的程序（有幾種不同變化）來建立初始 BF 解，故不需人工變數。

其次，直接計算目前的 u_i 和 v_j，就能得到目前的列 0，不需用到任何其他列。由於每個基變數在列 0 的係數必須為 0，因此目前的 u_i 和 v_j 可透過求解下列聯立方程式而得：

$$c_{ij} - u_i - v_j = 0 \qquad \text{對所有使得 } x_{ij} \text{ 是基變數的 } i \text{ 和 } j。$$

稍後在討論運輸單形法最佳性測試時，會進一步說明此程序。接著我們用表 8.13 中的特殊結構，計算出 $c_{ij} - u_i - v_j$ 作為表 8.14 中 x_{ij} 的係數，輕易得到列 0。

第三，可用簡單方法找到退出基變數，不需用到進入基變數的係數。因為問題的結構特殊，能簡單看出進入基變數增大時，解必然改變。因此，能馬上找出新 BF 解，而不需在單形表的列上做任何代數運算（細節能在提到運輸單形法疊代過程時看到）。

最後，幾乎整個單形表都可以刪除！除輸入資料（c_{ij}、s_i 和 d_j）外，運輸單形法只需要目前的 BF 解[4]、目前的 u_i 和 v_j 值及非基變數。以手算解題時，如表 8.15，每次疊代的資訊記錄於**運輸單形表 (transportation simplex tableau)** 比較方便（仔細注意這些表中分辨 x_{ij} 和 $c_{ij} - u_i - v_j$ 值的方式。前者以圓圈圍住，而後者無）。

計算效率的大幅改善 各位能分別用單形法和運輸單形法求解同一小型問題（見習題 8.2-17），以充分了解此二方法在計算效率與便利程度上的極大差異。對必須用電腦求解的大型問題來說，此差異更顯著。藉著比較單形表與運輸單形表大小，我們能看出此差異。因此，當運輸問題有 m 個源點和 n 個終點時，其單形表有 $m + n + 1$ 列和

---

[4] 因為非基變數自動為零，所以只要記錄基變數的值，就可以完全找出目前的 BF 解。本書從現在開始，都會使用這種表示法。

■ 表 8.15 運輸單形表的形式

		終點				供給量	u_i
		1	2	...	n		
源點	1	c_{11}	c_{12}	...	c_{1n}	s_1	
	2	c_{21}	c_{22}	...	c_{2n}	s_2	
	⋮	...	...	...	...	⋮	
	m	c_{m1}	c_{m2}	...	c_{mn}	s_m	
需求量		d_1	d_2	...	d_n	Z =	
v_j							

加入每格內的額外資料：

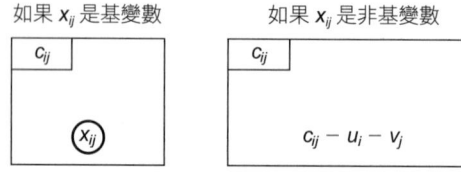

如果 x_{ij} 是基變數

c_{ij}
$\,\,\,\,\,\,\,\,\,\,\,\,$ⓧ$_{ij}$

如果 x_{ij} 是非基變數

c_{ij}
$c_{ij} - u_i - v_j$

$(m+1)(n+1)$ 行（不含 x_{ij} 左邊的行），而運輸單形表則有 m 列和 n 行（不含兩個額外的資料列和行）。現在，我們來嘗試代入不同的 m 和 n 值（$m=10$ 和 $n=100$ 是相當典型的中型運輸問題），並注意，單形表儲存格與運輸單形表儲存格數量之比值隨 m 和 n 增大而增加的情況。

初始化

初始化是要找到一初始 BF 解。由於運輸問題的所有函數限制式皆為等式限制式，故會如 4.6 節，在單形法中加入人工變數作為初始基變數，以得到初始 BF 解。此方式實際上只是修改後問題的可行解，故接著要進行數次疊代，讓人工變數為零，以得到真正 BF 解。運輸單形法則跳過，而直接在運輸單形表上建立真正 BF 解。

在說明此方法前，我們要知道運輸問題中任一基解中的基變數數目會比預期數目少 1 個。一般線性規劃問題之每條函數限制式會對應至一基變數。而有 m 個源點和 n 個終點的運輸問題則有 $m+n$ 條函數限制式，而

$$\text{基變數的數目} = m + n - 1。$$

因為函數限制式皆為等式限制式，而 $m+n$ 條聯立方程式中有多出一可刪除且不會改變可行解區域之限制式。即對任一限制式而言，只要滿足其他的 $m+n-1$ 條限制式，就可自動滿足該限制式（任一條供給限制式皆等於需求方程式之總和減去所有其他供給限制式，且任一需求方程式也等於供給方程式之總和減去所有其他需求方程

式,習題 8.2-19 即可驗證)。所以運輸單形表上任一 BF 解都有 $m + n - 1$ 個以圓圈圍住的非負分配量,各列分配量之和等於其供給量,而各行分配量之和等於其需求量[5]。

建立初始 BF 解方法為,一次選一個基變數,直至出現 $m + n - 1$ 個基變數為止。當每次選擇後,找出可滿足另一限制式之值(藉此可刪除需分配一列或一行,不需再納入考量),作為該變數值。所以,經過 $m + n - 1$ 次選擇後,就能建立出滿足所有限制式的基解。由於選擇基變數之準則眾多,本書僅簡述其中 3 種。

建立初始 BF 解的一般程序[6]　各位在建立開始時,可以將運輸單形表所有源點列及終點行都納入考量,來提供基變數(分配量)。

1. 依照某種準則,由仍在考慮的列與行中,選出下一個基變數(分配量)。
2. 將分配量增至剛好用完該列剩餘供給量或該行剩餘需求量(取其較小者)。
3. 刪除該列或該行(取其剩餘供給或需求量較小者),並不再考慮(若列與行剩餘供給量與需求量相同,則任選刪除該列;而該行接著會提供一退化基變數,即圈起來的配送量為零)。
4. 若只剩一列或一行需考慮,則選該列或行所有剩餘變數(即未曾被選擇,其列或行亦未被刪除,而不再考慮的變數)為基變數,並予唯一可行分配量,完成整個程序;否則回至步驟 1。

步驟 1 的各種選擇準則

1. 西北角法 (northwest corner rule):首先選擇 x_{11}(由運輸單形表的西北角開始)。接著假設 x_{ij} 為前一個選定的基變數,若源點 i 還有剩餘供給量,隨後選擇 $x_{i,j+1}$(向右移動一行),否則選擇 $x_{i+1,j}$(向下移動一列)。

> **例題**
>
> 我們以表 8.12 所呈現的大都會水資源管理局問題,來說明此一般程序,同時在步驟 1 用西北角法。由於問題中的 $m = 4$、$n = 5$,所以此程序找到的初始 BF 解有 $m + n - 1 = 8$ 個基變數。
>
> 第一個分配如表 8.16 所示,是 $x_{11} = 30$,剛好用盡行 1 的需求(並刪除此行且不再考慮)。結束第一次疊代後,列 1 剩餘供給量為 20,故隨後選擇 $x_{1,1+1} = x_{12}$ 為基變數。由於此供給量不大於行 2 所需的 20,故全分給 $x_{12} = 20$,刪除此列並不再考慮(據步驟 3 的說明,刪除列 1,而非行 2)。所以,接著選擇 $x_{1,1+1} =$

---

[5] 不過,具有 $m + n - 1$ 個非零變數並非為基解,因為它可能是兩個或更多個退化 BF 解(亦即有些基變數為 0 的 BF 解)的加權平均。因為運輸單形法只會建立正確的 BF 解,所以不需要擔心會錯把這種解標示為基解。

[6] 4.1 節曾提過單形法為 OR 常用的演算法(系統性求解程序)。此程序亦為演算法,每次循序執行 4 步驟的一次疊代。

表 8.16 西北角法產生的初始 BF 解

		\multicolumn{5}{c}{終點}	供給量	u_i
		1	2	3	4	5		
源點	1	16 ㉚ → 16 ⑳		13	22	17	50	
	2	14	14 ⓪ → 13 ㊅⓪		19	15	60	
	3	19	19	20 ⑩ → 23 ㉚ → M ⑩			50	
	4(D)	M	0	M	0	0 ㊿	50	
需求量		30	20	70	30	60	$Z = 2{,}470 + 10M$	
v_j								

x_{22}。因為行 2 的剩餘 0，比列 2 的 60 還少，所以分給 $x_{22} = 0$，並刪除行 2。

繼續依此方式進行，最後如表 8.16 所示能得到整個初始 BF 解。而其中圈起來的數字為基變數值（$x_{11} = 30$、…、$x_{45} = 50$），而其他變數（x_{13} 等）皆為零的非基變數。此圖的箭頭代表選取基變數（分配）順序，該解之 Z 值為

$$Z = 16(30) + 16(20) + \cdots + 0(50) = 2{,}470 + 10M。$$

2. **Vogel 近似法 (Vogel's approximation method)**：計算仍考慮中之各列和各行**差額 (difference)**。而此差額就是該列或該行仍在考慮的 c_{ij} 之中，最小與次小單位成本 c_{ij} 值的差（若仍需考慮該列或該行的最小 c_{ij} 值有兩個，則差額為 0）。由差額最大的列或行中，選擇單位成本最小的變數（若最大差額或最小單位成本相同，則任選其一）。

例題

現在將一般程序應用在大都會水資源管理局問題中，在步驟 1 依 Vogel 近似法準則，選擇下一基變數。由表 8.12 開始，在參數表（而非完整運輸單形表）上進行會較方便。在每次疊代中計算、並寫出還需考慮的列或行的差額後，圈選最大差額，並將其所在列或行中最小成本以方格框起，選擇有此單位成本之變數（及值）為下一基變數，且和刪除列或行一起標示在目前表格右下角（見一般程序步驟 2 及步驟 3）。除刪除該列或行，將剩下列或行之需求量或供給量減去上次分配量外，下次疊代的表格與目前表格完全相同。

應用此程序求解該問題後，會產生一連串如表 8.17 所示之參數表。而初始

■ 表 8.17　Vogel 近似法產生的初始 BF 解

		終點					供給量	列差
		1	2	3	4	5		
源點	1	16	16	13	22	17	50	3
	2	14	14	13	19	15	60	1
	3	19	19	20	23	M	50	0
	4(D)	M	0	M	⓪	0	50	0
需求量		30	20	70	30	60	選擇 $x_{44} = 30$	
行差		2	14	0	⑲	15	刪除行 4	

		終點				供給量	列差
		1	2	3	5		
源點	1	16	16	13	17	50	3
	2	14	14	13	15	60	1
	3	19	19	20	M	50	0
	4(D)	M	0	M	⓪	20	0
需求量		30	20	70	60	選擇 $x_{45} = 20$	
行差		2	14	0	⑮	刪除列 4(D)	

		終點				供給量	列差
		1	2	3	5		
源點	1	16	16	⒔	17	50	③
	2	14	14	13	15	60	1
	3	19	19	20	M	50	0
需求量		30	20	70	40	選擇 $x_{13} = 50$	
行差		2	2	0	2	刪除列 1	

		終點				供給量	列差
		1	2	3	5		
源點	2	14	14	13	⒖	60	1
	3	19	19	20	M	50	0
需求量		30	20	20	40	選擇 $x_{25} = 40$	
行差		5	5	7	ⓂⒺ $M-15$	刪除行 5	

		終點			供給量	列差
		1	2	3		
源點	2	14	14	⒔	20	1
	3	19	19	20	50	0
需求量		30	20	20	選擇 $x_{23} = 20$	
行差		5	5	⑦	刪除列 2	

		終點			供給量
		1	2	3	
源點	3	19	19	20	50
需求量		30	20	0	選擇 $x_{31} = 30$
					$x_{32} = 20$
					$x_{33} = 0$

$Z = 2,460$

BF 解分別標示在對應參數表的右下角，共有 8 個基變數（分配）。

此例題有兩個一般程序需要特別注意。第一是最後一次疊代同時選擇了三變數（x_{31}、x_{32} 及 x_{33}）為基變數，而非如同其他疊代，一次只選擇一變數，原因是這時只剩下一列（列 3）要考慮。所以，根據一般方法的步驟 4，選擇列 3 剩餘的每個變數為基變數。

第二是倒數第二次疊代選擇 $x_{23} = 20$ 時，同時用盡了該列剩餘供給量及該行剩餘需求量。但並不同時刪除該列及該行，而根據步驟 3，只刪除該列，留下該行以稍後產生退化基變數。事實上，在最終疊代中，行 3 僅用來選擇 $x_{33} = 0$ 為基變數。另一個範例可見於表 8.16，其中在分配 $x_{12} = 20$ 後，只刪除列 1，所以行 2 被保留，在下一次疊代提供退化基變數 $x_{22} = 0$。

雖為零的分配量看似不重要，實際上卻發揮著重要作用。各位很快能看到，利用運輸單形法時，須知道目前 BF 解中所有的 $m + n - 1$ 個基變數，包括其值為零的基變數。

---

3. Russell 近似法 (Russell's approximation method)：找出仍在考慮中的每一個源點列 i 中剩下的最大單位成本 c_{ij}，令其為 $\bar{u}_i$。並找出仍在考慮中的每一個終點行 j 中剩下的最大單位成本 c_{ij}，令其為 $\bar{v}_j$。對於尚未被選到的 x_{ij}，計算其 $\Delta_{ij} = c_{ij} - \bar{u}_i - \bar{v}_j$。選有最大負值（以絕對值而言）$\Delta_{ij}$ 的變數（若有相同，則任選其一）。

例題

依照步驟 1 的 Russell 近似法準則，再將一般程序應用於大都會水資源管理局問題（見表 8.12）。表 8.18 呈現出計算結果，包括一連串基變數（分配）。

在疊代 1 中，列 1 的最大單位成本為 $\bar{u}_1 = 22$，行 1 的最大單位成本為 $\bar{v}_1 = M$，依此類推。因此，

$$\Delta_{11} = c_{11} - \bar{u}_1 - \bar{v}_1 = 16 - 22 - M = -6 - M。$$

其中 $i = 1、2、3、4$ 和 $j = 1、2、3、4、5$，計算所有 Δ_{ij}，結果顯示 $\Delta_{45} = 0 - 2M$ 具有最大負值，因此選擇 $x_{45} = 50$ 為第一個基變數（分配）。此分配正好完全用盡列 4 的供給量，所以刪除此列，不再考慮。

注意到刪除此列會改變下一次疊代的 $\bar{v}_1$ 和 $\bar{v}_3$，所以第二次疊代要重新計算 $j = 1、3$ 時的 Δ_{ij}，並且刪除 $i = 4$。目前最大負值為

$$\Delta_{15} = 17 - 22 - M = -5 - M，$$

因此 $x_{15} = 10$ 為第二個基變數（分配），刪除行 5，不再考慮。

後續疊代類似，可以驗證表 8.18 的其他分配，以測試各位對此準則之理解。

■ 表 8.18　Russell 近似法產生的初始 BF 解

疊代	$\bar{u}_1$	$\bar{u}_2$	$\bar{u}_3$	$\bar{u}_4$	$\bar{v}_1$	$\bar{v}_2$	$\bar{v}_3$	$\bar{v}_4$	$\bar{v}_5$	最大負值的 Δ_{ij}	分配量
1	22	19	M	M	M	19	M	23	M	$\Delta_{45} = -2M$	$x_{45} = 50$
2	22	19	M		19	19	20	23	M	$\Delta_{15} = -5 - M$	$x_{15} = 10$
3	22	19	23		19	19	20	23		$\Delta_{13} = -29$	$x_{13} = 40$
4		19	23		19	19	20	23		$\Delta_{23} = -26$	$x_{23} = 30$
5		19	23		19	19		23		$\Delta_{21} = -24$*	$x_{21} = 30$
6										無關	$x_{31} = 0$
											$x_{32} = 20$
											$x_{34} = 30$
											$Z = 2{,}570$

* 與 $\Delta_{22} = -24$ 相同，任選其一。

IOR Tutorial 有助於本節（及其他節）其他程序，進行相關計算及示範（見尋找初始 BF 解之互動程式）。

步驟 1 各種準則的比較　我們接著比較這三種選擇基變數的準則。西北角法主要的優點是快速和容易，但由於未考慮 c_{ij} 值，所以產生的初始解通常會離最佳解很遠（注意表 8.16 中，即使 $c_{35} = M$，仍然分配 $x_{35} = 10$）。用多點計算時間找出較佳初始 BF 解，或許能讓運輸單形法找到最佳解的疊代次數大幅減少（見習題 8.2-7 與 8.2-9）。另兩種準則旨在找到此初始解。

Vogel 近似法已應用多年[7]，因為較容易利用手算。由於差額代表未分配給某列或行之最小單位成本格，產生最小額外成本，所以此準則確實已有效考慮成本。

Russell 近似法提供另一種優良準則[8]，仍可快速在電腦上實作（手算則否）。雖不知道哪種準則效果較好，但此準則經常較 Vogel 近似法的解佳（以此例題來說，Vogel 近似法正好找到最佳解，其 $Z = 2{,}460$，而 Russell 法則稍微錯過最佳解，其 $Z = 2{,}570$）。對大型問題而言，同時使用兩種準則，然後選擇較好的解來開始進行運輸單形法的疊代是值得的。

Russell 近似法特別的優點是其與運輸單形法步驟 1 後的進行方式相同（稍後即可看到），因此在某種程度上能簡化整體的電腦程式。尤其是 $\bar{u}_i$ 及 $\bar{v}_j$ 的定義方式，讓 $c_{ij} - \bar{u}_i - \bar{v}_j$ 值可以估計運輸單形法找到最佳解時的 $c_{ij} - u_i - v_j$ 值。

接著如表 8.18 所示，用 Russel 近似法的初始 BF 解來說明運輸單形法其他部分。初始運輸單形表（在求解 u_i 和 v_j 之前）如表 8.19 所示。

下個步驟是應用最佳性測試，檢查此初始解是否為最佳解。

---

[7] N. V. Reinfeld and W. R. Vogel: *Mathematical Programming,* Prentice-Hall, Englewood Cliffs, NJ, 1958.

[8] E. J. Russell: "Extension of Dantzig's Algorithm to Finding an Initial Near-Optimal Basis for the Transportation Problem," *Operations Research,* **17**: 187–191, 1969。

■ 表 8.19　Russell 近似法產生的初始運輸單形表計算（在得到 $c_{ij} - u_i - v_j$ 之前）

疊代 0		終點					供給量	u_i
		1	2	3	4	5		
源點	1	16	16	13 ㊵	22	17 ⑩	50	
	2	14 ㉚	14	13 ㉚	19	15	60	
	3	19 ⓪	19 ⑳	20	23 ㉚	M	50	
	4(D)	M	0	M	0	0 ㊿	50	
需求量		30	20	70	30	60	Z = 2,570	
v_j								

最佳性測試

使用表 8.14 的符號，進行單形法的標準最佳性測試（見 4.3 節），可簡化為以下運輸問題之最佳性測試：

最佳性測試： 一個 BF 解為最佳解，若且唯若對所有讓 x_{ij} 為非基變數[9]的 (i, j) 而言，$c_{ij} - u_i - v_j \geq 0$。

因此，最佳性測試就是要找出目前 BF 解之 u_i 和 v_j 的值，以及計算 $c_{ij} - u_i - v_j$。

因為當 x_{ij} 是基變數時，$c_{ij} - u_i - v_j$ 須為零，所以 u_i 和 v_j 滿足下列方程式：

$$c_{ij} = u_i + v_j，對所有使得 x_{ij} 是基變數的 (i, j)。$$

因為有 $m + n - 1$ 個基變數，所以總共有 $m + n - 1$ 條方程式。因為只有 $m + n$ 個未知數（u_i 和 v_j），所以能任意設定其中一個變數的值，而不會違背方程式。此變數及其值之選擇不會影響任何 $c_{ij} - u_i - v_j$ 的值，即使 x_{ij} 是非基變數時，僅在於求解方程式的難度。有種方便的方法，即選擇所在列有最多個分配的 u_i，並設定為零（相同時任選其一）。因為結構簡單，接著能簡單以代數方式計算出其他變數。

我們以下列出初始 BF 解中各基變數對應的方程式來進一步說明。

x_{31}: $19 = u_3 + v_1$。　設定 $u_3 = 0$，所以 $v_1 = 19$，
x_{32}: $19 = u_3 + v_2$。　　　　　　　　　$v_2 = 19$，

---

[9] 一例外為兩個或更多相等退化 BF 解（即退化基變數的零值不同），即使僅有部分基變數滿足最佳性測試，仍可為最佳解。後續例題會說明此例外（見表 8.23 最後兩個表，其中僅最後一個滿足最佳性測試）。

x_{34}: $23 = u_3 + v_4$。　　　　　　　　　　$v_4 = 23$。

x_{21}: $14 = u_2 + v_1$。　已知 $v_1 = 19$，所以 $u_2 = -5$。

x_{23}: $13 = u_2 + v_3$。　已知 $u_2 = -5$，所以 $v_3 = 18$。

x_{13}: $13 = u_1 + v_3$。　已知 $v_3 = 18$，所以 $u_1 = -5$。

x_{15}: $17 = u_1 + v_5$。　已知 $u_1 = -5$，所以 $v_5 = 22$。

x_{45}: $0 = u_4 + v_5$。　已知 $v_5 = 22$，所以 $u_4 = -22$。

設定 $u_3 = 0$（因為表 8.19 的列 3 的分配最多：3），然後由上而下，自每個方程式能立即解出方程式右邊未知數值（u_i 和 v_j 值的計算取決於目前 BF 解中哪些 x_{ij} 是基變數，故每次得新 BF 解後，都需重新計算）。

一旦熟悉這些計算，可能會發現直接在運輸單形表上計算會更方便。因此，首先在表 8.19 中令 $u_3 = 0$，然後找出該列中被圈選的分配（x_{31}、x_{32}、x_{34}）。對每一個分配設定 $v_j = c_{3j}$，接著在其中尋找被圈選的分配 (x_{21})（列 3 除外）。以心算得出 $u_2 = c_{21} - v_1$，再選取 x_{23}，並令 $v_3 = c_{23} - u_2$，依此類推，直到算出並填入所有 u_i 和 v_j 值。接著計算每個非基變數 x_{ij}（尚未被圈選分配的格）的 $c_{ij} - u_i - v_j$ 值，即可得到如表 8.20 所示的完整初始運輸單形表。

現在可以應用最佳性測試來檢查表 8.20 的 $c_{ij} - u_i - v_j$ 值。因為其中有兩個負值（$c_{25} - u_2 - v_5 = -2$ 和 $c_{44} - u_4 - v_4 = -1$），故目前 BF 解並非最佳解。所以，運輸單形法須進行下一次疊代，找出較佳 BF 解。

一次疊代

此精簡版本和完整單形法一樣，每次疊代，須找出進入基變數（步驟 1）與退出基變數（步驟 2），接著再計算出新 BF 解（步驟 3）。

步驟 1：找出進入基變數　由於 $c_{ij} - u_i - v_j$ 為非基變數 x_{ij} 增大時的目標函數改變率，所以進入基變數的 $c_{ij} - u_i - v_j$ 值必為負，才能減少總成本 Z。各表 8.20 能作進入基變數是 x_{25} 和 x_{44}。在這兩者之中，選擇其 $c_{ij} - u_i - v_j$ 負值較大者（以絕對值而言）作為進入基變數，即 x_{25}。

步驟 2：選取退出基變數　進入基變數由零增大時，會造成彌補其他基變數（分配）改變的連鎖反應，以持續符合供給與需求限制式。其中首先降為零的基變數即退出基變數。

以 x_{25} 為進入基變數，表 8.20 中的連鎖反應較簡單，如表 8.21 所示（以一個中間有加號的方格，標示進入基變數格的中心，而 $c_{ij} - u_i - v_j$ 值則記錄於該格的右下角）。增大 x_{25} 時須由 x_{15} 減去相同的數量，以保持行 5 的需求量為 60。此改變須將 x_{13} 增大相同數量，才能讓列 1 的供給量保持在 50。而此改變又要從 x_{23} 減少相同數量，

表 8.20 完整的初始運輸單形表

疊代 0	終點					供給量	u_i
	1	2	3	4	5		
源點 1	16 +2	16 +2	13 ㊵	22 +4	17 ⑩	50	−5
源點 2	14 ㉚	14 0	13 ㉚	19 +1	15 −2	60	−5
源點 3	19 ⓪	19 ⑳	20 +2	23 ㉚	M M−22	50	0
源點 4(D)	M M+3	0 +3	M M+4	0 −1	0 ㊿	50	−22
需求量	30	20	70	30	60	Z = 2,570	
v_j	19	19	18	23	22		

讓行 3 的需求量保持在 70。這也能讓列 2 的供給量保持在 60 所以減少 x_{23} 而順利完成此連鎖反應（同理，也能由減少 x_{23} 讓列 2 的供給量維持，以產生此連鎖反應，因此會增加 x_{13} 及減少 x_{15}）。

結果 (2, 5) 及 (1, 3) 兩格成為**接受格 (recipient cell)**，各由 (1, 5) 和 (2, 3) 兩個**捐贈格 (donor cell)** 之一獲得額外分配（這在表 8.21 中分別以正號與負號標示）。注意行 5 的捐贈格須為 (1, 5)，而非 (4, 5)，因為 (4, 5) 在列 4 中並沒有接受格可以繼續連鎖反應〔同理，若連鎖反應改由列 2 開始，則 (2, 1) 不能為該列的捐贈格，因為選擇 (3, 1) 為下一個接受格後，須選擇 (3, 2) 或 (3, 4) 為捐贈格，而無法完成連鎖反應〕。另外，我們要注意到，除了進入基變數以外，連鎖反應中所有接受格和捐贈格都須對應到目前 BF 解的基變數。

各捐贈格減少之分配量正好等於進入基變數（與其他接受格）之增加量。所以，當進入基變數 x_{25} 增大時，捐贈格中分配量最小的 (1, 5)（因為在表 8.21 中，10 < 30），其分配量會先降至零，所以 x_{15} 為退出基變數。

一般來說，當基變數由零開始增加時，（任一方向）只能完成唯一連鎖反應以維持可行性。此連鎖反應可由基變數格找出：首先，由進入基變數那行找出捐贈格，接著在捐贈格的列中找出接受格，然後由該接受格的行中找出捐贈格，依此類推，直至連鎖反應在進入基變數的列產生捐贈格為止。若某行或列有一個以上的基變數格，可能需要進一步追蹤所有基變數格，才能知道應該選擇哪個為捐贈格或接受格（此外，所有其他連鎖反應都會因無法在某行或列找到額外基變數格而中斷）。完成連鎖反應後，分配量最小之捐贈格自動提供退出基變數（有多個分配量最小捐贈格時，可任選

■ 表 8.21 初始運輸單形表的一部分，顯示增大進入基變數 x_{25} 所造成的連鎖反應

		終點			供給量
		3	4	5	
源點	1	...	13	22	17	50
			㊵ +	+4	⑩ −	
	2	...	13	19	15	60
			㉚ −	+1	+ −2	
	...	...	...	...	...	
需求量		70	30	60	

其一來提供退出基變數）。

步驟 3：找出新的 BF 解　將退出基變數值（任何改變前）加至各個接受格之分配量，且由各捐贈格減去此分配量，能輕易找出新 BF 解。如表 8.21，退出基變數 x_{15} 的值為 10，故如表 8.22 呈現部分運輸單形表的改變因為 x_{15} 在新解中為非基變數，故此新表不再顯示新的零分配量）。

接著，我們來說明，在最佳性測試時導出的 $c_{ij} − u_i − v_j$ 值的有用詮釋。由於自捐贈格移轉 10 單位至接受格（如表 8.21 和 8.22 所示），總成本改變了

$$\Delta Z = 10(15 − 17 + 13 − 13) = 10(−2) = 10(c_{25} − u_2 − v_5)。$$

所以，進入基變數 x_{25} 由零增大之效果為，x_{25} 每增大一單位，成本改變了 −2。這正好是表 8.20 中 $c_{25} − u_2 − v_5 = −2$ 所代表的意義。而另一種（但效率較差）計算每個非基變數 x_{ij} 的 $c_{ij} − u_i − v_j$ 值，就是要找出此變數由 0 增至 1 時之連鎖反應，並計算其成本改變。此直覺詮釋有助於最佳性測試的驗算。

在解答大都會水資源管理局問題前，我們先來整理一下運輸單形法的規則。

■ 表 8.22 第二個運輸單形表的一部分，顯示 BF 解的改變

		終點			供給量
		3	4	5	
源點	1	...	13 ㊿	22	17	50
	2	...	13 ⑳	19	15 ⑩	60
	...	...	...	...	...	
需求量		70	30	60	

運輸單形法總結

初始化： 應用稍早所說明的方法，建立初始 BF 解。接著開始最佳性測試。

最佳性測試： 選擇分配最多之列，令 $u_i = 0$，然後求解聯立方程式 $c_{ij} = u_i + v_j$，其中 x_{ij} 是基變數的 (i, j)，而得到所有 u_i 和 v_j 的值。若所有 x_{ij} 是非基變數的 (i, j)，$c_{ij} - u_i - v_j \geq 0$，則目前解為最佳解，能停止。否則要進行下一次疊代。

疊代：

1. 決定進入基變數：選出有最大（以絕對值而言）負值的 $c_{ij} - u_i - v_j$ 之非基變數 x_{ij}。
2. 決定退出基變數：找出當進入基變數增大時，維持可行性所需之連鎖反應。由捐贈格中選擇其值最小的基變數。
3. 找出新 BF 解：將退出基變數值加至每個接受格之分配量，接著從每個捐贈格之分配量減去此值。

繼續以此方法求解大都會水資源管理局問題，我們能得到表 8.23 完整的運輸單形表集合。由於第四個表中所有的 $c_{ij} - u_i - v_j$ 值皆為非負，最佳性測試判斷該表為最佳分配，而完成演算法。

自行計算出第二個表、第三個表及第四個表的 u_i 和 v_j 值，以練習直接在表上進行。同時檢查第二個表及第三個表的連鎖反應，其較表 8.21 的連鎖反應更複雜。

例題特點

各位注意，此例題有三個特點。第一，因為基變數 $x_{31} = 0$，故此為退化初始 BF 解。但此退化基解並未造成任何困難，因為 (3, 1) 在第二個表中變成接受格，使得 x_{31} 的值增至大於零。

第二，因為第二個表的兩個捐贈格 (2, 1) 與 (3, 4) 的基變數皆為最小值 (30)（此時任意選擇 x_{21} 為退出基變數；但若選擇 x_{34}，則 x_{21} 為退化基變數）。所以，第三個表會出現另一個退化基變數 (x_{34})。此退化基變數看來確實會讓後續計算更複雜，由於 (3, 4) 為第三個表的捐贈格，卻無可以捐贈之分配量。所幸，此情況實際上並不嚴重，因為加至接受格或由捐贈格減去之分配量為零，故這些分配量不變。但此退化基變數確為退出基變數，因此會被第四個表中的進入基變數（即圈起的齡分配量）所取代。基變數集合之變化會改變 u_i 和 v_j 的值，所以第四個表中若有任何 $c_{ij} - u_i - v_j$ 為負，則演算法接下來會真的改變分配量（只要所有捐贈格皆有非退化基變數）。

第三，由於第四個表無任何 $c_{ij} - u_i - v_j$ 為負，故第三個表相同的分配亦為最佳解。所以，演算法多執行了一次疊代。這個額外的疊代是因為退化，在運輸單形法和

表 8.23 大都會水資源管理局問題的全部運輸單形表

疊代 0		終點					供給量	u_i
		1	2	3	4	5		
源點	1	[16] +2	[16] +2	[13] ㊵ +	[22] +4	[17] ⑩ −	50	−5
	2	[14] ㉚	[14] 0	[13] ㉚ −	[19] +1	[15] + −2	60	−5
	3	[19] ⓪	[19] ⑳	[20] +2	[23] ㉚	[M] M−22	50	0
	4(D)	[M] M+3	[0] +3	[M] M+4	[0] −1	[0] ㊿	50	−22
需求量		30	20	70	30	60	Z = 2,570	
v_j		19	19	18	23	22		

疊代 1		終點					供給量	u_i
		1	2	3	4	5		
源點	1	[16] +2	[16] +2	[13] ㊿	[22] +4	[17] +2	50	−5
	2	[14] ㉚ −	[14] 0	[13] ⑳	[19] +1	[15] ⑩ +	60	−5
	3	[19] ⓪ +	[19] ⑳	[20] +2	[23] ㉚	[M] M−20	50	0
	4(D)	[M] M+1	[0] +1	[M] M+2	[0] −3	[0] ㊿ −	50	−20
需求量		30	20	70	30	60	Z = 2,550	
v_j		19	19	18	23	20		

疊代 2		終點					供給量	u_i
		1	2	3	4	5		
源點	1	[16] +5	[16] +5	[13] ㊿	[22] +7	[17] +2	50	−8
	2	[14] +3	[14] +3	[13] ⑳ −	[19] +4	[15] ㊵ +	60	−8
	3	[19] ㉚	[19] ⑳	[20] + −1	[23] ⓪	[M] M−23	50	0
	4(D)	[M] M+4	[0] +4	[M] M+2	[0] ㉚ +	[0] ⑳ −	50	−23
需求量		30	20	70	30	60	Z = 2,460	
v_j		19	19	21	23	23		

表 8.23 大都會水資源管理局問題的全部運輸單形表（續）

疊代 3		終點					供給量	u_i
		1	2	3	4	5		
源點	1	16 +4	16 +4	13 ⑤⓪	22 +7	17 +2	50	−7
	2	14 +2	14 +2	13 ②⓪	19 +4	15 ④⓪	60	−7
	3	19 ③⓪	19 ②⓪	20 ⓪	23 +1	M M−22	50	0
	4(D)	M M+3	0 +3	M M+2	0 ③⓪	0 ②⓪	50	−22
需求量		30	20	70	30	60	Z = 2,460	
v_j		19	19	20	22	22		

單形法的缺點，但並未嚴重到要修改演算法的程度。

本書 OR Tutor 中額外提供了一個運輸單形法應用範例，本書專屬網站的 Solved Examples 另有這類例題。此外，IOR Tutorial 也提供運輸單形法的互動程式及自動程式。

各位在學習過運輸單形法後，可自行證明此演算法實際上提供 8.1 節的整數解特性。習題 8.2-20 有助各位引導推理過程。

8.3 指派問題

指派問題 (assignment problem) 為線性規劃問題之特例，而**指派對象 (assignee)** 就接受指派執行**任務 (task)**。指派對象就像是等待派工的員工。而常見指派問題之應用就是指派人執行工作[10]。但指派對象不一定為人，可以是機器、交通工具或工廠，甚至是要指派工作時段。下列第一個例子就是指派機器至某位置，故此時任務僅為簡單容納機器。另一例子則是將產品指派給工廠生產。

此應用模型需要滿足下列假設，以符合指派問題之定義。

1. 指派對象數目與任務數目相同（以 n 表示這個數目）。
2. 指派對象恰好接受一項任務指派。

---

[10] 參閱 L. J. LeBlanc, D. Randels, Jr., and T. K. Swann: "Heery International's Spreadsheet Optimization Model for Assigning Managers to Construction Projects," *Interfaces*, **30**(6): 95–106, Nov.–Dec. 2000。而其中第 98 頁中也引述了 7 個其他指派問題的應用。

3. 每項任務恰好由一位指派對象執行。
4. 指派對象 i ($i = 1, 2, \ldots, n$) 執行任務 j ($j = 1, 2, \ldots, n$) 之成本為 c_{ij}。
5. 目標為決定進行所有 n 個指派的方法，以極小化總成本。

任何符合所有這些假設的問題，都可以使用專門為指派問題設計的高效率演算法求解。

前三個假設相當嚴格，所以許多可能的應用無法滿足這三個假設。但是通常可以重新建立問題模型，以符合這些假設。例如，虛擬指派對象 (dummy assignee) 或虛擬任務 (dummy task) 經常可以用來達成這個目的，這些建立模型的技巧會在範例中說明。

典型範例

Job Shop 公司採購了三台不同類的新機器，該廠中有四個位置能安裝新機。由於工作中心與機器間有大量工作動線，所以要將機器與工作中心的距離納入考慮，故某些位置較適合安裝某些機器（新機器間沒有工作動線）。各我們目標為，指派新機器至可能置放位置，讓物料搬運總成本最小。表 8.24 呈現，各機器安裝於每可能置放位置之單位時間物料搬運成本，其中機器 2 不能安裝在位置 2，故沒有此指派的成本。

我們若要建立此問題的指派問題模型，須加入虛擬機器，安裝在多餘位置，以符合第一個假設。同時，令機器 2 安裝在位置 2 之成本為一極大 M 值，以避免此指派出現在最佳解中。表 8.25 呈現指派問題的成本表，其中包括解題所需所有資料。最佳解

■ 表 8.24 Job Shop 公司的物料搬運成本資料（$）

		位置			
		1	2	3	4
機器	1	13	16	12	11
	2	15	—	13	20
	3	5	7	10	6

■ 表 8.25 Job Shop 公司指派問題的成本表（$）

		任務（位置）			
		1	2	3	4
指派對象（機器）	1	13	16	12	11
	2	15	M	13	20
	3	5	7	10	6
	4(D)	0	0	0	0

為指派機器 1 至位置 4、機器 2 至位置 3，及機器 3 至位置 1，每小時總成本為 $29。我們指派虛擬機器至位置 2，故此位置未來能安裝一些真正機器。

在建立一般指派問題的數學模型後，我們接著會討論求得此解的方法。

指派問題模型

指派問題的數學模型使用下列決策變數：

$$x_{ij} = \begin{cases} 1 & \text{如果指派對象 } i \text{ 執行任務 } j, \\ 0 & \text{否則,} \end{cases}$$

其中 $i = 1, 2, \ldots, n$ 和 $j = 1, 2, \ldots, n$。因此，每個 x_{ij} 都是二元變數 (binary varable)（其值為 0 或 1）。二元變數能表示為「是／否」決策，故在 OR 中很重要（見第 11 章的整數規劃）。此情況要進行的決策是：指派對象 i 是否應該執行任務 j？

令 Z 表示總成本，則指派問題模型為

$$\text{極小化} \quad Z = \sum_{i=1}^{n} \sum_{j=1}^{n} c_{ij} x_{ij},$$

受限於

$$\sum_{j=1}^{n} x_{ij} = 1 \quad \text{其中 } i = 1, 2, \cdots, n,$$

$$\sum_{i=1}^{n} x_{ij} = 1 \quad \text{其中 } j = 1, 2, \cdots, n,$$

及

$$x_{ij} \geq 0, \quad \text{其中所有 } i \text{ 和 } j$$

（而所有 i 和 j，x_{ij} 是二元變數）。

第一組函數限制式限定每個指派對象剛好肩負一任務，而第二組則限制每項任務剛好由一指派對象執行。若刪除括弧內 x_{ij} 二元的限制，則此模型顯然是線性規劃問題特例，所以能輕易求解。所幸，此限制能刪除（故指派問題是在本章討論，而不是在整數規劃的章節）。

我們現在來比較此模型（無二元限制）與 8.1 節（包括表 8.6）的運輸問題模型。各位注意這兩個模型結構的相似之處。指派問題事實上僅是運輸模型的特例，其中源點目前為指派對象，而終點為任務，且

源點數目 m = 終點數目 n，
每個供應量 $s_i = 1$，
每個需求量 $d_j = 1$。

我們接著討論運輸問題模型之**整數解特性 (integer solutions property)**。由於 s_i 和 d_j 目前皆為整數 (= 1)，此性質意謂，包含最佳解在內，指派問題的每個 BF 解皆為整數解。指派問題模型的函數限制式，是要防止任何變數大於 1，而非負限制式則是防止變數值小於 0。故刪除二元限制後，我們能將指派問題視為「線性規劃問題」來求解，而包括最終最佳解所產生的 BF 解會自動滿足二元限制。

正如運輸問題有網路表示形式（見圖 8.3），指派問題也可以用類似的方式表示，如圖 8.5 所示。第一行現在列出 n 個指派對象，第二行則列出 n 項任務。中括弧的數字為網路中該位置之指派對象數目，故左邊值自動為 1，而右邊值則為 -1，即每一項任務會用盡一個指派對象。

實務上，任何指派問題一般不寫出整個數學模型。如表 8.25 所示，填寫成本表，找出指派對象和任務，以建立問題模型更簡單，因為該表能以相當精簡方式，包含所有基本資料。

由於某些指派對象會接受超過一項任務指派，而無法完全符合指派問題模型。

因此能將指派對象分割成幾個獨立（但相同）的新指派對象，其中各新指派對象正好都接到一項指派任務，以重建符合指派問題之模型（見表 8.29）。同理，若某任

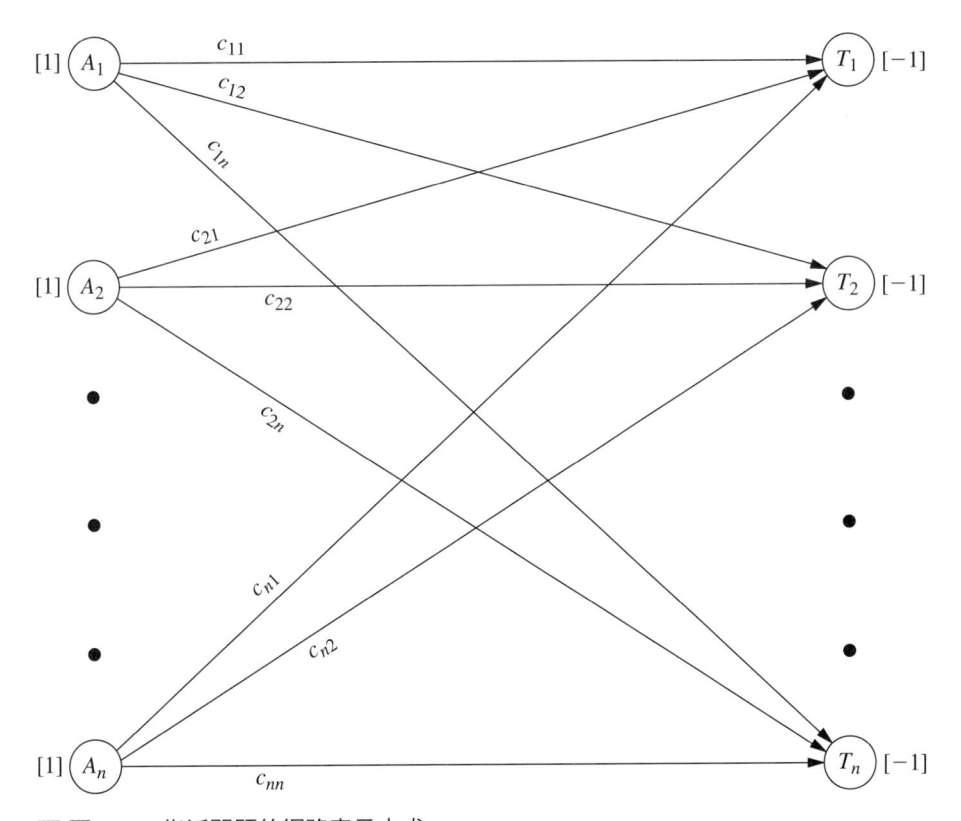

■ **圖 8.5** 指派問題的網路表示方式。

務由幾個指派對象執行，則此任務應分割成幾項獨立（但相同）新任務，其中各項新任務正好都由一指派對象執行。本書專屬網站中的 Solved Examples 提供了相關例題與模型。

指派問題的求解法

關於指派問題，有幾種求解法。若問題規模不比 Job Shop 公司例題大，能用一般單形法快速求解，各簡單用基本套裝軟體（如 Excel 及其 Solver）可能較方便。若以此方式求解 Job Shop 公司問題，則不用加入虛擬機器至表 8.25，以符合指派問題的模型。指派機器至各位置的限制式能以下列方式表示

$$\sum_{i=1}^{3} x_{ij} \leq 1 \qquad 對 j = 1, 2, 3, 4。$$

如本章 Excel 檔案所示，除所有供給量與需求量皆為 1、及需求限制式為 ≤ 1 而非 = 1 之外，這與圖 8.4 運輸問題的試算表模型非常類似。

但使用特別設計的方法來求解大型指派問題會快速許多，故建議使用此方法來取代一般單形法。

由於指派問題為運輸問題的特例，故用 8.2 節的運輸單形法求解指派問題會更快速方便。此方法須先將成本表轉成如表 8.26a 所示的相等運輸問題參數表。

例如，表 8.26b 為表 8.25 成本表中 Job Shop 公司問題的參數表。以運輸單形法求解此運輸問題模型時，其產生最佳解的基變數為 $x_{13} = 0$、$x_{14} = 1$、$x_{23} = 1$、$x_{31} = 1$、$x_{41} = 0$、$x_{42} = 1$、$x_{43} = 0$（習題 8.3-6 為驗證此解）。退化基變數 ($x_{ij} = 0$) 及虛擬機器的指派 ($x_{42} = 1$) 對於原問題無意義，所以實際指派是機器 1 至位置 4、機器 2 至位置 3，而機器 3 至位置 1。

運輸單形法的最佳解中有許多退化基變數一事並非巧合，對任何有 n 個指派的指

■ 表 8.26　運輸問題的指派問題之參數表，以 Job Shop 公司為例

(a) 一般情形

		單位配送成本				供給量
		終點（位置）				
		1	2	...	n	
源點	1	c_{11}	c_{12}	...	c_{1n}	1
	2	c_{21}	c_{22}	...	c_{2n}	1
	⋮	...	...	...	...	⋮
	$m = n$	c_{n1}	c_{n2}	...	c_{nn}	1
需求量		1	1	...	1	

(b) Job Shop 公司的例子

		單位配送成本				供給量
		終點（位置）				
		1	2	3	4	
源點（機器）	1	13	16	12	11	1
	2	15	M	13	20	1
	3	5	7	10	6	1
	4(D)	0	0	0	0	1
需求量		1	1	1	1	

派問題來說，表 8.26a 所示的運輸模型有 $m = n$，也就是此模型中的源點數目 (m) 和終點數目 (n) 都等於指派數目 (n)。運輸問題一般有 $m + n - 1$ 個基變數（分配），所以每一個 BF 解有 $2n - 1$ 個基變數，但 x_{ij} 中只有 n 個是 1（對應於 n 個指派）。因為所有變數都是二元變數，所以一定會有 $n - 1$ 個退化基變數 ($x_{ij} = 0$)。一如 8.2 節末所討論，退化基變數並不會讓演算法難以執行，但經常會造成不必要的疊代，除了標示零值分配對應至退化基變數而不是非基變數外，未進行任何改變（分配量相同）。由於必定會產生退化基變數，不必要的疊代也就是在此情況中用運輸單形法的缺點。

而另一個缺點是，運輸單行法純粹是求解所有運輸問題的通用方法，故不會考慮其特殊結構（$m = n$、每個 $s_i = 1$、每個 $d_j = 1$）。所幸，已有許多針對指派問題的精簡求解法，可直接在成本表上執行，且不需考慮退化基變數。若在求解非常大型問題時，應該要用具備此演算法的電腦程式。[11]

8.4 節將說明一種稱為匈牙利法，只能求解指派問題的快速演算法。

例題　指派產品給工廠生產

Better Products 公司決定用目前有多餘產能的 3 間工廠，生產 4 種新產品。這些產品要用到各廠相等產能，各廠可用產能以每天可生產之任何產品數量來表示（見表 8.27 最右行）。最後一列是「為達成預期銷售，每天需生產率」。除工廠 2 無法生產產品 3 外，其他各工廠接能生產所有產品。如表 8.27 所示，各工廠各產品之單位變動成本不同。

管理者須決定分配給各工廠生產各產品的方式，目前有下列兩種可行方案。

方案 1：允許產品切割，即一產品能在不同工廠生產。

方案 2：禁止產品切割。

表 8.27 Better Products 公司問題的資料

		產品的單位成本 ($)				可用產能
		1	2	3	4	
工廠	1	41	27	28	24	75
	2	40	29	—	23	75
	3	37	30	27	21	45
生產率		20	30	30	40	

---

[11] 關於各種求解指派問題演算法之比較，可見 J. L. Kennington and Z. Wang: "An Empirical Analysis of the Dense Assignment Problem: Sequential and Parallel Implementations," *ORSA Journal on Computing*, **3:** 299–306, 1991。

方案 2 僅增加表 8.27 中最佳解之成本。而不切割產品會造成一些隱藏成本，包括額外設置、配送及管理成本，這是表 8.27 中未反映的成本。故在進行最後決策前，管理者要求先分析此兩種方案。對方案 2 來說，管理者要求各廠應至少生產一種產品。

接著依序建立並求解此兩方案模型，其中方案 1 為運輸問題，而方案 2 會為指派問題。

方案 1 的模型 由於產品能切割，表 8.27 能直接轉成運輸問題的參數表。工廠為源點，而產品為終點（反之亦可），故供給量是可用產能，需求量為需要的生產率。僅需改變表 8.27 的兩個地方。第一，由於工廠 2 不能生產產品 3，故為避免用到工廠 2，所以得分配極大單位成本 M。第二，總產能 (75 + 75 + 45 = 195) 超過總生產需求 (20 + 30 + 30 + 40 = 120)，所以要加入需求量為 75 的虛擬終點，以平衡此二數量，並產生如表 8.28 所示的參數表。

此運輸問題之最佳解的基變數（分配）為 $x_{12} = 30$、$x_{13} = 30$、$x_{15} = 15$、$x_{24} = 15$、$x_{25} = 60$、$x_{31} = 20$ 和 $x_{34} = 25$，因此

工廠 1 生產所有的產品 2 和 3。
工廠 2 生產 37.5% 的產品 4。
工廠 3 生產 62.5% 的產品 4 與所有的產品 1。
每天總成本為 $Z = \$3,260$。

方案 2 的模型 由於產品不可切割，每種產品僅能指派給一間工廠。故生產產品可視為指派問題中的「任務」，而工廠是「指派對象」。

管理者要求每間工廠應該至少指派一種產品，但產品數 (4) 較工廠數 (3) 多，所以有一間工廠須生產兩種產品。工廠 3 產能只夠生產一種產品（見表 8.27），故工廠 1 或工廠 2 須多生產。

為能在指派問題模型中額外指派，如表 8.29 所示，分別將工廠 1 和 2 切割成兩個指派對象。指派對象數目（現為 5）須等於任務數目（現為 4），分別在表

■ 表 8.28 Better Products 公司問題方案 1 的運輸問題模型參數表

		單位配送成本					
		終點（產品）					
		1	2	3	4	5(*D*)	供給量
源點（工廠）	1	41	27	28	24	0	75
	2	40	29	M	23	0	75
	3	37	30	27	21	0	45
需求量		20	30	30	40	75	

8.29 中加入一虛擬任務（產品），並以 5(D) 表示。此虛擬任務只要提供虛擬的第二種產品給工廠 1 或工廠 2，視實際上何者僅生產一種而定。生產

虛擬產品無需成本，故虛擬任務成本為零。唯一例外為表 8.29 最後一列中的 M，因為工廠 3 須製造真正產品（產品 1、2、3 或 4），故要用大 M 法來避免指派虛擬產品給工廠 3（與表 8.28 一樣，M 也用以防止將產品 3 指派給工廠 2）。

表 8.29 中其他成本並非表 8.27 或表 8.28 所示的單位成本。表 8.28 為運輸問題模型（方案 1），故其單位成本為適當，但現在要建立指派問題模型（方案 2），對指派問題來說，c_{ij} 是指派對象 i 執行任務 j 的總成本。在表 8.29 中，工廠 i 生產產品 j 的（每日）總成本為：單位生產成本乘以（每日）產量，分別列於表 8.27 中。若我們指派工廠 1 製作產品 1，由表 8.29 對應的單位成本（$41）及對應的需求量（每天產量）(20) 可得：

工廠 1 生產產品 1 之單位成本	= $41
產品 1 的（每日）產量	= 20 單位
指派工廠 1 給產品 1 的（每日）總成本	= 20 ($41)
	= $820

因此在表 8.29 中填入 $820，作為指派對象 1a 或 1b 執行任務 1 的成本。

此指派問題之最佳解為：

工廠 1 生產產品 2 和 3。
工廠 2 生產產品 1。
工廠 3 生產產品 4。

其中虛擬任務指派給工廠 2，每天的總成本是 $Z = \$3{,}290$。

如前述，得此最佳解的方法之一是，把表 8.29 的成本表轉成相等運輸問題之參數表（見表 8.26），再以運輸單形法求解。由於表 8.29 的列相同，因此能把 5 次指派對象合併為 3 個供給量，分別為 2、2 及 1 之源點，簡化此方法（見習題 8.3-5）。此簡化也減少了兩個 BF 解的退化基變數。所以雖然此簡化模型不再符合表 8.26a 的指派問題，卻大幅提升運輸單形法之效率。

■ 表 8.29　Better Products 公司問題方案 2 的指派問題模型成本表

		任務（產品）				
		1	2	3	4	5(D)
指派對象（工廠）	1a	820	810	840	960	0
	1b	820	810	840	960	0
	2a	800	870	M	920	0
	2b	800	870	M	920	0
	3	740	900	810	840	M

圖 8.6 呈現，利用 Excel 和 Solver 求解的方法，其中最佳解列於試算表的 Assignment (C19:F21)。由於用一般單形法求解，所以此模型不用符合指派問題或運輸問題的模型。故模型不用將工廠 1 和工廠 2 分別切割為兩個指派對象或加入虛擬任務。工廠 1 與工廠 2 之供給量皆為 2，接著在儲存格 H19 和 H20 輸入 # 符號，且在 Solver 對話視窗輸入對應限制式。由於對話視窗中包含限制式 E20 = 0，故不需用大 M 法來防止儲存格 E20 中把產品 3 指派給工廠 2。目標格

	A	B	C	D	E	F	G	H	I
1		**Better Products Co. Production Planning Problem (Option 2)**							
2									
3		**Unit Cost**	Product 1	Product 2	Product 3	Product 4			
4		Plant 1	$41	$27	$28	$24			
5		Plant 2	$40	$29	-	$23			
6		Plant 3	$37	$30	$27	$21			
7									
8		Required Production	20	30	30	40			
9									
10									
11		**Cost ($/day)**	Product 1	Product 2	Product 3	Product 4			
12		Plant 1	$820	$810	$840	$960			
13		Plant 2	$800	$870	-	$920			
14		Plant 3	$740	$900	$810	$840			
15									
16									
17							Total		
18		**Assignment**	Product 1	Product 2	Product 3	Product 4	Assignments		Supply
19		Plant 1	0	1	1	0	2	<=	2
20		Plant 2	1	0	0	0	1	<=	2
21		Plant 3	0	0	0	1	1	=	1
22		Total Assigned	1	1	1	1			
23			=	=	=	=			Total Cost
24		Demand	1	1	1	1			$3,290

Solver Parameters
Set Objective Cell: Total Cost
To: Min
By Changing Variable Cells:
  Assignment
Subject to the Constraints:
  E20 = 0
  G19:G20 <= I19:I20
  G21 = I21
  TotalAssigned = Supply
Solver Options:
  Make Variables Nonnegative
  Solving Method: Simplex LP

	B	C	D	E	F
11	Cost ($/day)	Product 1	Product 2	Product 3	Product 4
12	Plant 1	=C4*C$8	=D4*D$8	=E4*E$8	=F4*F$8
13	Plant 2	=C5*C$8	=D5*D$8	-	=F5*F$8
14	Plant 3	=C6*C$8	=D6*D$8	=E6*E$8	=F6*F$8

	G
17	Total
18	Assignments
19	=SUM(C19:F19)
20	=SUM(C20:F20)
21	=SUM(C21:F21)

	B	C	D	E	F
22	Total Assigned	=SUM(C19:C21)	=SUM(D19:D21)	=SUM(E19:E21)	=SUM(F19:F21)

	I
23	Total Cost
24	=SUMPRODUCT(Cost,Assignment)

Range Name	Cells
Assignment	C19:F21
Cost	C12:F14
Demand	C24:F24
RequiredProduction	C8:F8
Supply	I19:I21
TotalAssigned	C22:F22
TotalAssignments	G19:G21
TotalCost	I24
UnitCost	C4:F6

■ **圖 8.6** Better Products 公司方案 2 的指派問題試算表模型，其中目標格為 TotalCost (I24)，其他輸出格則為 Cost (C12:F14)、TotalAssignments (G19:G21) 和 TotalAssigned (C22:F22)，而公式列於試算表下方。改變格 Assignment (C19:F21) 中的 1 值顯示 Solver 的最佳生產計畫。

TotalCost (I24) 呈現每天總成本為 $3,290。

現在再來比較此解和方案 1 的解，其中產品 4 分割給工廠 2 和工廠 3。此二解之分配有些不同，但總成本非常接近（方案 1 為 $3,260，方案 2 為 $3,290）。但方案 1 的目標函數並未考慮產品切割的隱藏成本（如設置、配送及管理成本）。和任何 OR 應用一樣，數學模型僅提供近似完整問題的表示方式，故在做最後決策前，管理者須考慮一些無法納入模型的因素。此例題在評估產品切割之缺點後，管理者決定採用方案 2。

8.4 指派問題的特殊演算法

上小節曾提過，運輸單形法能用來求解指派問題，但針對此類問題設計的特殊演算法應會更有效率。本節會介紹此類型問題的一種經典演算法，由於是匈牙利數學家提出的，故我們稱此為**匈牙利演算法 (Hungarian algorithm)** 或匈牙利法 (Hungarian method)。本節只著重說明主要觀念，而不以電腦完整實作細節為重點。

等值成本表的角色

匈牙利演算法直接把問題的原始成本表轉成一連串的等值成本表，直到在某等值成本表能很容易找出最佳解為止。此最終等值成本表由正數或零值組成，其中零值能組成完整的指派。因總成本不能為負，故這組總成本為零的完整指派顯然為最佳。剩下則是該如何將原始成本表轉成此形式。

而轉換的關鍵在於，能把成本表中某列或某行之所有元素都加上或減去同一任意常數，而不會改變原問題，所以新成本表的最佳解必為舊成本表之最佳解，反之亦然。

因此，匈牙利演算法一開始先把每列的數值分別減去該列中最小數值，此列減法程序會產生每列都有零的等值成本表。若此成本表中有任何無零的行，接下來應執行行減法程序，把每行的每個數值減去該行中最小數值[12]，新等值成本表的所有列和行就會有零元素。若這些零元素能形成一組完整指派，則這些指派即是最佳解，而完成演算法。

我們以表 8.25 的 Job Shop 公司問題為例來說明。要將此成本表轉換成等值成本表，假設先以列減法程序將列 1 每個元素減去 11，可得：

---

[12] 事實上，行減法與列減法沒有固定執行順序，但「先處理列，再處理行」成為一種有系統執行此演算法的方式。

	1	2	3	4
1	2	5	1	0
2	15	M	13	20
3	5	7	10	6
4(D)	0	0	0	0

由於任何可行解在列 1 必定正好有一指派，故新表之總成本必定較舊表正好少 11。故極小化其中一表的總成本解，也會極小化另一表的總成本。

注意，原始成本表前三列的元素皆為正值，而新表列 1 有一零元素。因為要找出足以構成一組完整指派的零元素，所以應對其他列和行繼續相同程序。為避免產生負值，減去的常數應為各列或各行中最小元素。同時處理列 2 與列 3，所得等值成本表為：

	1	2	3	4
1	2	5	1	回
2	2	M	回	7
3	回	2	5	1
4(D)	0	回	0	0

此成本表中有足以形成一組 [如 4 個方格所示] 完整指派之零元素，因此這 4 次指派形成一組最佳解（與 8.3 節結果相同）。如表 8.25 所示，此最佳解之總成本是 $Z = 29$，也就是由列 1、列 2 和列 3 減去之數值的和。

但並不非每次都能容易得到最佳解，接著以表 8.29 的 Better Products 公司問題方案 2 的指派問題模型為例來說明。

由於此指派問題成本表，除最後一列外，其他各列都已有零元素，所以先將每行每個元素減去該行中最小元素，可得到下列等值成本表。

	1	2	3	4	5(D)
1a	80	0	30	120	0
1b	80	0	30	120	0
2a	60	60	M	80	0
2b	60	60	M	80	0
3	0	90	0	0	M

現在所有列和行皆至少有一零元素，但這些零元素無法構成一組完整指派。這些零元素事實上最多能構成 3 次指派，故需再導入另一種觀念，才能夠求解此問題。

產生額外的零元素

此概念就是在不產生負元素的情況下，產生額外零元素。現在由一組行與列同時加上或減去一常數，而非由單列或單行減去一常數。

首先以最少直線劃過列與行，覆蓋所有零，如下一成本表所示。

	1	2	3	4	5(D)
1a	80	0	30	120	0
1b	80	0	30	120	0
2a	60	60	M	80	0
2b	60	60	M	80	0
3	0	90	0	0	M

各位注意，未被劃線的最小元素為行 3 上方兩個 30，因此將表中（各列與各行）所有元素減去 30，則在兩處產生新零元素。接著，為回復上表中的零元素與刪除負元素，將有劃線各行和各列〔列 3、行 2 與行 5(D)〕加上 30，產生下列等值成本表。

	1	2	3	4	5(D)
1a	50	0	0	90	0
1b	50	0	0	90	0
2a	30	60	M	50	0
2b	30	60	M	50	0
3	0	120	0	0	M

有種快速取得此成本表的方法，即從前一成本表中未被劃線之元素減去 30，再將位於兩直線交點的每個元素加上 30。

請注意，此新成本表的行 1 與行 4 皆僅有一零元素，且在同一列（列 3）。所以，這些零元素之位置能構成 4 次、但還不到 5 次指派。一般來說，覆蓋所有零所需最少直線數等於零元素位置可構成的最多指派數，因此需重複上述步驟，其中覆蓋所有零元素之最少直線數（或最多指派數）為 4。下列為是其中一種作法：

	1	2	3	4	5(D)
1a	50	0	0	90	0
1b	50	0	0	90	0
2a	30	60	M	50	0
2b	30	60	M	50	0
3	0	120	0	0	M

未被覆蓋之最小元素仍為 30，現在此數值在列 2a 與 2b 的第一個位置。故由每個未被覆蓋的元素減去 30，並將被覆蓋兩次的元素（M 值除外）加上 30，得到下列等值成本表。

	1	2	3	4	5(D)
1a	50	[0]	0	90	30
1b	50	0	[0]	90	30
2a	[0]	30	M	20	0
2b	0	30	M	20	[0]
3	0	120	0	[0]	M

我們實際有幾種方式，能在此表的零元素位置中建立完整指派（多重最佳解），包含表中 5 個方格所示的方式。如表 8.29 所示，其總成本為

$$Z = 810 + 840 + 0 + 840 = 3{,}290。$$

接著，我們來說明完整的匈牙利演算法。

匈牙利演算法總結

1. 將每列的每個數值減去該列中最小數值（即列減法）。再把結果輸入到新表。
2. 將新表中每行的每個數值減去該行中最小數值（即行減法）。再把結果輸入另一個表。
3. 測試是否能找出最佳指派，即找出覆蓋（劃掉）所有零值所需最少直線數，由於此最少直線數等於零元素位置可構成最多指派數，若此最少直線數等於列數，即可能找到一組最佳指派（若不能找到一組零元素位置構成的完整指派，則無法用最少的直線覆蓋所有零）。在此情況下，直接跳至步驟 6；否則跳至步驟 4。
4. 若直線數少於列數，用下列 3 種方式來修改表格：
   a. 把表中每一個未被覆蓋之數值，減去其中最小數值。
   b. 將位於兩直線交點之數值加上此最小數值。
   c. 其他劃線但並不位於兩直線交點之數值，在下一表中不變。
5. 重複步驟 3 及步驟 4，直至找出一組最佳指派。
6. 利用零元素位置，每次僅做一次指派。首先找出僅有一個零之列或行。由於每列和每行都正好要一次指派，故完成一次指派即要劃掉相關列與行。然後考慮其他尚未被劃掉之列與行，以進行下一次指派，同樣優先選擇僅有一個尚未被劃掉為零的列或行。繼續進行到每列與每行都恰好有一次指派，且已被劃掉為止。以此方式找到一組完整指派，即為問題的最佳解。

而專屬網站上的 IOR Tutorial，提供各位快速應用此演算法的互動程式及自動程式。

8.5 結論

線性規劃模型包括很多不同類型的特殊問題。一般單形法功能強大，能求解任何這類大規模問題。但某些特殊問題模型較簡單，故能利用其特殊結構來建立精簡演算法，以更有效率求解。精簡演算法能大量減少電腦求解時間，且有時可能求解大型問題。這對本章介紹的運輸問題和指派問題，這兩種特殊線性規劃問題特別明顯。這兩者都有廣泛應用，所以有能易辨識這些問題，並以最佳演算法求解很重要。有些線性規劃套裝軟體已包含特殊用途的演算法。

9.6 節會再探討運輸問題和指派問題的特殊結構，並可看到這兩種問題特例（最小成本流量問題），以極小化網路中的物流成本。其中一種稱為網路單形法的精簡單形法（見 9.7 節），常用於求解這種問題及其特例。

轉運問題是線性規劃問題的特例，是一般化的運輸問題，容許由任何源點至任何終點之貨物，先經中間轉運點（見本書網站第 23 章）。因為轉運問題也是最小成本流量問題之特例，所以 9.6 節會進一步介紹。

目前已有許多研究持續投入發展線性規劃問題特例的精簡演算法，而本章無法一一討論。同時，我們普遍會應用線性規劃來優化複雜的大規模系統作業，其模型通常具有特殊結構。因此，能看出及利用特殊結構是讓應用線性規劃順利的重要因素。

參考文獻

1. Dantzig, G. B., and M. N. Thapa: *Linear Programming 1: Introduction,* Springer, New York, 1997, chap. 8.
2. Hall, R. W.: *Handbook of Transportation Science*, 2nd ed., Kluwer Academic Publishers (now Springer), Boston, 2003.
3. Hillier, F. S., and M. S. Hillier: *Introduction to Management Science: A Modeling and Case Studies Approach with Spreadsheets,* 5th ed., McGraw-Hill/Irwin, Burr Ridge, IL, 2014, chap. 15.

本書網站的學習輔助教材

（參照原文 Chapter 9）

Solved Examples：

Examples for Chapter 9

OR Tutor 範例：

The Transportation Problem

IOR Tutorial 中的互動程式:

Enter or Revise a Transportation Problem

Find Initial Basic Feasible Solution—for Interactive Method

Solve Interactively by the Transportation Simplex Method

Solve an Assignment Problem Interactively

IOR Tutorial 中的自動程式:

Solve Automatically by the Transportation Simplex Method

Solve an Assignment Problem Automatically

Excel 增益集:

Analytic Solver Platform for Education (ASPE)

求解例題的檔案 "Ch. 9 – Transp. & Assignment"

Excel 檔案

LINGO/LINDO 檔案

MPL/Solvers 檔案

Chapter 9 的辭彙

本章補充教材:

A Case Study with Many Transportation Problems

　　軟體文件請參閱附錄 1。

習題

部分習題（或其小題）前標示符號代表：

D：參閱示範例題有助於解答問題。

I：建議使用 IOR Tutorial 中的相關互動程式（列印解題紀錄）。

C：選用（或依教師指定）可用電腦軟體解題。

習號後的星號(*)表示該問題全部或部分答案列於書末。

8.1-1. 讀完說明摘錄於 8.1 節「應用實例」的參考文獻。簡述該研究如何應用運輸問題模型，列舉其財務與非財務效益。

8.1-2. Childfair 公司旗下 3 間生產兒童手推車的工廠，產品會運送到 4 間配送中心；其中工廠 1、2 和 3 每月分別生產 12、17 和 11 個批次的產品，每間配送中心每月會收到 10 批次產品。由各工廠至各配送中心之距離如下：

		距離（哩）			
		配送中心			
		1	2	3	4
工廠	1	800 哩	1,300 哩	400 哩	700 哩
	2	1,100 哩	1,400 哩	600 哩	1,000 哩
	3	600 哩	1,200 哩	800 哩	900 哩

每批次運輸成本為 $100，外加每哩 $0.50。

由各工廠至各配送中心應運送多少批次，才可極小化總運輸成本？

(a) 建立適當的參數表及此運輸問題模型。

(b) 繪製此問題的網路表示形式。

^{C}(c) 找出最佳解。

8.1-3.* Tom 今日要買 3 品脫啤酒，明天要買 4 品脫。Dick 今日和明日總共願出售 5 品脫啤酒，今日價格為 $3.00／品脫，明日價格則是 $2.70／品脫。Harry 今日與明日總共願出售 4

品脫啤酒，今日價格為 $2.90／品脫，明日價格為 $2.80／品脫。

Tom 想知道該如何購買，才能以最小成本滿足自己的需求。

(a) 建立此問題的線性規劃模型及其初始單形表（見第 3 章與第 4 章）。
(b) 建立適當的參數表及此問題的運輸問題模型。
^C(c) 找出最佳解。

8.1-4. 維莎科技公司決定生產三種新品，旗下五間工廠目前有多餘產能，第一種新品在工廠 1、2、3、4 和 5 的單位製造成本分別為 $31、$29、$32、$28 與 $29；第二種新品在工廠 1、2、3、4 和 5 的單位製造成本分別為 $45、$41、$46、$42 與 $43；而第三種新品在工廠 1、2 和 3 的單位製造成本分別為 $38、$35 與 $40，但工廠 4 和工廠 5 不能生產新品。銷售預測產品 1、2 和 3 每日應分別生產 600、1,000 和 800 件。工廠 1、2、3、4 和 5 每日產能各別能生產 400、600、400、600 和 1,000 件各種產品。

假設各工廠都有能力和產能可生產任何數量的任何產品。管理者想知道該如何分配各廠的新品生產量，以極小化總製造成本。

(a) 建立適當的參數表及此問題的運輸問題模型。
^C(b) 找出最佳解。

^C **8.1-5.** 重新思考 8.1 節的 P & T 公司問題。在開始運送前，已知表 8.2 中每卡車運輸成本可能會變。

使用 Solver 產生此問題的敏感度分析報表。根據此報表找出各單位成本容許範圍。該範圍對管理者有何意義？

8.1-6. Onenote 公司在旗下 3 間工廠為 4 位客戶生產一產品。這 3 間工廠下期會分別生產 60、80 及 40 件產品，並已承諾銷售 40 件給客戶 1、60 件給客戶 2 及至少 20 件給顧客 3。客戶 3 及客戶 4 願意購買所有剩餘產品。從工廠 i 運送一件產品到客戶 j 的淨利潤如下所示：

		客戶			
		1	2	3	4
工廠	1	$800	$700	$500	$200
	2	500	200	100	300
	3	600	400	300	500

管理者想知道該銷售多少件產品給客戶 3 和客戶 4，及該由每間工廠運送多少件產品給各客戶，以極大化利潤。

(a) 建立適當的單位利潤參數表，並進一步將此問題建構成極大化目標函數的運輸問題模型。
(b) 將 (a) 小題的單位利潤參數表變成單位成本的參數表，以建立此運輸問題的一般極小化總成本目標的模型。
(c) 在 Excel 試算表上建立 (a) 小題的模型。
^C(d) 利用上述資訊及 Excel Solver 找出最佳解。
^C(e) 重複 (b) 小題的模型且執行 (c) 小題和 (d) 小題的步驟，並比較兩種模型的最佳解。

8.1-7. Move-It 公司旗下有兩間生產起重機的工廠，並將產品運送至三間配送中心。這兩間工廠的單位生產成本一樣，每部起重機由各工廠運至各配送中心之成本如下所示：

		配送中心		
		1	2	3
工廠	A	$800	$700	$400
	B	$600	$800	$500

每週共生產與運送 60 部起重機，每間工廠每週最多可生產與運送 50 部，因此為減少運送成本，對兩間工廠的產量分配有相當彈性。不過，每間配送中心每週須接收 20 部起重機。

管理者要決定各工廠產量及整體的運送計畫，以極小化總成本。

(a) 建立適當的參數表及此問題的運輸問題模型。
(b) 在 Excel 試算表上建立 (a) 小題的模型。
^C(c) 使用 Solver 求得最佳解。

8.1-8. 重做習題 8.1-7。但各配送中心每週能接收 10 至 30 部起重機，進一步降低運送成本，且每週運送到 3 間配送中心之總量仍為 60 部。

8.1-9. MJK 製造公司須生產足夠的兩種產品，以因應三個月後的合約需求。此兩種產品使用相同生產設備，且每件產品產能相同。可用生產與儲存設備每月不同，故每月單位生產成本與儲存成本皆不同。故有些月分要多生產備存量。

以往後三個月來說，下表第二行為兩種產品在正常時間 (RT) 與加班 (OT) 的最大總生產量，下一行則顯示這兩種產品的 (1) 合約所需件數；(2) 正常工時之單位生產成本（千元）；(3) 加班時之單位生產成本（千元）；(4) 多備存產品每月單位儲存成本（千元）；並以斜線 (/) 將兩種產品的資料分開，產品 1 在左，產品 2 則在右。

月份	最大總生產量		產品 1／產品 2			單位儲存成本（千元）
	RT	OT	銷售量	單位生產成本（千元）		
				RT	OT	
1	10	3	5/3	15/16	18/20	1/2
2	8	2	3/5	17/15	20/18	2/1
3	10	3	4/4	19/17	22/22	

生產部經理想訂出往後三個月，各種產品每月正常工時之生產量及加班之生產量（如果正常工時產能已耗盡），目標要符合每月銷售合約需求，同時極小化總生產和儲存成本。公司目前尚無期初存貨，且三個月後也不要。

(a) 建立適當的參數表及此問題的運輸問題模型。

^{C}(b) 求出最佳解。

8.2-1. 考慮具備下列參數表的運輸問題：

		終點			供給量
		1	2	3	
源點	1	6	3	5	4
	2	4	M	7	3
	3	3	4	3	2
需求量		4	2	3	

(a) 用 Vogel 近似法手算（不用 IOR Tutorial 互動程式），選擇初始 BF 解第一個基變數。

(b) 用 Russell 近似法手算，選初始 BF 解第一個基變數。

(c) 用西北角法手算，建立完整的初始 BF 解。

^{D,I} **8.2-2.*** 考慮具備下列參數表的運輸問題：

		終點					供給量
		1	2	3	4	5	
源點	1	2	4	6	5	7	4
	2	7	6	3	M	4	6
	3	8	7	5	2	5	6
	4	0	0	0	0	0	4
需求量		4	4	2	5	5	

使用以下各題指定的準則找出初始 BF 解，並比較其目標函數值。

(a) 西北角法。
(b) Vogel 近似法。
(c) Russell 近似法。

^{D,I} **8.2-3.** 考慮具備下列參數表的運輸問題：

		終點						供給量
		1	2	3	4	5	6	
源點	1	13	10	22	29	18	0	5
	2	14	13	16	21	M	0	6
	3	3	0	M	11	6	0	7
	4	18	9	19	23	11	0	4
	5	30	24	34	36	28	0	3
需求量		3	5	4	5	6	2	

使用以下各題指定的準則找出初始 BF 解，並比較其目標函數值。

(a) 西北角法。
(b) Vogel 近似法。
(c) Russell 近似法。

8.2-4. 考慮具備下列參數表的運輸問題：

		終點				供給量
		1	2	3	4	
源點	1	7	4	1	4	1
	2	4	6	7	2	1
	3	8	5	4	6	1
	4	6	7	6	3	1
需求量		1	1	1	1	

(a) 注意本題特點：(1) 源點數目＝終點數目；(2) 各供給量＝1；(3) 各需求量＝1。我們稱具備這些特性之問題為指派問題（見 8.3 節）。利用整數解性質，來說明為何此類問題能以一對一方式說明，指派各源點至各終點。
(b) 每個 BF 解中有幾個基變數？其中有幾個為退化基變數 (=0)？
^{D,I}(c) 使用西北角法找出初始 BF 解。
^I(d) 使用運輸單形法一般程序之初始步驟，建立初始 BF 解。但不要用 8.2 節步驟 1 的三種準則，而用下列最小成本準則，選擇下一基變數（選擇 ORCourseware 互動程式中的西北角法，因為該選項實際能應用任何準則）。

最小成本準則：從仍需考慮的列與行中，選擇單位成本 c_{ij} 最小變數 x_{ij} 為下一基變數（相同時，可任選其一）。

^{D,I}(e) 從 (c) 小題的初始 BF 解開始，應用運輸單形法互動程式找出最佳解。

8.2-5. 考慮第 8.1 節的運輸問題典型範例（P＆T 公司問題），應用運輸單形法的最佳性測試，並驗證該解確為最佳解。

8.2-6. 考慮具備下列參數表的運輸問題：

		終點				
		1	2	3	4	5	供給量
源點	1	8	6	3	7	5	20
	2	5	M	8	4	7	30
	3	6	3	9	6	8	30
	4(D)	0	0	0	0	0	20
需求量		25	25	20	10	20	

經過數次運輸單形法疊代後產生的 BF 解，其基變數是：$x_{13} = 20$、$x_{21} = 25$、$x_{24} = 5$、$x_{32} = 25$、$x_{34} = 5$、$x_{42} = 0$、$x_{43} = 0$、$x_{45} = 20$。繼續以手算執行兩次疊代，然後說明所得到的解是否為最佳解，並說明其原因。

^{D,I}**8.2-7*** 考慮具備下列參數表的運輸問題：

		終點				
		1	2	3	4	供給量
源點	1	3	7	6	4	5
	2	2	4	3	2	2
	3	4	3	8	5	3
需求量		3	3	2	2	

使用以下各題指定的各種準則找出初始 BF 解。由每個初始 BF 解開始，用運輸單形法的互動程式找出最佳解。並比較各別使用運輸單形法疊代次數。

(a) 西北角法。
(b) Vogel 近似法。
(c) Russell 近似法。

^{D,I}**8.2-8.** Cost-Less 公司旗下 4 間工廠供應 4 間零售門市，由工廠送至門市的單位運送成本如所示：

		單位運送成本 零售門市			
		1	2	3	4
工廠	1	\$500	\$600	\$400	\$200
	2	\$200	\$900	\$100	\$300
	3	\$300	\$400	\$200	\$100
	4	\$200	\$100	\$300	\$200

工廠 1、2、3 和 4 每月分別送 10、20、20 和 10 批次產品。零售門市 1、2、3 和 4 每月需求量分別為 20、10、10 和 20 批次。

配送經理須訂定最佳計畫，以決定每月由各廠送至各門市的產品數，以極小化總運送成本。

(a) 建立適當的參數表及此問題的運輸問題模型。
(b) 使用西北角法建立初始 BF 解。
(c) 從 (b) 小題的初始 BF 解開始，使用運輸單形法的互動程式找出最佳解。

8.2-9. Energetic 公司要規劃新建築物之能源系統。該建築所需能源可分為：(1) 電力；(2) 熱水；(3) 暖氣。此三類能源每天需求量（單位相同）為：

	電力	20 單位
	熱水	10 單位
	暖氣	30 單位

滿足上述需求的電力、天然氣與安裝在屋頂的太陽能發熱設備。會受到屋頂面積限制。太陽能發熱設備頂多只能供應 30 單位，但電力和天然氣無供應上限。電力能源只能購電來滿足（每單位 $50），而其他兩種需求則可由任何來源或組合來滿足，其單位成本為

	電力	天然氣	太陽能發熱設備
熱水	$90	$60	$30
暖氣	80	50	40

目標要極小化滿足能源需求的總成本。

(a) 建立適當的參數表及此問題的運輸問題模型。

D,I(b) 使用西北角法，找出此問題之初始 BF 解。

D,I(c) 從 (b) 小題的初始 BF 解開始，使用運輸單形法的互動程式找出最佳解。

D,I(d) 使用 Vogel 近似法，找出初始 BF 解。

D,I(e) 從 (d) 小題的初始 BF 解開始，使用運輸單形法的互動程式找出最佳解。

I(f) 使用 Russell 近似法，找出初始 BF 解。

D,I(g) 從 (f) 小題的初始 BF 解開始，使用運輸單形法的互動程式找出最佳解，並比較 (c) 小題和 (e) 小題所需的疊代次數。

D,I **8.2-10.*** 使用運輸單形法的互動程式，求解表 8.9 的北方航太製造公司生產排程問題模型。

D,I **8.2-11.*** 重新思考習題 8.1-2。

(a) 以西北角法找出初始 BF 解。

(b) 從 (a) 小題的初始 BF 解開始，使用運輸單形法的互動程式求出最佳解。

D,I **8.2-12.** 重新思考習題 8.1-3b，從西北角法開始，應用運輸單形法的互動程式求出此問題之最佳解。

D,I **8.2-13.** 重新思考習題 8.1-4，從西北角法開始，應用運輸單形法的互動程式求出此問題之最佳解。

D,I **8.2-14.** 重新思考習題 8.1-6，從 Russel 近似法開始，應用運輸單形法的互動程式求出此問題之最佳解。

8.2-15 重新思考習題 8.1-7a 的運輸問題模型。

D,I(a) 分別使用 8.2 節的 3 種準則，找出初始 BF 解，並記錄、比較所用時間，及 BF 解的目標函數值。

C(b) 找出此問題的最佳解。計算 (a) 小題中之三個初始 BF 解的目標函數值超出最佳目標函數值的百分比。

D,I(c) 分別從 (a) 小題的三個初始 BF 解開始，使用運輸單形法的互動程式求得並驗證最佳解，記錄、比較所用時間，及找到最佳解所需的疊代次數。

8.2-16. 以習題 8.1-7a 的運輸問題模型，重做習題 8.2-15 的問題。

8.2-17. 考慮具備下列參數表的運輸問題：

		終點		供給量
		1	2	
源點	1	8	5	4
	2	6	4	2
需求量		3	3	

(a) 使用 8.2 節的任一準則建立初始 BF 解，然後以手算方式應用運輸單形法求解此問題（記錄所用時間）。

(b) 重新建立此問題的一般線性規劃問題模型，然後以手算方式應用單形法求解。記錄所用時間，並比較 (a) 小題的計算時間。

8.2-18. 思考 8.1 節的北方航太製造公司生產排程問題（見表 8.7）。令決策變數為 x_j = 第 j 個月生產的飛機引擎數 ($j = 1, 2, 3, 4$)，建立此問題的一般線性規劃模型。建立並比較此模型之初始單形表，及其對應之運輸問題模型參數表（表 8.9）的大小（列與行的數目）。

8.2-19. 思考運輸問題的一般線性規劃模型（見表 8.6）。驗證 8.2 節所述 $m + n$ 條函數限制式（m 條供給限制式、n 條需求限制式）中有一條是多餘的；即任何一方程式皆可由其他 ($m + n - 1$) 條方程式的線性組合產生。

8.2-20. 各位求解供給量及需求量皆為整數的運輸問題時，說明為何運輸單形法步驟能保證所得 BF 解的所有基變數（分配）皆為整數值。由建立初始 BF 解的一般程序（無論用哪種準則，選擇下一個基變數）開始，說明原因。接著，已知目前 BF 解為整數，說明執行疊代步驟 3 的新 BF 解也必為整數。最後，說明如何以初始化步驟建立任何初始 BF 解，證明運輸單形法實際為 8.1 節的整數解性質。

8.2-21. 承包商 Susan 須運送砂石至 3 處建築工地。她由北邊的砂石場最多能購買 18 噸，從南邊最多能購買 14 噸，工地 1、2 和 3 分別要砂石 10、5 及 10 噸。每噸砂石價格及運費如下所示。

	工地每噸運費			
砂石場	1	2	3	每噸價格
北邊	$100	$190	$160	$300
南邊	180	110	140	420

Susan 想決定由各砂石場至各工地的運送量，以極小化購買及運送砂石的總成本。

(a) 建立此問題的線性規劃模型。以大 M 法建立應用單形法所需的初始單形表（不需實際求解）。

(b) 建立適當的參數表及此問題的運輸問題模型。比較運輸單形法所用的表與 (a) 小題單形表的大小。

^D(c) Susan 注意到，可以全由北邊的砂石場供應工地 1 及 2 的需求，而南邊的砂石場供應工地 3 的全部需求。利用運輸單形法的最佳性測試（不進行疊代）檢驗其 BF 解是否為最佳。

^{D,I}(d) 由西北角法開始，應用運輸單形法的互動程式求解 (b) 小題的模型。

(e) 令 c_{ij} 表示在 (b) 小題的參數表中，從源點 i 到終點 j 的單位成本。假設 (d) 小題所得最佳解各基變數 x_{ij} 的 c_{ij} 值不變，與參數表中的值相同。但是非基變數 x_{ij} 的 c_{ij} 值可由議價而改變，因為工地主任想提升業務。利用敏感度分析找出各非基變數 c_{ij} 值的容許範圍，並說明這些資訊對承包商的意義。

^C**8.2-22.** 思考 8.1 節與 8.2 節中大都會水資源管理局的運輸問題模型及解（見表 8.12 與 8.23）。

參數表數值僅為預估值，也許不夠精確，故管理者想做若則 (what-if) 分析。應用 Solver 的敏感度報表，再依此回答以下問題（假設各題變化是模型中的唯一變化）。

(a) 若由 Calorie 河運水至 San Go 市之實際單位成本為 $200，而非 $230 時，則表 8.23 中的最佳解是否仍然為最佳？

(b) 若由 Sacron 河運水至 Los Devils 市之實際單位成本上為 $160，而非 $130 時，此解是否仍然為最佳？

(c) 如果 (a) 小題和 (b) 小題考慮的成本同時分別改成 $215 和 $145，這個解是否一定仍為最佳？

(d) 假設 Sacron 河供給量與 Holyglass 市需求量同時等量減少，若此減少量為 50 萬英畝呎，計算此變化的陰影價格是否仍有效？

8.2-23. 不產生敏感度報表，用 7.1 節與 7.2 節的敏感度分析方法，進行習題 8.2-22 中 4 小題的敏感度分析。

8.3-1. 思考下列成本表的指派問題。

		任務			
		1	2	3	4
指派對象	A	8	6	5	7
	B	6	5	3	4
	C	7	8	4	6
	D	6	7	5	6

(a) 繪製此指派問題的網路表示形式。

(b) 建立適當的成本表，接著建立此問題的運輸問題模型。

(c) 在 Excel 試算表上建立模型。

^C(d) 使用 Solver 求得最佳解。

8.3-2. 4 艘貨櫃船被用來將貨物由某港口運至另外 4 港（以 1、2、3、4 標示）。任一艘船都能行駛任一路線。但因為船及貨櫃之差異，不同船行至各港裝載、運輸及卸載貨物之總成本大不同，如下所示：

	港口			
	1	2	3	4
船 1	$500	$400	$600	$700
船 2	600	600	700	500
船 3	700	500	700	600
船 4	500	400	600	600

目標要極小化總運輸成本的方式指派 4 艘貨船至 4 個不同港口。

(a) 說明為何此問題符合一般指派問題的形式。

^{C}(b) 求出最佳解。

(c) 建立適當的成本表，並進一步建立此問題的對等運輸問題模型。

^{D,I}(d) 使用西北角法，找出 (c) 小題的初始 BF 解。

^{D,I}(e) 從 (d) 小題的初始 BF 解開始，應用運輸單形法的互動程式，求得原始問題的最佳指派。

^{D,I}(f) 除了 (e) 小題的最佳解以外，是否還有其他最佳解？如果有，使用運輸單形法找出佳解。

8.3-3. 重新思考習題 8.1-4。假設預估產品 1、2 和 3 的銷售分別下修為每天 240、400 和 320 件，且每間工廠目前有足夠產能來生產任何產品的全部需求量。故管理者決定每種新產品僅能指派給一工廠生產，且每間工廠最多只能生產一產品（因此有 3 間工廠各生產一種產品，其他兩間則不生產任何產品），以極小化滿足三種產品需求量的總生產成本。

(a) 建立適當的成本表，並進一步建立此問題的指派問題模型。

^{C}(b) 求出最佳解。

(c) 建立適當的成本表，並進一步建立此指派問題的對等運輸問題模型。

^{D,I}(d) 從 Vogel 近似法開始，使用運輸單形法的互動程式，求解 (c) 小題的模型。

8.3-4.* 某分齡泳隊教練需指派選手參加少年奧運 200 碼混合接力比賽。由於大部分優秀選手不只單一種泳式速度都快，因此教練不知道該指派哪位選手參與何種類型比賽。以下列出 5 位選手各泳式（50 碼）最佳時間（以秒計）：

泳式	Carl	Chris	David	Tony	Ken
仰式	37.7	32.9	33.8	37.0	35.4
蛙式	43.4	33.1	42.2	34.7	41.8
蝶式	33.3	28.5	38.9	30.4	33.6
自由式	29.2	26.4	29.6	28.5	31.1

教練想決定如何指派 4 位選手以 4 種不同泳式比賽，以極小化其對應最佳時間的總和。

(a) 建立此題的指派問題模型。

^{C}(b) 求出最佳解。

8.3-5. 思考表 8.29 Better Products 公司問題方案 2 的指派問題模型。

(a) 建立有 3 個源點及 5 個終點的適當參數表，以重建此指派問題之對等運輸問題模型。

(b) 將 8.3 節的指派問題最佳解，轉換成 (a) 小題所建立之運輸問題模型的完整 BF 解（包括退化基變數）。即應用 8.2 節「建立初始 BF 解的一般程序」，在每次疊代中，不要用步驟 1 的三種準則，而選對應最佳解中的下個指派作為下一個基變數。在僅剩一列或一行時，要考慮應用步驟 4 選擇剩餘之基變數。

(c) 在 (b) 小題完整 BF 解中運用運輸單形法之最佳性測試，以驗證 8.3 節指派問題之最佳解確為最佳。

(d) 建立有 3 個源點及 5 個終點的適當參數表，以重建此指派問題之對等運輸問題模型，並比較 (a) 小題模型。

(e) 以 (d) 小題模型重做 (b) 小題，並比較產生之 BF 解與 (b) 小題的 BF 解。

^{D,I} **8.3-6.** 從 Vogel 近似法開始，應用運輸單形法互動程式，求解表 8.26b 所建立的 Job Shop 公司指派問題模型（如 8.3 節所得最佳解是 $x_{14} = 1$、$x_{23} = 1$、$x_{31} = 1$、$x_{42} = 1$，其他所有 $x_{ij} = 0$）。

8.3-7. 重新思考習題 8.1-7。現在假設配送中心 1、2 和 3 每週各需接收 10、20 和 30 件產品。管理者為方便管理，決定每間配送中心完全僅由單一工廠供應，故一間工廠供應一間配送中心，而另一間工廠供應其他兩間配送中心。工廠至配送中心的指派選擇，完全取決於極小化總運費的考量。

(a) 建立適當的成本表，找出對應的指派對象及任務，以建立其指派問題模型。
C(b) 找出最佳解。
(c) 建立適當的參數表，以重新建立此指派問題的對等運輸問題（有四個源點）模型。
C(d) 求解 (c) 小題的模型。
(e) 只用兩個源點，重做 (c) 小題。
C(f) 求解 (e) 小題的模型。

8.3-8. 思考有下列成本表的指派問題。

		工作		
		1	2	3
人員	A	5	7	4
	B	3	6	5
	C	2	3	4

最佳解是 A-3、B-1、C-2，其 $Z = 10$。

C(a) 使用電腦驗證此最佳解。
(b) 建立適當的成本表，以及此問題之對等運輸問題模型。
C(c) 找出 (b) 小題運輸問題模型的最佳解。
(d) 為什麼 (c) 小題之最佳 BF 解包含一些指派問題最佳解中沒有的（退化）基變數？
(e) 思考 (c) 小題之最佳 BF 解中的非基變數。對每個非基變數 x_{ij} 及其對應成本 c_{ij}，應用一般線性規劃的敏感度分析方法（見 7.2 節的情況 2a），決定 c_{ij} 的允許範圍。

8.3-9. 思考 8.3 節中一般指派問題的線性規劃模型。建立此模型的限制式係數表，並比較表 8.6 中一般運輸問題的參數表。說明一般指派問題為何較一般運輸問題有更多特殊結構。

I **8.4-1.** 重新思考習題 8.3-2 的指派問題模型。運用匈牙利法以手算求解（可用 IORTutorial 中的互動程式）。

I **8.4-2.** 重新思考習題 8.3-4，書末有此問題的指派問題模型。運用匈牙利法以手算求解（可用 IORTutorial 中的互動程式）。

I **8.4-3.** 重新思考表 8.29 中，Better Products 公司方案 2 之指派問題模型。假設工廠 1 生產產品 1 之成本由 \$820 減至 \$720，運用匈牙利法以手算求解（可用 IORTutorial 中的互動程式）。

I **8.4-4.** 運用匈牙利法，以手算（或使用 IOR Tutorial 中的互動程式）求解下列有成本表的指派問題：

		工作		
		1	2	3
人員	1	M	8	7
	2	7	6	4
	3(D)	0	0	0

I **8.4-5.** 運用匈牙利法，以手算（或使用 IOR Tutorial 中的互動程式）求解下列有成本表的指派問題：

		任務			
		1	2	3	4
指派對象	A	4	1	0	1
	B	1	3	4	0
	C	3	2	1	3
	D	2	2	3	0

I **8.4-6.** 運用匈牙利法，以手算（或使用 IOR Tutorial 中的互動程式）求解下列有成本表的指派問題：

		任務			
		1	2	3	4
指派對象	A	4	6	5	5
	B	7	4	5	6
	C	4	7	6	4
	D	5	3	4	7

個案

個案 8.1 運送木材到市場

Alabama Atlantic 木材公司旗下有三個木材源點及五個需要供應的市場。源點 1、2 和 3 每年可用木材量分別為 15、20 和 15 百萬板呎，市場 1、2、3、4 和 5 每年銷售量分別為 11、12、9、10 和 8 百萬板呎。

過去，該公司皆以火車運送木材。但因為運輸成本增加，考慮以貨船為部分運送的替代方案。若要採此替代方案，公司得要投資一些貨船。除投資成本外，各路線以火車與貨船運送（若可行）的運輸成本（以每百萬板呎千元計）如下列所示：

	火車運送的單位成本（千元）市場					貨船運送的單位成本（千元）市場				
源點	1	2	3	4	5	1	2	3	4	5
1	61	72	45	55	66	31	38	24	—	35
2	69	78	60	49	56	36	43	28	24	31
3	59	66	63	61	47	—	33	36	32	26

每條航線每年以船運送每百萬板呎所需貨船資本投資（以千元計）如下：

	貨船投資金額（千元）市場				
源點	1	2	3	4	5
1	275	303	238	—	285
2	293	318	270	250	265
3	—	283	275	268	240

若將貨船使用年限與資金的時間價值納入考量，則該投資之每年成本相當於表中數值的十分之一。該目標要決定整體運送計畫，以極小化每年總成本（包括運送成本）。

OR 小組負責人須決定下列三種運送計畫。

方案 1：繼續只用火車運送。
方案 2：改為只用貨船運送（只能使用火車時除外）。
方案 3：利用火車或貨船運送，取決於該路線以何方式運送較划算。

報告並比較上述各種方案的結果。

最後，根據目前運輸與投資成本，來考量這些結果，因此現在採行方案的決策應將管理者對成本未來改變的預測列入。針對各方案，說明現在該採行未來成本變化情境（本書網站上提供此個案資料）。

本書網站其他個案

個案 8.2　Texago 個案續篇

本書網站中關於本章的補充教材提供了 Texago 公司個案，說明該公司求解運輸問題的方法，以協助制定新煉油廠的廠址決策。管理者現在要決定是否要比原規劃提高新煉油廠產能，該決策需建立並求解額外的運輸問題，而分析的關鍵在於，將兩個運輸問題合併成一線性規劃模型，同時考慮由油田將原油運至煉油廠，及由煉油廠將產品出貨至物流中心等情況。各位需要整理其結果及建議，彙整成一份報告提交管理者。

個案 8.3　專案評選

此個案主要探討某製藥公司的一序列指派問題應用。該公司已決定進行五項研發專案，以嘗試開發治療五種特定疾病的新藥。五位資深科學家可以主持這些研發專案。現在的問題是決定如何以一對一的方式指派這五位科學家給各個專案，幾種可能的情境都需要納入考慮。

Chapter 9
網路最佳化模型

網路出現在各種情境,且以不同型態呈現。運輸、電力及通訊網皆與日常生活密切相關。網路表示方式亦廣泛應用在如生產、配送、專案規劃、設施規劃、資源管理、供應鏈管理及財務規劃等領域。但這些僅為應用領域的一小部分。網路表示法實際在視覺與觀念層面上,極有助我們說明系統各部分間的關係。因此幾乎已應用於科學、社會學及經濟學之領域。

作業研究領域近數十年來,其中最顯著快速發展的就是,網路最佳化模型之方法及應用。對許多演算法來說,資訊科學的資料結構與快速資料處理觀念產生重大的影響。因此,市面上已有各種演算法和套裝軟體能用於例行性求解大型問題,而這些問題在 30 年前則完全無法求解。

許多網路最佳化模型事實上是線性規劃問題的特例。前一章的運輸問題及指派問題皆為此類特例,因為都可以網路形式表示(如圖 8.3 和圖 8.5)。

3.4 節的線性規劃範例中,有一個也是網路最佳化問題,即用圖 3.13 的網路配送貨物問題。我們稱此特殊形式的線性規劃問題為「最小成本流量」問題,並會在 9.6 節中討論此範例,同時應用網路方法來求解。

本章扼要說明當前網路方法發展,包括五大重要網路問題類型,及解題基本觀念。最短路徑問題 (shortest-path problem)、最小延展樹問題 (minimum spanning tree problem) 及最大流量問題 (maximum flow problem) 這三種是常見特殊結構問題的應用。

第四種具備更一般性結構的「最小成本流量問題」(minimum cost flow problem),能發展通用性方法,同時求解其他類型問題。最小成本流量問題的結構實際上非常具備一般性,以致最短路徑問題、最大流量問題,及運輸問題及指派問題(第 9 章)皆為特例。由於最小成本流量問題屬於線性規劃問題的特殊類型,故能用效率極高的精

簡單形法（即網路單形法）求解（而本書不討論其他更難解且一般的網路問題）。

第五種網路問題是，找出能在期限內完成專案的最精打細算方法。本章會介紹時間成本抵換要徑法 (CPM method of time-cost trade-offs)，來建立專案及其活動時間成本抵換網路的模型，接著能用邊際成本分析或線性規劃來求解最佳專案計畫。

9.1 節會先介紹一則典型範例，並會用來說明上述的前三種問題求解法。9.2 節將會討論網路基本專有名詞。接著 9.3 至 9.6 節會依序詳細討論這四種問題類型，9.7 節會提到網路單形法，9.8 節則說明專案管理的時間成本抵換要徑法。

9.1 典型範例

Seervada 公園最近實施觀光及登山健行限制措施，不准外車進入園。園內有條供園區交通車和公務用車行駛的狹窄彎曲小徑。圖 9.1 呈現該公園道路系統，其中 O 是公園入口，其他字母標示出管理站位置（及設施），而圖中數字為小徑長度（英里）。

由於公園內的 T 站有觀光景點，所以提供班次不多、往返入口與 T 站間的接駁車。

公園管理當局目前正面臨三個問題。第一個問題是，公園方面要找出由入口至 T 站之最短總路徑，以規劃接駁車路線（此為最短路徑例子，另見 9.3 節討論）。

第二個問題為，必須沿園內小徑埋設電話線、建立各站間的電話通訊（包括公園入口）。由於埋設工程費用昂貴，且恐破壞自然景觀，故電話線路要埋設在剛好足以連接每兩個站間的道路下。問題在於，要在何處埋設電話線，才以能以最小總線路長度完成此任務（另見 9.4 最小延展樹）。

第三個問題是，旅遊旺季期間搭接婆車至 T 站的遊客人數，遠超出接駁車容量。為避免干擾該地區生態與野生動物，每天每條路徑通行次數皆有嚴格限制（每條路徑

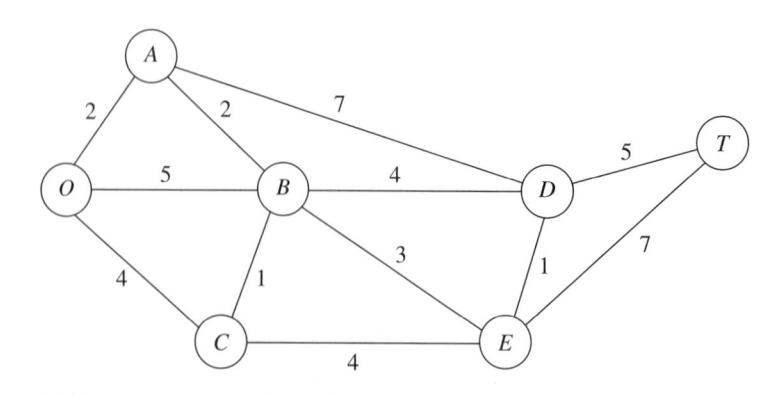

■ 圖 9.1　Seervada 公園的道路系統。

的限制都不同,另見 9.5 節)。故在旺季時會不考慮距離遠近,行駛各可能路徑,以增加每天接駁車班次。此問題是在不違反各道路限制情況,來安排接駁車路線,以極大化每天班次量(即 9.5 節要討論的最大流量問題)。

9.2 網路專有名詞

有許多用來描述網路及其構成要素的專有名詞,本章僅介紹其中較常用的。各位能在先研讀本節,了解名詞定義,待後續使用到這些專有名詞時,再回來複習。為便於各位閱讀,名詞都會以粗體字來顯示。

網路包含一個點 (point) 集合和一個線 (line) 集合,而每條線連接其中兩點。這些點稱為**節點 (node)** 或頂點 (vertex)。如圖 9.1 有 7 個節點,就會以 7 個圓圈來標示。另外,我們會把線稱為**弧 (arc)**〔也稱邊 (edge)、鏈結 (link) 或分枝 (branch)〕。如圖 9.1 中有 12 個弧,就像道路系統的 12 條道路。弧以其兩端節點標示,如圖 9.1 中 AB 為介於節點 A 與節點 B 間的弧。

網路的弧上可能會有某種形式的流量通過,如,Seervada 公園內道路有接駁車通過。表 9.1 列舉網路的典型流量範例。若弧上流量只能以單一方向(及單行道),則會稱其為**有向弧 (directed arc)**,並以箭頭表示方向。有向弧是以其連接的兩個節點表示,前為出發節點,後為到達節點。如節點 A 至節點 B 的弧寫成 AB,而非 BA,或 $A \rightarrow B$。

若通過弧的流量以兩個方向行經(如可往兩個方向流動的水管),則我們會稱此為**無向弧 (undirected arc)**。為易於分辨兩者差異,一般會稱無向弧為**鏈結 (link)**。

雖然無向弧容許任一方向流通,一般假設流量根據選定方向流通,而非同時沿著兩個相反的方向流通(若兩邊同時流通,則要用「兩相反方向」的有向弧來呈現)。但在進行無向弧流量的決策過程時,雖容許先後指定相反方向流量,其實際流量則為「淨流量」(net flow)(兩方向流量差)。如先指定一方向流量為 10,再指定另一方向流量為 4,則此相反方向流量實際取消原始方向 4 單位流量,讓原始方向流量由 10 減至

表 9.1 典型網路構成要素

節點	弧	流量
交叉路口	道路	車輛
飛機場	航線	飛機
切換點	線路、頻道	訊息
抽水站	水管	水體
工作中心	原物料搬運路徑	工作

6。即使為有向弧，各位也能用同樣方法減少之前指派的流量。也就是說，有向弧可指派「錯誤」方向的虛擬流量，以呈現出減少「正確」方向之流量。

若該網路中所有弧皆為有向弧，我們稱之為**有向網路 (directed network)**。若所有弧皆為無向弧，則稱為**無向網路 (undirected network)**。某網路若同時包含有向弧與無向弧（或全部為無向弧），則可用兩個反方向的有向弧取代一個無向弧，將此網路轉成有向網路（可依應用需求，將此有向弧流量解釋為同時間、相反方向的流量，或其一方向的淨流量）。

若兩節點未被弧連接，我們自然會想知道此兩點是否會一連串的弧連接。兩節點間的**路徑 (path)** 為連接此兩點、一序列不同的弧。如圖 9.1 中連接 O 與 T 的路徑為一序列的弧 OB–BD–DT ($O \to B \to D \to T$)，反之亦然。在網路內包含有向弧時，我們得區別有向路徑與無向路徑。我們會將節點 i 至 j 的**有向路徑 (directed path)** 定義為連通 i 與 j 之一序列的弧，其方向（若存在）指向節點 j，所以由 i 至 j 沿著此路徑之流量為可行。由 i 至 j 之**無向路徑 (undirected path)**，則是一序列的連通弧，其方向（若存在）可以指向 j 或指離 j（有向路徑也滿足無向路徑的定義，但反之則否）。我們經常能看到無向路徑中，有些有向弧指向 j，有些則指離 j（即指向 i）。這也許讓人驚訝，但我們在 9.5 及 9.7 節中，能看到無向路徑對有向網路分析上發揮重要的作用。

我們以如圖 9.2 所示的典型有向網路來說明定義（其中節點與弧和圖 3.13 相同，節點 A 及 B 為兩間工廠，節點 D 及 E 為兩間倉庫，節點 C 為配送中心，弧表示運輸路線）。一序列的弧 AB–BC–CE ($A \to B \to C \to E$) 是由 A 到 E 的有向路徑，沿此路徑往 E 的流量是可行的。反之，弧 AC 的方向是指離 D，所以 BC–AC–AD ($B \to C \to A \to D$) 並非 B 至 D 的有向路徑。然而，$B \to C \to A \to D$ 是 B 至 D 的無向路徑，因 BC–AC–AD 連通這兩個節點（雖然弧 AC 的方向禁止流量通過此路徑）。

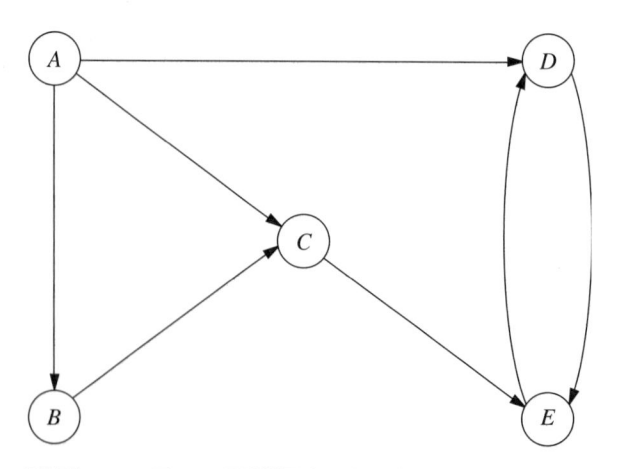

圖 9.2 圖 3.13 配送網路是有向網路的例子。

我們為說明無向網路，假設已指派 2 單位的流量給節點 A 至節點 C 的弧 AC。所以即使 AC 的方向不容許由 $C \rightarrow A$ 的流量，仍然可以指派如 1 單位如此小流量至整條無向路徑 $B \rightarrow C \rightarrow A \rightarrow D$。因為此指派給弧 AC 的「錯誤」方向流量，事實上是減少「正確方向」1 單位的流量。9.5 節及 9.7 節常用此方法指派流量，通過一無向路徑，而此路徑包含一些與流量方向相反的弧，以減少以前指派的「正確」方向流量。

若一條路徑之起、終點皆為同一節點，則我們稱此路徑為迴路 (cycle)。有向網路中的迴路可能是有向或無向，這取決於此路徑是有向或無向路徑（有向路徑亦為無向路徑，故有向迴路亦為無向迴路，但一般反之則否）。圖 9.2 中的 DE–ED 是有向迴路，但 AB–BC–AC 並非有向迴路，因為弧 AC 的方向與弧 AB 及 BC 的相反。也就是，AB–BC–AC 是無向迴路，因為 $A \rightarrow B \rightarrow C \rightarrow A$ 是無向路徑。圖 9.1 無向網路中有許多迴路，如 OA–AB–BC–CO。根據路徑的定義（一序列不同的弧），逆向路徑之弧不可重複為迴路。如圖 9.1 的 OB–BO 不是迴路，因為 OB 及 BO 是同一個弧（鏈結）。然而，圖 9.2 中的 DE 與 ED 是不同的弧，所以 DE–ED 是（有向）迴路。

對兩節點來說，若網路中至少含一條連接兩者的無向路徑，我們會撐其為**連通 (connected)**（即使網路為有向，路徑也不需要為有向）。若一網路中任何兩節點皆為連通，就會撐該網路為**連通網路 (connected network)**。圖 9.1 與圖 9.2 的網路皆為連通。若刪掉弧 AD 及弧 CE，圖 9.2 就並非連通網路。

我們來思考一下，一具備 n 個節點之連通網路（如圖 9.2 的節點數 $n = 5$），其中所有弧都已刪除。能從原網路開始，用一次加入一個弧的方式，來建構一棵「樹」。第一個弧能連接任兩節點。接下來加入的新弧必須分別與一已連通的節點、及一尚未連通的節點來連接。之所以要一次加入一個弧，就是為避免形成迴路，確保連通節點數較弧數多 1。每個新弧會形成一較大的**樹 (tree)**，而此樹為一連通網路，且不含任何無向迴路。一旦加入 $(n – 1)$ 個弧後就停止，則此樹已涵蓋所有的 n 個節點，又可稱為**延展樹 (spanning tree)**。這也就是所有 n 個節點的連通網路，其中不包含任何無向迴路。每個延展樹正好有 $n – 1$ 個弧，因為此為連通一個網路的最小弧數，也是不造成無向迴路的最大弧數。

圖 9.3 利用 5 個節點與圖 9.2 的弧，來說明樹的成長過程，一次加入一弧，直到出現延展樹止。每階段皆有幾種能選擇新弧的方法，故圖 9.3 只是其中一種。9.4 節將深入討論延展樹。

延展樹在許多網路分析中發揮重要的作用，也是 9.4 節將提到最小延展樹問題 (minimum spanning tree problem) 之基礎。另外，9.7 節會提到的網路單形法中，對應 BF 解的（可行）延展樹。

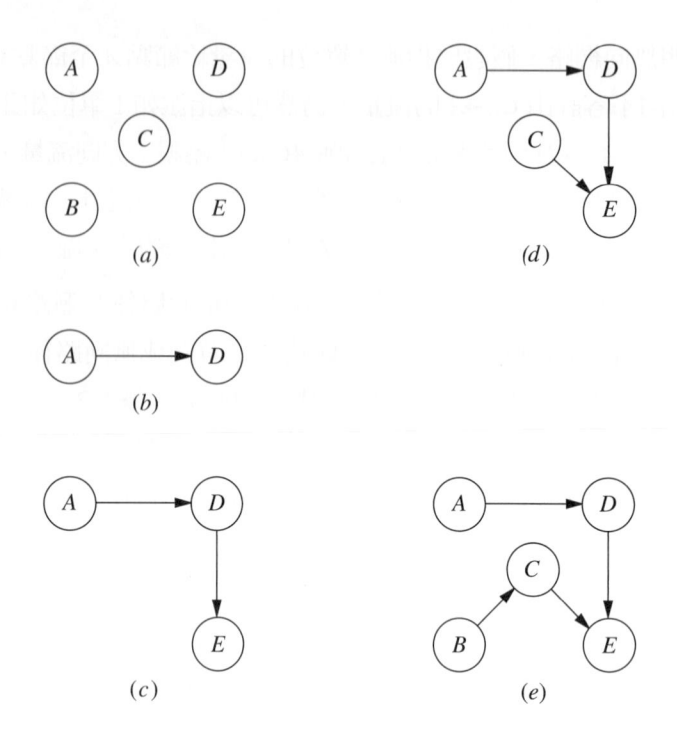

圖 9.3 圖 9.2 網路中，一次加入一個弧以長成樹的過程的例子：(a) 沒有弧的節點；(b) 有一個弧的樹；(c) 有兩個弧的樹；(d) 有三個弧的樹；(e) 延展樹。

最後我們再介紹一些網路流量相關的專有名詞。我們稱有向弧能承載的最大流量為**弧容量 (arc capacity)**。節點能分為淨產生流量、淨吸收流量，或兩者皆非節點。**供給節點 (supply node)** 也稱為源點節點 (source node) 或源點 (source)，為流出量超過流入量的節點。**需求節點 (demand node)** 也稱匯流節點 (sink node) 或匯流 (sink)，為流入量超過流出量的節點。**轉運節點 (transshipment node)** 或介節點 (intermediate node)，指滿足流量守恆 (conservation of flow)，即流入量等於流出量的節點。

9.3 最短路徑問題

如本節末會提到，最短路徑問題有各種不同形式（含有向網路），但只會介紹簡單形式。我們來思考一下，某具備起點及終點（兩個特別節點）無向連通網路。該網路每個鏈結（無向弧）各有其非負距離。目標要找出由起點至終點的最短路徑（即總距離最短的路徑）。

有一種較直接的演算法，能用於求解最短路徑問題。此方法基本上是由起點扇出，由近到遠，依序找出由起點至網路各節點之最短路徑，直至找出起點到終點的最短距離為止。接著，我們整理此方法的步驟，然後用 9.1 節的 Seervada 公園範例來說明其過程。

最短路徑問題演算法

第 n 次疊代的目標：找出第 n 個最接近起點的節點（$n = 1$、2、…重複，直至第 n 個最接近的節點是終點。）

第 n 次疊代的輸入：第 $n-1$ 個最接近起點的節點（上一次疊代的解），包括由起點至最短路徑及距離〔將節點與起點稱為已解節點 (solved node)，其他則為未解節點 (unsolved nodes)〕。

第 n 個最接近節點的候選節點：每個已解節點若有鏈結，直接連結未解節點，則可提供一候選節點，即未解節點中連結至此已解節點之鏈結最短者（若相同，則有多個候選節點）。

第 n 個最接近節點的計算：將每個已解節點與其候選節點之間的距離，加上起點至此已解節點的最短路徑距離，得到總距離。其中總距離最短的候選節點為第 n 個最接近節點（若相同，則有額外已解結點），其最短路徑為此最短總距離的路徑。

Seervada 公園最短路徑問題之應用

Seervada 公園管理當局要找出由入口（節點 O）通過園內道路（見圖 9.1）至觀景點（節點 T）間的最短路徑。應用前述演算法求解，表 9.2 列出了結果（在第 2 個最接近節點有均勢情況 [可跳過]，直接求解第 4 個）。第 1 行為疊代次數 (n)。在第 2 行列出刪除無關節點（無直接與未解節點連接之節點）後，此次疊代開始時的已解節點。第 3 行是第 n 個最接近節點的候選節點（與已解節點間有最短鏈結的未解節點）。第 4 行則計算由起點至各候選節點的最短路徑距離（起點至已解節點之距離加上至候選節點之鏈結距離）。其中該距離最短的候選節點為第 n 個最接近節點（見第 5 行）。最後兩行是下次疊代所需的最新已解節點相關資料（即由起點至該節點之最短路徑，及此路徑上最後一鏈結）。

我們接著說明各行與演算法步驟間的關係。第 n 次疊代的輸入是前次疊代第 5 行和第 6 行，其中第 5 行已解節點在刪除未直接連結未解節點者之後，即第 2 行。第 n 個最接近起點的候選節點列於第 3 行。第 n 個最接近節點的計算則在第 4 行進行，其結果在最後三行。

我們就以表 9.2 中的 $n = 4$ 疊代為例，其目標要找出第 4 個最接近起點的節點。如表中第 5 及第 6 行所示，輸入為前三個最接近起點之節點（A、C 和 B）及與原點之間的最短距離（分別為 2、4 及 4）。接著，我們在 $n = 4$ 疊代表中第 2 行列出已解節點。節點 A 只直接連結到一個未解節點（節點 D），故節點 D 自動成為第 4 個離起點最近節點之候選節點，如第 6 行所示，其與起點之間的最小距離為起點至節點 A 的最

■ 表 9.2　應用最短路徑演算法於 Seervada 公園問題

n	直接連結未解節點的已解節點	最接近的連通未解節點	總距離	第 n 個最接近節點	最短距離	最後的鏈結
1	O	A	2	A	2	OA
2,3	O	C	4	C	4	OC
	A	B	2 + 2 = 4	B	4	AB
4	A	D	2 + 7 = 9			
	B	E	4 + 3 = 7	E	7	BE
	C	E	4 + 4 = 8			
5	A	D	2 + 7 = 9			
	B	D	4 + 4 = 8	D	8	BD
	E	D	7 + 1 = 8	D	8	ED
6	D	T	8 + 5 = 13	T	13	DT
	E	T	7 + 7 = 14			

小距離 (2)。這加上 A 與 D 之間的距離 (7)，故總距離為 9。注意，B 直接連結到兩個未解節點（D 和 E），因為節點 E 比節點 D 更接近節點 B，而成為第 4 個最接近起點的下個候選節點。如第 4 行所示，由起點至節點 B 的最小距離，與節點 B 與節點 E 間的距離和為 4 + 3 = 7。最後，節點 C 直接連結到未解節點 E，故節點 E 再度成為第 4 個最接近起點節點的候選節點，不過這次經過節點 C，其總距離是 4 + 4 = 8。目前計算出的三個總距離中，最短的是 4 + 3 = 7，故此疊代中最接近連通未解節點 E 是第 4 個最接近起點的節點，並經由 BE 連通。表中第 5 及第 7 行記錄下結果，完成這次疊代。

我們在完成表 9.2 後，就能自最後一行倒推出由終點至起點之最短路徑，即 T → D → E → B → A → O 或 T → D → B → A → O。所以，由起點至終點的最短路徑為 O → A → B → E → D → T 及 O → A → B → D → T，兩者總距離皆為 13 英里。

使用 Excel 建立及求解最短路徑問題

此演算法提供了快速求解大型最短路徑問題方法，但有些規劃軟體並不提供此演算法。若未提供，通常會包含 9.7 節所提的網路單形法。

由於最短路徑問題是線性規劃問題的特例，若無其他較佳方法時，能用一般單形法求解。雖一般單形法求解大型最短路徑問題之效率可能不如這些特殊演算法，但都能有效求解大型問題（比 Seervada 公園問題大很多）。各位能用 Excel 內建的一般單形法，輕易建立並求解含數十個弧與節點的最短路徑問題。

圖 9.4 呈現出 Seervada 公園最短路徑問題的試算表模型。此模型並不如 3.5 節每一條函數限制式一列的線性規劃模型，而充分運用問題的特殊結構。其中節點列於 G 行，弧列在 B 行和 C 行，E 行則為各弧之距離。因為網路中的鏈結皆為無向的，而通過最短路徑之路程僅有單一方向，故每個鏈結能以一對相反方向之有向弧取代。因

此，圖 9.1 中呈現的 B 行和 C 行幾乎垂直鏈結（B–C 及 D–E），其中一為上行，另一為下行，而任一方向都可能在選定的路徑上。其他鏈結只列出由左至右的弧，因為這對起點至終點最短路徑是唯一可能的方向。

我們能將起點至終點之路程詮釋為：經由選定路徑通過網路的 1 單位「流量」。我們要決定此路徑該包括哪些弧。若路徑包括某弧，則指定該弧流量為 1；否則為 0。故決策變數為

$$x_{ij} = \begin{cases} 0 & \text{如果不包含弧 } i \to j \\ 1 & \text{如果包含弧 } i \to j \end{cases}$$

並把值輸入至改變格 OnRoute (D4:D17)。

節點若在選取路徑上，我們可將其視為有 1 單位流量經過；否則無流量。節點淨流量是流出量減去流入量，故起點淨流量為 1，終點為 -1，其他節點則為 0。圖 9.4 的 J 行呈現淨流量的值。利用該圖底部公式計算並記錄實際淨流量：H 行加上

	A	B	C	D	E	F	G	H	I	J
1	Seervada Park Shortest-Path Problem									
2										
3		From	To	On Route	Distance		Nodes	Net Flow		Supply/Demand
4		O	A	1	2		O	1	=	1
5		O	B	0	5		A	0	=	0
6		O	C	0	4		B	0	=	0
7		A	B	1	2		C	0	=	0
8		A	D	0	7		D	0	=	0
9		B	C	0	1		E	0	=	0
10		B	D	0	4		T	-1	=	-1
11		B	E	1	3					
12		C	B	0	1					
13		C	E	0	4					
14		D	E	0	1					
15		D	T	1	5					
16		E	D	1	1					
17		E	T	0	7					
18										
19			Total Distance	13						

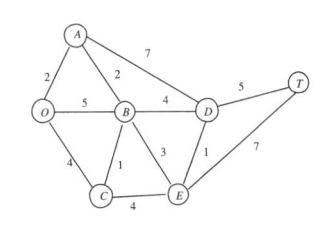

Solver Parameters
Set Objective Cell: TotalDistance
To: Min
By Changing Variable Cells:
　OnRoute
Subject to the Constraints:
　NetFlow = SupplyDemand
Solver Options:
　Make Variables Nonnegative
　Solving Method: Simplex LP

	H
3	Net Flow
4	=SUMIF(From,G4,OnRoute)-SUMIF(To,G4,OnRoute)
5	=SUMIF(From,G5,OnRoute)-SUMIF(To,G5,OnRoute)
6	=SUMIF(From,G6,OnRoute)-SUMIF(To,G6,OnRoute)
7	=SUMIF(From,G7,OnRoute)-SUMIF(To,G7,OnRoute)
8	=SUMIF(From,G8,OnRoute)-SUMIF(To,G8,OnRoute)
9	=SUMIF(From,G9,OnRoute)-SUMIF(To,G9,OnRoute)
10	=SUMIF(From,G10,OnRoute)-SUMIF(To,G10,OnRoute)

Range Name	Cells
Distance	E4:E17
From	B4:B17
NetFlow	H4:H10
Nodes	G4:G10
OnRoute	D4:D17
SupplyDemand	J4:J10
To	C4:C17
TotalDistance	D19

	C	D
19	Total Distance	=SUMPRODUCT(D4:D17,E4:E17)

■ **圖 9.4** Seervada 公園最短路徑問題的試算表模型，其中改變格 OnRoute (D4:D17) 顯示 Solver 所得最佳解，目標格 TotalDistance (D19) 則為此最短路徑的總距離（英里），其中網路圖呈現出圖 9.1 的 Seervada 公園道路系統。

總流出量後,減去流入量。Solver 參數視窗呈現,相關限制式 NetFlow (H4:H10) = SupplyDemand (J4:J10)。

利用位於圖 9.4 底部的該格公式,在目標格 TotalDistance (D19) 呈現出計算選取路徑之總距離(以英里計)。Solver 已指定極小化目標格此目標,故執行 Solver 後即可產生 D 行的最佳解。此解當然為應用前述最短路徑演算法找到的其中一條最短路徑。

其他應用

並非所有最短路徑問題,都要找出由起點至終點行經最短距離。有些問題事實上可能與行程完全無關。網路鏈結(或弧)可能代表著其他活動,故選定網路中某路徑,等於找出一連串最佳活動。而鏈結「長度」可能代表活動成本。此時,目標就會是找出極小化總成本的一連串活動。本書專屬網站的 Solved Examples 另提供此類型問題,說明建立最短路徑問題模型,並以此問題演算法或 Solver 試算表模型來求解。

下列為三類型之應用:

1. 極小化行程總距離,如 Seervada 公園例題。
2. 極小化一連串活動的總成本(如習題 9.3-3)。
3. 極小化一連串活動總時間(如習題 9.3-6 及 9.3-7)。

上述三種應用有可能同時出現。例如,要找出由某城開車,途經某些城鎮至另一城之最佳路徑,此時能選擇距離最短、成本最小或時間最短的路徑作為最佳路徑(見習題 9.3-2)。

許多最短路徑應用是要找出通過有向網路,由起點至終點之最短有向路徑。所以,我們只要稍微修改之前的演算法,即能求解。需要修改:找出第 n 個最接近起點之候選節點時,只考慮由已解節點至未解節點的有向弧。

最短路徑問題的另一種形式是,找出由起點至所有其他節點之最短路徑。前述演算法已求出由起點至比終點更接近起點之所有其他節點的最短路徑。故當所有節點皆為可能終點時,僅修改演算法,在所有節點皆為已解節點後才停止。

更一般的最短路徑問題是找出由任一節點至所有其他節點之最短路徑。另一問題是刪除「距離」(弧值)為非負之限制。有些問題限制路徑之選擇。由於在實際應用上會常見到這些不同變化,所以有很多學者從事這方面的研究。

求解如車輛途程問題 (vehicle rouint problem) 或網路設計問題 (network design problem) 最佳化問題的演算法,往往需要求解很多最短路徑問題。因篇幅所限,我們無法詳談這些問題,但這些應該已是目前最短路徑問題最重要的應用。

應用實例

1881 年成立的「加拿大太平洋鐵路」(Canadian Pacific Raiway, CPR)，經營該國第一條橫貫美洲大陸的鐵路，其中運輸貨物路線超過 14,000 英里，範圍遍及加拿大及美國明尼亞波里斯 (Minneapolis)、芝加哥和紐約等大城。CPR 為進一步擴展市場，也與其他運輸業者結盟，將業務拓展至墨西哥主要商業大城。

CPR 每日承接約 7,000 件新託運貨物，包括運往北美各地及出口物品。故在鐵路網方面，CPR 須規劃運輸貨物之貨車車廂路徑，且可能透過不同火車頭拖拉才能到達目的地。CPR 須協調包括 1,600 輛火車、65,000 個車廂、超過 5,000 名作業人員，及 250 間機廠等貨物與各部門作業。

CPR 公司委託「多模運輸應用系統」(MultiModal Applied Systems) OR 顧問公司，運用 OR 技術來建立能處理該運輸問題的模型。顧問公司結合多種 OR 方法，提出以一正在進行運輸的車廂視為網路「流量」為基礎的新策略，而其中各節點則對應一位置與一時間點。如此一來，便能運用相關網路最佳化技術。例如整體作業過程中，每天會求解多個最短路徑問題。

CPR 公司應用此作業研究模型，每年約省下 1 億美元，也大幅改善生產力、火車頭運轉率、燃料消耗率，及車廂運輸速度。CPR 除提供客戶準時可靠的交貨時間外，同時也藉由網路最佳化應用，贏得了 2003 年作業研究與管理科學界知名的 Franz Edelman 國際競賽首獎。

資料來源：P. Ireland, R. Case, J. Fallis, C. Van Dyke, J. Kuehn, and M. Meketon: "The Canadian Pacific Railway Transforms Operations by Using Models to Develop Its Operating Plans," *Interfaces*, **34**(1): 5–14, Jan.–Feb. 200。

9.4 最小延展樹問題

最小延展樹問題與 9.3 節的最短路徑問題類似，都是考慮無向連通網路。已知的資訊包括每個弧的正值長度（距離、成本、時間等）。這兩種問題都選擇滿足某性質且總長度最短的鏈結。最短路徑問題所選取的鏈結須構成由起點至終點的路徑。而最小延展樹則為任兩節點間都有路徑。

我們可將最小延展樹問題彙整如下：

1. 已知網路節點，但未知鏈結，只知可能鏈結，及若其加入網路時的正值長度（或距離、成本、時間等）。
2. 網路設計是加入足夠鏈結，以滿足每兩節點間都有路徑之要求。
3. 目標在符合此要求下，極小化加入網路鏈結之總長度。

若網路有 n 個節點，只需要 $(n-1)$ 條鏈結，就能在每對節點間構成路徑。無需更多鏈結，因為會增加鏈結的總長度。而此 $(n-1)$ 條鏈結必須讓產生的網路（只包含選擇鏈結）形成延展樹（如 9.2 節定義）。故此問題要找出鏈結總長度最短之延展樹。

圖 9.5 說明了 9.1 節公園問題的延展樹觀念。圖 9.5(a) 並非延展樹，由於其節點

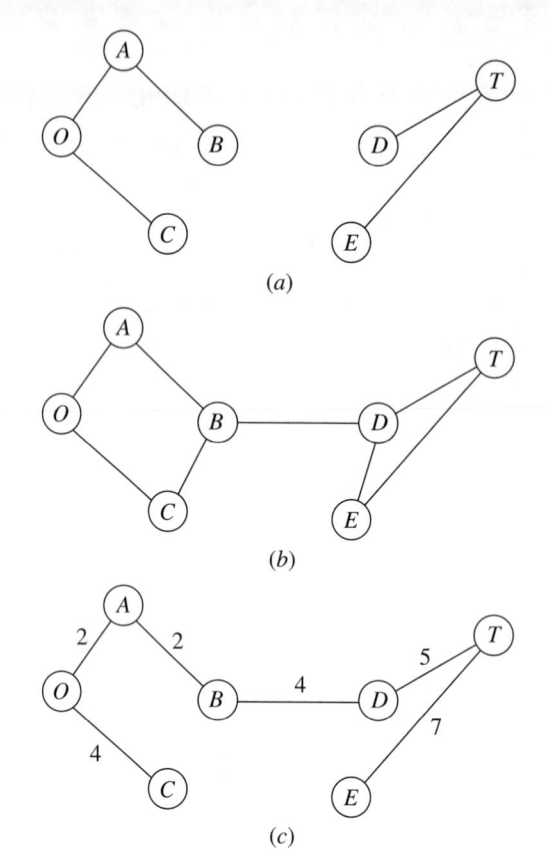

圖 9.5 Seervada 公園問題的延展樹觀念說明：(a) 不是延展樹；(b) 不是延展樹；(c) 延展樹。

O、A、B 和 C 與節點 D、E 和 T 並不連通，因此需要另加一鏈結才能連通。此網路實際包含兩棵樹，兩組節點各為一棵樹。圖 9.5(b) 的鏈結確實延展整個網路（即網路連通，如 9.2 節定義），但由於有兩條迴路（O–A–B–C–O 及 D–T–E–D），鏈結過多而不是樹。Seervada 公園問題有 $n = 7$ 個節點，但依照 9.2 節提過網路必須正好有 $n - 1 = 6$ 條鏈結且沒有迴路，才能成為樹，圖 9.5(c) 的網路合乎此條件，故為最小延展樹的可行解（長度 24 英里，而可見總長度僅有 14 英里的最小延展樹，並非最佳解）。

應用

以下為最小延展樹的主要應用：

1. 光纖網路、電腦網路、租用電話網路、有線電視網路等通訊網路設計。
2. 輕量運輸網路設計，以極小化鐵路、公路等鏈結的總成本。
3. 高壓電傳輸網路設計。
4. 電腦系統等電子儀器設備之線路設計，以極小化線路總長度。
5. 連接各地區之管道網路設計。

第一種應用在當今資訊快速流通的社會中，顯得特別重要。只要在通訊網路中加入足夠鏈結，即可連通每對節點，故此為最小延展樹的典型應用。由於部分通訊網路建設高達數百萬美元，所以找出相關最小延展樹以最佳化設計是件非常重要的工作。

演算法

我們能用很直接的貪婪法 (greedy method) 來求解最小延展樹問題，而該方法在解題每階段都尋求當時最佳解，最後仍能得到整體問題的最佳解！因此，我們能由任一節點開始，首先選擇連接其他節點最短鏈結，不必考慮該選擇對後續決策之影響。第二步是找出與已連通節點最近尚未連通的節點，然後將相關鏈結加入網路。重複此過程直至所有節點都已連通為止（此方法和圖 9.3 的步驟相同，但現以特定規則選取新鏈結），其所得網路即為最小延展樹。

最小延展樹演算法摘要

1. 任選一節點，接著連接最接近的不同節點（加上一鏈結）。
2. 找出與已連通節點最近的尚未連通節點，並連接這兩節點（在其間加上一鏈結）。重複此步驟，直至所有節點接連通。
3. 均勢破解：若有相同最接近的不同節點（步驟 1）或最接近的未連通節點（步驟 2），任選其一，仍可得到最佳解。此時可能有多重最佳解。同理，所有其他最佳解也可求得。

若各位以手算執行此演算法，最快方式是運用下列即將說明的圖解法。

Seervada 公園最小延展樹問題之應用

9.1 節提過的 Seervada 公園必須決定在哪些路面下方埋設電話線，以總長度最短的電話線連接各管理站。我們利用圖 9.1 資料，逐步求解下列問題。

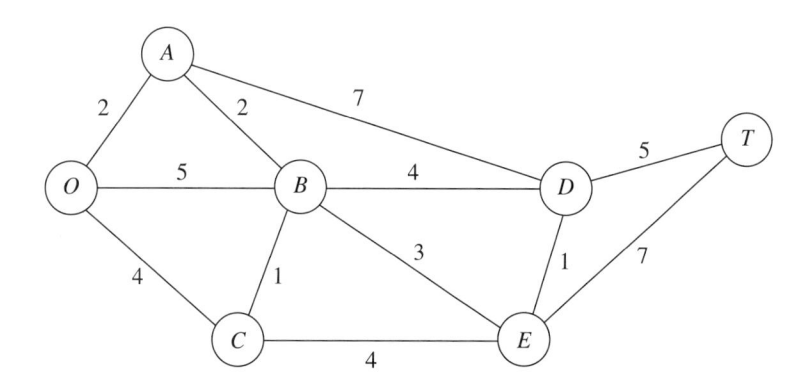

接著來說明此問題的節點與距離：其中細線為可能的鏈結。
任選自節點 O 開始，最接近 O 之未連通節點為 A；連接 A 與 O。

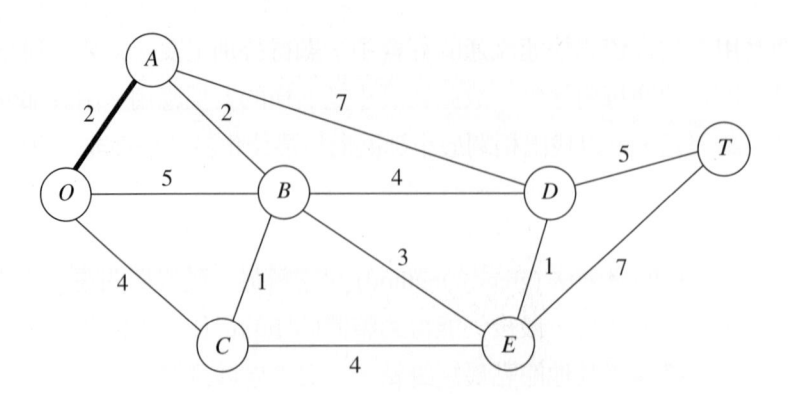

最接近節點 O 或 A 之未連通節點為 B（最接近 A），連接節點 B 和 A。

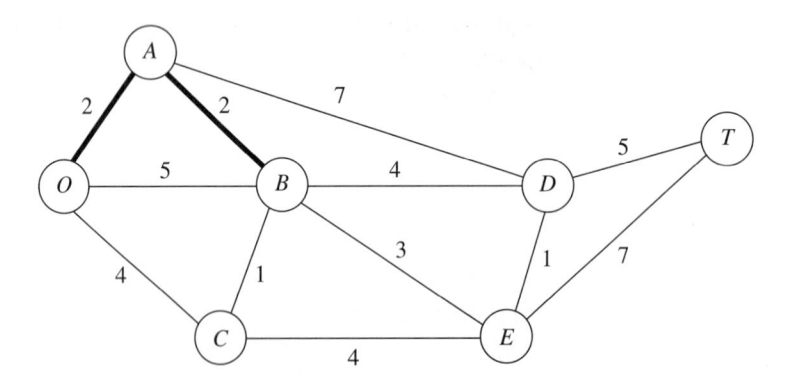

最接近節點 O、A 或 B 之未連通節點為 C（最接近 B），連接節點 C 和 B。

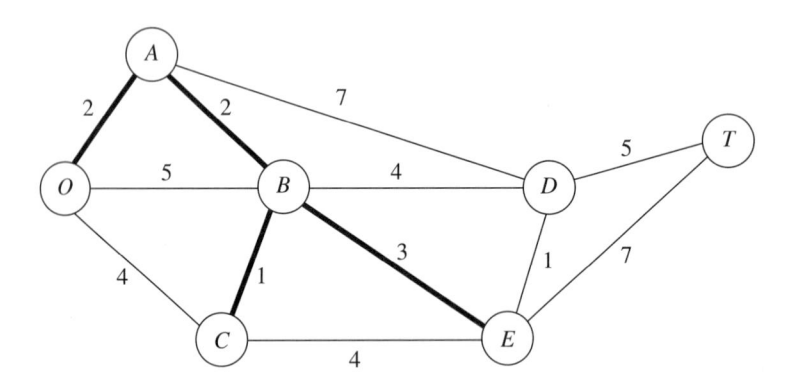

最接近節點 O、A、B 或 C 之未連通節點為 E（最接近 B），連接節點 E 和 B。

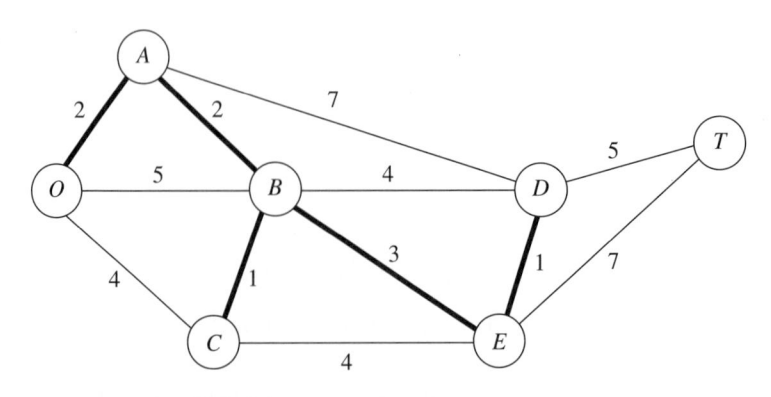

最接近節點 O、A、B、C 或 E 之未連通節點為 D（最接近 E），連接節點 D 和 E。

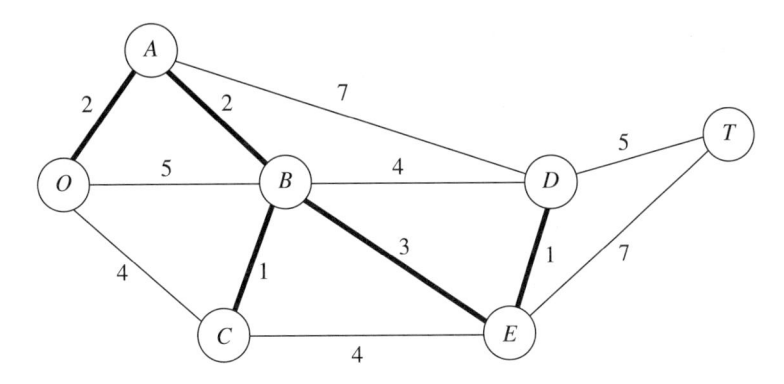

唯一未連通的節點、最接近 D 為 T，連接 T 和 D。

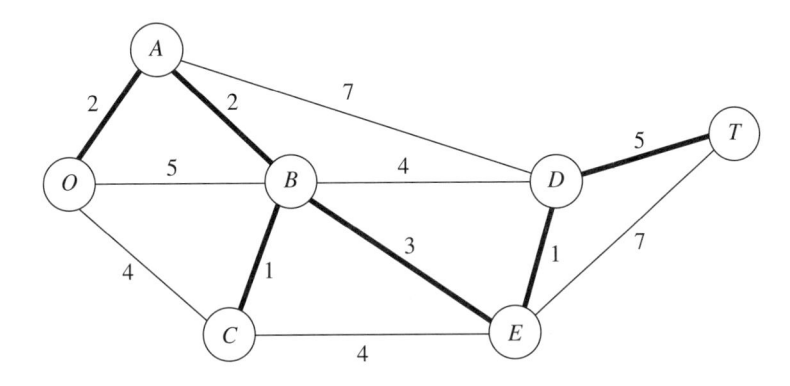

現在我們已連通所有節點，故此解為最佳解。鏈結總長度為 14 英里。

雖然表面上起始節點之選擇似乎會影響演算法最終解結果（及其鏈結總長度），但實際上並非如此。建議各位能由 O 以外的節點開始，應用此演算法求解，來加以驗證。

最小延展樹問題為本章討論的廣義網路設計問題。其目的要設計最適合特定應用的網路（經常和運輸系統有關），而非分析一已完成設計的網路。

9.5 最大流量問題

Seervada 公園的第三個問題（見 9.1 節）為旅遊旺季由入口（圖 9.1 的 O 站）至觀景點（T 站）接駁車路線規劃，以極大化每天班次數（每班接駁車會沿原路線駛回，故只需考慮去程）。為避免影響自然生態及野生動物，各路段每天行經次數有上限。各路段行車方向如圖 9.6 所示箭頭，線段的數字為每天行經次數上限。我們已知這些上限，其中一個可行解是規劃每天 7 班接駁車，其中 5 班走 $O \to B \to E \to T$ 的路徑，而其他 2 班分別走 $O \to B \to C \to E \to T$ 和 $O \to B \to C \to E \to D \to T$ 的路徑。但此解阻斷由 $O \to C$ 的路徑（因為我們已將 $E \to T$ 及 $E \to D$ 容量全部用完），

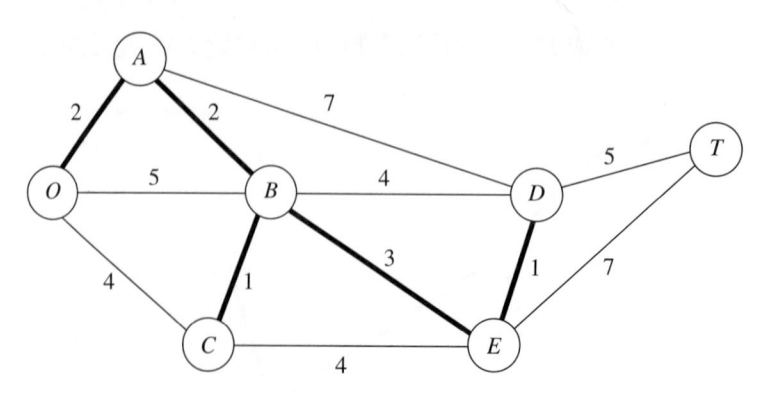

圖 9.6 Seervada 公園的最大流量問題。

因此能容易找到其他較佳可行解。我們須考慮許多不同路徑組合（包括每條路線班次數），才能找到每天班次數最多的路徑組合。我們稱此問題為「最大流量問題」。

所謂的最大流量問題，就是：

1. 所有流經一有向連通網路流量來自單一節點，我們稱其為**源點 (source)**，並流至另一單一節點，並稱為**匯流 (sink)**（公園問題源點為節點 O，匯流為節點 T）。
2. 其餘節點皆為轉運節點（公園問題節點為 A、B、C、D 和 E）。
3. 通過各弧流量只能依其箭頭方向進行，最大流量為弧容量。源點處的所有弧方向都背向該節點。而匯流處所有弧方向都指向該節點。
4. 其目標要極大化由源點至匯流的總流量。此流量可以源點流出量或匯流流入量來衡量。

相關應用

接著來說明一些最大流量問題的應用實例：

1. 極大化經公司配送網路，由工廠至顧客之流量。
2. 極大化經公司供應網路，由供應商至工廠之流量。
3. 極大化流經油管系統之原油量。
4. 極大化流經輸水系統之水量。
5. 極大化行經運輸網路之車流量。

雖然最大流量問題僅能有單一源點與單一匯流，有些應用網路流量卻來自一個以上節點或流入一個以上的匯流。例如，一般公司配送網路包含有多間工廠或多位客戶。因此，我們能用一種聰明方式來修正此問題，以符合最大流量問題模型。也就是在原始網路加上一虛擬源點、一虛擬匯流及一些新弧。此虛擬源點產生所有流量，即實際起源自其他節點之流量。在此虛擬源點節點與各原始源點間加上一條有向弧，其

應用實例

惠普 (HP) 供應眾多創新產品,符合全球超過 10 億顧客的各種需求。由於具備豐富的產品線,順利讓該公司進入許多無人可及的市場。但供應多種類似產品也讓銷售人員與顧客困惑,這也嚴重影響到特定產品收益與成本。因此,適當取決產品數量是非常重要的事。

HP 高階經理人根據情況,將產品種類管理視為要優先處理的策略性業務。由於數十年來,HP 擅長將作業研究應用在業務問題上,自然會招集公司內部頂尖 OR 分析師來解決此問題。

而求解此問題的核心方法是建立並應用網路最佳化模型。在排除投資報酬不夠高的產品後,可將剩餘產品視為通過網路的流量,以協助符合一些網路右端預估訂單,其所得模型即為最大流量問題。HP 在 2005 年初導入此模型後,對專注於最關鍵產品上有極大影響。讓該公司 2005 年到 2008 年間利潤增加超過 5 億美元,此後每年約增 1.8 億美元。此方法也為 HP 帶來許多重要質性效益。

這些重大結果讓 HP 在 2009 年贏得作業研究與管理科學界著名的 Franz Edelman Award 首獎。

資料來源:J. Ward and 20 co-authors, "HP Transforms Product Portfolio Management with Operations Research," *Interfaces* **40**(1): 17–32, Jan.–Feb. 2010。

方向自虛擬源點指向原始源點,

而弧容量為該原始源點之最大流出量。同理,虛擬匯流則吸收所有流量,即吸收所有原來在一些其他節點終止的流量。接著在各原匯流與五虛擬匯流間加上一條有向弧,其方向由原匯流指向虛擬源點,而弧容量則為該原匯流之最大流入量。經修正後,所有原網路節點皆成轉運節點,而此擴充網路僅有單一源點(虛擬源點)與單一匯流(虛擬匯流)。這完全符合最大流量問題模型。

演算法

最大流量問題是一種線性規劃問題(見習題 9.5-2),可用單形法求解,第 3 章和第 4 章所介紹的線性規劃套裝軟體都可以使用。效率更高的**擴充路徑法 (augmenting path algorithm)** 也可以用來求解這個問題。此解法是根據殘餘網路與擴充路徑這裡種直覺的觀念為基礎的。

我們在指派流量給一些弧後,其**殘餘網路 (residual network)** 為各弧還能增加額外流量之剩餘弧容量〔也稱**殘餘容量 (residual capacity)**〕。如圖 9.6 中,弧 $O \to B$ 原弧容量為 7。若指派 5 單位流量經過此弧,則還能指派至 $O \to B$ 的殘餘容量是 $7 - 5 = 2$。即如下列殘餘網路所示情況。

$$O \xrightarrow{\ 2\ \ 5\ } B$$

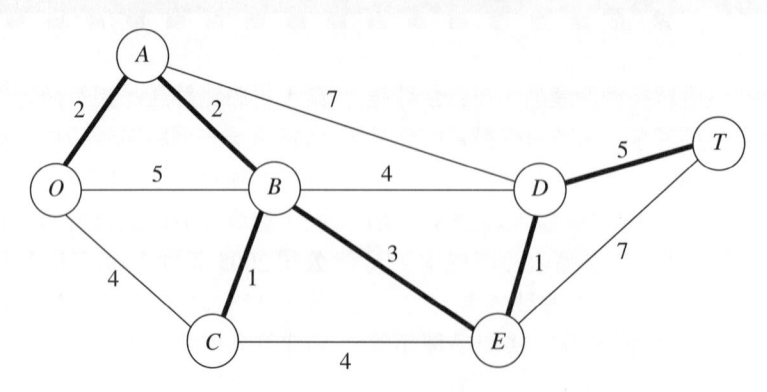

▣ **圖 9.7** Seervada 公園最大流量問題的初始殘餘網路。

在弧上節點旁的數字為由此節點流出至另一節點的殘餘容量。所以，除由 O 流至 B 的殘餘容量 2 外，右邊有由 B 流至 O 的殘餘容量 5（實際抵銷之前指派由 O 至 B 的流量）。

我們在開始解題時，各弧都還未指派任何流量。圖 9.7 呈現 Seervada 公園問題的殘餘網路，其原始網路（圖 9.6）每條有向弧都改為無向弧，原方向弧容量不變，而反方向弧容量則為零，故流量限制不變。

在指派流量至一弧後，該量應減去該弧同方向的殘餘容量，然後加至反方向殘餘容量上。

擴充路徑 (augmenting path) 是殘餘網路中，由源點至匯流的有向路徑，且此路徑的每個弧皆有嚴格正值之殘餘容量。我們稱其中最小者為擴充路徑之殘餘容量，即代表能指派至整條路徑的可行流量。所以，每條擴充路徑皆提供增加通過原始網路流量之機會。

擴充路徑法能選取擴充路徑，接著指派殘餘容量的流量至該問題的原始殘餘網路擴充路徑。重複此過程至無法找到擴充路徑，故無法再增加由源點至匯流的流量。為確保最終解為最佳的關鍵，在擴充路徑能抵銷以前指派到原始網路的流量，故能任意選擇路徑以指派流量，這不影響我們找到更好流量指派組合。

此演算法的每次疊代包含下列三個步驟。

最大流量問題擴充路徑解法 [1]

1. 各位在殘餘網路中，找出由源點至匯流的有向路徑，而各弧皆有正值殘餘容量者為擴充路徑（若不能找出此擴充路徑，則已指派的淨流量為最佳流通形式）。

---

[1] 假設弧容量是整數或有理數。

2. 找出各弧最小殘餘容量，成為該擴充路徑的殘餘容量 c^*。指派流量 c^* 至該路徑。
3. 將該擴充路徑上各弧殘餘容量減去 c^*，然後把相反方向的弧容量增加 c^*。回到步驟 1。

各位在執行步驟 1 時，往往會出現一條以上的擴充路徑。而求解大型問題時，擴充路徑策略的好壞會影響到解題效率，但本書並不深入探討此議題（稍後將介紹一種系統性選取擴充路徑的方法）。故在求解接下來的例題（及本章習題）時，各位能任意選取擴充路徑。

求解 Seervada 公園最大流量問題之應用

我們來應用此法求解 Seervada 公園問題（見圖 9.6 原始網路），其產生結果整理如下（本書網站 Solved Examples 中另有相關例題）。由圖 9.7 的初始殘餘網路開始，繪製一次或兩次疊代後的新殘餘網路，其中由 O 至 T 的總流量以粗體表示（標記在 O 及 T 旁）。

疊代 1：在圖 9.7 中，$O \to B \to E \to T$ 為擴充路徑，其殘餘容量等於 min {7, 5, 6} = 5。指派流量 5 至此路徑，其殘餘網路為

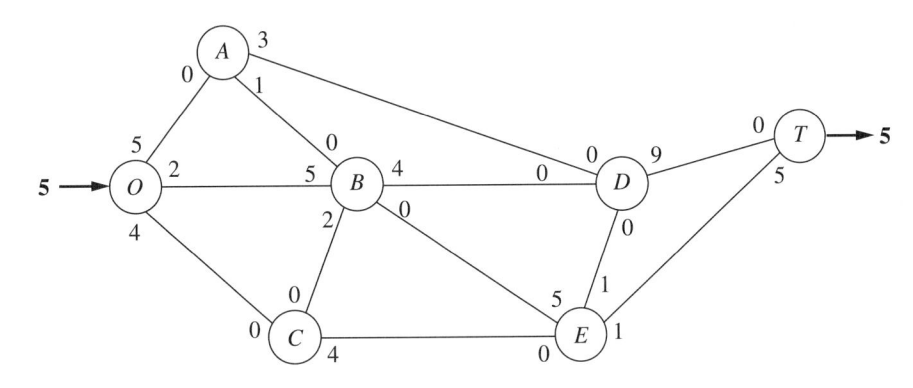

疊代 2：指派流量 3 至擴充路徑 $O \to A \to D \to T$，產生的殘餘網路為

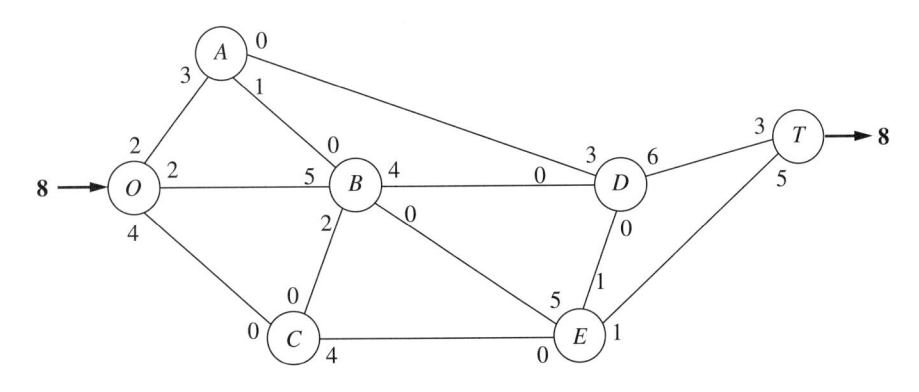

疊代 3：指派流量 1 至擴充路徑 $O \to A \to B \to D \to T$。

疊代 4：指派流量 2 至擴充路徑 $O \to B \to D \to T$，產生的殘餘網路為

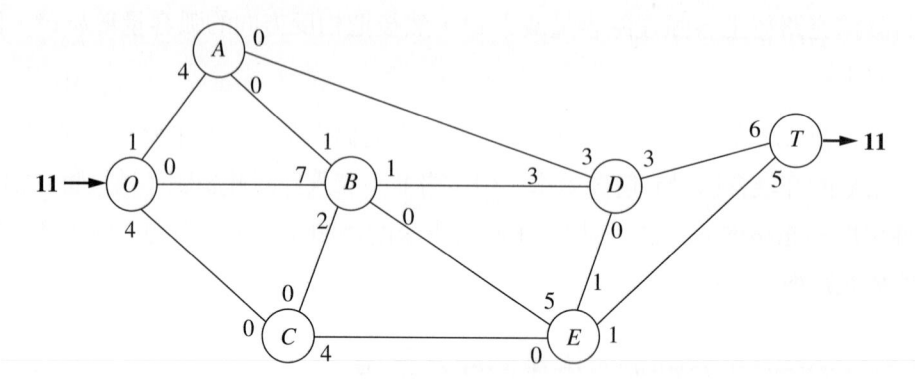

疊代 5：指派流量 1 至擴充路徑 $O \to C \to E \to D \to T$。

疊代 6：指派流量 1 至擴充路徑 $O \to C \to E \to T$，產生的殘餘網路為

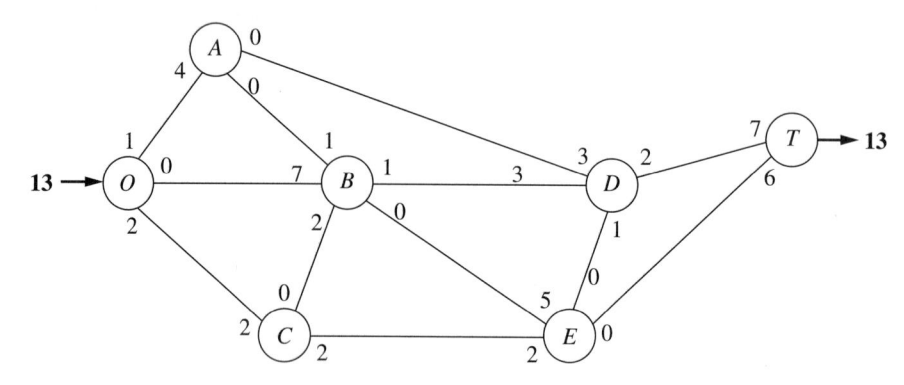

疊代 7：指派流量 1 至擴充路徑 $O \to C \to E \to B \to D \to T$，產生的殘餘網路為

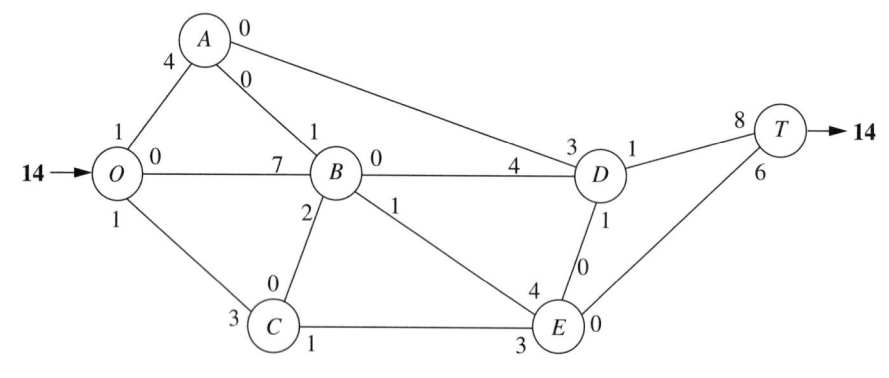

由於已經無擴充路徑，故此為最佳流通形式。

　　目前該流通形式的各弧流量，可由累計每次疊代指派的流量，或比較最終殘餘容量與原始弧容量得到。若一弧最終殘餘容量較原始容量小，則該弧有流量，其大小等於兩容量之差。使用此方法比較最終疊代所得殘餘容量與圖 9.6 或圖 9.7，我們可得到圖 9.8 最佳流通形式。

應用實例

挪威天然氣運輸網約有 5,000 英里的海底管線,並為挪威政府投資的 Gassco 公司負責營運、StatoilHydro 則為主要天然氣供應商,其市場除該國之外,還包括歐洲各國。

Gassco 和 StatoilHydro 共同使用作業研究技術,以最佳化天然氣網架構及運輸路徑。該路徑規劃的主要模型是多品項網路流量模型 (multicommodity networkflow model),其中品項為天然氣裡各種不同的碳氫化合物與污染物。模型的目標函數為極大化由供給點(海上鑽油平台)至需求點(通常為進口站)的天然氣總流量。但除一般供給與需求限制,此模型還包括一些與壓力流量關係、最大配送壓力及管道技術壓力上限有關的限制式。因此,此模型為本節最大流量問題中的一般化問題。

此重要作業研究應用對這個海底管線網的營運效率有極大的影響。據估計,在 1995 年到 2008 年間總共省下約 20 億美元。

資料來源:F. Rømo, A. Tomasgard, L. Hellemo, M. Fodstad, B.H. Eidesen, and B. Pedersen, "Optimizing the Norwegian Natural Gas Production and Transport," *Interfaces* **39**(1): 46–56, Jan.–Feb. 2009。

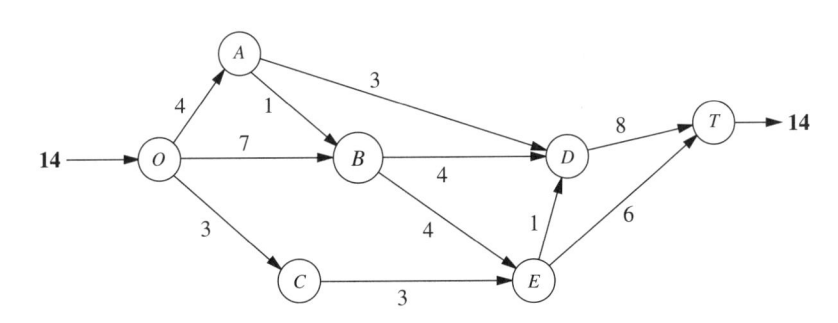

■ 圖 **9.8** Seervada 公園的最大流量問題的最佳解。

此例題充分說明了用殘餘網路的無向弧取代原始網路的有向弧 $i \to j$,及指派 c^* 到 $i \to j$ 時,需要增加 c^* 到 $j \to i$ 的殘餘容量的原因。若無加以修正,雖不影響前 6 次疊代結果,但之後就無法找到擴充路徑(因為 $E \to B$ 實際尚未使用的弧容量是 0)。修正殘餘網路後,我們能以在疊代 7 將流量 1 指派至 $O \to C \to E \to B \to D \to T$。此增加流量事實上抵銷了疊代 1 ($O \to B \to E \to T$) 的 1 單位流量指派,然後以 $O \to B \to D \to T$ 和 $O \to C \to E \to T$ 各 1 單位的流量替代。

找出擴充路徑

在我們求解大型網路問題時,使用此演算法很容易會碰到要如何找到擴充路徑的難題。接下來我們要談的系統化方法,能簡化此工作。首先,我們要找出由源點能直接到達所有節點,其中經過殘餘容量為正值的弧。接著,找出每個能直接到達的節點,經過正值殘餘容量的弧能直接到達的新節點(尚未到達者)。重複此步驟,結果

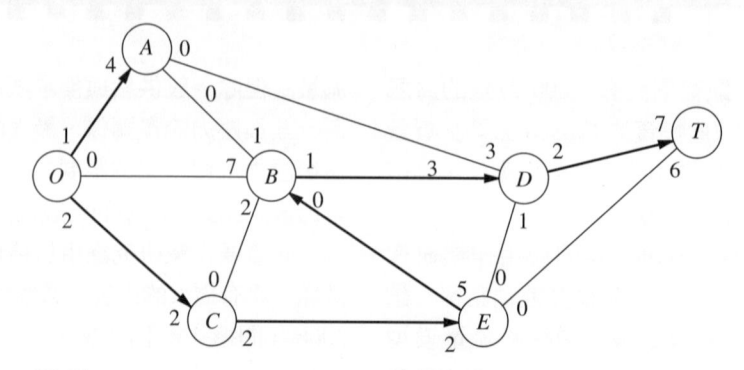

□ 圖 9.9　Seervada 公園的最大流量問題疊代 7 尋找擴充路徑的方法。

會得到一棵樹，其中各節點都能由源點節點流經正殘餘容量的路徑到達。因此，若存在任何擴充路徑，我們一定能辨識此扇發過程 (fanning-out procedure)。此方法以先前例題的疊代 6 產生的殘餘網路，並呈現在圖 9.9 中。

雖圖 9.9 的方法非常直接，但有助我們能知道已找到最佳解，並不需搜尋所有路徑才知無任何擴充路徑。之所以能夠驗證最佳解的方法，這必須歸功於最大流量最小切割定理。我們可以將**切割 (cut)** 定義為一有向弧的集合，其中至少包含每條由源點至匯流的有向路徑中的一弧。一般切開網路有助我們分析該網路的方式有很多。而某切割之**切割值 (cut value)** 是該切割內各弧（依指定方向）弧容量之和。依**最大流量最小切割定理 (max-flow min-cut theorem)**，對任單一源點及單一匯流網路來說，由源點至匯流的最大可行流量等於網路各切割中最小切割值。若 F 為由源點至匯流任一可行流通形式的流量，則任何切割值是 F 的上限，且最小切割值是最大的 F 值。故若某切割之切割值等於目前疊代的 F 值，則此一定為目前最佳流通形式。同理，只要殘餘網路中有一切割之切割值為零，則問題已得解。

為了便於說明，我們思考一下圖 9.7 的網路。圖 9.10 呈現出該網路的一個有趣切割，其切割值是 $3 + 4 + 1 + 6 = 14$，等於 F 的最大值，亦為最小切割。注意疊代 7 的殘餘網路中 $F = 14$，而對應的切割值是零，因此不必尋找其他擴充路徑了。

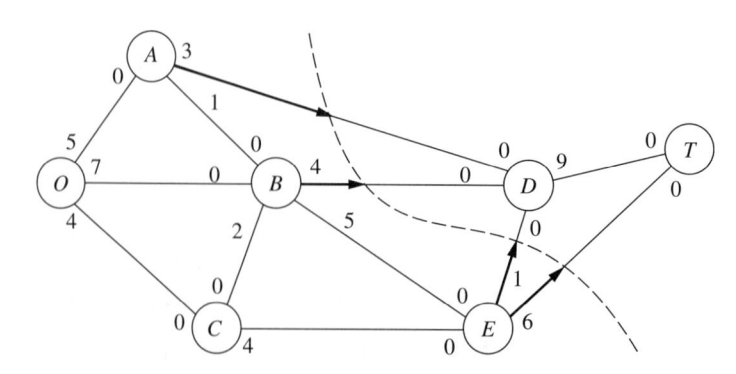

□ 圖 9.10　Seervada 公園問題的最大流量問題的最小切割。

以 Excel 建立及求解最大流量問題

實務上，大部分最大流量問題規模都比 Seervada 公園問題大許多。有些甚至有數千個弧與節點。我們在求解這類大型問題時，使用擴充路徑演算法要比一般單形法更有效率。但一般規模問題，用 Excel 與以一般單形法為基礎的 Solver 求解較合理且方便。

圖 9.11 呈現 Seervada 公園最大流量問題的試算表模型。該模型與圖 9.4 類似，其中各弧列於 B 行和 C 行，而 F 行呈現弧容量。決策變數為流量，故輸入在改變格 Flow (D4:D15)。應用圖中右下方公式，計算每個節點的淨流量（見 H 行及 I 行）。轉運點（A、B、C、D 及 E）的淨流量須為零，一如 Solver 對話視窗中的第一組限制式所示 (I5:I9 = SupplyDemand)。第二組限制式 (Flow ≤ Capacity) 是弧容量的限制式。從源點（節點 O）到匯流（節點 T）的總流量等於源點產生的流量 (I4)，故我們設定目標格 MaxFlow (D17) 等於 I4。在指定極大化目標格後執行 Solver，能得到 Flow (D4:D15) 的最佳解。

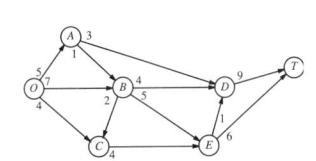

	A	B	C	D	E	F	G	H	I	J	K
1	Seervada Park Maximum Flow Problem										
2											
3		From	To	Flow		Capacity		Nodes	Net Flow		Supply/Demand
4		O	A	4	<=	5		O	14		
5		O	B	7	<=	7		A	0	=	0
6		O	C	3	<=	4		B	0	=	0
7		A	B	1	<=	1		C	0	=	0
8		A	D	3	<=	3		D	0	=	0
9		B	C	0	<=	2		E	0	=	0
10		B	D	4	<=	4		T	-14		
11		B	E	4	<=	5					
12		C	E	3	<=	4					
13		D	T	8	<=	9					
14		E	D	1	<=	1					
15		E	T	6	<=	6					
16											
17		Maximum Flow		14							

Solver Parameters
Set Objective Cell: Max Flow
To: Max
By Changing Variable Cells:
  Flow
Subject to the Constraints:
  I5:I9 = Supply Demand
  Flow <= Capacity
Solver Options:
  Make Variables Nonnegative
  Solving Method: Simplex LP

	I
3	Net Flow
4	=SUMIF(From,H4,Flow)-SUMIF(To,H4,Flow)
5	=SUMIF(From,H5,Flow)-SUMIF(To,H5,Flow)
6	=SUMIF(From,H6,Flow)-SUMIF(To,H6,Flow)
7	=SUMIF(From,H7,Flow)-SUMIF(To,H7,Flow)
8	=SUMIF(From,H8,Flow)-SUMIF(To,H8,Flow)
9	=SUMIF(From,H9,Flow)-SUMIF(To,H9,Flow)
10	=SUMIF(From,H10,Flow)-SUMIF(To,H10,Flow)

	C	D
17	Maximum Flow	=I4

Range Name	Cells
Capacity	F4:F15
Flow	D4:D15
From	B4:B15
MaxFlow	D17
NetFlow	I4:I10
Nodes	H4:H10
SupplyDemand	K5:K9
To	C4:C15

■ **圖 9.11** Seervada 公園的最大流量問題的試算表模型。試算表旁的網路顯示原來圖 9.6 的最大流量問題。

9.6 最小成本流量問題

最小成本流量問題在應用上非常廣泛、也有高效率的求解法，故為最重要的網路最佳化模型。最大流量問題一樣，最小成本流量問題考慮通過弧容量有限的網路流量；和最短路徑問題一樣考慮通過弧的流量成本（或距離）。也像第 8 章的運輸問題或指派問題考慮多源點（供給節點）與多終點（需求節點）流量及相關成本。這四種問題事實上都是最小成本流量問題的特例。

我們之所以能快速求解最小成本流量問題，在於能將其表示為線性規劃問題的模型，故可利用網路單形法的精簡單形法快速求解。我們在下一節會討論到。

最小成本流量問題就是：

1. 網路為有向且連通。
2. 至少有一供給節點。
3. 至少有一需求節點。
4. 其他節點皆為轉運節點。
5. 通過各弧之流量只能依其箭頭方向進行，最大流量為其弧容量（若弧的兩方向皆可流通，則以兩方向相反的有向弧替代）。
6. 網路有足夠的弧容量，讓所有供給節點的流量能流通至所有需求節點。
7. 各弧的流通成本與其流量成正比，且已知單位流量成本。
8. 目標要極小化運送可用供給量通過網路，以滿足已知需求總成本（另一可能目標是極大化其總利潤）。

一些應用

企業配送網的營運可能是最小成本流量問題最重要的應用。表 9.3 第一列呈現此應用，（必要時）由源點（如工廠等）運送貨物至中介儲存設施，再運送給顧客。

對某些最小成本流量問題應用來說，轉運節點為處理設施，而非中介倉庫（表 9.3 第二列的廢棄物管理）。此例中網路的物流源點是廢棄物來源，流經處理設施製成

■ 表 9.3　典型最小成本流量問題應用

應用類型	供給節點	轉運節點	需求節點
配送網路的營運	貨物來源	中介儲存設施	顧客
廢棄物管理	廢棄物來源	處理設施	掩埋場
供應網路的營運	供應商	中介倉庫	處理設施
工廠產品組合協調	工廠	特定產品的生產	特定產品的市場
現金流量管理	特定時間的現金來源	短期投資方案	特定時間的現金需求

應用實例

航空公司每天例行作業中有個特別有挑戰的問題,那就是有效安排因故中斷航班的計畫。遇到惡劣天氣或飛機機械故障時,都會影響起降行程。當航班誤點或因故取消時,該班次就不能準時銜接下班次的行程,而造成後續一連串航班誤點或取消的連鎖反應。

出現班機誤點或取消事件時,航空公司需要重新安排空勤組員及調整航班指派計畫。2.2 節的「應用實例」提到美國大陸航空公司應用作業研究模型,以最具成本效益方式,快速重新分配空勤組員的問題。接下來,我們則討論重新指派航班的問題。

一般來說,航空公司主要會用兩種方法來處理班機誤點或取消的情形。一是交換飛機,以原訂較晚起飛班機取代誤點或取消班次。另一則以備用飛機(通常在該班機到達後)取代誤點或取消班次。但最大挑戰是,面臨到同天內發生大規模誤點或取消狀況時,須能快速做出良好決策。

聯合航空公司 (United Airlines) 早已應用最小成本流量問題建立及求解此類問題的模型,其網路的節點為機場,弧為飛行路線。該模型要在網路中維持班機流量不變之前提,極小化因航班誤點或取消產生的費用。

當監控系統發出即將誤點或取消訊號時,管制人員輸入需要資訊至模型並求解,在幾分鐘內更新航班計畫。此應用系統大約降低 50% 乘客延誤的情形。

資料來源:A. Rakshit, N. Krishnamurthy, and G. Yu: "System Operations Advisor: A Real-Time Decision Support System for Managing Airline Operations at United Airlines," *Interfaces*, **26**(2): 50–58, Mar.–Apr. 1996。

填埋物,接著運到各掩埋場。但此問題仍要決定流通計畫,以極小化總成本,而其成本包含了運送和處理費。

其他應用的需求節點可能為處理設施。如表 9.3 第三列的問題要找出最小成本的運輸計畫,以便自各供應商取得貨品,(必要時)存放在倉庫,接著送到公司的處理設施(如工廠)。由於供應商的總供給量超過公司需求,故該網路包括一虛擬需求節點(成本為零),以接收供應商所有超額未使用的供給量。

表 9.3 第四列的應用(工廠產品組合協調)說明,弧能有實體物流通路之外的意思。該公司有數間工廠(供給節點),以不同成本生產相同產品。網路中由供給節點往外的弧,代表該工廠可能生產的一種產品,然後指向為該產品的轉運節點。可製造此產品的工廠,各有弧進入此轉運節點,接著另一弧指離轉運節點,進入需要此產品的各顧客(需求節點)。目標為決定各工廠產能之分配方式,以極小化滿足各種產品需求之總成本。

表 9.3 最後一個應用(現金流量管理)說明,節點能代表不同時間發生的事件。各供給節點在此情況中代表,公司擁有到期存款、應收帳款、有價證券售款及貸款等可用現金之特定時間或時期。這些節點的供給是當時可用現金。同理,各需求節點代表,公司須支用現金準備的特定時間(或時期)。而節點的需求是當時的需用現金。

目標要極大化公司在可用時間至需用時間的現金投資收益。所以，轉運節點為各特定時間的短期投資方案（如銀行定存）。所產生的網路有一連串流量，代表現金可用、投資及回收的時程。

建立模型

我們思考一下，有向連通網路中的 n 個節點，包括至少一供給節點及一需求節點。該模型的決策變數為

x_{ij} ＝通過弧 $i \rightarrow j$ 的流量，

且已知資料有

c_{ij} ＝通過弧 $i \rightarrow j$ 的單位流量成本，

u_{ij} ＝弧 $i \rightarrow j$ 的容量，

b_i ＝節點 i 產生的淨流量，

b_i 值與節點 i 的性質有關，其中

$b_i > 0$　　如果節點 i 是供給節點，

$b_i < 0$　　如果節點 i 是需求節點，

$b_i = 0$　　如果節點 i 是轉運節點。

目標是極小化通過網路運送可用供給量，以滿足已知需求的總成本。

其線性規劃模型是

極小化　　$Z = \sum_{i=1}^{n} \sum_{j=1}^{n} c_{ij} x_{ij}$，

受限於

$$\sum_{j=1}^{n} x_{ij} - \sum_{j=1}^{n} x_{ji} = b_i，對於每個節點 i，$$

及

$0 \leq x_{ij} \leq u_{ij}$，對每個弧 $i \rightarrow j$。

節點限制式 (node constraints) 的第一總和項為流出節點 i 的總流量，第二總和項則為流入節點 i 的總流量，所以其差即該節點產生的淨流量。

節點限制式係數的形式是最小成本流量問題的特色。並非所有最小成本流量問題都能輕易識別，但若建立（或重建）模型後，其限制式係數出現此形式，即可知是最小成本流量問題，接著可應用網路單形法來快速求解。

一些應用中通過弧 $i \rightarrow j$ 的流量會有下限 $L_{ij} > 0$，此時可用變數變換 $x'_{ij} = x_{ij} - L_{ij}$，然後以 $x'_{ij} + L_{ij}$ 取代整個模型中的 x_{ij}，把模型轉換成有非負限制式的形式。

最小成本流量問題並非一定有可行解,完全取決於網路的弧及容量。設計合理的網路有個必要條件:

可行解特質:最小成本流量問題有可行解之必要條件為

$$\sum_{i=1}^{n} b_i = 0 \text{。}$$

即供給節點產生之總流量等於需求節點吸收之總流量。

若問題的 b_i 值違反此特質,一般能將供給或需求(視何者超過)解釋為實際代表上限,而非確切流量。當 8.1 節的運輸問題出現此情況,使用虛擬終點來接受超額供給量,或用虛擬源點來提供超額需求量。現在,我們也用相同方法,即使用虛擬需求以吸收超額供給(在各供給節點加上至此節點的弧,其 $c_{ij} = 0$),或使用虛擬供給節點產生超額需求(在此節點加上至各需求節點的弧,其 $c_{ij} = 0$)。

b_i 及 u_{ij} 對許多應用來說,皆為整數值,而實作上也要求流量 x_{ij} 必為整數。所幸依據接下來的說明,最小成本流量問題與運輸問題一樣,不需要外加變數的整數限制式,就能保證有此結果。

整數解性質:對最小成本流量問題而言,若 b_i 及 u_{ij} 值皆為整數,則每個可行基 (BF) 解(包括最佳解)的所有基變數皆為整數。

例題

圖 9.12 為最小成本流量問題,也是 3.4 節中圖 3.13 的配送公司貨物配送網,其資料為該例題的 b_i、c_{ij} 及 u_{ij} 值。b_i 值標示於節點旁的中括弧內,供給節點 ($b_i > 0$) 是 A 和 B(公司的兩個工廠),需求節點 ($b_i < 0$) 為 D 和 E(兩座倉庫),轉運節點 ($b_i = 0$) 為 C(配送中心)。各 c_{ij} 值標於弧旁。在本例中,除了兩個弧外,其他所有弧的容量都超過總產生的流量 (90),所以可視為 $u_{ij} = \infty$。這兩個例外的弧分別為 $A \to B$,其 $u_{AB} = 10$,以及弧 $C \to E$,其 $u_{CE} = 80$。

其線性規劃模型如下:

極小化　　$Z = 2x_{AB} + 4x_{AC} + 9x_{AD} + 3x_{BC} + x_{CE} + 3x_{DE} + 2x_{ED}$

受限於

$$
\begin{aligned}
x_{AB} + x_{AC} + x_{AD} &= 50 \\
-x_{AB} \phantom{+ x_{AC} + x_{AD}} + x_{BC} &= 40 \\
-x_{AC} \phantom{+ x_{AD}} - x_{BC} + x_{CE} &= 0 \\
-x_{AD} \phantom{- x_{BC} + x_{CE}} + x_{DE} - x_{ED} &= -30 \\
-x_{CE} - x_{DE} + x_{ED} &= -60
\end{aligned}
$$

及

$x_{AB} \leq 10$、$x_{CE} \leq 80$,所有 $x_{ij} \leq 0$。

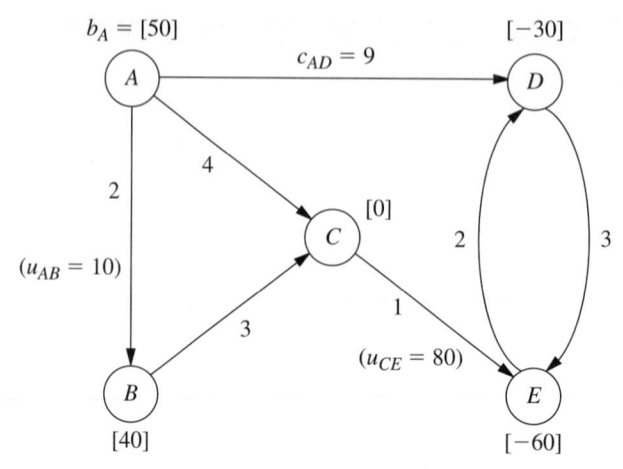

□ 圖 9.12　配送公司貨物配送網問題的最小成本流量問題模型。

在各節點限制式（等式限制式）中，係數分布呈現規則型態。各變數都有兩個非零係數，一為 +1，另一為 –1，會出現在每一個最小成本流量問題，因此造成其整數解性質。

另外，此特殊結構其中一個（任一個）節點限制式是多餘的。加總這些限制式後，兩邊皆為零（假設可行解存在，則 b_i 值的和是零），因此任一方程式乘以 –1 等於其他方程式的和。在 $n-1$ 個非多餘的節點限制式中，方程式只能提供一 $n-1$ 個基變數的 BF 解。接著我們會看到網路單形法視 $x_{ij} \leq u_{ij}$ 限制式為非負限制式的鏡像，所以基變數總數還是 $n-1$。所以，$n-1$ 個基變數與延展樹的 $n-1$ 個弧有直接的對應關係。

以 Excel 建立及求解最小成本流量問題

Excel 提供一種建立及求解小型最小成本流量問題的簡便方式。與圖 9.11 的最大流量問題幾乎相同，圖 9.13 所呈現的求解方式之差別在於，須包括單位成本 c_{ij}（在 G 行）。每個節點皆有 b_i 值，故要有淨流量限制式。此例題中僅有兩弧有容量限制。目標格 TotalCost (D12) 呈現網路流量總成本（見圖下方方程式），因此 Solver 指定極小化此數量。試算表的改變格 Ship (D4:D10) 顯示執行 Solver 後產生的最佳解。

對較大型最小成本流量問題來說，下節將說明的網路單形法的求解法更有效率。此方法也可用來求解最小成本流量問題的各種特例。一般數學規劃套裝軟體都包含此方法。

在使用網路單形法求解此例題以前，我們先討論如何將特例轉換成最小成本流量問題的網路形式。

	A	B	C	D	E	F	G	H	I	J	K	L
1	Distribution Unlimited Co. Minimum Cost Flow Problem										
2												
3		From	To	Ship		Capacity	Unit Cost		Nodes	Net Flow		Supply/Demand
4		A	B	0	<=	10	2		A	50	=	50
5		A	C	40			4		B	40	=	40
6		A	D	10			9		C	0	=	0
7		B	C	40			3		D	-30	=	-30
8		C	E	80	<=	80	1		E	-60	=	-60
9		D	E	0			3					
10		E	D	20			2					
11												
12		Total Cost		490								

Solver Parameters
Set Objective Cell: TotalCost
To: Min
By Changing Variable Cells:
  Ship
Subject to the Constraints:
  D4 <= F4
  D8 <= F8
  NetFlow = SupplyDemand
Solver Options:
  Make Variables Nonnegative
  Solving Method: Simplex LP

Range Name	Cells
Capacity	F4:F10
From	B4:B10
NetFlow	J4:J8
Nodes	I4:I8
Ship	D4:D10
SupplyDemand	L4:L8
To	C4:C10
TotalCost	D12
UnitCost	G4:G10

	J
3	Net Flow
4	=SUMIF(From,I4,Ship)-SUMIF(To,I4,Ship)
5	=SUMIF(From,I5,Ship)-SUMIF(To,I5,Ship)
6	=SUMIF(From,I6,Ship)-SUMIF(To,I6,Ship)
7	=SUMIF(From,I7,Ship)-SUMIF(To,I7,Ship)
8	=SUMIF(From,I8,Ship)-SUMIF(To,I8,Ship)

	C	D
12	Total Cost	=SUMPRODUCT(D4:D10,G4:G10)

□ 圖 **9.13** 配送公司的最小成本流量問題的試算表模型。

特例

運輸問題 我們要將 8.1 節的運輸問題建立成為最小成本流量問題,將每個源點設為供給節點,每個終點設為需求節點。但此網路中不需轉運節點。所有弧皆為從供給節點指向需求節點,其中從源點 i 到終點 j 的分配量 x_{ij} 相當於通過弧 $i \to j$ 的流量 x_{ij}。單位運輸成本 c_{ij} 成為單位流量成本 c_{ij}。由於運輸問題的各個 x_{ij} 無上界限制,所有的 $u_{ij} = \infty$。

利用此模型呈現表 8.2 的運輸問題模型,會產生圖 8.2 的網路。而與此相當的一般運輸問題網路可見圖 8.3。

指派問題 8.3 節討論的指派問題是運輸問題的特例,各最小成本流量問題模型有相同形式。另外我們思考 (1) 供給節點數與需求節點數相等;(2) 各供給節點的 $b_i = 1$;(3) 各需求節點的 $b_i = -1$。

圖 8.5 是一般指派問題的最小成本流量模型。

轉運問題 除弧沒有(有限)容量外,此特例實際包括最小成本流量問題所有的一般特性。因此,我們也會稱「任何弧無流量上限的最小成本流量問題」為「轉運問題」。

如圖 9.13 配送公司問題,若我們刪除弧 $A \to B$ 和 $C \to E$ 的流量上限,就成為轉運問題。

轉運問題是一般運輸問題，也就是貨物由各源點運至各終點前，可先經過中介點（包括其他源點與終點，及其他轉運點）。我們在網路中會以轉運節點來表示。例如，配送公司問題可視為一般運輸問題，其中有兩個源點（兩間工廠，如圖 9.13 以節點 A 與 B 表示）、兩個終點（兩座倉庫，即節點 D 及 E），及一個中介轉運點（節點 C 為配送中心）。

最短路徑問題　接著來思考 9.3 節的最短路徑問題（找出無向網路中，由起點至終點的最短路徑）。各位在建立此最小成本流量問題模型時，須設定一個供給量為 1 的供給節點為起點，及一個需求量為 1 的需求節點為終點，而其他節點皆為轉運節點。最短路徑問題是無向網路，而最小成本流量問題為有向網路，除進入供給節點及離開需求節點的弧外，須把每條鏈結換成一對方向相反的有向弧（以雙邊皆有箭頭的線來表示）。節點 i 與 j 的距離變成單位成本 c_{ij} 或反向的 c_{ji}。一如前述的轉運問題，最短路徑問題無弧容量限制式，因此所有的 $u_{ij} = \infty$。

圖 9.14 為圖 9.1 公園最短路徑問題的最小成本流量問題模型，線旁的數字為兩個方向的單位流量成本。

最大流量問題　最後，我們要思考 9.5 節的最大流量問題特例。已知此特例的網路資訊包括，一個供給節點（源點）、一個需求節點（匯流）、數個轉運節點、各弧及容量。為符合最小成本流量問題形式，僅需調整三項。第一，令所有弧的 $c_{ij} = 0$，以反映最大流量問題沒有成本。第二，選定 $\overline{F}$ 值為通過網路最大可行流量的上界，然後令供給節點的供給量和需求節點的需求量皆為 $\overline{F}$（其他所有節點皆為轉運節點，所以 b_i 自動為 0）。第三，增加一條直接由供給節點至需求節點的弧，並令其單位成本非常大，即 $c_{ij} = M$，而弧容量則無限 ($u_{ij} = \infty$)。因為此弧的成本是正值，其他弧的成本皆為零，所以最小成本流量問題會運送最大可行流量經過其他弧，而達成最大流量問題之目標。

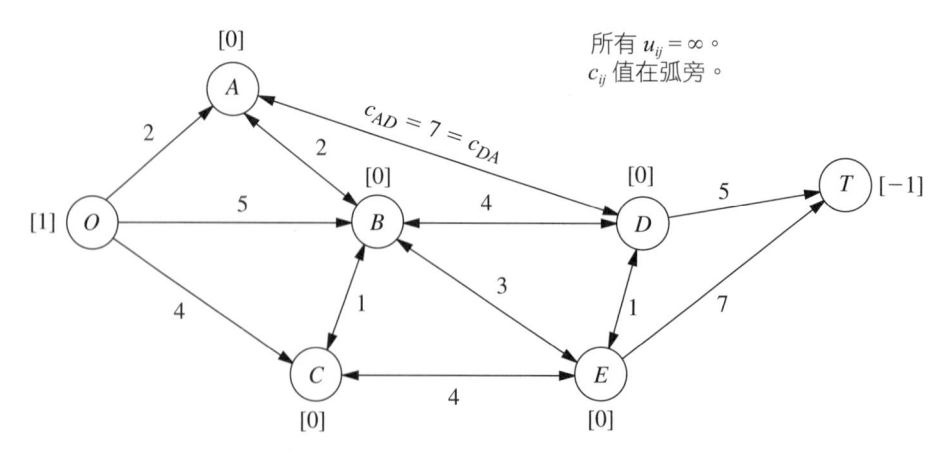

■ **圖 9.14**　Seervada 公園最短路徑問題的最小成本流量模型。

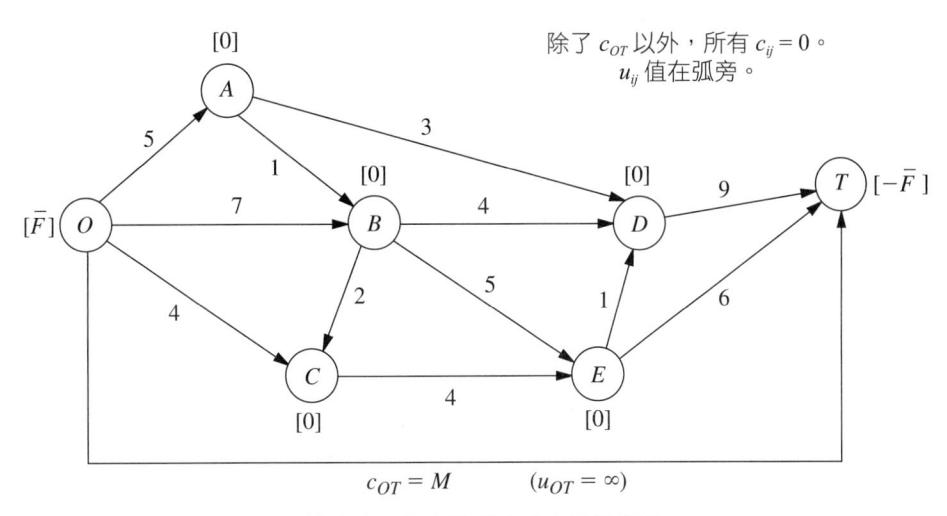

圖 9.15 Seervada 公園最大流量問題的最小成本流量模型。

以該模型呈現圖 9.6 公園最大流量問題,會產生圖 9.15 的網路,而其中原始弧旁的數字為弧容量。

最後評論 除轉運問題外,其他特例皆為本章及第 8 章重點。如前述,這些特例各有高效率的特殊求解演算法,故不需重建模型。但若所使用的電腦套裝軟體並未提供特殊演算法時,另一種方法就是網路單形法。近來網路單形法的實作效率事實上已非常高,也成為絕佳的替代方法。

我們之所以關注這些問題為最小成本流量問題特例,其一原因為:最小成本流量問題與網路單形法理論提供了一個共同理論基礎。另一原因為:許多最小成本流量問題應用會包含這些特例,所以各位應重建這些模型,以符合範疇較廣的問題。

9.7 網路單形法

網路單形法是一種求解最小成本流量問題的高效率精簡單形法。因此其疊代步驟與單形法完全相同,即找出進入基變數、選擇退出基變數、求出新 BF 解,接著由目前的 BF 解移至較佳相鄰 BF 解。但網路單形法在這些步驟中充分利用網路的特殊架構,故不需用單形表。

各位能看出網路單形法與 8.2 節的運輸單形法有相似之處。兩者事實上都屬於使用同一觀念的精簡單形法,但以不同方式求解。網路單形法進一步擴大此觀念,以求解其他形式的最小成本流量問題。

本節簡介網路單形法,只探討主要觀念,而不討論程式撰寫的細節,如建立初始 BF 解,及執行某些計算(選取進入基變數)最有效率方式等。相關細節可參閱本章末參考文獻 1。

應用上界法

第一個觀念要應用上界法 (upper technique)，有效率處理弧容量限制 $x_{ij} \leq u_{ij}$，即只將這些限制當作非負限制式，所以只在選擇退出基變數時才需要處理。當進入基變數從零增大，退出基變數是第一個達到其下界 (0) 或上界 (u_{ij}) 的基變數。若該非基變數到達其上界 $x_{ij} = u_{ij}$，則以 $x_{ij} = u_{ij} - y_{ij}$ 取代，故 $y_{ij} = 0$ 為非基變數。

在該網路中，若 y_{ij} 變成基變數而有正值（$\leq u_{ij}$），則可將此值視為由節點 j 至節點 i 的流量（弧 $i \rightarrow j$ 的「錯誤」方向）；其作用事實上是抵銷以前指派由節點 i 至節點 j 的流量（$x_{ij} = u_{ij}$）。因此，以 $x_{ij} = u_{ij} - y_{ij}$ 取代 $x_{ij} = u_{ij}$，也就是把真正的弧 $i \rightarrow j$ 換成其**反向弧 (reverse arc)** $j \rightarrow i$，而此新弧容量是 u_{ij}（能夠抵銷的最大流量 $x_{ij} = u_{ij}$），其單位成本是 $-c_{ij}$（每抵銷一單位流量可節省 c_{ij}）。為了反映抵銷的弧流量 $x_{ij} = u_{ij}$，必須從 b_i 減少 u_{ij}，而 b_j 增加 u_{ij}，由節點 i 轉移此淨流量至節點 j。之後若因 y_{ij} 到達其上限而變成退出基變數，則以 $y_{ij} = u_{ij} - x_{ij}$ 取代 $y_{ij} = u_{ij}$，而 $x_{ij} = 0$ 成為新非基變數，因此逆轉以上過程（以弧 $i \rightarrow j$ 取代 $j \rightarrow i$ 等），回到原圖形。

我們以圖 9.12 的最小成本流量問題來說明此過程。當網路單形法產生一連串 BF 解時，假設因 x_{AB} 到達上限 10 而變成退出基變數。因此，以 $x_{AB} = 10 - y_{AB}$ 取代 $x_{AB} = 10$，所以 $y_{AB} = 0$ 成為新非基變數。同時以弧 $B \rightarrow A$ 取代 $A \rightarrow B$（y_{AB} 為其流量），並指派此新弧的容量為 10，單位成本為 -2。因為 $x_{AB} = 10$，b_A 從 50 減為 40，b_B 從 40 增為 50，而圖 9.16 呈現出調整後的網路。

接著以此說明整個網路單形法，根據圖 9.16 由 $y_{AB} = 0$ ($x_{AB} = 10$) 為非基變數開始，其 x_{CE} 到達上限 80，而變成 $x_{CE} = 80 - y_{CE}$ 等，接著在下一次疊代中，y_{AB} 到達其上限 10。各位會看到，這些運算都可直接在網路上進行，所以不需要以 x_{ij} 或 y_{ij} 來表示弧流量，或甚至不需記錄何為真正的弧、何為反向弧（除最終解外）。節點限制式在應用上界法後，成為唯一的函數限制式（流出減流入 = b_i）。最小成本流量問題的弧

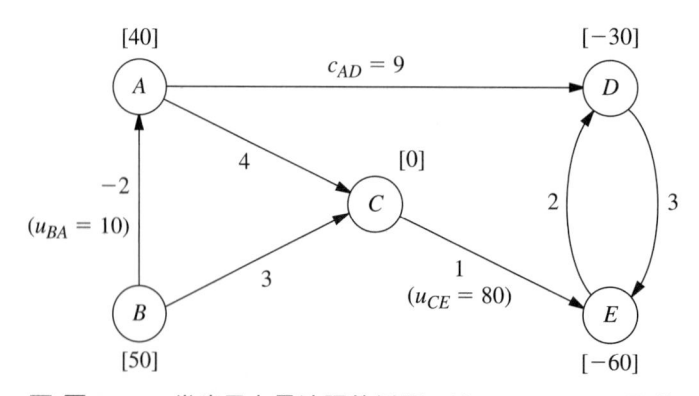

■ **圖 9.16** 當應用上界法調整例題，以 $x_{AB} = 10 - y_{AB}$ 取代 $x_{AB} = 10$ 後的網路。

數比節點數多許多,故最後函數限制式數目僅是原同時包括弧容量限制的一小部分。單形法的解題時間會隨限制式數目增加而加快,但僅會因變數數目(或變數上界數目)增多而緩慢增加,故應用上界法能大幅省下計算時間。

無容量限制的最小成本流量問題(除上一節最後一種特例外的其他問題)無弧容量限制,所以不需要用此方法。

BF 解與可行延展樹的關係

網路單形法最重要的觀念是 BF 解的網路表示法。在 9.6 節有 n 個節點的網路中,每個 BF 解有 $(n-1)$ 個基變數,其中每個基變數 x_{ij} 為通過弧 $i \to j$ 的流量。這 $(n-1)$ 個弧稱為**基弧 (basic arc)**。同理,相當於非基變數 $x_{ij} = 0$ 或 $y_{ij} = 0$ 的弧為**非基弧 (nonbasic arc)**。

基弧的特性是不會形成無向迴路(即避免所得的解是另兩個可行解的加權平均,因為這會違反 BF 解的性質)。如前述,任何不包含無向迴路的 $(n-1)$ 個弧的集合就是延展樹。故任何完整的 $(n-1)$ 個基弧的集合會形成延展樹。

因此,BF 解可由「求解」延展樹而得到。

延展樹解 (spanning tree solution) 可由下列方法得到:

1. 對不在延展樹上的弧(非基弧),令其相對應變數(x_{ij} 或 y_{ij})為零。
2. 對在延展樹上的弧(基弧),據節點限制式構成的聯立方程式,求解其對應的基變數(x_{ij} 或 y_{ij})。

網路單形法實際上,由目前 BF 解以更快方法找出新 BF 解,並不需從頭開始求解。此求解過程並未考慮非負限制式與基變數的弧容量限制,故其延展樹解可能不符合限制式,因而出現下一種定義:

可行延展樹 (feasible spanning tree) 是一延展樹,其節點限制式之解亦符合所有其他限制式($0 \leq x_{ij} \leq u_{ij}$ 或 $0 \leq y_{ij} \leq u_{ij}$)。

根據此定義,我們得到一個重要結論:

網路單形法基本定理 (fundamental theorem for the network simple method):
基解是延展樹解(反之亦然),而 BF 解是可行延展樹解(反之亦然)。

我們以圖 9.16 的網路為例來說明其應用,若把圖 9.12 例題中的 $x_{AB} = 10$ 換成 $x_{AB} = 10 - y_{AB}$ 即可得到圖 9.16。此網路的一個延展樹如圖 9.3e 所示,其弧為 $A \to D$、$D \to E$、$C \to E$ 及 $B \to C$。以這些弧為基弧找出延展樹解的過程如下。左邊為 9.6 節以 $10 - y_{AB}$ 取代 x_{AB} 之後的節點限制式,基變數以粗體字表示。右邊由上而下是計算或設

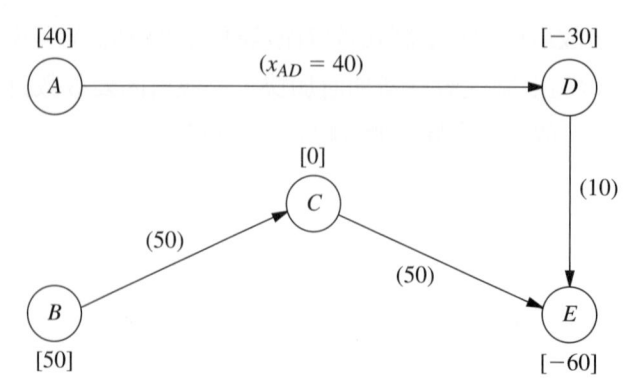

```
                    [40]                              [−30]
                     (A) ──────(x_AD = 40)──────▶ (D)
                                                    │
                                            [0]    (10)
                                            (C)     │
                              (50)        ╱  (50)   ▼
                     (B) ────────       ────────▶ (E)
                    [50]                              [−60]
```

圖 9.17 例題之初始可行延展樹及其解。

定各變數值的先後順序。

$$y_{AB} = 0,\ x_{AC} = 0,\ x_{ED} = 0$$

$$-y_{AB} + x_{AC} + x_{AD} + x_{BC} - x_{CE} - x_{DE} + x_{ED} = -40 \qquad x_{AD} = 40.$$
$$-y_{AB} + x_{AC} + x_{AD} + x_{BC} = -50 \qquad x_{BC} = 50.$$
$$-y_{AB} - x_{AC} + x_{AD} - x_{BC} + x_{CE} = -0 \qquad 所以 \quad x_{CE} = 50.$$
$$-y_{AB} - x_{AC} - x_{AD} - x_{BC} + x_{CE} + x_{DE} - x_{ED} = -30 \qquad 所以 \quad x_{DE} = 10.$$
$$-y_{AB} + x_{AC} + x_{AD} + x_{BC} - x_{CE} - x_{DE} + x_{ED} = -60 \qquad 多餘$$

因為所有基變數值符合非負限制式及相關的弧容量限制 ($x_{CE} \leq 80$)，所以這個延展樹是可行延展樹，因此得到一個 BF 解。

接著，我們以此解為網路單形法的初始 BF 解。而圖 9.17 為其網路形式，即可行延展樹及其解，弧旁數字為流量（x_{ij} 值），而非以前的單位成本 c_{ij}。（為易於分辨，只有流量以括弧標示）。

選擇進入基變數

標準單形法疊代一開始是選擇進入基變數，旨在選擇一非基變數。當此非基變數由零增大時，會讓 Z 值改善的速率最快。下列我們將說明，若不用單形表，網路單形法進行疊代的方式。

為便於說明，我們來思考一下初始 BF 解的非基變數 x_{AC} 及非基弧 $A \rightarrow C$。若由零增大 x_{AC} 到某個 θ 值，表示必在圖 9.17 網路的弧 $A \rightarrow C$ 加入流量 θ。從延展樹增加一個非基弧，必定會造成唯一的無向迴路，如圖 9.18 的 AC–CE–DE–AD。該圖顯示在 $A \rightarrow C$ 弧增加流量 θ，對網路其他流量的影響。迴路中 $A \rightarrow C$ 相同方向的其他弧的流量會增加 θ（弧 $C \rightarrow E$），而與 $A \rightarrow C$ 相反方向的其他弧，其淨流量則會減少 θ（弧 $D \rightarrow E$ 及 $A \rightarrow D$）。而此新流量事實上是抵銷相反方向的流量 θ。不在迴路的弧（弧 $B \rightarrow C$）則不受新流量影響（可從剛產生之初始可行延展樹的解中，觀察 x_{AC} 的改變對其他變數值的影響，以驗證這個結論）。

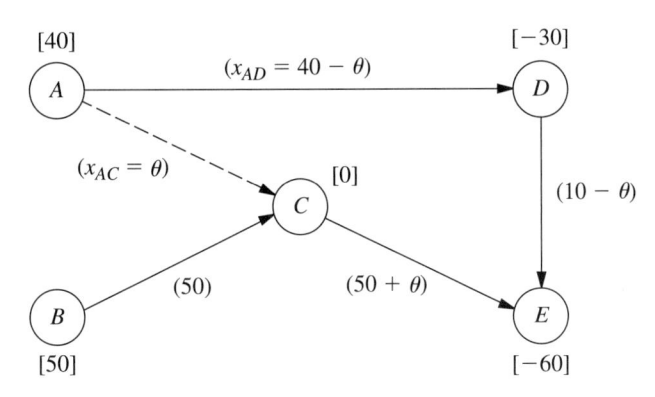

▣ 圖 9.18　在初始可行延展樹加入流量為 θ 的弧 $A \to C$ 對流量的影響。

接著，我們來探討弧 $A \to C$ 加入流量 θ 對 Z（總流量成本）的影響。圖 9.18 的單位成本乘以各弧的流量改變，就可以得到圖 9.19 的結果。故 Z 的總增量為

$$\Delta Z = c_{AC}\theta + c_{CE}\theta + c_{DE}(-\theta) + c_{AD}(-\theta)$$
$$= 4\theta + \theta - 3\theta - 9\theta$$
$$= -7\theta$$

令 $\theta = 1$，則可知當 x_{AC} 增加時，Z 的改變率即

$$\Delta Z = -7, \quad 當 \theta = 1。$$

因為要極小化 Z，所以會希望增加 x_{AC} 而讓 Z 很快減少，因此 x_{AC} 是進入基變數的主要候選者。

我們在決定進入基變數前，還要對其他非基變數進行相同的分析。其他非基變數是 y_{AB} 和 x_{ED}，相當於圖 9.16 中的兩個非基弧 $B \to A$ 及 $E \to D$。

圖 9.20 顯示在圖 9.17 的初始可行延展樹中，加入流量 θ 的 $B \to A$ 弧對成本增量的影響。加入這個弧會造成無向迴路 BA–AD–DE–CE–BC，故弧 $A \to D$ 及 $D \to E$ 的流

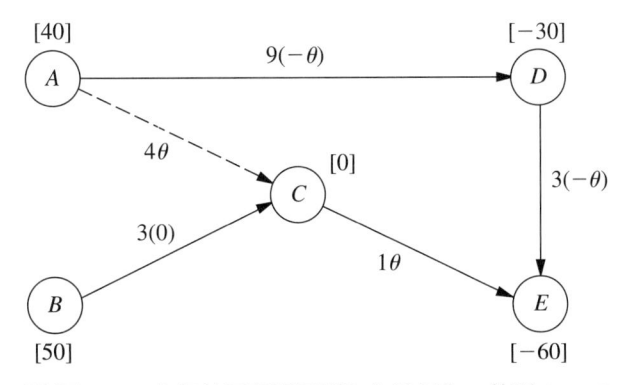

▣ 圖 9.19　在初始可行延展樹加入流量為 θ 的弧 $A \to C$ 對成本增量的影響。

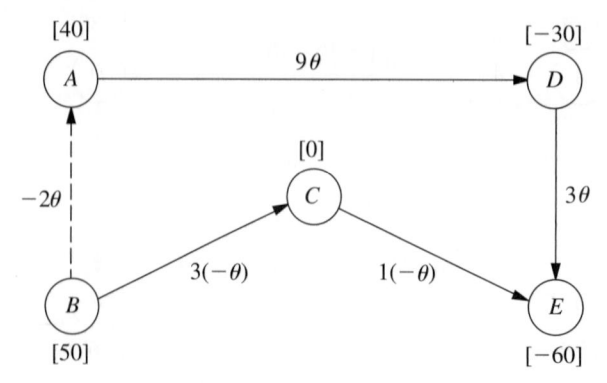

圖 9.20 在初始可行延展樹加入流量為 θ 的弧 $B \to A$ 對成本增量的影響。

量增加 θ，但在迴路中相反方向的兩弧 $C \to E$ 和 $B \to C$ 則各減少 θ。這些增量 θ 及 $-\theta$ 須乘以圖中的 c_{ij} 值，因此，

$$\Delta Z = -2\theta + 9\theta + 3\theta + 1(-\theta) + 3(-\theta) = 6\theta$$
$$= 6 \text{，當 } \theta = 1 \text{。}$$

因為要極小化 Z，當 y_{AB}（流經反向弧 $B \to A$）從零增大時，Z 會增加而非減少，而讓此變數不能成為進入基變數的候選者（增加 y_{AB} 表示通過真正的弧 $A \to B$ 流量 x_{AB}，從其上界 10 向下減少）。

我們由最後一個非基弧的分析中得到類似的結果。在初始可行延展樹加入流量為 θ 的弧 $E \to D$，造成無向迴路 ED–DE（見圖 9.21），所以弧 $D \to E$ 流量增加 θ，但其他弧不受影響。故

$$\Delta Z = 2\theta + 3\theta = 5\theta$$
$$= 5 \text{，當 } \theta = 1 \text{，}$$

所以 x_{ED} 也不是進入基變數的候選者。

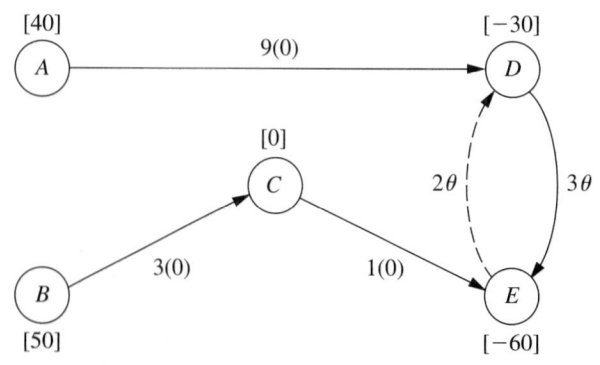

圖 9.21 在初始可行延展樹增加流量為 θ 的弧 $E \to D$ 對成本增量的影響。

總之，

$$\Delta Z = \begin{cases} -7, & \text{如果 } \Delta x_{AC} = 1 \\ 6, & \text{如果 } \Delta y_{AB} = 1 \\ -5, & \text{如果 } \Delta x_{ED} = 1 \end{cases}$$

所以 x_{AC} 的負值表示 x_{AC} 成為第一次疊代的進入基變數。若有一個以上的非基變數產生負值的 ΔZ，則選取其中絕對值最大者（若無非基變數的 ΔZ 為負值，則目前為最佳 BF 解）。

網路單形法實際並不會找尋無向迴路，而是用較有效率（尤其對大型問題）的代數方法來計算 ΔZ。這與 8.2 節的運輸單形法相同，求解 u_i 及 v_j 以得到各非基變數 x_{ij} 的 $c_{ij} - u_i - v_j$ 值。本章不再詳述，故本章習題應使用無向迴路來求解。

尋找退出基變數及新的 BF 解

我們在選定進入基變數後，要找出退出基變數及下一個 BF 解。本例第一次疊代的關鍵在於圖 9.18 中。既然 x_{AC} 是進入基變數，通過弧 $A \to C$ 的流量 θ 應該儘量增加，直到有基變數到達其下界 (0) 或上界 (u_{ij}) 為止。而對流量會隨 θ 值增加的弧（$A \to C$ 及 $C \to E$），只需要考慮上界（$u_{AC} = \infty$ 及 $u_{CE} = 80$）：

$$x_{AC} = \theta \leq \infty。$$
$$x_{CE} = 50 + \theta \leq 80，所以 \theta \leq 30。$$

對減少流量 θ 的弧（弧 $D \to E$ 及 $A \to D$），只需要考慮下界 0：

$$x_{DE} = 10 - \theta \geq 0，所以 \theta \leq 10。$$
$$x_{AD} = 40 - \theta \geq 0，所以 \theta \leq 40。$$

至於不隨 θ 改變的弧（不在無向迴路上的弧），如本例弧 $B \to C$，不會到達下界或上界，所以不用處理。

對於圖 9.18 的五個弧來說，x_{DE} 到達界限的 θ 值 (10) 最小，所以是退出基變數。令 $\theta = 10$，我們能得到下一個 BF 解各基弧的流量：

$$x_{AC} = \theta = 10，$$
$$x_{CE} = 50 + \theta = 60，$$
$$x_{AD} = 40 - \theta = 30，$$
$$x_{BC} = 50。$$

圖 9.22 呈現可行延展樹。

若退出基變數到達上界，則要用上界法調整（在以下兩次疊代會出現）。這次疊代到達下界 (0)，故不用調整。

完成求解過程 剩餘兩次到最佳解前的疊代都要用上界法。選擇進入基變數、退出基變數，及下一個 BF 解的過程與第一次疊代相同，我們整理如下。

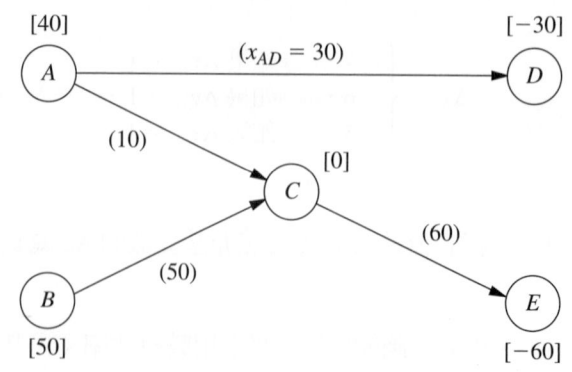

圖 9.22 本例題的第二個可行延展樹及其解。

疊代 2：我們由圖 9.22 的可行延展樹開始，參考圖 9.16 的單位成本 c_{ij}，相關選取進入基變數的計算結果見表 9.4。第二行為加入第一行的非基弧而形成的無向迴路，第三行則因非基弧加入流量 $\theta = 1$，而使迴路流量改變，而改變了成本增量。弧 $E \to D$ 有最大（絕對值）負值的 ΔZ，所以 x_{ED} 是進入基變數。

我們在符合下列界限情況，盡可能增大通過弧 $E \to D$ 的流量 θ：

$$x_{ED} = \theta \leq u_{ED} = \infty, \qquad 所以 \theta \leq \infty,$$
$$x_{AD} = 30 - \theta \geq 0, \qquad 所以 \theta \leq 30,$$
$$x_{AC} = 10 + \theta \leq u_{AC} = \infty, \qquad 所以 \theta \leq \infty,$$
$$x_{CE} = 60 + \theta \leq u_{CE} = 80, \qquad 所以 \theta \leq 20。 \quad \leftarrow 最小值$$

因為 x_{CE} 產生最小的 θ 上界 (20)，所以 x_{CE} 為退出基變數。在 x_{ED}、x_{AD} 及 x_{AC} 中，令 $\theta = 20$，會得到下一個 BF 解經過各基弧的流量（$x_{BC} = 50$ 不受 θ 影響），見圖 9.23。

表 9.4 疊代 2 選擇進入基變數的計算

非基弧	產生的迴路	當 $\theta = 1$ 的 ΔZ 值
$B \to A$	BA–AC–BC	$-2 + 4 - 3 = -1$
$D \to E$	DE–CE–AC–AD	$3 - 1 - 4 + 9 = 7$
$E \to D$	ED–AD–AC–CE	$2 - 9 + 4 + 1 = -2$ ←最小值

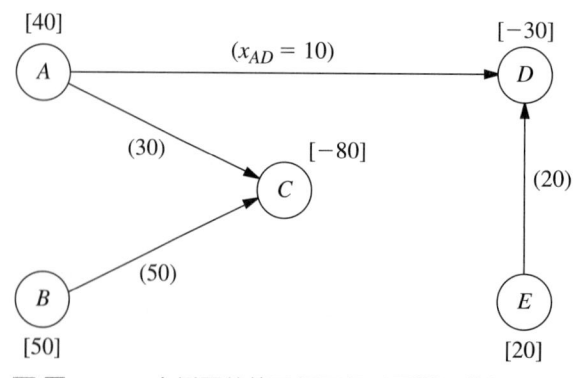

圖 9.23 本例題的第三個可行延展樹及其解。

在這次疊代中，退出基變數 x_{CE} 是因為到達其上界 (80) 而離開。故應用上界法把 x_{CE} 換成 $80 - y_{CE}$，其 $y_{CE} = 0$ 是新非基變數。同時，原始弧 $C \to E$ 的 $c_{CE} = 1$ 及 $u_{CE} = 80$ 則取代為反向弧 $E \to C$，其 $c_{EC} = -1$ 及 $u_{EC} = 80$。另外，b_E 及 b_C 的值也調整為 b_E 加上 80，及 b_C 減去 80。圖 9.24 呈現出調整後的網路，而其中非基弧以虛線表示，弧旁的數字則是單位成本。

疊代 3：利用圖 9.23 及圖 9.24 進行下一次疊代。表 9.5 列出選取進入基變數的計算，結果選取 y_{AB}（反向弧 $B \to A$）為進入基變數。在符合下列流量界限的條件下，盡可能增大通過弧 $B \to A$ 的流量 θ：

$$y_{AB} = \theta \leq u_{BA} = 10, \qquad 所以\ \theta \leq 10 。 \quad \leftarrow 最小值$$
$$x_{AC} = 30 + \theta \leq u_{AC} = \infty, \qquad 所以\ \theta \leq \infty 。$$
$$x_{BC} = 50 - \theta \geq 0, \qquad 所以\ \theta \leq 50 。$$

y_{AB} 造成 θ 的最小上界 (10)，故此變數為退出基變數。令 $\theta = 10$，代入 x_{AC} 及 x_{BC} 之中，可以得到新 BF 解，如圖 9.25 所示。

和疊代 2 相同，退出基變數 (y_{AB}) 因到達上界而離開。選取此退出基變數另有兩個特點。一是進入基變數 y_{AB} 在同一次疊代變成退出基變數。這常發生在上界法，即當進入基變數從零增大，在其他基變數到達界限前，本身已先到達其界限。

另一特點是弧 $B \to A$ 需以反向弧 $A \to B$ 替代（因為退出基變數到達上界），而弧 $B \to A$ 本身已是反向弧。這並不會產生困擾，因為反向弧的反向弧就是原始真正的弧。故圖 9.24 的弧 $B \to A$（$c_{BA} = -2$ 及 $u_{BA} = 10$）現在替換為弧 $A \to B$（$c_{AB} = 2$ 及 u_{AB}

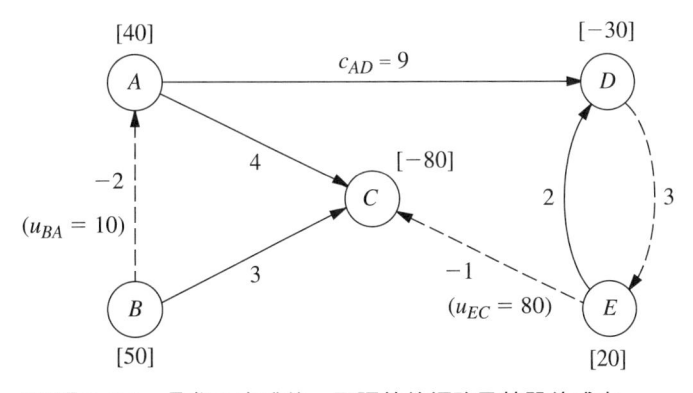

■ 圖 9.24 疊代 2 完成後，已調整的網路及其單位成本。

■ 表 9.5 疊代 3 選擇進入基變數的計算

非基弧	產生的迴路	當 $\theta = 1$ 的 ΔZ 值
$B \to A$	BA–AC–BC	$-2 + 4 - 3 = -1$ ←最小值
$D \to E$	DE–ED	$3 + 2 = 5$
$E \to C$	EC–AC–AD–ED	$-1 - 4 + 9 - 2 = 2$

= 10)，即圖 9.12 原始網路中在節點 A 及 B 間的弧，然後產生的淨流量 10 由節點 B ($b_B = 50 \to 40$) 移至節點 A ($b_A = 40 \to 50$)。同時以變數 $10 - x_{AB}$ 取代 $y_{AB} = 10$，故 $x_{AB} = 0$ 成為新非基變數。調整後的網路如圖 9.26 所示。

　　通過最佳性測試：接著演算法使用圖 9.25 及圖 9.26 找出下一個進入基變數，其計算結果如表 9.6 所示。但由於已經沒有任何非基弧會產生負的 ΔZ 值，所以無法利用增加非基弧上的流量來改善 Z。這意味著圖 9.25 目前 BF 解已通過最佳性測試，所以停止演算法。

　　為找出通過真正弧而非反向弧的流量最佳解，我們必須比較目前的調整後網路（圖 9.26）與原始網路（圖 9.12）。在兩者中，除唯一的反向弧是弧 $E \to C$，其流量為

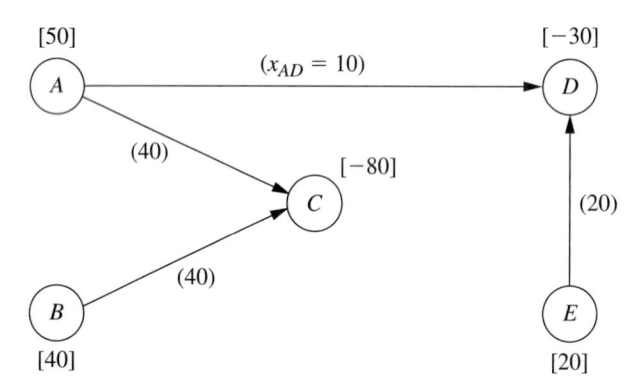

圖 9.25 本例題的第四個（最終）可行延展樹及其解。

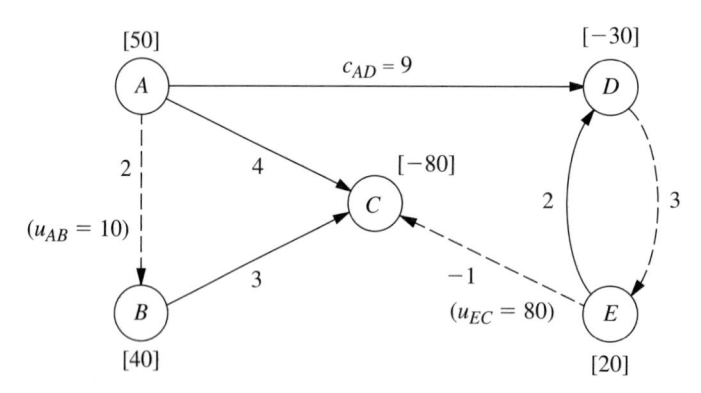

圖 9.26 疊代 3 完成後，所調整的網路及單位成本。

表 9.6 疊代 3 最後的最佳性測試計算

非基弧	產生的迴路	當 $\theta = 1$ 的 ΔZ 值
$A \to B$	AB–BC–AC	$2 + 3 - 4 = 1$
$D \to E$	DE–ED	$3 + 2 = 5$
$E \to C$	EC–AC–AD–ED	$-1 - 4 + 9 - 2 = 2$

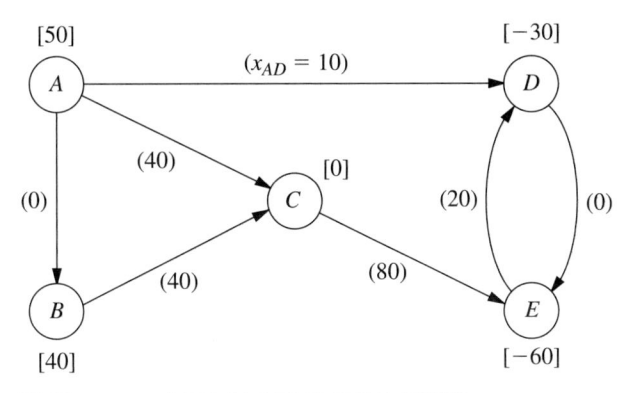

圖 9.27 公司原始網路的最佳流量型態。

y_{CE}。故計算 $x_{CE} = u_{CE} - y_{CE} = 80 - y_{CE}$。弧 $E \to C$ 是非基弧，所以 $y_{CE} = 0$ 及 $x_{CE} = 80$ 是真正弧 $C \to E$ 的流量。所有真正弧的流量如圖 9.25 所示。因此最佳解為圖 9.27 的網路流量。

OR Tutor 中的 Network Analysis Area 提供另一完整範例。本書網站的 Solved Examples 部分也有說明建立最短路徑問題模型的範例，同時 IOR Tutorial 也包括網路單形法的互動程式。

9.8 專案時間成本抵換最佳化的網路模型

網路利用圖形顯示專案作業流程，如營建專案或研發專案。因此，協助管理專案是網路理論的重要應用。

以網路為基礎的**計畫評核術 (program evaluation and review technique, PERT)** 與要徑法 (critical path method, CPM) 於 1950 年代後期，各自獨立發展，成為輔助專案經理完成任務的重要方法，並協調專案各種作業、發展可行時程及掌控進度。多年來，這兩種方法之優點已整合成 PERT/CPM 技術，至今仍廣為使用。我們為配合本章的網路最佳化模型主題，並說明其重要應用，在此介紹其中一種功能。

我們稱此功能稱為「時間成本抵換要徑法」，為原始 CPM 的功能之一，求解具有特定期限 (deadline) 的專案管理問題。對此類專案而言，若所有作業皆按正常方式進行，就無法在期限內完成；但若針對某些作業而增加經費趕工，即可符合期限。如何選定特定作業趕工，以極小化在期限內完成專案的成本？

此方法一般會先用網路呈現該專案中各項作業與執行順序，接著建立最佳化模型，應用邊際分析或線性規劃來求解。一如本章其他網路最佳化模型，此問題能利用其特殊結構來快速求解。

接下來我們利用範例，來說明時間成本抵換要徑法。

典型範例—Reliable 建設公司問題

Reliable 建設公司剛標得為某製造商建新廠、須在 40 週內啟用，價值 $540 萬的工程案。

Reliable 公司派經理 Perty 負責管理此計畫，以確保準時完工。Perty 須安排許多員工在不同時間進行各種不同作業。表 9.7 是他列出的各項作業，其中第三行提供相關協調員工作業時程安排的資訊。

先行作業 (immediate predecessor)（如表 9.7 第三行）對任何作業來說，是必須在某作業開始進行前完成的工作〔同理，某些作業就被稱為**後續作業 (immediate successor)**〕。

例如，第三行點出：

1. 不需等任何其他作業即可開挖。
2. 在打地基前須完成開挖。
3. 在開始砌牆等作業前，一定要完成地基。

若某作業有超過一項以上先行作業，則都得在此作業開始前全部完成。

Perty 和監工為安排作業時程，商議並估計依正常方式進行時，各作業所需時間。表 9.7 最右行呈現出此預估時間。

該作業時間總共需 79 週，遠超過專案期限的 40 週。所幸，有些作業能同時進行，而大幅縮短完工時間。接著我們來說明該如何以圖形視覺化方式呈現專案作業流

◨ 表 9.7　Reliable 建設公司的專案作業表

作業	作業內容	先行作業	預估時間（週）
A	開挖	—	2
B	打地基	A	4
C	砌牆	B	10
D	建屋頂	C	6
E	安裝外部管線	C	4
F	安裝內部管線	E	5
G	建造外牆	D	7
H	粉刷外牆	E、G	9
I	安裝電路	C	7
J	建造內牆	F、I	8
K	安裝地板	J	4
L	粉刷內部	J	5
M	安裝外部五金組件	H	2
N	安裝內部五金組件	K、L	6

程，並在不延遲情況下，求出完成專案所需總時間。

前面章節已針對網路在各種不同類型問題中做了許多描述。同理，網路也是一個能呈現各作業關係、展現專案整體計畫，分析專案計畫的重要工具。

專案網路

我們將表現專案計畫的網路稱為**專案網路 (project network)**，由節點（通常以圓圈或長方形表示）與連結兩節點的弧（以箭線表示）組成。

一如表 9.7 所示，專案需要三種不同資料。

1. 作業資料：把專案細分為個別作業（依所需狀況而定）。
2. 先行關係：說明每項作業的先行作業。
3. 時間資料：預估每項作業的時間。

專案網路須包括上述所有資料，並能選擇兩種類型的專案網路。

一為**弧上作業 (activity-on-arc, AOA)**，是以弧代表作業，而節點用來分隔作業（向外的弧）。因此，弧的順序代表作業間的先行關係。

二為**節點作業 (activity-on-node, AON)**，是以節點代表作業，而弧僅用於代表作業間的先行關係。每個有先行作業的節點，皆有由各先行作業進來的弧。

PERT 和 CPM 最初版本使用 AOA 專案網路，因此傳統上多年來都以此網路表示。但在提供相同資訊上，AON 專案網路較 AOA 專案網路更有優勢：

1. 比 AOA 專案網路容易建立。
2. 對無經驗使用者來說（包括經理人），AON 較容易了解。
3. AON 在改變專案時，較容易修正調整。

基於上述原因，AON 專案網路已廣為使用者接受，並成為標準形式。故本書以 AON 專案網路為討論重點，並省略 AON 此形容字詞。

圖 9.28 為 Reliable 公司的專案網路。[2] 我們由表 9.7 第 3 行可知，專案網路中每項作業的先行作業各有一弧進入該作業。活動 A 無先行作業，所以由開始節點有一弧進入此作業。同理，作業 M 和 N 無後續作業，因此有弧從這兩項作業進入完成節點。所以專案網路充分顯示專案所有活動間的先行關係（加上專案起始與完成）。據表 9.7 最右行，各作業節點旁的數字為該作業的預估時間（以週為單位）。

---

[2] 雖然通常專案網路由左至右描繪，但為符合本書頁面呈現，我們則採以由上往下描繪。

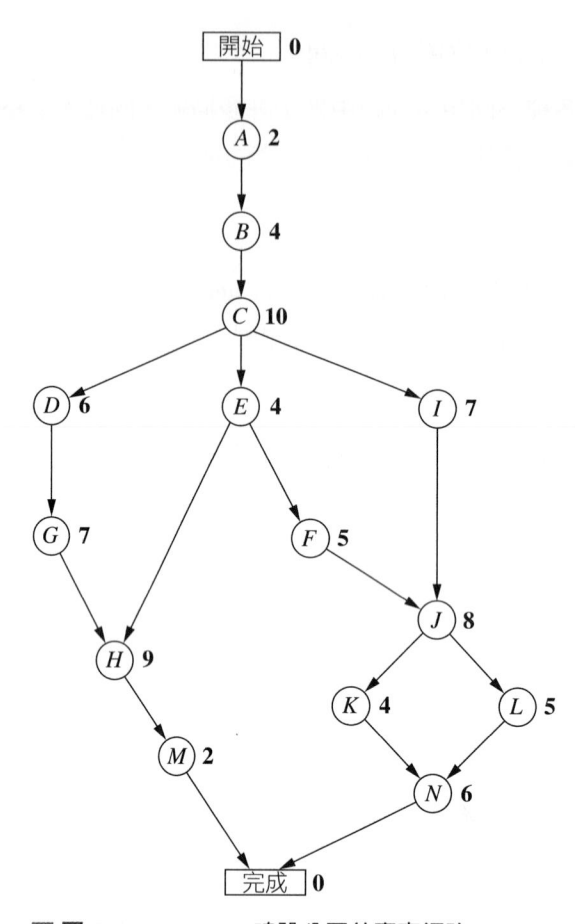

```
                    ┌──────┐
                    │ 開始 │ 0
                    └──┬───┘
                       ↓
                      (A) 2
                       ↓
                      (B) 4
                       ↓
                      (C) 10
                   ↙   ↓   ↘
                (D) 6 (E) 4 (I) 7
                 ↓    ↓ ↘   ↓
                (G) 7 (F) 5 ↓
                 ↓    ↓  ↘  ↓
                 ↓    ↓   (J) 8
                (H) 9      ↙  ↘
                 ↓       (K) 4 (L) 5
                (M) 2      ↘  ↙
                 ↓         (N) 6
                 ↓          ↓
                ┌──────┐
                │ 完成 │ 0
                └──────┘
```

作業代號
A. 開挖
B. 地基
C. 外牆
D. 屋頂
E. 外部管線
F. 內部管線
G. 外牆
H. 外部粉刷
I. 電路
J. 內牆
K. 地板
L. 內部粉刷
M. 外部五金組件
N. 內部五金組件

■ 圖 9.28　Reliable 建設公司的專案網路。

要徑

該專案需多少時間才能完成？由於所有作業時間總和為 79 週，但有些作業能同時進行，故這不是問題的答案。

較為相關的是，網路中各路徑的長度：

專案網路之**路徑 (path)** 是由開始節點沿弧到完成節點之路線。路徑**長度 (length)** 是該路徑上所有作業時間之總和。

我們將圖 9.28 專案網路中 6 條路徑與其長度之計算過程列於表 9.8。路徑長度由 31 週至 44 週（最長路徑為表中第 4 列）不等。

已知路徑長度，則（估計）完成專案所需總時間，即**專案時間 (project duration)** 該為多久？我們接下來說明。

路徑上的作業必須一個接一個完成，且無重疊，故專案時間不能短於路徑長度。有些作業須等待不在路徑上的先行作業完成後才能開始，而這些作業有些可能須等待較久，因為專案時間可能較長。例如，考慮表 9.8 第二條路徑中的作業 H，有兩項先

■ 表 9.8　Reliable 專案網路中的路徑及其長度

路徑	長度（週）
開始→A→B→C→D→G→H→M→完成	2 + 4 + 10 + 6 + 7 + 9 + 2　　= 40
開始→A→B→C→E→H→M→完成	2 + 4 + 10 + 4 + 9 + 2　　　　= 31
開始→A→B→C→E→F→J→K→N→完成	2 + 4 + 10 + 4 + 5 + 8 + 4 + 6 = 43
開始→A→B→C→E→F→J→L→N→完成	2 + 4 + 10 + 4 + 5 + 8 + 5 + 6 = 44
開始→A→B→C→I→J→K→N→完成	2 + 4 + 10 + 7 + 8 + 4 + 6　　= 41
開始→A→B→C→I→J→L→N→完成	2 + 4 + 10 + 7 + 8 + 5 + 6　　= 42

行作業，其中一項（作業 E）在同一路徑上，另一項（作業 G）則不在。在作業 C 完成後，只需 4 週就能完成作業 E，但完成作業 D 與作業 G 卻需 13 週。故專案時間必會較表中第二條路徑長度更長。

然而，專案時間不會較其中某路徑更長，而為專案網路中最長路徑。此路徑上的作業能持續進行而不中斷（否則非最長路徑）。故到達完成節點所需時間等於此路徑長度。此外，較短路徑到達完成節點之時間，都不會比該路徑晚。

接下來，我們整理一下主要的結論：

（預估）專案時間相當於專案網路中最長路徑長度，並稱此為**要徑 (critical path)**。[3] 若有超過一條以上的最長路徑，則皆為要徑。

因此 Reliable 建設公司的專案中，可知

要徑：開始 → A → B → C → E → F → J → L → N → 完成
（預估）專案時間 = 44 週。

所以，若無延遲，完成專案的總時間約為 44 週。此外，此要徑的作業皆為瓶頸作業，任何作業延遲都會讓專案完成時間延後。這對 Perty 是十分有價值的資料，因為他知道該特別注意這些作業是否跟上進度，才有辦法讓該專案按時完成。此外，若打算縮短專案時間（40 週內完成有特別獎金），他必須由縮短要徑的作業時間開始。

現在如果 Perty 要以最低成本，將專案時間縮短為 40 週，則須找出所需趕工作業及時間。Perty 想起 CPM 能探討時間成本抵換的問題，所以打算使用這種方法處理。

我們首先介紹其背景資料。

---

[3] 雖表 9.8 列舉路徑與計算路徑長度，可找出小型專案的要徑，PERT/CPM 通常用更快速的方法，得到包括要徑的各種有用資訊。

作業的時間成本抵換

第一個重要觀念是趕工 (crashing)：

作業趕工 (crashing an activity) 指，採成本較高方式（包括加班、聘僱臨時人員、用省時材料、取得特殊設備等），以縮短作業時間、低於正常工時。**專案趕工 (crashing the project)** 是對某些作業趕工，將專案時間縮短至正常專案時間以下。

時間成本抵換要徑法 (CPM method of time-cost trade-off) 探討各作業需趕工的程度，以將專案至縮短至預期時間。

決定作業趕工程度需要作業的「時間成本曲線圖」(time-cost graph)。圖 9.29 顯示了典型的時間成本曲線。該曲線上分別呈現正常 (normal) 和趕工 (crash) 這兩個關鍵點。

當作業正常執行時，在時間成本曲線上以**正常點 (normal point)** 表示此作業時間和成本。若作業完全趕工 (fully crashed) 時，則以**趕工點 (crash point)** 代表時間和成本，即不計成本，盡量縮短作業時間。CPM 假設可有效預測時間與成本，並無重大的不確定性。

對大多數應用，任何程度的部分趕工時間和成本會落在這兩點之間的線段上。[4] 例如，趕工一半的情況會落在正常點和趕工點正中央的點。此簡化近似減少估計時間

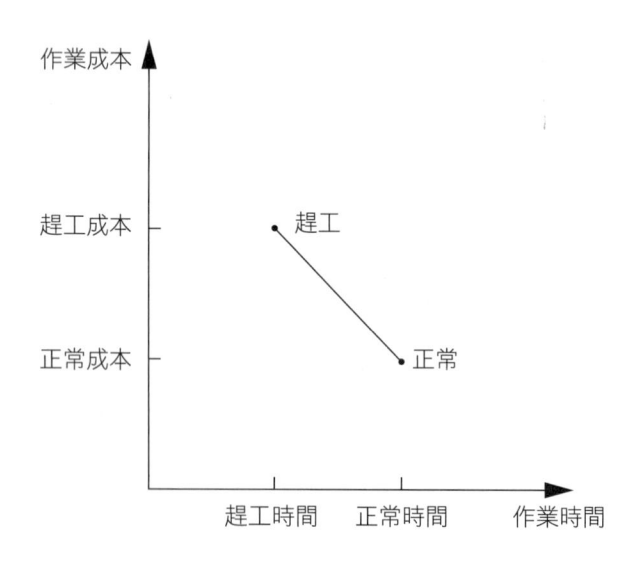

圖 9.29 典型的作業時間成本圖。

---

[4] 這是一個方便的假設，但它經常只是大約的估計，因為正比性與可除性的假設可能無法完全成立。如果真實的時間－成本圖是凸性 (convex)，仍然可以應用線性規劃，亦即使用分段線性 (piecewise linear) 近似，然後應用可分離規劃 (separable programming) 技巧。

與成本所需資料量，僅需正常情形（找出正常點）和完全趕工（以出趕工點）等情形的資料。

Perty 根據此作法，請幕僚與監工建立該專案中各項作業相關資料。如負責建造內牆的監工表示，增加 2 位臨時人員與加班，能讓作業時間由 8 週減少至 6 週，而 6 週為最短可能時間。Perty 的幕僚推估，以此方式完全趕工的成本與照正常 8 週時間的成本，並加以比較。

作業 J（建造內牆）：

正常點：時間 = 8 週，成本 = \$430,000。
趕工點：時間 = 6 週，成本 = \$490,000。
最大縮短時間 = 8 − 6 = 2 週。
每週省下的趕工成本 = $\dfrac{\$490,000 - \$430,000}{2}$
= \$30,000。

以相同方式計算其他作業的時間成本抵換，表 9.9 列出相關資料。

哪些作業應該趕工？

經由我們計算表 9.9 的正常成本 (normal cost) 行和趕工成本 (crash cost) 行之和，可得到

正常成本總和 = \$455 萬
趕工成本總和 = \$615 萬

表 9.9 Reliable 專案作業的時間成本抵換資料

作業	時間（週）正常	時間（週）趕工	成本 正常	成本 趕工	最大縮短時間（週）	每週省下的趕工成本
A	2	1	\$180,000	\$280,000	1	\$100,000
B	4	2	\$320,000	\$420,000	2	\$ 50,000
C	10	7	\$620,000	\$860,000	3	\$ 80,000
D	6	4	\$260,000	\$340,000	2	\$ 40,000
E	4	3	\$410,000	\$570,000	1	\$160,000
F	5	3	\$180,000	\$260,000	2	\$ 40,000
G	7	4	\$900,000	\$1020,000	3	\$ 40,000
H	9	6	\$200,000	\$380,000	3	\$ 60,000
I	7	5	\$210,000	\$270,000	2	\$ 30,000
J	8	6	\$430,000	\$490,000	2	\$ 30,000
K	4	3	\$160,000	\$200,000	1	\$ 40,000
L	5	3	\$250,000	\$350,000	2	\$ 50,000
M	2	1	\$100,000	\$200,000	1	\$100,000
N	6	3	\$330,000	\$510,000	3	\$ 60,000

一如前述，該公司完成此專案之收入為 $540 萬。除上述各項作業成本外，此筆款項還要支付經常性費用，及提供合理利潤。Reliable 公司的管理階層在計算投標金額時，認為作業總成本只要維持在約 $455 萬，就有合理的利潤。Perty 非常了解，自己得要依據預算和時程，來控制專案時程。

我們由表 9.8 中已知，若所有作業都以正常方式執行，（若無延遲）預期完成專案時間為 44 週。經過計算後，若全都改為完全趕工，會縮短到只要 28 週，但成本高達 $615 萬！故要將所有作業改為完全趕工是不可行的。

但 Perty 仍想要探討某些作業採完全或部分趕工，以縮短為 40 週的可能性。

問題：針對某些作業進行趕工，將（預估）專案時間縮短到特定水準（40 週），最划算的方法為何？

有種求解此問題的方式，是使用**邊際成本分析 (marginal cost analysis)**，即根據表 9.9（及表 9.8）最後一行，決定每次縮短專案時間 1 週的最低成本方式。進行此分析最容易的方式是，建立如表 9.10 的表格，列出專案網路的所有路徑及每條路徑目前長度。我們可直接從表 9.8 複製這些資料。

表 9.10 中，第 4 條路徑長度最長（44 週），故要縮短專案時間 1 週的唯一方法就是，減少此路徑上 1 週作業時間。我們比較表 9.9 最後一行各項作業每週趕工成本，發現其中成本最低者為作業 J 的 $30,000（成本相同作業 I 並不在此徑上）。因此，第一步為趕工作業 J，以縮短 1 週的時間。

如表 9.11 的第 2 列所示，趕工造成作業 J 的所有路徑長度（表 9.10 中的第 3、4、5 和 6 條路徑）減少 1 週。此時，第 4 條路徑還最長（43 週）。我們重複此步驟，並找出該路徑上成本最低的作業，以縮短時間，其結果仍為作業 J，因為表 9.9 倒數第二行呈現該作業的最大可縮短量是 2 週。再次縮短作業 J，產生表 9.11 第 3 列的資訊。

此時，第 4 條路徑仍為最長（42 週），但已不能再縮短作業 J。據表 9.9 最後一行，作業 F 的成本為該路徑中最低（每週 $40,000）。所以，如表 9.11 第 4 列所示，縮短 1 週作業 F。然後如最後一列所示，（因為最多可縮短 2 週）再減少 1 週。

最長路徑（第 1、4 和 6 條路徑皆是）已達期望的 40 週，故不需再趕工（若還要

■ **表 9.10** Reliable 專案的起始邊際成本分析表

趕工作業	趕工成本	路徑長度					
		ABCDGHM	ABCEHM	ABCEFJKN	ABCEFJLN	ABCIJKN	ABCIJLN
		40	31	43	44	41	42

□ 表 9.11　Reliable 專案的最終邊際成本分析表

趕工作業	趕工成本	路徑長度					
		ABCDGHM	ABCEHM	ABCEFJKN	ABCEFJLN	ABCIJKN	ABCIJLN
		40	31	43	44	41	42
J	$30,000	40	31	42	43	40	41
J	$30,000	40	31	41	42	39	40
F	$40,000	40	31	40	41	39	40
F	$40,000	40	31	39	40	39	40

趕工，就須從 3 條路徑上全部的作業中找出最划算的方法，同時減少 2 條路徑 1 週時間）。趕工作業 J 和 F，將專案縮短為 40 週的總成本計算是累計表 9.11 第二行的成本，而得到總成本 $140,000。圖 9.30 是趕工結果的專案網路。

圖 9.30 呈現，趕工縮短作業 F 和 J 的時間會產生 2 條要徑。如表 9.11 最後一列所示，這 3 條路徑都是最長、皆為 40 週。

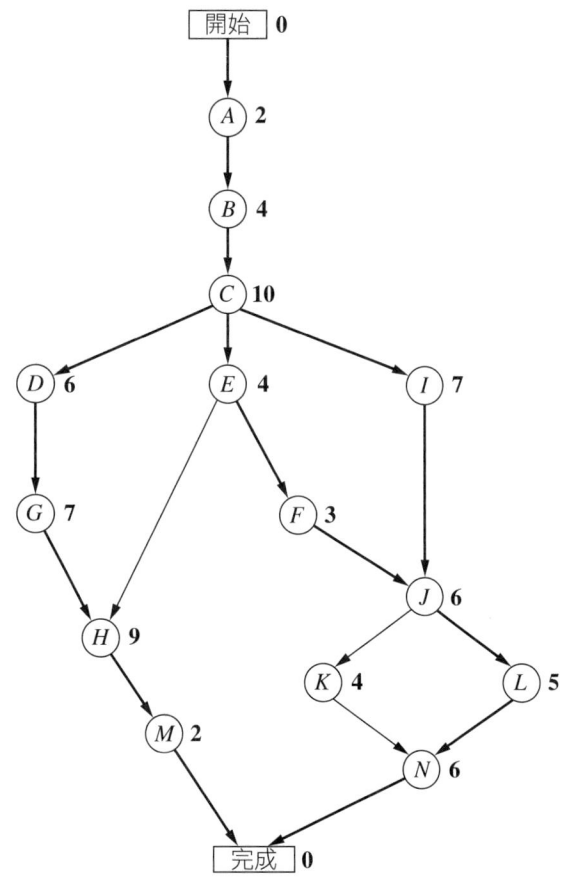

□ 圖 9.30　若作業 J 和 F 完全趕工（其他作業為正常）的專案網路。粗體箭頭顯示通過專案的多條要徑。

邊際成本分析並不適用大型網路，因此需要要讓使用方法更有效率。基於上述理由，標準 CPM 法是應用線性規劃（一般用網路最佳化模型特殊結構的套裝軟體）來求解。

應用線性規劃制定趕工決策

接著我們來探討成本最低的趕工問題，並把此問題改寫成下列的線性規劃模型。

問題重述：令 Z 為趕工總成本，則此問題要極小化 Z，受限於專案時間須小於或等於專案管理者之期望。

其自然決策變數為：

$$x_j = \text{作業 } j \text{ 因趕工而縮短的時間，其中 } j = A, B, ..., N$$

各位由表 9.9 的最後一行可知，極小化的目標函數為

$$Z = 100{,}000 x_A + 50{,}000 x_B + \cdots + 60{,}000 x_N$$

右邊 14 個決策變數須限制為非負，且最大不能超過表 9.9 倒數第二行的值。

為了加上「專案時間須小於或等於期望值（40 週）之限制」，則令

$$y_{\text{FINISH}} = \text{專案時間，亦即到達專案網路中的完成節點的時間。}$$

該限制式為

$$y_{\text{FINISH}} \leq 40 \text{。}$$

已知 $x_A \cdot x_B \cdot \cdots \cdot x_N$ 的值，我們能在模型加入下列變數，以助線性規劃模型指派適當的 y_{FINISH} 值。

$$y_j = \text{作業 } j \text{ 的開始時間（對 } j = B, C, ..., N)\text{，已知 } x_A \cdot x_B \cdot \cdots \cdot x_N \text{ 的值。}$$

（專案的開始作業會自動賦予零值，所以不需這種變數。）若將完成節點視為一項作業（其作業時間為零），則對完成 (FINISH) 作業來說，y_j 的定義完全符合之前所定義的 y_{FINISH}。

每個作業（包括完成節點）的開始時間直接與其先行作業的開始及作業時間相關。

對每項作業（$B \cdot C \cdot \cdots \cdot N$ 和完成作業）和其先行作業來說，這項作業的開始時間 $\geq$ 其先行作業的開始時間＋作業時間。

此外，各位由表 9.9 的正常時間可知，各項作業的時間可以下列公式表示：

作業 j 的時間＝其正常時間 $- x_j$。

我們以圖 9.28 或圖 9.30 所示的專案網路中的作業 F 為例，來說明其關係：

作業 F 的先行作業：

作業 E，其作業時間 $= 4 - x_E$。

這些作業間的關係是：

$$y_F \geq y_E + 4 - x_E$$

因此，必須等作業 E 開始，且經過作業時間 $4 - x_E$ 後，作業 F 才能開始。

然後考慮作業 J，作業 J 有兩項先行作業：

作業 J 的先行作業：
作業 F，其作業時間 $= 5 - x_F$。
作業 I，其作業時間 $= 7 - x_I$。

這些作業間的關係是：

$$y_J \geq y_F + 5 - x_F,$$
$$y_J \geq y_I + 7 - x_I。$$

這也就是說，除非其兩項先行作業完成，否則作業 J 無法開始。

考慮所有作業相互關係的限制式後，我們能得到下列完整線性規劃模型：

$$\text{極小化} \quad Z = 100{,}000x_A + 50{,}000x_B + \cdots + 60{,}000x_N,$$

受限於下列限制式：

1. 最大縮短量限制式：
   據表 9.9 的倒數第二行，

   $$x_A \leq 1,\ x_B \leq 2,\ \ldots,\ x_N \leq 3。$$

2. 非負限制式：

   $$x_A \geq 0 \cdot x_B \geq 0 \cdot \cdots \cdot x_N \geq 0。$$
   $$y_B \geq 0 \cdot y_C \geq 0 \cdot \cdots \cdot y_N \geq 0 \cdot y_{\text{FINISH}} \geq 0。$$

3. 開始時間限制式：
   除作業 A（專案的開始）以外，對只有單一先行作業的作業來說（作業 B、C、D、E、F、G、H、I、J、K、L、M），各有一條開始時間限制式，而對有兩項先行的作業（作業 H、J、N、完成），則各有兩條限制式，列舉如下。

單一先行作業

$$y_B \geq 0 + 2 - x_A$$
$$y_C \geq y_B + 4 - x_B$$
$$y_D \geq y_C + 10 - x_C$$
$$\vdots$$
$$y_M \geq y_H + 9 - x_H$$

兩項先行作業

$$y_H \geq y_G + 7 - x_G$$
$$y_H \geq y_E + 4 - x_E$$
$$\vdots$$
$$y_{\text{FINISH}} \geq y_M + 2 - x_M$$
$$y_{\text{FINISH}} \geq y_N + 6 - x_N$$

每項先行作業一般而言，會產生一條開始時間限制式，故各項作業的開始時間限制式數量與其先行作業的相同。

4. 專案時間限制式：

$$y_{\text{FINISH}} \leq 40 \text{。}$$

圖 9.31 呈現此問題的線性規劃試算表模型，其中決策變數在改變格 StartTime (I6:I19)、TimeReduction (J6:J19) 與 ProjectFinishTime (I22)。B 行至 H 行對應在表 9.9 的行。如圖下半部方程式，可直接算出 G 行和 H 行資料。K 行的方程式說明了作業

	A	B	C	D	E	F	G	H	I	J	K
1		Reliable Construction Co. Project Scheduling Problem with Time-Cost Trade-offs									
2											
3							Maximum	Crash Cost			
4			Time		Cost		Time	per Week	Start	Time	Finish
5		Activity	Normal	Crash	Normal	Crash	Reduction	saved	Time	Reduction	Time
6		A	2	1	$180,000	$280,000	1	$100,000	0	0	2
7		B	4	2	$320,000	$420,000	2	$50,000	2	0	6
8		C	10	7	$620,000	$860,000	3	$80,000	6	0	16
9		D	6	4	$260,000	$340,000	2	$40,000	16	0	22
10		E	4	3	$410,000	$570,000	1	$160,000	16	0	20
11		F	5	3	$180,000	$260,000	2	$40,000	20	2	23
12		G	7	4	$900,000	$1,020,000	3	$40,000	22	0	29
13		H	9	6	$200,000	$380,000	3	$60,000	29	0	38
14		I	7	5	$210,000	$270,000	2	$30,000	16	0	23
15		J	8	6	$430,000	$490,000	2	$30,000	23	2	29
16		K	4	3	$160,000	$200,000	1	$40,000	30	0	34
17		L	5	3	$250,000	$350,000	2	$50,000	29	0	34
18		M	2	1	$100,000	$200,000	1	$100,000	38	0	40
19		N	6	3	$330,000	$510,000	3	$60,000	34	0	40
20											
21											Max Time
22							Project Finish Time		40	<=	40
23											
24							Total Cost	$4,690,000			

Range Name	Cells
AFinish	K6
AStart	I6
BFinish	K7
BStart	I7
CFinish	K8
CrashCost	F6:F19
CrashCostPerWeekSaved	H6:H19
CrashTime	D6:D19
CStart	I8
DFinish	K9
DStart	I9
EFinish	K10
EStart	I10
FFinish	K11
FinishTime	K6:K19
FStart	I11
GFinish	K12
GStart	I12
HFinish	K13
HStart	I13
IFinish	K14
IStart	I14
JFinish	K15
JStart	I15
KFinish	K16
KStart	I16
LFinish	K17
LStart	I17
MaxTime	K22
MaxTimeReduction	G6:G19
MFinish	K18
MStart	I18
NFinish	K19
NormalCost	E6:E19
NormalTime	C6:C19
NStart	I19
ProjectFinishTime	I22
StartTime	I6:I19
TimeReduction	J6:J19
TotalCost	I24

Solver Parameters
Set Objective Cell: TotalCost
To: Min
By Changing Variable Cells:
  StartTime, TimeReduction, ProjectFinishTime
Subject to the Constraints:
  BStart >= AFinish
  CStart >= BFinish
  DStart >= CFinish
  EStart >= CFinish
  FStart >= EFinish
  GStart >= DFinish
  HStart >= EFinish
  HStart >= GFinish
  IStart >= CFinish
  JStart >= FFinish
  JStart >= IFinish
  KStart >= JFinish
  LStart >= JFinish
  MStart >= HFinish
  NStart >= KFinish
  NStart >= LFinish
  ProjectFinishTime <= MaxTime
  ProjectFinishTime <= MFinish
  ProjectFinishTime <= NFinish
  TimeReduction <= MaxTimeReduction
Solver Options:
  Make Variables Nonnegative
  Solving Method: Simplex LP

	G	H
3	Maximum	Crash Cost
4	Time	per Week
5	Reduction	saved
6	=NormalTime−CrashTime	=(CrashCost−NormalCost)/MaxTimeReduction
7	=NormalTime−CrashTime	=(CrashCost−NormalCost)/MaxTimeReduction
8	=NormalTime−CrashTime	=(CrashCost−NormalCost)/MaxTimeReduction
9	=NormalTime−CrashTime	=(CrashCost−NormalCost)/MaxTimeReduction
10	:	:
11	:	:

	K
4	Finish
5	Time
6	=StartTime+NormalTime−TimeReduction
7	=StartTime+NormalTime−TimeReduction
8	=StartTime+NormalTime−TimeReduction
9	=StartTime+NormalTime−TimeReduction
10	:
11	:

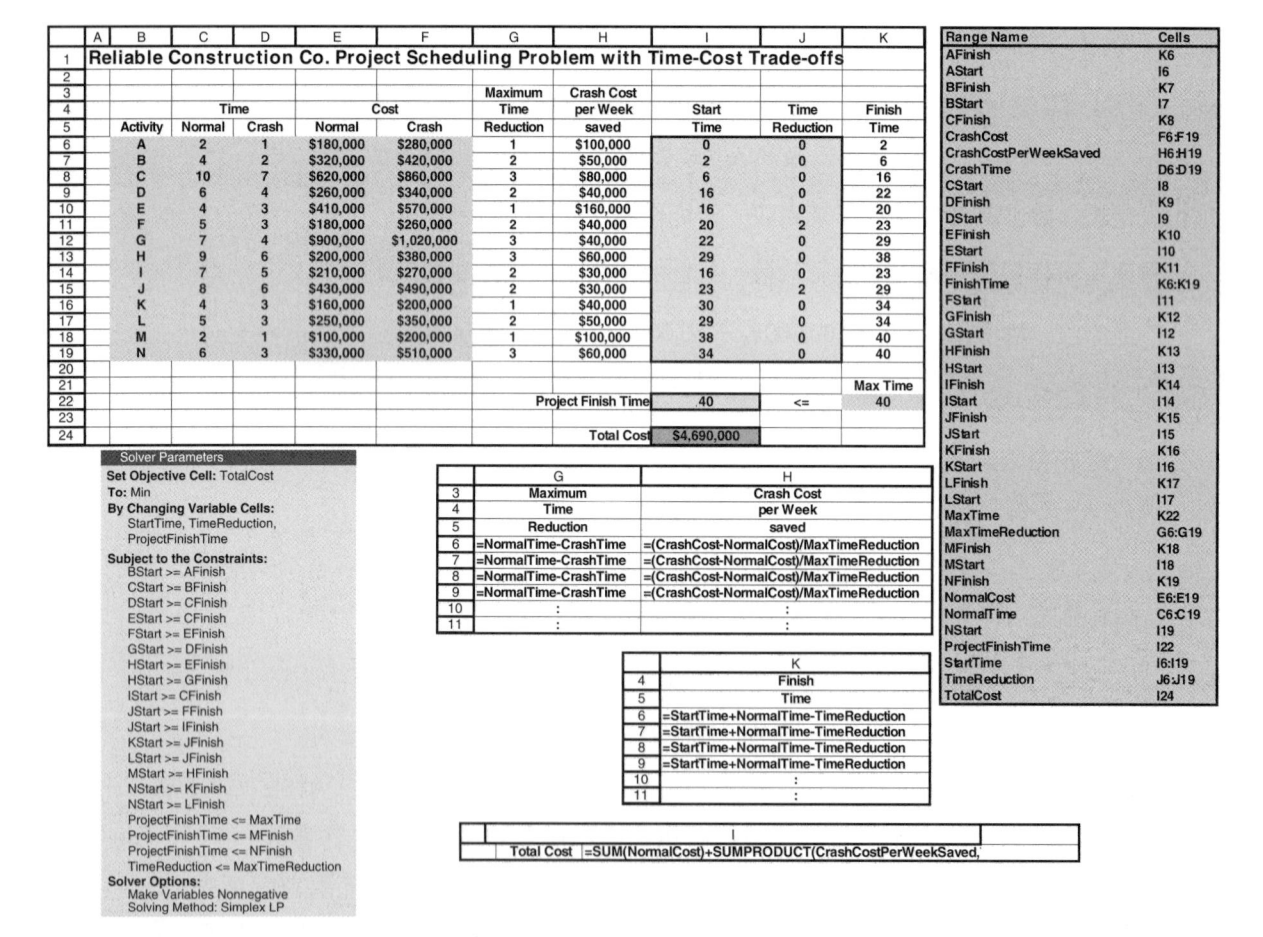

		I
	Total Cost	=SUM(NormalCost)+SUMPRODUCT(CrashCostPerWeekSaved,

圖 9.31 應用時間成本抵換要徑法求解 Reliable 專案的試算表，其中 I 行和 J 行顯示使用 Solver 及 Solver 對話視窗的參數所得最佳解。

完成時間是其開始時間加上正常時間，再減去因趕工而縮短的時間。目標格 TotalCost (I24) 的方程式為加總所有正常成本和趕工費用，而得到總成本。

Solver 最後的限制式集合 TimeReduction (J6:J19) ≤ MaxTimeReduction (G6:G19) 呈現出，各項作業的縮短時間不能超過 G 行的最大縮短時間。其前兩條限制式 ProjectFinishTime (I22) ≥ MFinish (K18) 和 ProjectFinishTime (I22) ≥ NFINISH (K19) 則呈現，專案必須在其兩項先行作業（作業 M 和 N）都完成後才能結束。限制式 ProjectFinishTime (I22) ≤ MaxTime (K22) 指定專案必須在 40 週內完成。

包含 StartTime (I6:I19) 的限制式都是限定一項作業須在所有先行作業完成後才能開始的「開始時間限制式」。例如，第一個限制式中的 BStar (I7) ≥ AFinish (K6) 說明作業 B 必須等作業 A（其先行作業）完成後才能開始。若某作業有一項以上的先行作業，則各先行作業有這樣的限制式。例如，作業 H 有兩項先行作業 E 和 G，於是就有 HStart (I13) ≥ EFinish (K10) 和 HStart (I13) ≥ GFinish (K12) 兩條開始時間限制式。

模型中開始時間限制式的 ≥ 形式，實際意味著所有先行作業完成後，容許開始作業時有延遲。雖此為可行的延遲，但對要徑上的作業來說，不必要的延遲會增加總成本，故並非最佳（須額外趕工，以符合專案時間限制）。因此模型最佳解不會有此類延遲。

圖 9.31 的 I 行和 J 行呈現，我們按下 Solve 鍵後，所得之最佳解〔注意此解出現延遲，作業 K 的唯一先行作業（作業 J）在 29 完成，但 K 在 30 才開始。但作業 K 不在要徑上，故無影響〕。此解和圖 9.30 中以邊際成本分析所得解相同。

本書網站 Solved Examples 另有一範例，說明以邊際成本分析法與應用時間成本抵換要徑法的線性規劃。

9.9 結論

網路概念的應用非常廣泛。網路表示法能讓我們很清楚說明系統內部各組成分子間的關係與連結。由於網路內部時常需要運送流量，因此我們必須選定最好的處理方式。本章的網路最佳化模型與演算法，提供各位功能強大的工具，以找出相關決策。

最小成本流量問題的應用範圍相當廣泛，且能讓各位用非常高效率的網路單形法求解，故為網路最佳化模型核心。本章所探討的最短路徑問題和最大流量問題（最小成本流量問題特例），及第 8 章介紹過的運輸問題和指派問題，都是基本網路最佳化模型。

雖然這些模型都探討現有網路作業最佳化，最小延展樹問題則為最佳化新網路設計的模型範例。

使用網路最佳化模型規劃專案的要徑法之時間成本抵換是種功能強大的方法，用以最小總成本在期限內完成專案。

本章只簡單介紹先進網路法的一小部分。由於限於組合特性，讓網路問題大多非常難以求解。所幸，近來解題方法事實上進步顯著，而讓一些規模極大的複雜網路問題得以迎刃而解。

參考文獻

1. Bazaraa, M. S., J. J. Jarvis, and H. D. Sherali: *Linear Programming and Network Flows*, 4th ed., Wiley, Hoboken, NJ, 2010.

2. Bertsekas, D. P.: *Network Optimization: Continuous and Discrete Models,* Athena Scientific Publishing, Belmont, MA, 1998.

3. Cai, X., and C. K. Wong: *Time Varying Network Optimization*, Springer, New York, 2007.

4. Dantzig, G. B., and M. N. Thapa: *Linear Programming 1: Introduction,* Springer, New York, 1997, chap. 9.

5. Hillier, F. S., and M. S. Hillier: *Introduction to Management Science: A Modeling and Case Studies Approach with Spreadsheets,* 5th ed., McGraw-Hill/Irwin, Burr Ridge, IL, 2014, chap. 6.

6. Sierksma, G., and D. Ghosh: *Networks in Action: Text and Computer Exercises in Network Optimization*, Springer, New York, 2010.

7. Vanderbei, R. J.: *Linear Programming: Foundations and Extensions*, 4th ed., Springer, New York, 2014, chaps. 14 and 15.

8. Whittle, P.: *Networks: Optimization and Evolution*, Cambridge University Press, Cambridge, UK, 2007.

一些獲獎的網路最佳化模型應用：

（論文的連結請參見 www.mhhe.com/hillier。）

A1. Ben-Khedher, N., J. Kintanar, C. Queille, and W. Stripling: "Schedule Optimization at SNCF: From Conception to Day of Departure," *Interfaces*, **28**(1): 6–23, January–February 1998.

A2. Cosares, S., D. N. Deutsch, I. Saniee, and O. J. Wasem: "SONET Toolkit: A Decision-Support System for Designing Robust and Cost-Effective Fiber-Optic Networks," *Interfaces*, **25**(1): 20–40, January–February 1995.

A3. Fleuren, H., C. Goossens, M. Hendriks, M.-C. Lombard, I. Meuffels, and J. Poppelaars: "Supply Chain-Wide Optimization at TNT Express," *Interfaces*, **43**(1): 5–20, January–February 2013.

A4. Gorman, M. F., D. Acharya, and D. Sellers: "CSX Railway Uses OR to Cash In on Optimized Equipment Distribution," *Interfaces*, **40**(1): 5–16, January–February 2010.

A5. Huisingh, J. L., H. M. Yamauchi, and R. Zimmerman, "Saving Federal Tax Dollars," *Interfaces*, **31**(5): 13–23, September–October 2001.

A6. Klingman, D., N. Phillips, D. Steiger, and W. Young: "The Successful Deployment of Management Science throughout Citgo Petroleum Corporation," *Interfaces*, **17**(1): 4–25, January–February 1987.

A7. Prior, R. C., R. L. Slavens, J. Trimarco, V. Akgun, E. G. Feitzinger, and C.-F. Hong: "Menlo Worldwide Forwarding Optimizes Its Network Routing," *Interfaces*, **34**(1): 26–38, January–February 2004.

A8. Srinivasan, M. M., W. D. Best, and S. Chandrasekaran: "Warner Robins Air Logistics Center Streamlines Aircraft Repair and Overhaul," *Interfaces*, **37**(1): 7–21, January–February 2007.

本書網站的學習輔助教材

（參照原文 Chapter 10）

Solved Examples：

Examples for Chapter 10

OR Tutor 範例：

Network Simplex Method

IOR Tutorial 的互動程式：

Network Simplex Method—Interactive

Excel 增益集：

Analytic Solver Platform for Education (ASPE)

"Ch. 10 – Network Opt Model" 求解例題的檔案：

Excel 檔案

LINGO/LINDO 檔案

MPL/Solvers 檔案

Chapter 10 的詞彙

軟體文件請參閱附錄 1。

習題

下列習題前標示符號代表：

D：參閱示範例題有助於解答問題。

I：建議使用上列的互動程式（列印解題紀錄）。

C：選用適當電腦軟體求解問題。

習號後的星號(*) 表示該問題的全部或部分答案列於書末。

9.2-1. 思考下列有向網路。

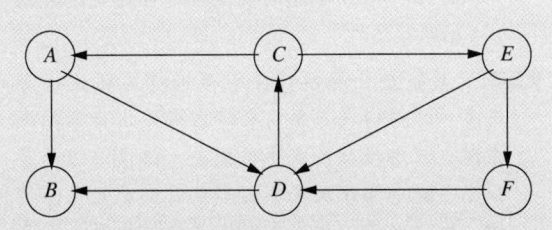

(a) 找出一條由節點 A 至節點 F 的有向路徑,並找出三條由 A 至 F 的無向路徑。

(b) 找出三個有向迴路,接著找出一個包含所有節點的無向迴路。

(c) 找出形成一個延展樹的弧集合。

(d) 用圖 9.3 的方法,一次加入一弧,構成延展樹。重複此過程,找出另一延展樹〔勿與 (c) 延展樹相同〕。

9.3-1. 研讀 9.3 節「應用實例」。簡述該研究如何應用網路最佳化模型,並列出該研究產生的各種財務與非財務效益。

9.3-2. 你要開車到一個從未去過的小鎮,所以要看一下地圖,找出到當地的最短路徑。沿途可能會經過五個小鎮(A、B、C、D、E)。該地圖以英里表示兩鎮之間不行經他鎮、直達的距離。相關資料如下表所示,其中橫線表示兩地間無直達路徑。

小鎮	相鄰小鎮的英里數					
	A	B	C	D	E	目的地
起點	40	60	50	—	—	—
A		10	—	70	—	—
B			20	55	40	—
C				—	50	—
D					10	60
E						80

(a) 繪製網路,以建立此問題的最短路徑問題模型,其中節點為城鎮,鍵結為道路,數字呈現距離。

(b) 使用 9.3 節演算法求解此最短路徑問題。

C(c) 建立並求解此問題的試算表模型。

(d) 若表中數字為由一小鎮至下個鎮的成本(以元計),則 (b) 和 (c) 小題的最佳解是否為成本最低的路徑?

(e) 若表中數字為由一小鎮至下個鎮的時間,則 (b) 和 (c) 小題的最佳解是否為時間最短的路徑?

9.3-3. 某航空公司預計在某機場購買運送行李拖車。該機場在三年內會建立機械化行李輸送系統,三年後就不需要用拖車。但目前行李量很高,拖車操作及保養成本會因機械老化而聚增,因此一或二年後更新拖車會較划算。下表為在第 i 年底購買而在第 j 年底售出(現為第 0 年)拖車的總淨折現成本(購買成本減去殘值,加操作與保養成本)。

		J		
		A	B	C
	0	$8,000	$18,000	$31,000
i	1		10,000	21,000
	2			12,000

現在要決定更新拖車的時間,以極小化接下來三年的拖車總成本。

(a) 建立此問題的最短路徑問題模型。

(b) 使用 9.3 節演算法求解此最短路徑問題。

C(c) 建立並求解此問題的試算表模型。

9.3-4.* 使用 9.3 節演算法,求解 (a) 與 (b) 小題中兩個網路的最短路徑。弧上數字呈現節點間的距離。

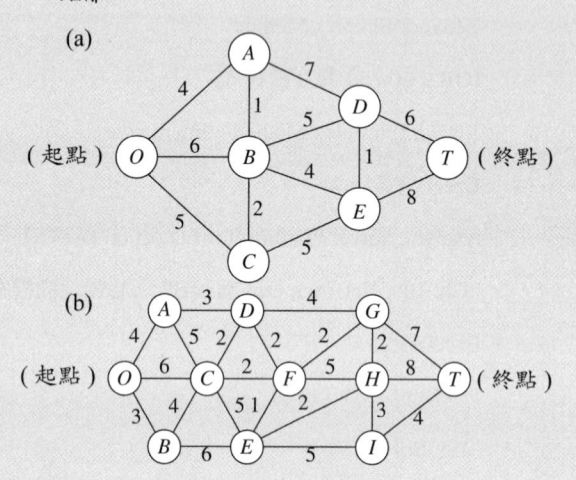

(a)

(b)

9.3-5. 建立最短路徑問題的線性規劃模型。

9.3-6. Speedy 航空由西雅圖直飛倫敦的班機正要起飛,此航線班機會視天候彈性選擇航線。下列網路為該班機的可能路徑,其中 SE 為西雅圖,LN 為倫敦,其他節點則為各中介站。每一路徑之風速會影響飛行時間與耗油量。弧上方的數字是依氣象報告,所呈現的該班次所需飛行時數。由於油價高,Speedy 航空原則會選擇總飛行時數最短的航線。

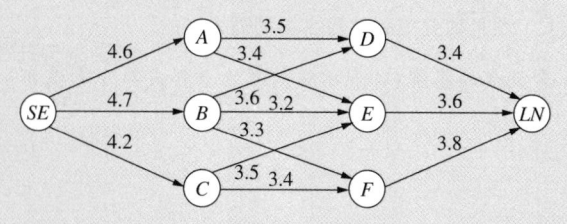

(a) 將此視為最短路徑問題時，所謂的「距離」意指為何？
(b) 利用 9.3 節演算法求解此最短路徑問題。
^C(c) 建立並求解試算表模型。

9.3-7. Quick 公司獲悉競爭對手打算推出一種具競爭力的新品，而該公司預計 20 個月以後推出類似的產品。由於此新品研發工作已接近完成，故該公司高層想縮短上市時間以趕上對手。

包含目前正常狀況進行下的研究，該新品距上市前還有 4 個互不重疊的階段需完成。各階段能採取優先處理或趕工來加速完成，而該公司決定以這兩種方式進行其他 3 個階段的工作。各階段進行方式所需時間如下表所示（由於括弧內的正常時間太長，已決定不採用）。

水準	時間（月數）			
	剩餘研究	發展	製造系統設計	開始生產及銷售
正常	5	(4)	(7)	(4)
優先	4	3	5	2
趕工	2	2	3	1

該公司已提撥 $3,000 萬預算，以進行此四階段工作。以下表格為各階段在不同水準所需成本：

水準	成本（百萬）			
	剩餘研究	發展	製造系統設計	開始生產及銷售
正常	5 months	(4 months)	(7 months)	(4 months)
優先	4 months	3 months	5 months	2 months
趕工	2 months	2 months	3 months	1 month

公司希望決定各階段所採用的水準，以在預算內，極小化此產品上市所需的時間。

(a) 建立最短路徑問題模型。
(b) 利用 9.3 節演算法求解此最短路徑問題。

9.4-1.* 再思考習題 9.3-4 的網路。以 9.4 節演算法求解其最小延展樹。

9.4-2. Wirehouse 木材公司為砍伐旗下 8 林區的木材，而須建立便道，讓各林區能互通。下表為各林區間的距離（英里數）：

	兩林區之間的距離							
	1	2	3	4	5	6	7	8
1	—	1.3	2.1	0.9	0.7	1.8	2.0	1.5
2	1.3	—	0.9	1.8	1.2	2.6	2.3	1.1
3	2.1	0.9	—	2.6	1.7	2.5	1.9	1.0
林區 4	0.9	1.8	2.6	—	0.7	1.6	1.5	0.9
5	0.7	1.2	1.7	0.7	—	0.9	1.1	0.8
6	1.8	2.6	2.5	1.6	0.9	—	0.6	1.0
7	2.0	2.3	1.9	1.5	1.1	0.6	—	0.5
8	1.5	1.1	1.0	0.9	0.8	1.0	0.5	—

管理者須決定在哪兩林區間建造便道，以用最短總距離連通各林區。

(a) 說明此問題如何符合最小延展樹之網路模型。
(b) 利用 9.4 節演算法求解此問題

9.4-3. Premiere 銀行打算用專用電話線及資料傳輸設備，讓各分行電腦與總行電腦連線。分行電話線不一定要直接與總行相連，只要該線路能連接上其他已與總行（直接或間接）相連的分行即可。唯一條件在於各分行都要與總行互連通。

專用電話線費用為「$100 乘以英里數」，而各別距離資料如下表所示：

	距離					
	總行	分行 1	分行 2	分行 3	分行 4	分行 5
總行	—	190	70	115	270	160
分行 1	190	—	100	110	215	50
分行 2	70	100	—	140	120	220
分行 3	115	110	140	—	175	80
分行 4	270	215	120	175	—	310
分行 5	160	50	220	80	310	—

管理者想決定在某兩個分行間以專線直接相連，以最小總成本讓所有分行與總行連通。

(a) 說明此問題如何符合最小延展樹的網路模型。
(b) 利用 9.4 節演算法求解此問題。

9.5-1.* 利用第 9.5 節的擴充路徑法，找出下列網路由源點至匯流的最大流量，其中由節點 i 到節點 j 的弧容量列於節點 i 旁。詳列解題過程。

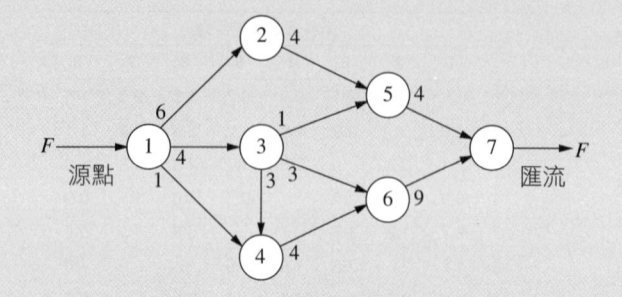

	煉油廠			
油田	新奧爾良	查爾斯頓	西雅圖	聖路易
德州	11	7	2	8
加州	5	4	8	7
阿拉斯加	7	3	12	6
中東	8	9	4	15

	配送中心			
煉油廠	匹茲堡	亞特蘭大	堪薩斯市	舊金山
新奧爾良	5	9	6	4
查爾斯頓	8	7	9	5
西雅圖	4	6	7	8
聖路易	12	11	9	7

9.5-2. 建立最大流量問題的線性規劃模型。

9.5-3. 下圖呈現一水道系統網，起源為三條河流（節點 R1、R2 及 R3），終點為一大城（節點 T），其他節點則為該系統的連接點。

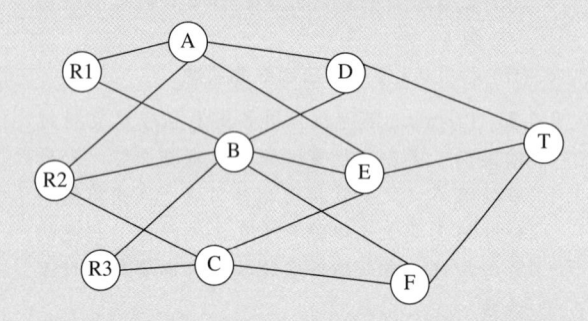

以千英畝呎為單位，下列表格顯示每天可流經各水道的最大水量。

到 從	A	B	C
R1	75	65	—
R2	40	50	60
R3	—	80	70

到 從	D	E	F
A	60	45	—
B	70	55	45
C	—	70	90

到 從	T
D	120
E	190
F	130

水源管理處須制定流量計畫，以極大化每天流入該城的水量。

(a) 找出源點、匯流及轉運點，以建立最大流量模型，並繪製完整網路，列出每個弧的容量。

(b) 以 9.5 節的擴充路徑法求解。

^{C}(c) 建立並求解其試算表模型。

9.5-4. Texago 公司旗下有 4 個油田、4 間煉油廠及 4 間配送中心，目前遇到了由油田至煉油廠，及由煉油廠至配送中心的運送問題。下表呈現每天由油田至煉油廠的原油，及由煉油廠至配送中心的石油產品最大運送量（以千桶計）。

Texago 公司須制定由各油田至各煉油廠及各煉油廠至各配送中心的每天運送量，以最大化自油田流經煉油廠到配送中心的總數量。

(a) 繪製一顯示 Texago 公司油田、煉油廠及配送中心的位置簡圖，以箭頭呈現原油和石油產品與此網路中的流量方向。

(b) 重繪配送網路圖，油田節點在第一行，煉油廠的在第二行，配送中心在第三行。加上弧呈現可能的流量。

(c) 修正 (b) 小題的網路，以成為單一源點、單一匯流及各弧有容量的最大流量問題。

(d) 以 9.5 節的擴充路徑法求解。

^{C}(e) 建立並求解其試算表模型。

9.5-5. Eura 鐵路中有條自工業城 Faireparc 到主要港口 Portstown 的路線，可同時讓載客車與貨車通行，負荷量很大。載客車班次固定、車速較快，且有優先通過權。客車按照班次通過時，貨車須讓客車先通過。現在須增加貨車班次以提升服務，因此面臨能在不影響固定的客車班次前提下，極大化每天貨車車次。

兩班貨車間至少需間隔 0.1 小時，亦為排班的時間單位（每天貨車班次時間為 0.0、0.1、0.2、…、23.9）。Faireparc 與 Portstown 間有 S 條支線運行，而各支線長度足夠容納 n_i 班貨車 $(i = 1, …, S)$。貨車從支線 i 到 $i+1$ 所需時間為 t_i（向上捨入為整數），其中 t_0 為從 Faireparc 車站到支線 1 時間，t_s 為從支線 S 到 Portstown 車站所需的時間。若到支線 $i+1$ 前不會被客車追上，貨車才能在時間 j $(j = 0.0, 0.1, …, 23.9)$ 通過或離開支線 i $(i = 0, 1, …, S)$（令 $\delta_{ij} = 1$ 為不會被追上，以 $\delta_{ij} = 0$ 表示會被追上）。貨車在被客車

追上前,若後續所有支線都已滿,則該列貨車須在支線停留。

找出各節點(包括供給節點及需求節點)、各弧及其容量,以建立其最大流量問題模型(提示:用不同節點集合表示各 240 個時段)。

9.5-6. 思考下列最大流量問題,節點 A 為源點,節點 F 為匯流,弧容量標在各有向弧旁。

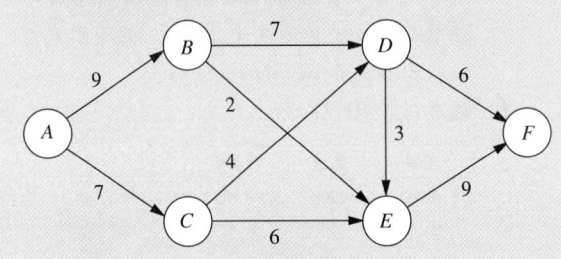

```
         B ──7──→ D
       ↗ │  ↘    │ ↘
      9  │   2   3  6
      │  7    ↘  │   ↘
      A        ↘ ↓     F
      │  4    ↗  ↑   ↗
      7  │   ↗   9
       ↘ ↓  ↗    │
         C ──6──→ E
```

(a) 以 9.5 節的擴充路徑法求解。
C(b) 建立並求解其試算表模型。

9.5-7. 研讀第 9.5 節第一個「應用實例」的論文,該論文完整說明這個 OR 研究的內容。簡述這個研究如何應用最小成本流量問題,然後列出此研究所產生的各種財務與非財務效益。

9.5-8. 針對 9.5 節的第二個「應用實例」,重做習題 9.5-7。

9.6-1. 研讀 9.5 節第一個「應用實例」的內容。簡述該研究如何應用最小成本流量問題,接著列出其各種財務與非財務效益。

9.6-2. 在 9.5-6 的最大流量問題中加入弧 $A \rightarrow F$,並令 $\overline{F} = 20$,以寫成最小成本流量模型。

9.6-3. 某公司在兩間工廠生產同樣的新產品,接著運至兩間倉庫。工廠 1 可用火車運送無限量產品至倉庫 1,而工廠 2 可用火車運送無限量產品至倉庫 2。此外,可僱卡車由各廠送最多 50 件產品至配送中心,而配送中心最多可送 50 件產品至各倉庫。下表呈現,各種運輸方式之單位運輸成本、各廠生產量及各倉庫需求量。

從\到	單位運輸成本			產量
	配送中心	倉庫 1	倉庫 2	
工廠 1	3	7	—	80
工廠 2	4	—	9	70
配送中心		2	4	
分配量		60	90	

(a) 建立網路模型,以成為最小成本流量問題。
(b) 建立此為線性規劃模型。

9.6-4. 再回頭看習題 9.3-3,建立此問題的網路模型,成為最小成本流量問題。

9.6-5. 製造並銷售自有產品的 Makonsel 公司,會先將生產的產品先存放在兩間倉庫內,接著運至門市銷售。由工廠至倉庫及由倉庫至門市的產品都由卡車來運送。

下表顯示以滿載卡車為單位,工廠每月生產量、至各倉庫的單位運送成本,及每月可送至倉庫的最大數量。

從\到	單位運送成本		運送容量		生產量
	倉庫 1	倉庫 2	倉庫 1	倉庫 2	
工廠 1	$425	$560	125	150	200
工廠 2	$510	$600	175	200	300

下表呈現,以銷售點(RO)角度來看每月需求量、由各倉庫的單位運送成本,及每月由倉庫來的最大運送量。

從\到	單位運送成本			運送容量		
	RO1	RO2	RO3	RO1	RO2	RO3
倉庫 1	$470	$505	$490	100	150	100
倉庫 2	$390	$410	$440	125	150	75
需求量	150	200	150	150	200	150

該公司須擬定每月由工廠至倉庫及由倉庫至門市的配送計畫,以極小化運送成本。

(a) 繪製網路以表示公司的配送網路,找出其中的供給節點、轉運節點和需求節點。
(b) 在該網路中加入所需資料,以建立此問題的最低成本流量問題模型。
C(c) 建立並求解其試算表模型。
C(d) 使用電腦求解,但不要使用 Excel。

9.6-6. 生產手提式音響的 Audiofile 公司已決定外包生產喇叭。現有三家供應商可供應喇叭,各供應商每次運送 1,000 個喇叭價格如下表所示。

供應商	價格
1	$22,500
2	$22,700
3	$22,300

供應商運送喇叭至該公司兩間倉庫時,會額外收取運費。供應商據運送英里數,有計算運費公式。下列此表呈現該公式與里程數資料。

供應商	批次運送費用
1	$300 + 40¢／英里
2	$200 + 50¢／英里
3	$500 + 20¢／英里

供應商	倉庫1	倉庫2
1	1,600 英里	400 英里
2	500 英里	600 英里
3	2,000 英里	1,000 英里

當工廠需組裝音響時，公司會僱卡車運送。下表呈現出，由倉庫至各工廠每批次單位運送成本，及各工廠每月需求量。

	單位運送成本	
	工廠1	工廠2
倉庫1	$200	$700
倉庫2	$400	$500
每月需求量	10	6

各供應商每月最多可送 10 批次，但因為運送限制，各供應商每月最多只能送 6 批次。而各倉庫每月最多只能送 6 批次至各工廠。

管理者現在要訂定每月計畫，決定對各供應商的採購批次數、運送至各倉庫批次數，及由倉庫運送至各工廠批次數，以極小化購買成本（含運輸費用）及倉庫至工廠運送成本之總和。

(a) 繪製網路以表示公司的供應網路，找出其中的供給節點、轉運節點和需求節點。

(b) 在該網路中加入所需資料，以建立此問題的最低成本流量問題模型。加入虛擬需求節點，以接收（零成本）供應商之超額供給量。

^{C}(c) 建立並求解其試算表模型。

^{C}(d) 使用電腦求解，但不要使用 Excel。

^{D} **9.7-1.** 思考下列最小成本流量問題，其中 b_i 值（淨流量）標在節點旁，c_{ij} 值（單位流量成本）標在弧旁，u_{ij} 值（弧容量）標在網路右邊。利用手算解題。

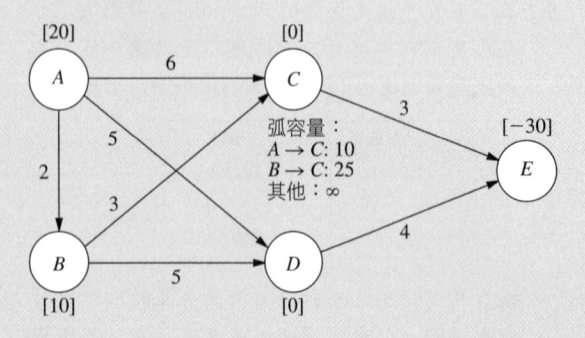

[網路圖：節點 A[20], B[10], C[0], D[0], E[−30]；弧 A→C:6, A→B:2, A→D:5, B→C:3, B→D:5, C→E:3, D→E:4；弧容量：A→C:10, B→C:25, 其他：∞]

(a) 求解以 $A → B$、$C → E$、$D → E$ 及 $C → A$（反向弧）為基弧的可行延展樹，以得初始 BF 解，其中非基弧 $(C → B)$ 也為反向弧。把結果（包括 b_i、c_{ij} 和 u_{ij}）標在圖上（以虛線表示非基弧），並把各弧流量以小括弧標示在弧旁。

(b) 利用最佳性測試驗證此初始 BF 解為最佳解，且有多重最佳解。執行一次網路單形法疊代，找出其他最佳 BF 解，然後用此結果找出其他非 BF 解的最佳解。

(c) 思考以下 BF 解。

基弧	流量	非基弧
A→D	20	A→B
B→C	10	A→C
C→E	10	B→D
D→E	20	

從這個 BF 解開始，執行一次網路單形法疊代，找出進入基弧、退出基弧及下一個 BF 解後停止。

9.7-2. 重做習題 9.6-2. 的最小成本流量問題。

(a) 求解以 $A → B$、$A → C$、$A → F$、$B → D$ 及 $E → F$ 為基弧的可行延展樹，以得初始 BF 解，其中兩個非基弧（$E → C$ 及 $F → D$）為反向弧。

^{D,I}(b) 利用網路單形法，以手算方式求解（可使用 IOR Tutorial 的互動程式）。

9.7-3. 回頭看習題 9.6-3 的最小成本流量問題模型。

(a) 求解由兩條鐵路，加上工廠1經過配送中心到倉庫2的可行延展樹，以得到初始 BF 解。

^{D,I}(b) 利用網路單形法求解（可使用 IOR Tutorial 的互動程式）。

^{D,I} **9.7-4.** 回頭看習題 9.6-4 的最小成本流量問題模型。對應到每年更新拖車的延展樹作為初始 BF 解，使用網路單形法，以手算方式求解（可使用 IOR Tutorial 的互動程式）。

^{D,I} **9.7-5.** 圖 8.2 呈現自表 8.2 P&T 公司運輸問題中的最小成本流量問題網路模型。利用西北角法，從表 8.2 找出初始 BF 解，然後應用網路單形法，以手算方式（可使用 IOR Tutorial 的互動程式）求解（並驗證 8.1 節的最佳解）。

9.7-6. 思考表 8.12 的運輸問題。

(a) 建立此問題的最小成本流量問題模型（提示：刪除不容許流量通過的弧）。

D,I (b) 從表 8.19 的初始 BF 解開始，應用網路單形法，以手算方式求解（可使用 IOR Tutorial 的互動程式）。比較 BF 解序列與表 8.23 運輸單形法的 BF 解序列。

D,I **9.7-7.** 思考最小成本流量問題，其中 b_i 值標在節點旁，c_{ij} 值標在弧旁，有限的 u_{ij} 值則標在弧旁的括弧內。求解基弧為 $A \to C$、$B \to A$、$C \to D$ 及 $C \to E$ 的可行延展樹，以得初始 BF 解，其中非基弧 $(D \to A)$ 為反向弧。然後用網路單形法，以手算方式求解（可用 IOR Tutorial 的互動程式）。

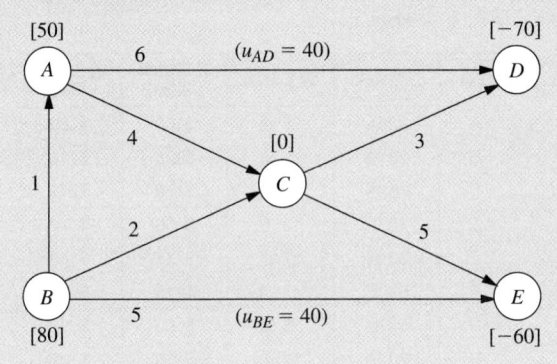

9.8-1. Tinker 建設公司準備進行一個有四項作業（A、B、C、D）的專案，且得在 12 個月內完成。此專案網路如下：

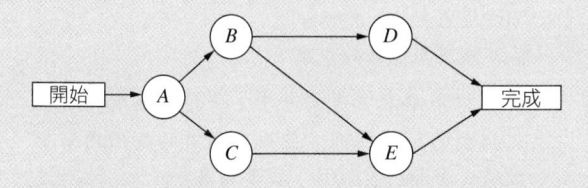

專案經理 Sean 認為用正常時間執行，會趕不上期限。所以決定用時間成本抵換要徑法，找出最有效率的趕工方式，已順利完工。他蒐集下列四項作業的相關資料。

作業	正常時間	趕工時間	正常成本	趕工成本
A	8 個月	5 個月	$25,000	$40,000
B	9 個月	7 個月	$20,000	$30,000
C	6 個月	4 個月	$16,000	$24,000
D	7 個月	4 個月	$27,000	$45,000

應用邊際成本分析法求解。

9.8-2. 我們再次思考習題 9.8-1。由於 Sean 在大學選修過 OR 課程，因此決定用線性規劃分析此問題。

(a) 思考該專案網路上方的路徑。建立兩個變數的線性規劃模型，以極小化 12 個月內完成此一序列作業之成本，並用圖解法求解此模型。

(b) 針對專案網路下方的路徑，重做 (a) 小題。

(c) 將 (a) 小題和 (b) 小題結合成單一完整的線性規劃模型，極小化 12 個月內完成專案的成本。此模型的唯一最佳解為何？

(d) 用 9.8 節的 CPM 線性規劃模型，建立此問題的完整模型〔此方法也適用較複雜的專案網路，故此模型較 (c) 小題模型稍大〕。

C(e) 使用 Excel 求解。

C(f) 使用其他軟體求解。

C(g) 截止期限改為 11 個月及 13 個月，重複 (e) 小題或 (f) 小題的步驟以檢查其影響。

9.8-3.* Good Homes 建設公司準備建造一大建案。公司總經理 Michael 正在規劃此案時程。如下圖所示，Michael 認此專案有五大項作業（分別是 A、B、…、E），而表格是各作業的正常點和趕工點資料。

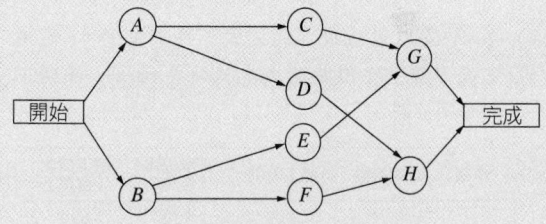

作業	正常時間	趕工時間	正常成本	趕工成本
A	3 週	2 週	$54,000	$60,000
B	4 週	3 週	$62,000	$65,000
C	5 週	2 週	$66,000	$70,000
D	3 週	1 週	$40,000	$43,000
E	4 週	2 週	$75,000	$80,000

上表反映出該作業所需材料、機器與直接勞工的直接成本。此外，也需支付如監工與其他經常性費用、資金利息等間接成本。Michael 預估每週間接成本為 $5,000，所以想極小化專案總成本。

Michael 為省下間接成本，認為該縮短專案時間，並讓趕工成本低於 $5,000。

(a) 用邊際成本分析找出應趕工作業及時間，以極小化專案總成本。在此計畫下，各作業時間與成本為何？趕工後可省下多少成本？

^{C}(b) 使用線性規劃重做 (a) 小題。每次縮短期限 1 週。

9.8-4. 21 世紀電影公司正要開拍今年最重要（成本最高）作品。電影製作人 Dusty 打算用 PERT/CPM 規劃及掌控重要專案，並認為此部片有 8 大項作業（標示為 $A \cdot B \cdot \cdots \cdot H$）。其先行關係如下列專案網路所示：

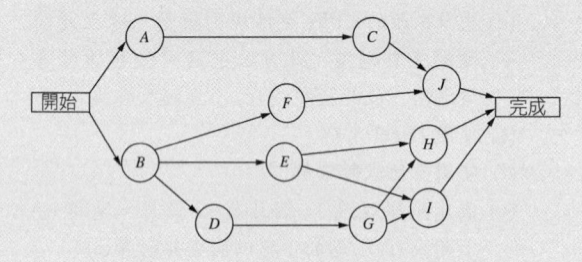

Dusty 知道此部電影要在夏季中上映，另一家電影同樣也會推出一部鉅片。所以檔期不是很好，因此，與公司高層認為須加快製作速度，在夏季初上映（即 15 週後）成為年度大戲。雖會大幅增加預算，但決策者認為此作法會讓票房收入大增而獲利。

Dusty 要以最低成本的方式，找出能於 15 週內完成專案。他用時間成本抵換要徑法，得到下列各項資料。

作業	正常時間	趕工時間	正常成本（百萬）	趕工成本（百萬）
A	5 週	3 週	$20	$30
B	3 週	2 週	$10	$20
C	4 週	2 週	$16	$24
D	6 週	3 週	$25	$43
E	5 週	4 週	$22	$30
F	7 週	4 週	$30	$48
G	9 週	5 週	$25	$45
H	8 週	6 週	$30	$44

(a) 建立此問題的線性規劃模型。

^{C}(b) 使用 Excel 求解。

^{C}(c) 使用其他軟體求解。

9.8-5. 洛克希德公司正要為美國空軍發展新型戰機專案。根據該公司與美國國防部合約，必須在 92 週內完成專案，不然得要繳納罰金。

此專案有 10 項作業（標示為 $A \cdot B \cdot \cdots \cdot J$），其先行關係如以下所示。

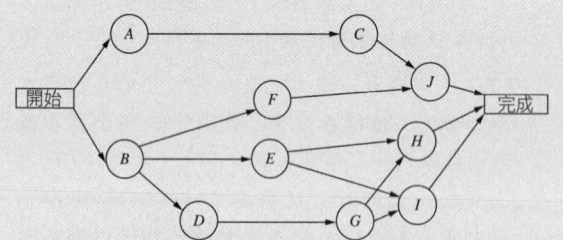

管理者想避免違約而遭重罰。因此，決定用時間成本抵換要徑法，以最有效方式趕工。其相關所需資料如下：

作業	正常時間	趕工時間	正常成本（百萬）	趕工成本（百萬）
A	32 週	28 週	$160	$180
B	28 週	25 週	$125	$146
C	36 週	31 週	$170	$210
D	16 週	13 週	$ 60	$ 72
E	32 週	27 週	$135	$160
F	54 週	47 週	$215	$257
G	17 週	15 週	$ 90	$ 96
H	20 週	17 週	$120	$132
I	34 週	30 週	$190	$226
J	18 週	16 週	$ 80	$ 84

(a) 建立此問題的線性規劃模型。

^{C}(b) 應用 Excel 求解。

^{C}(c) 應用其他軟體求解。

9.9-1. 從本章末參考文獻中，研讀一篇網路最佳化模型的應用案例，並撰寫兩頁的應用內容與效益（含非財務效益）摘要報告。

9.9-2. 從本章末參考文獻中，研讀三篇網路最佳化模型的應用案例，依據每個案例撰寫一頁的應用內容與效益（含非財務效益）摘要報告。

個案研究

9.1 資金流動

Jake 緊張到不停用手撥弄整齊的頭髮、解開領帶,一直用滿是汗的雙手揉搓燙平的長褲。

Jake 過去幾個月聽聞,華爾街投資銀行家和股票經紀人傳言日本正面臨經濟加速崩盤。

今天這些憂慮終於成真!Jake 與同事一起觀看財經台報導。Jake 無法置信日本股市的慘況,同時此情況也波及到其他亞洲股市場。身為美國西岸、專長於外匯交易的 Grant Hill 公司亞洲投資部經理的 Jake,須承受股市崩盤的負面影響。

而 Grant Hill 公司正面臨這種負面影響。

因為日本市場過去幾年績效遠超出預期,Jake 對崩盤傳言嗤之以鼻,並大幅加碼日本股市,一舉將投資金額由 $250 萬增至 $1,500 萬(當時匯率為 1 美元兌換 80 日圓)。

因為今天日圓貶值來到,1 美元兌 125 日圓。雖然 Jake 處分手上的投資不會造成損失,但換算成美元就會產生巨額虧損。Jake 深呼吸、閉眼,開始盤算設定停損方法。

Jake 的沉思突然被總經理的咆哮聲打斷,「Jake,你給我滾過來!」

Jake 跳起來匆忙整理一下衣著儀容,鎮定地走總經理進辦公室。

總經理一邊盯著 Jake,一邊大叫:「不準有藉口,趕快把資金抽出日本!這只是開始而已!把錢放在安全的美國債券!馬上去做!同時把印尼和馬來西亞的資金也轉出,愈快愈好!」

Jake 一語不發,點頭後轉身回座,並開始擬訂自日本、印尼和馬來西亞撤資計畫。依據他多年的海外市場投資經驗,要抽出數百萬美元鉅款的國外投資,除了時機外,方法也非常重要。與 Grant Hill 公司往來的銀行,對大額匯兌的手續費不同。

更糟的是,亞洲各國政府嚴格管制個人與企業匯兌金額,以減少外匯流失,避免當地經濟進一步惡化。由於 Grant Hill 公司目前持有 105 億印尼盧比、2,800 萬馬幣及日圓,不知道該如何兌換成美元。

Jake 想找出將資金換成美元最具成本效益的方法。表 1 為該公司網站提供的世界主要貨幣即時匯率。表 2 則為,Jake 和往來銀行聯繫後,找出此時的大額匯兌交易成本。

依據表 2,兩貨幣間的雙向兌換交易成本相同。而表 3 呈現以日圓、印尼盧比和馬幣計價的當地匯避,與該公司所容許的外匯匯兌上限。

表 1 貨幣匯率

從＼到	日圓	印尼盧比	馬幣	美元	加拿大元	歐元	英鎊	墨西哥披索
日圓	1	50	0.04	0.008	0.01	0.0064	0.0048	0.0768
印尼盧比		1	0.0008	0.00016	0.0002	0.000128	0.000096	0.001536
馬幣			1	0.2	0.25	0.16	0.12	1.92
美元				1	1.25	0.8	0.6	9.6
加拿大元					1	0.64	0.48	7.68
歐元						1	0.75	12
英鎊							1	16
墨西哥披索								1

◨ 表 2　匯兌手續費 (%)

從＼到	日圓	印尼盧比	馬幣	美元	加拿大幣	歐元	英鎊	墨西哥披索
日圓	—	0.5	0.5	0.4	0.4	0.4	0.25	0.5
印尼盧比		—	0.7	0.5	0.3	0.3	0.75	0.75
馬幣			—	0.7	0.7	0.4	0.45	0.5
美元				—	0.05	0.1	0.1	0.1
加拿大元					—	0.2	0.1	0.1
歐元						—	0.05	0.5
英鎊							—	0.5
墨西哥披索								—

◨ 表 3　外匯交易上限（以 $1,000 計）

從＼到	日圓	印尼盧比	馬幣	美元	加拿大幣	歐元	英鎊	墨西哥披索
日圓	—	5,000	5,000	2,000	2,000	2,000	2,000	4,000
印尼盧比	5,000	—	2,000	200	200	1,000	500	200
馬幣	3,000	4,500	—	1,500	1,500	2,500	1,000	1,000

(a) 建立 Jake 的問題，成為最小成本流量問題模型，並繪製其網路圖。指出圖中網路的供給節點與需求節點。
(b) 為確保該公司能持有最多美元，Jake 應採用哪些匯兌方式，將日圓、印尼盧比和馬幣換成美元？Jake 須投資多少來購買美國債券？
(c) 由於外匯管制屬於保護主義，故世界貿易組織 (WTO) 明令禁止。若無外匯管制，那麼 Jake 應如何將持有的亞洲貨幣換成美元？
(d) 雖然印尼政府配合 WTO 規定，取消外匯管制，卻課徵新稅，讓盧比交易成本增加 500%，以保護該國貨幣。在無外匯管制，但匯兌成本增加，Jake 應採用哪些匯兌方式，將亞洲貨幣換成美元？
(e) Jake 知道自己的分析並未考慮所有可能影響匯兌計畫的所有因素。說明 Jake 最後在決定前，須考慮的其他因素。

（另參見本書專屬網站所提供的檔案。）

網站補充個案

9.2　馳援他國

某反抗軍正打算推翻民選的俄羅斯聯邦政府，同時美國政府決定派兵及提供物資協助俄國政府，因此須找出最有效的運輸計畫。我們依據不童的整體評估標準，建立與求解最短路徑問題、最小成本流量問題，或最大流量問題模型。後續分析則要建立與求解最小延展樹問題的模型。

9.3　股票上市成功

某私人公司管理者決定將公司上市股票。為了要讓股票初次公開發行，該公司須進行許多相關作業。該管理者想加速此程序。因此，他必須建立一個專案網路，並用時間成本抵換要徑法。

Chapter 10

動態規劃

　　動態規劃是種用以處理一連串相關決策的數學方法,提供系統性程序來進行最佳決策組合。

　　有別於線性規劃,動態規劃問題並無所謂的標準數學模型。動態規劃是種通用的求解法,須針對個別狀況建立適當公式。因此,我們需要對動態規劃具備相當程度的了解,才能判定何時及如何以動態規劃程序求解。而要培養這些能力之最好方式,就是廣泛接觸各類動態規劃的應用並探討共同特性,所以本章提供許多示範例題(有些僅需用窮取法就能求解,但對於大型問題時,動態規劃就提供了更為有效的方法)。

10.1　動態規劃典型範例

範例 1　驛馬車問題

　　「驛馬車問題」是特別用來說明動態規劃特性及專有名詞的問題。[1] 此問題為某虛構 19 世紀中期密蘇里州淘金客,決定到加州淘金。他從密蘇里州到加州搭驛馬車時,可能途經遭強盜攻擊的危險地區。雖然此行起點與終點皆固定,但他仍能自由選擇途經地點。圖 10.1 呈現所有可能的路徑,當中每州以圓圈中的字母表示,而行進方向皆由此圖左至右。故自起點 A(密蘇里州)到終點 J(加州),需經四階段(驛馬車路段)。

　　此淘金客相當謹慎,他非常關心自身安全。在幾經考量後,自己想出一個找

---

[1] 此為 Harvey M. Wagner 教授在史丹福大學任教期間所建立發展的問題。

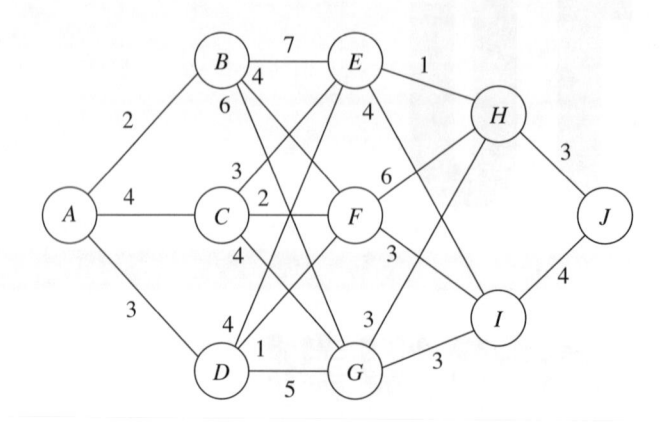

□ 圖 10.1　驛馬車問題成本與道路系統。

出最安全路線的方法。驛馬車乘客能投保保險，因為驛馬車每段路的保費是經過仔細評估安全性所訂的，故最安全路徑應為總保費最低路徑。

以 c_{ij} 表示從 i 州到 j 州的驛馬車路段的標準保費：

	B	C	D
A	2	4	3

	E	F	G
B	7	4	6
C	3	2	4
D	4	1	5

	H	I
E	1	4
F	6	3
G	3	3

	J
H	3
I	4

上述成本亦如圖 10.1 所示。

接著把重點放在哪條路徑能最小化總保費的問題上。

求解問題

首先各位注意，有一種取巧方法是依序在每階段選取最便宜路段，但這不一定產生一個整體最佳決策。依此策略會選取路徑 $A \to B \to F \to I \to J$，其總成本是 13。但若某階段稍做吃虧一點，或許之後能省更多。如 $A \to D \to F$ 整體上比 $A \to B \to F$ 便宜。

或許我們可能使用試誤法[2]。不過這個方法會產生很多可能的路徑 (18)，且計算每條路徑的總成本會很麻煩。

所幸，動態規劃提供一種要比窮舉法更簡單的求解法（求解大型問題時能省去很多計算時間）。動態規劃從原始問題中一小部分開始，先找出該問題最佳解，接著逐漸擴大該問題，並用前一最佳解找出目前最佳解，直到完整解出原始問題。

以驛馬車問題來說，淘金客已快完成路程，還有一個階段（驛馬車路段）要

---

[2] 此問題也能建立成最短路徑問題（見 9.3 節），成本在此的作用與最短路徑問題中的距離相同。實際上，9.3 節的演算法應用動態規劃概念，但因此問題的階段數為固定，運用動態規劃會是較佳的方法。

走。該小問題明顯的最佳解是從其目前所處州（不論何處）至最後目的地（J 州）。後續每次疊代中，在抵達終點前會增加一個階段來擴大問題。擴大後的問題能用前一次疊代所得結果，因而相對容易從每個可能的州中求得下一步要往何處的最佳解。接下來我們將詳細說明此方法的實際運用。

建立模型 令決策變數 $x_n (n = 1, 2, 3, 4)$ 為階段 n（第 n 個驛馬車路段）的目的地。故選取路徑為 $A \to x_1 \to x_2 \to x_3 \to x_4$，其中 $x_4 = J$。

已知淘金者目前在 s 州，準備開始階段 n，並且選擇了 x_n 作為階段 n 的目的地，令 $f_n(s, x_n)$ 表示剩餘階段的最佳整體策略之總成本。已知 s 和 n，令 x_n^* 表示能最小化 $f_n(s, x_n)$ 的任何 x_n 值（不一定唯一），並令 $f_n^*(s)$ 為對應的 $f_n(s, x_n)$ 的最小值。所以

$$f_n^*(s) = \min_{x_n} f_n(s, x_n) = f_n(s, x_n^*),$$

其中

$$f_n(s, x_n) = 立即成本（階段 n）+ 最小未來成本（階段 n+1 往後）$$
$$= c_{sx_n} + f_{n+1}^*(x_n)$$

先前 c_{ij} 表中，設定 $i = s$（現在的州）和 $j = x_n$（立即的目的地），可得到 c_{sx_n} 的值。由於最終目的地（J 州）在階段 4 末才會到達，所以 $f_5^*(J) = 0$。

目標為求出 $f^*(A)$ 及其對應的路徑。動態規劃是針對每個可能的州 s，依序找出 $f_4^*(s)$、$f_3^*(s)$、$f_2^*(s)$，接著用 $f_2^*(s)$ 求得 $f^*(A)$。[3]

求解程序 在淘金客僅剩最後一階段時（$n = 4$），其路徑完全取決於現在的州 s（H 或 I）和最終的目的地 $x_4 = J$，故最後一驛馬車路段是 $s \to J$。因此，由於 $f_4^*(s) = f_4(s, J) = c_{s,J}$，馬上可以得到 $n = 4$ 問題的解

$n = 4:$	s	$f_4^*(s)$	x_4^*
	H	3	J
	I	4	J

若淘金客到（$n = 3$）還剩兩階段時，就需要一些計算來求解。如下圖所示，假設淘金客現位於 F 州，接著一定要至 H 州或 I 州，則立即成本分別為 $c_{F,H} = 6$ 或 $c_{F,I} = 3$。若選 H 州，則其最小額外成本可由上表得知是 $f_4^*(H) = 3$，如下圖所示。因此，這個決策的總成本是 $6 + 3 = 9$。若改選 I 州，則總成本為 $3 + 4 = 7$。故後者為最佳選擇，即 $x_3^* = I$，因為其成本 $f_3^*(F) = 7$ 最小。

---

[3] 因此程序作法是一階段一階段向後移動，某些學者以 n 倒數來表示至目的地所剩餘階段數。我們為便於說明，用較自然前進方向計數的方式。

```
              3
              H
           6/
          F
           \
            3
             \
              I
              4
```

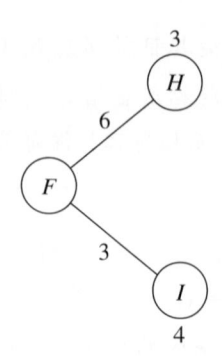

而從其他兩可能州 $s = E$ 與 $s = G$ 開始，剩下兩階段要走時，也要進行類似計算。我們嘗試以圖解及代數驗證下列 $n = 3$ 問題的完整結果。

$n = 3$:	s \ x_3	$f_3(s, x_3) = c_{sx_3} + f_4^*(x_3)$		$f_3^*(s)$	x_3^*
		H	I		
	E	4	8	4	H
	F	9	7	7	I
	G	6	7	6	H

第二階段的問題 ($n = 2$) 仍有三階段，能以同方法求解。這時候，$f_2^*(s, x_2) = c_{sx_2} + f_3^*(x_2)$。若淘金客目前人在 C 州：

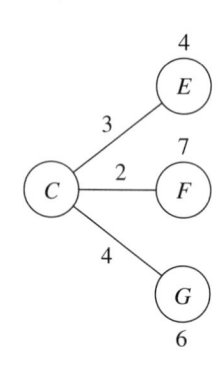

```
              4
              E
           3/
          C—2—F  7
           \
            4
             \
              G
              6
```

接著須前往 E、F 或 G 的立即成本分別為 $c_{C,E} = 3$、$c_{C,F} = 2$ 或 $c_{C,G} = 4$。在抵達後，由階段 3 到最終目的地的最小額外成本可由 $n = 3$ 表得知，分別是 $f_3^*(E) = 4$、$f_3^*(F) = 7$ 或 $f_3^*(G) = 6$，如上圖節點所示。我們整理了這三種可能選擇的計算結果：

$$x_2 = E: \quad f_2(C, E) = c_{C,E} + f_3^*(E) = 3 + 4 = 7.$$
$$x_2 = F: \quad f_2(C, F) = c_{C,F} + f_3^*(F) = 2 + 7 = 9.$$
$$x_2 = G: \quad f_2(C, G) = c_{C,G} + f_3^*(G) = 4 + 6 = 10.$$

其中最小值為 7，故由 C 州至最終目的地之最小成本為 $f_2^*(C) = 7$，且下一個目的地應該是 $x_2^* = E$。

而從 B 州或 D 州出發時，用相同計算，可得出 $n = 2$ 問題的結果：

$n = 2$:	s	x_2	$f_2(s, x_2) = c_{sx_2} + f_3^*(x_2)$			$f_2^*(s)$	x_2^*
			E	F	G		
	B		11	11	12	11	E or F
	C		7	9	10	7	E
	D		8	8	11	8	E or F

各位能看到上表第一列與第三列，E 和 F 皆可得到最小成本 x_2 值，故由 B 州或 D 州出發至下一個目的地應為 $x_2^* = E$ 或 F。

現移至第一階段 ($n = 1$) 時，除如下所示還有四階段，現在僅有一個可能起點 $s = A$ 外，而計算與剛才第二階段問題 ($n = 2$) 相似。

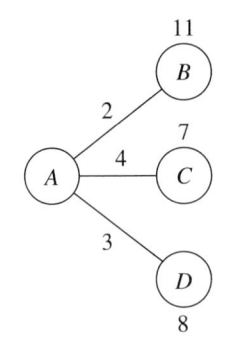

我們整理出這三個可能立即目的地的計算：

$$x_1 = B: \quad f_1(A, B) = c_{A,B} + f_2^*(B) = 2 + 11 = 13.$$
$$x_1 = C: \quad f_1(A, C) = c_{A,C} + f_2^*(C) = 4 + 7 = 11.$$
$$x_1 = D: \quad f_1(A, D) = c_{A,D} + f_2^*(D) = 3 + 8 = 11.$$

如下所示，由於 11 為最小值，故 $f_1^*(A) = 11$，且 $x_1^* = C$ 或 D。

$n = 1$:	s	x_1	$f_1(s, x_1) = c_{sx_1} + f_2^*(x_1)$			$f_1^*(s)$	x_1^*
			B	C	D		
	A		13	11	11	11	C or D

由上述四個表能找出整個問題最佳解。$n = 1$ 問題的結果呈現，淘金客一開始應往 C 州或 D 州。若該掏金客選擇 $x_1^* = C$，在 $n = 2$ 問題中，$s = C$ 的結果是 $x_2^* = E$。由此產生的 $n = 3$ 問題中，$s = E$ 的解是 $x_3^* = H$。而 $n = 4$ 問題中，$s = H$ 的結果是 $x_4^* = J$。因此，$A \to C \to E \to H \to J$ 為最佳路徑。選擇 $x_1^* = D$，則可得另兩條最佳路徑 $A \to D \to E \to H \to J$ 和 $A \to D \to F \to I \to J$，總成本皆為 $f_1^*(A) = 11$。

我們將上述動態規劃分析結果整理於圖 10.2。注意到階段 1 的兩個箭頭為 $n = 1$ 表之第一行與最後一行，其產生成本則為該表倒數第二行。同理，圖中箭頭與成本則皆可於其他表中相關之處找到。

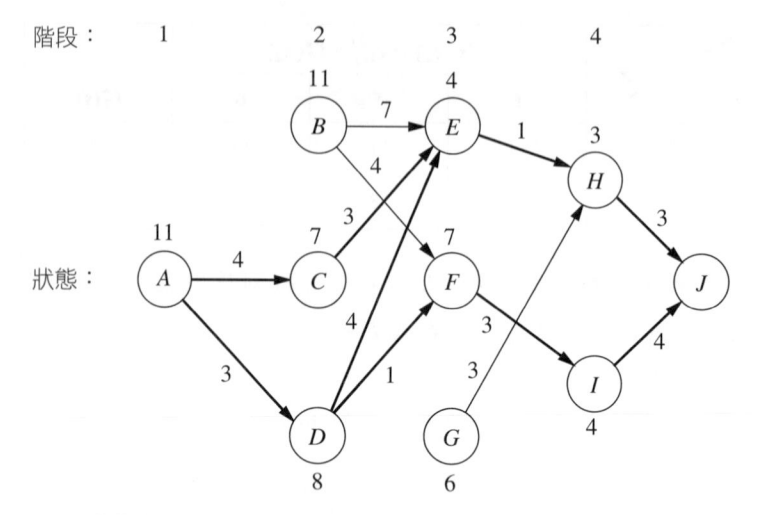

■ **圖 10.2** 動態規劃的驛馬車問題解答圖示，其中箭頭為該州的最佳策略決策（最佳立即目的地），其中各州旁邊的數字代表從該處到終點的成本。自 A 至 J 的粗黑箭頭給出三個最佳解（三條最佳路線，其最小總成本為 11）。

接著在 10.2 節會介紹用「階段」、「州」(state) 及「策略」等在例題中的名詞，這也是動態規劃的通用專有名詞。

10.2 動態規劃問題的特性

驛馬車問題是動態規劃的典型問題。此範例事實上是為了具體詮釋動態規劃的抽象概念，而經過特別設計。故要判斷某問題能否建立動態規劃模型，要注意該問題基本結構是否與驛馬車問題。

接下來我們來說明動態規劃問題的基本特性。

1. 問題能分成不同**階段 (stage)**，每個階段需要一個**策略決策 (policy decision)**。

    驛馬車問題可分成四階段，各別對應至旅程中四個驛馬車路段。各階段策略決策為選擇哪種壽險（即選擇下一段目的地）。其他動態規劃問題同理也需進行一連串相關決策，且各決策對應至問題中一個階段。

2. 每個階段都有數個**狀態 (state)**，與該階段的開始有關。

    驛馬車問題的各個階段狀態為州 (state)，即淘金客開始該旅程某段路的位置。一般來說，狀態是指問題在該階段出現的各種可能狀況。狀態數目可能有限（如驛馬車問題）或無限（如後續例題）。

3. 各階段的策略決策效果為將目前的狀態轉換為下一個階段開始時的狀態（可能依機率分配而定）。

淘金客對下個目的地之決策,讓他由目前所在州至下一州。此過程讓動態規劃問題能用第 9 章的網路的每個節點來說明。網路由幾行節點組成,各節點對應至一個狀態,其中每行對應至一階段,所以從某節點的流量只能流至右下一行的節點。由某節點至下一行節點間的連結,對應至下一狀態的可能策略決策。通常能將各連結之值視為該策略決策對目標函數之立即貢獻。在大多數情況下,目標對應至通過網路最短或最長路徑。

4. 求解程序的目的為找出整個問題的**最佳策略 (optimal policy)**,即指定各階段各個狀態的最佳策略決策。

   對驛馬車問題而言,求解程序在每個階段 (n) 建立一個表,其指定了各可能狀態 (s) 應採用的最佳決策 (x_n^*)。故除找出整體問題之三個最佳解(最佳路徑)外,該結果也讓淘金客知道,若改道往非最佳路徑上的州,該如何繼續前進。動態規劃對任何問題,提供每個可能情況該採用的策略(此亦為我們之所以稱特定階段至某州的實際決策為策略決策的原因)。提供此額外資訊除了僅找出最佳解(最佳一連串決策)外,對包括敏感度分析等各類方法有所助益。

5. 已知目前狀態,則剩餘階段的最佳策略與先前階段所採用的策略決策無關。所以,最佳立即決策只與現在狀態有關,與如何至該處無關。此即為動態規劃的**最佳性原則 (principal of optimality)**。

   已知淘金者目前所在州,由此地點後的最佳人壽保險策略(及路徑)與如何至該處無關。對一般動態規劃問題而言,系統目前狀態之資訊已包含在系統過去所有行為中,與決定未來最佳決策有關的必要資訊(我們稱此為馬可夫性質,14.2 節會討論到)。任何缺乏此性質之問題都無法建立成動態規劃模型。

6. 求解程序由尋找最後一階段的最佳策略開始。

   最後一階段之最佳策略指定該階段每個可能狀態的最佳策略決策。和驛馬車問題一樣,這個單一階段問題的解通常是很明顯的。

7. 已知階段 $n + 1$ 的最佳策略存在**遞迴關係 (recursive relationship)**,可以用來找出階段 n 的最佳策略。

   此遞迴關係以驛馬車問題來說:

   $$f_n^*(s) = \min_{x_n} \{c_{sx_n} + f_{n+1}^*(x_n)\}.$$

   所以各位在階段 n 的狀態 s 找出最佳策略時,必須找出最小的 x_n 值。對此問題來說,用 x_n 值,隨後在第 $n + 1$ 階段從 x_n 出發時依循最佳策略,可得相對應最小成本。

   雖遞迴關係之確切形式會因為動態規劃問題不同而有所差異,但在此將沿用與前一節相似之符號,分別表示如下:

N = 階段數。

n = 目前的階段 (n = 1, 2, ... , N)。

s_n = 階段 n 目前的狀態。

x_n = 階段 n 的決策變數。

x_n^* = 最佳的 x_n 值（已知 s_n）。

$f_n(s_n, x_n)$ = 當系統在階段 n 的狀態為 s_n，立即決策為 x_n，之後都依循最佳決策時，階段 $n, n+1, ..., N$ 對目標函數的貢獻。

$$f_n^*(s_n) = f_n(s_n, x_n^*).$$

遞迴關係的形式將一定會如以下所示：

$$f_n^*(s_n) = \max_{x_n} \{f_n(s_n, x_n)\} \quad \text{或} \quad f_n^*(s_n) = \min_{x_n} \{f_n(s_n, x_n)\},$$

其中 $f_n(s_n, x_n)$ 以 s_n、x_n、$f_{n+1}^*(s_{n+1})$ 及一些 x_n 對目標函數的立即貢獻量來呈現。右端值包含了 $f_{n+1}^*(s_{n+1})$，因此 $f_n(s_n, x_n)$ 是以 $f_{n+1}^*(s_{n+1})$ 表示，而讓 $f_n^*(s_n)$ 的公式成為遞迴關係。

這個遞迴關係在逐步往前一個階段反向移動時不斷遞迴，當目前的階段 n 減少 1 時，新的 $f_n^*(s_n)$ 函數可由上次疊代所得 $f_{n+1}^*(s_{n+1})$ 函數推導，接著重複此過程。而這會在下一個特性特別強調。

8. 我們在運用遞迴關係時，求解過程由最後開始，反向逐步往前一階段移動並找出該階段的最佳策略，直到找出起始階段的最佳策略。由此最佳策略隨即能得知整個問題之最佳解，即起始狀態 s_1 的最佳解 x_1^*、s_2 的最佳解 x_2^*，隨後為 s_3 的最佳解 x_3^*，依此類推至階段 s_N 的最佳解 x_N^*。

此類反向移動能由驛馬車問題看出，其最佳策略分別依序由階段 4、3、2、1 各州找出[4]。所有動態規劃問題的每個階段皆產生下列表 ($n = N, N – 1, ... , 1$)。

s_n	x_n	$f_n(s_n, x_n)$	$f_n^*(s_n)$	x_n^*

最終得出起始階段 (n = 1) 此表時，已解出該問題。由於已知起始狀態，故起始決策在該表以 x_1^* 表示，而其他決策變數最佳值則能依序依據前一階段決策的系統狀態，自各表中找到。

---

[4] 事實上，這個問題的求解程序為反向或正向移動都可以。然而，在許多問題中（尤其當階段代表時期時），求解程序必須是反向移動。

10.3 確定性動態規劃問題

本小節會進一步說明確定性問題的動態規劃求解方法。確定性問題的下一階段狀態完全取決於目前階段狀態與策略決策；而機率性 (probabilistic) 問題則取決於機率分配（下小節會討論到）。

確定性動態規劃能以如圖 10.3 方式表示。因此，在階段 n 時，過程將會在某個狀態 s_n。採用策略決策 x_n 後，過程就至階段 $n+1$ 的某個狀態 s_{n+1}。用最佳策略往後對目標函數的貢獻即為先前計算所得的 $f^*_{n+1}(s_{n+1})$。策略決策 x_n 對目標函數也有一些貢獻。適當結合此兩數量可得到 $f_n(s_n, x_n)$，亦即由階段 n 往後對目標函數的貢獻。對 x_n 最佳化，可以得到 $f^*_n(s_n) = f_n(s_n, x^*_n)$。求得每個 s_n 的 x^*_n 和 $f^*_n(s_n)$ 後，求解程序即可往回移動一個階段。

確定性動態規劃問題可依目標函數形式來分類。如目標可能為極小化各階段貢獻之總和（如驛馬車問題），或極大化其總和，或極小化這些項乘積等等。也可以根據每個階段的狀態集合本質來分類。也就是說，狀態 s_n 也許能以離散的狀態變數（如驛馬車問題）或連續的狀態變數來表示，甚至需用狀態向量（超過一個變數）來表示。同理，決策變數 $(x_1, x_2, \ldots, x_N)$ 亦可為離散或連續。

接著用幾個範例來說明。更重要的是未能由範例可知，看似差異很大實際上不重要（除計算有所困難外），因為圖 10.3 的基本結構一定相同。

第一個新範例的內容和驛馬車問題非常不同。但是，除了目標函數是極大化而非極小化一個總和以外，它們的數學模型是相同的。

範例 2　改善未開發國醫療小組的分派決策

「世界衛生大會」致力改善未開發國家醫療照護問題，該組織目前能派遣五個醫療小組至三個未開發國，協助改善醫療照護、衛生教育與訓練計畫。所以該組織需決定分配醫療小組到哪些國出任務的方式，以最大化其總績效。各小組無法切割，故派至各國家的小組數須為整數。

醫療小組之績效以「某特定國的壽命增加人年」為衡量基準（即該國人民平

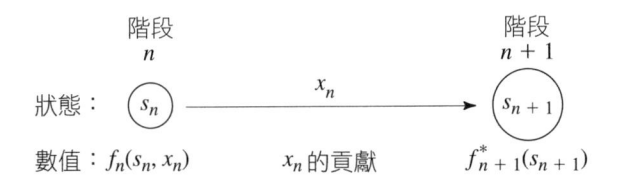

◨ 圖 10.3　確定性動態規劃的基本結構。

應用實例

伊拉克軍隊於 1990 年 8 月 2 日入侵科威特,而美國在 6 天後,開始在該區域部署軍隊與軍事設施。1991 年 1 月 17 日,以美國為首共 35 國組成的盟軍展開「沙漠風暴」(Operations Desert Storm) 軍事行動,驅逐科威特境內伊拉克軍。盟軍後來獲得決定性勝利,不但順利替科威特解圍,也反攻伊拉克。快速運送部隊與物資至戰區對後勤補給是項艱鉅的挑戰。由美國到波斯灣執行一次空運任務往返需 3 天,途中至少得起降 7 個機場,耗油 100 萬磅,成本為 28 萬美元。美軍空運司令部 (Military Airlift Command, MAC) 在沙漠風暴行動期間,每天平均執行超過百次補給任務,這也是史上規模最大空運作業。

盟軍為克服此挑戰,應用作業研究開發決策支援系統,來安排空運任務時程及路線。在此所運用了動態規劃方法,在動態規劃模型中,階段對應制與任務相關航段網路中的機場。對各機場來說,狀態定義為自機場起飛時間,及目前機組員能進行尚未完成的任務。極小化目標函數為數個績效評量值之加權總和,其中包含運輸遲誤時間、飛行時間、機場停留時間與機組員更換次數。限制式包括了任務裝載量下限,及機組員與機場地勤支援資源上限。

動態規劃應用對快速運送物資及人員至波斯灣,以及支援沙漠風暴行動,影響非常。MAC 專責作業與運輸人事的副局長,曾對開發此方法人員說:「沒有各位的幫助及(對決策支援系統)的貢獻,我們不可能完成波斯灣軍事部署,絕對無法完成任務。」

資料來源:M. C. Hilliard, R. S. Solanki, C. Liu, I. K. Busch, G. Harrison, and R. D. Kraemer: "Scheduling the Operation Desert Storm Airlift: An Advanced Automated Scheduling Support System," *Interfaces*, **22**(1): 131-146, Jan.-Feb. 1992.

均壽命增加年數乘以人口數)。表 10.1 為各國家獲得不同醫療小組出訪次數後,預估會增加的壽命人年數(以千為單位)。

我們該如何分配,才能將醫療小組績效最大化?

建立模型 此問題須進行三個相關決策,即各別應分配至此三國的醫療小組數。故就算無一定順序,仍可將此三國視為動態規劃模型的三個階段。決策變數 x_n (n = 1, 2, 3) 是分配至各個階段(國家)的小組數 n。

◨ **表 10.1** 世界衛生大會問題的資料

	增加的壽命人年數 (以千為單位)		
	國家		
醫療小組	1	2	3
0	0	0	0
1	45	20	50
2	70	45	70
3	90	75	80
4	105	110	100
5	120	150	130

我們可能無法立刻看出此問題的狀態，各位為決定狀態，能思考以下問題。從一階段至下階段會改變什麼？已知上階段決策，如何敘述現階段情況狀態？有哪些現在狀態資訊為進行此後最佳策略中所必需的？各位在回答這些問題後，可知適當「系統狀態」選擇為

s_n = 可供分配給剩餘國家 $(n, \ldots, 3)$ 的醫療小組數

故在階段 1（國家 1），三國皆為分配到，$s_1 = 5$。然而，在階段 2 或 3（國家 2 或 3）時，s_n 則是 5 減去前面階段的小組數。因此，這一序列狀態是

$$s_1 = 5, \quad s_2 = 5 - x_1, \quad s_3 = s_2 - x_2.$$

各位依反向逐階段求解的動態規劃程序，在求解階段 2 或 3 時，應未有解出前階段之分配。故在階段 2 或 3 時，應將所有可能狀況納入考量，即 $s_n = 0, 1, 2, 3, 4, 5$。

圖 10.4 呈現各階段該思考之狀態。各兩個狀態間的連結（線段），呈現出在某階段對該階段的國家，進行可行的醫療小組分配後，至下階段時，可能狀態移轉。連結旁的數字為自表 10.1 的相應績效貢獻。從此圖來看，整體問題為要找出由起始狀態 5（開始階段 1）至最終狀態 0（階段 3 之後）路徑，以極大化此路徑的數字總和。

我們接著要以數學式描述問題，令 $p_i(x_i)$ 為分配 x_i 個醫療小組給國家 i 的績效貢獻（見表 10.1）。故目標為選擇 x_1, x_2, x_3，以

$$\text{極大化} \quad \sum_{i=1}^{3} p_i(x_i),$$

受限於

$$\sum_{i=1}^{3} x_i = 5,$$

及

x_i 為非負整數

運用 10.2 節的符號，$f_n(s_n, x_n)$ 可表示為

$$f_n(s_n, x_n) = p_n(x_n) + \max \sum_{i=n+1}^{3} p_i(x_i),$$

其中極大化的變數範圍為 $x_{n+1}, \ldots, x_3$，並且滿足

$$\sum_{i=n}^{3} x_i = s_n$$

以及 x_i 為非負整數，其中 $n = 1, 2, 3$。此外，

$$f_n^*(s_n) = \max_{x_n = 0, 1, \ldots, s_n} f_n(s_n, x_n)$$

因此，

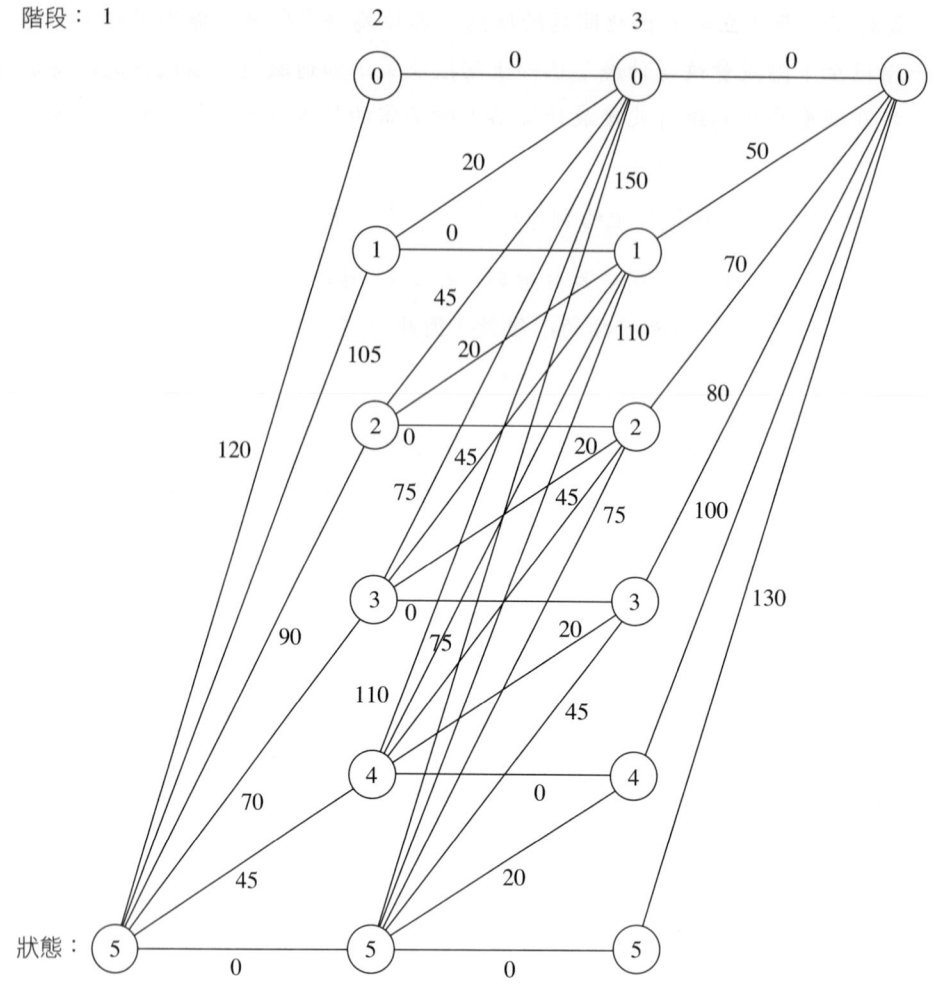

圖 10.4 世界衛生大會問題圖示，包括各階段可能狀態、可能狀態移轉及對應之績效貢獻。

$$f_n(s_n, x_n) = p_n(x_n) + f_{n+1}^*(s_n - x_n)$$

（f_4^* 定義為零）。我們在圖 10.5 中彙整了上述基本關係。

因此，此問題中關聯函數 f_1^*、f_2^* 及 f_3^* 的遞迴關係是

$$f_n^*(s_n) = \max_{x_n = 0, 1, \ldots, s_n} \{p_n(x_n) + f_{n+1}^*(s_n - x_n)\}, \text{對 } n = 1, 2.$$

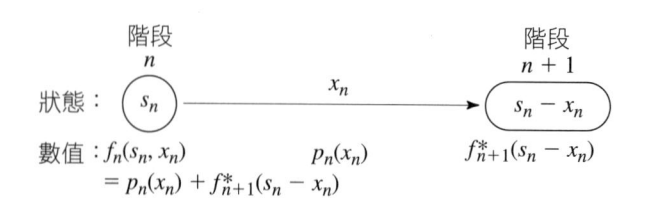

圖 10.5 世界衛生大會問題的基本結構。

對最後一個階段 ($n = 3$) 而言，

$$f_3^*(s_3) = \max_{x_3 = 0, 1, \ldots, s_3} p_3(x_3).$$

動態規劃計算結果如下。

求解程序　從最後一個階段 ($n = 3$) 開始，$p_3(x_3)$ 的值列於表 10.1 的最後一行，而這些值愈往下則愈大。因此，由於有 s_3 個小組可以分配給國家 3，把這 s_3 個小組全部分配給該國，可以自動得到最大的 $p_3(x_3)$，亦即 $x_3^* = s_3$ 和 $f_3^*(s_3) = p_3(s_3)$，如下表所示。

$n = 3$:	s_3	$f_3^*(s_3)$	x_3^*
	0	0	0
	1	50	1
	2	70	2
	3	80	3
	4	100	4
	5	130	5

現在反向移動由倒數第二個階段 ($n = 2$) 開始。各位在此要計算及比較各個 x_2 ($x_2 = 0, 1, \ldots, s_2$) 的 $f_2(s_2, x_2)$ 值，才能找到 x_2^*。我們以下圖 $s_2 = 2$ 的狀況為例說明：

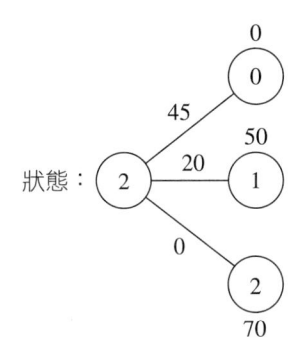

此圖類似圖 10.5，但列出階段 3 所有的三個可能狀態。因此，若 $x_2 = 0$，則階段 3 的狀態為 $s_2 - x_2 = 2 - 0 = 2$；而當 $x_2 = 1$，狀態為 1；$x_2 = 2$ 時，狀態為 0。表 10.1 中，國家 2 行中的 $p_2(x_2)$ 值顯示在連結旁，而由 $n = 3$ 表得到的 $f_3^*(s_2 - x_2)$ 值顯示於階段 3 節點旁。$s_2 = 2$ 的情況下，我們將計算整理如下：

公式：　　$f_2(2, x_2) = p_2(x_2) + f_3^*(2 - x_2)$.
　　　　　$p_2(x_2)$ 的值列於表 10.1 的國家 2 行。
　　　　　$f_3^*(2 - x_2)$ 的值列於上表。

$x_2 = 0$:　　$f_2(2, 0) = p_2(0) + f_3^*(2) = 0 + 70 = 70$.
$x_2 = 1$:　　$f_2(2, 1) = p_2(1) + f_3^*(1) = 20 + 50 = 70$.
$x_2 = 2$:　　$f_2(2, 2) = p_2(2) + f_3^*(0) = 45 + 0 = 45$.

因為目標為極大化，故 $x_2^* = 0$ 或 1，其 $f_2^*(2) = 70$。

我們同理能得到其他可能 s_2 值的結果，如下表所示。

$n = 2$: s_2 \ x_2	$f_2(s_2, x_2) = p_2(x_2) + f_3^*(s_2 - x_2)$						$f_2^*(s_2)$	x_2^*
	0	1	2	3	4	5		
0	0						0	0
1	50	20					50	0
2	70	70	45				70	0 or 1
3	80	90	95	75			95	2
4	100	100	115	125	110		125	3
5	130	120	125	145	160	150	160	4

現在可以再反向移動，自階段 1 ($n = 1$) 的開始求解原題。這時只需要思考如下列圖所示的起始狀態 $s_1 = 5$：

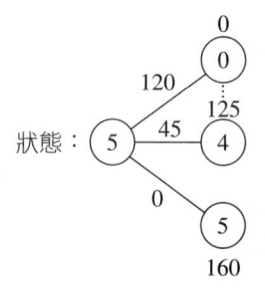

狀態：
```
                    0
                   (0)
          120    /
               / 125
         (5)—45—(4)
               \
              0 \
                  (5)
                  160
```

分配 x_1 個醫療小組至國家 1 後，階段 2 的狀態為 $5 - x_1$。選擇 $x_1 = 0$ 會到達最右下方的節點；選擇 $x_1 = 1$ 則會到達上面一個節點；依此類推，選擇 $x_1 = 5$ 會到達最上方節點。對應的 $p_1(x_1)$ 值呈現在表 10.1 中連結旁，節點旁數值則出自 $n = 2$ 表的 $f_2^*(s_2)$ 行。與 $n = 2$ 時一樣，我們整理了每個可能的決策變數值所需計算，包括加總對應的連結值和節點值：

公式：　　$f_1(5, x_1) = p_1(x_1) + f_2^*(5 - x_1)$.
　　　　　$p_1(x_1)$ 的值列於表 10.1 的國家 1 行。
　　　　　$f_2^*(5 - x_1)$ 的值列於 $n = 2$ 表。

$x_1 = 0$:　　$f_1(5, 0) = p_1(0) + f_2^*(5) = \;\;\;0 + 160 = 160$.
$x_1 = 1$:　　$f_1(5, 1) = p_1(1) + f_2^*(4) = 45 + 125 = 170$.
　　$\vdots$
$x_1 = 5$:　　$f_1(5, 5) = p_1(5) + f_2^*(0) = 120 + \;\;\;0 = 120$.

當 $x_1 = 2, 3, 4$ 時，用相同方式計算，如下所示可得 $x_1^* = 1$，其 $f_1^*(5) = 170$。

$n = 1$: s_1 \ x_2	$f_1(s_1, x_1) = p_1(x_1) + f_2^*(s_1 - x_1)$						$f_1^*(s_1)$	x_1^*
	0	1	2	3	4	5		
5	160	170	165	160	155	120	170	1

因此，最佳解為 $x_1^* = 1$，而 $s_2 = 5 - 1 = 4$，所以 $x_2^* = 3$，則 $s_3 = 4 - 3 = 1$，故 $x_3^* = 1$。因為 $f_1^*(5) = 170$，$(1, 3, 1)$ 的分配方式，預估能增加壽命 170,000 人年，

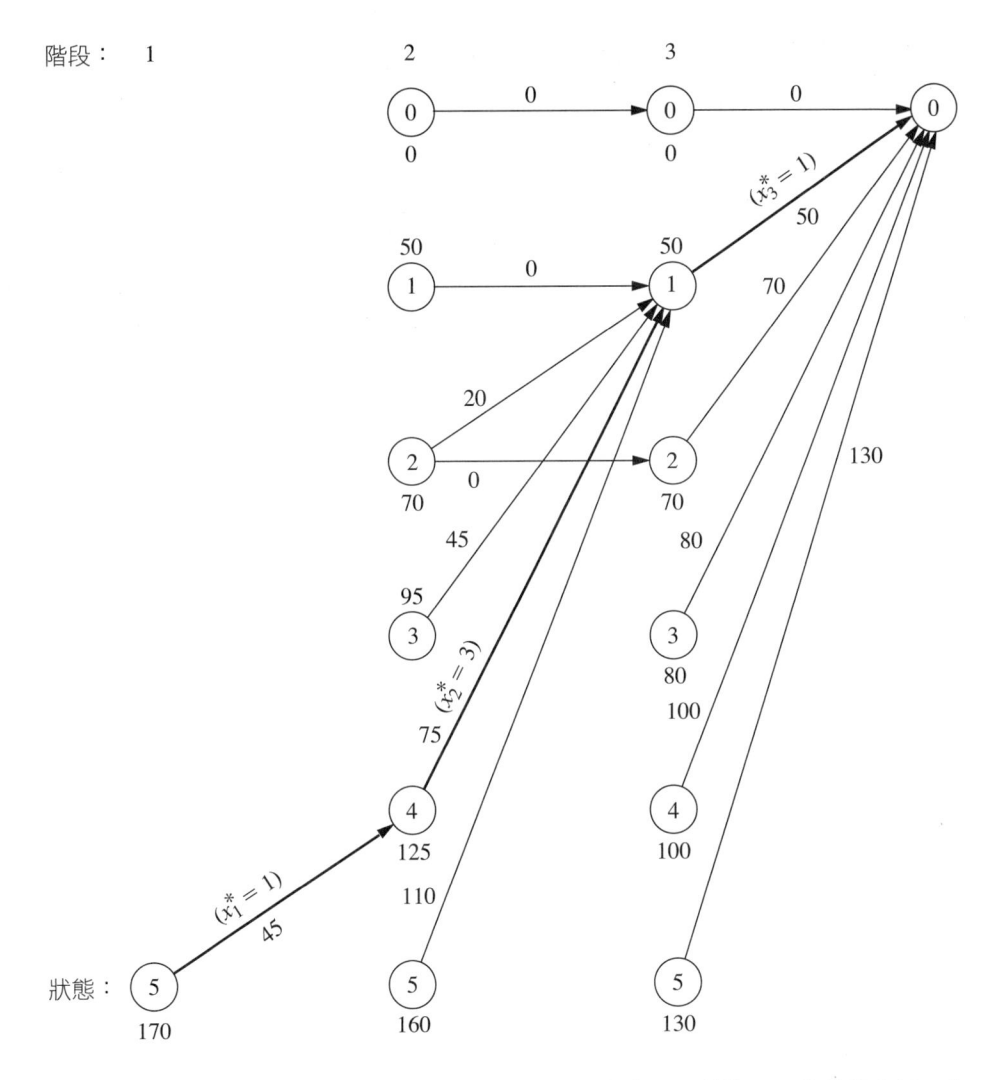

圖 10.6 世界衛生大會問題的動態規劃解答圖示。由狀態 s_n 至狀態 s_{n+1} 的箭頭表示,由 s_n 開始的最佳策略決策為分配 $(s_n - s_{n+1})$ 個醫療小組至國家 n。依循粗黑箭頭,由起始狀態至最終狀態,以此方式分配可以得到最佳解。

比其他任何分配方式至少多了 5,000 人年。

圖 10.6 彙整了動態規劃分析的結果。

常見問題形式:效力分配問題

上一範例說明了常見的效力分配問題 (distribution of effort problem),此類問題要分配給數個活動只有一種資源,目標為決定以最有效方式將效力(資源)分配至各活動。在世界衛生大會範例中,資源為醫療小組,而三個活動是三國的醫療照護工作。

基本假設 各位應該對此活動資源分配還有印象，這就是第 3 章一開始對線性規劃問題的典型詮釋。但效力分配問題與線性規劃間仍有些差異，這有助我們用於說明動態規劃與其他數學規劃領域之差異。

其中一關鍵差異在於效力分配問題僅有一種資源（一條函數限制式），而線性規劃則可處理大規模資源（原則上，動態規劃可處理略多於一種資源，但資源數量增加時，因每種資源都需特有的狀態變數，用動態規劃就會非常沒有效率，我們又稱此為「維度魔咒」）。

然而，效力分配問題在其他方面要比線性規劃更為通用。我們回頭看一下 3.3 節提過的線性規劃四大假設：正比性、可加性、可除性和確定性。幾乎所有動態規劃問題都違反正比性，包括效力分配問題（如表 10.1 違反正比性）；也違反可除性，如範例 2 的決策變數須為整數。事實上，動態規劃適用可除性時，計算反更複雜（如範例 4）。雖然我們僅在確定性的假設下求解效力分配問題，但這並非必要，許多其他動態規劃問題都違反了此假設（如 10.4 節）。

效力分配問題（或其他動態規劃問題）只需要線性規劃的可加性假設（或其他涉及項乘積的同義函數）。欲滿足動態規劃的最佳性需此假設（10.2 節的特性 5）。

建立模型 由於皆為分配一種資源至數個活動，效力分配問題的動態規劃模型必為（可任意順序將活動編號）：

階段 n = 活動 n (n = 1, 2, $\cdots$, N)。

x_n = 分配給活動 n 的資源量。

狀態 s_n = 可分配給剩餘活動 (n, $\cdots$, N) 的資源量。

之所以此定義狀態 s_n 是因為，剩餘可分配資源量即為目前狀態（進入階段 n）做剩餘活動的分配決策所需的資訊。

當系統在階段 n 的狀態 s_n 時（如下所示），選擇 x_n 會讓階段 n + 1 的下個狀態成為 $s_{n+1} = s_n - x_n$：[5]

階段： n $\qquad\qquad$ $n+1$

狀態： $s_n \xrightarrow{x_n} s_n - x_n$

注意此圖的結構，對應至圖 10.5 效力分配問題範例的情況。不同之處在於圖 10.5 其他部分，即 $f_n(s_n, x_n)$ 和 $f^*_{n+1}(s_n - x_n)$ 之間的關係及其所產生 f^*_n 和 f^*_{n+1} 函數之間的遞迴關係，並取決於整體問題的目標函數。

---

[5] 此處假設 x_n 和 s_n 單位相同。若我們把 x_n 定義為其他數量，讓分配至活動 n 的資源量為 $a_n x_n$ 較為方便，則 $s_{n+1} = s_n - a_n x_n$。

接下來的範例結構與世界衛生大會問題類似，亦為效力分配問題，但遞迴關係不同，因目標為最小化各階段項之乘積。

由於此範例中有機率，乍看是不確定性動態規劃問題。但其確實符合確定性動態規劃問題定義，因為下階段狀態完全因目前階段狀態與策略決策而定。

範例 3　科學研究小組人員分配問題

某國政府太空計畫正研究某工程問題，讓人類能安全飛至火星。有三組研究小組正在測試三種不同求解法。依現況預估各小組（稱為小組 1、小組 2 及小組 3）失敗機率各為 0.40、0.60 和 0.80。故目前三小組皆失敗機率為 (0.40)(0.60)(0.80) = 0.192。為最小化失敗機率，另增派兩位頂尖科學家加入。

表 10.2 列出當額外的 0、1 或 2 位科學家加入各組時的預估失敗率。每位新加入科學家須全力參與該小組工作，因此分配到各組的科學家人數僅能為整數。此問題要決定分配額外兩位科學家的方法，最小化三個小組皆失敗機率。

建立模型　由於範例 2 和範例 3 皆為效力分配問題，實際上結構非常相似。此問題的資源為科學家，活動是研究小組。範例 2 是將醫療小組分配至各國，範例 3 則是把科學家分配至各研究小組。這兩個問題唯一差異在於目標函數，且科學家人數和小組數皆少，很容易用窮舉法求解。但我們為便於說明，仍用動態規劃來求解。

在這個問題中，階段 n ($n = 1, 2, 3$) 為研究小組 n，而狀態 s_n 是仍能分派至剩餘組的新加入科學家人數。決策變數 x_n ($n = 1, 2, 3$) 是分配至研究小組 n 的額外科學家人數。

令 $p_i(x_i)$ 表示小組 i 分配至 x_i 位額外科學家後之失敗機率（見表 10.2）。以 Π 表示相乘，則政府目標為 x_1、x_2、x_3，以

$$\text{極小化} \quad \prod_{i=1}^{3} p_i(x_i) = p_1(x_1)p_2(x_2)p_3(x_3),$$

■ 表 10.2　政府太空計畫問題的資料

	失敗機率		
	小組		
新科學家	1	2	3
0	0.40	0.60	0.80
1	0.20	0.40	0.50
2	0.15	0.20	0.30

受限於
$$\sum_{i=1}^{3} x_i = 2$$

及

x_i 為非負整數。

因此，此問題的 $f_n(s_n, x_n)$ 是

$$f_n(s_n, x_n) = p_n(x_n) \cdot \min \prod_{i=n+1}^{3} p_i(x_i),$$

其中極小化是對 $x_{n+1}, \ldots, x_3$ 而言，且需滿足

$$\sum_{i=n}^{3} x_i = s_n$$

及

x_i 為非負整數。

而 $n = 1, 2, 3$。因此，

$$f_n^*(s_n) = \min_{x_n = 0, 1, \ldots, s_n} f_n(s_n, x_n),$$

其中，

$$f_n(s_n, x_n) = p_n(x_n) \cdot f_{n+1}^*(s_n - x_n)$$

(f_4^* 定義為 1)。圖 10.7 彙整了這些基本關係。

故此問題的關聯函數 f_1^*、f_2^* 及 f_3^* 的遞迴關係是

$$f_n^*(s_n) = \min_{x_n = 0, 1, \ldots, s_n} \{p_n(x_n) \cdot f_{n+1}^*(s_n - x_n)\}，對 n = 1, 2,$$

且當 $n = 3$，

$$f_3^*(s_3) = \min_{x_3 = 0, 1, \ldots, s_3} p_3(x_3)。$$

```
                階段                                階段
                 n                                  n+1
狀態：         ( s_n ) ─────── x_n ──────────→ ( s_n − x_n )
數值： f_n(s_n, x_n)        p_n(x_n)              f*_{n+1}(s_n − x_n)
     = p_n(x_n) · f*_{n+1}(s_n − x_n)
```

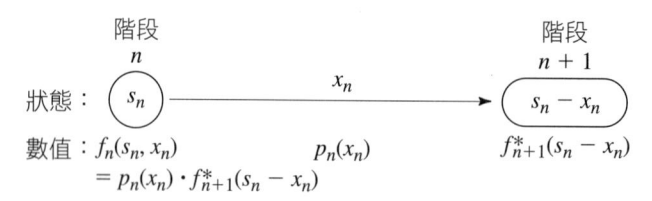

■ **圖 10.7** 政府太空專案問題的基本結構

求解程序 此問題動態規劃計算如下：

$n = 3$:

s_3	$f_3^*(s_3)$	x_3^*
0	0.80	0
1	0.50	1
2	0.30	2

$n = 2$:

s_2 \ x_2	$f_2(s_2, x_2) = p_2(x_2) \cdot f_3^*(s_2 - x_2)$			$f_2^*(s_2)$	x_2^*
	0	1	2		
0	0.48			0.48	0
1	0.30	0.32		0.30	0
2	0.18	0.20	0.16	0.16	2

$n = 1$:

s_1 \ x_1	$f_1(s_1, x_1) = p_1(x_1) \cdot f_2^*(s_1 - x_1)$			$f_1^*(s_1)$	x_1^*
	0	1	2		
2	0.064	0.060	0.072	0.060	1

故最佳解為 $x_1^* = 1$，而 $s_2 = 2 - 1 = 1$，故 $x_2^* = 0$，而 $s_3 = 1 - 0 = 1$，所以 $x_3^* = 1$。因此，小組 1 和小組 3 各分配到一位額外科學家，且三個小組皆失敗機率變為 0.060。

我們至今看過的範例，每個階段狀態變數 s_n 皆為離散。也就是說，每個範例皆可逆，即可依反向或正向逐階段移動求解（後者由大至小編號，再以標準程序求解）。此可逆性為效力分配問題（如範例 2 和範例 3）的一般特性，因為活動（階段）可任意排序。

接下來的範例有兩個不同之處，即其階段 n 的狀態變數 s_n 可為某區間內任何值的連續變數，且不限於整數值。由於 s_n 有無限多個值，故不能再逐一考慮每個可行值，而要將 $f_n^*(s_n)$ 和 x_n^* 的解表示成 s_n 的函數。此外，此範例為不可逆，因為其階段是指時期，所以一定要反向進行求解過程。

我們在進入下一個相當繁瑣的範例前，建議先參閱本書專屬網站中 Solved Examples 針對確定性動態規劃的兩個額外例題，可能會對各位有所助益。第一個例題為數時期之生產與存貨規劃。與目前為止的例題一樣，每個階段的狀態變數與決策變數皆為離散。但由於階段對應時期，故此例題為不可逆，亦非效力分配問題。第二個例題為兩變數及單一限制式的非線性規劃問題，即使為可逆，其狀態及決策變數皆為連續。但相較於下一個範例（有 4 個連續變數，故有 4 個階段），只有 2 個階段，故可用動態規劃與基本微積分快速求解。

範例 4　規劃員工人數

「在地工坊」工作量受季節性影響而起伏很大。由於要招募到能操作機器的員工不容易,且訓練費用不斐,故該公司經理就算淡季也不太想裁員。但他不想維持旺季員工人數,且反對經常加班。由於該公司皆為客製化產品,故無法在淡季屯貨。所以,該經理面臨制定員工人數策略的兩難。

下列為未來四季的最低需求員額人數預估表:

季節	春	夏	秋	冬	春
需求員額數	255	220	240	200	255

每季員工人數不得低於上述數據,高出需求人數會多衍生每人每季 \$2,000 成本。預估聘雇與資遣成本讓某季至下季員工人數變化總成本為 \$200 乘以員工人數差之平方。該公司願意僱用少量兼職人員,故員工人數可為分數,成本亦可為分數。

建立模型　員工人數依現有資料,不該超出旺季所需 255 人。故春季該僱用 255 人,則此問題能簡化為求出其他三季員工人數。

以動態規劃模型來說,問題的階段應為季節。由於該問題延伸至無限未來,故實際上階段數為無限。但每年週期相同,且已知春季員工人數,故有可能只要考量於春季結尾的一個四季週期,我們整理成以下:

階段 1 = 夏季

階段 2 = 秋季

階段 3 = 冬季

階段 4 = 春季

　　x_n = 階段 n (n = 1, 2, 3, 4) 的員工人數。

　　(x_4 = 255)

各位於求解時,須以春季為最後一階段,由於已知最後一階段的決策變數之最佳值,或不需要考慮其他階段就可得。對其他各季而言,最佳員工人數須考慮下季之成本因素。

令

$$r_n = \text{階段 } n \text{ 的最少員工人數需求,}$$

由於已知這些需求,即 r_1 = 220, r_2 = 240, r_3 = 200 以及 r_4 = 255。故 x_n 的可行值為

$$r_n \leq x_n \leq 255。$$

我們參照問題敘述中成本資料,可得

$$\text{階段 } n \text{ 的成本} = 200(x_n - x_{n-1})^2 + 2{,}000(x_n - r_n)。$$

注意目前階段之成本僅與目前決策 x_n 及上一季員工人數 x_{n-1} 有關。故上一季員工人數已包含制定往後最佳決策時所需目前全部狀態資訊。因此階段 n 的狀態 s_n 是

$$\text{狀態 } s_n = x_{n-1}。$$

當 $n = 1$ 時，$s_1 = x_0 = x_4 = 255$。

我們為便於求解，將四階段資料分別彙整於下列的表 10.3 中。

表 10.3 「在地工坊」問題的資料

n	r_n	可行的 x_n	可能的 $s_n = x_{n-1}$	成本
1	220	$220 \leq x_1 \leq 255$	$s_1 = 255$	$200(x_1 - 255)^2 + 2,000(x_1 - 220)$
2	240	$240 \leq x_2 \leq 255$	$220 \leq s_2 \leq 255$	$200(x_2 - x_1)^2 + 2,000(x_2 - 240)$
3	200	$200 \leq x_3 \leq 255$	$240 \leq s_3 \leq 255$	$200(x_3 - x_2)^2 + 2,000(x_3 - 200)$
4	255	$x_4 = 255$	$200 \leq s_4 \leq 255$	$200(255 - x_3)^2$

問題的目標為選擇 x_1、x_2、x_3 ($x_0 = x_4 = 255$)，以

$$\text{極小化} \sum_{i=1}^{4} [200(x_i - x_{i-1})^2 + 2,000(x_i - r_i)],$$

受限於

$r_i \leq x_i \leq 255$，而 $i = 1, 2, 3, 4$。

由於 $s_n = x_{n-1}$，故由階段 n 之後 ($n = 1, 2, 3, 4$)

$$f_n(s_n, x_n) = 200(x_n - s_n)^2 + 2,000(x_n - r_n)$$
$$+ \min_{r_i \leq x_i \leq 255} \sum_{i=n+1}^{4} [200(x_i - x_{i-1})^2 + 2,000(x_i - r_i)],$$

其中，當 $n = 4$ 時，此總和等於零（因為其中沒有任何項）。同時，

$$f_n^*(s_n) = \min_{r_n \leq x_n \leq 255} f_n(s_n, x_n).$$

所以，

$$f_n(s_n, x_n) = 200(x_n - s_n)^2 + 2,000(x_n - r_n) + f_{n+1}^*(x_n)$$

（因為階段 4 後的成本與分析無關，所以 f_5^* 定義為零）。我們將這些基本關係整理在圖 10.8 中。

圖 10.8 「在地工坊」問題的基本結構

結果，f_n^* 函數的遞迴關係是

$$f_n^*(s_n) = \min_{r_n \leq x_n \leq 255} \{200(x_n - s_n)^2 + 2{,}000(x_n - r_n) + f_{n+1}^*(x_n)\}.$$

動態規劃方法利用此關係，依序找出函數 $f_4^*(s_4)$、$f_3^*(s_3)$、$f_2^*(s_2)$、$f_1^*(255)$ 與其對應之最佳 x_n 值。

求解程序　階段 4：由最後一階段 ($n = 4$) 開始，已知 $x_4^* = 255$，故結果為

$n = 4$:	s_4	$f_4^*(s_4)$	x_4^*
	$200 \leq s_4 \leq 255$	$200(255 - s_4)^2$	255

階段 3：我們把這僅包含最後兩階段之問題 ($n = 3$) 的遞迴關係簡化為

$$\begin{aligned} f_3^*(s_3) &= \min_{200 \leq x_3 \leq 255} \{200(x_3 - s_3)^2 + 2{,}000(x_3 - 200) + f_4^*(x_3)\} \\ &= \min_{200 \leq x_3 \leq 255} \{200(x_3 - s_3)^2 + 2{,}000(x_3 - 200) + 200(255 - x_3)^2\}, \end{aligned}$$

其中 s_3 的可能值為 $240 \leq s_3 \leq 255$。

對任何已知 s_3 值，能用圖解法找出讓 $f_3(s_3, x_3)$ 最小的 x_3（見圖 10.9）。

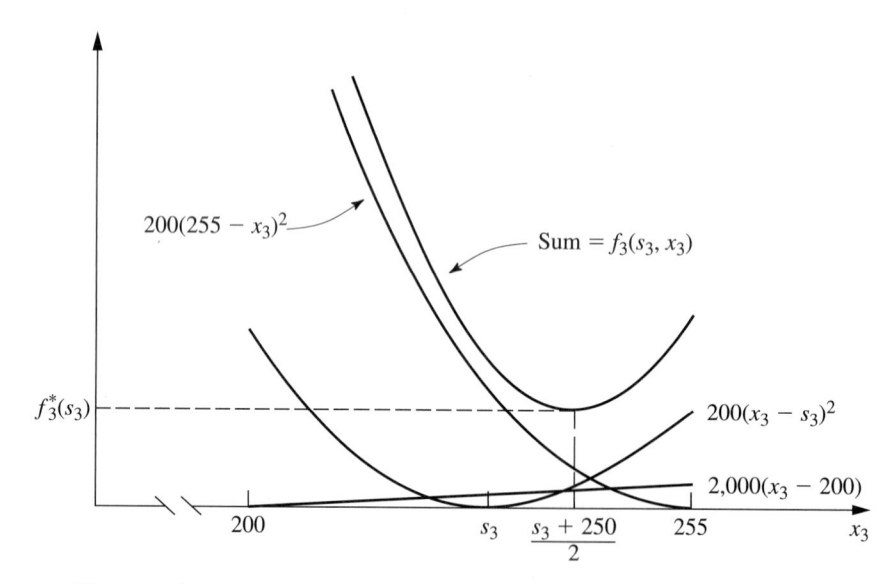

▣ **圖 10.9**　「在地工坊」問題 $f_3^*(s_3)$ 的圖解。

但更快速的另一種方法是運用微積分，將 s_3 視為固定（但未知）值，然後求解最佳的 x_3^*，以 s_3 的函數來表示。故令 $f_3(s_3, x_3)$ 對 x_3 的一階偏導數為零：

$$\begin{aligned} \frac{\partial}{\partial x_3} f_3(s_3, x_3) &= 400(x_3 - s_3) + 2{,}000 - 400(255 - x_3) \\ &= 400(2x_3 - s_3 - 250) \\ &= 0, \end{aligned}$$

可得到

$$x_3^* = \frac{s_3 + 250}{2}$$

因為二階偏導數值為正,且以所有可能的 s_3 值 ($240 \leq s_3 \leq 255$) 而言,這個解都在 s_3 的可行區間 ($200 \leq x_3 \leq 255$) 內,故確實為極小值。

各位注意,此解與先前範例解之重要差異。先前範例只需考慮少數可能狀態,但此問題有無限多個可能的狀態 ($240 \leq s_3 \leq 255$),而不適用以每個可能的 s_3 求出 x_3。故我們以另一種方法求解,將 x_3^* 表示為未知數 s_3 的函數。

以

$$f_3^*(s_3) = f_3(s_3, x_3^*) = 200\left(\frac{s_3 + 250}{2} - s_3\right)^2 + 200\left(255 - \frac{s_3 + 250}{2}\right)^2 + 2{,}000\left(\frac{s_3 + 250}{2} - 200\right)$$

並簡化此代數,可以得到第三階段的全部結果如下:

$n = 3$:	s_3	$f_3^*(s_3)$	x_3^*
	$240 \leq s_3 \leq 255$	$50(250 - s_3)^2 + 50(260 - s_3)^2 + 1{,}000(s_3 - 150)$	$\dfrac{s_3 + 250}{2}$

階段 2:第二個階段 ($n = 2$) 和第一個階段 ($n = 1$) 的問題能用相同的方式求解。故 $n = 2$ 時,

$$\begin{aligned}f_2(s_2, x_2) &= 200(x_2 - s_2)^2 + 2{,}000(x_2 - r_2) + f_3^*(x_2) \\ &= 200(x_2 - s_2)^2 + 2{,}000(x_2 - 240) \\ &\quad + 50(250 - x_2)^2 + 50(260 - x_2)^2 + 1{,}000(x_2 - 150)。\end{aligned}$$

可能的 s_2 值為 $220 \leq s_2 \leq 255$,而 x_2 的可行區域為 $240 \leq x_2 \leq 255$。此問題為找出在此區域內的極小化 x_2 值,使得

$$f_2^*(s_2) = \min_{240 \leq x_2 \leq 255} f_2(s_2, x_2).$$

令對 x_2 的偏導數為零:

$$\begin{aligned}\frac{\partial}{\partial x_2} f_2(s_2, x_2) &= 400(x_2 - s_2) + 2{,}000 - 100(250 - x_2) - 100(260 - x_2) + 1{,}000 \\ &= 200(3x_2 - 2s_2 - 240) \\ &= 0\end{aligned}$$

可得

$$x_2 = \frac{2s_2 + 240}{3}。$$

因為

$$\frac{\partial^2}{\partial x_2^2} f_2(s_2, x_2) = 600 > 0,$$

此 x_2 值若可行 ($240 \leq x_2 \leq 255$),即為所求的極小化值。在可能的 s_2 值 ($220 \leq s_2 \leq 255$) 中,僅在 $240 \leq s_2 \leq 255$ 時,才為可行解。

故我們還需要求於 $220 \leq s_2 \leq 240$ 內，讓 $f_2(s_2, x_2)$ 最小的 x_2 值。分析 $f_2(s_2, x_2)$ 在 x_2 的可行解區域之關鍵，仍為 $f_2(s_2, x_2)$ 的偏導數。當 $s_2 < 240$ 時，

$$\frac{\partial}{\partial x_2} f_2(s_2, x_2) > 0 \text{，而 } 240 \leq x_2 \leq 255,$$

所以 $x_2 = 240$ 是所求的極小化值。

接著是把這些 x_2 值代入 $f_2(s_2, x_2)$ 中，以求得 $s_2 \geq 240$ 及 $s_2 < 240$ 時的 $f_2^*(s_2)$，可得

$n = 2$:	s_2	$f_2^*(s_2)$	x_2^*
	$220 \leq s_2 \leq 240$	$200(240 - s_2)^2 + 115{,}000$	240
	$240 \leq s_2 \leq 255$	$\frac{200}{9}[(240 - s_2)^2 + (255 - s_2)^2 + (270 - s_2)^2] + 2{,}000(s_2 - 195)$	$\frac{2s_2 + 240}{3}$

階段 1：以第一個階段的問題 ($n = 1$) 而言，

$$f_1(s_1, x_1) = 200(x_1 - s_1)^2 + 2{,}000(x_1 - r_1) + f_2^*(x_1)。$$

因為 $r_1 = 220$，故 x_1 的可行解區域為 $220 \leq x_1 \leq 255$。$f_2^*(x_1)$ 的公式在此區域中 $220 \leq x_1 \leq 240$ 與 $240 \leq x_1 \leq 255$ 兩部分不同。因此，

$$f_1(s_1, x_1) = \begin{cases} 200(x_1 - s_1)^2 + 2{,}000(x_1 - 220) + 200(240 - x_1)^2 + 115{,}000, & \\ \qquad\qquad\qquad\qquad\qquad\qquad\qquad\qquad\qquad \text{若 } 220 \leq x_1 \leq 240 \\ 200(x_1 - s_1)^2 + 2{,}000(x_1 - 220) + \frac{200}{9}[(240 - x_1)^2 + (255 - x_1)^2 + (270 - x_1)^2] \\ \qquad + 2{,}000(x_1 - 195), \qquad\qquad\qquad\qquad \text{若 } 240 \leq x_1 \leq 255. \end{cases}$$

首先思考 $220 \leq x_1 \leq 240$ 的第一種情形，可得

$$\frac{\partial}{\partial x_1} f_1(s_1, x_1) = 400(x_1 - s_1) + 2{,}000 - 400(240 - x_1)$$
$$= 400(2x_1 - s_1 - 235)。$$

已知 $s_1 = 255$（春季員工人數），所以

$$\frac{\partial}{\partial x_1} f_1(s_1, x_1) = 800(x_1 - 245) < 0$$

而所有 $x_1 \leq 240$。故 $x_1 = 240$ 為 $f_1(s_1, x_1)$ 於 $220 \leq x_1 \leq 240$ 區域內之極小化值。

當 $240 \leq x_1 \leq 255$ 時，

$$\frac{\partial}{\partial x_1} f_1(s_1, x_1) = 400(x_1 - s_1) + 2{,}000$$
$$\qquad - \frac{400}{9}[(240 - x_1) + (255 - x_1) + (270 - x_1)] + 2{,}000$$
$$= \frac{400}{3}(4x_1 - 3s_1 - 225)。$$

由於

$$\frac{\partial^2}{\partial x_1^2} f_1(s_1, x_1) > 0 \qquad 對所有 x_1,$$

令

$$\frac{\partial}{\partial x_1} f_1(s_1, x_1) = 0,$$

可得

$$x_1 = \frac{3s_1 + 225}{4}。$$

因為 $s_1 = 255$，故於區域 $240 \leq x_1 \leq 255$ 內，$x_1 = 247.5$ 讓 $f_1(s_1, x_1)$ 最小。

各位注意，這個區域 ($240 \leq x_1 \leq 255$) 包含 $x_1 = 240$，所以 $f_1(s_1, 240) > f_1(s_1, 247.5)$。在前第二段中，已得到 $x_1 = 240$ 於區域 $220 \leq x_1 \leq 240$ 內極小化 $f_1(s_1, x_1)$。所以，$x_1 = 247.5$ 也於整個 $240 \leq x_1 \leq 255$ 區域極小化 $f_1(s_1, x_1)$。

我們最後把 $x_1 = 247.5$ 代入在區域 $240 \leq x_1 \leq 255$ 內成立的 $f_1(255, x_1)$ 公式，求 $s_1 = 255$ 時的 $f_1^*(s_1)$。因此，

$$\begin{aligned}f_1^*(255) &= 200(247.5 - 255)^2 + 2{,}000(247.5 - 220) \\ &\quad + \frac{200}{9}[2(250 - 247.5)^2 + (265 - 247.5)^2 + 30(742.5 - 575)] \\ &= 185{,}000.\end{aligned}$$

其結果呈現如下

$n = 1$:	s_1	$f_1^*(s_1)$	x_1^*
	255	185,000	247.5

因此，從表 $n = 2$、$n = 3$ 和 $n = 4$ 回溯，並且每次設定 $s_n = x_{n-1}^*$ 可得最佳解為 $x_1^* = 247.5$、$x_2^* = 245$、$x_3^* = 247.5$、$x_4^* = 255$，而每週期總估計成本為 \$185,000。

各位已學習到各種動態規劃之應用，10.4 節將會說明更多應用。但這些範例僅是動態規劃一小部分的應用。以第 2 章參考文獻 2 為例，該文章說明 47 種能應用動態規劃之問題（該文章同時提供能求解這些類型問題的軟體工具）。這些應用都需要制定一連串相關決策，而動態規劃能提供有效找出最佳決策組合之方法。

10.4 機率性動態規劃

機率性 (probabilistic) 動態規劃有別於確定性動態規劃，因為下階段狀態並不完全取決於目前階段狀態與策略決策，而是根據某機率分配進行決定。但此機率分配仍會受目前階段狀態與策略決策影響。圖 10.10 呈現出機率性動態規劃的基本結構。

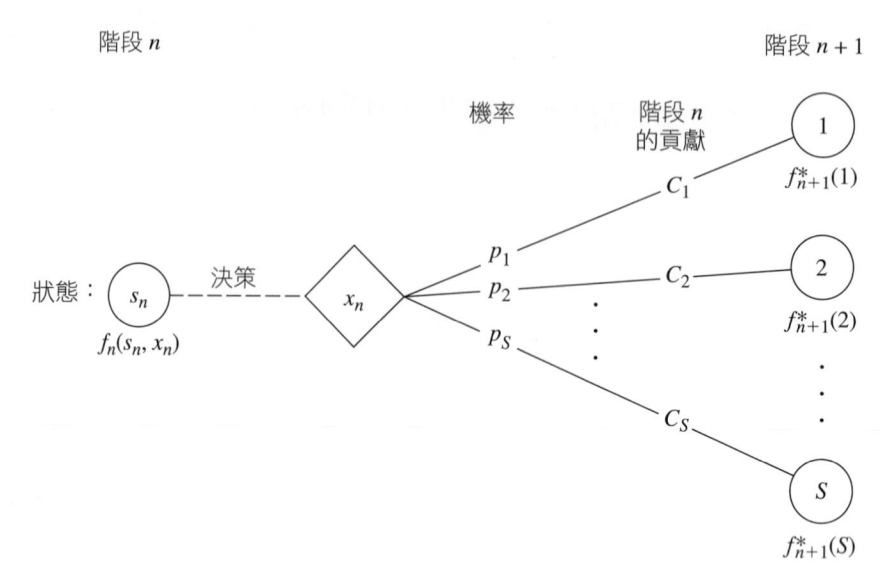

圖 10.10 機率性動態規劃的基本結構。

在圖 10.10 中，令 S 表示階段 $n + 1$ 的可能狀態數目，並以 $1, 2, \ldots, S$ 在其右邊標示狀態。已知定階段 n 的狀態 s_n 及決策 x_n，系統前往狀態 i 的機率是 $p_i (i = 1, 2, \ldots, S)$。若系統前往狀態 i，則 C_i 為階段 n 對目標函數的貢獻。

若我們擴大圖 10.10，並包含全部階段之所有可能狀態和決策，可稱此為**決策樹 (decision tree)**。若決策樹規模不是太大，則能成為彙總各種可能情況之有用方式。

因為機率性結構，$f_n(s_n, x_n)$ 和 $f^*_{n+1}(s_{n+1})$ 之間的關係較確定性動態規劃更為複雜，而其精確形式端視整體目標函數而定。

我們為便於說明，假設目標為極小化各階段貢獻之期望總和。已知這個情況下階段 n 的狀態 s_n 及策略決策 x_n，則 $f_n(s_n, x_n)$ 代表階段 n 以後的最小期望總和。

因此，

$$f_n(s_n, x_n) = \sum_{i=1}^{S} p_i[C_i + f^*_{n+1}(i)] \text{，}$$

而

$$f^*_{n+1}(i) = \min_{x_{n+1}} f_{n+1}(i, x_{n+1}) \text{，}$$

其中極小化的變數範圍為可行的 x_{n+1}。

接下來說明的範例 5，形式與此相同。而我們會在範例 6 說明另一種形式。

範例 5　決定拒收允差

Hit-and-Miss 製造公司接到一份需要特定產品的訂單。然而，該客戶對產品品質要求相當高，以至於該公司也許須生產超過一件的該產品，才能得到一件允收 (acceptable) 產品。在每批貨中，我們會稱多生產件數為拒收允差 (reject allowance)。客製化訂單會像本範例的狀況一樣，經常要加上拒收允差的數量。

該公司推估該款產品中每件允收機率為 $\frac{1}{2}$，不良品（無法重做）機率也是 $\frac{1}{2}$。因此，在每批 L 件的產品中，允收件數依循二項分配 (binomial distribution)，也就是整批中無任何允收產品機率為 $(\frac{1}{2})^L$。

依照估計值，該款產品之邊際生產成本為 $100（即使為不良品），且多餘產品無任何價值。此外，每次生產該產品時，需設置成本為 $300。若經冗長的檢驗流程後，發現整批中無任何允收產品，後續每批生產都需進行全新設置且支付相同成本。以時間來看，該公司最多能生產三批次，若第三批結束後，仍無允收品，則公司損失的銷售收入與罰款總成本為 $1,600。

在此目標為決定每次生產批量 (1+ 拒收允差) 之策略，讓公司的總期望成本極小化。

建立模型　該問題的動態規劃模型為

　階段 n = 生產批次 n (n = 1, 2, 3)

　　x_n = 階段 n 的批量

　狀態 s_n = 在階段 n 開始時，還需允收件數（1 或 0）

所以在階段 1 時，狀態 $s_1 = 1$。若以後產出至少一件允收產品，就會變成 $s_n = 0$，而此後就不需要額外成本。

由於問題的目標，所以

　$f_n(s_n, x_n)$ = 若系統從階段 n 的狀態 s_n 開始，立即決策為 x_n，且後續都採行最佳決策時，階段 $n, \ldots, 3$ 的總期望成本，

　$f_n^*(s_n) = \min\limits_{x_n = 0, 1, \ldots} f_n(s_n, x_n),$

其中 $f_n^*(0) = 0$。若以 $100 為單位，則無論下一狀態為何，階段 n 對成本的貢獻是 $[K(x_n) + x_n]$，其中 $K(x_n)$ 是 x_n 的函數定義為

$$K(x_n) = \begin{cases} 0, & \text{if } x_n = 0 \\ 3, & \text{if } x_n > 0. \end{cases}$$

所以，對 $s_n = 1$ 而言，

$$f_n(1, x_n) = K(x_n) + x_n + \left(\frac{1}{2}\right)^{x_n} f_{n+1}^*(1) + \left[1 - \left(\frac{1}{2}\right)^{x_n}\right] f_{n+1}^*(0)$$

$$= K(x_n) + x_n + \left(\frac{1}{2}\right)^{x_n} f_{n+1}^*(1)$$

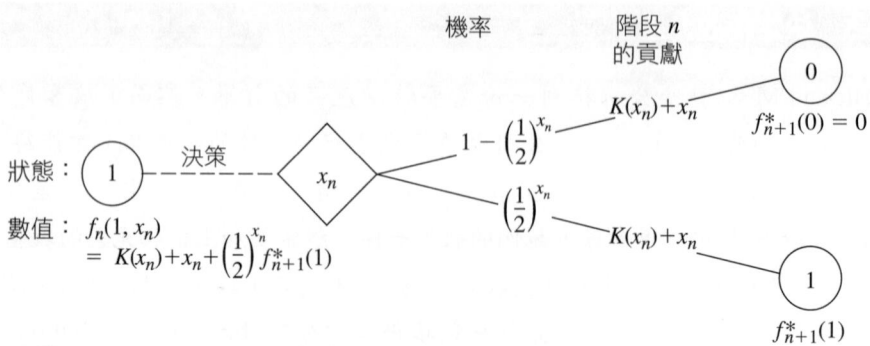

```
                                        機率      階段 n
                                                 的貢獻
                                                         ○ 0
                                            1-(1/2)^x_n  K(x_n)+x_n
                                                         f*_{n+1}(0) = 0
狀態： ①─────◇
         決策  x_n
數值： f_n(1, x_n)                          (1/2)^x_n
     = K(x_n)+x_n+(1/2)^x_n f*_{n+1}(1)              K(x_n)+x_n
                                                         ○ 1
                                                         f*_{n+1}(1)
```

圖 10.11 Hit-and-Miss 製造公司問題之基本結構。

〔其中 $f_4^*(1)$ 為 16，即無產出任何允收產品的最終成本〕。圖 10.11 呈現出這些基本關係。

故動態規劃計算之遞迴關係為

$$f_n^*(1) = \min_{x_n = 0, 1, \ldots} \left\{ K(x_n) + x_n + \left(\frac{1}{2}\right)^{x_n} f_{n+1}^*(1) \right\}$$

其中 $n = 1, 2, 3$。

求解程序　利用遞迴關係之相關計算摘錄如下：

n = 3:

s_3	x_3	$f_3(1, x_3) = K(x_3) + x_3 + 16\left(\frac{1}{2}\right)^{x_3}$					$f_3^*(s_3)$	x_3^*
		0	1	2	3	4	5		
0		0						0	0
1		16	12	9	8	8	$8\frac{1}{2}$	8	3 or 4

n = 2:

s_2	x_2	$f_2(1, x_2) = K(x_2) + x_2 + \left(\frac{1}{2}\right)^{x_2} f_3^*(1)$					$f_2^*(s_2)$	x_2^*
		0	1	2	3	4		
0		0					0	0
1		8	8	7	7	$7\frac{1}{2}$	7	2 or 3

n = 1:

s_1	x_1	$f_1(1, x_1) = K(x_1) + x_1 + \left(\frac{1}{2}\right)^{x_1} f_2^*(1)$					$f_1^*(s_1)$	x_1^*
		0	1	2	3	4		
1		7	$7\frac{1}{2}$	$6\frac{3}{4}$	$6\frac{7}{8}$	$7\frac{7}{16}$	$6\frac{3}{4}$	2

所以最佳策略為，第一批生產 2 件；若無產出允收產品，第二批生產 2 或 3 件；若仍無產出允收產品，則第三批生產 3 或 4 件，而總期望成本為 $675。

範例 6　在賭城贏錢

　　某年輕統計專家認為自己已開發出一套能在拉斯維加斯賭場贏錢的系統。她同事不相信，因此下大賭注跟她打賭：若該統計專家一開始有三枚籌碼，三局後手上籌碼不會超出五枚。每局能下手上任何數量的籌碼，結果為贏或輸相同數量之籌碼。該統計專家認為自己的系統能讓每局賭贏的機率是 $\frac{2}{3}$。

　　假設該統計專家正確，用動態規劃找出其最佳策略，以決定這三局每次該下的籌碼數。每次決策都該考慮前幾次賭局之結果，各位的目標為極大化該統計專家與同事打賭之機率。

建立模型　此問題的動態規劃模型為

　　　階段 $n =$ 第 n 次賭局 $(n = 1, 2, 3)$，
　　　　$x_n =$ 階段 n 下注的籌碼數，
　　　狀態 $s_n =$ 階段 n 開始時，手上的籌碼數。

之所以選此狀態定義是因為其提供所需的現況資訊，以進行次回下的籌碼數之最佳決策。

　　由於目標是極大化該統計專家贏得打賭之機率，故每個階段要極大化的目標函數須為，三局後手上籌碼至少有五枚之機率（請注意最後手上籌碼超過五枚與正好五枚籌碼之價值相同，因為都算贏了打賭）。所以，

$f_n(s_n, x_n) =$ 已知該統計專家從階段 n 的狀態 s_n 開始，進行決策 x_n，且後續都
　　　　　　採最佳決策，三局後籌碼至少有五枚的機率，

$$f_n^*(s_n) = \max_{x_n = 0, 1, \ldots, s_n} f_n(s_n, x_n).$$

　　$f_n(s_n, x_n)$ 的公式須反映出，就算統計專家輸了下局，最後籌碼仍可能有五枚。若她輸了下局，下階段狀態會是 $s_n - x_n$，而最後籌碼至少有五枚的機率則會是 $f_{n+1}^*(s_n - x_n)$。如果她贏了，狀態會變成 $s_n + x_n$，而最後籌碼至少有五枚的機率會是 $f_{n+1}^*(s_n + x_n)$。因為假設每次贏的機率是 $\frac{2}{3}$，所以

$$f_n(s_n, x_n) = \frac{1}{3} f_{n+1}^*(s_n - x_n) + \frac{2}{3} f_{n+1}^*(s_n + x_n)$$

〔其中 $s_4 < 5$ 時，$f_4^*(s_4)$ 為 0，而 $s_4 < 5$ 時，$f_4^*(s_4)$ 為 1〕。故除達下一狀態外，階段 n 對目標函數並無直接貢獻。圖 10.12 呈現出這些基本關係。

　　故此問題之遞迴關係是

階段 n 機率   階段 n 的貢獻   階段 $n+1$

狀態：s_n —決策— x_n

數值：$f_n(s_n, x_n) = \frac{1}{3}f^*_{n+1}(s_n - x_n) + \frac{2}{3}f^*_{n+1}(s_n + x_n)$

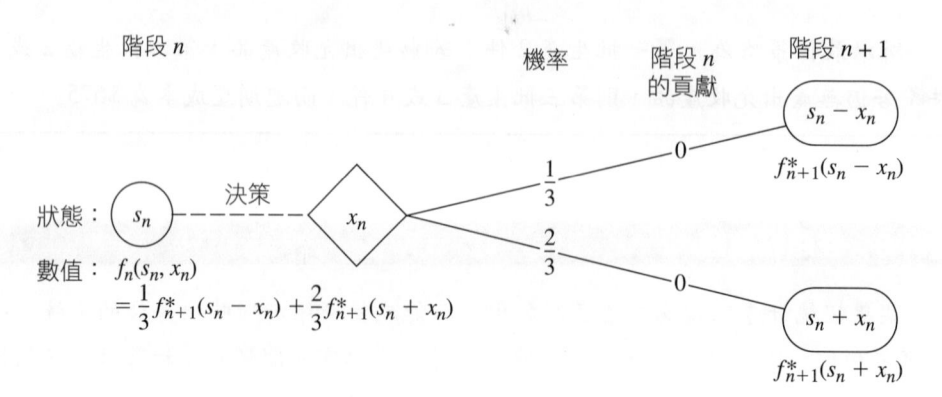

分支上方：機率 $\frac{1}{3}$，貢獻 0，到達 $s_n - x_n$，$f^*_{n+1}(s_n - x_n)$

分支下方：機率 $\frac{2}{3}$，貢獻 0，到達 $s_n + x_n$，$f^*_{n+1}(s_n + x_n)$

圖 10.12 賭城問題的基本結構。

$$f^*_n(s_n) = \max_{x_n = 0, 1, \ldots, s_n} \left\{ \frac{1}{3} f^*_{n+1}(s_n - x_n) + \frac{2}{3} f^*_{n+1}(s_n + x_n) \right\},$$

$n = 1, 2, 3$，則 $f^*_4(s_4)$ 如前所定義。

求解程序 由遞迴關係可得出下列計算結果。

$n = 3$:

s_3	$f^*_3(s_3)$	x^*_3
0	0	—
1	0	—
2	0	—
3	$\frac{2}{3}$	2（或更多）
4	$\frac{2}{3}$	1（或更多）
≥ 5	1	0（或 $\leq s_3 - 5$）

$n = 2$:

| s_2 \ x_2 | \multicolumn{5}{c}{$f_2(s_2, x_2) = \frac{1}{3} f^*_3(s_2 - x_2) + \frac{2}{3} f^*_3(s_2 + x_2)$} | $f^*_2(s_2)$ | x^*_2 |

s_2	0	1	2	3	4	$f^*_2(s_2)$	x^*_2
0	0					0	—
1	0	0				0	—
2	0	$\frac{4}{9}$	$\frac{4}{9}$			$\frac{4}{9}$	1 或 2
3	$\frac{2}{3}$	$\frac{4}{9}$	$\frac{2}{3}$	$\frac{2}{3}$		$\frac{2}{3}$	0, 2, 或 3
4	$\frac{2}{3}$	$\frac{8}{9}$	$\frac{2}{3}$	$\frac{2}{3}$	$\frac{2}{3}$	$\frac{8}{9}$	1
≥ 5	1					1	0（或 $\leq s_2 - 5$）

$n = 1$:

| s_1 \ x_1 | \multicolumn{4}{c}{$f_1(s_1, x_1) = \frac{1}{3} f^*_2(s_1 - x_1) + \frac{2}{3} f^*_2(s_1 + x_1)$} | $f^*_1(s_1)$ | x^*_1 |

s_1	0	1	2	3	$f^*_1(s_1)$	x^*_1
3	$\frac{2}{3}$	$\frac{20}{27}$	$\frac{2}{3}$	$\frac{2}{3}$	$\frac{20}{27}$	1

故最佳策略為：

$$x_1^* = 1 \begin{cases} \text{若贏,} & x_2^* = 1 \begin{cases} \text{若贏,} & x_3^* = 0 \\ \text{若輸,} & x_3^* = 2 \text{ or } 3. \end{cases} \\ \text{若輸,} & x_2^* = 1 \text{ or } 2 \begin{cases} \text{若贏,} & x_3^* = \begin{cases} 2 \text{ 或 } 3 & (\text{對 } x_2^* = 1) \\ 1, 2, 3, \text{ 或 } 4 & (\text{對 } x_2^* = 2) \end{cases} \\ \text{若輸,輸了打賭} \end{cases} \end{cases}$$

該統計專家用此策略,能贏得與同事的打賭之機率是 $\frac{20}{27}$。

10.5 結論

動態規劃對於處理一連串相關決策相關有用,且須對個別問題建立適當遞迴關係。相較於窮舉法,動態規劃在求解最佳決策組合,尤其大型問題時,能省下相當多計算。以某問題有 10 階段及 10 個狀態來說,每個階段有 10 個可能決策時,則窮舉法須考慮 100 億個以上的組合,但動態規劃只需不超過 1,000 次的計算(各階段各狀態各 10 次)。

本章只考慮有限階段的動態規劃問題。第 13 章會討論一般機率性動態規劃,其中有無限多個階段,稱為馬可夫決策過程。

參考文獻

1. Denardo, E. V.: *Dynamic Programming: Models and Applications*, Dover Publications, Mineola, NY, 2003.
2. Lew, A., and H. Mauch: *Dynamic Programming: A Computational Tool*, Springer, New York, 2007.
3. Sniedovich, M.: *Dynamic Programming: Foundations and Principles*, Taylor & Francis, New York, 2010.

本書網站的學習輔助教材

(參照原文 Chapter 11)

Solved Examples:

Examples for Chapter 11

"Ch. 11 – Dynamic Programming" LINGO 檔案

Chapter 11 的辭彙

軟體文件請參閱附錄 1。

習題

習號後的星號 (*) 表示該題全部或部分答案列於書末。

10.2-1. 思考以下網路，其連結旁之數字為連接兩節點間之實際距離。目的在於找出自起點到終點之最短路徑。

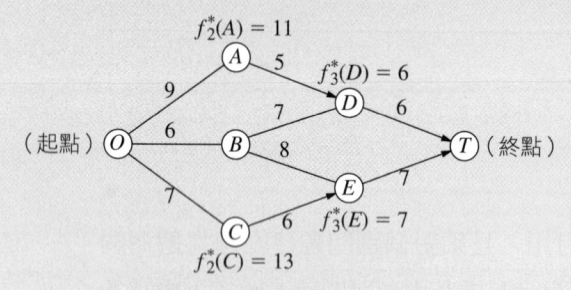

(a) 此問題之動態規劃模型的階段和狀態為何？

(b) 應用動態規劃求解，但不要用表格，而以如圖 10.2 的方式。從網路中顯示四個節點的 $f_n^*(s_n)$ 值開始，求解並填入 $f_2^*(B)$ 和 $f_1^*(O)$。繪製標示此兩節點最佳連結之箭頭。最後依照節點 O 到節點 T 的箭頭，找出最佳路徑。

(c) 以手算方式繪製 $n = 3$、$n = 2$ 和 $n = 1$ 的表格，以利用動態規劃求解。

(d) 用 8.3 節的最短路徑演算法求解，並與 (b) 小題及 (c) 小題的方法比較。

10.2-2. 某家大學教科書出版商經理，手下有 6 名可分至國內三個不同地區的銷售員。她決定各地區分配至少 1 名，而每名只能在一地區進行業務。她現在須決定各地區銷售員人數以極大化銷售額。

以下表格呈現出各地區銷售員分配人數對銷售增量之估計值：

銷售員	地區		
	1	2	3
1	35	21	28
2	48	42	41
3	70	56	63
4	89	70	75

(a) 應用動態規劃求解，但不要用表格，而以習題 10.2-1 的網路圖。以習題 10.2-1(b) 的方式，找出（除了終點以外）各節點的 $f_n^*(s_n)$ 值，並寫在節點旁。繪製標示各節點最佳連結的箭頭。最後，找出通過網路的最佳路徑及其對應的最佳解。

(b) 繪製 $n = 3$、$n = 2$ 和 $n = 1$ 的表格，以利用動態規劃求解。

10.2-3. 思考以下如 9.8 節所述的專案網路，其中各節點上方數字為該節點對應之活動所需時間。由於最長路徑是要徑，考慮一問題，求出通過此網路自起始至結束之最長路徑（最久總時間）。

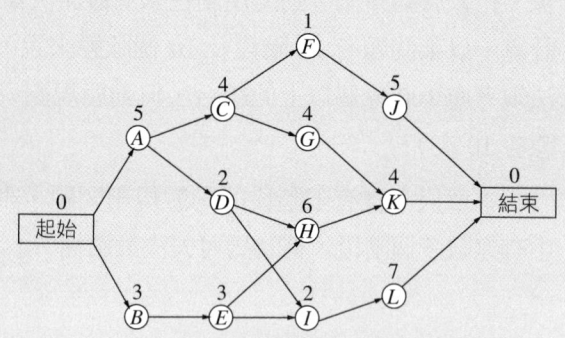

(a) 此問題之動態規劃模型的階段和狀態為何？

(b) 應用動態規劃求解，但不要用表格，而以圖形方式。在各節點下方標示其 $f_n^*(s_n)$ 值，在靠近各節點開始處繪製標示各節點最佳連結的箭頭。然後，沿著從起始節點至結束節點箭頭，找出最佳路徑（最長路徑）。若不只一條，則找出所有最佳路徑。

(c) 繪製 $n = 4$、$n = 3$、$n = 2$ 和 $n = 1$ 的表格，以利用動態規劃求解。

10.2-4. 思考以下各求解動態規劃問題的敘述，判斷真偽，接著用本章內容來說明原由。

(a) 該求解程序中運用了遞迴關係，能在已知階段 n 的最佳策略時，求解階段 $(n + 1)$ 的最佳策略。

(b) 在完成解題程序後，若在某階段誤用了一非最佳決策，須重新進行求解程序，找出（已知此非最佳決策）後續各階段的新最佳決策。

(c) 一旦找到整個問題的最佳策略，需要確定在某階段最佳決策的狀態及前一階段的決策。

10.3-1. 研讀並詳細說明 10.3 節應用實例的參考文獻。簡述該研究如何應用動態規劃問題，並列出其財務與非財務效益。

13.3-2.* 某食品連鎖店老闆購入五箱新鮮草莓給旗下三間店。這三間店草莓銷售量的預估機率分配不同，因此老闆想知道如何分配這五箱草莓分配給三間店，以極大化期望利潤。為求管理方便，草莓須整箱分配，但不必分配給每間店。

以下為各商店分配到不同草莓箱數之期望利潤估計值：

箱數	商店		
	1	2	3
0	0	0	0
1	5	6	4
2	9	11	9
3	14	15	13
4	17	19	18
5	21	22	20

應用動態規劃決定將五箱草莓分至三間店的方法，以極大化總期望利潤。

10.3-3. 某大學生在期末考前有 7 天能準備四堂課的考試，她想最有效分配準備考試時間。每堂課至少需要準備 1 天，且希望每天只專心準備一堂，故每堂課能分配到 1、2、3 或 4 天。她剛修完 OR，故欲用動態規劃進行分配，讓這四堂課程總成績最高。她預估每堂課程分配不同天數能得到的成績為：

準備天數	預計成績			
	課程			
	1	2	3	4
1	3	5	2	6
2	5	5	4	7
3	6	6	7	9
4	7	9	8	9

以動態規劃求解。

10.3-4. 某項競選活動已進入最後階段，民調結果呈現選舉結果可能為五五波的態勢。其中某候選人經費夠買四地區電視台的五檔黃金時段廣告。根據民調，各地區能增加的選票與在當地電視打廣告的次數有關。所以下表以 1,000 票為單位，呈現相關估計值：

廣告次數	地區			
	1	2	3	4
0	0	0	0	0
1	4	6	5	3
2	7	8	9	7
3	9	10	11	12
4	12	11	10	14
5	15	12	9	16

應用動態規劃決定如何將五檔廣告分配至四個區域，以極大化增加得票數的估計值。

10.3-5. 某國政黨女主席正打算參選總統大選。目前已有 6 名志工幫忙到選區服務，她為了讓效果最佳化、讓這些志工到四個選區幫忙。她認為每位志工只能分配到一選區，而有些選區能不用志工。

下表呈現各選區分配不同志工人數，所預估增加的得票數：

志工人數	選區			
	1	2	3	4
0	0	0	0	0
1	4	7	5	6
2	9	11	10	11
3	15	16	15	14
4	18	18	18	16
5	22	20	21	17
6	24	21	22	18

這個問題有多重最佳解，各位可將這 6 名志工分配至四個選區，以極大化該黨候選人估計增加得票數。應用動態規劃找出所有最佳解，讓該主席能根據其他因素進行最後決策。

10.3-6. 使用動態規劃求解 8.1 節的 Northern 飛機公司生產排程問題（見表 8.7）。假設生產數量須為 5 的整數倍數。

10.3-7.* 某公司預備在某競爭激烈市場中推出一款新產品，且正在規劃行銷策略。該公司已決定分三階段推出此產品，階段 1 以減價促銷產品，吸引首次購買者。階段 2 進行密集廣告來說服首次已購買之顧客，以原價格購買此產品。已知另一公司會在階段 2 結束時推出競爭產品，故階段 3 會以包括後續廣告與促銷活動，以防顧客改買競爭對手的產品。

此行銷活動預算為 $400 萬，此問題為應如何將預算最有效分配至三階段。我們且令 m 為階段 1 的起始市占率（以百分比表示），f_2 是階段 2 保有的起始市占率，f_3 則是階段 3 保有剩餘的市占率。使用動態規劃決定應如何分配這 $400 萬，以極大化該款新品之最終市場占有率，亦即極大化 mf_2f_3。

(a) 假設各階段經費支出須為 $100 萬整數的倍數，階段 1、2、3 最少支出分別為 1、0、0 百萬，以下為各階段不同支出之預期效果：

支出 （百萬元）	對市占率的影響		
	m	f_2	f_3
0	—	0.2	0.3
1	20	0.4	0.5
2	30	0.5	0.6
3	40	0.6	0.7
4	50	—	—

(b) 假設各階段可支出的金額不拘，在階段 i ($i = 1, 2, 3$) 支出 x_i（百萬元）預期效果為
$m = 10x_1 - x_1^2$
$f_2 = 0.40 + 0.10x_2$
$f_3 = 0.60 + 0.07x_3$

〔提示：先以分析找出 $f_3^*(s)$ 及 $f_2^*(s)$ 後，再以圖解法求解 x_1^*。〕

10.3-8. 思考某個有 4 件零件的電子系統，該系統在各零件須正常運作時，才能運作。可安裝各零件並聯備件以改善系統可靠度，以下表格呈現各零件（分別標示為 1、2、3、4）包含 1、2、3 個並聯備件時系統正常運作機率：

並聯 備件數	正常運作機率			
	零件 1	零件 2	零件 3	零件 4
1	0.5	0.6	0.7	0.5
2	0.6	0.7	0.8	0.7
3	0.8	0.8	0.9	0.9

系統能順利運作之機率是各零件正常運作機率之乘積。

而下別呈現出各零件（分別標示為 1、2、3、4）安裝 1、2 或 3 件並聯備件成本（以百元計）：

並聯 備件數	成本			
	零件 1	零件 2	零件 3	零件 4
1	1	2	1	2
2	2	4	3	3
3	3	5	4	4

因預算限制，我們最多能用 $1,000。

應用動態規劃決定各零件應安裝多少並聯備件，讓系統運作機率極大化。

10.3-9. 思考以下整數非線性規劃問題。

極大化 $Z = 3x_1^2 - x_1^3 + 5x_2^2 - x_2^3$,

受限於

$x_1 + 2x_2 \leq 4$

及

$x_1 \geq 0, \quad x_2 \geq 0$

x_1, x_2 是整數

以動態規劃求解。

10.3-10. 思考以下整數非線性規劃問題。

極大化 $Z = 18x_1 - x_1^2 + 20x_2 + 10x_3$,

受限於

$2x_1 + 4x_2 + 3x_3 \leq 11$

及

x_1, x_2, x_3 是非負整數

以動態規劃求解。

10.3-11.* 思考非線性規劃問題。

極大化 $Z = 36x_1 + 9x_1^2 - 6x_1^3 + 36x_2 - 3x_2^3,$

受限於

$x_1 + x_2 \leq 3$

及

$x_1 \geq 0 \cdot x_2 \geq 0$

以動態規劃求解。

10.3-12. 重新求解 Local Job Shop 員工人數規劃問題（範例 4），而兩季間員工人數變化總成本為 \$100 乘以員工人數差異之平方。

10.3-13. 思考以下非線性規劃問題。

極大化 $Z = 2x_1^2 + 2x_2 + 4x_3 - x_3^2$

受限於

$2x_1 + x_2 + x_3 \leq 4$

及

$x_1 \geq 0 \cdot x_2 \geq 0 \cdot x_3 \geq 0$

以動態規劃求解這個問題。

10.3-14. 思考以下非線性規劃問題。

極小化 $Z = x_1^4 + 2x_2^2$

受限於

$x_1^2 + x_2^2 \geq 2.$

（沒有非負限制）以動態規劃求解。

10.3-15. 思考以下非線性規劃問題。

極大化 $Z = x_1^3 + 4x_2^2 + 16x_3,$

受限於

$x_1 x_2 x_3 = 4$

及

$x_1 \geq 1 \cdot x_2 \geq 1 \cdot x_3 \geq 1$

(a) 除了以上限制式外，此三變數須為整數，並以動態規劃求解。

(b) 以動態規劃求解（連續變數）。

10.3-16. 思考以下非線性規劃問題。

極大化 $Z = x_1(1 - x_2)x_3,$

受限於

$x_1 - x_2 + x_3 \leq 1$

及

$x_1 \geq 0 \cdot x_2 \geq 0 \cdot x_3 \geq 0$

以動態規劃求解。

10.4-1. 某雙陸棋士今晚會與朋友下三盤棋，該棋士每盤能以當時手上持有金額下注來贏得賭注。他每盤棋贏的機率為 $\frac{1}{2}$，且可以贏得與賭注相同的金額，輸的機率為 $\frac{1}{2}$，同時也輸掉下注的金額。開始時他有 \$75，而目標是要在棋賽結束時有 \$100（因為是友誼賽，所以不希望結束時超過 \$100）。他想要找出最佳的下注策略（包括和局），以最大化他在三盤後正好有 \$100 的機率。

以動態規劃求解。

10.4-2. 假設各位有 \$5,000，能在未來 3 年年初投資方案 A 或 B，而各投資收益狀況都不定。方案 A 在年終時也許會損失所有錢或賺 \$10,000（\$5,000 利潤）的高機率。方案 B 則可能在年終時轉回投資的 5,000 或 \$10,000 的低機率。

以下表格列出兩方案的機率：

投資方案	利潤回報金額 (\$)	機率
A	0	0.3
	10,000	0.7
B	5,000	0.9
	10,000	0.1

各位每年最多只能投資其中一方案，且每次僅能投資 \$5,000（其他錢則閒置不用）。

(a) 用動態規劃找出 3 年後各位期望持有金額極大化的投資策略。

(b) 用動態規劃找出各位 3 年後至少擁有 \$10,000 之極大化機率的投資策略。

10.4-3.* 假設範例 5 的 Hit-and-Miss 公司問題有一些變化,經過更仔細分析後發現每件產品的允收機率應該為 $\frac{2}{3}$,而不是 $\frac{1}{2}$,所以批量為 L 的批次產出 0 件允收產品的機率為 $(\frac{1}{3})^L$。此外,現在時間只夠生產兩個批次。以動態規劃求解新最佳策略。

10.4-4. 重新思考範例 6。假設賭注改為:「自兩枚籌碼起,經過五場賭局後至少有五枚籌碼。」參照先前計算結果,為此統計專家進行額外計算,找出新最佳策略。

10.4-5. Profit & Gambit 公司有一主力產品,最近因銷售量減少而產生虧損。實際上,今年本季預估銷售量較損益平衡點少 400 萬件。因為每件產品之邊際收益較邊際成本多出 $5,而導致本季虧損 $2,000 萬。因此,管理團隊須儘快扭轉此情況,而正考慮兩種因應方案。一為立刻放棄該產品,但會因而衍生出停產成本 $2,000 萬。另一方案是透過投放密集廣告來增加銷售量,只有在效果不夠成功時才放棄該產品(停產成本 $2,000 萬)。該公司已暫定並分析一個廣告計畫,在接下來三季進行(視情況可能提早結束),每季成本為 $3,000 萬。估計第一季銷售量增加約 300 萬件,第二季增加 200 萬件,第三季則增加 100 萬件。但基於一些難以預測之市場變數,廣告實際效果會相當不確定。 經仔細分析,每季估計銷售量之正負誤差可達 200 萬件(為量化不確定性,假設此三季銷售增量為獨立隨機變數,遵循均勻分配,其範圍分別為 100 萬到 500 萬件、0 到 400 萬件,及 -100 到 300 萬件)。若實際銷售增量過少,可於下兩季任一季結束時停止廣告,並同時放棄該產品。

若進行該廣告並持續至完全結束,預估以後一段時間會維持與廣告第三季(最後一季)季末相同銷售量。因此,若該季銷售量仍低於損益平衡點,就放棄該項產品。不然在第三季損益平衡點以上,售出每件產品的期望折現利潤估計為 $40。

用動態規劃決定極大化期望利潤的最佳策略。

Chapter 11

整數規劃

各位在第 3 章看過許多不同類型線性規劃應用的例題。但允許決策變數值為非整數的可除性假設,卻限制了許多相關進一步應用(見 3.3 節)。決策變數值在許多實際問題中,僅在整數值時才有意義,如指派人員、機器和車輛作業時的數量通常須為整數。若問題與線性規劃模型間的差異只有決策變數須為整數,則稱此為整數線性規劃 (integer linear programming),通常僅在需與整數非線性規劃區別時,才會用全名。而整數非線性規劃並非本書會談及的範圍。

整數規劃模型是線性規劃模型(見 3.2 節),加上決策變數須為整數值。若僅有幾個變數須是整數(其餘變數符合可除性假設),則我們稱此模型為**混合整數規劃 (mixed integer programming, MIP)**。我們會將全為整數問題稱為純整數規劃 (pure integer programming),以與混合形式來區別。

如 3.1 節,若 Wyndor 玻璃公司問題的兩個決策變數 x_1 和 x_2 為產品 1 和產品 2 的生產件數而非生產率,則兩者(玻璃門與木框窗戶)皆須為完整產品,所以必須限制 x_1 和 x_2 為整數。

此類整數規劃應用多為線性規劃之直接延伸,僅其中可除性假設並不適用,須刪除。但整數規劃包含了「是否決策」(yes-or-no-decision) 問題此重要應用,其僅有「是」或「否」選擇。如是否要進行某項專案?是否要進行某項投資?是否要在某地安裝設備?

由於只有「是」或「否」選擇,所以可以使用 0 和 1 來代表這種決策。令 x_j 代表第 j 個是否決策,即

$$x_j = \begin{cases} 1 & \text{若決策 } j \text{ 為是} \\ 0 & \text{若決策 } j \text{ 為否。} \end{cases}$$

我們稱之為**二元變數 (binary variable)** 或 0-1 變數。因此，會稱「決策變數皆為二元變數」的 IP 問題為**二元整數規劃 (binary integer programming, BIP)** 問題或 0-1 整數規劃問題。

11.1 節提出小型典型 BIP 問題；11.2 節調查 BIP 應用；11.3 節討論用二元變數的其他建模方法；11.4 節介紹一系列模型範例；11.5 至 11.8 節則討論包括 BIP 和 MIP 問題的求解方法。11.9 節介紹能大幅提升建立與求解整數規劃模型的限制式規劃 (constraint programming)。

11.1 典型範例

「加州製造」打算在洛杉磯 (LA)、舊金山 (SF) 或同時在兩地設廠。該公司也考慮最多新增一間倉庫，但地點只限建新廠的城市。各方案淨現值 (net present value)（考慮資金時間價值之總利潤）見於表 11.1 第 4 行，其最右行為各投資方案的資金需求（包含在淨現值內），可用資金共 $1,000 萬。我們的目標是要找出極大化總現值的可行方案組合。

BIP 模型

雖然此問題不大，能用觀察法快速求解（在兩地建廠，但不設倉庫），不過仍建立 IP 模型來說明。在此，所有決策變數皆為二元形式：

$$x_j = \begin{cases} 1 & \text{若決策 } j \text{ 為是，} \\ 0 & \text{若決策 } j \text{ 為否，} \end{cases} \quad (j = 1, 2, 3, 4)。$$

假設

$$Z = \text{所有決策的總現值}$$

若決定投資建某設施（故其對應決策變數值為 1），表 11.1 第 4 行呈現出該投資估計淨現值。若該公司決定不投資建某設施（故其對應決策變數值為 0），則該項投資估計淨現值為零。因此，我們以百萬元為單位，

$$Z = 9x_1 + 5x_2 + 6x_3 + 4x_4。$$

表 11.1 最右行呈現，投資 4 項設施的總資金不能超過 $1 千萬。模型限制式（以百萬元計）為

$$6x_1 + 3x_2 + 5x_3 + 2x_4 \leq 10。$$

因為最後兩項決策為**互斥方案 (mutually exclusive alternative)**（該公司最多建一新倉庫），故模型中有限制式

表 11.1　California 製造公司例題的資料

決策編號	是否問題	決策變數	淨現值(百萬)	資金需求(百萬)
1	在 LA 建造工廠？	x_1	$9	$6
2	在 SF 建造工廠？	x_2	$5	$3
3	在 LA 建造工廠？	x_3	$6	$5
4	在 SF 建造工廠？	x_4	$4	$2

可用資金：$10(百萬)

$$x_3 + x_4 \leq 1。$$

此外，決策 3 和 4 是附屬決策 (contingent decision)，分別依附於決策 1 和決策 2（公司只考慮在建廠的城市增設新倉庫）。故以決策 3 來說，$x_1 = 0$，則 $x_3 = 0$。x_3 的這種限制（當 $x_1 = 0$）可以表示為限制式

$$x_3 \leq x_1。$$

同理，若 $x_2 = 0$，則 $x_4 = 0$ 的限制可以表示為限制式

$$x_4 \leq x_2。$$

故我們重整這兩條限制式，將所有變數移至左端後，完整的 BIP 模型為

極大化　　$Z = 9x_1 + 5x_2 + 6x_3 + 4x_4$，

受限於

$$\begin{aligned} 6x_1 + 3x_2 + 5x_3 + 2x_4 &\leq 10 \\ x_3 + x_4 &\leq 1 \\ -x_1 + x_3 &\leq 0 \\ -x_2 + x_4 &\leq 0 \\ x_j &\leq 1 \\ x_j &\geq 0 \end{aligned}$$

及

　　　　　　　　x_j 為整數，其中 $j = 1, 2, 3, 4$。

模型最後三列能用一條限制式取代：

　　　　　　　　x_j 為二元，其中 $j = 1, 2, 3, 4$。

除規模很小外，此例題為基本決策為是否形式、典型整數規劃實際應用。其中第二條限制式，一群是否決策經常為互斥，即其中僅能有一決策為「是」。故每群這種決策需要一條限制式，使其相關的二元變數的總和必須等於 1（這群決策中必須恰好有一者為「是」）、小於或等於 1（該群中最多有一個決策為「是」）。此類是否決策有時為附屬，即取決於之前的決策。若一決策僅有一先前的決策為「是」的情況下，才能為「是」，則此決策附屬於先前的決策。此情形發生在若之前的決策為「否」時，

附屬決策 (contingent decision) 相關後續行動會變成無關，甚至不可能。其產生的限制式必為例題第三條及第四條限制式的形式。

求解模型的軟體

本書 OR Courseware 中的 Excel、LINGO/LINDO、MPL/Solvers 都含求解（純或混合）BIP 的演算法，及求解一般（純或混合）IP 模型的演算法。其中 IP 模型的變數是一般而非二元整數。但由於二元變數較一般整數變數容處理，故前者能夠求解的問題規模遠大於後者。

使用 Solver 或 ASPE 的 Solver 求解整數規劃問題的方法，基本上跟求解線性規劃問題程序一樣，主要差異在於 Solver 對話視窗按 Add 鍵，以加入限制式後的步驟。除線性規劃限制式外，還須另加上整數限制。對非二元整數變數而言，須在 Add Constraint 對話視窗選擇左側 range of integer-restricted variables（限制為整數的變數值範圍），再從選單中選取 int。若為二元變數，則選取 bin。

本章 Excel 檔案包含加州製造公司例題的完整試算表模型與解。本書專屬網站上的 Solved Examples，包括有兩個整數變數的小型極小化問題，說明了建立 IP 模型的方法、圖解、試算表模型與解。

LINGO 模型使用函數 @BIN() 代表，括號內的變數是二元變數，而一般整數變數（限制為整數，但不限二元值）則用函數 @GIN()。兩種函數都能嵌入 @FOR 指令中，以限制整組變數皆為二元變數或整數變數。

LINDO 模型的二元變數或整數變數限制式置於 END 指令後。若 X 為一般整數變數，則鍵入 GINX 指令。另一方式為以 GIN n 指令 指定前 n 個變數為一般整數變數，而 n 可為任何正整數。二元變數則以 INTEGER 取代 GIN，其餘相同。

MPL 則以關鍵字 INTEGER 指定一般整數變數，用 BINARY 指定二元變數。在 MPL 模型變數區中，須在標記 VARIABLES 前加上 INTEGER 或 BINARY，以指定標記下列變數集合的種類。也能在模型區其他限制式後任何地方加上整數或二元限制式。此時的變數集合標記僅有 INTEGER 或 BINARY。

學生版 MPL 包含 CPLEX、GUROBI、CoinMP 和 SULUM 四種線性規劃求解軟體，皆含求解純或混合 IP 或 BIP 模型的演算法。如使用 CPLEX 時，在 *Options* 的 *CPLEX Parameters* 視窗選 *MIP Strategy*，有經驗者甚至能由不同選項中，善加利用演算法以求解特定問題。

各位在看過各種套裝軟體範例應用後，就會更清楚相關的使用說明。本章 OR Courseware 中的 Excel、LINGO/LINDO 和 MPL/Solvers 檔案說明，使用各軟體選項的方法，以求解本節的典型範例及後續 IP 例題。

本章後續會探討與上述套裝軟體相關的 IP 演算法。11.6 節會用典型範例來說明純 BIP 演算法。

11.2　BIP 之應用

管理者經常必須面對如「加州製造」一樣的「是否決策問題」。因此，我們會廣泛應用二元整數規劃 (binary integer programming, BIP) 來制訂這類決策。

以下介紹各種不同類型的「是否」決策。本節包括兩個應用實例，以助說明這類的決策。本章也會提到一些實際應用 BIP 來作決策的範例（另見章末參考文獻）。

投資分析

線性規劃能處理資本預算決策問題，以決定各方案的投資金額。但如「加州製造」範例，有些資本預算決策問題並非投資金額多寡，而為要不要投資某固定金額。如範例中四項決策就是要不要以固定資本在特定地點（LA 或 SF）建造特定設施（工廠或倉庫）。

管理者經常面對固定投資金額（已知所需投資金額）的決策問題。如是否要併購其他公司子公司？是否要購買某供應商原料？是否要增新產線以自行生產某原物料，而不再向供應商購買？

一般而言，固定投資金額的資本預算是下述的是否決策問題。

每一項「是否」決策：
是否要進行某項投資？
其決策變數 = $\begin{cases} 1 & \text{若是} \\ 0 & \text{若否。} \end{cases}$

參考文獻 A6 則說明南非國防部以小額預算提高其國防能力的 OR 研究。在此，我們考慮的「投資」是指，維持特定國防力量所需採購成本與經常性費用。該研究建立一混合 BIP 模型，在符合預算限制下，選擇特定武器裝備，以極大化整體國防績效。該模型變數超過 16,000 個（其中有 256 個二元變數），函數限制式超過 5,000 條。所得最佳國防武力規模與配備，每年可省下超過 $11 億，同時得到無形效益。

參考文獻 A2 介紹混合 BIP 在投資分析上的應用。Grantham、Mayo、Van Otterloo 投資公司用此模型建立總資產額高達 $80 億的量化管理投資組合。每個模型的投資組合與目標組合接近（以產業別與類股而論），但持有股別數少很多，且體質比較好。模型的二元變數為是否將某股納入投資組合的決策，而另一連續變數則為股數。對於須重新平衡的現有投資組合來說，公司打算儘量減少達成最終組合的交易次數，以降

低交易成本。所以二元變數也可為,是否交易某種現持有股票,以改變持股數的決策。模型加入此考量後,每年省下 $400 萬交易成本。

地點選擇

許多公司因應全球化經濟,在世界各地建立新廠,以取得低勞力成本優勢。在選擇新廠地點前,須分析較有潛力的地點(加州製造只考慮兩地及兩種設施)。每個具潛力地點都涉及到是否決策。

對於每一項「是否」決策而言:
是否要選擇某地點以建造某特定設施?

$$\text{其決策變數} = \begin{cases} 1 & \text{若是} \\ 0 & \text{若否} \end{cases}$$

這類問題目標多為選擇地點,以極小化新設施所需產能之總成本。

如參考文獻 A11,AT&T 用 BIP 模型,以助顧客選擇電訊行銷中心。此模型在提供顧客所要涵蓋範圍下,極小化人力、通訊與不動產成本。AT&T 光在 1988 年,就有 46 位顧客用該方法快速完成選點的「是否」決策,而該年在網路服務業績達 $3.75 億而設備銷售也有 $3,100 萬。

參考文獻 A5 說明 Norske Skog 造紙公司 應用類似模型的方法,不過該公司用於選擇關閉地點,而非設立新設地點。因為電子媒體取代報紙,讓該公司產品需求量逐漸下滑。因此,該公司使用一個大型的 BIP 模型(312 個二元變數、47,000 個連續變數以及 2,600 條函數限制式)選出要關閉的兩間造紙廠與一部造紙機器,年省 1 億美元。

接著我們會介紹地點選擇問題對許多公司營運產生的影響。

設計生產配送網

現在製造工廠都面臨須縮短產品上市時間,同時要降低生產及配送成本的競爭壓力。故任何產品銷售區大的企業須持續關注生產配送網的設計。

這項設計需要處理下列幾種「是或否」的決策:

某工廠是否應繼續運作?
某地點是否應選為新廠址?
某物流中心是否應繼續運作?
某地點是否應選為新物流中心?

若每一市場地區須由單一物流中心配送,則各市場地區及物流中心組合是另一種「是否」決策:

應用實例

1998 年成立的非營利組織 Midwest Independent Transmission System Operator, Inc. (MISO) 管理美國中西部電力生產和傳輸。該組織掌控將近 6 萬英哩的高壓傳輸線路及超過 1,000 間發電廠，能產生 146,000 千瓦電力，服務超過 4 千萬位個人和企業用戶，遍布在中西部 13 州及加拿大曼尼托巴省。

任何區域傳輸組織的主要任務是，可靠且有效率提供客戶所需電力。MISO 改變傳統作法，利用混合二元整數規劃，以極小化提供所需電力總成本。模型中每個主要二元變數代表某特定發電廠在某特定時段是否要發電的是否決策。求解此模型後，把結果輸入一線性規劃模型，以設定電力輸出水準和制訂電力交易的價格。

混合 BIP 模型包含 3,300,000 個持續變數，及 3,900,000 函數限制式。會運用拉格朗日鬆弛 (Lagrangian relaxation) 來解此模型。

此創新作業研究應用，於 2007 至 2010 四年內，省下近 25 億美元，預估至 2020 年為止，能多省下 70 億美元。MISO 因此成果而在 2011 年贏得作業研究與管理科學著名的 Franz Edelman Award 國際競賽首獎。

資料來源：B. Carlson and 12 co-authors, "MISO Unlocks Billions in Savings Through the Application of Operations Research for Energy and Ancillary Services Markets," *Interfaces*, **42**(1)：58–73, Jan.–Feb. 2012。

是否應指定某物流中心服務某市場地區？

對於每一個這種是否決策而言：

其決策變數 = $\begin{cases} 1 & \text{若是} \\ 0 & \text{若否} \end{cases}$

本節第一個應用實例說明 MISO 應用極大型 BIP 模型省下數十億美金的方法。

安排出貨路線

在設計完成生產及配送網路且投入運作後，每天必須作運送貨物方式的作業決策，此有時亦為「是或否」的決策。

如假設用卡車運送貨物，且每輛通常每趟會運送貨物給多位客戶。每輛卡車須選擇一條路線（運送順序），故每輛卡車可能行駛路線會出現以下「是否」決策。

某輛卡車是否應選擇某路線？

其決策變數 = $\begin{cases} 1 & \text{若是} \\ 0 & \text{若否} \end{cases}$

目標是選擇運送所有貨物的路線，以極小化總成本。

我們能考慮各種更複雜狀況，如卡車大小不同，故路線選擇問題包括路線與卡車的大小。同理，若時間為關鍵因素，出發時間也可視為「是否」決策。每個因素有兩種選擇，故決策形式如下。

對於每一趟運送而言,是否同時選擇以下各項:

1. 一特定路線,
2. 一特定大小卡車,
3. 一特定出發時間?

$$\text{其決策變數} = \begin{cases} 1 & \text{若是} \\ 0 & \text{若否}\end{cases}$$

例如,巴西石油公司 Petrobras 開發了一個此類 BIP 應用。如參考文獻 A7,該公司每天用超過 40 架直昇機,運送約 1,900 名員工往返 80 座外海石油平台及 4 個陸上據點。該 BIP 模型每天只用不到 1 小時的時間,就能得到最佳直昇機班表,省下超過 2,000 萬美元。因此,本例所運送的是一群員工。

安排相關活動

日常生活中我們經常要安排相關活動,即便是安排個課程作業時間。同理,管理者須安排開始生產新訂單時間、開始銷售新品時間、進行投資以擴充產能的時間。

對此類決定何時開始的問題可視為一連串的「是否」決策,其中每個可能開始時段都有下列決策。

某特定活動是否應在某特定時段開始?

$$\text{其決策變數} = \begin{cases} 1 & \text{若是} \\ 0 & \text{若否}\end{cases}$$

由於一特定活動僅能在一時段開始,各不同時段選擇形成一組互斥方案,其中僅有一時段的決策變數值是 1。

參考文獻 A4 為瑞典一些大城市使用此類大型 BIP 模型的應用,以規劃 4 千名照顧年長者家居照護人員的路線。以 BIP 取代人工規劃年省 3 至 4 千萬美元,同時提升家居照護品質。

航空業的應用

航空業會雇用 OR 專家,大量應用 OR 方法來改善其營運。大型航空公司通常都有 OR 部門,以發展 OR 應用。此外,知名顧問公司會專門輔導運輸業,特別是航空公司。接著,我們來介紹兩個 BIP 應用實例。

第一為機群指派問題 (fleet assignment problem)。已知有幾種不同形式的飛機,問題是如何指派特定機型給班表中的航班,以極大化利潤。基本權衡為,若航班飛機太小,可能沒辦法載運所有潛在乘客;若飛機太大,則要承擔龐大空位成本。

應用實例

在人口高密度的荷蘭進行營運的「荷蘭鐵路」公司 (Nederandse Spoorwegen Reizigers，後簡稱荷鐵) 目前每工作日約有 5,500 部列車、運送約 110 萬名乘客。其年營運收入約 15 億歐元（約 20 億美元）。

荷蘭鐵路網載客人數近年來穩定成長，2002 年展開的一項全國研究指出，該進行三項主要基礎設施擴建。有鑑於此，荷蘭需要設計新鐵路系統班表，規劃每班列車在各車站到站和離站時間。因此，荷鐵的管理者要進行一項大型 OR 研究，以擬定包括新班表和新班表可用資源（列車及列車組員）等最佳整體計畫。該公司物流部的幾位員工和幾位歐洲大學或軟體公司的著名 OR 學者組成了任務小組來進行該項研究。

新班表在 2006 年 12 月啟用，同時還有新排程系統上線，分配列車（各種載客車廂和其他列車）至班表。另建置了進行指派列車組員（每組包括駕駛員和幾位列車長）的排程系統。這都是用二元整數規劃和相關方法所完成。如用 BIP 模型來進行列車組員排程，類似（除規模極大外）西南航空例題。

此 OR 應用立刻為荷鐵每年增加約 6,000 萬美元利潤，並預期未來年增利潤為 1.5 億美元。荷鐵因此成果而在 2008 年贏得表揚作業研究與管理科學的 Franz Edelman Award 國際競賽首獎。

資料來源：L. Kroon, D. Huisman, E. Abbink, P.-J. Fioole, M. Fischetti, G. Maróti, A. Schrijver, A. Steenbeck, and R. Ybema, "The New Dutch Timetable: The OR Revolution," *Interfaces*, **39**(1): 6–17, Jan.–Feb. 2009。

對每種機型與飛航班次組合，須考慮下列「是否」決策。

是否指派某款機型給某飛航班次？

$$其決策變數 = \begin{cases} 1 & 若是 \\ 0 & 若否 \end{cases}$$

達美航空在 2010 年與西北航空合併前，每天國內航班超過 2,500 班，使用 10 種共 450 架飛機。如參考文獻 A12，每當需變更機群指派時，就會用一個龐大的整數規劃模型（約 40,000 條函數限制式、2 萬個二元變數及 4 萬個一般整數變數），以求解機群指派問題，可為達美航空年省 1 億美元。

另一類似應用是航班機組排班問題 (crew scheduling problem)。此例與先前的機型指派不同，而是飛行員及空服人員的指派。因此，要指派由某駐地起飛，並回原地的一連串可行航班，須進行「是否」決策。

是否指派某航班給某機組？

$$其決策變數 = \begin{cases} 1 & 若是 \\ 0 & 若否 \end{cases}$$

目標是在符合每一航班都有機組員的條件下，極小化總成本。

這個應用的完整範例參閱 11.4 節。

航空公司常因惡劣天氣、飛機機械故障或機組員人力不足等情況，而造成航班延誤或取消，且同時快速重新安排機組員，順利完成飛行任務。如 2.2 節（及參考文獻 A12）的應用實例，大陸航空 (Continental Airlines) 曾用 BIP 大型決策支援系統，在緊急狀況時，以最佳方式重新指派航班人員，因此第 1 年約省下 4,000 萬美元。

這類問題也發生在其他運輸業。因此，有些航空業的 OR 應用開始擴展到其他包括鐵路運輸業。舉例來說，應用實例中提到的荷蘭鐵路整體營運的應用，包括整數規劃和限制規劃（另見 11.9）。

11.3 利用二元變數建立模型

各位已見過許多「是否」決策問題，用二元變數來代表決策。接著我們就來介紹二元變數其他的使用方式，特別是有時這些變數能把一些原本很複雜難解的問題，重建成為純或混合 IP 問題。

此狀況發生於當問題原來的模型，除少部分組合關係外，其他都能符合 IP 或線性規劃模型的格式。對此類問題，此組合關係須以「是否」方式表達，於是能導入**輔助二元變數 (auxiliary binary variable)** 來代表「是否」決策（輔助二元變數為讓問題成為純 BIP 模型或混合 BIP 模型，而導入的二元變數，並非原始問題的決策變數）。我們加入變數，能將問題簡化成為 MIP 問題（若所有變數皆須維整數，則會成為純 IP 問題）。

接著，我們來探討能用此方式處理的情況，其中 x_j 代表問題原變數 (可以是連續或整數變數)，y_i 則是為了重建模型而加入的輔助二元變數。

二選一限制式 (either-or constraint)

我們來思考，在兩限制式中選擇的情況，讓其中（任）一條須成立（而另一也能成立，但非必要）。如能選擇使用其中之一資源，達成某種目的，故僅要表示這兩種資源可用量的限制式之一成立即可。為說明此「二選一」限制式，我們假設，整體問題的需求為

$$\text{不是} \quad 3x_1 + 2x_2 \le 18$$
$$\text{就是} \quad x_1 + 4x_2 \le 16,$$

即兩不等式須至少有一條成立即可，而此需求須重建模型，以符合線性規劃格式，即所有限制式皆須成立。令 M 為一極大正數，則可將此需求寫成

不是
$$3x_1 + 2x_2 \leq 18$$
$$x_1 + 4x_2 \leq 16 + M$$

就是
$$3x_1 + 2x_2 \leq 18 + M$$
$$x_1 + 4x_2 \leq 16。$$

其關鍵在於限制式右端加入 M 值，讓任何符合另一限制式之解，皆自動符合該限制式，故其效果維刪除該限制式（此模型假設問題之可行解為有界集合，而 M 值夠大，故不會刪除任何可行解）。此模型相當於下列一組限制式

$$3x_1 + 2x_2 \leq 18 + My$$
$$x_1 + 4x_2 \leq 16 + M(1-y)。$$

由於輔助變數 y 須等於 0 或 1，故此模型保證原限制式中之一會成立，而另一則被刪除。我們將這組新限制式加入此模型，而成為純或混合 IP 問題（依 x_j 是整數或連續變數而定）。

此作法與前述答案須為「是否」組合有直接關聯，並涉及將該模型其他限制式與兩條限制式中第一條合併，接著再與第二條限制式合併。（以其產生的目標函數值來說）合併後的兩種限制式組合何者較好？我們用下列兩個互補問題，以「是否」方式重新敘述此問題：

1. 該選擇 $x_1 + 4x_2 \leq 16$ 為成立的限制式嗎？
2. 該選擇 $3x_1 + 2x_2 \leq 18$ 為成立的限制式嗎？

由於必須正好有一個問題的答案是肯定的，所以令二元變數項 y 及 $1-y$ 分別代表是否決策。因此，如果第一個的答案為「是」時（則第二個問題為否），$y = 1$；而第二個為「是」時（則第一個為否），$1-y = 1$（即 $y = 0$）。因為 $y + 1-y = 1$（一個為是）自動成立，所以不需要加入額外限制式，讓這兩個決策互斥（若分別使用二元變數 y_1 及 y_2 表示是與否，則必須加入 $y_1 + y_2 = 1$，讓其互斥）。

接著，我們正式介紹此方法更通用的狀況。

N 條限制式中的 K 條必須成立

我們接下來思考，此模型中包含一組 N 條可能限制式，其中 K 條必須成立的情況（假設 $K < N$）。最佳化過程中一部分選擇其中 K 條限制式的組合，以容許目標函數達到可能的最佳值。未被選到的 $N - K$ 條限制式，實際上等於被刪除，雖可行解仍符合其中一些限制式。

此為前述 $K = 1$ 及 $K = 2$ 的情況的一般化。這 N 條可能的限制式能以下列方式表示

$$f_1(x_1, x_2, \ldots, x_n) \leq d_1$$
$$f_2(x_1, x_2, \ldots, x_n) \leq d_2$$
$$\vdots$$
$$f_N(x_1, x_2, \ldots, x_n) \leq d_N。$$

同理，其相等需求「K 條限制式須成立」的模型為

$$f_1(x_1, x_2, \ldots, x_n) \leq d_1 + My_1$$
$$f_2(x_1, x_2, \ldots, x_n) \leq d_2 + My_2$$
$$\vdots$$
$$f_N(x_1, x_2, \ldots, x_n) \leq d_N + My_N$$
$$\sum_{i=1}^{N} y_i = N - K，$$

及

$$y_i \text{ 為二元，其中 } i = 1, 2, \ldots, N。$$

而 M 是極大正數。對每一個二元變數 y_i ($i = 1, 2, \ldots, N$) 而言，當 $y_i = 0$，則 $My_i = 0$，因此新限制式 i 簡化為原限制式。反之，當 $y_i = 1$，則 $(d_i + My_i)$ 的值會非常大（仍然假設可行解區域有界），讓任何符合其他新限制式之解，自動符合此新限制式 i，等於刪除原限制式 i。因為 y_i 的限制式保證 K 個變數等於零，而其他變數都等於 1，所以 K 條原限制式不變，而其他 $(N - K)$ 條原限制式事實上被刪除了。我們應用適當演算法求解此問題，決定保留 K 條限制式的選擇，以找出所有變數的最佳解。

具有 N 個可能值的函數

我們來思考一已知函數須等於 N 個可能值之一的情況，可將此需求寫成

$$f(x_1, x_2, \ldots, x_n) = d_1 \text{ 或 } d_2, \ldots, \text{ 或 } d_N。$$

一個特例是當這函數為

$$f(x_1, x_2, \ldots, x_n) = \sum_{j=1}^{n} a_j x_j，$$

如同線性規劃限制式的左端。另一特例為，以某已知的 j 來說，$f(x_1, x_2, \ldots, x_n) = x_j$，所以這個需求變成 x_j 必須是 N 個已知值之一。

相當於此需求的 IP 模型：

$$f(x_1, x_2, \ldots, x_n) = \sum_{i=1}^{N} d_i y_i$$
$$\sum_{i=1}^{N} y_i = 1$$

及

$$y_i \text{ 為二元，而 } i = 1, 2, \ldots, N。$$

因此新一組限制式取代問題敘述中的需求，並提供了一對等模型，由於其中正好一個 y_i 等於 1，而其他皆必為 0，所以正好選擇一個 d_i 作為函數的值。在此情況下，共有 N 個「是否」問題，即是否要選擇 d_i 值 ($i = 1, 2, \ldots, N$)？因為 y_i 分別為「是否」決策，第二條限制式使其成為互斥的方案。

我們來思考 3.1 節的 Wyndor 公司問題，以說明何時會有這種情況。現在工廠 3 每週有 18 小時的生產時間，可用來生產兩種新產品或某些即將生產的產品。為留下一些產能給未來的產品，管理者要求限制目前兩種新產品所用生產時間為每週 6 或 12 或 18 小時。因此，原來模型的第三條限制式 ($3x_1 + 2x_2 \leq 18$) 變成

$$3x_1 + 2x_2 = 6 \text{ 或 } 12 \text{ 或 } 18。$$

利用前述符號可寫成 $N = 3$、$d_1 = 6$、$d_2 = 16$ 及 $d_3 = 18$。因此該新要求可寫成

$$3x_1 + 2x_2 = 6y_1 + 12y_2 + 18y_3$$
$$y_1 + y_2 + y_3 = 1$$

及

$$y_1 \cdot y_2 \cdot y_3 \text{ 為二元。}$$

其新整體模型包括原模型（見 3.1 節）和取代第三條限制式的一組新限制式。此取代方式產生了一個容易處理的 MIP 模型。

固定費用問題

活動產生固定費用或設置成本是相當普遍。如開始製造生產一批產品前，須先設置生產設備，而會產生固定費用。活動總成本在此情況下，為與活動水準有關的變動成本及其所需設置成本之總和。變動成本通常大致與活動水準成正比，此時，我們能將活動（如活動 j）的總成本以下列形式函數呈現

$$f_j(x_j) = \begin{cases} k_j + c_j x_j & \text{若 } x_j > 0 \\ 0 & \text{若 } x_j = 0。\end{cases}$$

其中 x_j 為活動 j 的水準 ($x_j \geq 0$)，k_j 為設置成本，c_j 為單位成本。如無設置成本 k_j，這種成本結構能用線性規劃模型，決定各活動的最佳水準。但就算有 k_j，仍可用 MIP。

我們接著來建立整個模型，假設有 n 種活動，每種活動都有前述的成本結構（都有 $k_j \geq 0$，且其中某些 $j = 1, 2, ..., n$ 時，$k_j > 0$），因此問題是

極小化　　$Z = f_1(x_1) + f_2(x_2) + \cdots + f_n(x_n),$

受限於

原線性規劃限制式

為將此問題轉變成 MIP 形式，首先提出 n 個答案必須為「是否」的問題。即 $j = 1, 2, ..., n$ 時，是否要進行活動 j ($x_j > 0$)？使用一個輔助二元變數 y_j 代表每一個「是否」決策，所以

$$Z = \sum_{j=1}^{n} (c_j x_j + k_j y_j)$$

其中
$$y_j = \begin{cases} 1 & \text{若 } x_j > 0 \\ 0 & \text{若 } x_j = 0 \end{cases}。$$

因此 y_j 可視為附屬決策 (contingent decision)，與 11.1 節的形式相似（但不完全相同）。令 M 為極大正數，其值大於任何 x_j 的最大可行值 ($j = 1, 2, ..., n$)，則以下限制式

$$x_j \leq My_j，\text{其中 } j = 1, 2, ..., n$$

會確保當 $x_j > 0$ 時，$y_i = 1$，而不是 0。唯一的難處為當 $x_j = 0$ 時，這些限制式對 y_i 等於 0 或 1 沒有任何限制。所幸目標函數的本質，而自然消除此情況。當 $k_j = 0$ 時，能從模型中刪除 y_j，所以可以忽略。因此僅需考慮另一個 $k_j > 0$ 的狀況。當 $x_j = 0$ 時，限制式允許從 $y_j = 0$ 及 $y_j = 1$ 中選擇一個，而 $y_j = 0$ 必所產生的 Z 值必定比 $y_j = 1$ 時小。由於目標是極小化 Z，產生最佳解的演算法在 $x_j = 0$ 時，必定會選擇 $y_j = 0$。

總之，固定費用問題的 MIP 模型是

$$\text{極小化} \quad Z = \sum_{j=1}^{n} (c_j x_j + k_j y_j)，$$

受限於

原來的限制式，加上

$$x_j - My_j \leq 0$$

及

$$y_j \text{ 為二元，而 } j = 1, 2, ..., n。$$

若 x_j 也被限制為整數，則此為純 IP 問題。

我們以 3.4 節的 Nori & Leets 公司空氣污染問題為例來說明。這個問題擬定的第一種減污方法是增加煙囪高度，這實際上包含巨額的固定費用，再加上大致與高度成正比的變動成本。經換算為模型中的年度成本後，每個鼓風爐和開口熔爐的固定成本各為 $200 萬，變動成本則與表 3.14 相同。因此，用上述符號可表示為 $k_1 = 2$、$k_2 = 2$、$c_1 = 8$、$c_2 = 10$，其中目標函數以百萬元為單位。因為其他減污法不需任何固定費用，故 $j = 3$、4、5、6 時，$k_j = 0$。因此這個問題的新 MIP 模型是

$$\text{極小化} \quad Z = 8x_1 + 10x_2 + 7x_3 + 6x_4 + 11x_5 + 9x_6 + 2y_1 + 2y_2，$$

受限於

3.4 節的限制式，加上

$$x_1 - My_1 \leq 0，$$
$$x_2 - My_2 \leq 0，$$

及

$y_1 \cdot y_2$ 為二元。

一般整數變數的二元表示法

假設有一純 IP 問題,其中大部分變數是*二元變數*,只有少數為*一般整數變數*,所以無法用非常有效率的 BIP 演算法求解。此時能用二元變數代表一般整數變數來解決。若整數變數 x 的界限是

$$0 \leq x \leq u$$

且定義 N 為讓

$$2^N \leq u < 2^{N+1},$$

的整數,則 x 的**二元表示法 (binary representation)** 為

$$x = \sum_{i=0}^{N} 2^i y_i,$$

其中變數 y_i 為(輔助的)二元變數。若以二元表示法取代每個一般整數變數(每個使用不同的輔助二元變數),則可將問題簡化為 BIP 模型。

如假設一個 IP 問題有兩個一般整數變數 x_1 和 x_2,以及許多二元變數,再假設 x_1 和 x_2 都有非負數限制,並包括下列函數限制式

$$\begin{aligned} x_1 &\leq 5 \\ 2x_1 + 3x_2 &\leq 30 \end{aligned}$$

其中 x_1 的 $u = 5$ 及 x_2 的 $u = 10$,因此根據上述 N 的定義,可得到 x_1 的 $N = 2$(因為數學式)及 x_2 的 $N = 3$(因為數學式)。故其二元表示法為

$$\begin{aligned} x_1 &= y_0 + 2y_1 + 4y_2 \\ x_2 &= y_3 + 2y_4 + 4y_5 + 8y_6 \end{aligned}$$

把這些表示法代入所有的函數限制式及目標函數,則兩條函數限制式變成

$$\begin{aligned} y_0 + 2y_1 + 4y_2 &\leq 5 \\ 2y_0 + 4y_1 + 8y_2 + 3y_3 + 6y_4 + 12y_5 + 24y_6 &\leq 30 \end{aligned}$$

觀察 x_1 的各個可行值對應至向量 (y_0, y_1, y_2) 的一個可行值,x_2 的各個可行值對應至向量 (y_3, y_4, y_5, y_6) 的一個可行值。如,$x_1 = 3$ 對應至 $(y_0, y_1, y_2) = (1, 1, 0)$,而 $x_2 = 5$ 對應至 $(y_3, y_4, y_5, y_6) = (1, 0, 1, 0)$。

對所有變數皆為(有界的)一般整數變數的 IP 問題來說,能用相同的方法將問題化簡為 BIP 問題。但因為變數量太多,故一般不建議此作法。使用好 IP 演算法求解原 IP 模型,通常會較 BIP 演算法求解一規模很大的 BIP 模型更有效。[1]

---

[1] 請參閱 J. H. Owen and S. Mehrotra, "On the Value of Binary Expansions for General Mixed Integer Linear Programs," *Operations Research*, 50: 810–819, 2002。

一般而言，我們須小心謹慎處理所有用本節輔助二元變數的模型。此方法有時需要加入數量龐大的輔助二元變數，而讓模型無法求解（11.5 節會探討可求解的 IP 問題規模）。

11.4 模型建立範例

我們接著藉由一連串例題來說明，使用二元變數建立各種模型的方法，這包括前述相關方法。我們為便於說明，例題規模都非常小（本書專屬網站的 Solved Examples 包含較大，有幾十個二元變數與限制式模型的例題）。這些模型在實際應用上，基本是屬於大型模型的一小部分。

範例 1　決策變數是連續時的選擇

「好產品」研發部門開發三種新產品。為避免該公司生產線過度分散，其管理者提出兩項限制：

限制 1：三種新產品之中，最多可以選擇兩種生產。

每一種產品都可以在兩個工廠生產。為了方便管理，管理者提出第二個限制。

限制 2：兩個工廠之中，只能選擇一個工廠生產新產品。

兩個工廠生產產品的單位成本一樣，由於生產設備不同，各工廠生產每件各種產品所需的生產時間也不同，這些資料如表 11.2 所示。該表中還有其他相關資訊，包括市場預測各種產品每週可銷售件數。目標是要選擇產品、工廠及產品的生產率，以極大化總利潤。

從某方面來說，這個問題是標準的產品混合問題，與 3.1 節所描述的 Wyndor 公司問題一樣。事實上，這個問題如果去掉這兩條限制，並要求每種產品使用表 11.2 中兩個工廠的生產時間（即兩個工廠進行產品所需的不同作業），就會成為同類型的問題。令 x_1、x_2、x_3 為各產品的生產率，則模型成為

$$\text{極大化} \quad Z = 5x_1 + 7x_2 + 3x_3$$

■ 表 11.2　例題 1 的資料（「好產品」公司問題）

	每單位產品所使用的生產時間			每週可用的生產時間
	產品 1	產品 2	產品 3	
工廠 1	3 小時	4 小時	2 小時	30 小時
工廠 2	4 小時	6 小時	2 小時	40 小時
單位利潤	5	7	3	（千元）
可銷售件數	7	5	9	（每週件數）

受限於
$$3x_1 + 4x_2 + 2x_3 \leq 30$$
$$4x_1 + 6x_2 + 2x_3 \leq 40$$
$$x_1 \leq 7$$
$$x_2 \leq 5$$
$$x_3 \leq 9$$

及
$$x_1 \geq 0 \cdot x_2 \geq 0 \cdot x_3 \geq 0 \circ$$

對實際的問題而言，模型須加入以下限制式，才能夠符合限制 1 的要求：

絕對正值的決策變數 (x_1, x_2, x_3) 數目必須 ≤ 2。

這條限制式不符合線性或整數規劃的格式，所以關鍵問題是如何把這種格式轉換成相關演算法能求解的模型。如果決策變數是二元變數，則這條限制式可以寫成 $x_1 + x_2 + x_3 \leq 2$。但是，在有連續決策變數的情況下，需要使用更複雜的方法，包括導入輔助二元變數。

為了符合限制 2，前兩條函數限制式（$3x_1 + 4x_2 + 2x_3 \leq 30$ 及 $4x_1 + 6x_2 + 2x_3 \leq 40$）必須以下列限制取代：

$$3x_1 + 4x_2 + 2x_3 \leq 30$$
或 $$4x_1 + 6x_2 + 2x_3 \leq 40$$

必須成立。其中哪條限制式必須成立的選擇，對應於使用哪個工廠生產新產品的選擇。前一節曾經討論過把這種「二選一」限制式轉換成線性或整數規劃形式的方法，需要再次利用輔助二元變數。

利用輔助二元變數建立模型 為處理限制 1，導入三個輔助二元變數 (y_1, y_2, y_3)，其定義如下：

$$y_j = \begin{cases} 1 & \text{若 } x_j > 0 \text{ 能夠成立（能夠生產產品 } j\text{）} \\ 0 & \text{若 } x_j = 0 \text{ 必須成立（不能生產產品 } j\text{）} \end{cases}$$

其中 $j = 1, 2, 3$。如果要把這個定義加到模型中，必須借助於 M（一個極大正數），因此加入限制式

$$x_1 \leq My_1$$
$$x_2 \leq My_2$$
$$x_3 \leq My_3$$
$$y_1 + y_2 + y_3 \leq 2$$
$$y_j \text{ 為二元，對 } j = 1, 2, 3,$$

這些「二選一」限制式及非負限制式，形成決策變數的有界可行解區域（在

整個區域內每個 $x_i \leq M$)。所以，在每條 $x_i \leq My_j$ 限制式中，$y_j = 1$ 允許 x_j 是可行解區域內的任何值，而 $y_j = 0$ 就迫使 $x_j = 0$。(反之，$x_j > 0$ 迫使 $y_j = 1$，而 $x_j = 0$ 則允許 y_j 是任何值。) 因此，當第 4 條限制式迫使至多兩個 y_j 等於 1，相當於至多選擇生產兩種新產品。

為了處理限制 2，導入另一個輔助二元變數 y_4，其定義是

$$y_4 = \begin{cases} 1 & \text{若 } 4x_1 + 6x_2 + 2x_3 \leq 40 \text{ 必須成立（選擇工廠 2）} \\ 0 & \text{若 } 3x_1 + 4x_2 + 2x_3 \leq 30 \text{ 必須成立（選擇工廠 1）} \end{cases}$$

如 11.3 節所述，這種定義必須加入限制式

$$3x_1 + 4x_2 + 2x_3 \leq 30 + My_4$$
$$4x_1 + 6x_2 + 2x_3 \leq 40 + M(1 - y_4)$$
$$y_4 \text{ 為二元。}$$

因此，在把所有的變數移到限制式左端以後，完整的模型是

極大化 $\quad Z = 5x_1 + 7x_2 + 3x_3$,

受限於

$$x_1 \leq 7$$
$$x_2 \leq 5$$
$$x_3 \leq 9$$
$$x_1 - My_1 \leq 0$$
$$x_2 - My_2 \leq 0$$
$$x_3 - My_3 \leq 0$$
$$y_1 + y_2 + y_3 \leq 2$$
$$3x_1 + 4x_2 + 2x_3 - My_4 \leq 30$$
$$4x_1 + 6x_2 + 2x_3 + My_4 \leq 40 + M$$

及

$$x_1 \geq 0 \cdot x_2 \geq 0 \cdot x_3 \geq 0$$
$$y_j \text{ 為二元，對 } j = 1, 2, 3, 4 \text{。}$$

這個新模型是 MIP 模型，其中有三個不需要是整數的變數 (x_j)，以及四個二元變數，所以可以使用 MIP 的演算法求解模型。當求解完成後（以極大數值代入 M 後），[2] 最佳解是 $y_1 = 1 \cdot y_2 = 0 \cdot y_3 = 1 \cdot y_4 = 1 \cdot x_1 = 5\frac{1}{2} \cdot x_2 = 0$ 及 $x_3 = 9$；亦即選擇在工廠 2 生產產品 1 和產品 3，產品 1 每週生產率是 $5\frac{1}{2}$ 件，而產品 3 是每週 9 件。每週總利潤是 \$54,500。

---

[2] 實務上須小心選擇 M 的值，該值需要夠大以免削減可行解區域，但也要儘量小，以避免增大 LP 鬆弛問題 (LP relaxation) 的可行解區域（下一節會說明）以及避免數值的不穩定。對這個例題而言，仔細檢視限制式後，可知 M 的最小可行值是 $M = 9$。

範例 2　違反正比性

Supersuds 公司正在研擬明年的新產品行銷計畫。公司打算購買全國電視網的 5 個廣告時段，以促銷 3 種產品。因此公司面臨的問題是如何分配這 5 個時段給這 3 種產品。每種產品最多可以使用 3 個時段（最少 0 個時段）。

表 11.3 是各產品分配到 0、1、2 或 3 個廣告時段的估計效益。這種效益是以各廣告時段數所增加的銷售量而獲得的利潤（以百萬元為單位）來衡量，其中已經考慮了廣告製作及購買成本。目標是要分配 5 個時段給各種產品，以極大化總利潤。

這個小問題使用動態規劃可以很容易求解（第 10 章），或甚至以目視法求解（最佳解是分配 2 個時段給產品 1，0 個時段給產品 2，以及 3 個時段給產品 3）。然而，為了說明起見，這裡將示範兩個不同的 BIP 模型。如果這個小問題必須和分配資源以行銷公司全部新產品的大型 IP 模型結合，則此種模型是必要的。

使用輔助二元變數的一種模型　令 x_1、x_2、x_3 為分配給各產品的電視廣告時段數目，各 x_j 對目標函數的貢獻如表 11.3 相關各行所示。但是，各行的資料違反 3.3 節的正比性假設，所以不能以這些整數決策變數寫出線性目標函數。

現在針對每個 $x_i = j(j = 1, 2, 3)$ 之正整數值引入一個輔助二元變數 y_{ij}，其中 y_{ij} 之詮釋為

$$y_{ij} = \begin{cases} 1 & \text{若 } x_i = j \\ 0 & \text{其他。} \end{cases}$$

（例如 $y_{21} = 0$、$y_{22} = 0$ 及 $y_{23} = 1$ 表示 $x_2 = 3$）因此，產生的線性 BIP 模型是

極大化　　$Z = y_{11} + 3y_{12} + 3y_{13} + 2y_{22} + 3y_{23} - y_{31} + 2y_{32} + 4y_{33}$,

受限於

$$y_{11} + y_{12} + y_{13} \leq 1$$
$$y_{21} + y_{22} + y_{23} \leq 1$$
$$y_{31} + y_{32} + y_{33} \leq 1$$
$$y_{11} + 2y_{12} + 3y_{13} + y_{21} + 2y_{22} + 3y_{23} + y_{31} + 2y_{32} + 3y_{33} = 5$$

及

各 y_{ij} 為二元。

表 11.3　例題 2 的資料 (Supersuds 公司問題)

	利潤		
	產品		
電視時段數	1	2	3
0	0	0	0
1	1	0	−1
2	3	2	2
3	3	3	4

注意到前三條限制式確保只有指定一個可能值給各 x_i（其中 $y_{i1} + y_{i2} + y_{i3} = 0$ 相當於 $x_i = 0$，對目標函數沒有任何貢獻）。最後一條函數限制式則確保 $x_1 + x_2 + x_3 = 5$。然後線性目標函數就可以根據表 11.3 計算出總利潤。

求解這個 BIP 模型，可得到最佳解

$$y_{11} = 0 \cdot y_{12} = 1 \cdot y_{13} = 0，所以 x_1 = 2$$
$$y_{21} = 0 \cdot y_{22} = 0 \cdot y_{23} = 0，所以 x_2 = 0$$
$$y_{31} = 0 \cdot y_{32} = 0 \cdot y_{33} = 1，所以 x_3 = 3$$

使用輔助二元變數的另一種模型　重新定義輔助二元變數 y_{ij} 如下：

$$y_{ij} = \begin{cases} 1 & \text{若 } x_i \geq j \\ 0 & \text{其他。} \end{cases}$$

因此，差異在於現在當 $x_i \geq j$ 時，$y_{ij} = 1$，而非當 $x_i = j$ 時。所以

$$\begin{aligned}
x_i = 0 &\Rightarrow y_{i1} = 0 \cdot y_{i2} = 0 \cdot y_{i3} = 0, \\
x_i = 1 &\Rightarrow y_{i1} = 1 \cdot y_{i2} = 0 \cdot y_{i3} = 0, \\
x_i = 2 &\Rightarrow y_{i1} = 1 \cdot y_{i2} = 1 \cdot y_{i3} = 0, \\
x_i = 3 &\Rightarrow y_{i1} = 1 \cdot y_{i2} = 1 \cdot y_{i3} = 1, \\
&\text{故 } x_i = y_{i1} + y_{i2} + y_{i3}
\end{aligned}$$

其中 $i = 1, 2, 3$。因為允許 $y_{i2} = 1$ 是附屬於 $y_{i1} = 1$，以及允許 $y_{i3} = 1$ 是附屬於 $y_{i2} = 1$，要符合這些定義必須加入限制式

$$y_{i2} \leq y_{i1} \text{ 及 } y_{i3} \leq y_{i2}，對 i = 1, 2, 3。$$

y_{ij} 的新定義也會改變目標函數，如圖 11.1 目標函數的產品 1 部分所示。因為 $y_{11} \cdot y_{12} \cdot y_{13}$ 是 x_1 值（從零值起）的續增量（如果有的話），所以 $y_{11} \cdot y_{12} \cdot y_{13}$ 的係數是表 11.3 產品 1 行的個別增量（$1 - 0 = 1 \cdot 3 - 1 = 2 \cdot 3 - 3 = 0$）。這些增量是圖 11.1 中的斜率，使得目標函數的產品 1 部分是 $1y_{11} + 2y_{12} + 0y_{13}$。應用這種方法到所有產品，一定可以得到線性目標函數。

把所有變數移到限制式左端以後，完整的 BIP 模型是

極大化　　$Z = y_{11} + 2y_{12} + 2y_{22} + y_{23} - y_{31} + 3y_{32} + 2y_{33}$,

受限於

$$\begin{aligned}
y_{12} - y_{11} &\leq 0 \\
y_{13} - y_{12} &\leq 0 \\
y_{22} - y_{21} &\leq 0 \\
y_{23} - y_{22} &\leq 0 \\
y_{32} - y_{31} &\leq 0 \\
y_{33} - y_{32} &\leq 0 \\
y_{11} + y_{12} + y_{13} + y_{21} + y_{22} + y_{23} + y_{31} + y_{32} + y_{33} &= 5
\end{aligned}$$

及

各 y_{ij} 為二元。

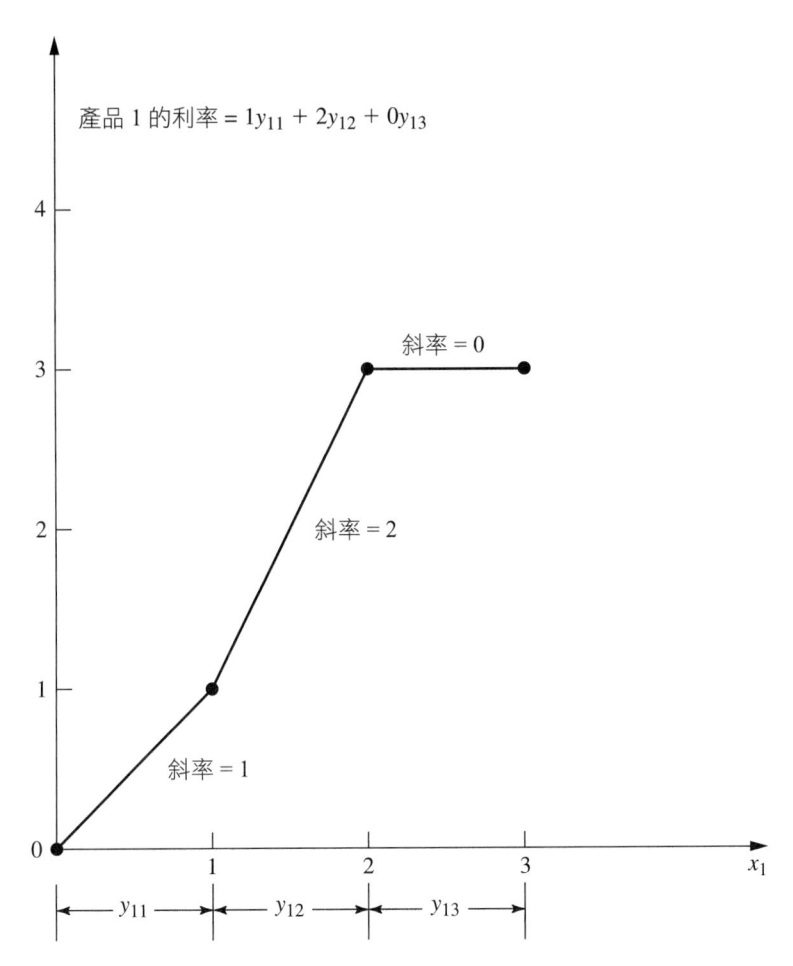

產品 1 的利率 = $1y_{11} + 2y_{12} + 0y_{13}$

斜率 = 0

斜率 = 2

斜率 = 1

■ **圖 11.1** 因為 x_1 個電視廣告時段所增加的產品 1 銷售量而產生的利潤，其中的斜率相當於例題 2（Supersuds 公司問題）的第二個 BIP 模型的目標函數係數。

求解此 BIP 模型得到最佳解

$y_{11} = 1$、$y_{12} = 1$、$y_{13} = 0$，所以 $x_1 = 2$
$y_{21} = 0$、$y_{22} = 0$、$y_{23} = 0$，所以 $x_2 = 0$
$y_{31} = 1$、$y_{32} = 1$、$y_{33} = 1$，所以 $x_3 = 3$

這兩種 BIP 模型的選擇，完全依個人喜好而定。兩者的二元變數的數目相同（影響 BIP 問題計算時間的主要因素），並且都有一些特殊結構（前者有互斥方案，後者有附屬決策）可以加速求解。第二個模型確實有比較多的函數限制式。

範例 3　涵蓋所有特性

西南航空公司必須指派機組人員，以服務所有的航班。目前專注於如何指派 San Francisco (SF) 的三組人員，以服務表 11.4 第一行所列的航班。表 11.4 的其他 12 行是一個機組的 12 種可行的飛航序列（各行的數字表示航班的順序）。必須正好選擇 3 種飛航序列（每機組一種），以涵蓋每一航班（一個航班可以有超過一個機組，多餘的機組人員的身分是乘客，但是工會合約規定仍需支付薪水給多餘的人員，如同正常工作一樣）。指派一個機組飛行某一特定航班序列的成本（千元）列於表的最下一列。目標是極小化指派三組人員涵蓋所有航班的總成本。

二元變數模型　本問題共有 12 種可行的飛航序列，因此有 12 個「是或否」的決策：

是否要指派飛航序列 j 給一機組？ $(j = 1, 2, …, 12)$

因此使用 12 個二元變數分別代表這些決策：

$$x_j = \begin{cases} 1 & \text{若指派序列 } j \text{ 給一機組} \\ 0 & \text{其他。} \end{cases}$$

這種模型最有趣的部分，為各限制式的本質是要確保涵蓋所對應的航班。例如，表 11.4 最後一航班 [Seattle 到 Los Angeles(LA)]，有五種飛航序列 (6、9、10、11、12) 都包括這個航班。所以 5 種飛航序列中須至少選擇一種，其限制式是

$$x_6 + x_9 + x_{10} + x_{11} + x_{12} \geq 1$$

表 11.4　例題 3 的資料（西南航空公司問題）

航班	可行飛航序列											
	1	2	3	4	5	6	7	8	9	10	11	12
1. San Francisco 到 Los Angeles	1			1			1			1		
2. San Francisco 到 Denver		1			1			1			1	
3. San Francisco 到 Seattle			1			1			1			1
4. Los Angeles 到 Chicago				2			2			3	2	3
5. Los Angeles 到 San Francisco	2					3				5	5	
6. Chicago 到 Denver					3	3			4			
7. Chicago 到 Seattle							3	3		3	3	4
8. Denver 到 San Francisco		2		4	4				5			
9. Denver 到 Chicago					2			2			2	
10. Seattle 到 San Francisco			2				4	4				5
11. Seattle 到 Los Angeles						2			2	4	4	2
成本（千元）	2	3	4	6	7	5	7	8	9	9	8	9

應用類似的限制式於其他 10 個航班，則完整 BIP 模型是

極小化　　$Z = 2x_1 + 3x_2 + 4x_3 + 6x_4 + 7x_5 + 5x_6 + 7x_7 + 8x_8 + 9x_9$
$\qquad\qquad + 9x_{10} + 8x_{11} + 9x_{12},$

受限於

$$
\begin{aligned}
x_1 + x_4 + x_7 + x_{10} &\geq 1 \quad \text{(SF 到 LA)} \\
x_2 + x_5 + x_8 + x_{11} &\geq 1 \quad \text{(SF 到 Denver)} \\
x_3 + x_6 + x_9 + x_{12} &\geq 1 \quad \text{(SF 到 Seattle)} \\
x_4 + x_7 + x_9 + x_{10} + x_{12} &\geq 1 \quad \text{(LA 到 Chicago)} \\
x_1 + x_6 + x_{10} + x_{11} &\geq 1 \quad \text{(LA 到 SF)} \\
x_4 + x_5 + x_9 &\geq 1 \quad \text{(Chicago 到 Denver)} \\
x_7 + x_8 + x_{10} + x_{11} + x_{12} &\geq 1 \quad \text{(Chicago 到 Seattle)} \\
x_2 + x_4 + x_5 + x_9 &\geq 1 \quad \text{(Denver 到 SF)} \\
x_5 + x_8 + x_{11} &\geq 1 \quad \text{(Denver 到 Chicago)} \\
x_3 + x_7 + x_8 + x_{12} &\geq 1 \quad \text{(Seattle 到 SF)} \\
x_6 + x_9 + x_{10} + x_{11} + x_{12} &\geq 1 \quad \text{(Seattle 到 LA)} \\
\sum_{j=1}^{12} x_j &= 3 \quad \text{（指派三機組）}
\end{aligned}
$$

及

x_j 為二元，其中 $j = 1, 2, ..., 12$。

這個 BIP 模型的一個最佳解是

$\quad x_3 = 1$　　（指派一機組飛行第 3 種序列）
$\quad x_4 = 1$　　（指派一機組飛行第 4 種序列）
$\quad x_{11} = 1$　（指派一機組飛行第 11 種序列）

及所有其他的 $x_j = 0$，總成本為 $18,000（另一個最佳解是 $x_1 = 1$、$x_5 = 1$、$x_{12} = 1$，及所有其他的 $x_j = 0$）。

這個例題說明一種較廣泛的問題，稱為**集合涵蓋問題 (set covering problem)**。[3] 以一般用語來說，任何集合涵蓋問題可視為包含一些可能的活動（如飛航序列）及特性（如航班）。各活動包含一些特性，但非全部。其目標是要找出成本最小的活動組合，而這些活動合起來具有（涵蓋）各特性至少一次。因此，令 S_i 為具有特性 i 的活動的集合。所選的活動之中，必須至少包括一個 S_i 的元素，所以每個特性 i 有以下的限制式：

$$\sum_{j \in S_i} x_j \geq 1,$$

另一種稱為**集合分割問題 (set partitioning problem)**，其中每個這種限制式都改成

$$\sum_{j \in S_i} x_j = 1,$$

所以,選擇的活動必須正好包括集合 S_i 的一個元素。對於機組人員排班例題而言,這表示所選的飛航序列必須正好包括各航班一次,因此可排除有額外的機組員(作乘客)在任何航班上的情況。

11.5 求解整數規劃問題的觀念

IP 問題似乎很容易求解。畢竟線性規劃問題可以快速地求解,而 IP 問題唯一的不同是所需考慮的解的數目遠較線性規劃問題為少。事實上,可行解區域有界的純 IP 問題的可行解數目是有限的。

不巧,上述說法有兩個錯誤。第一個是可行解個數有限保證能夠容易求解問題。有限的數值可能是天文數字。舉例來說,如果一個簡單的 BIP 問題有 n 個變數,就需考慮 2^n 個解(其中有些解會因為違反函數限制式而稍後被刪除)。因此,如果 n 增加 1,解的個數就加倍。這種形式稱為問題困難度的**指數性成長 (exponential growth)**。當 $n = 10$ 時,解的個數就超過 1,000 (1,024);$n = 20$ 時,解的個數就超過 1,000,000;$n = 30$ 時,解的個數則超過 10 億,依此類推。因此,即使是最快的電腦也不能對具有幾十個變數的 BIP 問題使用窮舉法(檢查所有解的可行性,若可行,則計算其目標函數值),更不用說具有相同數量之整數變數的一般 IP 問題了。所幸,利用後續章節所述的想法,目前最好的 IP 演算法大幅優於窮舉法,且在過去二、三十年有著很大的改善。25 年前需要幾年時間才能求解的 BIP 問題,使用目前最好的商業軟體,只需要幾秒鐘就能求解。這種速度上的大幅進步主要可以歸功於三方面的大幅進展:BIP 演算法(及其他 IP 演算法)的大幅改善、大量使用於整數規劃演算法中的線性規劃演算法之顯著改善,及電腦(包括桌上型電腦)運算效率大幅提升。因此,目前有時可以求解的 BIP 問題規模比過去幾十年大非常多。目前最好的演算法已經能夠求解一些超過 10 萬個變數的純 BIP 問題。無論如何,因為困難度呈指數性成長,即使是最好的演算法也不能保證能夠求解所有的小問題(少於幾百個二元變數)。依其特性而定,某些小問題可能比一些大很多的問題更難解。[4]

當處理一般整數變數,而非二元變數時,可解問題的規模會大幅減小。但仍有些例外。

第二個錯誤是認為從線性規劃中刪除一些可行解(非整數解)會使問題更容易求解。相反的,因為有這些可行解,才能保證整個問題的最佳解是可行角解(及其對應

---

[4] 請參閱 Ozaltin, O. Y., B. Hunsaker, and A. J. Schaefer: "Predicting the Solution Time of Branch-and-Bound Algorithms for Mixed-Integer Programs," *INFORMS Journal on Computing*, 23(3):392–403, Summer 2011。

應用實例

在 2013 年，Taco Bell 公司擁有在美國的 5,600 間快餐店以及在 20 多國超過 250 間的快餐店。該公司每年大約銷售 20 億份餐點。

美國連鎖速食店 Taco Bell 一天中不同時段（以及不同天）的營業額變化很大，其中用餐時間的營業額最高。因此，如何安排不同時間的員工人數以工作是個複雜而棘手的問題。

為了解決這個問題，管理階層要求一個 OR 團隊（包括數名顧問）建立新的人力管理系統。OR 團隊認為這個系統應該包括三部分：(1) 預測任何時間顧客點餐數量的預測模型；(2) 把顧客點餐數量轉換成人力需求的模擬模型；以及 (3) 安排員工班表以符合人力需求，並且極小化薪資的整數規劃模型。

任何餐廳在此整數規劃模型中的整數決策變數，是在各特定時間開始之班次的員工人數。然而，各班次的長度也是決策變數（限定在最短與最長允許工作時間之間），不過是連續決策變數，所以這個模型為混合 IP 模型。模型的主要限制則指明在每次 15 分鐘的時段內，工作的員工數必須大於或等於該時段所需的最低人數（根據預測模型）。

這個 MIP 模型類似 3.4 節介紹之員工排班例題的線性規劃模型。然而，兩者的主要差別在於 Taco Bell 餐廳內輪班的員工人數遠低於 3.4 節例題中 100 位以上的員工；因此，必須限制 Taco Bell 模型的這些決策變數為整數值（而該例題解中的非整數值可以容易四捨五入成整數，對精確性只有些微的影響）。

Taco Bell 在導入這個 MIP 模型以及其他人力管理系統的組件後，每年可以節省 1,300 萬美元的人力成本。

資料來源：J. Hueter and W. Swart: "An Integrated Labor-Management System for Taco Bell," *Interfaces*, **28**(1): 75–91, Jan.–Feb. 1998。

的 BF 解）。這個保證是單形法能夠快速求解的關鍵。所以一般而言，線性規劃問題比 IP 問題容易求解。

因此，大多數高效率的整數規劃演算法都包含線性規劃演算法，例如單形法（或對偶單形法），以便求解 IP 問題中相當於線性規劃的部分（亦即同樣的問題，但刪除整數限制）。這種相當於線性規劃的部分稱為其 **LP 鬆弛 (LP relaxation)**。下兩節所介紹的演算法會說明如何利用一序列部分 IP 問題的 LP 鬆弛，快速求解整個 IP 問題。

在一種特殊情況下，求解 IP 問題並不比使用單形法求解其 LP 鬆弛一次難。這是當 LP 鬆弛一次的最佳解正好符合 IP 問題的整數限制時，此解為 LP 鬆弛可行解中最佳解，也包含 IP 問題之所有可行解，故此解必定亦為該 IP 問題最佳解。所以，一般而言，IP 演算法一開始都會使用單形法求解 LP 鬆弛，以檢查是否會發生這種幸運的情況。

雖然一般而言，LP 鬆弛的最佳解恰好是整數的情形是很難得的，但是實際上有些特殊形式的 IP 問題保證會有這種結果。這些特殊形式的問題包括第 8 章及第 9 章所介紹的最小成本流量問題（整數參數）及其特例（包括運輸問題、指派問題、最短路徑問題及最大流量問題）。這些問題因為其特殊結構而能保證所有的 BF 解都是整

數,如 8.1 節及 9.6 節的整數解性質所述。因為這些特殊形式的 IP 問題可以完全以精簡版的單形法求解,所以可以當作線性規劃問題處理。

雖然這種大幅簡化的情形並不多見,但是實際的 IP 問題常有一些特殊結構可以用來化簡問題。(前一節的例題 2 及例題 3 具有互斥方案限制式、附屬決策限制式或集合涵蓋限制式,都屬於這類問題。) 有時候能夠順利求解規模龐大的這種問題。針對特殊結構設計特殊用途的演算法,在整數規劃中非常有用。

因此,影響 IP 問題計算困難度的三大因素是 (1) 整數變數的個數;(2) 整數變數是二元變數或一般整數變數;及 (3) 問題的任何特殊結構。線性規劃(函數)限制式的數目遠比變數的數目重要,這跟 IP 問題的情況相反。在整數規劃中,限制式的數目也很重要(尤其是求解 LP 鬆弛時),但是其重要性次於前述三因素。事實上,有些情況下,增加限制式的數目會減少可行解,反而減少計算時間。對於 MIP 問題而言,連續變數對計算時間幾乎沒有影響,所以整數變數的數目比變數的總數重要。

一般而言,IP 問題遠比線性規劃問題難解,所以有時會應用單形法求解 LP 鬆弛,然後捨入非整數值以成為整數。這種方法可能適用於某些應用,尤其是變數值很大,而捨入錯誤相對很小的情況。然而,我們必須了解這種方法的兩個缺點。

第一個缺點是線性規劃最佳解在捨入後不一定可行。通常很難判斷應該往哪個方向捨入,以維持可行性。捨入後,有些變數值甚至必須改變 1 個或 1 個以上的單位。考慮以下問題以作說明:

$$\text{極大化} \quad Z = x_2,$$

受限於

$$-x_1 + x_2 \leq \frac{1}{2}$$
$$x_1 + x_2 \leq 3\frac{1}{2}$$

及

$$x_1 \geq 0, \quad x_2 \geq 0$$
$$x_1 \cdot x_2 \text{ 為整數}。$$

如圖 11.2 所示,LP 鬆弛最佳解是 $x_1 = 1\frac{1}{2}$ 及 $x_2 = 2$,但非整數變數 x_1 不可能捨入為 1 或 2(或任何其他整數)而仍維持可行。只有同時改變 x_2 的整數值才能維持可行。依此類推,不難想像如果有幾十萬個變數及限制式時所面臨的困難。

即使 LP 鬆弛的最佳解能順利捨入,仍然有其他的缺點,亦即無法保證這個捨入解是最佳整數解。事實上,就目標函數值而言,該解可能離最佳解很遠。以下問題說明:

$$\text{極大化} \quad Z = x_1 + 5x_2,$$

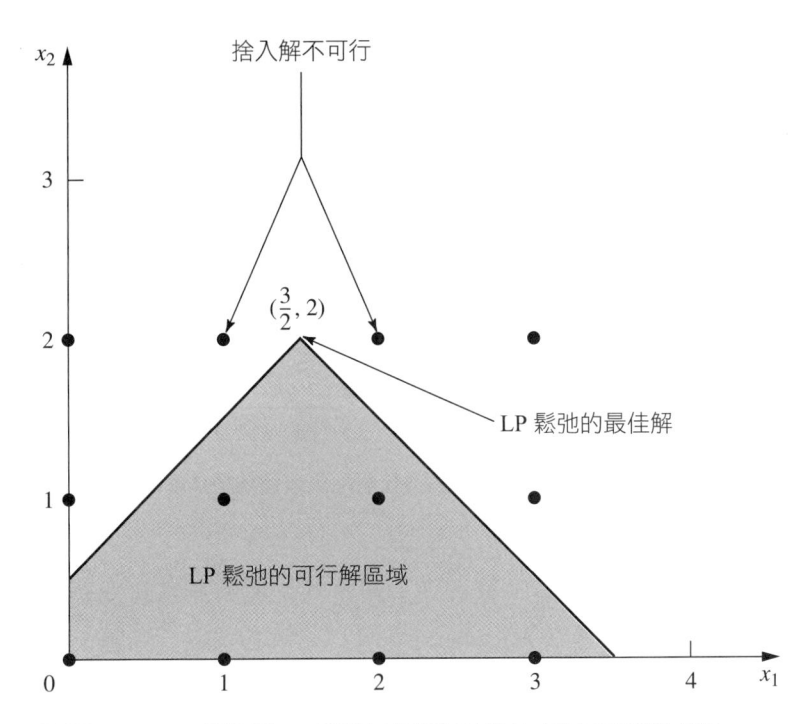

圖 11.2 IP 問題的 LP 鬆弛最佳解無法捨入成為可行解的例子

受限於

$$x_1 + 10x_2 \leq 20$$
$$x_1 \leq 2$$

及

$$x_1 \geq 0, \quad x_2 \geq 0$$

x_1、x_2 為整數。

　　這個問題只有兩個決策變數，所以可描繪其圖形，如圖 11.3 所示。圖解法或單形法都可以找出 LP 鬆弛的最佳解是 $x_1 = 2$、$x_2 = \frac{9}{5}$，其 $Z = 11$。若沒有圖形解（決策變數較多的問題），則非整數值變數 $x_2 = \frac{9}{5}$ 通常會向可行方向捨入成為 $x_2 = 1$，所得的整數解是 $x_1 = 2$、$x_2 = 1$，其 $Z = 7$。注意到這個解遠離最佳解 $(x_1, x_2) = (0, 2)$，其 $Z = 10$。

　　基於以上兩個缺點，處理無法求解的大型 IP 問題較好的方法是使用啟發式演算法 (heuristic algorithm)。這種演算法在求解大型問題上非常有效率，但是無法保證找到最佳解。然而，啟發式演算法比捨入法更能有效地找到非常好的可行解。[5]

---

[5] 請參閱 Bertsimas, D., D. A. Iancu, and D. Katz: "A New Local Search Algorithm for Binary Optimization," INFORMS Journal on Computing, 25(2)：208–221, Spring 2013。

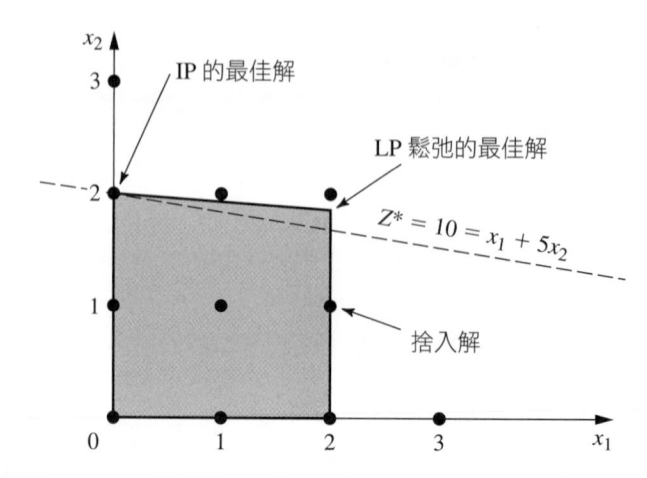

圖 11.3 IP 問題的 LP 鬆弛最佳解捨入後遠離最佳解的例子。

近年來 OR 快速地發展，其中特別令人興奮的是發展非常有效率的啟發式演算法 [通常稱為通用啟發式演算法 (metaheuristic)] 以求解各種組合問題，例如 IP 問題。三種最著名的通用啟發式演算法是塔布搜尋法 (tabu search)、模擬退火法 (simulated annealing) 及基因演算法 (generic algorithm)。這些複雜的通用啟發式演算法甚至可從整數非線性規劃問題的偏遠區域最佳解求出其全域最佳解。通用啟發式演算法亦可求解各種組合最佳化問題 (combinatorial optimization problems)，這類問題的模型通常有整數變數，但有些限制式較一般 IP 模型複雜。

再回到整數線性規劃，有許多演算法可求解小型 IP 問題，但其計算效率都無法跟單形法相比（除非是特殊形式的問題）。所以，發展 IP 演算法仍是重要且活躍的研究領域。在演算法方面，過去已有一些令人興奮的發展，並且預期未來可以有更好的進展。這些發展會在 11.8 節與 11.9 節作進一步的討論。

最常用的傳統 IP 演算法是分支界限法 (branch-and-bound technique) 及相關概念以隱式列舉 (implicitly enumerate) 可行整數解，本書會專注於此種方法。下一節介紹一般分支界限法，並利用求解 BIP 問題的基本分支界限演算法加以說明。11.7 節則介紹另一種求解一般 MIP 問題的同類型演算法。

11.6　分支界限法及其在二元整數規劃的應用

因為任何有界純 IP 問題的可行解個數是有限的，自然會考慮使用某種列舉法 (enumeration procedure) 尋找最佳解。不幸地，如前一節所述，這個有限個數通常很大。所以，列舉法必須有聰明的結構，因而實際上只需要檢視一小部分的可行解。例如，動態規劃（見第 10 章）是這類處理有限個可行解問題的方法（雖然對大部

分 IP 問題而言並不特別有效率）。另一種這類的方法是分支界限法 (branch-and-bound technique)，已順利求解各種 OR 問題，但其於 IP 問題的應用特別著名。

分支界限法的基本觀念是分化與征服 (divide and conquer)。因為原來的「大」問題不能直接求解，所以將其分化成較愈來愈小的子問題，直到能征服這些子問題為止。這種分化（分支）的作法是把整個可行解集合分割成愈來愈小的子集合。征服 [洞悉 (fathoming)] 的作法是找出該子集合中最好的解的界限，如果該界限顯示該子集合不可能包含原來問題的最佳解，就捨棄該子集合。

現在依序說明分支界限法的三個基本步驟：分支 (branching)、界限 (bounding) 及洞悉，並使用分支界限演算法 (branch-and-bound algorithm) 求解 11.1 節的典型範例（加州製造問題）以作說明。

$$\text{極大化} \quad Z = 9x_1 + 5x_2 + 6x_3 + 4x_4,$$

受限於

(1) $\quad 6x_1 + 3x_2 + 5x_3 + 2x_4 \leq 10$
(2) $\quad x_3 + 3x_2 + 5x_3 + 2x_4 \leq 1$
(3) $\quad -x_1 + 3x_3 \leq 0$
(4) $\quad x_1 + -x_2 + 5x_3 + x_4 \leq 0$

及

(5) $\quad x_j$ 為二元，對 $j = 1, 2, 3, 4$。

分支

處理二元變數時，把可行解集合分割成為子集合，最直接的方式是固定其中一個變數值（如 x_1），一個子集合是 $x_1 = 0$，另一個則是 $x_1 = 1$。對於典型範例而言，整個問題會被分割成如下兩個較小的子問題。

子問題 1：

固定 $x_1 = 0$，所得到的子問題縮減為

$$\text{極大化} \quad Z = 5x_2 + 6x_3 + 4x_4,$$

受限於

(1) $\quad 3x_2 + 5x_3 + 2x_4 \leq 10$
(2) $\quad x_3 + x_4 \leq 1$
(3) $\quad x_3 \leq 0$
(4) $\quad -x_2 5x_3 + x_4 \leq 0$
(5) $\quad x_j$ 為二元，對 $j = 2, 3, 4$。

子問題 2：

固定 $x_1 = 1$，所得到的子問題縮減為

```
         變數：        x₁
                    ┌─────┐
                    │x₁=0 │
                    └─────┘
         ┌────┐   ╱
         │全部│──
         └────┘   ╲
                    ┌─────┐
                    │x₁=1 │
                    └─────┘
```

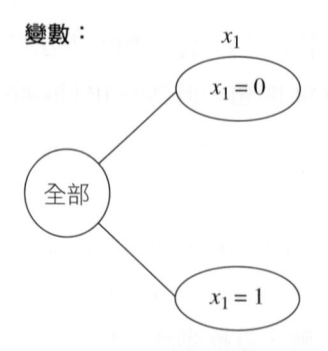

■ **圖 11.4** 以 BIP 分支界限演算法求解 11.1 節例題，第一次疊代的分支步驟所產生的分支樹。

$$\text{極大化} \quad Z = 9 + 5x_2 + 6x_3 + 4x_4,$$

受限於

(1) $\quad 3x_2 + 5x_3 + 2x_4 \leq 4$
(2) $\quad\quad\quad\quad\;\; x_3 + x_4 \leq 1$
(3) $\quad\quad\quad\quad\;\; x_3 \quad\quad\; \leq 1$
(4) $\quad -x_2\;\; 5x_3 + x_4 \leq 0$
(5) $\quad x_j$ 為二元，對 $j = 2, 3, 4$。

圖 11.4 是利用樹（見 9.2 節的定義）描述這種分割（分支）成子問題的情況，其中從全部節點（對應於整個問題的所有可行解）進入兩個對應於兩個子問題的節點。隨著疊代的進行，這樹會繼續「長出樹枝」，稱為演算法的**分支樹 (branching tree)**[也稱為解答樹 (solution tree) 或列舉樹 (enumeration tree)]。每次疊代進行分支所固定值的變數（如之前的 x_1）稱為**分支變數 (branching variable)**（對大部分的分支界限演算法而言，選取分支變數方法很重要，但為簡化起見，本節依變數的自然順序作選擇，亦即依照 x_1、x_2、...、x_n 的順序）。

在本節稍後可以看到，其中一個子問題可以立即得到解（洞悉），另一個子問題則需史固定 $x_2 = 0$ 或 $x_2 = 1$，以分割成更小的子問題。

在求解其他整數變數有兩個以上可能值的 IP 問題時，仍然可以固定分支變數為變數的各個值而進行分支，因此會產生兩個以上的新子問題。但是，另一種較好的方法是設定各個新子問題的分支變數值範圍（如 $x_j \leq 2$ 或 $x_j \geq 3$）。這是 11.7 節介紹的演算法所採用的方法。

界限

對每一子問題而言，必須找出其最好之可行解的界限。標準的作法是放寬子問題，以便快速求解。一般來說，只要刪除造成問題難解的限制式集合，就可以得到該問題的**鬆弛 (relaxation)**。在 IP 問題中，最困難的限制式就是要求各變數為整數的限

制。所以，最常用的 **LP 鬆弛 (LP relaxation)** 就是刪除這種限制式集合。

以 11.1 節的整個問題為例作說明（本節一開始已重複列出）。這個問題的 LP 鬆弛就是利用以下的新（鬆弛）限制式 (5) 取代模型最後一列的限制式（x_j 為二元，對 $j = 1, 2, 3, 4$）。

(5)　　$0 \leq x_j \leq 1$，對 $j = 1, 2, 3, 4$。

使用單形法快速求解這個 LP 鬆弛，可以得到最佳解

$$(x_1, x_2, x_3, x_4) = \left(\frac{5}{6}, 1, 0, 1\right)，其 Z = 16\frac{1}{2}。$$

因此，對於原來 BIP 問題的所有可行解而言，$Z \leq 16\frac{1}{2}$（因為這些解是 LP 鬆弛可行解的子集合）。事實上，如稍後演算法摘要所述，因為目標函數的係數都是整數，其整數解的 Z 值一定是整數，所以界限 $16\frac{1}{2}$ 可以向下捨入成為 16。

整個問題的界限：$Z \leq 16$。

接著以同樣方式得到兩個子問題（如前一小節所示）的界限。兩種情況都可使用

(5)　　$0 \leq x_j \leq 1$，對 $j = 2, 3, 4$，

取代最後的限制式（x_j 是二元變數，其中 $j = 2, 3, 4$），而得到其 LP 鬆弛。應用單形法，可以得到這個 LP 鬆弛的最佳解。

子問題 1 的 LP 鬆弛：$x_1 = 0$ 與 (5) $0 \leq x_j \leq 1$，其中 $j = 2, 3, 4$。

最佳解：$(x_1, x_2, x_3, x_4) = (0, 1, 0, 1)$，其 $Z = 9$。

子問題 2 的 LP 鬆弛：$x_1 = 1$ 與 (5) $0 \leq x_j \leq 1$，其中 $j = 2, 3, 4$。

最佳解：$(x_1, x_2, x_3, x_4) = \left(1, \frac{4}{5}, 0, \frac{4}{5}\right)$，其 $Z = 16\frac{1}{5}$。

所以所產生各子問題的界限為：

子問題 1 的界限：$Z \leq 9$，

子問題 2 的界限：$Z \leq 16$。

圖 11.5 彙整這些結果，其中各節點下方的數值是其界限，而在界限下方的是 LP 鬆弛的最佳解。

洞悉

在下列三種情況下，可以征服（洞悉）子問題，因此可予以刪除，不再考慮。

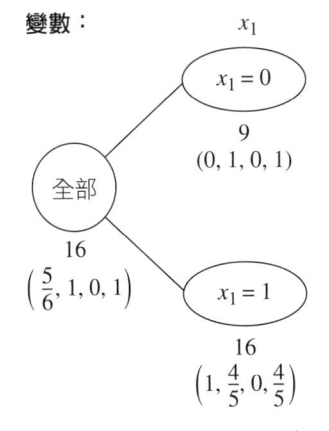

圖 11.5 以 BIP 分支界限演算法求解 11.1 節例題，第一次疊代的界限步驟結果。

第一種情況是圖 11.5 在 $x_1 = 0$ 節點的子問題 1。其 LP 鬆弛的（唯一）最佳解 $(x_1, x_2, x_3, x_4) = (0, 1, 0, 1)$ 是整數解，所以這個解一定是子問題 1 的最佳解。設定該解為整個問題的第一個目前 (incumbent) 最佳解（到目前為止，找到的最好可行解），將該解與其 Z 值一併儲存。這個 Z 值表示為

$$Z^* = \text{目前最佳解的 } Z \text{ 值,}$$

所以目前 $Z^* = 9$。因為這個解已經儲存，不需要再從 $x_1 = 0$ 的節點分支，以考慮子問題。即使這樣作，也只會找到比目前最佳解還差的解，而這種解並沒有任何用途。因為已經完成求解，現在可以**洞悉**（刪除）子問題 1。

以上結果指出第二種重要的洞悉測試。因為 $Z^* = 9$，任何界限 ≤ 9（向下捨入後）的子問題不可能有比目前最佳解更好的可行解，所以不需要再考慮。一般而言，如果某子問題出現

$$\text{界限} \leq Z^*。$$

的情況，則問題已被洞悉。子問題 2 的界限 16 大於 9，所以範例目前的疊代並沒有這種情況。但是，這個子問題的**後代 (descendant)**[這個子問題分支後成為更小的新子問題，然後可能在後續的世代 (generation) 繼續分支)] 可能會發生這種情況。此外，在找到 Z^* 值較大的新目前最佳解以後，會更容易用這個方法進行洞悉。

第三種洞悉的方式很直接。如果單形法發現子問題的 LP 鬆弛沒有可行解，則該子問題本身一定也沒有可行解，所以不需要考慮（洞悉）。

在這三種情況下搜尋最佳解的方式，都是保留可能有比目前最佳解更好可行解的子問題，以作進一步探索。

洞悉測試摘要 如果出現以下的情況，則可洞悉（不必再考慮）一個子問題：

測試 1：其界限 $\leq Z^*$，

或

測試 2：其 LP 鬆弛沒有可行解，

或

測試 3：其 LP 鬆弛的最佳解是整數（如果這個解優於目前最佳解，則其成為新的目前最佳解，並且重新應用測試 1，以這個較大的新 Z^* 值檢驗所有還沒有洞悉的子問題）。

圖 11.6 彙整應用這三種測試於子問題 1 及子問題 2 所產生的分支樹。只有測試 3 洞悉子問題 1，所以在 $x_1 = 0$ 節點旁標記 $F(3)$。所產生的目前最佳解記錄於節點下方。

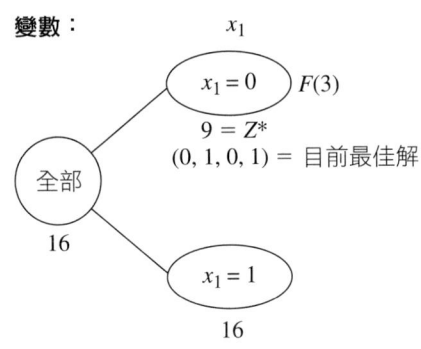

```
變數：          x₁
           ┌─ x₁ = 0   F(3)
全部 ──────┤         9 = Z*
           │         (0, 1, 0, 1) = 目前最佳解
    16     │
           └─ x₁ = 1
                16
```

圖 11.6 以 BIP 分支界限演算法求解 11.1 節的例題，第一次疊代後的分支樹。

後續的疊代也會說明應用三種測試的結果。然而，在繼續這個例題之前，整理應用於這個問題的 BIP 演算法如下（假設該演算法要極大化目標函數，且所有係數都是整數。為了簡化起見，令分支變數的順序是 x_1、x_2、…、x_n。如前所述，大部分的分支界限演算法會使用先進的方法挑選分支變數）。

BIP 分支界限演算法摘要

初始化：令數學式。應用下述界限步驟、洞悉步驟及最佳性測試整個問題。如果沒有洞悉，把這問題歸類為剩餘「子問題」，以進行第一次完整疊代。

各疊代之步驟：

1. *分支*：從剩餘子問題（未洞悉者）中，選出一個最近產生的（如果相同，則選取界限較大的）。固定下一個變數值（分支變數）為 0 或 1，從這個節點分支成為兩個新的子問題。
2. *界限*：對於每個新的子問題，使用單形法求解其 LP 鬆弛，以找出最佳解及 Z 值。如果該 Z 值不是整數，則向下捨入成為整數（如果 Z 值已經是整數，則不需要改變）。該整數 Z 值是子問題的界限。
3. *洞悉*：應用前述的三種洞悉測試以檢視各個新的子問題，捨棄被洞悉的子問題。

最佳性測試：如果沒有剩餘子問題就停止，目前最佳解也是整個問題的最佳解；[6] 否則進行下一次疊代。

接著說明這個演算法如此選取子問題作分支的原因。另一種這裡沒有採用的（其

---

[6] 如果沒有目前最佳解，則這個問題沒有可行解。

他分支界限演算法有時會採用）是從剩餘子問題中選出具有最好界限 (best bound) 的子問題，因為這最有可能包含整個問題的最佳解。本章選擇最近產生的子問題的原因是界限步驟已經求解其 *LP* 鬆弛，在處理大型問題時，這個演算法是利用再最佳化 (reoptimization) 以求解 LP 鬆弛，[7] 而非每次重新開始應用單形法。因為模型差異不大（正如敏感度分析），再最佳化只需要在必要時修改上一個 LP 鬆弛的最終單形表，然後進行適當的演算法（或許是對偶單形法）的幾次疊代。當處理非常大的問題時，只要兩個模型很相近，再最佳化會遠快於重新求解。因此，選擇最近產生之子問題的分支法會產生前後相近的兩個模型，但是如果在分支樹中跳躍式地選取具有最好界限的子問題時，就不能產生這種相近的關係了。

完成例題

除了有時會出現不同的洞悉結果以外，其他的疊代步驟跟第一次疊代類似。所以，這裡簡單整理分支與界限步驟，而詳細說明洞悉步驟。

疊代 2 唯一的剩餘子問題對應於圖 11.6 中的 $x_1 = 1$ 節點，所以從這個節點分支，以產生兩個新的子問題如下。

子問題 3：

固定 $x_1 = 1$、$x_2 = 0$，所得子問題縮減為

$$\text{極大化} \quad Z = 9 + 6x_3 + 4x_4,$$

受限於

(1) $\quad 5x_3 + 2x_4 \leq 4$
(2) $\quad x_3 + x_4 \leq 1$
(3) $\quad x_3 \leq 1$
(4) $\quad x_4 \leq 0$
(5) $\quad x_j$ 為二元，對 $j = 3, 4$。

子問題 4：

固定 $x_1 = 1$、$x_2 = 1$，所得子問題縮減為

$$\text{極大化} \quad Z = 14 + 6x_3 + 4x_4,$$

受限於

---

[6] 如果沒有目前最佳解，則這個問題沒有可行解。
[7] 再最佳化方法最初是在 4.7 節介紹，接著在 7.2 節應用於敏感度分析。要在這裡使用它，所有原來的變數必須保留在每個 LP 鬆弛中，然後加上限制式 $x_j \leq 0$ 以固定 $x_j = 0$ 以及加上限制式 $x_j \geq 1$ 以固定 $x_j = 1$。這些限制式確實有這樣固定變數的作用，因為 LP 鬆弛也包含了限制式 $0 \leq x_j \leq 1$。

(1) $5x_3 + 2x_4 \leq 1$
(2) $x_3 + x_4 \leq 1$
(3) $x_3 \leq 1$
(4) $x_4 \leq 1$
(5) x_j 為二元，對 $j = 3, 4$。

利用鬆弛取代限制式 (5)，可以得到子問題的 LP 鬆弛，其最佳解如下。

子問題 3 的 LP 鬆弛：$x_1 = 1$、$x_2 = 0$ 及 (5) $0 \leq x_j \leq 1$，對 $j = 3, 4$。

最佳解：$(x_1, x_2, x_3, x_4) = \left(1, 0, \dfrac{4}{5}, 0\right)$，其 $Z = 13\dfrac{4}{5}$，

子問題 4 的 LP 鬆弛：$x_1 = 1$、$x_2 = 1$ 與 (5) $0 \leq x_j \leq 1$，對 $j = 3, 4$。

最佳解：$(x_1, x_2, x_3, x_4) = \left(1, 1, 0, \dfrac{1}{2}\right)$，其 $Z = 16$。

結果，各子問題界限是

子問題 3 的界限：$Z \leq 13$
子問題 4 的界限：$Z \leq 16$

這兩個界限都大於 $Z^* = 9$，所以洞悉測試 1 失敗。因為兩個 LP 鬆弛都有可行解，所以測試 2 也失敗。兩個最佳解都包括非整數變數值，所以測試 3 也失敗。

圖 11.7 是到目前為止的分支樹。圖中新節點的右邊並沒有 F，表示兩個子問題都還沒有洞悉。

疊代 3 到目前為止，演算法已產生四個子問題。子問題 1 已經洞悉，子問題 2 分割成子問題 3 及子問題 4，但最後這兩個剩餘的子問題還需要考慮。因為兩個同時產

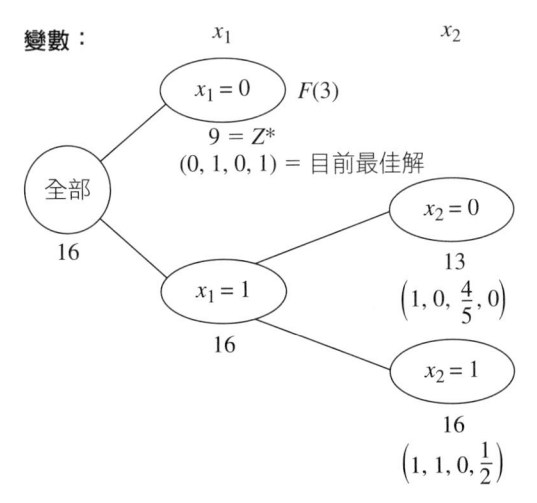

圖 11.7 以 BIP 分支界限演算法求解 11.1 節的例題，疊代 2 後的分支樹。

生,但是子問題 $4(x_1 = 1 \cdot x_2 = 1)$ 有較大的界限 (16 > 13),所以分支樹下一次是從 $(x_1, x_2) = (1, 1)$ 節點分支,而產生新的子問題(限制式 3 因為不包含 x_4,所以消失)。

子問題 5:

固定 $x_1 = 1 \cdot x_2 = 1 \cdot x_3 = 0$,所得子問題縮減為

$$\text{極大化} \quad Z = 14 + 4x_4,$$

受限於

(1) $\quad 2x_4 \leq 1$
(2)、(4) $\quad x_4 \leq 1$ (出現兩次)
(5) $\quad x_4$ 為二元。

子問題 6:

固定 $x_1 = 1 \cdot x_2 = 1 \cdot x_3 = 1$,所得子問題縮減為

$$\text{極大化} \quad Z = 20 + 4x_4,$$

受限於

(1) $\quad 2x_4 \leq -4$
(2) $\quad x_4 \leq -0$
(4) $\quad x_4 \leq -1$
(5) $\quad x_4$ 為二元。

對應的 LP 鬆弛包括限制式 (5) 的鬆弛形式,其最佳解及界限(若存在)分別如下。

子問題 5 的 LP 鬆弛:

$$x_1 = 1 \cdot x_2 = 1 \cdot x_3 = 0 \text{ 與 (5) } 0 \leq x_j \leq 1,\text{其} j = 4。$$

最佳解:$(x_1, x_2, x_3, x_4) = \left(1, 1, 0, \dfrac{1}{2}\right)$,其 $Z = 16$。

界限:$Z \leq 16$。

子問題 6 的 LP 鬆弛:

$$x_1 = 1 \cdot x_2 = 1 \cdot x_3 = 1 \text{ 與 (5) } 0 \leq x_j \leq 1,\text{其} j = 4。$$

最佳解:無,因為沒有可行解。

界限:無。

對於這兩個子問題而言,縮小 LP 鬆弛成為單一變數問題(加上已固定的 x_1、x_2 和 x_3 的值),可以很容易看出子問題 5 的 LP 鬆弛之最佳解確實如以上所述。同理,在子問題 6 的 LP 鬆弛中,同時考慮限制式 1 與 $0 \leq x_4 \leq 1$,造成沒有可行解。所以,測試 2 可以洞悉這個子問題。但是,測試 2 不能洞悉子問題 5,測試 1(16 > 9) 和測試 3 (x_4

= $\frac{1}{2}$ 不是整數）也一樣，所以必須繼續考慮子問題 5。

現有的分支樹如圖 11.8 所示。

疊代 4 圖 11.8 中對應於 (1, 0) 及 (1, 1, 0) 節點的子問題仍需考慮，後者是最近產生的，所以選擇這個節點進行下一次分支。分支變數 x_4 是最後一個變數，固定其值為 0 或 1 實際上只產生一個解，而不是子問題。這個解是

$$x_4 = 0：(x_1, x_2, x_3, x_4) = (1, 1, 0, 0) \text{ 可行，其 } Z = 14。$$
$$x_4 = 1：(x_1, x_2, x_3, x_4) = (1, 1, 0, 1) \text{ 不可行。}$$

根據洞悉測試，第一個解通過測試 3，第二個解通過測試 2。此外，第一個可行解優於目前最佳解 (14 > 9)，所以成為新的目前最佳解，其 $Z^* = 14$。

因為找到新的目前最佳解，所以重新應用洞悉測試 1 及較大的新 Z^* 值檢驗剩餘子問題，即在節點 (1, 0) 的子問題。

子問題 3：

界限 = 13 ≤ Z^* = 14

所以，這個子問題現在被洞悉。

現有的分支樹如圖 11.9 所示。圖上已經沒有剩餘（還沒有被洞悉的）子問題。因此，根據最佳性測試，目前最佳解

$$(x_1, x_2, x_3, x_4) = (1, 1, 0, 0)$$

是整個問題的最佳解，而完成求解。

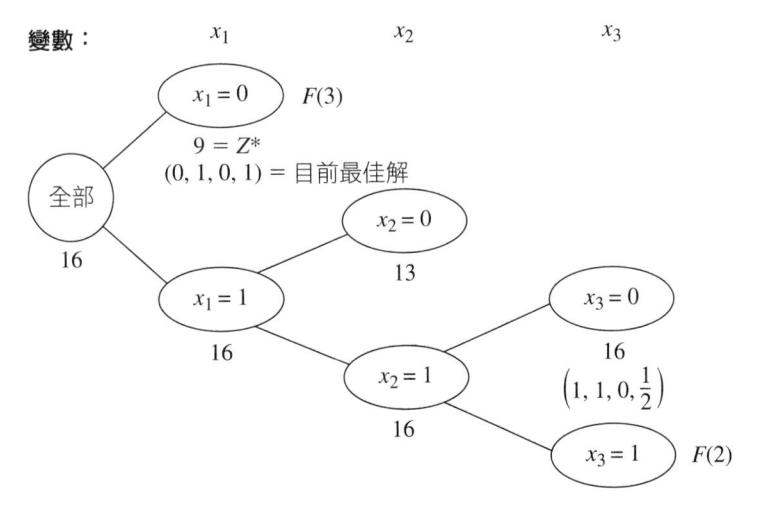

■ **圖 11.8** 以 BIP 分支界限演算法求解 11.1 節的例題，疊代 3 後的分支樹。

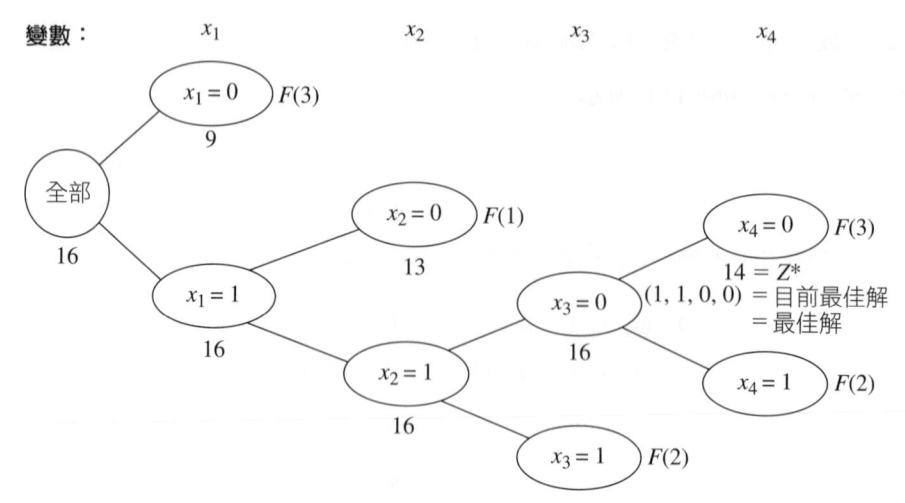

圖 11.9 以 BIP 分支界限演算法求解 11.1 節的例題，最終（第 4 次）疊代後的分支樹。

OR Tutor 中有**另一個**應用這個演算法的例題。IOR Tutorial 軟體中也有執行這個演算法的互動程式。和以往一樣，本章 OR Courseware 的 Excel、LINGO/LINDO 及 MPL/Solvers 檔案說明如何應用套裝軟體求解本章的各個例題，其用來求解 BIP 問題的演算法類似於上述的方法。[8]

分支界限法的其他選擇

本節利用基本分支界限演算法求解 BIP 問題，以說明分支界限法。但是，分支界限法的一般架構有很大的彈性，可以為任何形式的問題（例如 BIP）設計特殊演算法，所以其中有許多選擇，而發展高效率的演算法需要特別設計以符合問題類型的特殊結構。

每一種分支界限演算法都有分支、界限及洞悉三個相同的基本步驟。所謂的彈性就是如何進行這些步驟。

分支都是選擇一個剩餘子問題，並將其分割成兩個較小的子問題。這裡的彈性是選擇及分割的規則。本節的 BIP 演算法選擇最近產生的子問題，因為這樣可以很有效率從前一個 LP 鬆弛再最佳化每個 LP 鬆弛。選擇有最好界限的子問題可以更快找出較好的目前最佳解及較多的洞悉，所以也是常用的規則，兩種規則也可以合併使用。

分支通常是（有時不是）選擇一個分支變數，並將其固定為單一特定值（如 BIP 演算法）或範圍（如下一節的演算法）。本書的 BIP 演算法很簡單按照 x_1、x_2、…、x_n 的自然順序選擇分支變數。先進的演算法通常內建一些策略性選擇分支變數的規則，以洞

---

[8] 專業版的 LINGO、LINDO 及各種 MPL 的求解軟體中，BIP 演算法也使用 11.8 節所描述的先進方法。

悉較多子問題。一般而言，這種作法的效率會比本書的 BIP 演算法高。本書這種簡單選擇分支變數的方法有其缺點，舉例來說，假設子問題的 LP 鬆弛所分支的變數出現整數最佳解，則下一個子問題的 LP 鬆弛固定這個變數為該整數值，也會出現相同的整數解，而不能達到洞悉的效果。因此，其他選擇分支變數的方式也許會考慮選出現有子問題的 LP 鬆弛最佳解中，和整數值差異最大的變數作為分支變數。

界限步驟通常是求解鬆弛問題，但有各種不同方式可以產生鬆弛問題。例如，**拉格朗日鬆弛 (Lagrangian relaxation)** 是刪除整個函數限制式集合（簡單的限制式除外）$\mathbf{Ax} \le \mathbf{b}$（以矩陣符號表示），然後把目標函數

$$\text{極大化} \quad Z = \mathbf{cx},$$

代換成

$$\text{極大化} \quad Z_R = \mathbf{cx} - \boldsymbol{\lambda}(\mathbf{Ax} - \mathbf{b}),$$

其中固定向量 $\boldsymbol{\lambda} \ge \mathbf{0}$。如果 $\mathbf{x}^*$ 是原問題的最佳解，則其 $Z \le Z_R$，所以求解拉格朗日鬆弛的最佳 Z_R 值提供一個有效的界限。如果選擇適當 $\boldsymbol{\lambda}$ 值，則這個界限通常相當緊湊（至少與 LP 鬆弛的界限相當）。在沒有任何函數限制式的情況下，能夠快速求解這個鬆弛。但是這種方法的缺點是洞悉測試 2 及 3 的效果不如 LP 鬆弛強大。

一般而言，鬆弛的選擇考慮兩個因素：能夠相對快速求解，以及提供相對緊湊的界限，只考慮其中一種是不恰當的。LP 鬆弛因為提供這兩個因素間的良好權衡，所以非常流行。

有時候會選擇能夠快速求解的鬆弛，如果無法洞悉，則以某種方式緊縮這個鬆弛，以產生較緊湊的界限。

洞悉一般的作法大致如 BIP 演算法所述，以下使用比較通用的名詞說明三種洞悉法的準則。

洞悉規則摘要 　如果一個子問題的鬆弛有以下情況，則可以洞悉該子問題。

準則 1：該子問題的可行解一定有 $Z \le Z^*$，或

準則 2：該子問題沒有可行解，或

準則 3：已經找到該子問題的最佳解。

正如 BP 演算法一樣，前兩個準則通常是求解鬆弛以找出子問題的界限，然後檢驗這個界限是否 $\le Z^*$（測試 1）或鬆弛是否沒有可行解（測試 2）。如果鬆弛與子問題的不同之處只是刪除了一些限制式，則通常使用第三個準則來檢驗鬆弛的最佳解是不是子問題的可行解；如果是，則該最佳解一定也是子問題的最佳解。應用不同的鬆弛（如拉格朗日鬆弛）時，必須利用其他的分析方法以判斷鬆弛的最佳解是否也是子

問題的最佳解。

如果原來的問題是極小化而非極大化,有兩種方法可用。一種是一如往常把問題轉換成極大化問題(見 4.6 節);另一種則是直接把分支界限演算法轉換成為極小化的形式,這需要改變洞悉測試 1 的不等式方向,即把

子問題界限是否 $\leq Z^*$?

改成

子問題界限是否 $\geq Z^*$?

使用這個不等式時,如果子問題 LP 鬆弛的最佳解 Z 值不是整數,現在需要向上捨入成為整數,以作為子問題的界限。

到目前為止都在描述如何使用分支界限法找出單一最佳解。然而,在均勢時的情況下,有時候會希望能夠找出所有的最佳解,以便根據沒有納入數學模型的無形因素,在這些最佳解中作最後的選擇。這時候必須稍微改變求解方法。第一、把洞悉測試 1 的弱不等式(子問題的界限是否 $\leq Z^*$?)改成嚴格不等式(子問題的界限是否 $< Z^*$?),則當子問題的可行解等於目前最佳解時不會被洞悉。第二,如果通過洞悉測試 3,且子問題最佳解的 $Z = Z^*$,則保留這個解作為另一個目前最佳解。第三、如果測試 3 找到一個新的目前最佳解(相等或更好),則檢視這個鬆弛最佳解是不是唯一。如果不是,就找出鬆弛的其他最佳解,並檢查是不是子問題的最佳解;如果是,則都是目前最佳解。最後,當最佳性測試發現已經沒有剩餘(未洞悉)的子集合時,則所有的目前最佳解都是原問題的最佳解。

除了找出最佳解,分支界限法也能用來找出近似最佳 (nearly optimal) 解,而且其使用的計算時間通常較少。對某些應用來說,解的 Z 值如果「足夠接近」最佳解的 Z 值(稱為 Z^{**}),就是「足夠好」的解。所謂的「足夠接近」可以定義為下列兩種方式之一:

$$Z^{**} - K \leq Z \quad \text{或} \quad (1 - \alpha)Z^{**} \leq Z$$

其中的 K 或 α 是給定的(正)常數。例如,如果選擇第二種定義且 $\alpha = 0.05$,則解必須在最佳解的 5% 以內。因此,如果已知目前最佳解的 Z 值 (Z^*) 符合

$$Z^{**} - K \leq Z^* \quad \text{或} \quad (1 - \alpha)Z^{**} \leq Z^*$$

就可以立即停止計算,並選擇目前最佳解作為近似最佳解。雖然這種方法並沒有實際找出最佳解及其 Z^{**} 值,但對目前檢驗的子問題而言,如果這個(未知)解可行(因此也是最佳),則洞悉測試 1 找到一個上界,使得

$$Z^{**} \leq 界限$$

所以

$$界限 - K \leq Z^* \quad 或 (1 - \alpha) 界限 \leq Z^*$$

表示這個解符合前述對應的不等式。即使這個解是目前子問題的不可行解，仍然提供子問題最佳解 Z 值的有效上界。因此，因為目前最佳解一定「足夠接近」子問題的最佳解，所以符合最後兩個不等式已足夠洞悉這個子問題。

因此，要找出足夠接近最佳解的解，只需要對一般的分支界限法作一個改變，即在一般的洞悉測試 1 中，把

$$界限 \leq Z^* ?$$

改成

$$界限 - K \leq Z^* ?$$

或

$$(1 - \alpha)(界限) \leq Z^* ?$$

然後在測試 3 之後進行這個測試（所以利用 $Z > Z^*$ 找到的可行解仍然是新的目前最佳解）。這個弱測試 1 有效的理由是不論該子問題的最佳（未知）解有多接近子問題的界限，目前最佳解仍然和這個解足夠的接近（如果新的不等式成立），所以不需要再考慮這個子問題。當沒有剩餘子問題時，則目前最佳解就是所求的近似最佳解。應用這種新的洞悉測試（兩者任選其一）比較容易洞悉子問題，所以求解速度比較快。對於非常大型的問題而言，這種加速可能造成的差異是一種可以找出一個解，並且保證接近最佳解，而另一種永遠無法停止。對實務上的許多非常大型的問題而言，因為模型僅只是實際問題的理想表示方式，只要找出模型的近似最佳解或許已經足夠符合實務上的需求。因此，實務上經常使用這作法。

11.7 混合整數規劃的分支界限演算法

接著探討一般 MIP 問題，其中一些變數（例如 I 個）受限為整數值（但不一定是 0 和 1），而其他只是正常的連續變數。為方便表示，假設前面 I 個變數都是**受限為整數的 (integer-restricted)** 變數。因此，所考慮問題的一般形式是

$$極大化 \quad Z = \sum_{j=1}^{n} c_j x_j,$$

受限於

$$\sum_{j=1}^{n} a_{ij} x_j \leq b_i, 而 i = 1, 2, ..., m,$$

及

$$x_j \geq 0,\text{ 而 } j = 1, 2, ..., n,$$

$$x_j \text{ 為整數,而 } j = 1, 2, ..., I;\ I \leq n。$$

(當 $I = n$,這個問題變成純 IP 問題。)

本節將介紹一種求解的基本分支界限演算法,加上一些修改,就成為標準的 MIP 求解方法。這個演算法的結構是由 R. J. Dakin 首先提出,[9] 其基礎是 A. H. Land 與 A. G. Doig 所創的分支界限演算法。[10]

這架構與前一節的 BIP 演算法非常相似。求解 LP 鬆弛可以提供界限及洞悉步驟的基礎。事實上,只要對 BIP 演算法作四個改變,就可以處理從二元變數到一般整數變數的延伸,以及從純 IP 到混合 IP。

第一個改變是分支變數的選擇。根據以前的作法,下一個變數是依照自然順序 (x_1、x_2、…、x_n) 自動選擇,現在則只需要考慮在目前子問題的 LP 鬆弛最佳解中,受限為整數但有非整數值的變數。這些變數之間的選擇規則是依自然順序選擇第一個。(求解軟體通常使用比較先進的規則。)

第二個改變是在產生新的子問題時指定給分支變數值。以前是把二元變數分別固定為 0 和 1,以產生兩個新的子問題。但是一般的整數變數可能有非常多的可能整數值,產生及分析許多子問題是非常沒有效率的。因此,會把該變數的值分成兩個範圍,只產生兩個新的子問題(和以前一樣)。

為進一步說明其作法,令 x_j 為目前的分支變數,令 x_j^* 為其在目前子問題的 LP 鬆弛最佳解的(非整數)值。利用中括號表示

$$[x_j^*] \leq x_j^* \text{ 的最大整數,}$$

則兩個新子問題的值的範圍分別是

$$x_j \leq [x_j^*] \quad \text{及} \quad x_j \geq [x_j^*] + 1。$$

每一條不等式都是新子問題的額外限制式。例如,如果 $x_j^* = 3\frac{1}{2}$,則

$$x_j \leq 3 \quad \text{及} \quad x_j \geq 4$$

是新子問題的額外限制式。

當結合前述兩種 BIP 演算法的改變時,可能會發生重現分支變數 (recurring

---

[9] R. J. Dakin, "A Tree Search Algorithm for Mixed Integer Programming Problems," *Computer Journal*, 8(3):250–255, 1965。

[10] A. H. Land and A. G. Doig, "An Automatic Method of Solving Discrete Programming Problems," *Econometrica*, **28**:497–520, 1960。

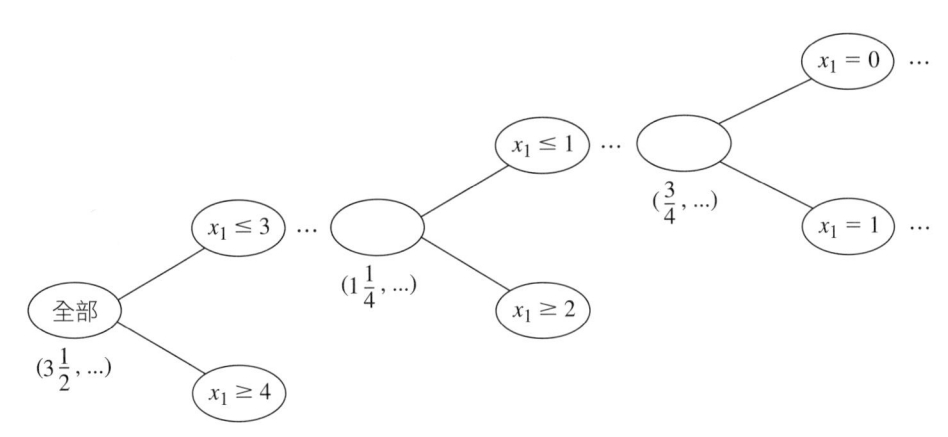

■ 圖 11.10　重現分支變數的例子，其中 x_1 在三個節點的 LP 鬆弛最佳解中都有非整數值，所以成為分支變數三次。

branching variable) 的有趣現象。為說明起見，如圖 11.10 所示，在上例中令 $j = 1$，其中 $x_j^* = 3\frac{1}{2}$，並考慮 $x_1 \leq 3$ 的新子問題。假設求解這個子問題的後代 (decendent) 的 LP 鬆弛後，得到 $x_1^* = 1\frac{1}{4}$，則 x_1 會重現 (recur) 成為分支變數，而產生的新子問題分別有額外限制式 $x_1 \leq 1$ 及 $x_1 \geq 2$（及之前加入的額外限制式 $x_1 \leq 3$）。稍後，當求解完某個子問題（假設為 $x_1 \leq 1$）的後代的 LP 鬆弛時，假設 $x_1^* = \frac{3}{4}$。則 x_1 會再度重現成為分支變數，而且這兩個產生的新子問題的額外限制式分別是 $x_1 = 0$（因為新限制式 $x_1 \leq 0$ 和 x_1 的非負限制式）與 $x_1 = 1$（因為新限制式 $x_1 \geq 1$ 和以前限制式 $x_1 \leq 1$）。

第三個改變與界限步驟有關。以前純 IP 問題的目標函數係數如果都是整數，則子問題的可行解的 Z 值一定是整數。因此把各子問題的 LP 鬆弛最佳解的 Z 值向下捨入而得到界限。但有些變數不是受限為整數，所以現在的界限是 Z 值，不必向下捨入。

為得到 MIP 演算法，對 BIP 所作的第四個（最後一個）改變與洞悉測試 3 有關。以前純 IP 問題的測試 3 是檢驗子問題的 LP 鬆弛最佳解是否為整數，因為這保證該解是可行的，因此是子問題的最佳解。現在的混合 IP 問題只需檢驗受限為整數的變數在子問題的 LP 鬆弛最佳解中是整數，因為這已足夠保證該解可行，是子問題的最佳解。

把這四個改變加入前節所述的 BIP 演算法，可以得到以下新 MIP 演算法的摘要說明（如前所述，這個摘要假設要極大化目標函數，但是如果要極小化目標函數，唯一需要改變測試 1 的不等式方向）。

MIP 分支界限演算法摘要

初始化：令 $Z^* = -\infty$。應用下述的界限步驟、洞悉步驟及最佳性測試於整個問題。如果沒有洞悉，把這個問題歸類為剩餘子問題，以進行第一次完整疊代如下。

應用實例

總部設在德州休斯頓的 Waste Management 公司是北美全方位廢棄物管理服務及整合性環境解決方案的主要提供者。該公司的 45,000 名員工使用其 21,000 輛收集及轉運車輛,為美國及加拿大將近 2,000 萬的住宅用戶以及 200 萬家商業用戶提供服務。

該公司的收集及轉運車輛,每天行經 2 萬條路線,每輛車一年平均的營運費用大約是 12 萬美元。管理者打算規劃一套全面性的路線管理系統,使每條路線的利潤及效率達到最高。因此,組成一個包括多名顧問的 OR 團隊以解決這個問題。

路線管理系統的核心是一個大型的混合 BIP 模型,其主要功能是最佳化指派給各收集及轉運車輛的路線。雖然目標函數考慮各種不同因素,但是最重要的目的是極小化總旅行時間。模型的主要決策變數是二元變數,如果指派給一輛特定車輛的路線包含一條特別可能的路段,則其值為 1,否則為 0。地理資訊系統 (GIS) 則提供任何兩個地點間的距離與時間資料。這些都嵌入以 Web 為基礎的 Java 應用程式,並與公司的其他系統整合。

在導入這個全面性路線管理系統不久之後,預估可以在 5 年期間節省 4.98 億美元的營運支出。因此,公司同期間的現金流量可望增加 6.48 億美元,並且提供更好服務。

資料來源:S. Sahoo, S. Kim, B.-I. Kim, B. Krass, and A. Popov, Jr.: "Routing Optimization for Waste Management," *Interfaces*, 35(1):24–36, Jan.–Feb. 2005。

各疊代的步驟:

1. 分支:在剩餘(還沒有洞悉)的子問題中,選出一個最近產生的(相同時選擇界限較大的)。檢驗這個子問題的 LP 鬆弛最佳解,從受限為整數但有非整數值的變數中,依順序選取第一個變數作為分支變數。令 x_j 為這個變數,且 x_j^* 為其在該解的值。從這個子問題的節點分支,分別加入限制式 $x_j \leq [x_j^*]$ 及 $x_j \geq [x_j^*] + 1$,以產生兩個新的子問題。

2. 界限:使用單形法(再最佳化時使用對偶單形法)求解各新子問題的 LP 鬆弛,以最佳解的 Z 值作為子問題的界限。

3. 洞悉:應用下列三種洞悉測試以檢驗每個新的子問題,捨棄被任一測試洞悉的子問題。

   測試 1:其界限 $\leq Z^*$,其中 Z^* 是目前最佳解的 Z 值。

   測試 2:其 LP 鬆弛沒有可行解。

   測試 3:其 LP 鬆弛最佳解中,受限為整數的變數都有整數值(如果這個解比目前最佳解好,則其成為新的目前最佳解。以較大的新 Z^* 值重新應用測試 1 於所有尚未洞悉的子問題)。

   最佳性測試:如果沒有未洞悉的剩餘子問題就停止,目前最佳解是整個問題的最佳解。[11] 否則進行下一次疊代。

---

[11] 如果沒有目前最佳解,則這個問題沒有可行解。

MIP 的範例 為了說明起見，現在應用這個演算法於以下的 MIP 問題：

極大化　　$Z = 4x_1 - 2x_2 + 7x_3 - x_4$，

受限於

$$\begin{aligned} x_1 + 5x_3 &\leq 10 \\ x_1 + x_2 - x_3 &\leq 1 \\ 6x_1 - 5x_2 - 2x_4 &\leq 0 \\ -x_1 5x_2 + 2x_3 - 2x_4 &\leq 3 \end{aligned}$$

及

$$x_j \geq 0\text{，對 } j = 1, 2, 3, 4$$
$$x_j \text{ 為整數，對 } j = 1, 2, 3。$$

受限為整數的變數個數是 $I = 3$，所以 x_4 是唯一的連續變數。

初始化　令 $Z^* = -\infty$ 後，刪除 $x_j(j = 1, 2, 3)$ 為整數的限制式，而形成問題的 LP 鬆弛。應用單形法於這個 LP 鬆弛所找到的最佳解如下。

整個問題的 LP 鬆弛：$(x_1, x_2, x_3, x_4) = \left(\dfrac{5}{4}, \dfrac{3}{2}, \dfrac{7}{4}, 0\right)$，其 $Z = 14\dfrac{1}{4}$。

因為這個 LP 鬆弛有可行解，且受限為整數的變數在該最佳解有非整數值，整個問題還沒有被洞悉，因此演算法繼續執行疊代如下。

疊代 1　在這個 LP 鬆弛最佳解中，第一個有非整數值的受限為整數的變數是 $x_1 = \dfrac{5}{4}$，所以 x_1 成為分支變數。以這個分支變數從「全部」節點（全部可行解）分支，產生兩個新的子問題：

子問題 1：

原問題加上額外限制式

$$x_1 \leq 1。$$

子問題 2：

原問題加上額外限制式

$$x_1 \geq 2。$$

再次刪除整數限制式集合，並求解這兩個子問題的 LP 鬆弛，得到以下的結果。

子問題 1：

LP 鬆弛的最佳解：$(x_1, x_2, x_3, x_4) = \left(1, \dfrac{6}{5}, \dfrac{9}{5}, 0\right)$，其 $Z = 14\dfrac{1}{5}$。

界限：$Z \leq 14\dfrac{1}{5}$

子問題 2：

LP 鬆弛：沒有可行解

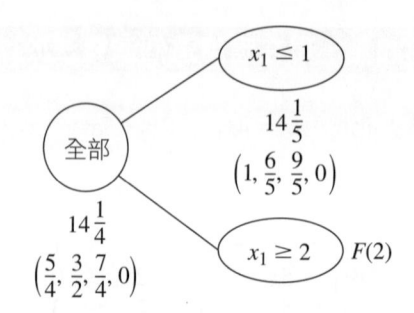

```
                    ┌─── x₁ ≤ 1
                    │    14 1/5
     全部           │    (1, 6/5, 9/5, 0)
     14 1/4 ───────┤
     (5/4, 3/2, 7/4, 0)
                    │
                    └─── x₁ ≥ 2   F(2)
```

圖 11.11 以 MIP 分支界限演算法求解 MIP 例題，第一次疊代後的分支樹。

子問題 2 的結果表示被測試 2 洞悉。然而，和整個問題一樣，子問題 1 的所有洞悉測試都失敗。

這些結果整理於圖 11.11 的分支樹。

疊代 2 目前只有一個對應於圖 11.11 中 $x_1 \leq 1$ 節點的剩餘子問題，所以下一次從這個節點分支。檢視其上述的 LP 鬆弛最佳解，可知 $x_2 = \frac{6}{5}$ 是第一個有非整數值的受限為整數的變數，所以分支變數是 x_2。分別加入限制式 $x_2 \leq 1$ 或 $x_2 \geq 2$ 以產生下列兩個新的子問題。

子問題 3：

原問題加上額外限制式

$$x_1 \leq 1 \text{、} x_2 \leq 1 \text{。}$$

子問題 4：

原問題加上額外限制式

$$x_1 \leq 1 \text{、} x_2 \geq 2 \text{。}$$

求解其 LP 鬆弛，得到以下結果。

子問題 3：

　LP 鬆弛的最佳解：$(x_1, x_2, x_3, x_4) = \left(\frac{5}{6}, 1, \frac{11}{6}, 0\right)$，其 $Z = 14\frac{1}{6}$。

　界限：$Z \leq 14\frac{1}{6}$。

子問題 4：

　LP 鬆弛的最佳解：$(x_1, x_2, x_3, x_4) = \left(\frac{5}{6}, 2, \frac{11}{6}, 0\right)$，其 $Z = 12\frac{1}{6}$。

　界限：$Z \leq 12\frac{1}{6}$。

因為兩個子問題都有解（可行解），且受限為整數的變數有非整數值，所以兩個

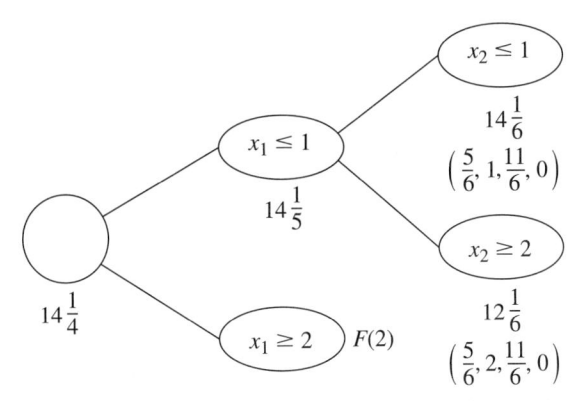

□ **圖 11.12** 以 MIP 分支界限演算法求解 MIP 例題，第二次疊代後的分支樹。

都沒有被洞悉（因為在找到第一個目前最佳解之前，$Z^* = -\infty$，所以還不能使用測試 1）。

目前的分支樹如圖 11.12 所示。

疊代 3 因為兩個剩餘子問題（3 及 4）同時產生，選取其中界限較大者（子問題 3，因為 $14\frac{1}{6} > 12\frac{1}{6}$）進行下一次分支。這個子問題的 LP 鬆弛最佳解中，$x_1 = \frac{5}{6}$ 有非整數值，所以 x_1 成為分支變數（疊代 1 也是選擇 x_1，所以它是重現分支變數）。因此產生以下的新子問題。

子問題 5：

原問題加上限制式
$$x_1 \leq 1$$
$$x_2 \leq 1$$
$$x_1 \leq 0 \quad \text{（所以 } x_1 = 0 \text{）。}$$

子問題 6：

原問題加上限制式
$$x_1 \leq 1$$
$$x_2 \leq 1$$
$$x_1 \geq 1 \quad \text{（所以 } x_1 = 1 \text{）。}$$

求解其 LP 鬆弛而得到以下結果。

子問題 5：

LP 鬆弛的最佳解：$(x_1, x_2, x_3, x_4) = \left(0, 0, 2, \frac{1}{2}\right)$，其 $Z = 13\frac{1}{2}$。

界限：$Z \leq 13\frac{1}{2}$。

子問題 6：

LP 鬆弛：沒有可行解

子問題 6 立刻被測試 2 洞悉。子問題 5 的 LP 鬆弛最佳解中，受限為整數的

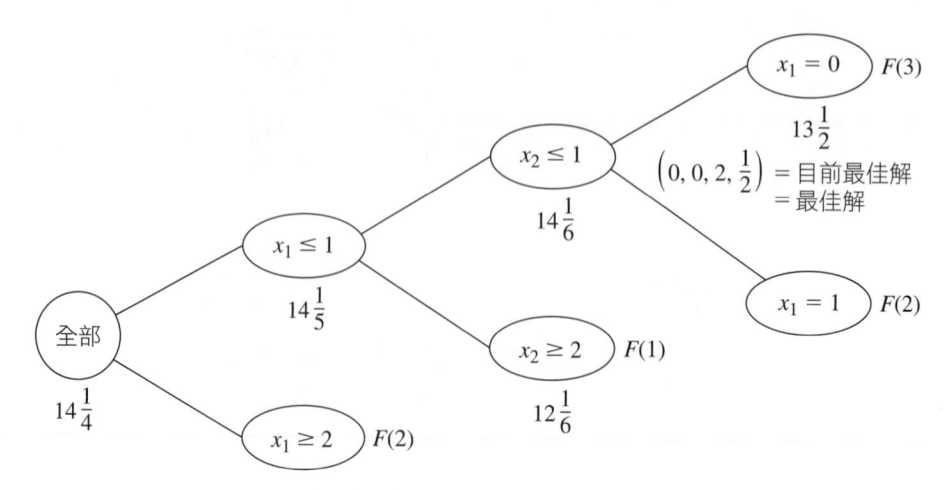

▣ **圖 11.13** 以 MIP 分支界限演算法求解 MIP 例題，最終 (第 3 次) 疊代後的分支樹。

變數都有整數值 ($x_1 = 0$、$x_2 = 0$、$x_3 = 2$)，所以被測試 3 洞悉（因為 x_4 不是受限為整數的變數，所以 $x_4 = \frac{1}{2}$ 沒有關係。）原問題的可行解成為第一個目前最佳解：

$$目前最佳解 = \left(0, 0, 2, \frac{1}{2}\right),\ 其\ Z^* = 13\frac{1}{2}。$$

使用這個 Z^* 值，重新應用洞悉測試 1 於唯一的其他子問題（子問題 4），因為其界限 $12\frac{1}{6} \leq Z^*$，所以成功。

這次疊代已順利以三種測試洞悉子問題。此外，因為已經沒有剩餘子問題，所以目前最佳解是原問題的最佳解。

$$最佳解 = \left(0, 0, 2, \frac{1}{2}\right),\ 其\ Z = 13\frac{1}{2}。$$

這些結果彙整於圖 11.13 的最終分支樹。

OR Tutor 中有**另一個**應用 MIP 演算法的例題。此外，本書網站的 Solved Examples 部分包含一個**小型**例題（只有 2 個都是受限為整數的變數）及其圖示。IOR Tutorial 包含一個執行 MIP 演算法的互動程式。

11.8 求解 BIP 問題的分支切割法

1980 年中期以來，整數規劃在解題方法上有極大的進展，因而成為 OR 熱門的研究領域。

背景

首先探討相關歷史背景以了解其進展。在 1960 年代及 1970 年代初期，分支界限

法的發展及改良有很大的突破，但是接著就停頓了下來，只有相對小型的問題（100個以下的變數）能夠快速求解。即使只是小幅地增加問題規模，計算時間就會呈現爆炸性的成長而無法求解。因為在克服這種隨問題增大而來之指數性計算時間成長上沒什麼進展，許多實務層面的重要問題都無法求解。

接下來 1980 年代中期所提出，可以求解 BIP 問題的分支切割演算法 (branch-and-cut approach)。早期的報告指出這個方法可以求解有數千個變數的大型問題，因而引起學術界的重視，紛紛投入大量的研發資源。這些相關的研究活動迄今仍然持續進行著。起初，這個方法只限於純 IP 問題，後來很快延伸到混合 BIP，然後再進展到一般整數變數的 MIP 問題。本節只討論純 BIP 問題。

目前分支切割法已可求解有數千個變數的問題，有時甚至可以求解有數十萬個變數的問題。如 11.4 節所述，解題效率大幅提升的原因有三：(1) BIP 演算法加入及進一步發展分支切割法後的顯著改善；(2) BIP 演算法中大量使用之線性規劃演算法的驚人進步；(3) 電腦（包括桌上型電腦）的大幅加速。

各位須注意，這種解法不保證能夠求解所有具有幾千個變數，或甚至是幾百個變數的純 BIP 問題。其可以求解的超大型純 BIP 問題都具有稀疏的 **A** 矩陣，即函數限制式中非零係數的百分比很小（可能小於 5%）。事實上，這個解法主要是針對這個稀疏性求解（幸好實務的大型問題大都具有這種稀疏性）。除了稀疏性及規模大小之外，還有其他因素會影響 IP 問題的求解難度，大型的 IP 模型仍需相當慎重地處理。

雖然詳細說明上述的演算法已超過本書範圍，但是仍然作一些簡單的回顧。因為這個回顧只限於純 BIP 問題，所以本節稍後所介紹的所有變數都是二元變數。

這種方法主要是使用[12] 自動問題前處理、產生切面及分支界限法之組合。本章已介紹過分支界限法，在此不再對這裡使用更先進的版本多作說明。以下探討其他兩種方法。

純 BIP 自動問題前處理

自動問題前處理包括一個針對使用者提供之 IP 問題模型的「電腦檢視」，以在不刪除任何可行解的情況下，重建能更快求解的模型。這些重建方式可分為三類：

1. 固定變數：找出能夠固定在一個可能值的變數（0 或 1），因為其他值不可能是可行且最佳解的一部份。
2. 刪除多餘的限制式：找出並刪除多餘限制式（符合其他限制式的解，一定會自動符合的限制式）。

---

[12] 如 11.4 節的簡單討論，另一個近期的重要發展是能夠快速找出好的可行解之啟發式演算法。

3. **緊縮限制式**：緊縮某些限制式，以削減 LP 鬆弛的可行解區域，但是不會刪除 BP 問題的任何可行解。

這些方法分別說明如下。

固定變數 固定變數的原則如下。

如果變數的某個值不能符合某限制式，即使其他變數等於其試圖符合該限制式的最好值，則該變數必須固定為其他值。

舉例來說，以下每條 ≤ 限制式中，x_1 必須固定在 $x_1 = 0$。因為 $x_1 = 1$ 配合其他變數的最好值（非負係數的變數值為 0，而負值係數的變數值為 1）仍違反該限制式。

$$3x_1 \leq 2 \quad \Rightarrow \quad x_1 = 0，因為 \quad 3(1) > 2。$$
$$3x_1 + x_2 \leq 2 \quad \Rightarrow \quad x_1 = 0，因為 \quad 3(1) + 1(0) > 2。$$
$$5x_1 + x_2 - 2x_3 \leq 2 \quad \Rightarrow \quad x_1 = 0，因為 \quad 5(1) + 1(0) - 2(1) > 2。$$

一般檢查 ≤ 限制式的方法是找出具有最大正值係數的變數，如果該係數與任何負值係數的和超過右端值，則這個變數必須固定為 0。（一旦固定這個變數值，可以重覆這個方法以處理次大正值係數的變數，依此類推。）

利用類似的方法於 ≥ 限制式，可以固定變數為 1，如以下三例所示。

$$3x_1 \geq 2 \quad \Rightarrow \quad x_1 = 1，因為 \quad 3(0) < 2。$$
$$3x_1 + x_2 \geq 2 \quad \Rightarrow \quad x_1 = 1，因為 \quad 3(0) + 1(1) < 2。$$
$$3x_1 + x_2 - 2x_3 \geq 2 \quad \Rightarrow \quad x_1 = 1，因為 \quad 3(0) + 1(1) - 2(0) < 2。$$

一條 ≥ 限制式也能固定變數為 0，如以下所示：

$$x_1 + x_2 - 2x_3 \geq 1 \quad \Rightarrow \quad x_3 = 0，因為 \quad 1(1) + 1(1) - 2(1) < 1。$$

以下的例子中，一條 ≥ 限制式把一個變數固定為 1，而另一個變數則固定為 0。

$$3x_1 + x_2 - 3x_3 \geq 2 \quad \Rightarrow \quad x_1 = 1，因為 \quad 3(0) + 1(1) - 3(0) < 2$$
$$及 \quad \Rightarrow \quad x_3 = 0，因為 \quad 3(1) + 1(1) - 3(1) < 2。$$

同理，一條右端值為負的 ≤ 限制式，能夠把一個變數的值固定為 0 或 1。例如，兩種情況都發生於以下的限制式。

$$3x_1 - 2x_2 \leq -1 \quad \Rightarrow \quad x_1 = 0，因為 \quad 3(1) - 2(1) > -1$$
$$及 \quad \Rightarrow \quad x_2 = 1，因為 \quad 3(0) - 2(0) > -1。$$

固定一條限制式的某個變數，有時可能會發生連鎖反應，因而能夠由其他限制式固定其他變數。例如以下三條限制式發生的情況。

$$3x_1 + x_2 - 2x_3 \geq 2 \quad \Rightarrow \quad x_1 = 1 \quad （同上）。$$

則

$$x_1 + x_4 + x_5 \leq 1 \quad \Rightarrow \quad x_4 = 0 \; 、 \; x_5 = 0。$$

則

$$-x_5 + x_6 \leq 0 \quad \Rightarrow \quad x_6 = 0 \text{。}$$

在某些情況下，可能可以結合一條或多條互斥方案限制式以固定一個變數，如下例所示：

$$\left.\begin{array}{l} 8x_1 - 4x_2 - 5x_3 + 3x_4 \leq 2 \\ 8x_1 - 4x_2 + x_3 + 3x_4 \leq 1 \end{array}\right\} \quad \Rightarrow \quad x_1 = 0\text{，}$$

因為 $8(1) - \max\{4, 5\}(1) + 3(0) > 2$。

另外還有其他固定變數的方法，包括與最佳性有關的考量，但不在這裡討論。

固定變數值能夠大幅縮減問題的規模，刪除超過一半問題變數的情況並不少見。

刪除多餘限制式 以下是一個找出多餘限制式的簡單方法。

如果某函數限制式符合最具挑戰性的二元解，則二元限制式使得該限制式變成多餘的，而不需要再考慮。對 ≤ 限制式而言，最具挑戰性的二元解是當非負係數變數的值等於 1，而其他變數值等於 0 時（≥ 限制式的值則相反）。

以下是一些例子。

$$3x_1 + 2x_2 \leq -6 \quad \text{是多餘的，因為 } 3(1) + 2(1) \leq 6\text{。}$$
$$3x_1 - 2x_2 \leq -3 \quad \text{是多餘的，因為 } 3(1) - 2(0) \leq 3\text{。}$$
$$3x_1 - 2x_2 \geq -3 \quad \text{是多餘的，因為 } 3(0) - 2(1) \geq -3\text{。}$$

在大部分的情況下，這些被認定是多餘的限制式在原來的模型並不是多餘的，而是在固定某些變數值後才變成多餘的。在以上的 11 個固定變數的例子中，除了最後一個以外，都使得另一個限制式變成多餘的。

緊縮限制式[13] 考慮以下問題。

$$\text{極大化} \quad Z = 3x_1 + 2x_2\text{，}$$

受限於

$$2x_1 + 3x_2 \leq 4$$

及

$$x_1 \cdot x_2 \text{ 為二元。}$$

這個 BIP 問題只有三個可行解，即 (0, 0)、(1, 0) 和 (0, 1)，其中最佳解是 (1, 0)，其 $Z = 3$。這個問題的 LP 鬆弛的可行解區域如圖 11.14 所示，其最佳解是 $(1, \frac{2}{3})$，其 $Z = 4\frac{1}{3}$，並不是很接近 BIP 問題的最佳解。分支界限演算法必須花費一番功夫才能找到最佳

---

[13] 通常也稱為係數縮減 (coefficient reduction)。

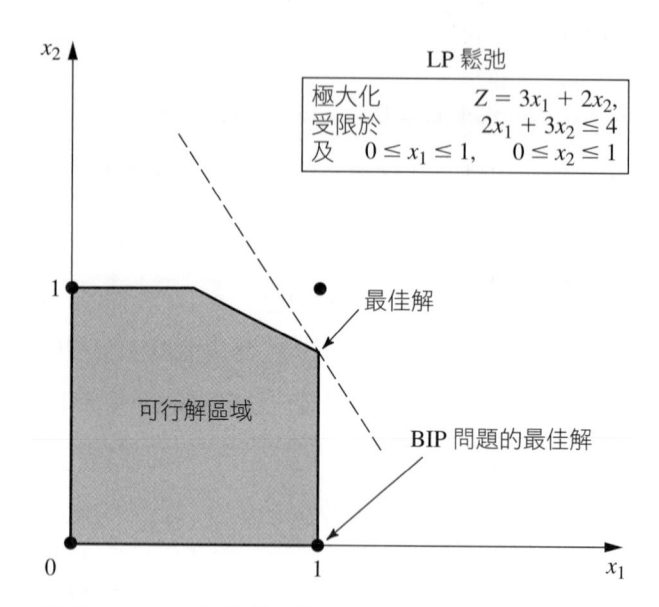

圖 11.14 用來說明緊縮限制式的 BIP 問題的 LP 鬆弛 (包含其可行解區域及最佳解)。

BIP 解。

現在觀察函數限制式 $2x_1 + 3x_2 \leq 4$ 被

$$x_1 + x_2 \leq 1$$

取代後的結果。該 BIP 問題的可行解仍然一樣是 (0, 0)、(1, 0) 和 (0, 1),所以最佳解還是 (1, 0)。但是 LP 鬆弛的可行解區域已經大幅縮小,如圖 11.15 所示。事實上,這個可行解區域的大幅縮小,使得其 LP 鬆弛目前的最佳解為 (1, 0),所以不需要作任何其他工作就可以找到 BIP 問題的最佳解。

這方式是縮小 LP 鬆弛的可行解區域,但是沒有刪除 BIP 問題的任何可行解。這對只有兩個變數且能以圖形表示的小問題來說很容易。然而,對於有任意多個變數的 ≤ 限制式,根據相同的原則,可以使用以下代數程序緊縮限制式,而不會刪除任何可行的 BIP 解。

緊縮 ≤ 限制式的程序

將限制式表示為 $a_1x_1 + a_2x_2 + \cdots + a_nx_n \leq b$。

1. 計算 S = 所有正值 a_j 的和。
2. 找出任何 $a_j \neq 0$,使得 $S < b + |a_j|$。
   (a) 如果沒有,停止;這條限制式不能進一步緊縮。
   (b) 如果 $a_j > 0$,到步驟 3。
   (c) 如果 $a_j > 0$,到步驟 4。

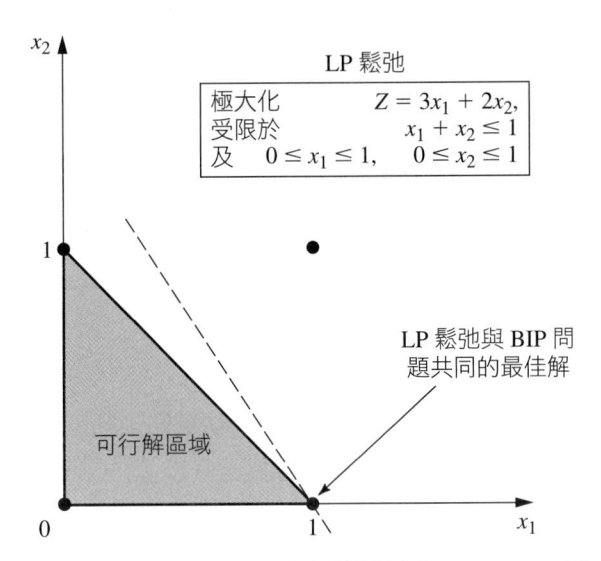

■ 圖 **11.15** 圖 11.14 範例的限制式 $2x_1 - 3x_2 \leq 4$ 緊縮為 $x_1 - x_2 \leq 1$ 後的 LP 鬆弛。

3. $(a_j > 0)$ 計算 $\bar{a}_j = S - b$ 及 $\bar{b} = S - a_j$。重設 $a_j = \bar{a}_j$ 及 $b = \bar{b}$，回到步驟 1。
4. $(a_j < 0)$ 增大 a_j 為 $a_j = b - S$。回到步驟 1。

應用這個程序於上述例題的函數限制式的過程如下：

限制式是 $2x_1 + 3x_2 \leq 4$　　$(a_1 = 2, a_2 = 3, b = 4)$。

1. $S = 2 + 3 = 5$。
2. a_1 符合 $S < b + |a_1|$，因為 $5 < 4 + 2$。a_2 也符合 $S < b + |a_2|$，因為 $5 < 4 + 3$。任意選取 a_1。
3. $\bar{a}_1 = 5 - 4 = 1$ 及 $\bar{b} = 5 - 2 = 3$，所以重設 $a_1 = 1$ 及 $b = 3$。新的較緊縮的限制式是
$$x_1 + 3x_2 \leq 3 \quad (a_1 = 1, a_2 = 3, b = 3)。$$

1. $S = 1 + 3 = 4$。
2. a_2 符合 $S < b + |a_2|$，因為 $4 < 3 + 3$。
3. $\bar{a}_2 = 4 - 3 = 1$ 及 $\bar{b} = 4 - 3 = 1$，所以重設 $a_2 = 1$ 及 $b = 1$。新的較緊縮的限制式是
$$x_1 + x_2 \leq 1 \quad (a_1 = 1, a_2 = 1, b = 1)。$$

1. $S = 1 + 1 = 2$
2. 沒有 $a_j \neq 0$ 符合 $S < b + |a_j|$，所以停止；$x_1 + x_2 < 1$ 是所求的緊縮後限制式。

如果上例中在第一次執行步驟 2 時選取 a_2，則第一條較緊縮的限制式會是 $2x_1 + x_2 \leq 2$。接下來的一序列步驟仍然會產生 $x_1 + x_2 \leq 1$。

在下一個例題中，這個程序緊縮左邊的限制式而成為右邊的限制式，然後再進一步緊縮成為右邊的第二條限制式。

$$4x_1 - 3x_2 + x_3 + 2x_4 \leq 5 \quad \Rightarrow \quad 2x_1 - 3x_2 + x_3 + 2x_4 \leq 3$$
$$\Rightarrow \quad 2x_1 - 2x_2 + x_3 + 2x_4 \leq 3 \text{。}$$

（習題 11.8-5 要應用這個程序以確認這些結果。）

$\geq$ 形式的限制式可以轉換成 $\leq$ 形式（把兩邊同乘以 -1），以直接應用這個程序。

產生純 BIP 的切面

任何 IP 問題的**切面 (cutting plane)** 或**分割 (cut)** 是縮小其 LP 鬆弛的可行解區域，但不會刪除其任何可行解的新函數限制式。事實上，前述的緊縮限制式程序就是一種產生純 BIP 問題切面的方法。因此，$x_1 + x_2 \leq 1$ 是圖 11.14 中 BIP 問題的切面，使得 LP 鬆弛的可行解區域縮小如圖 11.15 所示。

除了這個程序以外，還有許多產生切面的方法，可用來加快分支界限演算法求解純 BIP 問題的速度。本節將專注於其中一種方法。

為說明起見，考慮加州製造公司的純 BIP 問題，該問題在 11.1 節介紹並在 11.6 節用來說明 BIP 分支界限演算法。其 LP 鬆弛最佳解是 $(x_1, x_2, x_3, x_4) = (\frac{5}{6}, 1, 0, 1)$，如圖 11.5 所示。其中一條函數限制式是

$$6x_1 + 3x_2 + 5x_3 + 2x_4 \leq 10 \text{。}$$

二元限制式與這條限制式合起來意謂著

$$x_1 + x_2 + x_4 \leq 2 \text{。}$$

這條新限制式是一個切面，刪除了 LP 鬆弛可行解區域的一部分，包括最佳解 $(\frac{5}{6}, 1, 0, 1)$，但是並沒有刪除任何可行的整數解。在原來的模型加上這個切面，能夠在兩方面改善 11.6 節的 BIP 分支界限演算法（見圖 11.9）的效果。第一、新（較緊縮）的 LP 鬆弛的最佳解是 $(1, 1, \frac{1}{5}, 0)$，其 $Z = 15\frac{1}{5}$，所以「全部」節點、$x_1 = 1$ 節點及 $(x_1, x_2) = (1, 1)$ 節點的界限現在是 15 而不是 16。第二、可以減少一次疊代，因為現在在節點 $(x_1, x_2, x_3) = (1, 1, 0)$ 的 LP 鬆弛最佳解是 $(1, 1, 0, 0)$，所以這是新的目前最佳解，其 $Z^* = 14$。因此，在第三次疊代中（見圖 11.8），這個節點被測試 3 洞悉，而且 $(x_1, x_2) = (1, 0)$ 節點也被測試 1 洞悉，所以這個目前最佳解是原來的 BIP 問題的最佳解。

以下是用來產生切面的一般程序。

產生切面的程序

1. 考慮 $\leq$ 形式且只有非負係數的函數限制式。
2. 找出一組變數 [稱為限制式的**最小涵蓋 (minimum cover)**]，使得

(a) 如果這組變數的值都是 1，而其他變數都是零，則違反這條限制式。

(b) 但是如果這組變數中任一個的值從 1 變成 0，就會符合這條限制式。

3. 令 N 表示這組變數的個數，可以產生以下形式的切面

該組變數之和 $\leq N - 1$。

應用這個程序於限制式 $6x_1 + 3x_2 + 5x_3 + 2x_4 \leq 10$，可以看出 $\{x_1, x_2, x_4\}$ 這組變數是最小涵蓋，因為

(a) (1, 1, 0, 1) 違反限制式。

(b) 但是如果這三個變數其中任何一個的值從 1 變成 0，就會符合該限制式。

因為 $N = 3$，所得切面是 $x_1 + x_2 + x_4 \leq 2$。

因為 (1, 0, 1, 0) 也違反這條限制式，但是 (0, 0, 1, 0) 及 (1, 0, 0, 0) 符合限制式，所以 $\{x_1, x_3\}$ 是這條限制式的第二個最小涵蓋。因此，$x_1 + x_3 \leq 1$ 是另一個有效切面。

分支切割演算法以類似的方式產生許多切面，再應用聰明的分支界限方法。使用切面可以大幅緊縮 IP 鬆弛問題。在某些情況下，可以把整個 BIP 問題 LP 鬆弛最佳解的 Z 值與原問題最佳解的 Z 值之間的差距縮小 98%。

諷刺的是，最早發展的整數規劃演算法，包括 Ralph Gomory 於 1958 年所提出的著名演算法，都是基於切面（以不同方式產生），但是這個方法在實務上無法令人滿意（除特殊問題之外），不過這些演算法都完全依賴切面。現在已知道巧妙結合切面及分支界限方法（配合自動問題前處理），可以產生求解大規模 BIP 問題的強大演算法，亦為稱此為分支切割演算法的原因之一。

11.9 結合限制規劃

近來在介紹整數規劃基本觀念時，我們必須說明結合限制規劃的新發展，才能算是完整。結合限制規劃後，整數規劃能大幅提升其建立與求解模型能力（此方法已開始用於數學規劃等相關領域，尤其是組合最佳化，但在此僅討論整數規劃）。

限制規劃的本質

資訊科學領域學者在 1980 年代中期，開始結合人工智慧與電腦程式語言，提出限制規劃作法。其目的是發展有彈性的電腦程式系統，包括容許其值出現變數和限制式，以及可產生變數可行解的搜尋程序說明。每個變數各有由可能值構成如 $\{2, 4, 6, 8, 10\}$ 的定義域 (domain)。此作法有異於數學規劃有限限制式種類，其說明限制式彈性很大，能以下列任何型態呈現：

1. 數學 (mathematical) 限制式，如 $x + y < z$。

2. 分離 (disjunctive) 限制式，如問題中的某些工作時間不能重疊。
3. 關聯 (relational) 限制式，如至少指派三件工作給某機器。
4. 明確 (explicit) 限制式，如雖然 x 與 y 的定義域為 $\{1, 2, 3, 4, 5\}$，但 (x, y) 必須是 $(1, 1)$、$(2, 3)$ 或 $(4, 5)$。
5. 單值 (unary) 限制式，如 z 是 5 與 10 間的整數。
6. 邏輯 (logical) 限制式，如 x 是 5，則 y 介於 6 與 8 之間。

在敘述限制式時，我們可以在限制規劃中使用如 IF、AND、OR、NOT 等標準邏輯函數。Excel 包含許多相同邏輯函數，LINGO 則支援所有標準邏輯函數，其全域最佳化軟體能出全域最佳解。

為說明限制規劃產生可行解的演算法，我們假設問題共有 4 個變數 x_1、x_2、x_3 及 x_4，且其定義域是

$$x_1 \in \{1, 2\}, x_2 \in \{1, 2\}, x_3 \in \{1, 2, 3\}, x_4 \in \{1, 2, 3, 4, 5\}，$$

其中符號 $\in$ 表示左邊的變數屬於右邊的集合。再假設限制式為

(1) 所有這些變數的值都不相同，
(2) $x_1 + x_3 = 4$。

根據直接邏輯觀念，x_1 與 x_2 的值必為 1 或 2，所以第 1 條限制式立即導致 $x_3 \in \{3\}$，然後進一步得知 $x_4 \in \{4, 5\}$。因為 x_3 的定義域已變，應用限制傳播 (constraint propagation) 程序第 2 條限制式，得到 $x_1 \in \{1\}$。此結果再次激發第 1 條限制式，因此

$$x_1 \in \{1\}, \quad x_2 \in \{2\}, \quad x_3 \in \{3\}, \quad x_4 \in \{4, 5\}$$

列出此問題僅有的可行解，其根據交替使用定義域縮減與限制傳播演算法的可行性推理 (feasibility reasoning)，是限制規劃的關鍵。

我們在應用限制傳播與定義域縮減演算法後，用搜尋程序找出所有可行解。如上述，除了 x_4 以外，其他變數的定義域都已縮減成單一值，所以搜尋程序只需測試 $x_4 = 4$ 或 $x_4 = 5$，即可找出所有可行解。但對於有許多限制式與變數的問題，限制傳播與定義域縮減演算法一般不能將各變數定義域縮減成為單一值。故須寫出會測試指派不同數值給變數的搜尋程序。測試完指派後，就執行限制傳播演算法，進一步縮減定義域。此過程產生一棵搜尋樹 (search tree)，類似於整數規劃應用分支界限法所產生的分支樹。

應用限制規劃求解複雜 IP 問題 (或相關問題) 的整體程序包括以下 3 個步驟：

1. 以各種類型的限制式（大部分不符合整數規劃的格式）建立問題的精簡模型。
2. 快速找出符合所有限制式的可行解。
3. 在這些可行解中搜尋，以找出最佳解。

限制規劃的求解優勢是前 2 個步驟，而非第 3 個步驟，然而整數規劃與其演算法的強項是第 3 個步驟。因此，限制規劃適用於沒有目標函數，惟受到高度限制問題，故其唯一目的是找出可行解，但也可擴展到第 3 個步驟。一種方式是列舉所有的可行解，並分別計算其目標函數值。然而，對具有大量可行解的問題而言，這種方式的效率極差。為了彌補這項缺點，一般會加上一條緊密的限制式，以將目標函數值限定於非常接近預期最佳解目標值的一些數值。例如，若問題目標是極大化，而預期最佳解的目標函數值 Z 大約是 10，可以加上 $Z \geq 9$ 的限制式，因而只需列舉非常接近最佳解的可行解。在搜尋過程中，每次找到一個新的最好的解，就可以進一步緊縮 Z 的界限，所以後續只需要考慮不遜於目前最佳解的可行解。

雖然以上方式是第 3 個步驟的合理作法，但是更好的作法是第 1 步與第 2 步應用限制規劃，而第 3 步使用整數規劃。這是接下來要描述的部分限制規劃潛能。

限制規劃的潛能

限制規劃功能（如功能強大的限制求解演算法）於 1990 年代成功納入數種程式語言。資訊科學讓使用者只需簡單描述問題，電腦就能求解。

這種突破性發展自資訊科學社群傳開後，OR 領域學者了解整合限制規劃與傳統整數規劃方法（及數學規劃的其他領域）的巨大潛能。此描述問題限制式的較大彈性，能大幅提升建立複雜問題模型的效能，且模型也更精簡直接。此外，限制規劃在快速搜尋可行解時，同時縮減需考慮的可行解區域，因此限制求解演算法能加速整數規劃演算法尋找最佳解。

由兩者明顯差異來看，整合限制規劃與整數規劃非常困難。由於整數規劃無法辨識大部分限制規劃的限制式，故要將限制規劃語法轉換成整數規劃語法程式，反之亦然。此研究已有所進展，未來無疑將是 OR 領域熱門研究領域。

為了說明限制規劃可大幅簡化整數規劃模型，我們現在來介紹限制規劃兩種最重要的「全域限制式」。**全域限制式 (global constraint)** 是一種限制式，以全域形式表示多個變數間可允許的關係。因此，一條全域限制式經常能取代許多傳統整數規劃的限制式，並讓模型更容易理解。為清楚說明，以下使用非常簡單不需用限制規劃的例題來說明全域限制式，但此形式的限制式也能用於非常複雜的問題。

全部相異限制式

全部相異全域限制式僅限定某集合內變數有不同值。若變數是 $x_1, x_2, ..., x_n$，則限制式可以簡寫成

$$\text{全部相異 } (x_1, x_2, ..., x_n)$$

並指出模型各變數定義域（其合起來應該至少有 n 個不同的數值，才能執行全部相異限制式）。

我們用 8.3 節的典型指派問題，來說明此限制式。此問題以一對一方式，指派 n 項任務給 n 個指派對象，以極小化指派總成本。雖指派問題容易求解（如 8.4 節），清楚說明全部相異限制式大幅簡化模型的方法。根據 8.3 節的傳統模型，其決策變數為下列二元變數：

$$x_{ij} = \begin{cases} 1, & \text{如果指派對象執行任務} j \\ 0, & \text{其他。} \end{cases}$$

其中 $i, j = 1, 2, ..., n$。暫時忽略目標函數，則其函數限制式如下。

每個指派對象 i 正好被指派一項任務：

$$\sum_{j=1}^{n} x_{ij} = 1 \quad \text{而} \ i = 1, 2, ..., n。$$

每個任務正好 i 正好由一指派對象執行：

$$\sum_{i=1}^{n} x_{ij} = 1 \quad \text{而} \ j = 1, 2, ..., n。$$

所以，總共有 n 個變數和 $2n$ 條函數限制式。

接著說明被限制規劃大幅縮小的模型，其變數於此情況下為

$$y_i = \text{指派對象} i \text{被指派的任務。}$$

其中 $i = 1, 2, ..., n$。總共有 n 個任務，其編號是 $1, 2, ..., n$，所以每個變數 y_i 的定義域為 $\{1, 2, ..., n\}$。因為各指派對象須執行不同任務，此變數限制可用一條全域限制式精準描述。

$$\text{全部相異} (y_1, y_2, ..., y_n)$$

因此，此完整的限制規劃模型（不包括目標函數）僅有 n 個變數和一條限制式（加上所有變數的共同定義域），而非 n^2 個變數和 $2n$ 條函數限制式。

接著，我們來說明，全域限制式在此極小模型加入目標函數的方法。

元素限制式

我們最常用元素全域限制式，來查詢與某整數變數對應的利潤或成本。假設變數 y 的定義域是 $\{1, 2, ..., n\}$，而對應成本分別為 $c_1, c_2, ..., c_n$，則限制式

$$\text{元素} (y, [c_1, c_2, ..., c_n], z)$$

限定變數 z 等於為 $[c_1, c_2, ..., c_n]$ 的第 y 個常數，即 $z = c_y$。現在這個變數 z 可以包含在目標函數，提供 y 對應的成本。

我們再以指派問題來說明如何使用元素限制式。令

$$c_{ij} = \text{指派對象 } i \text{ 執行任務 } j \text{ 的指派成本}$$

其中 $i, j, = 1, 2, ..., n$。這個問題的完整限制規劃模型（包括目標函數）是

$$\text{極小化} \quad Z = \sum_{i=1}^{n} z_i$$

受限於

元素 $(y_i, [c_{i1}, c_{i2}, ..., c_{in}], z_i)$ 而 $i = 1, 2, ..., n$，

全部相異 $(y_1, y_2, ..., y_n)$

$y_i \in \{1, 2, ..., n\}$ 而 $i = 1, 2, ..., n$。

這個完整模型共有 $2n$ 個變數和 $(n + 1)$ 條限制式（加上所有變數的共同定義域），要比 8.3 節所示的傳統整數規劃模型來得小。如當 $n = 100$，此模型有 200 個變數和 101 條限制式，而傳統整數規劃模型則有 10,000 個變數，200 條函數限制式。

再以 11.4 節的例題 2（違反正比性）來說明。此例題原決策變數為

$$x_j = \text{分配給產品 } j \text{ 的電視廣告時段數目}$$

其中 $j, = 1, 2, 3$，總共有 5 個時段要分配給 3 種產品。但因為表 11.3 所示的不同 x_j 的利潤不與 x_j 成正比，所以 11.4 節列出兩個使用輔助二元變數的整數規劃模型。這兩個模型都相當複雜。

使用元素限制式的限制規劃模型比較直接。如表 11.3 中，當 $x_1 = 0, 1, 2, 3$ 時，產品 1 的利潤分別為 0、1、3 及 3。因此，此利潤僅為下列限制式已知的 z_1 值：

元素 $(x_1 + 1, [0, 1, 3, 3], z_1)$。

第 1 項是 $x_1 + 1$，而非 x_1，因為 $x_1 + 1 = 1, 2, 3$ 或 4，而代表 [0、1、3、3] 中的位置選擇 1、2、3、4。我們用相同方式處理其他兩產品，則完整模型為

$$\text{極大化} \quad Z = z_1 + z_2 + z_3，$$

受限於

元素 $(x_1+1, [0, 1, 3, 3], z_1)$，
元素 $(x_2+1, [0, 0, 2, 3], z_2)$，
元素 $(x_3+1, [0,-1, 2, 4], z_3)$，
$x_1 + x_2 + x_3 = 5$，
$x_j \in \{0, 1, 2, 3\}$ 而 $j = 1, 2, 3$。

若我們以此模型與 11.4 節的兩個整數規劃模型相比，能看出元素限制式能提供精

簡易懂的模型。

全域限制式有很多種（見參考文獻 5），而全部相異與元素限制式並非其中兩種，但這兩種限制式清楚展示，由限制規劃能替複雜問題建立精簡易懂的模型。

目前的發展

目前整合限制規劃與整數規劃發展有幾個不同方向。最直接的方式是同時使用限制規劃模型與整數規劃模型，表示問題的互補部分。故相關限制式包含在其可行且適用的模型中。當應用限制規劃演算法與整數規劃演算法求解個別模型時，資訊會來回傳遞，專注於搜尋可行解（同時符合兩個模型限制式的解）。

此雙重模型法可交由納入 OPL-CPLEX 開發系統中的 Optimization Programming Language (OPL) 執行。用 OPL 模型語言後，OPL-CPLEX 開發系統可呼叫限制規劃演算法 (CP Optmizer) 和數學規劃求解軟體 (CPLEX)，然後在兩者間傳遞資訊。

雙重模型法是好的開始，但最終要完全整合限制規劃與整數規劃，以能用單一混合模型及單一演算法。如此無縫結合才能充分發揮兩者互補的優勢。雖完全達成此目標仍相當艱難，但如參考文獻 5 已提到這個領域的最新發展。

即使仍在萌芽階段，已有許多結合數學規劃和限制規劃的成功應用案例，包括網路設計、車輛路程、人員排班、分段線性成本的傳統運輸問題、存貨管理、電腦繪圖、軟體工程、資料庫、財務、工程及組合最佳化等。參考文獻 3 說明排程問題非常適合用於限制規劃。如球賽行程包含許多複雜的排程限制式，所以國家美式足球聯盟 (National Football League) 就應用限制規劃安排球季例行賽程。

上述這些應用僅整合限制規劃與整數規劃小部分潛力，未來一定會有許多新機會，創造出更重要的應用。

11.10 結論

產生 IP 問題的原因為，有些決策變數須限定為整數值，包含「是否」決策（包括以此決策變數表示的組合關係）的應用也能用二元 (0-1) 變數表示。這些因素讓整數規劃成為最廣為使用的 OR 應用。

IP 問題比無整數限制的問題難解，故整數規劃演算法效率時常較單形法效率低。然而，求解數萬或甚至數十萬整數變數大型 IP 問題的能力在近 2、30 年已有顯著進展。這主要歸功於 BIP 演算法（及其他 IP 演算法）的改良、整數規劃中的線性規劃演算法顯著改善，及電腦（包括桌上型電腦）運算效率提升。但 IP 演算法有時也會無法解出一些（甚至整數變數僅 100 個）小型問題。除問題規模外，其他性質也會影

響求解難易度。

無論如何，IP 問題規模是決定解題時間的關鍵因素。影響 IP 演算法計算時間的最重要因素，是整數變數的數目及問題是否有某些特殊結構能利用。若整數變數的個數相同，則 BIP 問題較一般整數變數問題易求解，不過加入連續變數 (MIP) 並不會大幅增加計算時間。若某些 BIP 問題有能利用的特殊結構，則能發展特殊目的演算法，以求解（數千個二元變數）大規模問題。

數學規劃套裝軟體中大都有 IP 演算法的電腦程式。這些演算法傳統上通常出自分支界限法及其變形。

愈來愈多 IP 演算法使用分支切割法，結合了自動問題前處理、產生切面及聰明的分支界限法。此領域研究正持續進行，且整合新方法的先進套裝軟體也不斷推出。

最新 IP 解法發展方向是，加入限制規劃的功能，這能大幅提升建立與求解 IP 模型的效益。

近年有許多探討整數非線性規劃演算法（包括啟發式演算法）的研究，並持續會是熱門的研究領域（見參考文獻 7）。

參考文獻

1. Achterberg, A.: "SCIP: Solving Constraint Integer Programs," *Mathematical Programming Computation*, **1**(1): 1-41, July 2009.

2. Appa, G., L. Pitsoulis, and H. P. Williams (eds.): *Handbook on Modelling for Discrete Optimization*, Springer, New York, 2006.

3. Baptiste, P., C. LePape, and W. Nuijten: *Constraint-Based Scheduling: Applying Constraint Programming to Scheduling Problems*, Kluwer Academic Publishers (now Springer), Boston, 2001.

4. Hillier, F. S., and M. S. Hillier: *Introduction to Management Science: A Modeling and Case Studies Approach with Spreadsheets,* 5th ed., McGraw-Hill/Irwin, Burr Ridge, IL, 2014, chap. 7.

5. Hooker, J. N.: *Integrated Methods for Optimization*, 2nd ed., Springer, New York, 2012.

6. Karlof, J. K.: *Integer Programming: Theory and Practice*, CRC Press, Boca Raton, FL, 2006.

7. Li, D., and X. Sun: *Nonlinear Integer Programming*, Springer, New York, 2006. (A 2nd edition currently is being prepared with publication scheduled in 2015.)

8. Lustig, I., and J.-F. Puget: "Program Does Not Equal Program: Constraint Programming and Its Relationship to Mathematical Programming," *Interfaces,* **31**(6): 29–53, November–December 2001.

9. Nemhauser, G. L., and L. A. Wolsey: *Integer and Combinatorial Optimization,* Wiley, Hoboken, NJ, 1988, reprinted in 1999.

10. Schriver, A.: *Theory of Linear and Integer Programming,* Wiley, Hoboken, NJ, 1986, reprinted in paperback in 1998.

11. Williams, H. P.: *Logic and Integer Programming*, Springer, New York, 2009.
12. Williams, H. P.: *Model Building in Mathematical Programming*, 5th ed., Wiley, Hoboken, NJ, 2013.

一些獲獎的整數規劃應用

（這些論文的連結請參見本書網站 www.mhhe.com/hillier。）

A1. Armacost, A. P., C. Barnhart, K. A. Ware, and A. M. Wilson: "UPS Optimizes Its Air Network," *Interfaces*, **34**(1): 15–25, January-–February 2004.

A2. Bertsimas, D., C. Darnell, and R. Soucy: "Portfolio Construction Through Mixed-Integer Programming at Grantham, Mayo, Van Otterloo and Company," *Interfaces*, **29**(1): 49-–66, January–February 1999.

A3. Denton, B. T., J. Forrest, and R. J. Milne: "IBM Solves a Mixed-Integer Program to Optimize Its Semiconductor Supply Chain," *Interfaces*, **36**(5): 386–399, September–October 2006.

A4. Eveborn, P., M. Ronnqvist, H. Einarsdottir, M. Eklund, K. Liden, and M. Almroth: "Operations Research Improves Quality and Efficiency in Home Care," *Interfaces*, **39**(1):18–34, January–February 2009.

A5. Everett, G., A. Philpott, K. Vatn, and R. Gjessing: "Norske Skog Improves Global Profitability Using Operations Research," *Interfaces*, **40**(1): 58–70, January–February 2010.

A6. Gryffenberg, I, et al.: "Guns or Butter: Decision Support for Determining the Size and Shape of the South African National Defense Force," *Interfaces*, **27**(1): 7–28, January–February 1997.

A7. Menezes, F., et al.: "Optimizing Helicopter Transport of Oil Rig Crews at Petrobras, *Interfaces*, **40**(5), 408–416, September–October 2010.

A8. Metty, T., et al.: "Reinventing the Supplier Negotiation Process at Motorola," *Interfaces*, **35**(1), 7–23, January–February 2005.

A9. Smith, B. C., R. Darrow, J. Elieson, D. Guenther, B. V. Rao, and F. Zouaoui: "Travelocity Becomes a Travel Retailer," *Interfaces*, **37**(1): 68–81, January–February 2007.

A10. Spencer III, T., A. J. Brigandi, D. R. Dargon, and M. J. Sheehan: "AT&T's Telemarketing Site Selection System Offers Customer Support," *Interfaces*, **20**(1): 83–96, January–February 1990.

A11. Subramanian, R., R. P. Scheff, Jr., J. D. Quillinan, D. S. Wiper, and R. E. Marsten: "Coldstart: Fleet Assignment at Delta Air Lines," *Interfaces*, **24**(1): 104–120, January–February 1994.

A12. Yu, G., M. Argüello, G. Song, S. M. McCowan, and A. White: "A New Era for Crew Recovery at Continental Airlines," *Interfaces*, **33**(1): 5–22, January–February 2003.

本書網站的學習輔助教材

（參照原文 Chapter 12）

Solved Examples：

Examples for Chapter 12

OR Tutor 的範例：

Binary Integer Programming Branch-and-Bound Algorithm

Mixed Integer Programming Branch-and-Bound Algorithm

IOR Tutorial 的互動程式：

Enter or Revise an Integer Programming Model

Solve Binary Integer Program Interactively

Solve Mixed Intger Program Interactively

Excel 增益集：

Analytic Solver Platform for Education (ASPE)

求解例題的 "Ch.11-Integer Programming" 檔案：

Excel File

LINGO/LNDO File

MPL/Solvers File

第 12 章的辭彙

軟體文件請參閱附錄 1。

習題

下列習題前標示符號代表：

D：參閱示範例題有助於解答習題。

I：建議使用上列的互動程式（列印解題紀錄）。

C：選用適當電腦軟體解題。

題號後的星號(*)表示書後列有該題的全部或部分解答。

11.1-1. 重新思考 11.1 節「加州製造」範例。聖地牙哥市長與該公司董事長聯絡，要在該地建廠，可能的話同時建倉庫。董事長幕僚連同租稅獎勵在內，評估於聖地牙哥建廠的淨現值為 $700 萬，投資資本額為 $400 萬，建倉庫淨現值為 500 萬，投資資本額為 $300 萬（若同時建廠）。

董事長需修正先前 OR 研究，在整個問題中納入這些新選擇。目標仍為 $1,000 萬投資資本額限制下，尋找可行投資組合，以極大化總淨現值。

(a) 建立此問題的 BIP 模型。
(b) 在 Excel 試算表上建立模型。
(c) 使用電腦求解。

11.1-2. 年輕夫婦 Eve 與 Steven 打算分配購物、煮菜、洗碗及洗衣等家事，每人負責兩件，且所需總時間要最少。兩人做事效率不同，所需時間如下表：

	每週所需時數			
	購物	煮菜	洗碗	洗衣
Eve	4.5 小時	7.8 小時	3.6 小時	2.9 小時
Steven	4.9 小時	7.2 小時	4.3 小時	3.1 小時

(a) 建立此問題的 BIP 模型。
(b) 在 Excel 試算表上建立模型。
(c) 使用電腦求解。

14.1-3. Peterson & Johnson 不動產開發打算投資 5 項開發案，並預估各案的長期利潤（淨現值）及執行所需的投資金額如下所示（以百萬美元計）。

	開發案				
	1	2	3	4	5
估計利潤	1	1.8	1.6	0.8	1.4
所需資金	6	12	10	4	8

公司負責人 Peterson 及 Johnson 已為開發案募集 $2,000 萬資金，現在要選擇開發案組合，以極大化預估長期總利潤，但投資金額不得超過 $2,000 萬。

(a) 建立此問題的 BIP 模型。
(b) 在 Excel 試算表上建立模型。
(c) 使用電腦求解。

11.1-4. 通用輪胎公司董事會正在評估6項大型投資計畫。各項僅能投資一次。如下表所示（以百萬美元計），其預估長期利潤和投資所需資金皆不同。

	投資計畫					
	1	2	3	4	5	6
估計利潤	15	12	16	18	9	11
所需資金	38	33	39	45	23	27

該公司可用資金共有 $1 億，而投資計畫1及2互斥，3與4亦互斥。另除非投資1或2，否則3與4皆不能投資。投資計畫5和6則無此限。目標為選擇投資組合，極大化長期利潤（淨現值）。

(a) 建立此問題的 BIP 模型。
^{C}(b) 使用電腦求解。

11.1-5. 重新思考習題8.3-4。某游泳教練要指派選手參加200碼混合接力賽。建立此問題的 BIP 模型，並找出其中互斥方案集合。

11.1-6. Cardoza 是家客製化機械加工廠負責人。週三下午，接到兩位客戶的緊急下單電話。其中一家拖車公司要重型拖桿，而另一家小型汽車拖吊公司要安定桿。兩家都想在週末前（還有兩個工作天）的交貨量愈多愈好。由於兩產品用同樣兩部機器加工，Cardoza 須決定未來兩天內的可交貨量，並在今天下午通知客戶。

每一拖桿要在機器1加工3.2小時，在機器2加工2小時。每一安定桿要在機器1加工2.4小時，在機器2加工3小時。在未來兩個工作天內，機器1有16小時可用，機器2有15小時可用。每一拖桿的利潤為 $130，每一安定桿的利潤為 $150。

他須決定生產數量的組合，以極大化總利潤。

(a) 建立此問題的 IP 模型。
(b) 使用圖解法求解模型。
(c) 使用電腦求解。

11.1-7. 重新思考習題8.2-21，承包商 Meyer 需安排由兩砂石場運砂石至三個建築工地。

Meyer 要雇用卡車（及駕駛）運送。每輛卡車只從能由一砂石場運砂石至一工地。除習題8.2-21 的運送及砂石成本外，現有每輛 $50 的固定卡車雇用成本。每輛卡車能裝 5 噸，但不一定要裝滿。對於每個砂石場與工地的組合，現在要進行卡車使用輛數與砂石運送量的決策。

(a) 建立此問題的 MIP 模型。
^{C}(b) 使用電腦求解。

11.2-1. 研讀 11.2 節應用實例中完整說明 OR 研究的論文，簡述該研究應用整數規劃的方法，並列出其各種財務與非財務效益。

11.2-2. 從 11.2 節中選出一企業或政府部門實際 BIP 應用，研讀 Interfaces 期刊中的論文，寫出兩頁的應用及其效益之摘要報告。

11.2-3. 從 11.2 節中選出三間企業或政府部門的 BIP 應用，研讀 Interfaces 期刊中的論文，各寫出一頁應用及其效益之摘要報告。

11.2-4. 根據 12.2 節的第 2 個應用實例，重作習題 11.2-1

11.3-1.* 某公司研發部門在開發4種可能新品。管理者須決定生產哪種新品及生產量，因此要進行 OR 研究，找出最有利的產品組合。

任何產品開始生產都必須支付可觀的成本，見下表第一列。目標是找出極大化總利潤（總淨收益減去起動成本）的產品組合。

	開發計畫			
	1	2	3	4
起動成本	$50,000	$40,000	$70,000	$60,000
邊際收益	$70	$60	$90	$80

令連續決策變數 x_1、x_2、x_3 及 x_4 分別為產品 1、2、3 及 4 的生產量。管理者提出其限制如下：

1. 不能生產超過兩種產品。
2. 有生產產品 1 或 2，才能生產產品 3 或 4。
3. 不是 $5x_1 + 3x_2 + 6x_3 + 4x_4 \leq 6,000$
   就是 $4x_1 + 6x_2 + 3x_3 + 5x_4 \leq 6,000$。

(a) 加入輔助二元變數以建立 BIP 模型。
^{C}(b) 使用電腦求解。

11.3-2. 假設某數學模型除了限制式 $|x_1 - x_2| = 0$、或 3、或 6 外，其餘都符合線性規劃形式。重寫這條限制式以符合 MIP 模型。

11.3-3. 假設某數學模型除下列限制式外,其餘皆符合線性規劃。

1. 下列兩條不等式中最少有一條成立:
$3x_1 - x_2 - x_3 + x_4 \le 12$
$x_1 + x_2 + x_3 + x_4 \le 15$。

2. 下列三條不等式中最少有兩條成立:
$2x_1 + 5x_2 - x_3 + x_4 \le 30$
$-x_1 + 3x_2 + 5x_3 + x_4 \le 40$
$3x_1 - x_2 + 3x_3 - x_4 \le 60$。

重寫這些限制式以符合 MIP 模型。

11.3-4. 某玩具公司開發兩種可能會在聖誕節推出的新玩具。玩具 1 的設置成本為 $50,000,玩具 2 則為 $80,000。成本回收後,玩具 1 每件利潤為 $10,玩具 2 每件則為 $15。

公司有兩間工廠能生產這些玩具。但為避免重複支出設置成本,以最大利潤為考量,只選其中一間工廠生產。為管理方便,若要生產兩種產品,則須在同一工廠生產。

玩具 1 在工廠 1 每小時的生產率為 50 件,在工廠 2 則為每小時 40 件。玩具 2 在工廠 1 每小時的生產率為 40 件,在工廠 2 則為每小時 25 件。在聖誕節前工廠 1 及工廠 2 的可用生產時間分別為 500 小時及 700 小時。

聖誕節後的生產計畫未定,所以現在只考慮聖誕節前,各玩具在各工廠的生產量,以極大化總利潤。

(a) 建立此問題的 MIP 模型。
^C(b) 使用電腦求解。

11.3-5.* 西北航空在評估長、中、短程客機採購案。長程機每架價格為 $6,700 萬,中程機為 $5,000 萬,短程機則為 3,500 萬。董事會已授權 $15 億購機專款。3 種客機市場需求皆很大,機位都能充分利用。根據評估,長、中、短程機淨年利潤(扣除回收成本後)分別為 $420 萬、$300 萬及 $230 萬。

該公司預期有足夠飛行員能飛 30 架新機。若只添購短程機,保養設施足以維修 40 架新機。一架中程機的維修需求,相當於 4/3 架短程機,而一架長程機則相當於 5/3 架短程機。

這些是初步分析問題之結果,後續還會進行更詳盡分析。根據目前初步資料,管理者須決定各型機的採購數量,以極大化利潤。

(a) 建立這個問題的 IP 模型。
^C(b) 使用電腦求解。
(c) 使用二元變數表示法,把 (a) 小題的模型重新建立成為 BIP 問題。
^C(d) 使用電腦求解 (c) 小題的 BIP 模型。再根據此最佳解,找出 (a) 小題之 IP 模型的最佳解。

11.3-6. 思考 11.5 節內容並於圖 11.3 說明的兩個變數的 IP 模型。

(a) 使用變數的二元變數表示法,重新將此模型建立成 BIP 問題。
^C(b) 使用電腦求解這個 BIP 問題,然後以此最佳解找出原始 IP 模型的最佳解。

11.3-7. 某飛機公司製造銷售給企業高階主管用的小型噴射機。為迎合商務客需求,客戶有時有特殊設計要求。在此情形就會產生可觀的啟動成本。

該公司最近接到三張交期很短的客戶訂單,但其生產設備幾乎排滿,三張訂單無法全接,須決定該接受哪張單及生產量。

下表呈現相關數據,第一列為生產每位客戶訂單的起動成本。第二列為生產開始後其邊際淨利益(售價減去邊際生產成本),第三列為生產每架飛機使用現有產能之百分比,最後一列則為每張訂單的飛機架數(不需全部交貨)。

	客戶		
	1	2	3
起動成本(百萬)	$3	$2	0
邊際淨收益(百萬)	$2	$3	$0.8
每架飛機的產能需求	20%	40%	20%
訂單架數(架)	3	2	5

該公司須決定為每位客戶生產的飛機架數,以極大化公司總利潤(總淨收益減去起動成本)。

(a) 使用整數變數及二元變數建立此問題的模型。
^C(b) 使用電腦求解。

11.4-1. 重新思考習題 11.3-7。根據更詳盡的成本及收益因素分析,相關潛在利潤無法單純以起動成本及固定邊際淨收益表示,而利潤應如下表所示。

飛機產量	利潤（百萬）客戶		
	1	2	3
0	0	0	0
1	−$1	$1	$1
2	$2	$5	$3
3	$4		$5
4			$6
5			$7

(a) 建立此問題的 BIP 模型，其中包含互斥限制式。

^{C}(b) 使用電腦求解 (a) 小題的 BIP 模型。再以此最佳解找出每個客戶的最佳生產量。

(c) 建立這個模型的另一種 BIP 模型，其中包含附屬決策限制式。

^{C}(d) 根據 (c) 小題的模型，重作 (b) 小題。

11.4-2. 重新思考 3.1 節的 Wyndor 玻璃公司問題。管理者根據極大化利潤原則，決定只生其中一種。導入輔助二元變數，以建立此問題的 MIP 模型。

11.4-3.* 重新思考習題 3.1-11，管理者考慮利用過剩產能生產三產品（見部分習題解答資訊）。管理者認為三種新品中，不能生產超過兩種。

(a) 導入輔助二元變數以建立此新問題的 MIP 模型。

^{C}(b) 使用電腦求解。

11.4-4. 思考下列的整數非線性規劃問題：

極大化　$Z = 4x_1^2 - x_1^3 + 10x_2^2 - x_2^4$,

受限於

$x_1 + x_2 \leq 3$

及

$x_1 \geq 0 \text{、} x_2 \geq 0$

$x_1 \text{、} x_2$ 是整數。

此問題能用 6 個二元變數 (y_{1j} 及 y_{2j}，對 $j = 1, 2, 3$) 以兩種不同方式重建相等的純 BIP 問題（其目標函數是線性），兩者不同之處在於二元變數的詮釋。

(a) 根據下列的二元變數詮釋，建立 BIP 模型。

$$y_{ij} = \begin{cases} 1 & \text{如果 } x_i = j \\ 0 & \text{其他。} \end{cases}$$

^{C}(b) 使用電腦求解 (a) 小題的模型，再依其找出原始模型的最佳解 (x_1, x_2)。

(c) 根據下列的二元變數詮釋，建立 BIP 模型。

$$y_{ij} = \begin{cases} 1 & \text{如果 } x_i \geq j \\ 0 & \text{其他。} \end{cases}$$

^{C}(d) 使用電腦求解 (c) 小題的模型，再依其找出原始模型的最佳解 (x_1, x_2)。

11.4-5.* 思考下列最短路徑問題（見 9.3 節）的特殊型式，其中節點列於各行，且行進路徑一次只能前進一行。

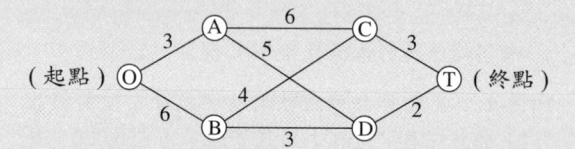

各弧上的數字代表距離，而目標要找出從起點到終點的最短路徑。

此問題可以利用互斥方案與附屬決策建立成 BIP 模型。

(a) 建立此模型。指出互斥方案的限制式和附屬決策的限制式。

^{C}(b) 使用電腦求解。

11.4-6. Speedy 快遞提供全美大型包裹兩天送達服務。每日上午卡車至各地收件中心載運前晚抵達的包裹。由於此行的競爭關鍵在於運送速度，該公司會將所收到的包裹依目的地分配給各卡車，以極小化平均運送時間。

今日上午，藍河谷收件中心分貨員 Lofton 忙著工作，有三輛卡車在一小時內到收件中心載運包裹。她現在有 9 件包裹，但運送點相距很遠。她如往常一般將運送點輸入電腦。她用公司的決策支援系統，首先根據輸入運送點，為各卡車產生可行路線。這些路線及所需時間如下表所示，其中各行數字表示運送先後次序。

運送地點	好的可行路線									
	1	2	3	4	5	6	7	8	9	10
A	1				1				1	
B		2		1		2			2	2
C			3	3			3		3	
D	2					1		1		
E			2	2			3			
F		1			2					
G	3						1	2		3
H				1		3				1
I		3			4			2		
時間（小時）	6	4	7	5	4	6	5	3	7	6

此系統為能顯示路線的互動系統,並予以核可或修改(系統無法得知某地淹水而無法通行)。在該員工核可為好路線且預估時間合理後,系統會建立並求解一 BIP 模型,以選出三條運送路線,讓各運送地點恰好經過一次,並極小化總運送時間。今日上午他核可了所有路線。

(a) 建立這個 BIP 模型。
c(b) 使用電腦求解。

11.4-7. 愈來愈多美國人退休後移居到較溫暖的地方。為充分掌握此商機,Sunny Skies Unlimited 公司正在開發全新退休社區。該公司須決定在該社區設置 2 處消防站的地點。該社區共有 5 個地段,而同一地段最多只能設立 1 處消防站。每一消防站負責該地段及其他指定地段的消防工作。因此消防站選址的決策問題包括 (1) 設置消防站地段;及 (2) 指派其所應負責的地段。目標是極小化該消防隊的火災平均反應時間。

下表列出從各消防站(列)所在地段至各火災地段(行)的平均反應時間,最下列則是每天各地段發生火災的平均次數的預測。

消防站所在地段	反應時間(分)火災地段				
	1	2	3	4	5
1	5	12	30	20	15
2	20	4	15	10	25
3	15	20	6	15	12
4	25	15	25	4	10
5	10	25	15	12	5
平均火災次數	每天2次	每天1次	每天3次	每天1次	每天3次

建立這個問題的 BIP 模型。指出對應於互斥方案或附屬決策的限制式。

11.4-8. 重新思考習題 11.4-7。Sunny Skies Unlimited 公司的管理者決定消防站設立地點的決策應以成本為主。

在地段 1 設立消防站的成本為 $200,000,地段 2 為 $250,000,地段 3 為 $400,000,地段 4 為 $300,000,而地段 5 為 $500,000。管理者現在的目標如下:

決定設立消防站地段,以極小化總設立成本,並保證各地段的火災反應(平均)時間不超過 15 分鐘。

與原問題不同,新問題並不限定消防站總數。同時,若一個地段沒有設立消防站,但有多個消防站可在 15 分鐘內反應,則不需僅指定一消防站。

(a) 使用 5 個二位元整數變數建立完整 BIP 模型。
(b) 此問題是不是涵蓋問題?解釋並找出相關的集合。
c(c) 使用電腦求解 (a) 小題的模型。

11.4-9. 假設美國某州可選出 R 位眾議員。該州共有 D 個郡($D > R$),州議會打算把這些郡劃分成 R 個選區,每區各選出一位眾議員。該州總人口是 P,而議會要求各選區的人口大約是 $p = P/R$。然而,考量郡邊界會使其不易成為精確的數學式。假設議會委員會在研究劃分選區問題後,提出一長串的 N 個可能的選區($N > R$)。將可能選區納入相鄰郡,總人口 p_j ($j = 1, 2, ..., N$) 都足夠接近 p。定義 $c_j = |p_j - p|$。每個郡 i ($i = 1, 2, ..., D$) 至少被納入一個可能選區中,並且經常納入許多可能選區中(以提供許多方式選擇每個郡被納入正好一次的 R 個可能選區)。定義

$$a_{ij} = \begin{cases} 1 & \text{如果郡 } i \text{ 被納入可能選區 } j \\ 0 & \text{其他。} \end{cases}$$

已知 c_j 值與 a_{ij} 值,目標是要從 N 個可能選區中選擇 R 個選區,使每個郡都被納入單一選區,且極小化其最大 c_j 值。

建立這個問題的 BIP 模型。

11.5-1. 研讀 11.5 節應用實例中完整說明 OR 研究的論文,簡述該研究應用整數規劃方法,並列出其各種財務與非財務效益。

11.5-2. 思考下列的 IP 問題。

極大化 $Z = 5x_1 + x_2$,

受限於

$-x_1 + 2x_2 \leq 4$
$x_1 - x_2 \leq 1$
$x_1 + x_2 \leq 12$

及

$x_1 \geq 0 \cdot x_2 \geq 0$
$x_1 \cdot x_2$ 是整數。

(a) 以圖解法求解。

(b) 以圖解法求解其 LP 鬆弛。將此解捨入為最接近的整數解，並檢驗其是否可行。然後列出此 LP 鬆弛解所有可能捨入的整數（即把所有非整數值向上或向下捨入）。檢驗各捨入解是否可行。若可行，計算其 Z 值，且其中是否有最佳解？

11.5-3. 針對下列問題重作習題 11.5-2。

極大化　　$Z = 220x_1 + 80x_2$，

受限於

$5x_1 + 2x_2 \leq 16$

$2x_1 - x_2 \leq 4$

$-x_1 + 2x_2 \leq 4$

及

$x_1 \geq 0 \cdot x_2 \geq 0$

$x_1 \cdot x_2$ 為整數。

11.5-4. 針對下列問題重作習題 11.5-2。

極大化　　$Z = 2x_1 + 5x_2$，

受限於

$10x_1 + 30x_2 \leq 30$

$95x_1 - 30x_2 \leq 75$

及

$x_1 \cdot x_2$ 為二元。

11.5-5. 針對下列問題重作習題 11.5-2。

極大化　　$Z = -5x_1 + 25x_2$

受限於

$-3x_1 + 30x_2 \leq 27$

$3x_1 + x_2 \leq 4$

及

$x_1 \cdot x_2$ 為二元。

11.5-6. 運用本章內容，指出以下敘述是否為真，並予以解釋其原因。

(a) 線性規劃問題一般比 IP 問題容易求解許多。

(b) 對 IP 問題而言，整數變數個數對解題困難度的影響通常比限制式數目大。

(c) 使用近似法求解 IP 問題時，可用單形法求解其 LP 鬆弛問題，再捨入非整數值為最近整數，其結果都是 IP 問題的可行解，但不一定是最佳解。

^{D,I} **11.6-1.** 使用 11.6 節的 BIP 分支界限演算法，逐步求解以下問題。

極大化　　$Z = 2x_1 - x_2 + 5x_3 - 3x_4 + 4x_5$

受限於

$3x_1 - 2x_2 + 7x_3 - 5x_4 + 4x_5 \leq 6$

$x_1 - x_2 + 2x_3 - 4x_4 + 2x_5 \leq 0$

及

x_j 為二元，而 $j = 1, 2, ..., 5$。

^{D,I} **11.6-2.** 使用 11.6 節的 BIP 分支界限演算法，逐步求解以下問題。

極小化　　$Z = 5x_1 + 6x_2 + 7x_3 + 8x_4 + 9x_5$

受限於

$3x_1 - x_2 + x_3 + x_4 - 2x_5 \geq 2$

$x_1 + 3x_2 - x_3 - 2x_4 + x_5 \geq 0$

$-x_1 - x_2 + 3x_3 + x_4 + x_5 \geq 1$

及

x_j 為二元，而 $j = 1, 2, ..., 5$。

^{D,I} **11.6-3.** 使用 11.6 節的 BIP 分支界限演算法，逐步求解以下問題。

極大化　　$Z = 5x_1 + 5x_2 + 8x_3 - 2x_4 - 4x_5$

受限於

$-3x_1 + 6x_2 - 7x_3 + 9x_4 - 9x_5 \geq 10$

$x_1 - 2x_2 \quad\quad - x_4 - 3x_5 \leq 0$

及

x_j 為二元，而 $j = 1, 2, ..., 5$。

^{D,I} **11.6-4.** 重新思考習題 11.3-6(a)，使用 11.6 節的 BIP 分支界限演算法，逐步求解這個 BIP 模型。

^{D,I} **11.6-5.** 重新思考習題 11.4-8(a)。使用 11.6 節的 BIP 分支界限演算法，逐步求解這個 BIP 模型。

11.6-6. 思考下列有關純 IP 問題（極大化）和其他 LP 鬆弛的敘述是否為真，並說明原因。

(a) LP 鬆弛的可行解區域為 IP 問題可行解區域的子集合。

(b) 若 LP 鬆弛的最佳解為整數解，則兩個問題的最佳目標函數值相等。

(c) 若某非整數解為 LP 鬆弛的可行解，則這個解的最近整數解（捨入各變數到最近整數）為該 IP 問題的可行解。

11.6-7.* 思考成本表如下的指派問題：

		任務				
		1	2	3	4	5
指派對象	1	39	65	69	66	57
	2	64	84	24	92	22
	3	49	50	61	31	45
	4	48	45	55	23	50
	5	59	34	30	34	18

(a) 設計求解此指派問題的分支界限演算法。說明如何進行分支、界限和洞悉步驟（提示：由於目前子問題還沒有指派的指派對象，刪除各指派對象必須正好執行一份工作的限制式，以形成其 LP 鬆弛）。

(b) 使用這個演算法求解。

11.6-8. 我們有 5 件工件須在機器上加工。由於各工件設置時間依先行工件而定（見下表）：

		設置時間				
		工作				
		1	2	3	4	5
先行工件	無	4	5	8	9	4
	1	—	7	12	10	9
	2	6	—	10	14	11
	3	10	11	—	12	10
	4	7	8	15	—	7
	5	12	9	8	16	—

目標是找出工件加工順序，以極小化總設置時間。

(a) 設計排序問題的分支界限演算法，說明如何進行分支、界限和洞悉步驟。

(b) 使用這個演算法求解。

11.6-9.* 思考下列非線性 BIP 問題。

極大化 $Z = 80x_1 + 60x_2 + 40x_3 + 20x_4 - (7x_1 + 5x_2 + 3x_3 + 2x_4)^2$,

受限於

x_j 為二元，對 $j = 1, 2, 3, 4$。

已知前 K 個變數 $x_1, ..., x_k$ 的值，其中 $k = 0、1、2$ 或 3，其可行解 Z 值的上界是

$$\sum_{j=1}^{k} c_j x_j - \left(\sum_{j=1}^{k} d_j x_j\right)^2$$
$$+ \sum_{j=k+1}^{4} \max\left\{0, c_j - \left[\left(\sum_{i=1}^{k} d_i x_i + d_j\right)^2 - \left(\sum_{i=1}^{k} d_i x_i\right)^2\right]\right\},$$

其中 $c_1 = 80$、$c_2 = 60$、$c_3 = 40$、$c_4 = 20$、$d_1 = 7$、$d_2 = 5$、$d_3 = 3$、$d_4 = 2$。利用此界限，使用分支界限法求解。

11.6-10. 思考 11.6 節末討論的拉格朗日鬆弛。

(a) 若 x 是某 MIP 問題的可行解，證明 x 也為該問題的拉格朗日鬆弛的可行解。

(b) 若 x^* 是某 MIP 問題的最佳解，其目標函數值為 Z。令 Z_R^* 是其拉格朗日鬆弛的最佳目標函數值，證明 $Z \leq Z_R^*$。

11.7-1. 研讀 11.7 節應用實例的論文，簡述其中所提研究如何應用整數規劃，並列出各種財務與非財務效益。

11.7-2. 思考下列 IP 問題。

極大化 $Z = -3x_1 + 5x_2$,

受限於

$5x_1 - 7x_2 \geq 3$

及

$x_j \leq 3$

$x_j \geq 0$

x_j 為二元，其中 $j = 1, 2$。

(a) 以圖解法求解。

(b) 使用 11.7 節的 MIP 分支界限演算法，以手算求解。使用圖解法求解各子問題的 LP 鬆弛。

(c) 使用整數變數的二元表示法，把問題重建為 BIP 問題。

D,I(d) 使用 11.6 節的 BIP 分支界限演算法，逐步求解 (c) 小題的問題。

11.7-3. 針對下列 IP 問題，重作習題 11.7-2。

極小化 $Z = 2x_1 + 3x_2$

受限於

$$x_1 + x_2 \geq 3$$
$$x_1 + 3x_2 \geq 6$$

及

$$x_1 \geq 0 \cdot x_2 \geq 0$$

$x_1 \cdot x_2$ 是整數。

11.7-4. 重新思考習題 11.5-2 的 IP 模型。

(a) 使用 11.7 節的 MIP 分支界限演算法，以手算求解問題。使用圖解法求解各子問題的 LP 鬆弛。
(b) 使用 IOR Tutorial 中演算法的互動程式求解問題。
C(c) 使用自動程式求解，以驗算答案。

D,I **11.7-5.** 思考 11.5 節討論，並圖示於圖 11.3 的 IP 例題。使用 11.7 節的 MIP 分支界限演算法，逐步求解問題。

D,I **11.7-6.** 重新思考習題 11.3-5(a)。使用 11.7 節的 MP 分支界限演算法，逐步求解問題。

11.7-7. 某工廠生產兩種產品。每件產品 1 必須在機器 1 加工 3 小時，在機器 2 加工 2 小時，而每件產品 2 必須在機器 1 加工 2 小時，在機器 2 加工 3 小時。機器 1 每天可加工 8 小時，而機器 2 每天可加工 7 小時。產品 1 的單位利潤是 $16，而產品 2 是 $10。各產品每天的產量必須是 0.25 的倍數。目標是找出各產品的生產量，以極大化利潤。

(a) 建立此問題的 IP 模型。
(b) 以圖解法求解此模型。
(c) 使用圖形分析以應用 17 節的 MP 分支界限演算法求解此問題。
D(d) 使用 IOR Tutorial 中演算法的互動程式求解問題。
C(e) 使用自動程式求解此模型，以驗算 (b)、(c) 及 (d) 小題的答案。

D,I **11.7-8.** 使用 11.7 節的 MIP 分支界限演算法，逐步求解下列問題。

極大化 $Z = 5x_1 + 4x_2 + 4x_3 + 2x_4$，

受限於

$$x_1 + 3x_2 + 2x_3 + x_4 \leq 10$$
$$5x_1 + x_2 + 3x_3 + 2x_4 \leq 15$$
$$x_1 + x_2 + x_3 + x_4 \leq 6$$

及

$x_j \geq 0$，而 $j = 1, 2, 3, 4$
x_j 是整數，而 $j = 1, 2, 3$。

D,I **11.7-9.** 使用 11.7 節的 MIP 分支界限演算法，逐步求解下列問題。

極大化 $Z = 3x_1 + 4x_2 + 2x_3 + x_4 + 2x_5$，

受限於

$$2x_1 - x_2 + x_3 + x_4 + x_5 \leq 3$$
$$-x_1 + 3x_2 + x_3 - x_4 - 2x_5 \leq 2$$
$$2x_1 + x_2 - x_3 + x_4 + 3x_5 \leq 1$$

及

$x_j \geq 0$，而 $j = 1, 2, 3, 4, 5$
x_j 為二元，而 $j = 1, 2, 3$。

D,I **11.7-10.** 使用 11.7 節的 MIP 分支界限演算法，逐步求解下列問題。

極小化 $Z = 5x_1 + x_2 + x_3 + 2x_4 + 3x_5$，

受限於

$$x_2 - 5x_3 + x_4 + 2x_5 \geq -2$$
$$5x_1 - x_2 + x_5 \geq 7$$
$$x_1 + x_2 + 6x_3 + x_4 \geq 4$$

及

$x_j \geq 0$，而 $j = 1, 2, 3, 4, 5$
x_j 是整數，而 $j = 1, 2, 3$。

11.8-1. 對於下列純 BIP 問題限制式，使用該限制式以儘量固定變數值：

(a) $4x_1 + x_2 + 3x_3 + 2x_4 \leq 2$
(b) $4x_1 - x_2 + 3x_3 + 2x_4 \leq 2$
(c) $4x_1 - x_2 + 3x_3 + 2x_4 \geq 7$

11.8-2. 對於下列純 BIP 問題限制式，使用該限制式以儘量固定變數值：

(a) $20x_1 - 7x_2 + 5x_3 \leq 10$
(b) $10x_1 - 7x_2 + 5x_3 \geq 10$
(c) $10x_1 - 7x_2 + 5x_3 \leq -1$

11.8-3. 使用下列一組同一純 BIP 問題的限制式以儘量固定變數值，並且指出因此成多餘的限制式。

$3x_3 - x_5 + x_7 \leq 1$
$x_2 + x_4 + x_6 \leq 1$
$x_1 - 2x_5 + 2x_6 \geq 2$
$x_1 + x_2 - x_4 \leq 0$

11.8-4. 在下列純 BIP 問題限制式中，找出哪些因為二元限制式而成多餘。不論是否多餘，都說明其原因。

(a) $2x_1 - x_2 + 2x_3 \leq 5$
(b) $3x_1 - 4x_2 + 5x_3 \leq 5$
(c) $x_1 + x_2 + x_3 \geq 2$
(d) $3x_1 - x_2 - 2x_3 \geq -4$

11.8-5. 11.8 節末討論緊縮限制式時，曾經說明 $4x_1 - 3x_2 + x_3 + 2x_4 \leq 5$ 可以緊縮成為 $2x_1 - 3x_2 + x_3 + 2x_4 \leq 3$，然後再緊縮成為 $2x_1 - 2x_2 + x_3 + 2x_4 \leq 3$，最後用緊縮限制式程序驗證結果。

11.8-6. 使用緊縮限制式的程序於下列純 BIP 問題限制式。

$3x_1 - 2x_2 + x_3 \leq 3$。

11.8-7. 使用緊縮限制式的程序於下列純 BIP 問題限制式。

$x_1 - x_2 + 3x_3 + 4x_4 \geq 1$。

11.8-8. 使用緊縮限制式的程序於下列純 BIP 問題限制式。

(a) $x_1 - 3x_2 - 4x_3 \leq 2$。
(b) $3x_1 - x_2 + 4x_3 \geq 1$。

11.8-9. 11.8 節中曾經使用純 BIP 問題限制式 $2x_1 + 3x_2 \leq 4$ 說明緊縮限制式的程序。證明將產生切面的程序應用在此限制式上，也會得到相同的新限制式 $x_1 + x_2 \leq 1$。

11.8-10. 某純 BIP 問題的限制式是

$x_1 + 3x_2 + 2x_3 + 4x_4 \leq 5$。

找出此限制式的全部最小涵蓋及其切面。

11.8-11. 某純 BIP 問題的限制式是

$3x_1 + 4x_2 + 2x_3 + 5x_4 \leq 7$。

找出此限制式的全部最小涵蓋及其切面。

11.8-12. 從下列某純 BIP 問題的限制式，儘量找出切面。

$3x_1 + 5x_2 + 4x_3 + 8x_4 \leq 10$

11.8-13. 從下列某純 BIP 問題的限制式，儘量找出切面。

$5x_1 + 3x_2 + 7x_3 + 4x_4 + 6x_5 \leq 9$

11.8-14. 思考下列 BIP 問題。

極大化　$Z = 2x_1 + 3x_2 + x_3 + 4x_4 + 3x_5 + 2x_6 + 2x_7 + x_8 + 3x_9$

受限於

$3x_2 + x_4 + x_5 \geq 3$
$x_1 + x_2 \leq 1$
$x_2 + x_4 - x_5 - x_6 \leq -1$
$x_2 + 2x_6 + 3x_7 + x_8 + 2x_9 \geq 4$
$-x_3 + 2x_5 + x_6 + 2x_7 - 2x_8 + x_9 \leq 5$

及

所有 x_j 為二元。

根據問題自動前處理方法（設定變數值、刪除多餘限制式和緊縮限制式），找出最緊縮模型，然後以目視法由此模型找出最佳解。

11.9-1. 思考下列問題：

極大化　$Z = 3x_1 + 2x_2 + 4x_3 + x_4$，

受限於

$x_1 \in \{1, 3\}$、$x_2 \in \{1, 2\}$、$x_3 \in \{2, 3\}$、
$x_4 \in \{1, 2, 3, 4\}$，

所有變數值必須不同，

$x_1 + x_2 + x_3 + x_4 \leq 10$。

使用限制規劃方法（定義域縮減、限制傳播、搜尋程序及列舉）找出所有可行解，再找出最佳解，並寫出求解過程。

11.9-2. 思考下列問題。

極大化　$Z = 5x_1 - x_1^2 + 8x_2 - x_2^2 + 10x_3 - x_3^2 + 15x_4 - x_4^2 + 20x_5 - x_5^2$，

受限於

$x_1 \in \{3, 6, 12\}$、$x_2 \in \{3, 6\}$、$x_3 \in \{3, 6, 9, 12\}$、
$x_4 \in \{6, 12\}$、$x_5 \in \{9, 12, 15, 18\}$，

所有變數值必須不同，

$$x_1 + x_3 + x_4 \leq 25。$$

使用限制規劃方法（定義域縮減、限制傳播、搜尋程序及列舉）找出所有可行解，再找出最佳解，並寫出求解過程。

11.9-3. 思考下列問題。

$$\text{極大化} \quad Z = 100x_1 - 3x_1^2 + 400x_2 - 5x_2^2 + 200x_3 - 4x_3^2 + 100x_4 - 2x_4^4$$

受限於

$x_1 \in \{25, 30\}$、$x_2 \in \{20, 25, 30, 35, 40, 50\}$、$x_3 \in \{20, 25, 30\}$、$x_4 \in \{20, 25\}$，

所有變數值必須不同，

$$x_2 + x_3 \leq 60，$$
$$x_1 + x_3 \leq 50。$$

使用限制規劃方法（定義域縮減、限制傳播、搜尋程序及列舉）找出所有可行解，再找出最佳解，並寫出求解過程。

11.9-4. 思考 8.3 節介紹的 Job Shop 公司例題。表 8.25 顯示其指派問題模型。使用全域限制式建立指派問題的精簡限制規劃模型。

11.9-5. 思考習題 8.3-4 指派游泳選手參加混合接力比賽的問題。書後解列出其指派問題模型。使用全域限制式建立指派問題的精簡限制規劃模型。

11.9-6. 思考習題 10.3-3 找出最佳時間分配計畫以準備 4 門課程期末考的問題。建立精簡限制規劃模型。

11.9-7. 思考習題 10.3-2 一位擁有三家食品連鎖店老板如何分配新鮮草莓箱到各商店銷售的問題。建立精簡限制規劃模型。

11.9-8. 限制規劃的強大功能是能夠使用變數作為目標函數項的下標。思考以下的旅行銷售員問題。銷售員必須拜訪 n 個城市（城市 1, 2, ..., n）。從城市 1 開始，每個城市都正好拜訪一次，完成旅程後再回到城市 1。令 c_{ij} 為城市 i 至城市 j 的距離，而 $i, j = 1, 2, ..., n$ ($i \neq j$)。目標是找出總距離最短的路徑（旅行銷售員問題是很經典、應用非常廣泛，但多與銷售員無關的 OR 問題）。

令決策變數 x_j ($j = 1, 2, ..., n, n + 1$) 為銷售員所拜訪的第 j 個城市，其中 $x_1 = 1$ 及 $x_{n+1} = 1$，利用限制規劃可以把目標寫成

$$\text{極小化} \quad Z = \sum_{j=1}^{n} c_{x_j x_{j+1}}。$$

使用此目標函數，建立完整限制規劃模型。

11.10-1. 從本章末參考文獻中，選出一篇整數規劃的應用案例並研讀，寫出兩頁的應用與效益（包括非財務性效益）摘要報告。

11.10-2. 從本章末參考文獻中，選出三篇網路最佳化模型的應用案例並研讀，每篇案例各寫出一頁的應用與效益（包括非財務效益）摘要報告。

個案研究

11.1. 客量問題

Hamilton 把紐約時報商業版丟到會議室桌上，然後看著同事從椅子坐直。

接著丟出華爾街日報頭版，然後再把金融時報丟出，然後看著同事輕拭額頭的汗珠。

Hamilton 語帶憤怒說：「剛剛給各位看的是三份最專業財經報的頭條新聞，親愛的同事，我們公司完了。要我唸給大家聽嗎？紐約時報寫，『CommuniCorp 股價跌至 52 週最低』。華爾街日報說『CommuniCorp 一年內失去 25% 呼叫器市場』。喔，我最愛的金融時報說『CommuniCorp 內部溝通混亂造成股價大跌』。我們公司怎麼會淪落到這地步？」

Hamilton 先生丟出一張投影片在投影機上，投影片中畫有一條斜率略為往上的直線。「這是公司過去

12 個月生產力的圖形。大家從圖中可以看到去年我們呼叫器的生產力呈現穩定的成長。顯而易見，生產力不是造成問題的原因。」

Hamilton 在放了一張投影片，上面畫有一條斜率略往上的直線，並說「這是公司過去 12 個月生產量的狀態。去年呈現穩定成長。顯而易見，這不是問題的主因。」

接著第二張投影片上有條急遽往上的直線。他說「這是公司過去 12 個月遲交訂單的圖，大家能看到遲交訂單數大幅增加。我認為這趨勢充分說明流失市占率，同時導致股價跌到 52 週最低的原因。我們讓零售商客戶不滿，丟了這些須依靠及時到貨，以符合消費者需求的生意。」

他提出疑問，「我們的生產量足以應付所有訂單，但為什麼不能如期交貨呢？」「我已經打電話向幾個部門詢問這個問題」。

「事實就是我們毫無目標的生產呼叫器，行銷和業務完全不和製造部門溝通，所以製造部門不知道該生產哪些產品，以滿足客戶需求。製造部門為維持工廠運轉，所以不論有無訂單，一直持續生產。產品堆放在倉庫，但行銷和業務部門不

知道存貨種類和數量，雖試著與倉儲聯絡，卻很少有回應。」Hamilton 稍微停頓並直視每位同事，「各位，我認為，我們內部有很嚴重的溝通問題，我要馬上解決這個問題。我要開始建置公司內網，以確保各部門都能看到重要文件，且容易利用電子郵件溝通。因為此內部網路對現有通訊基本架構作產生大改變，預期系統會有些缺點，各位也可能會抗拒。所以，我想逐步導入內網的建置。」

Hamilton 把時程表與需求表分發給同事。

第 1 個月	第 2 個月	第 3 個月	第 4 個月	第 5 個月
內部網路教育訓練	業務部門裝設內部網路	製造部門裝設內部網路	倉儲部門裝設內部網路	行銷部門裝設內部網路

部門	員工人數
業務	60
製造	200
倉儲	30
行銷	75

Hamilton 進一步說明，「首先我打算各位了解何謂內網，希望各位能夠接受，所以第 1 個月不會有任何部門裝設。第 2 個月開始裝設從業務部門裝設，隨後依序為製造部門、倉儲部門，最後到行銷部門。時程表下的需求表列出各部門需用內網的人數。」

Hamilton 轉頭看著資訊部主管 Jones 說：「我需要妳幫忙規劃內網的建置作業，特別是伺服器採購及個人電腦。」

Hamilton 交給 Jones 的伺服器資料（伺服器種類、支援使用人數和成本）如下所示：。

伺服器種類	所能支援使用人數	成本
標準型 Intel Pentium 個人電腦	最多 30 人	$ 2,500
加強型 Intel Pentium 個人電腦	最多 80 人	$ 5,000
SGI 工作站	最多 200 人	$10,000
Sun 工作站	最多 2,000 人	$25,000

Hamilton 對 Jones 說：「妳必須決定採購伺服器種類與時間，讓成本降到最低，並確保公司有足夠的伺服器容量，配合內網導入時程」，並繼續說著：「例如，妳能在第 1 個月採購一部大型伺服器，或幾部小型伺服器，以同時支援所有上網人員，或每月採購一部小型伺服器，支援當月設置的部門。」

「伺服器採購決策須考慮幾個因素。目前有兩家公司願意提供優惠價格。SGI 承諾每部折扣 10%，但限第 1 或第 2 個月採購。Sun 則提供前兩個月購買所有伺服器 25% 的折扣。第 1 個月可用資金也有上限。公司已分配好下兩個月大部分預算，所以第 1 和第 2 個月只剩 \$9,500 能買伺服器。最後，製造部門要求至少要設置一部功能最強伺服器。請在星期五前把採購決定放在我桌上。」

(a) Jones 先決定評估每月都採購的決策。建立每個月的 IP 模型，找出為支援新使用者，而應採購的伺服器種類和數量，以極小化該月成本。每月該採購的伺服器種類和數量為何？總成本有多少？
(b) Jones 發現，一開始購買大型伺服器，支援後續月份使用者，也許能省錢。因此決定評估整體規劃期間應採購的伺服器種類和數量。建立 IP 模型，以找出支援所有新使用者，該在何時採購哪些伺服器，以極小化總成本。每月應採購的伺服器種類和數量為何？總成本有多少？
(c) 為何方法 1 和方法 2 結果不同？
(d) 是否還有其他 Jones 未納入問題模型的成本？若有，這些成本為何？
(e) CommuniCorp 公司其他部門對內網可能有何意見？

本書網站個案

11.2. 藝術品展覽事宜

舊金山現代藝術館正規劃舉辦現代藝術展事宜。工作人員已整理出一份預備展出藝術家、作品和成本清冊。能選擇的作品組合也有限制。根據 3 種不同的情境，此問題能應用 BIP 選出展覽作品。

11.3. 存貨問題

「家具城」的倉庫管理不良，而造成許多存貨過多，有些卻經常缺貨的情況。為改善此情形，首先找出廚具部門最暢銷的 20 組商品，共 8 種不同樣式零組件，故每種樣式都應有存貨。但因該部門倉儲空間有限，須進行一些困難的存貨決策。在蒐集過這 20 組廚具商品資料後，需應用 BIP 找出 3 種不同情境下，「家具城」倉庫中的各種零組件與樣式存貨量。

11.4. 學區學生分發（再續）

如個案研究 4.3 與個案研究 7.3 的討論，Springfield 學區需把 6 社區的學生分發到該市 3 所中學。該學區委員會現決定禁止同社區學生分發到不同學校。因此，同社區學生須至同學校就讀。現在必須依據個案研究 4.3 的各種情境，應用 BIP 來進行分發作業。

12

Chapter

等候理論

排隊是我們日常生活的一部分,各位會排隊買電影票、存錢、付錢、郵寄包裹、在自助餐店取餐等。我們已經習慣久候,但對於特別長時間的等待仍會感到煩躁。

然而,排隊等待不僅造成個人困擾,一國人民浪費在等候的時間,也是影響該國生活品質及經濟效率的主因。

除了排隊等候外,其他類的等候也會造成極度無效率,如機器等待修理也許會導致生產損失;包括船和卡車等待下貨也可能會延遲後續貨物的交付;飛機等待起降可能會打斷整體後續航班;通訊線路飽和造成通聯速度延遲、而導致資料錯誤;製造零件等待加工可能會打斷後續生產;服務工作時程延遲可能會造成後續業務的損失。

等候理論 (queueing theory) 研究各種不同狀況的等候,使用等候模型 (queueing model) 來表示實務上各種類型的等候系統(含有某種等候線的系統),各模型公式指出對應的等候系統如何運作,包括在各種不同環境下會發生的平均等待時間。

因此,這些等候模型對決定如何有效率運作等候系統是非常有幫助的。提供過多的服務容量來運作這個系統會導致成本過高;但沒有提供足夠的服務容量會導致過長的等待時間及其所有不利的後果。這些模型能夠使我們在服務成本和等待時間之間得到適當的平衡。

在一些一般討論後,本章將介紹大部分的基本等候模型及其主要結果。12.10 節將討論如何應用等候理論所提供的資訊於等候系統的設計,以極小化服務和等待的總成本。

12.1 典型範例

醫院急診室提供快速醫療服務給被救護車或者私人轎車載到醫院的急診病患，任何時間都有一位醫生在急診室值班。然而，因為愈來愈多急診病患選擇到醫院而不去私人診所，醫院每年的急診數量持續增加。因此，在尖峰時段（傍晚）到達的急診病患通常必須等待醫生治療。因此，有提案建議在尖峰時段應該指派第二位醫師到急診室，以同時處理兩位急診病患。這間醫院管理工程師被指派去研究這個問題。

這位管理工程師從蒐集相關歷史資料開始，然後把這些資料與次年資料比對。她發現急診室是等候系統後，便應用幾種不同的等候理論模型來預測系統有一位醫生和有兩位醫生的等候特性，如同本章各節的討論（參見表 12.2 和表 12.3）。

12.2 等候模型的基本架構

基本等候過程

大部分等候模型假設的基本過程需要服務的顧客由一個輸入源 (input source) 隨時間而產生，顧客進入等候系統 (queueing system)，如果不能馬上接受服務，就加入一條等候線 (queue)。在某個時間，等候線中某成員根據某種等候規則 (queue discipline) 而被選取，然後由服務機制 (service mechanism) 為這位顧客提供所需的服務，並在接受完服務後就會離開等候系統，此過程如圖 12.1 所示。

這個等候過程的各種元素可以有許多不同的假設，接下來將討論這些假設。

輸入源（需求母體）

輸入源一個特徵就是其規模，規模 (size) 是指偶爾需要服務的顧客總數，即不同的潛在顧客總數，因此稱為**需求母體 (calling population)**，其規模可以假設是無限的或有限的（也可稱為無限輸入源或有限輸入源）。因為計算無限的狀況比較簡單，所以即使實際為大規模有限數值，一般也都假設是無限的。如果沒有特別說明，無限母體可視為是任何等候模型的隱含假設。有限母體的狀況比較難以分析，因為任何時間在等候系統內的顧客人數會影響在系統外的潛在顧客人數。但如果輸入源產生新顧客的速率明顯受到等候系統內顧客人數的影響時，就必須假設為有限母體。

顧客如何隨著時間而產生的統計分配形式也需要特別給定，一般假設是顧客的產生是根據 *Poisson* 過程，即到某個特定時間為止所產生的顧客人數是一個 Poisson 分配。如 12.4 節所要討論的顧客隨機到達等候系統，但其發生的速率是某一個固定的平均速率，與系統內已經有多少顧客無關（故此為無限規模的輸入源）。而連續兩個到

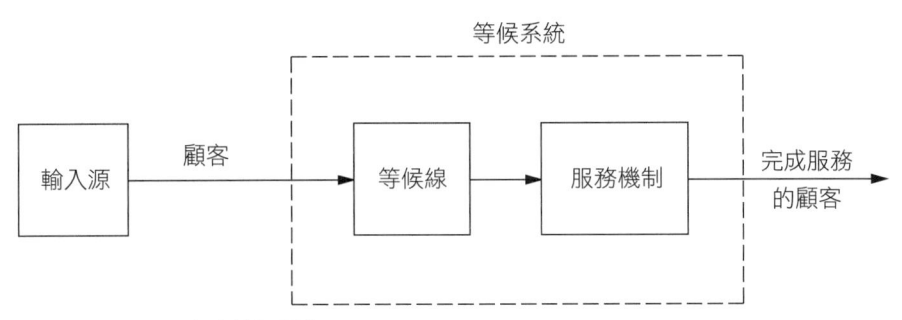

```
                    等候系統
        ┌─────────────────────────────┐
┌─────┐ 顧客 ┌─────┐   ┌─────┐ 完成服務
│輸入源│────→│等候線│──→│服務機制│────→ 的顧客
└─────┘     └─────┘   └─────┘
        └─────────────────────────────┘
```

圖 12.1 基本的等候過程。

達間的時間機率分配為指數分配（見 12.4 節）。此連續兩個到達之間的時間稱為**到達間隔時間 (interarrival time)**。

任何有關顧客到達行為的特殊假設也須特別說明。阻擋 (balking) 是一個例子，當等候線太長時，顧客會拒絕進入系統並不再回來。

等候線

等候線是顧客受服務前等待之處，其特性為所能容納顧客數之上限。等候線根據其容量也稱為無限等候線或有限等候線。無限等候線為大多數等候模型的標準假設，甚至實際有容量上限（相當大）的情況也假設為無限等候線，因為處理上限為分析的複雜因素。但對等候線上限很小且常會超過上限的等候系統，就須假設其為有限等候線。

等候規則

等候規則是指選擇等候線上的顧客來接受服務的順序。舉例來說，可能是先到先服務、隨機、根據某些優先順序，或是一些其他的順序。除另外說明，否則一般的等候模型都假設是先到先服務。

服務機制

服務機制包括一個或多個服務設施 (service facility)，各服務設施都包含一個或多個平行的服務管道 (parallel service channel)，稱做**服務員 (server)**。如果有多個服務設施，顧客可能接受一序列的這些設施的服務（序列服務管道）。在某給定的服務設施，顧客進入平行的服務管道之一，並且由該服務員完成服務。等候模型必須給定服務設施的排列方式以及各服務設施中服務員（平行管道）的個數。大部分的基本模型都假設一服務設施中有一服務員或是有限個服務員。

一位顧客在一服務設施中，從開始接受服務到完成服務的時間稱為**服務時間 (service time)** 或停留時間 (holding time)。等候系統的模型須給定每個服務員服務時間

的機率分配（且可能不同顧客有不同的分配），雖然一般都假設所有服務員的服務時間都是相同分配（本章所有模型都作這個假設）。實務上最常假設的服務時間分配是 12.4 節所討論的指數分配（因為它比其他分配容易處理）。其他是退化 (denegerate) 分配（服務時間為常數）和 *Erlang*（或稱 gamma）分配，如 12.7 節的模型所示。

基本等候過程

如前所述，等候理論已應用到許多不同型態的等候線情況。然而，最普遍的情況如下：在單一的服務設施前形成一條等候線（有時可能是空的），這個服務設施內有一個或多個服務員。每位顧客由輸入源產生，也許在隊伍（等候線）等候一段時間後，接受其中一位服務員的服務。這個等候系統如圖 12.2 所示。

注意 12.1 節中等候過程的典型例題就是這個類型，輸入源產生需要緊急醫療服務的顧客，急診室是服務設施，而醫生是服務員。

服務員並不一定是單獨個人，也可以是一群人，例如一群維修工人合力同時為需要服務的顧客進行服務。此外，服務員甚至不一定需要是人，在許多情況中，可能是一台機器、一種運輸工具、一種電子裝置等。同樣在等候線上的顧客也不一定是人，可能是等候某種機器加工的工件，或在收費站前等待的汽車。

在實體結構的服務設施前，也不一定要形成真正實體的等候線。等候線的成員可能散布在某個區域，等候服務員過來服務，例如機器等待維修。這一個或一群服務員被指派到一個給定的區域就構成了此區域的服務設施，這時等候理論仍然可以找出平均等候顧客數、平均等候時間等，因為這與顧客是否成群等候無關。應用等候理論的唯一基本要求為，等候某種服務之顧客數的改變與圖 12.2 所描述的實體情況（或合乎規定的類似情況）相同。

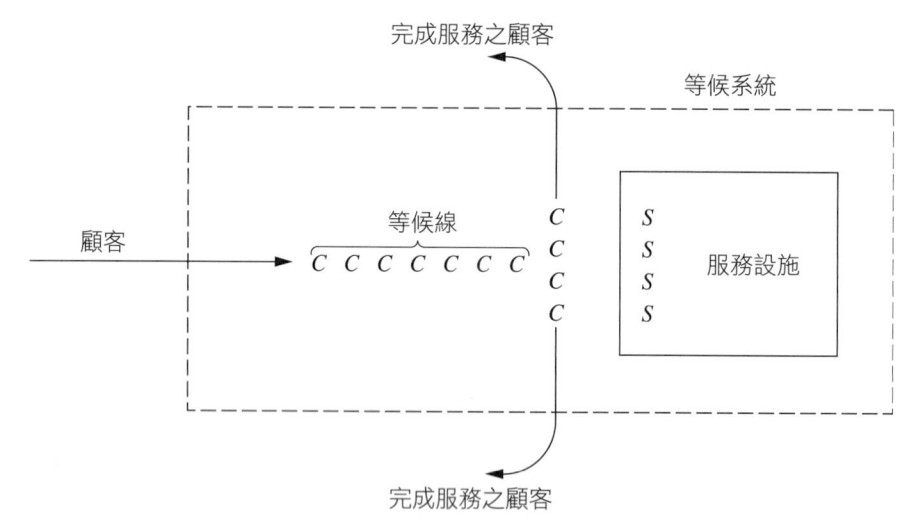

圖 12.2 一個基本等候過程（每位顧客以 C 表示，而每個服務員以 S 表示）。

除了 12.9 節之外，所有本章討論的等候模型都以圖 12.2 來描述的基本型態。許多模型乃進一步假設所有到達間隔時間是互相獨立且遵循相同分配，而所有的服務時間也都是互相獨立且遵循相同分配。這些模型通常標示如下：

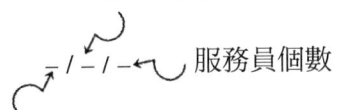

$$\underset{\underset{\text{到達間隔時間的分配}}{\uparrow}}{-}/\underset{\underset{\text{服務時間的分配}}{\uparrow}}{-}/\underset{\underset{\text{服務員個數}}{\uparrow}}{-}$$

其中 M = 指數分配（馬可夫），如 12.4 節所述。
　　　D = 退化分配（固定時間），如 12.4 節所討論。
　　　E_k = Erlang 分配（形狀參數 = k），如 12.4 節所述。
　　　G = 一般分配（允許任意分配），[1] 如 12.4 節所討論。

例如，12.6 節所討論的 $M/M/s$ 模型假設到達間隔時間和服務時間都是指數分配，並且有 s（任何正整數）個服務員。12.7 節所討論的 $M/G/1$ 模型假設到達間隔時間是指數分配，但服務時間沒有限制是什麼分配，而服務員限制為剛好一個。各種其他符合這種標示架構的模型將在 12.7 節中介紹。

專有名詞與符號

除有特別說明，我們將採用以下標準專有名詞與符號：

　　系統狀態 = 在等候系統中的顧客數。
　　等候線長度 = 正在等待受服務的顧客數。
　　　　　　　 = 系統狀態減去正在受服務的顧客數。
　　$N(t)$ = 在時間 t ($t \geq 0$) 時，等候系統中的顧客數。
　　$P_n(t)$ = 已知時間 0 的顧客數，等候系統在時間 t 時剛好有 n 位顧客的機率。
　　　S = 等候系統中的服務員數（平行的服務管道數）。
　　λ_n = 當有 n 位顧客在系統中時，新顧客的平均到達速率（單位時間的期望到達數）。
　　μ_n = 當有 n 位顧客在系統中時，整體系統的平均服務速率（每單位時間完成服務的期望顧客數）。注意：μ_n 代表所有忙碌的服務員（正在服務顧客）完成服務的速率總和。
　　λ, μ, ρ = 見以下各段

當對所有 n，λ_n 是一個常數時，以 λ 來表示這個常數。而當對所有 $n \geq 1$，每個

---

[1] 當我們提到到達間隔時間時，通常以 G_I（一般的獨立分配）來取代符號 G。

忙碌服務員的平均服務速率是一個常數時，以 μ 來表示這個常數（當 $n \geq s$ 時，即當所有的 s 個服務員都在忙碌時，$\mu_n = s\mu$）。在這些情況下，$1/\lambda$ 和 $1/\mu$ 分別是期望到達間隔時間和期望服務時間，而且 $\rho = \lambda/(s\mu)$ 是這個服務設施的**效用因子 (utilization factor)**，即個別服務員忙碌時間的期望比例，因為 $\lambda/(s\mu)$ 代表系統服務能力 $(s\mu)$ 受到達顧客 (λ) 使用的平均比例。

描述穩定狀態的結果也需要使用某些符號，當一個等候系統剛開始運作時，系統狀態（系統內的顧客數）受到起始狀態及經過時間很大的影響，這時候稱這個系統在**過渡狀態 (transient condition)**。但在經過足夠長的時間之後，系統狀態基本上會變成與起始狀態及經過時間無關（除了某些特殊的狀況）。[2] 系統現在基本上達到一種**穩定狀態 (steady-state condition)**，而系統狀態的機率分配不會隨著時間改變（穩態或穩定的分配）。等候理論傾向聚焦在穩定狀態的情況，原因之一是過渡狀況比較難以分析（雖有某些過渡狀況，但其方法超出本書範圍）。下列符號假設系統在穩定狀態：

P_n = 恰好有 n 位顧客在等候系統內的機率。

L = 在等候系統內的期望顧客數 = $\sum_{n=0}^{\infty} nP_n$。

L_q = 等候線的期望長度（不包括正受服務的顧客）= $\sum_{n=s}^{\infty} (n-s)P_n$。

ω = 每位顧客在系統內的等候時間（包括服務時間）。

$W = E(\omega)$。

ω_q = 每位顧客在等候線的等候時間（不包括服務時間）。

$W_q = E(\omega_q)$。

L、W、Lq 及 Wq 之間的關係

假設對所有 n 而言，λ_n 是常數 λ。則在一個穩定狀態的等候過程中，已經證明

$$L = \lambda W$$

此外，這個證明同時也證明了

$$L_q = \lambda W_q$$

如果 μ_n 不相等，則這些方程式中的 λ 可以用長期平均到達速率 $\bar{\lambda}$ 來取代（稍後會說明在一些基本情況下如何決定 $\bar{\lambda}$）。

現在假設對所有 $n \geq 1$，平均服務時間是常數 $1/\mu$，則可得到

$$W = W_q + \frac{1}{\mu}$$

---

[2] 當定義了 λ 及 μ 後，這些特殊情況是（數學式 $\rho \geq 1$）時。此時該系統的狀態傾向隨著時間持續增大。

這些關係是非常重要的，因為只要分析出四個主要的量 L、W、L_q 及 W_q 中的一個量，就可以立刻決定其他的量。這種情況算很幸運，因為當利用基本原則求解一個等候模型時，某些量經常會比其他的量容易求解。

12.3 實際等候系統的例子

12.2 節中對等候系統的描述可能看起來比較抽象，並且只適用於相當特殊的情況。相反的，等候系統的應用非常廣泛。為了讓各位了解更多等候理論的應用，我們將簡要說明幾種廣泛類型之實際等候系統的不同例子。然後，我們將描述一些著名的公司（加上一個都市）的等候系統，以及用來設計這些系統的獲獎研究。

等候系統的一些類型

等候系統的一種重要類型是日常生活會碰到的**商業服務系統 (commercial service system)**，其中外部顧客接受商業組織的服務，包括許多在固定地點的人對人服務。例如理髮院（理髮師是服務員）、銀行出納服務、商店的結帳櫃檯和自助餐店的服務線（串連的服務管道）。但也有許多其他服務系統並非如此，例如家電修理（服務員至顧客處）、販賣機（服務員是機器）及加油站（車子是顧客）。

另外一種重要類型是**運輸服務系統 (transportation service system)**。對有些系統而言，車輛是顧客，例如車輛在收費站或是號誌燈（服務員）前等待、卡車或輪船等待人員（服務員）以裝卸貨、飛機等待機場跑道（服務員）以便起飛或降落（有一特別例子為停車場，其中車輛是顧客，而停車位為服務員，但並無等候線，因為若停車場滿了，後來到達車會至別處停）。在其他的情況，車輛如計程車、消防車及電梯都是服務員。

近年來，等候理論可能大部分應用於顧客在組織內部接受服務的**內部服務系統 (internal service system)**。例如物料搬運單位（服務員）移動裝載（顧客）的物料搬運系統、維修人員（服務員）修理機器（顧客）的維修系統，及品管檢查員（服務員）檢驗產品（顧客）的檢查站。員工設施和部門服務員工也屬於此類型。此外，機器也可被視為服務員，顧客是要處理的工作，一個相關的例子是電腦實驗室，其中每台電腦可被視為服務員。

目前對等候理論亦能應用到**社會服務系統 (social service system)**。例如，司法系統是一個等候網路，其中法庭是服務設施，法官（或陪審團）是服務員，而等候判決的案件是顧客。立法機構是一個類似的等候系統，其中顧客是正等待受理的法案。各種健康醫療系統也是等候系統，在 12.1 節已經看過一個例子（醫院急診室），但也可視救護車、X 光機器及醫院病床為等候系統中的服務員。同樣，等候中低收入房屋補

助或其他社會服務的家庭也可視為等候系統中的顧客。

雖然這些是等候系統的四個廣泛類型，但是還有其他的等候系統。事實上，等候理論在 20 世紀初剛開始時是應用於電話工程（等候理論的創始者 A. K. Erlang 是位於哥本哈根的丹麥電話公司的員工），而電話工程至今仍是一個重要的應用。此外，每個人都有自己的等候線，例如家庭作業、要讀的書等。但是，這些例子已足夠證明等候系統確實已遍及社會的許多領域。

設計等候系統的一些獲獎研究

Franz Edelman 獎是著名的作業研究與管理科學成就獎，每年由 Institute of Operations Research and Management Sciences (INFORMS) 頒發給當年度 OR 領域的最佳應用。獲獎的應用中，有相當多是頒給等候系統上的創新應用。

本章 12.6 節及 12.9 節應用實例描述兩個等候理論的獲獎應用，本章最後的參考文獻中也包括一些描述其他獲獎應用的論文。以下將簡述一些等候理論的其他應用，這些應用現在已經成為該領域的典範。

如同參考文獻 A1 所述，早期贏得 Edelman 競賽首獎的公司之一是全錄 (Xerox) 公司。該公司顧客要求技術員降低修護這些機器的等候時間。一個 OR 小組採用等候理論來研究如何符合這項新的服務需求，研究結果將先前只有一位技術員負責的小區域替換成有三位技術員負責的大區域。這項改變有極大的效果，包括大量減少顧客平均等候時間和增加技術員利用率超過 50%（另見第 10 章參考文獻 9 的個案研究）。

L. L. Bean 公司是一家大型的電信行銷及郵購公司，其獲獎的研究主要是依靠使用等候理論來決定如何分派電信資源，如參考文獻 A4 所述。打進電話服務中心來訂貨的電話是一個大型等候系統中的顧客，而話務人員是服務員。研究中的主要問題如下：

1. 對於打進來的電話，電話服務中心應該提供多少電話線？
2. 在不同的時段，應該安排多少話務人員？
3. 每位話務人員應該有多少保留線以供顧客等候？（注意有限的保留線使得系統的等候線有限。）

等候模型就上述三項數量的各種有趣組合，提供了該等候系統的績效衡量。給定這些衡量後，OR 小組小心評估一些由於收到忙線訊號或保留太久而造成顧客流失的銷售損失。在加上電信資源成本之後，該小組找到極小化期望總成本的三項數量之組合，讓該公司每年省下 9 百萬至 1 千萬美元。

美國電報電信 (AT&T) 公司因為其結合等候理論與模擬的研究而贏得另一個 Edelman 競賽首獎。參考文獻 A2 所提的等候模型是針對 AT&T 的通訊網路及典型商

業顧客的電話服務中心,其目的在於發展一個容易使用且以個人電腦為主的系統,讓 AT&T 的商業顧客使用,以引導他們如何設計或重新設計其電話服務中心。此套系統至今已經使用約 2,000 次,為這些顧客創造每年超過 7.5 億美元的利潤。

跨國電子設備商惠普 (HP) 公司多年前建置了一個用來製造噴墨印表機的機械化組裝線系統,以滿足這類印表機迅速成長的需求。不久之後,所建置的這套系統很明顯不夠快速或不夠可靠,而無法達到公司的生產目標。因此,HP 以及麻省理工學院 (MIT) 的管理科學家們組成一個團隊來研究如何重新設計這個系統,以改善績效。

根據參考文獻 A3 對這項獲獎研究的描述,HP/MIT 團隊很快瞭解到這個組裝線系統可以建立成一個特殊類型的等候系統,其中顧客(要組裝的印表機)依固定的順序通過一系列的服務(組裝作業)。這個特殊的等候模型很快提供所需的分析結果,用來決定系統該如何用最經濟的方法來重新設計並達到必要的產能。這包括在策略性增加一些緩衝的儲存空間,使後續工作站的工作流程能維持得更好,並減輕機台故障所造成的影響。這個設計增加約 50% 的生產力,並使得印表機的銷售額及相關產品的額外收入增加近 2.8 億美元。這個特殊等候模型的創新應用也提供 HP 一種新的方法,使該公司在內部其他領域建立快速且有效的系統設計。

12.4 指數分配的角色

等候系統的運作特性主要由兩個統計性質來決定,也就是到達間隔時間(見 12.2 節的「輸入源」)的機率分配及服務時間(見 12.2 節的「服務機制」)的機率分配。對一個實際的等候系統,這些分配可能是任何形式的分配(唯一的限制是不能產生負值)。但要建立一個能代表實際系統的等候理論模型,經常必須確立對分配的假設。欲使其發揮效用,則假設應該要能充分地反映實際狀況,使得模型能夠提供合理的預測,同時也要足夠簡單,使得模型在數學上易於處理。基於這些考量,在等候理論中最重要的機率分配是指數分配。

假設隨機變數 T 代表到達間隔時間或服務時間(以事件來標示時間的結束,即到達或完成服務)。如果該隨機變數機率密度函數是

$$f_T(t) = \begin{cases} \alpha e^{-\alpha t} & \text{其中 } t \geq 0 \\ 0 & \text{其中 } t < 0 \end{cases},$$

則稱為遵循具有參數 α 的指數分配,如圖 12.3 所示。此時累積機率函數是

$$\begin{aligned} P\{T \leq t\} &= 1 - e^{-\alpha t} \\ P\{T > t\} &= e^{-\alpha t} \end{aligned} \quad (t \geq 0),$$

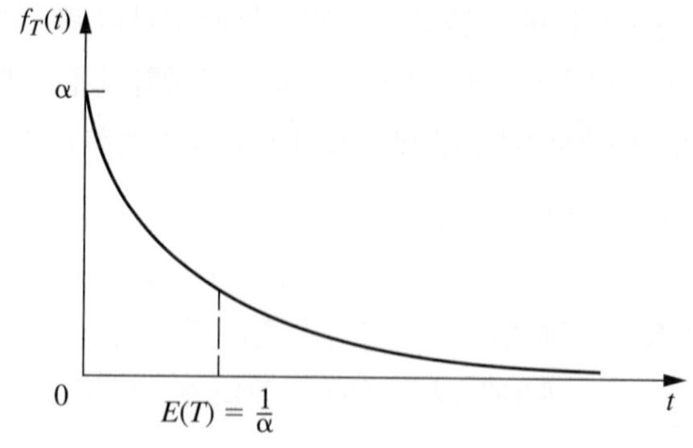

圖 12.3 指數分配的機率密度函數。

且 T 的期望值和變異數分別是

$$E(T) = \frac{1}{\alpha},$$

$$\text{var}(T) = \frac{1}{\alpha^2}。$$

假設等候模型的隨機變數 T 是指數分配有何意義呢？要探索這個問題之前，先檢視指數分配的六個重要性質。

性質1：$f_T(t)$ 是 t 的嚴格遞減函數 $t \geq 0$。

性質1的結果之一是對任何具有嚴格正值的 Δt 和 t，

$$P\{0 \leq T \leq \Delta t\} > P\{t \leq T \leq t + \Delta t\}$$

（這個結果可由以下事實推得：在指定的區間長度 Δt，這些機率是 $f_T(t)$ 曲線之下的面積，而右端的曲線平均高度比左端的低）。因此，很有可能 T 很小且出現在接近零的區域。事實上，

$$P\left\{0 \leq T \leq \frac{1}{2}\frac{1}{\alpha}\right\} = 0.393$$

而

$$P\left\{\frac{1}{2}\frac{1}{\alpha} \leq T \leq \frac{3}{2}\frac{1}{\alpha}\right\} = 0.383，$$

所以 T 值比較可能發生在比較「小」的值（即小於 $E(T)$ 的一半），而非「接近」其期望值的值（不超過 $E(T)$ 的一半），即使第二個區間是第一個區間的兩倍寬。

在一個等候模型中這個性質合理嗎？如果 T 代表服務時間，答案就要視該服務的一般性質而定，如以下的討論。

如果每一位顧客所需的服務基本上都相同，而且服務員都執行同樣程序的服務，則實際的服務時間傾向接近期望服務時間。偏離平均值的小差異可能會發生，但通常

只是因為服務員在效率上的小差異。偏離平均值很大的短服務時間基本上不可能發生，因為即使服務員以最高速度工作，也還需要一些最短的基本時間去完成所需的服務。在這種情形下，指數分配顯然無法提供服務時間分配的良好近似。

另一方面，思考對服務員的服務任務需求隨顧客而有不同的情況，服務的一般性質可能是相同的，但服務形式及所需的服務量並不相同。例如，12.1 節醫院急診室的例子就是這種情況，急診室醫生面臨各種不同的醫療問題，大多數的情況下他們能相當快速提供所需的醫療，但有時病人需要大量密集的醫療照顧。同樣，銀行行員和商店的收銀員也是此類型的服務員，其提供的服務通常是很短暫，但偶而也需要長時間的服務，指數服務時間分配對這種服務型態似乎相當合理。

如果 T 代表到達間隔時間，則性質 1 就排除了潛在顧客如果看到其他顧客先進入系統，則會傾向延遲進入等候系統的情況。另一方面，這與下一個性質所述的到達是「隨機」發生的現象完全一致。因此，當在時間軸上繪出到達時間時，有時會呈現出群集並有偶發的大間隙來分隔群集，因為出現到達間隔時間短的機率很大，而到達間隔時間長的的機率很小，惟此種不規則的形態是真正隨機性的一部分。

性質 2：無記憶性 (lack of memory)。

這個性質的數學表示方式為

$$P\{T > t + \Delta t \mid T > \Delta t\} = P\{T > t\}$$

對任意正值的 t 和 Δt。換句話說，不論已經過多少時間 (Δt)，直到事件（到達或完成服務）發生之剩餘時間的機率分配一定相同。事實上，該過程「忘記」其歷史。這個令人驚訝的現象發生在指數分配上，因為

$$\begin{aligned} P\{T > t + \Delta t \mid T > \Delta t\} &= \frac{P\{T > \Delta t, T > t + \Delta t\}}{P\{T > \Delta t\}} \\ &= \frac{P\{T > t + \Delta t\}}{P\{T > \Delta t\}} \\ &= \frac{e^{-\alpha(t+\Delta t)}}{e^{-\alpha \Delta t}} \\ &= e^{-\alpha t} \\ &= P\{T > t\}. \end{aligned}$$

對到達間隔時間而言，這個性質說明了到下次到達的時間完全不受上次發生到達的時間影響。對服務時間而言，這個性質就比較難以解釋了。當服務員必須對每位顧客進行固定順序的服務時，不應該期望這個性質能成立，因為已進行了很長的服務時間，意謂著剩下來的服務時間很短。然而，對不同顧客需要不同服務的情況，這個性質的數學敘述可能相當實際。在這種情況，一位顧客若已經接受相當久的服務，這意謂著該顧客可能需要比大部分顧客更多的服務。

性質 3：數個獨立指數隨機變數中的最小值遵循指數分配。

如果要以數學方式來敘述這個性質，令 T_1、T_2、$\cdots$、T_n 分別是參數 α_1、α_2、$\cdots$、α_n 的獨立指數隨機變數，同時令隨機變數 U 的值等於隨機變數 T_1、T_2、$\cdots$、T_n 的最小值，即

$$U = \min\{T_1, T_2, \ldots, T_n\}.$$

因此，如果 T_i 代表到某一特定事件發生的時間，則 U 代表到下一次發生這 n 種不同事件之一的時間。現在注意對任意 $t \geq 0$，

$$\begin{aligned}P\{U > t\} &= P\{T_1 > t, T_2 > t, \ldots, T_n > t\} \\ &= P\{T_1 > t\}P\{T_2 > t\} \cdots P\{T_n > t\} \\ &= e^{-\alpha_1 t} e^{-\alpha_2 t} \cdots e^{-\alpha_n t} \\ &= \exp\left(-\sum_{i=1}^{n} \alpha_i t\right),\end{aligned}$$

所以 U 確實遵循指數分配，且其參數為

$$\alpha = \sum_{i=1}^{n} \alpha_i.$$

這個性質對等候模型中的到達間隔時間具有某些隱含的意義。尤其，假設有數種（n 種）不同類型的顧客，而每一類型（類型 i）的到達間隔時間遵循參數為 α_i ($i = 1, 2, \ldots, n$)) 的指數分配。根據性質 2，從任何特定時間到下一個類型 i 顧客到達的剩餘時間遵循相同的分配。因此，令 T_i 為從任何一種類型顧客到達的時間算起的剩餘時間，則性質 3 的意義是整體等候系統的到達間隔時間 U 遵循一個指數分配，其參數為定義於上一個方程式的 α。因此，可選擇忽略顧客的類型，而等候模型仍有指數到達間隔時間。

然而，這個意義對多個服務員等候模型的服務時間，比對到達間隔時間更為重要。例如，思考所有服務員都具有參數為 μ 的相同指數服務時間分配，在這情況下，令 n 為目前提供服務的服務員數目，並且令 T_i 為服務員 i ($i = 1, 2, \ldots, n$) 的剩餘服務時間，這剩餘服務時間同樣也會是遵循參數的 $\alpha_i = \mu$ 指數分配，則從現在到這些服務員中下一個完成服務的時間 U 遵循參數 $\alpha = n\mu$ 的指數分配。實際上，目前運行的等候系統就如同服務時間遵循參數 $n\mu$ 之指數分配的單一服務員系統。本章稍後在分析多個服務員模型時會經常用到這個隱含的意義。

當使用到這個性質時，決定指數隨機變數中哪一個將會是最小值的機率分配，有時是很有用的。例如，你可能要得到在 n 個忙碌的指數服務員中，某一特定服務員 j 將是第一個完成顧客服務的機率，可以相當直接地證明這個機率與參數 α_j 成比例（參見習題 12.4-9）。事實上，T_j 將是 n 個隨機變數中最小者的機率是

$$P\{T_j = U\} = \frac{\alpha_j}{\sum_{i=1}^{n} \alpha_i}, \quad \text{其中 } j = 1, 2, \ldots, n。$$

性質 4：與 Poisson 分配的關係。

假設某一特定類型事件（比如到達或一個連續忙碌服務員完成服務）連續兩次發生的間隔時間遵循參數為 α 的指數分配，性質 4 的隱含意義與在某一段時間內這類型事件發生次數的機率分配有關。令 $X(t)$ 為時間 t 前發生的次數 ($t \geq 0$)，其中時間 0 是指開始計數的起始時間。以這種方式定義的隨機變數 $X(t)$ 是參數為 αt 的 Poisson 分配，其形式為

$$P\{X(t) = n\} = \frac{(\alpha t)^n e^{-\alpha t}}{n!}, \quad \text{其中 } n = 0, 1, 2, \ldots.$$

例如，當 $n = 0$ 時，

$$P\{X(t) = 0\} = e^{-\alpha t},$$

就是在時間 t 後第一個事件發生的指數分配所得的機率。Poisson 分配的平均值是

$$E\{X(t)\} = \alpha t,$$

所以每單位時間事件發生的期望次數為 α。因此 α 為是事件發生的平均速率 (mean rate)。當連續計數發生的事件時，該計數過程 $\{X(t); t \geq 0\}$ 稱為具有參數 α（平均速率）的 **Poisson 過程 (Poisson process)**。

這性質在服務時間為參數 μ 的指數分配時，提供了關於服務完成的有用資訊。定義 $X(t)$ 為時間 t 內，一個連續忙碌的服務員完成服務的次數，來取得這個資訊，其中 $\alpha = \mu$。對於多個服務員的等候模型，$X(t)$ 也能定義為時間 t 內 n 個連續忙碌服務員完成服務的次數，其中 $\alpha = n\mu$。

這個性質對描述到達間隔時間為參數 λ 的指數分配的到達機率行為特別有用。這時候，$X(t)$ 是在時間 t 內到達的數目，其中 $\alpha = \lambda$ 是平均到達速率 (mean arrival rate)。因此，到達的發生是遵循參數為 λ 的 **Poisson 輸入過程 (Poisson input process)**。這種等候模型也稱為假設具有 *Poisson* 輸入的模型。

有時候稱到達為隨機發生，表示其發生是遵循 Poisson 輸入過程。這種現象的直覺解釋是在固定長度的時間間隔內，都有相同的機會發生一次到達，不論前一次到達何時發生，如下列性質所述。

性質 5：對所有的正值 t 及很小的 Δt，數學式。

繼續以 T 表示某一種類型（到達或完成服務）的前一個事件到下一個事件的間隔時間，假設已經過 t 單位時間，但還沒有發生這種事件。從性質 2 可知，不論 t 是多

大或多小，這種事件會在下一段固定時間長度 Δt 內發生的機率是一個常數（將在下一段確認）。性質 5 進一步說明當 Δt 的值很小時，這個常數機率可以 $\alpha \Delta t$) 來非常接近地近似。此外，思考不同的 Δt 值時，這個機率基本上與 Δt 成正比，比例常數為 α。實際上，α 是事件發生的平均速率（見性質 4），所以在間隔長度 Δt 內事件發生的期望次數，剛好是 $\alpha \Delta t$。一個事件發生的機率會稍微不同的唯一理由，是可能有超過一個事件發生，而當 Δt 是很小的時候，這機率很小而可忽略。

要驗證為何性質 5 在數學上成立，請留意這個機率的常數值（對一個固定值 $\Delta t > 0$）就是

$$P\{T \leq t + \Delta t \mid T > t\} = P\{T \leq \Delta t\}$$
$$= 1 - e^{-\alpha \Delta t},$$

對任何 $t \geq 0$。因此，因為對任意指數 x，e^x 的級數展開式是

$$e^x = 1 + x + \sum_{n=2}^{\infty} \frac{x^n}{n!},$$

所以可得到

$$P\{T \leq t + \Delta t \mid T > t\} = 1 - 1 + \alpha \Delta t - \sum_{n=2}^{\infty} \frac{(-\alpha \Delta t)^n}{n!}$$
$$\approx \alpha \Delta t，其中很小的 \Delta t，{}^3$$

因為這個加總項對足夠小的 $\alpha \Delta t$ 值而言會變成相對小而可忽略。

因為 T 能代表等候模型中的到達間隔時間或服務時間，這個性質為下一個小區間 Δt 內發生所感興趣事件的機率提供一個方便的近似值，當 $\Delta t \to 0$ 時使用適當的極限值，可以讓這個以近似為基礎的分析變得精確。

性質 6：不受結合或是分解的影響。

這個性質主要是來驗證輸入過程是 *Poisson* 過程。因此，由於性質 4，該性質也能直接適用於指數分配（指數到達間隔時間），我們仍將以這些名詞來描述此性質。

首先思考結合（聯合）數個 Poisson 輸入過程成為一個整體的輸入過程。特別是假設有數種 (n) 不同類型的顧客時，其中各類型（類型 i）顧客的到達是根據參數為 $\lambda_i (i = 1, 2, ..., n)$ 的 *Poisson* 輸入過程。假設這些是獨立的 Poisson 過程，則這個性質的意義是結合的輸入過程（所有顧客的到達，不論其類型）也必須是參數（到達速率）為 $\lambda = \lambda_1 + \lambda_2 + ... + \lambda_n$ 的 Poisson 過程。換句話說，具有 Poisson 過程並不受結合的影響。

此性質的這個部分可直接從性質 3 和性質 4 證得。後者表示第 i 種類型的顧客之到達間隔時間是參數 λ_i 的指數分配。這個相同的狀況已經在性質 3 討論過，其表示所

---

[3] 更精確地說是 $\lim\limits_{\Delta t \to 0} \dfrac{P\{T \leq t + \Delta t \mid T > t\}}{\Delta t} = \alpha$。

有顧客到達間隔時間也必須是參數為 $\lambda = \lambda_1 + \lambda_2 + ... + \lambda_n$ 的指數分配。再次應用性質 4，就可以知道結合後的輸入過程為 Poisson 過程。

性質 6 的第二部分（「不受分解的影響」）是指相反的情形，亦即當已知結合輸入過程（結合數種顧客類型的輸入過程）是參數為 λ 的 Poisson 過程，而現在所關心的問題是分解後的輸入過程（個別顧客類型的輸入過程）的性質。假設每一位到達的顧客有固定的機率 $p_i (i = 1, 2,...,n)$ 是第 i 種類型的顧客，且

$$\lambda_i = p_i \lambda \quad \text{且} \quad \sum_{i=1}^{n} p_i = 1,$$

這個性質說明第 i 種類型顧客的輸入過程也必須是參數為 λ_i 的 Poisson 過程。換句話說，具有 Poisson 過程不受分解的影響。

有一個第二部分性質很用的例子。無法分辨特徵的顧客依據參數為 λ 的 Poisson 過程到達，每一位到達的顧客有固定的機率 p 被阻擋 (balking) 在外（離開而不進入等候系統），所以進入系統的機率是 $1 - p$。因此，顧客就有兩種類型：被阻擋在外和進入這個系統。由這個性質可知，各類型的到達都是依據 Poisson 過程，且其參數分別為 $p\lambda$ 和 $(1 - p)\lambda$。因此，使用後者的 Poisson 過程，仍然可以使用假設輸入過程為 Poisson 的等候模型，針對進入的顧客分析這個等候系統的績效。

本書網站 Solved Examples 另有例子說明指數分配性質的應用。

12.5 生死過程

大部分基本等候模型都假設系統的輸入（到達的顧客）和輸出（離開的顧客）遵循**生死過程** (birth-and-death process)，這重要過程在許多不同領域都有其應用。但是在等候理論中，**生 (birth)** 是指一位新顧客到達等候系統，而**死 (death)** 是指一位已完成服務的顧客離開。在時間 $t(t \geq 0)$ 的系統狀態，以 $N(t)$ 表示，是指時間 t 時在等候系統中的顧客數目。生死過程機率性地描述 $N(t)$ 如何隨 t 增加而改變。廣義生死過程中個別的生與死是隨機發生，平均發生率只和目前的系統狀態有關。更精確說，生死過程的假設如下：

假設 1 給定 $N(t) = n$，到下次出生（到達）的剩餘時間的機率分配是參數為 $\lambda_n (n = 0, 1, 2, ...)$ 的指數分配。

假設 2 給定 $N(t) = n$，到下次死亡（完成服務）的剩餘時間的機率分配是參數為 $\mu_n (n = 0, 1, 2, ...)$ 的指數分配。

假設 3 假設 1 的隨機變數（到下次出生的剩餘時間）和假設 2 的隨機變數（到下次死亡的剩餘時間）互相獨立。過程下一次的狀態轉移是

$$n \to n+1 \text{（單獨一次出生）}$$

或

$$n \to n-1 \text{（單獨一次死亡）}$$

視前者與後者的隨機變數何者較小而定。

當等候系統中有 n 位顧客時，令 λ_n 和 μ_n 分別代表平均到達速率和平均完成服務速率。某些等候系統中，對於所有的 n 值而言，λ_n 值會相等且 μ_n 值也會相等，除了非常小的 n 值以外（例如 $n = 0$），此情況表示有閒置的服務員。但有些等候系統的 λ_n 和 μ_n 也可以隨著 n 值而有很大變化。

例如，其中一種 λ_n 會隨著不同的 n 值而有明顯變化，當潛在到達的顧客隨著 n 值的增加而逐漸可能被阻擋（拒絕進入系統）。同樣，μ_n 也會隨著不同的 n 值而有所不同，因為隨著等候線長度的增加，在等候中的顧客可能會更可能放棄（離開系統而不接受服務）。本書網站的 Solved Examples 另有例子說明一個同時具有阻擋及放棄的等候系統，然後示範如何直接由生死過程的一般結果，推導出等候系統的各種績效衡量。

生死過程的分析

生死過程的假設指出，過程未來如何演變的機率只與其目前狀態有關，因此與過去的事件無關。這種「無記憶性」是任何馬可夫鏈 (Markov chain) 的關鍵特性。因此，生死過程是連續時間馬可夫鏈 (continuous time Markov chain) 的一個特例（14.8 節詳細說明連續時間馬可夫鏈及其性質，包括本章求解穩態機率的一般程序）。回顧指數分配具有無記憶性的性質（見 12.4 節性質 2）。因此，完全依據指數分配的等候模型（包括下一節以生死過程為基礎的模型）可以用連續時間馬可夫鏈表示。這種等候模型比其他模型容易分析許多。

因此，連續時間馬可夫鏈的眾多理論是分析許多等候模型的基礎，包括以生死過程為基礎的等候模型。然而，我們不需要在等候模型的介紹中推導這些理論。因此，各位研讀本章並不需要有連續時間馬可夫鏈的背景，本章也不會再提到。

因為指數分配（見 12.4 節）的性質 4 意謂著 λ_n 和 μ_n 是平均速率，可以用圖 12.4 的轉移速率圖來總結這些假設。圖中的箭頭顯示系統狀態可能的轉移（如假設 3 所述），而箭頭上的數值表示系統在箭頭尾端之狀態時的平均轉移速率（如假設 1 和假設 2 所述）。

除了一些特殊狀況外，當系統處於過渡狀態時，生死過程的分析是非常困難的，雖然可以得到一些有關 $N(t)$ 機率分配的結果，但是結果太複雜而沒有實務上的用途。

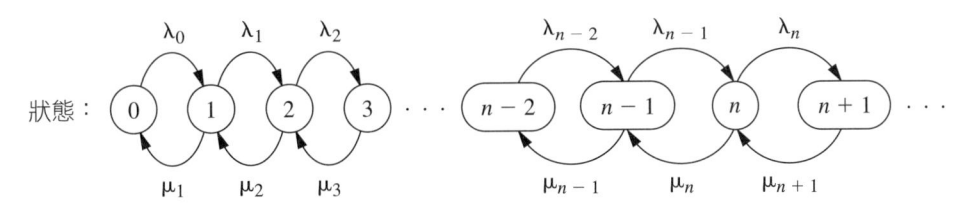

圖 12.4 生死過程的轉移速率圖。

另一方面，當系統達到穩定狀態後（假設可以達到穩定狀態），就可以非常直接推導出這個分配，這個推導過程可以從轉移速率圖直接得到，如以下所述。

思考任一系統狀態 $n(n = 0, 1, 2, ...)$，從時間 0 開始，假設計算進入這狀態的次數和離開這狀態的次數如下：

$E_n(t)$ = 在時間 t 之前進入狀態 n 的次數。

$L_n(t)$ = 在時間 t 之前離開狀態 n 的次數。

因為這兩種類型的事件（進入和離開）必須輪流，這兩種次數必須是相等或剛好相差 1。亦即

$$|E_n(t) - L_n(t)| \leq 1。$$

兩邊同除以 t，然後令 $t \to \infty$ 可得

$$\left|\frac{E_n(t)}{t} - \frac{L_n(t)}{t}\right| \leq \frac{1}{t}，所以 \lim_{t \to \infty} \left|\frac{E_n(t)}{t} - \frac{L_n(t)}{t}\right| = 0。$$

把 $E_n(t)$ 和 $L_n(t)$ 除以 t 可以得到這兩類事件發生的實際速率（每單位時間事件發生的次數），且令 $t \to \infty$ 可以得到平均速率（單位時間事件發生的期望次數）：

$$\lim_{t \to \infty} \frac{E_n(t)}{t} = 過程進入狀態 n 的平均速率。$$

$$\lim_{t \to \infty} \frac{L_n(t)}{t} = 過程離開狀態 n 的平均速率。$$

這些結果產生以下的重要原則：

進入速率 = 離開速率原則 對任一系統狀態 $n(n = 0, 1, 2, ...)$，

平均進入速率 = 平均離開速率。

我們稱此為狀態 n 的**平衡方程式 (balance equation)**。以未知機率 P_n，建立所有狀態的平衡方程式後，求解這個聯立方程式系統（加上描述機率和為 1 的方程式）可以得到這些機率。

以狀態 0 來說明平衡方程式，過程只能從狀態 1 進入到這個狀態。因此在狀態 1 的穩態機率 (P_1) 代表這個過程可能進入狀態 0 的時間比例。給定這個過程在狀態 1

時，進入狀態 0 的平均速率是 μ_1（換句話說，這個過程停留在狀態 1 的每單位時間中，會離開狀態 1 而進入狀態 0 的期望次數是 μ_1）。從任何其他狀態的這個平均速率是 0。因此，這個過程離開目前狀態而進入狀態 0 的整體平均速率（平均進入速率）是

$$\mu_1 P_1 + 0(1 - P_1) = \mu_1 P_1。$$

根據相同的理由，平均離開速率一定是 $\lambda_0 p_0$，所以狀態 0 的平衡方程式是

$$\mu_1 P_1 = \lambda_0 P_0。$$

其他每個狀態都有兩個可能的進入和離開該狀態的轉移。因此，這些狀態之平衡方程式的兩邊各包含這兩種轉移的平均速率的和。除此之外，理由與狀態 0 相同。這些平衡方程式整理於表 12.1。

注意第一個平衡方程式包含兩個要求解的變數（P_0 和 P_1），前二個方程式包含三個變數（P_0、P_1 及 P_2），依此類推。所以一直有一個「多餘」的變數。因此，求解這些方程式的程序就是以某一變數求解，最方便的變數就是 P_0。因此，第一個方程式是以 P_0 求解 P_1，然後用這結果及 P_0 求解第二個程式中的 P_2，依此類推。最後，利用機率和等於 1 的條件求解 P_0。

生死過程的結果

應用此程序可以產生下列結果：

狀態：

0: $\quad P_1 = \dfrac{\lambda_0}{\mu_1} P_0$

1: $\quad P_2 = \dfrac{\lambda_1}{\mu_2} P_1 + \dfrac{1}{\mu_2}(\mu_1 P_1 - \lambda_0 P_0) \qquad = \dfrac{\lambda_1}{\mu_2} P_1 \qquad = \dfrac{\lambda_1 \lambda_0}{\mu_2 \mu_1} P_0$

2: $\quad P_3 = \dfrac{\lambda_2}{\mu_3} P_2 + \dfrac{1}{\mu_3}(\mu_2 P_2 - \lambda_1 P_1) \qquad = \dfrac{\lambda_2}{\mu_3} P_2 \qquad = \dfrac{\lambda_2 \lambda_1 \lambda_0}{\mu_3 \mu_2 \mu_1} P_0$

$\vdots \qquad \vdots$

$n-1$: $\quad P_n = \dfrac{\lambda_{n-1}}{\mu_n} P_{n-1} + \dfrac{1}{\mu_n}(\mu_{n-1} P_{n-1} - \lambda_{n-2} P_{n-2}) = \dfrac{\lambda_{n-1}}{\mu_n} P_{n-1} = \dfrac{\lambda_{n-1} \lambda_{n-2} \cdots \lambda_0}{\mu_n \mu_{n-1} \cdots \mu_1} P_0$

n: $\quad P_{n+1} = \dfrac{\lambda_n}{\mu_{n+1}} P_n + \dfrac{1}{\mu_{n+1}}(\mu_n P_n - \lambda_{n-1} P_{n-1}) = \dfrac{\lambda_n}{\mu_{n+1}} P_n = \dfrac{\lambda_n \lambda_{n-1} \cdots \lambda_0}{\mu_{n+1} \mu_n \cdots \mu_1} P_0$

$\vdots \qquad \vdots$

為簡化符號，令

$$C_n = \frac{\lambda_{n-1} \lambda_{n-2} \cdots \lambda_0}{\mu_n \mu_{n-1} \cdots \mu_1}, \quad \text{其中 } n = 1, 2, \ldots,$$

然後其中 $n = 0$ 定義 $C_n = 1$。因此，穩態機率是

■ 表 12.1　生死過程的平衡方程式

狀態	進入速率 = 離開速率
0	$\mu_1 P_1 = \lambda_0 P_0$
1	$\lambda_0 P_0 + \mu_2 P_2 = (\lambda_1 + \mu_1) P_1$
2	$\lambda_1 P_1 + \mu_3 P_3 = (\lambda_2 + \mu_2) P_2$
⋮	⋮
$n-1$	$\lambda_{n-2} P_{n-2} + \mu_n P_n = (\lambda_{n-1} + \mu_{n-1}) P_{n-1}$
n	$\lambda_{n-1} P_{n-1} + \mu_{n+1} P_{n+1} = (\lambda_n + \mu_n) P_n$
⋮	⋮

$$P_n = C_n P_0 , \text{ 其中 } n = 0, 1, 2, \ldots,$$

而必要條件

$$\sum_{n=0}^{\infty} P_n = 1$$

意謂著

$$\left(\sum_{n=0}^{\infty} C_n\right) P_0 = 1 ,$$

所以

$$P_0 = \left(\sum_{n=0}^{\infty} C_n\right)^{-1} 。$$

當等候模型是建立在生死過程上時，系統狀態 n 表示在等候系統內的顧客人數，從以上的方程式計算出 P_n 後，就可立即得到等候系統主要的績效衡量（L、L_q、W 及 W_q）。12.2 節中定義的 L 及 L_q 是

$$L = \sum_{n=0}^{\infty} n P_n , \quad L_q = \sum_{n=s}^{\infty} (n-s) P_n 。$$

此外，由 12.2 節末給定的關係可得到

$$W = \frac{L}{\bar{\lambda}} , \quad W_q = \frac{L_q}{\bar{\lambda}} ,$$

其中 $\bar{\lambda}$ 是長期的平均到達速率。因為 λ_n 是當系統在狀態 $n(n = 0, 1, 2, \ldots)$ 時的平均到達速率，且 P_n 是系統在這個狀態的時間比例，因此

$$\bar{\lambda} = \sum_{n=0}^{\infty} \lambda_n P_n 。$$

有些上面所給的公式包含了無限多項的和。幸運地，這些和在一些有趣的特例上具有解析解，[4] 如下一節所述。否則，我們可使用電腦作有限項的和以近似這些結果。

這些穩定狀態的結果，是在假設 λ_n 及 μ_n 的參數使此過程可達到穩態條件的狀況下所推導之結果。如果某個大於起始狀態的 n 值使得 $\lambda_n = 0$，因而只有有限數目的狀態（那些小於 n 的狀態）是可能的，則這個假設永遠成立。當定義了 λ 和 μ（參考 12.2 節的專有名詞及符號），且 $\rho = \lambda/(s\mu) < 1$ 時，這個假設也永遠成立。但是當 $\sum_{n=1}^{\infty} C_n = \infty$ 時，這個假設並不成立。

12.6 節將敘述屬於生死過程特例的一些等候模型。因此，上述陰影方格中的一般穩態結果將會一再用來求解這些模型的特定穩態結果。

12.6 以生死過程為基礎的等候模型

因為生死過程的各平均速率 λ_0、λ_1、…和 μ_1、μ_2、…可以是給定的任意非負值，在建立等候模型時有很大的彈性，大多數等候理論中最廣泛使用的模型大概都直接根據這個過程。因為假設 1 和假設 2（及指數分配的性質 4），稱這些模型具有 **Poisson 輸入 (Poisson input)** 和 **指數服務時間 (exponential service time)**。這些模型的不同之處只在於其對 λ_n 和 μ_n 如何隨著 n 而改變的假設。本節將針對等候系統的三大類型提出三個模型。

M/M/s 模型

如同 12.2 節所述，M/M/s 模型假設所有到達間隔時間都是獨立並且遵循相同的指數分配（就是輸入過程為 Poisson），且所有的服務時間為獨立且遵循相同的另一個指數分配，而服務員的數目為 s（任意正整數）。結果，這個模型就只是生死過程的特例，其中等候系統的平均到達速率和每位忙碌服務員的平均服務速率都是常數（分別是 λ 和 μ），不論系統在那一個狀態。當系統只有單一服務員 ($s = 1$) 時，意謂著生死過程的參數是 $\lambda_n = \lambda(n = 0, 1, 2, ...)$ 和 $\mu_n = \mu(n = 0, 1, 2, ...)$，所得轉移速率圖如圖 12.5a 所示。

---

[4] 這些解答是根據下列幾何級數和的已知結果：

$$\sum_{n=0}^{N} x^n = \frac{1 - x^{N+1}}{1 - x}, \text{對任何 } x \neq 1,$$

$$\sum_{n=0}^{\infty} x^n = \frac{1}{1 - x}, \text{對任何 } |x| < 1.$$

但是，當系統有多位服務員 ($s > 1$) 時，μ_n 就不能這麼簡單表示，說明如下。

系統服務率 (system service rate)：μ_n 是表示目前等候系統內有 n 顧客時的整體平均服務速率。當有多位服務員且 $n > 1$ 時，μ_n 與每位忙碌服務員的平均服務速率為 μ 並不相同，而是

$\mu_n = n\mu$ 當 $n \leq s$，

$\mu_n = s\mu$ 當 $n \geq s$，

使用這個 μ_n 的公式，圖 12.4 中生死過程的轉移速率圖可簡化為圖 12.5 中 M/M/s 模型的轉移速率圖。

當 $s\mu$ 超過平均到達速率 λ 時，也就是當

$$\rho = \frac{\lambda}{s\mu} < 1,$$

符合這模型的等候系統最後會到達穩定狀態（回顧 12.2 節中，稱 r 為效用因子，因其代表個別服務員忙碌的預期時間比例）。在這個情況下，可以直接應用 12.5 節生死過程所推導的穩態結果。然而，這些結果大幅簡化了這個模型，並產生 P_n、L、L_q 等公式，如以下所述。

單一服務員 (M/M/1) 的結果　當 $s = 1$，生死過程的 C_n 簡化為

$$C_n = \left(\frac{\lambda}{\mu}\right)^n = \rho^n, \quad \text{其中 } n = 0, 1, 2, \ldots$$

因此，利用 12.5 節的結果，

$$P_n = \rho^n P_0, \quad \text{而 } n = 0, 1, 2, \ldots$$

其中

▣ **圖 12.5**　M/M/s 模型的轉移速率圖。

應用實例

KeyCorp 是美國主要的銀行控股公司，注重客戶銀行業務。在 2013 年初，該公司在 14 個州有遠超過一千家的分行。

為了協助企業的成長，在許多年前，KeyCorp 的管理者啟動了一個大型的 OR 研究，以決定如何改善顧客服務（定義為降低客戶在接受服務前的等候時間），同時也提供具有成本效益的員工聘用，服務品質的目標設定為至少 90% 顧客的等候時間少於 5 分鐘。

分析這個問題的主要工具是 *M/M/s* 等候模型，結果證明這個模型非常適合這個應用。要使用這個模型必須蒐集服務一位顧客所需的平均服務時間，這個數字是高到令人苦惱的 246 秒。以這個平均服務時間與一般的平均到達率，該模型指出需要增加 30% 的行員才能滿足服務品質目標。這個過分昂貴的選擇促使管理者決定進行一個大規模的改革運動，以客服部門的工程再造和較好的員工管理來大幅降低平均服務時間。經過三年後，這個運動使平均服務時間連續降低至 115 秒。經常重新應用 *M/M/s* 等候模型可以顯示如何能夠大幅地超越服務品質目標，與此同時，藉由改善各分行的人力排程則可以確實降低所需的人力水準。

此結果使公司每年的淨省下接近 2,000 萬美元，並且大幅改善了服務品質，讓 96% 顧客的等候時間少於 5 分鐘。因為滿足服務品質目標的分行數目從 42% 增加到 94%，這項改善也推廣到整個公司，調查結果也證實顧客滿意度有大幅的提升。

資料來源：S. K. Kotha, M. P. Barnum, and D. A. Bowen: "KeyCorp Service Excellence Management System," *Interfaces*, 26(1):54–74, Jan.–Feb. 1996。

$$P_0 = \left(\sum_{n=0}^{\infty} \rho^n\right)^{-1}$$

$$= \left(\frac{1}{1-\rho}\right)^{-1}$$

$$= 1 - \rho \,。$$

因此

$$P_n = (1-\rho)\rho^n, \quad 其中 n = 0, 1, 2, \ldots.$$

所以

$$L = \sum_{n=0}^{\infty} n(1-\rho)\rho^n$$

$$= (1-\rho)\rho \sum_{n=0}^{\infty} \frac{d}{d\rho}(\rho^n)$$

$$= (1-\rho)\rho \frac{d}{d\rho}\left(\sum_{n=0}^{\infty} \rho^n\right)$$

$$= (1-\rho)\rho \frac{d}{d\rho}\left(\frac{1}{1-\rho}\right)$$

$$= \frac{\rho}{1-\rho} = \frac{\lambda}{\mu-\lambda}$$

同理，

$$L_q = \sum_{n=1}^{\infty} (n-1)P_n$$
$$= L - 1(1-P_0)$$
$$= \frac{\lambda^2}{\mu(\mu-\lambda)} \text{。}$$

當 $\lambda \geq \mu$ 時,平均到達速率超過平均服務速率,前述的解答會「爆炸」(因為計算 P_0 的加總項會發散)。這種情況下,等候線將會「擠爆」並且無上限地增長。假如這個等候系統開始時沒有顧客,服務員可能會在短期內成功趕上顧客到達的速度,但是長期而言,這是不可能的(甚至當 $\lambda = \mu$ 時,雖然有可能暫時回復到沒有顧客的狀況,等候系統內的期望顧客數目也會隨著時間慢慢地無限增加,因為出現大量顧客的機率隨著時間而顯著地增加)。

再次假設 $\lambda < \mu$,當等候規則是先到先服務時,現在能夠推導出系統內等候時間(包括服務時間)W 的機率分配。如果某到達者發現已經有 n 位顧客在系統內,則該到達者將必須等候 $n+1$ 個指數服務時間,包括他或她自己的服務時間(對正受服務的顧客,回顧 12.4 節的指數分配無記憶性質)。因此,令 T_1、T_2、… 為互相獨立且遵循參數為 μ 之指數分配的服務時間隨機變數,並令

$$S_{n+1} = T_1 + T_2 + \cdots + T_{n+1}, \quad \text{其中 } n = 0, 1, 2, \ldots,$$

因此 S_{n+1} 代表給定 n 位顧客在系統內的條件等候時間 (conditional waiting time)。如同 12.7 節所討論,S_{n+1} 遵循 *Erlang* 分配。[5] 因為這個隨機到達者將會發現有 n 位顧客在系統中的機率是 P_n,所以

$$P\{W > t\} = \sum_{n=0}^{\infty} P_n P\{S_{n+1} > t\},$$

這在經過許多運算後(見習題 12.6-17)可以簡化為

$$P\{W > t\} = e^{-\mu(1-\rho)t}, \quad \text{其中 } t \geq 0 \text{。}$$

令人驚訝的結論是 W 遵循參數為 $\mu(1-\rho)$ 的指數分配。因此,

$$W = E(W) = \frac{1}{\mu(1-\rho)}$$
$$= \frac{1}{\mu - \lambda}.$$

這個結果是把受服務時間包含在等候時間之內,在某些情況下(12.1 節所敘述的醫院急診室問題),較為相關的等候時間只是到開始受服務的時間。因此,當等候規則是先到先服務時,思考隨機到達在等候線的等候時間(所以不包括服務時間)W_q。

---

[5] 在等候理論領域之外,這個分配也稱為 *gamma* 分配。

假如這個到達者發現系統內沒有顧客，他會立刻接受服務，所以

$$P\{W_q = 0\} = P_0 = 1 - \rho。$$

如果這個到達者發現已經有 $n > 0$ 位顧客在系統內，則他或她必須等候 n 個指數服務時間，直到開始受服務，所以

$$\begin{aligned}P\{W_q > t\} &= \sum_{n=1}^{\infty} P_n P\{S_n > t\} \\ &= \sum_{n=1}^{\infty} (1-\rho)\rho^n P\{S_n > t\} \\ &= \rho \sum_{n=0}^{\infty} P_n P\{S_{n+1} > t\} \\ &= \rho P\{W > t\} \\ &= \rho e^{-\mu(1-\rho)t}，\text{其中 } t \geq 0。\end{aligned}$$

注意 W_q 並不完全是指數分配，因為 $P\{W_q = 0\} > 0$。但給定 $W_q > 0$ 時，W_q 的條件分配確實是指數分配，其參數是 $\mu(1-\rho)$，就像 W_q 一樣，因為

$$P\{W_q > t \mid W_q > 0\} = \frac{P\{W_q > t\}}{P\{W_q > 0\}} = e^{-\mu(1-\rho)t}，\text{其中 } t \geq 0。$$

推導 W_q 的分配的（無條件）平均值（或應用 $L_q = \lambda W_q$ 或 $W_q = W - 1/\mu$），可得

$$W_q = E(W_q) = \frac{\lambda}{\mu(\mu - \lambda)}。$$

本書網站的 Solved Examples 另有例子說明某公司應用 $M/M/1$ 模型以決定應該採購哪種物料搬運設備。

多位服務員的結果 ($s > 1$) 當 $s > 1$，C_n 因子變成

$$C_n = \begin{cases} \dfrac{(\lambda/\mu)^n}{n!} & \text{其中 } n = 1, 2, \ldots, s \\ \dfrac{(\lambda/\mu)^s}{s!} \left(\dfrac{\lambda}{s\mu}\right)^{n-s} = \dfrac{(\lambda/\mu)^n}{s! s^{n-s}} & \text{其中 } n = s, s+1, \ldots。\end{cases}$$

因此，如果 $\lambda < s\mu$ [所以 $\rho = \lambda/(s\mu) < 1$]，則把這些公式代入 12.5 節的生死過程結果，可以得到

$$\begin{aligned}P_0 &= 1 \Big/ \left[1 + \sum_{n=1}^{s-1} \frac{(\lambda/\mu)^n}{n!} + \frac{(\lambda/\mu)^s}{s!} \sum_{n=s}^{\infty} \left(\frac{\lambda}{s\mu}\right)^{n-s} \right] \\ &= 1 \Big/ \left[\sum_{n=0}^{s-1} \frac{(\lambda/\mu)^n}{n!} + \frac{(\lambda/\mu)^s}{s!} \frac{1}{1 - \lambda/(s\mu)} \right]。\end{aligned}$$

其中最後一個加總符號內的 $n = 0$ 項產生正確的值 1，因為當 $n = 0$ 時 $n! = 1$。由這些

C_n 因子也可以得到

$$P_n = \begin{cases} \dfrac{(\lambda/\mu)^n}{n!} P_0 & \text{如果 } 0 \leq n \leq s \\ \dfrac{(\lambda/\mu)^n}{s! s^{n-s}} P_0 & \text{如果 } n \geq s \end{cases}$$

此外，也可得到

$$\begin{aligned} L_q &= \sum_{n=s}^{\infty} (n-s) P_n \\ &= \sum_{j=0}^{\infty} j P_{s+j} \\ &= \sum_{j=0}^{\infty} j \frac{(\lambda/\mu)^s}{s!} \rho^j P_0 \\ &= P_0 \frac{(\lambda/\mu)^s}{s!} \rho \sum_{j=0}^{\infty} \frac{d}{d\rho} (\rho^j) \\ &= P_0 \frac{(\lambda/\mu)^s}{s!} \rho \frac{d}{d\rho} \left(\sum_{j=0}^{\infty} \rho^j \right) \\ &= P_0 \frac{(\lambda/\mu)^s}{s!} \rho \frac{d}{d\rho} \left(\frac{1}{1-\rho} \right) \\ &= \frac{P_0 (\lambda/\mu)^s \rho}{s!(1-\rho)^2} ; \end{aligned}$$

$$W_q = \frac{L_q}{\lambda} ;$$

$$W = W_q + \frac{1}{\mu} ;$$

$$L = \lambda \left(W_q + \frac{1}{\mu} \right) = L_q + \frac{\lambda}{\mu} 。$$

圖 12.6 顯示在各種不同 s 值下，L 如何隨著 ρ 而改變。

單一服務員的狀況下，尋找等候時間機率分配的方法也可以推廣到多位服務員的狀況，而產生 [6]（對 $t \geq 0$）

$$P\{W > t\} = e^{-\mu t} \left[1 + \frac{P_0 (\lambda/\mu)^s}{s!(1-\rho)} \left(\frac{1 - e^{-\mu t(s - 1 - \lambda/\mu)}}{s - 1 - \lambda/\mu} \right) \right]$$

且

$$P\{W_q > t\} = (1 - P\{W_q = 0\}) e^{-s\mu(1-\rho)t} ,$$

其中

$$P\{W_q = 0\} = \sum_{n=0}^{s-1} P_n$$

---

[6] 當 $s - 1 - \lambda/\mu = 0$ 時，數學式應該以 μt 代替。

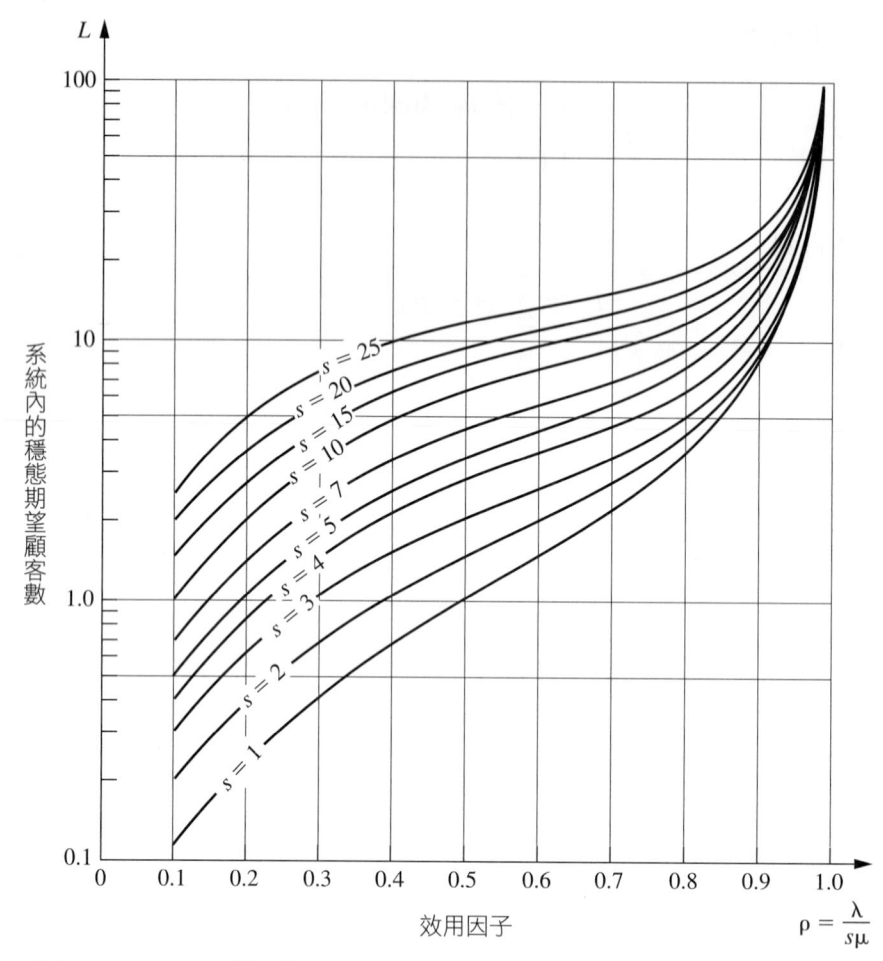

圖 12.6 M/M/s 模型的 L 值（12.6 節）。

上述公式的各種績效衡量（包括 P_n）在手動計算上相當困難。但是，給定 $\lambda < s\mu$，OR Courseware 中的本章 Excel 檔案包含一個 Excel 樣版，可以同時計算出所求的 t、s、λ 和 μ 的值。

假如 $\lambda \geq s\mu$，以致於平均到達速率超過最大的平均服務速率，則這等候線會無限地成長，所以先前穩定狀態的解並不適用。

範例　醫院例題的 M/M/s 模型

對於醫院急診室問題（見 12.1 節），管理工程師確定急診病患的到達非常隨機（Poisson 輸入過程），所以到達的間隔時間遵循指數分配。她也確定醫生處理病患的時間大致遵循指數分配。因此，她選擇 M/M/s 模型來對這個等候系統作初步研究。

把傍晚班的可用資料投射到明年,她估計病患平均將以每0.5小時1位的速率到達。一位醫生平均需要20分鐘來處理一位病患。因此,如果以1小時作為單位時間,

$$\frac{1}{\lambda} = \frac{1}{2} \text{ 小時每位顧客}$$

且

$$\frac{1}{\mu} = \frac{1}{3} \text{ 小時每位顧客}$$

所以

$$\lambda = 2 \text{ 位顧客每小時}$$

及

$$\mu = 3 \text{ 位顧客每小時}$$

而思考中的兩個方案是在這段值班時間維持只有一位醫生 ($s = 1$),或是增加第二位醫生 ($s = 2$)。在這兩種狀況下,

$$\rho = \frac{\lambda}{s\mu} < 1,$$

所以這個系統將會趨近一個穩定狀態的狀況(實際上,因為在其他值班時段的 λ 有點不同,這個系統將不會真正地到達穩定狀態,但是這位管理工程師覺得此穩定狀態的結果將提供一個良好的近似)。因此,先前的公式可用來得到表 12.2 的結果。

根據這些結果,她暫時地推斷,對於下一年醫院急診室所需提供的快速治療而言,只有一位醫生是不恰當的。稍後(12.8 節)將會看到她如何以其他兩種更能代表真實系統的等候模型來驗證這個結論。

本書網站另有 **M/M/1 模型的應用例子**,其中的問題是速食餐廳中的三位員工應該一起工作成為一位快速的服務員,還是分開工作成為三位較慢的服務員。

有限等候線的 M/M/s 變型模型(稱為 M/M/s/K 模型)

在 12.2 節曾討論到等候系統有時具有有限的等候線,亦即在系統中的顧客數目不能超過某個特定的數目(標記為 K),使得等候線的容量成為 $K - s$。任何到達的顧客發現等候線是「滿的」,就拒絕進入這個系統並且永遠離開。從生死過程的觀點來看,這時候系統的平均輸入速率是 0。因此,為了介紹有限等候線,M/M/s 模型所需的唯一修改是把參數 λ_n 改成

$$\lambda_n = \begin{cases} \lambda & \text{其中 } n = 0, 1, 2, \ldots, K - 1 \\ 0 & \text{其中 } n \geq K \end{cases}$$

表 12.2 醫院問題 $M/M/s$ 模型的穩態結果

	$s = 1$	$s = 2$
ρ	$\frac{2}{3}$	$\frac{1}{3}$
P_0	$\frac{1}{3}$	$\frac{1}{2}$
P_1	$\frac{2}{9}$	$\frac{1}{3}$
P_n 對 $n \geq 2$	$\frac{1}{3}\left(\frac{2}{3}\right)^n$	$\left(\frac{1}{3}\right)^n$
L_q	$\frac{4}{3}$	$\frac{1}{12}$
L	2	$\frac{3}{4}$
W_q	$\frac{2}{3}$ 小時	$\frac{1}{24}$ 小時
W	1 小時	$\frac{3}{8}$ 小時
$P\{W_q > 0\}$	0.667	0.167
$P\{W_q > \frac{1}{2}\}$	0.404	0.022
$P\{W_q > 1\}$	0.245	0.003
$P\{W_q > t\}$	$\frac{2}{3}e^{-t}$	$\frac{1}{6}e^{-4t}$
$P\{W > t\}$	e^{-t}	$\frac{1}{2}e^{-3t}(3-e^{-t})$

因為對某些 n 值而言，$\lambda_n = 0$，所以任何符合這個模型的等候系統最後總會到達穩定狀態，即使 $\rho = \lambda/s\mu \geq 1$。

這個模型通常標記為 $M/M/s/K$，其中第四個符號是為了與 $M/M/s$ 模型區別。這兩個模型的公式中唯一的不同是 $M/M/s/K$ 模型中的 K 是有限的，而 $M/M/s$ 模型中的 $K = \infty$。

實務上，通常 $M/M/s/K$ 模型的解釋是只有有限的等候室，最多能容納 K 位顧客在系統內。例如，醫院急診室問題中，如果政策是有 K 個病患在急診室時，把病患轉送到其他醫院，則這個系統的等候線實際上是有限。

另一種可能的解釋是每當顧客發現系統中有太多的顧客 (K) 在他們前面，到達的顧客將會離開並且「帶著他們的業務到別處」，因為他們不願長時間等待。這種阻擋的現象在商業等候系統中是很普遍的。然而，有其他可用的模型（例如習題 12.5-5）更適合這種情況。

除了在狀態 K 會停止以外，這個模型的轉移速率圖與圖 12.5 的 $M/M/s$ 模型相同。

單一服務員的結果 (M/M/1/K) 這種情況下，

$$C_n = \begin{cases} \left(\dfrac{\lambda}{\mu}\right)^n = \rho^n & \text{其中 } n = 0, 1, 2, \ldots, K \\ 0 & \text{其中 } n > K \text{。} \end{cases}$$

因此，對於 $\rho \neq 1$ [7]，12.5 節的生死過程結果可簡化為

$$P_0 = \frac{1}{\sum_{n=0}^{K}(\lambda/\mu)^n}$$

$$= 1 \bigg/ \left[\frac{1 - (\lambda/\mu)^{K+1}}{1 - \lambda/\mu}\right]$$

$$= \frac{1 - \rho}{1 - \rho^{K+1}},$$

所以

$$P_n = \frac{1 - \rho}{1 - \rho^{K+1}} \rho^n, \quad \text{其中 } n = 0, 1, 2, \ldots, K \text{。}$$

因此，

$$L = \sum_{n=0}^{K} n P_n$$

$$= \frac{1 - \rho}{1 - \rho^{K+1}} \rho \sum_{n=0}^{K} \frac{d}{d\rho}(\rho^n)$$

$$= \frac{1 - \rho}{1 - \rho^{K+1}} \rho \frac{d}{d\rho}\left(\sum_{n=0}^{K} \rho^n\right)$$

$$= \frac{1 - \rho}{1 - \rho^{K+1}} \rho \frac{d}{d\rho}\left(\frac{1 - \rho^{K+1}}{1 - \rho}\right)$$

$$= \rho \frac{-(K+1)\rho^K + K\rho^{K+1} + 1}{(1 - \rho^{K+1})(1 - \rho)}$$

$$= \frac{\rho}{1 - \rho} - \frac{(K+1)\rho^{K+1}}{1 - \rho^{K+1}} \text{。}$$

如平常一樣（當 $s = 1$），

$$L_q = L - (1 - P_0) \text{。}$$

注意上述的結果不需要 $\lambda < \mu$（亦即 $\rho < 1$）。

當 $\rho < 1$ 且 $K \to \infty$ 時，可以驗證 L 最後式子的第二項會收斂到 0，所以上述所有結果確實會收斂到與 M/M/1 模型相同的結果。

根據與 M/M/1 模型相同的理由（參考習題 12.6-28）可以推導等候時間分配，然而，在這個狀況下無法獲得簡單的公式，所以需要用電腦計算。幸好，即使目前的模型因為 λ_w 對所有 n 有所不同（參考 12.2 節最末）而造成 $L \neq \lambda W$ 及 $L_q \neq \lambda W_q$，但是

---

[7] 如果 $\rho = 1$，則 $P_n = 1/(K+1)$，對 $n = 0, 1, 2, \ldots, K$，所以 $L = K/2$。

顧客進入系統的期望等候時間仍然可以由 12.5 節最後的公式直接得到：

$$W = \frac{L}{\bar{\lambda}} \text{、} \quad W_q = \frac{L_q}{\bar{\lambda}} \text{，}$$

其中

$$\bar{\lambda} = \sum_{n=0}^{\infty} \lambda_n P_n$$

$$= \sum_{n=0}^{K-1} \lambda P_n$$

$$= \lambda(1 - P_K) \text{。}$$

多位服務員的結果 ($s > 1$) 因為這個模型不允許多於 K 位顧客在系統中，K 是會用到的服務員數目的最大值，因此假設 $s \leq K$。在這個狀況下，C_n 變成

$$C_n = \begin{cases} \dfrac{(\lambda/\mu)^n}{n!} & \text{當 } n = 0, 1, 2, \ldots, s \\ \dfrac{(\lambda/\mu)^s}{s!} \left(\dfrac{\lambda}{s\mu}\right)^{n-s} = \dfrac{(\lambda/\mu)^n}{s! \, s^{n-s}} & \text{當 } n = s, s+1, \ldots, K \\ 0 & \text{當 } n > K \text{。} \end{cases}$$

因此，

$$P_n = \begin{cases} \dfrac{(\lambda/\mu)^n}{n!} P_0 & \text{當 } n = 1, 2, \ldots, s \\ \dfrac{(\lambda/\mu)^n}{s! \, s^{n-s}} P_0 & \text{當 } n = s, s+1, \ldots, K \\ 0 & \text{當 } n > K \text{。} \end{cases}$$

其中

$$P_0 = 1 \Big/ \left[\sum_{n=0}^{s} \frac{(\lambda/\mu)^n}{n!} + \frac{(\lambda/\mu)^s}{s!} \sum_{n=s+1}^{K} \left(\frac{\lambda}{s\mu}\right)^{n-s} \right] \text{。}$$

這些公式仍然使用當 $n = 0$ 時，$n! = 1$ 的習慣定義。

修改 $M/M/s$ 模型推導 L_q 的方法於這個狀況，可得到

$$L_q = \frac{P_0 (\lambda/\mu)^s \rho}{s!(1-\rho)^2} \left[1 - \rho^{K-s} - (K-s)\rho^{K-s}(1-\rho) \right] \text{，}$$

其中 $\rho = \lambda/(s\mu)$。[8] 接著可得到

$$L = \sum_{n=0}^{s-1} n P_n + L_q + s\left(1 - \sum_{n=0}^{s-1} P_n\right) \text{。}$$

使用與單一服務員的狀況相同的方式，可以從這些數值得到 W 和 W_q。

本章的 Excel 檔案包括一個計算這個模型上述績效衡量（包括 P_n）的 Excel 樣版。

---

[8] 如果 $\rho = 1$，必須對這個式子應用兩次 L'Hôpital 規則以求得 L_q。否則，對所有 $\rho > 0$，這些多位服務員的結果都成立。這個系統即使在 $\rho \geq 1$ 時也能到達穩定狀態的理由是對所有 $n \geq K$ 而言，$\lambda_n = 0$，所以在系統內的顧客數目不會無限制持續成長。

這個模型的一個有趣特例是當 $K = s$ 時，等候線的容量是 $K - s = 0$。在這種情況下，當顧客發現所有的服務員都在忙碌時，將會馬上離開而造成系統的損失。這是可能發生的，例如電話網路有 S 條線路，所以當所有線路都在忙線時，打電話的人會接到占線的信號並且掛斷。這類系統（一個沒有等候線的「等候系統」）稱為 *Erlang 損失系統* (Erlang's loss system)，因為二十世紀初期的 A. K. Erlang 首先研究這種系統（如 12.3 節所述，丹麥電話工程師 A. K. Erlang 被視為等候理論創始者）。

現在電話服務中心的電話系統，普遍會提供一些額外的線路來保留顧客，但是隨後的顧客會收到忙線的訊息。這種系統也符合這個模型，其中 $(K - s)$ 是保留給顧客的額外線路數目。本書網站的 Solved Examples 另有此模型在這種系統上的應用。

有限來源母體的 *M/M/s* 模型

現在假設與 *M/M/s* 模型唯一的不同是（如同 12.2 節的定義）顧客來源母體的大小是有限的。針對這個情況，令 N 表示顧客來源母體的大小。因此，當在等候系統中的顧客數目是 $n(n = 1, 2, ..., N)$ 時，只有 $N - n$ 個潛在的顧客仍在顧客來源中。

這個模型最重要的應用是機器維修問題，其中有一個或多個維修人員被指派依序維修 N 台機器中故障的機器。假如維修人員是單獨在不同的機器上工作，則他們可視為等候系統中的個別服務員；如果全體人員在一台機器上工作，則全體人員可當成單一個服務員。機器是顧客來源母體，任何一台故障等候維修的機器可視為等候系統中的一位顧客，而正常運轉的機器則在等候系統之外。

注意顧客來源母體的成員會在等候系統內、外互相轉換，因此，符合這個情形的類似 *M/M/s* 模型需要假設每一個成員在系統外的時間（亦即從離開系統到下一次回來的時間）是參數為 λ 的指數分配。當有 n 個成員在系統內，亦即有 $N - n$ 個成員在系統外時，到下位顧客到達的剩餘時間機率分配，是這些系統外的 $N - n$ 個成員在外停留時間的最小值的分配。指數分配的性質 2 和 3 意謂著這個分配必須是參數為 $\lambda_n = (N - n)\lambda$ 的指數分配。因此，這個模型就是生死過程中具有如圖 12.7 轉移速率的特例。

因為對所有 $n = N$ 而言，$\lambda_n = 0$，任何符合這個模型的等候系統最後將會到達穩定狀態。可用的穩定狀態結果整理如下：

單一服務員的結果 $(s = 1)$ 當 $s = 1$ 時，12.5 節中這個模型的 C_n 因子可簡化為

$$C_n = \begin{cases} N(N-1) \cdots (N-n+1)\left(\dfrac{\lambda}{\mu}\right)^n = \dfrac{N!}{(N-n)!}\left(\dfrac{\lambda}{\mu}\right)^n & \text{當 } n \leq N \\ 0 & \text{當 } n > N, \end{cases}$$

因此，再次使用當 $n = 0$ 時，$n! = 1$ 的習慣定義，可得到

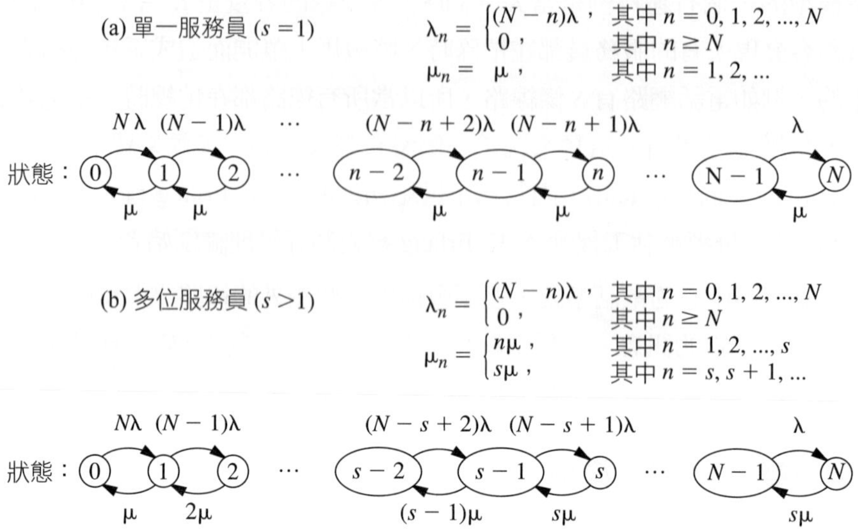

(a) 單一服務員 $(s=1)$

$$\lambda_n = \begin{cases} (N-n)\lambda, & \text{其中 } n = 0, 1, 2, ..., N \\ 0, & \text{其中 } n \geq N \end{cases}$$

$$\mu_n = \mu, \quad \text{其中 } n = 1, 2, ...$$

狀態：$0 \rightleftarrows 1 \rightleftarrows 2 \cdots n-2 \rightleftarrows n-1 \rightleftarrows n \cdots N-1 \rightleftarrows N$

轉移率：$N\lambda, (N-1)\lambda, \ldots, (N-n+2)\lambda, (N-n+1)\lambda, \ldots, \lambda$；$\mu$

(b) 多位服務員 $(s > 1)$

$$\lambda_n = \begin{cases} (N-n)\lambda, & \text{其中 } n = 0, 1, 2, ..., N \\ 0, & \text{其中 } n \geq N \end{cases}$$

$$\mu_n = \begin{cases} n\mu, & \text{其中 } n = 1, 2, ..., s \\ s\mu, & \text{其中 } n = s, s+1, ... \end{cases}$$

狀態：$0 \rightleftarrows 1 \rightleftarrows 2 \cdots s-2 \rightleftarrows s-1 \rightleftarrows s \cdots N-1 \rightleftarrows N$

轉移率：$N\lambda, (N-1)\lambda, \ldots, (N-s+2)\lambda, (N-s+1)\lambda, \ldots, \lambda$；$\mu, 2\mu, \ldots, (s-1)\mu, s\mu, \ldots, s\mu$

圖 12.7 有限來源母體 $M/M/s$ 模型的轉移速率圖。

$$P_0 = 1 \bigg/ \sum_{n=0}^{N} \left[\frac{N!}{(N-n)!} \left(\frac{\lambda}{\mu}\right)^n \right];$$

$$P_n = \frac{N!}{(N-n)!} \left(\frac{\lambda}{\mu}\right)^n P_0, \quad 如果 n = 1, 2, \ldots, N;$$

$$L_q = \sum_{n=1}^{N} (n-1) P_n,$$

可以簡化成

$$L_q = N - \frac{\lambda + \mu}{\lambda}(1 - P_0);$$

$$L = \sum_{n=0}^{N} n P_n = L_q + 1 - P_0$$

$$= N - \frac{\mu}{\lambda}(1 - P_0) \circ$$

最後，

$$W = \frac{L}{\overline{\lambda}} \quad 及 \quad W_q = \frac{L_q}{\overline{\lambda}},$$

其中

$$\overline{\lambda} = \sum_{n=0}^{\infty} \lambda_n P_n = \sum_{n=0}^{N} (N-n) \lambda P_n = \lambda(N - L) \circ$$

多位服務員的結果 $(s > 1)$　當 $N \geq s \geq 1$ 時，

$$C_n = \begin{cases} \dfrac{N!}{(N-n)! n!} \left(\dfrac{\lambda}{\mu}\right)^n & \text{其中 } n = 0, 1, 2, \ldots, s \\ \dfrac{N!}{(N-n)! s! s^{n-s}} \left(\dfrac{\lambda}{\mu}\right)^n & \text{其中 } n = s, s+1, \ldots, N \\ 0 & \text{其中 } n > N \circ \end{cases}$$

因此，由 12.5 節的生死過程結果可得

$$P_n = \begin{cases} \dfrac{N!}{(N-n)!\,n!}\left(\dfrac{\lambda}{\mu}\right)^n P_0 & \text{其中 } 0 \le n \le s \\ \dfrac{N!}{(N-n)!\,s!\,s^{n-s}}\left(\dfrac{\lambda}{\mu}\right)^n P_0 & \text{其中 } s \le n \le N \\ 0 & \text{而 } n > N， \end{cases}$$

其中

$$P_0 = 1 \Big/ \left[\sum_{n=0}^{s-1} \dfrac{N!}{(N-n)!\,n!}\left(\dfrac{\lambda}{\mu}\right)^n + \sum_{n=s}^{N} \dfrac{N!}{(N-n)!\,s!\,s^{n-s}}\left(\dfrac{\lambda}{\mu}\right)^n \right]。$$

最後，

$$L_q = \sum_{n=s}^{N}(n-s)P_n$$

及

$$L = \sum_{n=0}^{s-1} nP_n + L_q + s\left(1 - \sum_{n=0}^{s-1} P_n\right),$$

然後可以用與單一服務員情況相同的方程式來產生 W 和 W_q。

本章的 Excel 檔案包括一個執行以上所有計算的 Excel 樣版。

對此模型的單一服務員和多位服務員兩種狀況，有完整計算結果表格可用。[9]

對於這兩種狀況，前述 P_n 及 P_0（以及 L_q、L、W、W_q）的式子在此模型的推廣下也可成立。[10] 尤其是能刪除來源母體的成員在等候系統外停留時間是指數分配的假設，即使這會把這個模型排除在生死過程的範圍以外。只要這些時間是遵循平均為 $1/\lambda$ 的相同分配（且指數服務時間的假設仍然成立），這些系統外的停留時間可以是任何機率分配！

12.7 包含非指數分配的等候模型

因為前面章節裡的所有等候理論模型（除了最後一段的推廣模型以外），都是根據生死過程，其到達間隔時間和服務時間都必須遵循指數分配。如同 12.4 節所討論，這類機率分配對等候理論有很多方便的性質，但只能合理地適用於某一些等候系統。尤其是指數到達間隔時間的假設，意謂著到達是隨機發生的（Poisson 輸入過程），在許多情況下這是一個合理的近似，但當到達是刻意安排或規定時就不是了。此外，實

---

[9] L. G. Peck and R. N. Hazelwood, *Finite Queueing Tables*, Wiley, New York, 1958.
[10] B. D. Bunday and R. E. Scraton, "The G/M/r Machine Interference Model," *European Journal of Operational Research*, **4**: 399–402, 1980.

際的服務時間分配經常與指數形式有很大的偏差,特別當顧客所需之服務相當類似的時候。因此,有其他採用不同分配的等候模型是很重要的。

有非指數分配之等候模型的數學分析非常困難。但還是可以得到這類模型的一些有用結果。這些分析已超出本書的範圍,但是本節將整理這類模型並敘述其結果。

M/G/1 模型

如同 12.2 節所介紹,M/G/1 模型假設等候系統有一位服務員和具有固定平均到達速率 λ 的 *Poisson* 輸入過程(指數到達間隔時間)。依慣例會假設顧客有互相獨立且相同的服務時間機率分配。但並不限制這個服務時間是何種分配。事實上,只需要知道(或估計)這分配的平均值 $1/\mu$ 和變異數 σ^2。

如果 $\rho = \lambda/\mu < 1$,任何這類等候系統最後都能到達穩定狀態。這個一般模型已有的穩態結果如下:[11]

$$P_0 = 1 - \rho,$$
$$L_q = \frac{\lambda^2 \sigma^2 + \rho^2}{2(1-\rho)},$$
$$L = \rho + L_q,$$
$$W_q = \frac{L_q}{\lambda},$$
$$W = W_q + \frac{1}{\mu}.$$

思考分析允許任意服務時間分配之模型涉及的複雜度時,能夠得到 L_q 的簡單公式是非常重要的。這個公式因為其簡易性及 M/G/1 等候系統在實務上的普及性,是等候理論最重要的結果之一。這個 L_q(或其對應的 W_q)的方程式一般稱為 **Pollaczek-Khintchine 公式**,其名稱來自 1930 年代初期,分別獨立推導出此公式的兩位發展等候理論之先驅者。

對任意固定的期望服務時間 $1/\mu$,注意 L_q、L、W_q 和 W 都會隨著 σ^2 的增加而增加。這個結果很重要,因為這指出服務員的一致性是影響服務設施績效的主要原因,而不只是受服務員的平均服務速度影響而已,這個重點會在下一節說明。

當服務時間分配是指數時,$\sigma^2 = 1/\mu^2$,前述的結果會簡化成 12.6 節中 M/M/1 模型的對應結果。

---

[11] 同樣也可以利用一個遞迴公式計算系統內顧客數目的機率分配,參考:A. Hordijk and H. C. Tijms, "A Simple Proof of the Equivalence of the Limiting Distribution of the Continuous-Time and the Embedded Process of the Queue Size in the M/G/1 Queue," *Statistica Neerlandica*, **36**: 97–100, 1976。

這個模型對服務時間分配提供的彈性極為有用。不幸地，就多位服務員的狀況而言，要推導出類似結果的努力還沒有成功。但是，已經有一些多位服務員的結果，以下兩個模型是描述這些結果的重要特例（本章的 Excel 檔案中，當 $s = 1$ 時的 $M/G/1$ 模型和以下思考的兩個模型都有 Excel 樣版可用來計算）。

$M/D/s$ 模型

當對所有顧客的服務基本上包含執行相同的例行性工作時，則所需要的服務時間的變異通常較小，對於這種情況，$M/D/s$ 模型通常可以提供一種合理的表示方式，因其假設所有的服務時間實際上等於某個固定常數（退化服務時間分配），並且有一個固定平均到達速率為 λ 的 $Poisson$ 輸入過程。

當只有一位服務員時，$M/D/1$ 模型只是 M/G/1 模型在 $\sigma^2 = 0$ 時的特例，所以 $Pollaczek\text{-}Khintchine$ 公式可簡化成

$$L_q = \frac{\rho^2}{2(1-\rho)},$$

其中 L、W_q、W 可從上式的 L_q 得到。注意這裡的 L_q 和 W_q 正是 12.6 節（$M/M/1$ 模型）指數服務時間狀況時的一半，其中 $\sigma^2 = 1/\mu^2$，所以減少 σ^2 能大幅改善等候系統的績效衡量。

對模型在多位服務員的狀況 ($M/D/s$) 而言，有一個複雜的方法可以用來推導系統內顧客數目的穩態機率分配及平均值（假設 $\rho = \lambda/(s\mu) < 1$）。[12] 對很多不同狀況，[13] 這些結果已經製成表格，而且平均數 (L) 也以圖示於圖 12.8。

$M/E_k/s$ 模型

$M/D/s$ 模型假設服務時間的變異是 $0(\sigma = 0)$，而指數的服務時間分配則假設有非常大的變異 ($\sigma = 1/\mu$)。在這兩種極端的情況之間有寬廣的中間地帶 ($0 < \sigma < 1/\mu$)，而這是大部分實際服務時間分配所處之地帶。另外一種理論上的服務時間分配補足這中間地帶，即 **Erlang 分配**（以等候理論創始者命名）。

Erlang 分配的機率密度函數是

$$f(t) = \frac{(\mu k)^k}{(k-1)!} t^{k-1} e^{-k\mu t}, \qquad \text{當 } t \geq 0,$$

其中 μ 和 k 是這分配的嚴格正參數，且 k 更進一步限制為整數（除此整數限制和參數的定義外，這個分配與 $gamma$ 分配相同）。其平均值和標準差是

---

[12] 參考 N. U. Prabhu: *Queues and Inventories*, Wiley, New York, 1965, pp. 32–34；也可見於參考文獻 5 的第 286-288 頁。
[13] F. S. Hillier and O. S. Yu, with D. Avis, L. Fossett, F. Lo, and M. Reiman, *Queueing Tables and Graphs*, Elsevier North-Holland, New York, 1981.

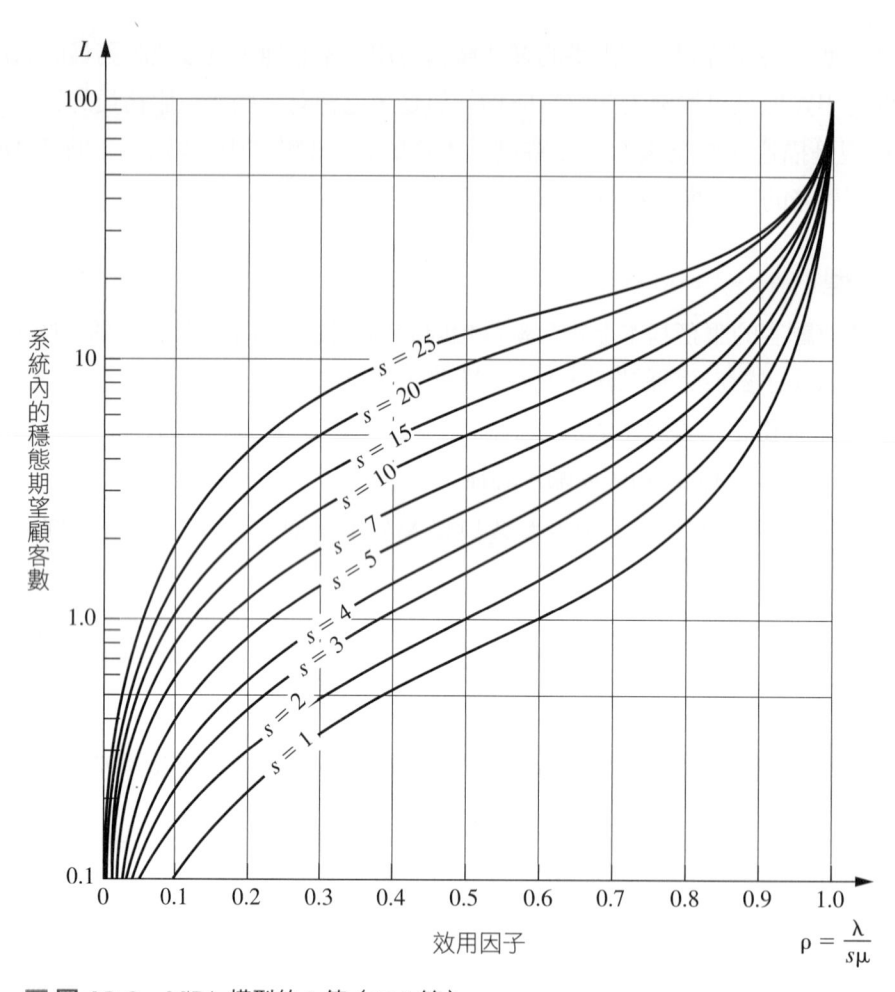

■ 圖 12.8　$M/D/s$ 模型的 L 值（12.7 節）。

$$\text{平均值} = \frac{1}{\mu}$$

及

$$\text{標準差} = \frac{1}{\sqrt{k}} \frac{1}{\mu} 。$$

因此，參數 k 表示服務時間相對於平均值的變異程度，通常稱為形狀參數 (shape parameter)。

有兩種原因使得 Erlang 分配在等候理論中成為一個非常重要的分配。第一個原因是，假設 T_1、T_2、…、T_k 是 k 個獨立的隨機變數，並且遵循平均值是 $1/(k\mu)$ 的相同指數分配，則其總和

$$T = T_1 + T_2 + \cdots + T_k$$

遵循參數 μ 及 k 的 Erlang 分配。在 12.4 節中對指數分配的討論，說明執行某類單項工作所需時間是指數分配。但是，一位顧客所需要的總服務可能包括一連串的 k

個工作,而非只是一個特定的工作。假如執行個別工作的時間是相同的指數分配,則總服務時間將遵循 Erlang 分配。各服務員對每一位顧客必須完成獨立且相同的 k 次指數工作時,就會是這種狀況。

這個 Erlang 分配也是非常有用的,因為是一個只允許非負值分配的大家族(兩個參數),所以實務上的服務時間分配能用 Erlang 分配合理的近似。事實上,指數和退化(常數)分配兩者都是 Erlang 分配分別在 $k = 1$ 和 $k = \infty$ 時的特例,而中間的 k 值提供平均值 $= 1/\mu$、眾數 $= (k-1)/k\mu$ 及變異數 $= k\mu^2$ 的中間分配,如圖 12.9 所示。因此,在估計實際服務時間分配的平均值和變異數後,這些平均值和變異數的公式可用來選擇最接近估計值的整數 k 值。

現在思考 $M/E_k/1$ 模型只是 $M/G/1$ 模型的一個特例,其中服務時間遵循具有形狀參數 =1 的 Erlang 分配。以 $\sigma^2 = 1/(k\mu^2)$ 應用 Pollaczek-Khintchine 公式(及 $M/G/1$ 模型伴隨的結果)可得

$$L_q = \frac{\lambda^2/(k\mu^2) + \rho^2}{2(1-\rho)} = \frac{1+k}{2k} \frac{\lambda^2}{\mu(\mu-\lambda)},$$

$$W_q = \frac{1+k}{2k} \frac{\lambda}{\mu(\mu-\lambda)},$$

$$W = W_q + \frac{1}{\mu},$$

$$L = \lambda W。$$

多位服務員 ($M/E_k/s$) 時,前述 Erlang 分配與指數分配的關係可用來建立一個修改後的生死過程,其中以個別指數為階段(每位顧客有 k 階段),而不是顧客的完整服務。但是,到目前為止還不能推導出如 12.5 節中系統內顧客數目穩態機率分配的一般解 [當 $\rho = \lambda/(s\mu) < 1$],而針對個別狀況需要進一步的理論以便使用數值方式求解,

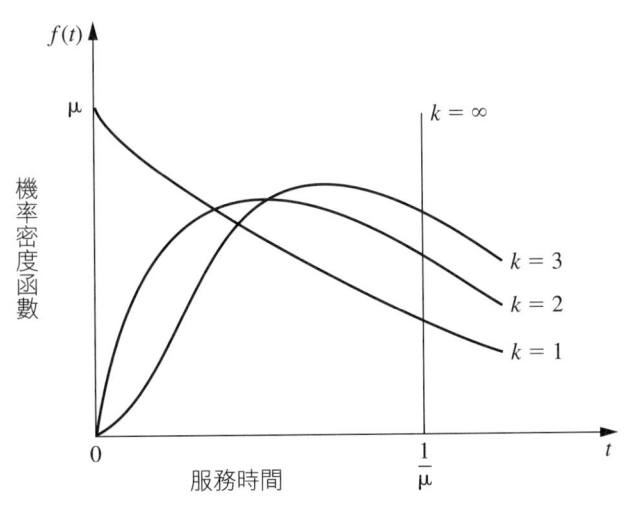

圖 12.9 具有常數平均值 $1/\mu$ 的 Erlang 家族。

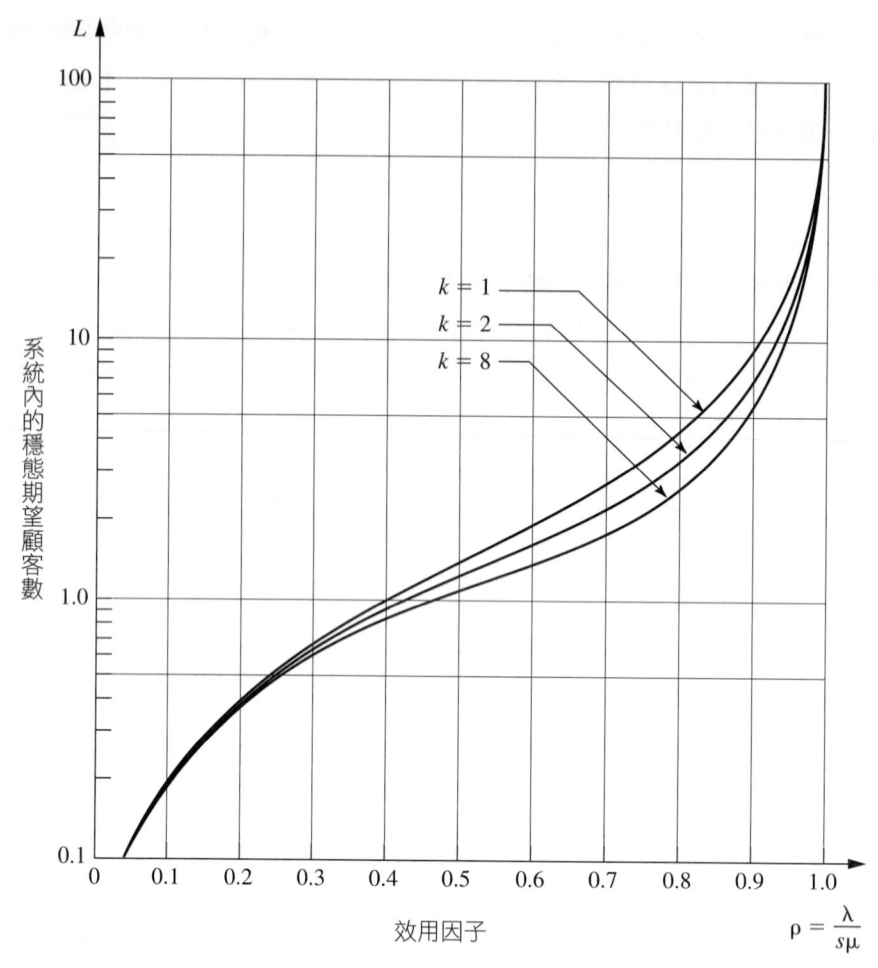

圖 12.10 $M/E_k/2$ 模型的 L 值（12.7 節）。

許多狀況下的數值結果同樣也已經得到，並製成表格。[14] 對某些 $s = 2$ 的狀況，平均值 (L) 繪製於圖 12.10。

本書網站的 Solved Examples 中，有一個對 $s = 1$ 和 $s = 2$ 應用 $M/E_k/s$ 模型來選擇成本最低方案的例子。

非 Poisson 輸入源的模型

至目前為止所介紹的所有等候模型都假設具有 Poisson 輸入過程（指數到達間隔時間）。但是當到達是依某種方式刻意安排或規定而非隨機發生時，就需要另一種模型。

---

[14] F. S. Hillier and O. S. Yu, with D. Avis, L. Fossett, F. Lo, and M. Reiman, *Queueing Tables and Graphs*, Elsevier North-Holland, New York, 1981.

只要服務時間是參數固定的指數分配，則此類模型我們已經有三個。而此處的模型只是把前述三種模型的到達間隔時間及服務時間分配互相調換。所以，第一個新的模型 (GI/M/s) 沒有對到達間隔時間分配加上任何限制，此情況對於單一服務員及多位服務員兩種模型，已經有一些穩態結果（特別是關於等候時間的分配）；[15] 但是這些結果並不如 M/G/1 模型的簡單公式那般方便。第二個新模型 (D/M/s) 假設所有到達間隔時間等於某個固定常數，這代表等候系統的到達是依規定的時間間隔所排定。第三個新模型 (E_k/M/s) 假設到達間隔時間遵循 Erlang 分配，這提供一個介於依規定安排（常數）與隨機到達（指數）之間的一個中間地帶。對後兩個模型的完整計算結果已經製成表格，[16] 包括圖 12.11 及圖 12.12 所示的 L 值。

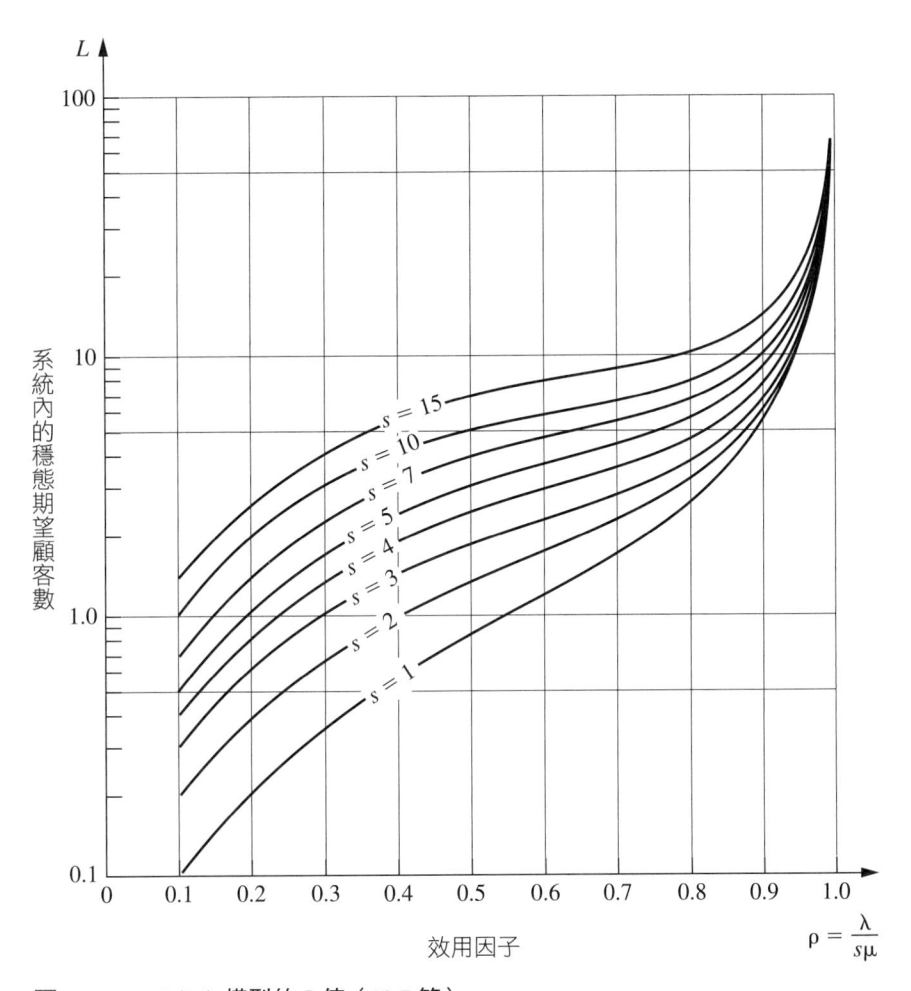

圖 12.11 D/M/s 模型的 L 值（12.7 節）。

---

[15] 參考文獻 5 的第 259-270 頁。
[16] 引用 Hillier 與 Yu 之前的研究。

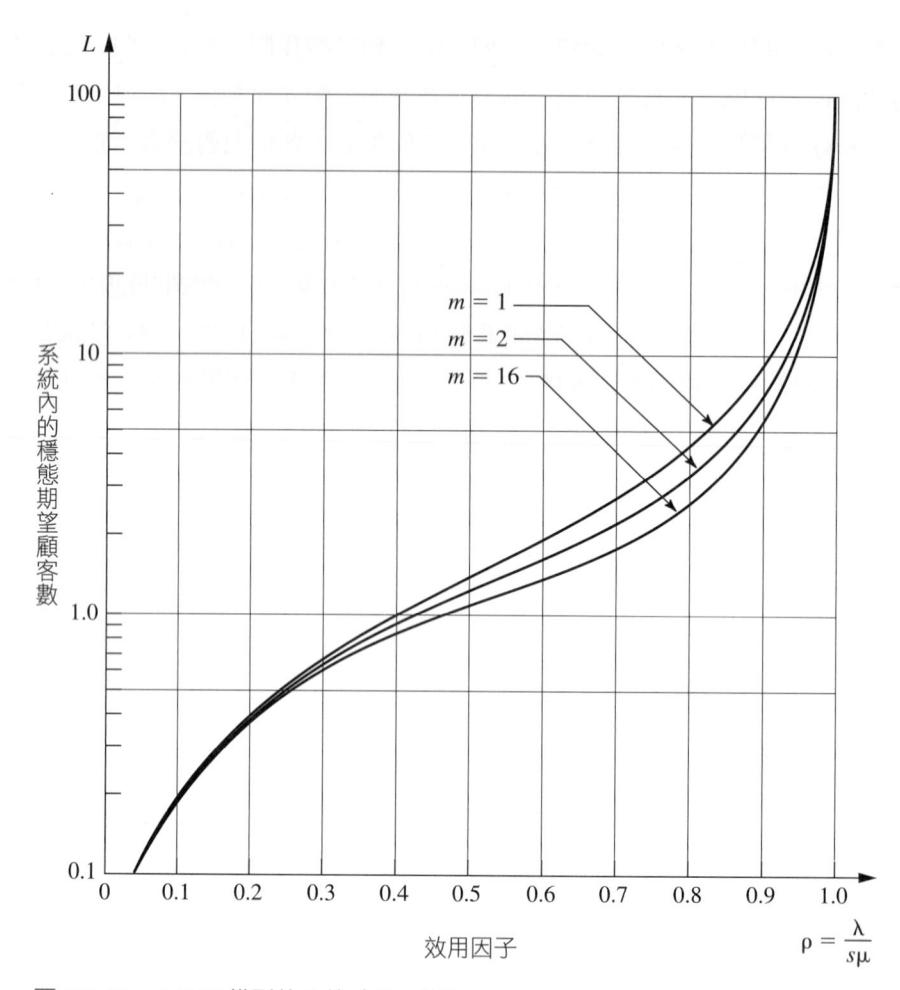

圖 12.12 $E_k/M/2$ 模型的 L 值（12.7 節）。

如果等候系統的到達間隔時間和服務時間都不遵循指數分配，亦有另外三種等候模型的計算結果。[17] 其中之一 ($E_m/E_k/s$) 假設兩者的時間分配遵循 Erlang 分配。其他兩種模型 ($E_k/D/s$ 和 $D/E_k/s$) 假設其中一個時間遵循 Erlang 分配，而另一個時間等於某一固定常數。

其他模型

雖然這一節已經介紹了許多包含非指數分配的等候模型，卻還有許多沒有列舉出來。例如，到達間隔時間或是服務時間有時會用到的另一種分配是**超指數分配 (hyperexponential distribution)**。這個分配的主要特徵是，雖然只允許非負值，但其標準差 σ 實際上會大於其平均值 $1/\mu$。這個特徵和 Erlang 分配剛好相反，其中在各種

---
[17] 引用 Hillier 與 Yu 之前的研究。

狀況下，$\sigma < 1/\mu$，除了 $k = 1$（指數分配）以外，這時候的 $\sigma = 1/\mu$。為了說明 $\sigma > 1/\mu$ 會發生的典型狀況，可以假設等候系統包含的服務是修理某種機器或車輛：若許多修理工作是例行性的（少量的服務時間），但是偶爾需要做大規模的修理（非常大量的服務時間），這時候服務時間的標準差相對於平均值會很大；在這個狀況下，超指數分配可用來代表服務時間分配。更明確地說，這個分配將假設對各種修理的發生具有固定的機率，ρ 和 $1 - \rho$，而各種修理所需時間分別遵循指數分配，但是這兩個指數分配的參數是不同的（超指數分配一般來說是這種兩個或多個指數分配的組合）。

另外還有一種一般常用的分配族群稱為**相態分配 (phase-type distribution)**（有些也稱為廣義 $Erlang$ 分配）。這些分配是把總時間拆開成為幾個指數分配的相 (phase)，其中這些指數分配的參數可以不同，且各相之間可以是串聯或並聯（或是二者都有）。一群並聯的相表示這過程依照某種給定的機率，隨機選取一個相通過，事實上這種方法就是推導超指數分配的方法，所以超指數分配是相態分配的一個特例。另一個特例是 Erlang 分配，其中限制所有的 k 相都是串聯的，而且這些相的指數分配都具有相同參數。移除這些限制意謂著相態分配比 Erlang 分配提供更大的彈性，可以更實地描述對真實等候系統所觀察到的到達間隔時間及服務時間。尤其當模型中直接使用的實際分配不容易分析，且實際分配的平均值對標準差的比值無法由 Erlang 分配的比值（$\sqrt{k}$ 對 $k = 1,2,\ldots$）來近似的時候，這種彈性特別具有價值。

因為相態分配是由指數分配組合而來，使用相態分配的等候模型仍可用只與指數分配有關的轉移來表示。所得到的模型通常會有無限多個狀態，所以要求解系統的穩態機率分配需要求解相當複雜的無限多個線性方程式的聯立方程式，求解這類系統並不是一個例行性的工作，但是最近的先進理論使得某些狀況下能以數值方法來求解這些等候模型，目前不同相態分配（包括超指數分配）下，一些模型的結果已經製成表格。[18]

12.8 具有優先權的等候模型

在具有優先權的等候模型中，等候規則是根據一個優先順序系統 (priority system)；所以，顧客接受服務的順序是根據其被給定的優先權。

對許多實際的等候系統而言，這種優先權模型比其他既有的模型更為貼切。急迫的工作要比其他的工作先做，而重要的顧客會比其他顧客先得到服務。醫院急診室的病患通常也會根據其疾病或傷勢的嚴重性而優先得到治療（本節稍後會回到具有優

---

[18] L. P. Seelen, H. C. Tijms, and M. H. Van Hoorn, *Tables for Multi-Server Queues*, North-Holland, Amsterdam, 1985。

先權的醫院例題)。因此,使用優先權等候模型經常是一般等候模型的一個受歡迎的調整。

這裡介紹兩種基本的優先權模型。兩個模型除了優先本質不同以外,都作相同的假設,所以先一起描述這兩種模型,然後分別整理其結果。

模型

兩種模型都假設有 N 種優先等級(等級 1 有最高優先權,而等級 N 是有最低優先權),每當一位服務員變成空閒而開始可為等候線的顧客服務時,被選取的顧客將是等候線中最高優先等級且等候最久的一位。換句話說,顧客被選取的順序是依據他們的優先等級,但在各等級內是依據先到先服務的規則。各優先等級都假設有一個 Poisson 輸入過程和指數的服務時間。除了一種稍後將思考的特例之外,這些模型也有某種限制性的假設,就是對所有優先等級的期望服務時間都相同。但是,模型仍允許優先等級之間有不同的平均到達速率。

兩者不同之處在於優先權是不可插位 (nonpreemptive) 或可插位 (preemptive)。**不可插位優先權 (nonpreemptive priority)** 是指如果有一位較高優先等級的顧客進入等候系統時,正在被服務的顧客不能退回等候線(被插位)。因此,當服務員開始服務一位顧客時,就必須完成服務而不能中斷。第一個模型就是假設有不可插位優先權。

可插位優先權 (preemptive priority) 是指每當有較高優先等級的顧客進入等候系統時,服務中的較低優先等級顧客將被插位(退回等候線),而這服務員可以立即開始為這位新到達的顧客服務(當服務員成功完成服務後,再依前述方式選取下一位顧客來服務,所以被插位的顧客將會再一次接受服務,在足夠多次的嘗試後,最終會完成服務)。由於指數分配的無記憶性質(見 12.4 節),不需要擔心被插位顧客重新接受服務的時間點,因為剩餘服務時間的分配總是相同的〔對其他服務時間分配,分辨插位回復系統 (preemptive-resume system) 及插位重複系統 (preemptive-repeat system) 很重要。插位回復系統是對被插位顧客的服務能由被中斷處開始,而插位重複系統是對被插位顧客的服務須重新開始〕。第二種模型就是假設有可插位優先權。

對於這兩個模型,若忽略不同優先等級間顧客的差異,則指數分配性質 6(見 12.4 節)意謂著所有顧客將依 Poisson 輸入過程到達。此外,所有顧客都有相同指數分配的服務時間。結果,這兩個模型除了服務顧客順序不同之外,實際上與 12.6 節中的 $M/M/s$ 模型相同。因此,當我們只計算在系統內顧客的總數時,$M/M/s$ 模型的穩態分配也可以應用於這兩個模型。結果,對任何一位隨機選取的顧客而言,計算 L 和 L_q 的公式與期望等候時間 W 和 W_q 的結果(用 Little 的公式)仍然適用,而有改變的是等候時間分配,其中 12.6 節是在先到先服務規則的假設下所推導的公式。在有優先等

級的情況下,這個分配有較大的變異數,因為較高優先等級顧客的等候時間要比在先到先服務的等候時間少了很多,而較低優先等級顧客的等候時間則較長。基於同樣的理由,分解系統中的所有顧客數目,會不成比例偏向較低優先等級的顧客,而這個結果正是當初加入優先等級的理由,即要犧牲對較低優先等級顧客的服務績效來改善對較高優先等級顧客的服務績效。要了解改善程度,我們要知道各優先等級顧客在系統內的期望等候時間及期望顧客數。這兩個模型的這些績效衡量依序說明如下。

不可插位優先權模型的結果

令 W_k 是第 k 個優先等級顧客在系統中的穩態期望等候時間(包括服務時間),則

$$W_k = \frac{1}{AB_{k-1}B_k} + \frac{1}{\mu}, \text{ 其中 } k = 1, 2, ..., N,$$

其中

$$A = s! \frac{s\mu - \lambda}{r^s} \sum_{j=0}^{s-1} \frac{r^j}{j!} + s\mu,$$

$$B_0 = 1,$$

$$B_k = 1 - \frac{\sum_{i=1}^{k} \lambda_i}{s\mu},$$

s = 服務員數目,
μ = 每位忙碌服務員的平均服務速率,
λ_i = 優先等級 i 的平均到達速率,
$$\lambda = \sum_{i=1}^{N} \lambda_i,$$
$$r = \frac{\lambda}{\mu}。$$

此結果假設

$$\sum_{i=1}^{k} \lambda_i < s\mu,$$

所以優先等級 k 能到達穩定狀態。Little 的公式仍可應用到個別優先等級,所以優先等級 k 的顧客在等候系統內的穩態期望數目(包括正受服務的顧客)L_k 是

$$L_k = \lambda_k W_k, \text{ 其中 } k = 1, 2, ..., N。$$

要決定優先等級 k 在等候系統中的期望等候時間(不包括服務時間),可從 W_k 減去 $1/\mu$,乘上 λ_k 就是相對的期望等候線長度。對於 $s = 1$ 的特例,A 的公式簡化為 A = μ^2/λ。

OR Courseware 提供計算 Excel 樣版。本書網站的 Solved Example 提供了另一個當工作分成三種優先等級時的例子。

單一服務員不可插位優先權模型之變型

以上對各優先等級期望服務時間 $1/\mu$ 都相同的假設造成相當大的限制。實務上，這個假設有時會因為不同的優先等級有不同的服務需求而不成立。

所幸在單一服務員的特例下，允許不同的期望服務時間仍然可能得到有用的結果。令 $1/\mu_k$ 為優先等級 k 的指數服務時間分配的平均值，所以

μ_k 優先等級 k 的平均服務速率，其中 $k = 1, 2, ..., N$。

則優先等級 k 的顧客在系統中的穩態期望等候時間是

$$W_k = \frac{a_k}{b_{k-1}b_k} + \frac{1}{\mu_k}, \text{ 當 } k = 1, 2, ..., N,$$

其中 $a_k = \sum_{i=1}^{k} \frac{\lambda_i}{\mu_i^2}$，

$b_0 = 1$，

$b_k = 1 - \sum_{i=1}^{k} \frac{\lambda_i}{\mu_i}$。

只要

$$\sum_{i=1}^{k} \frac{\lambda_i}{\mu_i} < 1,$$

這個結果就會成立，因為此條件能夠使優先等級 k 到達穩定狀態。如前所述，這時 Little 的公式可以用來得到各優先等級的其他主要績效衡量。

可插位優先權模型的結果

對於可插位優先權模型，需要重新使用所有優先等級的期望服務時間都相同的假設。使用與不可插位優先權模型相同的數學符號，在單一服務員 ($s = 1$) 的情況下，可插位優先權將把系統內的總期望等候時間（包括總服務時間）改變成為

$$W_k = \frac{1/\mu}{B_{k-1}B_k}, \text{ 其中 } k = 1, 2, ..., N,$$

當 $s > 1$ 時，對 W_k 的計算可採用將在醫院例子中說明的遞迴程序。而 L_k 仍然滿足下列關係：

$$L_k = \lambda_k W_k, \text{ 其中 } k = 1, 2, ..., N。$$

對於等候線的對應結果（不包括正受服務的顧客）也能從前述不可插位優先權狀況下的 W_k 和 L_k 求得。因為指數分配的無記憶性質（見 12.4 節），可插位優先權不會影響服務過程（服務完成的發生），任何顧客的總期望服務時間仍然是 $1/\mu$。

本章的 Excel 檔案包括一個計算上述單一服務員情況下的績效衡量的 Excel 樣版。

範例　具優先權的醫院例子

對醫院急診室的問題，管理工程師已經注意到病患並不是依照先到先服務的規則處理，而是由接待護士將病患大致分為三類：(1) 危急狀況，需要迅速急救才能存活；(2) 嚴重狀況，要儘早醫治以防止進一步惡化；和 (3) 穩定狀況，可以延遲處理而不影響醫療結果。急診室依照這種優先等級來處理病患，而同等級的病患則採取先到先服務原則。假如來了一個較高優先等級的新病患，則醫生會中斷對病患的處理。大約有 10% 的病患屬於第一類，30% 屬於第二類，而有 60% 屬於第三類。因為比較嚴重的病患在接受緊急治療後會送到醫院作進一步的治療，所以急診室醫生對於不同優先等級病患的平均處理時間並沒有很大的不同。

該管理工程師決定使用有優先等級的等候模型作為這個等候系統的合理模型，其中這三類的病患構成這個模型的三種優先等級。因為病患會因為較高優先等級的病患到達而中斷治療，可插位優先權模型是一個適當的模型。給定先前已有的資料 $\mu = 3$ 且 $\lambda = 2$，依先前的比例可得到 $\lambda_1 = 0.2$、$\lambda_2 = 0.6$ 及 $\lambda_3 = 1.2$。當分別有一位 ($s = 1$) 或兩位 ($s = 2$) 醫生值班時，表 12.3 列出各優先等級在等候線（不包括處理時間）的期望等候時間[19]（表 12.3 也列出不可插位優先權模型的相對結果，以顯示插位的影響）。

推導可插位優先權的結果　當 $s = 2$ 時，這些可插位優先權的結果計算如下。因為優先等級 1 的顧客，其等候時間完全不受較低優先等級的影響，對於其他 λ_2 和 λ_3 的值，包括 $\lambda_2 = 0$ 和 $\lambda_3 = 0$，W_1 將是相同的。因此，W_1 必須等於只有一

■ 表 12.3　具有優先權的醫院問題的穩態結果

	可插位優先權		不可插位優先權	
	$s = 1$	$s = 2$	$s = 1$	$s = 2$
A	—	—	4.5	36
B_1	0.933	—	0.933	0.967
B_2	0.733	—	0.733	0.867
B_3	0.333	—	0.333	0.667
$W_1 - \dfrac{1}{\mu}$	0.024 小時	0.00037 小時	0.238 小時	0.029 小時
$W_2 - \dfrac{1}{\mu}$	0.154 小時	0.00793 小時	0.325 小時	0.033 小時
$W_3 - \dfrac{1}{\mu}$	1.033 小時	0.06542 小時	0.889 小時	0.048 小時

---

[19] 注意當 $k > 1$ 時，這些期望值不再解釋為開始處理前的期望等候時間，因為處理完成前可能會被中斷至少一次而造成額外的等候時間。

個優先等級模型（12.6 節的 $M/M/s$ 模型）的 W，其中 $s = 2$、$\mu = 3$ 和 $\lambda = \lambda_1 = 0.2$，所以可得

$$W_1 = W = 0.33370 \text{ 小時，其中 } \lambda = 0.2$$

及

$$W_1 - \frac{1}{\mu} = 0.33370 - 0.33333 = 0.00037 \text{ 小時。}$$

現在思考前兩個優先等級，再次注意到這兩個優先等級的顧客完全不受較低優先等級顧客的影響（在這個例子中只有第三優先等級），所以分析時可以忽略第三優先等級。令 $\overline{W}_{1-2}$ 為這兩個優先等級隨機到達的顧客在系統內的期望等候時間（包括服務時間），所以屬於第一優先等級的機率是 $\lambda_1/(\lambda_1 + \lambda_2) = \frac{1}{4}$，而屬於第二優先等級的機率是 $\lambda_2/(\lambda_1 + \lambda_2) = \frac{3}{4}$。因此，

$$\overline{W}_{1-2} = \frac{1}{4}W_1 + \frac{3}{4}W_2。$$

此外，因為對這個相同的隨機到達而言，在任何等候規則下的期望等候時間都是相同的，$\overline{W}_{1-2}$ 必須等於 12.6 節中 $M/M/s$ 模型的 W，其中 $s = 2$、$\mu = 3$ 及 $\lambda = \lambda_1 + \lambda_2 = 0.8$，所以可得

$$\overline{W}_{1-2} = W = 0.33937 \text{ 小時，當 } \lambda = 0.8。$$

合併這些結果可以得到

$$W_2 = \frac{4}{3}\left[0.33937 - \frac{1}{4}(0.33370)\right] = 0.34126 \text{ 小時。}$$

$$\left(W_2 - \frac{1}{\mu} = 0.00793 \text{ 小時。}\right)$$

最後，令 $\overline{W}_{1-3}$ 為這三個優先等級隨機到達的顧客在系統內的期望等候時間（包括服務時間），所以屬於這三個優先等級的機率分別是 0.1、0.3 和 0.6。因此，

$$\overline{W}_{1-3} = 0.1W_1 + 0.3W_2 + 0.6W_3。$$

此外，$\overline{W}_{1-3}$ 必須等於 12.6 節 $M/M/s$ 模型中的 W，其中 $\mu = 3$ 及 $s = 2$），所以（從表 12.2）

$$\overline{W}_{1-3} = W = 0.375 \text{ 小時，其中 } \mu = 2$$

結果，

$$W_3 = \frac{1}{0.6}[0.375 - 0.1(0.33370) - 0.3(0.34126)]$$
$$= 0.39875 \text{ 小時。}$$

$$\left(W_3 - \frac{1}{\mu} = 0.06542 \text{ 小時。}\right)$$

也可以使用 12.6 節 $M/M/s$ 模型中，關於 W_q 的結果來直接推導（數學式）。

結論 當 $s = 1$ 時，表 12.3 中可插位優先權情況的 $W_k - 1/\mu$ 值指出，只有一位值班醫生會導致危急病患平均等候大約 $1\frac{1}{2}$ 分鐘（0.024 小時），嚴重病患等候超過 9 分鐘，而穩定病態等候超過 1 小時（對照表 12.2 在先到先服務等候規則下，所有病患的平均等候時間為 $W_q = \frac{2}{3}$ 小時）。然而，這些值代表統計上的期望值，所以在同一優先等級中，會有一些病患等候比平均值還要長許多的時間。這種等候對危急及嚴重的病患是無法容忍的，因為延遲幾分鐘都可能會致命。反之，表 12.3 中（可插位優先權）關於 $s = 2$ 的結果指出，增加第二位值班醫生會消除所有等候時間，除了穩定病患以外。因此，該管理工程師建議在下一年傍晚時段要有兩位醫生在急診室值班。醫院董事會接受這個建議，並且同時提高急診室的收費！

12.9 等候網路

到目前為止只考慮具有一位服務員或多位服務員的單一服務設施等候系統。然而，在 OR 研究中的等候系統有時候實際上是等候網路，即服務設施的網路，顧客必須在某些或是所有服務設施接受服務。例如，訂單必須經過一連串機器群（服務設施）的加工處理。因此必須研究整個網路，以得到期望總等候時間、系統內期望顧客數等資訊。

因為等候網路的重要性，所以這方面的研究非常活躍。但這是一個很困難的領域，所以本節只作簡單介紹。

等候網路有個基本且重要的結果值得在這裡特別提出，就是以下關於等候系統顧客的輸入過程及輸出過程的對等性質。

對等性質 (equivalence property)：假設有 s 位服務員及無限等候線的服務設施，具有參數為 λ 的 Poisson 輸入過程，且每位服務員具有參數為 μ 的相同指數服務時間分配（亦即 $M/M/s$ 模型），其中 $s\mu > \lambda$，則這個服務設施的穩態輸出也是參數為 λ 的 Poisson 過程。

注意，這個性質並沒有對等候規則做任何假設，無論是先到先服務或 12.8 節的優先權規則，完成服務的顧客會根據 Poisson 過程離開服務設施。這對等候網路的重要意義是，如果這些顧客還要到其他服務設施接受進一步服務，則第二個服務設施仍將具有 Poisson 輸入過程。如果這個服務設施也具有指數服務時間分配，則對等性質仍然成立，然後能夠提供第三個服務設施的 Poisson 輸入。接下來討論兩種基本等候網路的結果。

串聯的無限等候線

假定所有顧客必須接受一連串 m 個服務設施固定順序的服務。假設各服務設施有一無限等候線（在等候線的顧客數沒有限制），則這一連串的服務設施構成串聯無限等候線的系統。再假設顧客到達第一個服務設施的過程是參數為 λ 的 Poisson 過程，並且各服務設施 $i(i = 1,2,…,m)$ 的 s_i 位服務員各有參數為 μ_i 的指數服務時間分配，其中 $s_i\mu_i > \lambda$。則由對等性質（在穩定狀態下）可知，每個服務設施具有參數為 λ 的 Poisson 輸入過程。因此，12.6 節的基本 M/M/s 模型（或 12.8 節具有優先等級的對應模型）可以用來獨立地分析各服務設施！

能夠獨立用 M/M/s 模型求得各服務設施的所有績效衡量，而不需要分析設施之間的交互作用，是非常大的簡化。例如，由 12.6 節 M/M/s 模型可知一個設施有 n 位顧客的機率可由 P_n 的公式獲得，則在設施 1 有 n_1 位顧客、在設施 2 有 n_2 位顧客、… 的聯合機率是這些簡單個別機率的乘積，這個聯合機率可寫成

$$P\{(N_1, N_2, \ldots, N_m) = (n_1, n_2, \ldots, n_m)\} = P_{n_1}P_{n_2}\cdots P_{n_m}。$$

這稱為**積型解 (product form solution)**。同樣地，整體系統的期望總等候時間和總期望顧客數，只要把各設施的相對數量加總即可得到。

不巧，這對 12.6 節討論的有限等候線狀況而言，對等性質及其詮釋並不成立，然此狀況在實務上卻相當重要，因為通常在網路中，服務設施前的等候線都有限定的長度。例如，在一個生產線系統的各設施（工作站）前，通常只有很小的緩衝儲存空間。這種有限等候線的串聯系統沒有簡單的積型解可用，則服務設施必須作聯合分析，所以已知結果有限。

Jackson 網路

無限等候線的串聯系統並不是唯一可用 M/M/s 模型獨立分析各服務設施的等候網路。另一種重要網路是 *Jackson* 網路 (Jackson network)，以證明這個性質成立的 James R. Jackson 為名。

Jackson 網路的特性和前述無限等候串聯的基本假設相同，除了現在顧客到達各設施的順序可以不同（可不用經過全部設施）。對各個服務設施，到達的顧客可以是從系統外面（根據 Poisson 過程）和其他服務設施而來，特性整理如下：

Jackson 網路是一個有 m 個服務設施的系統，其中設施 $i(i = 1,2,…,m)$ 具有

1. 一條無限等候線
2. 顧客從系統外到達是根據參數為 a_i 的 Poisson 輸入過程
3. s_i 位服務員具有參數為 μ_i 的指數服務時間分配

應用實例

世界汽車大廠通用汽車 (General Motors, GM) 在 1980 年代晚期曾為汽車業末段班，市占也持續受國外競爭對手所影響。

為了反擊外來競爭，多年前 GM 管理者啟動一個長期的作業研究專案，用來預測並改善公司全球數百條生產線的產出績效。目的是要透過製造作業大幅提升公司的生產力，進而使 GM 具有策略性的競爭優勢。

這個專案最重要的分析工具是以單一服務員模型為基礎的一個複雜等候模型，整個模型從考慮一個雙工作站生產線開始，除了例外的情況，其中每個工作站是一個具有常數到達時間間隔及常數服務時間的單一服務員等候系統。例外：各個工作站的服務員（通常為一台機器）偶而會故障而無法進行服務直到修理完成，當第一個工作站完成服務而且工作站間的緩衝區客滿時，第一位服務員會停機；而當第二個工作站完成服務且沒有任何來自第一個工作站的工作可作時，第二位服務員也會停機。

分析中的下一步是把這個雙工作站生產線的等候模型推廣到任何數目的工作站，然後使用這個較大的等候模型來分析如何設計生產線，以極大化生產量。

這個等候理論（及模擬學）的應用加上資料蒐集系統的支援，為 GM 獲取可觀的報償。根據客觀的產業資料來源，GM 曾列為該產業最不具生產力公司，如今已名列前茅，在 10 個國家超過 30 個汽車廠的產量改善上，節省開支與增加收益逾 21 億美元並在 2005 年贏得作業研究與管理科學著名的 Franz Edelman 國際競賽首獎。

資料來源：J. M. Alden, L. D. Burns, T. Costy, R. D. Hutton, C. A. Jackson, D. S. Kim, K. A. Kohls, J. H. Owen, M. A. Turnquist, and D. J. Vander Veen: "General Motors Increases Its Production Throughput," *Interfaces*, 36(1): 6–25, Jan.–Feb. 2006。

顧客離開設施 i 會到下一個設施 $j(j = 1, 2, ..., m)$ 的機率是 p_{ij}，或離開系統的機率是

$$q_i = 1 - \sum_{j=1}^{m} p_{ij}。$$

任何這種網路具有下列的重要性質：

在穩定狀態下，在 Jackson 網路中的各服務設施 $j(j = 1, 2, ..., m)$ 就如同具有下列到達速率的獨立 $M/M/s$ 等候系統。

$$\lambda_j = a_j + \sum_{i=1}^{m} \lambda_i p_{ij},$$

其中 $s_j \mu_j > \lambda_j$。

這個重要性質不能從對等性質直接證得（因為會形成迴圈），但其仍可由對等性質直覺地得到支持。這個直覺觀點（技術上不完全是正確的）就是對各設施 i，從各種來源的輸入過程（外界或是其他設施）是獨立的 Poisson 過程，所以整體輸入過程是參數為 λ_i 的 Poisson 過程（12.4 節的性質 6），然後對等性質指出從設施 i 的整體輸出過程必須是參數為 λ_i 的 Poisson 過程。藉由分解這個輸出過程（再依性質 6），可知顧客從設施 i 到設施 j 的過程必須是參數為 $\lambda_i p_{ij}$ 的 Poisson 過程，而這個過程變成設施

j 的 Poisson 輸入過程之一,因此整個系統能維持是一系列的 Poisson 過程。

以上用 λ_j 得到的方程式是根據 λ_i 是所有使用設施 i 的顧客的離開速率及到達速率的事實,因為 p_{ij} 是從設施 i 離開而會到設施 j 的顧客比例,所以顧客從設施 i 到設施 j 的速率是 $\lambda_i p_{ij}$。將所有 i 的這項速率加總,然後加上 a_j 就是從各來源到設施 j 的總到達速率。

從這方程式計算 λ_j 需要知道所有 $i \neq j$ 的 λ_j,但是這些 λ_j 在其相關的方程式中也是未知數。因此,同時求解 $\lambda_1, \lambda_2, ..., \lambda m$ 的程序是求解 λ_j,$j = 1, 2, ..., m$ 的線性聯立方程式系統。在 OR Tutorial 中有一個用這種方法解 λ_j 的 Excel 樣版。

為了說明這些計算,可以思考有三個服務設施的 Jackson 網路,其中的參數見表 12.4。代入 λ_j 的公式 $j = 1,2,3$,可得

$$\begin{aligned}\lambda_1 &= 1 + 0.1\lambda_2 + 0.4\lambda_3 \\ \lambda_2 &= 4 + 0.6\lambda_1 + 0.4\lambda_3 \\ \lambda_3 &= 3 + 0.3\lambda_1 + 0.3\lambda_2 \end{aligned}$$

(從各個方程式去了解為什麼這給定了相對應的服務設施的到達速率。)這個聯立系統的解是

$$\lambda_1 = 5 \text{、} \lambda_2 = 10 \text{、} \lambda_3 = 7\frac{1}{2}$$

有了這個解答,這三個服務設施現在能個別獨立使用 12.6 節的 $M/M/s$ 模型公式來作分析。例如,要計算服務設施 i 的顧客數 $N_i = n_i$ 的機率分配,注意其中

$$\rho_i = \frac{\lambda_i}{s_i \mu_i} = \begin{cases} \dfrac{1}{2} & \text{當 } i = 1 \\ \dfrac{1}{2} & \text{當 } i = 2 \\ \dfrac{3}{4} & \text{當 } i = 3 \end{cases}$$

代入這些值(及表 12.4 的參數)到 P_n 的公式,可得到

$$P_{n_1} = \frac{1}{2}\left(\frac{1}{2}\right)^{n_1} \qquad \text{對於設施 1}$$

$$P_{n_2} = \begin{cases} \dfrac{1}{3} & \text{當 } n_2 = 0 \\ \dfrac{1}{3} & \text{當 } n_2 = 1 \\ \dfrac{1}{3}\left(\dfrac{1}{2}\right)^{n_2 - 1} & \text{當 } n_2 \geq 2 \end{cases} \qquad \text{對於設施 2}$$

$$P_{n_3} = \frac{1}{4}\left(\frac{3}{4}\right)^{n_3} \qquad \text{對於設施 3}$$

接著 (n_1, n_2, n_3) 的聯合機率可簡單以下列積型解表示

■ 表 12.4　Jackson 網路例題的資料

設施 j	s_j	μ_j	a_j	p_{ij}		
				$i=1$	$i=2$	$i=3$
$j=1$	1	10	1	0	0.1	0.4
$j=2$	2	10	4	0.6	0	0.4
$j=3$	1	10	3	0.3	0.3	0

$$P\{(N_1, N_2, N_3) = (n_1, n_2, n_3)\} = P_{n_1} P_{n_2} P_{n_3}。$$

同理,設施 i 的期望顧客數 L_i 也能從 12.6 節計算如下:

$$L_1 = 1、L_2 = \frac{4}{3}、L_3 = 3。$$

然後,整體系統的期望顧客數是

$$L = L_1 + L_2 + L_3 = 5\frac{1}{3}。$$

要得到顧客在系統內的總期望等候時間 W(包括服務時間)需要一些小技巧,不能只是簡單地加總在個別服務設施的期望等候時間,因為顧客不一定要到各服務設施剛好一次。但 Little 的公式仍可以使用,其中系統的到達速率 λ 是從外界到達各服務設施速率的總和 $\lambda = a_1 + a_2 + a_3 = 8$。所以,

$$W = \frac{L}{a_1 + a_2 + a_3} = \frac{2}{3}。$$

總之,我們要特別指出仍然有其他類型(更複雜)的等候網路,其中個別服務設施也能獨立分析。實際上,尋找有積型解的等候網路已經成為研究等候網路的神聖任務,參考文獻 3 和 12 是一些額外資訊的來源。

12.10 等候理論的應用

由於等候理論提供了大量資訊,已廣泛用來引導等候系統的設計(或重新設計),我們現在將重點轉向如何以這種方式來應用等候理論。

設計一個等候系統時,可能的決策包括:

1. 服務設施的服務員人數
2. 服務員的效率
3. 服務設施的數目
4. 等候線中等候空間的數目
5. 不同種類顧客的優先權

上述第一個決策（多少服務員？）最常發生，因此本節稍後將專注於該決策。

通常訂定這些決策的兩個主要考量是(1) 等候系統提供服務容量所需的成本；及(2) 讓顧客在等候系統中等待所造成的後果。提供過多的服務容量會造成服務成本過的，而提供過少的服務容量則會造成等待時間過長。因此要在服務成本和等待時間之間尋求一個適當的權衡。

有兩種基本方法可用來權衡。其中一種是以可接受多久的等待時間來建立服務滿意度水準的一個或多個準則。例如有一種可能的準則是，在系統中的期望等待時間不應該超過幾分鐘。另一種是，至少有 95% 的顧客在系統中的等待時間應該不超過幾分鐘。類似的準則也可以使用系統中期望顧客數（或顧客數的機率分配）來建立。這些準則也可能以在等候線上等待的時間或顧客人數，而不是以在等候系統中的方式敘述。一旦選定這些準則，通常會直接使用試誤法 (trial and error) 來尋求符合這些準則的最小成本等候系統設計。

另一種尋求最佳權衡的基本方法，是評估讓顧客等待的相關成本。例如，假設等候系統是一個內部服務系統（如 12.3 節所述），其中顧客是營利公司的員工，讓這些在等候系統中的員工等待會造成生產力損失，進而導致利潤損失，失去的利潤就是等候系統中的**等候成本 (waiting cost)**。藉由以一個等候量的函數表示這個等候成本，決定最佳等候系統設計的問題可以視為極小化每單位時間的期望總成本（服務成本加上等候成本）。

以下針對決定服務員最佳數量的問題，詳細說明第二種方法。

應該提供多少服務員？

當決策變數是在某特定服務設施的服務員人數 s 時，為建立目標函數，令

$$E(TC) = 每單位時間期望總成本，$$
$$E(SC) = 每單位時間期望服務成本，$$
$$E(WC) = 每單位時間期望等候成本。$$

則目標是要選擇服務員的數目，以

$$極小化 \quad E(TC) = E(SC) + E(WC)，$$

當每位服務員成本相同時，**服務成本 (service cost)** 是

$$E(SC) = C_s s，$$

其中 C_s 為每單位時間一位服務員的邊際成本。為了評估對應每個 s 值的 WC，注意 $L = \lambda W$ 給定每單位時間在等候系統內的期望總等候量。因此，當等候成本與等候時間成正比時，這個成本可表示為

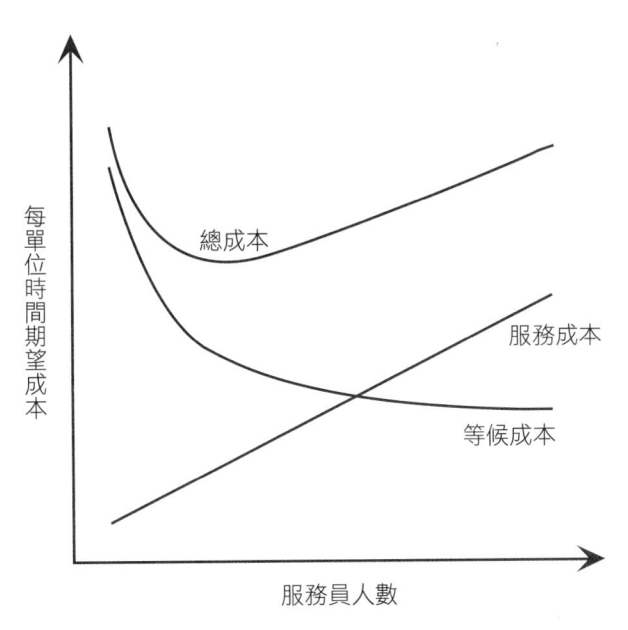

■ 圖 12.13　決定提供服務員數目之期望成本曲線的形狀。

$$E(\text{WC}) = C_w L，$$

其中 C_w 是在等候系統內每位顧客單位時間的等候成本。因此，在估計這些常數 C_s 和 C_w 後，目標成為選擇 s 的值，以

$$極小化 \quad E(\text{TC}) = C_s s + C_w L，$$

藉由選擇符合這個等候系統的等候模型，可得各種不同 s 值下的 L 值，L 值隨 s 值的增加而減少，剛開始變化很快，之後就逐漸變得緩慢。

圖 12.13 顯示 $E(\text{SC})$、$E(\text{WC})$ 和 $E(\text{TC})$ 對應於服務員人數 s 的一般圖形（為能較容易地理解觀念，雖然 s 的可行值是 $s = 1、2、\ldots$，仍然將圖形畫成較平滑的曲線）。藉由計算對應於連接 s 值的 $E(\text{TC})$，直到 $E(\text{TC})$ 不再減少而開始增加，可以很直接求得極小化總成本的服務員數量，以下說明這個過程。

範例

Acme 機械工廠有一個工具間，用以儲存工廠技工所需的工具。有兩位管理員管理這個工具間，當技工到達工具間並索取所需的工具時，管理員會把工具發出去，不需工具時會還給管理員。課長們經常抱怨他們的技工浪費太多時間走到工具間及等候服務，所以看起來工廠需要更多管理員。另一方面，管理高層正施壓要減少工廠的經常費用，而這會導致較少的管理員。為了解決這衝突的壓力，將進行一項 OR 研究以決定一個工具間應該有多少管理員。

工具間構成一個等候系統，其中管理員是服務員，而技工是顧客。在蒐集一些到達間隔時間和服務時間後，OR 小組推斷出最符合這個等候系統的等候模型是 M/M/s 模型，平均到達速率 λ 和平均服務速率 μ（每位服務員）的估計值是

$$\lambda = 每小時 120 位顧客，$$
$$\mu = 每小時 80 位顧客。$$

所以兩位管理員的效用因子是

$$\rho = \frac{\lambda}{s\mu} = \frac{120}{2(80)} = 0.75。$$

每位工具間管理員對公司的總成本是每小時 \$20 元，所以 C_s = \$20 元。當一位技工忙碌工作時對公司的產出平均大約是每小時 \$48 元，所以 C_w = \$48 元。因此，現在 OR 小組需要找出一個服務員（工具間管理員）數目 s 以

極小化 $E(TC) = \$20\,s + \$48\,L。$

在 OR Courseware 中，有一個以 M/M/s 模型計算這些成本的 Excel 樣版。只需要輸入這個模型的資料與單位服務成本 C_s、單位等候成本 C_w，以及想要嘗試的服務員人數 s，這個樣版就會計算出 $E(SC)$、$E(WC)$ 及 $E(TC)$，圖 12.14 說明這在 $s = 3$ 時的期望成本。藉由一再輸入不同的 s 值，這個樣版可以在幾秒內顯示出哪一個 s 值可以極小化 $E(TC)$。

表 12.5 顯示這個樣版藉由重複計算 $s = 1$、2、3、4 和 5 所產生的結果。因為 $s = 1$ 的效用因子 $\rho = 1.5$，只有一位管理員來不及服務顧客，所以排除這個選擇。其他較大的 s 值都是可行的，但是 $s = 3$ 有最小的期望總成本。此外，$s = 3$ 時可以把 $s = 2$ 的每小時期望總成本降低 \$61。因此儘管管理高層打算減少經常費用（包括工具間管理員成本），OR 小組建議工具間應該增加第 3 位管理員。注意，這會減少管理員的效用因子，由已經是中度的 0.75 一直減少到 0.5。不過，因為藉由減少技工在工具間等待所造成的時間浪費，可以大幅提升技工（其成本比管理員高很多）的生產力，所以管理高層採用了這項建議。

12.11 結論

等候系統的適當性對生活品質和生產力有重要的影響。

等候理論是以建立其運作狀況的數學模型來研究等候系統，然後應用這些模型來推導績效衡量。這種分析提供有效設計等候系統的重要資訊，藉以適當平衡提供服務的成本與等候服務的成本。

本章介紹等候理論中已經有具體結果的最基本模型。但是，如果本書篇幅允許的

	A	B	C	D	E	F	G
1	Economic Analysis of Acme Machine Shop Example						
2							
3			Data				Results
4		λ =	120	(mean arrival rate)		L =	1.736842105
5		μ =	80	(mean service rate)		L_q =	0.236842105
6		s =	3	(# servers)			
7						W =	0.014473684
8		Pr(W > t) =	0.02581732			W_q =	0.001973684
9		when t =	0.05				
10						ρ =	0.5
11		Prob(W_q > t) =	0.00058707				
12		when t =	0.05			n	P_n
13						0	0.210526316
14		Economic Analysis:				1	0.315789474
15		Cs =	$20.00	(cost / server / unit time)		2	0.236842105
16		Cw =	$48.00	(waiting cost / unit time)		3	0.118421053
17						4	0.059210526
18		Cost of Service	$60.00			5	0.029605263
19		Cost of Waiting	$83.37			6	0.014802632
20		Total Cost	$143.37			7	0.007401316

	B	C
18	Cost of Service	=Cs*s
19	Cost of Waiting	=Cw*L
20	Total Cost	=CostOfService+CostOfWaiting

Range Name	Cells
CostOfService	C18
CostOfWaiting	C19
Cs	C15
Cw	C16
L	G4
s	C6
TotalCost	C20

■ 圖 12.14　使用經濟分析選擇服務員數目時的 Excel 樣版，這裡應用 M/M/s 模型於 Acme 機械工廠例題，其中 s = 3。

■ 表 12.5　Acme 機械工廠例題中，不同 s 值的 E(TC) 計算結果

s	ρ	L	$E(SC) = C_s s$	$E(WC) = C_w L$	$E(TC) = E(SC) + E(WC)$
1	1.50	∞	$20	∞	∞
2	0.75	3.43	$40	$164.57	$204.57
3	0.50	1.74	$60	$83.37	$143.37
4	0.375	1.54	$80	$74.15	$154.15
5	0.30	1.51	$100	$72.41	$172.41

話，會再思考許多其他有趣的模型。事實上，在技術文獻上已經有數千篇研究論文在建立或分析等候模型，而且每年都會刊登許多論文。

指數分配在等候理論中擔任代表到達間隔時間及服務時間分配的基本角色，原因之一是到達間隔時間經常具有這個分配，而假設服務時間遵循這個分配也通常是合理

的估計。另一個原因是以指數分配為基礎的等候模型比其他任何模型容易處理許多。例如，以生死過程為基礎的等候模型可以得到大量的結果，而這模型需要到達間隔時間和服務時間都遵循指數分配。相應分配中的 Erlang 分配也大致能夠處理，其中總時間可以拆開成個別具有指數分配的相。對於其他假設下的等候模型，就只能得到相對少數有用的解析結果。

對於某類顧客通常比其他顧客優先獲得服務的情況，具有優先權的等候模型非常有用。

另一情況是顧客必須在幾個不同的設施獲得服務。這種情況下，等候網路模型則得到廣泛的採用，這在目前仍是一個相當活躍的研究領域。

當找不到容易分析的模型來描述所研究的等候系統時，一般常用開發電腦程式來模擬系統的運作，藉以得到相關的績效資料。

參考文獻

1. Boucherie, R. J., and N. M. van Dijk (eds.): *Queueing Networks: A Fundamental Approach*, Springer, New York, 2011.

2. Chen, H., and D. D. Yao: *Fundamentals of Queueing Networks: Performance, Asymptotics, and Optimization*, Springer, New York, 2001.

3. El-Taha, M., and S. Stidham, Jr.: *Sample-Path Analysis of Queueing Systems*, Kluwer Academic Publishers (now Springer), Boston, 1998.

4. Gautam, N.: *Analysis of Queues: Methods and Applications*, CRC Press, Boca Raton, FL, 2012.

5. Gross, D., J. F. Shortle, J. M. Thompson, and C. M. Harris: *Fundamentals of Queueing Theory*, 4th ed., Wiley, Hoboken, NJ, 2008.

6. Hall, R. W. (ed.): *Patient Flow: Reducing Delay in Healthcare Delivery*, Springer, New York, 2006.

7. Hall, R. W.: *Queueing Methods: For Services and Manufacturing*, Prentice-Hall, Upper Saddle River, NJ, 1991.

8. Haviv, M.: *Queues: A Course in Queueing Theory*, Springer, New York, 2013.

9. Hillier, F. S., and M. S. Hillier: *Introduction to Management Science: A Modeling and Case Studies Approach with Spreadsheets*, 5th ed., McGraw-Hill/Irwin, Burr Ridge, IL, 2014, Chap. 11.

10. Jain, J. L., S. G. Mohanty, and W. Bohm: *A Course on Queueing Models*, Chapman & Hall/CRC, Boca Raton, FL, 2007.

11. Kaczynski, W. H., L. M. Leemis, and J. H. Drew: "Transient Queueing Analysis," *INFORMS Journal on Computing*, **24**(1): 10–28, Winter 2012.

12. Lipsky, L.: *Queueing Theory: A Linear Algebraic Approach*, 2nd ed., Springer, New York, 2009.

13. Little, J. D. C.: "Little's Law as Viewed on Its 50th Anniversary," *Operations Research*, **59**(3): 536–549, May–June 2011.

14. Stidham, S., Jr.: "Analysis, Design, and Control of Queueing Systems," *Operations Research,* **50:** 197–216, 2002.

15. Stidham, S., Jr.: *Optimal Design of Queueing Systems*, CRC Press, Boca Raton, FL, 2009.

一些等候理論的獲獎應用

（這些論文的連結請參見本書網站 www.mhhe.com/hillier。）

A1. Bleuel, W. H.: "Management Science's Impact on Service Strategy," *Interfaces,* **5**(1, Part 2): 4–12, November 1975.

A2. Brigandi, A. J., D. R. Dargon, M. J. Sheehan, and T. Spencer III: "AT&T's Call Processing Simulator (CAPS) Operational Design for Inbound Call Centers," *Interfaces,* **24**(1): 6–28, January–February 1994.

A3. Brown, S. M., T. Hanschke, I. Meents, B. R. Wheeler, and H. Zisgen: "Queueing Model Improves IBM's Semiconductor Capacity and Lead-Time Management," *Interfaces,* **40**(5): 397–407, September–October 2010.

A4. Burman, M., S. B. Gershwin, and C. Suyematsu: "Hewlett-Packard Uses Operations Research to Improve the Design of a Printer Production Line," *Interfaces,* **28**(1): 24–36, Jan.–Feb. 1998.

A5. Quinn, P., B. Andrews, and H. Parsons: "Allocating Telecommunications Resources at L.L. Bean, Inc.," *Interfaces,* **21**(1): 75–91, January–February 1991.

A6. Ramaswami, V., D. Poole, S. Ahn, S. Byers, and A. Kaplan: "Ensuring Access to Emergency Services in the Presence of Long Internet Dial-Up Calls," *Interfaces,* **35**(5): 411–422, September–October 2005.

A7. Samuelson, D. A.: "Predictive Dialing for Outbound Telephone Call Centers," *Interfaces,* **29**(5): 66–81, September–October 1999.

A8. Swersy, A. J., L. Goldring, and E. D. Geyer, Sr.: "Improving Fire Department Productivity: Merging Fire and Emergency Medical Units in New Haven," *Interfaces,* **23**(1): 109–129, January–February 1993.

A9. Vandaele, N. J., M. R. Lambrecht, N. De Schuyter, and R. Cremmery: "Spicer Off-Highway Products Division—Brugge Improves Its Lead-Time and Scheduling Performance," *Interfaces,* **30**(1): 83–95, January–February 2000.

本書網站的學習輔助教材

（參照原文 Chapter 17）

Solved Examples：

Examples for Chapter 17

IOR Tutorial 中的互動程式：

Jackson Network

"Ch.17—Queueing Theory" 的 Excel 檔案

Template for $M/M/s$ Model

Template for Finite Queue Variation of $M/M/s$ Model

Template for Finite Calling Population Variation of $M/M/s$ Model

Template for $M/G/1$ Model

Template for M/D/1 Model

Template for $M/E_k/1$ Model

Template for Nonpreemptive Priorities Model

Template for Preemptive Priorities Model

Template for M/M/s Economic Analysis of Number of Servers

"Ch.17—Queueing Theory" 部分例題的 LINGO 檔案

Chapter 17 的辭彙

軟體的使用說明請參閱附錄 1。

習題

下列習題（或部分習題）前標示符號代表上列相關電腦軟體有助於解題。題號後的星號 (*) 表示該題在書後列有全部或部分答案。

12.2-1.* 思考一傳統理髮店，描述其各部分要件以說明其為等候系統。

12.2-2.* Newell 和 Jeff 兩人在共同開設的理髮店中兼任理髮師，他們提供等候理髮的顧客兩張椅子，所以在理髮店裡的顧客總數介於 0 和 4 之間。其中 $n = 0, 1, 2, 3, 4$，機率 P_n 表示剛好有 n 位顧客在理髮店裡的機率，其中 $P_0 = \frac{1}{16}$、$P_1 = \frac{4}{16}$、$P_2 = \frac{6}{16}$、$P_3 = \frac{4}{16}$、$P_4 = \frac{1}{16}$。

(a) 計算 L。你如何對 Newell 和 Jeff 說明 L 的意義？

(b) 對於在等候系統中可能的各位顧客數目，說明有多少顧客在等候線內，然後計算 L_q。你如何對 Newell 和 Jeff 說明 L_q 的意義？

(c) 決定受服務中的期望顧客數。

(d) 給定平均每小時有 4 位顧客到達並且留下來理髮，決定 W 和 W_q。以對 Newell 和 Jeff 具有意義的說法來敘述這兩個數量。

(e) 假設 Newell 和 Jeff 有同樣快的理髮速度，一次理髮的平均時間是多少？

12.2-3. Mom-and-Pop 雜貨店附近有一個附三格停車位的小型停車場，保留給店裡的顧客使用。在營業時間內，平均每小時有兩輛車進入停車場並使用停車格。其中 $n = 0, 1, 2, 3$，機率 P_n 是指目前剛好有 n 個停車格在使用的機率，其中 $P_0 = 0.2$、$P_1 = 0.3$、$P_2 = 0.3$、$P_3 = 0.2$。

(a) 說明這個停車場如何表示成一個等候系統。特別指出顧客和服務員所提供的服務是什麼？什麼構成服務時間？等候線的容量是多少？

(b) 決定這個等候系統的基本績效衡量：L、L_q、W 和 W_q。

(c) 用 (b) 小題的結果決定一輛車停留在停車場的平均時間。

12.2-4. 標記下列關於等候系統中之等候線的各個敘述是否為真，並引用本章的內容驗證答案。

(a) 等候線是顧客在完成服務前，在等候系統內等待的地方。

(b) 等候模型通常假設只能容納有限位顧客。

(c) 最平常的等候規則是先到先服務。

12.2-5. Midtown 銀行總是有兩位行員在值班，顧客以平均每小時 40 人的速率到達以獲得行員的服務，一位行員需要平均 2 分鐘來服務一位顧客。當兩位行員都在忙時，到達的顧客會加入一條等候線等待服務，經驗顯示顧客受服務前在等候線平均等待 1 分鐘。

(a) 說明這為什麼是一個等候系統。

(b) 決定這個等候系統的基本績效衡量：W_q、W、L_q 和 L（提示：此等候系統的到達間

12.2-6. 解釋為什麼在單一服務員等候系統中服務員的效用因子 ρ 必須等於 $1-P_0$，其中 P_0 是指有 0 位顧客在系統內的機率。

12.2-7. 給定兩個等候系統 Q_1 及 Q_2，其中 Q_2 的平均顧客到達速率、每位服務員的平均服務速率及穩態期望顧客數都是 Q_1 中相對數字的兩倍。令 W_i 是在 Q_i 系統內的穩態期望等候時間，$i = 1、2$，求解 W_2/W_1。

12.2-8. 思考具有任意服務時間分配及任意到達間隔時間分配的單一服務員等候系統（$GI/G/1$ 模型），只利用 12.2 節的基本定義及關係式驗證下列一般關係式：

(a) $L = L_q + (1 - P_0)$
(b) $L = L_q + \rho$
(c) $P_0 = 1 - \rho$

12.2-9. 以 P_n 表示 L 及 L_q 和的統計定義，並證明

$$L = \sum_{n=0}^{s-1} nP_n + L_q + s\left(1 - \sum_{n=0}^{s-1} P_n\right).$$

12.3-1. 指出下列各種狀況下等候系統的顧客及服務員：

(a) 雜貨店的收銀台。
(b) 消防隊。
(c) 橋樑收費亭。
(d) 腳踏車修理店。
(e) 船運碼頭。
(f) 指派給一位操作員的一群半自動機器。
(g) 廠區內的物料搬運設備。
(h) 水電行。
(i) 生產客製化訂單的工廠。
(j) 一群打字員。

12.4-1. 假設一個等候系統有兩位服務員、具有平均值是 2 小時的指數到達間隔時間分配及每位服務員有平均值是 2 小時的指數服務時間。此外，在中午 12:00 正好有一位顧客到達。

(a) 下一位顧客在 (i) 下午 1:00 以前；(ii) 下午 1:00 到 2:00 之間；(iii) 下午 2:00 以後到達的機率為何？

(b) 假定下午 1:00 以前沒有其他的顧客到達，則下一位顧客在下午 1:00 至 2:00 之間到達的機率為何？

(c) 下午 1:00 至 2:00 之間到達的人數分別是 (i) 0；(ii) 1 及 (iii) 2 個以上的機率各為何？

(d) 假設在下午 1:00 時，兩位服務員都在為顧客服務，在 (i) 下午 2:00 以前；(ii) 下午 1:10 以前及 (iii) 下午 1:01 以前，兩位顧客都沒有完成服務的機率為何？

12.4-2.* 工作到達某台特定機器是依據一個平均速率每小時 2 件的 Poisson 輸入過程，假定機器故障需要 1 小時修理，在這段時間有 (a) 0；(b) 2 及 (c) 5 件以上新工作到達的機率為何？

12.4-3. 一個技工修理一台機器所需的時間遵循平均值為 4 小時的指數分配，但是有一種特殊工具可以把平均值縮短為 2 小時。如果這位技工在 2 小時內修好，則他可獲得 $100；否則只能得到 $80。這位技工若使用特殊工具，則其修理每台機器能增加多少期望收入？

12.4-4. 一個具有三位服務員的等候系統有一個受控制的到達過程，及時提供顧客使服務員持續忙碌。服務時間是平均值為 0.5 的指數分配。在時間 $t = 0$ 時，你觀察這個等候系統的三位服務員開始進行服務，然後你注意到第一個完成服務的時間是 $t - 1$。給定這些資訊，求解 $t - 1$ 以後到下一個完成服務的期望時間。

12.4-5. 一個等候系統有三位服務員，其期望服務時間分別是 30、20 及 15 分鐘，服務時間遵循指數分配，各服務員已經為目前的顧客服務了 10 分鐘，求解到下一個服務完成的期望時間。

12.4-6. 思考一個有兩類顧客的等候系統。第一類顧客的到達是依據平均每小時 5 人的 Poisson 過程。第二類顧客的到達同樣是依據平均每小時 5 人的 Poisson 過程。系統有兩位服務員，他們都能為這兩類顧客服務。這兩類顧客的服務時間都遵循平均為 10 分鐘的指數分配，服務是依先到先服務的規則提供。

(a) 不分哪一類顧客，兩位連續顧客的到達間隔時間之機率分配（包括其平均值）為何？

(b) 當某個第 2 類顧客到達時，她發現有兩位第一類的顧客正在接受服務，而且沒有其他顧客在系統內，則這個第 2 類顧客在等候線的等待時間之機率分配（包括其平均值）為何？

12.4-7. 思考有兩位服務員的等候系統，其中所有服務時間都遵循獨立且平均值為 10 分鐘的相同指數分配。某一顧客到達時發現兩位服務員都在忙碌，而且沒有人在等候線排隊。

(a) 這位顧客在等候線等候的時間機率分配（包括平均值及標準差）為何？
(b) 這位顧客在系統內等候的時間的期望值及標準差為何？
(c) 假定這位顧客到達後 5 分鐘仍然在等候線中等候。給定這個資訊，這會對 (b) 小題的系統內等候時間之期望值及標準差產生什麼改變？

12.4-8. 標記下列關於以指數分配描述服務時間的各個敘述是否為真，並引用本章的內容（說明頁數）驗證答案。

(a) 服務時間的期望值與變異數永遠相同。
(b) 當每位顧客需要相同的服務程序時，指數分配總是提供一個對實際服務時間良好的近似。
(c) 在一個有 s 位服務員的設施，$s > 1$，剛好已有 s 位顧客在系統內，新到達者平均要用 $1/\mu$ 時間單位才能受服務，其中 μ 是各服務員的平均服務速率。

12.4-9. 如同指數分配的性質 3，令 T_1、T_2、...、T_n 是參數分別為 α_1、α_2、...、α_n 的獨立指數隨機變數，並且令 $U = \min\{T_1, T_2, ..., T_n\}$。證明某一特定隨機變數 T_j 將會是 n 個隨機變數中最小者的機率是

$$P\{T_j = U\} = \alpha_j \Big/ \sum_{i=1}^{n} \alpha_i, \text{ 對 } j = 1, 2, ..., n.$$

（提示：$P\{T_j = U\} = \int_0^{\infty} P\{T_i > T_j \text{ 對所有 } i \neq j \mid T_j = t\} \alpha_j e^{-\alpha_j t} dt$。）

12.5-1. 思考具有以下參數的生死過程：$\mu_n = 2 (n = 1, 2, ...)$、$\lambda_0 = 3$、$\lambda_1 = 2$、$\lambda_2 = 1$ 和 $\lambda_n = 0$，其中 $n = 3, 4, ...$。

(a) 繪製這個生死過程的轉移速率圖。

(b) 計算出 P_0、P_1、P_2、P_3 及 P_n，其中 $n = 4, 5, ...$。
(c) 計算出 L、L_q、W 和 W_q。

12.5-2. 考慮只有三個狀態（0、1 及 2）的生死過程，其穩態機率分別為 P_0、P_1 及 P_2，出生率及死亡率整理如下表：

狀態	出生率	死亡率
0	1	—
1	1	2
2	0	2

(a) 繪製這個生死過程的轉移速率圖。
(b) 建立平衡方程式。
(c) 求解這些方程式以計算出 P_0、P_1 及 P_2。
(d) 以生死過程的通用公式計算出 P_0、P_1 及 P_2，同時計算出 L、L_q、W 和 W_q。

12.5-3. 思考具有以下平均速率的生死過程，出生率為 $\lambda_0 = 2$、$\lambda_1 = 3$、$\lambda_2 = 2$、$\lambda_3 = 1$ 及 $\lambda_n = 0$ 對 $n > 3$。死亡率為 $\mu_1 = 3$、$\mu_2 = 4$、$\mu_3 = 1$ 及 $\mu_n = 2$ 對 $n > 4$。

(a) 繪製這個生死過程的轉移速率圖。
(b) 建立平衡方程式。
(c) 求解這些方程式以計算出穩態機率分配 P_0、P_1、...。
(d) 以生死過程的通用公式計算 P_0、P_1、...，同時計算出 L、L_q、W 和 W_q。

12.5-4. 思考 $\lambda_n = 2 (n = 0, 1, ...)$、$\mu_1 = 2$ 及 $\mu_n = 4$，而 $n = 2, 3, ...$ 的生死過程。

(a) 繪製轉移速率圖。
(b) 計算 P_0 及 P_1，然後以 P_0 寫出 P_n 的一般式，對 $n = 2, 3, ...$。
(c) 思考一個符合這個過程且有兩位服務員的等候系統，這個等候系統的平均到達速率為何？各服務員服務顧客的平均服務速率為何？

12.5-5* 一家加油站只有一台加油機。需要加油的汽車依平均每小時 15 輛的 Poisson 過程到達加油站。但是，如果這加油機正在使用，則這些潛在顧客可能會被阻擋而離開（到其他加油站）。尤其當已有 n 輛車在這加油站時，一輛到達的潛在顧客會被阻擋而開走的機率是 $n/3$，對 $n = 1, 2, 3$。服務一輛車的時間是平均為 4 分鐘的指數分配。

(a) 繪製這個等候系統的轉移速率圖。
(b) 建立平衡方程式。
(c) 求解這些方程式以計算出加油站內車輛數的穩態機率分配。驗證這個答案與用生死過程的通用公式所得的答案相同。
(d) 求解留下來加油之汽車的期望等候時間（包括服務時間）。

12.5-6. 某維修員的工作是維持兩台機器正常運作。各機器正常運作到故障的時間遵循平均 10 小時的指數分配，維修員修理一台機器所花費的時間遵循平均 8 小時的指數分配。

(a) 以定義狀態及給定 λ_n 及 μ_n 的值，然後建立轉移速率圖，來說明這個過程符合生死過程。
(b) 計算 P_n 的值。
(c) 計算 $L \cdot L_q \cdot W$ 和 W_q 的值。
(d) 求解這位維修員忙碌的時間比例。
(e) 求解各機器正常運作的時間比例。

12.5-7. 思考單一服務員的等候系統，其中到達間隔時間遵循參數為 λ 的指數分配，且服務時間遵循參數為 μ 的指數分配。此外，如果在等候線等待的時間變得太長，則顧客會取消服務（離開等候系統而不接受服務），特別是各顧客到取消服務前所願意等候的時間遵循參數為 $1/\theta$ 的指數分配。

(a) 繪製這個等候系統的轉移速率圖。
(b) 建立平衡方程式。

12.5-8.* 某雜貨店只有單一個收銀台及一個全職出納員。顧客以平均每小時 30 人隨機到達收銀台（亦即 Poisson 輸入過程）。當只有一位顧客在收銀台時，由出納為她服務的期望服務時間是 1.5 分鐘。但當在收銀台前超過一人時，補貨員會被派來協助包裝，這個協助使得期望服務時間縮短為 1 分鐘。在以上兩種狀況下服務時間都是遵循指數分配。

(a) 繪製這個等候系統的轉移速率圖。
(b) 收銀台顧客數的穩態機率分配為何？
(c) 推導這個系統的 L（提示：參考 12.6 節 M/M/1 模型的 L 的推導過程）利用這個資訊求解 $L_q \cdot W$ 和 W_q。

12.5-9. 某部門有一位打字操作員，該部門的文件依期望間隔時間為 20 分鐘的 Poisson 過程進行打字。當這位操作員只處理一份文件時，期望處理時間是 15 分鐘。當有超過一份文件需要處理時，她會得到編輯上的協助而使期望處理時間縮短為 10 分鐘。在以上兩種狀況下處理時間都遵循指數分配。

(a) 繪製這個等候系統的轉移速率圖。
(b) 求解這位操作員收到但尚未完成之文件數的穩態機率分配。
(c) 推導這個系統的 L（提示：參考 12.6 節 M/M/1 模型的 L 的推導過程）。利用這個資訊求解 $L_q \cdot W$ 和 W_q。

12.5-10. 顧客依平均每分鐘 2 人的 Poisson 過程到達等候系統，而服務時間遵循平均 1 分鐘的指數分配，且有無限多位服務員，所以顧客不用等待，求解只有一位顧客在系統內的穩態機率。

12.5-11. 假設除了顧客是成對到達以外，一個單一服務員等候系統符合生死過程的所有假設。平均到達速率是每小時 2 對（每小時 4 人），而平均服務速率（當服務員忙碌時）是每小時 5 人。

(a) 繪製這個等候系統的轉移速率圖。
(b) 建立平衡方程式。
(c) 繪製完全符合生死過程之等候系統的轉移速率圖以作比較，其中顧客以平均每小時 4 人的速率個別到達。

12.5-12. 思考一個具有有限等候線的單一服務員等候系統，其中除了正受服務的顧客以外，最多只能容納 2 位顧客。服務員可以提供批次服務以同時服務 2 位顧客，不管同時服務多少人，服務時間都遵循平均 1 單位時間的指數分配。每當等候線有空位時，顧客依平均每單位時間一位的 Poisson 過程個別到達。

(a) 假設服務員必須同時服務 2 位顧客，所以如果只有 1 位顧客在系統內，則服務員必須等到下一位顧客到達才能開始服務。定義適當的狀態並繪製轉移速率圖，以使用只包含指數分配的轉移建立這個等候系統的模型。列出平衡方程式，但不必進一步求解。
(b) 現在假設服務員完成服務後，只有在等候線上有 2 位顧客時才一起作批次服務。所

以，如果只有 1 位顧客在系統內，而服務員有空，則服務員必須服務這位顧客，服務期間到達的顧客必須在等候線等候，直到這位顧客完成服務。定義適當的狀態並繪製轉移速率圖，以使用只包含指數分配的轉移建立這個等候系統的模型。列出平衡方程式，但不必進一步求解。

12.5-13. 思考一個有兩類顧客的等候系統，其中有兩位服務員提供服務，並且沒有等候線。各類潛在顧客分別依平均到達速率為每小時 10 及 5 人的 Poisson 過程到達，但到達後不能立刻受服務的顧客會離開這個系統。

第一類進入這個系統的顧客可以由任何一位有空的服務員提供服務，而服務時間遵循平均為 5 分鐘的指數分配。

第二類進入這個系統的顧客需要兩位服務員同時提供服務（兩位服務員一起服務，如同單一服務員），服務時間遵循平均為 5 分鐘的指數分配。所以，除非兩位服務員都有空，否則這類顧客到達時會立刻離開。

(a) 定義適當的狀態並繪製轉移速率圖，以使用只包含指數分配的轉移建立這個等候系統的模型。
(b) 說明 (a) 小題所建立的模型如何符合生死過程的形式。
(c) 以生死過程的結果計算系統內各類顧客數的穩態聯合機率分配。
(d) 對各類到達的顧客，不能進入系統的期望比例為何？

12.6-1. 閱讀說明 12.6 節應用實例 OR 研究參考文獻，簡敘等候理論、列出各種財務與非財務效益。

12.6-2.* 4M 公司工廠內的一個重要加工中心有一台塔形車床，工作根據平均速率為每天 2 件的 Poisson 過程到達這個加工中心。處理每一件工作的時間遵循參數為 $\frac{1}{4}$ 天的指數分配。因為工件很龐大，那些目前不在加工的工件會存在一個離機器有一段距離的房間。但為節省工作時間，生產經理建議在緊鄰車床的地方增加能容納 3 個工件的額外在製品儲存空間（超過 3 個以上工件將繼續暫存在較遠處）。在此建議下，這個緊鄰車床的儲存空間足以容納所有等待工件的時間比例為何？

(a) 應用已有的公式計算答案。
^{T}(b) 使用對應的 Excel 樣版求解此問題之機率。

12.6-3. 顧客依平均每小時 10 人的 Poisson 過程到達一個單一服務員等候系統，如果服務員連續不斷工作，則每小時能服務的顧客數遵循平均為 15 人的 Poisson 分配，求解沒有人在等候服務的時間比例。

12.6-4. 思考 $\lambda < \mu$ 的 $M/M/1$ 模型。
(a) 求解顧客在系統內實際等候時間比期望等候時間長的穩態機率，亦即 $P\{\mathcal{W} > W\}$。
(b) 求解顧客在等候線實際等候時間比期望等候時間長的穩態機率，亦即 $P\{\mathcal{W}_q > W_q\}$。

12.6-5. 驗證 $M/M/1$ 的等候系統的下列關係式：
$$\lambda = \frac{(1-P_0)^2}{W_q P_0}、\mu = \frac{1-P_0}{W_q P_0}。$$

12.6-6. 一個新工廠必須決定分配多少在製品儲存空間給某一加工中心，工作依平均每小時 4 件的 Poisson 過程到達這個加工中心，而所需的處理時間遵循平均為 0.5 小時的指數分配。每當等候工作所需的空間超過在製品儲存空間，多出的工作會存在比較不方便的地方。如果每個工作需要加工中心在製品儲存空間 1 平方呎的地板面積，則需要多少面積的製品儲存空間才能使容納所有等候工作的時間比例是 (a)50%；(b)90%；(c)99%？推導出回答這三個問題的解析解。提示：幾何級數的和是
$$\sum_{n=0}^{N} x^n = \frac{1-x^{N+1}}{1-x}。$$

12.6-7. 思考以下有關 $M/M/1$ 等候系統及其效用因子 ρ 的敘述，標示各敘述是否為真，然後說明理由。

(a) 顧客必須等候才能開始接受服務的機率與 ρ 成正比。
(b) 系統內期望顧客數與 ρ 成正比。
(c) 如果 ρ 已經從 $\rho = 0.9$ 增加到 $\rho = 0.99$，則只要 $\rho < 1$，再進一步增加對 $L、L_q、W$ 和 W_q 的影響相對很小。

12.6-8. 顧客依期望到達間隔時間為 25 分鐘的 Poisson 過程到達一個單一服務員等候系統，服務時間遵循平均 30 分鐘的指數分配。

標示下列關於這個系統的敘述是否為真，然後說明理由。

(a) 在第一位顧客到達之後，這服務員一定永遠忙碌。

(b) 等候線將無限增長。

(c) 如果增加第二位相同服務時間的服務員，則這個系統可以到達穩定狀態。

12.6-9. 標示下列有關 M/M/1 等候系統的敘述是否為真，然後引用本章的特定敘述（說明頁數）以說明理由。

(a) 在系統內的等候時間遵循指數分配。

(b) 在等候線的等候時間遵循指數分配。

(c) 給定已經在系統內的顧客數，則在系統內的條件等候時間遵循 Erlang(gamma) 分配。

12.6-10. Friendly Neighbor 雜貨店有單一櫃檯和一個全職收銀員，顧客以每小時 30 人的平均速率隨機到達，服務時間遵循平均 1.5 分鐘的指數分配。這種情況偶爾會造成很長的等候線和顧客的抱怨。因為沒有多餘的空間設立第二個收銀櫃檯，因此經理思考雇用另一個人幫忙包裝雜貨的替代方案。這個協助將會減少服務一位顧客所需的期望時間 1 分鐘，但是仍然遵循指數分配。

這位經理希望櫃檯有多於兩位顧客的時間比例低於 25%，她也希望在接受服務之前需要等待至少 5 分鐘或是總共需要至少 7 分鐘完成服務的顧客不多於 5%。

(a) 使用 M/M/1 模型公式計算目前運作狀況的 L、W、W_q、L_q、P_0、P_1 和 P_2，多於兩位顧客在櫃檯前的機率為何？

T(b) 使用這個模型的 Excel 樣版驗證 (a) 小題的答案，並且找出在接受服務之前需要等待超過 5 分鐘的機率，與完成服務總共需要超過 7 分鐘的機率。

(c) 根據經理所思考的替代方案重作 (a) 小題。

(d) 根據替代方案重作 (b) 小題。

(e) 這位經理應該採用哪個方案以儘可能滿足其要求？

T **12.6-11.** Centerville 國際機場有兩個跑道，一個專門用於起飛，另一個則專門用於降落。飛機以平均每小時 10 班的 Poisson 過程要求降落 Centerville。跑道淨空後，一架飛機降落所需要的時間是平均 3 分鐘的指數分配，而且這個過程必須在給另外一架飛機淨空指示之前完成，沒有接到淨空指示的飛機必須在機場上空盤旋。

聯邦飛航委員會已對等候降落的擁擠安全水準訂立一些準則，這些準則依相關機場的各項因素而定，例如可供降落的跑道數量。針對 Centerville 機場的準則是 (1) 等待淨空指示的飛機數平均不能超過 1 架，(2) 在 95% 的時間中，實際等待淨空指示的飛機數不能超過 4 架，(3) 99% 的飛機在接受淨空指示前的盤旋時間不能超過 30 分鐘（因為超過此時間通常要在油料耗盡前至另一機場緊急降落）。

(a) 評估目前這些準則的符合狀況。

(b) 一個主要航空公司思考加入這機場作為其轉運站，這將使平均到達速率增加為每小時 15 班。如果這情況確實發生，評估這些準則的符合狀況。

(c) 為了吸引更多的生意 [包括 (b) 小題所述的主要航空公司]，機場管理者思考增加第二條降落跑道，據估計這將使平均到達速率增加為每小時 25 班。如果這情況確實發生，評估這些準則的符合狀況。

T **12.6-12.** Security & Trust 銀行雇用 4 位行員來服務顧客。顧客以平均速率為每分鐘 2 位的 Poisson 過程到達。考量業務的成長，管理者預測一年後的平均速率將是每分鐘 3 位顧客，行員和顧客間的交易時間遵循平均為 1 分鐘的指數分配。

管理者已經建立以下對顧客可接受的服務水準的準則：顧客在等候線的平均等候時間不能超過 1 分鐘；至少 95% 的時間中，在等候線等待的顧客不能超過 5 人；至少 95% 的顧客在等候線的等候時間不超過 5 分鐘。

(a) 以 M/M/s 模型評估這些準則目前的符合狀況。

(b) 如果行員數目不變，評估這些準則一年後的符合狀況。

(c) 決定一年後行員的數目以完全符合這些準則。

12.6-13. 思考 $M/M/s$ 模型。

^{T}(a) 假定只有一位服務員且期望服務時間恰好為 1 分鐘,當平均到達速率分別是每分鐘 0.5、0.9 及 0.99 位顧客時,比較 L 的值。同樣計算 L_q、W、W_q 及 $P\{W > 5\}$。把效用因子 ρ 從很小的值(例如 $\rho = 0.5$)增加到較大的值(例如 $\rho = 0.9$),然後再增加以接近 1(例如 $\rho = 0.99$)時有什麼影響?

(b) 現在假設有兩位服務員且期望服務時間恰好是 2 分鐘,重作 (a) 小題。

^{T}**12.6-14.** 思考平均到達速率為每小時 10 人及期望服務時間為 5 分鐘的 $M/M/s$ 模型。當服務員是 1、2、3、4 及 5 位時,使用這個模型的 Excel 樣版求解各種績效衡量(分別就 $t = 10$ 及 $t = 0$,計算兩種等候時間機率)。然後,針對可接受服務水準的下列各項準則,決定要多少位服務員才能滿足各個準則。

(a) $L_q \leq 0.25$
(b) $L \leq 0.9$
(c) $W_q \leq 0.1$
(d) $W \leq 6$
(e) $P\{W_q > 0\} \leq 0.01$
(f) $P\{W > 10\} \leq 0.2$
(g) $\sum_{n=0}^{s} P_n \geq 0.95$

12.6-15. 某加油站只有一台採用以下策略的加油機:若一位顧客必須等候,則價格為每加侖 \$3.50;若一位顧客不必等候,則價格為每加侖 \$4.00。顧客依平均速率為每小時 20 輛的 Poisson 過程到達,在加油機的服務時間遵循平均值 2 分鐘的指數分配。到達的顧客會一直等候直到加油為止,求解每位顧客的期望價格。

12.6-16. 給定一個平均到達速率為 λ 及平均服務速率為 μ 的 $M/M/1$ 等候系統。如果已有 n 位顧客在系統內,則新到達的顧客可獲得 n 元。求解每位顧客的期望成本。

12.6-17. 12.6 節給定 $M/M/1$ 模型的下列方程式:

(1) $P\{W > t\} = \sum_{n=0}^{\infty} P_n P\{S_{n+1} > t\}$。

(2) $P\{W > t\} = e^{-\mu(1-\rho)t}$。

證明方程式 (1) 可用代數方式簡化為方程式 (2)(提示:使用微分、代數及積分。)

12.6-18. 利用建立並簡化成類似習題 12.6-17 方程式 (1) 的形式,直接推導下列狀況下的 W_q(提示:採用給定隨機到達的顧客發現已經有 n 位顧客在系統內的條件期望等候時間。)

(a) $M/M/1$ 模型。
(b) $M/M/s$ 模型。

^{T}**12.6-19.** 思考一個 $\lambda = 4$ 及 $\mu = 3$ 的 $M/M/2$ 等候系統,求解當沒有顧客在等候線中等候的期間完成服務的平均速率。

^{T}**12.6-20.** 給定一個每小時 $\lambda = 4$ 及每小時 $\mu = 6$ 的 $M/M/2$ 等候系統,已知至少有 2 位顧客已經在系統內,求解一位到達的顧客將在等候線中等候超過 30 分鐘的機率。

12.6-21.* 在 Blue Chip 壽險公司,對某一投資產品的存款與取款分別由兩位出納員 Clara 及 Clarence 辦理。存款傳票以平均每小時 16 件的速率隨機(一個 Poisson 過程)到達 Clara 的桌上,而取款傳票以平均每小時 14 件的速率隨機(一個 Poisson 過程)到達 Clarence 的桌上,處理每筆交易的時間都遵循平均 3 分鐘的指數分配。為了要降低存款與取款交易在系統內的期望等候時間,精算部門提出以下建議:(1) 訓練各出納員能處理存款與取款交易,及 (2) 將存款與取款傳票置於兩個出納員都能拿取的單一等候線。

(a) 求解目前程序下,各類傳票在系統內的期望等候時間,然後結合這些結果計算任一種隨機到達的傳票在系統內的期望等候時間。

^{T}(b) 如果接受建議,求解到達的傳票在系統內的期望等候時間。

^{T}(c) 現在假設採用這個建議會稍微增加期望處理時間,使用 $M/M/s$ 模型的 Excel 程式,以試誤法求解期望處理時間(精確至 0.001 小時以內),使得在目前與建議的程序下,系統內的期望等候時間基本上相同。

12.6-22. People 軟體公司剛設置一個電話中心以提供新套裝軟體技術上的服務,兩位技術代表負責接電話,各技術代表回覆一位顧客的問

題所需的時間遵循平均為 8 分鐘的指數分配，而顧客來電是根據平均速率為每小時 10 通的 Poisson 分配。

到下一年之前，顧客來電的平均速率預計將會減少到每小時 5 通，所以計畫到時候減少技術代表的數量到 1 位。

T(a) 假設下一年等候系統的 μ 維持每小時 7.5 通，求解目前和明年兩個等候系統的 L、L_q、W 及 W_q。就這四個績效衡量而言，哪一個等候系統的值較小？

(b) 現在假設當技術代表的數目減少為 1 位時，μ 是可以調整的。以代數方式求解使得 W 值與目前系統相同的 μ 值。

(c) 以 W_q 取代 W，重作 (b) 小題。

12.6-23. 思考一個 $M/M/1$ 模型的推廣，其中服務員開始忙碌時需要「暖身」，所以服務第一位顧客的速率比其他顧客慢。特別是當一位顧客到達且發現服務員空閒時，則這位顧客接受服務的時間遵循參數為 μ_1 的指數分配。但是，如果顧客到達時發現服務員正忙著，則這位顧客會加入等候線，最後這位顧客接受服務的時間遵循參數為 μ_2 的指數分配，其中 $\mu_1 < \mu_2$。顧客依平均速率為 λ 的 Poisson 過程到達。

(a) 定義適當的狀態並繪製轉移速率圖，以只包含指數分配的轉移建立這個等候系統的模型。

(b) 建立平衡方程式。

(c) 假設給定 μ_1、μ_2 及 λ 的值且 $\lambda < \mu_2$（所以存在穩態分配），因為這個模型有無限個狀態，所以穩態分配是無限多個聯立平衡方程式的解（加上機率和為 1 的方程式）。假設無法用解析法得到這個解，所以要用電腦以數值分析法求解。思考不可能以數值分析求解無限多個聯立平衡方程式的情況，簡要說明如何處理這些方程式以得到穩態分配的近似解。在什麼情況下，這個近似解是真正的解？

(d) 給定已經得到穩態分配，寫出計算 L、L_q、W 及 W_q 的公式。

(e) 給定這個穩態分配，依照習題 12.6-17 的方程式 (1)，寫出 $P\{W > t\}$ 的公式。

12.6-24. 寫出下列各模型的平衡方程式並證明 12.6 節系統內顧客數的穩態分配滿足這些平衡方程式。

(a) $M/M/1$ 模型。

(b) $K = 2$ 的有限等候線 $M/M/1$ 模型。

(c) $N = 2$ 的有限來源母體 $M/M/1$ 模型。

T **12.6-25.** 思考一個有三條線的電話系統，電話依平均速率每小時 6 通的 Poisson 過程打進來，每通電話的通話時間遵循平均 15 分鐘的指數分配。如果所有的電話都在忙線，來電會被置於等候狀態直到有一條線可通話為止。

(a) 以所提供的 Excel 樣版列印出這個等候系統的各種績效衡量（分別就 $t = 1$ 小時及 $t = 0$，計算兩種等候時間機率。）

(b) 以列印的結果計算 $P\{W_q > 0\}$ 來確認電話會立刻回答的穩態機率（不置於等候狀態）。然後用 P_n 的列印結果驗證這個機率。

(c) 以列印的結果確認置於等候狀態之來電數目的穩態機率分配。

(d) 每當所有電話都是忙線時，就會失去這通來電，列印出這些新的績效衡量。用這些結果指出會失去一通來電的穩態機率。

12.6-26.* Janet 計畫開設一家小型洗車廠，而她必須決定為等候的車子提供多少空間。Janet 估計顧客依平均速率每 4 分鐘一輛隨機到達（亦即一個 Poisson 輸入過程），在等候區客滿的情況下，到達的顧客會把車開到其他地方，洗一輛車的時間遵循平均為 3 分鐘的指數分配。比較因為不適當的等候空間而失去潛在顧客的期望比例，如果提供 (a)0 個車位（除了洗車的車位外）；(b)2 個車位；(c)4 個車位。

12.6-27. 思考有限等候線的 $M/M/s$ 模型，推導 12.6 節的這個模型的 L_q 公式。

12.6-28. 針對有限等候線的 $M/M/1$ 模型，以類似於習題 12.6-17 方程式 (1) 的公式表示下列機率：

(a) $P\{W > t\}$。

(b) $P\{W_q > t\}$。

[提示：只有當系統沒有滿的時候，顧客才會到達，所以一個隨機到達的顧客發現已經有 n 位顧客在系統內的機率是 $P_n/(1 - P_K)$。]

12.6-29. George 計畫開設一個免下車沖洗照片的攤位，這個攤位有一個服務窗口，將在繁忙的商業區每月營運大約 200 小時。免下車的車道空間可以租用，每月租金是每車輛長度 $200，George 需要決定提供給顧客多少車輛長度的空間。

除了免下車的車道空間租金之外，George 相信服務每位顧客的平均利潤將會是 $4（投擲底片時沒有利潤，而領取相片時有 $8 利潤）。雖然車道空間已滿時顧客會被迫離開，但他估計顧客將以平均每小時 20 人的速率隨機到達（一個 Poisson 過程）。碰到車道空間已滿的顧客有一半是要投擲底片，而另一半要領取他們的相片，要投擲底片的顧客會離開到別處沖洗，而另一半碰到車道空間已滿的顧客不會流失，因為他們會稍後再來，直到取得相片為止。George 假設服務每位顧客的時間遵循平均 2 分鐘的指數分配。

^{T}(a) 當車道空間長度為 2、3、4 及 5 時，求解 L 和顧客流失的平均速率。

(b) 思考 (a) 小題的情況，以 L 計算 W。

(c) 使用 (a) 小題的結果，計算車道空間長度從 2 增加到 3、從 3 增加到 4 和從 4 增加到 5 時所降低的顧客流失平均速率。然後針對這三種情況，計算每小時所增加的期望利潤（不包括空間租用成本）。

(d) 比較 (c) 小題所求出的期望利潤增加量及每小時每部車輛長度的車道空間租金成本。George 應該提供多少車輛長度的空間？

12.6-30. 在 Forrester 製造公司有一位維修技工被指派負責維修 3 台機器，各機器從運作到故障的時間遵循平均為 9 小時的指數分配，而修理時間遵循平均為 2 小時的指數分配。

(a) 哪一種等候模型適合這個等候系統？

^{T}(b) 應用這個等候模型求解故障機器數的機率分配及其平均值。

(c) 利用這個平均值計算一台機器從故障到完成修復的期望時間。

(d) 維修技工忙碌的期望時間比例為何？

^{T}(e) 作為粗略的近似，假設來源母體是無限的且機器以每 9 小時 3 台的平均速率隨機故障。比較 (b) 小題的結果與採用 (i) $M/M/s$ 模型及 (ii) $K = 3$ 的有限等候線 $M/M/3$ 模型的近似結果。

^{T}(f) 每當超過一台機器需要修理時，有第二位維修技工可以修理第二台機器，重作 (b) 小題。

12.6-31. 重新思考習題 12.5-1 描述的特定生死過程。

(a) 在 12.6 節中所敘述的等候模型（及其參數）中，指出一個符合這個過程的模型。

^{T}(b) 以對應的 Excel 樣版求解習題 12.5-1(b) 和 (c) 小題的答案。

^{T} **12.6-32.*** Dolomite 正在規劃一家新的工廠，某一部門已分配 12 台半自動機器，少數（尚未決定）操作員將提供機器需要的偶發服務（裝載、卸貨、調整、整備等等）。現在必須決定如何組織這些操作員來進行服務。方案 1 是指派各操作員到她的機器。方案 2 是把操作員聚在一起，所以任何有空的操作員都可以負責下一台需要服務的機器。方案 3 是把操作員結合成為一個團隊，一起負責一台需要服務的機器。

每一台機器的運作時間（完成服務到下一次需要服務的時間）預期是平均 150 分鐘的指數分配，假設服務時間遵循指數分配，其平均值是 15 分鐘（方案 1 和 2）或 15 分鐘除以團隊的人數（方案 3）。如果這個部門要達到所需的生產率，機器平均必須有至少 89% 的時間能運作。

(a) 針對方案 1，在能達到所需的生產率下，能指派給一位操作員負責的最大機器數目為何？各操作員的使用率為何？

(b) 針對方案 2，要達成所需的生產率至少需要幾位操作員？操作員的使用率為何？

(c) 針對方案 3，要達成所需的生產率，這個團隊至少需要幾位操作員？團隊的使用率為何？

12.6-33. 一個工廠有三台會發生某種故障的相同機器，因此提供一套維修系統來執行故障機器所需的維修（充電）。維修時間遵循平均為 30 分鐘的指數分配，但有 $\frac{1}{3}$ 的機率要作第二次維修（相同時間分配）才能把故障機器修復到滿意的運轉狀態。維修系統一次只能修理一台

故障的機器，依先到先修理的原則進行（一或二次）機器所需的維修，機器修復後到下一次故障的時間遵循平均為 3 小時的指數分配。

(a) 要如何定義系統狀態，以使用只包含指數分配的轉移建立這個等候系統的模型？（提示：給定正在對一台故障機器執行第一次維修，順不順利完成這次維修是兩個不同的事件，然後應用與分解指數分配有關的性質 6。）
(b) 繪製相對的轉移速率圖。
(c) 建立平衡方程式。

12.7-1.* 思考 $M/G/1$ 模型。
(a) 如果服務時間分配是 (i) 指數；(ii) 常數；(iii) 變異（亦即標準差）為指數與常數中間值的 Erlang 時，比較在等候線的期望等候時間。
(b) 若 λ 與 μ 都加倍且服務時間分配大小相對改變，則對等候線的期望等候時間及等候線期望長度有何影響？

12.7-2. 思考 $\lambda = 0.2$ 及 $\mu = 0.25$ 的 $M/G/1$ 模型。
(a) 使用這個模型的 Excel 樣版（或用手工計算），對下列各個 σ 值：4、3、2、1、0，求解主要績效衡量 L、L_q、W 和 W_q。
(b) $\sigma = 4$ 之 L_q 值與 $\sigma = 0$ 之 L_q 值的比值為何？這對降低服務時間變異數的重要性說明了什麼？
(c) 當 σ 從 4 減為 3，從 3 減為 2，從 2 減為 1，及從 1 減為 0 時，計算 L_q 降低多少？降低最多為何？最少為何？
(d) 用這個樣版及試誤法大概了解 $\sigma = 4$ 時的 μ 需要增加多少，才能得到與 $\sigma = 4$ 和 $\mu = 0.25$ 時相同的 L_q。

12.7-3. 思考下列關於 $M/G/1$ 等候系統的敘述，其中 σ^2 為服務時間的變異數。標記各敘述是否為真，然後說明你的答案。
(a) 增加 σ^2（固定 λ 及 μ）將會增加 L_q 及 L，但不會改變 W_q 及 W。
(b) 當選擇慢速者（小的 μ 及 σ^2）與快速者（大的 μ 及 σ^2）作為服務員時，總會選擇慢速者，因為其 L_q 較小。
(c) 固定 λ 與 μ，指數服務時間分配的 L_q 是常數服務時間的兩倍。
(d) 在所有各種可能的服務時間分配（固定 λ 及 μ）下，指數分配產生最大的 L_q 值。

12.7-4. Marsha 經營一個咖啡攤位，顧客依平均每小時 30 人的 Poisson 過程到達，Marsha 服務一位顧客所需的時間遵循平均 75 秒的指數分配。
(a) 用 $M/G/1$ 模型求解 L、L_q、W 和 W_q。
(b) 假設以一台咖啡販賣機取代 Marsha，顧客需要恰好 75 秒來操作這販賣機，求解 L、L_q、W 和 W_q。
(c) (b) 小題的 L_q 與 (a) 小題的 L_q 的比值為何？
T(d) 應用 $M/G/1$ 模型的 Excel 樣版與試誤法，大致了解 Marsha 需要減少多少期望服務時間，以得到與咖啡販賣機相同的 L_q。

12.7-5. Antonio 自己經營一家皮鞋修理店，顧客依平均速率每小時 1 雙的 Poisson 過程到達，Antonio 修理每一隻鞋子的時間遵循平均為 15 分鐘的指數分配。
(a) 將每一隻鞋子看成顧客（不是每雙），建立這個等候系統的模型。建立這個模型的轉移速率圖及平衡方程式，但不必進一步求解。
(b) 現在把每雙鞋當成顧客，建立這個等候系統的模型，指出哪一個特定等候模型符合這個模型。
(c) 計算在店內鞋子的期望雙數。
(d) 計算顧客送來一雙鞋到修理完成的總期望時間。
T(e) 使用相關的 Excel 樣版驗證 (c) 和 (d) 小題的答案。

12.7-6.* Friendly Skies 航空的保養基地有個一次只能維修一個飛機引擎的設備。因此，要儘快讓飛機恢復運轉，策略是交錯安排維修各架飛機的 4 個引擎，也就是一架飛機進廠時每次只維修一個引擎。在這個策略下，飛機依平均每天一架的 Poisson 過程進廠，維修一個引擎所需的時間（當工作開始後）遵循平均 $\frac{1}{2}$ 天的指數分配。

有一個改變這個策略的提案，就是每次飛機進廠都連續維修 4 個引擎，雖然這將使期望服務時間變為 4 倍，但飛機進廠的頻率只有 $\frac{1}{4}$。

管理者現在必須決定是要維持現狀或是採用這個提案，目標是極小化整個機群因引擎維修而損失的平均飛行時間。

(a) 根據各飛機因每次進廠進行引擎維修而損失的平均飛行時間，比較這兩種方案。
(b) 根據因進廠進行引擎維修而損失飛行時間的平均飛機架數，比較這兩種方案。
(c) 以上兩種比較中，哪一種比較適合管理者訂定決策？解釋其原因。

12.7-7. 重新思考習題 12.7-6。管理者決定採用這個提案，但現在要對這個新的等候系統進行進一步的分析。

(a) 要如何定義系統狀態，以使用只包含指數分配的轉移建立這個等候系統的模型？
(b) 繪製對應的轉移速率圖。

12.7-8. McAllister 公司的工廠在製造區有兩個工具間，各有一位職員。其中一個工具間只處理重機械的工具，而另一個處理所有其他工具。但是，技工以每小時 24 次的平均速率到達各工具間請領工具，而期望服務時間是 2 分鐘。

因為到達工具間的技工抱怨要等太久，有人建議把兩個工具間合併，各職員都可以處理所需的各種工具，而且相信合併之後，到達工具間的速率將變成每小時 48 次，而期望服務時間仍然維持 2 分鐘。但是沒有關於到達間隔時間分配及服務時間分配的形式的資訊，所以並不知道哪一個等候模型最適用。

針對在工具間等候的期望技工人數及各技工的期望等候時間（包括服務時間），比較現狀與建議的提案，表列出圖 12.6、圖 12.8、圖 12.10 及圖 12.11 中的四種等候模型的這些資料（Erlang 分配適用時，令 $k = 2$）來進行比較。

12.7-9.* 思考一個具有單一服務員、Poisson 輸入過程、Erlang 服務時間及有限等候線的等候系統。假設 $k = 2$，平均到達速率為每小時 2 位顧客，期望服務時間為 0.25 小時及系統內最大顧客數量是 2 位。將各服務時間分成兩段平均為 0.125 小時的指數分配的相，然後定義系統狀態為 (n, p)，其中 n 是在系統內的顧客數 $(n = 0, 1, 2)$，而 p 是顧客正受服務的相 $(p = 0, 1, 2$，其中 $p=0$ 表示沒有顧客正受服務)，則可以使用只包含指數分配的轉移繪製這個等候系統的模型。

(a) 繪製對應的轉移速率圖，寫出平衡方程式，然後使用這些方程式求解這個等候系統狀態的穩態機率分配。
(b) 使用 (a) 小題所得的穩態機率分配，求解系統內顧客數的穩態機率分配 $(P_0 \cdot P_1 \cdot P_2)$ 及系統內的穩態期望顧客數 (L)。
(c) 將 (b) 小題的結果與服務時間為指數分配的對應結果作比較。

12.7-10. 思考 $(\lambda = 4)$ 及 $(\mu = 5)$ 的 $E_2/M/1$ 模型。將各到達間隔時間分成兩段平均為 $1/(2\lambda) = 0.125$ 的指數分配的相，然後定義系統狀態為 (n, p)，其中 n 是在系統內的顧客數 $(n = 0, 1, 2, ...)$，而 p 是下一位顧客（還沒有進入系統）所處的相 $(p = 1, 2)$，則可以使用只包含指數分配的轉移繪製這個等候系統的模型。

繪製對應的轉移速率圖（但不必進一步求解）。

12.7-11. 某公司由一位維修技工維護一群機器的正常運轉。把這群機器視為無限來源母體，則個別機器的故障遵循平均每小時 1 台的 Poisson 過程，每次故障有 0.9 的機率小修即可修復，這時候修理時間遵循平均是 $\frac{1}{2}$ 小時的指數分配。其他故障則需要大修，而修理時間是平均為 5 小時的指數分配。因為兩個條件機率分配是指數，所以無條件 (合併) 的修理時間分配是超指數分配。

(a) 計算這個超指數分配的平均值及標準差。[提示：用以下的機率論的一般關係式：對任一隨機變數 X 及任一對互斥的事件 E_1 及 E_2, $E(X) = E(X \mid E_1)P(E_1) + E(X \mid E_2)P(E_2)$ 及 $\text{var}(X) = E(X_2) - E(X)^2$。] 比較這個標準差與具有相同平均值的指數分配的標準差。
(b) 計算這個等候系統的 $P_0 \cdot L \cdot L_q \cdot W$ 和 W_q。
(c) 給定一台機器需要大修，則 W 的條件值為何？如果是需要小修又為何？機器需要這兩類修理之 L 值的比例為何？（提示：Little 的公式仍可用到各種機器。）
(d) 如何定義系統狀態，以使用只包含指數分配的轉移建立這個等候系統的模型？（提

示：思考除了給定故障機器數以外，還需要給定什麼資訊，才能使得各類事件下次發生的剩餘時間條件機率分配是指數分配。）

(e) 繪製對應的轉移速率圖。

12.7-12. 思考有限等候線的 $M/G/1$ 模型，其中 K 是系統允許的最大顧客數。其中 $n = 0, 1, 2, \ldots$，令隨機變數 X_n 表示在 t_n 時系統內的顧客數（不計算正在離開的顧客），而 t_n 代表第 n 位顧客剛完成服務的時間，則時間 $\{t_1, t_2, \ldots\}$ 稱為再生點 (regeneration point)。此外，$\{X\}(n = 1, 2, \ldots)$ 是一個離散時間馬可夫鏈，稱為嵌入式馬可夫鏈 (embedded Markov chain)。嵌入式馬可夫鏈對研究類似 $M/G/1$ 模型的連續時間隨機過程的特性非常有用。

現在思考一個特別的例子，其中 $K = 4$、服務時間是固定常數 10 分鐘、平均到達速率是每 50 分鐘 1 人。因此，$\{X_n\}$ 是一個狀態為 0、1、2、3 的嵌入式馬可夫鏈（因為不能有超過 4 位顧客在系統內，所以在再生點不會有超過 3 位顧客在系統內）。因為系統只在顧客離開時連續觀察這個系統，所以 X_n 不會減少超過 1。此外，造成 X_n 增加的轉移機率可以直接從 Poisson 分配得到。

(a) 找出這個嵌入式馬可夫鏈的一步轉移矩陣（提示：要找從狀態 3 到狀態 3 轉移機率時，用 1 或多個到達，而不只用 1 位到達，其他轉移到狀態 3 的狀況也一樣）。

(b) 使用 IOR Tutorial 中的馬可夫鏈對應程式求解在再生點顧客數的穩態機率。

(c) 計算在再生點時系統內的期望顧客數，並與 12.7 節 $M/D/1$ 模型（當 $K = \infty$）的 L 值作比較。

12.8-1.* Southeast 航空是一個主要服務佛羅里達州州內運輸的小型航空公司，他們在 Orlando 機場的售票櫃檯是由一位票務商代理，共有兩條不同的等候線。一條是商務艙的乘客，另一條則是普通艙的乘客。當票務員可以為下一位顧客服務時，如果有任何商務艙乘客在等候，則他將立刻接受服務，否則就服務下一位普通艙的乘客。兩種服務類型的服務時間都是平均 3 分鐘的指數分配。在售票櫃檯每天開放的 12 小時期間，商務艙乘客以每小時 2 位，而普通艙乘客以每小時 10 位的平均速率隨機到達。

(a) 哪一種等候模型適合這個等候系統？
T(b) 求解商務艙乘客和普通艙乘客的主要績效衡量 L、L_q、W 和 W_q。
(c) 在服務開始前，商務艙乘客的期望等候時間是普通艙乘客的幾分之幾？
(d) 求解這票務員每天平均有幾小時是在忙碌。

T **12.8-2.** 思考 12.8 節的不可插位優先權模型，假設只有 $\lambda_1 = 2$ 及 $\lambda_2 = 3$ 兩種優先等級。設計這種等候系統時，可以選擇以下兩種方案：(1) 一個快速服務員 $\mu = 6$ 及 (2) 兩個慢速服務員 $\mu = 3$。

對各別等級（W_1、W_2、L_1、L_2 等等），用一般的四種績效衡量 W、L、W_q 和 L_q 來比較這些方案。如果主要關心的是第一優先等級顧客在系統內的期望等候時間（W_1），哪一個方案比較好？如果主要關心的是第一優先等級顧客在等候線內的期望等候時間，哪一個方案比較好？

12.8-3. 思考 12.8 節介紹的單一服務員不可插位優先權模型的變化形式。假設有 $\lambda_1 = 1$、$\lambda_2 = 1$ 和 $\lambda_3 = 1$ 三個優先等級，優先等級 1、2 和 3 的期望服務時間分別是 0.4、0.3 和 0.2，亦即 $\mu_1 = 2.5$、$\mu_2 = 3\frac{1}{3}$ 和 $\mu_3 = 5$。

(a) 計算 W_1、W_2 及 W_3。
(b) 使用 12.8 節所介紹之不可插位優先權模型的一般模型為近似值，重作 (a) 小題。因為這個一般模型假設所有優先等級的期望服務時間都相同，使用期望服務時間 0.3，亦即 $\mu = 3\frac{1}{3}$。與 (a) 小題所得的結果比較，並評估在這個假設下，近似的效果有多好。

T **12.8-4.*** 某工廠的某個加工中心可以表示為單一服務員的等候系統，其中工作依平均速率每天 8 件的 Poisson 過程到達。雖然到達的工作有 3 種不同的類型，但工作時間都是平均 0.1 天的相同指數分配。工作一向以先到先服務的原則進行加工。然而，重要的是類型 1 的工作不能等太久，而類型 2 的工作可以稍微等候，類型 3 的工作則相對較不重要。這 3 種類型的工作分別以平均每天 2、4 及 2 件到達，由於

目前這三類工作平均都要經歷長時間的等候，所以有依照適當優先順序原則來選擇工作的提議。

比較這三類工作的期望等候時間（包括服務時間），假如選取原則是根據 (a) 先到先服務、(b) 不可插位優先權、及 (c) 可插位優先權。

T 12.8-5. 重新思考 12.8 節所分析的醫院急診室問題。假設稍微嚴格定義三種病患以把邊緣的病患歸類到次一優先等級，結果只有 5% 的病患屬於危急狀況，20% 屬於嚴重狀況，而 75% 屬於穩定狀況。針對這個修改後的問題，繪製一個類似表 12.3 的資料表。

12.8-6. 重新思考習題 12.4-6 所描述的等候系統。現在假設第一類顧客比第二類顧客重要，如果等候原則從先到先服務改為第一類顧客有不可插位優先權，則系統內期望顧客人數會增加、減少、還是不變？
  (a) 不用任何計算回答這問題，然後說明為何會得到這個答案。
  T(b) 計算出這兩種原則下系統內期望總顧客數，以驗證 (a) 小題的答案。

12.8-7. 思考 12.8 節所介紹的可插位優先權模型。假設 $s=1$、$N=2$ 及 $(\lambda_1 + \lambda_2) < \mu$，且令 P_{ij} 表示系統內有 i 個高優先等級顧客及 j 個低優先等級顧客的穩態機率 ($i = 0, 1, 2, ...; j = 0, 1, 2, ...$)，用與 12.5 節類似的方法推導聯立解為 P_{ij} 的方程式系統，不需實際求解。

12.9-1. 閱讀用來說明 12.9 節應用實例的 OR 研究之參考文獻，簡要敘述等候理論如何應用於這個研究，然後列出這個研究所獲得的各種財務與非財務的效益。

12.9-2. 思考一個有兩位服務員的等候系統，其中顧客有兩種來源。從來源 1，顧客每次來 2 人，而每兩對顧客到達的間隔時間遵循平均為 20 分鐘的指數分配。來源 2 本身是一個有兩位服務員的等候系統，具有平均每小時 7 人的 Poisson 輸入過程，且各服務員的服務時間服從平均為 15 分鐘的指數分配。當一位顧客在來源 2 完成服務，他或她立刻進入所探討的等候系統進行另一類服務。在所探討的等候系統中，等候規則是來源 1 的顧客具有可插位優先權，然而，兩種顧客的服務時間都是獨立且平均為 6 分鐘的相同指數分配。
  (a) 首先只專注於推導等候系統內來源 1 顧客數的穩態機率分配。定義系統狀態並繪製轉移速率圖，以有效推導這個分配（但不必實際推導）。
  (b) 現在專注於推導等候系統內兩種來源顧客總數的穩態機率分配。定義系統狀態並繪製轉移速率圖，以有效推導這個分配（但不必實際推導）。
  (c) 現在專注於推導等候系統內各來源顧客數的聯合穩態機率分配。定義系統狀態並繪製轉移速率圖，以有效推導這個分配（但不必實際推導）。

12.9-3. 思考串聯的兩個無限等候線系統，其中各服務設施都只有單一服務員。所有的服務時間都遵循獨立的指數分配，在設施 1 是平均 3 分鐘，而在設施 2 是 4 分鐘。設施 1 具有平均每小時 10 人的 Poisson 輸入過程。
  (a) 求解在設施 1 的顧客數的穩態機率分配，接著求解設施 2 的。然後證明在個別設施顧客數的聯合機率分配的積型解。
  (b) 兩位服務員都空閒的機率為何？
  (c) 求解系統內期望顧客總數及一位顧客的期望總等候時間（包含服務時間）。

12.9-4. 在 12.9 節對無限等候線串聯系統的假設之下，這種等候網絡實際上是 Jackson 網路的一個特例。給定這個系統 λ 值的情況下，將這個系統描述成一個 Jackson 網路，包括指定 a_j 及 P_{ij} 的值，以證明這是正確的。

12.9-5. 思考具有下列參數值的三個服務設施的 Jackson 網路。

設施 j	s_j	μ_j	a_j	P_{ij}		
				$i=1$	$i=2$	$i=3$
$j=1$	1	40	10	0	0.3	0.4
$j=2$	1	50	15	0.5	0	0.5
$j=3$	1	30	3	0.3	0.2	0

T(a) 求解各個設施的總到達速率。
  (b) 求解在設施 1、設施 2 及設施 3 的顧客數的穩態機率分配。然後證明各個設施顧客數的聯合機率是積型解。

(c) 各個設施的等候線都是空的（沒有顧客等候服務）的機率為何？
(d) 求解系統內的期望總顧客數。
(e) 求解個別顧客的期望總等候時間（包括服務時間）。

T 12.10-1 描述在等候系統中服務員數目的經濟分析時，12.10 節介紹一個基本的成本模型，其中目標是極小化 $E(TC) = C_s s + C_w L$。本習題的目的是探索 C_s 與 C_w 的相對大小對最佳服務員數目的影響。

假設思考的等候系統符合 $M/M/s$ 模型，其中每小時 $\lambda = 8$ 位顧客和每小時 $\mu = 10$ 位顧客。使用 OR Courseware 的 Excel 樣版進行 $M/M/s$ 模型的經濟分析，以求解下列各個狀況的最佳服務員數目。

(a) $C_s = \$100$ 及 $C_w = \$10$。
(b) $C_s = \$100$ 及 $C_w = \$100$。
(c) $C_s = \$10$ 及 $C_w = \$100$。

T 12.10-2* McBurger 漢堡速食店的經理 Jim McDonald 了解提供快速服務是成功經營餐廳的關鍵，等候太久的顧客下次很可能會到鎮上的另一家速食店。他估計顧客完成服務之前，在隊伍中等候 1 分鐘平均會損失未來商機 $0.3。因此，他要確定有足夠收銀櫃檯使得等候時間最少化。每一個收銀櫃檯由兼職員工負責接受顧客訂購食物和收取現金，雇用 1 位兼職員工的成本是每小時 $9。

在午餐時刻，顧客是依平均速率每小時 66 位的 Poisson 過程到達，估計服務一位顧客的時間遵循平均為 2 分鐘的指數分配。

Jim 在午餐時刻應該開放幾個收銀櫃檯，才能極小化每小時的期望總成本？

T 12.10-3. Garrett-Tompkins 公司在影印室提供三台影印機器供員工使用，由於最近有人抱怨浪費太多時間等候影印，管理者考慮增加一台或更多台影印機。

在每年的 2,000 工作小時期間，員工依平均每小時 30 人次的 Poisson 過程到達影印室，每一個員工使用影印機的時間遵循平均 5 分鐘的指數分配，一位員工由於在影印室所損失的生產力估計是平均每小時 $25，而每台影印機每年的租金是 $3,000。

該公司應該有幾台影印機器，以極小化每小時的期望總成本。

12.11-1. 從本章末參考文獻的下半部中，任選一篇等候理論的獲獎應用，閱讀這個應用的論文，然後撰寫二頁的摘要報告以說明這個應用及其帶來的效益（包括非財務的效益）。

12.11-2. 從本章末參考文獻的下半部中，任選三篇等候理論的獲獎應用，針對各個應用，閱讀這個應用的論文，然後撰寫一頁的摘要報告以說明這個應用及其帶來的效益（包括非財務的效益）。

個案研究

12.1 降低在製品存貨

Northern 航空的製造副總裁 Jim Wells 被激怒了，今天早上他巡視公司最重要的工廠後，心情非常惡劣。但是，現在他能把這口氣，出在剛被叫到他辦公室的工廠生產經理 Jerry Carstairs 身上。

「Jerry，我剛剛巡視完工廠回來，我感到非常沮喪。」「是什麼問題？Jim。」「嗯，你知道我多麼強調需要降低在製品的存貨。」「是的，我們已經努力在解決這問題了」Jerry 回答。「嗯，但是努力還不夠！」Jim 提高聲音。「你知道我在沖床壓製站發現什麼？」「不知道。」「還有五個金屬薄片等待壓製成部分機翼。然後在隔壁的檢驗站裡，有 13 個部分機翼！檢查員正在檢查其中的 1 個，但是其他 12 個只能等在那裡。你知道每個部分機翼對我們來說價值數十萬美元嗎！所以在沖床壓製站和檢查站之間，我們有價值數百萬、非常昂貴的金屬只是等在那裡，我們不能有這種情況！」

懊惱的 Jerry 試著去回答：「是的，Jim，我們知道那個檢查站是一個瓶頸，通常並不如你早上所發現的那樣糟，但這確實是瓶頸，沖床壓制站就少很多了。」「但願如此，」Jim 反駁說：「不過縱使是偶發的，你也得預防這類如此糟糕的事情發生，你認為該怎麼解決這個問題？」Jerry 回答：「實際上，我已經致力解決這個問題。我有幾個建議方案在桌上，並且請作業研究分析師分析這些方案，列出建議向我回報。」「很好，」Jim 回答，「很高興看到你在解決這個問題，將這當作最優先的任務，盡快向我回報。」「遵命！」Jerry 允諾。

以下是 Jerry 和 OR 分析師所探討的問題。有 10 個相同的沖床，各用來將特殊處理的大金屬片壓製成部分機翼，金屬片以每小時 7 片的平均速率隨機到達這群沖床，將金屬片壓製成部分機翼所需的時間遵循平均 1 小時的指數分配。完成後，這些部分機翼以相同的平均速率（每小時 7 片）隨機到達檢驗站，一位檢查員專門檢查這些部分機翼以確定它們符合規格，每次檢查需 $7\frac{1}{2}$ 分鐘，每小時能檢查 8 個部分機翼。這個檢查速率造成沖床壓製站留有部分機翼，且檢驗站還有大量等候完成檢驗的在製品存貨（等待完成檢查的部分機翼平均數目相當大）。

以在沖床的金屬片或是在檢驗站的部分機翼而言，這些在製品的存貨成本估計是每小時 \$8，因此，Jerry 提出兩個不同的方案來減少在製品的平均存貨水準。

方案 1 是沖床使用較小的馬力（這將使壓製金屬片成為部分機翼所需的平均時間增加為 1.2 小時），讓檢查員比較能趕上沖床的產出。這也能減少運轉每台機器的成本，從每小時 \$7.00 降為 \$6.50（相對，若增至最大馬力會將使此成本增加至每小時 \$7.50，而壓製一部分機翼所需平均時間降為 0.8 小時）。

方案 2 是用某個比較年輕的檢查員來執行這個任務，他有較快的速度（儘管因為經驗較少，使得檢查時間變化較大），所以比較能趕上產出速度（檢查時間遵循平均 7.2 分鐘且形狀參數 $k=2$ 的 Erlang 分配）。該檢查員之工作等級的總報酬（包括福利）是每小時 \$19，而目前檢查員的工作等級較低，其總報酬是每小時 \$17（同工作等級的檢查員原則上檢查時間相同）。

你是 Jerry 幕僚中的 OR 分析師，受到指示來分析這個問題。他要你「使用最新的 OR 技術來了解各個方案能降低多少在製品存貨，並提出你的建議。」

(a) 為了提供一個比較的基準，先從評估現狀開始。求解目前在沖床壓製站及在檢驗站的在製品期望存貨數量，然後思考下列成本：在製品存貨的成本、運轉沖床的成本及檢查員的成本，計算每小時的期望總成本。
(b) 方案 1 會有什麼效果？為什麼？與 (a) 小題的結果作詳細比較，並向 Jerry 解釋這個結果。
(c) 求解方案 2 的效果。與 (a) 小題的結果作詳細比較，並向 Jerry 解釋這個結果。
(d) 提出你對降低沖床壓製站及在檢驗站的在製品期望存貨數量的建議。你的建議要很具體，並且如 (a) 小題一樣，以數值分析來支持你的建議，與 (a) 小題的結果作詳細比較，並說明你的建議能得到什麼改善。

個案研究 網站其他個案研究預告

12.2 等候的困境

眾多憤怒顧客抱怨反應，接通客服電話的等候時間太長。客服中心似乎需要更多客服人員，或者要進一步訓練現有客服人員，能更有效率回應顧客電話。同時也提出一些服務滿意度準則，接著需應用等候理論，來決定該如何重新設計客服中心運作模式。

Chapter 13

馬可夫決策過程

OR 研究如上一章所述,經常需要分析**隨機過程 (stochastic process)**(機率隨時間演進之過程)。第 12 章提到的等候系統大多為隨機過程,因根據到達發生時間與服務時間長度等不確定性,系統內顧客人數以機率方式隨著時間演進。

馬可夫鏈 (Markov chain) 是種特別重要的隨機過程,且涉及到該過程未來演進只與目前過程的狀態有關,而與過去事件無關(如 12.5 節的生死過程即符合此定義,12.6 節的等候系統則依據生死過程,故亦符合)。 我們會稱此無記憶性為**馬可夫性質** (Markovian property)。

每次觀察一馬可夫鏈,可能會處於眾多狀態之一。我們會連續觀察連續馬可夫鏈,但只會在離散時間點(如每天終了時)觀察離散馬可夫鏈。已知一離散馬可夫鏈目前狀態,(一步)轉移矩陣 (transition matrix) 可提供下個時間點系統在各個狀態的機率。已知此轉移矩陣可以計算出描述此馬可夫鏈行為的大量資訊,如系統處於各狀態的穩態機率(第 14 章會詳細介紹馬可夫鏈)。

許多重要系統(如等候系統)能建立成離散時間或連續時間馬可夫鏈模型。運用描述系統行為(如第 12 章等候系統一樣)來評估績效相當有用;但設計系統的運作方式來優化績效則更有用(如 12.10 節等候系統)。

本章將著重在設計離散時間馬可夫鏈的運作方式來優化績效。因此,與其被動接受馬可夫鏈設計及固定轉移矩陣,而是主動決定該選擇馬可夫鏈每個可能狀態中哪一個,而所選擇的行動將影響轉移機率 (transition probability) 以及系統運作衍生的立即成本(或報酬)和後續成本(或報酬)。在將立即成本與後續成本納入考慮,我們要為各別狀態選擇最佳化行動,我們稱此決策過程為馬可夫決策過程 (Markov decision process)。

本章第一節提供馬可夫決策過程應用的典型範例，13.2 節會建立旨在找出極小化（長期）單位時間期望平均成本之策略（在各狀態採取的行動）時的基本模型。13.3 節說明接下來如何用線性規劃找出最佳策略〔本書專屬網站中的補充教材 1 說明了也能找到最佳策略的策略改善演算法 (policy improvement algorithm)。補充教材 2 討論極小化單位時間期望總折現成本 (expected total discounted cost) 而非專注在平均成本上〕。

13.1 典型範例

某製造商之製程核心中有台關鍵機器。由於重度使用，該機器品質與產出皆快速劣化，故每週末都要徹底例檢。我們在下表中，歸類出該機器會出現的四種可能狀況：

狀態	機器狀況
0	狀況如新
1	可運轉——稍微劣化
2	可運轉——嚴重劣化
3	無法運轉——品質無法接受之產出

在蒐集上述檢查結果之過往資料後，我們針對機器狀態每週演進過程進行統計分析。下列矩陣呈現自某週狀態（矩陣中某列）至下週狀態（矩陣中某行），各種可能轉移之相對頻率（機率）。

狀態	0	1	2	3
0	0	$\frac{7}{8}$	$\frac{1}{16}$	$\frac{1}{16}$
1	0	$\frac{3}{4}$	$\frac{1}{8}$	$\frac{1}{8}$
2	0	0	$\frac{1}{2}$	$\frac{1}{2}$
3	0	0	0	1

此外，統計分析發現，機器之前幾週的狀態不影響轉移機率。此「無記憶性質」(lack-of-memory property) 即為馬可夫鏈的性質（14.2 節另提供了此性質之數學定義）。因此，令隨機變數 X_t 為第 t 週結束時機器的狀態，可知隨機過程 $\{X_t, t = 0, 1, 2, \ldots\}$ 是一個離散時間馬可夫鏈，其（一步）轉移矩陣即上述之矩陣。

一如轉移矩陣最後一列所示，該機器一旦無法運轉（進入狀態 3），就無法再運轉。狀態 3 也就是所謂的吸收狀態 (absorbing state)。而機器無法運轉的狀態是難以容許的狀況，因為這會讓生產過程中斷，故一定要置換機器（在此狀態無法修理）。而新機器接續會由狀態 0 開始運轉。

由於置換過程需要 1 週時間，故會損失這期間的生產。其無法生產而衍生利潤

損失之成本為 $2,000，而置換機器成本為 $4,000，故目前機器進入狀態 3 時，產生 $6,000 的總成本。

即使機器尚未到達狀態 3，生產不良品也可許會產生成本，其每週期望成本如以下所示：

狀態	不良品造成的期望成本 ($)
0	0
1	1,000
2	3,000

我們現在已經說明了某特定維修策略 (maintenance policy)（當機器無法運轉時就置換，其他狀態不維修）的所有相關成本。系統狀態的演進（機器交替）在此策略下仍為馬可夫鏈，但轉移矩陣現在如以下所示：

狀態	0	1	2	3
0	0	$\frac{7}{8}$	$\frac{1}{16}$	$\frac{1}{16}$
1	0	$\frac{3}{4}$	$\frac{1}{8}$	$\frac{1}{8}$
2	0	0	$\frac{1}{2}$	$\frac{1}{2}$
3	1	0	0	0

為評估此維修策略，我們應同時考慮下一週衍生的立即成本（如前述），及讓系統以此方式演進的後續成本。（長期）**單位時間期望平均成本 (expected average cost per unit time)**[1] 經常用來衡量馬可夫鏈的績效。

我們為了要計算此衡量準則，首先推導該馬可夫鏈的穩態機率 (steady-state probability) π_0、π_1、π_2 及 π_3。把上述各狀態機率表示成一步進入此狀態的所有可能方式之機率和，再求解聯立穩態方程式：

$$\pi_0 = \pi_3$$
$$\pi_1 = \frac{7}{8}\pi_0 + \frac{3}{4}\pi_1$$
$$\pi_2 = \frac{1}{16}\pi_0 + \frac{1}{8}\pi_1 + \frac{1}{2}\pi_2$$
$$\pi_3 = \frac{1}{16}\pi_0 + \frac{1}{8}\pi_1 + \frac{1}{2}\pi_2$$
$$1 = \pi_0 + \pi_1 + \pi_2 + \pi_3$$

（雖然此聯立方程式小到能用手算求出，但 IOR Tutorial 中，馬可夫鏈的穩態機率程

---

[1]「長期」意指一段極長時間所得之平均，不再受到起始狀態影響。當時間趨近無窮大時，14.5 節討論單位時間平均成本基本上一定會收斂至單位時間期望平均成本。

■ 表 13.1 典型範例的成本資料

決策	狀態	不良品造成的期望成本 ($)	維修成本 ($)	喪失生產的成本（損失利潤）($)	每週總成本 ($)
1. 沒有行動	0	0	0	0	0
	1	1,000	0	0	1,000
	2	3,000	0	0	3,000
2. 大修	2	0	2,000	2,000	4,000
3. 置換	1, 2, 3	0	4,000	2,000	6,000

序，提供另一種能快速求解的方法) 此聯立解為

$$\pi_0 = \frac{2}{13}, \quad \pi_1 = \frac{7}{13}, \quad \pi_2 = \frac{2}{13}, \quad \pi_3 = \frac{2}{13}$$

故此維修策略（長期）每週期望平均成本為

$$0\pi_0 + 1{,}000\pi_1 + 3{,}000\pi_2 + 6{,}000\pi_3 = \frac{25{,}000}{13} = \$1{,}923.08$$

然而，也應該要考慮其他維修策略，並與此策略比較。或許該在機器到狀態 3 前就置換；或以 $2,000 的成本大修 (overhaul) 機器。但此方案在狀態 3 時不可行，且在狀態 0 和 1 時無法改善機器狀況，故僅在狀態 2 時考慮。且在此狀態下，一次大修會讓機器回到狀態 1，因大修需一週，故造成 $2,000 的利潤損失。

下列為每次檢查後的可能決策：

決策	行動	相關狀態
1	沒有行動	0, 1, 2
2	大修 (系統回復到狀態 1)	2
3	置換 (系統回復到狀態 0)	1, 2, 3

為便於參考，我們在表 13.1 中整理各狀態可能考慮的各項決策之相關成本。

何謂最佳維修策略？我們在下兩節會探討此問題。

13.2 馬可夫決策過程的模型

接著我們整理出本章將考量的馬可夫決策過程模型：

1. 在每次轉移後觀察，離散時間馬可夫鏈的狀態為 i，其中可能的狀態是 $i = 0, 1, ..., M$。
2. 在每次觀察後，自 K 個可能的決策 $(1, 2, ..., K)$ 所成集合中，選出一個決策（行動）k。(K 個決策中有部分可能不適用於某些狀態)。
3. 若在狀態 i 時選擇決策 $d_i = K$，會產生期望值為 C_{ik} 的立即成本。
4. 在狀態 i 時決策 $d_i = K$ 決定下次從狀態 i 的轉移機率 [2]，以 $p_{ij}(k)$，$j = 0, 1, ..., M$ 來表

示這些轉移機率。

5. 各個狀態的決策 $(d_0, d_1,..., d_M)$ 形成一個馬可夫決策過程的策略 (policy)。
6. 目標為根據立即成本及未來過程演進衍生後續成本的某些成本準則之考量，找到一最佳策略 (optimal policy)。本章常用之準則為極小化（長期）單位時間期望平均成本（另一準則將用於本章補充教材 2）。

為了要說明一般描述與 13.1 節典型範例間的關係，我們回想一下當時馬可夫鏈所代表某特定機器狀態（狀況）。在每次檢查該機器後，選擇不行動、大修，或置換這三種之一的可能決策。表 13.1 最右一行顯示各相關狀態與決策組合所產生的立即期望成本。13.1 節分析了一特定策略 $(d_0, d_1, d_2, d_3)=(1, 1, 1, 3)$，其中在狀態 0、1 及 2 時選擇決策 1（不行動），而在狀態 3 時選擇決策 3（置換），其轉移機率如 13.1 節的最後一個轉移矩陣所示。

這個一般模型符合馬可夫決策過程，因為具備馬可夫過程的無記憶性質。尤其，在已知目前狀態及決策下，該過程過去任何資訊完全不會影響與未來任何機率敘述。馬可夫性質在此之所以能成立，是因為 (1) 新轉移機率僅取決於目前狀態及決策，及 (2) 立即期望成本亦僅取決於目前狀態及決策。

我們對策略之描述表明了兩個實用（但非必要）性質，本章將假設這些性質成立（僅一處例外）。其一性質為**穩定性 (stationary)**，即每當系統在狀態 i 時，無論目前時間點 t 為何，決策制定規則皆相同。其二為**確定性 (deterministic)**，即每當系統在狀態 i 時，依據決策制定規則，必定選取某特定決策〔因涉及演算法本質，下節會考慮到隨機性 (randomized) 策略，其中會用機率分配來制定決策〕。

採用此一般架構，我們現在回到典型範例，以窮舉法比較各相關策略，求取最佳策略。我們在過程中，令 R 為某一特定策略及 $d_i(R)$ 表示狀態 i 時的對應決策，其中決策 1、2 及 3 如前節末所述。因為在任一已知狀態，僅可能考慮此三決策，故對任何狀態 i，$d_i(R)$ 的值只可能是 1、2 或 3。

以窮舉法求解典型範例

典型範例之相關策略如下所示：

策略	文字敘述	$d_0(R)$	$d_1(R)$	$d_2(R)$	$d_3(R)$
R_a	在狀態 3 置換	1	1	1	3
R_b	在狀態 3 置換，在狀態 2 大修	1	1	2	3
R_c	在狀態 2 和 3 置換	1	1	3	3
R_d	在狀態 1、2 和 3 置換	1	3	3	3

---

[2] 下節中的求解程序也假設此產生的轉移矩陣讓每個狀態最終可以從任何其他狀態到達。

應用實例

2003 年美國第六大銀行 Bank One，旗下子公司 Bank One Card Service 為美國最大 Visa 發卡金融機構，替 Bank One 及數千家行銷夥伴發行 Visa 信用卡。Bank One 隔年併入 JPMorgan Chase，成為美國第三大金融機構。Chase 也成為往後該銀行信用卡服務品牌。

信用卡業務自然是作業研究的應用領域，因為信用卡成功與否，直接受到各量化因素平衡的影響。信用卡利息年利率 (annual percentage rate, APR) 及信用額度會影響到信用卡使用率與銀行獲利率。顧客偏好低利與高信用額度，但低利率會降低銀行獲利，隨意提高信用額度會有可能讓銀行信用評價下滑。根據不同顧客信用評等的，以不同方法平衡這些因素是非常重要的。

有鑑於此，Bank One 管理團隊 1999 年要求內部 OR 團隊進行 PORTICO(portfolio control and optimization) 專案，評估改善信用卡業務獲利。該 OR 團隊用馬可夫決策過程來設計 PORTICO 系統，選擇極大化信用卡客戶淨現值的 APR 水準和信用額度。該團隊以信用額度、APR 水準及客戶付款行為等變數，來判定一帳戶在任何月份的狀態。轉移機率是根據 18 個月內銀行 300 萬個信用卡帳戶中隨機抽樣的時間序列資料。該馬可夫決策過程中各狀態要作的決策，是該類顧客下個月 APR 水準與信用額度。

經過長期測試，證實 PORTICO 會大幅增加該銀行獲利。真正導入後，預料新過程會讓每年獲利增加超過 7,500 萬美元。此優異馬可夫決策過程應用讓 Bank One 在 2002 年贏得 Wagner 傑出作業研究實務獎。

資料來源：M. S. Trench, S. P, Pederson, E. T. Lau, L. Ma, H. Wang, and S. K. Nair: "Managing Credit Lines and Prices for Bank One Credit Cards," *Interfaces*, **33**(5): 4-21, Sept.-Oct. 2003.（這篇文章的連結請參見本書網站 www.mhhe.com/hillier。）

各策略產生出如下所示之不同轉移矩陣。

狀態	R_a			
	0	1	2	3
0	0	$\frac{7}{8}$	$\frac{1}{16}$	$\frac{1}{16}$
1	0	$\frac{3}{4}$	$\frac{1}{8}$	$\frac{1}{8}$
2	0	0	$\frac{1}{2}$	$\frac{1}{2}$
3	1	0	0	0

狀態	R_b			
	0	1	2	3
0	0	$\frac{7}{8}$	$\frac{1}{16}$	$\frac{1}{16}$
1	0	$\frac{3}{4}$	$\frac{1}{8}$	$\frac{1}{8}$
2	0	1	0	0
3	1	0	0	0

狀態	R_c			
	0	1	2	3
0	0	$\frac{7}{8}$	$\frac{1}{16}$	$\frac{1}{16}$
1	0	$\frac{3}{4}$	$\frac{1}{8}$	$\frac{1}{8}$
2	1	0	0	0
3	1	0	0	0

狀態	R_d			
	0	1	2	3
0	0	$\frac{7}{8}$	$\frac{1}{16}$	$\frac{1}{16}$
1	1	0	0	0
2	1	0	0	0
3	1	0	0	0

從表 13.1 最右一行，可得 C_{ik} 的值如下所示：

狀態 i \ 決策 k	C_{ik}（千元）		
	1	2	3
0	0	—	—
1	1	—	6
2	3	4	6
3	—	—	6

（長期）單位時間期望平均成本 $E(C)$ 可由下式計算：

$$E(C) = \sum_{i=0}^{M} C_{ik}\pi_i$$

其中 $k=d_i(R)$ 對每個 i，且 (π_0、π_1、...、π_M) 代表所評估的策略 R 時，系統狀態的穩態機率分配。在分別解出這四種策略的 (π_0、π_1、...、π_M) 後（可以 IOR Tutorial 計算），我們整理出 $E(C)$ 的計算：

策略	($\pi_0, \pi_1, \pi_2, \pi_3$)	$E(C)$（千元）	
R_a	$\left(\frac{2}{13}, \frac{7}{13}, \frac{2}{13}, \frac{2}{13}\right)$	$\frac{1}{13}[2(0) + 7(1) + 2(3) + 2(6)] = \frac{25}{13} = \$1{,}923$	
R_b	$\left(\frac{2}{21}, \frac{5}{7}, \frac{2}{21}, \frac{2}{21}\right)$	$\frac{1}{21}[2(0) + 15(1) + 2(4) + 2(6)] = \frac{35}{21} = \$1{,}667$	← 最小值
R_c	$\left(\frac{2}{11}, \frac{7}{11}, \frac{1}{11}, \frac{1}{11}\right)$	$\frac{1}{11}[2(0) + 7(1) + 1(6) + 1(6)] = \frac{19}{11} = \$1{,}727$	
R_d	$\left(\frac{1}{2}, \frac{7}{16}, \frac{1}{32}, \frac{1}{32}\right)$	$\frac{1}{32}[16(0) + 14(6) + 1(6) + 1(6)] = \frac{96}{32} = \$3{,}000$	

因此，最佳策略是 R_b；也就是發現機器在狀態 3 時就置換，且發現機器在狀態 2 時就大修，其產生（長期）每週期望平均成本為 $1,667。

本書專屬網站中 Worked Examples 另外提供一例題。

用窮舉法求解最佳策略僅適用小規模問題，僅有少數相關策略。然而，許多應用中有非常多策略，以至於窮舉法完全不可行，這些情況需要有更具效率求解最佳策略的方法。接下來就會說明其中一種使用線性規劃的技術（本章補充教材 1 還介紹了另一種偶爾會用的方法）。

13.3 線性規劃與最佳策略

前一節描述馬可夫決策過程主要使用的穩定確定性策略。任何策略 R 皆可視為系統於狀態 i 時，一種指定決策 $d_i(R)$ 的規則，而 $i = 0, 1,..., M$。因此 R 能以下列值來呈現

$$\{d_0(R), d_1(R), \ldots, d_M(R)\}$$

同理，R 也可以在下列矩陣中指定 $D_{ik} = 0$ 或 1

$$\text{狀態 } i \begin{array}{c} \\ 0 \\ 1 \\ \vdots \\ M \end{array} \begin{array}{c} \text{決策 } k \\ \begin{array}{cccc} 1 & 2 & \cdots & K \end{array} \\ \begin{bmatrix} D_{01} & D_{02} & \cdots & D_{0K} \\ D_{11} & D_{12} & \cdots & D_{1K} \\ \cdots & \cdots & \cdots & \cdots \\ D_{M1} & D_{M2} & \cdots & D_{MK} \end{bmatrix} \end{array}$$

其中將每個 D_{ik} ($i = 0, 1, \ldots, M$ 及 $k = 1, 2, \ldots, K$) 定義為

$$D_{ik} = \begin{cases} 1 & \text{若在狀態 } i \text{ 時選擇決策 } k \\ 0 & \text{其他} \end{cases}$$

因此，矩陣的每一列中必須包含一個 1，其他元素則皆為零。如我們能把典型範例中的最佳策略 R_b，以下列矩陣來呈現

$$\text{狀態 } i \begin{array}{c} \\ 0 \\ 1 \\ 2 \\ 3 \end{array} \begin{array}{c} \text{決策 } k \\ \begin{array}{ccc} 1 & 2 & 3 \end{array} \\ \begin{bmatrix} 1 & 0 & 0 \\ 1 & 0 & 0 \\ 0 & 1 & 0 \\ 0 & 0 & 1 \end{bmatrix} \end{array}$$

也就是說機器於狀態 0 或 1 時無動作（決策 1），狀態 2 時大修（決策 2），而狀態 3 時置換機器（決策 3）。

隨機性策略

D_{ik} 提供建立線性規劃模型的動機，而受限於線性限制式，我們希望能將策略的期望成本以 D_{ik} 或相關變數的線性函數。不巧的是，D_{ik} 的值是整數（0 或 1），而線性規劃模型則需要連續的變數。這個需求能以擴大解釋策略來處理。先前定義系統每次在狀態 i 時，都進行相同決策。新解釋則為系統在狀態 i 時，決定所訂定決策的機率分配。

我們現在以此新解釋，需要將 D_{ik} 重新定義為

$$D_{ik} = P\{\text{決策} = k \mid \text{狀態} = i\}$$

換句話說，已知系統在狀態 i，變數 D_{ik} 是選擇決策 k 作為所訂定決策的機率。因此，$(D_{i1}, D_{i2}, \ldots, D_{iK})$ 是在狀態 i 時，所訂定決策的機率分配。

這類運用機率分配的策略稱為**隨機性策略 (randomized policy)**，而我們將 $D_{ik} = 0$ 或 1 的策略稱為確定性策略 (deterministic policy)。隨機性策略也可以下列矩陣表示，

$$\text{狀態 } i \begin{array}{c} \\ 0 \\ 1 \\ \vdots \\ M \end{array} \begin{array}{c} \overset{\text{決策 } k}{\overbrace{\begin{array}{cccc} 1 & 2 & \cdots & K \end{array}}} \\ \left[\begin{array}{cccc} D_{01} & D_{02} & \cdots & D_{0K} \\ D_{11} & D_{12} & \cdots & D_{1K} \\ \cdots\cdots\cdots\cdots\cdots\cdots\cdots\cdots \\ D_{M1} & D_{M2} & \cdots & D_{MK} \end{array}\right] \end{array}$$

其中每列的和為 1，且現在

$$0 \leq D_{ik} \leq 1$$

我們接著就以下列矩陣的典型範例，來說明隨機性策略。

$$\text{狀態 } i \begin{array}{c} 0 \\ 1 \\ 2 \\ 3 \end{array} \begin{array}{c} \overset{\text{決策 } k}{\overbrace{\begin{array}{ccc} 1 & 2 & 3 \end{array}}} \\ \left[\begin{array}{ccc} 1 & 0 & 0 \\ \frac{1}{2} & 0 & \frac{1}{2} \\ \frac{1}{4} & \frac{1}{4} & \frac{1}{2} \\ 0 & 0 & 1 \end{array}\right] \end{array}$$

這個策略需要機器在狀態 0 時，永遠選擇決策 1（不行動）。若機器在狀態 1，則有 $\frac{1}{2}$ 的機率選擇不行動及 $\frac{1}{2}$ 的機率選擇置換，所以可以丟擲銅板來選擇。若機器在狀態 2，則有 $\frac{1}{4}$ 的機率選擇不行動，有 $\frac{1}{4}$ 的機率選擇大修，而有 $\frac{1}{2}$ 的機率選擇置換。假設有一種能產生這些機率（可能是亂數表）的隨機裝置，用來訂定實際決策。最後，若機器在狀態 3，必定得置換。

藉由允許隨機性策略，我們讓 D_{ik} 是連續變數而非整數變數，現在就能建立起線性規劃模型來找出最佳策略。

線性規劃模型

線性規劃模型易於定義決策變數（在此以 y_{ik} 表示）如下。對每個 $i = 0, 1, \ldots, M$ 及 $k = 1, 2, \ldots K$，令 y_{ik} 為系統在狀態 i 並選擇決策 k 的無條件穩態機率，即

$$y_{ik} = P\{\text{狀態} = i \text{ 且決策} = k\}$$

各 y_{ik} 與其對應的 D_{ik} 間關係密切，因為我們可由條件機率規則得知

$$y_{ik} = \pi_i D_{ik}$$

其中 π_i 是馬可夫鏈在狀態 i 的穩態機率。此外，

$$\pi_i = \sum_{k=1}^{K} y_{ik}$$

所以
$$D_{ik} = \frac{y_{ik}}{\pi_i} = \frac{y_{ik}}{\sum_{k=1}^{K} y_{ik}}$$

y_{ik} 有三組限制式：

1. $\sum_{i=0}^{M} \pi_i = 1$ ，所以 $\sum_{i=0}^{M} \sum_{k=1}^{K} y_{ik} = 1$

2. 由穩態機率間的關係，[3]

$$\pi_j = \sum_{i=0}^{M} \pi_i p_{ij}(k)$$

所以

$$\sum_{k=1}^{K} y_{jk} = \sum_{i=0}^{M} \sum_{k=1}^{K} y_{ik} p_{ij}(k), \quad 對 j = 0, 1, \ldots, M.$$

3. $y_{ik} \geq 0$，對 $i = 0, 1, \ldots M$ 及 $k = 1, 2, \ldots K$

長期單位時間期望平均成本為

$$E(C) = \sum_{i=0}^{M} \sum_{k=1}^{K} \pi_i C_{ik} D_{ik} = \sum_{i=0}^{M} \sum_{k=1}^{K} C_{ik} y_{ik}$$

因此，此線性規劃模型是要選擇 y_{ik}，以

極小化 $\quad Z = \sum_{i=0}^{M} \sum_{k=1}^{K} C_{ik} y_{ik}$

受限於限制式

(1) $\sum_{i=0}^{M} \sum_{k=1}^{K} y_{ik} = 1$。

(2) $\sum_{k=1}^{K} y_{jk} - \sum_{i=0}^{M} \sum_{k=1}^{K} y_{ik} p_{ij}(k) = 0$，而 $j = 0, 1, \ldots, M$。

(3) $y_{ik} \geq 0$，而 $i = 0, 1, \ldots, M; k = 1, 2, \ldots, K$。

因此，這個模型有 $M+2$ 個函數限制式及 $K(M+1)$ 個決策變數（其實，(2) 有一多餘限制式，故可刪除任一 $M+1$ 限制式）。

因為此為線性規劃模型，所以可以用單形法求解。一旦得到 y_{ik} 的值，就可以用下列公式求得每一個 D_{ik}：

$$D_{ik} = \frac{y_{ik}}{\sum_{k=1}^{K} y_{ik}}$$

---

[3] 在 $p_{ij}(k)$ 中加入變數 k 以表示適當的轉移機率會受到決策 k 影響。

由單形法求得的最佳解有 $M+1$ 個基底變數 $y_{ik} \geq 0$，所以其他變數是非基底變數，其值自動為 0。可以證明對每個 $i = 0, 1, \ldots M$，至少有一個 $k=1,2,\ldots K$，使得 $y_{ik} \geq 0$。因此，對每個 $i = 0, 1, \ldots M$，只有一個 k 讓 $y_{ik} \geq 0$。結果，每個 $D_{ik} = 0$ 或 1。

結論是，由單形法求得之最佳策略為確定而非隨機。故允許隨機策略在改善最終策略上並無助益。然而，重要的是能把整數變數 (D_{ik}) 轉換成連續變數，使得線性規劃 (*LP*) 能夠使用（類似整數規劃中使用 LP 寬弛的情況，我們能採用單形法，接著讓整數解性質成立，並讓 LP 寬弛的最佳解成為整數）。

以線性規劃求解典型範例

我們回頭來看 13.1 節的典型範例，表 13.1 前兩行提供相關狀態與決策組合。故要包含在模型中的決策變數為 $y_{01}, y_{11}, y_{13}, y_{21}, y_{22}, y_{23}$ 和 y_{33}（上述模型的一般性表示法包含一些無關的狀態與決策組合 y_{ik}，所以可以一開始就刪除最佳解中的這些 $y_{ik} = 0$）。表 13.1 的最右一行提供這些變數在目標函數中的係數，每一個狀態 i 與決策 k 的相關組合的轉移機率 $p_{ij}(k)$ 也已在 13.1 節中說明。

最後所得之線性規劃模型為

極小化　　$Z = 1{,}000y_{11} + 6{,}000y_{13} + 3{,}000y_{21} + 4{,}000y_{22} + 6{,}000y_{23}$
$\qquad\qquad + 6{,}000y_{33}$

受限於

$$y_{01} + y_{11} + y_{13} + y_{21} + y_{22} + y_{23} + y_{33} = 1$$
$$y_{01} - (y_{13} + y_{23} + y_{33}) = 0$$
$$y_{11} + y_{13} - \left(\frac{7}{8}y_{01} + \frac{3}{4}y_{11} + y_{22}\right) = 0$$
$$y_{21} + y_{22} + y_{23} - \left(\frac{1}{16}y_{01} + \frac{1}{8}y_{11} + \frac{1}{2}y_{21}\right) = 0$$
$$y_{33} - \left(\frac{1}{16}y_{01} + \frac{1}{8}y_{11} + \frac{1}{2}y_{21}\right) = 0$$

及

所有 $y_{ik} \geq 0$

應用單形法可以得到最佳解

$$y_{01} = \frac{2}{21}, \quad (y_{11}, y_{13}) = \left(\frac{5}{7}, 0\right), \quad (y_{21}, y_{22}, y_{23}) = \left(0, \frac{2}{21}, 0\right), \quad y_{33} = \frac{2}{21}$$

所以

$$D_{01} = 1, \quad (D_{11}, D_{13}) = (1, 0), \quad (D_{21}, D_{22}, D_{23}) = (0, 1, 0), \quad D_{33} = 1$$

此策略為機器在狀態 0 或 1 時不採取行動（決策 1），在狀態 2 時大修（決策 2），在狀態 3 時置換（決策 3）。這與 13.2 節末以窮舉法所得的最佳策略一樣。

本書專屬網站中的 Solved Examples，另外提供應用線性規劃，求解馬可夫決策過程的最佳策略之例題。

13.4 結論

馬可夫決策過程是一種能將隨機過程建立為離散時間馬可夫鏈，並讓該過程最佳化的強效工具。此工具可應用在醫療照護、高速公路及橋樑維護、存貨管理、機器維修、現金流量管理、水庫控管、森林管理、等候系統控制及通訊網路運作等不同領域。參考文獻 10、11 與 1 提到了一些有趣的早期應用調查範例。參考文獻 9 提到一個獲獎的應用，而參考文獻 2 和 5 說到其他獲獎應用。

馬可夫決策過程的共同目標即為找出能極小化（長期）單位時間期望平均成本之策略 [即馬可夫鏈各狀態要採取之行動]（補充教材 2 也探討了另一極小化期望總折現成本目標）。求解最佳策略有好幾種方法，其中包括窮取法和線性規劃（補充教材 1 亦介紹了改善該演算法之策略）。

參考文獻

1. Feinberg, E. A., and A. Shwartz: *Handbook of Markov Decision Processes: Methods and Applications*, Kluwer Academic Publishers (now Springer), Boston, 2002.
2. Golabi, K., and R. Shepard: "Pontis: A System for Maintenance Optimization and Improvement of U.S. Bridge Networks," *Interfaces*, **27**(1): 71–88, January–February 1997.
3. Guo, X., and O. Hernandez-Lerma: *Continuous-Time Markov Decision Processes*, Springer, New York, 2009.
4. Howard, R. A.: "Comments on the Origin and Application of Markov Decision Processes," *Operations Research*, **50**(1): 100–102, January–February 2002.
5. Miller, G., et al.: "Tax Collections Optimization for New York State," *INFORMS Journal on Computing*, **42**(1): 74–84, January–February 2012.
6. Powell, W. B.: *Approximate Dynamic Programming: Solving the Curses of Dimensionality*, Wiley, Hoboken, NJ, 2007.
7. Puterman, M. L.: *Markov Decision Processes: Discrete Stochastic Dynamic Programming*, Wiley, New York, 1994.
8. Sennott, L. I.: *Stochastic Dynamic Programming and the Control of Queueing Systems*, Wiley, New York, 1999.
9. Wang, K. C. P., and J. P. Zaniewski: "20/30 Hindsight: The New Pavement Optimization in the Arizona State Highway Network," *Interfaces*, **26**(3): 77–89, May–June 1996.
10. White, D. J.: "Further Real Applications of Markov Decision Processes," *Interfaces*, **18**(5): 55–61, September–October 1988.

11. White, D. J.: "Real Applications of Markov Decision Processes," *Interfaces*, **15**(6): 73–83, November–December 1985.

本書網站的學習輔助教材

（參照原文 Chapter 19）

Solved Examples：

Examples for Chapter 19

OR Tutor 中的範例：

Policy Improvement Algorithm—Average Cost Case

IOR Tutorial 中的互動程式：

Enter Markov Decision Model

Interactive Policy Improvement Algorithm—Average Cost

Interactive Policy Improvement Algorithm—Discounted Cost

Interactive Method of Successive Approximations

IOR Tutorial 中的自動程式（馬可夫鏈部分）：

Enter Transition Matrix

Steady-State Probabilities

"Chapter 19—Markov Decision Proc" 求解線性規劃模型的檔案：

Excel File

LINGO/LDNDO File

Chapter 19 的辭彙

本章補充教材：

A Policy Improvement Algorithm for Finding Optimal Policies

A Discounted Cost Criterion

軟體的使用說明請參閱附錄 1。

習題

以下習題（或其中部分）前方註記符號為：

D：上述示範例題或許有所助益。

I：建議使用其對應互動程式（報表會記錄求解過程）。

A：上述自動程式或許有所助益。

C：使用任何可用電腦軟體（或授課教師指定程式）來求解線性規劃模型。

題號後之星號(*)代表列有全部或部分解答。

13.2-1. 各位在閱讀完 13.2 節應用實例中 OR 研究的參考文獻後，簡要描述馬可夫決策過程在該研究中的應用，接著列出該研究各式財務與非財務益處。

13.2-2.* 某潛在顧客在任一週期內，至某設施之機率為 $\frac{1}{2}$。若該設施中已有兩人在（包括正接受服務的顧客），則此潛在顧客會立刻離去，且永不再來。但假如該設施僅有一位或更少顧客，則此潛在顧客會進入，而成為真正顧客。該設施經理目前手上有兩種服務方案，且須在各週期開始時做好決定。若她使用成本 \$3 的「慢速」方案，在該週期內有任何顧客，則有一位顧客接受服務後離開之機率為 $\frac{3}{5}$。若使用成本 \$9 的「快速」方案，在該週期內有任何顧客，則有一位顧客接受服務後離開之機率為 $\frac{4}{5}$。在一週期內有超過一位顧客到，或有超過一位顧客接受服務之機率皆為零。服務一位顧客之利潤為 \$50。

(a) 將每個週期選擇服務方案問題建立為馬可夫決策過程，定義狀態與決策。接著找出各狀態與決策組合在該週期內產生的期望淨立即成本（扣除任何服務顧客所得的利潤）。

(b) 找出所有（穩定確定性）策略。求解各策略的轉移矩陣，並以未知的穩態機率 (π_0, $\pi_1, \ldots, \pi_M$) 表示其（長期）每期期望平均淨成本。

A(c) 使用 IOR Tutorial 求解每個策略的穩態機率，接著評估 (b) 小題所得公式，用窮舉法求解最佳策略。

13.2-3* 某學生相當在乎自己的車子，不喜歡車有凹痕。她開車到學校時，能選擇把車停在路邊某單格車位、停在路邊占某兩格車位，或停在停車場。她若停在路邊某單格車位，車會出現凹痕之機率為 $\frac{1}{10}$。若停在路邊某兩格車位中，車會出現凹痕之機率為 $\frac{1}{50}$，並且有 $\frac{3}{10}$ 的機會遭罰 \$15。另一方面，停車場收費為 \$5，但車子不會有凹痕。若她的車有凹痕就得送修，一整天就無車可用，也會衍生出 \$50 相關費用及計程車費。她也能開著有凹痕的車，但她覺得有損車子的價值及自尊，即相當每天 \$9 的成本。她希望找出最佳策略，決定將車該停在何處、車子出現凹痕時是否要修理，以利最小化（長期）每日期望平均成本。

(a) 定義狀態與決策，並將其建立成馬可夫決策過程，再求解 C_{ik}。

(b) 找出所有（穩定確定性）策略。求解各策略的轉移矩陣，並以未知的穩態機率 (π_0, $\pi_1, \ldots, \pi_M$) 表示其（長期）每期期望平均成本。

A(c) 使用 IOR Tutorial 求解每個策略穩態機率，接著評估 (b) 小題所得公式，用窮舉法求解最佳策略。

13.2-4. 某男子每週末晚間會在家與同一群朋友玩撲克牌。若他在任一特定週末晚間提供茶點給這群朋友（期望成本為 \$14），則這些朋友下週末晚間心情愉快的機率為 $\frac{7}{8}$，心情不好之機率為 $\frac{1}{8}$。但若未提供茶點時，無論這群朋友本週末心情如何，他們下周末晚間心情愉快之機率為 $\frac{1}{8}$，心情不好的機率是 $\frac{7}{8}$，此外，若他這群朋友在當時心情不好，同時沒有提供茶點，他們打牌時會聯合對付他，產生期望損失 \$75。他在其他情況下打牌，平均來說不輸不贏。該男子希望找出何時提供茶點的策略，以最小化他的（長期）每週期望平均成本。

(a) 定義狀態與決策，並將其建立成馬可夫決策過程，再求解 C_{ik}。

(b) 找出所有（穩定確定性）策略。求解各策略的轉移矩陣，並以未知的穩態機率 (π_0, $\pi_1, \ldots, \pi_M$) 表示其（長期）每期期望平均成本。

A(c) 使用 IOR Tutorial 求解每個策略的穩態機率，接著評估 (b) 小題所得公式，用窮舉法求解最佳策略。

13.2-5.* 網球選手在發球時，有兩次發球（界內）機會，若兩次皆失敗，就會失去該點。若發 ace 球落在界內之機率為 $\frac{3}{8}$；而發高吊球落在界內之機率為 $\frac{7}{8}$。若發出落在界內的 ace 球，贏得該點之機率為 $\frac{2}{3}$，若發出落在界內的高吊球，贏得該點之機率為 $\frac{1}{3}$。假設失去一點的成本是 +1，而贏得一點的成本是 -1，請依此決定最佳發球策略，最小化（長期）每點期望平均成本（提示：令狀態 0 為前一點結束，下一點仍有兩次發球機會；而狀態 1 為剩一次發球機會）。

(a) 定義狀態與決策，並將其建立成馬可夫決策過程，再求解 C_{ik}。

(b) 找出所有（穩定確定性）策略。求解各策略的轉移矩陣，並以未知的穩態機率 (π_0, $\pi_1, \ldots, \pi_M$) 表示其（長期）每點期望平均成本。

^{A}(c) 使用 IOR Tutorial 求解每個策略穩態機率，接著評估 (b) 小題所得公式，用窮舉法求解最佳策略。

13.2-6. Fontanez 每年有機會投資兩檔無交易手續費基金 [Go-Go 基金或 Go-Slow 共同基金]，並在每年底時贖回結清手上持有基金，並將獲利再投資。共同基金每年獲利取決於前年底股市狀況。依據下列轉移矩陣機率，股市從某年抵制下年底在 12,000 點附近來回震盪。

$$\begin{array}{c} & 11{,}000 & 12{,}000 & 13{,}000 \\ 11{,}000 & \begin{bmatrix} 0.3 & 0.5 & 0.2 \\ 12{,}000 & 0.1 & 0.5 & 0.4 \\ 13{,}000 & 0.2 & 0.4 & 0.4 \end{bmatrix} \end{array}$$

股市每上漲（下跌）1,000 點之年度，Go-Go 基金會獲利（損失）$20,000，而 Go-Slow 基金會獲利（損失）$10,000。若股市在一年內上漲（下跌）2,000 點，則 Go-Go 基金會獲利（損失）$50,000，而 Go-Slow 基金會獲利（損失）$20,000。若股市維持不變，則兩檔基金皆無獲利或損失。Fontanez 希望找出自己最佳投資策略，最小化（長期）每年期望平均成本（損失扣除獲利）。

(a) 定義狀態與決策，並將其建立成馬可夫決策過程，再求解 C_{ik}。

(b) 找出所有（穩定確定性）策略。求解各策略的轉移矩陣，並以未知的穩態機率 (π_0, $\pi_1, \ldots, \pi_M$) 表示其（長期）每點期望平均成本。

^{A}(c) 使用 IOR Tutorial 求解每個策略的穩態機率，接著評估 (b) 小題所得公式，用窮舉法求解最佳策略。

13.2-7. 雙胞胎兄弟 Buck 與 Bill 同時都在加油站工作與印製偽鈔，每天須決定誰要去加油站工作，另一人在家地下室印假鈔。若機器正常運作，估計每天能印出 60 張可用的 $20 偽鈔。但這台機器經常故障，不太可靠。若該機器某天開工時故障，Buck 能在次日開始前修好的機率為 0.6，但若讓 Bill 修理的機率則降至 0.5。若 Bill 在機器狀況正常時操作，次日開工時依正常之機率是 0.6，但由 Buck 操作時，機器故障機率為 0.6（為求簡化，假設故障會在每天結束時出現）。現在該兄弟檔想找出最佳策略，決定何時誰該留在家，最大化（長期）每日期望平均利潤（生產可用的偽鈔總金額）。

(a) 定義狀態與決策，並將其建立成馬可夫決策過程，再求解 C_{ik}。

(b) 找出所有（穩定確定性）策略。求解各策略的轉移矩陣，並以未知的穩態機率 (π_0, $\pi_1, \ldots, \pi_M$) 表示其（長期）每期期望平均淨利潤。

^{A}(c) 使用 IOR Tutorial 求解每個策略的穩態機率，接著評估 (b) 小題所得公式，用窮舉法求解最佳策略。

13.2-8. 思考某單一產品之無限週期存貨，由於須在每個週期開始前決定該週期生產量。已知設置成本為 $10、單位生產成本為 $5，而該週期每件未售出產品之持有成本為 $4（最多僅能存放 2 件）。每週期需求量機率符合需求量為 0、1 或 2 件之機率皆為 $\frac{1}{3}$ 之分配。若某週期需求量超出供應量，會喪失銷售機會、衍生缺貨成本（包括損失收益），即缺貨 1 件及 2 件之成本分別為 $8 與 $32。

(a) 思考一下，若某週期開始時無存貨，則生產 2 件；若有存貨，則該不生產任何產品。找出此策略的（長期）每期期望平均成本。各位在推導此策略的馬可夫鏈轉移矩陣時，令狀態為該週期開始時的存貨水準。

(b) 找出所有可行（穩定確定性）存貨策略，即永不超出儲存量之策略。

13.3-1. 重新思考習題 13.2-2。

(a) 建立線性規劃模型以求解最佳策略。

^{C}(b) 以單形法求解此模型，藉此最佳解找出最佳策略。

13.3-2.* 重新思考習題 13.2-3。

(a) 建立線性規劃模型以求解最佳策略。

^{C}(b) 以單形法求解此模型，藉此最佳解找出最佳策略。

13.3-3. 重新思考習題 13.2-4。
(a) 建立線性規劃模型以求解最佳策略。
^{C}(b) 以單形法求解此模型,藉此最佳解找出最佳策略。

13.3-4.* 重新思考習題 13.2-5。
(a) 建立線性規劃模型以求解最佳策略。
^{C}(b) 以單形法求解此模型,藉此最佳解找出最佳策略。

13.3-5. 重新思考習題 13.2-6。
(a) 建立線性規劃模型以求解最佳策略。
^{C}(b) 以單形法求解此模型,藉此最佳解找出最佳策略。

13.3-6. 重新思考習題 13.2-7。
(a) 建立線性規劃模型以求解最佳策略。
^{C}(b) 以單形法求解此模型,藉此最佳解找出最佳策略。

13.3-7. 重新思考習題 13.2-8。
(a) 建立線性規劃模型以求解最佳策略。
^{C}(b) 以單形法求解此模型,藉此最佳解找出最佳策略。

14 Chapter
馬可夫鏈

這一章要說明一種循隨機方式的時間演進過程之機率模型,我們稱之為**隨機過程 (stochastic process)**。第一節會簡要介紹一般隨機過程後,接著重點會放在探討馬可夫鏈 (Markov chain)。馬可夫鏈的特性在於,此過程未來演進方式僅與目前狀態有關,而與過去事件無關。許多隨機過程都符合此特性,故馬可夫鏈提供了各位一種特別重要的機率模型。

以第 12 章提過的連續時間馬可夫鏈(另見 14.8 節)來建立大部分的等候理論 (queueing theory) 基本模型。馬可夫鏈亦為第 13 章馬可夫決策模型之基礎,同時還有許多研究論文與專書提及其他非常多類應用。其中,參考文獻 4 說明如客戶分類、DNA 排序、類神經網路分析、動態銷售需求估計及信用評等不同領域之應用。參考文獻 6 則著重在財務應用,參考文獻 3 分析棒球策略之應用。由於相關應用眾多,我們接著會特別針對馬可夫鏈中的一般隨機過程來說明。

14.1 隨機過程

我們可以將一隨機過程定義為一個有下標的隨機變數 $\{X_t\}$ 組,其中下標 t 的範圍為已知的集合 T。T 通常是一個非負整數的集合,而 X_t 代表一種關注時間 t 的可衡量特性。例如,X_t 也許能表示某產品在第 t 週結束時的存貨水準。

我們在此所關注的隨機過程,用以描述某段期間內系統運作之行為。一隨機過程通常具備了下列結構。

系統目前的狀況是 $M+1$ 個互斥類別的其中之一,並稱為**狀態 (state)**。為便於標示,我們就以 $0, 1, 2, …, M$ 表示這些狀態。隨機變數 X_t 代表在時間 t 時的系統

狀態，故其可能值只有 0, 1, 2, ..., M。在特定時間點 $t = 0, 1, 2, ...$ 觀察這個系統，因此隨機過程 $\{X_t\}=\{X_0, X_1, X_2, ...\}$ 即以數學表示方法來呈現實體系統狀態如何循時間演進。

這種過程稱為有限狀態空間 (finite state space) 的一個離散時間隨機過程 (discrete time stochastic process)，而 14.8 節會另外討論了某一連續時間隨機過程。

天氣範例

Centerville 鎮逐日天氣快速變化，但若今天天氣晴（沒下雨），明天也晴天之機率會比今天下雨的機率高一些。尤其，若今天天氣晴，則明天亦為晴之機率為 0.8；但若今天下雨的情況，則此機率僅有 0.6。即使納入今天以前的天氣狀況，此機率值仍相同。

Centerville 鎮逐日天氣轉變為一隨機過程。從某起始日開始（標記為第 0 天），觀測第 t 天天氣，其中 t = 0, 1, 2, …，則第 t 天的系統狀態可為

$$\text{狀態 } 0 = \text{第 } t \text{ 天是晴天}$$

或者

$$\text{狀態 } 1 = \text{第 } t \text{ 天是雨天}$$

因此，$t = 0, 1, 2, ...$，隨機變數 X_t 值為

$$X_t = \begin{cases} 0 & \text{若第 } t \text{ 天是晴天} \\ 1 & \text{若第 } t \text{ 天是雨天} \end{cases}$$

隨機過程 $\{X_t\}=\{X_0, X_1, X_2, ...\}$ 以數學表示方法來呈現 Centerville 鎮天氣狀況隨時間演進之變化。

存貨範例

Dave 攝影店的存貨中有某款可每週訂貨的照相機機型。且讓我們令 $D_1, D_2, ...$ 分別代表第 1 週、第 2 週、…… 此機型之需求量（若存貨未待盡，可銷售之數量）。因此隨機變數 D_t ($t = 1, 2, ...$) 是

$D_t = $ 若存貨未待盡，第 t 週中所銷售的照相機數量。

〔在無存貨時，D_t 是損失銷售數量。〕

假設 D_t 為獨立並與平均值為 1 的 Poisson 分配完全相同。且讓我們令 X_0 表示開始時的照相機存貨量，X_1 為第 1 週末存貨量，X_2 為第 2 週末存貨量，依此類推。因此隨機變數 X_t ($t = 0, 1, 2, ...$) 為

$X_t = $ 第 t 週末的照相機存貨量

假設 $X_0 = 3$，則第 1 週開始時有 3 台照相機。

$$\{X_t\} = \{X_0, X_1, X_2, \ldots\}$$

是一個隨機過程，其中 X_t 表示在時間 t 時的系統狀態，也就是

時間 t 時的狀態 = 第 t 週末的照相機存貨量

老闆 Dave 想更了解此隨機過程隨時間演進的狀況，同時延續下列所採取的訂購策略。

該店在每 t 週末（星期六晚上）下訂單，下訂貨品會在星期一開店前送達，故採用以下列訂購策略：

如果 $X_t = 0$，訂購 3 台照相機。

如果 $X_t > 0$，不訂購照相機。

故照相機存貨量介於最少零台與最多 3 台間，而在時間 t 時（第 t 週末）系統的可能狀態是

可能狀態 = 照相機存貨量是 0、1、2 或 3

由於每個隨機變數 X_t ($t = 0, 1, 2, \ldots$) 代表第 t 週末系統的狀態，其可能值只能為 0、1、2 或 3。隨機變數 X_t 為相依，且能重覆以下公式求解。

$$X_{t+1} = \begin{cases} \max\{3 - D_{t+1}, 0\} & \text{若} \quad X_t = 0 \\ \max\{X_t - D_{t+1}, 0\} & \text{若} \quad X_t \geq 1, \end{cases}$$

而 $t = 0, 1, 2, \ldots$

接下來幾節會以範例說明，下小節將進一步定義特定隨機過程的類型。

14.2 馬可夫鏈

要得到解析解有必要對 $X_0, X_1, \ldots$ 聯合機率分配進行假設。其中一種能產生分析軌跡之假設即為馬可夫鏈，其具備：

隨機過程 $\{X_t\}$ 若 $P\{X_{t+1} = j \mid X_0 = k_0, X_1 = k_1, \ldots, X_{t-1} = k_{t-1}, X_t = i\} = P\{X_{t+1} = j \mid X_t = i\}$，而 $t = 0, 1, \ldots$ 及每個序列 $i, j, k_0, k_1, \ldots, k_{t-1}$，**則稱其具有馬可夫性質 (Markovian property)**。

馬可夫性質也就是，在已知任何過去「事件」及目前狀態 $X_t = i$，任何未來「事件」之條件機率與過去事件不相關，僅取決於目前狀態。

若隨機過程 $\{X_t\}$ ($t = 0, 1, \ldots$) 具有馬可夫性質，則可稱為**馬可夫鏈 (Markov chain)**。

馬可夫鏈的條件機率 $P\{X_{t+1} = j \mid X_t = i\}$ 稱為（一步）**轉移機率 (transition probability)**。若對所有 i 及 j，

$$P\{X_{t+1} = j \mid X_t = i\} = P\{X_1 = j \mid X_0 = i\}，而所有 \ t = 1, 2, \ldots,$$

此（一步）轉移機率為**穩定轉移機率 (stationary transition probability)**，也就是轉移機率不會隨著時間而改變。（一步）穩定轉移機率的存在也代表對所有的 i, j 及 n ($n=0, 1, 2, \ldots$)，

$$P\{X_{t+n} = j \mid X_t = i\} = P\{X_n = j \mid X_0 = i\}$$

而所有 $t = 0, 1, \ldots$。這些條件機率稱作 **n 步轉移機率 (n-step transition probability)**。

為簡化穩定轉移機率的呈現符號，令

$$p_{ij} = P\{X_{t+1} = j \mid X_t = i\},$$
$$p_{ij}^{(n)} = P\{X_{t+n} = j \mid X_t = i\}.$$

因此，n 步轉移機率 $p_{ij}^{(n)}$ 即為在已知任何時間點 t 由狀態 i 開始，系統經過 n 步（單位時間）後在狀態 j 的條件機率。當 $n = 1$ 時，注意 $p_{ij}^{(1)} = p_{ij}$[1]。

因為 $p_{ij}^{(n)}$ 是條件機率，故必為非負值，且由於過程必轉移至某狀態，所以須滿足下列性質

$$p_{ij}^{(n)} \geq 0，對所有 \ i \ 及 \ j ; n = 0, 1, 2, \ldots$$

及

$$\sum_{j=0}^{M} p_{ij}^{(n)} = 1，對所有 \ i ; n = 0, 1, 2, \ldots$$

n 步轉移矩陣 (n-step transition matrix) 即為便於呈現所有 n 步轉移機率的方式。

$$\mathbf{P}^{(n)} = \begin{array}{c} \text{狀態} \\ 0 \\ 1 \\ \vdots \\ M \end{array} \begin{array}{cccc} 0 & 1 & \cdots & M \\ \begin{bmatrix} p_{00}^{(n)} & p_{01}^{(n)} & \cdots & p_{0M}^{(n)} \\ p_{10}^{(n)} & p_{11}^{(n)} & \cdots & p_{1M}^{(n)} \\ \cdots & \cdots & \cdots & \cdots \\ p_{M0}^{(n)} & p_{M1}^{(n)} & \cdots & p_{MM}^{(n)} \end{bmatrix} \end{array}$$

注意，在某特定列與行位置的轉移機率，為從列狀態轉移到行狀態的轉移機率。$n = 1$ 時，可以刪除上標 n，簡稱為轉移矩陣 (transition matrix)。

本章所考慮的馬可夫鏈具備以下性質：

1. 有限個狀態。
2. 穩定轉移機率。

---

[1] 對 $n = 0$，$p_{ij}^{(0)}$ 就是 $P\{X_0 = j \mid X_0 = i\}$，所以當 $i = j$ 時其值為 1；而當 $i \neq j$ 時其值為 0。

我們也將假設，已知所有 i 的起始機率 $P\{X_0 = i\}$。

建立天氣範例的馬可夫鏈

以上一節提到 Centerville 天氣問題，每日天氣變化演進為隨機過程 $\{X_t\}$ ($t = 0, 1, 2, \ldots$)，其中

$$X_t = \begin{cases} 0 & \text{若第 } t \text{ 天天氣晴} \\ 1 & \text{若第 } t \text{ 天下雨} \end{cases}$$

$$P\{X_{t+1} = 0 \mid X_t = 0\} = 0.8,$$
$$P\{X_{t+1} = 0 \mid X_t = 1\} = 0.6.$$

此外，即使也考慮今天（第 t 天）前的天氣資訊，機率值仍不變，故

$$P\{X_{t+1} = 0 \mid X_0 = k_0, X_1 = k_1, \ldots, X_{t-1} = k_{t-1}, X_t = 0\} = P\{X_{t+1} = 0 \mid X_t = 0\}$$
$$P\{X_{t+1} = 0 \mid X_0 = k_0, X_1 = k_1, \ldots, X_{t-1} = k_{t-1}, X_t = 1\} = P\{X_{t+1} = 0 \mid X_t = 1\}$$

而 $t = 0, 1, \ldots$ 及所有序列 $k_0, k_1, \ldots, k_{t-1}$。若以 $X_{t+1} = 1$ 取代 $X_{t+1} = 0$，這些等式也須成立（因為狀態 0 和狀態 1 互斥，且為可能狀態，故這兩狀態機率須為 1）。因此，此隨機過程有馬可夫性質，故為馬可夫鏈。

使用本節的數學符號，（一步）轉移機率是

$$p_{00} = P\{X_{t+1} = 0 \mid X_t = 0\} = 0.8,$$
$$p_{10} = P\{X_{t+1} = 0 \mid X_t = 1\} = 0.6$$

而所有 $t = 1, 2, \ldots$，所以為穩定轉移機率。此外，

$$p_{00} + p_{01} = 1 \text{，所以} \quad p_{01} = 1 - 0.8 = 0.2,$$
$$p_{10} + p_{11} = 1 \text{，所以} \quad p_{11} = 1 - 0.6 = 0.4.$$

因為（一步）轉移矩陣是

$$\mathbf{P} = \begin{array}{c} \\ 0 \\ 1 \end{array} \begin{array}{c} \text{狀態} \quad 0 \quad\quad 1 \\ \begin{bmatrix} p_{00} & p_{01} \\ p_{10} & p_{11} \end{bmatrix} \end{array} = \begin{array}{c} \\ 0 \\ 1 \end{array} \begin{array}{c} \text{狀態} \quad 0 \quad\quad 1 \\ \begin{bmatrix} 0.8 & 0.2 \\ 0.6 & 0.4 \end{bmatrix} \end{array}$$

其中轉移機率是從列狀態轉至行狀態的機率。切記，狀態 0 表示晴天，而狀態 1 表示雨天，故已知今天天氣狀態，可由這些轉移機率得到明天天氣狀態的機率。

圖 14.1 狀態轉移圖以圖示呈現轉移矩陣的資訊。兩節點（圓圈）代表兩個可能的天氣狀態，箭號表示從某天至下一天的可能轉移（包含回到原狀態），各轉移機率都標示在旁。

下一節會介紹本範例的 n 步轉移矩陣。

建立存貨範例的馬可夫鏈

上一節存貨範例的 X_t 是在第 t 週末的照相機存貨量（在訂貨之前），其中 X_t 代表

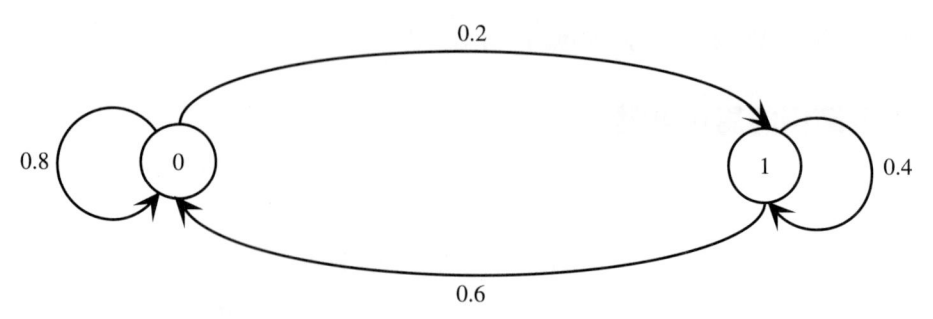

圖 14.1 天氣範例的狀態轉移圖。

在時間 t 時的系統狀態。已知目前狀態是 $X_t = i$，由 14.1 節最後一個公式可知 $X_t + 1$ 只與 $D_t + 1$（第 $t + 1$ 週的需求量）及 X_t 有關。因為 $X_t + 1$ 與存貨系統在時間 t 之前所有過去歷史都無關，隨機過程 $\{X_t\}$ ($t = 0, 1, ...$) 有馬可夫性質，故為馬可夫鏈。

已知 $D_t + 1$ 是平均值為 1 的 Poisson 分配，現在來思考一下，求得（一步）轉移機率的方式，也就是（一步）轉移矩陣元素

$$\mathbf{P} = \begin{array}{c} \text{狀態} \\ 0 \\ 1 \\ 2 \\ 3 \end{array} \begin{array}{cccc} 0 & 1 & 2 & 3 \\ \begin{bmatrix} p_{00} & p_{01} & p_{02} & p_{03} \\ p_{10} & p_{11} & p_{12} & p_{13} \\ p_{20} & p_{21} & p_{22} & p_{23} \\ p_{30} & p_{31} & p_{32} & p_{33} \end{bmatrix} \end{array}$$

因此，

$$P\{D_{t+1} = n\} = \frac{(1)^n e^{-1}}{n!}，而 \ n = 0, 1, \ldots,$$

所以（至小數點第三位）

$$P\{D_{t+1} = 0\} = e^{-1} = 0.368,$$
$$P\{D_{t+1} = 1\} = e^{-1} = 0.368,$$
$$P\{D_{t+1} = 2\} = \frac{1}{2}e^{-1} = 0.184,$$
$$P\{D_{t+1} \geq 3\} = 1 - P\{D_{t+1} \leq 2\} = 1 - (0.368 + 0.368 + 0.184) = 0.080$$

矩陣 $\mathbf{P}$ 第一列為從狀態 $X_t = 0$ 轉至某狀態 X_{t+1} 的轉移機率。如 14.1 節最末所示，

$$X_{t+1} = \max\{3 - D_{t+1}, 0\} \quad 若 \quad X_t = 0.$$

因此，轉至 $X_{t+1} = 3$、$X_{t+1} = 2$ 或 $X_{t+1} = 1$ 的機率分別為

$$p_{03} = P\{D_{t+1} = 0\} = 0.368,$$
$$p_{02} = P\{D_{t+1} = 1\} = 0.368,$$
$$p_{01} = P\{D_{t+1} = 2\} = 0.184.$$

從 $X_t = 0$ 轉至 $X_{t+1} = 0$，即在增加了 3 台照相機的存貨後，當週無存貨，第 $t + 1$ 週需求量為 3 台或更多，所以

$$p_{00} = P\{D_{t+1} \geq 3\} = 0.080.$$

對於矩陣 **P** 其他列，14.1 節最末提到下一個狀態的公式為

$$X_{t+1} = \max\{X_t - D_{t+1}, 0\} \quad 若 \quad X_t \geq 1.$$

即 $X_{t+1} \leq X_t$，所以 $p_{12} = 0$、$p_{13} = 0$ 且 $p_{23} = 0$。以其他轉移來說，

$$p_{11} = P\{D_{t+1} = 0\} = 0.368,$$
$$p_{10} = P\{D_{t+1} \geq 1\} = 1 - P\{D_{t+1} = 0\} = 0.632,$$
$$p_{22} = P\{D_{t+1} = 0\} = 0.368,$$
$$p_{21} = P\{D_{t+1} = 1\} = 0.368,$$
$$p_{20} = P\{D_{t+1} \geq 2\} = 1 - P\{D_{t+1} \leq 1\} = 1 - (0.368 + 0.368) = 0.264.$$

以矩陣 **P** 最末列來看，第 $t + 1$ 週初存貨量為 3 台，故轉移機率的計算與第一列完全相同。故完整轉移矩陣（至小數點第三位）為

$$\mathbf{P} = \begin{array}{c} 狀態 \\ 0 \\ 1 \\ 2 \\ 3 \end{array} \begin{array}{cccc} 0 & 1 & 2 & 3 \\ \left[\begin{matrix} 0.080 & 0.184 & 0.368 & 0.368 \\ 0.632 & 0.368 & 0 & 0 \\ 0.264 & 0.368 & 0.368 & 0 \\ 0.080 & 0.184 & 0.368 & 0.368 \end{matrix}\right] \end{array}$$

此轉移矩陣的資訊也能用圖 14.2 狀態轉移圖呈現，其中四個節點（圓圈）表示每週末照相機存貨量的四種可能狀態，箭頭顯示當該店從某週末到下週末時，從一狀態至另一狀態的可能轉移，而有時從一狀態回歸原狀態。箭頭旁的數字代表該店從箭頭尾狀態開始，接下來發生該轉移之機率。

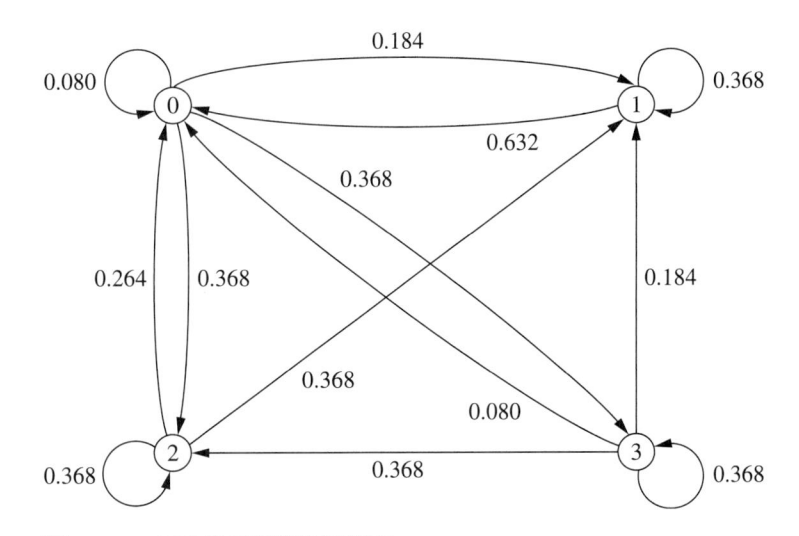

圖 14.2 存貨範例的狀態轉移圖。

馬可夫鏈的額外範例

股票範例 藉著來看某檔股價模型。若已知某天該檔股票收盤價為上漲，則明天上漲的機率為 **0.7**；若下跌，則明天上漲的機率僅為 **0.5**（為求簡化，股價收平盤亦視為下

跌），此為馬可夫鏈，而其中每天可能狀態如下：

狀態 0：當天該檔股票上漲
狀態 1：當天該檔股票下跌

下列轉移矩陣顯示從今天某狀態轉至明天某狀態之機率。

$$\mathbf{P} = \begin{array}{c} \text{狀態} \\ 0 \\ 1 \end{array} \begin{array}{c} 0 \quad 1 \\ \begin{bmatrix} 0.7 & 0.3 \\ 0.5 & 0.5 \end{bmatrix} \end{array}$$

此範例的狀態轉移圖與圖 14.1 形式完全相同，故不再重複。唯一差別在於圖中轉移機率稍微不同（分別將 0.8 改成 0.7，以 0.2 改成 0.3，0.6 與 0.4 改成 0.5）。

第二個股票範例 現在假設，改變了股票市場模型，股票明天上漲與否和今天及昨天上漲有關。尤其，若過去兩天都漲，則明天上漲機率為 **0.9**；若今天漲但昨天跌，則明天上漲機率為 **0.6**；若今天跌但昨天漲，則明天上漲機率為 **0.5**；最後，若過去兩天都跌，則明天上漲機率為 **0.3**。若把狀態定義為今天股票是否漲或跌，則此系統就不再是馬可夫鏈。但藉由定義下列狀態，能將此系統轉換成馬可夫鏈[2]：

狀態 0：今天和昨天都上漲。
狀態 1：今天上漲且昨天下跌。
狀態 2：今天下跌且昨天上漲。
狀態 3：今天和昨天都下跌。

因此可產生一個有四種狀態的馬可夫鏈，而轉移矩陣如下所示：

$$\mathbf{P} = \begin{array}{c} \text{狀態} \\ 0 \\ 1 \\ 2 \\ 3 \end{array} \begin{array}{c} 0 \quad 1 \quad 2 \quad 3 \\ \begin{bmatrix} 0.9 & 0 & 0.1 & 0 \\ 0.6 & 0 & 0.4 & 0 \\ 0 & 0.5 & 0 & 0.5 \\ 0 & 0.3 & 0 & 0.7 \end{bmatrix} \end{array}$$

圖 14.3 顯示這個範例的狀態轉移圖，此圖與轉移矩陣有許多 0 值，呈現了許多不可能從狀態 i 一步轉移到狀態 j 的情況。也就是說，該矩陣 16 個元素中有 8 個是 $p_{ij} = 0$。但為何以兩步轉移能從任何狀態 i 到任何狀態 j（包括 $i = j$）。三步、四步等同樣也都可以轉移，故 $p_{ij}^{(n)} > 0$，$n = 2, 3, \ldots$ 及所有的 i 和 j。

博弈範例 另一例為博弈，我們假設某玩家有 \$1，並且每次贏 \$1 的機率是 $p > 0$，而輸 \$1 的機率為 $1 - p > 0$。當此玩家贏了 \$3 或破產時，便結束此局。此博弈賭局為一

---

[2] 仍視股價收平盤為下跌。此範例呈現馬可夫鏈能結合任意數量之歷史資料，但也會顯著增加系統狀態之數量。

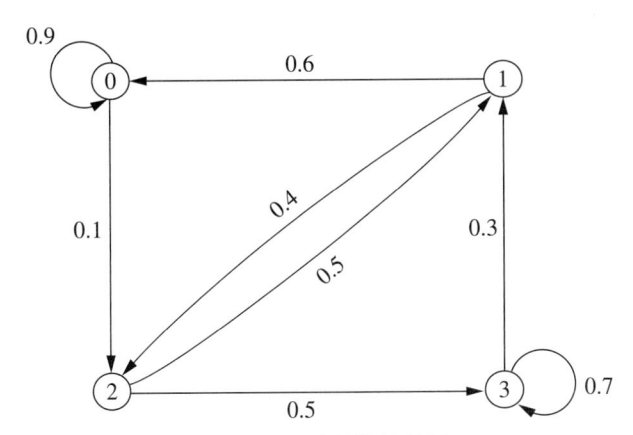

圖 14.3 第二個股票範例的狀態轉移圖。

馬可夫鏈，狀態為玩家目前持有金額，即 0、$1、$2 或 $3，且已知轉移矩陣為

$$\mathbf{P} = \begin{array}{c} \text{狀態} \\ 0 \\ 1 \\ 2 \\ 3 \end{array} \begin{array}{c} \begin{array}{cccc} 0 & 1 & 2 & 3 \end{array} \\ \begin{bmatrix} 1 & 0 & 0 & 0 \\ 1-p & 0 & p & 0 \\ 0 & 1-p & 0 & p \\ 0 & 0 & 0 & 1 \end{bmatrix} \end{array}$$

圖 14.4 為博弈範例的狀態轉移圖，呈現一旦此過程進入狀態 0 或狀態 3，會永遠維持在該狀態，因為 $p_{00} = 1$ 和 $p_{33} = 1$。狀態 0 與狀態 3 是**吸收狀態 (absorbing state)**（一旦進入就永遠維持的狀態）範例，14.7 節會專門分析此吸收狀態。

注意，存貨與博弈範例都呈現了，過程狀態數字與代表系統實際狀態之數字相同，也就是說實際存貨量與玩家持有金額。但股票範例的狀態數字則無實質意義。

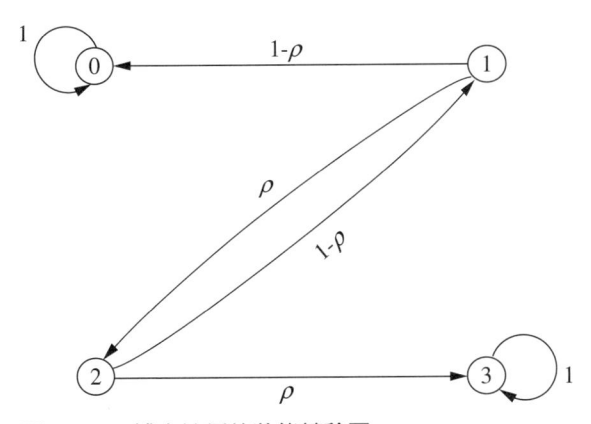

圖 14.4 博弈範例的狀態轉移圖。

14.3 CHAPMAN-KOLMOGOROV 方程式

上一節說明了 n 步轉移機率 $p_{ij}^{(n)}$。接下來的 Chapman-Kolmogorov 方程式提供了計算 n 步轉移機率的方法:

$$p_{ij}^{(n)} = \sum_{k=0}^{M} p_{ik}^{(m)} p_{kj}^{(n-m)}, \text{而所有 } i = 0, 1, ..., M$$
$$j = 0, 1, ..., M$$
$$\text{及任何 } m = 1, 2, ..., n-1$$
$$n = m+1, m+2, ...\ ^3$$

上述方程式點出,從狀態 i 經過 n 步到狀態 j,過程經過正好 m(小於 n)步後,在某個狀態 k。所以 $p_{ik}^{(m)} p_{kj}^{(n-m)}$ 只是已知從狀態 i 開始,經過 m 步後到狀態 k,然後再經過 $n - m$ 步後到狀態 j 的條件機率。因此,將所有可能 k 之條件機率加總,必能得到 $p_{ij}^{(n)}$。由 $m = 1$ 及 $m = n - 1$ 的特例產生所有狀態 i 及 j 之公式

$$p_{ij}^{(n)} = \sum_{k=0}^{M} p_{ik} p_{kj}^{(n-1)}$$

及

$$p_{ij}^{(n)} = \sum_{k=0}^{M} p_{ik}^{(n-1)} p_{kj},$$

上述公式能從一步轉移機率,遞迴求得 n 步轉移機率,此遞迴關係能以矩陣符號呈現(見附錄 4)。當 $n = 2$,公式則為

$$p_{ij}^{(2)} = \sum_{k=0}^{M} p_{ik} p_{kj}, \text{為所有狀態 } i \text{ 及 } j$$

其中 $p_{ij}^{(2)}$ 是矩陣 $\mathbf{P}^{(2)}$ 的元素。同時注意,各位可由一步轉移矩陣自乘求得這些元素,即

$$\mathbf{P}^{(2)} = \mathbf{P} \cdot \mathbf{P} = \mathbf{P}^2.$$

同理,當 $m = 1$ 和 $m = n - 1$ 時,上述 $p_{ij}^{(n)}$ 的公式顯示 n 步轉移機率矩陣為

$$\mathbf{P}^{(n)} = \mathbf{P}\mathbf{P}^{(n-1)} = \mathbf{P}^{(n-1)}\mathbf{P}$$
$$= \mathbf{P}\mathbf{P}^{n-1} = \mathbf{P}^{n-1}\mathbf{P}$$
$$= \mathbf{P}^n.$$

故 n 步轉移矩陣 $\mathbf{P}^n$ 可由計算一步轉移矩陣 $\mathbf{P}$ 的 n 次方求得。

---

[3] 這些等式在 $m = 0$ 和 $m = n$ 時也成立,但在此僅專注 $m = 1, 2, \cdots, n - 1$ 時的情況。

天氣範例的 n 步轉移矩陣

我們以上述公式代入 14.1 節的天氣範例,從 14.2 節中求得的(一步)轉移矩陣 $\mathbf{P}$,計算出不同的 n 步轉移矩陣。首先,二步轉移矩陣為

$$\mathbf{P}^{(2)} = \mathbf{P} \cdot \mathbf{P} = \begin{bmatrix} 0.8 & 0.2 \\ 0.6 & 0.4 \end{bmatrix} \begin{bmatrix} 0.8 & 0.2 \\ 0.6 & 0.4 \end{bmatrix} = \begin{bmatrix} 0.76 & 0.24 \\ 0.72 & 0.28 \end{bmatrix}.$$

故若某天天氣狀態是 0(晴天),兩天後天氣狀態還是 0 的機率是 0.76;而兩天後的狀態是 1(雨天)的機率是 0.24。同理,若現在天氣狀態為 1,兩天後天氣狀態是 0 的機率是 0.72;而兩天後的狀態是 1 的機率是 0.28。

各位可以利用同樣方式來計算未來三天、四天與五天後的天氣狀態機率,並以三步、四步及五步轉移矩陣計算至小數點第三位。

$$\mathbf{P}^{(3)} = \mathbf{P}^3 = \mathbf{P} \cdot \mathbf{P}^2 = \begin{bmatrix} 0.8 & 0.2 \\ 0.6 & 0.4 \end{bmatrix} \begin{bmatrix} 0.76 & 0.24 \\ 0.72 & 0.28 \end{bmatrix} = \begin{bmatrix} 0.752 & 0.248 \\ 0.744 & 0.256 \end{bmatrix}$$

$$\mathbf{P}^{(4)} = \mathbf{P}^4 = \mathbf{P} \cdot \mathbf{P}^3 = \begin{bmatrix} 0.8 & 0.2 \\ 0.6 & 0.4 \end{bmatrix} \begin{bmatrix} 0.752 & 0.248 \\ 0.744 & 0.256 \end{bmatrix} = \begin{bmatrix} 0.75 & 0.25 \\ 0.749 & 0.251 \end{bmatrix}$$

$$\mathbf{P}^{(5)} = \mathbf{P}^5 = \mathbf{P} \cdot \mathbf{P}^4 = \begin{bmatrix} 0.8 & 0.2 \\ 0.6 & 0.4 \end{bmatrix} \begin{bmatrix} 0.75 & 0.25 \\ 0.749 & 0.251 \end{bmatrix} = \begin{bmatrix} 0.75 & 0.25 \\ 0.75 & 0.25 \end{bmatrix}$$

注意,五步轉移矩陣的兩列元素完全相同(四捨五入至小數點第三位後),也就是某天氣狀態的機率基本上與五天前天氣狀態無關。故我們會將五步轉移矩陣任一列的機率稱為馬可夫鏈的穩態機率 (steady-state probability)。

14.5 節會再進一步說明馬可夫鏈的穩態機率,及其直接求得穩態機率的方法。

存貨範例的 n 步轉移矩陣

現在以 14.1 節存貨問題為例,把 $n = 2$、4 及 8 時的 n 步轉移矩陣計算至小數點第三位。首先,能用 14.2 節的一步轉移矩陣 $\mathbf{P}$ 來計算二步轉移矩陣 $\mathbf{P}^{(2)}$ 如下:

$$\mathbf{P}^{(2)} = \mathbf{P}^2 = \begin{bmatrix} 0.080 & 0.184 & 0.368 & 0.368 \\ 0.632 & 0.368 & 0 & 0 \\ 0.264 & 0.368 & 0.368 & 0 \\ 0.080 & 0.184 & 0.368 & 0.368 \end{bmatrix} \begin{bmatrix} 0.080 & 0.184 & 0.368 & 0.368 \\ 0.632 & 0.368 & 0 & 0 \\ 0.264 & 0.368 & 0.368 & 0 \\ 0.080 & 0.184 & 0.368 & 0.368 \end{bmatrix}$$

$$= \begin{bmatrix} 0.249 & 0.286 & 0.300 & 0.165 \\ 0.283 & 0.252 & 0.233 & 0.233 \\ 0.351 & 0.319 & 0.233 & 0.097 \\ 0.249 & 0.286 & 0.300 & 0.165 \end{bmatrix}.$$

例如,已知某週末剩下 1 台照相機,兩週後存貨量為 0 之機率為 0.283,亦即 $p_{10}^{(2)} = 0.283$。同理,若已知某週末剩下 2 台,兩週後存貨量等於 3 之機率為 0.097,亦即 $p_{23}^{(2)} = 0.097$。

四步轉移矩陣也可求得以下：

$$\mathbf{P}^{(4)} = \mathbf{P}^4 = \mathbf{P}^{(2)} \cdot \mathbf{P}^{(2)}$$

$$= \begin{bmatrix} 0.249 & 0.286 & 0.300 & 0.165 \\ 0.283 & 0.252 & 0.233 & 0.233 \\ 0.351 & 0.319 & 0.233 & 0.097 \\ 0.249 & 0.286 & 0.300 & 0.165 \end{bmatrix} \begin{bmatrix} 0.249 & 0.286 & 0.300 & 0.165 \\ 0.283 & 0.252 & 0.233 & 0.233 \\ 0.351 & 0.319 & 0.233 & 0.097 \\ 0.249 & 0.286 & 0.300 & 0.165 \end{bmatrix}$$

$$= \begin{bmatrix} 0.289 & 0.286 & 0.261 & 0.164 \\ 0.282 & 0.285 & 0.268 & 0.166 \\ 0.284 & 0.283 & 0.263 & 0.171 \\ 0.289 & 0.286 & 0.261 & 0.164 \end{bmatrix}.$$

舉例來說，已知某週末剩下 1 台照相機，四週後存貨量等於 0 之機率為 0.282，亦即 $p_{10}^{(4)} = 0.282$。同理，若已知某週末剩下 2 台，四週後存貨量等於 3 之機率為 0.171，亦即 $p_{23}^{(4)} = 0.171$。

八週後照相機存貨量轉移機率同樣也能由八步轉換矩陣看出（如下所示）：

$$\mathbf{P}^{(8)} = \mathbf{P}^8 = \mathbf{P}^{(4)} \cdot \mathbf{P}^{(4)}$$

$$= \begin{bmatrix} 0.289 & 0.286 & 0.261 & 0.164 \\ 0.282 & 0.285 & 0.268 & 0.166 \\ 0.284 & 0.283 & 0.263 & 0.171 \\ 0.289 & 0.286 & 0.261 & 0.164 \end{bmatrix} \begin{bmatrix} 0.289 & 0.286 & 0.261 & 0.164 \\ 0.282 & 0.285 & 0.268 & 0.166 \\ 0.284 & 0.283 & 0.263 & 0.171 \\ 0.289 & 0.286 & 0.261 & 0.164 \end{bmatrix}$$

狀態

	0	1	2	3
0	0.286	0.285	0.264	0.166
1	0.286	0.285	0.264	0.166
2	0.286	0.285	0.264	0.166
3	0.286	0.285	0.264	0.166

此矩陣如同天氣範例的五步轉移矩陣一樣，每列元素都相同（四捨五入後）。因為任一列機率為此馬可夫鏈的穩態機率，也就是系統狀態經歷過夠長時間後之機率，已與起始狀態無相關。

IOR Tutorial 中包含一個計算 $\mathbf{P}^{(n)} = \mathbf{P}^n$ 的程式，其中任何正整數 $n \leq 99$。

無條件狀態機率

我們複習一下，一步或 n 步轉移機率皆為條件機率；如 $P\{X_n = j | X_0 = i\} = p_{ij}^{(n)}$。小到讓條件機率尚無為穩態機率。以此狀況，若想求無條件機率 $P\{X_n = j\}$，就有必要確認起始狀態之機率分配，也就是 $P\{X_0 = i\}$，$i = 0, 1, ..., M$，則

$$P\{X_n = j\} = P\{X_0 = 0\} p_{0j}^{(n)} + P\{X_0 = 1\} p_{1j}^{(n)} + \cdots + P\{X_0 = M\} p_{Mj}^{(n)}.$$

假設存貨範例的最初存貨量為 3 台，即 $X_0 = 3$。所以，$P\{X_0 = 0\} = P\{X_0 = 1\} =$

$P\{X_0 = 2\} = 0$ 且 $P\{X_0 = 3\} = 1$。故此存貨系統開始後，兩週後的照相機存貨量是 3 台的（無條件）機率是 $P\{X_2 = 3\} = (1)p_{33}^{(2)} = 0.165$。

14.4 馬可夫鏈的狀態分類

各位在前一節結尾處看到，在經過足夠多步的轉移後，存貨範例 n 步轉移機率收斂至穩態機率，但並非所有馬可夫鏈皆如此。馬可夫鏈長期性質主要取決於狀態與轉移矩陣的特性。為更進一步說明馬可夫鏈性質，有其必要講解一些與狀態相關的概念與定義。

若 $n \geq 0$，使得 $p_{ij}^{(n)} > 0$，則稱狀態 j 可從狀態 i **到達 (accessible)**（各位回想一下，$p_{ij}^{(n)}$ 只是從狀態 i 經過 n 步後在狀態 j 的條件機率）。故狀態 j 能從狀態 i 到達，即系統從狀態 i 開始時，有可能最後會進入狀態 j。這在天氣範例明顯如此，因為對於所有 i 和 j，$p_{ij} > 0$（見圖 14.1）。在存貨範例，因為對於所有 i 和 j，$p_{ij}^{(2)} > 0$（見圖 14.2），故可從每個其他狀態到達每個狀態皆。一般來說，所有狀態皆可到達之充分條件為，有個 n 值，其中對於所有 i 和 j 而讓 $p_{ij}^{(n)} > 0$。

14.2 節博弈範例（見圖 14.4）的狀態 2 不可從狀態 3 到達，這可從該局狀況（一旦玩家到達狀態 3，此玩家永遠不會離開此狀態）推得，也就是 $p_{32}^{(n)} = 0$，其中所有 $n \geq 0$。即使狀態 2 不可從狀態 3 到達，但因為 $n = 1$ 時，狀態 3 卻從狀態 2 到達。這由 14.2 節最後的轉移矩陣可以看出 $p_{23} = p > 0$。

若狀態 j 可從狀態 i 到達，且狀態 i 也可從狀態 j 到達，則我們會稱狀態 i 及狀態 j 為**互通 (communicate)**。天氣候範例與存貨範例的所有狀態皆互通，但博弈範例的狀態 2 和狀態 3 並非互通（狀態 1 和 3、狀態 1 和 0 及狀態 2 和 0 也一樣）。一般來說，

1. 任何狀態與自己互通（因為 $p_{ii}^{(0)} = P\{X_0 = i \mid X_0 = i\} = 1$）。
2. 若狀態 i 與狀態 j 互通，則狀態 j 與狀態 i 互通。
3. 若狀態 i 與狀態 j 互通且狀態 j 與狀態 k 互通，則狀態 i 與狀態 k 互通。

上述 1 與 2 性質是經由「狀態互通」定義而來，性質 3 則可從 Chapman-Kolmogorov 方程式推得。

根據上述三互通性質，我們能把所有狀態分割成為一個或多個分開**類組 (class)**，讓互通狀態都在同類組中（一類組可能只包含一狀態）。若僅有一類組，則我們可稱此所有狀態互通之馬可夫鏈為**不可約 (irreducible)**。而天氣範例與存貨範例的馬可夫鏈為不可約，14.2 節的兩個股票範例中也都是不可約，但博弈範例有三個類組。各位觀察圖 14.4，狀態 0 形成了一類組，狀態 3 形成一類組，而狀態 1 與 2 形成一類組。

重現狀態及過渡狀態

這對探討進入某狀態之過程是否會再回該狀態通常有用。下列為一種可能情況：

若過程進入某狀態後，也許永遠不會再回到此狀態，我們稱此為**過渡狀態** (transient state)。故狀態 i 為過渡狀態，若且唯若存在從狀態 i 到達、但無法到達 i 之狀態 $j(j \neq i)$。

因此，若狀態 i 為過渡且過程到達此狀態，及有正機率（或許甚至為 1），讓此過程以後會進入狀態 j，且永遠不會重回狀態 i。所以，到達某過渡狀態之次數是有限的。我們就以 14.2 節博弈範例來說明，圖 14.4 的狀態轉移圖呈現，狀態 1 與 2 皆為過渡狀態，因此過程早晚會進入狀態 0 或狀態 3，接著會永遠停留在該狀態。

當從狀態 i 開始時，另外可能會出現，此過程一定會重回此狀態。

若某過程進入某狀態後，一定會重回此狀態，我們稱此為**重現狀態** (recurrent state)。因此，一狀態若且唯若非過渡狀態時，即為重現狀態。

由於每次到達某重現狀態後，一定會重回該狀態，只有在過程永遠持續，才會出現無限多次重現狀態。如圖 14.1、14.2 及 14.3 狀態轉移圖中所有狀態皆為重現狀態，因為過程永遠會重回這些狀態，甚至博弈範例的狀態 0 與狀態 3 亦為重現狀態，因為一旦過程進入其狀態，會立刻永遠重回該狀態。注意，圖 14.4 的過程如何最終進入狀態 0 或狀態 3，接著再也不會離開該狀態。

若過程進入某狀態，下一步還停留在該狀態，這可視為返回該狀態。因此，下列此狀態是一種特殊類型的重現狀態。

若進入某狀態後，過程永不離開該狀態，我們會稱此狀態為**吸收狀態** (absorbing state)。因此，狀態 i 是一個吸收狀態若且唯若 $p_{ii} = 1$。

博弈範例的狀態 0 與狀態 3 一如前述，符合此定義，故皆為吸收狀態，且亦為重現狀態之特例。14.7 節會在進一步討論吸收狀態。

重現性為類組性質。也就是，同類組中的狀態也許為重現狀態或過渡狀態。此外，一有限狀態的馬可夫鏈並非皆為過度狀態。因此，不可約的有限狀態馬可夫鏈都是重現狀態。各位確實可利用證明一過程之所有狀態互通，找出一個不可約的有限狀態馬可夫鏈（因此總結為：所有狀態皆為重現狀態）。如前述，所有狀態皆可到達（因此彼此互通）之充分條件為所有 i 和 j，有一 n 值，而讓 $p_{ij}^{(n)} > 0$。因此，存貨範例的所有狀態皆為重現狀態（見圖 14.2），因為對所有的 i 及 j，轉移機率 $p_{ij}^{(2)}$ 皆為正值。同理，天氣範例與第一個股票範例也都只有重現狀態，因為對所有的 i 和 j，轉移機率 p_{ij} 皆為正值。以所有 i 和 j 計算 14.2 節第二個股票範例的 $p_{ij}^{(2)}$，也可知道所有狀

態皆為重現狀態（見圖 14.3），因為以所有的 i 和 j，$p_{ij}^{(2)} > 0$。

我們以另一範例，假設馬可夫鏈具有下列移矩陣：

$$\mathbf{P} = \begin{array}{c} \text{狀態} \\ 0 \\ 1 \\ 2 \\ 3 \\ 4 \end{array} \begin{array}{c} \begin{array}{ccccc} 0 & 1 & 2 & 3 & 4 \end{array} \\ \left[\begin{array}{ccccc} \frac{1}{4} & \frac{3}{4} & 0 & 0 & 0 \\ \frac{1}{2} & \frac{1}{2} & 0 & 0 & 0 \\ 0 & 0 & 1 & 0 & 0 \\ 0 & 0 & \frac{1}{3} & \frac{2}{3} & 0 \\ 1 & 0 & 0 & 0 & 0 \end{array} \right] \end{array}$$

注意，狀態 2 是吸收狀態（亦為重現狀態），因為若過程進入狀態 2（矩陣的第 3 列）會永遠不離開。狀態 3 為一過渡狀態，因為若此過程進入狀態 3，有一個讓此過程永遠不會回來的正機率。該過程在第一步從狀態 3 會轉至狀態 2 之機率為 1/3。一旦進入狀態 2，就會停留在狀態 2。狀態 4 亦為過渡狀態，因為該過程從狀態 4 開始，會立即離開且永遠不會返回。要了解「狀態 0 和 1 為重現狀態」之原因，各位可觀察矩陣 $\mathbf{P}$，若此過程從這兩者中任一狀態開始，永遠不離開此兩狀態。此外，每當此過程從這兩狀態之一移至另一狀態，最終總會重回原狀態。

週期性質

馬可夫鏈另一種有用性質是**週期性** (periodicity)。狀態 i 之**週期** (period) 定義為讓除了 $t, 2t, 3t, \dots$ 以外的 n 值都具有 $p_{ii}^{(n)} = 0$ 的整數 t ($t > 1$)，而且 t 是擁有此性質的最小整數。14.2 節博弈範例從狀態 1 開始，過程只可能在第 2, 4, ... 步時進入狀態 1，故狀態 1 有週期 2，因為此玩家僅在時間點 2, 4, … 才能持平（不贏也不輸），這可以藉由計算所有 n 的 $p_{11}^{(n)}$，注意到當 n 為奇數，$p_{11}^{(n)} = 0$ 來驗證。各位也能從圖 14.4 見到此過程總需要兩步才能重回狀態 1，直到狀態 0 或狀態 3 吸收（同結論也適用狀態 2）。

如果存在兩個連續的數字 s 和 $s + 1$，讓時間 s 和 $s + 1$ 時，過程都能在狀態 i，則稱此為**無週期狀態 (aperiodic state)**，定義其週期為 1。

一如重現性是類組性質，週期性亦為類組性質。換句話說，若某類組的狀態 i 有週期 t，則在該類組內所有狀態都有週期 t。博弈範例中狀態 2 的週期為 2，因為和狀態 1 在同類組，且之前已知狀態 1 的週期為 2。

馬可夫鏈能同時有重現狀態與過渡狀態類組，而這兩類組有不同且大於 1 的週期。

在一有限狀態的馬可夫鏈中，我們稱無週期重現狀態為**遍歷狀態 (ergodic state)**。若一馬可夫鏈所有狀態皆為遍歷狀態，則可稱此為**遍歷馬可夫鏈 (ergodic Markov chain)**。我們接著要介紹一個不可約遍歷馬可夫鏈的重要長期性質：n 步轉移機率會隨 n 增加而收斂至穩態機率。

14.5 馬可夫鏈的長期性質

穩態機率

我們在 14.3 節計算天氣範例與存貨範例的 n 步轉移機率時，注意到矩陣的 n 若夠大（天氣範例 $n = 5$，存貨範例 $n = 8$），則矩陣所有列有相同元素，故系統在各個狀態 j 的機率不再依系統起始狀態而定。也就是說，經過大量轉移後，系統將會在各個狀態 j 出現一極限機率，且與起始狀態無關。這些有限狀態馬可夫鏈長期行為之性質，事實上在相對一般條件下即可成立，我們整理出下列說明：

對任何不可約遍歷馬可夫鏈來說，存在著 $\lim_{n\to\infty} p_{ij}^{(n)}$ 且與 i 無關。
此外，
$$\lim_{n\to\infty} p_{ij}^{(n)} = \pi_j > 0,$$
其中 π_j 是以下**穩態方程式 (steady-state equation)** 唯一解。

$$\pi_j = \sum_{i=0}^{M} \pi_i p_{ij}, \text{ 而 } j = 0, 1, \ldots, M,$$

$$\sum_{j=0}^{M} \pi_j = 1$$

若各位偏好用矩陣形式的方程式系統，也可以將此系統（不含總和 = 1 方程式）以下列方式呈現

$$\pi = \pi \mathbf{P},$$

其中 $\pi = (\pi_0, \pi_1, \ldots, \pi_M)$。

我們將 π_j 稱為這個馬可夫鏈的**穩態機率 (steady-state probability)**，也就代表這過程在經過大量的轉移之後，處於某個狀態 j 的機率趨近於 π_j，這與起始狀態的機率分配無關。重要的是要注意，穩態機率並不表示此過程會停留在某狀態。此過程反而會繼續從一狀態轉移到另一狀態，且在任何時 n，從狀態 i 轉移到狀態 j 的機率仍然是 p_{ij}。

接著我們會將 π_j 看作是穩定性機率（切勿與穩定轉移機率混淆），若在狀態 j 的初始機率為 π_j（亦即 $P\{X_0 = j\} = \pi_j$），對所有的 j，則在時間 $n = 1, 2, \ldots$ 求得此過程在狀態 j 的機率也是 π_j（亦即 $P\{X_n = j\} = \pi_j$）。

注意，穩態方程式系統中有 $M + 2$ 個方程式，卻只有 $M + 1$ 個未知數。由於該方程式有唯一解，故至少有一多餘方程式可刪除，但此方程式不能為

$$\sum_{j=0}^{M} \pi_j = 1,$$

因為 $\pi_j = 0$，所有 j，將會滿足其他 $M+1$ 個方程式。此外，其他 $M+1$ 個穩態方程式的解，在不考慮常數倍數亦為解時才是唯一解，而這需要最後一個方程式，才會成為機率分配。

天氣範例的應用　我們陸續在 14.1 節說明、接著在 14.2 節建立模型的天氣範例僅有晴天和雨天兩個狀態，故可將上述的穩態方程式寫成

$$\pi_0 = \pi_0 p_{00} + \pi_1 p_{10},$$
$$\pi_1 = \pi_0 p_{01} + \pi_1 p_{11},$$
$$1 = \pi_0 + \pi_1.$$

第一個方程式表示在穩態下，經過下一次轉移後處於狀態 0 的機率須等於 (1) 現在處於狀態 0，且下一次轉移後還在狀態 0 的機率，加上 (2) 現在處於狀態 1，且下一次轉移到狀態 0 的機率。第二個方程式也是一樣，只不過是針對狀態 1。第三個方程式僅呈現出互斥狀態的機率總和為 1。

參考 14.2 節此範例的轉移機率，各位可將方程式以下列方式呈現：

$$\pi_0 = 0.8\pi_0 + 0.6\pi_1，所以 0.2\pi_0 = 0.6\pi_1,$$
$$\pi_1 = 0.2\pi_0 + 0.4\pi_1，所以 0.6\pi_1 = 0.2\pi_0,$$
$$1 = \pi_0 + \pi_1.$$

注意，前兩個方程式之中一個是多餘的，因兩個方程式皆可化簡成 $\pi_0 = 3\pi_1$。將此結果與第三個方程式結合，可立即得到以下穩態機率：

$$\pi_0 = 0.75, \qquad \pi_1 = 0.25$$

這些機率和 14.3 節五步轉移矩陣每列中的機率相同，因我們已證明五次轉移基本上足以讓狀態機率與起始狀態無關。

存貨範例的應用　14.1 節介紹過、並於 14.2 節建立模型的存貨範例，有四種狀態，故我們可以將此範例的穩態方程式以下列方式呈現：

$$\pi_0 = \pi_0 p_{00} + \pi_1 p_{10} + \pi_2 p_{20} + \pi_3 p_{30},$$
$$\pi_1 = \pi_0 p_{01} + \pi_1 p_{11} + \pi_2 p_{21} + \pi_3 p_{31},$$
$$\pi_2 = \pi_0 p_{02} + \pi_1 p_{12} + \pi_2 p_{22} + \pi_3 p_{32},$$
$$\pi_3 = \pi_0 p_{03} + \pi_1 p_{13} + \pi_2 p_{23} + \pi_3 p_{33},$$
$$1 = \pi_0 + \pi_1 + \pi_2 + \pi_3.$$

將 p_{ij} 值（參見 14.2 節的轉移矩陣）代入這些方程式，可產生出下列聯立方程式

$$\pi_0 = 0.080\pi_0 + 0.632\pi_1 + 0.264\pi_2 + 0.080\pi_3,$$
$$\pi_1 = 0.184\pi_0 + 0.368\pi_1 + 0.368\pi_2 + 0.184\pi_3,$$
$$\pi_2 = 0.368\pi_0 \qquad\quad + 0.368\pi_2 + 0.368\pi_3,$$
$$\pi_3 = 0.368\pi_0 \qquad\qquad\qquad\quad + 0.368\pi_3,$$
$$1 = \pi_0 + \pi_1 + \pi_2 + \pi_3.$$

同時求解最後四個方程式，可得

$$\pi_0 = 0.286, \quad \pi_1 = 0.285, \quad \pi_2 = 0.263, \quad \pi_3 = 0.166,$$

上述四個解與 14.3 節中的矩陣 $\mathbf{P}^{(8)}$ 中所示之結果相同。故週末存貨量在數週後為 0、1、2 及 3 台照相機的機率分別是 0.286、0.285、0.263 及 0.166。

更多有關穩態機率應用　IOR Tutorial 包含了運用穩態方程式來求取穩態機率的程式。

穩態機率有其他重要結果。尤其，若 i 與 j 屬不同類組之重現狀態，那麼

$$p_{ij}^{(n)} = 0，對所有的 n。$$

此為類組定義所產生之結果。

同樣若 j 是過渡狀態，則

$$\lim_{n \to \infty} p_{ij}^{(n)} = 0，對所有 i。$$

因此，求出過渡狀態中過程的機率，經過大量轉移後趨近於零。

單位時間的期望平均成本

前一節探討所有狀態都是遍歷狀態（重現且無週期性）的不可約有限狀態馬可夫鏈。若無週期性之條件解除，則下列極限

$$\lim_{n \to \infty} p_{ij}^{(n)}$$

也許會不存在。為說明此點，我們思考下列二狀態轉移矩陣

$$\begin{array}{c} \text{狀態} \quad 0 \quad 1 \\ \mathbf{P} = \begin{array}{c} 0 \\ 1 \end{array} \begin{bmatrix} 0 & 1 \\ 1 & 0 \end{bmatrix}. \end{array}$$

若過程在時間 0 時自狀態 0 開始，在時間 2, 4, 6, … 時會在狀態 0，時間 1, 3, 5, ... 時會在狀態 1。故若 n 為偶數，則 $p_{00}^{(n)} = 1$，而若 n 為奇數，則 $p_{00}^{(n)} = 0$；所以，

$$\lim_{n \to \infty} p_{00}^{(n)}$$

不存在。但對於不可約（有限狀態）馬可夫鏈來說，下列極限永遠存在：

$$\lim_{n \to \infty} \left(\frac{1}{n} \sum_{k=1}^{n} p_{ij}^{(k)} \right) = \pi_j,$$

其中 π_j 滿足前一節的穩態方程式。

此結果對計算馬可夫鏈之長期單位時間平均成本很重要。假設，該過程在時間 t 時處於狀態 X_t 會產生成本（或其他懲罰函數）$C(X_t)$，對 $t = 0, 1, 2, ...$。注意，$C(X_t)$ 是一個隨機變數，其值為 $C(0), C(1), ..., C(M)$ 其中之一，且函數 $C(\cdot)$ 與時間 t 無關。前 n 期的期望平均成本為

$$E\left[\frac{1}{n}\sum_{t=1}^{n}C(X_t)\right].$$

藉由以下結果

$$\lim_{n\to\infty}\left(\frac{1}{n}\sum_{k=1}^{n}p_{ij}^{(k)}\right)=\pi_j,$$

呈現出（長期）單位時間的期望平均成本是

$$\lim_{n\to\infty}E\left[\frac{1}{n}\sum_{t=1}^{n}C(X_t)\right]=\sum_{j=0}^{M}\pi_jC(j)\text{。}$$

存貨範例的應用　接著，我們以 14.1 節的存貨範例來說明，其中 π_j 的解已經在前面的小節中求得。假設該店查覺到，週末仍在架上的每台照相機會出現如下列存放成本：

$$C(x_t)=\begin{cases}0 & \text{若}\quad x_t=0\\2 & \text{若}\quad x_t=1\\8 & \text{若}\quad x_t=2\\18 & \text{若}\quad x_t=3\end{cases}$$

用本節稍早的穩態機率，我們能求得長期每週期望平均存放成本，即

$$\lim_{n\to\infty}E\left[\frac{1}{n}\sum_{t=1}^{n}C(X_t)\right]=0.286(0)+0.285(2)+0.263(8)+0.166(18)=5.662.$$

注意，另一種衡量（長期）單位時間期望平均成本的方式是（長期）單位時間實際平均成本。而針對過程的所有路徑，也能這種衡量方式證明

$$\lim_{n\to\infty}\left[\frac{1}{n}\sum_{t=1}^{n}C(X_t)\right]=\sum_{j=0}^{M}\pi_jC(j)$$

故兩種衡量方式的結果相同，這也能用來解釋 π_j 的意義。因此，令

$$C(X_t)=\begin{cases}1 & \text{若}\quad X_t=j\\0 & \text{若}\quad X_t\neq j.\end{cases}$$

這系統在狀態 j 所占的（長期）期望時間比例是

$$\lim_{n\to\infty}E\left[\frac{1}{n}\sum_{t=1}^{n}C(X_t)\right]=\lim_{n\to\infty}E(\text{系統在狀態}j\text{的時間比例})=\pi_j.$$

而我們同樣也能將 π_j 解釋為系統在狀態 j 的（長期）實際時間比例。

複雜成本函數的單位時間期望平均成本

前一節成本函數僅根據系統於時間 t 時狀態。而實務上會遇到許多重要問題，成本可能也會受到其他隨機變數影響。

以 14.1 節存貨範例來說，假設我們所考慮的成本為訂購成本與未滿足需求之缺貨成本（存放成本小到可忽略不計）。我們能合理假設，當在 $t-1$ 週末下訂單時，所訂

購以在第 t 週初到達的照相機數量取決於此過程的狀態 X_{t-1}（照相機存貨量）。但第 t 週的缺貨成本也會受到該週的需求量 D_t 影響。所以第 t 週的總成本（訂購成本加上缺貨成本）是 X_{t-1} 和 D_t 的函數，亦即 $C(X_{t-1}, D_t)$。

以下可以證明，在此假設下（長期）單位時間期望平均成本是

$$\lim_{n \to \infty} E\left[\frac{1}{n} \sum_{t=1}^{n} C(X_{t-1}, D_t)\right] = \sum_{j=0}^{M} k(j) \pi_j,$$

其中

$$k(j) = E[C(j, D_t)],$$

而且後面（條件）期望值為已知狀態 j，對隨機變數 D_t 的機率分配所求得的期望值。同樣情況，（長期）單位時間實際平均成本是

$$\lim_{n \to \infty} \left[\frac{1}{n} \sum_{t=1}^{n} C(X_{t-1}, D_t)\right] = \sum_{j=0}^{M} k(j) \pi_j.$$

現在代入數值到這個範例的 $C(X_{t-1}, D_t)$ 的兩個部分，也就是訂購成本和缺貨的懲罰成本。若訂購 $z > 0$ 台照相機，成本為 $(10 + 25z)$。若不訂購照相機就無訂購成本。未滿足需求（損失銷售）的每單位缺貨成本為 $50。故已知第 14.1 節所述的訂購策略，第 t 週的成本為

$$C(X_{t-1}, D_t) = \begin{cases} 10 + (25)(3) + 50 \max\{D_t - 3, 0\} & \text{若} \quad X_{t-1} = 0 \\ 50 \max\{D_t - X_{t-1}, 0\} & \text{若} \quad X_{t-1} \geq 1, \end{cases}$$

而 $t = 1, 2, \ldots$。因此，

$$C(0, D_t) = 85 + 50 \max\{D_t - 3, 0\},$$

所以

$$\begin{aligned} k(0) = E[C(0, D_t)] &= 85 + 50E(\max\{D_t - 3, 0\}) \\ &= 85 + 50[P_D(4) + 2P_D(5) + 3P_D(6) + \cdots], \end{aligned}$$

其中 $P_D(i)$ 是需求量為 i 台的機率，遵循平均值為 1 的 Poisson 分配。所以當 i 大於 6 時，$P_D(i)$ 的值小到可忽略不計。由於 $P_D(4) = 0.015$、$P_D(5) = 0.003$ 及 $P_D(6) = 0.001$，我們可得 $k(0) = 86.2$。再利用 $P_D(2) = 0.184$ 及 $P_D(3) = 061$，進行類似計算能得到

$$\begin{aligned} k(1) = E[C(1, D_t)] &= 50E(\max\{D_t - 1, 0\}) \\ &= 50[P_D(2) + 2P_D(3) + 3P_D(4) + \cdots] \\ &= 18.4, \\ k(2) = E[C(2, D_t)] &= 50E(\max\{D_t - 2, 0\}) \\ &= 50[P_D(3) + 2P_D(4) + 3P_D(5) + \cdots] \\ &= 5.2, \end{aligned}$$

及

$$\begin{aligned} k(3) = E[C(3, D_t)] &= 50E(\max\{D_t - 3, 0\}) \\ &= 50[P_D(4) + 2P_D(5) + 3P_D(6) + \cdots] \\ &= 1.2. \end{aligned}$$

因此，已知（長期）每週期望平均成本為

$$\sum_{j=0}^{3} k(j)\pi_j = 86.2(0.286) + 18.4(0.285) + 5.2(0.263) + 1.2(0.166) = \$31.46.$$

這是 14.1 節特定訂購策略下的成本，其他訂購策略下的成本也能用類似的方法找出能最小化每週期望平均成本的策略。

本節僅以存貨範例來說明，然而，對其他問題來說，只要滿足以下各條件，（非數值）結果仍會成立：

1. $\{X_t\}$ 是不可約（有限狀態）的馬可夫鏈。
2. 與此馬可夫鏈相關的是一序列獨立且相同分配的隨機變數 $\{D_t\}$。
3. 對固定的 $m = 0, \pm 1, \pm 2, \ldots$，在時間 t 時產生之成本為 $C(X_t, D_{t+m})$，而 $t = 0, 1, 2, \ldots$。
4. 序列 $X_0, X_1, X_2, \ldots, X_t$ 必定與 D_{t+m} 無關。

尤其，若滿足以上條件，則

$$\lim_{n \to \infty} E\left[\frac{1}{n} \sum_{t=1}^{n} C(X_t, D_{t+m})\right] = \sum_{j=0}^{M} k(j)\pi_j,$$

其中

$$k(j) = E[C(j, D_{t+m})],$$

且後面的條件期望值是已知狀態 j 下，對隨機變數 D_t 的機率分配所求得的期望值。此外，對於過程的所有路徑，基本上可得

$$\lim_{n \to \infty} \left[\frac{1}{n} \sum_{t=1}^{n} C(X_t, D_{t+m})\right] = \sum_{j=0}^{M} k(j)\pi_j$$

14.6 首次通過時間

14.3 節已處理了求解從狀態 i 至狀態 j 的 n 步轉移機率，而也經常需要說明過程從狀態 i 第一次到狀態 j 所需轉移次數的機率。我們稱此時間長度為從狀態 i 到狀態 j 的**首次通過時間 (first passage time)**。當 $j = i$，這個首次通過時間就只是第一次重回原狀態 i 的轉移次數，並稱此首次通過時間為狀態 i 的**重現時間 (recurrence time)**。

我們再以 14.1 節的存貨範例來說明這些定義，其中 X_t 是第 t 週末的照相機存貨數量。我們從 $X_0 = 3$ 開始，假設隨後會出現：

$$X_0 = 3, \quad X_1 = 2, \quad X_2 = 1, \quad X_3 = 0, \quad X_4 = 3, \quad X_5 = 1.$$

以此情況，從狀態 3 到狀態 1 的首次通過時間為 2 週，從狀態 3 到狀態 0 的首次通過時間為 3 週，而狀態 3 的重現時間為 4 週。

一般來說，首次通過時間為隨機變數，而機率分配取決於過程的轉移機率。我們令 $f_{ij}^{(n)}$ 表示從狀態 i 到 j 的首次通過時間為 n 的機率。當 $n > 1$ 時，若第一次轉移是從狀態 i 到某個狀態 k ($k \neq j$)，接著從狀態 k 到狀態 j 的首次通過時間是 $n - 1$。因此，這些機率滿足下列的遞迴關係：

$$f_{ij}^{(1)} = p_{ij}^{(1)} = p_{ij},$$
$$f_{ij}^{(2)} = \sum_{k \neq j} p_{ik} f_{kj}^{(1)},$$
$$f_{ij}^{(n)} = \sum_{k \neq j} p_{ik} f_{kj}^{(n-1)}.$$

故從狀態 i 到狀態 j 的首次通過時間是 n 步的機率，可以由一步轉移機率反覆計算而得。

存貨範例中從狀態 3 到狀態 0 的首次通過時間，各位能以下遞迴關係求得：

$$f_{30}^{(1)} = p_{30} = 0.080,$$
$$f_{30}^{(2)} = p_{31}f_{10}^{(1)} + p_{32}f_{20}^{(1)} + p_{33}f_{30}^{(1)}$$
$$= 0.184(0.632) + 0.368(0.264) + 0.368(0.080) = 0.243,$$
$$\vdots$$

其中 p_{3k} 和 $f_{k0}^{(1)}$ 可由 14.2 節中的（一步）轉移矩陣得到。

由於 i 和 j 固定，$f_{ij}^{(n)}$ 為

$$\sum_{n=1}^{\infty} f_{ij}^{(n)} \leq 1.$$

的非負數值。不巧，此總和可能會絕對小於 1，即過程從狀態 i 開始，可能永遠不會到達狀態 j。當這個總和確實等於 1 時，$f_{ij}^{(n)}$（$n = 1, 2, \ldots$）可視為首次通過時間的隨機變數機率分配。

雖然要得到所有 n 的 $f_{ij}^{(n)}$ 相當繁瑣，但要得到從狀態 i 到狀態 j 的期望首次通過時間卻相對簡單。以 μ_{ij} 表示這個期望值，其定義為

$$\mu_{ij} = \begin{cases} \infty & \text{若} \sum_{n=1}^{\infty} f_{ij}^{(n)} < 1 \\ \sum_{n=1}^{\infty} n f_{ij}^{(n)} & \text{若} \sum_{n=1}^{\infty} f_{ij}^{(n)} = 1. \end{cases}$$

每當

$$\sum_{n=1}^{\infty} f_{ij}^{(n)} = 1,$$

μ_{ij} 為下列方程式

$$\mu_{ij} = 1 + \sum_{k \neq j} p_{ik} \mu_{kj}.$$

的唯一解。此方程式說明了，從狀態 i 開始的第一次轉移或許為到狀態 j 或是其他某

個狀態 k。若轉移到狀態 j，則首次通過時間就是 1。否則已知第一次轉移是到其他某個狀態 k $(k \neq j)$，其發生機率為 p_{ik}，而從狀態 i 到狀態 j 的條件期望首次通過時間為 $1 + \mu_{kj}$。綜合上述事實，並加總第一次轉移的所有可能，能直接產生此方程式。

已知存貨範例中，過程開始時的照相機存貨量為 3 台，這些 μ_{ij} 的方程式可用來計算到照相機缺貨的期望時間，也就是期望首次通過時間 μ_{30}。由於所有狀態皆為重現狀態，因此可將聯立方程式寫成

$$\mu_{30} = 1 + p_{31}\mu_{10} + p_{32}\mu_{20} + p_{33}\mu_{30},$$
$$\mu_{20} = 1 + p_{21}\mu_{10} + p_{22}\mu_{20} + p_{23}\mu_{30},$$
$$\mu_{10} = 1 + p_{11}\mu_{10} + p_{12}\mu_{20} + p_{13}\mu_{30},$$

或是

$$\mu_{30} = 1 + 0.184\mu_{10} + 0.368\mu_{20} + 0.368\mu_{30},$$
$$\mu_{20} = 1 + 0.368\mu_{10} + 0.368\mu_{20},$$
$$\mu_{10} = 1 + 0.368\mu_{10}.$$

聯立方程式的解是

$$\mu_{10} = 1.58 \text{ 週}$$
$$\mu_{20} = 2.51 \text{ 週}$$
$$\mu_{30} = 3.50 \text{ 週}$$

故到照相機缺貨的期望時間為 3.50 週。所以，在計算 μ_{30} 的同時，也得到了 μ_{20} 和 μ_{10}。

當 $j = i$ 時的 μ_{ij} 是這過程重回原狀態 i 的期望轉移次數，故我們也會稱此為狀態 i 的**期望重現時間**。在求出前一節的穩態機率 $(\pi_0,...)$ 後，能立刻求出這些期望重現時間：

$$\mu_{ii} = \frac{1}{\pi_i}, \quad i = 0, 1, ..., M。$$

故存貨範例的 $\pi_0 = 0.286$、$\pi_1 = 0.285$、$\pi_2 = 0.263$ 及 $\pi_3 = 0.166$，而期望重現時間是

$$\mu_{00} = \frac{1}{\pi_0} = 3.50 \text{ 週}, \qquad \mu_{22} = \frac{1}{\pi_2} = 3.80 \text{ 週},$$

14.7 吸收狀態

14.4 節曾指出，若 $p_{kk} = 1$，則狀態 k 為吸收狀態，故馬可夫鏈一旦進入 k，將永遠停留在該處。若狀態 k 是吸收狀態，而且過程從狀態 i 開始，則稱此為進入狀態 k 的**吸收機率 (probability of absorption)** 並以 f_{ik} 表示。

當馬可夫鏈中有兩個或更多個吸收狀態，且此過程明顯最終會進入其中一種吸收狀態，而要求出吸收機率。這些機率在已知第一次轉移下，能考慮所有可能的第一次轉移，以及狀態 k 吸收的條件機率的聯立線性方程式求得。也就是，若狀態 k 是一個吸收狀態，則吸收機率 f_{ik} 的集合滿足聯立方程式

$$f_{ik} = \sum_{j=0}^{M} p_{ij}f_{jk}, \text{ 而 } i = 0, 1, \ldots, M,$$

受限於條件

$$f_{kk} = 1,$$

$f_{ik} = 0$,若狀態 i 是重現狀態,且 $i \neq k$。

隨機漫步 (random walk) 也就是,若系統在狀態 i,經過一次轉移後,會停留在 i 或轉移至與其中相鄰兩狀態之一。隨機漫步經常用來建立與博弈相關情況的模型。

第二個博弈範例 為說明吸收機率在隨機漫步中的用途,我們來思考一下與 14.2 節博弈範例相似的狀況,假設兩玩家(A 和 B)各持有 \$2,兩人同意每次下注 \$1,並持續下注至其中一人破產為止。A 贏得單一賭局的機率是 1/3,所以 B 贏的機率是 2/3。以 A 在每一次下注前的資金 (0, 1, 2, 3, 4) 為馬可夫鏈的狀態,其轉移矩陣為

$$\mathbf{P} = \begin{matrix} \text{狀態} \\ 0 \\ 1 \\ 2 \\ 3 \\ 4 \end{matrix} \begin{matrix} 0 & 1 & 2 & 3 & 4 \end{matrix} \\ \begin{bmatrix} 1 & 0 & 0 & 0 & 0 \\ \frac{2}{3} & 0 & \frac{1}{3} & 0 & 0 \\ 0 & \frac{2}{3} & 0 & \frac{1}{3} & 0 \\ 0 & 0 & \frac{2}{3} & 0 & \frac{1}{3} \\ 0 & 0 & 0 & 0 & 1 \end{bmatrix}.$$

由狀態 2 開始、進入狀態 0(A 輸掉所有的錢)的吸收機率,可以由先前的聯立方程式求解 f_{20} 而得到,

$$f_{00} = 1 \quad \text{(因為狀態 0 是吸收狀態)}$$
$$f_{10} = \frac{2}{3}f_{00} + \frac{1}{3}f_{20},$$
$$f_{20} = \frac{2}{3}f_{10} + \frac{1}{3}f_{30},$$
$$f_{30} = \frac{2}{3}f_{20} + \frac{1}{3}f_{40},$$
$$f_{40} = 0 \quad \text{(因為狀態 4 是吸收狀態)}$$

由此聯立方程式可得到

$$f_{20} = \frac{2}{3}\left(\frac{2}{3} + \frac{1}{3}f_{20}\right) + \frac{1}{3}\left(\frac{2}{3}f_{20}\right) = \frac{4}{9} + \frac{4}{9}f_{20},$$

化簡之後吸收到狀態 0 的機率是 $f_{20} = \frac{4}{5}$。

同理,A 從 \$2(狀態 2)開始,最後持有 \$4(B 破產)的機率,可以由聯立方程式求解 f_{24} 而得到,

$$f_{04} = 0 \quad \text{（因為狀態 0 是吸收狀態）}$$
$$f_{14} = \frac{2}{3}f_{04} + \frac{1}{3}f_{24},$$
$$f_{24} = \frac{2}{3}f_{14} + \frac{1}{3}f_{34},$$
$$f_{34} = \frac{2}{3}f_{24} + \frac{1}{3}f_{44},$$
$$f_{44} = 1 \quad \text{（因為狀態 4 是吸收狀態）}$$

由此可得

$$f_{24} = \frac{2}{3}\left(\frac{1}{3}f_{24}\right) + \frac{1}{3}\left(\frac{2}{3}f_{24} + \frac{1}{3}\right) = \frac{4}{9}f_{24} + \frac{1}{9},$$

所以 $f_{24} = \frac{1}{5}$ 是吸收到狀態 4 的機率。

信用評估的範例 吸收狀態在許多其他情況中也發揮重要作用。思考一下，某百貨公司將顧客帳單分為付清（狀態 0）、延遲付款 1 到 30 天（狀態 1）、延遲付款 31 到 60 天（狀態 2）與呆帳（狀態 3）。每月查這些帳戶來判定各顧客狀態。一般來說，信用無法展延，顧客要準時支付帳單才行。顧客偶爾會錯過付款期限，若在付款期限後 30 天內，該公司會把此顧客列為狀態 1。若是在付款期限後 31 到 60 天間，就會把此顧客列為狀態 2。付款延遲超過 60 天的顧客，就歸類至呆帳類別（狀態 3），接著交給討債公司處理。

該公司在檢視過去幾年各顧客逐月變化的狀態資料後，整理出下列轉移矩陣：[4]

狀態＼狀態	0：付清	1：延遲 1 至 30 日	2：延遲 31 至 60 日	3：呆帳
0：付清	1	0	0	0
1：延遲 1 至 30 日	0.7	0.2	0.1	0
2：延遲 31 至 60 日	0.5	0.1	0.2	0.2
3：呆帳	0	0	0	1

雖每位顧客最後會處於狀態 0 或 3，但該公司所關心的是，延遲付款 1 至 30 天的顧客最後成呆帳狀態的機率。同時，該公司也關心延遲付款 31 至 60 天的顧客，最後成呆帳的機率。

要獲取此資訊，須求解本節先前的聯立方程式，以求解 f_{13} 和 f_{23}。經代入後，可得到下列兩式：

$$f_{13} = p_{10}f_{03} + p_{11}f_{13} + p_{12}f_{23} + p_{13}f_{33},$$
$$f_{23} = p_{20}f_{03} + p_{21}f_{13} + p_{22}f_{23} + p_{23}f_{33}.$$

---

[4] 付清後（狀態 0）再度延遲支付新交易的顧客，視為從狀態 1 開始的「新」顧客。

注意，$f_{03} = 0$ 及 $f_{33} = 1$，現在會出現兩個未知數之兩個方程式，即

$$(1 - p_{11})f_{13} = p_{13} + p_{12}f_{23},$$
$$(1 - p_{22})f_{23} = p_{23} + p_{21}f_{13}.$$

代入轉移矩陣的數值可以得到

$$0.8f_{13} = 0.1f_{23},$$
$$0.8f_{23} = 0.2 + 0.1f_{13},$$

且其解為

$$f_{13} = 0.032,$$
$$f_{23} = 0.254.$$

因此，在延遲付款 1 至 30 天的顧客中，約有 3% 最後會成呆帳；而延遲付款 31 至 60 天的顧客中，約有 25% 最後會成呆帳。

14.8 連續時間馬可夫鏈

我們在前面章節假設，時間參數 t 為離散（即 $t = 0, 1, 2, \cdots$）。此假設適用許多問題，但有些（如第 12 章的等候模型）情況需隨時連續觀察過程演進，所以必須使用連續的時間參數（稱為 t'）。14.2 節的馬可夫鏈定義也能延伸至此連續過程。就下來要說明「連續時間馬可夫鏈」與其性質。

模型建構

我們一樣將系統可能的**狀態 (state)**，用 $0, 1, \cdots, M$ 標示。假設時間從 0 開始，且令時間參數 t' 為連續，而 $t' \geq 0$，我們令隨機變數 $X(t')$ 為系統在時間 t' 的狀態。因此，在某個 $0 \leq t' < t_1$ 區間，$X(t')$ 值為其 $M+1$ 個可能值之一，接著會在下一個區間 $t_1 \leq t' < t_2$ 跳到另一個值，而轉移的時間點 $(t_1, t_2, ...)$ 是時間上的隨機點（不一定是整數）。

現在思考一下時間上的三個點 $(1) t' = r$（其中 $r \geq 0$）；(2) $t' = s$（其中 $s > r$）；及 (3) $t' = s + t$（其中 $t > 0$），各別如下列所示：

$t' = r$ 為某過去時間

$t' = s$ 為目前時間

$t' = s + t$ 是 t 時間單位以後的未來

因此，各位現在已觀察到系統在 $t' = s$ 及 $t' = r$ 狀態，並以下列方式標示：

$$X(s) = i \text{ 及 } X(r) = x(r)$$

已知上述資訊，自然會求出系統在時間 $t'=s+t$ 時之狀態的機率分配。也就是，何謂

$$P\{X(s+t) = j \mid X(s) = i \text{ 且 } X(r) = x(r)\}，\text{而 } j = 0, 1, \ldots, M \text{？}$$

要推導此條件機率通常很困難，但若考慮的隨機過程有下列關鍵性質，就能大幅簡化推導的過程。

若 $P\{X(t+s) = j \mid X(s) = i \text{ 且 } X(r) = x(r)\} = P\{X(t+s) = j \mid X(s) = i\}$，而所有 $i, j = 0, 1, \ldots, M$ 與所有 $r \geq 0, s > r, t > 0$，則連續時間隨機過程 $\{X(t'); t' \geq 0\}$ 有**馬可夫性質 (Markovian property)**。

注意，$P\{X(t+s) = j \mid X(s) = i\}$ 如前幾節中離散時間的馬可夫鏈**轉移機率 (transition probability)** 一樣，唯一不同之處在於，現在 t 不必為整數。

若轉移機率與 s 無關，則

$$P\{X(t+s) = j \mid X(s) = i\} = P\{X(t) = j \mid X(0) = i\}，$$

而所有 $s > 0$，並稱其為**穩定轉移機率 (stationary transition probability)**。

我們為簡化符號，將穩定轉移機率以下列方式表示：

$$p_{ij}(t) = P\{X(t) = j \mid X(0) = i\},$$

其中 $p_{ij}(t)$ 稱為**連續時間轉移機率函數 (continuous time transition probability function)**。假設

$$\lim_{t \to 0} p_{ij}(t) = \begin{cases} 1 & \text{若} \quad i = j \\ 0 & \text{若} \quad i \neq j. \end{cases}$$

接著我們來定義本節所要討論的連續時間馬可夫鏈。

若連續時間隨機過程 $\{X(t'); t' \geq 0\}$) 有馬可夫性質，則為**連續時間馬可夫鏈 (continuous time Markov chain)**。

在此，我們僅考慮下列兩性質的連續時間馬可夫鏈：

1. 有限個狀態
2. 穩定轉移機率

一些重要的隨機變數

我們在分析連續時間馬可夫鏈時，有個重要的隨機變數集合：

每次過程進入狀態 i，在離開此狀態轉至其他狀態前，停留在此狀態的時間為一隨機變數 T_i，其中 $i = 0, 1, \ldots, M$。

假設此過程在時間 $t' = s$ 時進入狀態 i，然後任何固定的一段時間 $t > 0$，注意到 $T_i > t$ 若且唯若 $X(t') = i$，而所有在區間 $s \leq t' \leq s + t$ 內的 t'。因此，(有穩定轉移機率的) 馬可夫性質意指

$$P\{T_i > t + s \mid T_i > s\} = P\{T_i > t\}.$$

此為較特別的機率分配性質，也就是無論過程在某狀態已停留了多久，其離開此狀態前剩餘停留時間的機率分配永遠相同。此隨機變數實際上無記憶的，即忘記過去的過程。僅有指數分配 (exponential distribution) 這一 (連續) 機率分配性具備此性質，其僅有一參數 q，平均值為 $1/q$，且累積機率分配函數為

$$P\{T_i \leq t\} = 1 - e^{-qt}，對 t \geq 0$$

(我們已在 12.4 節詳細說明過指數分配的性質。)

此結果可產生另一種說明連續時間馬可夫鏈的相同方式：

1. 隨機變數 T_i 遵循指數分配，其平均值是 $1/q_i$。
2. 當離開狀態 i 時，過程轉移至狀態 j 的機率是 p_{ij}，其中 p_{ij} 滿足以下條件：

    $p_{ii} = 0$ 對所有 i

    及

    $\sum_{j=0}^{M} p_{ij} = 1$ 對所有 i

3. 在狀態 i 之後，下一個進入狀態與停留於狀態 i 之時間無關。

就如同一步轉移機率在說明離散時間馬可夫鏈所發會的重要作用，轉移強度對於說明連續時間馬可夫鏈也有同樣的作用。

轉移強度 (transition intensity) 是

$$q_i = -\frac{d}{dt}p_{ii}(0) = \lim_{t \to 0} \frac{1 - p_{ii}(t)}{t}，而 i = 0, 1, 2, ..., M$$

及

$$q_{ij} = \frac{d}{dt}p_{ij}(0) = \lim_{t \to 0} \frac{p_{ij}(t)}{t} = q_i p_{ij}，而所有 j \neq i，$$

其中 $p_{ij}(t)$ 是本節一開始所介紹的連續時間轉移機率函數，p_{ij} 是前一段的性質 2 所描述的機率。此外，q_i 仍然是 T_i 的指數分配參數 (見前一段的性質 1)。

直覺來說，q_i 和 q_{ij} 是轉移速率 (transition rate)；亦即，q_i 是離開狀態 i 的轉移速率，因為 q_i 是過程停留在狀態 i 的每單位時間內，離開狀態 i 的期望次數 (因此，q_i 是過程每次進入狀態 i 之後，停留在狀態 i 的期望時間之倒數，即 $q_i = 1/E[T_i]$)。同樣，q_{ij} 是從狀態 i 到狀態 j 的轉移速率，因為 q_{ij} 是過程停留在狀態 i 每單位時間內，

從狀態 i 轉移至狀態 j 的期望次數。因此，

$$q_i = \sum_{j \neq i} q_{ij}.$$

就如同 q_i 是 T_i 的指數分配參數一般，每個 q_{ij} 都是下列相關隨機變數的指數分配參數。

每次過程進入狀態 i，在離開狀態 i 到狀態 j（若未先轉移至其他狀態）之前所停留的時間為隨機變數 T_{ij}，其中 $i, j = 0, 1, ..., M$ 且 $j \neq i$。T_{ij} 是獨立的隨機變數，而各 T_{ij} 都符合參數為 q_{ij} 的指數分配，故 $E[T_{ij}] = 1/q_{ij}$。停留在狀態 i 直到轉移發生 (T_i) 是所有 T_{ij} 中的最小者 (對所有 $j \neq i$)。轉移發生時，轉移到狀態 j 的機率是 $p_{ij} = q_{ij}/q_i$。

穩態機率

就像離散時間馬可夫鏈的轉移機率滿足 Chapman-Kolmogorov 方程式，連續時間的轉移機率函數同樣也滿足這些方程式。故對任何狀態 i 和 j 以及非負的數值 t 和 $s (0 \leq s \leq t)$，

$$p_{ij}(t) = \sum_{k=0}^{M} p_{ik}(s) p_{kj}(t - s).$$

若存在時間 t_1 和 t_2 讓 $p_{ij}(t_1) > 0$ 且 $p_{ji}(t_2) > 0$，我們會稱此對狀態 i 和 j 互通。互通的所有狀態形成一個類組，若所有狀態形成單一類組，即馬可夫鏈為不可約（之後都作此假設），則

$$p_{ij}(t) > 0 \text{，而所有 } t > 0 \text{ 及所有狀態 } i \text{ 和 } j$$

此外，

$$\lim_{t \to \infty} p_{ij}(t) = \pi_j$$

永遠存在，並與馬可夫鏈的起始狀態無關，而所有 $j = 0, 1, ..., M$。我們通常稱這些極限機率為馬可夫鏈的**穩態機率 (steady-state probability)**（或穩定機率）。

π_j 滿足方程式

$$\pi_j = \sum_{i=0}^{M} \pi_i p_{ij}(t) \text{，而 } j = 0, 1, ..., M \text{ 及每個 } t \geq 0$$

然而，以下所示之**穩態方程式 (steady-state equation)** 就有助於求解穩態機率：

$$\pi_j q_j = \sum_{i \neq j} \pi_i q_{ij} \text{，而 } j = 0, 1, ..., M$$

及

$$\sum_{j=0}^{M} \pi_j = 1$$

以直覺來說明狀態 j 的穩態方程式，左端 ($\pi_j q_j$) 是過程離開狀態 j 的速率，因為 π_j 是過程在狀態 j 的（穩態）機率，而 q_j 是已知過程在狀態 j 離開狀態 j 的轉移速率。同理，右端各項 ($\pi_i q_{ij}$) 是過程從狀態 i 進入狀態 j 的速率，因為 q_{ij} 是已知過程由狀態 i 轉移到狀態 j 的速率。對所有 $i \neq j$ 加總右端各項，可以得到過程從其他任何狀態進入狀態 j 的速率。因此，整個方程式就是，過程離開狀態 j 的速率須等於過程進入狀態 j 的速率，與工程或科學的流量守恆方程式類似。

因為前面的 $M+1$ 個穩態方程式都需要兩個速率互相平衡（相等），我們有時也會稱其為**平衡方程式 (balance equation)**。

範例

某工廠有兩台相同機器，只要不故障，就會持續運轉。因為機器經常故障，故有位全職維修人員專責修理。

修理一台機器的時間遵循平均值為 $\frac{1}{2}$ 天的指數分配。一旦修理完一台機器，該機器下一次故障的時間遵循平均值為 1 天的指數分配。機率分配彼此不相關。

定義隨機變數 $X(t')$ 為

$$X(t') = 時間\ t'\ 時故障的機器數量$$

所以 $X(t')$ 的可能值為 0、1、2。因此，令連續時間參數 t' 從 0 開始，此連續時間隨機過程 $\{X(t'); t' \geq 0\}$ 代表故障機器數量的演進。

因為修理時間及距離下次故障的時間皆遵循指數分配，$\{X(t'); t' \geq 0\}$) 是一個狀態為 0、1、2 的連續時間馬可夫鏈。因此，我們可以用上節的穩態方程式來求故障機器數量之穩態機率分配。若以此方式，就需決定所有轉移速率，即 q_i 及 q_{ij} 對 $i, j = 0, 1, 2$。

故障發生時，狀態（故障機器數量）會加 1；修理完時，狀態會減 1。由於故障與修理一次只會發生一事件，故 $q_{02} = 0$ 和 $q_{20} = 0$。期望修理時間是 $\frac{1}{2}$ 天，所以修理完成速率是每天 2 次（當有機器故障時），即 $q_{21} = 2$ 和 $q_{10} = 2$。同理，某台運轉中的機器故障期望時間為 1 天，故故障速率為每天 1 次（該機器運轉時），即 $q_{12} = 1$。兩台機器同時運轉、故障發生的速率是每天 $1+1=2$ 次，所以 $q_{01} = 2$。

圖 14.5 整理上述轉移速率，現在各位能用此來計算離開各狀態的總轉移速率。

$$q_0 = q_{01} = 2$$
$$q_1 = q_{10} + q_{12} = 3$$
$$q_2 = q_{21} = 2$$

將上述轉移機率代入上一節的穩態方程式，可得

狀態 0 的平衡方程式： $2\pi_0 = 2\pi_1$

狀態 1 的平衡方程式： $3\pi_1 = 2\pi_0 + 2\pi_2$
狀態 2 的平衡方程式： $2\pi_2 = \pi_1$
機率總和為 1： $\pi_0 + \pi_1 + \pi_2 = 1$

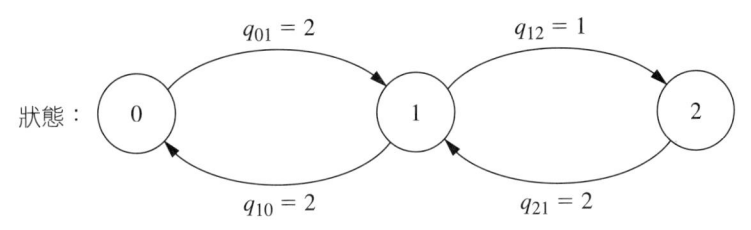

圖 14.5 連續時間馬可夫鏈範例的轉移速率圖。

我們能視任一平衡方程式（如第二個）為多餘而予以刪除，接著求解其餘聯立方程式能得穩態機率分配：

$$(\pi_0, \pi_1, \pi_2) = \left(\frac{2}{5}, \frac{2}{5}, \frac{1}{5}\right).$$

因此，我們長期來看，兩台機器同時故障的時間約占 20%，而一台故障的時間另占 40%。

第 12 章等候理論中有更多連續時間馬可夫鏈範例。大部分等候理論的基本模型實際上都屬此類型，目前此範例實屬 12.6 節 M/M/s 模型的有限母體變型。

參考文獻

1. Bhat, U. N., and G. K. Miller: *Elements of Applied Stochastic Processes*, 3rd ed., Wiley, New York, 2002.

2. Bini, D., G. Latouche, and B. Meini: *Numerical Methods for Structured Markov Chains*, Oxford University Press, New York, 2005.

3. Bukiet, B., E. R. Harold, and J. L. Palacios: "A Markov Chain Approach to Baseball," *Operations Research*, **45**: 14–23, 1997.

4. Ching, W.-K., X. Huang, M. K. Ng, and T.-K. Siu: *Markov Chains: Models, Algorithms and Applications*, 2nd ed., Springer, New York, 2013.

5. Grassmann, W. K. (ed.): *Computational Probability*, Kluwer Academic Publishers (now Springer), Boston, MA, 2000.

6. Mamon, R. S., and R. J. Elliott (eds.): *Hidden Markov Models in Finance*, Springer, New York, 2007. Volume 2 is scheduled for publication in 2015.

7. Resnick, S. I.: *Adventures in Stochastic Processes*, Birkhäuser, Boston, 1992.

8. Sheskin, T. J.: *Markov Chains and Decision Processes for Engineers and Managers*, CRC Press, Boca Raton, 2011.

9. Tijms, H. C.: *A First Course in Stochastic Models*, Wiley, New York, 2003.

本書網站的學習輔助教材

（參照原文 Chapter 29）

IOR Tutorial 中的自動程式：

Enter Transition Matrix

Chapman-Kolmogorov Equations

Steady-State Probabilities

"Ch. 29 – Markov Chains" 選擇性範例的 **LINGO 檔案**

軟體的使用說明請參閱附錄 1。

習題

有些習題（或其中部分）前方註記符號為：

C：使用電腦及上述相關自動程式（或其他相等程式）解題。

14.2-1. 若假設今天下雨，則明天下雨之機率為 0.5。b 若假設今天天氣晴（未下雨），則明天天氣晴的機率為 0.9。另假設若已知今天以前的天氣資訊，上述機率仍不變。

(a) 解釋上述假設，天氣演變進滿足馬可夫性質的理由。

(b) 定義狀態並提供（一步）轉移矩陣，以馬可夫鏈來建立天氣演變。

14.2-2. 思考 14.2 節中第二個股票市場模型範例。明天股票上漲與否，取決於今天與昨天漲跌的狀況。若今天和昨天股票都漲，則明天上漲機率為 α_1；若今天股票漲而昨天跌，則明天上漲的機率為 α_2；若今天股票跌而昨天漲，則明天上漲的機率為 α_3；最後，若今天和昨天股票都跌，則明天上漲的機率為 α_4。

(a) 建立馬可夫鏈的（一步）轉移矩陣。

(b) 解釋為何未來（明天）發生事件取決於過去（昨天）與現在（今天）發生事件，此馬可夫鏈使用的狀態，仍能讓馬可夫特性的數學定義成立。

14.2-3. 再次思考習題 14.2-2。現在假設明天股票上漲與否取決於今天、昨天和前天漲跌狀況，此問題是否能建立馬可夫鏈？若可，可能的狀態為何？說明為何這些狀態能提供此過程馬可夫特性，而習題 14.2-2 不能。

14.3-1. 再次思考習題 14.2-1。

^{C}(a) 以 IOR Tutorial 的 Chapman-Kolmogorov 方程式，已知 $n = 2, 5, 10, 20$，求解 n 步轉移矩陣 $\mathbf{P}^{(n)}$。

(b) 今天會下雨的機率是 0.5，利用 (a) 的結果來求 n 天以後會下雨的機率（$n = 2, 5, 10, 20$）。

^{C}(c) 使用 IOR Tutorial 中穩態機率的電腦程式，求解天氣狀態的穩態機率。描述當 n 很大時，(a) 小題所得 n 步轉移矩陣與穩態機率的比較結果。

14.3-2. 假設一通訊網路傳送二元數據 0 或 1，其中連續傳送各數據 10 次。每次正確傳送的輸入數據的機率為 0.995。也就是記錄傳送結束後的數據為相反值之機率為 0.005。首次傳送後，每次傳送所輸入數據為前次傳送後所記錄的值，若 X_0 表示輸入這系統的二元數據，X_1 表示首次傳送後的二元數據，X_2 表示第二次傳送後的二元數據，依此類推，則 $\{X_n\}$ 是一個馬可夫鏈。

(a) 建立（一步）轉移矩陣。

^{C}(b) 使用 IOR Tutorial 求解 10 步轉移矩陣 $\mathbf{P}^{(10)}$。並求在最後一次傳送後，正確記錄數據進入網路的機率。

^{C}(c) 假設重新設計此網路，讓單次傳輸正確機率由 0.995 提高至 0.998。重作 (b) 小題，求在最後一次傳送後，正確記錄數據進入網路的機率。

14.3-3. 一粒子在圓上移動，並經過標記為 0、1、2、3、4（依順時針方向）的點。這個粒子從點

0 開始,每一步會順時針方向移動一個點(0 在 4 之後)的機率為 0.5,而逆時針方向移動一個點的機率亦為 0.5。令 $X_n(n \geq 0)$ 表示 n 步後在圓上的位置,則 $\{X_n\}$ 為馬可夫鏈。

(a) 建立(一步)轉移矩陣。

C(b) 使用 IOR Tutorial 求解 n 步轉移矩陣 $\mathbf{P}^{(n)}$ ($n = 5, 10, 20, 40, 80$)。

C(c) 使用 IOR Tutorial 求此馬可夫鏈各狀態的穩態機率。描述 n 很大時,(b) 小題所得 n 步轉移矩陣與穩態機率的比較結果。

14.4-1. 已知以下馬可夫鏈(一步)轉移矩陣,求馬可夫鏈類組及是否為重現類組。

(a) $\mathbf{P} = \begin{matrix} \text{狀態} & 0 & 1 & 2 & 3 \\ 0 & \begin{bmatrix} 0 & 0 & \frac{1}{3} & \frac{2}{3} \\ 1 & 0 & 0 & 0 \\ 0 & 1 & 0 & 0 \\ 0 & 1 & 0 & 0 \end{bmatrix} \\ 1 \\ 2 \\ 3 \end{matrix}$

(b) $\mathbf{P} = \begin{matrix} \text{狀態} & 0 & 1 & 2 & 3 \\ 0 & \begin{bmatrix} 1 & 0 & 0 & 0 \\ 0 & \frac{1}{2} & \frac{1}{2} & 0 \\ 0 & \frac{1}{2} & \frac{1}{2} & 0 \\ \frac{1}{2} & 0 & 0 & \frac{1}{2} \end{bmatrix} \\ 1 \\ 2 \\ 3 \end{matrix}$

14.4-2. 已知以下馬可夫鏈(一步)轉移矩陣,求馬可夫鏈類組及是否為重現類組。

(a) $\mathbf{P} = \begin{matrix} \text{狀態} & 0 & 1 & 2 & 3 \\ 0 & \begin{bmatrix} 0 & \frac{1}{3} & \frac{1}{3} & \frac{1}{3} \\ \frac{1}{3} & 0 & \frac{1}{3} & \frac{1}{3} \\ \frac{1}{3} & \frac{1}{3} & 0 & \frac{1}{3} \\ \frac{1}{3} & \frac{1}{3} & \frac{1}{3} & 0 \end{bmatrix} \\ 1 \\ 2 \\ 3 \end{matrix}$

(b) $\mathbf{P} = \begin{matrix} \text{狀態} & 0 & 1 & 2 \\ 0 & \begin{bmatrix} 0 & 0 & 1 \\ \frac{1}{2} & \frac{1}{2} & 0 \\ 0 & 1 & 0 \end{bmatrix} \\ 1 \\ 2 \end{matrix}$

14.4-3. 已知以下馬可夫鏈(一步)轉移矩陣,求馬可夫鏈類組及是否為重現類組。

$\mathbf{P} = \begin{matrix} \text{狀態} & 0 & 1 & 2 & 3 & 4 \\ 0 & \begin{bmatrix} \frac{1}{4} & \frac{3}{4} & 0 & 0 & 0 \\ \frac{3}{4} & \frac{1}{4} & 0 & 0 & 0 \\ \frac{1}{3} & \frac{1}{3} & \frac{1}{3} & 0 & 0 \\ 0 & 0 & 0 & \frac{3}{4} & \frac{1}{4} \\ 0 & 0 & 0 & \frac{1}{4} & \frac{3}{4} \end{bmatrix} \\ 1 \\ 2 \\ 3 \\ 4 \end{matrix}$

14.4-4. 求以下馬可夫鏈(一步)轉移矩陣的馬可夫鏈個狀態週期。

$\mathbf{P} = \begin{matrix} \text{狀態} & 0 & 1 & 2 & 3 & 4 & 5 \\ 0 & \begin{bmatrix} 0 & 0 & 0 & \frac{2}{3} & 0 & \frac{1}{3} \\ 0 & 0 & 1 & 0 & 0 & 0 \\ 1 & 0 & 0 & 0 & 0 & 0 \\ 0 & \frac{1}{4} & 0 & 0 & \frac{3}{4} & 0 \\ 0 & 0 & 1 & 0 & 0 & 0 \\ 0 & \frac{1}{2} & 0 & 0 & \frac{1}{2} & 0 \end{bmatrix} \\ 1 \\ 2 \\ 3 \\ 4 \\ 5 \end{matrix}$

14.4-5. 思考以下馬可夫鏈(一步)轉移矩陣的馬可夫鏈。

$\mathbf{P} = \begin{matrix} \text{狀態} & 0 & 1 & 2 & 3 & 4 \\ 0 & \begin{bmatrix} 0 & \frac{4}{5} & 0 & \frac{1}{5} & 0 \\ \frac{1}{4} & 0 & \frac{1}{2} & \frac{1}{4} & 0 \\ 0 & \frac{1}{2} & 0 & \frac{1}{10} & \frac{2}{5} \\ 0 & 0 & 0 & 1 & 0 \\ \frac{1}{3} & \frac{1}{3} & \frac{1}{3} & 0 & 0 \end{bmatrix} \\ 1 \\ 2 \\ 3 \\ 4 \end{matrix}$

(a) 算出馬可夫鏈的類組,並判定每個類組是重現類組還是過渡類組。

(b) 對於 (a) 小題所得的各類組,算出該類組中所有狀態的週期。

14.5-1. 再次思考習題 14.2-1。現在假設以任意的 α 和 β 分別取代已知機率 0.5 和 0.9,求解以 α 和 β 表示各天氣狀態的穩態機率。

14.5-2. 若轉移矩陣 P 各行總和為 1,我們則稱此為雙重隨機 (doubly stochastic) 矩陣,即

$$\sum_{i=0}^{M} p_{ij} = 1, \text{對所有} j$$

若此鏈為不可約、非週期性,且有 $M+1$ 個狀態,證明

$$\pi_j = \frac{1}{M+1}, \text{而} j = 0, 1, ..., M$$

14.5-3. 重新思考習題 14.3-3。用習題 14.5-2 結果,求解馬可夫鏈的穩態機率。若順時針移動一點的機率為 0.9,而逆時針移動一點的機率為 0.1,穩態機率則會有何變化?

C **14.5-4.** 西岸某啤酒大廠(標示為 A)雇用一位 OR 分析師來分析市場定位,該啤酒大廠特別關注主要競爭對手(標示為 B)。該分析師認為,品牌轉換可用三狀態的馬可夫鏈來建立模型,其中狀態 A 及 B 分別為顧客飲用上述兩家啤酒

廠啤酒，而狀態 C 為所有他牌啤酒。分析師每個月蒐集資料，並依過去資料建立下列（一步）轉移矩陣。

	A	B	C
A	0.8	0.15	0.05
B	0.25	0.7	0.05
C	0.15	0.05	0.8

這兩大瓶啤酒廠的穩態市場佔有率為何？

14.5-5. 思考下列某醫院的血液存量問題。稀有血型 AB 型 RH 陰性每三天需求量 D（以品脫為單位）為

$P\{D = 0\} = 0.4, \quad P\{D = 1\} = 0.3,$
$P\{D = 2\} = 0.2, \quad P\{D = 3\} = 0.1.$

注意，期望需求量為 1 品脫，由於 $E(D) = 0.3(1) + 0.2(2) + 0.1(3) = 1$。假設配送間隔時間為三天，醫院提議，每次收到 1 品脫，並先把最舊的血用掉。若所需血液超出現有存量，就以緊急配送。血液存放 21 天若未使用就須丟棄。以每次配送後的血液存量為系統的狀態，因為規定要丟棄，故最大可能狀態為 7。

(a) 建立馬可夫鏈的（一步）轉移矩陣。
^C(b) 求解此馬可夫鏈各個狀態的穩態機率。
(c) 利用 (b) 小題的結果，求解三天內要丟棄 1 品脫血液的穩態機率（提示：因為先使用最舊的血，只有在狀態 7 及 D = 0 時，才會有 1 品脫的血液已存放 21 天）。
(d) 利用 (b) 小題的結果，在三天配送一次的正常狀況下，求解需要緊急配送的穩態機率。

^C**14.5-6.** 14.5 節最後已計算 14.1 節存貨範例之（長期）每週期望平均成本（只根據訂貨成本與缺貨成本）。假設現在改變訂貨策略：週末照相機存量為 0 或 1 時，就下訂將存量增至 3，否則不會下任何訂單。

重新計算新存貨策略的（長期）每週期望平均成本。

14.5-7. 思考 14.1 節存貨範例，但改變訂貨策略：當週末照相機存貨量為 0 或 1 時，訂購 2 台；否則不訂。假設存放成本與 14.5 節第二小節相同。

^C(a) 求解馬可夫鏈各個狀態的穩態機率。
(b) 求解長期每週期望平均存放成本。

14.5-8. 思考下列某產品存貨策略，若某期需求量超出現有數量，則未滿足需求量能在下次進貨時再補足。令 $Z_n (n = 0, 1, ...)$ 表示在第 n 期末尚未訂貨時，現有存貨量扣除缺貨量值（$Z_0 = 0$）。當 Z_n 是零或正值時，無需後補。若 Z_n 是負值，則 $-Z_n$ 代表缺貨量且目前沒有存貨。在第 n 期末，若 $Z_n < 1$，則下訂單購買 $2m$ 件，其中 m 讓 $Z_n + 2m \geq 1$ 的最小整數，而訂購貨品能立刻送達。

令 $D_1, D_2, ...$ 分別為產品在第 $1, 2, ...$ 期的需求量。假設 D_n 為獨立且相同分配的隨機變數，其值為 0、1、2、3、4 的機率各為 $\frac{1}{5}$。令 X_n 表示在第 n 期末訂貨後的存貨量（其中 $X_0 = 2$），故

$$X_n = \begin{cases} X_{n-1} - D_n + 2m & \text{若 } X_{n-1} - D_n < 1 \\ X_{n-1} - D_n & \text{若 } X_{n-1} - D_n \geq 1 \end{cases} (n = 1, 2, ...),$$

當 $\{X_n\}(n = 0, 1, ...)$ 為馬可夫鏈，只有 1 和 2 兩個狀態，因為只有在 $Z_n = 0$、-1、-2 或 -3 時才會分別訂貨 2、2、4 及 4 件，讓 X_n 分別等於 2、1、2、1。

(a) 建立（一步）轉移矩陣。
(b) 使用穩態方程式求解穩態機率。
(c) 現在利用習題 14.5-2 的結果求解穩態機率。
(d) 假設訂貨時的訂貨成本是 $(2 + 2m)$，否則為零。當 $Z_n \geq 0$ 時，每期存貨持有成本是 Z_n，否則為零。當 $Z_n < 0$ 時，每期缺貨成本是 $-4Z_n$，否則為零。求解（長期）單位時間期望平均成本。

14.5-9. 一重要零組件包含兩個並聯零件，只要其中之一正常運轉，此零組件功能就正常。故同時間只有一零件在運轉，但為求兩零件維持正常（可運轉），通常有需要就得修理。一運轉中零件在某已知期間內故障之機率為 0.2。故障發生時，並聯零件運作正常，會在下一期開始時運轉。一次只能修理一零件，會從第一個能修理的期間開始，到下期結束時完成。令 X_t 代表 U 及 V 的向量，其中 U 為第 t 期末正常零件數量，V 為已修理故障零件的期數。故若 $U = 2$ 或 $U = 1$ 且故障零件正要開始修理，則 $V = 0$。因為修理需兩期時間，所以若 $U = 0$（因為此時一故障零件待修理，而另一零件正進行第二期修理）或 $U = 1$ 且故障零件正進行第二期修理，則 $V = 1$。故狀態空間包含 (2,0)、(1,0)、(0,1) 及 (1,1) 四個狀態，分別以 0、1、2 及 3 等代表。

$\{X_t\}(t = 0, 1, \ldots)$ 是馬可夫鏈（假設 $X_0 = 0$），其（一步）轉移矩陣為

$$\mathbf{P} = \begin{array}{c} \text{狀態} \\ 0 \\ 1 \\ 2 \\ 3 \end{array} \begin{array}{cccc} 0 & 1 & 2 & 3 \\ \begin{bmatrix} 0.8 & 0.2 & 0 & 0 \\ 0 & 0 & 0.2 & 0.8 \\ 0 & 1 & 0 & 0 \\ 0.8 & 0.2 & 0 & 0 \end{bmatrix} \end{array}.$$

^C(a) n 期後，$n=2, 5, 10, 20$，此零組件無法正常運轉（因兩零件都故障）的機率為何？

^C(b) 這個馬可夫鏈各個狀態的穩態機率為何？

(c) 若此零組件無法正常運轉（兩個零件都故障）的成本是每期 $30,000，否則為 $0，（長期）每期期望平均成本為何？

14.6-1. 每小時結束時檢查某電腦，會出現正常或當機的情況。若運作正常，則下個小時仍正常的機率為 0.95；若電腦當機就會送修，但也許會超過 1 小時。當電腦當機（無論當機多久），在 1 小時後仍當機的機率為 0.5。

(a) 建立馬可夫鏈的（一步）轉移矩陣。

(b) 應用 14.6 節的方法，求解所有 i 及 j 的 μ_{ij}（從狀態 i 到狀態 j 的期望首次通過時間）。

14.6-2. 某製造商有台機器，若在某天開始時運作正常的，則在這天內故障的機率為 0.1。發生故障時，隔天會修理此機器，且在該天結束時修好。

(a) 找出每天結束時機器的三個可能狀態，接著建立（一步）轉移矩陣，以及這台機器狀況演進的馬可夫鏈模型。

(b) 應用 14.6 節的方法，求解所有 i 及 j 的 μ_{ij}（從狀態 i 到狀態 j 的期望首次通過時間）。並以此來求解從修理完成到下次故障，這台機器維持正常的期望天數。

(c) 現假設此機器從上次修理後，已 20 天未故障，比較從現在至下次故障，這台機器維持正常之期望天數，及修理剛完成時，(b) 小題之結果，並予以說明。

14.6-3. 重新思考習題 14.6-2，現假設該製造商有台備用機，且只在主要機器修理時才用。主要機器修理當天，備用機故障機率為 0.1。在此情況，備用機隔天會送修。以 (x, y) 表示此系統的狀態，其中 x 和 y 的值分別是 1 或 0，得依照當天結束主要機器 (x) 和備用機 (y) 是正常 (1) 或故障 (0) 來判定（提示：狀態 (0,0) 不可能發生）。

(a) 建立馬可夫鏈的轉移矩陣。

(b) 求解狀態 (1,0) 的期望重現時間。

14.6-4. 思考 14.1 節存貨範例，但將需求量機率分配改成

$$P\{D = 0\} = \frac{1}{4}, \qquad P\{D = 2\} = \frac{1}{4},$$
$$P\{D = 1\} = \frac{1}{2}, \qquad P\{D \geq 3\} = 0.$$

而訂購策略改成週末存貨量為 0 時，訂購 2 台照相機。跟之前一樣，如果週末有存貨就不訂購。假設當這個策略開始實施時，（該週末）照相機存貨量是 1 台。

(a) 建立（一步）轉移矩陣。

^C(b) 當 $n = 2, 5, 10$ 時，求解新存貨策略實施 n 週後馬可夫鏈各個狀態的機率分配。

(c) 求解所有 i 及 j 的 μ_{ij}（從狀態 i 到狀態 j 的期望首次通過時間）。

^C(d) 求解馬可夫鏈各個狀態的穩態機率。

(e) 假設該店周末支付每台照相機存放成本是 $C(0) = 0$, $C(1) = \$2$ 及 $C(2) = \$8$，求解長期每週期望平均存放成本。

14.6-5. 某製程包含了一台在大量使用後品質和產出快速劣化的機器，故每天結束時都要檢查。檢查後能馬上得知該機器狀況，且可歸類成以下四種可能狀態：

狀態	機器狀況
0	狀況如新
1	可運轉—稍微劣化
2	可運轉—嚴重劣化
3	無法運轉並置換成新機器

此過程能用馬可夫鏈來建立模型，其（一步）轉移矩陣 $\mathbf{P}$ 是

狀態	0	1	2	3
0	0	$\frac{7}{8}$	$\frac{1}{16}$	$\frac{1}{16}$
1	0	$\frac{3}{4}$	$\frac{1}{8}$	$\frac{1}{8}$
2	0	0	$\frac{1}{2}$	$\frac{1}{2}$
3	1	0	0	0

^{C}(a) 求解穩態機率。
(b) 若狀態 0、1、2、3 的成本分別是 0、$1,000、$3,000 及 $6,000，長期每日期望平均成本為何？
(c) 求解狀態 0 的期望重現時間（即置換前機器可使用的期望時間）。

14.7-1. 思考以下狀況，某博弈玩家每局下注 1 元，每次賭贏的機率為 p；而輸的機率是 $q = 1 - p$。該玩家會玩到破產或持有 T 元為止。令 X_n 表示此玩家在第 n 次賭局後所持有金額，則

$$X_{n+1} = \begin{cases} X_n + 1 & \text{機率 } p \\ X_n - 1 & \text{機率 } q = 1-p \end{cases} \text{ 其中 } 0 < X_n < T,$$
$$X_{n+1} = X_n, \quad \text{其中 } X_n = 0 \text{ 或 } T$$

而且 $\{X_n\}$ 是一個馬可夫鏈。假設此玩家從 X_0 元開始，其中 X_n 是比 T 小的正整數。

(a) 建立這個馬可夫鏈的（一步）轉移矩陣。
(b) 找出這個馬可夫鏈的類組。
(c) 令 $T = 3$ 及 $p = 0.3$。使用 14.7 節的符號，求解 $f_{10}, f_{1T}, f_{20}, f_{2T}$。
(d) 令 $T = 3$ 及 $p = 0.7$，求解 $f_{10}, f_{1T}, f_{20}, f_{2T}$。

14.7-2. 某錄影機製造商對自家產品品質有信心，故產品在 2 年內故障，能保證換貨。據該公司資料，已知僅 1% 的錄影機會在第一年內故障，而第一年內未故障的錄影機，有 5% 會在第二年內故障。這不包括換貨的錄影機。

(a) 建立錄影機狀況演進成馬可夫鏈，其中包括兩吸收狀態，即需要保證換貨或保證期間未故障，然後建立（一步）轉移矩陣。
(b) 應用 14.7 節方法，求該製造商需要履行保證換貨的機率。

14.8-1. 重新思考 14.8 節末範例，我們現在假設工廠新增了與前兩台完全相同的第三台機器，而該維修人員仍要維護所有機器。

(a) 建立此馬可夫鏈的轉移速率圖。
(b) 建立穩態方程式。
(c) 求解穩態方程式以求得穩態機率。

14.8-2. 我們定義某連續時間馬可夫鏈狀態為，某加工中心目前工作數量，最多容許兩件工作，且工作為個別到達。每當少於兩件工作時，到下個工作到達的時間遵循平均值為 2 天的指數分配。加工中心一次處理一件工作完成後就立刻離開，處理時間遵循平均值為 1 天的指數分配。

(a) 建立此馬可夫鏈的轉移速率圖。
(b) 建立穩態方程式。
(c) 求解穩態方程式以求得穩態機率。

Appendix

OR Courseware 說明文件

本書專屬網站 (www.mhhe.com/hillier) 提供各位許多軟體資源,稱為 *OR Courseware*,並各別扼要說明。

OR Tutor

OR Tutor 由包含 JavaScript 的 HTML 網頁組成,所以能一般個人電腦或麥金塔電腦上,支援 JavaScript 的瀏覽器進行瀏覽。

OR Tutor 軟體是以互動方式說明及啟發主要觀念,以助各位自主學習。該軟體中有 16 個示範例題,補充書中範例。各範例透過互動式介面引導,以生動活潑方式敘述演算法或相關 OR 觀念。大部分範例結合各步驟的代數計算與幾何圖示。有些幾何圖示利用移動的點或線,說明演算過程,所以呈現出動態狀況。這些範例也與課本內容結合,使用相同符號與專有名詞,並對照課本內容。各位會發現此套軟體是既很有趣且有效的學習輔助工具。

IOR Tutorial

OR Courseware 另一特色為 *Interactive Operations Research Tutorial* 軟體,或簡稱 *IOR Tutorial*。IOR Tutorial 是本書專屬軟體,以創新教學功能讓演算法學習的過程更有效且愉快。以 Java2 撰寫的 IOR Tutorial 能在任何平台使用。

IOR Tutorial 提供大量本書各章主題的互動程序,讓各位能用互動方式執行 OR 演算法。各位一邊看著電腦螢幕上的相關資訊時,就能決定下一個演算法步驟的方法,運用電腦計算以執行演算法。發現錯誤時能很快回溯並修正。為協助使用者正確執

行，電腦會指出第一次疊代的錯誤（若有時）。執行完後，能列印所有結果當作業用。

我們認為這些互動程序為各位提供了一個正確方向，即協助各位學習 OR 演算法、且把重點放在觀念上而不是機械式計算，這讓學習過程更有效且更具啟發性。互動程式也能指出組織須完成的工作，但並不會幫各位思考。各位能從錯誤中學習，因此必須努力思考，保持正確學習方向。問題的設計也很清楚區分電腦與學生間的工作，以有效率且完整的進行學習。

在透過互動程序學習到演算法的邏輯後，各位要能應用自動程序快速執行演算法。接下來會介紹可運用在本書中大部分演算法的套裝軟體。但對於一些不包含（及已包含）的演算法，IOR Tutorial 則提供專為求解本書例題而設計的特別自動程序。

EXCEL 檔案

OR Courseware 提供了本書大部分章節的 Excel 檔案，通常包括幫助各位建立及求解書中各種模型的兩種試算表。首先，書中範例若能以 Excel 求解，則該章 Excel 檔案會提供完整模型及解。各位用 Excel Solver（或 ASPE）建立並求解類似問題時，能把 Excel 檔案當參考，甚至範本（Excel 已內建 Solver，但和許多 Excel 增益集一樣，須安裝才能用）。第二種則為書中許多模型的範本，其中包括求解模型所需方程式，只要輸入模型資料，即可計算出解。

ANALYTIC SOLVER PLATFORM FOR EDUCATION (ASPE)

本版新增了 Frontline Systems 公司的 Excel 增益集 Analytic Solver Platform for Education (ASPE)，部分內容如同加強版 Solver，能建構決策樹及在 Excel 中建立模擬模型。

MPL/SOLVERS

如 3.6 節及 4.8 節所提，MPL 是先進的建模語言，支援許多功能強大的求解軟體 (Solver)。OR Courseware 包含學生版 MPL 及幾個 Solver。與完整版相較之下，雖然學生版在求解線性、整數及非線性規劃問題之規模較小，但足以求解比書中問題規模大的問題。

本書專屬網站提供詳盡的 MPL 教學及說明文件，及書中所有可應用 MPL/Solver 範例的模型及解。學生版 MPL 包含 OptiMax Component Library，能將 MPL 模型完全整合至 Excel 求解，也包括 CPLEX（線性、整數及二次規劃）、GUROBI（線性、整數及二次規劃）、CoinMP（線性及整數規劃）、SULUM（線性及整數規劃）、CONOPT（凸規劃）及 LGO（全域最佳化）等學生版 Solver。

MPL 及其 Solver 相關訊息請見 www.maximalsoftware.com。

LINGO/LINDO 檔案

　　本書亦包含受歡迎的建模語言 LINGO（特別參見 3.6 節末、第 3 章補充教材及附錄 4.1），包括傳統 LINDO 語法子集（參見 4.8 節及附錄 4.1）。OR Courseware 包含學生版 LINGO（含 LINDO 子集），最新學生版 LINGO/LINDO（及附帶試算表求解軟體 *What's Best!*）都能從 www.lindo.com 下載。

　　OR Courseware 包含了許多章 LINGO/LINDO 檔案或（LINDO 不適用時）LINGO 檔案。每個檔案都提供該章能應用 LINGO 和 LINDO 範例的模型及解，本書專屬網站亦提供相關輔助教材。

更新

　　軟體更新在本書改版期間非常快速。本附錄提供的軟體說明，難免會隨軟體更新而有些變化。關於軟體更新資訊，另見本書專屬網站 (www.mhhe.com/hillier)。

Appendix 2

矩陣及矩陣運算

矩陣 (matrix) 是數字所構成的長方形陣列，例如

$$\mathbf{A} = \begin{bmatrix} 2 & 5 \\ 3 & 0 \\ 1 & 1 \end{bmatrix}$$

是一個 3×2（念成 3 乘 2）的矩陣，由於此為一個三列與兩行長方形數字陣列，（本書的矩陣以**粗體大寫字母**表示）。長方形數字陣列中的數字為**元素 (element)**，例如

$$\mathbf{B} = \begin{bmatrix} 1 & 2.4 & 0 & \sqrt{3} \\ -4 & 2 & -1 & 15 \end{bmatrix}$$

是一個 2×4 的矩陣，元素為 1、2.4、0、$\sqrt{3}$、−4,2、−1、和 15。因此，更一般型式

$$\mathbf{A} = \begin{bmatrix} a_{11} & a_{12} & \cdots & a_{1n} \\ a_{21} & a_{22} & \cdots & a_{2n} \\ \multicolumn{4}{c}{\dotfill} \\ a_{m1} & a_{m2} & \cdots & a_{mn} \end{bmatrix} = \|a_{ij}\|$$

是一個 $m \times n$ 的矩陣，$a_{11}, \ldots, a_{mn}$ 代表這個矩陣的元素；而 $\|a_{ij}\|$ 矩陣的縮寫符號，表示其在 i 列及第 j 行的元素是，對任何 $i = 1, 2, ..., m$ 及 $j = 1, 2, ..., n$。

矩陣運算

因矩陣並無數值，故不能相加與乘。但有時須進行數字陣列運算，故發展出類似代數運算的矩陣運算規則。為說明起見，令 $\mathbf{A} = \|a_{ij}\|$ 及 $\mathbf{B} = \|b_{ij}\|$ 為具有相同列數及相同行數的兩個矩陣。（討論矩陣乘法時，會改變此限制）。

矩陣 $\mathbf{A}$ 與 $\mathbf{B}$ 相等 (**A=B**)，若且為若所有相對應的元素都相等（$a_{ij} = b_{ij}$，對所有 i 及 j）。

矩陣乘以數字（以 k 表示此數字）運算方式是將矩陣中各元素都乘以 k，亦即

$$k\mathbf{A} = \|ka_{ij}\|。$$

例如，

$$3\begin{bmatrix} 1 & \frac{1}{3} & 2 \\ 5 & 0 & -3 \end{bmatrix} = \begin{bmatrix} 3 & 1 & 6 \\ 15 & 0 & -9 \end{bmatrix}。$$

要讓 $\mathbf{A}$ 與 $\mathbf{B}$ 兩矩陣相加，僅將相對應元素相加，故

$$\mathbf{A} + \mathbf{B} = \|a_{ij} + b_{ij}\|。$$

例如，

$$\begin{bmatrix} 5 & 3 \\ 1 & 6 \end{bmatrix} + \begin{bmatrix} 2 & 0 \\ 3 & 1 \end{bmatrix} = \begin{bmatrix} 7 & 3 \\ 4 & 7 \end{bmatrix}。$$

同理，矩陣相減方式如下列所示：

$$\mathbf{A} - \mathbf{B} = \mathbf{A} + (-1)\mathbf{B}。$$

所以

$$\mathbf{A} - \mathbf{B} = \|a_{ij} - b_{ij}\|，$$

例如，

$$\begin{bmatrix} 5 & 3 \\ 1 & 6 \end{bmatrix} - \begin{bmatrix} 2 & 0 \\ 3 & 1 \end{bmatrix} = \begin{bmatrix} 3 & 3 \\ -2 & 5 \end{bmatrix}。$$

各位注意，除與常數相乘外，兩矩陣須大小相同才可以進行以上運算。但所有運算都很直接，因為只在矩陣相對應元素上比較或運算而已。

接著我們還要定義**矩陣乘法 (matrix multiplication)** 的基本運算，但是這種運算複雜許多。要求出矩陣 $\mathbf{A}$ 乘以矩陣 $\mathbf{B}$ 所得矩陣的第 i 列、第 j 行的元素，必須把 $\mathbf{A}$ 的第 i 列各元素乘以 $\mathbf{B}$ 的第 j 行的相對應元素，然後將乘積加總。為進行元素對應元素乘法，我們會限制 $\mathbf{A}$ 與 $\mathbf{B}$ 的大小：

定義矩陣乘積 AB，若且為若 A 的行數與 B 的列數相等。

因此，如果 $\mathbf{A}$ 是 $m \times n$ 的矩陣，而 $\mathbf{B}$ 是 $n \times s$ 的矩陣，則乘積是

$$\mathbf{AB} = \left\| \sum_{k=1}^{n} a_{ik}b_{kj} \right\|，$$

其中這個乘積是 $m \times s$ 的矩陣。若 $\mathbf{A}$ 是 $m \times n$ 的矩陣，而 $\mathbf{B}$ 是 $r \times s$ 的矩陣，且 $n \times r$，則 $\mathbf{AB}$ 未定義。

我們以下面的例子來說明矩陣乘法，

$$\begin{bmatrix} 1 & 2 \\ 4 & 0 \\ 2 & 3 \end{bmatrix} \begin{bmatrix} 3 & 1 \\ 2 & 5 \end{bmatrix} = \begin{bmatrix} 1(3)+2(2) & 1(1)+2(5) \\ 4(3)+0(2) & 4(1)+0(5) \\ 2(3)+3(2) & 2(1)+3(5) \end{bmatrix}$$

$$= \begin{bmatrix} 7 & 11 \\ 12 & 4 \\ 12 & 17 \end{bmatrix}$$

另一方面,若以反向順序相乘,所得乘積

$$\begin{bmatrix} 3 & 1 \\ 2 & 5 \end{bmatrix} \begin{bmatrix} 1 & 2 \\ 4 & 0 \\ 2 & 3 \end{bmatrix}$$

甚至無定義。

即使 **AB** 和 **BA** 都有定義,

$$\mathbf{AB} \neq \mathbf{BA}$$

因此,應視矩陣乘法為特別設計的運算,但特性與算術乘法不同。為了解採用矩陣乘法的理由,思考下列方程式系統:

$$2x_1 - x_2 + 5x_3 + x_4 = 20$$
$$x_1 + 5x_2 + 4x_3 + 5x_4 = 30$$
$$3x_1 + x_2 - 6x_3 + 2x_4 = 20 \text{。}$$

除上列表示法外,亦可寫成下列精簡矩陣形式

$$\mathbf{Ax} = \mathbf{b} \text{,}$$

其中

$$\mathbf{A} = \begin{bmatrix} 2 & -1 & 5 & 1 \\ 1 & 5 & 4 & 5 \\ 3 & 1 & -6 & 2 \end{bmatrix} \text{、} \quad \mathbf{x} = \begin{bmatrix} x_1 \\ x_2 \\ x_3 \\ x_4 \end{bmatrix} \text{、} \quad \mathbf{b} = \begin{bmatrix} 20 \\ 30 \\ 20 \end{bmatrix} \text{。}$$

此情況就是為矩陣乘法設計。

各位特別注意,矩陣除法並無定義。

雖矩陣運算不具備算術運算的特性,但仍滿足下列規則:

$$\mathbf{A} + \mathbf{B} = \mathbf{B} + \mathbf{A} \text{,}$$
$$(\mathbf{A} + \mathbf{B}) + \mathbf{C} = \mathbf{A} + (\mathbf{B} + \mathbf{C}) \text{,}$$
$$\mathbf{A}(\mathbf{B} + \mathbf{C}) = \mathbf{AB} + \mathbf{AC} \text{,}$$
$$\mathbf{A}(\mathbf{BC}) = (\mathbf{AB})\mathbf{C} \text{,}$$

這些矩陣的相對大小符合運算相關的定義。

另一種矩陣運算是**轉置運算 (transpose operation)**,這個運算沒有相對應的算術運算。轉置運算的作法只是交換矩陣的列與行,這在以想要的方式進行矩陣乘法運算

時經常是有用的。因此，對任何 $\mathbf{A} = \|a_{ij}\|$ 而言，其轉置 $\mathbf{A}^T$ 是

$$\mathbf{A}^T = \|a_{ji}\|。$$

以下為例，若

$$\mathbf{A} = \begin{bmatrix} 2 & 5 \\ 1 & 3 \\ 4 & 0 \end{bmatrix},$$

則

$$\mathbf{A}^T = \begin{bmatrix} 2 & 1 & 4 \\ 5 & 3 & 0 \end{bmatrix}。$$

特殊矩陣

0 與 1 在算術中發揮特殊的作用，矩陣理論中也有發揮類似作用的特殊矩陣。類似於 1 的矩陣是**單位矩陣 (identity matrix) I**，為一方陣 (square matrix)，除主對角線元素為 1 外，其他皆為零。因此，

$$\mathbf{I} = \begin{bmatrix} 1 & 0 & 0 & \cdots & 0 \\ 0 & 1 & 0 & \cdots & 0 \\ 0 & 0 & 1 & \cdots & 0 \\ \cdots & \cdots & \cdots & \cdots & \cdots \\ 0 & 0 & 0 & \cdots & 1 \end{bmatrix}$$

I 的列數或行數可依需要而定。**I** 與 1 的相似之處在於對任何矩陣 **A** 來說，

$$\mathbf{IA} = \mathbf{A} = \mathbf{AI},$$

指定每個 **I** 適當列數與行數，讓乘法有定義。

同理，相似於 0 的矩陣是**虛無矩陣 (null matrix) 0**，即任意大小之元素皆為 0 的矩陣。因此，

$$\mathbf{0} = \begin{bmatrix} 0 & 0 & \cdots & 0 \\ 0 & 0 & \cdots & 0 \\ \cdots & \cdots & \cdots & \cdots \\ 0 & 0 & \cdots & 0 \end{bmatrix}$$

因此，對任意矩陣 **A** 來說，

$$\mathbf{A} + \mathbf{0} = \mathbf{A} 、 \mathbf{A} - \mathbf{A} = \mathbf{0}、及$$
$$\mathbf{0}\mathbf{A} = \mathbf{0} = \mathbf{A}\mathbf{0},$$

每個 **0** 都有適當大小，讓上述運算都有定義。

有時候，將矩陣分割成小矩陣會有用，我們可稱這些小矩陣為**次矩陣 (submatrix)**。例如，一 3×4 的矩陣可以分割成

$$\mathbf{A} = \begin{bmatrix} a_{11} & a_{12} & a_{13} & a_{14} \\ a_{21} & a_{22} & a_{23} & a_{24} \\ a_{31} & a_{32} & a_{33} & a_{34} \end{bmatrix} = \begin{bmatrix} a_{11} & \mathbf{A}_{12} \\ \mathbf{A}_{21} & \mathbf{A}_{22} \end{bmatrix}$$

其中

$$\mathbf{A}_{12} = [a_{12}, \quad a_{13}, \quad a_{14}] \text{、} \quad \mathbf{A}_{21} = \begin{bmatrix} a_{21} \\ a_{31} \end{bmatrix} \text{、}$$

$$\mathbf{A}_{22} = \begin{bmatrix} a_{22} & a_{23} & a_{24} \\ a_{32} & a_{33} & a_{34} \end{bmatrix}$$

都是次矩陣。除進行元素對元素運算外，只要分割成適當大小後，也能用次矩陣運算。例如說，若 $\mathbf{B}$ 是 4×1 的矩陣，且分割成

$$\mathbf{B} = \begin{bmatrix} b_1 \\ b_2 \\ b_3 \\ b_4 \end{bmatrix} = \begin{bmatrix} b_1 \\ \mathbf{B}_2 \end{bmatrix},$$

則

$$\mathbf{AB} = \begin{bmatrix} a_{11}b_1 + \mathbf{A}_{12}\mathbf{B}_2 \\ \mathbf{A}_{21}b_1 + \mathbf{A}_{22}\mathbf{B}_2 \end{bmatrix}.$$

向量

向量 (vector) 是一種在矩陣理論發揮了重要作用，只有一列或一行的特殊形態矩陣。因此，

$$\mathbf{x} = [x_1, x_2, \ldots, x_n]$$

是一個**列向量 (row vector)**；而

$$\mathbf{x} = \begin{bmatrix} x_1 \\ x_2 \\ \vdots \\ x_n \end{bmatrix}$$

是一個**行向量 (column vector)**（本書以**粗體小寫字母**表示向量）。有時候會稱此向量為 n- 向量 (n-vector)，以說明其有 n 個元素。例如，

$$\mathbf{x} = [1, 4, -2, \tfrac{1}{3}, 7]$$

是一個 5- 向量。

虛無向量 (null vector) 0 是一個元素都是 0 的列向量或行向量，亦即，

$$\mathbf{0} = [0, 0, \ldots, 0] \qquad \text{或} \qquad \mathbf{0} = \begin{bmatrix} 0 \\ 0 \\ \vdots \\ 0 \end{bmatrix}.$$

（雖然都以符號 **0** 表示虛無向量與虛無矩陣，但是通常可以由其內容分辨。）

及能利用向量分析矩陣之重要特性。為簡化起見，我們以任何 $m \times n$ 的矩陣可以分割成 m 個列向量或 n 個行向量，及能利用向量分析矩陣之重要特性。為簡化起見，我們以一組相同形式的 n- 向量（亦即不全為列向量，就是全為行向量）。

定義：對一組向量而言，若存在 m 個數字（以表示），其中某些不為零，因此

$$c_1\mathbf{x}_1 + c_2\mathbf{x}_2 + \cdots + c_m\mathbf{x}_m = \mathbf{0}$$

則這組向量稱為**線性相依 (linearly dependent)**；否則稱為**線性獨立 (linearly independent)**。

舉例來說，如果 $m = 3$ 且

$$\mathbf{x}_1 = [1, 1, 1], \quad \mathbf{x}_2 = [0, 1, 1], \quad \mathbf{x}_3 = [2, 5, 5],$$

則存在 3 個數字，如 $C_1=2$、$C_2=3$ 及 $C_3=-1$，因此

$$\begin{aligned}2\mathbf{x}_1 + 3\mathbf{x}_2 - \mathbf{x}_3 &= [2, 2, 2] + [0, 3, 3] - [2, 5, 5] \\ &= [0, 0, 0],\end{aligned}$$

所以 X_1、X_2、X_3 線性相依。注意，為驗證線性相依，須找出三個數字 (c_1, c_2, c_3)，讓 $c_1\mathbf{x}_1 + c_2\mathbf{x}_2 + c_3\mathbf{x}_3 = 0$。但有時並不容易。同時注意，可將此方程式改成

$$\mathbf{x}_3 = 2\mathbf{x}_1 + 3\mathbf{x}_2$$

因此，之所以可以將 X_1、X_2、X_3 詮釋為是線性相依的原因為其他兩個向量的線性組合。然而，如果將 X_3 改成

$$\mathbf{x}_3 = [2, 5, 6]$$

則 X_1、X_2、X_3 為線性獨立，因為其中之一（例如）不能表示為另兩向量的線性組合。

定義：一向量集合之**秩 (rank)** 為該集合能找出線性獨立向量之最大個數。

以上例而言，向量集合的秩是 2（任兩向量皆為線性獨立）；但改變後，秩變成 3。

定義：一個向量集合的**基底 (basis)** 是該集合中的一組線性獨立向量，使得集合中的每個向量都是這組向量的線性組合（換句話說，集合中的每個向量都等於這組向量的倍數之和）。

例如，上例 X_3 改變前，任兩向量 X_1、X_2 都是 X_3 的基底。改變 X_3 後，基底則為這三向量。

下列定理說明這兩個定義的關係。

定理 A2.1：從一個向量集合中選出的一組 r 個線性獨立向量是該集合的基底，若且僅為該集合的秩是 r。

矩陣特性

根據上述向量結果，我們現在能介紹一些重要的矩陣概念。

定義：一矩陣之**列秩 (row rank)** 為其列向量集合之秩；一矩陣之**行秩 (column rank)** 為其行向量集合之秩。

例如，如果矩陣 **A** 是

$$\mathbf{A} = \begin{bmatrix} 1 & 1 & 1 \\ 0 & 1 & 1 \\ 2 & 5 & 5 \end{bmatrix}$$

依據先前線性相依向量範例，**A** 的列秩為 2，而 **A** 的行秩亦為 2（前兩個行向量為線性獨立，但第二個行向量減第三個行向量等於 **0**）。如下列定理所示，列秩和行秩矩陣相同實非巧合。

定理 A2.2：矩陣的列秩與行秩相等。

最後要討論矩陣的**反矩陣 (inverse of a matrix)**。對任何非零數字 k 來說，有倒數或反數，因此

$$kk^{-1} = 1 = k^{-1}k \text{。}$$

矩陣理論是否有相似觀念？也就是說，已知非虛無矩陣之矩陣 **A**，是否有矩陣 $\mathbf{A}^{-1}$，因此

$$\mathbf{A}\mathbf{A}^{-1} = \mathbf{I} = \mathbf{A}^{-1}\mathbf{A}?$$

若 **A** 並非方陣（即列數與行數不同），則永遠不會有矩陣 $\mathbf{A}^{-1}$，因為矩陣乘積須有不同列數才能讓乘法有定義（故等式無定義）。然而，若 **A** 為方陣，則某些情況會有 $\mathbf{A}^{-1}$（見下列定義及定理 A2.3）。

定義：若一矩陣的秩等於其列數與行數，則此矩陣為**非奇異 (nonsingular)**；否則為**奇異 (singular)**。

因此，只有方陣可為非奇異。一方陣為非奇異，若且僅在行列式非零時，成為一種能有效測試奇異性的方法。

定理 A2.3：

(a) 若 **A** 為非奇異，則我們稱唯一非奇異矩陣 $\mathbf{A}^{-1}$ 為 **A** 的反矩陣，因此

$$\mathbf{A}\mathbf{A}^{-1} = \mathbf{I} = \mathbf{A}^{-1}\mathbf{A}。$$

(b) 若 **A** 非奇異，且 **B** 讓 **AB** = **I** 或 **BA** = **I** 的矩陣，則。

(c) 只有非奇異矩陣有反矩陣。

為說明反矩陣，思考矩陣

$$\mathbf{A} = \begin{bmatrix} 5 & -4 \\ 1 & -1 \end{bmatrix}.$$

注意，由於 **A** 行列式是 $5(-1)-1(-4) = -1$ 而不是零，所以 **A** 是非奇異，因此一定有反矩陣，其中有未知元素

$$\mathbf{A}^{-1} = \begin{bmatrix} a & b \\ c & d \end{bmatrix}.$$

要計算出 $\mathbf{A}^{-1}$，我們使用

$$\mathbf{A}\mathbf{A}^{-1} = \begin{bmatrix} 5a-4c & 5b-4d \\ a-c & b-d \end{bmatrix} = \begin{bmatrix} 1 & 0 \\ 0 & 1 \end{bmatrix},$$

所以

$$\begin{array}{ll} 5a - 4c = 1 & 5b - 4d = 0 \\ a - c = 0 & b - d = 1 \end{array}$$

求解這兩對聯立方程式，得到 $a = 1$、$c = 1$ 及 $b = -4$、$d = -5$，故

$$\mathbf{A}^{-1} = \begin{bmatrix} 1 & -4 \\ 1 & -5 \end{bmatrix}.$$

因此，

$$\mathbf{A}\mathbf{A}^{-1} = \begin{bmatrix} 5 & -4 \\ 1 & -1 \end{bmatrix}\begin{bmatrix} 1 & -4 \\ 1 & -5 \end{bmatrix} = \begin{bmatrix} 1 & 0 \\ 0 & 1 \end{bmatrix},$$

及

$$\mathbf{A}^{-1}\mathbf{A} = \begin{bmatrix} 1 & -4 \\ 1 & -5 \end{bmatrix}\begin{bmatrix} 5 & -4 \\ 1 & -1 \end{bmatrix} = \begin{bmatrix} 1 & 0 \\ 0 & 1 \end{bmatrix}.$$

Appendix 3

常態分配表

表 A3.1 常態曲線下從 $K\alpha$ 到 ∞ 的面積

$$P\{\text{標準常態值} > K_\alpha\} = \int_{K_\alpha}^{\infty} \frac{1}{\sqrt{2\pi}} e^{-x^2/2} \, dx = \alpha$$

K_α	.00	.01	.02	.03	.04	.05	.06	.07	.08	.09
0.0	.5000	.4960	.4920	.4880	.4840	.4801	.4761	.4721	.4681	.4641
0.1	.4602	.4562	.4522	.4483	.4443	.4404	.4364	.4325	.4286	.4247
0.2	.4207	.4168	.4129	.4090	.4052	.4013	.3974	.3936	.3897	.3859
0.3	.3821	.3783	.3745	.3707	.3669	.3632	.3594	.3557	.3520	.3483
0.4	.3446	.3409	.3372	.3336	.3300	.3264	.3228	.3192	.3156	.3121
0.5	.3085	.3050	.3015	.2981	.2946	.2912	.2877	.2843	.2810	.2776
0.6	.2743	.2709	.2676	.2643	.2611	.2578	.2546	.2514	.2483	.2451
0.7	.2420	.2389	.2358	.2327	.2296	.2266	.2236	.2206	.2177	.2148
0.8	.2119	.2090	.2061	.2033	.2005	.1977	.1949	.1922	.1894	.1867
0.9	.1841	.1814	.1788	.1762	.1736	.1711	.1685	.1660	.1635	.1611
1.0	.1587	.1562	.1539	.1515	.1492	.1469	.1446	.1423	.1401	.1379
1.1	.1357	.1335	.1314	.1292	.1271	.1251	.1230	.1210	.1190	.1170
1.2	.1151	.1131	.1112	.1093	.1075	.1056	.1038	.1020	.1003	.0985
1.3	.0968	.0951	.0934	.0918	.0901	.0885	.0869	.0853	.0838	.0823
1.4	.0808	.0793	.0778	.0764	.0749	.0735	.0721	.0708	.0694	.0681
1.5	.0668	.0655	.0643	.0630	.0618	.0606	.0594	.0582	.0571	.0559
1.6	.0548	.0537	.0526	.0516	.0505	.0495	.0485	.0475	.0465	.0455
1.7	.0446	.0436	.0427	.0418	.0409	.0401	.0392	.0384	.0375	.0367
1.8	.0359	.0351	.0344	.0336	.0329	.0322	.0314	.0307	.0301	.0294
1.9	.0287	.0281	.0274	.0268	.0262	.0256	.0250	.0244	.0239	.0233
2.0	.0228	.0222	.0217	.0212	.0207	.0202	.0197	.0192	.0188	.0183
2.1	.0179	.0174	.0170	.0166	.0162	.0158	.0154	.0150	.0146	.0143
2.2	.0139	.0136	.0132	.0129	.0125	.0122	.0119	.0116	.0113	.0110
2.3	.0107	.0104	.0102	.00990	.00964	.00939	.00914	.00889	.00866	.00842
2.4	.00820	.00798	.00776	.00755	.00734	.00714	.00695	.00676	.00657	.00639
2.5	.00621	.00604	.00587	.00570	.00554	.00539	.00523	.00508	.00494	.00480
2.6	.00466	.00453	.00440	.00427	.00415	.00402	.00391	.00379	.00368	.00357
2.7	.00347	.00336	.00326	.00317	.00307	.00298	.00289	.00280	.00272	.00264
2.8	.00256	.00248	.00240	.00233	.00226	.00219	.00212	.00205	.00199	.00193
2.9	.00187	.00181	.00175	.00169	.00164	.00159	.00154	.00149	.00144	.00139

K_α	.0	.1	.2	.3	.4	.5	.6	.7	.8	.9
3	.00135	$.0^3968$	$.0^3687$	$.0^3483$	$.0^3337$	$.0^3233$	$.0^3159$	$.0^3108$	$.0^4723$	$.0^4481$
4	$.0^4317$	$.0^4207$	$.0^4133$	$.0^5854$	$.0^5541$	$.0^5340$	$.0^5211$	$.0^5130$	$.0^6793$	$.0^6479$
5	$.0^6287$	$.0^6170$	$.0^7996$	$.0^7579$	$.0^7333$	$.0^7190$	$.0^7107$	$.0^8599$	$.0^8332$	$.0^8182$
6	$.0^9987$	$.0^9530$	$.0^9282$	$.0^9149$	$.0^{10}777$	$.0^{10}402$	$.0^{10}206$	$.0^{10}104$	$.0^{11}523$	$.0^{11}260$

資料來源：F. E. Croxton, Tables of Areas in Two Tails and in One Tail of the Normal Curve. Copyright 1949 by Prentice-Hall, Inc., Englewood Cliffs, NJ。

部分習題解答

第 3 章

3.1-2. (a)

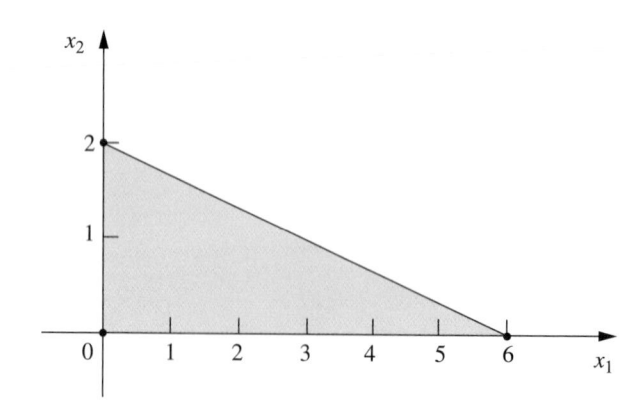

3.1-5. $(x_1, x_2) = (13, 5)$；$Z = 31$。

3.1-11. (b) $(x_1, x_2, x_3) = (26.19, 54.76, 20)$；$Z = 2,904.76$。

3.2-3. (b) 極大化　　$Z = 9,000x_1 + 9,000x_2$，

受限於

$$\begin{aligned} x_1 &\leq 1 \\ x_2 &\leq 1 \\ 10,000x_1 + 8,000x_2 &\leq 12,000 \\ 400x_1 + 500x_2 &\leq 600 \end{aligned}$$

及

$$x_1 \geq 0 \text{、} x_2 \geq 0$$

3.4-2. (a) 正比性：適用。因為各部位吸收進入點放射線劑量的固定比例。

可加性：適用。因為已知多束放射線的放射線吸收量是可以累計的。

可除性：適用。因為放射線強度可以是任何分數值。

確定性：不適用。由於估計不同型態組織的放射性吸收量數據所需要的複雜分析之不確定性相當高，所以應該使用敏感度分析。

3.4-11. (b) 從工廠 1 運送 200 單位到顧客 2 及 200 單位到顧客 3。

從工廠 2 運送 300 單位到顧客 1 及 200 單位到顧客 3。

3.4-12. (c) $Z = \$152,880$；$A_1 = 60,000$；$A_3 = 84,000$；$D_5 = 117,600$。所有其他決策變數都是 0。

3.4-14. (b) 每個最佳解的 $Z = \$13,330$。

3.5-2. (c, e)

資源	單位活動的資源使用量		總和		可用資源量
	活動 1	活動 2			
1	2	1	10	≤	10
2	3	3	20	≤	20
3	2	4	20	≤	20
單位利潤解	20	30	$166.67		
	3.333	3.333			

3.5.5. (a) 極小化　　$Z = 210C + 180T + 150A$,

受限於

$90C + 20T + 40A \geq 200$
$30C + 80T + 60A \geq 180$
$10C + 20T + 60A \geq 150$

及

總和　　$C \geq 0 \cdot T \geq 0 \cdot A \geq 0$

第 4 章

4.1-4 (a) 可行角解是 $(0, 0) \cdot (0, 1) \cdot (\frac{1}{4}, 1) \cdot (\frac{2}{3}, \frac{2}{3}) \cdot (1, \frac{1}{4})$ 及 $(1, 0)$。

4.3-4. $(x_1, x_2, x_3) = (0, 10, 6\frac{2}{3})$；$Z = 70$。

4.6-1. (a, c) $(x_1, x_2) = (2, 1)$；$Z = 7$。

4.6-3. (a, c, e) $(x_1, x_2, x_3) = (\frac{4}{5}, \frac{9}{5}, 0)$；$Z = 7$。

4.6-9. (a, b, d) $(x_1, x_2, x_3) = (0, 15, 15)$；$Z = 90$.。

(c) 對大 M 法及兩階法而言，只有最終表是實際問題的可行解。

4.6-13. (a, c) $(x_1, x_2) = (-\frac{8}{7}, \frac{18}{7})$；$Z = \frac{80}{7}$。

4.7-5. (a) $(x_1, x_2, x_3) = (0, 1, 3)$；$Z = 7$。

(b) $y_1^* = \frac{1}{2} \cdot y_2^* = \frac{5}{2} \cdot y_3^*$。這些分別是資源 1、2、3 的邊際價值。

第 5 章

5.1-1. (a) $(x_1, x_2) = (2, 2)$ 是最佳解。其他 CPF 解是 $(0, 0) \cdot (3, 0)$ 及 $(0, 3)$。

5.1-12. $(x_1, x_2, x_3) = (0, 15, 15)$ 是最佳解。

5.2-2. $(x_1, x_2, x_3, x_4, x_5) = (0, 5, 0, \frac{5}{2}, 0)$；$Z = 50$。

5.3-1. (a) 右端是 $Z = 8 \cdot x_2 = 14 \cdot x_6 = 5 \cdot x_3 = 11$。

(b) $x_1 = 0$，$2x_1 - 2x_2 + 3x_3 = 5$，$x_1 + x_2 - x_3 = 3$。

第 6 章

6.1-1. (a) 極小化　　$W = 15y_1 + 12y_2 + 45y_3$

受限於

$-y_1 + y_2 + 5y_3 \geq 10$
$2y_1 + y_2 + 3y_3 \geq 20$

及

$y_1 \geq 0$、$y_2 \geq 0$、$y_3 \geq 0$。

6.3-1. (c)

	互補基解			
原始問題		$Z = W$	對偶問題	
基解	是否可行？		是否可行？	基解
$(0, 0, 20, 10)$	是	0	否	$(0, 0, -6, -8)$
$(4, 0, 0, 6)$	是	24	否	$\left(1\frac{1}{5}, 0, 0, -5\frac{3}{5}\right)$
$(0, 5, 10, 0)$	是	40	否	$(0, 4, -2, 0)$
$\left(2\frac{1}{2}, 3\frac{3}{4}, 0, 0\right)$	是且最佳	45	是且最佳	$\left(\frac{1}{2}, 3\frac{1}{2}, 0, 0\right)$
$(10, 0, -30, 0)$	否	60	是	$(0, 6, 0, 4)$
$(0, 10, 0, -10)$	否	80	是	$(4, 0, 14, 0)$

6.3-7. (c) 基變數是 x_1 和 x_2。其他變數都是非基變數。

(e) $x_1 + 3x_2 + 2x_3 + 3x_4 + x_5 = 6$、$4x_1 + 6x_2 + 5x_3 + 7x_4 + x_5 = 15$、$x_3 = 0$、$x_4 = 0$、$x_5 = 0$。最佳 CPF 解是 $(x_1, x_2, x_3, x_4, x_5) = (\frac{3}{2}, \frac{3}{2}, 0, 0, 0)$。

6.4-3. 極大化 $W = 8y_1 + 6y_2$

受限於

$y_1 + 3y_2 \leq 2$
$4y_1 + 2y_2 \leq 3$
$2y_1 + 2y_2 \leq 1$

及

$y_1 \geq 0$、$y_2 \geq 0$。

6.4-8. (a) 極小化 $W = 120y_1 + 80y_2 + 100y_3$,

受限於

$y_2 - 3y_3 = -1$
$3y_1 - y_2 + y_3 = -2$
$y_1 - 4y_2 + 2y_3 = -1$

及

$y_1 \geq 0$、$y_2 \geq 0$、$y_3 \geq 0$。

第 7 章

7.1-1. (d) 不是最佳,因為 $y_1^* = \frac{1}{5}$、$y_2^* = \frac{3}{5}$ 違反 $2y_1 + 3y_2 \geq 3$。

(f) 不是最佳,因為 $y_1^* = \frac{1}{5}$、$y_2^* = \frac{3}{5}$ 違反 $3y_1 + 2y_2 \geq 2$。

7.2-2.

小題	新基解 $(x_1, x_2, x_3, x_4, x_5)$	是否可行？	是否最佳？
(a)	(0, 30, 0, 0, −30)	否	否
(b)	(0, 20, 0, 0, −10)	否	否
(c)	(0, 10, 0, 0, 60)	是	是
(d)	(0, 20, 0, 0, 10)	是	是
(e)	(0, 20, 0, 0, 10)	是	是
(f)	(0, 10, 0, 0, 40)	是	否
(g)	(0, 20, 0, 0, 10)	是	是
(h)	(0, 20, 0, 0, 10, $x_6 = -10$)	否	否
(i)	(0, 20, 0, 0, 0)	是	是

7.2-3. $-10 \leq \theta \leq \frac{10}{9}$

7.2-12. (a) $b_1 \geq 2$、$6 \leq b_2 \leq 18$、$12 \leq b_3 \leq 24$

(b) $0 \leq c_1 \leq \frac{15}{2}$、$c_2 \geq 2$

7.3-4. (e) 生產玩具所得單位利潤容許範圍是 $2.50 到 $5.00。生產零組件對應範圍是 −$3.00 到 −$1.50。

7.3-6. (f) 對 (a) 小題而言，這個改變仍然在容許增量 $10 之內，所以最佳解不變。對 (b) 小題而言，這個改變在允許減量 $5 之外，所以最佳解可能改變。對 (c) 小題而言，容許改變百分比的總和是 250%，所以目標函數係數同時改變的百分百法則指出最佳解可能改變。

第 8 章

8.1-3. (b)

		終點			
		今天	明天	虛擬	供給量
源點	Dick	3.0	2.7	0	5
	Harry	2.9	2.8	0	4
需求量		3.0	4.0	2	

8.2-2. (a) 基變數：$x_{11} = 4$、$x_{12} = 0$、$x_{22} = 4$、$x_{23} = 2$、$x_{24} = 0$、$x_{34} = 5$、$x_{35} = 1$、$x_{45} = 0$；$Z = 53$。

(b) 基變數：$x_{11} = 4$、$x_{23} = 2$、$x_{25} = 4$、$x_{31} = 0$、$x_{32} = 0$、$x_{34} = 5$、$x_{35} = 1$、$x_{42} = 4$；$Z = 45$。

(c) 基變數：$x_{11} = 4$、$x_{23} = 2$、$x_{25} = 4$、$x_{32} = 0$、$x_{34} = 5$、$x_{35} = 1$、$x_{41} = 0$、$x_{42} = 4$；$Z = 45$。

8.2-7. (a) $x_{11} = 3$、$x_{12} = 2$、$x_{22} = 1$、$x_{23} = 1$、$x_{33} = 1$、$x_{34} = 2$；3 次疊代後找到最佳解。

(b, c) $x_{11} = 3$、$x_{12} = 0$、$x_{13} = 0$、$x_{14} = 2$、$x_{23} = 2$、$x_{32} = 3$；已經是最佳解。

8.2-10. $x_{11} = 10$、$x_{12} = 15$、$x_{22} = 0$、$x_{23} = 5$、$x_{25} = 30$、$x_{33} = 20$、$x_{34} = 10$、$x_{44} = 10$；成本 = $77.30。還有其他最佳解。

8.2-11. (b) 令 x_{ij} 表示從工廠 i 運送到配送中心 j 的數量，則 $x_{13} = 2$、$x_{14} = 10$、$x_{22} = 9$、$x_{23} = 8$、$x_{31} = 10$、$x_{32} = 1$；成本 = $20,200。

8.3-4. (a)

		工作			
	仰式	蛙式	蝶式	自由式	虛擬
指派對象 Carl	37.7	43.4	33.3	29.2	0
Chris	32.9	33.1	28.5	26.4	0
David	33.8	42.2	38.9	29.6	0
Tony	37.0	34.7	30.4	28.5	0
Ken	35.4	41.8	33.6	31.1	0

第 9 章

9.3-4. (a) $O \to A \to B \to D \to T$ 或 $O \to A \to B \to E \to D \to T$，長度 $=16$。

9.4-1. (a) $\{(O, A); (A, B); (B, C); (B, E); (E, D); (D, T)\}$，長度 $=18$。

9.5-1.

弧	(1, 2)	(1, 3)	(1, 4)	(2, 5)	(3, 4)	(3, 5)	(3, 6)	(4, 6)	(5, 7)	(6, 7)
流量	4	4	1	4	1	0	3	2	4	5

9.8-3. (a) 要徑：開始 $\to A \to C \to E \to$ 完成

總時間 $= 12$ 週

(b) 新計畫：

作業	時間（週）	成本
A	3	$54,000
B	3	65,000
C	3	68,666
D	2	41,500
E	2	80,000

這個趕工時程節省了 $7,834。

第 10 章

10.3-2.

	商店		
	1	2	3
分配箱數	1	2	2
	3	2	0

10.3-7. (a)

階段	(a)	(b)
1	2M	2.945M
2	1M	1.055M
3	1M	0
市占率	6%	6.302%

10.3-11. $x_1 = -2 + \sqrt{13} \approx 1.6056$、$x_2 = 5 - \sqrt{13} \approx 1.3944$；$Z = 98.233$。

10.4-3. 第 1 批生產 2 件；如果未產出允收產品，第 2 批生產 3 件。期望成本 $= \$573$。

第 11 章

11.1-2. (a) 極小化 $\quad Z = 4.5x_{em} + 7.8x_{ec} + 3.6x_{ed} + 2.9x_{el} + 4.9x_{sm} + 7.2x_{sc} + 4.3x_{sd} + 3.1x_{sl}$

受限於

$$x_{em} + x_{ec} + x_{ed} + x_{el} = 2$$
$$x_{sm} + x_{sc} + x_{sd} + x_{sl} = 2$$
$$x_{em} + x_{sm} = 1$$
$$x_{ec} + x_{sc} = 1$$
$$x_{ed} + x_{sd} = 1$$
$$x_{el} + x_{sl} = 1$$

及

所有 x_{ij} 都是二元

11.3-1. (b)

限制式	產品 1	產品 2	產品 3	產品 4	總和		修正後的右端值	原始的右端值
第一	5	3	6	4	6000	≤	6000	6000
第二	4	6	3	5	12000	≤	105999	6000
邊際利潤	$70	$60	$90	$80	$80000			
解	0	2000	0	0				
	≤	≤	≤	≤				
	0	9999	0	0				
是否生產？	0	1	0	0	1	≤	2	
啟動成本	$50,000	$40,000	$70,000	$60,000				

附屬決策限制式：

產品 3：	0	≤	1	產品 1 或 2
產品 4：	0	≤	1	產品 1 或 2

哪一條限制式（0= 第 1 條、1= 第 2 條）：	0

11.3-5. (b,d) （長程，中程，短程）= (14, 0, 16)，其利潤是 $9,560 萬。

11.4-3. (b)

限制式	產品 1	產品 2	產品 3	總和		右端值
銑床	9	3	5	498	≤	500
車床	5	4	0	349	≤	350
磨床	3	0	2	135	≤	150
銷售潛力	0	0	1	0	≤	20
單位利潤	50	20	25	$2870		
解	45	31	0			
	≤	≤	≤			
	999	999	0			
是否生產？	1	1	0	2	≤	2

11.4-5. (a) 令 $x_{ij} = \begin{cases} 1 & \text{若最短路徑包含弧 } i \to j \\ 0 & \text{其他} \end{cases}$

互斥方案：在弧的每一行中，最短路徑正好只包含其中一條弧。

附屬決策：最短路徑必須進入節點 i，才可以離開節點 i。

11.5-2. (a) $(x_1, x_2) = (2, 3)$ 是最佳解。

(b) 可行捨入解中沒有這個整數規劃問題的最佳解。

11.6-1. $(x_1, x_2, x_3, x_4, x_5) = (0, 0, 1, 1, 1)$，其 $Z = 6$。

11.6-7. (b)

任務	1	2	3	4	5
指派對象	1	3	2	4	5

11.6-9. $(x_1, x_2, x_3, x_4) = (0, 1, 1, 0)$，其 $Z = 36$。

11.7-2. (a, b) $(x_1, x_2) = (2, 1)$ 是最佳解。

11.8-1. (a) $x_1 = 0 \cdot x_3 = 0$

第 12 章

12.2-1. 輸入源：有頭髮的人；顧客：需要剪頭髮的顧客；等候線、等候規則、服務機制依此類推。

12.2-2. (b) $L_q = 0.375$

(d) $W - W_q = 24.375$ 分鐘

12.4-2. (c) 0.0527

12.5-5. (a) 狀態：

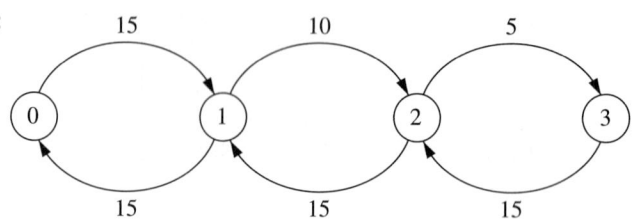

(c) $P_0 = \frac{9}{26}$、$P_1 = \frac{9}{26}$、$P_2 = \frac{3}{13}$、$P_3 = \frac{1}{13}$。

(d) $W = 0.11$ 小時。

12.5-8. (b) $P_0 = \frac{2}{5}$、$P_n = (\frac{3}{5})(\frac{1}{2})^n$

(c) $L = \frac{6}{5}$、$L_q = \frac{3}{5}$、$W = \frac{1}{25}$、$W_q = \frac{1}{50}$

12.6-2. (a) $P_0 + P_1 + P_2 + P_3 + P_4 = 0.96875$ 或 97% 的時間。

12.6-21. (a) 總期望等候時間 = 0.211

(c) 期望處理時間是 3.43 分鐘時，這兩個程序的期望等候時間會相同。

12.6-26. (a) 0.429

12.6-32. (a) 三台機器

(b) 三位操作員

12.7-1. (a) W_q（指數）$= 2W_q$（常數）$= \frac{8}{5} W_q$ (Erlang)

(b) 對所有分配：W_q（新）$= \frac{1}{2} W_q$（舊）及 L_q（新）$= L_q$（舊）

12.7-6. (a, b) 在目前策略下，每架飛機損失的飛行時間是 1 天，而在提議策略下是 3.25 天。

在目前策略下，每天損失飛行時間的飛機是 1 架，而在提議策略下是 0.8125 架。

12.7-9.

服務分配	P_0	P_1	P_2	L
Erlang	0.561	0.316	0.123	0.561
指數	0.571	0.286	0.143	0.571

12.8-1. (a) 這個系統是不可插位優先權等候系統的一個例子。

(c) $\dfrac{\text{商務艙乘客的 } W_q}{\text{普通艙乘客的 } W_q} = \dfrac{0.033}{0.083} = 0.4$

12.8-4. (a) $W = \dfrac{1}{2}$

(b) $W_1 = 0.20$、$W_2 = 0.35$、$W_3 = 1.10$

(c) $W_1 = 0.125$、$W_2 = 0.3125$、$W_3 = 1.250$

12.10-2. 4 個收銀櫃檯。

第 13 章

13.2-2. (c) 當沒有顧客或只有一位顧客時，使用慢速服務；而當有兩位顧客時，使用快速服務。

13.2-3. (a) 可能的狀態是車子有凹痕及沒有凹痕。

(c) 當車子沒有凹痕時，停在路邊某單一車位；當車子有凹痕時，送修。

13.2-5. (c) 狀態 0：嘗試發 ace 球；狀態 1：嘗試發高吊球。

13.3-2. (a) 極小化 $Z = 4.5y_{02} + 5y_{03} + 50y_{14} + 9y_{15}$,

受限於

$$y_{01} + y_{02} + y_{03} + y_{14} + y_{15} = 1$$

$$y_{01} + y_{02} + y_{03} - \left(\dfrac{9}{10}y_{01} + \dfrac{49}{50}y_{02} + y_{03} + y_{14}\right) = 0$$

$$y_{14} + y_{15} - \left(\dfrac{1}{10}y_{01} + \dfrac{1}{50}y_{02} + y_{15}\right) = 0$$

及

所有 all $y_{ik} \geq 0$.

13.3-4. (a) 極小化 $Z = -\dfrac{1}{8}y_{01} + \dfrac{7}{24}y_{02} + \dfrac{1}{2}y_{11} + \dfrac{5}{12}y_{12}$,

受限於

$$y_{01} + y_{02} - \left(\dfrac{3}{8}y_{01} + y_{11} + \dfrac{7}{8}y_{02} + y_{12}\right) = 0$$

$$y_{11} + y_{12} - \left(\dfrac{5}{8}y_{01} + y_{11} + \dfrac{1}{8}y_{02}\right) + y_{12} = 0$$

$$y_{01} + y_{02} + \dfrac{1}{8}y_{11} + y_{12} = 1$$

及

$y_{ik} \geq 0$ 對 $i = 0, 1$；$k = 1, 2$

第 14 章

14.3-3. (c) $\pi_0 = \pi_1 = \pi_2 = \pi_3 = \pi_4 = \dfrac{1}{5}$

14.4-1. (a) 所有狀態都屬於同一個重現類組。

14.5-7. (a) $\pi_0 = 0.182$、$\pi_1 = 0.285$、$\pi_2 = 0.368$、$\pi_3 = 0.165$

(b) 6.50

名詞索引

Analytic Solver Platform for Education (ASPE) 7

BF 解 (BF solution) 102, 175

Interactive Operations Research Tutorial（互動式作業研究教材）6

IOR Tutorial 6

Jackson 網路 548

LINDO 8

LP 鬆弛 (LP relaxation) 451, 457

MPL 8

n 步轉移機率 (n-step transition probability) 592

OR Courseware 6

OR Tutor 6

OR 演算法 6

Poisson 過程 (Poisson process) 513

Poisson 輸入 (Poisson input) 520

Poisson 輸入過程 (Poisson input process) 513

SOB 法 (SOB method) 218

二畫

二元表示法 (binary representation) 441

二元整數規劃 (binary integer programming, BIP) 428

二元變數 (binary variable) 428

人工問題 (artificial problem) 119

人工變數技巧 (artificial-variable technique) 117

三畫

大 M 法 (Big M method)〕119

四畫

不可行解 (infeasible solution) 39

不可約 (irreducible) 601

不可插位 (nonpreemptive) 542

不可插位優先權 (nonpreemptive priority) 542

互通 (communicate) 601

互補差額 (complementary slackness) 213

互補差額特性 (complementary slackness property) 213

互補基解 (complementary basic solution) 213

互補基解特性 (complementary basic solutions property) 212

互補最佳基解 (complementary optimal basic solution) 215

互補最佳基解特性 (complementary optimal basic solutions property) 215

互補最佳解 (complementary optimal solution) 207

互補最佳解特性 (complementary optimal solutions property) 207

互補解特性 (complementary solutions property) 207

元素 (element) 628

內部服務系統 (internal service system) 507

內部點 (interior point) 145

內點演算法 (interior-point algorithm) 145

分支樹 (branching tree) 456
分支變數 (branching variable) 456
分析 (analytics) 3
分割 (cut) 480
切面 (cutting plane) 480
切割 (cut) 348
切割值 (cut value) 348
反矩陣 (inverse of a matrix) 634

五畫

凸組合 (convex combination) 116
可加性假設 (additivity assumption) 45
可行角解 (corner-point feasible solutions, CPF solution) 41, 96, 167
可行延展樹 (feasible spanning tree) 359
可行基解（BF 解）[basic feasible solution (BF solution)] 101, 174
可行解 (feasible solution) 39
可行解區域 (feasible region) 33, 39
可除性假設 (divisibility assumption) 47
可插位 (preemptive) 542
可插位優先權 (preemptive priority) 542
平衡方程式 (balance equation) 517, 618
正比性 (proportionality) 42
正比性假設 (proportionality assumption) 42
正常－奇怪－異常方法 (sensible-odd-bizarre method) 218
正常點 (normal point) 372
生 (birth) 515
目標函數 (objective function) 14, 38
目標格 (objective cell) 69

六畫

再最佳化技巧 (reoptimization technique) 136
任務 (task) 302
先行作業 (immediate predecessor) 368

全域限制式 (global constraint) 483
列向量 (row vector) 632
列秩 (row rank) 634
列舉樹 (enumeration tree) 456
匈牙利演算法 (Hungarian algorithm) 311
匈牙利法 (Hungarian method) 311
向量 (vector) 632
回溯測試 (retrospective test) 20
多重最佳解 (multiple optimal solutions) 39
多項式時間演算法 (polynomial time algorithm) 147
成本效益權衡 (cost-benefit trade-off) 51
有向弧 (directed arc) 329
有向路徑 (directed path) 330
有向網路 (directed network) 330
次佳解 (suboptimal solution) 18
次矩陣 (submatrix) 631
死 (death) 515
行向量 (column vector) 632
行秩 (column rank) 634

七畫

作業研究 (operations research, OR) 1
作業趕工 (crashing an activity) 372
吸收狀態 (absorbing state) 597
吸收機率 (probability of absorption) 611
改變格 (changing cell) 68
束縛限制式 (binding constraints) 138
決策支援系統 (decision support system) 21
決策樹 (decision tree) 416
決策變數 (decision variables) 14, 37
沒有可行解 (no feasible solutions) 39
沒有最佳解 (no optimal solution) 39
系統服務率 (system service rate) 521
角解 (corner-point solutions) 96

八畫

供給量 (supply) 277
供給節點 (supply node) 332
函數限制式 (functional constraint) 38
到達 (accessible) 601
到達間隔時間 (interarrival time) 503
受限為整數的 (integer-restricted) 467
固定需求問題 (fixed-requirements problem) 66
奇異 (singular) 634
定義方程式 (defining equation) 167
延展樹 (spanning tree) 331
延展樹解 (spanning tree solution) 359
弧 (arc) 329
弧上作業 (activity-on-arc, AOA) 369
弧容量 (arc capacity) 332
拉格朗日鬆弛 (Lagrangian relaxation) 465
服務成本 (service cost) 552
服務員 (server) 503
服務時間 (service time) 503
狀態 (state) 396, 589, 614
社會服務系統 (social service system) 507
長度 (length) 370
非奇異 (nonsingular) 634
非負限制式 (nonnegativity constraint) 38
非基弧 (nonbasic arc) 359
非基變數 (nonbasic variable) 102, 174

九畫

削減成本 (reduced cost) 150, 245
後代 (descendant) 458
後最佳化分析 (postoptimality analysis) 18
後續作業 (immediate successor) 368
指派問題 (assignment problem) 302
指派對象 (assignee) 302
指數性成長 (exponential growth) 450
指數服務時間 (exponential service time) 520
指數時間演算法 (exponential time algorithm) 147
指標變數 (indicating variable) 174
相態分配 (phase-type distribution) 541
相鄰 (adjacent) 96
若則分析 (what-if analysis) 18
要徑 (critical path) 371
計畫評核術 (program evaluation and review technique, PERT) 367
重現時間 (recurrence time) 609
限制式 (constraint) 14, 38
限制邊界 (constraint boundary) 96, 166
限制邊界方程式 (constraint boundary equation) 166
首次通過時間 (first passage time) 609

十畫

修正單形法 (revised simplex method) 185
原始 (primal) 201
原始可行 (primal feasible) 215
原始對偶表 (primal-dual table) 202
容許範圍 (allowable range) 140, 240, 245
差額 (difference) 292
差額變數 (slack variable) 100
弱對偶特性 (weak duality property) 206
捐贈格 (donor cell) 298
效用因子 (utilization factor) 506
時間成本抵換要徑法 (CPM method of time-cost trade-off) 372
矩陣 (matrix) 628
矩陣乘法 (matrix multiplication) 629
退化 (degenerate) 175
退出基變數 (leaving basic variable) 107
馬可夫性質 (Markovian property) 591, 615

馬可夫鏈 (Markov chain) 573, 589, 591
高斯消去法 (Gaussian elimination) 108
高斯消去法的適當形式 (proper form from Gaussian elimination) 104

十一畫

參數 (parameter) 14, 37
參數規劃 (parametric programming) 142
參數線性規劃 (parametric linear programming) 142
商業服務系統 (commercial service system) 507
基本代數運算 (elementary algebraic operations) 107
基本列運算 (elementary row operations) 111
基底矩陣 (basis matrix) 179
基弧 (basic arc) 359
基解 (basic solution) 101, 102, 174
基變數 (basic variable) 102, 174
基變數向量 (vector of basic variables) 179
專案時間 (project duration) 370
專案網路 (project network) 369
專案趕工 (crashing the project) 372
強對偶特性 (strong duality property) 206
接受格 (recipient cell) 298
啟發式演算法（heuristic procedure) 18
敏感度分析 (sensitivity analysis) 14, 18, 48, 230
敏感參數 (sensitive parameter) 18, 138, 230
斜截式 (slope-intercept form) 33
混合問題 (blending problem) 61
混合整數規劃 (mixed integer programming, MIP) 427
產品組合 (product mix) 31
終點 (destination) 277
規劃求解 (Solver) 7

通用啟發式演算法 (metaheuristics) 18
連通 (connected) 331
連通網路 (connected network) 331
連續時間馬可夫鏈 (continuous time Markov chain) 615
連續時間轉移機率函數 (continuous time transition probability function 615
陰影價格 (shadow price) 136, 209

十二畫

進入基變數 (entering basic variable) 106
最大流量最小切割定理 (max-flow min-cut theorem) 348
最小比值測試 (minimum ratio test) 106
最小涵蓋 (minimum cover) 480
最有利值 (most favorable value) 39
最佳性原則 (principal of optimality) 397
最佳性測試 (optimality test) 97
最佳策略 (optimal policy) 397
最佳解 (optimal solution) 16, 35, 39, 115
單位時間期望平均成本 (expected average cost per unit time) 575
單位矩陣 (identity matrix) 631
單形法 (simplex method) 29
殘餘容量 (residual capacity) 343
殘餘網路 (residual network) 343
無向弧 (undirected arc) 329
無向路徑 (undirected path) 330
無向網路 (undirected network) 330
無界 Z 值 (unbounded z) 39
無週期狀態 (aperiodic state) 603
策略決策 (policy decision) 396
虛無向量 (null vector) 632
虛無矩陣 (null matrix) 631
虛擬終點 (dummy desination) 284
虛擬源點 (dummy source) 285

超平面 (hyperplane) 166
超指數分配 (hyperexponential distribution) 540
週期 (period) 603
階段 (stage) 396
集合分割問題 (set partitioning problem) 449
集合涵蓋問題 (set covering problem) 449

十三畫

匯流 (sink) 342
極端點 (extreme point) 41
源點 (source) 277, 342
節點 (node) 329
節點作業 (activity-on-node, AON) 369
解 (solution) 39
解答樹 (solution tree) 456
資料格 (data cell) 66
資料探勘 (data mining) 13
資源配置問題 (resource-allocation problem) 32
路徑 (path) 330, 370
運輸服務系統 (transportation service system) 507
運輸單形法 (transportation simplex method) 288
運輸單形表 (transportation simplex tableau) 289
過渡狀態 (transient condition) 506
遍歷狀態 (ergodic state) 603

十四畫

趕工 (crashing) 372
趕工點 (crash point) 372
圖解法 (graphical method) 35
對偶 (dual) 201
對偶可行 (dual feasible) 215

對偶定理 (duality theorem) 208
對等性質 (equivalence property) 547
對稱特性 (symmetry property) 208
滿意化 (satisficing) 16
網路單形法基本定理 (fundamental theorem for the network simple method) 359
輔助二元變數 (auxiliary binary variable) 436
遞迴關係 (recursive relationship) 397
需求母體 (calling population) 502
需求量 (demand) 277
需求節點 (demand node) 332

十五畫

樞軸列 (pivot row) 111
樞軸行 (pivot column) 111
樞軸數 (pivot number) 111
確定性 (deterministic) 577
確定性假設 (certainty assumption) 47
範圍名稱 (range name) 66
線性相依 (linearly dependent) 633
線性規劃模型 (linear programming model) 15
線性獨立 (linearly independent) 633
餘額變數 (surplus variable) 123

十六畫

整數解特性 (integer solutions property) 305
整體績效評估標準 (overall measure of performance) 15
樹 (tree) 331
積型解 (product form solution) 548
輸出格 (output cell) 68
隨機性策略 (randomized policy) 580
隨機過程 (stochastic process) 573, 589
隨機漫步 (random walk) 612

十八畫

擴充解 (augmented solution) 101
擴充路徑 (augmenting path) 344
轉移強度 (transition intensity) 616
轉移機率 (transition probability) 592, 615
轉置運算 (transpose operation) 630
轉運節點 (transshipment node) 332
鬆弛 (relaxation) 456

十九畫

穩定性 (stationary) 577
穩定狀態 (steady-state condition) 506
穩定轉移機率 (stationary transition probability) 592, 615
穩態方程式 (steady-state equation) 604, 617
穩態機率 (steady-state probability) 604, 617
邊 (edge) 96
邊界 (boundary) 166
邊際成本分析 (marginal cost analysis) 374
鏈結 (link) 329
類組 (class) 601

二十三畫

驗證模型 (model validation) 20